现代
机械设计手册

第二版

气压传动与控制设计

吴晓明　主编

化学工业出版社
·北　京·

《现代机械设计手册》第二版单行本共20个分册，涵盖了机械常规设计的所有内容。各分册分别为：《机械零部件结构设计与禁忌》《机械制图及精度设计》《机械工程材料》《连接件与紧固件》《轴及其连接件设计》《轴承》《机架、导轨及机械振动设计》《弹簧设计》《机构设计》《机械传动设计》《减速器和变速器》《润滑和密封设计》《液力传动设计》《液压传动与控制设计》《气压传动与控制设计》《智能装备系统设计》《工业机器人系统设计》《疲劳强度可靠性设计》《逆向设计与数字化设计》《创新设计与绿色设计》。

本书为《气压传动与控制设计》，主要介绍了气压传动技术基础、气动系统、气动元件的选型及计算、信号转换装置、高压气动技术和气力输送、气动系统的维护及故障处理、气动元件产品、相关技术标准及资料等。本书可作为机械设计人员和有关工程技术人员的工具书，也可供高等院校相关专业师生参考。

图书在版编目（CIP）数据

现代机械设计手册：单行本. 气压传动与控制设计/吴晓明主编. —2版. —北京：化学工业出版社，2020.2
ISBN 978-7-122-35639-0

Ⅰ.①现… Ⅱ.①吴… Ⅲ.①机械设计-手册②气压传动-手册 Ⅳ.①TH122-62②TH138-62

中国版本图书馆CIP数据核字（2019）第252611号

责任编辑：张兴辉 王烨 贾娜 邢涛 项潋 曾越 金林茹　　装帧设计：尹琳琳
责任校对：宋　夏

出版发行：化学工业出版社（北京市东城区青年湖南街13号 邮政编码100011）
印　　装：大厂聚鑫印刷有限责任公司
787mm×1092mm 1/16 印张41 字数1413千字 2020年2月北京第2版第1次印刷

购书咨询：010-64518888 售后服务：010-64518899
网　　址：http://www.cip.com.cn
凡购买本书，如有缺损质量问题，本社销售中心负责调换。

定　　价：139.00元　

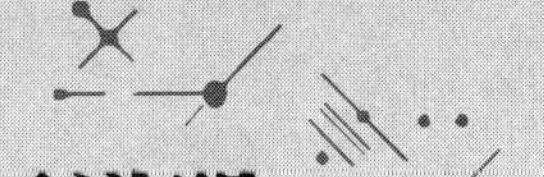

《现代机械设计手册》第二版单行本出版说明

《现代机械设计手册》是一部面向“中国制造 2025”，适应智能装备设计开发新要求、技术先进、数据可靠、符合现代机械设计潮流的现代化机械设计大型工具书，涵盖现代机械零部件设计、智能装备及控制设计、现代机械设计方法三部分内容。旨在将传统设计和现代设计有机结合，力求体现“内容权威、凸显现代、实用可靠、简明便查”的特色。

《现代机械设计手册》自 2011 年出版以来，赢得了广大机械设计工作者的青睐和好评，先后荣获全国优秀畅销书、中国机械工业科学技术奖等，第二版于 2019 年初出版发行。为了给读者提供篇幅较小、便携便查、定价低廉、针对性更强的实用性工具书，根据读者的反映和建议，我们在深入调研的基础上，决定推出《现代机械设计手册》第二版单行本。

《现代机械设计手册》第二版单行本，保留了《现代机械设计手册》（第二版 6 卷本）的优势和特色，结合机械设计人员工作细分的实际状况，从设计工作的实际出发，将原来的 6 卷 35 篇重新整合为 20 个分册，分别为：《机械零部件结构设计与禁忌》《机械制图及精度设计》《机械工程材料》《连接件与紧固件》《轴及其连接件设计》《轴承》《机架、导轨及机械振动设计》《弹簧设计》《机构设计》《机械传动设计》《减速器和变速器》《润滑和密封设计》《液力传动设计》《液压传动与控制设计》《气压传动与控制设计》《智能装备系统设计》《工业机器人系统设计》《疲劳强度可靠性设计》《逆向设计与数字化设计》《创新设计与绿色设计》。

《现代机械设计手册》第二版单行本，是为了适应机械设计行业发展和广大读者的需要而编辑出版的，将与《现代机械设计手册》第二版（6 卷本）一起，成为机械设计工作者、工程技术人员和广大读者的良师益友。

化学工业出版社

前言

FORWORD

《现代机械设计手册》第一版自2011年3月出版以来，赢得了机械设计人员、工程技术人员和高等院校专业师生广泛的青睐和好评，荣获了2011年全国优秀畅销书（科技类）。同时，因其在机械设计领域重要的科学价值、实用价值和现实意义，《现代机械设计手册》还荣获2009年国家出版基金资助和2012年中国机械工业科学技术奖。

《现代机械设计手册》第一版出版距今已经8年，在这期间，我国的装备制造业发生了许多重大的变化，尤其是2015年国家部署并颁布了实现中国制造业发展的十年行动纲领——中国制造2025，发布了针对“中国制造2025”的五大“工程实施指南”，为机械制造业的未来发展指明了方向。在国家政策号召和驱使下，我国的机械工业获得了快速的发展，自主创新的能力不断加强，一批高技术、高性能、高精尖的现代化装备不断涌现，各种新材料、新工艺、新结构、新产品、新方法、新技术不断产生、发展并投入实际应用，大大提升了我国机械设计与制造的技术水平和国际竞争力。《现代机械设计手册》第二版最重要的原则就是紧密结合“中国制造2025”国家规划和创新驱动发展战略，在内容上与时俱进，全面体现创新、智能、节能、环保的主题，进一步呈现机械设计的现代感。鉴于此，《现代机械设计手册》第二版被列入了“十三五国家重点出版物规划项目”。

在本版手册的修订过程中，我们广泛深入机械制造企业、设计院、科研院所和高等院校进行调研，听取各方面读者的意见和建议，最终确定了《现代机械设计手册》第二版的根本宗旨：一方面，新版手册进一步加强机、电、液、控制技术的有机融合，以全面适应机器人等智能化装备系统设计开发的新要求；另一方面，随着现代机械设计方法和工程设计软件的广泛应用和普及，新版手册继续促进传动设计与现代设计的有机结合，将各种新的设计技术、计算技术、设计工具全面融入传统的机械设计实际工作中。

《现代机械设计手册》第二版共6卷35篇，它是一部面向“中国制造2025”，适应智能装备设计开发新要求、技术先进、数据可靠、符合现代机械设计潮流的现代化的机械设计大型工具书，涵盖现代机械零部件及传动设计、智能装备及控制设计、现代机械设计方法及应用三部分内容，具有以下六大特色。

1. 权威性。《现代机械设计手册》阵容强大，编、审人员大都来自设计、生产、教学和科研第一线，具有深厚的理论功底、丰富的设计实践经验。他们中很多人都是所属领域的知名专家，在业内有广泛的影响力和知名度，获得过多项国家和省部级科技进步奖、发明奖和技术专利，承担了许多机械领域国家重要的科研和攻关项目。这支专业、权威的编审队伍确保了手册准确、实用的内容质量。

2. 现代感。追求现代感，体现现代机械设计气氛，满足时代要求，是《现代机械设计手册》的基本宗旨。“现代”二字主要体现在：新标准、新技术、新材料、新结构、新工艺、新产品、智能化、现代的设计理念、现代的设计方法和现代的设计手段等几个方面。第二版重点加强机械智能化产品设计（3D打印、智能零部件、节能元器件）、智能装备（机器人及智能化装备）控制及系统设计、数字化设计等内容。

(1)“零件结构设计”等篇进一步完善零部件结构设计的内容，结合目前的3D打印（增材制造）技术，增加3D打印工艺下零件结构设计的相关技术内容。

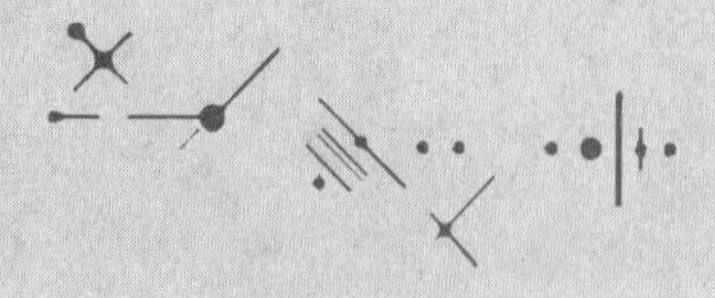

“机械工程材料”篇增加3D打印材料以及新型材料的内容。

（2）机械零部件及传动设计各篇增加了新型智能零部件、节能元器件及其应用技术，例如“滑动轴承”篇增加了新型的智能轴承，“润滑”篇增加了微量润滑技术等内容。

（3）全面增加了工业机器人设计及应用的内容：新增了“工业机器人系统设计”篇；“智能装备系统设计”篇增加了工业机器人应用开发的内容；“机构”篇增加了自动化机构及机构创新的内容；“减速器、变速器”篇增加了工业机器人减速器选用设计的内容；“带传动、链传动”篇增加并完善了工业机器人适用的同步带传动设计的内容；“齿轮传动”篇增加了RV减速器传动设计、谐波齿轮传动设计的内容等。

（4）“气压传动与控制”“液压传动与控制”篇重点加强并完善了控制技术的内容，新增了气动系统自动控制、气动人工肌肉、液压和气动新型智能元器件及新产品等内容。

（5）继续加强第5卷机电控制系统设计的相关内容：除增加“工业机器人系统设计”篇外，原“机电一体化系统设计”篇充实扩充形成“智能装备系统设计”篇，增加并完善了智能装备系统设计的相关内容，增加智能装备系统开发实例等。

“传感器”篇增加了机器人传感器、航空航天装备用传感器、微机械传感器、智能传感器、无线传感器的技术原理和产品，加强传感器应用和选用的内容。

“控制元器件和控制单元”篇和“电动机”篇全面更新产品，重点推荐了一些新型的智能和节能产品，并加强产品选用的内容。

（6）第6卷进一步加强现代机械设计方法应用的内容：在3D打印、数字化设计等智能制造理念的倡导下，“逆向设计”“数字化设计”等篇全面更新，体现了“智能工厂”的全数字化设计的时代特征，增加了相关设计应用实例。

增加“绿色设计”篇；“创新设计”篇进一步完善了机械创新设计原理，全面更新创新实例。

（7）在贯彻新标准方面，收录并合理编排了目前最新颁布的国家和行业标准。

3. 实用性。新版手册继续加强实用性，内容的选定、深度的把握、资料的取舍和章节的编排，都坚持从设计和生产的实际需要出发：例如机械零部件数据资料主要依据最新国家和行业标准，并给出了相应的设计实例供设计人员参考；第5卷机电控制设计部分，完全站在机械设计人员的角度来编写——注重产品如何选用，摒弃或简化了控制的基本原理，突出机电系统设计，控制元器件、传感器、电动机部分注重介绍主流产品的技术参数、性能、应用场合、选用原则，并给出了相应的设计选用实例；第6卷现代机械设计方法中简化了烦琐的数学推导，突出了最终的计算结果，结合具体的算例将设计方法通俗地呈现出来，便于读者理解和掌握。

为方便广大读者的使用，手册在具体内容的表述上，采用以图表为主的编写风格。这样既增加了手册的信息容量，更重要的是方便了读者的查阅使用，有利于提高设计人员的工作效率和设计速度。

为了进一步增加手册的承载容量和时效性，本版修订将部分篇章的内容放入二维码中，读者可以用手机扫描查看、下载打印或存储在PC端进行查看和使用。二维码内容主要涵盖以下几方面的内容：即将被废止的旧标准（新标准一旦正式颁布，会及时将二维码内容更新为新标

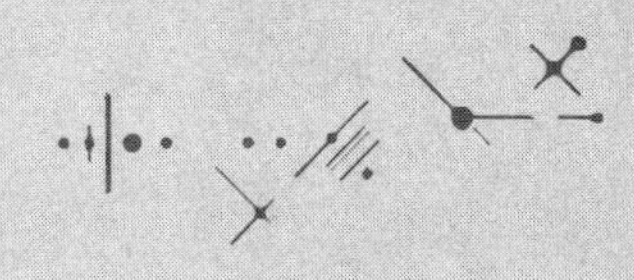

准的内容)；部分推荐产品及参数；其他相关内容。

4. 通用性。本手册以通用的机械零部件和控制元器件设计、选用内容为主，主要包括机械设计基础资料、机械制图和几何精度设计、机械工程材料、机械通用零部件设计、机械传动系统设计、液压和气压传动系统设计、机构设计、机架设计、机械振动设计、智能装备系统设计、控制元器件和控制单元等，既适用于传统的通用机械零部件设计选用，又适用于智能化装备的整机系统设计开发，能够满足各类机械设计人员的工作需求。

5. 准确性。本手册尽量采用原始资料，公式、图表、数据力求准确可靠，方法、工艺、技术力求成熟。所有材料、零部件和元器件、产品和工艺方面的标准均采用最新公布的标准资料，对于标准规范的编写，手册没有简单地照抄照搬，而是采取选用、摘录、合理编排的方式，强调其科学性和准确性，尽量避免差错和谬误。所有设计方法、计算公式、参数选用均经过长期检验，设计实例、各种算例均来自工程实际。手册中收录通用性强、标准化程度高的产品，供设计人员在了解企业实际生产品种、规格尺寸、技术参数，以及产品质量和用户的实际反映后选用。

6. 全面性。本手册一方面根据机械设计人员的需要，按照“基本、常用、重要、发展”的原则选取内容，另一方面兼顾了制造企业和大型设计院两大群体的设计特点，即制造企业侧重基础性的设计内容，而大型的设计院、工程公司侧重于产品的选用。因此，本手册力求实现零部件设计与整机系统开发的和谐统一，促进机械设计与控制设计的有机融合，强调产品设计与工艺技术的紧密结合，重视工艺技术与选用材料的合理搭配，倡导结构设计与造型设计的完美统一，以全面适应新时代机械新产品设计开发的需要。

经过广大编审人员和出版社的不懈努力，新版《现代机械设计手册》将以崭新的风貌和鲜明的时代气息展现在广大机械设计工作者面前。值此出版之际，谨向所有给过我们大力支持的单位和各界朋友表示衷心的感谢！

主　编

目录

CONTENTS

第21篇 气压传动与控制设计

第1章 气压传动技术基础

第2章 气动系统

第3章 气动元件的选型及计算

第 4 章 信号转换装置

第 5 章 高压气动技术和气力输送

第 6 章 气动系统的维护及故障处理

第7章 气动元件产品

第 8 章 相关技术标准及资料

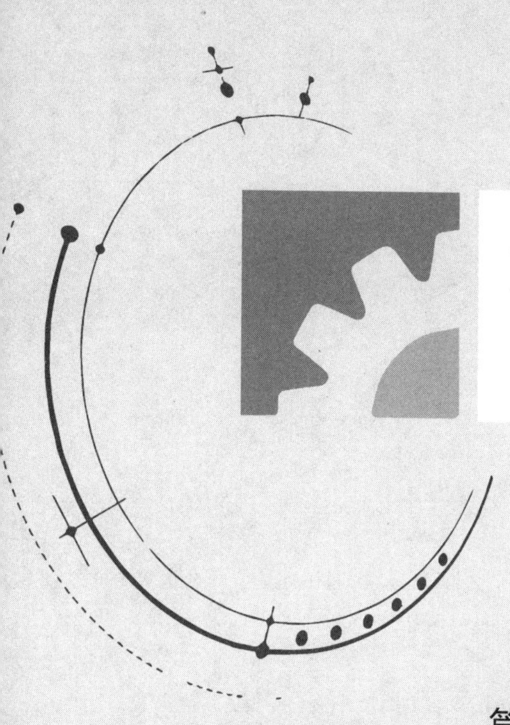

第21篇 气压传动与控制设计

篇主编：吴晓明

撰　稿：吴晓明　包　钢　杨庆俊　向　东

审　稿：姚晓先

第 1 章　气压传动技术基础

1.1　气动系统的特点及构成

气压传动与控制技术简称气动技术，是指以压缩空气为工作介质来进行能量与信号的传递，实现生产过程机械化、自动化的一门技术，它是流体传动与控制学科的一个重要组成部分。从广义上看，气动技术范畴，除空气压缩机、空气净化器、气动马达、各类控制阀及辅助装置以外，还包括真空发生装置、真空执行元件以及各种气动工具等。

由于气动技术相对于机械传动、电传动及液压传动而言有许多突出优点，因而近年来发展十分迅速，现代气动技术结合了液压、机械、电气和电子技术的众多优点，并与它们相互补充，成为实现生产过程自动化的一个重要手段，在机械、冶金、纺织、食品、化工、交通运输、航空航天、国防建设等各个部门已得到广泛的应用。

表 21-1-1　　气动技术的优缺点

优点	(1)无论从技术角度还是成本角度来看,气缸作为执行元件是完成直线运动的最佳形式。如同用电动机来完成旋转运动一样,气缸作为线性驱动可在空间的任意位置组建它所需要的运动轨迹,运动速度可无级调节 (2)工作介质是取之不尽、用之不竭的空气,空气本身不需花钱(但与电气和液压动力相比产生气动能量的成本最高),排气处理简单,不污染环境,处理成本低 (3)空气的黏性小,流动阻力损失小,便于集中供气和远距离输送(空压机房到车间各使用点);利用空气的可压缩性可储存能量;短时间释放以获得瞬时高速运动 (4)气动系统的环境适应能力强,可在−40～+50℃的温度范围、潮湿、溅水和有灰尘的环境下可靠工作。纯气动控制具有防火、防爆的特点 (5)对冲击载荷和过载载荷有较强的适应能力 (6)气缸的推力在1.7～48230N,常规速度在50～500mm/s范围之内,标准气缸活塞可达到1500mm/s,冲击气缸达到10m/s,特殊状况的高速甚至可达32m/s。气缸的平稳低速目前可达3mm/s,如与液压阻尼缸组合使用,气缸的最低速度可达0.5mm/s (7)气动元件可靠性高、使用寿命长。阀的寿命大于3000万次,高的可达1亿次以上;气缸的寿命在5000km以上,高的可超过10000km (8)气动技术在与其他学科技术(计算机、电子、通信、仿生、传感、机械等)结合时有良好的相容性和互补性,如工控机、气动伺服定位系统、现场总线、以太网AS-i、仿生气动肌腱、模块化的气动机械手等
缺点	(1)由于空气具有压缩性,气缸的动作速度易受载荷的变化而变化。采用气液联动方式可以克服这一缺陷 (2)气缸在低速运动时,由于摩擦力占推力的比例较大,气缸的低速稳定性不如液压缸 (3)虽然在许多应用场合,气缸的输出力能满足工作要求,但其输出力比液压缸小

表 21-1-2　　气动、液压、电气和机械四种传动与控制的比较

传动方式	气　动	液　压	电　气	机　械
能量的产生和取用	(1)有静止的空压机房(站)或可移动的空压机 (2)可根据所需压力和容量来选择压缩机的类型 (3)用于压缩机的空气取之不尽	(1)有静止的液压泵站或可移动的液压泵站 (2)可根据所需压力和容量来选择泵的类型	主要是水力、火力和核能发电站	靠其他原动机实现
能量的储存	(1)可储存大量的能量,而且是相对经济的储存方式 (2)储存的能量可以作驱动甚至作高速驱动的补充能源	(1)能量的储存能力有限,需要压缩气体作为辅助介质,储存少量能量时比较经济 (2)储存的能量可以作驱动甚至作高速驱动的补充能源	(1)能量储存很困难,而且很复杂 (2)电池、蓄电池能量很小,但携带方便	靠飞轮等可以存储部分能量
能量的输送	通过管道输送较容易,输送距离可达1000m,但有压力损失	可通过管道输送,输送距离可达1000m,但有压力损失	很容易实现远距离的能量传送	近距离、当地实现能量传送
能量的成本	与液压、电气相比,产生气动能量的成本最高(空压机效率低)	介于气动和电气之间	成本最低	视原动机而定

续表

传动方式	气动	液压	电气	机械
泄漏	(1)能量的损失 (2)压缩空气可以排放在空气中,一般无危害	(1)能量的损失 (2)液压油的泄漏会造成危险事故并污染环境	与其他导电体接触时,会有能量损失,此时碰到高压有致命危险并可能造成重大事故	无
环境的影响	(1)压缩空气对温度变化不敏感,一般无隔离保护措施,−40~+80℃(高温气缸+150℃) (2)无着火和爆炸的危险 (3)湿度大时,空气中含水量较大,需过滤排水 (4)对环境有腐蚀作用的环境下气缸或阀应采取保护措施,或用耐蚀材料制成气缸或阀 (5)有扰人的排气噪声,但可通过安装消声器大大降低排气噪声	(1)油液对温度敏感,油温升高时,黏度变小,易产生泄漏,−20~+80℃(高温油缸+220℃) (2)泄漏的油易燃 (3)液压的介质是油,不受温度变化的影响 (4)对环境有腐蚀作用的环境下液压缸和阀应采取保护措施或采用耐蚀材料制成液压缸或阀 (5)高压泵的噪声很大,且通过硬管传播	(1)当绝缘性能良好时,对温度变化不敏感 (2)在易燃、易爆区域应采取保护措施 (3)电子元件不能受潮 (4)在对环境有腐蚀作用的环境下,电气元件应采取隔离保护措施。就总体而言,电子元件的抗腐蚀性最差 (5)在较多电流线圈和接触电气频繁的开关中,有噪声和激励噪声,但可控制在车间范围内	有一定的噪声
防振	稍加措施,便能防振	稍加措施,便能防振	电气的抗振性能较弱,防振也较麻烦	可防振
元件的结构	气动元件结构最简单	液压元件结构比气动稍复杂(表现在制造加工精度)	电气元件最为复杂(主要表现在更新换代)	稍复杂
与其他技术的相容性	气动能与其他相关技术相容,如电子计算机、通信、传感、仿生、机械等	能与相关技术相容,比气动稍差一些	与许多相关技术相容	与许多相关技术相容
操作难易性	不需很多专业知识就能很好地操作	与气动相比,液压系统更复杂,高压时必须要考虑安全性,应严格控制泄漏和密封问题	(1)需要专业知识,有偶然事故和短路的危险 (2)错误的连接很容易损坏设备和控制系统	易于操作
推力	(1)由于工作压力低,所以推力范围窄,推力取决于工作压力和气缸缸径,当推力为1N~50kN时,采用气动技术最经济 (2)保持力(气缸停止不动时),无能量消耗	(1)因工作压力高,所以推力范围宽 (2)超载时的压力由溢流阀设定,因此保持力时也有能量消耗	(1)推力需通过机械传动转换来传递,因此效率低 (2)超载能力差,空载时能量消耗大	由小到大均可
力矩	(1)力矩范围小 (2)超载时可以达到停止不动,无危害 (3)空载时也消耗能量	(1)力矩范围大 (2)超载能力由溢流阀限定 (3)空载时也消耗能量	(1)力矩范围窄 (2)过载能力差	由小到大均可
无级调速	容易达到无级调速,但低速平稳调节不及液压	容易达到无级调速,低速也很容易控制	稍困难	困难
维护	气动维护简单方便	液压维护简单方便	比气动、液压要复杂,电气工程师要有一定技术背景	中等

续表

传动方式	气　动	液　压	电　气	机　械
驱动的控制（直线、摆动和旋转运动）	（1）采用气缸可以很方便地实现直线运动，工作行程可达2000mm，具有较好的加速度和减速特性，速度为10～1500mm/s，最高可达30m/s （2）使用叶片、齿轮齿条制成的气缸很容易实现摆动运动。摆动角度最大可达360° （3）采用各种类型气马达可很容易实现旋转运动，实现反转方便	（1）采用液压缸可以很方便地实现直线运动，低速也很容易控制 （2）采用液压缸或摆动执行元件可很容易地实现摆动运动。摆动角度可达360°或更大 （3）采用各种类型的液压马达可很容易地实现旋转运动。与气动马达相比，液压马达转速范围窄，但在低速运行时很容易控制	（1）采用电流线圈或直线电动机仅做短距离直线移动，但通过机械机构可将旋转运动变为直线运动 （2）需通过机械机构将旋转运动转化为摆动运动 （3）对旋转运动而言，其效率最高	可实现摆动、直线、旋转等运动

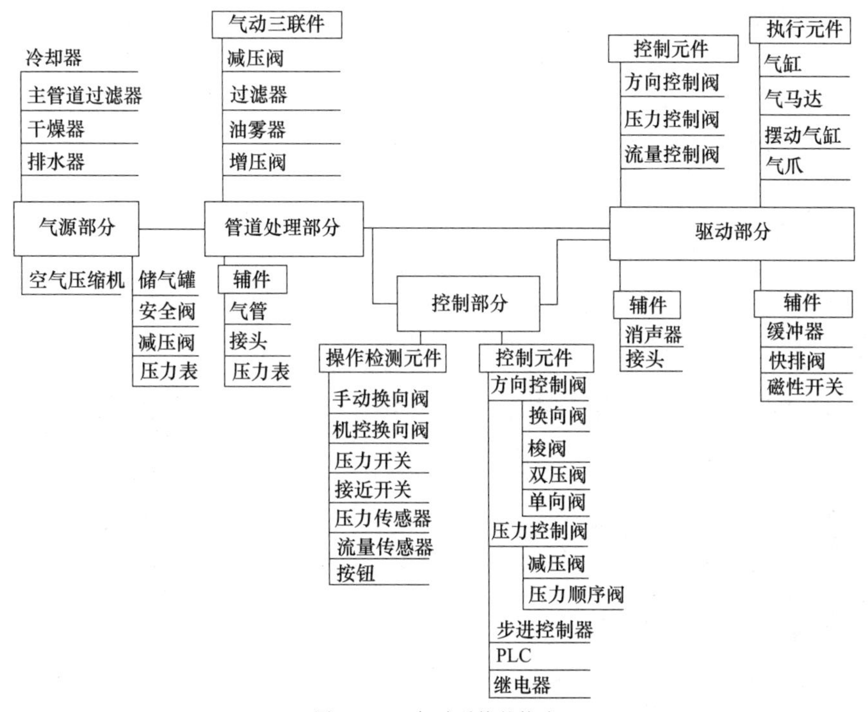

图 21-1-1　气动系统的构成

表 21-1-3　气动系统的构成

气动系统按功能可分为气源部分、管道处理部分、驱动部分及控制部分四个部分	
气源部分	气源部分是产生气动系统所需要的清洁压缩空气的设备。主要以空气压缩机产生的压缩空气存入储气罐为开始，安全阀、减压阀和压力表为安全保障，经过冷却、过滤、干燥和排水等过程为气动系统提供相对纯净的压缩空气
管道处理部分	管道处理部分完成设备级压缩气体的过滤、减压、增压及增加油雾以供润滑等功能。主要由气动三联件、增压阀及接头、压力表等组成
驱动部分	驱动部分作为气动系统的核心部分，实现气动系统中执行机构的操作。主要包含控制元件、执行元件及其相应辅件。控制元件由方向控制阀、压力控制阀和流量控制阀等组成；执行元件包含气缸、气马达、摆动气缸和气爪等
控制部分	控制部分完成气动系统的逻辑功能及信号的检测、输入及输出。可由电气系统构成，如 PLC 和继电器等；也可由方向控制阀、压力控制阀及气动步进控制器等气动元件构成。由手动换向阀、机控换向阀、接近开关及传感器等实现信号的检测和输入

1.2 空气的性质

1.2.1 空气在不同压力和温度下的密度

表 21-1-4 空气在不同压力和温度下的密度

压力		0.01atm=1.01325×10^{-3}MPa	0.1atm=1.01325×10^{-2}MPa	0.4atm=4.053×10^{-2}MPa	0.7atm=7.09275×10^{-2}MPa	1atm=0.101325MPa	4atm=0.4053MPa	7atm=0.709275MPa	10atm=1.01325MPa	40atm=4.053MPa	70atm=7.09275MPa	100atm=10.1325MPa
温度		密度 ρ /kg·m^{-3}										
T/K	t/℃											
50	−223.15	0.070688	—	—	—	—	—	—	—	—	—	—
60	−213.15	0.058876	—	—	—	—	—	—	—	—	—	—
70	−203.15	0.050452	—	—	—	—	—	—	—	—	—	—
80	−193.15	0.044138	0.44275	—	—	—	—	—	—	—	—	—
90	−183.15	0.039231	0.39319	1.58479	2.7952	—	—	—	—	—	—	—
100	−173.15	0.035305	0.35366	1.42264	2.5041	3.5985	—	—	—	—	—	—
110	−163.15	0.032094	0.32136	1.29102	2.2693	3.2564	13.68	25.367	38.971	—	—	—
120	−153.15	0.029419	0.29449	1.18195	2.0756	2.9754	12.35	22.539	33.797	—	—	—
130	−143.15	0.027155	0.27177	1.09003	1.9128	2.7401	11.28	20.373	30.137	—	—	—
140	−133.15	0.025216	0.25231	1.01147	1.7739	2.5398	10.39	18.643	27.343	—	—	—
150	−123.15	0.023533	0.23546	0.94353	1.6542	2.3673	9.645	17.210	25.093	137.8	—	—
160	−113.15	0.022063	0.22072	0.88418	1.5496	2.2169	9.001	16.001	23.232	114.8	—	—
170	−103.15	0.020765	0.20773	0.83189	1.4576	2.0848	8.442	14.963	21.656	101.1	—	—
180	−93.15	0.019612	0.19617	0.78546	1.3759	1.9676	7.951	14.059	20.299	91.33	181.8	282.3
190	−83.15	0.018578	0.18587	0.74396	1.3080	1.8630	7.515	13.265	19.115	83.81	160.81	244.4
200	−73.15	0.017650	0.17654	0.70662	1.2374	1.7690	7.126	12.559	18.071	77.75	145.67	217.75
210	−63.15	0.016810	0.16812	0.67287	1.1782	1.6842	6.776	11.930	17.142	72.69	133.97	197.90
220	−53.15	0.016043	0.16048	0.64220	1.1244	1.6071	6.460	11.361	16.309	68.38	124.5	182.31
230	−43.15	0.015347	0.15350	0.61422	1.0753	1.5368	6.172	10.846	15.556	64.64	116.6	169.62
240	−33.15	0.014708	0.14710	0.58858	1.0303	1.4728	5.909	10.378	14.874	61.34	109.9	159.01
250	−23.15	0.014120	0.14121	0.56499	0.9890	1.4133	5.669	9.949	14.251	58.42	104.1	149.93
260	−13.15	0.013577	0.13577	0.54322	0.9509	1.3587	5.446	9.554	13.679	55.79	98.93	142.05
270	−3.15	0.013074	0.13074	0.52307	0.9156	1.3082	5.242	9.191	13.153	53.41	94.37	135.14
280	6.85	0.012607	0.12607	0.50436	0.8828	1.2614	5.052	8.855	12.668	51.26	90.27	128.97
290	16.85	0.012171	0.12173	0.48696	0.8522	1.2177	4.876	8.543	12.218	49.29	86.57	123.45
300	26.85	0.011767	0.11767	0.47071	0.8238	1.1769	4.712	8.253	11.799	47.48	83.19	118.45
310	36.85	0.011386	0.11336	0.45550	0.7972	1.1389	4.558	7.982	11.410	45.80	80.12	113.90
320	46.85	0.011031	0.11031	0.44126	0.7722	1.1032	4.414	7.728	11.045	44.25	77.28	109.75
330	56.85	0.010696	0.10696	0.42787	0.7488	1.0697	4.280	7.492	10.704	42.81	74.66	105.92
340	66.85	0.010382	0.10382	0.41529	0.7268	1.0382	4.153	7.268	10.383	41.47	72.23	102.38
350	76.85	0.010086	0.10086	0.40340	0.7060	1.0086	4.0338	7.059	10.082	40.210	69.97	99.11
360	86.85	0.009805	0.09805	0.39219	0.6863	0.9805	3.9210	6.860	9.797	39.032	67.86	96.06
370	96.85	0.009540	0.09540	0.38159	0.6677	0.9539	3.8145	6.673	9.530	37.925	65.88	93.21

续表

压力		0.01atm=1.01325×10^{-3}MPa	0.1atm=1.01325×10^{-2}MPa	0.4atm=4.053×10^{-2}MPa	0.7atm=7.09275×10^{-2}MPa	1atm=0.101325MPa	4atm=0.4053MPa	7atm=0.709275MPa	10atm=1.01325MPa	40atm=4.053MPa	70atm=7.09275MPa	100atm=10.1325MPa
温度		密度 ρ /kg·m^{-3}										
T/K	t/℃											
380	106.85	0.009289	0.09289	0.37154	0.6501	0.9288	3.7135	6.496	9.275	36.881	64.03	90.55
390	116.85	0.009051	0.09051	0.36201	0.6335	0.9050	3.6178	6.328	9.034	35.899	62.29	88.04
400	126.85	0.008825	0.08825	0.35296	0.6177	0.8822	3.5270	6.169	8.807	34.968	60.63	85.69
410	136.85	0.008609	0.08609	0.34434	0.6026	0.8608	3.4406	6.017	8.590	34.086	59.08	83.47
420	146.85	0.008405	0.08405	0.33614	0.5882	0.8402	3.3584	5.873	8.384	33.251	57.60	81.37
430	156.85	0.008209	0.08208	0.32833	0.5745	0.8207	3.2801	5.736	8.187	32.457	56.21	79.38
440	166.85	0.008022	0.08022	0.32085	0.5614	0.8021	3.2053	5.604	8.000	31.700	54.89	77.49
450	176.85	0.007844	0.07844	0.31373	0.5490	0.7842	3.1339	5.480	7.820	30.980	53.62	75.71
460	186.85	0.007674	0.07673	0.30690	0.5370	0.7672	3.0657	5.360	7.650	30.293	52.43	74.00
470	196.85	0.007510	0.07510	0.30037	0.5266	0.7509	3.0002	5.246	7.487	29.638	51.28	72.37
480	206.85	0.007353	0.07354	0.29411	0.5146	0.7351	2.9377	5.136	7.329	29.009	50.18	70.82
490	216.85	0.007203	0.07203	0.28811	0.5042	0.7201	2.8775	5.031	7.179	28.409	49.15	69.35
500	226.85	0.007060	0.07060	0.28235	0.4941	0.7057	2.8191	4.930	7.035	27.834	48.14	67.92
510	236.85	0.006922	0.06922	0.27681	0.4844	0.6919	2.7645	4.833	6.897	27.282	47.18	66.58
520	246.85	0.006788	0.06788	0.27149	0.4751	0.6786	2.7114	4.740	6.764	26.752	46.26	65.27
530	256.85	0.006660	0.06660	0.26637	0.4661	0.6658	2.6602	4.650	6.636	26.242	45.37	64.03
540	266.85	0.006536	0.06536	0.26143	0.4575	0.6535	2.6108	4.564	6.513	25.753	44.53	62.83
550	276.85	0.006417	0.06417	0.25668	0.4492	0.6416	2.5633	4.480	6.394	25.281	43.72	61.68
560	286.85	0.006304	0.06304	0.25209	0.4412	0.6301	2.5174	4.400	6.279	24.828	42.93	60.57
570	296.85	0.006192	0.06192	0.24767	0.4334	0.6190	2.4733	4.324	6.169	24.391	42.17	59.51
580	306.85	0.006086	0.06085	0.24340	0.4259	0.6084	2.4307	4.249	6.063	23.969	41.44	58.47
590	316.85	0.005983	0.05983	0.23928	0.4187	0.5980	2.3894	4.176	5.960	23.562	40.73	57.47
600	326.85	0.005883	0.05983	0.23528	0.4117	0.5881	2.3496	4.107	5.860	23.167	40.054	56.52
610	336.85	0.005786	0.05786	0.23143	0.4050	0.5785	2.3110	4.039	5.764	22.787	39.398	55.60
620	346.85	0.005693	0.05693	0.22769	0.3984	0.5691	2.2738	3.975	5.671	22.420	38.764	54.71
630	356.85	0.005603	0.05603	0.22408	0.3920	0.5601	2.2376	3.911	5.581	22.063	35.150	53.84
640	366.85	0.005515	0.05515	0.22058	0.38597	0.5514	2.2027	3.8504	5.494	21.719	37.555	53.00
650	376.85	0.005431	0.05431	0.21719	0.38004	0.5428	2.1688	3.7912	5.410	21.386	36.980	52.19
660	386.85	0.005348	0.05348	0.21389	0.37427	0.5347	2.1360	3.7336	5.327	21.062	36.421	51.41
670	396.85	0.005268	0.05268	0.21070	0.36868	0.5267	2.1040	3.6779	5.248	20.748	35.881	50.65
680	406.85	0.005190	0.05190	0.20761	0.36327	0.5189	2.0731	3.6239	5.171	20.443	35.357	49.91
690	416.85	0.005115	0.05115	0.20460	0.35800	0.5114	2.0431	3.5714	5.096	20.148	34.847	49.20
700	426.85	0.005043	0.05043	0.20167	0.35288	0.5040	2.0139	3.5204	5.023	19.861	34.352	48.50
710	436.85	0.004972	0.04972	0.19883	0.34793	0.4969	1.9856	3.4703	4.952	19.582	33.872	47.83
720	446.85	0.004902	0.04902	0.19608	0.34308	0.4901	1.9580	3.4227	4.884	19.311	33.404	47.17
730	456.85	0.004836	0.04835	0.19339	0.33839	0.4833	1.9312	3.3759	4.817	19.048	32.950	46.52
740	466.85	0.004770	0.04770	0.19077	0.33381	0.4769	1.9050	3.3302	4.752	18.792	32.510	45.85

续表

压力		0.01atm=1.01325×10^{-3}MPa	0.1atm=1.01325×10^{-2}MPa	0.4atm=4.053×10^{-2}MPa	0.7atm=7.09275×10^{-2}MPa	1atm=0.101325MPa	4atm=0.4053MPa	7atm=0.709275MPa	10atm=1.01325MPa	40atm=4.053MPa	70atm=7.09275MPa	100atm=10.1325MPa
温度		密度 ρ /kg·m^{-3}										
T/K	t/℃											
750	476.85	0.004707	0.04707	0.18823	0.32936	0.4705	1.8797	3.2859	4.689	18.542	32.079	45.31
760	486.85	0.004645	0.04645	0.18576	0.32503	0.4643	1.8550	3.2427	4.626	18.300	31.661	44.71
770	496.85	0.004584	0.04584	0.18334	0.32082	0.4582	1.8309	3.2005	4.567	18.064	31.254	44.14
780	506.85	0.004562	0.04526	0.18099	0.31670	0.4524	1.8074	3.1595	4.509	17.832	30.857	43.59
790	516.85	0.004469	0.04469	0.17870	0.31268	0.4466	1.7849	3.1196	4.452	17.609	30.470	43.04
800	526.85	0.004412	0.044121	0.17646	0.30878	0.4411	1.7623	3.0807	4.396	17.390	30.094	42.514
850	576.85	0.004153	0.041526	0.16609	0.29062	0.4152	1.6587	2.8996	4.188	16.374	28.345	40.057
900	626.85	0.003922	0.039219	0.15686	0.27447	0.3920	1.5665	2.7387	3.909	15.470	26.792	37.873
950	676.85	0.003716	0.037155	0.14861	0.26003	0.37144	1.4842	2.5947	3.703	14.662	25.399	35.919
1000	726.85	0.003530	0.035297	0.14117	0.24703	0.35287	1.4101	2.4652	3.518	13.935	24.147	34.161
1050	776.85	0.003362	0.033616	0.13445	0.23527	0.33607	1.3429	2.3479	3.352	13.277	23.013	32.568
1100	826.85	0.003209	0.032088	0.12835	0.22456	0.32079	1.2819	2.2414	3.199	12.678	21.983	31.118
1150	876.85	0.003070	0.030693	0.12276	0.21481	0.30685	1.2262	2.1441	3.061	12.131	21.042	29.794
1200	926.85	0.002942	0.029414	0.11765	0.20586	0.29406	1.1752	2.0549	2.933	11.630	20.178	28.580
1250	976.85	0.002824	0.028237	0.11295	0.19763	0.28102	1.1282	1.9728	2.816	11.169	19.383	27.460
1300	1026.85	0.002715	0.027151	0.10860	0.19004	0.27145	1.0849	1.8970	2.708	10.742	18.648	26.427
1350	1076.85	0.002615	0.026147	0.10458	0.18299	0.26140	1.0446	1.8269	2.608	10.348	17.967	25.468
1400	1126.85	0.002521	0.025213	0.10084	0.17646	0.25206	1.0074	1.7618	2.515	9.982	17.334	24.577
1450	1176.85	0.002435	0.024343	0.09737	0.17037	0.24338	0.9729	1.7011	2.428	9.611	16.746	23.747
1500	1226.85	0.002353	0.023532	0.09412	0.16469	0.23527	0.9403	1.6445	2.347	9.321	16.195	22.972
1550	1276.85	0.002277	0.022776	0.09108	0.15938	0.22768	0.9100	1.5915	2.263	9.024	15.681	22.244
1600	1326.85	0.002206	0.022064	0.08824	0.15440	0.22057	0.8816	1.5418	2.201	8.743	15.197	21.561
1650	1376.85	0.002139	0.021395	0.08556	0.14972	0.21388	0.8548	1.4951	2.133	8.480	14.742	20.920
1700	1426.85	0.002077	0.020764	0.08305	0.14532	0.20758	0.8297	1.4512	2.071	8.233	14.314	20.316
1750	1476.85	0.002017	0.020169	0.08067	0.14117	0.20166	0.8061	1.4098	2.013	8.000	13.910	19.747
1800	1526.85	0.001960	0.019608	0.07844	0.13724	0.19605	0.7837	1.3706	1.956	7.779	13.529	19.211
1850	1576.85	0.001907	0.019078	0.07631	0.13353	0.19075	0.7625	1.3336	1.905	7.571	13.170	18.701
1900	1626.85	0.001857	0.018573	0.07430	0.13001	0.18573	0.7425	1.2986	1.854	7.373	12.83	18.218
1950	1676.85	0.001808	0.018095	0.07238	0.12668	0.18096	0.7235	1.2654	1.806	7.185	12.50	17.759
2000	1726.85	0.001762	0.017640	0.07057	0.12350	0.17644	0.7053	1.2337	1.761	7.007	12.19	17.324
2050	1776.85	0.001717	0.017205	0.06884	0.12047	0.17210	0.6880	1.2037	1.718	6.836	11.90	16.908
2100	1826.85	0.001676	0.016790	0.06719	0.11759	0.16799	0.6716	1.1750	1.677	6.675	11.62	16.512
2150	1876.85	0.001634	0.016392	0.06561	0.11485	0.16406	0.6560	1.1477	1.638	6.521	11.35	16.134
2200	1926.85	0.001594	0.016010	0.06411	0.11221	0.16032	0.6411	1.1216	1.602	6.373	11.10	15.774
2250	1976.85	0.001555	0.015644	0.06266	0.10969	0.15670	0.6267	1.0965	1.566	6.232	10.85	15.427
2300	2026.85	0.01517	0.015290	0.06126	0.10726	0.15325	0.6130	1.0726	1.532	6.098	10.62	15.097
2350	2076.85	—	0.014946	0.05993	0.10493	0.14994	0.5998	1.0496	1.499	5.969	10.39	14.779
2400	2126.85	—	0.014613	0.05864	0.10268	0.14673	0.5873	1.0276	1.468	5.844	10.18	14.475

续表

压力		0.01atm=1.01325×10^{-3}MPa	0.1atm=1.01325×10^{-2}MPa	0.4atm=4.053×10^{-2}MPa	0.7atm=7.09275×10^{-2}MPa	1atm=0.101325 MPa	4atm=0.4053 MPa	7atm=0.709275 MPa	10atm=1.01325 MPa	40atm=4.053 MPa	70atm=7.09275 MPa	100atm=10.1325 MPa
温度		密度 ρ /kg·m^{-3}										
T/K	t/℃											
2450	2176.85	—	0.014287	0.05738	0.10052	0.14366	0.5753	1.0064	1.438	5.725	9.975	14.185
2500	2226.85	—	0.013969	0.05617	0.09843	0.14068	0.5634	0.9859	1.408	5.610	9.775	13.904
2550	2276.85	—	0.013657	0.05499	0.09638	0.13780	0.5521	0.9664	1.380	5.501	9.585	13.634
2600	2326.85	—	0.013351	0.05384	0.09440	0.13501	0.5411	0.9474	1.354	5.395	9.402	13.374
2650	2376.85	—	0.013047	0.05272	0.09248	0.13228	0.5305	0.9290	1.327	5.292	9.226	13.124
2700	2426.85	—	0.012745	0.05162	0.09060	0.12961	0.5203	0.9113	1.302	5.194	9.055	12.882
2750		—	0.012448	0.05054	0.08877	0.12704	0.5104	0.9341	1.277	5.100	8.890	12.651
2800	2526.85	—	0.012152	0.04948	0.08697	0.12452	0.5008	0.8774	1.254	5.007	8.731	12.426
2850	2576.85	—	0.011858	0.04844	0.08520	0.12204	0.4914	0.8612	1.231	4.917	8.577	12.207
2900	2626.85	—	0.011567	0.04740	0.08347	0.11959	0.4822	0.8454	1.209	4.831	8.427	11.995
2950	2676.85	—	0.011279	0.04638	0.08173	0.11718	0.4732	0.8300	1.187	4.745	8.281	11.790
3000	2726.85	—	0.010996	0.04537	0.08003	0.11477	0.4645	0.8149	1.165	4.664	8.140	11.591

1.2.2　干空气的物理特性参数

实际计算时，空气可以被看作是理想的气体，在标准状态下具有以下的数据。

表 21-1-5　　空气的一些基本参数

参数	数值
气体状态常数	$R=287\text{J}/(\text{kg}\cdot\text{K})$
摩尔质量	$M=29\text{kg/kmol}$
比定压热容	$c_p=1005\text{J}/(\text{kg}\cdot\text{K})$
比定容热容	$c_V=718\text{J}/(\text{kg}\cdot\text{K})$
等熵指数	$\kappa=1.4(=c_p/c_V)$
在+20℃和101kPa(NPT)的密度	$\rho=1.2\text{kg/m}^3$
在标准状态下(NPT)的动力黏度	$\mu=1.85\times10^{-5}\text{Pa}\cdot\text{s}$
在标准状态下(NPT)的运动黏度	$\nu=15.1\times10^{-6}\text{m}^2/\text{s}$
在+20℃时的声速	$C=342\text{m/s}$

当温度不同时，气体的一些参数将发生改变，表 21-1-6 给出了空气参数的变化情况。

表 21-1-6　　空气参数随温度的变化

温度 t /℃	密度 ρ /kg·m^{-3}	比热容 c /kJ·kg^{-1}·$℃^{-1}$	热导率 λ /10^2W·m^{-1}·$℃^{-1}$	黏度 μ /10^5Pa·s	普朗特数 Pr
−50	1.584	1.013	2.035	1.46	0.728
−40	1.515	1.013	2.117	1.52	0.728
−30	1.453	1.013	2.198	1.57	0.723
−20	1.395	1.009	2.279	1.62	0.716
−10	1.342	1.009	2.36	1.67	0.712
0	1.293	1.009	2.442	1.72	0.707
10	1.247	1.009	2.512	1.77	0.705
20	1.205	1.013	2.593	1.81	0.703
30	1.165	1.013	2.675	1.86	0.701
40	1.128	1.013	2.756	1.91	0.699
50	1.093	1.017	2.826	1.96	0.698
60	1.06	1.017	2.896	2.01	0.696

续表

温度 t /℃	密度 ρ /$kg \cdot m^{-3}$	比热容 c /$kJ \cdot kg^{-1} \cdot ℃^{-1}$	热导率 λ /$10^2 W \cdot m^{-1} \cdot ℃^{-1}$	黏度 μ /$10^5 Pa \cdot s$	普朗特数 Pr
70	1.029	1.017	2.966	2.06	0.694
80	1	1.022	3.047	2.11	0.692
90	0.972	1.022	3.128	2.15	0.69
100	0.946	1.022	3.21	2.19	0.688
120	0.898	1.026	3.338	2.29	0.686
140	0.854	1.026	3.489	2.37	0.684
160	0.815	1.026	3.64	2.45	0.682
180	0.779	1.034	3.78	2.53	0.681
200	0.746	1.034	3.931	2.6	0.68
250	0.674	1.043	4.268	2.74	0.677
300	0.615	1.047	4.605	2.97	0.674
350	0.566	1.055	4.908	3.14	0.676
400	0.524	1.068	5.21	3.31	0.678
500	0.456	1.072	5.745	3.62	0.687
600	0.404	1.089	6.222	3.91	0.699
700	0.362	1.102	6.711	4.18	0.706
800	0.329	1.114	7.176	4.43	0.713
900	0.301	1.127	7.63	4.67	0.717
1000	0.277	1.139	8.071	4.9	0.719
1100	0.257	1.152	8.502	5.12	0.722
1200	0.239	1.164	9.153	5.35	0.724

注：Pr 普朗特数（Prandtl number）表示速度边界层和热边界层相对厚度的一个参数，反映与传热有关的流体物性。

$$Pr=\frac{\nu}{\alpha}=\frac{\text{viscous diffusion rate}}{\text{thermal diffusion rate}}=\frac{\mu/\rho}{\lambda/(c_p\rho)}=\frac{c_p\mu}{\lambda}$$

式中，ν 为运动粘度，m^2/s；α 为热扩散系数，m^2/s；μ 为动力黏度，$N \cdot s/m^2$；λ 为热导率，$W/(m \cdot K)$；c_p 为比热容，$J/(kg \cdot K)$；ρ 为密度，kg/m^3。

1.2.3 加在十次方倍数前面的序数

表 21-1-7 加在十次方倍数前面的序数

倍增因子	前缀	符号
10^{12}=1 000 000 000 000	Tera	T
10^9=1 000 000 000	Giga	G
10^6=1 000 000	Mega	M
10^3=1 000	Kilo	k
10^2=100	Hecto	h
10^1=10	Deca	da
10^0=1		
10^{-1}=0.1	Deci	d
10^{-2}=0.01	Centi	c
10^{-3}=0.001	Milli	m
10^{-6}=0.000001	Micro	μ
10^{-9}=0.000000001	Nano	n
10^{-12}=0.000000000001	Pico	p
10^{-15}=0.000000000000001	Femto	f
10^{-18}=0.000000000000000001	Atto	a

1.2.4　不同应用技术所使用的压力（物理、气象、气动、真空）

图 21-1-2 说明了各种压力指示方法，使用 101325Pa 的标准大气压作为参考。注意这不是 1bar，但是对于正常的气动计算，其值可以按 1bar 计算。

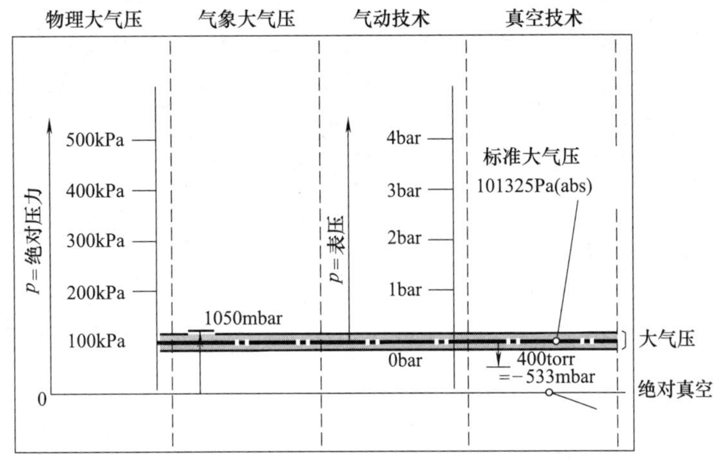

图 21-1-2　不同应用技术所使用的压力

1.2.5　气动常用单位之间的换算关系

表 21-1-8　气动常用单位之间的换算关系

其他单位	SI 单位	近似转换	精度	精确转换
长度				
英寸(in)	毫米(mm)	÷4 然后×100	1.6%	×25.4
英尺(ft)	米(m)	÷3	1.6%	×0.305
码(yd)	米(m)	×1	9%	×12 然后÷13
n/16 英寸	毫米(mm)	“n”×3 然后÷2	5.5%	×1.6
n/1000 英寸	毫米(mm)	“n”÷4 然后÷10	1.6%	×0.0254
英里(mi)	公里(km)	×1.5	6.8%	×1.609
质量				
磅(1b)	千克(kg)	÷2	1.0%	×0.45
磅(1b)	克(g)	×1000 然后÷2	1.0%	×454
盎司(oz)	克(g)	×30	6%	×28.4
英吨,长吨(UK)	吨(t)	×1 然后÷2	1.6%	×1.02
美吨,短吨(USA)	吨(t)	×9 然后－10	0.8%	×0.91
力(重量)				
磅力(1bf)	牛顿(N)	×4	10%	×9 然后÷2
千磅(kp)	牛顿(N)	×10	2%	×9.8
扭矩				
磅-力英尺(1bf ft)	牛顿·米(N·m)	×3 然后÷2	10%	×1.36
磅-力英寸(1bf in)	牛顿·米(N·m)	÷10	11%	×0.11
压力				
1bf/in^2(psig)	巴(bar)	×7 然后÷100	1.5%	÷14.5
1bf/in^2(psig)	千帕(kPa)	×7	1.5%	×6.9
1bf/in^2(psig)	兆帕(MPa)	×7 然后÷1000	1.5%	×6.9 然后÷100
kgf/cm^{2}①	巴(bar)	×1	2.0%	×0.98
kgf/cm^{2}①	N/m^2	×100000	2.0%	×98070

续表

其他单位	SI单位	近似转换	精度	精确转换
压力				
$kgf/cm^2$①	千帕(kPa)	×100	2.0%	×98
$kgf/cm^2$①	兆帕(MPa)	÷10	2.0%	×0.098
大气压(标准)	巴(bar)	×1	1.3%	×1.013
大气压(标准)	N/m^2	×100000	1.3%	×101300
大气压(标准)	千帕(kPa)	×100	1.3%	×101.3
大气压(标准)	兆帕(MPa)	÷10	1.3%	×0.101
英寸水柱(inH_2O)	毫巴(mbar)	×10然后÷4	0.6%	×2.49
毫米水柱(mmH_2O)	毫巴(mbar)	÷10	2.0%	×0.098
毫米汞柱(mmHg)	毫巴(mbar)	×9然后÷7	0.04%	×1.33
托	毫巴(mbar)	×9然后÷7	0.04%	×1.33
$Tons/in^2$	巴(bar)	×1000然后÷7	7.5%	×154
$Tons/ft^2$	巴(bar)	×1	1.5%	×1.07
体积				
加仑(英制)(gal)	升(L)	×5	10%	×4.54
加仑(美制)(gal)	升(L)	×4	5.7%	×3.79
品脱(英制)(pt)	升(L)	×6然后÷10	5.6%	×0.57
品脱(美制)(pt)	升(L)	÷2	5.7%	×0.47
液盎司(英制)(floz)	立方厘米(cm^3)	×30	5.6%	×28.4
液盎司(美制)(floz)	立方厘米(cm^3)	×30	1.4%	×29.6
流量				
每分钟立方英尺(cfm)	每秒立方分米(dm^3/s)②	÷2	5.9%	×0.472
每分钟立方英尺(cfm)	每秒立方米(m^3/s)	÷2然后÷1000	5.9%	×0.472然后÷1000
每小时立方英尺	每秒立方分米(dm^3/s)②	×8然后÷1000	1.7%	×7.9然后÷1000
每分钟升(L/m)	每秒立方分米(dm^3/s)②	×2然后÷100	20%	÷60
每小时立方米(m^3/h)	每秒立方分米(dm^3/s)②	÷4	10%	×0.28
功率				
马力(hp)	瓦特(W)	×3然后÷4然后×1000	0.6%	×746
马力(hp)	千瓦(kW)	×3然后÷4	0.6%	×0.746
能,功				
英尺-磅力(ft·1bf)	焦耳(J)	×9÷7	5.5%	×1.35
千克力-米(kgf·m)	焦耳(J)	×10	1.3%	×9.807
英制热量单位(Btu)	焦耳(J)	×1000	5.5%	×1055
温度				
华氏度(℉)	摄氏度(℃)	−32÷2	10%(在0～400℉之间)	+40×5÷9−40

① 也称作工业大气压。

② 在百万分之28范围内1L等于$1dm^3$并且对于大多数实际用途可以认为是相等的。

1.2.6 不同海拔高度气体的压力和温度

根据大气压力和空气密度计算公式，以及空气湿度经验公式，可得出大气压、空气密度、湿度与海拔高度的关系。

绝对湿度是指每单位容积的气体所含水分的质量，用mg/L或g/m^3表示；相对湿度是指绝对湿度与该温度饱和状态水蒸气含量之比，用百分数表达。

从表中可以看出：海拔高度每升高1000m，相对大气压力大约降低12%，相对空气密度降低约10%，绝对湿度随海拔高度的升高而降低。最高温度会降低5℃，平均温度也会降低5℃。

表21-1-9　　不同海拔高度气体的压力和温度

海拔高度/m	0	1000	2000	2500	3000	4000	5000
相对大气压力	1.000	0.881	0.774	0.724	0.677	0.591	0.514
相对空气密度	1.000	0.903	0.813	0.770	0.730	0.653	0.583

续表

绝对湿度/g·m^{-3}	11.00	7.64	5.30	4.42	3.68	2.54	1.77
最高气温/℃	40.0	37.5	35.0	32.5	30.0	27.5	25.0
平均气温/℃	20.0	17.5	15.0	12.5	10.0	7.5	5.0

注：标准状态下大气压力为 1，相对空气密度为 1，绝对湿度为 11g/m^3。

1.2.7　空气含湿量、温度与密度的关系

表 21-1-10　不同含湿量、温度下的空气密度　kg/m^3

H \ T/℃	−60	−55	−50	−45	−40	−35	−30	−25	−20	−15	−10	−5
0.000	1.6573	1.6193	1.5830	1.5482	1.5150	1.4832	1.4527	1.4234	1.3953	1.3682	1.3422	1.3172
0.001										1.3674	1.3414	1.3164
0.002												1.3156

H \ T/℃	0	5	10	15	20	25	30	35	40	45	50	55
0.000	1.2930	1.2698	1.2473	1.2257	1.2048	1.1846	1.1650	1.1461	1.1278	1.1101	1.0929	1.0762
0.005		1.2660	1.2436	1.2220	1.2012	1.1810	1.1615	1.1427	1.1244	1.1068	1.0896	1.0730
0.007			1.2422	1.2206	1.1998	1.1796	1.1602	1.1413	1.1231	1.1055	1.0883	1.0717
0.010				1.2185	1.1977	1.1776	1.1581	1.1393	1.1211	1.1035	1.0864	1.0699
0.015						1.1742	1.1548	1.1360	1.1179	1.1003	1.0833	1.0668
0.020							1.1515	1.1328	1.1147	1.0972	1.0802	1.0637
0.025							1.1482	1.1296	1.1115	1.0941	1.0771	1.0607
0.030								1.1264	1.1084	1.0910	1.0741	1.0577
0.035								1.1233	1.1054	1.0880	1.0711	1.0548
0.040									1.1024	1.0850	1.0682	1.0519
0.045									1.0994	1.0821	1.0654	1.0491
0.050										1.0792	1.0625	1.0463
0.055										1.0764	1.0597	1.0436
0.060										1.0736	1.0570	1.0409

H \ T/℃	60	65	70	75	80	85	90	95	100	105	110	115	120	125
0.000	1.0601	1.0444	1.0292	1.0144	1.0000	0.9860	0.9725	0.9592	0.9464	0.9339	0.9217	0.9098	0.8982	0.8869
0.007	1.0557	1.0400	1.0249	1.0102	0.9958	0.9819	0.9684	0.9553	0.9424	0.9300	0.9178	0.9060	0.8945	0.8833
0.010	1.0538	1.0382	1.0231	1.0084	0.9941	0.9802	0.9667	0.9536	0.9408	0.9283	0.9162	0.9044	0.8929	0.8817
0.020	1.0477	1.0322	1.0172	1.0026	0.9884	0.9746	0.9611	0.9481	0.9354	0.9230	0.9110	0.8992	0.8878	0.8766
0.030	1.0419	1.0264	1.0115	0.9969	0.9828	0.9691	0.9557	0.9428	0.9301	0.9178	0.9058	0.8942	0.8828	0.8717
0.040	1.0361	1.0208	1.0059	0.9915	0.9774	0.9638	0.9505	0.9376	0.9250	0.9128	0.9009	0.8893	0.8780	0.8669
0.050	1.0306	1.0154	1.0006	0.9862	0.9722	0.9586	0.9454	0.9326	0.9201	0.9079	0.8961	0.8845	0.8733	0.8623
0.060	1.0252	1.0101	0.9954	0.9810	0.9672	0.9536	0.9405	0.9277	0.9153	0.9032	0.8914	0.8799	0.8687	0.8578
0.070	1.0200	1.0049	0.9903	0.9761	0.9622	0.9488	0.9357	0.9230	0.9106	0.8986	0.8869	0.8754	0.8643	0.8534
0.080	1.0150	0.9999	0.9854	0.9712	0.9574	0.9441	0.9311	0.9184	0.9061	0.8941	0.8825	0.8711	0.8600	0.8492
0.090	1.0100	0.9951	0.9806	0.9665	0.9528	0.9395	0.9265	0.9140	0.9017	0.8898	0.8782	0.8668	0.8558	0.8451
0.100	1.0052	0.9904	0.9759	0.9619	0.9483	0.9350	0.9222	0.9096	0.8974	0.8856	0.8740	0.8627	0.8518	0.8411
0.110	1.0006	0.9858	0.9714	0.9574	0.9439	0.9307	0.9179	0.9054	0.8933	0.8815	0.8699	0.8587	0.8478	0.8372
0.120	0.9960	0.9813	0.9670	0.9531	0.9396	0.9265	0.9137	0.9013	0.8892	0.8775	0.8660	0.8548	0.8440	0.8334
0.130	0.9916	0.9769	0.9627	0.9489	0.9354	0.9224	0.9097	0.8973	0.8853	0.8736	0.8622	0.8510	0.8402	0.8297
0.140	0.9873	0.9727	0.9585	0.9448	0.9314	0.9184	0.9057	0.8934	0.8814	0.8698	0.8548	0.8474	0.8366	0.8261
0.150	0.9831	0.9686	0.9545	0.9407	0.9274	0.9145	0.9019	0.8896	0.8777	0.8661	0.8548	0.8438	0.8330	0.8226
0.160		0.9646	0.9505	0.9368	0.9236	0.9107	0.8981	0.8859	0.8740	0.8625	0.8512	0.8403	0.8296	0.8191

续表

H \ T/℃	60	65	70	75	80	85	90	95	100	105	110	115	120	125
0.170		0.9606	0.9466	0.9330	0.9138	0.9070	0.8945	0.8823	0.8705	0.8590	0.8478	0.8368	08262	0.8158
0.180		0.9568	0.9429	0.9293	0.9161	0.9034	0.8909	0.8788	0.8670	0.8556	0.8444	0.8335	0.8229	0.8126
0.190		0.9531	0.9392	0.9257	0.9126	0.8998	0.8874	0.8754	0.8636	0.8522	0.8411	0.8303	0.8197	0.8094
0.200		0.9494	0.9356	0.9222	0.9091	0.8964	0.8840	0.8720	0.8603	0.8490	0.8379	0.8271	0.8166	0.8063
0.210			0.9321	0.9187	0.9057	0.8930	0.8807	0.8688	0.8571	0.8458	0.8347	0.8240	0.8135	0.8033
0.220			0.9287	0.9153	0.9024	0.8898	0.8775	0.8656	0.8540	0.8427	0.8317	0.8210	0.8105	0.8003
0.230			0.9253	0.9120	0.8991	0.8866	0.8744	0.8625	0.8509	0.8397	0.8287	0.8180	0.8076	0.7975
0.240			0.9221	0.9088	0.8960	0.8834	0.8713	0.8594	0.8479	0.8367	0.8258	0.8151	0.8048	0.7947
0.250			0.9189	0.9057	0.8929	0.8804	0.8683	0.8565	0.8450	0.8338	0.8229	0.8123	0.8020	0.7919
0.260			0.9158	0.9026	0.8898	0.8774	0.8653	0.8536	0.8421	0.8310	0.8201	0.8196	0.7993	0.7892
0.270			0.9127	0.8996	0.8869	0.8745	0.8624	0.8507	0.8393	0.8282	0.8174	0.8069	0.7966	0.7866
0.280			0.9097	0.8967	0.8840	0.8716	0.8596	0.8479	0.8366	0.8255	0.8147	0.8042	0.7940	0.7840
0.290				0.8938	0.8811	0.8688	0.8569	0.8452	0.8339	0.8229	0.8121	0.8017	0.7915	0.7815
0.300				0.8910	0.8784	0.8661	0.8542	0.8426	0.8313	0.8203	0.8096	0.7991	0.7890	0.7791
0.325				0.8842	0.8717	0.8595	0.8477	0.8362	0.8250	0.8141	0.8034	0.7931	0.7830	0.7732
0.350				0.8778	0.8654	0.8535	0.8415	0.8301	0.8190	0.8082	0.7976	0.7873	0.7773	0.7675
0.375				0.8717	0.8594	0.8474	0.8357	0.8243	0.8133	0.8025	0.7921	0.7819	0.7719	0.7622
0.400					0.8537	0.8417	0.8301	0.8189	0.8079	0.7972	0.7868	0.7767	0.7668	0.7571

H \ T/℃	130	135	140	145	150	155	160	165	170	175	180	185	190	195
0.000	0.8759	0.8652	0.8547	0.8445	0.8345	0.8248	0.8152	0.8059	0.7968	0.7879	0.7792	0.7707	0.7624	0.7543
0.007	0.8723	0.8616	0.8512	0.8410	0.8310	0.8213	0.8119	0.8026	0.7935	0.7847	0.7760	0.7675	0.7593	0.7511
0.010	0.8708	0.8601	0.8497	0.8395	0.8296	0.8199	0.8104	0.8012	0.7921	0.7833	0.7746	0.7662	0.7579	0.7498
0.020	0.8657	0.8551	0.8448	0.8347	0.8248	0.8152	0.8058	0.7966	0.7876	0.7788	0.7702	0.7618	0.7536	0.7455
0.030	0.8609	0.8503	0.8400	0.8300	0.8202	0.8106	0.8012	0.7921	0.7832	0.7744	0.7659	0.7575	0.7493	0.7413
0.040	0.8652	0.8457	0.8354	0.8254	0.8157	0.8062	0.7969	0.7878	0.7789	0.7702	0.7617	0.7534	0.7452	0.7373
0.050	0.8516	0.8412	0.8310	0.8210	0.8113	0.8019	0.7926	0.7835	0.7747	0.7661	0.7576	0.7493	0.7412	0.7333
0.060	0.8472	0.8368	0.8266	0.8168	0.8071	0.7977	0.7885	0.7795	0.7707	0.7621	0.7537	0.7454	0.7374	0.7295
0.070	0.8428	0.8325	0.8224	0.8126	0.8030	0.7936	0.7845	0.7755	0.7667	0.7582	0.7498	0.7416	0.7336	0.7258
0.080	0.8387	0.8284	0.8184	0.8086	0.7990	0.7897	0.7806	0.7716	0.7629	0.7544	0.7461	0.7379	0.7300	0.7222
0.090	0.8346	0.8244	0.8144	0.8046	0.7951	0.7858	0.7768	0.7679	0.7592	0.7508	0.7425	0.7344	0.7264	0.7187
0.100	0.8306	0.8204	0.8105	0.8008	0.7914	0.7821	0.7731	0.7642	0.7556	0.7472	0.7398	0.7309	0.7230	0.7153
0.110	0.8268	0.8166	0.8068	0.7971	0.7877	0.7785	0.7695	0.7607	0.7521	0.7437	0.7355	0.7275	0.7196	0.7119
0.120	0.8230	0.8129	0.8031	0.7935	0.7841	0.7749	0.7660	0.7573	0.7487	0.7404	0.7322	0.7242	0.7164	0.7087
0.130	0.8194	0.8093	0.7995	0.7900	0.7806	0.7715	0.7626	0.7539	0.7454	0.7371	0.7289	0.7210	0.7132	0.7056
0.140	0.8158	0.8058	0.7961	0.7865	0.7772	0.7682	0.7593	0.7506	0.7422	0.7339	0.7258	0.7178	0.7101	0.7025
0.150	0.8124	0.8024	0.7927	0.7832	0.7739	0.7649	0.7561	0.7474	0.7390	0.7308	0.7227	0.7148	0.7071	0.6995
0.160	0.8090	0.7991	0.7894	0.7800	0.7707	0.7617	0.7529	0.7443	0.7359	0.7227	0.7197	0.7118	0.7041	0.6966
0.170	0.8057	0.7958	0.7862	0.7768	0.7676	0.7586	0.7499	0.7413	0.7329	0.7248	0.7168	0.7089	0.7013	0.6938
0.180	0.8025	0.7926	0.7831	0.7737	0.7645	0.7556	0.7469	0.7384	0.7300	0.7219	0.7139	0.7061	0.6985	0.6910
0.190	0.7994	0.7896	0.7800	0.7707	0.7616	0.7527	0.7440	0.7355	0.7272	0.7191	0.7111	0.7034	0.6958	0.6883
0.200	0.7963	0.7865	0.7770	0.7677	0.7587	0.7498	0.7411	0.7327	0.7244	0.7163	0.7084	0.7007	0.6931	0.6857
0.210	0.7933	0.7836	0.7741	0.7649	0.7558	0.7470	0.7384	0.7299	0.7217	0.7136	0.7058	0.6981	0.6905	0.6831
0.220	0.7904	0.7807	0.7713	0.7620	0.7530	0.7442	0.7356	0.7273	0.7190	0.7110	0.7032	0.6955	0.6880	0.6806
0.230	0.7876	0.7779	0.7685	0.7593	0.7503	0.7416	0.7330	0.7246	0.7165	0.7085	0.7006	0.6930	0.6855	0.6782
0.240	0.7848	0.7752	0.7658	0.7566	0.7477	0.7320	0.7304	0.7221	0.7139	0.7060	0.6982	0.6905	0.6831	0.6758

续表

H \ T/℃	130	135	140	145	150	155	160	165	170	175	180	185	190	195
0.250	0.7821	0.7725	0.7631	0.7540	0.7451	0.7364	0.7279	0.7196	0.7115	0.7035	0.6958	0.6882	0.6807	0.6735
0.260	0.7794	0.7699	0.7606	0.7515	0.7426	0.7339	0.7254	0.7171	0.7091	0.7011	0.6934	0.6858	0.6784	0.6712
0.270	0.7768	0.7673	0.7580	0.7490	0.7401	0.7315	0.7230	0.7148	0.7067	0.6988	0.6911	0.6835	0.6762	0.6689
0.280	0.7743	0.7648	0.7556	0.7465	0.7377	0.7291	0.7207	0.7124	0.7044	0.6965	0.6888	0.6813	0.6740	0.6668
0.290	0.7718	0.7624	0.7531	0.7441	0.7353	0.7267	0.7183	0.7101	0.7021	0.6963	0.6866	0.6791	0.6718	0.6646
0.300	0.7694	0.7600	0.7508	0.7418	0.7330	0.7245	0.7131	0.7079	0.6999	0.6921	0.6845	0.6770	0.6697	0.6625
0.325	0.7636	0.7542	0.7451	0.7362	0.7257	0.7190	0.7107	0.7025	0.6946	0.6869	0.6793	0.6719	0.6646	0.6575
0.350	0.7580	0.7487	0.7397	0.7308	0.7222	0.7137	0.7055	0.6974	0.6896	0.6819	0.6744	0.6670	0.6598	0.6527
0.375	0.7528	0.7435	0.7345	0.7257	0.7172	0.7088	0.7006	0.6926	0.6848	0.6771	0.6697	0.6624	0.6552	0.6482
0.400	0.7477	0.7386	0.7296	0.7209	0.7124	0.7041	0.6959	0.6880	0.6802	0.6726	0.6652	0.6580	0.6508	0.6439

H \ T/℃	200	210	225	250	275	300	325	350	375	400
0.000	0.7463	0.7308	0.7088	0.6750	0.6442	0.6161	0.5903	0.5666	0.5447	0.5245
0.007	0.7432	0.7278	0.7059	0.6721	0.6415	0.6135	0.5878	0.5643	0.5425	0.5243
0.010	0.7419	0.7265	0.7046	0.6710	0.6404	0.6124	0.5868	0.5633	0.5415	0.5242
0.020	0.7376	0.7224	0.7006	0.6671	0.6367	0.6089	0.5834	0.5600	0.5384	0.5239
0.030	0.7335	0.7183	0.6967	0.6634	0.6331	0.6055	0.5802	0.5569	0.5354	0.5236
0.040	0.7295	0.7144	0.6928	0.6597	0.6296	0.6022	0.5770	0.5538	0.5325	0.5232
0.050	0.7256	0.7105	0.6891	0.6562	0.6263	0.5989	0.5739	0.5509	0.5296	0.5230
0.060	0.7218	0.7068	0.6856	0.6528	0.6230	0.5958	0.5709	0.5480	0.5269	0.5227
0.070	0.7181	0.7032	0.6821	0.6495	0.6198	0.5928	0.5680	0.5452	0.5242	0.5223
0.080	0.7145	0.6997	0.6787	0.6462	0.6167	0.5898	0.5652	0.5425	0.5216	0.5222
0.090	0.7111	0.6964	0.6754	0.6431	0.6138	0.5870	0.5624	0.5399	0.5190	0.5220
0.100	0.7077	0.6930	0.6722	0.6400	0.6108	0.5842	0.5598	0.5373	0.5166	0.5218
0.110	0.7044	0.6898	0.6691	0.6371	0.6080	0.5815	0.5572	0.5348	0.5142	0.5215
0.120	0.7012	0.6867	0.6660	0.6342	0.6053	0.5788	0.5546	0.5324	0.5118	0.5213
0.130	0.6981	0.6837	0.6631	0.6314	0.6026	0.5763	0.5522	0.5300	0.5096	0.5211
0.140	0.6951	0.6807	0.6602	0.6286	0.6000	0.5738	0.5498	0.5277	0.5074	0.5208
0.150	0.6921	0.6778	0.6574	0.6260	0.5974	0.5713	0.5475	0.5255	0.5052	0.5206
0.160	0.6893	0.6750	0.6547	0.6234	0.5949	0.5690	0.5452	0.5233	0.5031	0.5204

注：1. H 为含湿量，kg（水）/kg（干空气）；t 为空气平均温度，℃。

2. 表中数据是在气压 $p=0.1$MPa 下测得的，如果当地气压有变，可换算，如：$H=0.03$kg（水）/kg（干空气），温度为 $t=35$℃，$p=0.1$MPa，计算 ρ'_a。

解：表中查得，$\rho_a=1.1264$，则 $\rho'_a=1.1264\times720/760=1.067$（$kg/m^3$）

在温度范围为−40～40℃时 1atm 下空气的最大含水量见表 21-1-11。

表 21-1-11　　−40～40℃时 1atm 下空气的最大含水量

温度/℃	0	+5	+10	+15	+20	+25	+30	+35	+40
最大含水量/$g\cdot m^{-3}$	4.98	6.86	9.51	13.04	17.69	23.76	31.64	41.83	54.11
温度/℃	0	−5	−10	−15	−20	−25	−30	−35	−40
最大含水量/$g\cdot m^{-3}$	4.98	3.42	2.37	1.61	1.08	0.7	0.45	0.29	0.18

1.2.8　空气中水饱和值——露点

空气中含有的水蒸气量与其温度成正比，而不是通常所认为的与其压力成正比。

当空气冷却时，其中的水蒸气冷凝，达到空气饱和的温度，称为露点。如果温度下降，额外的水分则会以微小液滴或冷凝的形式释放出。可以看到大气露点（ADP℃）的自然例子，其中暖空气与冷表面接触，通常在窗玻璃或清晨露水形成冷凝。

大气露点与天气条件最相关。在压缩空气装置和气动系统中，压力露点更合适。

压力露点（PDP℃）是在高压下发生冷凝的温

度，压力通常使用 7bar。

空气能够保持悬浮的实际水量取决于温度，因此 7bar 的 $1m^3$ 空气将保持与 1bar 下 $1m^3$ 相同的水量。

露点温度指空气在水蒸气含量和气压都不改变的条件下，冷却到饱和时的温度。露点温度与气温的差值可以表示空气中的水蒸气距离饱和的程度。气温降到露点温度以下是水蒸气凝结的必要条件。

压力露点是：同样的气体，其在相同温度下，因为压力改变，湿度产生变化。温度为 20℃时，一个大气压下露点为－50℃。当压力变为 10bar 时，压力露点为－27.5℃。

在 101.32kPa 下露点和水分含量的关系见表 21-1-12。

表 21-1-12 在 101.32kPa 下露点和水分含量的关系

露点/℃	水分含量/g·m⁻³	露点/℃	水分含量/g·m⁻³	露点/℃	水分含量/g·m⁻³	露点/℃	水分含量/g·m⁻³	露点/℃	水分含量/g·m⁻³
64	153.8	39	48.67	14	12.07	－11	2.186	－36	0.2597
63	147.3	38	46.26	13	11.35	－12	2.026	－37	0.2359
62	141.2	37	43.96	12	10.66	－13	1.876	－38	0.2141
61	135.3	36	41.75	11	10.01	－14	1.736	－39	0.194
60	130.3	35	39.63	10	9.309	－15	1.605	－40	0.1757
59	124.7	34	37.61	9	8.819	－16	1.483	－41	0.159
58	119.4	33	35.68	8	8.27	－17	1.369	－42	0.1438
57	114.2	32	33.83	7	7.75	－18	1.261	－43	0.1298
56	109.2	31	32.07	6	7.26	－19	1.165	－44	0.1172
55	104.4	30	30.38	5	6.797	－20	1.074	－45	0.1055
54	99.83	29	28.78	4	6.36	－21	0.9884	－46	0.09501
53	95.39	28	27.24	3	5.947	－22	0.9093	－47	0.08544
52	91.12	27	25.78	4	5.559	－23	0.8359	－48	0.07675
51	87.01	26	24.38	1	5.192	－24	0.7678	－49	0.06886
50	83.06	25	23.05	0	4.523	－25	0.7047	－50	0.06171
49	79.26	24	21.78	－1	4.487	－26	0.6463	－51.1	0.054
48	75.61	23	20.58	－2	4.217	－27	0.5922	－53.9	0.04
47	72.1	22	19.43	－3	3.93	－28	0.5422	－56.7	0.029
46	68.73	21	18.34	－4	3.66	－29	0.496	－59.4	0.021
45	65.5	20	17.3	－5	3.407	－30	0.4534	－62.2	0.014
44	62.39	19	16.31	－6	3.169	－31	0.4141	65	0.011
43	59.41	18	15.37	－7	2.946	－32	0.3779	－67.8	0.008
42	56.56	17	14.48	－8	2.737	－33	0.3445	－70.6	0.005
41	53.82	16	13.63	－9	2.541	－34	0.3138	－73.3	0.003
40	51.19	15	12.83	－10	2.358	－35	0.2856		

表 21-1-13 不同压力、温度下饱和湿空气含水量 g（水）/kg（干空气）

空气温度/℃	压缩空气工作压力/MPa						
	0.2	0.3	0.4	0.5	0.6	0.7	0.8
－100	2.91×10^{-6}	2.18×10^{-6}	1.75×10^{-6}	1.45×10^{-6}	1.25×10^{-6}	1.09×10^{-6}	9.70×10^{-7}
－90	2.01×10^{-5}	1.50×10^{-5}	1.20×10^{-5}	1.00×10^{-5}	8.59×10^{-6}	7.52×10^{-6}	6.68×10^{-6}
－80	1.13×10^{-4}	8.51×10^{-5}	6.81×10^{-5}	5.67×10^{-5}	4.86×10^{-5}	4.26×10^{-5}	3.78×10^{-5}
－70	5.42×10^{-4}	4.07×10^{-4}	3.25×10^{-4}	2.71×10^{-4}	2.32×10^{-4}	2.03×10^{-4}	1.81×10^{-4}
－60	2.24×10^{-3}	1.68×10^{-3}	1.34×10^{-3}	1.12×10^{-3}	9.60×10^{-4}	8.40×10^{-4}	7.46×10^{-4}
－50	0.00816	0.00612	0.0049	0.00408	0.0035	0.0031	0.0027
－40	0.0266	0.02	0.016	0.0133	0.0114	0.01	0.0089
－35	0.0463	0.0347	0.0278	0.0231	0.0198	0.0174	0.0154
－30	0.079	0.059	0.047	0.039	0.034	0.03	0.026
－29	0.087	0.066	0.052	0.044	0.037	0.033	0.029
－28	0.097	0.073	0.058	0.048	0.041	0.036	0.032
－27	0.107	0.08	0.064	0.054	0.046	0.04	0.036
－26	0.119	0.089	0.071	0.059	0.051	0.044	0.04
－25	0.131	0.098	0.079	0.066	0.056	0.049	0.044
－24	0.145	0.109	0.087	0.072	0.062	0.054	0.048
－23	0.16	0.12	0.096	0.08	0.069	0.06	0.053

续表

空气温度/℃	压缩空气工作压力/MPa						
	0.2	0.3	0.4	0.5	0.6	0.7	0.8
−22	0.176	0.132	0.106	0.088	0.076	0.066	0.059
−21	0.194	0.146	0.117	0.097	0.083	0.073	0.065
−20	0.214	0.161	0.128	0.107	0.092	0.08	0.071
−19	0.235	0.177	0.141	0.118	0.101	0.088	0.078
−18	0.259	0.194	0.155	0.129	0.111	0.097	0.086
−17	0.284	0.213	0.171	0.142	0.122	0.107	0.095
−16	0.312	0.234	0.187	0.156	0.134	0.117	0.104
−15	0.343	0.257	0.206	0.171	0.147	0.128	0.114
−14	0.376	0.282	0.225	0.188	0.161	0.141	0.125
−13	0.412	0.309	0.247	0.206	0.176	0.154	0.137
−12	0.451	0.338	0.27	0.225	0.193	0.169	0.15
−11	0.493	0.37	0.296	0.246	0.211	0.185	0.164
−10	0.539	0.404	0.323	0.269	0.231	0.202	0.18
−9	0.589	0.441	0.353	0.294	0.252	0.221	0.196
−8	0.624	0.468	0.374	0.312	0.267	0.234	0.208
−7	0.701	0.526	0.421	0.35	0.3	0.263	0.234
−6	0.752	0.564	0.451	0.376	0.322	0.282	0.251
−5	0.834	0.625	0.5	0.417	0.357	0.312	0.278
−4	0.908	0.681	0.544	0.454	0.389	0.34	0.302
−3	0.988	0.741	0.592	0.494	0.423	0.37	0.329
−2	1.074	0.805	0.644	0.537	0.46	0.402	0.358
−1	1.168	0.876	0.7	0.583	0.5	0.437	0.389
0	1.269	0.951	0.761	0.634	0.543	0.475	0.422
1	1.366	1.024	0.819	0.682	0.585	0.511	0.455
2	1.455	1.091	0.872	0.727	0.623	0.545	0.484
3	1.576	1.181	0.945	0.787	0.674	0.59	0.524
4	1.691	1.268	1.014	0.845	0.724	0.633	0.563
5	1.814	1.36	1.087	0.906	0.776	0.679	0.604
6	1.945	1.458	1.166	0.971	0.832	0.728	0.647
7	2.084	1.562	1.249	1.04	0.892	0.78	0.693
8	2.233	1.673	1.338	1.114	0.955	0.835	0.742
9	2.389	1.79	1.431	1.192	1.022	0.894	0.794
10	2.557	1.915	1.531	1.276	1.093	0.956	0.85
11	2.734	2.048	1.638	1.364	1.169	1.023	0.909
12	2.923	2.189	1.75	1.458	1.249	1.093	0.971
13	3.121	2.338	1.869	1.557	1.334	1.167	1.037
14	3.333	2.496	1.996	1.662	1.424	1.246	1.107
15	3.557	2.664	2.13	1.774	1.52	1.329	1.181
16	3.794	2.841	2.271	1.891	1.621	1.417	1.26
17	4.044	3.028	2.42	2.016	1.727	1.51	1.342
18	4.309	3.226	2.578	2.147	1.839	1.609	1.43
19	4.591	3.437	2.746	2.287	1.959	1.714	1.523
20	4.888	3.659	2.923	2.434	2.085	1.824	1.621
21	5.202	3.893	3.111	2.59	2.219	1.94	1.724
22	5.533	4.14	3.308	2.754	2.359	2.063	1.833
23	5.881	4.4	3.515	2.927	2.507	2.192	1.948
24	6.251	4.677	3.736	3.11	2.664	2.33	2.07
25	6.641	4.967	3.967	3.303	2.829	2.474	2.198
26	7.052	5.274	4.212	3.506	3.003	2.626	2.333
27	7.485	5.597	4.469	3.72	3.186	2.786	2.475
28	7.941	5.937	4.741	3.946	3.379	2.954	2.625
29	8.422	6.296	5.026	4.183	3.582	3.132	2.782
30	8.93	6.673	5.327	4.433	3.796	3.319	2.948
31	9.461	7.069	5.643	4.695	4.02	3.515	3.122
32	10.024	7.488	5.976	4.972	4.257	3.721	3.306

续表

空气温度/℃	压缩空气工作压力/MPa						
	0.2	0.3	0.4	0.5	0.6	0.7	0.8
33	10.615	7.928	6.326	5.263	4.505	3.939	3.499
34	11.236	8.389	6.693	5.568	4.766	4.166	3.701
35	11.89	8.875	7.08	5.889	5.041	4.406	3.913
36	12.575	9.384	7.485	6.225	5.328	4.657	4.136
37	13.299	9.921	7.912	6.579	5.631	4.921	4.371
38	14.057	10.483	8.359	6.95	5.948	5.198	4.616
39	14.854	11.074	8.828	7.339	6.28	5.488	4.874
40	15.689	11.693	9.32	7.747	6.628	5.792	5.143
41	16.569	12.344	9.836	8.175	6.994	6.112	5.427
42	17.49	13.026	10.377	8.624	7.377	6.445	5.723
43	18.898	14.067	11.203	9.308	7.961	6.955	6.174
44	19.475	14.493	11.541	9.587	8.2	7.163	6.359
45	20.54	15.279	12.163	10.103	8.64	7.547	6.699
46	21.648	16.096	12.81	10.639	9.097	7.945	7.052
48	24.055	17.868	14.213	11.799	10.086	8.808	7.817
50	26.682	19.8	15.739	13.061	11.162	9.745	8.647
51	28.106	20.844	16.564	13.743	11.742	10.25	9.095
52	29.582	21.926	17.418	14.447	12.342	10.773	9.558
53	31.133	23.061	18.313	15.186	12.972	11.321	10.042
54	32.76	24.251	19.25	15.96	13.63	11.893	10.55
55	34.464	25.495	20.23	16.768	14.317	12.492	11.079

表 21-1-14　露点转换表

露点		湿度(体积分数)/10^{-6}	露点		湿度(体积分数)/10^{-6}	露点		湿度(体积分数)/10^{-6}
℉	℃		℉	℃		℉	℃	
−130	−90	0.1	−74	−59	12.3	−40	−40	128
−120	−84	0.25	−73	−58	13.3	−39	−39	136
−110	−79	0.63	−72	−58	14.3	−38	−39	144
−105	−76	1.00	−71	−57	15.4	−37	−38	153
−104	−76	1.08	−70	−57	16.6	−36	−38	164
−103	−75	1.18	−69	−56	17.9	−35	−37	174
−102	−74	1.29	−68	−56	19.2	−34	−37	185
−101	−74	1.40	−67	−55	20.6	−33	−36	196
−100	−73	1.53	−66	−54	22.1	−32	−36	210
−99	−73	1.66	−65	−54	23.6	−31	−35	222
−98	−72	1.81	−64	−53	25.6	−30	−34	235
−97	−72	1.96	−63	−53	27.5	−29	−34	250
−96	−71	2.15	−62	−52	29.4	−28	−33	265
−95	−71	2.35	−61	−52	31.7	−27	−33	283
−94	−70	2.54	−60	−51	34.0	−26	−32	300
−93	−69	2.76	−59	−51	36.5	−25	−32	317
−92	−69	3.00	−58	−50	39.0	−24	−31	338
−91	−68	3.28	−57	−49	41.8	−23	−31	358
−90	−68	3.53	−56	−49	44.6	−22	−30	378
−89	−67	3.84	−55	−48	48.0	−21	−29	400
−88	−67	4.15	−54	−48	51	−20	−29	422
−87	−66	4.50	−53	−47	55	−19	−28	448
−86	−66	4.78	−52	−47	59	−18	−28	475
−85	−65	5.30	−51	−46	62	−17	−27	500
−84	−64	5.70	−50	−46	67	−16	−27	530
−83	−64	6.20	−49	−45	72	−15	−26	560
−82	−63	6.60	−48	−44	76	−14	−26	590
−81	−63	7.20	−47	−44	82	−13	−25	630
−80	−62	7.80	−46	−43	87	−12	−24	660
−79	−62	8.40	−45	−43	92	−11	−24	700
−78	−61	9.10	−44	−42	98	−10	−23	740
−77	−61	9.80	−43	−42	105	−9	−23	780
−76	−60	10.5	−42	−41	113	−8	−22	820
−75	−59	11.4	−41	−41	119	−7	−22	870

1.3　气体的基本热力学与动力学规律

1.3.1　气体的状态变化及其热力学过程

表 21-1-15　　气体的状态变化及其热力学过程

气体的状态变化	用以表示气体在某一瞬间物理特性的总标志称为气体的状态。在给定状态下表示物理特性所用的参数称为状态参数。常用温度、绝对压力和比容（或密度）作为气体的基本状态参数。此外，还有内能、焓和熵也是气体的状态参数	
	基本状态和标准状态	在温度为 273K，绝对压力在标准大气压条件下，干空气的状态称为基准状态 在温度为 293K，绝对压力在 1bar，相对湿度为 65% 条件下，空气的状态称为标准状态
	完全气体和完全气体的状态方程	假想一种气体，它的分子是一些弹性的、不占据体积的质点，各分子之间无相互作用力，这样一种气体称为完全气体。完全气体在任一平衡状态时，各基本状态参数之间的关系为 $$pV=RT$$ 或 $pV=mRT$（称为完全气体的状态方程式）
	实际气体与完全气体的差别	上述完全气体实际上是不存在的。任何实际气体，各分子间有相互作用力，且分子占有一定体积，因而具有内摩擦力和黏性，实际气体的密度越大，与完全气体的差别也越大。实际气体不遵循完全气体的状态方程式，它只在温度不太低、压力不太高的条件下近似地符合完全气体的状态方程式 在工程计算中，为考虑实际气体与完全气体的差别，常引入修正系数 Z（称为压缩率），这时实际气体的状态方程式可写成 $$pV=ZRT$$
	下表为奥托（Otto）等测定的空气的压缩率值。由该表可知，在气动技术所使用的压力范围（≤2MPa）内，压缩率值几乎等于 1。因此，在气动系统的计算中，可以把压缩空气看作完全气体	

空气的压缩率 $Z=pV/RT$

温度 t/℃	压力 p/MPa					
	0	1	2	3	5	10
0	1	0.9945	0.9895	0.9851	0.9779	0.9699
50	1	0.9990	0.9984	0.9981	0.9986	1.0057
100	1	1.0012	1.0027	1.0045	1.0087	1.0235
200	1	1.0031	1.0064	1.0097	1.0168	1.0364

完全气体状态变化的热力学过程	在气动技术中，为简化分析，假定压缩空气为完全气体，实际过程为准平衡过程或近似可逆过程，且在过程中工质的比热容保持不变，根据环境条件和过程延续时间不同，将过程简化为参数变化，具有简单规律的一些典型过程，即定容过程、定压过程、等温过程、绝热过程和多变过程，这些典型过程称为基本热力过程	
	定容过程	一定质量的气体，若其状态变化是在体积不变的条件下进行的，则称为定容过程。由完全气体的状态方程式 $pV=MRT$，可得定容过程的方程为 $$\frac{p_1}{T_1}=\frac{p_2}{T_2}$$
	定压过程	一定质量的气体，若其状态变化是在压力不变的条件下进行的，则称为定压过程。由 $pV=MRT$，可得定压过程的方程为 $$\frac{V_1}{V_2}=\frac{T_1}{T_2}$$
	等温过程	一定质量的气体，若其状态变化是在温度不变的条件下进行的，则称为等温过程。由式 $pV=MRT$，可得等温过程的方程为 $$p_1V_1=p_2V_2$$
	绝热过程	一定质量的气体，若其状态变化是在与外界无热交换的条件下进行的，则称为绝热过程。由热力学第一定律式 $dq=du+pdV$ 和完全气体的状态方程 $pV=RT$ 整理可得绝热过程的方程为 $$pV^{\gamma}=常数$$ 或 $p/\rho^{\gamma}=常数$，$p/T^{\frac{\gamma}{\gamma-1}}=常数$，其中 γ 为比热容比
	多变过程	一定质量的气体，若基本状态参数 p、V 和 T 都在变化，与外界也不是绝热的，这种变化过程为多变过程。由热力学第一定律式 $dq=du+pdV$ 和完全气体的状态方程 $pV=RT$ 整理可得多变过程的方程为 $$pV^n=常数$$ 式中，n 为多变指数 当多变指数值 n 为 $\pm\infty$、0、1、k 时，则多变过程分别为定容、定压、定温和绝热过程。将这些过程曲线作在右图所示同一 p-V 和 T-s 图上，由图可以看出 n 值的变化趋势

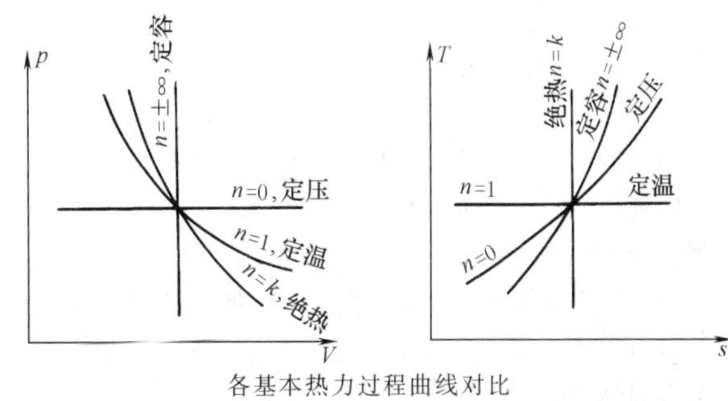

各基本热力过程曲线对比

1.3.2　气体的基本动力学规律

表 21-1-16　　气体的基本动力学规律

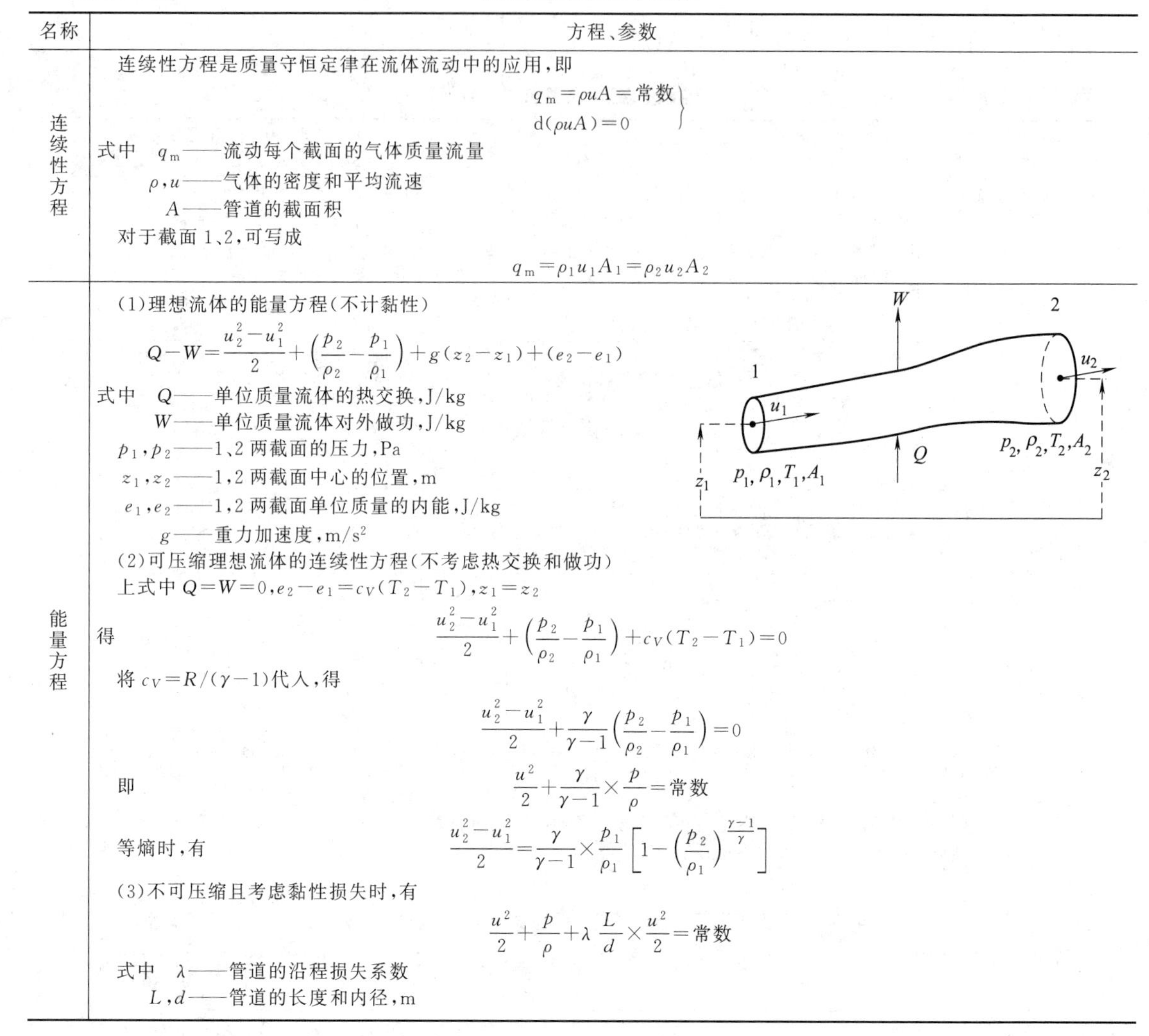

名称	方程、参数
连续性方程	连续性方程是质量守恒定律在流体流动中的应用，即 $$\left.\begin{array}{l} q_m=\rho uA=常数 \\ d(\rho uA)=0 \end{array}\right\}$$ 式中　q_m——流动每个截面的气体质量流量 ρ,u——气体的密度和平均流速 A——管道的截面积 对于截面 1、2，可写成 $$q_m=\rho_1u_1A_1=\rho_2u_2A_2$$
能量方程	(1)理想流体的能量方程（不计黏性） $$Q-W=\frac{u_2^2-u_1^2}{2}+\left(\frac{p_2}{\rho_2}-\frac{p_1}{\rho_1}\right)+g(z_2-z_1)+(e_2-e_1)$$ 式中　Q——单位质量流体的热交换，J/kg W——单位质量流体对外做功，J/kg p_1,p_2——1、2 两截面的压力，Pa z_1,z_2——1，2 两截面中心的位置，m e_1,e_2——1，2 两截面单位质量的内能，J/kg g——重力加速度，m/s² W　2　u_2　1　u_1　Q　p_2,ρ_2,T_2,A_2　z_1　p_1,ρ_1,T_1,A_1　z_2 (2)可压缩理想流体的连续性方程（不考虑热交换和做功） 上式中 $Q=W=0$，$e_2-e_1=c_V(T_2-T_1)$，$z_1=z_2$ 得 $$\frac{u_2^2-u_1^2}{2}+\left(\frac{p_2}{\rho_2}-\frac{p_1}{\rho_1}\right)+c_V(T_2-T_1)=0$$ 将 $c_V=R/(\gamma-1)$ 代入，得 $$\frac{u_2^2-u_1^2}{2}+\frac{\gamma}{\gamma-1}\left(\frac{p_2}{\rho_2}-\frac{p_1}{\rho_1}\right)=0$$ 即 $$\frac{u^2}{2}+\frac{\gamma}{\gamma-1}\times\frac{p}{\rho}=常数$$ 等熵时，有 $$\frac{u_2^2-u_1^2}{2}=\frac{\gamma}{\gamma-1}\times\frac{p_1}{\rho_1}\left[1-\left(\frac{p_2}{\rho_1}\right)^{\frac{\gamma-1}{\gamma}}\right]$$ (3)不可压缩且考虑黏性损失时，有 $$\frac{u^2}{2}+\frac{p}{\rho}+\lambda\frac{L}{d}\times\frac{u^2}{2}=常数$$ 式中　λ——管道的沿程损失系数 L,d——管道的长度和内径，m

1.3.3　气体通过收缩喷嘴或小孔的流动

在气动技术中，往往将气流所通过的各种气动元件抽象成一个收缩喷嘴或节流小孔来计算，然后再作修正。

在计算时，假定气体为完全气体，收缩喷嘴中气流的速度远大于与外界进行热交换的速度，且可忽略摩擦损失，因此，可将喷嘴中的流动视为等熵流动。

图 21-1-3 为空气从大容器（或大截面管道）Ⅰ经收缩喷嘴流向腔室Ⅱ。相比之下容器Ⅰ中的流速远小于喷嘴中的流速，可视容器Ⅰ中的流速 $u_0=0$。设容器Ⅰ中气体的滞止参数 p_0、ρ_0、T_0 保持不变，腔室Ⅱ中参数为 p、ρ、T，喷嘴出口截面积为 A，出口截面的气体参数为 p_e、ρ_e、T_e。改变 p 时，喷嘴中的流动状态将发生变化。

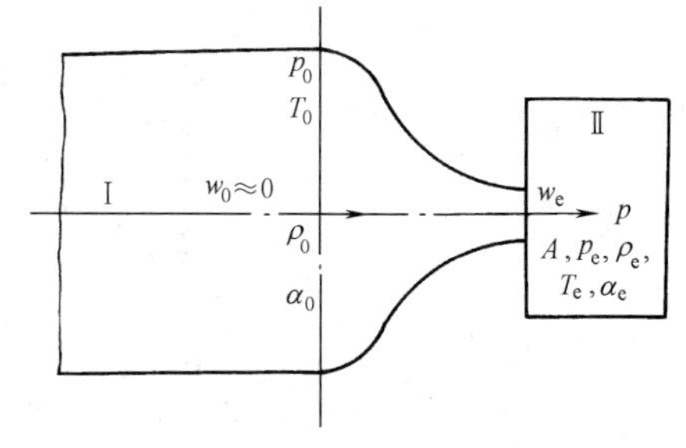

图 21-1-3　空气流动示意

当 $p=p_0$ 时，喷嘴中气体不流动。

当 $p/p_0>0.528$ 时，喷嘴中气流为亚声速流，这种流动状态称为亚临界状态。这时腔室Ⅱ中的压力扰动波将以声速传到喷嘴出口，使出口截面的压力 $p_e=p$，这

时改变压力 p 即改变了 p_e，影响整个喷嘴中的流动。在这种情况下，由能量方程式得出口截面的流速为

$$u_e=\sqrt{\frac{2\gamma}{\gamma-1}R(T_0-T)}=\sqrt{\frac{2\gamma}{\gamma-1}RT_0\left[1-\left(\frac{p}{p_0}\right)^{\frac{\gamma-1}{\gamma}}\right]}\quad(\text{m/s})\tag{21-1-1}$$

由连续性方程和关系式 $\rho_e=\rho_0\left(\frac{p_e}{p_0}\right)^{\frac{1}{\gamma}}$ 可得流过喷嘴的质量流量计算公式

$$Q_m=SP_0\sqrt{\frac{2\gamma}{RT_0(\gamma-1)}\left[\left(\frac{p}{p_0}\right)^{\frac{2}{\gamma}}-\left(\frac{p}{p_0}\right)^{\frac{\gamma+1}{\gamma}}\right]}\ (\text{kg/s})\tag{21-1-2}$$

式中　S——喷嘴有效面积，m^2，$S=\mu A$；

μ——流量系数，$\mu<1$，由实验确定；

p_0，p_e，p——喷嘴前、喷嘴出口截面和室Ⅱ中的绝对压力，Pa，对于亚声速流，$p_e=p$；

T_0——喷嘴前的滞止温度，K。

式（21-1-2）中可变部分

$$\varphi\left(\frac{p}{p_0}\right)=\sqrt{\left(\frac{p}{p_0}\right)^{\frac{2}{\gamma}}-\left(\frac{p}{p_0}\right)^{\frac{\gamma+1}{\gamma}}}$$

称为流量函数。它与压力比（p/p_0）的关系曲线如图 21-1-4 所示，其中 p/p_0 在 0～1 范围内变化，当流量达到最大值时，记为 Q_{m*}，此时临界压力比为 σ_*

$$\sigma_*=\frac{p_*}{p_0}=\left(\frac{2}{\gamma+1}\right)^{\frac{\gamma}{\gamma+1}}\tag{21-1-3}$$

对于空气，$\gamma=1.4$，$\sigma_*=0.528$。

当 $p/p_0\leqslant\sigma_*$ 时，由于 p 减小产生的扰动是以声速传播的，但出口截面上的流速也是以声速向外流动，故扰动无法影响到喷嘴内。这就是说，p 不断下降，但喷嘴内流动并不发生变化，则 Q_{m*} 也不变，这时的流量也称为临界流量 Q_{m*}。当 $p/p_0=\sigma_*$ 时的流动状态为临界状态。临界流量 Q_{m*} 为

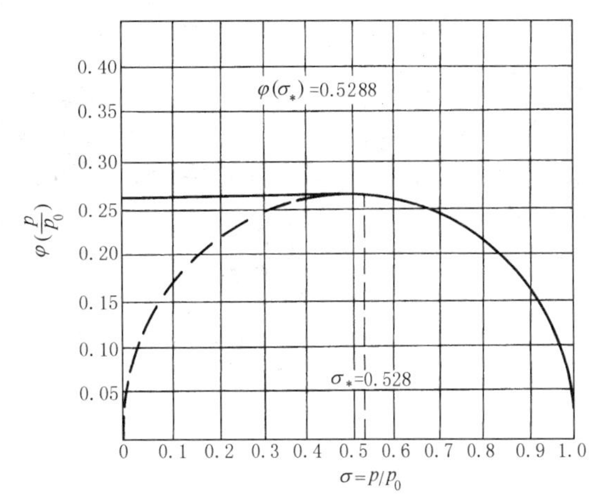

图 21-1-4　流量函数与压力比关系曲线

$$Q_{m*}=Sp_0\sqrt{\frac{\gamma}{RT_0}}\left(\frac{2}{\gamma+1}\right)^{\frac{\gamma+1}{2(\gamma-1)}}\quad(\text{kg/s})\tag{21-1-4}$$

声速流的临界流量 Q_{m*} 只与进口参数有关。

若考虑空气的 $\gamma=1.4$，$R=287.1\text{J/(kg·K)}$，则在亚声速流（$p/p_0>0.528$）时的质量流量为

$$Q_m=0.156Sp_0\varphi(p/p_0)/\sqrt{T}\quad(\text{kg/s})$$

在 $p/p_0\leqslant0.528$，即声速流的质量流量为

$$Q_m=4.04\times10^{-2}Sp_0/\sqrt{T}\quad(\text{kg/s})$$

在工程计算中，有时用体积流量，其值因状态不同而异。为此，均应转化成标准状态下的体积流量。

当 $p/p_0>0.528$ 时，标准状态下的体积流量为

$$Q_V=454Sp_0\varphi\left(\frac{p}{p_0}\right)\sqrt{\frac{293}{T_0}}\quad(\text{L/min})$$

当 $p/p_0\leqslant0.528$ 时，标准状态下的体积流量为

$$Q_{V*}=454Sp_0\sqrt{\frac{293}{T_0}}\quad(\text{L/min})$$

各式中符号的意义和单位与式（21-1-2）相同。

1.3.4　容器的充气和放气特性

表 21-1-17　　容器的充气和放气特性

充放气系统模型	图(a)为充放气系统模型，设从具有恒定参数的气源向腔室充气，同时又有气体从腔室排出，腔室中参数为 p、ρ、T，由热力学第一定律可写出 $dQ+h_s dM_s=dU+dW+h\,dM$　　(21-1-5) 式中　h_s，h——流进、流出腔室 1kg 气体所带进、带出的能量(即比焓) dM_s——气源流进腔室的气体质量 dM——从腔室流出的气体质量 dU——室内气体内能增量 dW——室内气体所做的膨胀功 dQ——室内气体与外界交换的热量	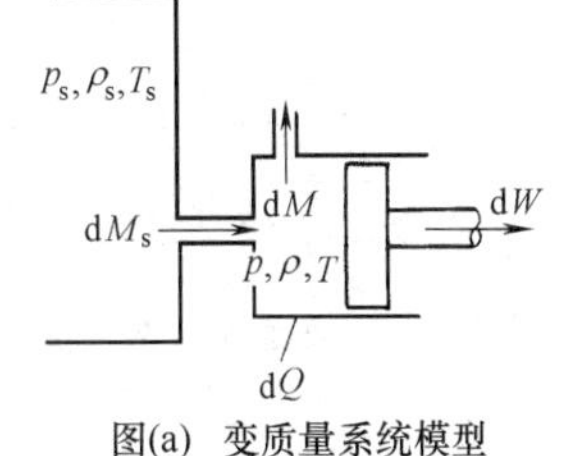图(a)　变质量系统模型

续表

气容的放气过程

在气动系统中，有容积可变的变积气容，如活塞运动时的气缸腔室、波纹管腔室等；也有容积不变的定积气容，如储气罐、活塞不动时的气缸腔室等

图(b)所示为容积 $V(\mathrm{m}^3)$ 的容器向大气放气过程。设放气开始前容器已充满，其初始气体参数 p_s、ρ_s、T_s，放气孔口的有效面积 $S=\mu A(\mathrm{m}^2)$，放气过程中容器内气体状态参数用 p、ρ、T 表示

图(b)　定积气容放气

气容的绝热放气过程

绝热放气的能量方程

若放气时间很短，室内气体来不及与外界进行热交换，这种放气过程称为绝热放气。对于绝热放气，$dQ=0$，若只放气无充气，则 $dM_s=0$，由式(21-1-5)可得

$$-\gamma RT\mathrm{d}M=\gamma p\mathrm{d}V+V\mathrm{d}p \tag{21-1-6}$$

式(21-1-6)即为有限容积(包括定积和变积)气容的绝热放气能量方程式

在放气过程中，气体流经放气孔口的时间很短，且不计其中的摩擦损失，可认为放气孔口中的流动为等熵流动，故容器内气体温度为

$$T=T_s\left(\frac{p}{p_s}\right)^{\frac{\gamma-1}{\gamma}} \tag{21-1-7}$$

定积气容绝热放气时间计算

从压力 p_1 开始，到压力 p_2 为止的放气时间

$$t=\frac{0.431V}{S\sqrt{T_s}\left(\frac{p_a}{p_s}\right)^{\frac{\gamma-1}{2\gamma}}}\left[\varphi_1\left(\frac{p_a}{p_2}\right)-\varphi_1\left(\frac{p_a}{p_1}\right)\right]\quad(\mathrm{s}) \tag{21-1-8}$$

式中　S——放气孔口有效面积，m^2

T_s——容器中空气的初始温度，K

V——定积气容的容积，m^3

p_a/p——孔口下游与上游的绝对压力比

当 $0<p_a/p\leqslant 0.528$ 时　$\varphi_1(p_a/p)=(p_a/p)^{\frac{\gamma-1}{2\gamma}}$

当 $0.528<p_a/p<1$ 时

$$\varphi_1\left(\frac{p_a}{p}\right)=\sigma_*^{\frac{\gamma-1}{2\gamma}}+0.037\int_{p_a/p_*}^{p_a/p}\frac{\mathrm{d}(p_a/p)}{(p_a/p)^{\frac{\gamma+1}{2\gamma}}\varphi(p_a/p)}$$

与计时起点和终点压力比对应的值，均可由图(c)直接得出。若 $p_a/p_s<0.528$，式中分母 $(p_a/p_s)^{\frac{\gamma-1}{2\gamma}}=\varphi_1(p_a/p_s)$ 亦可由图(c)确定

图(c)　定积气容放气时间计算用曲线 $\varphi_1(p_a/p)$ 和 $\varphi_2(p_a/p)$

定积气容等温放气时间计算

当气容放气很缓慢，持续时间很长，室内气体通过器壁能与外界进行充分的热交换，使得容器内气体温度保持不变，即 $T=T_s$，这种放气过程称为等温放气过程。在等温放气条件下，气流通过放气孔口的时间很短，来不及热交换，且不计摩擦损失，仍可视为等熵流动

在等温条件下，从压力 p_1 到压力 p_2 为止的等温放气时间为

$$t=\frac{0.08619V}{S\sqrt{T_s}}\left[\varphi_2\left(\frac{p_a}{p_2}\right)-\varphi_2\left(\frac{p_a}{p_1}\right)\right]\quad(\mathrm{s}) \tag{21-1-9}$$

式中，V、S、T_s、p_a/p 的意义和单位同式(21-1-8)

当 $0<p_a/p<0.528$ 时 $\varphi_2(p_a/p)=\ln(p_a/p)$

当 $0.528<p_a/p<1$ 时

$$\varphi_2\left(\frac{p_a}{p}\right)=\ln\frac{p_a}{p_*}+0.2588\int_{p_a/p_*}^{p_a/p}\frac{\mathrm{d}(p_a/p)}{(p_a/p)\varphi(p_a/p)}$$

与计时起点和终点压力比对应的 $\varphi_2(p_a/p)$ 值均可由图(c)直接确定

气容绝热的充气过程

如图(d)所示容积的容器，由具有恒定参数 p_s、ρ_s、T_s 的气源，经过有效面积 S 的进气孔口向容器充气，充气过程中容器内气体状态参数用 p、ρ、T 表示

图(d)　定积气容充气

绝热充气的能量方程

假定容器的充气过程进行得很快，室内气体来不及与外界进行热交换，这样的充气过程称为绝热充气过程

对绝热充气，$dQ=0$，若只充气无放气，则 $dM=0$，由式(21-1-5)可得

$$\gamma RT_s\mathrm{d}M_s=V\mathrm{d}p+\gamma p\mathrm{d}V \tag{21-1-10}$$

此式即为恒定气源向有限容积(包括定积和变积)气容绝热充气的能量方程。此式与式(21-1-6)有很大区别，由此式不能得出充气过程为等熵过程的结论

绝热充气过程中，多变指数 $n=\gamma T_s/T$。当充气开始时，容器内气体和气源温度均为 T_s，多变指数 $n=\gamma$，接近于等熵过程；随着充气的继续进行，容器内压力和温度升高，n 减小，当压力和温度足够高时，$n\to 1$，接近等温过程

对于定积过程，若容器内初始压力 p_0，初始温度 T_s，则绝热充气至压力 p 时容器内的温度为

$$T=\gamma T_s\Big/\left[1+\frac{p_0}{p}(\gamma-1)\right] \tag{21-1-11}$$

第 21 篇

续表

气容绝热的充气过程	定积气容绝热充气时间计算	对于定积气容，在充气过程中，气体流经气孔口的时间很短，且不计摩擦影响，可认为气体在进气孔口中的流动为等熵流动，可得从压力 p_1 开始，到压力 p_2 为止的绝热充气时间为 $$t=\frac{6.156\times10^{-2}V}{\sqrt{T_s}S}\left[\varphi_1\left(\frac{p_2}{p_s}\right)-\varphi_1\left(\frac{p_1}{p_s}\right)\right]\quad(\mathrm{s})\qquad(21\text{-}1\text{-}12)$$ 当 $0<p/p_s<0.528$ 时　$\varphi_1(p/p_s)=p/p_s$ 当 $0.528<p/p_s<1$ 时 $$\varphi_1\left(\frac{p}{p_s}\right)=0.528+1.8116\left[\sqrt{1-\left(\frac{p_*}{p_s}\right)^{\frac{\gamma-1}{\gamma}}}-\sqrt{1-\left(\frac{p}{p_s}\right)^{\frac{\gamma-1}{\gamma}}}\right]$$ 函数 $\varphi_1(p/p_s)$ 的值可由图(e)直接确定 式中 V——定积气容的容积，m^3 S——进气孔口有效面积，m^2 T_s——充气气源的温度，K p/p_s——进气孔口下游与上游的绝对压力比	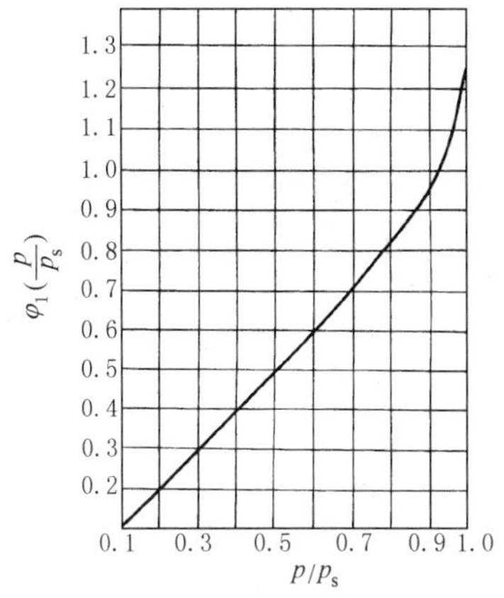 图(e) 定积气容充气时间计算用曲线 $\varphi_1(p/p_s)$
	容积气容等温充气时间计算	当充气过程持续时间很长，腔内气体可与外界进行充分的热交换，使腔内气体温度保持不变，$T=T_s$ 时，这种充气过程称为等温充气过程。在等温充气过程中，气流通过进气孔口时间很短，来不及热交换，且不计摩擦影响，仍可视为等熵流动 定积气容等温充气过程从压力 p_1 开始至压力 p_2 为止的等温充气时间 $$t=\frac{0.08619V}{\sqrt{T_s}S}\left[\varphi_1\left(\frac{p_2}{p_s}\right)-\varphi_1\left(\frac{p_1}{p_s}\right)\right]\quad(\mathrm{s})\qquad(21\text{-}1\text{-}13)$$ 式中各符号的意义和单位与式(21-1-12)同，函数值 $\varphi_1(p/p_s)$ 亦可由图(e)直接确定	

1.3.5 气阻和气容的特性及计算

表 21-1-18　　气阻和气容的特性及计算

分类				特性及计算公式		符号意义
气阻	气阻结构形式	按工作特征	恒定	气阻	如毛细管、薄壁孔	图(a) 毛细管　图(b) 圆锥-圆锥形针阀　图(c) 薄壁孔 图(d) 圆锥-圆柱形针阀　图(e) 求阀　图(f) 喷嘴-挡板阀 常用气阻形式
			可变		喷嘴-挡板阀、球阀	
			可调		针阀	
		按流量特征	线性		流动状态为层流，其流量与压力降成正比，因而气阻 $R=\Delta p/Q_m$ 为常数	
			非线性		流动状态为紊流，其流量与压力降的关系是非线性的	
	毛细管恒节流孔线性气阻			压缩空气流经毛细管时为层流流动，其质量流量 Q_m、体积气阻 R_V 和质量气阻 R_m 为 $$Q_m=\frac{\pi d^4\rho}{128\mu l\varepsilon}\Delta p\quad(\mathrm{kg/s})$$ $$R_V=\frac{128\varepsilon\mu l}{\pi d^4}\quad(\mathrm{N\cdot s/m^5})\qquad R_m=\frac{128\varepsilon\mu l}{\pi d^4\rho}\quad(\mathrm{Pa\cdot s/kg})$$		Δp——气阻前后压力降，Pa $\Delta p=p_1-p_2$ d,l——气阻直径和长度，m ε——修正系数，其值见下表

续表

<table>
<tr><th colspan="2">分类</th><th>特性及计算公式</th><th>符号意义</th></tr>
<tr><td rowspan="3">气
阻</td><td></td><td colspan="2">毛细管气阻修正系数ε
<table><tr><td>l/d</td><td></td><td>500</td><td>400</td><td>300</td><td>200</td><td>100</td><td>80</td><td>60</td><td>40</td><td>30</td><td>20</td><td>15</td><td>10</td></tr><tr><td>ε</td><td>1</td><td>1.03</td><td>1.05</td><td>1.06</td><td>1.09</td><td>1.16</td><td>1.25</td><td>1.31</td><td>1.47</td><td>1.59</td><td>1.86</td><td>2.13</td><td>2.73</td></tr></table></td></tr>
<tr><td>薄壁孔
恒节流孔
非线性气阻</td><td>长径比l/d很小的恒节流孔称为薄壁孔，压缩空气流过薄壁孔时为紊流流动，其质量流量Q_m、体积气阻R_V和质量气阻R_m为
$Q_m=\mu A\sqrt{2\rho\Delta p}$ (kg/s)
$R_V=\rho\omega/(2\mu A)$ (N·s/m^5)
$R_m=\omega/(2\mu A)$ (Pa·s/kg)</td><td>ω——薄壁孔中的平均流速，m/s
A——薄壁孔流通面积，m²
μ——流量系数，由实验确定，一般估算时，若取p_1为上游压力，p_2为节流孔下游较远处的压力，可取$\mu=0.6$</td></tr>
<tr><td>环形缝隙式
可调线性
气阻</td><td>图(b)所示圆锥-圆锥形针阀的流通通道为一环形缝隙，流体在其中的流动状态为层流，其质量流量、体积气阻和质量气阻为
$Q_m=\frac{\pi d\delta^3\rho\varepsilon}{12\mu l}\Delta p$ (kg/s)
$R_V=\frac{128\mu l}{\pi d\delta^3\varepsilon}$ (N·s/m^5)
$R_m=\frac{128\mu l}{\pi d\delta^3\rho\varepsilon}$ (Pa·s/kg)
质量流量Q_m计算式也适用于气缸与活塞、滑阀等环形缝隙的泄漏量计算</td><td>ε——偏心修正系数，$\varepsilon=l+1.5e/\delta$
e——阀芯与阀孔的偏心量，m
δ——缝隙的平均径向间隙，m
d,l——缝隙的平均直径和长度，m
μ——空气的动力黏度，Pa·s</td></tr>
<tr><td>气
容</td><td colspan="2">由于气体可压缩，在一定容积腔室中所容的气体量将因压力不同而异。因而在气动系统中，凡能储存或放出气体的空间(各种腔室、容器和管道)均有气容的性质，有定积气容和可调气容之分。而可调气容在调定后的工作过程中，其容积也是不变的
一气室的气容在数量上就等于气室内发生单位压力变化所允许的气量变化值
$C_m=\frac{\int Q_m\mathrm{d}t}{\Delta p}=\frac{\mathrm{d}M}{\mathrm{d}p}$
工作过程中容积不变的多变质量气容和体积气容为
$C_m=\frac{V}{nRT}$ (s²·m)
$C_V=\frac{V}{\rho nRT}$ (m^5/N)</td><td>V——气室的容积，m³
n——多变指数。多变指数依压力变化快慢而定。如变化很慢，能充分热交换时，视为等温过程$n=1$；当变化很快，来不及进行热交换时，视为绝热过程$n=\gamma=1.4$。实际气容在1～1.4之间，低频信号可取$n=1$，高频信号可取$n=1.4$</td></tr>
</table>

1.3.6 管路的压力损失

表21-1-19是空气压力损失的系数值，根据管道尺寸和标准立方英尺每分钟（SCFM，英制流量单位），从表中查找系数。将系数除以压缩比。然后将得到的数字乘以管道的实际长度（以英尺为单位），然后除以1000。此结果是以psi为单位的压力损失。读者可通过公式将psi单位换算为MPa。

压缩比为：

压缩比=(表压+14.7)/ 14.7(psi单位)

压力损失为：

压力损失(psi)=因子/压缩比×管道长度(ft)/ 1000

表21-1-19 压力损失系数表

流量/SCFM	管路尺寸(美国标准60°锥管螺纹,NPT)/in							
	½	¾	1	1¼	1½	1¾	2	2½
5	12.7	1.2	0.5					
10	50.7	7.8	2.2	0.5				
15	114	17.6	4.9	1.1				
20	202	30.4	8.7	2.0				
25	316	50.0	13.6	3.2	1.4	0.7		

续表

流量/SCFM	管路尺寸(美国标准 60°锥管螺纹,NPT)/in							
	½	¾	1	1¼	1½	1¾	2	2½
30	456	70.4	19.6	4.5	2.0	1.1		
35	621	95.9	26.6	6.2	2.7	1.4		
40	811	125	34.8	8.1	3.6	1.9		
45		159	44.0	10.2	4.5	2.4	1.2	
50		196	54.4	12.6	5.6	2.9	1.5	
60		282	78.3	18.2	8.0	4.2	2.2	
70		385	106	24.7	10.9	5.7	2.9	1.1
80		503	139	32.3	14.3	7.5	3.8	1.5
90		646	176	40.9	18.1	9.5	4.8	1.9
100		785	217	50.5	22.3	11.7	6.0	2.3
110		950	263	61.1	27.0	14.1	7.2	2.8
120			318	72.7	32.2	16.8	8.6	3.3
130			369	85.3	37.6	19.7	10.1	3.9
140			426	98.9	43.8	22.9	11.7	1.4
150			490	113	50.3	26.3	13.4	5.2
160			570	129	57.2	29.9	15.3	5.9
170			628	146	64.6	33.7	17.6	6.7
180			705	163	72.6	37.9	19.4	7.5
190			785	177	80.7	42.2	21.5	8.4
200			870	202	89.4	46.7	23.9	9.3
220				244	108	56.5	28.9	11.3
240				291	128	67.3	34.4	13.4
260				341	151	79.0	40.3	15.7
280				395	175	91.6	46.8	18.2
300				454	201	105	53.7	20.9

另外，知道管路的内径、通过管路的流量和空气压力，也可以通过绘图法近似计算出管路的压力损失，见图 21-1-5。

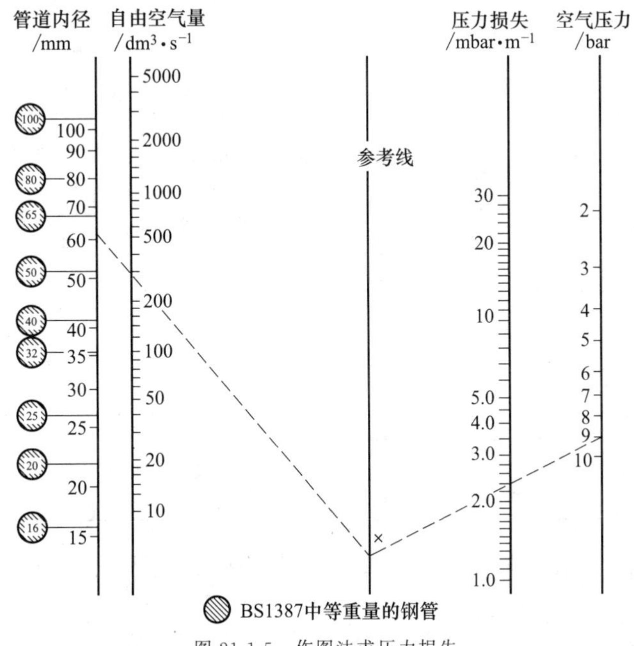

图 21-1-5　作图法求压力损失

1.3.7 由于管路配件引起的压力损失

通过螺纹连接的接头的压力损失以相同直径的等效直管的长度来表示，见表21-1-20。例如，15mm闸阀流动阻力与0.107m的直管相同。

表21-1-21为每30m直管由于弯头引起的压力损失。

表 21-1-20　通过管路配件的压力损失（等效为直管管路长度）　m

配件类型	公称管路尺寸/mm									
	15	20	25	32	40	50	65	80	100	125
弯头	0.26	0.37	0.49	0.67	0.76	1.07	1.37	1.83	2.44	3.20
90°弯管(长)	0.15	0.18	0.24	0.38	0.46	0.61	0.76	0.91	1.20	1.52
U形弯头	0.46	0.61	0.76	1.07	1.20	1.68	1.98	2.60	3.66	4.88
截止阀	0.76	1.07	1.37	1.98	2.44	3.36	3.96	5.18	7.32	9.45
闸阀	0.107	0.14	0.18	0.27	0.32	0.40	0.49	0.64	0.91	1.20
标准三通	0.12	0.18	0.24	0.38	0.40	0.52	0.67	0.85	1.20	1.52
贯穿式出口三通	0.52	0.70	0.91	1.37	1.58	2.14	2.74	3.66	4.88	6.40

表 21-1-21　每30m直管由于弯头引起的压力损失　bar

弯头角度	公称管径,内径/mm					
	12.7	19.1	25.4	31.8	38.1	50.8
90°	0.48	0.60	0.75	1.02	1.20	1.53
45°	0.22	0.28	0.35	0.47	0.56	0.71

1.3.8 由于管道摩擦引起的压力损失

对于每30m管路和初始0.7MPa压力下，由于管路摩擦所引起的压力损失见表21-1-22。

表 21-1-22　由于管道摩擦引起的压力损失　bar

自由空气耗量/L·min^{-1}	等效压力空气耗量/L·min^{-1}	公称管道内径/mm					
		12.7	19.1	25.4	31.8	38.1	50.8
300	37	0.027	0.006	0.002	0.0005		
600	75	0.100	0.024	0.007	0.0018	0.0008	
850	110	0.220	0.053	0.016	0.0039	0.0018	
1150	150	0.390	0.090	0.027	0.0067	0.0031	0.0009
1400	180	0.608	0.140	0.042	0.010	0.0047	0.0014
1700	218		0.200	0.059	0.015	0.0067	0.0019
2000	255		0.270	0.079	0.020	0.0091	0.0025
2300	290		0.350	0.100	0.025	0.0110	0.0032
2550	330		0.450	0.130	0.032	0.0140	0.0041
3000	364		0.550	0.155	0.038	0.0160	0.0049
3500	455		0.870	0.240	0.060	0.0270	0.0075
4250	540		1.270	0.346	0.065	0.0380	0.0105
5000	640			0.480	0.115	0.0510	0.0140
5700	730			0.615	0.150	0.0670	0.0180
7000	900				0.232	0.1040	0.0280
8500	1100				0.332	0.1480	0.0400
10000	1300				0.455	0.2000	0.0540
11000	1500				0.585	0.2600	0.0700
13000	1700					0.3260	0.0890
14000	1855					0.4100	0.1090
17000	2250					0.5950	0.1560
20000	2620						0.2100
23000	3000						0.2800
25000	3400						0.3550
30000	3760						0.4350

1.3.9 通过孔口的流量

若孔口直径（英寸）和供气压力（表压力）已知，当排放压力1bar，温度为20℃，通过孔口的流量（L/min）见表21-1-23。

表 21-1-23　　通过孔口的流量　　L/min

供气压力/MPa（表压力）	孔口直径/in									
	1/32	1/16	3/32	1/8	5/32	3/16	7/32	1/4	9/32	5/16
0.031	32.4	127.2	283.2	507.0	798.0	1146.0	1560.0	2028.0	2541.0	3156.0
0.034	34.2	135.6	306.0	540.0	840.0	1230.0	1662.0	2160.0	2736.0	3360.0
0.036	36.6	143.4	322.8	571.2	891.0	1284.0	1761.0	2292.0	2976.0	3570.0
0.039	39.0	151.8	342.0	597.0	942.0	1356.0	1860.0	2418.0	3036.0	3768.0
0.041	40.8	159.6	360.0	636.0	993.0	1431.0	1962.0	2556.0	3204.0	3978.0
0.042	43.2	167.4	379.8	678.0	1044.0	1518.0	2061.0	2676.0	3372.0	4170.0
0.046	45.0	176.4	396.0	702.0	1095.0	1573.2	2163.0	2808.0	3528.0	4374.0
0.048	46.8	183.6	416.4	741.0	1146.0	1650.0	2142.0	2958.0	3690.0	4575.0
0.065	57.6	225.0	507.0	897.0	1401.0	2016.0	2760.0	3600.0	4518.0	5580.0
0.073	67.8	262.8	600.00	1062.0	1650.0	2385.0	3264.0	4251.0	534.0	6600.0

计算气体的流量是困难的，因为由于其可压缩性，其流量涉及许多参数。图 21-1-6 显示了通过 1mm^2 孔口截面时压力和流量之间的关系。

由虚线以下的区域突出显示空气达到非常高速的区域，即接近声速（声波流）的速度，即使压差增加速度也不会再增加。在该区域内，曲线为一垂直线。

左侧的压力刻度表示输入和输出压力。在左边的第一条垂直线上表示零流量，输入和输出压力相同。对于 1 至 10bar 的输入压力，每条曲线表示输出压力如何随着流量的增加而减小。

若输入压力 6bar，压降为 1bar，输出压力 5bar，则按照 6bar 对应曲线找到它切割为 5bar 水平线的点。从该点垂直向下引线即可得到流量大约为 55.44L/min。这些输入和输出压力定义了标准体积流量 Q_n，可用于快速比较阀门的流量。

如果孔口的截面等于 5 mm^2，则将结果值乘以 5，即可得到通过该截面的流量。

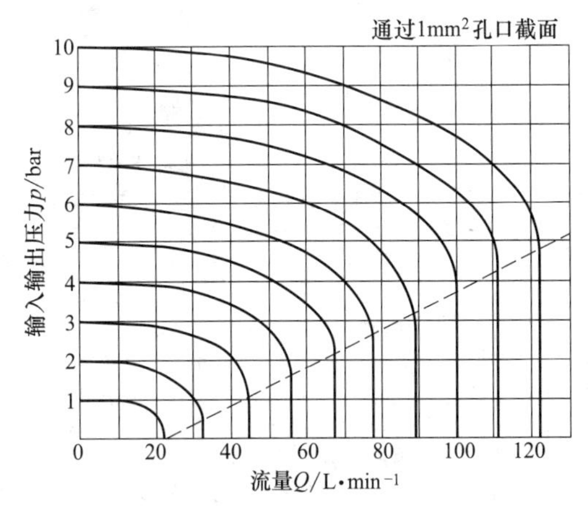

图 21-1-6　通过孔口的流量

1.3.10　气动元件的简化计算模型

表 21-1-24　　气动元件的简化计算模型

在气动系统中的所有元件，若没有明显的能量存储，都有一个从输入到输出的空气流量，其气流所有部件原则上可以被视为孔口（限流器）。阀门、管道、接头、过滤器等的质量流量可根据公式计算

$$\dot{m}=\frac{p_1 C_d A_0 K N}{\sqrt{T_1}}$$

其中

$$K=\sqrt{\frac{\kappa}{R}\left(\frac{2}{\kappa+1}\right)^{\frac{\kappa+1}{\kappa-1}}},\quad N=\begin{cases}1 & \left[\frac{p_2}{p_1}\leqslant\left(\frac{p_2}{p_1}\right)^{*}\text{时}\right]\\ \sqrt{\dfrac{\left(\frac{p_2}{p_1}\right)^{\frac{2}{\kappa}}-\left(\frac{p_2}{p_1}\right)^{\frac{\kappa+1}{\kappa}}}{\frac{\kappa-1}{2}\left(\frac{2}{\kappa+1}\right)^{\frac{\kappa+1}{\kappa-1}}}} & \left[\frac{p_2}{p_1}>\left(\frac{p_2}{p_1}\right)^{*}\text{时}\right]\end{cases}$$

其中临界压力比 b 等于

$$b=\left(\frac{p_2}{p_1}\right)^{*}=\left(\frac{2}{\kappa+1}\right)^{\frac{\kappa}{\kappa-1}}$$

式中　C_d——流量系数

A_0——孔口的截面积

这个表达式不容易处理，特别是如果需要计算串联组件连接回路的流量特性时

为了能够以合理的方式计算气动元件的特性，人们已经开发了一个标准概念（CETOP RP 50P 标准）。根据标准公式，无源元件的体积流量（与 101kPa 和 +20℃ 的空气相关，NTP）可表示为：

$$q=Cp_1K_t\omega$$

$$\omega=\begin{cases}1 & (p_2/p_1\leqslant b)\\ \sqrt{1-\left(\dfrac{p_2/p_1-b}{1-b}\right)^2} & (1\geqslant p_2/p_1>b)\end{cases}$$

式中　b——临界压力比

C——在 NTP 状态时的气动导纳，$C=q_c/p_1$

q_c——临界压力比下的体积流量（NTP）

p_1——上游绝对压力，bar

p_2——下游绝对压力，bar

K_t——温度校正因子，$K_t=\sqrt{T_0/T_1}$

T_0——参考温度，293K

续表

如果使用其他单位的压力和流量，则必须针对这些单位修正 C 值。对于压降可写为 $$p_1-p_2=(1-b)\left[p_1-\sqrt{p_1^2-\left(\frac{q}{K_tC}\right)^2}\right]$$

1.3.11 测定 b 和 C 值

表 21-1-25 测定 b 和 C 值

<table>
<tr><td colspan="5">

C 定义为一个组件的气导，或者说，它是控制流动能力。临界流量为 $q_c=Cp_1$，在右图中用作参考流量

系数 b 指定了组件的临界压力比。用于锋利的孔口

b 的理论值是 0.528。在真实的气动元件中无法达到此值，例如阀门可视为多个串联的孔口，阀门上的主孔口与阀壳体上的入口通道表示的一个孔口连接，代表出口通道的另一个孔口串联连接的孔口降低了整个线路的临界压力比。因此，气动元件总是有一个 b 值小于 0.528，典型值可以是 $b=0.25$，如右图所示

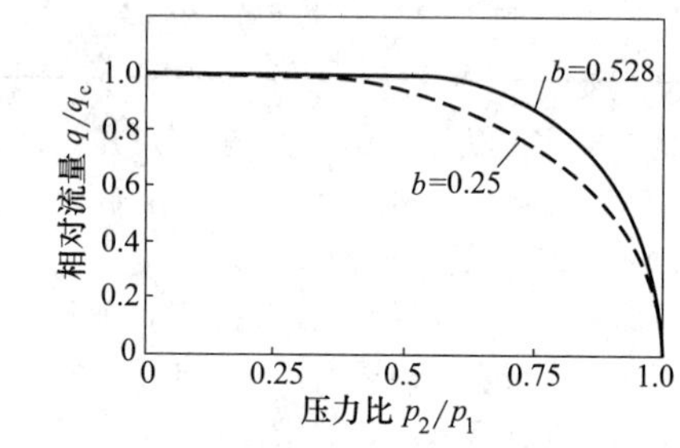

不同 b 值时相对流量 q/q_c 与压力比 p_2/p_1 的关系

</td></tr>
<tr><td rowspan="3">b 值和 C 值的测量</td><td colspan="4">

通过阀或其他气动元件的实际流量计算起来很复杂。实际上，两个参数 b 和 C 必须通过测量特定部件的特性的实验来确定。右图显示了这种测试装置的一个例子

除流量外，测量结果还包括上游压力（p_1）和下游压力（p_2）以及温度修正的入口温度（T_1）。右图显示了流量计的两种可能的放置位置。在这两种情况下，流量都应该在 NTP 时修正为体积流量

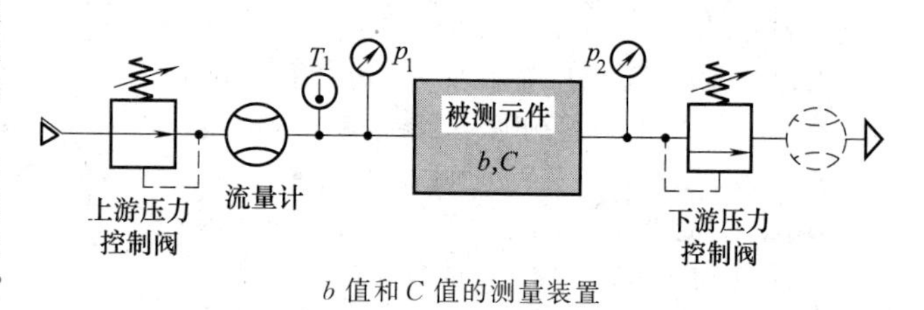

b 值和 C 值的测量装置

</td></tr>
<tr><td rowspan="2">测量可以两种不同的方式进行。上游压力或下游压力可以保持恒定，而其他压力可以变化</td><td>恒定的上游压力</td><td>对于这种测量，上游压力 p_1 是恒定的（处于高压水平）并且下游压力 p_2 从 p_1 变化到尽可能低，大约为大气压力。得到的流量曲线如图所示。在此，可以在最大流量下识别 C 值（其中 $C=q_{max}/p_1$），以及 p_2 值，其中流量刚降低时临界压力比率为 $b=p_2/p_1$</td><td></td></tr>
<tr><td>恒定的下游压力</td><td>考虑下游压力 p_2 恒定在低水平并且上游压力 p_1 从 p_2 变化到高于 p_2/b 的水平。该测量给出了图中所示的流量曲线。C 表示临界流量时曲线的斜率，b 值可以从流量曲线开始沿临界流量的直线时的压力轴确定</td><td></td></tr>
</table>

续表

对于市场上的气动元件，可以（大多数情况下）从制造商处获得 b 值和 C 值。一个系统与另一个系统不同的部件是管道（或软管），此部件的 b 值和 C 值可能很难找到

因此，经验公式给出

$$C=\frac{0.029d^2}{\sqrt{\frac{L}{d^{1.25}}+510}};b=474\times\frac{C}{d^2}$$

式中，d 为管道内径，m；L 为管道长度，m。此时的 C 值单位为 $m^3/(s\cdot Pa)$

1.3.12 气动组件的连接

表 21-1-26 气动组件的连接

<table>
<tr><td rowspan="3">串联连接</td><td colspan="2">在所有气动系统中，都可以找到串联连接的组件。图(a)给出整个系统(b_s,C_s)的 b 值和 C 值的计算方法
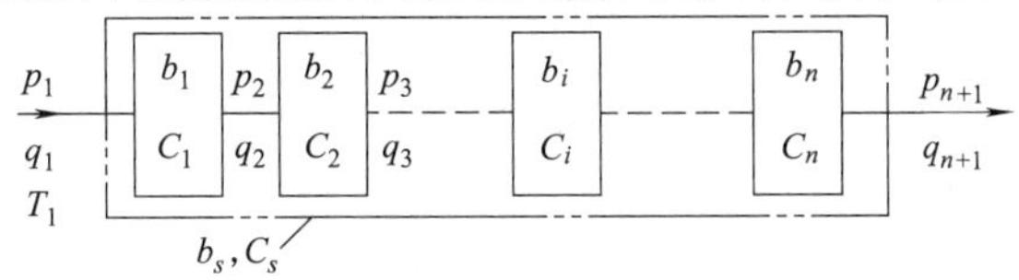

图(a) 具有 b 值和 C 值的气动元件串联连接</td></tr>
<tr><td rowspan="2">如果给出每个组分的 b 值和 C 值，有两种方法可以计算系统参数 b_s 和 C_s</td><td>可加性方法（易于使用，并提供系统的流量特性，误差低于 10%）</td><td>如果每个串联连接组件具有大致相同的流量，或者说，具有类似的 b 值和 C 值，则此方法可用。首先计算串联连接组件系统（上图中的 C_s）的气导
$$\frac{1}{C_s^3}=\sum_{i=1}^{n}\left(\frac{1}{C_i^3}\right) \quad (1)$$
然后计算临界压力比(b_s)
$$b_s=1-C_s^2\sum_{i=1}^{n}\left(\frac{1-b_i}{C_i^2}\right) \quad (2)$$
通过系统的体积流量
$$q_1=q_s=C_s p_1 K_t \omega_s \quad (\text{NTP}) \quad (3)$$
这里
$$\omega_s=\begin{cases}1 & (p_{n+1}/p_1\leqslant b_s)\\ \sqrt{1-\left(\frac{p_{n+1}/p_1-b_s}{1-b_s}\right)^2} & (b_s<p_{n+1}/p_1\leqslant 1)\end{cases}$$</td></tr>
<tr><td>连续加方法（考虑组件的顺序并更精确地提供系统的特性，误差在 5%以下）</td><td>使用这种方法，计算以 n 次停止执行，如图(b)所示。首先考虑两个元件 1 和 2。这两个元件相加得到表示具有流量参数 b_{12} 和 C_{12} 的一个新的复合元件。之后，将 b_{12},C_{12} 与参数 b_{13} 和 C_{13} 组合。在线路的末端，来自前述连续相加的元件 $b_{1(n-1)}$ 和 $C_{1(n-1)}$ 与 b_n 和 C_n 组合，最终得到复合元件的 b_s 和 C_s
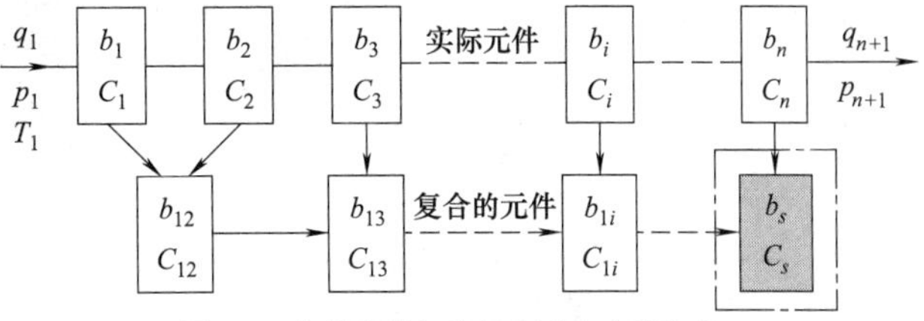

图(b) 按照连续加法逐步减少串联连接
每个复合组分的计算取决于流动条件。对于一对部件，当入口压力恒定时，可能出现四种不同的流动状态。这些条件是：
· 在第一组件是临界流量，在第二组件的临界流量以下
· 在第一组件是临界流量以下，第二组件是临界流量
· 在这两个组件都是临界流量
· 两个组件都是临界流量之下
引入参数 a，对于第一对组件 1 和 2，a 表示为</td></tr>
</table>

第21篇

续表

串联连接	如果给出每个组分的 b 值和 C 值，有两种方法可以计算系统参数 b_s 和 C_s	连续加方法（考虑组件的顺序并更精确地提供系统的特性，误差在5%以下）	$a_{12}=\frac{C_1}{b_1 C_2}$　(4) a_{12}的不同值表示这两个组件中的流量情况如下： • $a_{12}<1$，临界流量将首先发生在组分1中，并且在总压降额外增加时，即使通过组分2的流量将是关键的 • $a_{12}=1$，两个组件都有关键流量 • $a_{12}>1$，仅在组件2中有临界流量 从方程(4)可以观察到，如果两个部件具有几乎相同的流量，a_{12}将会大于一个，而临界流量只会出现在组件2中 复合分量的 C_{12} 为 $a_{12}\leqslant 1$ 时，$C_{12}=C_1$ $a_{12}>1$ 时，$C_{12}=C_2 a_{12}\frac{a_{12}b_1+(1-b_1)\sqrt{a_{12}^2+\left(\frac{1-b_1}{b_1}\right)^2-1}}{a_{12}^2+\left(\frac{1-b_1}{b_1}\right)^2}$　(5) 在计算 C_{12} 之后，临界压力比 b_{12} 为 $b_{12}=1-C_{12}^2\left(\frac{1-b_1}{C_1^2}+\frac{1-b_2}{C_2^2}\right)$　(6) $a_{13}=\frac{C_{12}}{b_{12}C_3}$ 然后根据等式(5)和(6)计算 C_{13} 和 b_{13} 的新值。继续该过程直到包含所有组分。利用 C_s 和 b_s 的计算值，求出系统的体积流量[方程式(3)]
并联连接	并联连接时，在初级侧，各支路连接到相同的压力源，并且流量被分配给具有单独出口的不同元件。这种类型的系统可以用与串联连接相同的方式处理：总流量等于每个支路的流量之和。另外，还有每个组件的下游都连接到同一出口的类型，如图(c)所示。 对于并联的组件，可以使用与串联连接中的加法相同的理论处理。但是，与串联连接相比，公式更易于处理 系统的气导(C_s)为 $C_s=\sum_{i=1}^{n}C_i$　(7) 系统临界压力(b_s)为 $b_s=1-\frac{C_s^2}{\left[\sum_{i=1}^{n}\left(\frac{C_i}{\sqrt{1-b_i}}\right)\right]^2}$　(8) 然后使用式(3)计算系统的体积流量 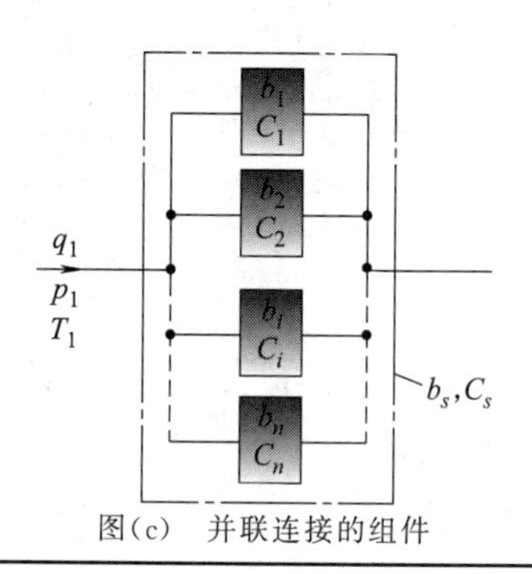 图(c)　并联连接的组件		

1.3.13　日本管道 JIS 和美国管道 NPT 尺寸的转换

表 21-1-27　日本 JIS 管路尺寸（R. Rc）与美国管路尺寸（NPT）的转换

公称尺寸/in	25.4mm内包含的牙数/牙		有效直径(D_2 或 E_1)/mm		螺纹的螺距/mm		螺距的差别/mm	管路的外径(参考值)/mm	
	R. R_c	NPT	R. R_c	NPT	R. R_c	NPT		JIS	NPT
1/16	28	27	7.142	7.142	0.9071	0.9408	0.0337	—	7.94
1/8	28	27	9.147	9.489	0.9071	0.9408	0.0337	10.5	10.29

续表

公称尺寸 /in	25.4mm 内包含的牙数 /牙		有效直径(D_2 或 E_1) /mm		螺纹的螺距 /mm		螺距的差别 /mm	管路的外径 (参考值)/mm	
	R. R_c	NPT	R. R_c	NPT	R. R_c	NPT		JIS	NPT
1/4	19	18	12.301	12.487	1.3368	1.4112	0.0744	13.8	13.72
3/8	19	18	15.806	15.926	1.3368	1.4112	0.0744	17.3	17.15
1/2	14	14	19.793	19.772	1.8143	1.8143	0	21.7	21.34
3/4	14	14	25.279	25.117	1.8143	1.8143	0	27.2	26.67
1	11	11.5	31.770	31.461	2.3091	2.2088	0.1003	34.0	33.40
1¼	11	11.5	40.431	40.218	2.3091	2.2088	0.1003	42.7	42.16
1½	11	11.5	46.324	46.287	2.3091	2.2088	0.1003	48.6	48.26
2	11	11.5	58.135	58.325	2.3091	2.2088	0.1003	60.5	60.33
2½	11	8	73.705	70.159	2.3091	3.1750	0.8659	76.3	73.03
3	11	8	86.405	86.068	2.3091	3.1750	0.8659	89.1	88.90

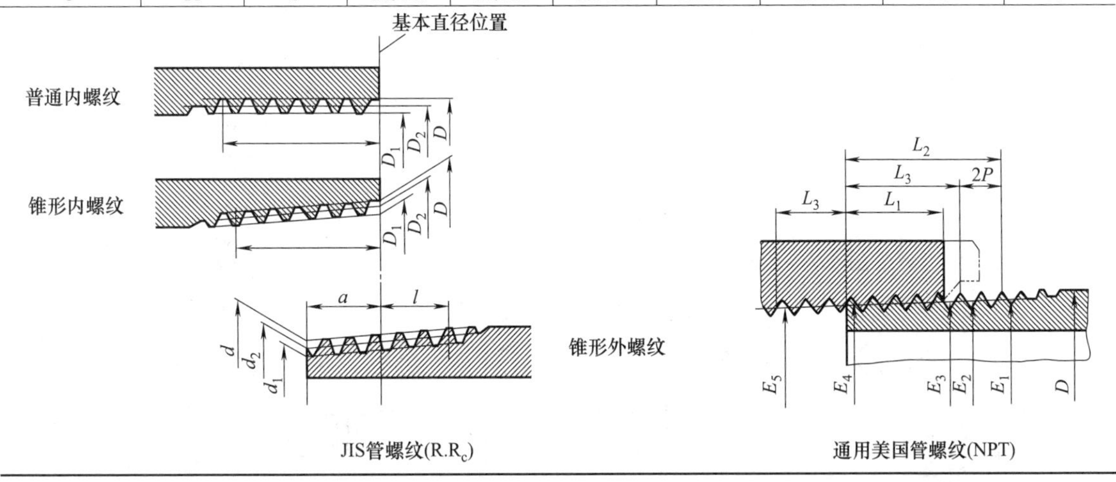

1.4　气动技术常用术语及图形符号

流体传动系统及元件　词汇
（扫码阅读或下载）

1.4.1　气动技术常用术语

详见 GB/T 17446—2012。

1.4.2　气动技术图形符号

表 21-1-28　　气动元件符号（ISO：1219-1：2012）

基本形状

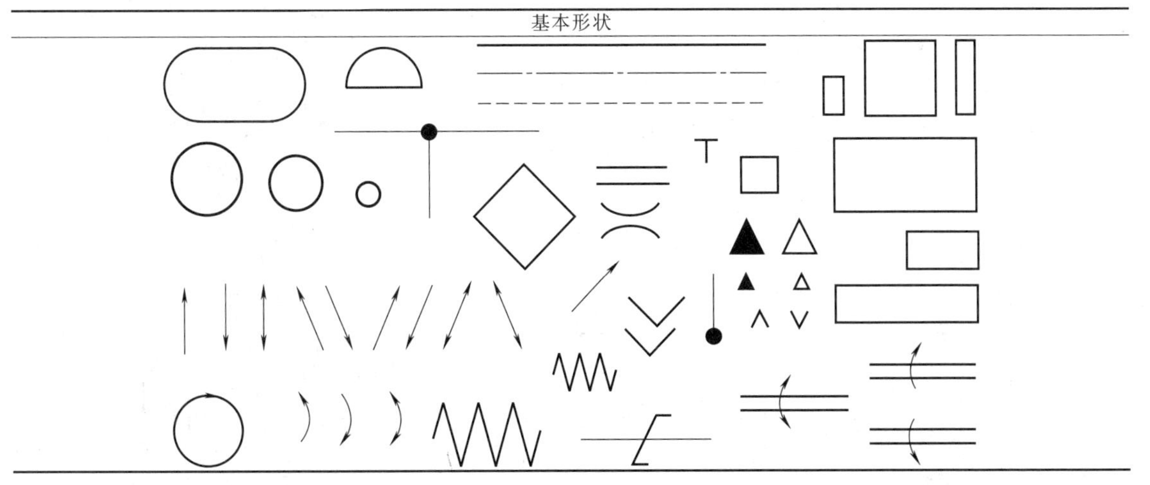

第21篇

续表

基本符号			
圆	l	能量转换元件（泵，马达，压缩机）	
	$3/4l$	测量仪表	
	$1/3l$	机械杠杆，单向阀，回转接头	
	$1/3l$	滚子	
正方形	l	控制元件	
菱形	l	调节器件（过滤器，油水分离器，油雾器和热交换器）	
	$>l$ l	气缸和阀	
长方形	$1/4l$ l	活塞	
	$1/4l$ $1/2l$	缓冲器	
	$\min 1l$ $1/2l$	某些控制元件	
	$1/2l$ $\max 2l$		
半圆	l	旋转气缸，气马达或者具有角度受限的气泵	
胶囊形	$2l$ l	有压储气罐，储气罐，辅助气瓶	

续表

基本符号			
双线	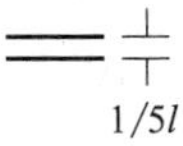 1/5l	机械连接件，活塞杆，杠杆，轴	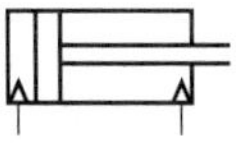
实线		工作管路，先导气源管路，排气管路，电气线路	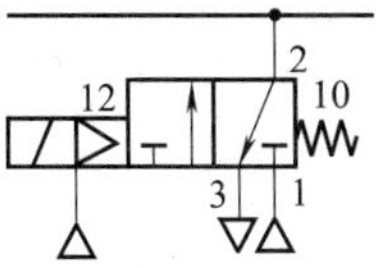 12　2　10　3　1
虚线		先导控制管路，放气管路，过滤器	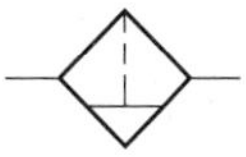
点划线	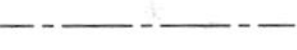	将2个或更多功能元件围成一个组件，组合元件线	
实线（电气符号）	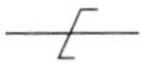	电气线路	
功能元件			
三角形	 1/2l　1/4l	方向和流体的类型，中空是气动，填充的是液压	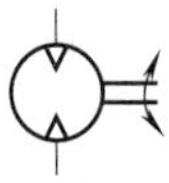
弹簧		适宜尺寸	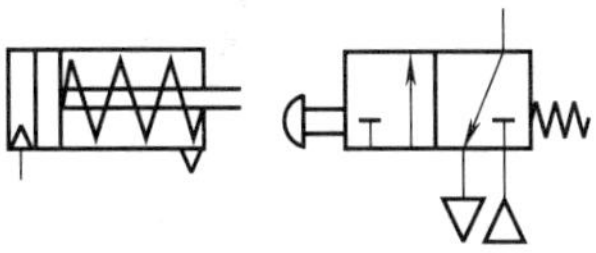
箭头	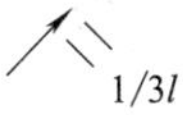 1/3l	长斜的表示可调节	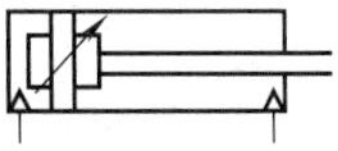
箭头		直的或斜的，表示直线运动，流体流过阀的通路和方向，热流方向	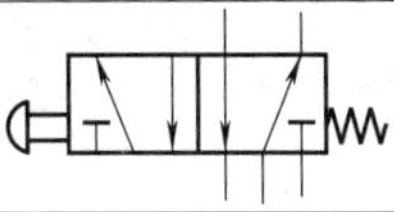
T形	T	封闭的通路或气口	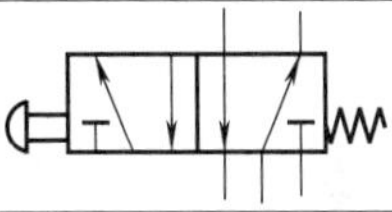
节流符号		适宜尺寸	
弧线箭头		旋转运动	
轴旋转方向	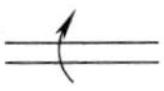	从右手端看顺时针旋转	
		从右手端看顺逆时针旋转	
		双向旋转	

续表

功能元件			
密封基座，单向阀简化符号的基座		90°角	
温度计		指示或控制，适宜尺寸	
电磁操作器	\/	电磁线圈，绕组	
原动机	M	电机	M
管线和连接件			
连接点，连接管路		单独连接	
连接点		四通道连接	
交叉		不连接	
柔性管路		软管，通常连接有相对移动的零件	
放气口	▽	连续放气	
		靠探针暂时的放气	
排气口		直接排气	
		带连接措施排气	
不带单向阀的快换接头（断开和连接状态）		两端都接气路	
一端带单向阀的快换接头（断开和连接状态）		气源端被密封	
带向阀的快换接头（断开和连接状态）		两端都被密封	

续表

管线和连接件			
单通路旋转接头	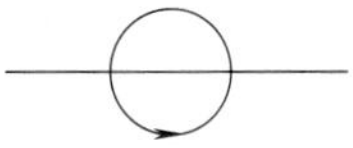		
双通路旋转接头	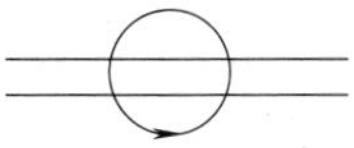		
三通路旋转接头	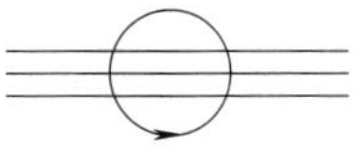		
调节器和压力产生设备			
调节器			
带手动排水器的油水分离器	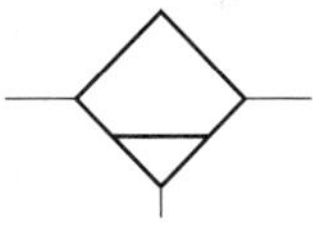	带自动排水器的油水分离器	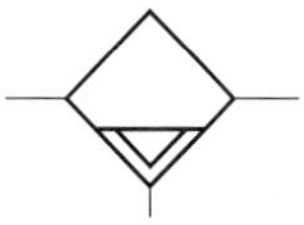
带手动排水器的空气过滤器	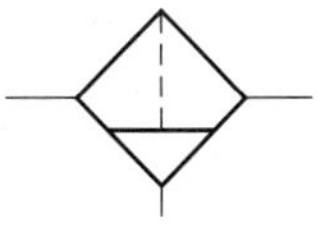	带自动排水器的空气过滤器	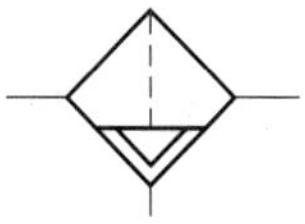
油雾器	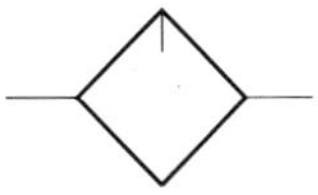	干燥器(冷干机)	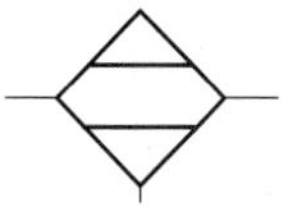
带和不带冷却管线的冷却器	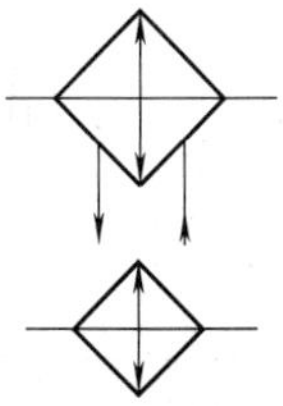	加热器	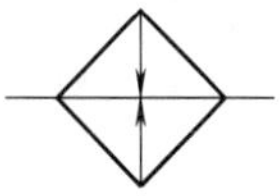
加热器和冷却器的组合	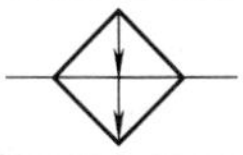		
设备			
压缩机和电机	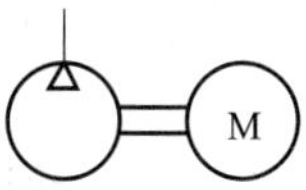 M	空气储气罐	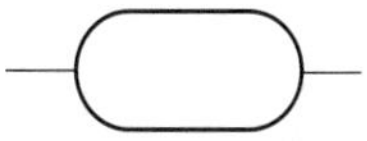
截止阀		空气入口过滤器	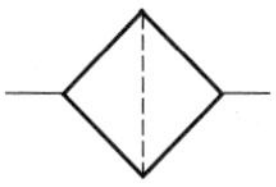
压力控制器			
可调减压阀简化画法	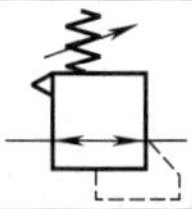	带有压力表的可调减压阀简化画法	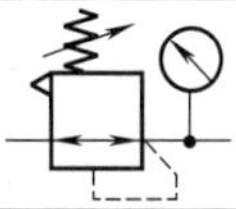
气动三联件(FRL)	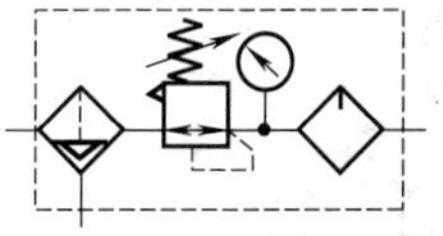	三联件简化符号	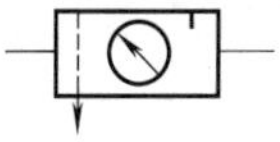

续表

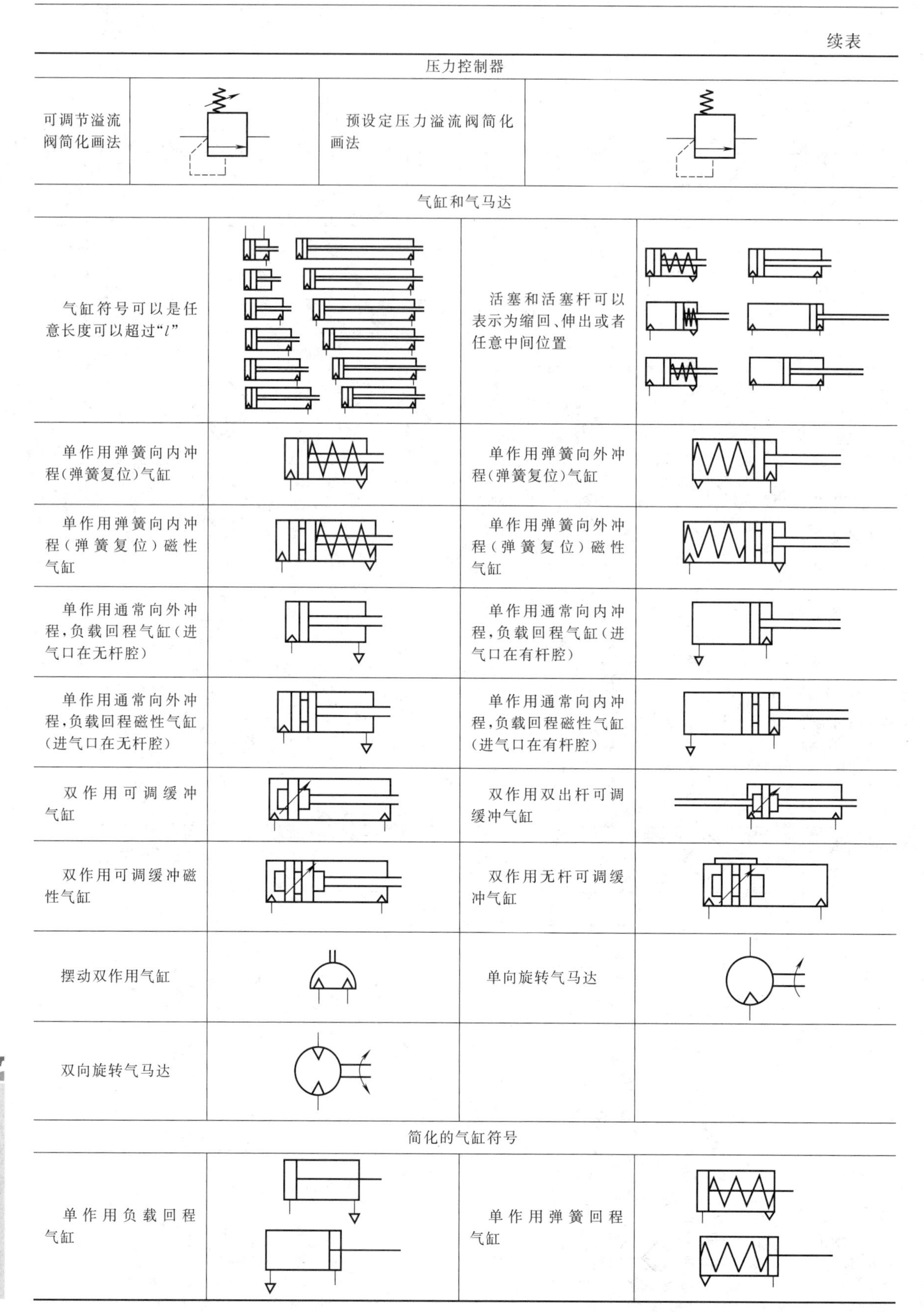

压力控制器			
可调节溢流阀简化画法		预设定压力溢流阀简化画法	
气缸和气马达			
气缸符号可以是任意长度可以超过“l”		活塞和活塞杆可以表示为缩回、伸出或者任意中间位置	
单作用弹簧向内冲程(弹簧复位)气缸		单作用弹簧向外冲程(弹簧复位)气缸	
单作用弹簧向内冲程(弹簧复位)磁性气缸		单作用弹簧向外冲程(弹簧复位)磁性气缸	
单作用通常向外冲程,负载回程气缸(进气口在无杆腔)		单作用通常向内冲程,负载回程气缸(进气口在有杆腔)	
单作用通常向外冲程,负载回程磁性气缸(进气口在无杆腔)		单作用通常向内冲程,负载回程磁性气缸(进气口在有杆腔)	
双作用可调缓冲气缸		双作用双出杆可调缓冲气缸	
双作用可调缓冲磁性气缸		双作用无杆可调缓冲气缸	
摆动双作用气缸		单向旋转气马达	
双向旋转气马达			
简化的气缸符号			
单作用负载回程气缸		单作用弹簧回程气缸	

续表

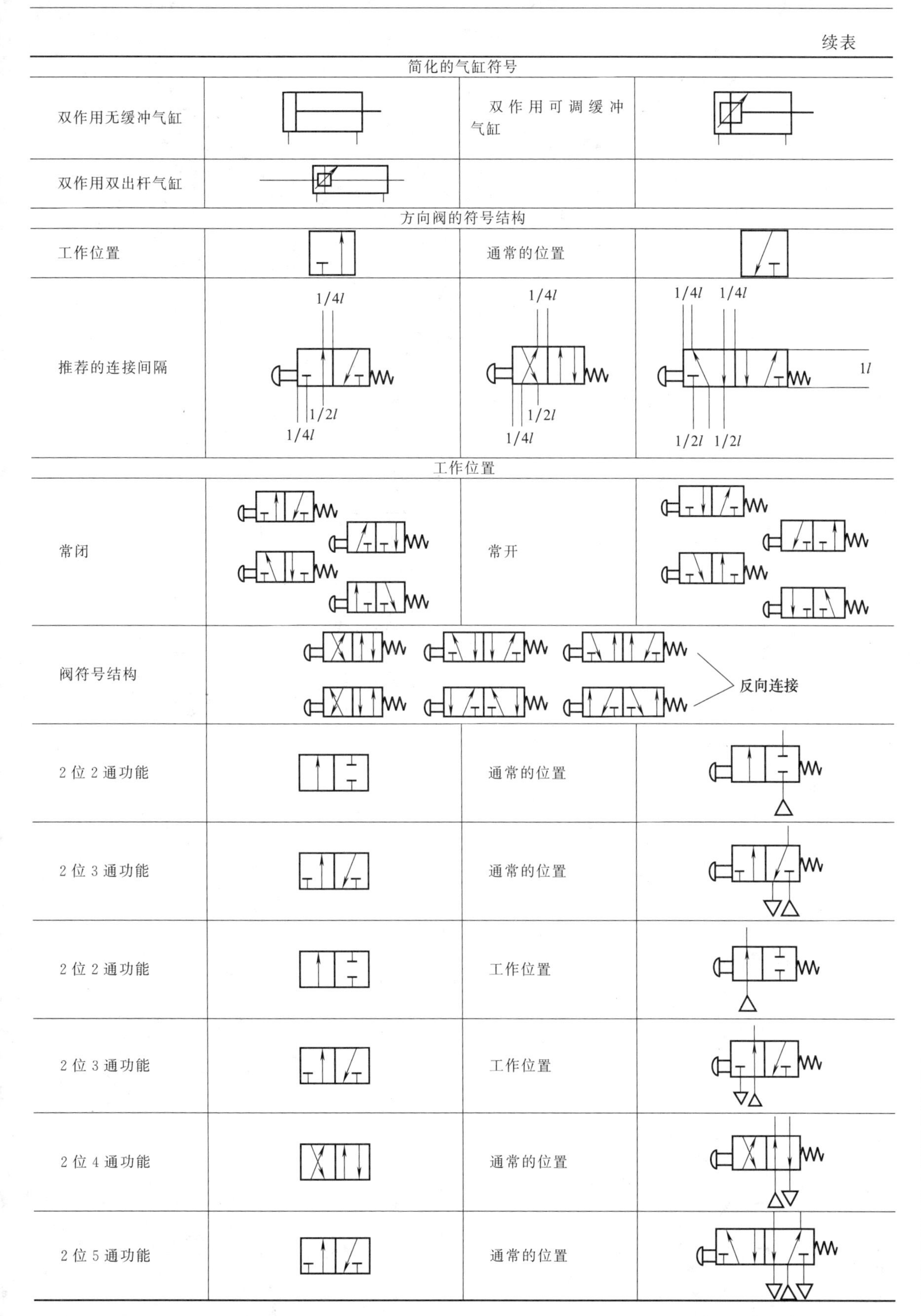

简化的气缸符号			
双作用无缓冲气缸		双作用可调缓冲气缸	
双作用双出杆气缸			
方向阀的符号结构			
工作位置		通常的位置	
推荐的连接间隔	1/4l　1/2l　1/4l	1/4l　1/2l　1/4l	1/4l　1/4l　1l　1/2l　1/2l
工作位置			
常闭		常开	
阀符号结构	反向连接		
2 位 2 通功能		通常的位置	
2 位 3 通功能		通常的位置	
2 位 2 通功能		工作位置	
2 位 3 通功能		工作位置	
2 位 4 通功能		通常的位置	
2 位 5 通功能		通常的位置	

续表

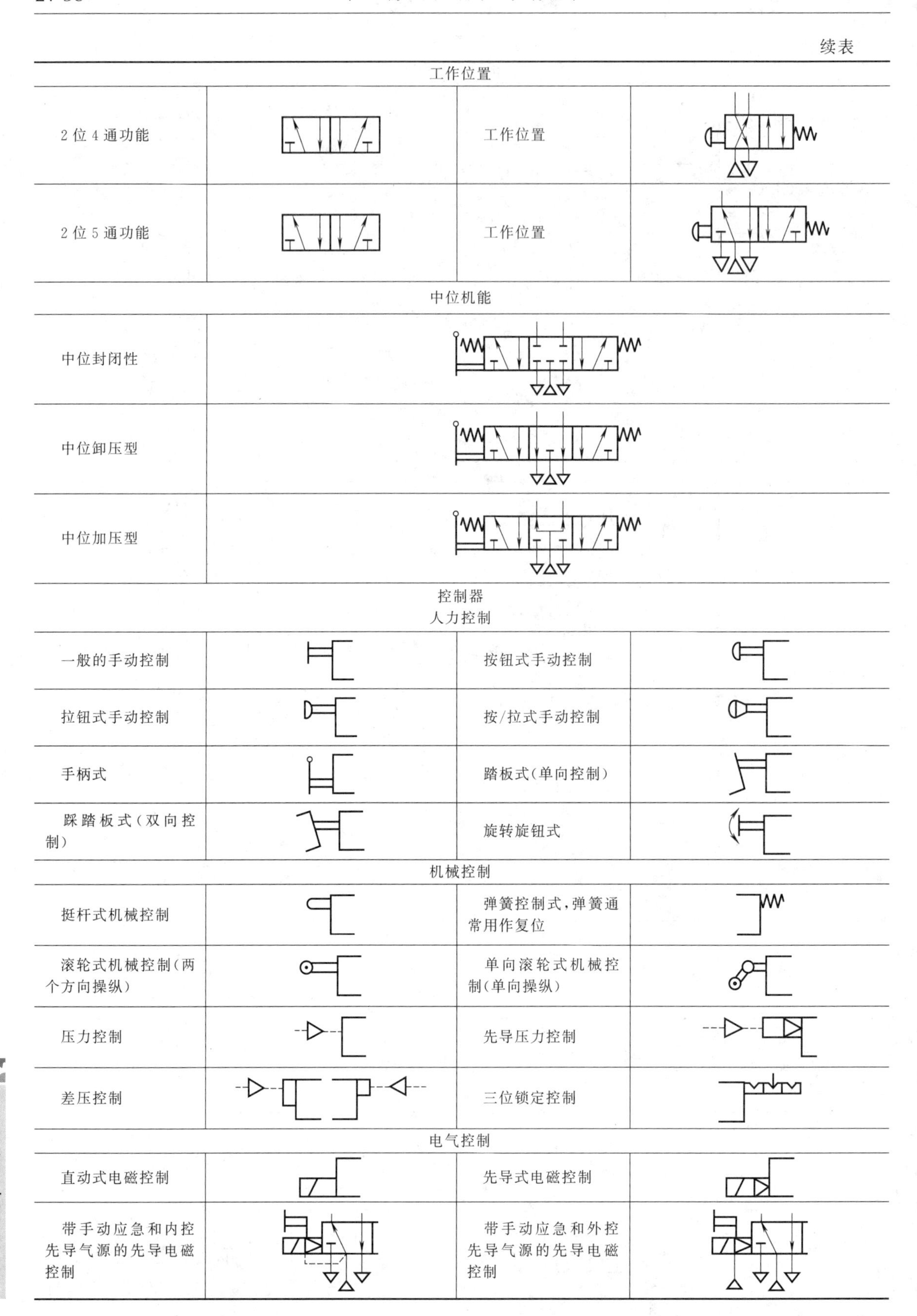

工作位置			
2 位 4 通功能		工作位置	
2 位 5 通功能		工作位置	
中位机能			
中位封闭性			
中位卸压型			
中位加压型			
控制器 人力控制			
一般的手动控制		按钮式手动控制	
拉钮式手动控制		按/拉式手动控制	
手柄式		踏板式(单向控制)	
踩踏板式(双向控制)		旋转旋钮式	
机械控制			
挺杆式机械控制		弹簧控制式，弹簧通常用作复位	
滚轮式机械控制(两个方向操纵)		单向滚轮式机械控制(单向操纵)	
压力控制		先导压力控制	
差压控制		三位锁定控制	
电气控制			
直动式电磁控制		先导式电磁控制	
带手动应急和内控先导气源的先导电磁控制		带手动应急和外控先导气源的先导电磁控制	

续表

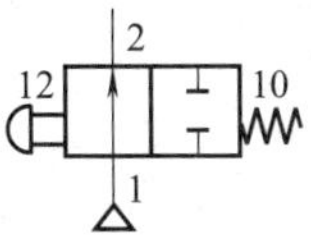	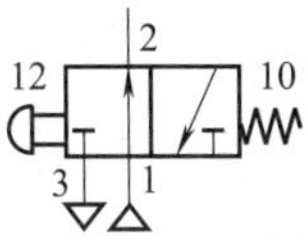	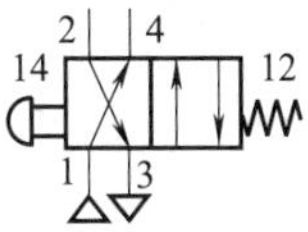	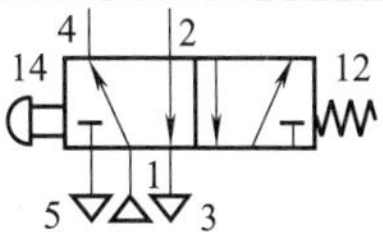
电气控制			
当内控或外控先导气源没有被表示时，默认是内控的	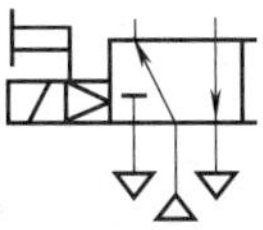		
气口标记			
12 2 10 1	12 2 10 3 1	2 4 14 12 1 3	4 2 14 12 5 1 3
功能元件			
单向阀简化画法		单向节流阀	
双向节流阀简化画法		双压阀(AND)简化画法	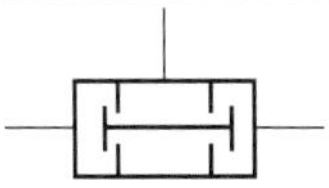
梭阀(OR)简化画法	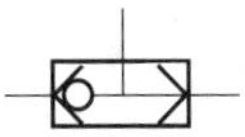	带消声器的快速排气阀简化画法	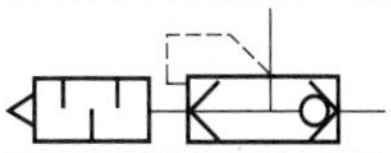
消音器	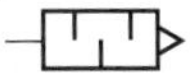	压力继电器，预设的	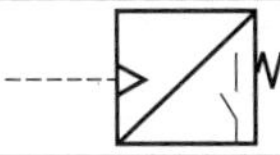
压力继电器，可调节的	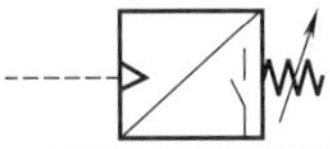		
单作用气缸			
弹簧在有杆腔(弹簧向内冲程缩回)	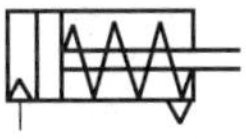	弹簧在无杆腔(向外冲程伸出)	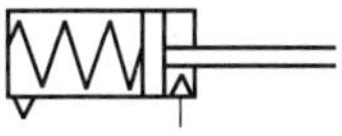
弹簧在有杆腔磁性气缸(弹簧向内冲程缩回)	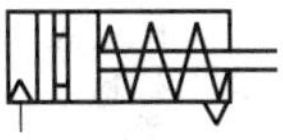	弹簧在无杆腔磁性气缸(弹簧向外冲程伸出)	
磁性气缸弹簧向内冲程缩回活塞杆不旋转	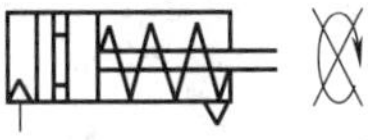	磁性气缸弹向外冲程伸出活塞杆不旋转	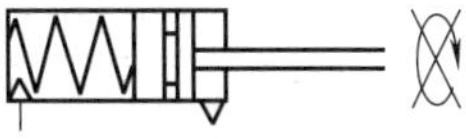
弹簧在无杆腔(弹簧向内冲程缩回)可调缓冲气缸		弹簧在有杆腔(弹簧向外冲程伸出)可调缓冲气缸	
弹簧在有杆腔磁性气缸(弹簧向内冲程缩回)可调缓冲气缸	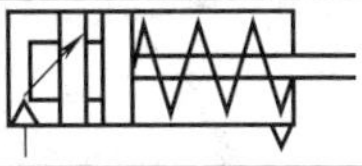	弹簧在无杆腔磁性气缸(弹簧向外冲程伸出)可调缓冲气缸	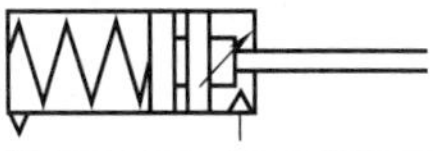
弹簧在有杆腔(弹簧向内冲程缩回)可调缓冲非旋转式气缸	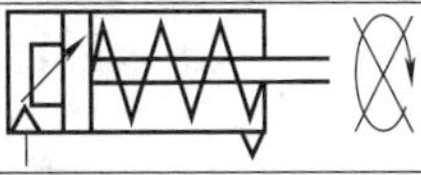	弹簧在无杆腔(弹簧向外冲程伸出)可调缓冲非旋转式气缸	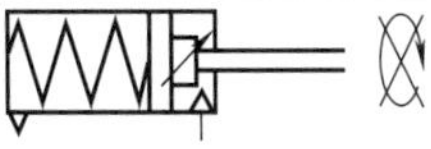
弹簧在有杆腔磁性气缸(弹簧向内冲程缩回)可调缓冲非旋转式气缸	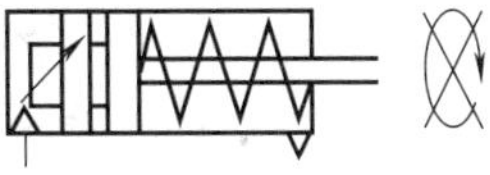	弹簧在无杆腔磁性气缸(弹簧向外冲程伸出)可调缓冲非旋转式气缸	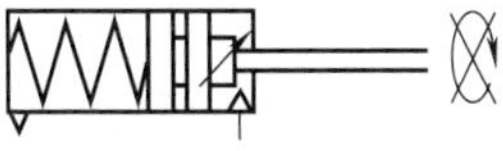
单作用囊式气缸			
单曲囊式气缸	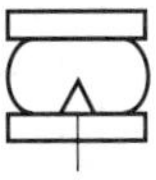	双曲囊式气缸	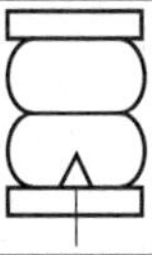

第 21 篇

续表

单作用囊式气缸			
三曲囊式气缸			
双作用气缸			
无磁性气缸		磁性液缸	
无磁性可调缓冲气缸		磁性带可调缓冲气缸	
无磁性杆端有可伸缩保护套气缸		磁性带可调缓冲杆端有可伸缩保护套气缸	
磁性气缸			
非旋转式可调缓冲气缸		磁性非旋转式可调缓冲气缸	
主动制动可调缓冲气缸		磁性主动制动可调缓冲气缸	
被动制动可调缓冲气缸		磁性被动制动可调缓冲气缸	
带导向杆磁性气缸			
无磁性双出杆气缸		无磁性可调缓冲双出杆气缸	
磁性双出杆气缸		磁性可调缓冲双出杆气缸	
三位可调缓冲(等行程)多位气缸		三位可调缓冲磁性(等行程)多位气缸	
四位可调缓冲(不等行程)多位气缸		四位可调缓冲磁性(等行程)多位气缸	
其他气缸			
带活塞位置模拟电量输出的气缸		滑台气缸	
摆动气缸		双向气马达和单向气马达	
伸缩气缸	**单作用式** **双作用式**		

续表

无杆气缸			
带缓冲无杆气缸	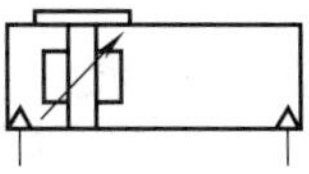	带缓冲磁性无杆气缸	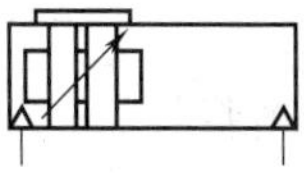
带缓冲主动制动无杆气缸	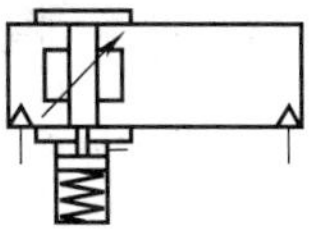	带缓冲带磁性主动制动无杆气缸	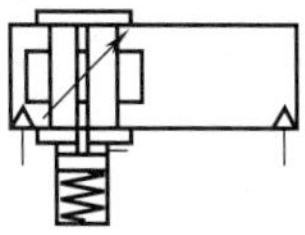
带缓冲被动制动无杆气缸	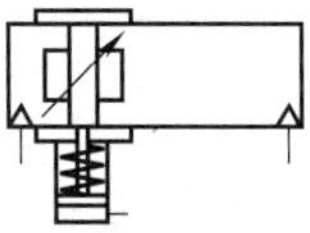	缓冲带磁性被动制动无杆气缸	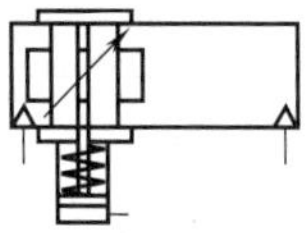
双倍行程带缓冲无杆气缸	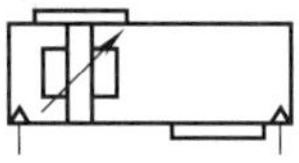	双倍行程压缩空气通过活塞滑块的无杆气缸	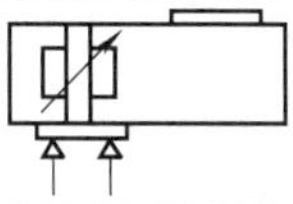
双倍行程带缓冲磁性无杆气缸	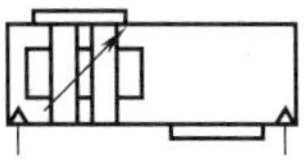	双倍行程带缓冲压缩空气通过活塞滑块的无杆气缸	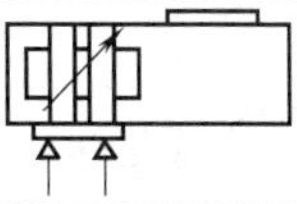
油压缓冲器			
自调节型	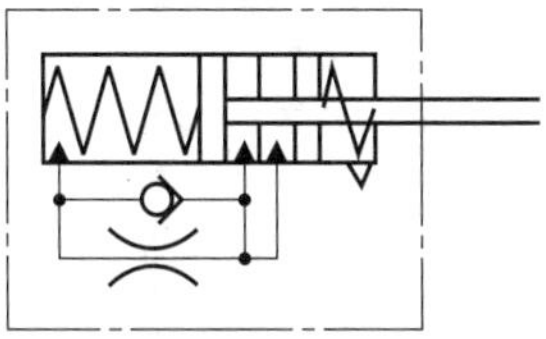	可调型	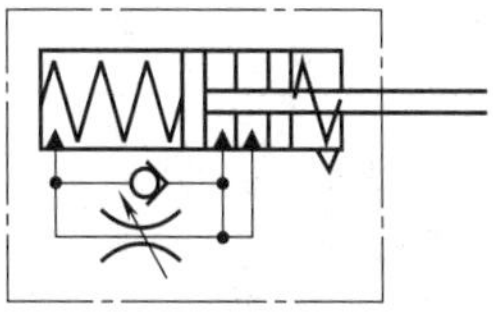
组合元件			
带有截止关闭阀和压力表的三联件(FRL)	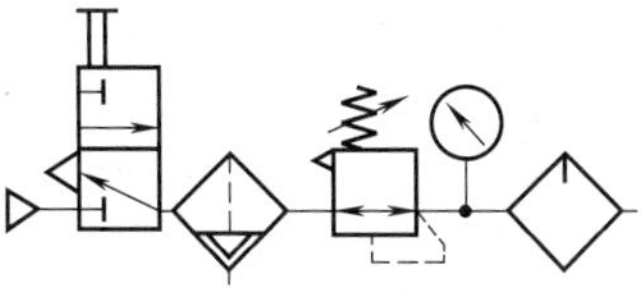	气动三联件	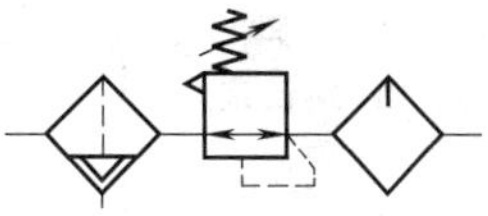
过滤器和油雾器		带自动排水器的空气过滤器和油水分离器组件	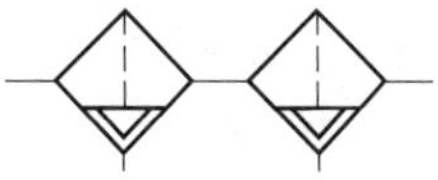
空气过滤器和调压装置	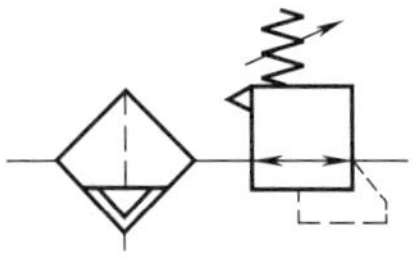	带压力表的空气过滤器和调压装置	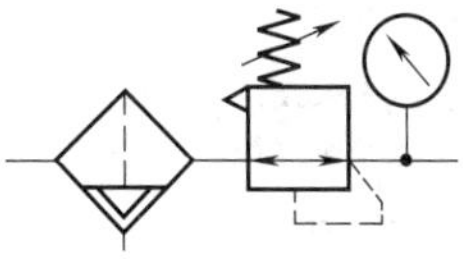
带手动排水器的空气过滤器	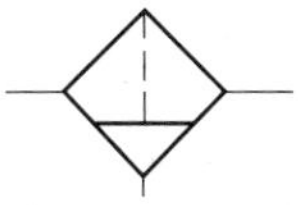	带自动排水器的空气过滤器	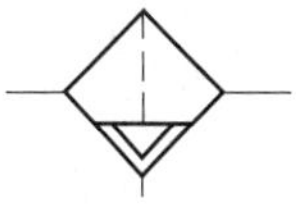
带手自动排水器和压降指示器的空气过滤器	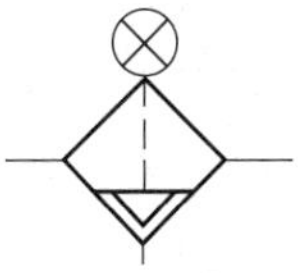	油雾器	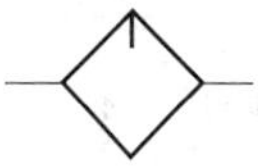

续表

压力调节器			
预设定减压阀	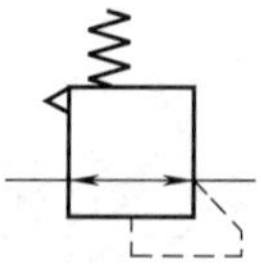	带压力表的预设定减压阀	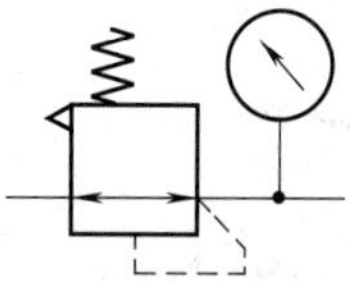
可调减压阀	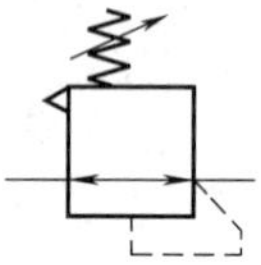	带压力表的可调减压阀	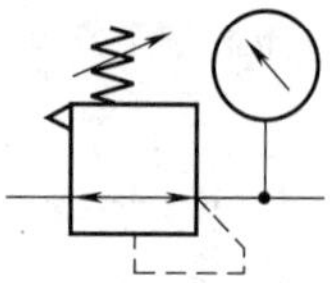
先导(外控)控制式减压阀	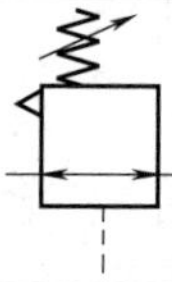	带有独立反馈的先导(外控)式减压阀	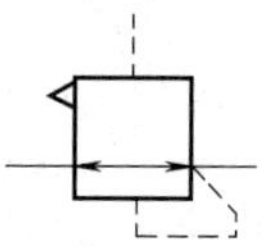
控制气体来自于先导减压阀的先导减压阀	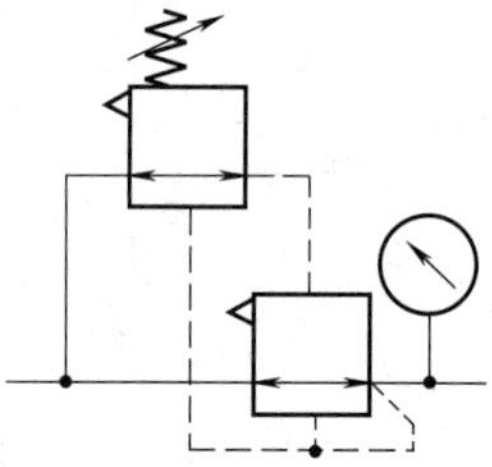	2级精密调压阀(11-818)	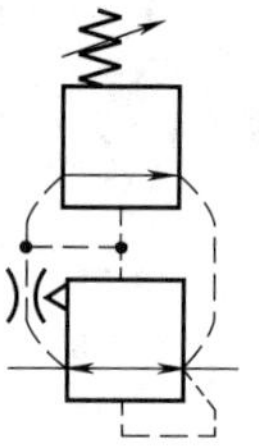
比例压力阀	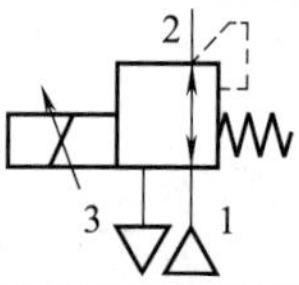 2 3 1		
压力溢流阀			
安全阀(预设定,不连接排气设施)	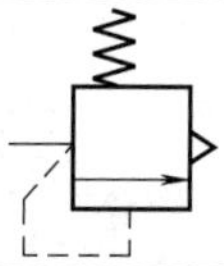	顺序阀(预设定,连接至工作气路)	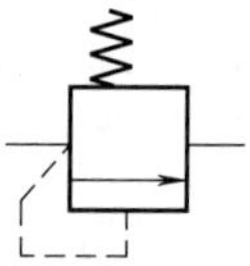
安全阀(可调节,不连接排气设施)	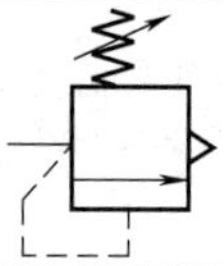	可调节顺序阀(连接至工作气路)	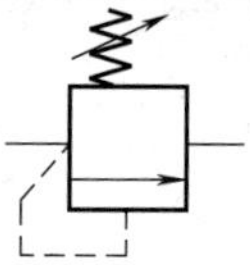
先导控制式顺序阀(连接至工作气路)	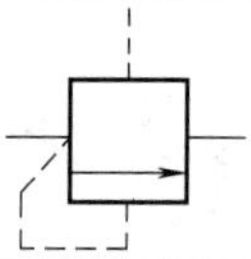		
其他元件			
消声器	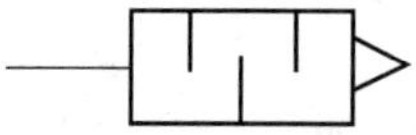	过滤器消声器组合	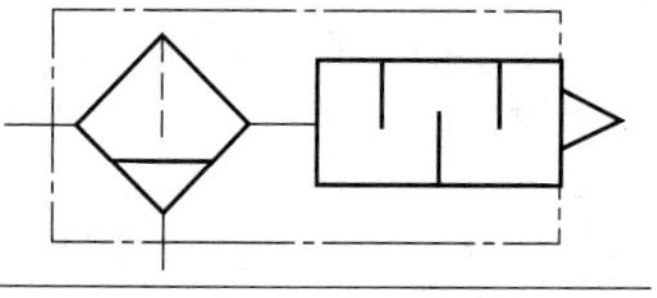
自动排水油水分离器	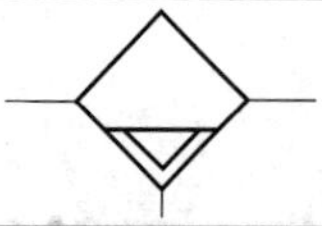	气液转换器	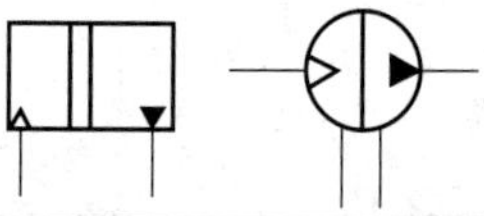

续表

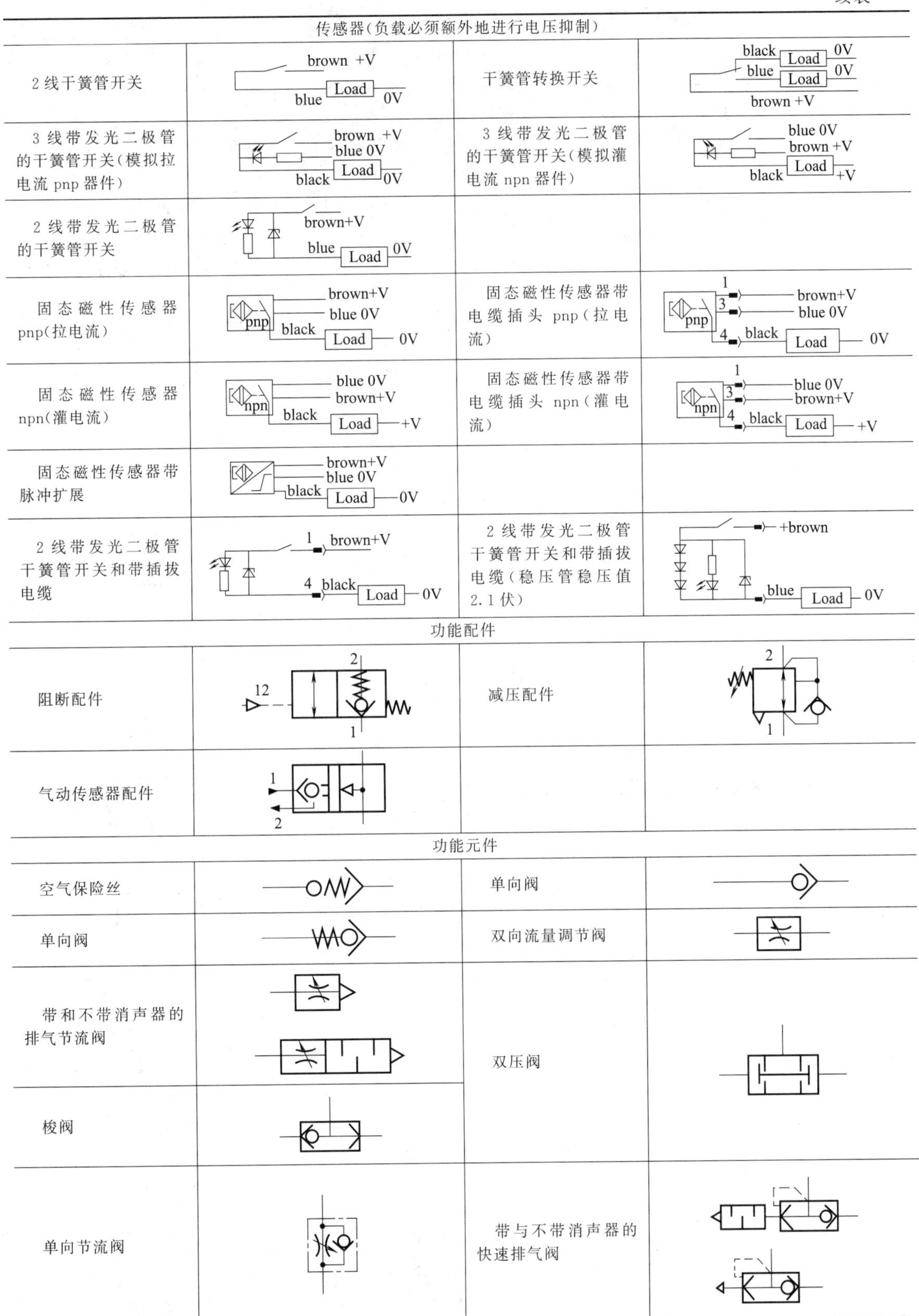

传感器（负载必须额外地进行电压抑制）			
2 线干簧管开关	brown +V blue Load 0V	干簧管转换开关	black Load 0V blue Load 0V brown +V
3 线带发光二极管的干簧管开关（模拟拉电流 pnp 器件）	brown +V blue 0V black Load 0V	3 线带发光二极管的干簧管开关（模拟灌电流 npn 器件）	blue 0V brown +V black Load +V
2 线带发光二极管的干簧管开关	brown+V blue Load 0V		
固态磁性传感器 pnp（拉电流）	pnp brown+V blue 0V black Load 0V	固态磁性传感器带电缆插头 pnp（拉电流）	pnp 1 brown+V 3 blue 0V 4 black Load 0V
固态磁性传感器 npn（灌电流）	npn blue 0V brown+V black Load +V	固态磁性传感器带电缆插头 npn（灌电流）	npn 1 blue 0V 3 brown+V 4 black Load +V
固态磁性传感器带脉冲扩展	brown+V blue 0V black Load 0V		
2 线带发光二极管干簧管开关和带插拔电缆	1 brown+V 4 black Load 0V	2 线带发光二极管干簧管开关和带插拔电缆（稳压管稳压值 2.1 伏）	+brown blue Load 0V
功能配件			
阻断配件	2 12 1	减压配件	2 1
气动传感器配件	1 2		
功能元件			
空气保险丝		单向阀	
单向阀		双向流量调节阀	
带和不带消声器的排气节流阀		双压阀	
梭阀			
单向节流阀		带与不带消声器的快速排气阀	

续表

功能元件			
单通路旋转接头		压力表	
压降指示器			

快换接头		
	已连接	卸开
两端都接工作管路		
气源一端密封		
两端都密封		

电磁阀		
	无手动应急控制	在电磁铁一端带有手动应急控制装置
直动式电磁控制弹簧复位2位2通长闭电磁阀		
直动式电磁控制弹簧复位2位3通长闭电磁阀		
直动式电磁控制弹簧复位2位3通长开电磁阀		
先导式电磁控制弹簧复位2位3通长闭电磁阀		
先导式电磁控制弹簧复位2位3通长开电磁阀		
先导式电磁控制先导电磁控制复位电磁阀		
先导式电磁控制弹簧复位2位5通电磁阀		
先导式电磁控制先导电磁控制复位2位5通电磁阀		

续表

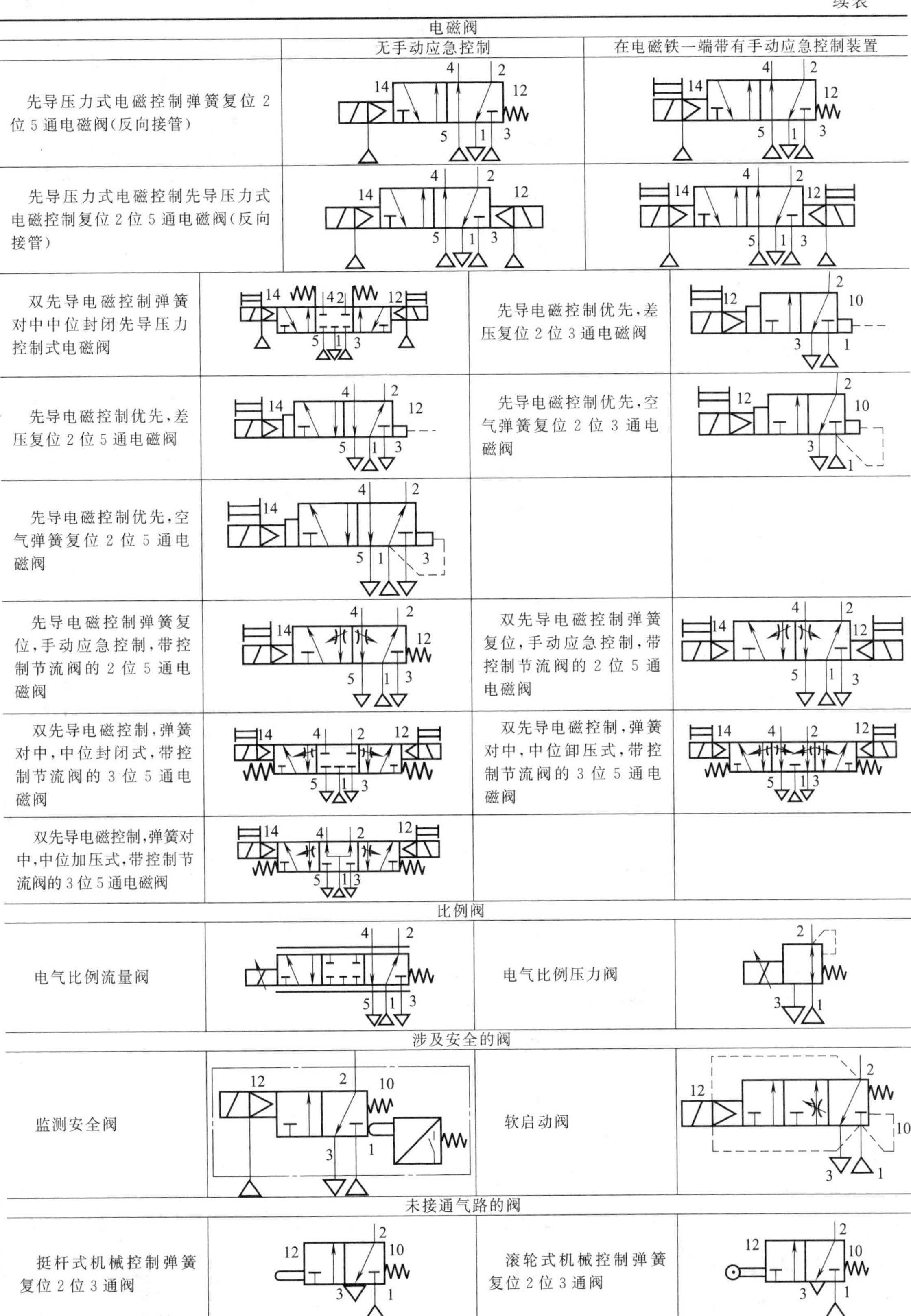

电磁阀			
	无手动应急控制	在电磁铁一端带有手动应急控制装置	
先导压力式电磁控制弹簧复位 2 位 5 通电磁阀(反向接管)			
先导压力式电磁控制先导压力式电磁控制复位 2 位 5 通电磁阀(反向接管)			
双先导电磁控制弹簧对中中位封闭先导压力控制式电磁阀		先导电磁控制优先,差压复位 2 位 3 通电磁阀	
先导电磁控制优先,差压复位 2 位 5 通电磁阀		先导电磁控制优先,空气弹簧复位 2 位 3 通电磁阀	
先导电磁控制优先,空气弹簧复位 2 位 5 通电磁阀			
先导电磁控制弹簧复位,手动应急控制,带控制节流阀的 2 位 5 通电磁阀		双先导电磁控制弹簧复位,手动应急控制,带控制节流阀的 2 位 5 通电磁阀	
双先导电磁控制,弹簧对中,中位封闭式,带控制节流阀的 3 位 5 通电磁阀		双先导电磁控制,弹簧对中,中位卸压式,带控制节流阀的 3 位 5 通电磁阀	
双先导电磁控制,弹簧对中,中位加压式,带控制节流阀的 3 位 5 通电磁阀			
比例阀			
电气比例流量阀		电气比例压力阀	
涉及安全的阀			
监测安全阀		软启动阀	
未接通气路的阀			
挺杆式机械控制弹簧复位 2 位 3 通阀		滚轮式机械控制弹簧复位 2 位 3 通阀	

第21篇

续表

未接通气路的阀			
按钮式人力控制弹簧复位2位3通阀		推拉式人力控制定位销式2位3通阀	
旋钮式人力控制定位销式2位3通阀		钥匙式人力控制定位销式2位3通阀	
内控的放掉供气的阀			
挺杆式机械控制/放气,气压复位2位3通阀		滚轮式机械控制/放气,气压复位2位3通阀	
单向滚轮式机械控制/放气,气压复位2位3通阀		低压气控式/放气,气压复位2位3通阀	
无线遥控气动控制式/放气,气压复位2位3通阀			
外控放掉供气的阀			
挺杆机械控制式/放气,气压复位2位3通阀		滚轮机械控制式/放气,气压复位2位3通阀	
单向滚轮机械控制式/放气,气压复位2位3通阀		低压气控式/放气,气压复位2位3通阀	
无线遥控气动控制式/放气,气压复位2位3通阀			
先导阀			
	常闭	常开	
先导压力控制弹簧复位2位2通阀			
先导压力控制弹簧复位2位3通阀			

续表

先导阀		
	常闭	常开
双先导压力控制 2 位 3 通阀	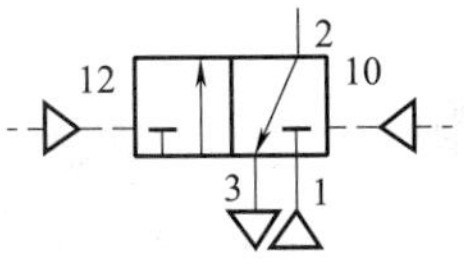	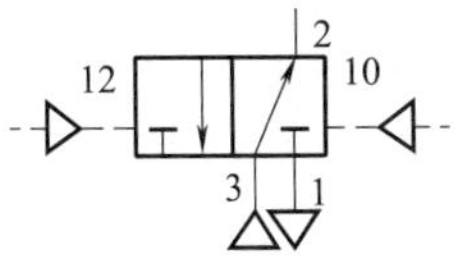
先导差压控制 2 位 3 通阀	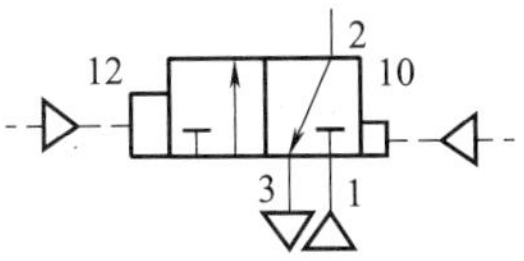	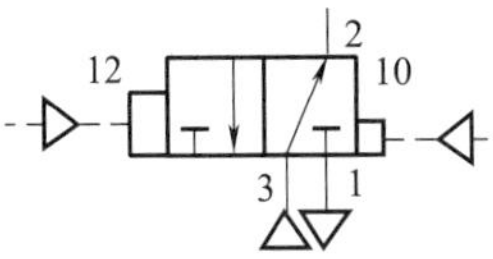

遥控压力释放控制弹簧复位，长闭，2 位 3 通阀	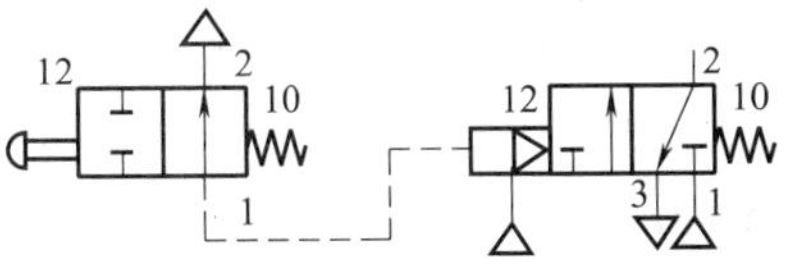	遥控压力释放控制弹簧复位，长开，2 位 3 通阀	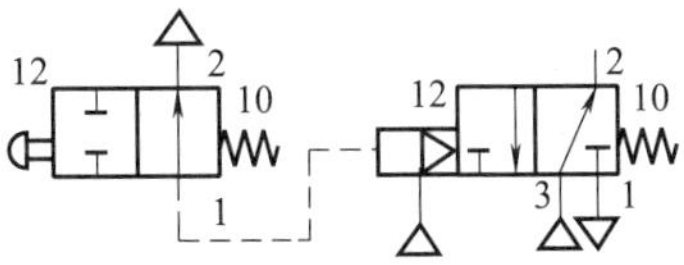
遥控压力释放控制弹簧复位，长闭，2 位 5 通阀	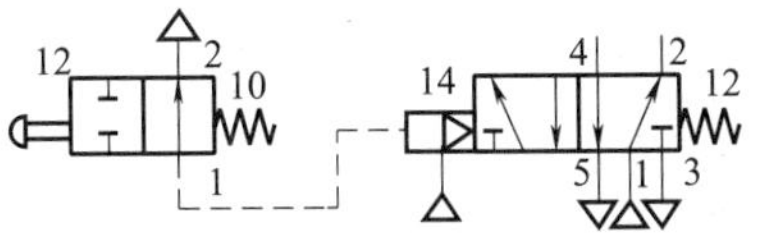	先导压力控制弹簧复位，2 位 4 通阀	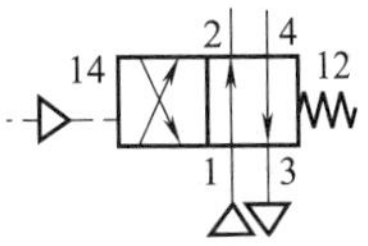
先导压力控制弹簧复位，2 位 5 通阀	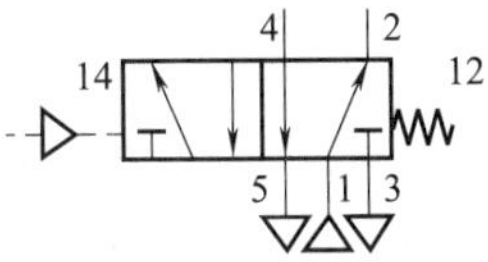	双先导压力控制，2 位 5 通阀	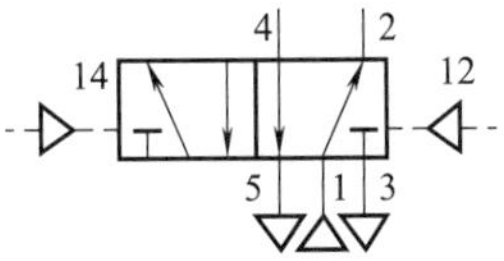
差压先导控制，2 位 5 通阀	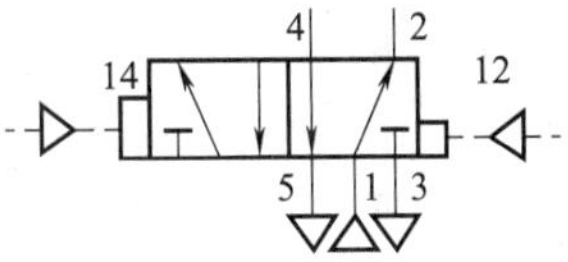	压力或真空控制，弹簧复位，2 位 5 通阀（膜片阀）	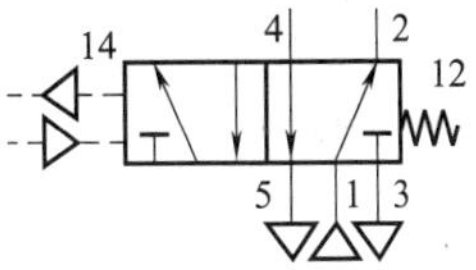
低压先导压力控制，弹簧复位，2 位 5 通阀	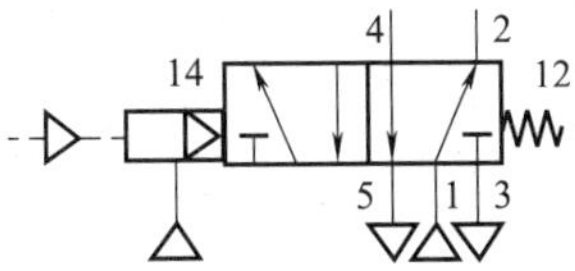	低压先导压力控制，先导压力复位，2 位 5 通阀	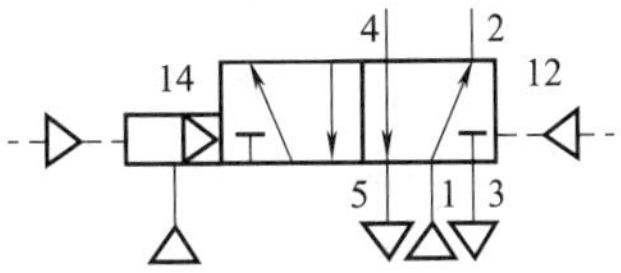
低压先导压力控制和复位，2 位 5 通阀	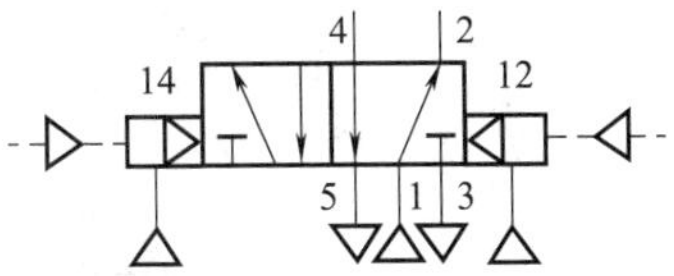	双先导压力控制，弹簧对中，中位封闭式	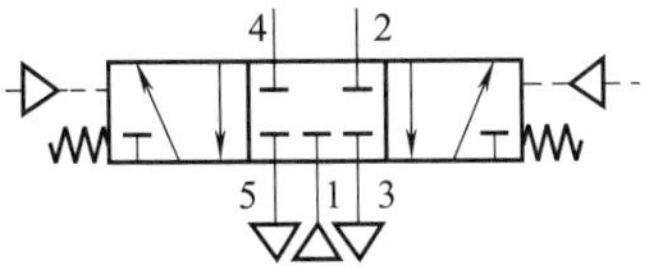
双先导压力控制，弹簧对中，中位卸压式	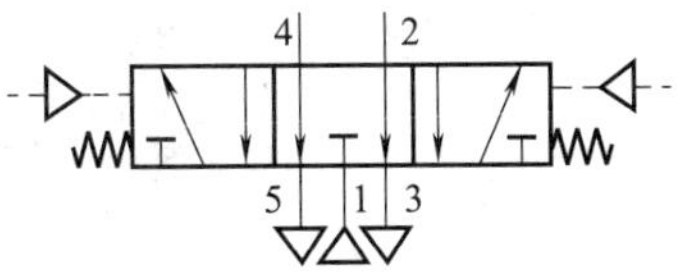	双先导压力控制，弹簧对中，中位加压式	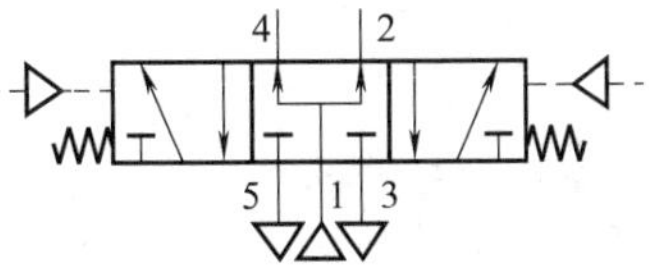

续表

机控阀		
	常闭	常开
挺杆式机械控制弹簧复位2位2通阀	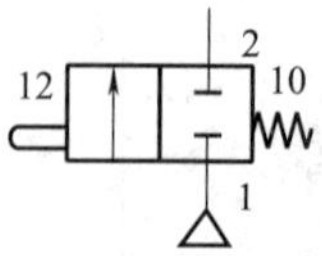	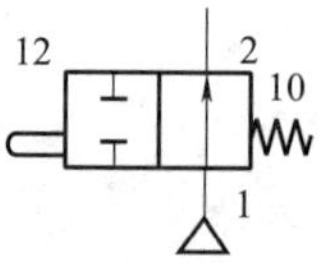
挺杆式机械控制弹簧复位2位3通阀	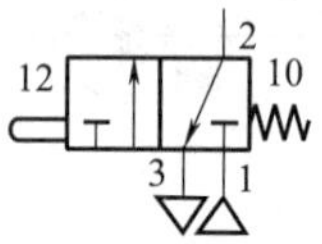	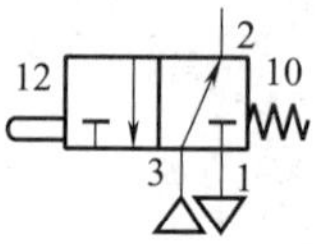
挺杆式机械控制气压回复位2位3通阀	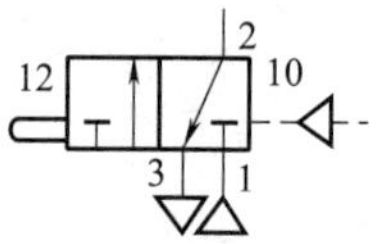	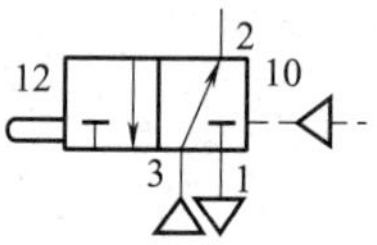
滚轮式机械控制弹簧复位2位2通阀	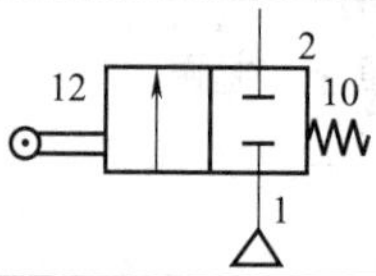	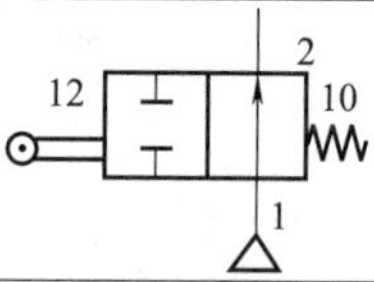
挺杆滚轮式机械控制弹簧复位2位3通阀	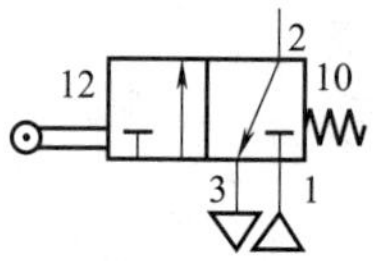	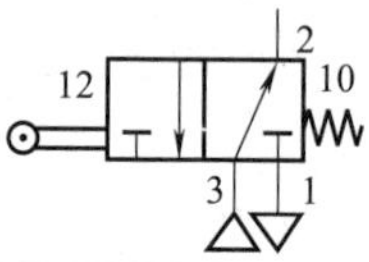
滚轮式机械控制气动复位2位3通阀	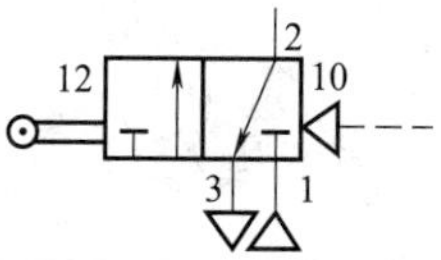	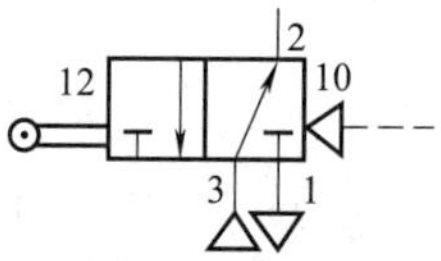
单向滚轮式机械控制弹簧复位2位2通阀	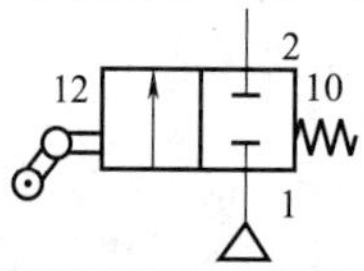	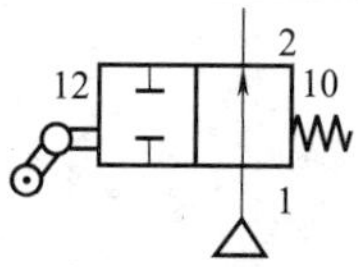
单向滚轮式机械控制弹簧复位2位3通阀	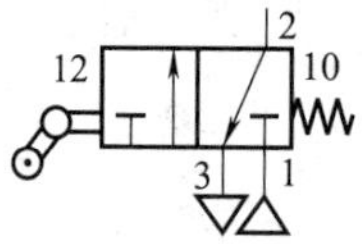	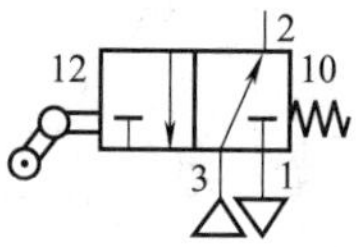
单向滚轮式机械控制气动复位2位3通阀	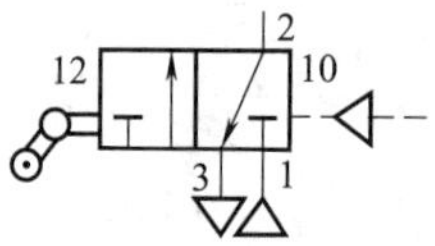	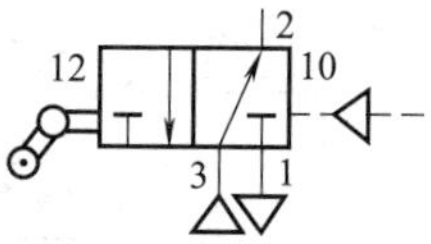
按钮式机械控制弹簧复位2位2通阀	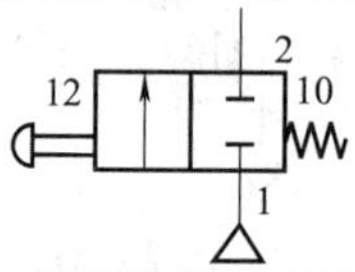	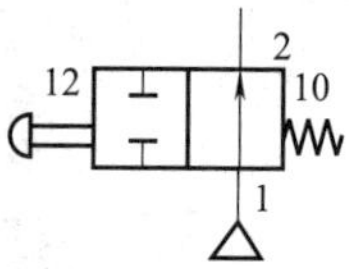
按钮式机械控制弹簧复位2位3通阀	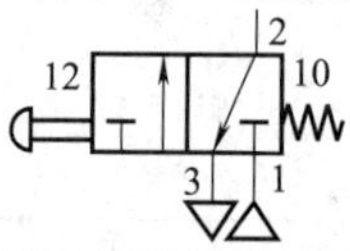	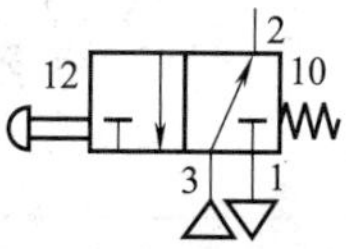

续表

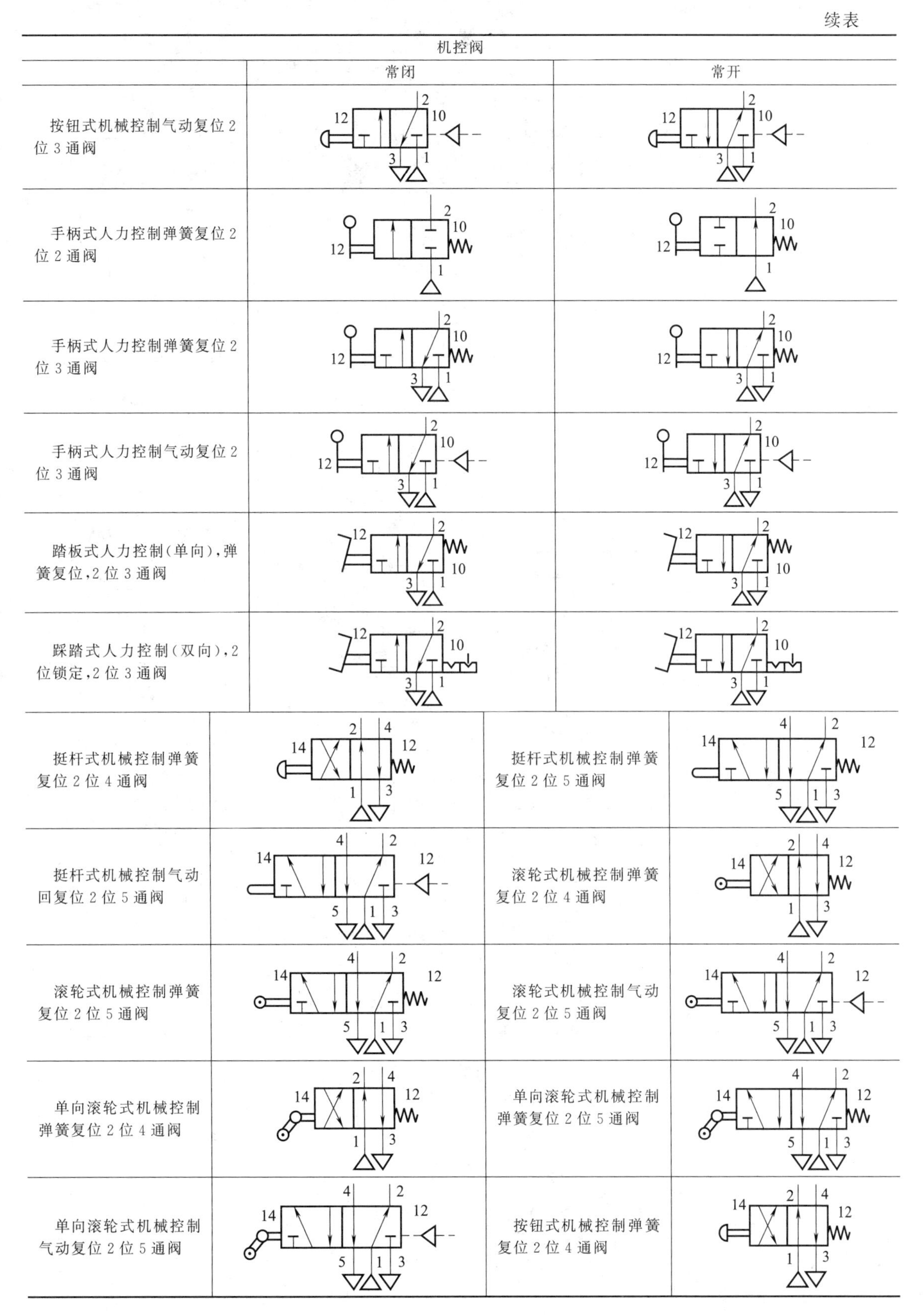

机控阀		
	常闭	常开
按钮式机械控制气动复位 2 位 3 通阀		
手柄式人力控制弹簧复位 2 位 2 通阀		
手柄式人力控制弹簧复位 2 位 3 通阀		
手柄式人力控制气动复位 2 位 3 通阀		
踏板式人力控制(单向),弹簧复位,2 位 3 通阀		
踩踏式人力控制(双向),2 位锁定,2 位 3 通阀		

挺杆式机械控制弹簧复位 2 位 4 通阀		挺杆式机械控制弹簧复位 2 位 5 通阀	
挺杆式机械控制气动回复位 2 位 5 通阀		滚轮式机械控制弹簧复位 2 位 4 通阀	
滚轮式机械控制弹簧复位 2 位 5 通阀		滚轮式机械控制气动复位 2 位 5 通阀	
单向滚轮式机械控制弹簧复位 2 位 4 通阀		单向滚轮式机械控制弹簧复位 2 位 5 通阀	
单向滚轮式机械控制气动复位 2 位 5 通阀		按钮式机械控制弹簧复位 2 位 4 通阀	

续表

机控阀			
常闭		常开	
按钮式机械控制弹簧复位2位5通阀	14 4 2 12 5 1 3	按钮式机械控制气动复位2位5通阀	14 4 2 12 5 1 3
手柄式人力控制弹簧复位2位4通阀	2 4 12 14 1 3	手柄式人力控制弹簧复位2位5通阀	4 2 12 14 5 1 3
手柄式人力控制气动复位2位5通阀	4 2 12 14 5 1 3	手柄式人力控制手柄复位变节流,2位4通阀	2 4 12 14 1 3
手柄式人力控制手柄复位变节流3位锁定,2位4通阀	2 4 12 14 1 3	旋钮式人力控制旋钮复位变节流,2位4通阀	2 4 12 14 1 3
手柄式人力控制,弹簧对中,中位封闭式	14 4 2 12 5 1 3	手柄式人力控制,弹簧对中,中位卸压式	14 4 2 12 5 1 3
手柄式人力控制,弹簧对中,中位加压式	14 4 2 12 5 1 3	手柄式人力控制,3位锁定,中位封闭式	14 4 2 12 5 1 3
手柄式人力控制,3位锁定,中位卸压式	14 4 2 12 5 1 3	手柄式人力控制,3位锁定,中位加压式	14 4 2 12 5 1 3
踏板式人力控制(单向),弹簧复位,2位4通阀	14 2 4 12 1 3	踏板式人力控制(单向),弹簧复位,2位5通阀	14 4 2 12 5 1 3
踩踏式人力控制(双向),2位锁定,2位5通阀	14 4 2 12 5 1 3	踩踏式人力控制(双向),弹簧对中,中位封闭式	14 4 2 12 5 1 3
踩踏式人力控制(双向),弹簧对中,中位卸压式	14 4 2 12 5 1 3	踩踏式人力控制(双向),3位锁定,中位封闭式	14 4 2 12 5 1 3
踩踏式人力控制(双向),3位锁定,中位卸压式	14 4 2 12 5 1 3		

续表

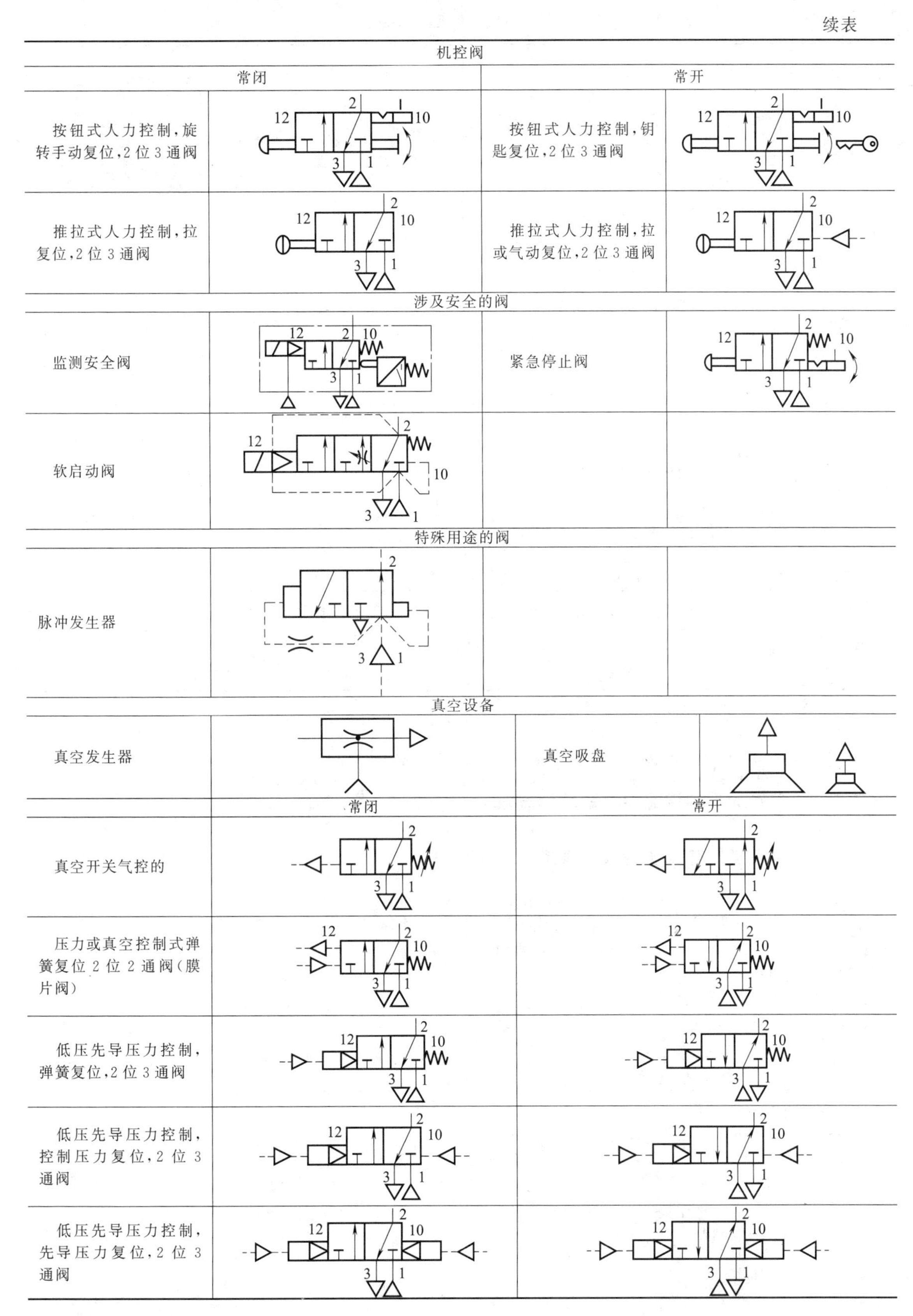

机控阀			
常闭		常开	
按钮式人力控制，旋转手动复位，2位3通阀		按钮式人力控制，钥匙复位，2位3通阀	
推拉式人力控制，拉复位，2位3通阀		推拉式人力控制，拉或气动复位，2位3通阀	
涉及安全的阀			
监测安全阀		紧急停止阀	
软启动阀			
特殊用途的阀			
脉冲发生器			
真空设备			
真空发生器		真空吸盘	
	常闭	常开	
真空开关气控的			
压力或真空控制式弹簧复位2位2通阀（膜片阀）			
低压先导压力控制，弹簧复位，2位3通阀			
低压先导压力控制，控制压力复位，2位3通阀			
低压先导压力控制，先导压力复位，2位3通阀			

续表

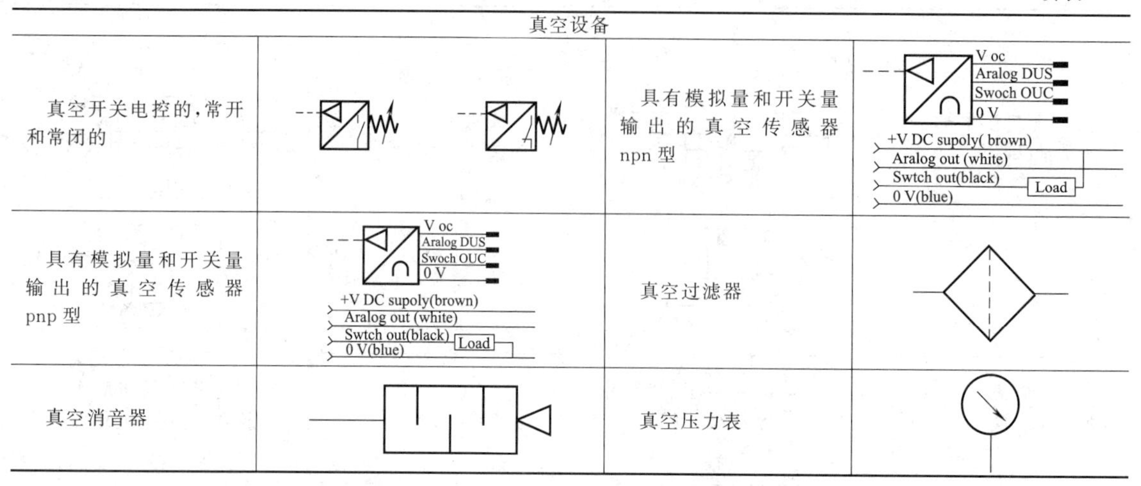

真空设备			
真空开关电控的，常开和常闭的		具有模拟量和开关量输出的真空传感器 npn 型	
具有模拟量和开关量输出的真空传感器 pnp 型		真空过滤器	
真空消音器		真空压力表	

1.5　气动技术基础事项

1.5.1　气动元件及系统公称压力系列

表 21-1-29　　气动元件及系统的公称压力值（GB/T 2346—2003）　　MPa

0.010		0.10		1.0		10.0	31.5	100
	0.040		0.40		4.0	12.5	40.0	
0.016		0.16		1.6		16.0	50.0	
	0.063	(0.20)	0.63		6.3	20.0	63.0	
0.025		0.25	(0.80)	2.5	(8.0)	25.0	80.0	

注：1. 括号内的公称压力值为非优先选用值。
2. 公称压力超出 100MPa 时，应按 GB/T 321—2005《优先数和优先数系》中 R10 数系选用。

目前气动系统和元件常用的公称压力为：0.63MPa、(0.8MPa)、1.0MPa、1.6MPa、2.5MPa。

1.5.2　气动元件的流通能力的表示方法

1.5.2.1　气动元件流量特性的测定（GB/T 14513）

表 21-1-30　　气动元件流量特性的测定（GB/T 14513）

适用范围	本标准规定了气动元件流量特性的测定——串接声速排气法 本标准适用于以压缩空气为工作介质并在试验期间其内部流道保持不变的气动元件，例如方向控制阀、流量控制阀、快速排气阀和气动逻辑元件等 本标准不适用于与压缩空气进行能量交换的元件，例如气缸等	
(1)术语	总压 p_s	当气流速度被等熵滞止为零时的压力
	总温 T_s	当气流速度被绝热滞止为零时的温度
	壅塞流动	当元件上游总压比下游静压高到使元件内某处的流速等于该处声速时，流过元件的质量流量与上游总压成正比，而与下游静压无关的流动
	临界压力比 b	根据在亚声速流动下元件的流量特性曲线是 1/4 椭圆的假设，由实测数据推算出的流动变成壅塞流动时，元件下游静压与上游总压之比
	声速流导 C	元件内处于壅塞流动时，通过元件的质量流量除以上游总压与标准状态下的密度的乘积，即 $C=\dfrac{q_m^*}{\rho_0 p_{s1}^*}$（当 $T_{s1}^*=T_0=293.15\text{K}$ 时）
	壅塞流动下的有效面积 S	元件内处于壅塞流动时，通过元件的质量流量乘以上游总温的开方，再除以 0.0404 倍的上游总压，即 $S=\dfrac{q_m^*\sqrt{T_{s1}^*}}{0.0404p_{s1}^*}$

续表

	名称	符号	本标准所用上标和下标		
(2)符号、代号	绝对总压力(等于总压表压力加大气压力)	p_s/MPa	上标	下标	含义
	绝对总温度	T_s/K		0	标准状态
	绝对静压力(等于表压力加大气压力)	p/MPa		1	上游状态或元件1
	质量流量	q_m/kg·s^{-1}		2	下游状态或元件2
	临界压力比	b		10	气容内的初始状态
	绝对静温度	T/K		12	元件1在先、元件2在后的串联回路
	气体密度	ρ/kg·m^{-3}		21	元件2在先、元件1在后的串联回路
	声速流导	C/m^3·s^{-1}·MPa		s	滞止状态
	壅塞流动下的有效面积	S/mm^2		∞	排气完毕,停放一段时间,待气容内热力参数稳定时的状态
	连接管的内径	d/mm			
	连接管的长度	L/mm		a	大气状态
	排气时间	t/s	*		壅塞状态
	气容容积	V/dm^3			
	连接管的几何面积	A/mm^2			
	连接管的修正系数	a			

(3)试验装置

1)试验回路原理图

图(a) 电控气阀流量特性试验回路原理图

1—气源;2—空气过滤器;3—减压阀;4—截止阀;5—气容;6—标准压力表;7—被测元件1;8—被测元件2

2)被测元件的连接管

连接管的内径应等于或大于下表的规定

连接螺纹	M5×0.8	M10×1	M14×1.5	M16×1.5	M22×1.5	M27×2	M33×2	M42×2	M48×2	M60×2
连接管的内径 d/mm	2	6	9	13	16	22				

连接管的长度 L 应是内径 d 的6倍。连接管应平直,具有光滑的圆形内表面,在全长内内径不变。采用软管连接时,不得使用使软管流通面积缩小4%以上的管接头。当被测元件具有不同尺寸的气口时,应使用合适的连接管

3)气容

根据对被测元件预估的 S 值和排气时间 t,按下列公式选用气容的容积

$$\begin{cases} V=0.42St, \text{当 } p_{10}=0.63\text{MPa} \\ V=0.28St, \text{当 } p_{10}=0.80\text{MPa} \end{cases}$$

气容应通入0.80MPa的试验压力进行气密试验,保压5min,压力降不得大于0.002MPa

4)空气过滤器

空气过滤器的过滤精度应符合被测元件的要求

5)测试仪表

标定时所确定的测试仪表的允许系统误差按下表规定

仪器类别	压力/%	时间/%	温度/K
允许系统误差	±1.0	±0.1	±0.2

续表

<table>
<tr><td rowspan="4">(4)试验程序</td><td colspan="2">1)试验条件</td><td>气源质量应符合被测元件的使用要求。电源电压为气动元件的额定电压。精密仪器仪表用电源按使用说明书规定</td></tr>
<tr><td colspan="2">2)试验程序</td><td>①选择两个同型号的被测元件,或选择一个被测元件和另一个与被测元件 S 值相近的不同型号的元件,一个作为元件1,另一个作为元件2
②根据被测元件1的通径估计 S 值,按本表(3)之3)的公式选择气容的容积
③将被测元件1安装在容积为 V 的气容上。让气容内通入高于0.63MPa压力的空气后,关闭图(a)中的截止阀,待气容内压力稳定在0.63MPa后,记录压力值 p_{10}。然后迅速开启被测元件,使气容中的空气通过被测元件向大气排放 t(4～6s)后,立即关闭被测元件。排气毕,观察并记录气容内的瞬时压力 p_1。待气容内压力回升至稳定值后,记录压力值 $p_{1\infty}$。测定环境温度 T_a 和大气压力 p_a
④用连接管将元件2接在元件1之后,重复上述步骤③,测定元件1在先、元件2在后的两元件串接回路的 p_{10}、t、p_1、$p_{1\infty}$、T_a 和 p_a
⑤重复上述步骤③,测定元件2的 p_{10}、t、p_1、$p_{1\infty}$、T_a 和 p_a
⑥重复上述步骤③,测定元件2在先、元件1在后的两元件串接回路的 p_{10}、t、p_1、$p_{1\infty}$、T_a 和 p_a
⑦按后述特性参数的计算方法求出元件 b 值后,检验步骤③～⑥中的 p_1 应满足 $p_1 \geqslant p_a/b$。若不满足,应更换更大容积的气容或令 $p_{10}=0.80$MPa重新测试
⑧若元件2的 S_2 值为已知,则可省略步骤⑤和⑥,便可求得被测元件的 S 值和 b 值
⑨初始压力 p_{10} 可在0.63MPa和0.80MPa中选择,排气时间 t 可在4～6s中选择。测定某个被测元件时,在步骤③、④、⑤和⑥中的 p_{10} 和 t 的变化范围按下表规定:
p_{10} 和 t 的指示值的允许变化范围
<table><tr><td>被测量</td><td>p_{10}</td><td>T</td></tr><tr><td>指示值的允许变化/%</td><td>±2</td><td>±2</td></tr></table></td></tr>
<tr><td rowspan="2">3)特征参数的计算</td><td>S 值</td><td>根据试验程序中步骤③～⑥测定的数据,按下式依次计算壅塞流动下的四个有效面积 S_1、S_{12}、S_2 和 S_{21}
$$S=26.1\frac{V}{t}\sqrt{\frac{273}{T_0}}\left[\left(\frac{p_{10}}{p_{1\infty}}\right)^{\frac{1}{5}}-1\right]$$</td></tr>
<tr><td>b 值</td><td>元件1和元件2的临界压力比 b_1 和 b_2 的计算公式:
$$b_1=\frac{\alpha_2\dfrac{S_{12}}{S_2}-\sqrt{1-\left(\dfrac{S_{12}}{S_1}\right)^2}}{1-\sqrt{1-\left(\dfrac{S_{12}}{S_1}\right)^2}}\qquad b_2=\frac{\alpha_1\dfrac{S_{21}}{S_1}-\sqrt{1-\left(\dfrac{S_{21}}{S_2}\right)^2}}{1-\sqrt{1-\left(\dfrac{S_{21}}{S_2}\right)^2}}$$
$$\alpha_1=1-\left(\frac{S_1}{2A_1}\right)^2\qquad \alpha_2=1-\left(\frac{S_2}{2A_2}\right)^2$$
两元件串接时的临界压力比计算公式:
$$b_{12}=\frac{b_2S_{12}}{S_2}\qquad b_{21}=\frac{b_1S_{21}}{S_1}$$</td></tr>
<tr><td>(5)试验结果的表达</td><td colspan="3">被测元件的流量特性可用公式表达:
当 $\dfrac{p_2}{p_{s1}}\leqslant b$ 时,　$q_m^*=0.0404\dfrac{p_{s1}}{\sqrt{T_{s1}}}S$
当 $b<\dfrac{p_2}{p_{s1}}\leqslant 1$ 时,　$q_m=q_m^*\sqrt{1-\left(\dfrac{\dfrac{p_2}{p_{s1}}-b}{1-b}\right)^2}$
被测元件的流量特性可用图(b)表达,被测元件的流量特性可用声速流导 C 值和临界压力比 b 值来表达,C 值和 S 值的换算式为 $C=199\times10^{-3}S$
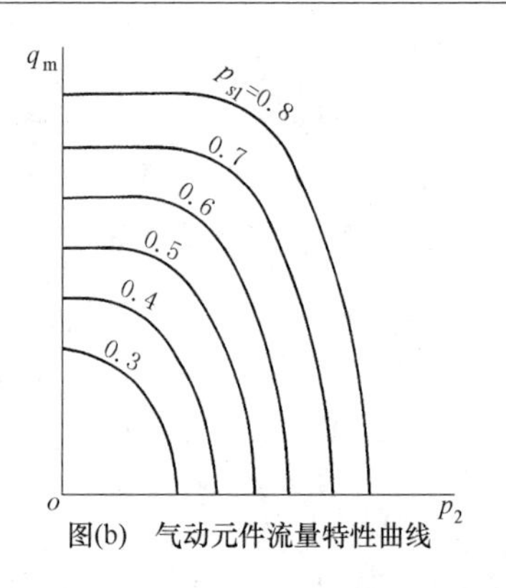

图(b)　气动元件流量特性曲线</td></tr>
</table>

第21篇

1.5.2.2 气动元件流通能力的其他表示方法

以下流通能力表示方法已逐渐被 1.5.2.1 所述 GB/T 14513 所取代，但由于旧样本中仍有使用，故列出以供参考。

表 21-1-31　气动元件流通能力的其他表示方法

表示方法	流　通　能　力
有效断面积测定法	(1)计算公式 $$S=12.9V\frac{1}{t}\times\lg\frac{p_0+0.101}{p+0.101}\sqrt{\frac{273}{T}}$$ 式中　S——气动元件的有效断面积，mm^2 V——容器体积，L t——放气时间，s p_0——容器内初始表压力，MPa p——停放气一段时间后的表压力，MPa T——环境温度，K 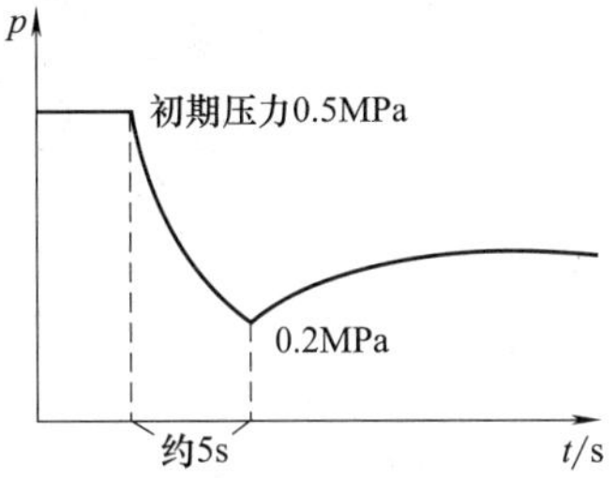 (2)测试方法 如图(b)所示，连接被试阀门，初始压力 0.5MPa 开始放气至 0.2MPa 停止放气，测量从开始放气到停止放气的时间 t，由上式算出有效断面积 S 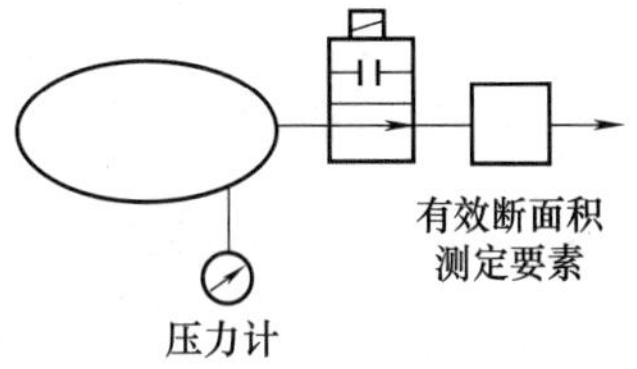 (3)有效断面积的合成 ①n 个气阻串联时 $$\frac{1}{S^2}=\frac{1}{S_1^2}+\frac{1}{S_2^2}+\frac{1}{S_3^2}+\cdots+\frac{1}{S_n^2}$$ ②n 个气阻并联时 $$S=S_1+S_2+S_3+\cdots+S_n$$ p　初期压力0.5MPa　0.2MPa　约5s　t/s 图(a)　压力波形 有效断面积测定要素　压力计 图(b)　有效断面积测定回路
C_V 值、K_V 值的表示方法	(1)C_V 值：被测元件全开，元件两端压差 $\Delta p_0=1lbf/in^2$($1lbf/in^2=6.89kPa$)，温度为 60℉(15.5℃)的水，通过元件的流量为 q_V，gal(美)/min[1gal(美)/min=3.785L/min]，则流通能力 C_V 值为 $$C_V=q_V\sqrt{\frac{\rho\Delta p_0}{\rho_0\Delta p}}$$ $$\Delta p=p_1-p_2$$ 式中　C_V——流通能力，gal(美)/min q_V——实测水的流量，gal(美)/min ρ——实测水的密度，g/cm^3 ρ_0——60℉温度下水的密度，$\rho_0=1g/cm^3$ p_1，p_2——被测元件上、下游的压力，lbf/in^2 (2)K_V 值：被测元件全开，元件两端压差 $\Delta p_0=0.1MPa$，流体密度 $\rho_0=1g/cm^3$ 时，通过元件的流量为 q_V(m^3/h)，则流通能力 K_V 值为 $$K_V=q_V\sqrt{\frac{\rho\Delta p_0}{\rho_0\Delta p}}$$ $$\Delta p=p_1-p_2$$ 式中　K_V——流通能力，m^3/h ρ——实测流体的密度，g/m^3 p_1，p_2——被测元件上、下游的压力差，MPa 测定 C_V 值或 K_V 值是以水为工作介质，可能对气动元件带来不利的影响(如生锈)。而且，它是测定特定压力降下的流量，只表示流量特性曲线的不可压缩流动范围上的一个点，故用于计算不可压缩流动时的流量与压力降之间的关系比较合理 (3)C_V、K_V 及 S 的关系： $$C_V=1.167K_V$$ $$S=17.0C_V$$ $$S=19.8K_V$$

1.5.3 空气的品质

1.5.3.1 压缩空气的品质分级与应用场合

压缩空气根据其过滤程度不同可分为八个等级，如图21-1-7所示。各等级的压缩空气可应用于不同的场合，具体情况如表21-1-32所示。

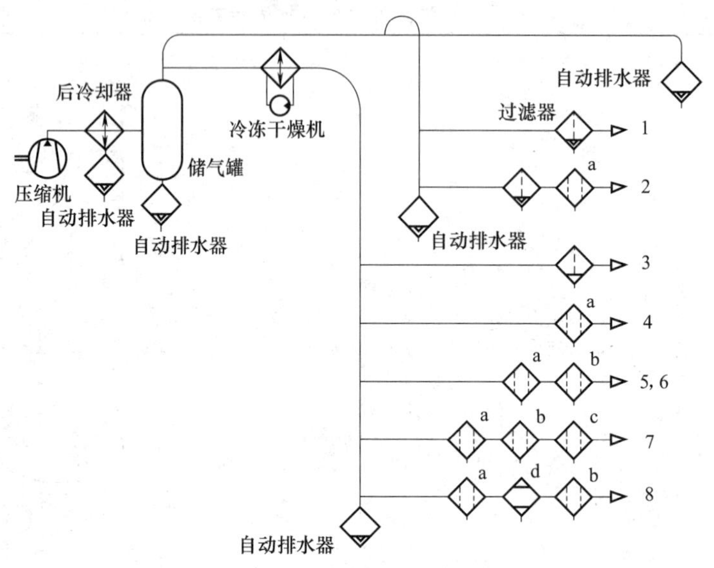

图21-1-7 压缩空气过滤程度示意图

a—油雾分离器；b—微雾分离器；c—除臭过滤器；d—无热再生式干燥机

表21-1-32 空气的品质定义和应用

等级	组 合	去除程度	应用	应用实例
1	过滤器	尘埃粒子>5μm 油雾>99% 饱和状态的湿度>96%	允许有一点固态的杂质、湿度和油的地方	用于车间的气动夹具、夹盘，吹扫压缩空气和简单的气动设备
2	油雾分离器	尘埃粒子>0.3μm， 油雾>99.9% 饱和状态的湿度99%	要去除灰尘、油，但可存在一定量冷凝水	一般工业用的气动元件和气动控制装置，驱动气动工具和气马达
3	冷干机+过滤器	湿度到大气露点 -17℃，其他同1	一定要除去空气中的水分，但可允许少量细颗粒和油的地方	用途同1，但空气是干燥的，也可用于一般的喷涂
4	冷干机+油雾分离器	尘埃粒子>0.3μm 油雾>99.9% 湿度到大气压露点，-17℃	无水分、允许有细小的灰尘和油的地方	过程控制，仪表设备，高质量的喷涂，冷铸压铸模
5	冷干机+油雾分离器	尘埃粒子>0.01μm 油雾>99.9999% 湿度同4	清洁空气，需要去除任何杂质	气动精密仪表装置，静电喷涂，清洁和干燥电子组件
6	冷干机+微雾分离器	同5	绝对纯净的空气，同5，但需要无气味的空气	制药、食品工业用于包装，气动传送和酿造，呼吸用空气
7	冷干机+油雾分离器 微雾分离器 除臭过滤器	同5，并除臭	绝对清洁空气，同5，且用于需要完全没有臭气的地方	制药，食品工业包装，输送机和啤酒制造设备，呼吸用空气
8	冷干机+油霜分离器 无热再生式干燥机 微雾分离器	所有的杂质如6，且大气露点<-30℃	必须避免膨胀和降低温度时出现冷凝水的地方	干燥电子组件，储存药品，船舶用仪表装置，使用真空输送粉末

1.5.3.2　各种应用场合对空气品质的要求

表 21-1-33　各种应用场合对空气品质的要求

应用场合	固态颗粒		露点		最大含油量	
	分类	μm	分类	℃	分类	mg/m³
采矿	5	40	7	—	5	25
清洗	5	40	6	+10	4	5
焊接	5	40	6	+10	5	25
机车	5	40	4	+3	5	25
气缸	5	40	4	+3	2	0.1
气阀	3～5	5～40	4	+3	2	0.1
包装	5	40	4	+3	3	1
精密减压阀	3	5	4	+3	3	1
测量	2	1	4	+3	3	1
大气存储	2	1	3	−20	3	1
传感器	2	1	2～3	−40～−20	2	0.1
食品	2	1	4	+3	1	0.01
照片冲印	1	0.01～0.1	2	−40	1	0.01

表 21-1-34　某些典型应用推荐的空气质量等级

应用	固体粒子 /μm	水分 /g・m⁻³	油分 /mg・m⁻³	应用	固体粒子 /μm	水分 /g・m⁻³	油分 /mg・m⁻³
空气搅拌	3	5	3	喷砂	—	3	3
制鞋机	4	6	5	喷涂(漆)	3	2-3	1
制砖/玻璃机	4	6	5	焊机	4	3	5
零件清洗	4	6	4	轻型气马达	3	3-1	3
颗粒产品输送	2	6	3	气缸	3	3	5
粉状产品输送	2	3	3	空气涡流机	2	2	3
铸造机械	4	6	5	气动传感器	2	2-1	2
食品饮料机械	2	6	1	逻辑元件	4	6	4
采矿	4	5	5	射流元件	2	2-1	2
包装服装机械	4	3	2-3	间隙密封滑阀	1-2	2-3	2-3
胶片生产	1	1	1	弹性密封滑阀	2-3	2-3	2-3
土木机械	4	5	5	截止阀	3	3	5

1.5.3.3　空气中的杂质对气动元件的影响

表 21-1-35　空气中的水分、油雾、碳、焦油和铁锈对气动元件的影响

气动元件	水分	油雾	碳	焦油	铁锈
电磁阀	破坏线圈绝缘 阀芯黏着 阀的橡胶密封圈膨胀 缩短寿命	阀的橡胶密封圈膨胀 缩短寿命	阀芯黏着	阀芯黏着	阀芯黏着

续表

气动元件	水分	油雾	碳	焦油	铁锈
气缸 旋转气缸	活塞黏着 缩短寿命	缩短寿命	令活塞杆变坏 缩短寿命	活塞黏着	破坏密封圈
调压阀 气动继电器	破坏功能 缩短寿命	功能失效	阀芯黏着	阀芯黏着	阀芯黏着
气动仪表	故障,失灵				
气马达 气动工具	转速降低 缩短寿命	转速降低 黏着	黏着		
喷涂	喷涂表面光滑度降低				
气动测微仪	量度失误、失灵				
气动搅拌	流体被污染				

1.5.3.4 ISO 8573-1：2010 空气质量标准

表 21-1-36 ISO 8573-1：2010 空气质量标准

ISO 8573-1:2010 等级	固体颗粒				水		油
	每 m^3 最大颗粒数量			质量浓度 /mg·m^{-3}	压力露点 /℃	液体 /g·m^{-3}	全部的油(气溶胶和油蒸气) /mg·m^{-3}
	0.4～0.5μm	0.5～1μm	1～5μm				
0	由设备用户或供应商指定,比第1级更严格						
1	≤20000	≤400	≤10		≤−70		0.01
2	≤400000	≤6000	≤100		≤−40		0.1
3	—	≤9000	≤1000		≤−20		1
4	—	—	≤10000		≤+3		5
5	—	—	≤100000		≤+7		—
6	—	—	—	≤5	≤+10		—
7	—	—	—	5～10		≤0.5	—
8	—	—	—	—		0.5～5	—
9	—	—	—	—		5～10	—
X	—	—	—	>10		>10	>10

1.5.4 密封

表 21-1-37 密封用橡胶特性

密封用橡胶材质

(1)密封用合成橡胶材质特性

密封用合成橡胶材质特性

ASTMD1418 名称	乙丙橡胶 EPM. EPDM	丁腈橡胶 NBR			氯丁橡胶 CR	硅橡胶 VMQ	氟橡胶 FKM	聚氨酯 AU/EU	聚四氟乙烯(参考)(PTFE)
		高	中	低					
硬度	30～90	30～95			40～95	30～80	60～90	35～99	50～65
耐气渗漏性	△	○			○	×	○	○	○
拉伸强度(MAX)/MPa	20.6	24.5	19.6	17.6	27.4	9.8	17.6	53.9	34.3
耐磨性	△	◎	○	△	○	×	△	◎	×
耐弯折性	△	◎	○	△	○	×	○	◎	—
耐塑性变形	○	○	○	○	○	◎	○	△	—

续表

密封用橡胶材质

ASTMD1418 名称	乙丙橡胶 EPM. EPDM	丁腈橡胶 NBR 高	丁腈橡胶 NBR 中	丁腈橡胶 NBR 低	氯丁橡胶 CR	硅橡胶 VMQ	氟橡胶 FKM	聚氨酯 AU/EU	聚四氟乙烯（参考）（PTFE）
弹性	○	△	○	◎	○	◎	○	△~◎	—
蠕变性	○	△	○	◎	○	◎	△~○	△~○	×
使用温度范围/℃	−40~+130	−50~+120			−40~+110	−45~+200	−15~+230	−40~+100	−100~+200
环境适用性	◎	△			○	◎	◎	◎	◎
耐化学性	◎	×			○	◎	◎	◎	◎
耐水耐热性	◎	○	○	○	○	○	○~×	△~×	◎
耐油性	×	◎	○	△	×	△~×	◎	◎	◎
耐脂性：矿物脂	×	○			△	△	○	○	◎
硅脂	○	○	○	○	○	△~×	○	○	◎
用途	特殊用途固定用 O 形圈	一般及耐寒用，固定及运动用，O 形、U 形等密封圈			特殊用途膜片	耐热耐寒用固定用 O 形圈	耐热用固定及运动用 O、U 形圈	特殊用途运动用膜片、缓冲垫	低摩擦用，运动用，滑动摩擦

（2）橡胶的劣化特性

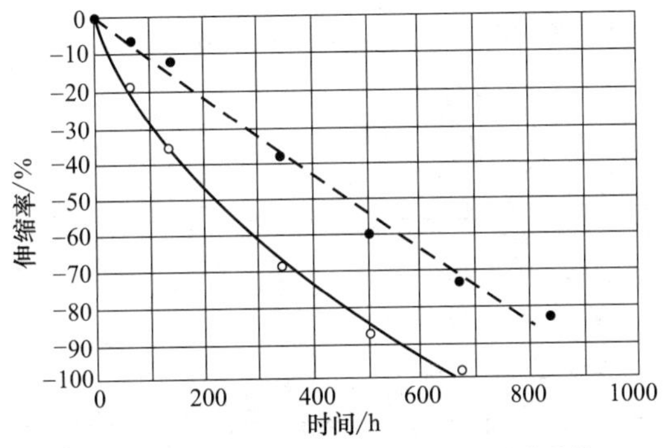

图(a)　NBR橡胶在空气、油中的劣化特性

密封用密封圈常用断面

气动密封圈常用断面

种类	外径用 大断面	外径用 小断面	外径用 双压用(2)		内径用 大断面	内径用 小断面	内径用 附除尘	外内径共用 大断面	外内径共用 小断面	除尘圈 两圈	除尘圈 单圈	缓冲密封 附金属芯
形状(例)												
标准材料	NBR ［硬度 70~90(JIS A)］											
使用条件 常用压力	MAX.　1MPa											
使用条件 最高速度	MAX.　1m/s											
使用条件 温度范围	−25~70℃											
主要用途	·中~大口径气缸	·小口径气缸 ·电磁阀	·小~大口径气缸	·小~大口径气缸	·中~大口径气缸	·小口径气缸 ·电磁阀	·小~大口径气缸	·中~大口径气缸	·小口径气缸 ·电磁阀	·中~大口径气缸	·中~大口径气缸	·中~大口径气缸

注：◎—优；○—良；△—可；×—不可。

1.5.5 气动元件气口螺纹

表 21-1-38 气动元件气口螺纹

项目		内容
公制螺纹	标准	JB/T 6377—1992 气口连接螺纹型式和尺寸
	密封	公制螺纹本身不能密封,要靠端面加密封垫(圈)来密封,因此公制气口螺纹对螺纹孔外端面型式和尺寸有特殊要求
	螺孔型式及尺寸	适用于工作压力不大于 2.5MPa 的气口螺纹

气动元件气口型式

A 型

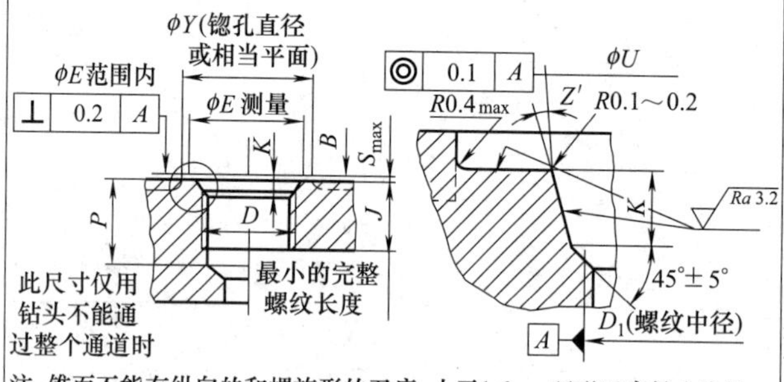

ϕY(锪孔直径或相当平面)
ϕE范围内
⊥ 0.2 A
ϕE 测量
K B S_{max} P D J
此尺寸仅用钻头不能通过整个通道时
最小的完整螺纹长度
◎ 0.1 A
ϕU
R0.4max Z′ R0.1～0.2
Ra 3.2
45°±5°
A
D_1(螺纹中径)

注:锥面不能有纵向的和螺旋形的刀痕,小于1.6μm环形刀痕是允许的

B 型

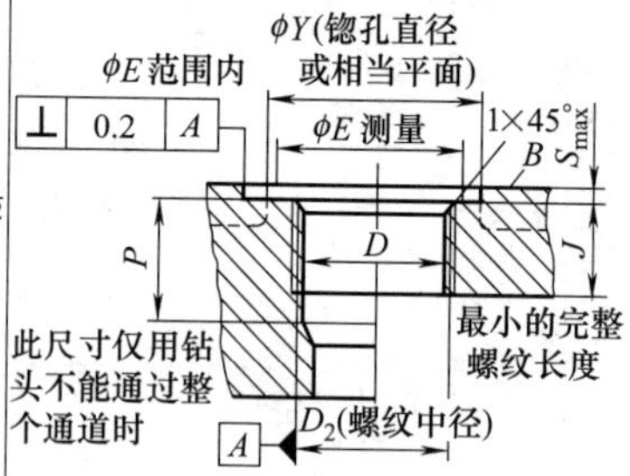

ϕY(锪孔直径或相当平面)
ϕE范围内
⊥ 0.2 A
ϕE 测量
1×45° B S_{max} P D J
此尺寸仅用钻头不能通过整个通道时
最小的完整螺纹长度
A
D_2(螺纹中径)

气动元件气口螺纹尺寸/mm

<table>
<tr><th>D
螺纹精度
6H</th><th>J
不小于</th><th>K
+0.4
0</th><th>ϕE</th><th>P
不小于</th><th>S
不大于</th><th>ϕU
+0.1
0</th><th>ϕY
不小于</th><th>Z
±1°</th></tr>
<tr><td>M3</td><td>4.5</td><td rowspan="5">1.6</td><td>6.0</td><td>5.5</td><td rowspan="5">1.0</td><td>5.35</td><td>12.0</td><td rowspan="5">12°</td></tr>
<tr><td>M5</td><td>5.5</td><td>8.0</td><td>6.5</td><td>6.35</td><td>14.0</td></tr>
<tr><td>M6</td><td>6.5</td><td>9.0</td><td>7.5</td><td>7.25</td><td>15.0</td></tr>
<tr><td>M8×1</td><td rowspan="2">8.0</td><td>11.0</td><td rowspan="2">9.0</td><td>9.1</td><td>17.0</td></tr>
<tr><td>M10×1</td><td>13.0</td><td>11.1</td><td>20.0</td></tr>
<tr><td>(M12×1.25)</td><td rowspan="3">9.5</td><td rowspan="6">2.4</td><td rowspan="2">16.0</td><td rowspan="3">11.0</td><td rowspan="4">1.5</td><td rowspan="2">13.8</td><td rowspan="2">22.0</td><td rowspan="13">15°</td></tr>
<tr><td>M12×1.5</td></tr>
<tr><td>M14×1.5</td><td>18.0</td><td>15.8</td><td>25.0</td></tr>
<tr><td>M16×1.5</td><td>10.5</td><td>20.0</td><td>12.0</td><td>17.8</td><td>27.0</td></tr>
<tr><td>M18×1.5</td><td rowspan="2">11.0</td><td>22.0</td><td rowspan="2">12.5</td><td rowspan="4">2.0</td><td>19.8</td><td>29.0</td></tr>
<tr><td>M20×1.5</td><td>24.0</td><td>21.8</td><td>32.0</td></tr>
<tr><td>M22×1.5</td><td>11.5</td><td>26.0</td><td>13.0</td><td>23.8</td><td>34.0</td></tr>
<tr><td>M27×2</td><td rowspan="2">14.0</td><td rowspan="6">3.1</td><td>32.0</td><td rowspan="2">15.5</td><td>29.4</td><td>40.0</td></tr>
<tr><td>M33×2</td><td>38.0</td><td rowspan="5">2.5</td><td>35.4</td><td>46.0</td></tr>
<tr><td>M42×2</td><td>14.5</td><td>47.0</td><td>16.5</td><td>44.4</td><td>56.0</td></tr>
<tr><td>(M48×2)</td><td rowspan="2">16.0</td><td rowspan="2">55.0</td><td rowspan="2">18.0</td><td rowspan="2">52.4</td><td rowspan="2">66.0</td></tr>
<tr><td>M50×2</td></tr>
<tr><td>M60×2</td><td>18.0</td><td>65.0</td><td>20.0</td><td>62.4</td><td>76.0</td></tr>
</table>

备注:

1. 推荐的最大钻孔深度应保证扳手能夹紧所要拧紧的管接头或紧定螺母
2. 若 B 平面是机加工表面,则不需要加工尺寸 Y 和 S
3. 表中给出的螺纹底孔深度要求使用平顶丝锥攻出规定的螺纹长度,当使用标准丝锥时应适当增加螺纹底孔深度
4. 当设计新产品时,括号内螺纹尺寸不推荐使用

项目		内容
新标准气口螺纹	标准	GB/T 14038—2008(ISO 16030:2001)气动连接气口和螺柱端
	应用范围	适用于额定工作压力为－90kPa～1.6MPa,工作温度为－20～＋80℃的气口螺纹。本标准中 M3、M5、M7 为公制螺纹(GB/T 193—2003),G1/8～G2 为 55°非密封管螺纹(GB/T 7307—2001)
	密封	本标准中螺纹本身不能密封,需要加装密封装置。密封装置是螺柱端的组成部分。常用密封结构见图(a)

续表

项目	内　容
密封	图(a)　密封方法示例
新标准气口螺纹：螺孔及螺柱端尺寸/mm	见下图及下表

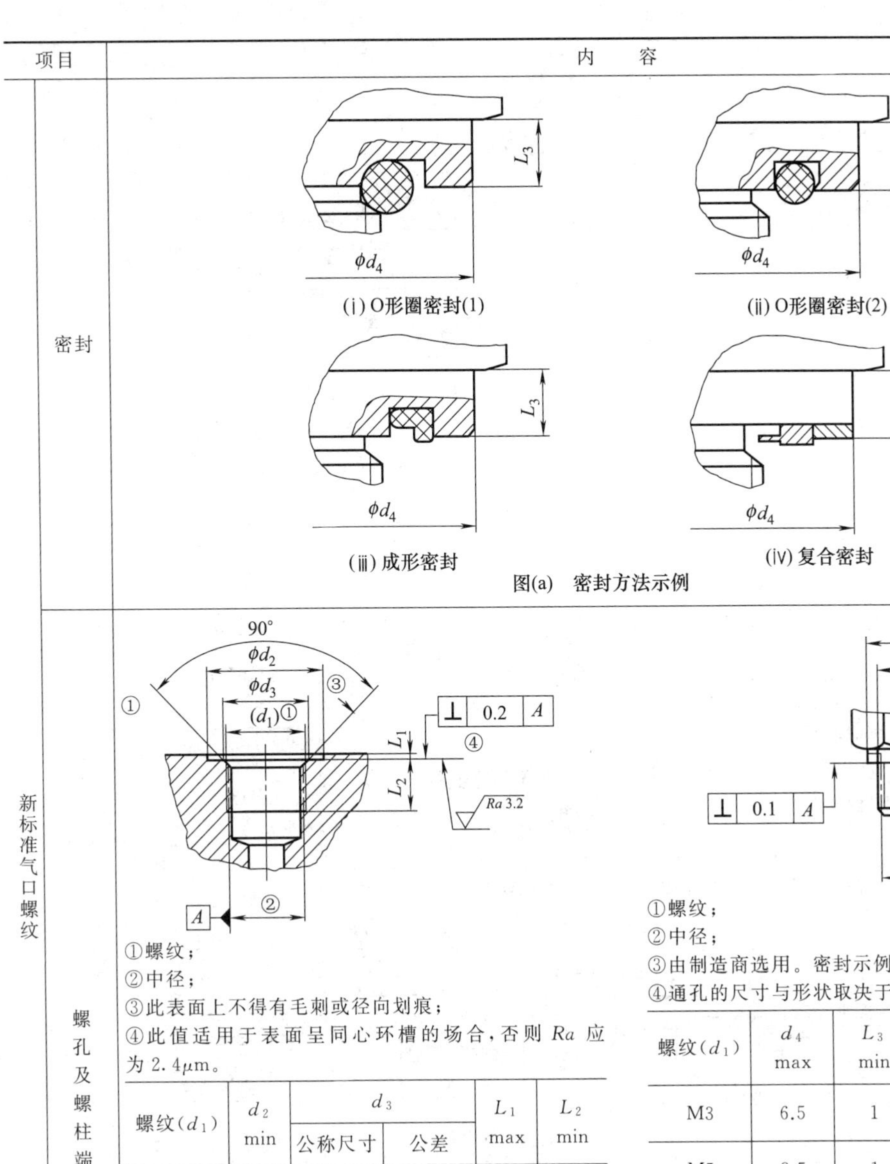

图(a)　密封方法示例

①螺纹；
②中径；
③此表面上不得有毛刺或径向划痕；
④此值适用于表面呈同心环槽的场合，否则 Ra 应为 2.4μm。

螺纹(d_1)	d_2 min	d_3 公称尺寸	d_3 公差	L_1 max	L_2 min
M3	7	3.1	+0.3 0	0.5	3.5
M5	9	5.1		0.5	4.5
M7	12	7.1		0.5	6
G1/8	15	9.8	+0.4 0	0.5	6
G1/4	19	13.3		1	7
G3/8	23	16.8		1	8
G1/2	27	21		1	9.5
G3/4	33	26.5		1	11
G1	40	33.4		1	12
G1¼	50	42.1		2	17
G1½	56	48	+0.5 0	2	18
G2	69	60		2	20

注：普通螺纹 M3～M7 应符合 GB/T 193，而管螺纹 G1/8～G2 应符合 GB/T 7307。

①螺纹；
②中径；
③由制造商选用。密封示例见图(a)；
④通孔的尺寸与形状取决于材料和设计。

螺纹(d_1)	d_4 max	L_3 min	L_4 公称尺寸	L_4 公差
M3	6.5	1	3	0 −0.5
M5	8.5	1	4	0 −0.8
M7	11.5	1	5.5	0 −1
G1/8B	14.5	1	5.5	0 −0.9
G1/4B	18.5	1.5	6.5	0 −1.3
G3/8B	22.5	1.5	7.5	
G1/2B	26.5	1.5	9	0 −1.8
G3/4B	32.5	1.5	10.5	
G1B	39	1.5	11.5	0 −2.3
G1¼B	49	2.5	16.5	
G1½B	55	2.5	17.5	
G2B	68	2.5	19.5	

注：普通螺纹 M3～M7 应符合 GB/T 193，而管螺纹 G1/8～G2 应符合 GB/T 7307。

续表

项目		内容
55°密封管螺纹	标准	GB/T 7306.1—2000，GB/T 7306.2—2000
	密封	在螺纹副内添加密封介质（如螺纹表面缠胶带、涂密封胶等）来密封
	特征代号	R_p——圆柱内螺纹 R_c——圆锥内螺纹 R——圆锥外螺纹
	牙型与尺寸/mm	见下图及下表

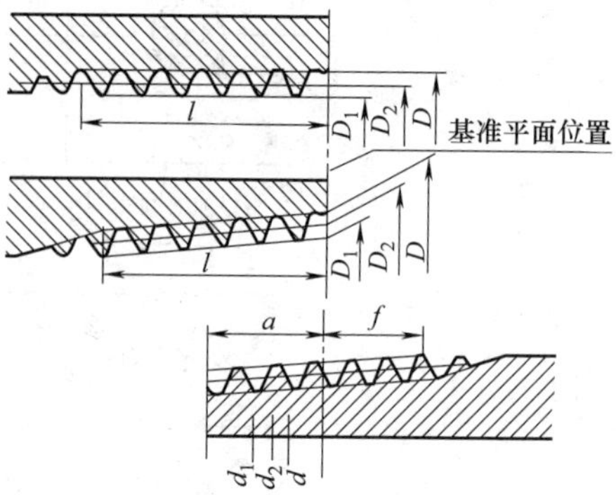

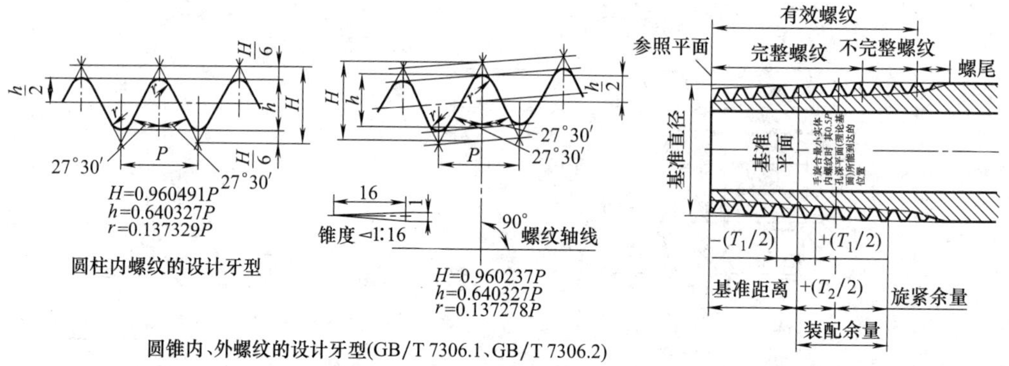

R_p——圆柱内螺纹　　l，D_1，D_2，D，基准平面位置

R_c——圆锥内螺纹　　l，D_1，D_2，D

R——圆锥外螺纹　　a，f，d_1，d_2，d

$H=0.960491P$
$h=0.640327P$
$r=0.137329P$

圆柱内螺纹的设计牙型

锥度 ◁1∶16　　90° 螺纹轴线

$H=0.960237P$
$h=0.640327P$
$r=0.137278P$

圆锥内、外螺纹的设计牙型(GB/T 7306.1、GB/T 7306.2)

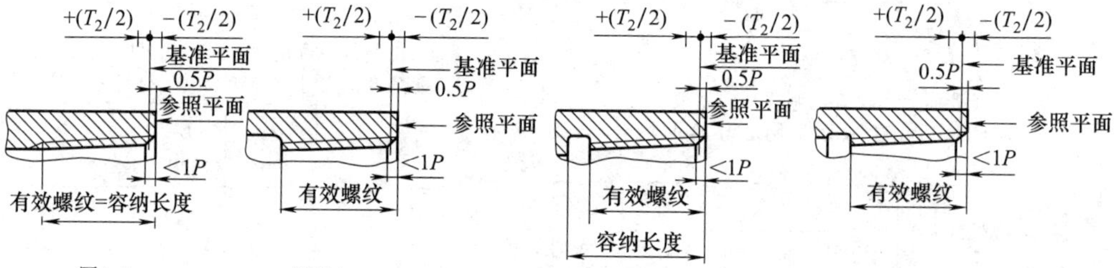

有效螺纹　参照平面　完整螺纹　不完整螺纹　螺尾　基准直径　基准平面　手旋合最小实体内螺纹时，其0.5P孔深平面(理论基面)所能到达的位置　$-(T_1/2)$　$+(T_1/2)$　基准距离　$+(T_2/2)$　旋紧余量　装配余量

$+(T_2/2)$　$-(T_2/2)$　基准平面　$0.5P$　参照平面　$<1P$　有效螺纹=容纳长度

图(a)

$+(T_2/2)$　$-(T_2/2)$　基准平面　$0.5P$　参照平面　$<1P$　有效螺纹

图(b)

$+(T_2/2)$　$-(T_2/2)$　基准平面　$0.5P$　参照平面　$<1P$　有效螺纹　容纳长度

图(c)

$+(T_2/2)$　$-(T_2/2)$　$0.5P$　基准平面　参照平面　$<1P$　有效螺纹

图(d)

基本尺寸及公差

尺寸代号	每25.4mm内的螺纹牙数 n	螺距 P	牙高 h	圆弧半径 r ≈	基面上的基本直径 大径(基准直径) $d=D$	中径 $d_2=D_2$	小径 $d_1=D_1$	基准距离 基本	极限偏差 $\pm T_1/2$ ≈	圈数	最大	最小	装配余量 长度≈	圈数	外螺纹的有效螺纹长度≥ 基准距离 基本	最大	最小	圆柱内螺纹直径的极限偏差± 径向	轴向圈数 $T_2/2$	圆锥内螺纹基面轴向位移的极限偏差 $\pm T_2/2$ ≈	圈数
1/16	28	0.907	0.581	0.125	7.723	7.142	6.561	4.0	0.9	1	4.9	3.1	2.5	2¾	6.5	7.4	5.6	0.071	1¼	1.1	1¼
1/8	28	0.907	0.581	0.125	9.728	9.147	8.566	4.0	0.9	1	4.9	3.1	2.5	2¾	6.5	7.4	5.6	0.071	1¼	1.1	1¼
1/4	19	1.337	0.856	0.184	13.157	12.301	11.445	6.0	1.3	1	7.3	4.7	3.7	2¾	9.7	11.0	8.4	0.104	1¼	1.7	1¼
3/8	19	1.337	0.856	0.184	16.662	15.806	14.950	6.4	1.3	1	7.7	5.1	3.7	2¾	10.1	11.4	8.8	0.104	1¼	1.7	1¼
1/2	14	1.814	1.162	0.249	20.955	19.793	18.631	8.2	1.8	1	10.0	6.4	5.0	2¾	13.2	15.0	11.4	0.142	1¼	2.3	1¼
3/4	14	1.814	1.162	0.249	26.441	25.279	24.117	9.5	1.8	1	11.3	7.7	5.0	2¾	14.5	16.3	12.7	0.142	1¼	2.3	1¼
1	11	2.309	1.479	0.317	33.249	31.770	30.291	10.4	2.3	1	12.7	8.1	6.4	2¾	16.8	19.1	14.5	0.180	1¼	2.9	1¼
1¼	11	2.309	1.479	0.317	41.910	40.431	38.952	12.7	2.3	1	15.0	10.4	6.4	2¾	19.1	21.4	16.8	0.180	1¼	2.9	1¼
1½	11	2.309	1.479	0.317	47.803	46.324	44.845	12.7	2.3	1	15.0	10.4	6.4	2¾	19.1	21.4	16.8	0.180	1¼	2.9	1¼

续表

项目		内容																				
55°密封管螺纹	牙型与尺寸/mm	尺寸代号	每 25.4mm 内的螺纹牙数 n	螺距 P	牙高 h	圆弧半径 r ≈	基面上的基本直径			基准距离					装配余量		外螺纹的有效螺纹长度≥			圆柱内螺纹直径的极限偏差±		圆锥内螺纹基面轴向位移的极限偏差$\pm T_2/2$	
							大径（基准直径）$d=D$	中径 $d_2=D_2$	小径 $d_1=D_1$	基本	极限偏差$\pm T_1/2$		最大	最小	长度≈	圈数	基准距离			径向	轴向圈数 $T_2/2$	≈	圈数
											≈	圈数					基本	最大	最小				
		2	11	2.309	1.479	0.317	59.614	58.135	56.656	15.9	2.3	1	18.2	13.6	7.5	3¼	23.4	25.7	21.1	0.180	1¼	2.9	1¼
		2½	11	2.309	1.479	0.317	75.184	73.705	72.226	17.5	3.5	1½	21.0	14.0	9.2	4	26.7	30.2	23.2	0.216	1½	3.5	1½
		3	11	2.309	1.479	0.317	87.884	86.405	84.926	20.6	3.5	1½	24.1	17.1	9.2	4	29.8	33.3	26.3	0.216	1½	3.5	1½
		4	11	2.309	1.479	0.317	113.030	111.551	110.072	25.4	3.5	1½	28.9	21.9	10.4	4½	35.8	39.3	32.3	0.216	1½	3.5	1½
		5	11	2.309	1.479	0.317	138.430	136.951	135.472	28.6	3.5	1½	32.1	25.1	11.5	5	40.1	43.6	36.6	0.216	1½	3.5	1½
		6	11	2.309	1.479	0.317	163.830	162.351	160.872	28.6	3.5	1½	32.1	25.1	11.5	5	40.1	43.6	36.6	0.216	1½	3.5	1½

项目	管螺纹气口与普通螺纹气口尺寸的对照			
公制螺纹与管螺纹的当量通径	普通螺纹 D 螺纹精度　6H	管螺纹 D		
		非螺纹密封的管螺纹	用螺纹密封的管螺纹	
			圆锥内螺纹	圆柱内螺纹
	M10×1	G1/8	R_c1/8	R_p1/8
	M12×1.5	G1/4	R_c1/4	R_p1/4
	M16×1.5	G3/8	R_c3/8	R_p3/8
	M20×1.5	G1/2	R_c1/2	R_p1/2
	M27×2	G3/4	R_c3/4	R_p3/4
	M33×2	G1	R_c1	R_p1
	M42×2	G1¼	R_c1¼	R_p1¼
	M50×2	G1½	R_c1½	R_p1½
	M60×2	G2	R_c2	R_p2

项目	G(BSP) 英制标准管牙	M 公制螺纹	UNF 美国、英国、加拿大常用英制标准细牙螺纹	NPT 美国国家管用螺纹（斜牙，主要用于美国）	内径	外径	螺距和每英寸螺纹数
国外常用气口螺纹		M3			2.4～2.5	2.8～2.9	0.5
			10/32		4.0～4.2	4.6～4.8	32
		M5			4.1～4.3	4.8～4.9	0.8
	G1/8				8.5～8.9	9.3～9.7	28TPI
				1/8	8.5～8.9	9.3～9.7	29TPI
		M10×1			8.9～9.2	9.7～9.9	1.0
		M10×1.25			8.6～8.9	9.7～9.9	1.25
		M10			8.4～8.7	9.7～9.9	1.5
			7/16-20		9.7～10.0	10.9～11.1	20TPI
		M12×1.25			10.6～	11.7～11.9	1.25
		M12×1.5			10.4～	11.7～11.9	1.5
		M12			10.1～10.4	11.6～11.9	1.75
			1/2-20		11.3～11.6	12.4～12.7	20TPI
	G1/4				11.4～11.9	12.9～13.1	19TPI
				1/4	11.4～11.9	12.9～13.1	18TPI
		M14×1.5			12.2～12.6	13.6～13.9	1.5
			9/16-18		12.7～13.0	14.0～14.2	18TPI
		M16×1.5			14.4～14.7	15.7～15.9	1.5
		M16			13.8～14.2	15.6～15.9	2.0

续表

项目	内容						
	G(BSP)英制标准管牙	M公制螺纹	UNF美国、英国、加拿大常用英制标准细牙螺纹	NPT美国国家管用螺纹(斜牙，主要用于美国)	内径	外径	螺距和每英寸螺纹数
国外常用气口螺纹	G3/8				14.9～15.4	16.3～16.6	19TPI
				3/8	14.9～15.4	16.3～16.6	18TPI
		M18×1.5			16.2～16.6	17.6～17.9	1.5
		M20			17.3～17.7	19.6～19.9	2.5
	G1/2			1/2	18.6～19.0	20.5～20.9	14TPI
		M22×1.5			20.2～20.6	21.6～21.9	1.5
			7/8-14		20.2～20.5	22.0～22.2	14TPI
			13/16-12		27.6～27.9	29.8～30.1	12TPI
			3/4-16		17.3～17.6	18.7～19.0	16TPI
		M24			20.8～21.3	23.6～23.9	3.0
		M26×1.5			24.2～24.6	25.6～25.9	1.5
	G3/4			3/4	24.1～24.5	26.1～26.4	14TPI
			$1^{1}/_{16}$-12		24.3～24.7	26.6～26.9	12TPI
		M30×1.5			28.2～28.6	29.6～29.9	1.5
		M30×2			27.4～27.8	29.6～29.9	2
		M32×2			29.4～29.9	31.6～31.9	2
	G1				30.3～30.8	33.0～33.2	11TPI
			$1^{5}/_{16}$-12		30.8～31.2	33.0～33.3	12TPI
				1	30.3～30.8	32.9～33.4	11.5TPI
		M36×2			33.4～33.8	35.6～35.9	2
		M38×1.5			36.2～36.6	37.6～37.9	1.5
			1⅝-12		38.7～39.1	40.9～41.2	12TPI
		M42×2			39.4～39.8	41.6～41.9	2
	G1¼				39.0～39.5	41.5～41.9	11TPI
				1¼	39.2～39.6	41.4～42.0	11.5TPI
		M45×1.5			43.2～43.6	44.6～44.9	1.5
		M45×2			42.4～42.8	44.6～44.9	2
			1⅞-14		45.1～45.5	47.3～47.6	12TPI
	G1½				44.8～45.3	47.4～47.8	11TPI
				1½	45.1～45.5	47.3～47.9	11.5TPI
		M52×1.5			50.2～50.6	51.6～51.9	1.5
		M52×2			49.4～49.6	51.6～51.9	2
	G2				56.7～	59.3～59.6	11TPI

项目	外螺纹 内螺纹	M	R	G	UNF	NPT
各种内、外螺纹的匹配	M	○	×	×	×	×
	R_p	×	○	×	×	×
	R_c	×	○	×	×	×
	G	×	○	○	×	×
	UNF	×	×	×	○	×
	NPT	×	×	×	×	○

注：○—可以连接；×—不可连接。

1.6　气动技术常用计算公式和图表

表 21-1-39　　气动技术常用计算公式和图表

<table>
<tr><th>名　称</th><th colspan="2">公　式</th><th>符号说明</th></tr>
<tr><td>等价自由空气量计算</td><td colspan="2">设压力 p 下的空气量为 V_c，则在标准状态下该气体的体积（设为等温变化）：
$$\overline{V}=\overline{V}_c\frac{p+0.1013}{0.1013}$$</td><td>$\overline{V}$——等价自由空气量，m^3
$\overline{V}_c$——压缩空气的体积，m^3
p——压缩状态时的压力，MPa</td></tr>
<tr><td rowspan="3">等熵变化时的状态参数关系</td><td colspan="3">气动元件中诸如阀口、喷嘴等多处流动的热力学过程可视为等熵过程</td></tr>
<tr><td>温度与体积的关系</td><td>$$\frac{T_1}{T_2}=\left(\frac{\overline{V}_2}{\overline{V}_1}\right)^{\gamma-1}$$</td><td rowspan="2">T_1——初始温度，K
T_2——终了温度，K
$\overline{V}_1$——初始体积，m^3
$\overline{V}_2$——终了体积，m^3
p_1——初始的表压力，MPa
p_2——终了的表压力，MPa
γ——绝热指数</td></tr>
<tr><td>体积与压力的关系</td><td>$$\frac{\overline{V}_1}{\overline{V}_2}=\left(\frac{p_2+0.1013}{p_1+0.1013}\right)^{1/\gamma}$$</td></tr>
<tr><td>空压机间歇运转时间的计算公式</td><td colspan="2">设容积为 $\overline{V}$ 的储气罐内允许压力降 Δp，则空压机运行时间为
$$t=60\times\frac{\overline{V}\Delta p}{0.1013Q_c}$$
实际计算时，上述值还要除以空压机的容积效率</td><td>t——空压机运行时间，s
$\overline{V}$——储气罐容积，L
Q_c——空压机的输出流量，L/min
Δp——储气罐允许压力降，MPa</td></tr>
<tr><td>防止往复式空压机压力脉动的气罐容积计算公式</td><td colspan="2">$$\overline{V}=2\times10^{-4}\times\frac{\pi}{4}d^2l\frac{p_0+0.1013}{p+0.1013}$$</td><td>$\overline{V}$——气罐容积
d——空压机最终段的活塞直径，mm
l——空压机最终段的活塞行程，mm
p——空压机最终段的输出压力，MPa
p_0——空压机最终段前的压力，MPa</td></tr>
<tr><td>气缸输出力计算公式</td><td colspan="2">气缸伸出：
$$F_1=\mu_1p\frac{\pi}{4}D^2$$
气缸缩回：
$$F_2=\mu_2p\frac{\pi}{4}(D^2-d^2)$$</td><td>F_1——气缸伸出时出力，N
F_2——气缸缩回时出力，N
μ_1——伸出推力系数
μ_2——缩回推力系数
p——工作压力，MPa
D——活塞直径，mm
d——活塞杆直径，mm</td></tr>
<tr><td>气缸动作时的空气消耗量计算公式</td><td>按一个行程计算</td><td>气缸伸出：
$$\overline{V}_1=\frac{\pi}{4}D^2l\times10^{-6}\left(\frac{p+0.1013}{0.1013}\right)$$
气缸缩回：
$$\overline{V}_2=\frac{\pi}{4}(D^2-d^2)l\times10^{-6}\left(\frac{p+0.1013}{0.1013}\right)$$</td><td>$\overline{V}_1$——伸出时空气消耗量，L
$\overline{V}_2$——缩回时空气消耗量，L
D——气缸内径，mm
d——活塞杆直径，mm
l——气缸全行程，mm
p——工作压力，MPa
$\overline{V}$——空气消耗量，L/min
t——全行程所用时间，s
$\overline{V}_p$——管路内容腔，L</td></tr>
</table>

续表

<table>
<tr><th colspan="2">名　　称</th><th>公　　式</th><th>符号说明</th></tr>
<tr><td>气缸动作时的空气消耗量计算公式</td><td>按时间计算</td><td>$\overline{V}=\frac{\pi}{4}D^2l\times10^{-6}\left(\frac{p+0.1013}{0.1013}\right)\frac{60}{t}$
如前式,有
伸出:$\overline{V}_A=\overline{V}_1\ \frac{60}{t}$
缩回:$\overline{V}_B=\overline{V}_2\ \frac{60}{t}$
管路:$\overline{V}_C=\overline{V}_p\ \frac{60}{t}$
则伸出时,空气消耗量 $\overline{V}_A+\overline{V}_C$,缩回时,空气消耗量 $\overline{V}_B+\overline{V}_C$</td><td>$\overline{V}_1$——伸出时空气消耗量,L
$\overline{V}_2$——缩回时空气消耗量,L
D——气缸内径,mm
d——活塞杆直径,mm
l——气缸全行程,mm
p——工作压力,MPa
$\overline{V}$——空气消耗量,L/min
t——全行程所用时间,s
$\overline{V}_p$——管路内容腔,L</td></tr>
<tr><td rowspan="2">气缸速度的计算公式</td><td>无负荷时</td><td>$U_n=2S/\left(\frac{\pi}{4}D^2\times10^{-2}\right)$
式中:$\frac{1}{S^2}=\frac{1}{S_v^2}+\frac{1}{S_p^2}$
$S_p=\frac{\pi}{4}d^2/\left(\lambda\ \frac{l}{d}+1\right)^{1/2}$
低压(<0.2MPa)时上式不适用,用下式
$t_n=\frac{L}{2S}\left(\frac{\pi}{4}D^2\times10^{-2}\right)\times10^{-3}$</td><td>$U_n$——气缸速度,m/s
S——阀、管等总的有效断面积,mm^2
D——气缸内径,mm
S_v——阀的有效断面积,mm^2
S_p——管道的有效断面积,mm^2
d——管道内径,mm
l——管道长度,mm
λ——管道摩擦系数:尼龙管 $\lambda=0.013$,钢管 $\lambda=0.02$
t_n——全行程时间,s
L——全行程,mm</td></tr>
<tr><td>惯性力大时</td><td>$U_L=2S\Big/\left[\frac{\pi}{4}D^2(1+2a)\times10^{-2}\right]$
<table><tr><th>使　用　压　力</th><th>负荷率 a</th></tr><tr><td>0.2～0.3MPa(2～3kgf/cm²)</td><td>$a\leqslant0.4$</td></tr><tr><td>0.3～0.6MPa(3～6kgf/cm²)</td><td>$a\leqslant0.6$</td></tr><tr><td>>0.6MPa(6kgf/cm²)</td><td>$a\leqslant0.7$</td></tr></table>全行程时间:
$t_L=\frac{L}{2S}\left[\frac{\pi}{4}D^2(1+2a)\times10^{-2}\right]\times10^{-3}$</td><td>$U_L$——气缸速度,m/s
a——负荷率,$a=\frac{F}{p\times\frac{\pi}{4}D^2\times10^{-2}}$
F——气缸实际荷重,N
p——工作压力,MPa
t_L——全行程时间,s</td></tr>
</table>

第2章　气动系统

2.1　气动基本回路

2.1.1　换向回路

表 21-2-1　　换向回路

<table>
<tr><td rowspan="4">单作用气缸控制回路</td><td colspan="4">气缸活塞杆运动的一个方向靠压缩空气驱动，另一个方向则靠其他外力，如重力、弹簧力等驱动。回路简单，可选用简单结构的二位三通阀来控制</td></tr>
<tr><td>常断二位三通电磁阀控制回路</td><td>常通二位三通电磁阀控制回路</td><td>三位三通电磁阀控制回路</td><td>两个二位二通电磁阀代替一个二位三通阀的控制回路</td></tr>
<tr><td>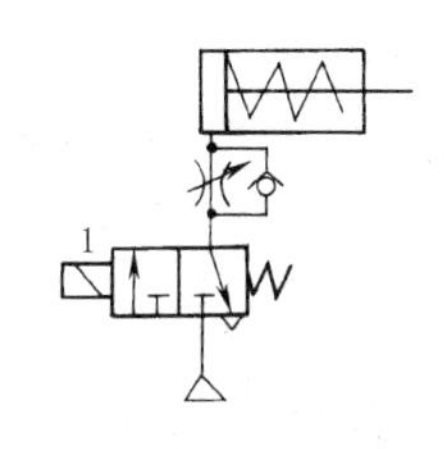</td><td>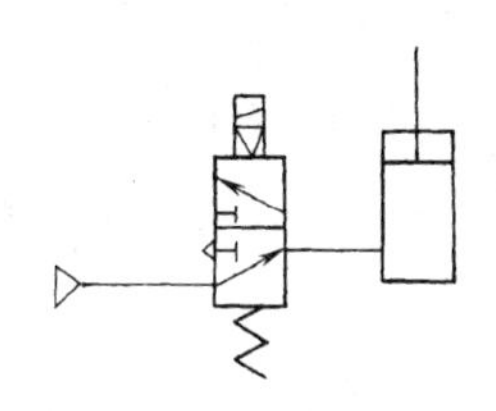</td><td>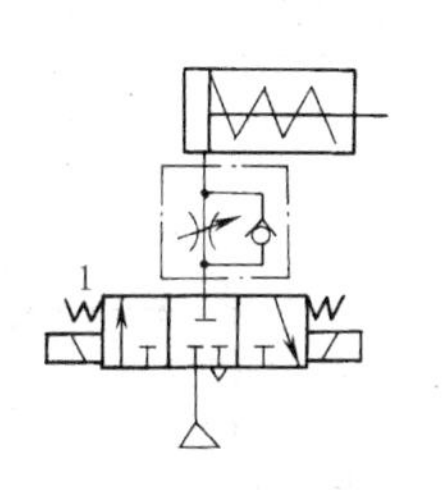</td><td>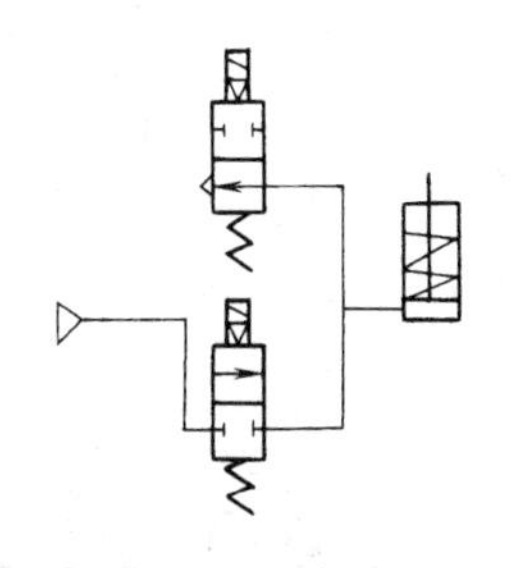</td></tr>
<tr><td>通电时活塞杆伸出，断电时靠弹簧力返回</td><td>断电时活塞杆上升，通电时靠外力返回</td><td>控制气缸的换向阀带有全封闭形中间位置，可使气缸活塞停止在任意位置，但定位精度不高</td><td>两个二位二通阀同时通电换向，可使活塞杆伸出。断电后，靠外力返回</td></tr>
<tr><td rowspan="4">双作用气缸控制回路</td><td colspan="4">气缸活塞杆伸出或缩回两个方向的运动都靠压缩空气驱动，通常选用二位五通阀来控制</td></tr>
<tr><td>采用单电控二位五通阀的控制回路</td><td>双电控阀控制回路</td><td>中间封闭型三位五通阀控制回路</td><td>中间排气型三位五通阀控制回路</td></tr>
<tr><td>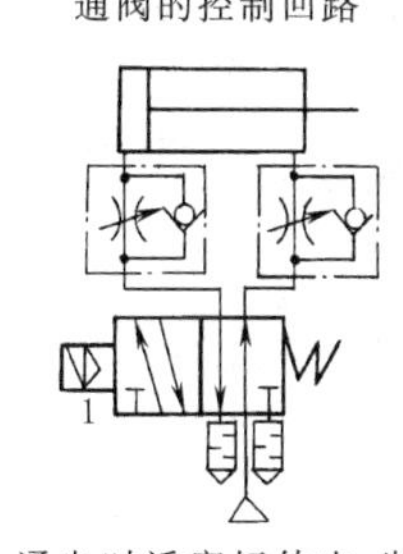</td><td>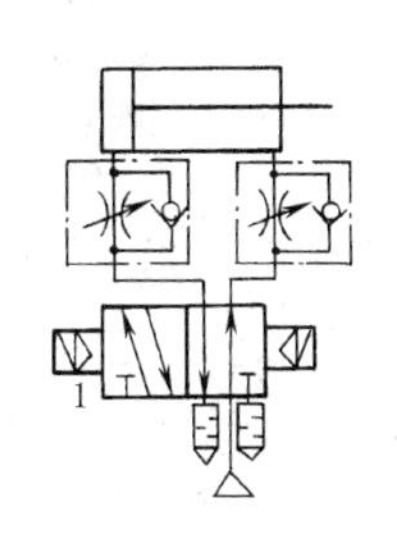</td><td>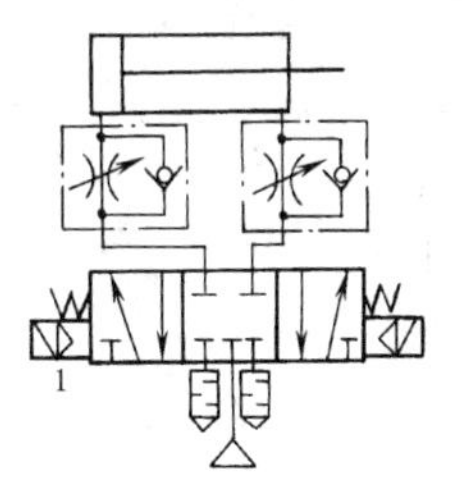</td><td>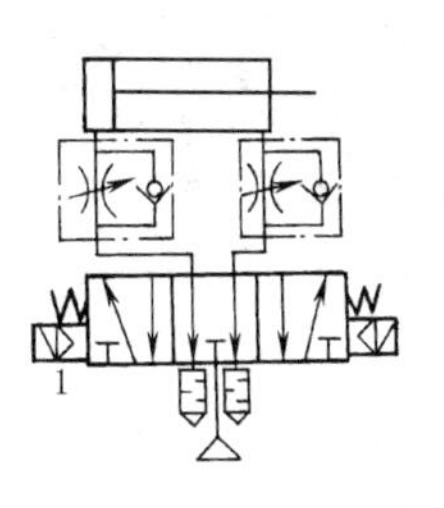</td></tr>
<tr><td>通电时活塞杆伸出，断电时活塞杆返回</td><td>采用双电控电磁阀，换向电信号可为短脉冲信号，因此电磁铁发热少，并具有断电保持功能</td><td>左侧电磁铁通电时，活塞杆伸出。右侧电磁铁通电时，活塞杆缩回。左、右侧电磁铁同时断电时，活塞可停止在任意位置，但定位精度不高</td><td>当电磁阀处于中间位置时活塞杆处于自由状态，可由其他机构驱动</td></tr>
</table>

续表

	中间加压型三位阀控制回路	中间加压型三位阀控制回路	电磁远程控制	双气控阀控制回路
双作用气缸控制回路	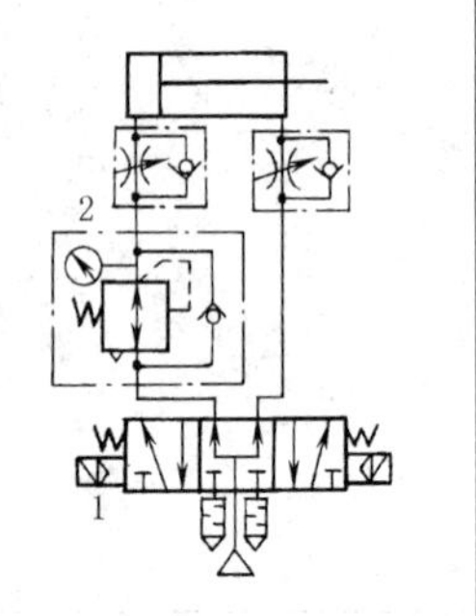 当左、右侧电磁铁同时断电时，活塞可停止在任意位置，但定位精度不高。采用一个压力控制阀，调节无杆腔的压力，使得在活塞双向加压时，保持力的平衡	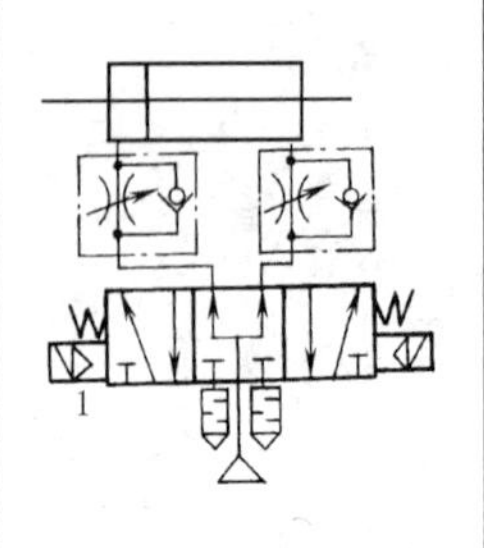 采用带有双活塞杆的气缸，使活塞两端受压面积相等，当双向加压时，也可保持力的平衡	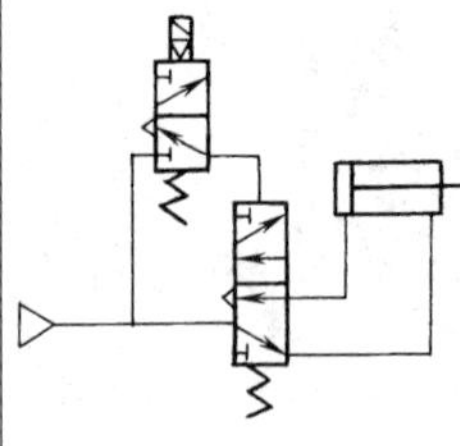 采用二位五通气控阀作为主控阀，其先导控制压力用一个二位三通电磁阀进行远程控制。该回路可应用于有防爆等要求的特殊场合	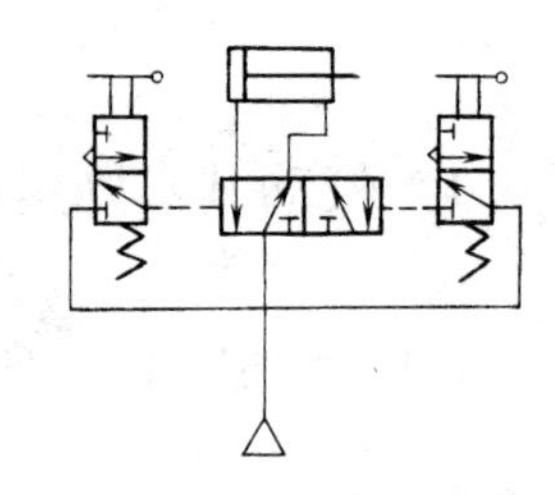 主控阀为双气控二位五通阀，用两个二位三通阀作为主控阀的先导阀，可进行遥控操作
	两种回路均可使活塞停止在任意位置			
	采用两个二位三通阀的控制回路	采用一个二位三通阀的差动回路	带有自保回路的气动控制回路	二位四(五)通阀和二位二通阀串接的控制回路
	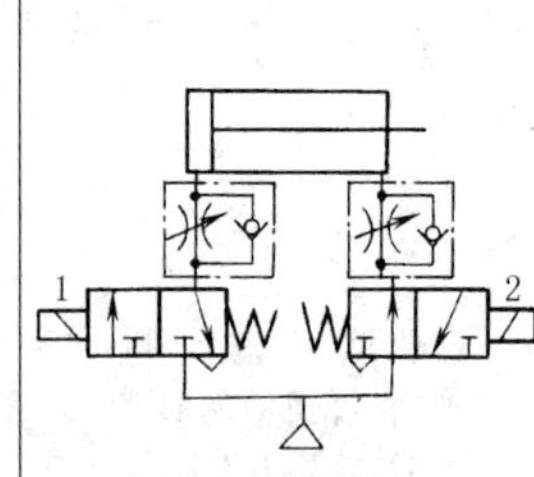 两个二位三通阀中，一个为常通阀，另一个为常断阀，两个电磁阀同时动作可实现气缸换向	1 气缸右腔始终充满压缩空气，接通电磁阀后，左腔进气，靠压差推动活塞杆伸出，动作比较平稳，断电后，活塞自动复位	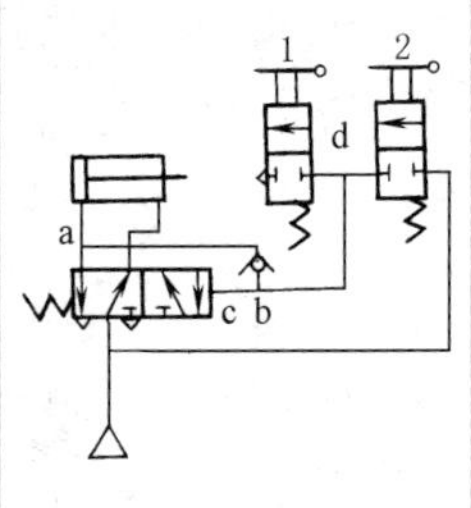 两个二位二通阀分别控制气缸运动的两个方向。图示位置为气缸右腔进气。如将阀2按下，由气控管路向阀右端供气，使二位五通阀切换，则气缸左腔进气，右腔排气，同时由自保回路a、b、c也从阀的右端增加压气，以防中途气阀2失灵，阀芯被弹簧弹回，自动换向，造成误动作(即自保作用)。再将阀2复位，按下阀1，二位五通阀右端压气排出，则阀芯靠弹簧复位，进行切换，开始下一次循环	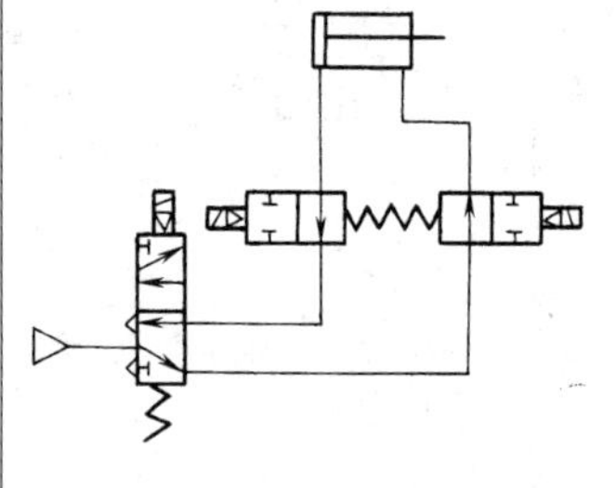 二位五通阀起换向作用，两个二位二通阀同时动作，可保证活塞停止在任意位置。当没有合适的三位阀时，可用此回路代替

2.1.2 速度控制回路

表 21-2-2 速度控制回路

类别			
单作用气缸的速度控制回路	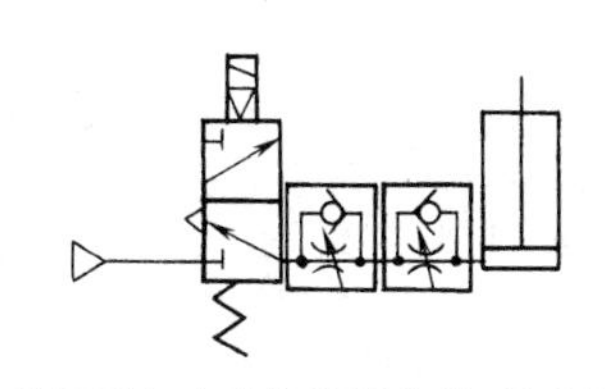 采用两个速度控制阀串联，用进气节流和排气节流分别控制活塞两个方向运动的速度	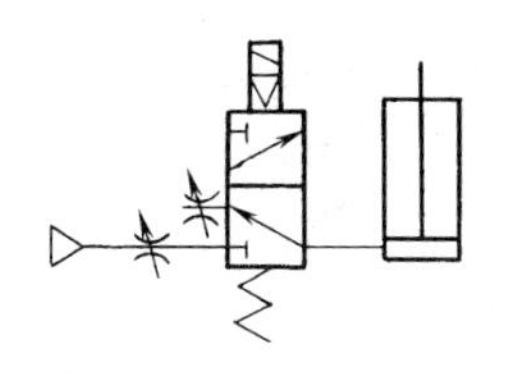 直接将节流阀安装在换向阀的进气口与排气口，可分别控制活塞两个方向运动的速度	利用快速排气阀的双速驱动回路 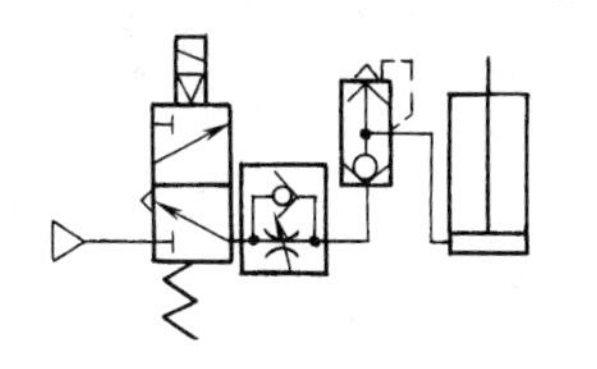 为快速返回回路。活塞伸出时为进气节流速度控制，返回时空气通过快速排气阀直接排至大气中，实现快速返回
	利用多功能阀的双速驱动回路 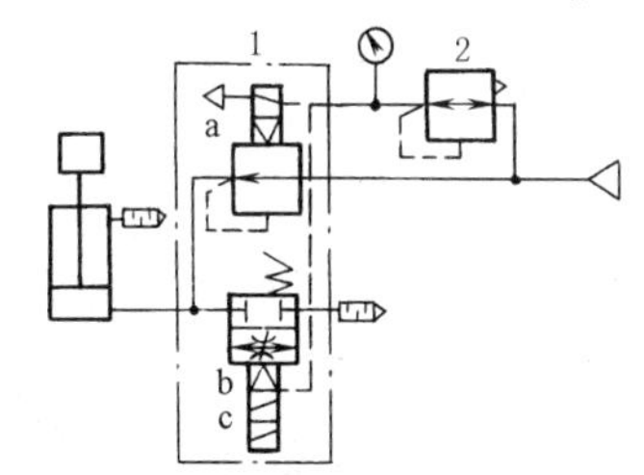	多功能阀 1（SMC 产品 VEX5 系列）具有调压、调速和换向三种功能。当多功能阀 1 的电磁铁 a、b、c 都不通电时，多功能阀 1 可输出由小型减压阀设定的压力气体，驱动气缸前进。当电磁铁 a 断电，b 通电时，进行高速排气；当电磁铁 c 通电时，进行节流排气	
双作用气缸的速度控制回路	采用单向节流阀的速度控制回路 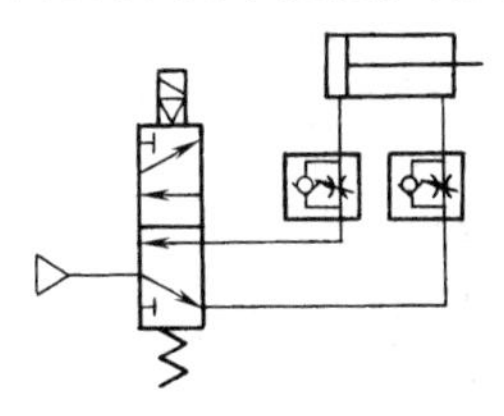 在气缸两个气口分别安装一个单向节流阀，活塞两个方向的运动分别通过每个单向节流阀调节。常采用排气节流型单向节流阀	采用排气节流阀的速度控制回路 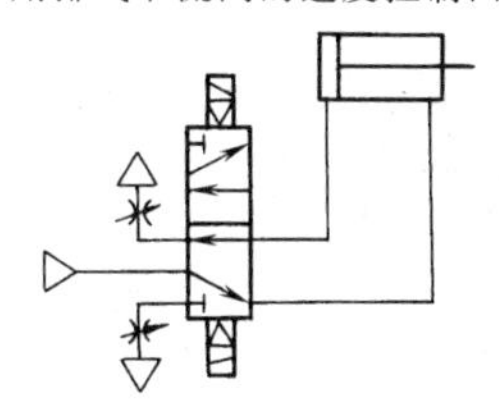 采用二位四通（五通）阀，在阀的两个排气口分别安装节流阀，实现排气节流速度控制，方法比较简单	快速返回回路 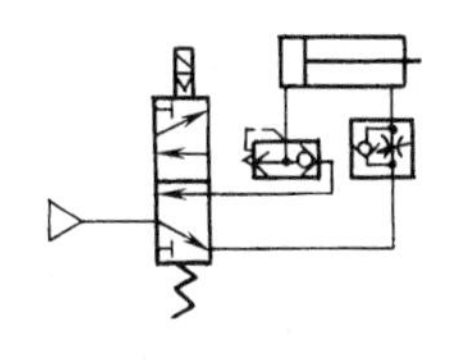 活塞杆伸出时，利用单向节流阀调节速度，返回时通过快速排气阀排气，实现快速返回
	高速动作回路 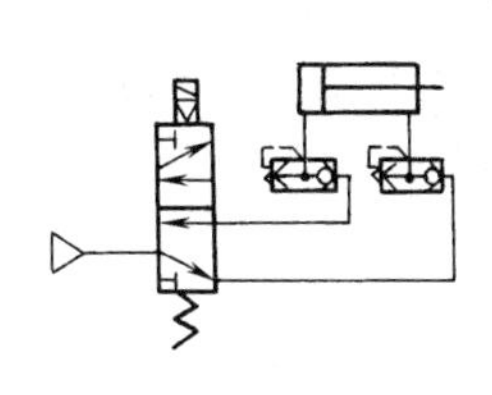 在气缸的进（排）气口附近两个管路中均装有快速排气阀，使气缸活塞运动速度加速	双速回路 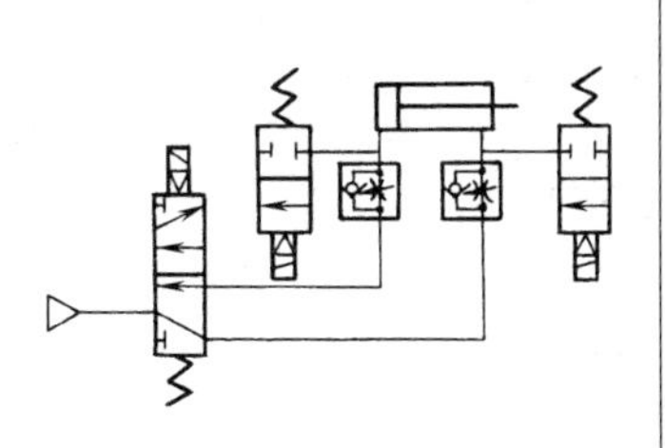 用两个二位二通阀与速度控制阀并联，可以控制活塞在运动中任意位置发出信号，使背压腔气体通过二位二通阀直接排到大气中，改变气缸的运动速度	利用电/气比例节流阀的速度控制回路 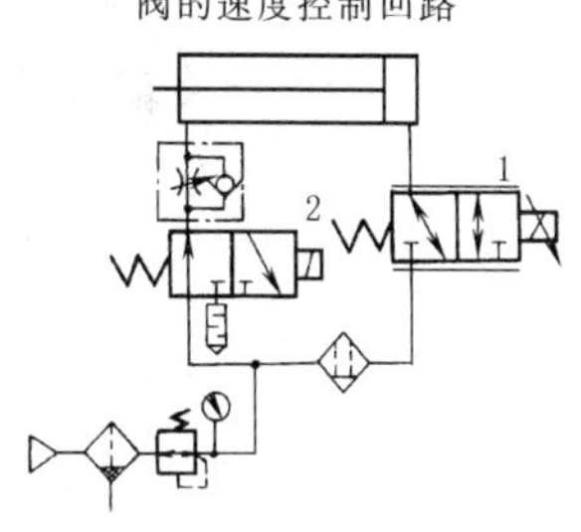 可实现气缸的无级调速。当三通电磁阀 2 通电时，给电气比例节流阀 1 输入电信号，使气缸前进。当三通电磁阀 2 断电时，利用电信号设定电气比例阀 1 的节流阀开度，使气缸以设定的速度后退。阀 1 和阀 2 应同时动作，以防止气缸启动“冲出”

2.1.3 压力与力控制回路

表 21-2-3 压力与力控制回路

<table>
<tr><td rowspan="10">压力控制回路</td><td colspan="3">气动系统中，压力控制不仅是维持系统正常工作所必需的，而且也关系到系统总的经济性、安全性及可靠性。作为压力控制方法，可分为一次压力(气源压力)控制、二次压力(系统工作压力)控制、双压驱动、多级压力控制、增压控制等</td></tr>
<tr><td>一次压控制回路</td><td>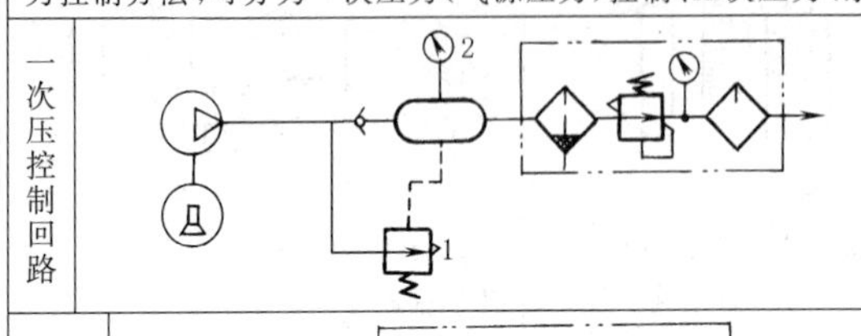
</td><td>控制气罐使其压力不超过规定压力。常采用外控制式溢流阀1来控制，也可用带电触点的压力表2代替溢流阀1来控制压缩机电机的动、停，从而使气罐内压力保持在规定压力范围内。采用安全阀结构简单，工作可靠，但无功耗气量大；而后者对电机及其控制有要求</td></tr>
<tr><td>二次压控制回路</td><td>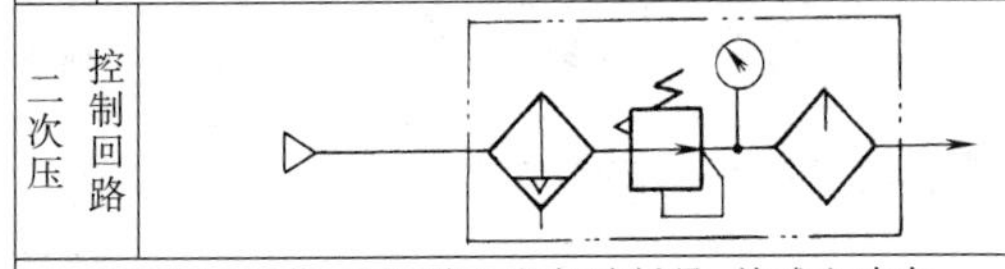</td><td>利用溢流式减压阀控制气动系统的工作压力</td></tr>
<tr><td colspan="3">采用差压操作，可以减少空气消耗量，并减少冲击</td></tr>
<tr><td rowspan="2">差压回路</td><td>采用单向减压阀的差压回路
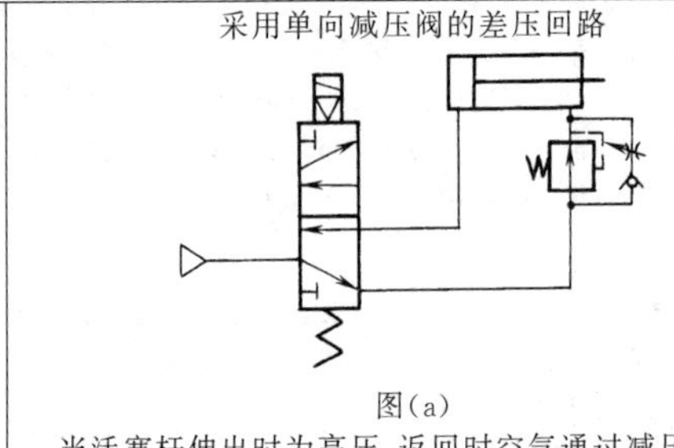
图(a)
当活塞杆伸出时为高压，返回时空气通过减压阀减压</td><td>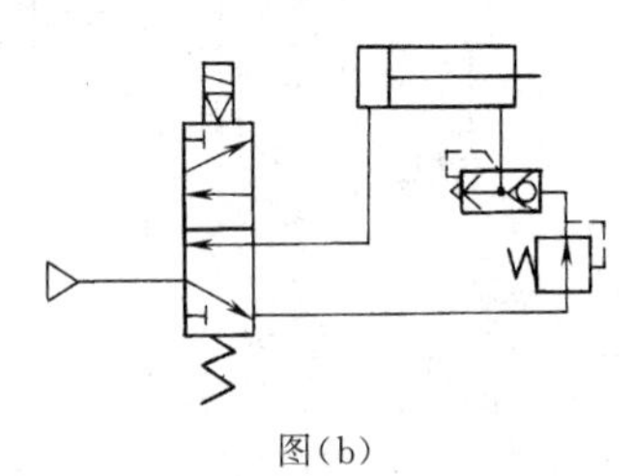
图(b)
与图(a)原理一样，只是用快速排气阀代替单向节流阀</td></tr>
<tr><td>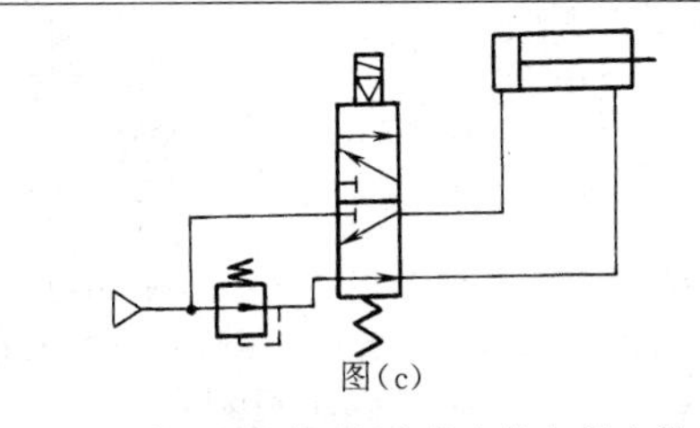
图(c)
与图(a)比较，只是减压阀安装在换向阀之前，减压阀的工作要求较高，而省去单向节流阀</td><td>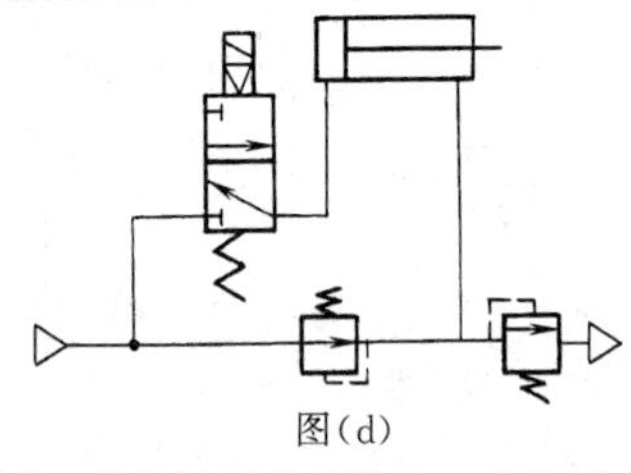
图(d)
气缸活塞一端通过减压阀供给一定的压力，另外安装卸荷阀作排气用</td></tr>
<tr><td rowspan="2">限压回路</td><td>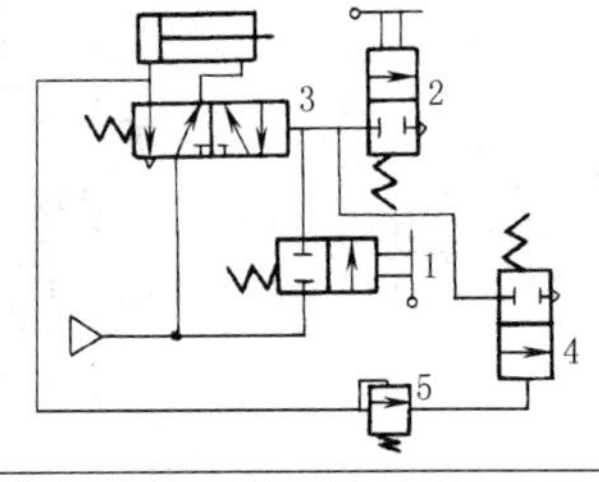
</td><td>启动按钮1作用后，活塞开始伸出，挡块遇行程阀2后，换向阀3使活塞返回。但如果在前进中遇到大的阻碍，气缸左腔压力增高，顺序阀5动作，打开二位二通阀4排气，活塞自动返回</td></tr>
<tr><td>高、低压转换回路
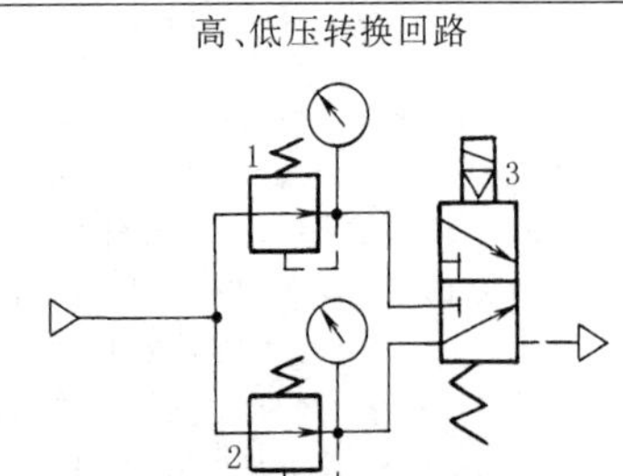
</td><td>气源经过调压阀1与2可调至两种不同的压力，通过换向阀3可得两种不同的压力输出</td></tr>
</table>

续表

<table>
<tr>
<td rowspan="4">压力控制回路</td>
<td>多级压力控制回路</td>
<td>采用远程调压阀的多级压力控制回路
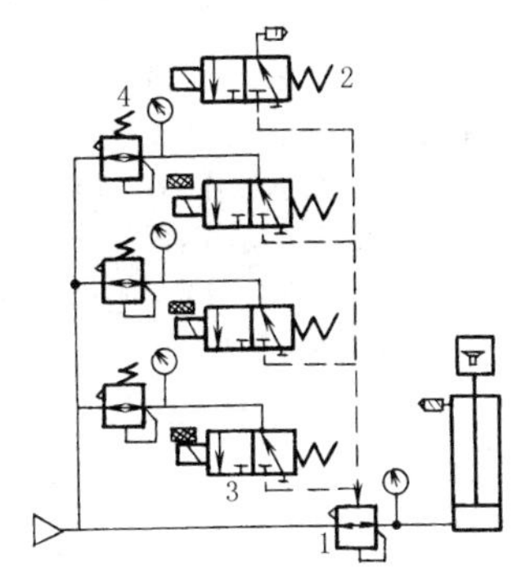
远程调压阀的先导压力通过三通电磁阀 3 的切换来控制，可根据需要设定低、中、高三种先导压力。在进行压力切换时，若阀 4 无溢流功能，必须用电磁阀 2 先将先导压力泄压，然后再选择新的先导压力</td>
<td>采用比例调压阀的无级压力控制回路
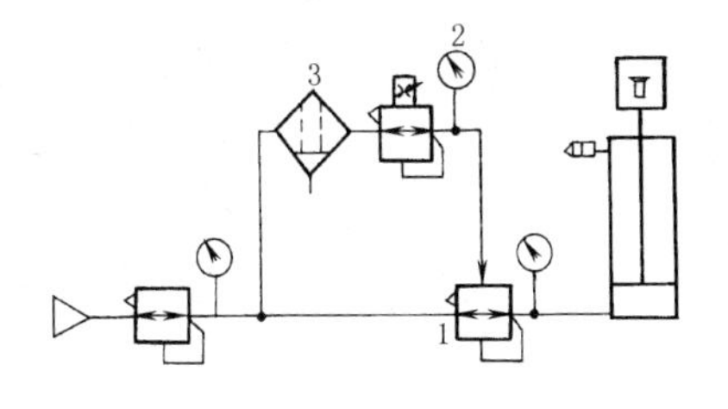
采用一个小型的比例压力阀作为先导压力控制阀可实现压力的无级控制。比例压力阀的入口应使用一个微雾分离器，防止油雾和杂质进入比例阀，影响阀的性能和使用寿命</td>
</tr>
<tr>
<td>增压回路</td>
<td>使用增压阀的增压回路(1)
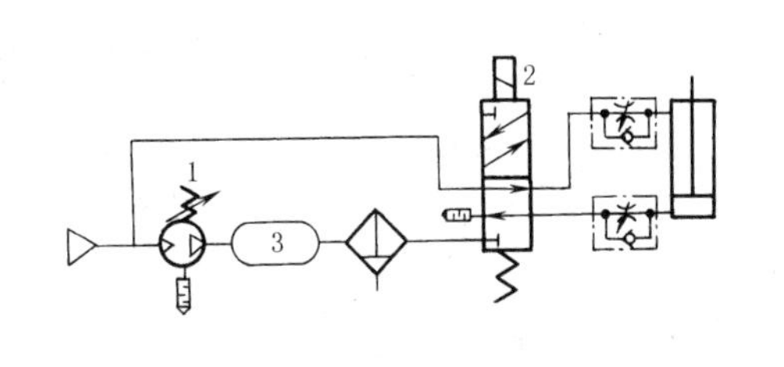
当二位五通电磁阀 2 通电时，气缸实现增压驱动；当电磁阀 2 断电时，气缸在正常压力作用下返回</td>
<td>使用增压阀的增压回路(2)
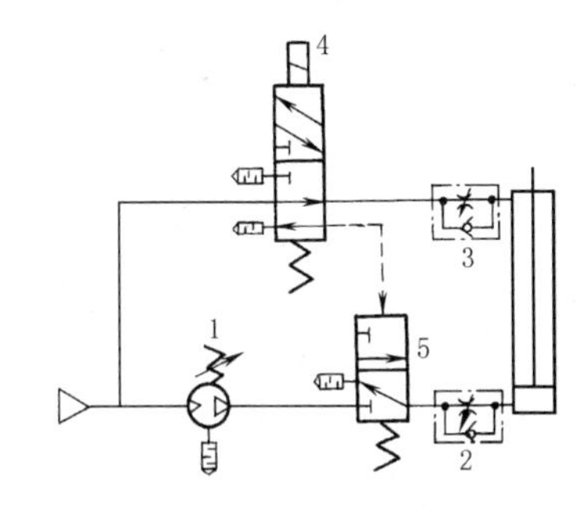
当二位五通电磁阀 4 通电时，利用气控信号使换向阀 5 切换，进行增压驱动；电磁阀 4 断电时，气缸在正常压力作用下返回</td>
</tr>
<tr>
<td>使用气/液增压缸的增压回路</td>
<td>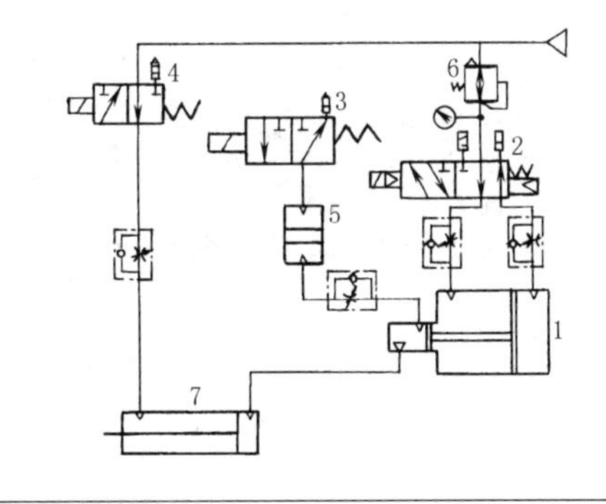</td>
<td>当三通电磁阀 3、4 通电时，气/液缸 7 在与气压相同的油压作用下伸出；当需要大输出力时，则使五通电磁阀 2 通电，让气/液增压缸 1 动作，实现气/液缸的增压驱动。让五通电磁阀 2 和三通电磁阀 3、4 断电，则可使气/液缸返回。气/液增压缸 1 的输出可通过减压阀 6 来进行设定</td>
</tr>
<tr>
<td>串联气缸增力回路</td>
<td>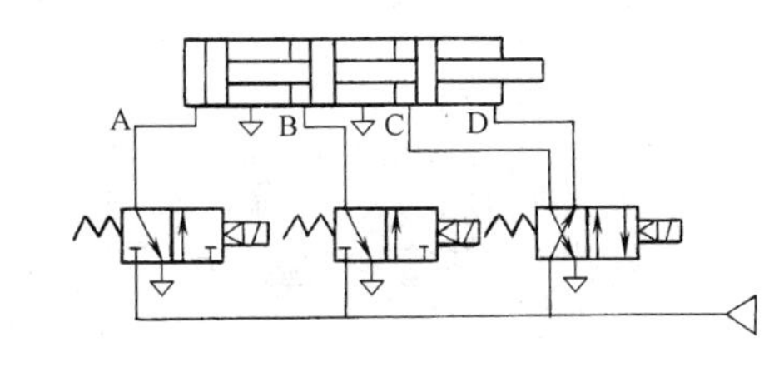</td>
<td>三段活塞缸串联，工作行程时，电磁换向阀通电，ABC 进气，使活塞杆增力推出。复位时，电磁阀断电，气缸右端口 D 进气，把杆拉回</td>
</tr>
</table>

续表

<table>
<tr>
<td>压力控制顺序回路</td>
<td colspan="2">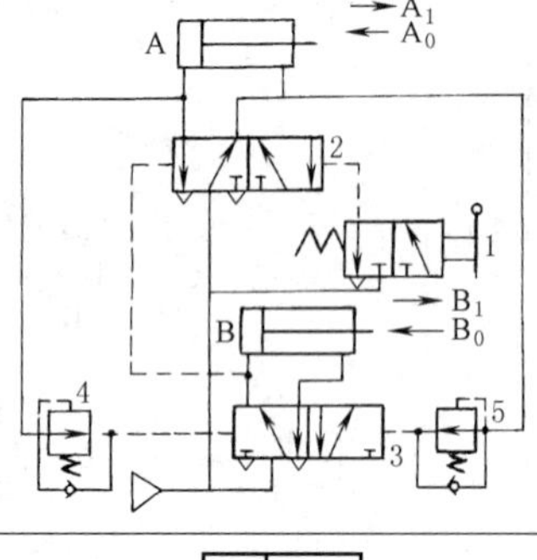
</td>
<td>为完成 $A_1B_1A_0B_0$ 顺序动作的回路。启动按钮 1 动作后，换向阀 2 换向，A 缸活塞杆伸出完成 A_1 动作；A 缸左腔压力增高，顺序阀 4 动作，推动阀 3 换向，B 缸活塞杆伸出完成 B_1 动作，同时使阀 2 换向完成 A_0 动作。最后 A 缸右腔压力增高，顺序阀 5 动作，使阀 3 换向完成 B_0 动作。此处顺序阀 4 及 5 调整至一定压力后动作</td>
</tr>
<tr>
<td>比例压力阀控制回路</td>
<td colspan="2">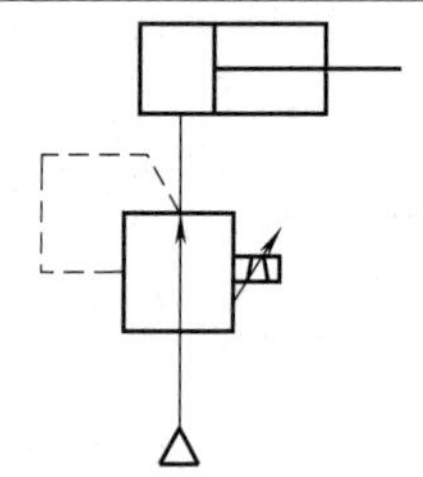</td>
<td>采用电气比例压力阀控气缸出力。压力连续精确可调，精度优于 1%</td>
</tr>
<tr>
<td>高速开关阀PWM控制压力回路</td>
<td colspan="2">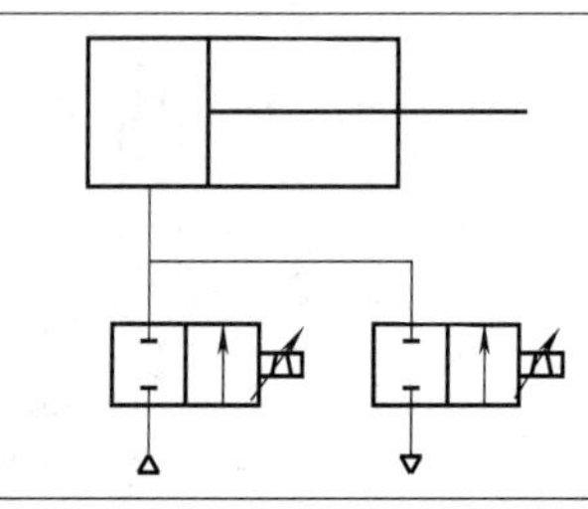</td>
<td>两个高速开关阀，工作方式为 PWM(脉宽调制)，控制气缸出力
一般需配合压力传感器或力传感器。当阀通径较大而气缸较小时，会产生较大的纹波</td>
</tr>
<tr>
<td rowspan="2">力矩控制回路</td>
<td colspan="3">气马达是产生力矩的气动执行元件。叶片式气马达是依靠叶片使转子高速旋转，经齿轮减速而输出力矩，借助于速度控制改变离心力而控制力矩，其回路就是一般的速度控制回路。活塞式气马达和摆动马达则是通过改变压力来控制扭矩的。下面介绍活塞式气马达的力矩控制回路</td>
</tr>
<tr>
<td>气马达的力矩控制回路</td>
<td>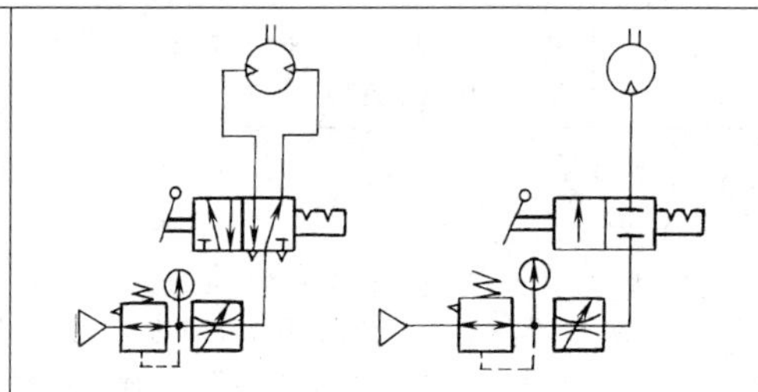
活塞式气马达经马达内装的分配器向大气排气，转速一高则排气受节流而力矩下降。力矩控制一般通过控制供气压力实现</td>
<td>摆动马达的力矩控制回路
应该注意的是，若在停止过程中负载具有较大的惯性力矩，则摆动马达还必须使用挡块定位</td>
</tr>
<tr>
<td>冲击力控制回路</td>
<td>冲击气缸的典型控制回路</td>
<td>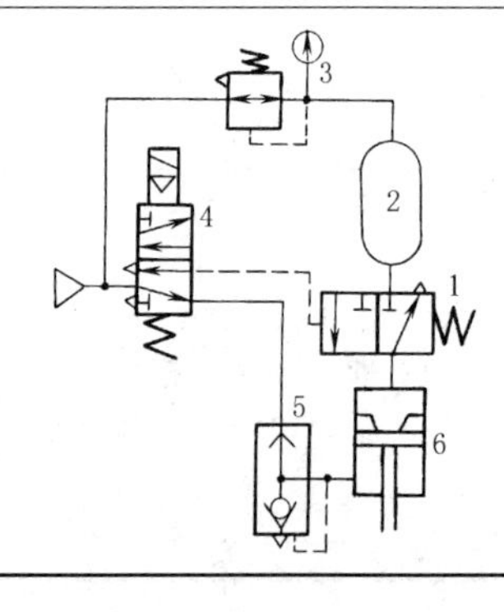
</td>
<td>该回路由冲击气缸 6、快速供给气压的气罐 2、把气缸背压快速排入大气的快速排气阀 5 及控制气缸换向的二位五通阀 4 组成。当电磁阀得电时，冲击气缸的排气侧快速排出大气，同时使二位三通阀换向，气罐内的压缩空气直接流入冲击气缸，使活塞以极高的速度向下运动，该活塞所具有的动能给出很大的冲击力。冲击力与活塞的速度平方成正比，而活塞的速度取决于从气罐流入冲击气缸的空气流量。为此，调节速度必须调节气罐的压力</td>
</tr>
</table>

2.1.4 位置控制回路

表 21-2-4　　位置控制回路

说明	气缸通常只能保持在伸出和缩回两个位置。如果要求气缸在运动过程中的某个中间位置停下来，则要求气动系统具有位置控制功能。由于气体具有压缩性，因此只利用三位五通电磁阀对气缸两腔进行给、排气控制的纯气动方法，难以得到高精度的位置控制。对于定位精度要求较高的场合，应采用机械辅助定位或气/液转换器等控制方法，亦可采用比例阀闭环控制、开关阀PWM闭环控制等方式	
位置控制回路	利用外部挡块的定位方法 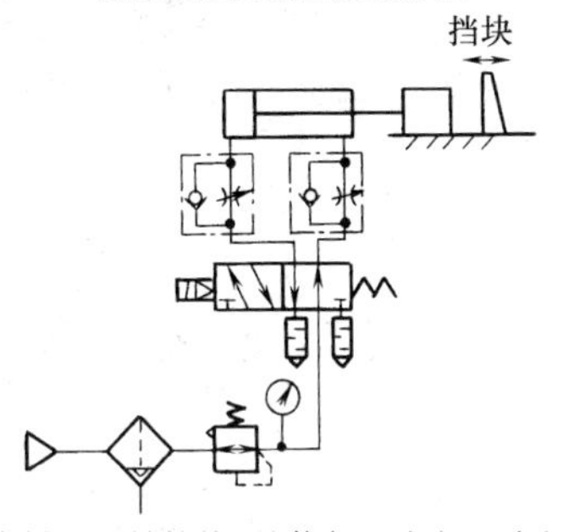 在定位点设置机械挡块，是使气缸在行程中间定位的最可靠方法，定位精度取决于机械挡块的设置精度。这种方法的缺点是定位点的调整比较困难，挡块与气缸之间应考虑缓冲的问题	采用三位五通阀的位置控制回路 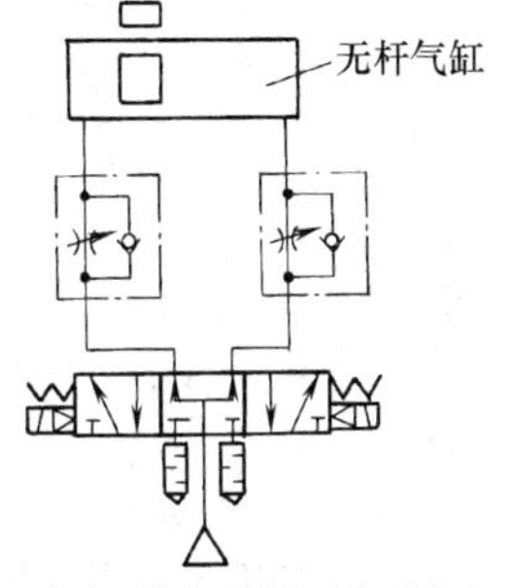 采用中位加压型三位五通阀可实现气缸的位置控制，但位置控制精度不高，容易受负载变化的影响
	使用串联气缸的三位置控制回路 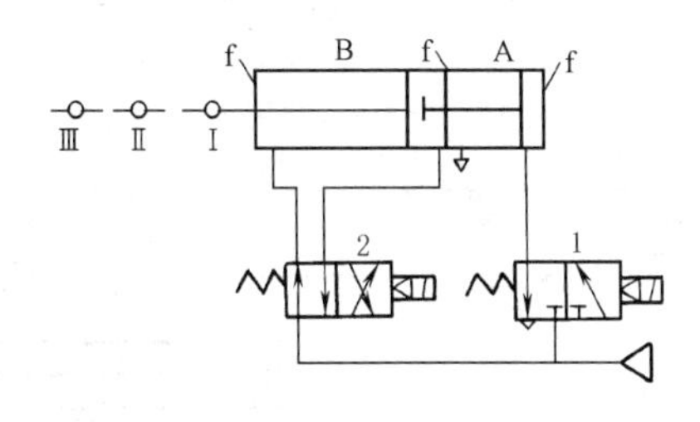 图示位置为两缸的活塞杆均处于缩进状态，当阀2如图示位置，而阀1通电换向时，A缸活塞杆向左推动B缸活塞杆，其行程为Ⅰ—Ⅱ。反之，当阀1如图示状态而阀2通电切换时，缸B活塞杆杆端由位置Ⅱ继续前进到Ⅲ（因缸B行程为Ⅰ—Ⅲ）。此外，可在两缸端盖上f处与活塞杆平行安装调节螺钉，以相应地控制行程位置，使缸B活塞杆端可停留在Ⅰ—Ⅱ、Ⅱ—Ⅲ之间的所需位置	采用全气控方式的四位置控制回路 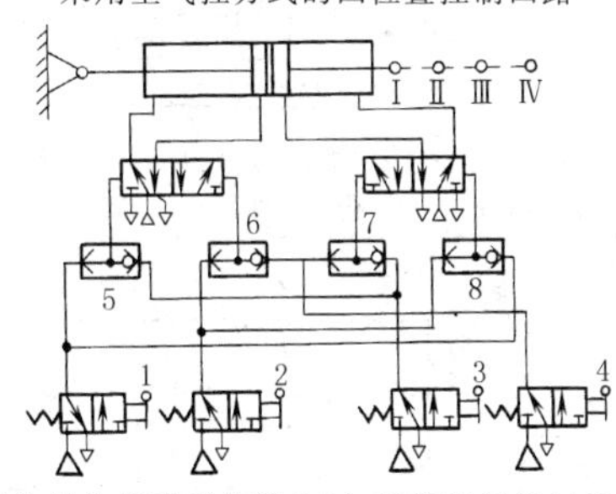 图示位置为按动手控阀1时，压缩空气通过手控阀1，分两路由梭阀5、8控制两个二位五通阀，使主气源进入多位缸而得到位置Ⅰ。此外，当按动手动阀2、3或4时，同上可相应得到位置Ⅱ、Ⅲ或Ⅳ
	利用制动气缸的位置控制回路(1) 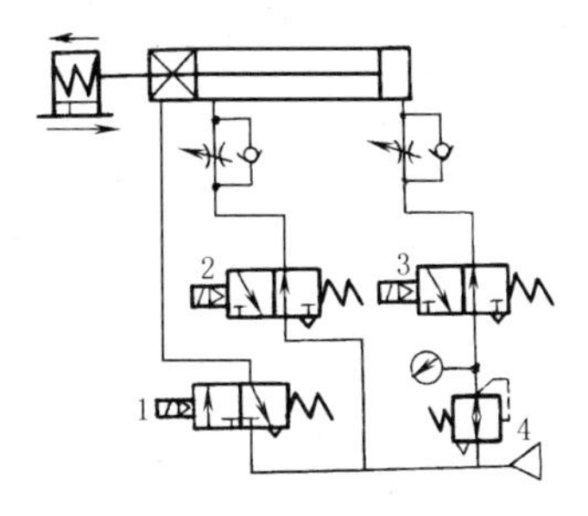 如果制动装置为气压制动型，气源压力应在0.1MPa以上，如果为弹簧＋气压制动型，气源压力应在0.35MPa以上。气缸制动后，活塞两侧应处于力平衡状态，防止制动解除时活塞杆飞出，为此设置了减压阀4。解除制动信号应超前于气缸的往复信号或同时出现	利用制动气缸的位置控制回路(2) 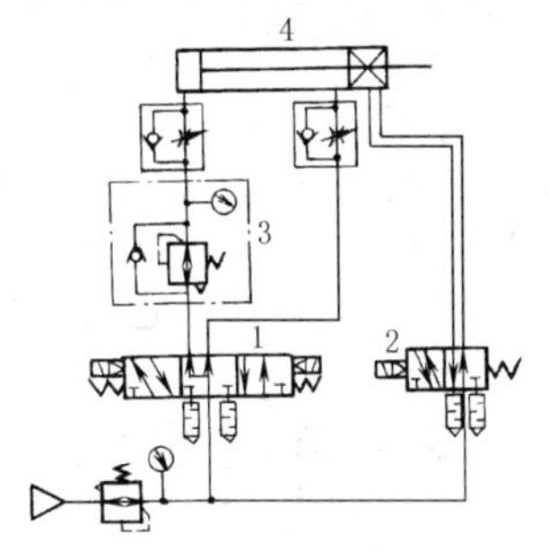 制动装置为双作用型，即卡紧和松开都通过气压来驱动。采用中位加压型三位五通阀控制气缸的伸出与缩回

续表

<table>
<tr><td rowspan="4">位置控制回路</td><td>带垂直负载的制动气缸位置控制回路(1)
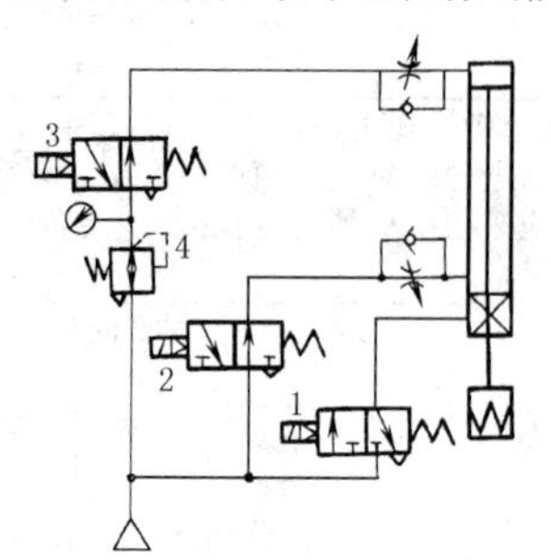

带垂直负载时，为防止突然断气时工件掉下，应采用弹簧＋气压制动型或弹簧制动型制动装置</td><td>带垂直负载的制动气缸位置控制回路(2)
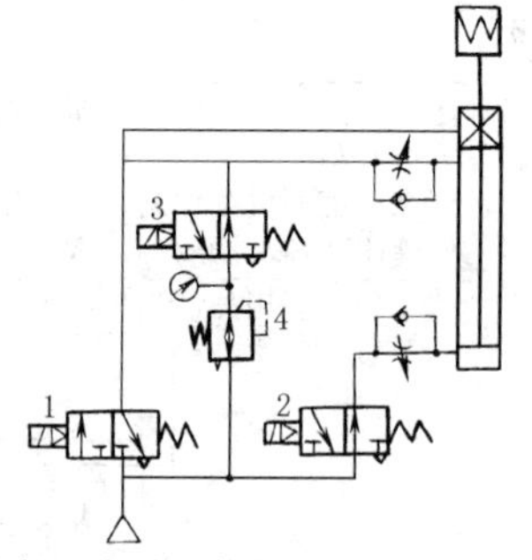

垂直负载向上时，为了使制动后活塞两侧处于力平衡状态，减压阀4应设置在气缸有杆腔侧</td></tr>
<tr><td>使用气/液转换器的位置控制回路
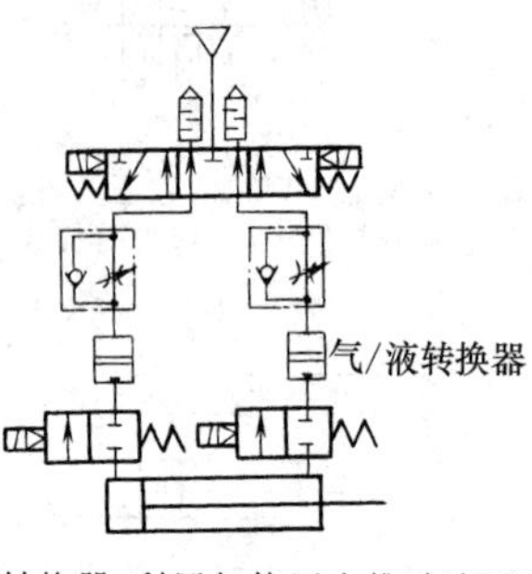

通过气/液转换器，利用气体压力推动液压缸运动，可以获得较高的定位精度，但在一定程度上要牺牲运动速度</td><td>使用气/液转换器的摆缸位置控制回路
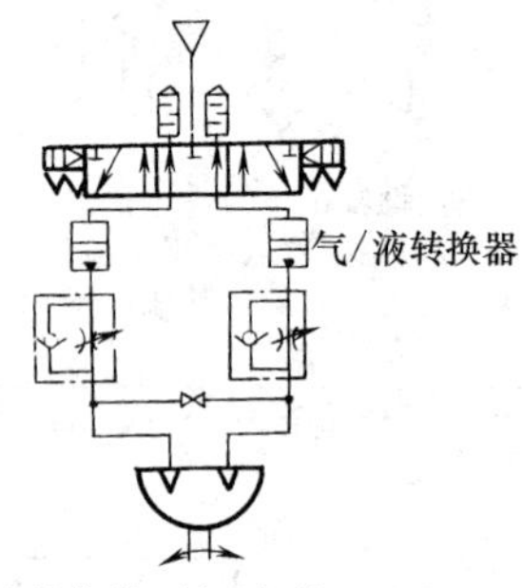

通过气/液转换器，利用气体压力推动摆动液压缸运动，可以获得较高的中间定位精度</td></tr>
<tr><td>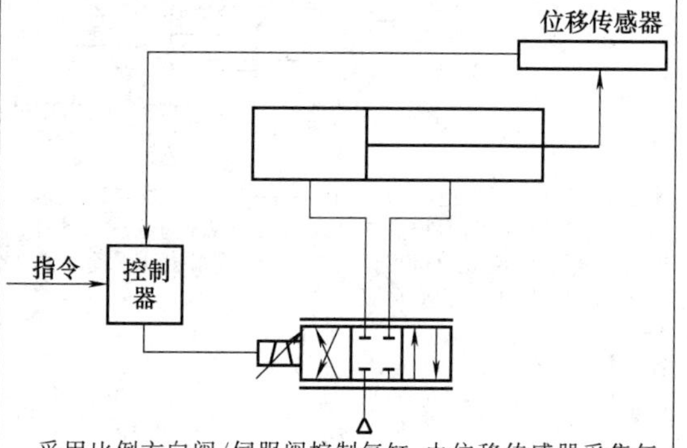

采用比例方向阀/伺服阀控制气缸，由位移传感器采集气缸活塞位置并反馈至控制器</td><td>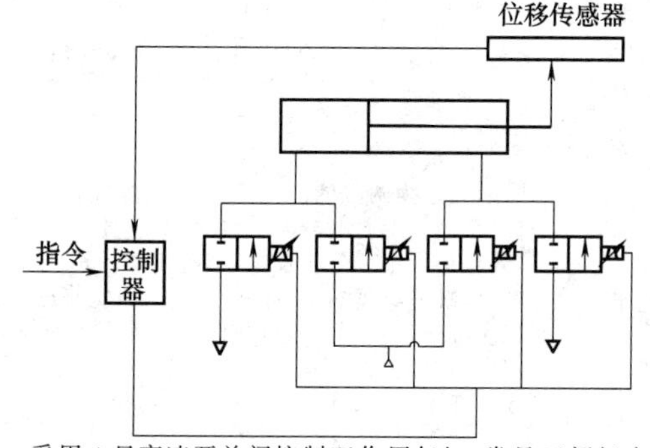

采用4只高速开关阀控制双作用气缸，常见于阀门定位器</td></tr>
<tr><td>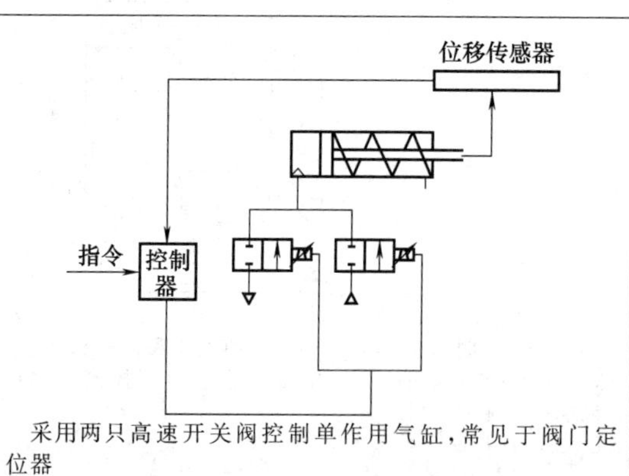

采用两只高速开关阀控制单作用气缸，常见于阀门定位器</td><td></td></tr>
</table>

2.2 典型应用回路

2.2.1 同步回路

表 21-2-5 同步回路

<table>
<tr><td rowspan="5">同步回路</td><td colspan="2">同步控制是指驱动两个或多个执行元件时，使它们在运动过程中位置保持同步。同步控制实际是速度控制的一种特例。当各执行机构的负载发生变动时，为了实现同步，通常采用以下方法
①使用机械连接使各执行机构同步动作
②使流入和流出执行机构的流量保持一定
③测量执行机构的实际运动速度，并对流入和流出执行机构的流量进行连续控制</td></tr>
<tr><td>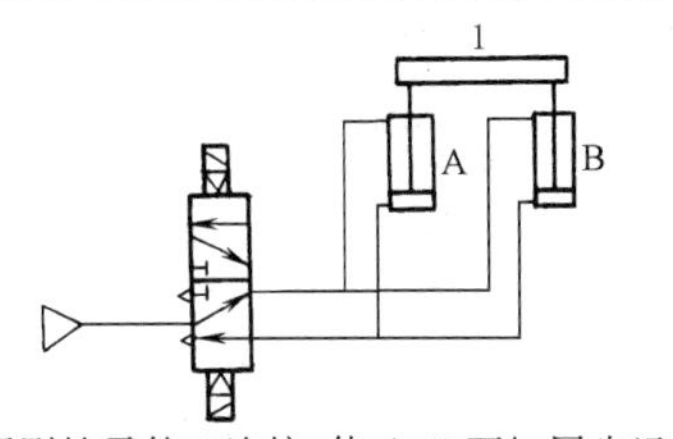

采用刚性零件 1 连接，使 A、B 两缸同步运动</td><td>使用连杆机构的同步控制回路
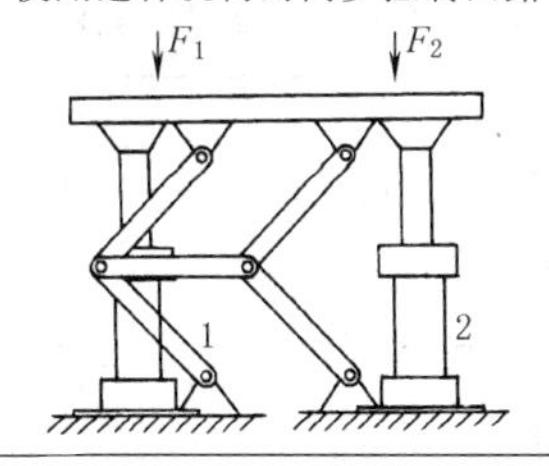
</td></tr>
<tr><td>利用出口节流阀的简单同步控制回路
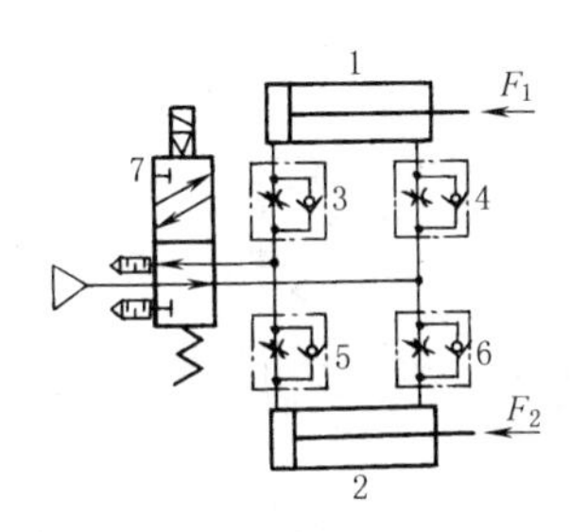

这种同步回路的同步精度较差，易受负载变化的影响，如果气缸的缸径相对于负载来说足够大，若工作压力足够高，可以取得一定的同步效果。此外，如果使用两只电磁阀，使两只气缸的进、排气独立，相互之间不受影响，同步精度会好些</td><td>使用气/液联动缸的交叉耦连同步控制回路
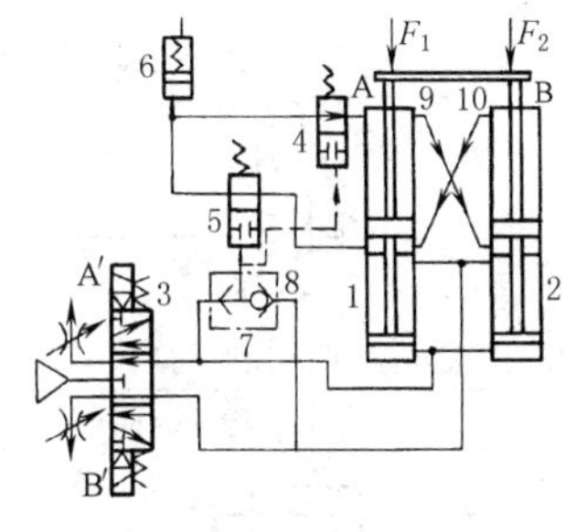

当三位五通电磁阀的 A′侧通电时，压力气体经过管路流入气/液联动缸 A、B 的气缸中，克服负载推动活塞上升。此时，在先导压力的作用下，常开型两位两通阀关闭，使气/液联动缸 A 的液压缸上腔的油压入气/液联动缸 B 的液压缸下腔，从而使它们同步上升。三位五通电磁阀的 B′侧通电时，可使气/液联动缸向下的运动保持同步。为补偿液压缸的漏油设贮油缸 6，在不工作时可进行补油</td></tr>
<tr><td>使用气/液转换缸的串联同步控制回路(1)
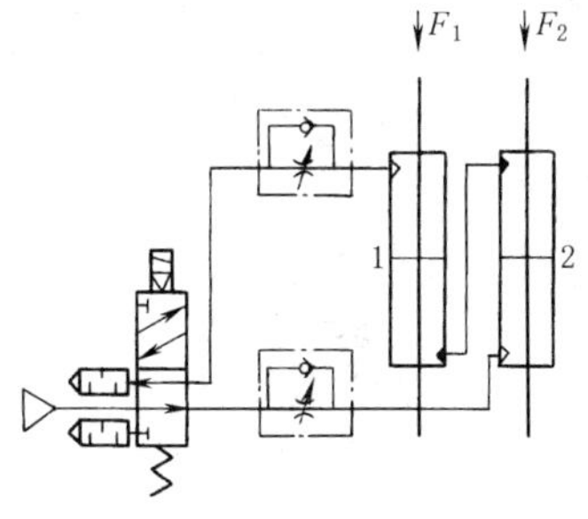

使用两只双出杆气/液转换缸，缸 1 的下侧和缸 2 的上侧通过配管连接，其中封入液压油。如果缸 1 和缸 2 的活塞及活塞杆面积相等，则两者的速度可以一致。但是，如果气/液转换缸有内泄漏和外泄漏，因为油量不能自动补充，所以两缸的位置会产生累积误差</td><td>使用气/液转换缸的串联同步控制回路(2)
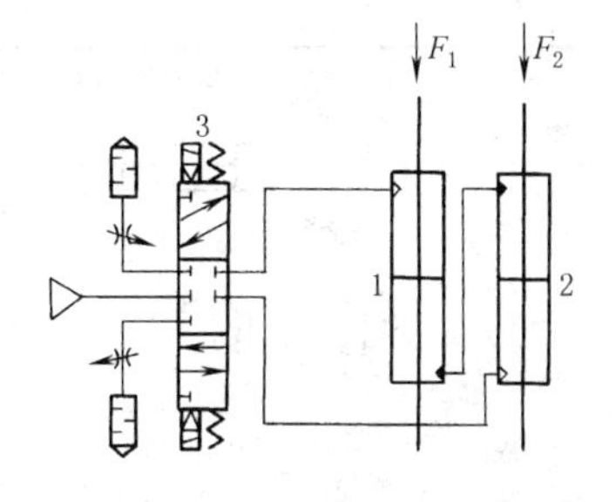

气/液转换缸 1 和 2 利用具有中位封闭机能的三位五通电磁阀驱动，可实现两缸同步控制和中位停止。该回路中，调速阀不是设置在电磁阀和气缸之间，而是连接在电磁阀的排气口，这样可以改善中间停止精度</td></tr>
</table>

续表

同步回路	闭环同步控制方法 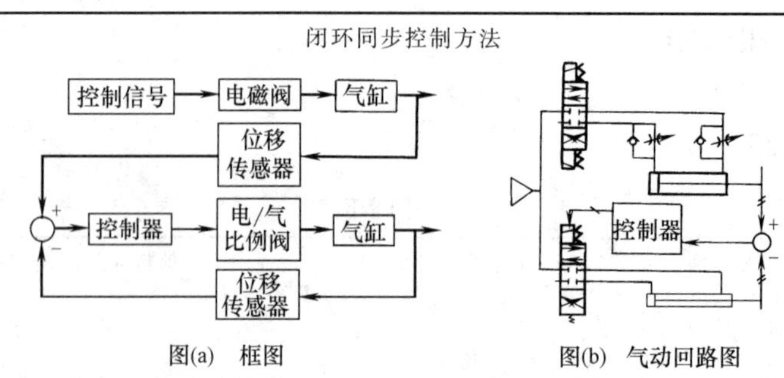 图(a)　框图　　　图(b)　气动回路图 在开环同步控制方法中，所产生的同步误差虽然可以在气缸的行程端点等特殊位置进行修正，但为了实现高精度的同步控制，应采用闭环同步控制方法，在同步动作中连续地对同步误差进行修正。闭环同步控制系统主要由电/气比例阀、位移传感器、同步控制器等组成

2.2.2　延时回路

表 21-2-6　　　延时回路

延时回路	延时给气回路 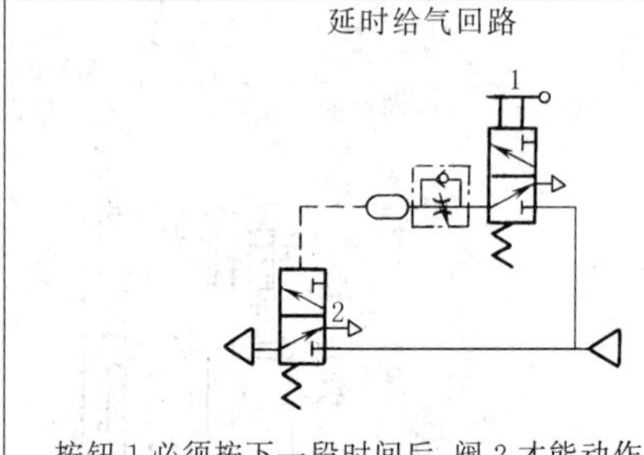 按钮 1 必须按下一段时间后，阀 2 才能动作	延时排气回路 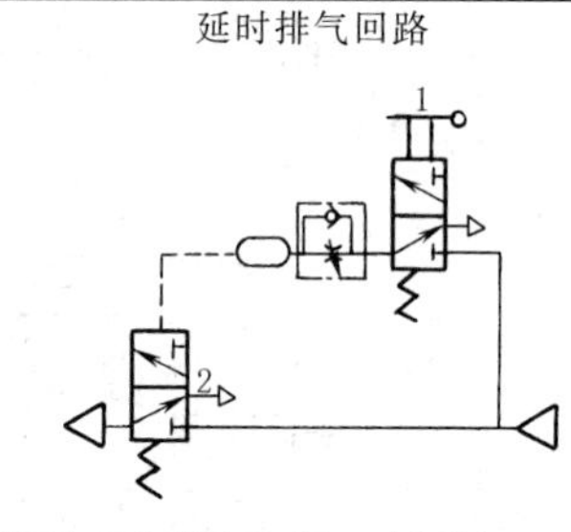 按钮 1 松开一段时间后，阀 2 才切断
	延时返回回路 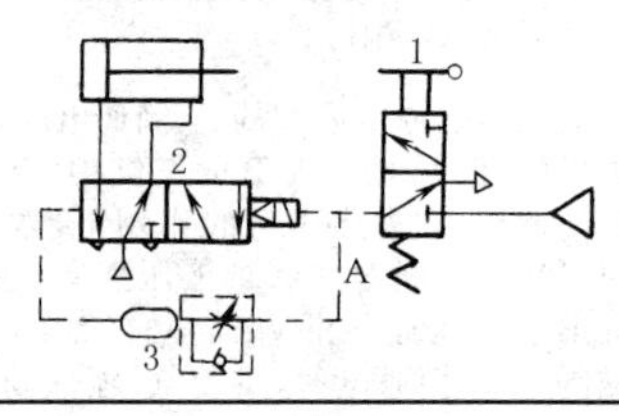	当手动阀 1 按下后，阀 2 立即切换至右边工作。活塞杆伸出，同时压缩空气经管路 A 流向气室 3，待气室 3 中的压力增高后，差压阀 2 又换向，活塞杆收回。延时长短根据需要选用不同大小气室及调节进气快慢而定

2.2.3　自动往复回路

表 21-2-7　　　自动往复回路

一次自动往复回路	加压控制回路 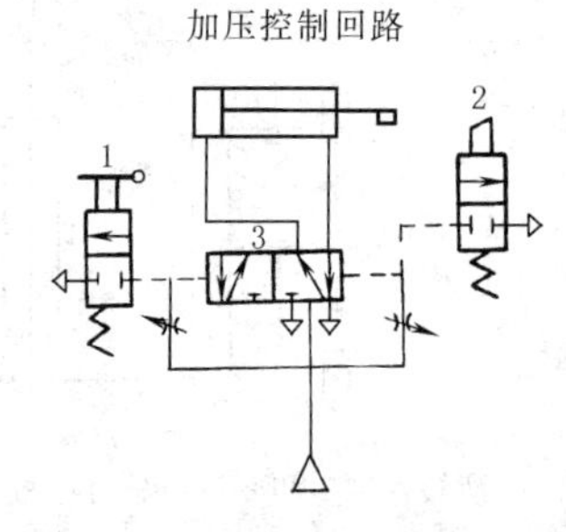 手动阀 1 动作后，换向阀左端压力下降，右端压力大于左端，使阀 3 换向。活塞杆伸出至压下行程阀 2，阀 3 右端压力下降，又使换向阀 3 切换，活塞杆收回，完成一次往复	卸压控制回路 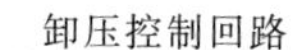 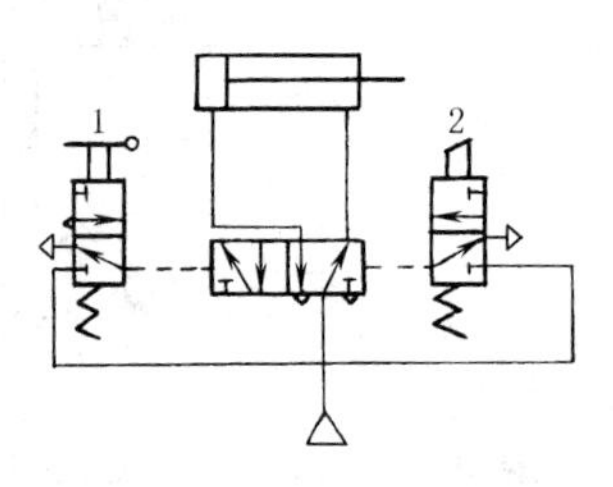 手动阀 1 动作后，换向阀换向，活塞杆伸出。当撞块压下行程阀 2 后，接通压缩空气使换向阀换向，活塞杆缩回，一次行程完毕

续表

连续自动往复回路	利用行程阀的自动往复回路 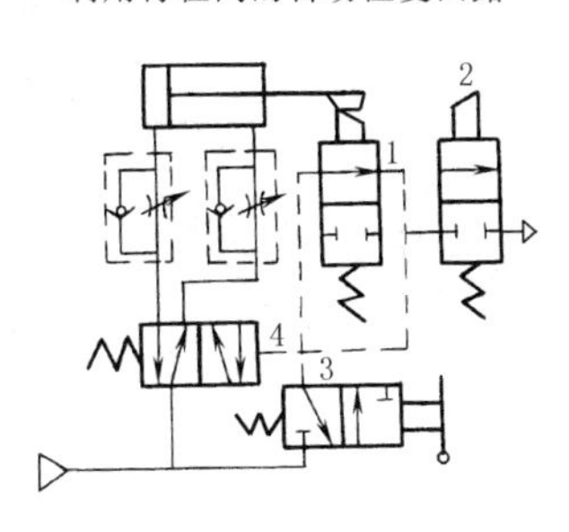 当启动阀 3 后，压缩空气通过行程阀 1 使阀 4 换向，活塞杆伸出。当压住行程阀 2 后，换向阀 4 在弹簧作用下换向，使活塞杆返回。这样使活塞进行连续自动往复运动，一直到关闭阀 3 后，运动停止	利用时间控制的连续自动往复回路 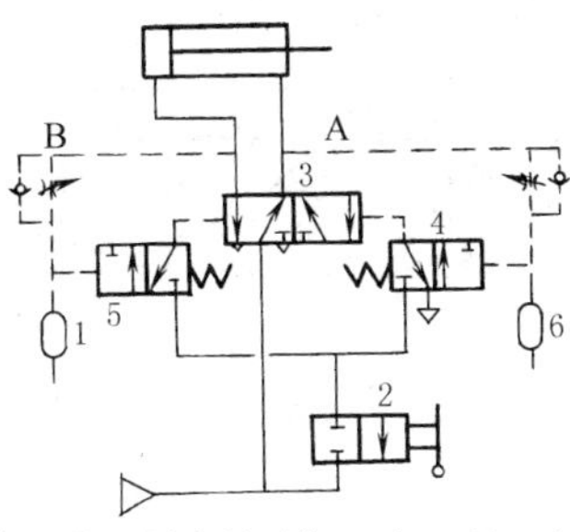 当换向阀 3 处于图中所示位置时，压缩空气沿管路 A 经节流阀向气室 6 充气，过一段时间后，气室 6 内压力增高，切换二位三通阀 4，压缩空气通过 4 使阀 3 换向，活塞杆伸出，同时压缩空气经管路 B 及节流阀又向气室 1 充气，待压力增高后切换阀 5，从而使阀 3 换向。这样活塞杆进行连续自动往复运动。手动阀 2 为启动、停止用

2.2.4 防止启动飞出回路

表 21-2-8　　防止启动飞出回路

防止启动飞出回路	气缸在启动时，如果排气侧没有背压，活塞杆将以很快的速度冲出，若操作人员不注意，有可能发生伤害事故。避免这种情况发生的方法有两种： ①在气缸启动前使排气侧产生背压 ②采用进气节流调速方法	
	采用中位加压式电磁阀防止启动飞出 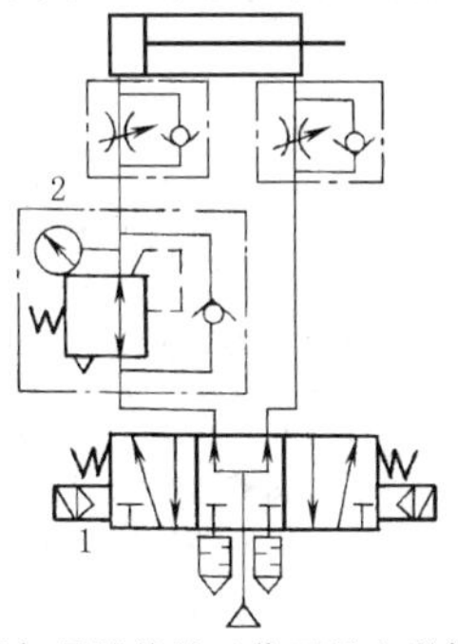 采用具有中间加压机能的三位五通电磁阀 1 在气缸启动前使排气侧产生背压。当气缸为单活塞杆气缸时，由于气缸有杆腔和无杆腔的压力作用面积不同，因此考虑电磁阀处于中位时，在左腔进气路上增设减压阀 2，使气缸两侧的压力保持平衡	采用进气节流调速阀防止启动飞出 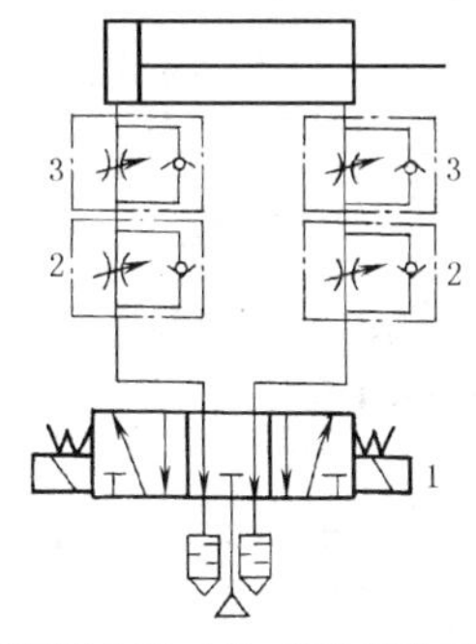 当五通电磁阀断电时，气缸两腔都泄压；启动时，利用调速阀 3 的进气节流调速防止启动飞出。由于进气节流调速的调速性能较差，因此在气缸的出口侧还串联了一个排气节流调速阀 2，用来改善启动后的调速特性。需要注意进气节流调速阀 3 和排气节流调速阀 2 的安装顺序，进气节流调速阀 3 应靠近气缸
	利用 SSC 阀防止启动飞出(排气节流控制) 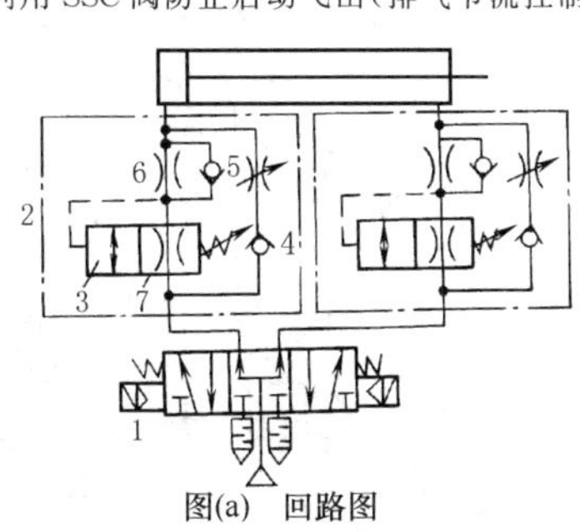 图(a)　回路图	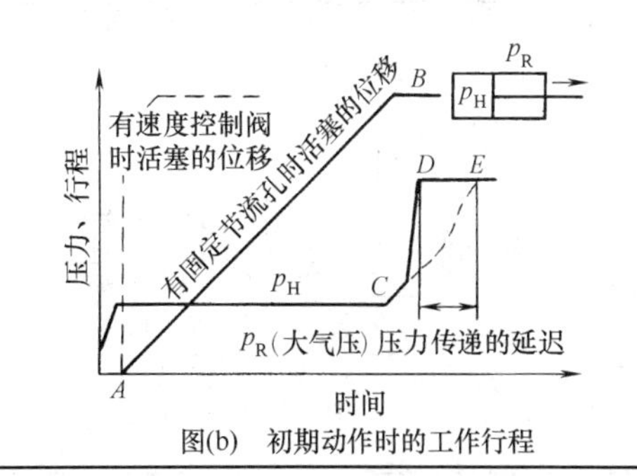 图(b)　初期动作时的工作行程

续表

防止启动飞出回路	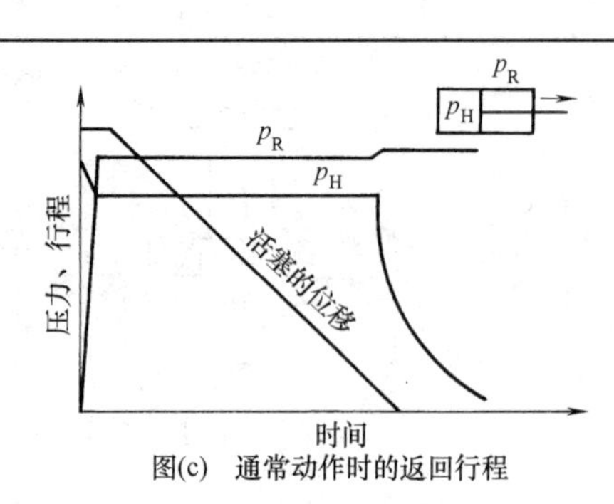 图(c) 通常动作时的返回行程 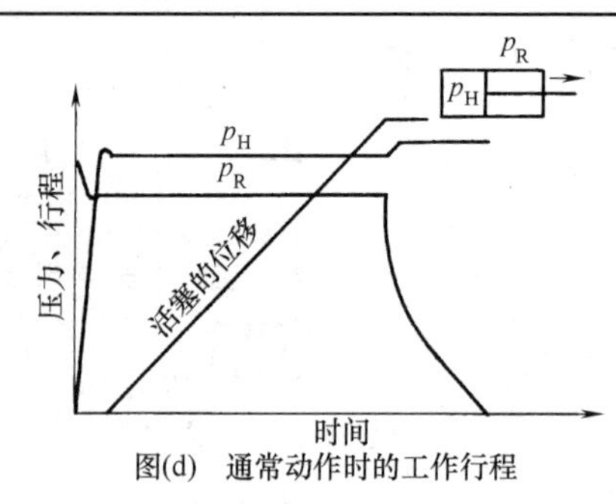 图(d) 通常动作时的工作行程 当换向阀由中间位置切换到左位时，有压气体经SSC阀的固定节流孔7和6充入无杆腔，压力p_H逐渐上升，有杆腔仍维持为大气压力。当p_H升至一定值，活塞便开始做低速右移，从图中的A位移至行程末端B，p_H压力上升。当p_H大于急速供气阀3的设定压力时，阀切换至全开，并打开单向阀5，急速向无杆腔供气，p_H由C点压力急速升至D点压力（气源压力）。CE虚线表示只用进气节流的情况。当初期动作已使p_H变成气源压力后，换向阀再切换至左位和右位，气缸的动作、压力p_H、p_R和速度的变化，便与用一般排气节流式速度控制阀时的特性相同了

2.2.5 防止落下回路

表 21-2-9 防止落下回路

	利用制动气缸的防止落下回路	利用端点锁定气缸的防止落下回路
防止落下回路	利用三通锁定阀1的调压弹簧可以设定一个安全压力。当气源压力正常，即高于所设定的安全压力时，三通锁定阀1在气源压力的作用下切换，使制动气缸的制动机构松开。当气源压力低于所设定的安全压力时，三通锁定阀1在复位弹簧的作用下复位，使其出口和排气口相通，制动机构锁紧，从而防止气缸落下。为了提高制动机构的响应速度，三通锁定阀1应尽可能靠近制动机构的气控口	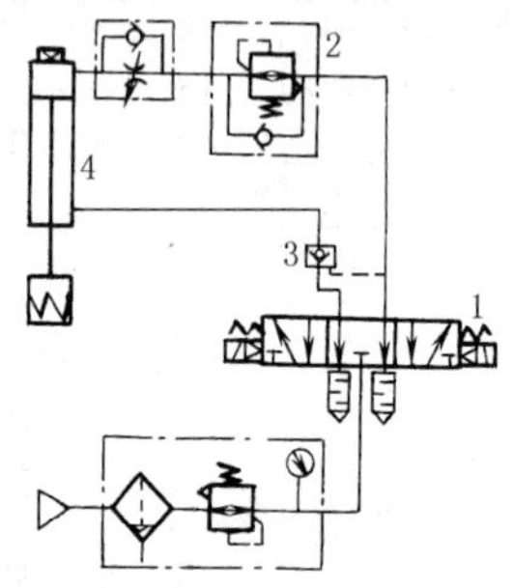 利用单向减压阀2调节负载平衡压力。在上端点使五通电磁阀1断电，控制端点锁定气缸4的锁定机构，可防止气缸落下。此外，当气缸在行程中间，由于非正常情况使五通电磁阀断电时，利用气控单向阀3使气缸在行程中间停止。该回路使用控制阀较少，回路较简单

2.2.6 缓冲回路

表 21-2-10 缓冲回路

	采用溢流阀的缓冲回路	采用缓冲阀的缓冲回路
缓冲回路	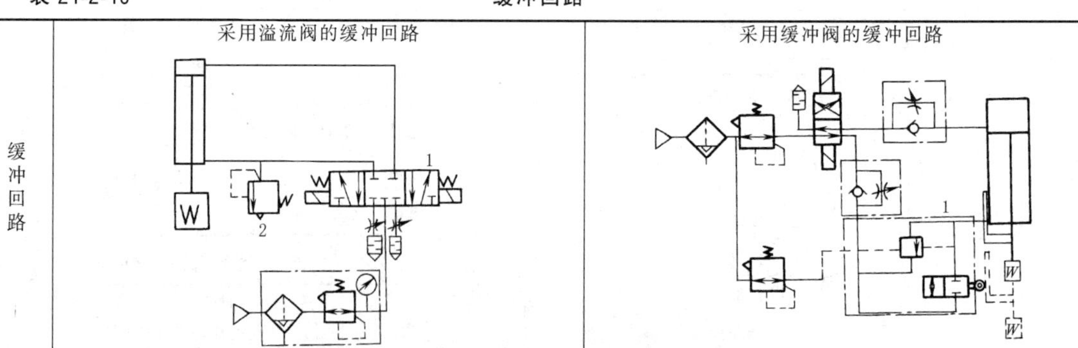	

续表

缓冲回路	该回路采用具有中位封闭机能的三位五通电磁阀 1 控制气缸的动作，电磁阀 1 和气缸有杆腔之间设置有一个溢流阀 2。当气缸接近停止位置时，使电磁阀 1 断电。由于电磁阀的中位封闭机能，背压侧的气体只能通过溢流阀 2 流出，从而在有杆腔形成一个由溢流阀所调定的背压，起到缓冲作用。该回路的缓冲效果较好，但停止位置的控制较困难，最好能和气缸内置的缓冲机构并用	该回路为采用缓冲阀 1 的高速气缸缓冲回路。在缓冲阀 1 中内置一个气控溢流阀和一个机控两位两通换向阀。气控溢流阀的开启压力，即气缸排气侧的缓冲压力，它由一个小型减压阀设定。在气缸进入缓冲行程之前，有杆气缸气体经机控换向阀流出。气缸进入缓冲行程时，连接在活塞杆前端的机构使机控换向阀切换，排气侧气体只能经溢流阀流出，并形成缓冲背压。使用该回路时，通常不需气缸内置缓冲机构

2.2.7　真空回路

表 21-2-11　真空回路

真空回路	根据真空是由真空发生器产生还是由真空泵产生，真空控制回路分为两大类		
	利用真空发生器构成的真空吸盘控制回路	利用真空发生器组件构成的真空回路 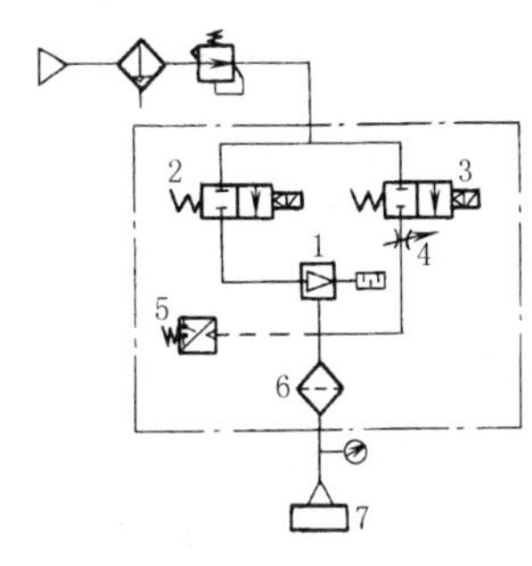 由真空供给阀 2、真空破坏阀 3、节流阀 4、真空开关 5、真空过滤器 6 和真空发生器 1 构成真空吸盘控制回路。当需要产生真空时，电磁阀 2 通电；当需要破坏真空时，电磁阀 2 断电，电磁阀 3 通电。上述真空控制元件可组合成一体，成为一个真空发生器组件	用一个真空发生器带多个真空吸盘的回路 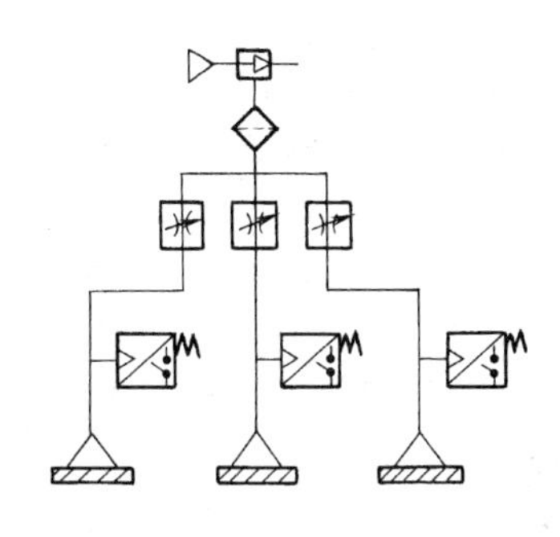 一个真空发生器带一个吸盘最理想。若带多个吸盘，其中一个吸盘有泄漏，会减小其他吸盘的吸力。为克服此缺点，可将每个吸盘都配有真空压力开关。一个吸盘泄漏导致真空度不合要求时，便不能起吊工件。另外，每个吸盘与真空发生器之间的节流阀也能减少由于一个吸盘的泄漏对其他吸盘的影响
	利用真空泵构成的真空吸盘控制回路	利用真空控制单元构成的真空吸盘控制回路 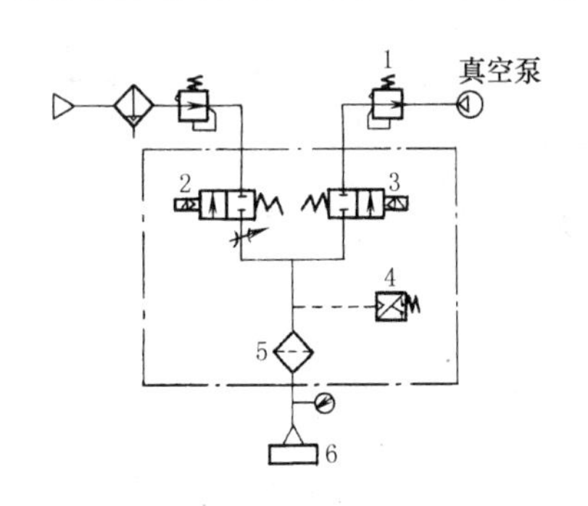 当电磁阀 3 通电时吸盘抽真空。当电磁阀 3 断电、电磁阀 2 通电时，吸盘内的真空状态被破坏，将工件放下。上述真空控制元件以及真空开关、吸入过滤器等可组合成一体，成为一个真空控制组件	用一个真空泵控制多个真空吸盘的回路 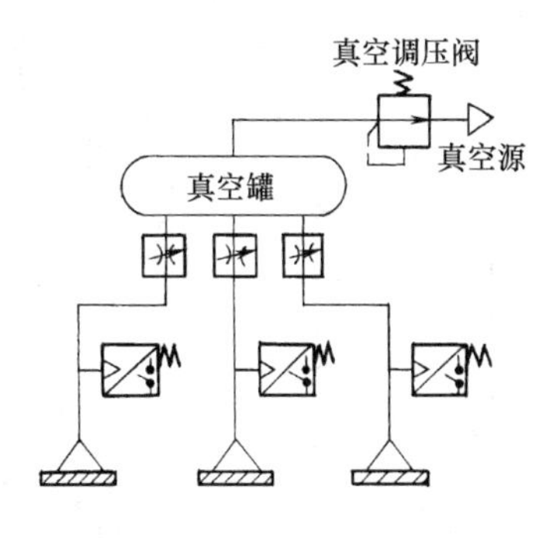 若真空管路上要安装多个吸盘，其中一个吸盘有泄漏，会引起真空压力源的压力变动，使真空度达不到设计要求，特别对小孔口吸着的场合影响更大。使用真空罐和真空调压阀可提高真空压力的稳定性。必要时可在每条支路上安装真空切换阀

2.2.8 基本逻辑回路

表 21-2-12 基本逻辑回路

逻辑与(Logic AND)	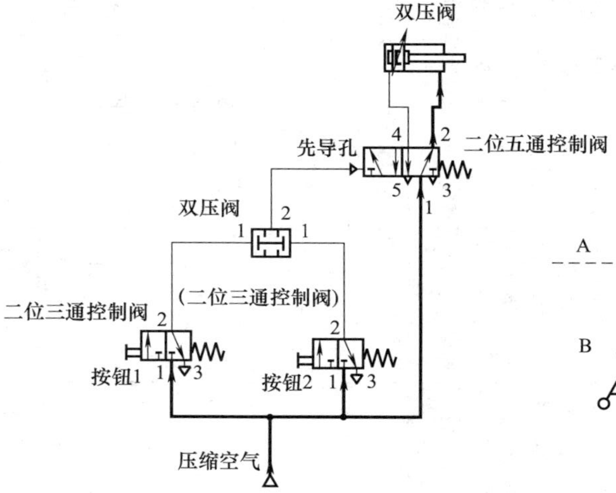 图(a) 使用双压阀 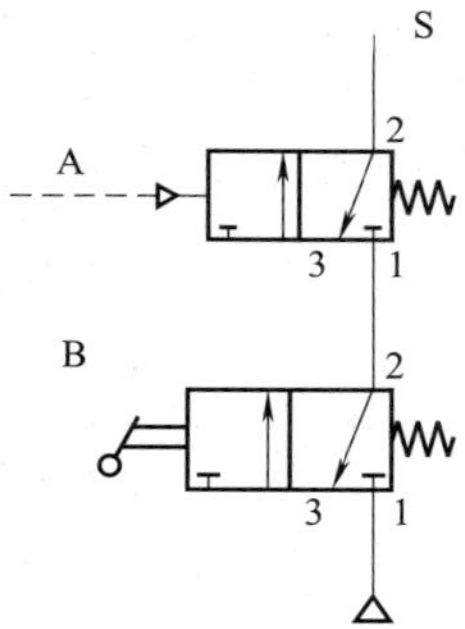 图(b) 使用二位三通控制阀	双压阀是基于进入两个输入端口(端口1)并经由端口2排出的压缩空气。这时如果两个端口接收压缩空气,那么具有较低压力的连接先行输出(AND功能)。梭阀和双压阀的外形是相同的,可通过壳体上的符号标记来识别 图(a)中,如果按下按钮1,则信号被阻断。由于双压阀的另一侧通过二位三通控制阀排空,所以主阀(二位五通控制阀)无动作(没有信号压力来操作二位五通控制阀的先导控制口)。在按下按钮2时,存在类似的情况,再次没有任何反应(见图)。现在,如果同时按下按钮1和按钮2,首先获得信号的阀的一侧被阻断,但是这次在阀的另一侧存在信号压力。该信号压力进入二位五通控制阀的先导气口使该阀左位工作并启动执行器,执行器活塞杆伸出。当二位三通控制阀中的任何一个被释放时,双压阀释放其先导压力信号,先导压力将通过双压阀和二位三通控制阀排出,主阀在弹簧的作用下,使执行器返回,回路返回到其初始位置 使用2台二位三通控制阀的回路也可以实现逻辑与功能,见图(b)
逻辑或(Logic OR)	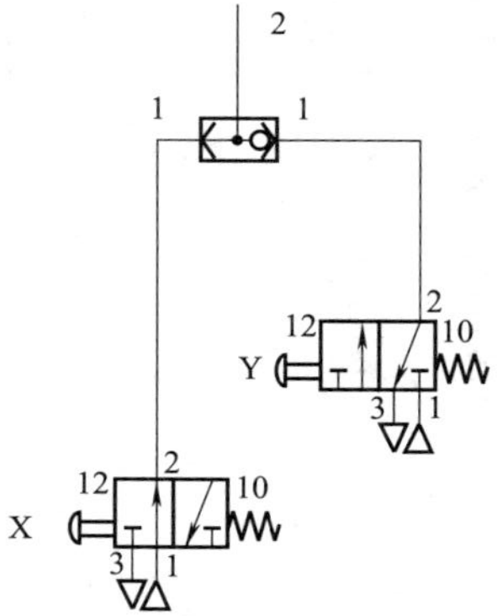 图(a) 使用梭阀 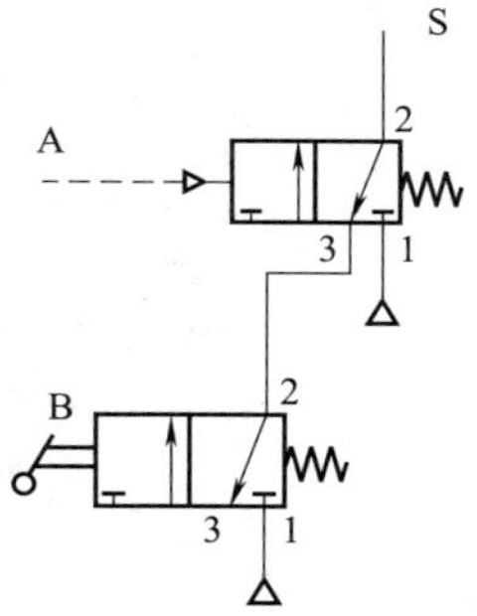 图(b) 使用二位三通控制阀	图(a)中,梭阀根据进入输入端口(端口1)和端口2的压力进行切换。如果两个输入端口1开始接收压缩空气,则优先使用较高压力的连接,并输出到端口2(OR功能) 常见的梭阀回路所需的部件是:气缸,2台二位三通控制阀,1台二位五通控制阀,1台梭阀和压缩空气气源。使用2台二位三通控制阀也可以实现逻辑或功能。该回路如图(d)所示。两个二位三通控制阀连接至梭阀的输入口端口1。梭阀的出口连接到二位五通控制阀先导端口,然后连接到执行器端口。按压按钮1或2时,压缩空气通过梭阀输送到二位五通控制阀先导端口。这使二位五通控制阀左位工作将空气输送到执行器端口,并使执行器活塞和活塞杆伸出。上面显示了两个按钮电路。当二位三通控制阀在弹簧压力下返回时,从二位五通控制阀上先导压力释放,在弹簧压力下二位五通控制阀返回其初始位置。必要时可以使用二位四通控制阀代替二位五通控制阀 同样使用2台二位三通控制阀也可以实现组成逻辑或功能,参见图(b)

续表

逻辑或 (Logic OR)	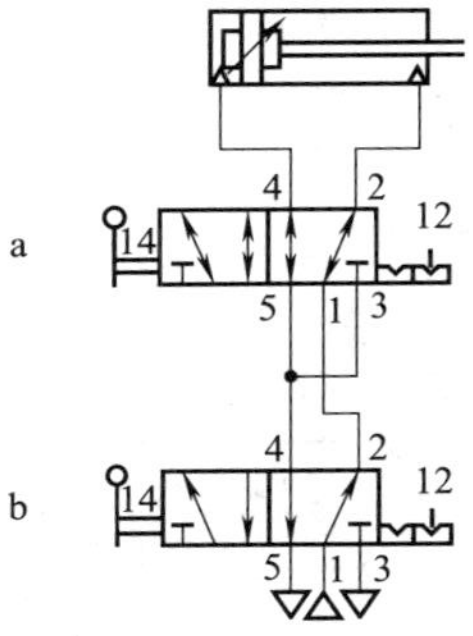 图(c)　应用实例1 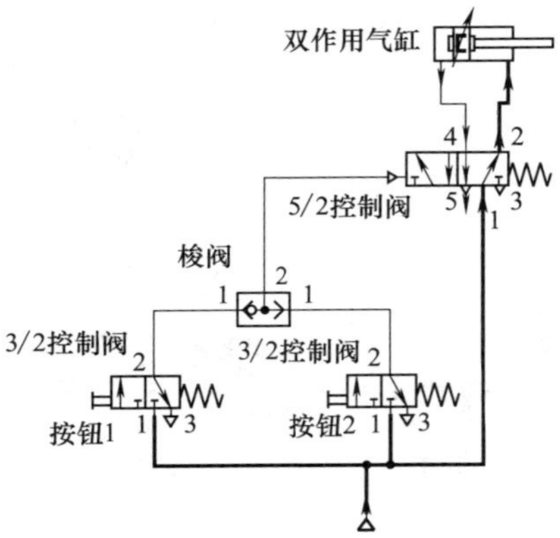 图(d)　应用实例2	图(c)是实现逻辑或控制的又一应用实例。在位置"a"处的阀反向连接并通过正常连接在位置"b"处的阀接通气源。气缸可以从"a"或"b"位置任一进行控制 图(d)则是使用梭阀的实际应用实例
逻辑非 (Logic NOT)	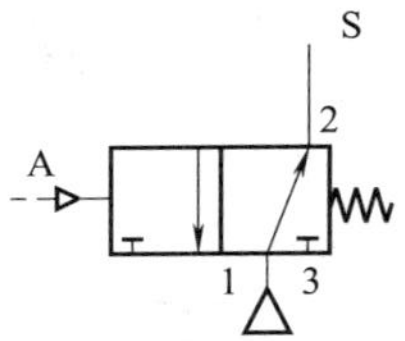 图(a)　使用二位三通阀 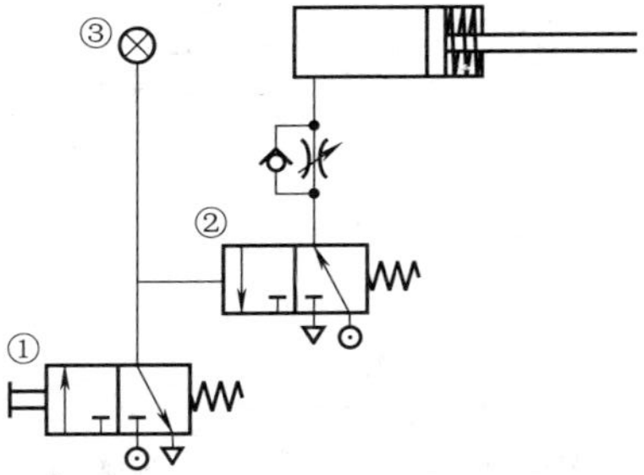 图(b)　应用实例	在逻辑非的情况下,控制信号被转换成其互补信号,如果入口是0,出口是1;如果入口是1,则出口是0。控制信号A的非导致输出S,见图(a) 非(NOT)功能又称为转换操作。为了使输送机和其他机械在操作时起制动和锁紧功能,则要使气缸锁紧,直至给予另一解除锁紧信号为止。因此,解除锁紧信号应用一个常通的控制阀来操作。但是,如果要解除锁紧,同一信号也必须使其他装置解除锁紧。图(b)显示如何利用一个常闭控制阀操作切断常通控制阀,达到信号变换的目的
逻辑是 (Logic YES)	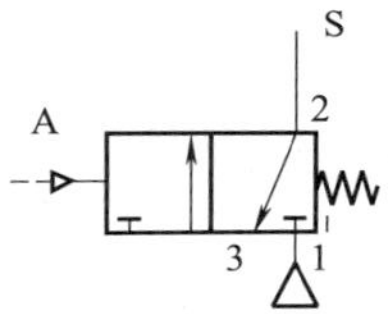	确认是以相同的方式重复信号的操作。如果控制信号为0,输出为0;如果控制信号为1,则输出为1。一般来说,出口信号相对于控制信号或入口信号被放大

续表

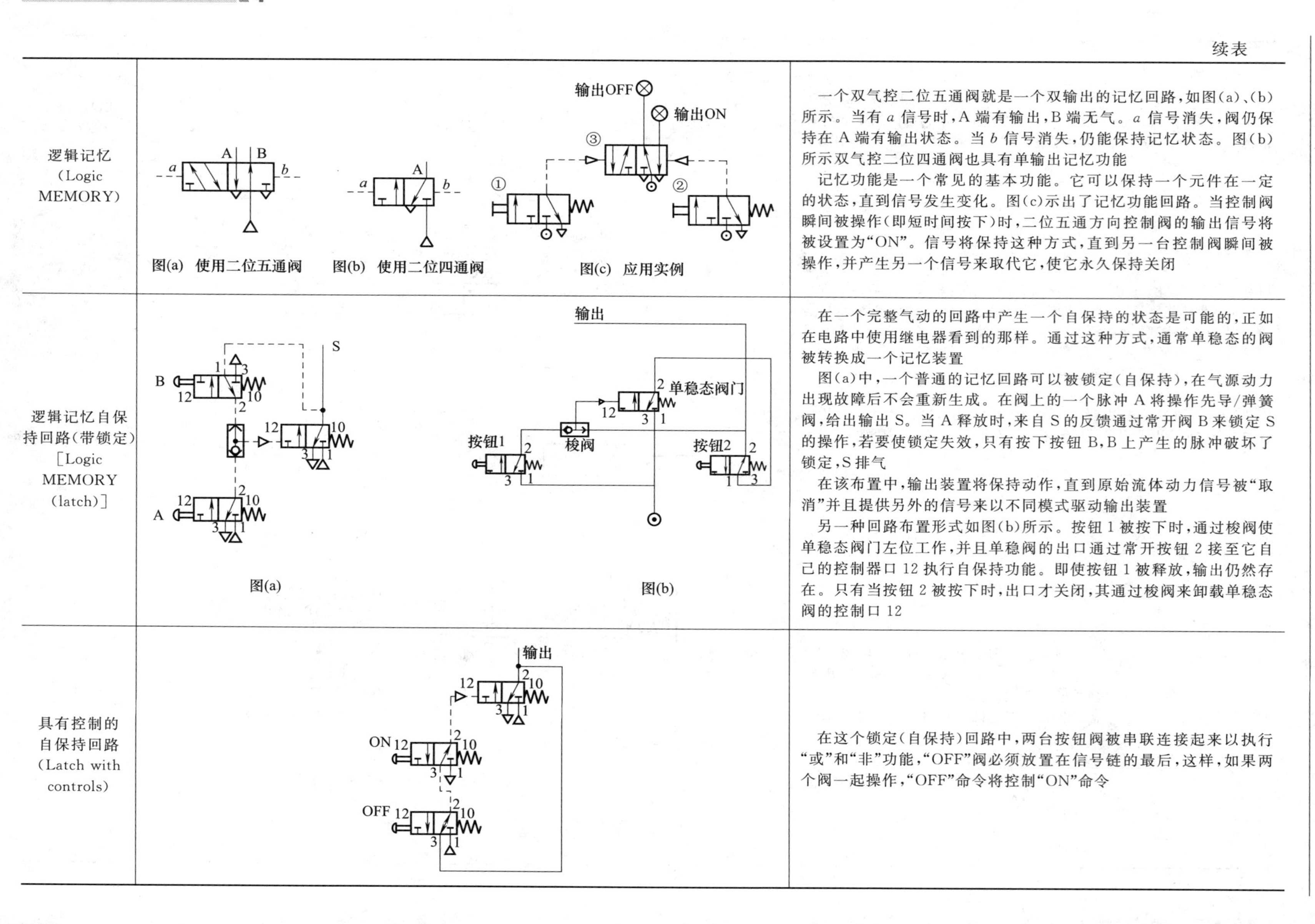

逻辑记忆(Logic MEMORY)	图(a) 使用二位五通阀　图(b) 使用二位四通阀　图(c) 应用实例	一个双气控二位五通阀就是一个双输出的记忆回路，如图(a)、(b)所示。当有 *a* 信号时，A 端有输出，B 端无气。*a* 信号消失，阀仍保持在 A 端有输出状态。当 *b* 信号消失，仍能保持记忆状态。图(b)所示双气控二位四通阀也具有单输出记忆功能 记忆功能是一个常见的基本功能。它可以保持一个元件在一定的状态，直到信号发生变化。图(c)示出了记忆功能回路。当控制阀瞬间被操作(即短时间按下)时，二位五通方向控制阀的输出信号将被设置为“ON”。信号将保持这种方式，直到另一台控制阀瞬间被操作，并产生另一个信号来取代它，使它永久保持关闭
逻辑记忆自保持回路(带锁定)[Logic MEMORY(latch)]	图(a)　图(b)	在一个完整气动的回路中产生一个自保持的状态是可能的，正如在电路中使用继电器看到的那样。通过这种方式，通常单稳态的阀被转换成一个记忆装置 图(a)中，一个普通的记忆回路可以被锁定(自保持)，在气源动力出现故障后不会重新生成。在阀上的一个脉冲 A 将操作先导/弹簧阀，给出输出 S。当 A 释放时，来自 S 的反馈通过常开阀 B 来锁定 S 的操作，若要使锁定失效，只有按下按钮 B，B 上产生的脉冲破坏了锁定，S 排气 在该布置中，输出装置将保持动作，直到原始流体动力信号被“取消”并且提供另外的信号来以不同模式驱动输出装置 另一种回路布置形式如图(b)所示。按钮 1 被按下时，通过梭阀使单稳态阀门左位工作，并且单稳阀的出口通过常开按钮 2 接至它自己的控制器口 12 执行自保持功能。即使按钮 1 被释放，输出仍然存在。只有当按钮 2 被按下时，出口才关闭，其通过梭阀来卸载单稳态阀的控制口 12
具有控制的自保持回路(Latch with controls)		在这个锁定(自保持)回路中，两台按钮阀被串联连接起来以执行“或”和“非”功能，“OFF”阀必须放置在信号链的最后，这样，如果两个阀一起操作，“OFF”命令将控制“ON”命令

续表

单脉冲发生器(Single pulse maker)	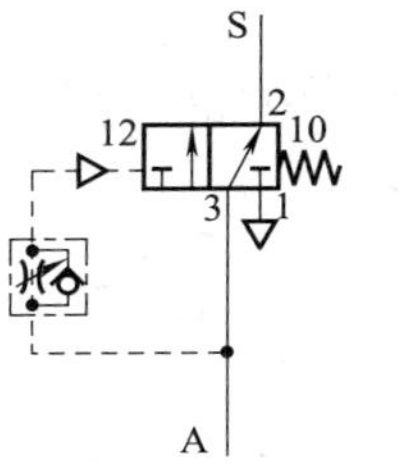 图(a) 采用单向节流阀 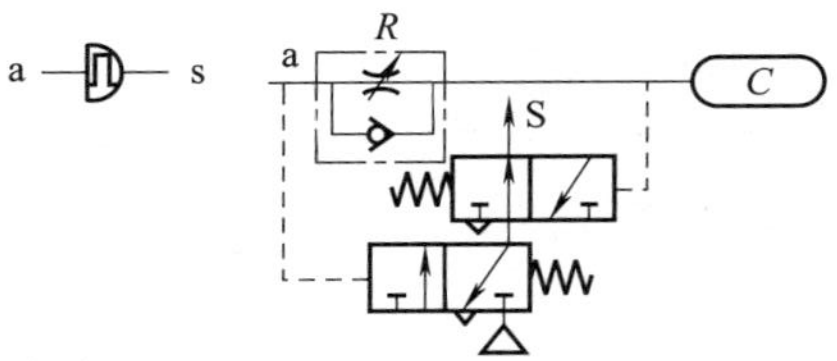 图(b) 采用延时阀	图(a)是采用单向节流阀的单脉冲发生回路,该回路可将长信号 A 转换为单个脉冲 S,若使换向阀复位必须移除信号 A,然后再次施加信号 A,脉冲的持续时间可以通过节流阀进行调节 类似的回路如图(b)所示,回路可把长信号 a 变为一个脉冲信号 s 的输出。脉冲宽度可由气阻 R、气容 C 调节。回路要求信号 a 的持续时间大于脉冲宽度
缓慢初始压力建立(Slow initial pressure build up)	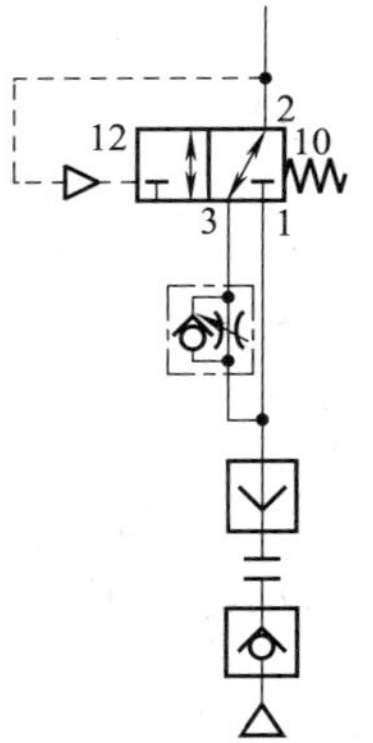	选择一台具有较高弹簧刚度的 3/2 先导式换向阀,例如设定换向压力为 3～4bar,当连接快速接头时,端口 2 的输出以节流阀调定的速度进行控制,当压力高到足以操作该换向阀时,系统将输出全流量
预设定(Pre-select)	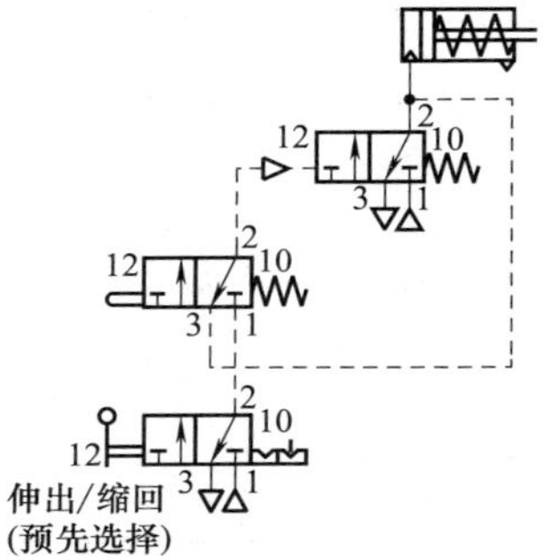 伸出/缩回(预先选择)	执行元件为单作用气缸,手动阀可以预先选择气缸的“伸出(OUT)”或“缩回(IN)”的位置,当机控阀被触发压下工作时将发生相应的动作,机控阀可以被立即释放,随后可以操作手动阀和释放机控阀任何次数

续表

节省空气回路(Air conservation)	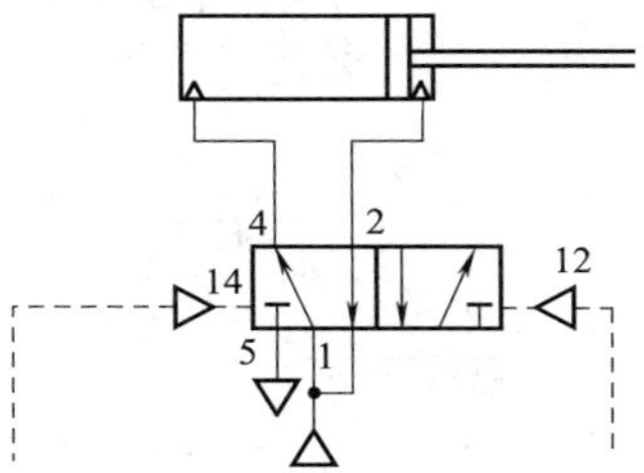	图所示回路要求仅在缩回行程方向上是做功行程，主控阀右位工作，气缸缩回。主控阀左位工作时，气缸差动连接，当压力平衡时，活塞的差动面积会产生伸出行程的外力，用于外伸行程的空气仅等于只有与杆直径相同的内径的气缸所需要的空气量，假设气缸在伸出冲程不加载和具有较低的摩擦力
双倍流量回路(Double flow)	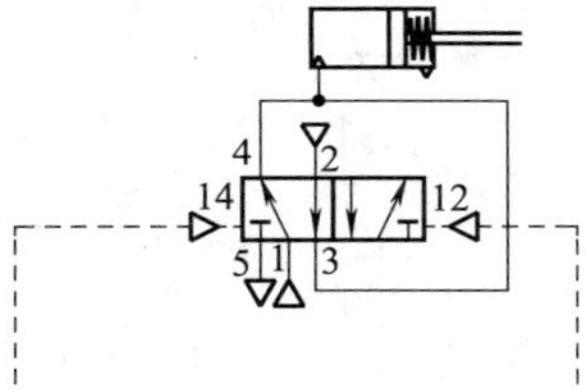	如果没有更大的二位三通换向阀，可以用一只二位五通换向阀中的两个流道，每一个都由一个单独的气源供气，这样可以为气缸提供双倍流量或者可以给另一只阀提供气源。确保连接气缸的管道尺寸足够大，保证管道尺寸可以承受双倍流量的流动，回路原理见图

2.2.9 其他回路

表 21-2-13　其他回路

终端瞬时加压回路	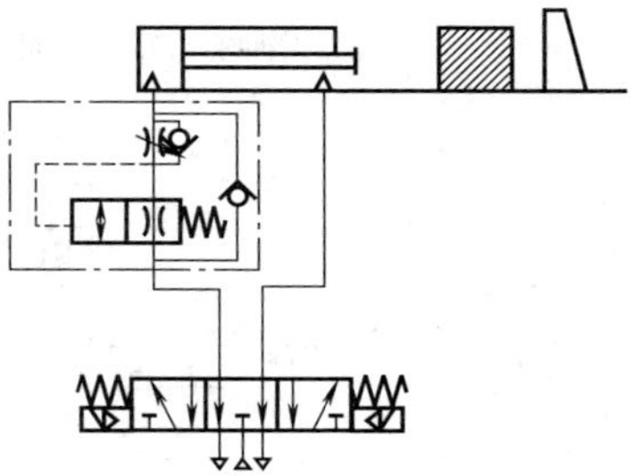	采用SSC阀，同样可以实现防止活塞杆高速伸出。采用SSC阀，控制气缸启动时低速伸出，接触到工件后无杆腔压力升高，SSC阀换向，高压驱动工件瞬时加压。SSC阀工作原理见SMC产品样本。终端瞬时加压回路的工作原理见图

续表

双手安全控制回路		双手安全控制用于有可能发生工伤事故的场合。它的目的是防止操作者将手放置于工作区域内，操作者需要用双手发出周期的启动信号。因此为了安全，双手启动器必须遵守特定的要求，即不可重复性和同时性。 首先，必须设置两个启动按钮换向阀，而且不能仅用一只手同时启动两个按钮，两个信号必须在间隔约 0.5s 内并行发出，并且两个按钮中的任一个被释放则气缸应该退回。如果再次按下释放了的按钮，则不应退回。为了产生新的退回信号，须将两个按钮同时释放，然后再同时按下两个按钮。 两个按钮换向阀输出的气动信号被传送到梭阀 1 和双压阀 2 的入口。如果这两个信号在时间上有间隔，则梭阀 1 的出口立即会被送至延时阀 3 的控制口，如果该信号首先出现，则其将进入主控阀 4 控制口的气路切断。气缸不会伸出。如果这两个信号同时发生，则双压阀 2 的出口有信号输出，控制主控阀 4 换向是气缸伸出。 如果两个按钮中其中一个被释放，那么双压阀 2 的出口信号就会消失，并且梭阀 1 的出口立即优先加在阀 3 的控制侧，阀 3 将切断主控阀 4 的控制信号。即使再立即按下被释放的按钮，阀门 3 的情况也不会改变，主控阀不会换向，气缸不会伸出。两个按钮必须同时释放并再次同时按下才能获得新的启动信号。
振荡回路	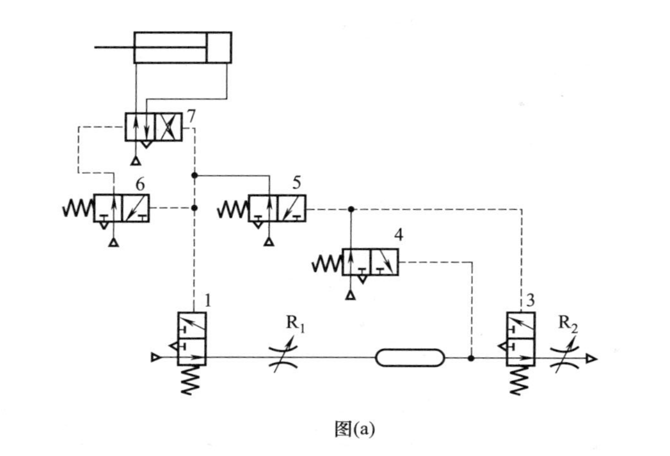图(a)	图(a)中，振荡频率的高低可由节流阀 R_1、R_2 和气容来调节，气容、气阻越大，振荡频率越低 另一种能实现振荡的回路如图(b)所示，功能允许将装置直接连接到气缸，一旦压缩空气全部进入，气缸开始执行前进和后退冲程，直到断开进给。而且，在这种情况下，回路可以是专用的复合回路，或者可以由彼此连接的元件组成，这种振荡是在虚拟行程限制器的支持下执行的，具有双非门功能

续表

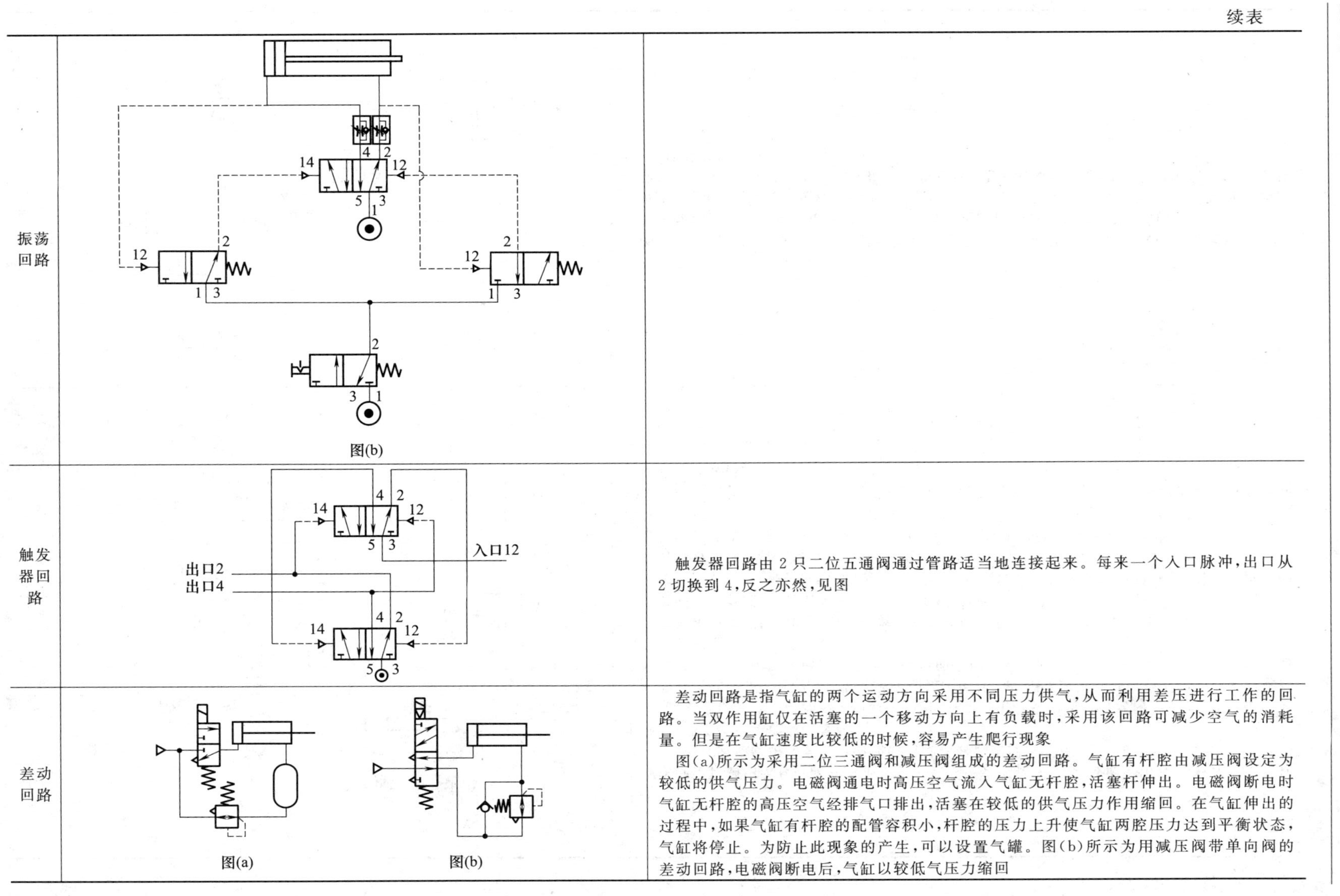

振荡回路	图(b)	
触发器回路		触发器回路由2只二位五通阀通过管路适当地连接起来。每来一个入口脉冲，出口从2切换到4，反之亦然，见图
差动回路	图(a)　图(b)	差动回路是指气缸的两个运动方向采用不同压力供气，从而利用差压进行工作的回路。当双作用缸仅在活塞的一个移动方向上有负载时，采用该回路可减少空气的消耗量。但是在气缸速度比较低的时候，容易产生爬行现象 图(a)所示为采用二位三通阀和减压阀组成的差动回路。气缸有杆腔由减压阀设定为较低的供气压力。电磁阀通电时高压空气流入气缸无杆腔，活塞杆伸出。电磁阀断电时气缸无杆腔的高压空气经排气口排出，活塞在较低的供气压力作用缩回。在气缸伸出的过程中，如果气缸有杆腔的配管容积小，杆腔的压力上升使气缸两腔压力达到平衡状态，气缸将停止。为防止此现象的产生，可以设置气罐。图(b)所示为用减压阀带单向阀的差动回路，电磁阀断电后，气缸以较低气压力缩回

续表

流量放大回路	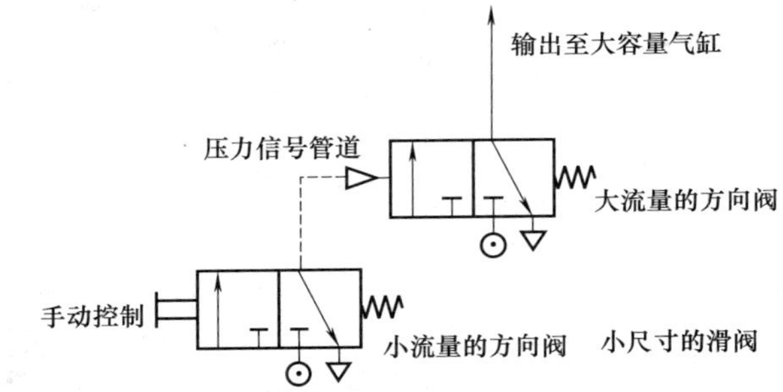输出至大容量气缸 压力信号管道 大流量的方向阀 手动控制 小流量的方向阀 小尺寸的滑阀	大容量的气缸需要较大的空气流量，这对使用者来说存在危险。手动操作流量大的气动方向控制阀是不安全的。我们应该先手动操作一个小型控制阀，并用它来操作大流量的气动控制系统。这就是流量放大，可以极大地保证操作人员的安全。在操作过程中，流量大的阀应放在气缸附近，流量小的阀应放在控制板上。左图显示了一个基本的流量放大回路。注意：不同的元件放置在不同的位置上
信号切换回路	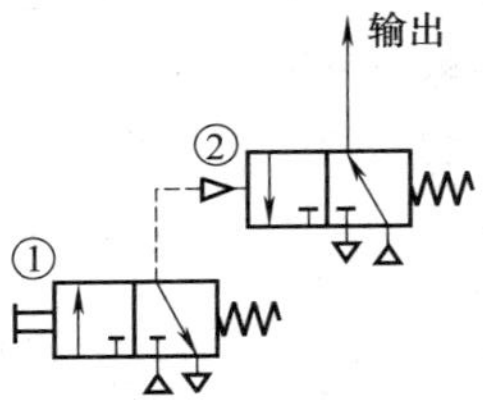输出 ② ①	图中的气动图显示了方向控制阀如何切换 操作控制阀①时，控制阀②将停止产生压力输出。当控制阀①停止运行并恢复原位时，控制阀①将恢复输出。因此，在任何时候，控制阀①的压力输出与控制阀②的压力输出完全相反
安全启动回路	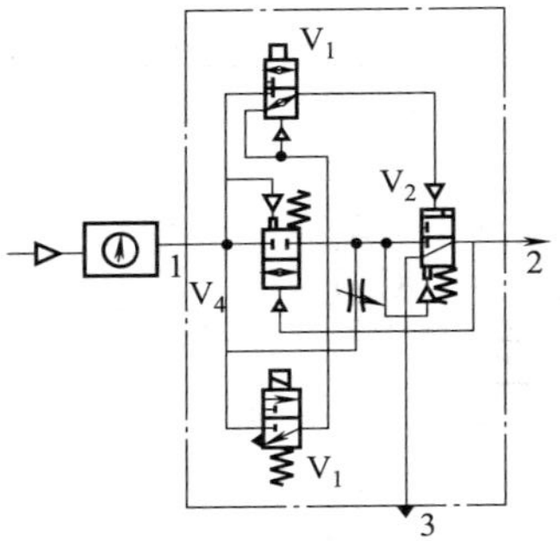V_1 V_2 V_4 V_1 1 2 3图(a) 安全启动阀为电磁阀 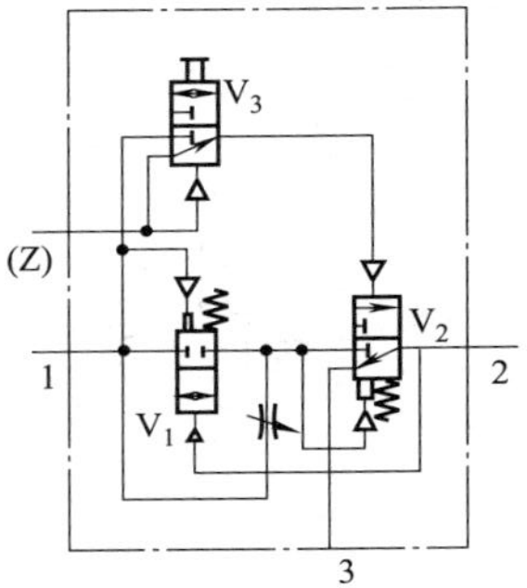V_3 (Z) V_2 V_1 1 2 3图(b) 单气控阀	以左图说明安全启动回路的动作原理。若电磁阀 V_1 得电，阀换向，其输出经手动阀 V_3 通路加在阀 V_2 控制口，使阀 V_2 换向。此时，气源处理装置输出的空气通过节流阀，从阀 V_2 输出口 2 流入系统的流量很小，从而使系统的压力缓慢地建立起来，控制气缸和其他执行元件缓慢地回到初始位置 当阀 V_2 输出压力达到工作压力一半时，阀 V_4 全部打开。手动阀的手动按钮具有锁定功能。按下手动按钮，阀自动复位。同时，安全启动阀重新启动 使用时应注意，只有在系统压力建立后，安全启动阀才可动作

续表

启动及停车回路	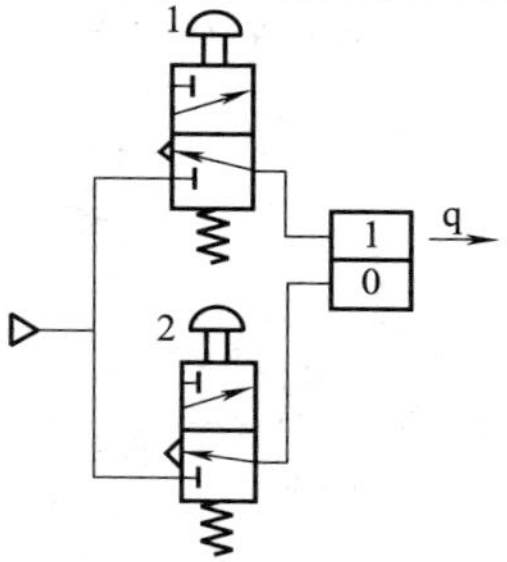 图(a) 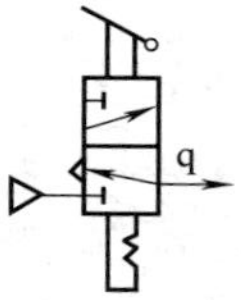 图(b)	在自动程序回路中，常常需要用手动阀启动或停车。只有给出启动信号后，系统才能自动工作。通常，程序的第一个动作是在启动信号和控制信号进行逻辑“与”运算后才能实现，如图(a)所示。只要按动手动阀接通气源，程序就开始不停地循环工作；若再按动手动阀切断气源，如图(b)所示位置，则一直到程序的最后节拍停车
手动/自动操作回路	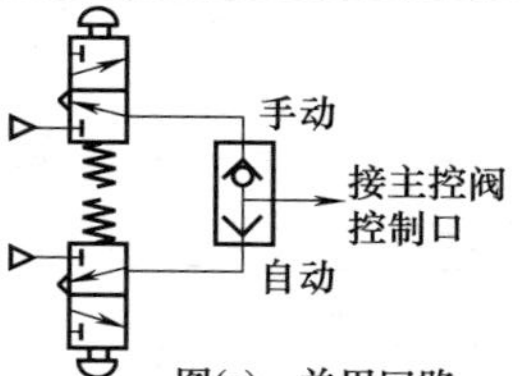 图(a) 并用回路 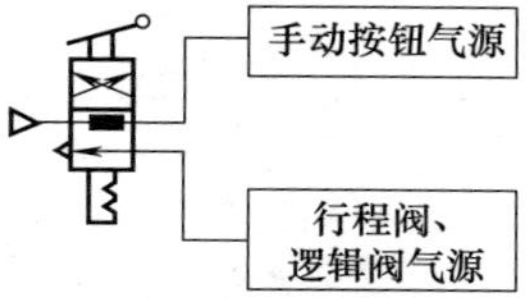 图(b) 互馈回路	在自动顺序控制回路中，有时为了维护、检查及采用手动转阀进行手动/自动动作转换，分别向行程阀、逻辑控制回路及手动按钮阀供气，实现回路的自动控制和手动操作之间的联锁，保证气缸动作和安全工作
急停回路	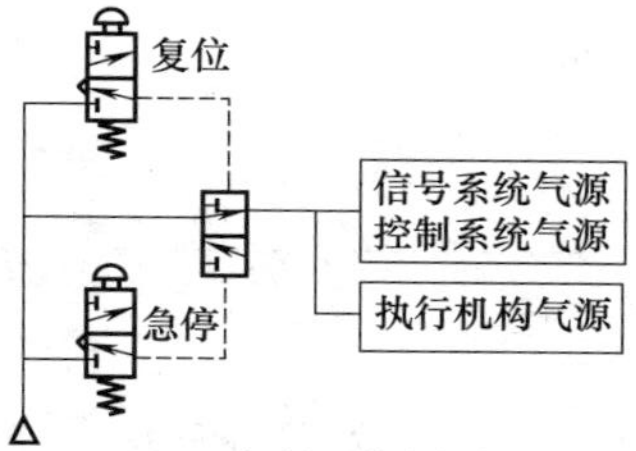 图(a) 切断系统全部气源 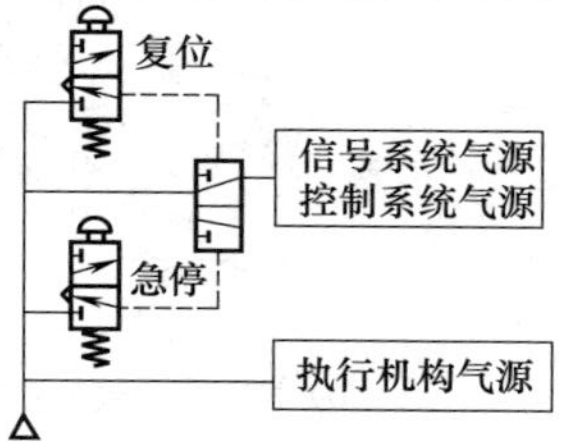 图(b) 切断信号、控制系统气源 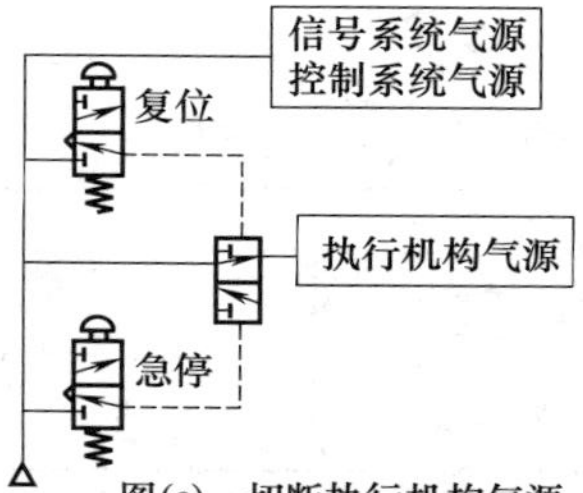 图(c) 切断执行机构气源	急停回路是气动控制系统中重要的安全保护措施，在工作过程中出现意外事故时，按动急停按钮立即停车。应该注意，急停信号除了手动信号外，还有各种自动急停信号，如失压、失电信号和故障信号等。急停方法如图所示有三种 ①切断信号系统、控制系统和执行机构的全部气源，如图(a)所示，回路处于排气状态，便于检修、维护 ②切断信号系统和控制系统的气源，执行机构仍然处于供气状态，如图(b)所示，气缸运动到终点才能停车 ③切断执行机构气源，控制系统仍保持供气状态，如图(c)所示，信号系统和控制执行机构处于浮动状态 急停后重新开车，只要按图中的急停复位阀，系统继续按程序进行工作

续表

清零信号回路	空气分配阀　去系统　清除信号	设备启动前，各执行元件应处在原始位置，常采用图示回路，在接通气源的同时产生清零信号，控制各执行元件自动复位，做好启动前的准备工作 通常对于有记忆功能的阀（5/2 双控阀），可以设置清零回路，也可以不设置清零信号回路；对于无记忆功能的元件（5/2 单控阀），其输出状态是始终在弹簧控制的一边，所以可不设置清零回路
气压降低保护回路	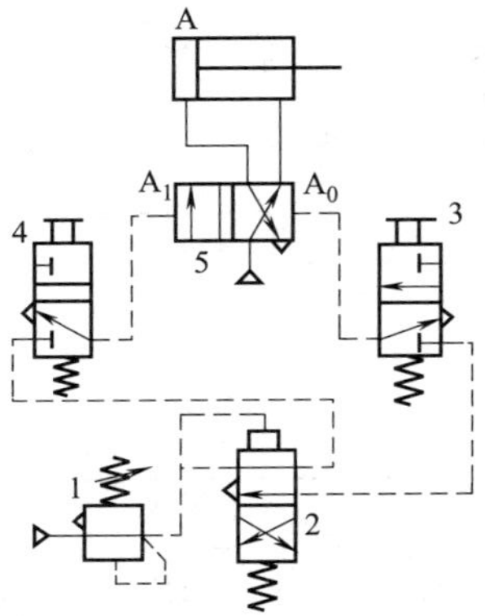	左图所示的是一种气压突然降低时的保护回路，其作用是当系统的压力突然降低至工作安全范围以下时，保护人员和设备的安全 如图示位置，管路内的工作气压在正常工作压力范围内，顺序阀 1 打开，气控阀 2 切换，气缸处于退回的状态，操作手动阀 4，气缸前进；操作手动阀 3，气缸退回。若在气缸前进途中工作气压突然降低到正常工作压力以下，则顺序阀关闭，气控阀 2 复位，手动阀 4 的气源失压，主控阀 5 的气压经阀 4 排气，气缸立刻退回
计数回路	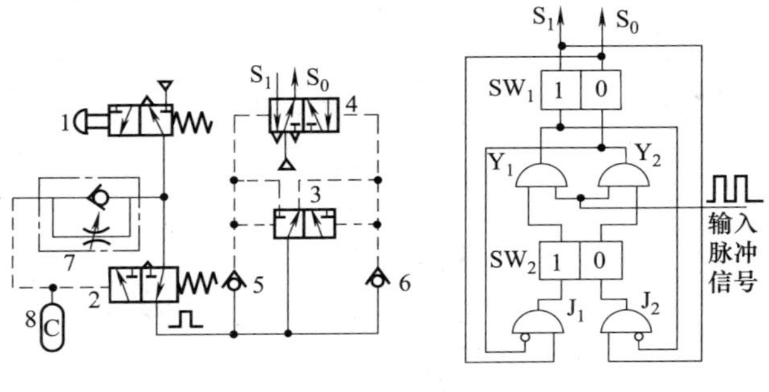 图(a)　图(b) 气动计数回路	当计数位数较多时，可用专门的计数器计数。而计数位数较少时，可采用气动计数回路 图(a)是用方向控制阀组成的二进制计数回路。其中手动阀 1、气控阀 2、调速阀 7 和气容 8 用于产生脉冲信号。每按一次阀 1，气控阀 4 输出口就交替出现 S_1 和 S_0 的输出状态，以此完成二进制计数功能 计数动作原理：图示状态是 S_0 有输出的状态。按动阀 1，阀 2 产生一个脉冲信号，经气控阀 3 输给阀 3 和阀 4 右侧控制口，阀 3、阀 4 均换向至右位，S_1 变成有输出，完成一次翻转。阀 3 换向至右位时，脉冲信号已消失，为下次配气至左侧作好准备。当脉冲消失后，阀 3、阀 4 两侧控制口的压缩空气均经单向阀 6(5)、再经阀 1 排空。当第 2 次按动阀 1，阀 2 又出现一次脉冲，阀 4、阀 3 都换向至左位，阀 4 完成第二次翻转，S_0 又变成有输出……阀 1 每按 2 次，S_0（或 S_1）才有一次输出，故此回路为二进制计数回路 图(b)为由气动逻辑元件组成的二进制计数回路。设初始状态下双稳元件 SW_1 的“0”位 S_0 有输出（$S_0=1$）。此时，与门 Y_1 与 Y_2 均无输出，因此 $S_0=1$ 反馈给禁门元件 J_1，使 J_1 有输出，导致 SW_2 的“1”位有输出，为与门元件 Y_1 提供了一个输入信号。当输入脉冲

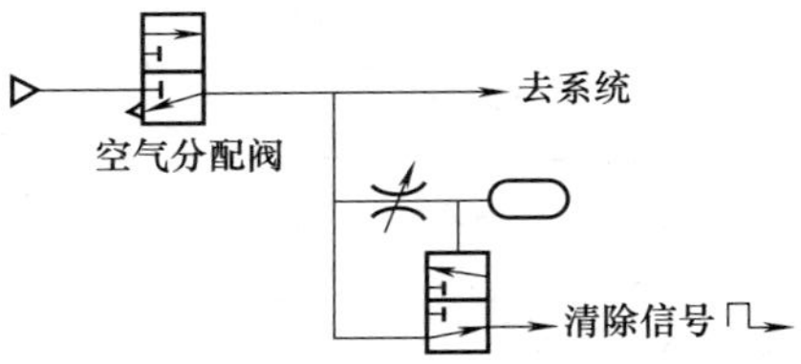

续表

计数回路	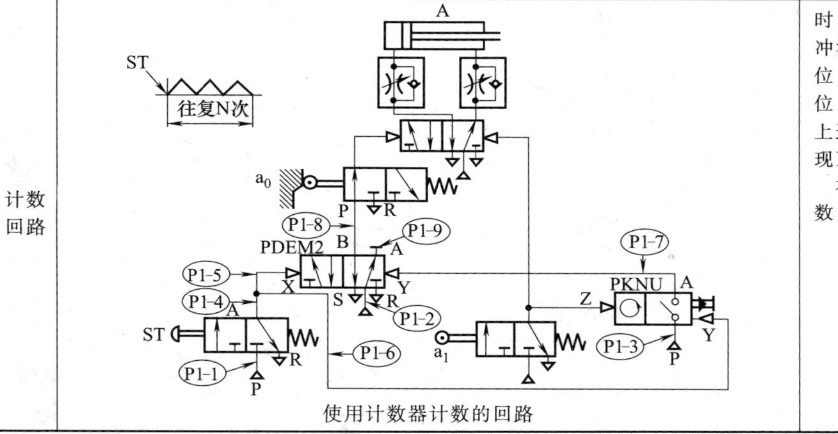 使用计数器计数的回路	时,与门 Y_1 有输出,并使 SW_1 元件切换至“1”位,S_1 有输出($S_1=1$),完成一次翻转。脉冲消失,Y_1 与 Y_2 均无输出,此时 $S_1=1$ 反馈到 J_2 输入口,J_2 有输出,使 SW_2 换向到“0”位,给 Y_2 提供一个输入信号;当第二次来脉冲时,Y_2 有输出($Y_2=1$),使 SW_1 切换至“0”位,S_0 又有输出($S_0=1$),完成第二次翻转。脉冲消失,又回到初始状态。此后依次重复上述过程。此回路,来两次脉冲信号,S_1(或 S_0)才出现一次输入信号(S_1 与 S_0 交替出现),故为二进制计数回路 在采用计数器计数的气动回路中,按下 ST1 按钮,A 气缸前进,碰到极限开关开始计数,计时到 A 气缸后退

2.2.10 应用举例

表 21-2-14 **应用举例**

名称	系统图	说明
压力机气路系统	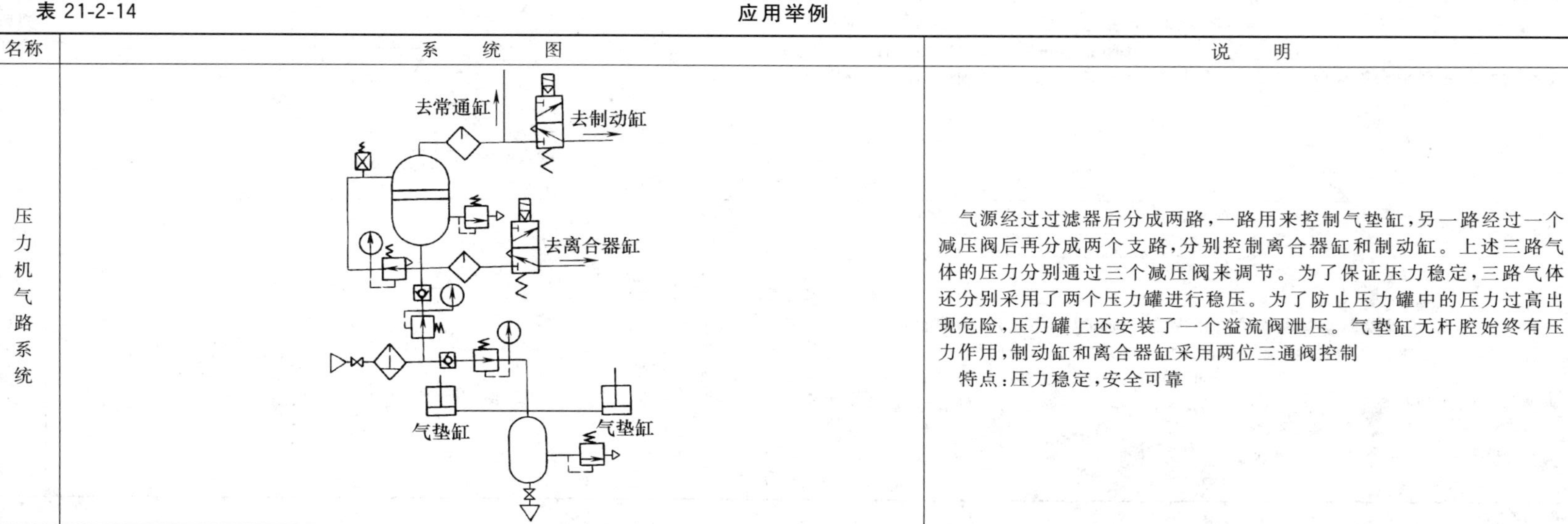	气源经过过滤器后分成两路,一路用来控制气垫缸,另一路经过一个减压阀后再分成两个支路,分别控制离合器缸和制动缸。上述三路气体的压力分别通过三个减压阀来调节。为了保证压力稳定,三路气体还分别采用了两个压力罐进行稳压。为了防止压力罐中的压力过高出现危险,压力罐上还安装了一个溢流阀泄压。气垫缸无杆腔始终有压力作用,制动缸和离合器缸采用两位三通阀控制 特点:压力稳定,安全可靠

续表

名称	系统图	说明
车门开关控制系统	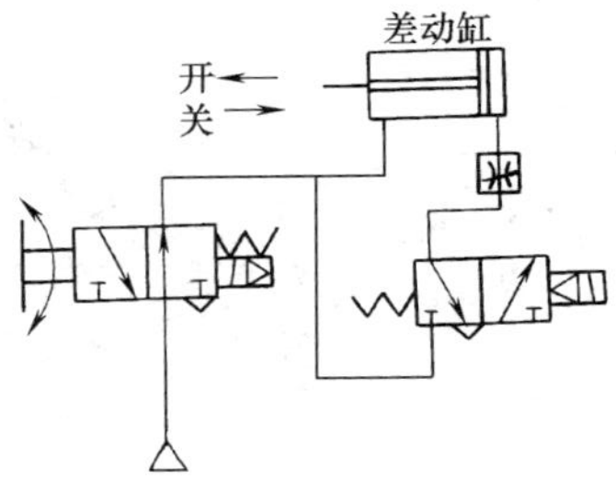 差动缸 开 关	气源经手动操作阀进入差动缸的有杆腔，使活塞杆缩回，车门关闭。如果电磁阀通电，则使气体进入差动缸的无杆腔，推动差动缸的活塞杆伸出，将门打开。为了防止车门关闭和打开速度过快，在差动缸的无杆腔入口处安装了一个节流阀。当按下手动换向阀时，差动缸两侧都通大气，车门处于自由状态 特点：安全可靠，差动回路节省空气消耗量
液面自动控制装置气动系统	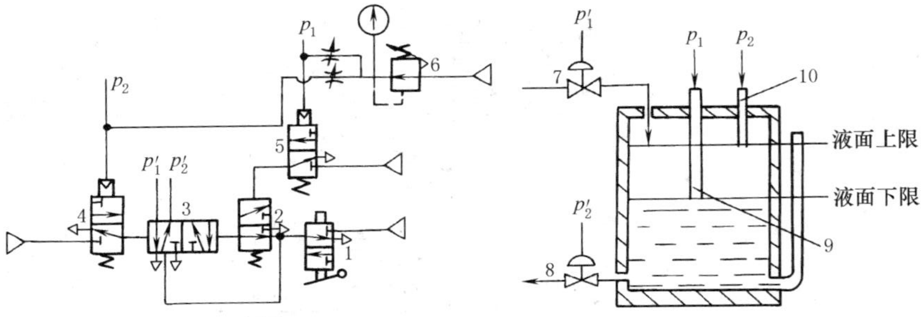 图(a)　图(b)　液面上限　液面下限	该装置用于容器中的液体保持在一定的高度范围内。打开阀1，经阀2使主阀3换向，输出压力p_1'，打开注水阀7，对容器加水。当水低于液面下限时，下限检测传感器9产生p_1信号，经先导阀5放大后关闭阀2，使阀3右侧泄压，为换向做准备，此时仍保持记忆状态，使阀7继续向容器内注水。当水超过液面上限时，产生p_2信号，打开阀4使阀3换向，从而压力p_1'消失，即关闭阀7而产生压力p_2'，打开放水阀8。随着液体的流出，液面下降，p_2信号消失，阀4复位，但阀3仍记忆在放水位置，直到液面下降至下限以下，p_1信号消失，阀5、阀2复位，使阀3换向，再重复上述过程 特点： ①由于使用空气介质来检测液面高度，故能适应恶劣的工作环境 ②液面位置精度较低 ③液面变化速度极慢时，动作不大稳定 ④成本低，维修简便
带材移动中气动纠偏控制系统	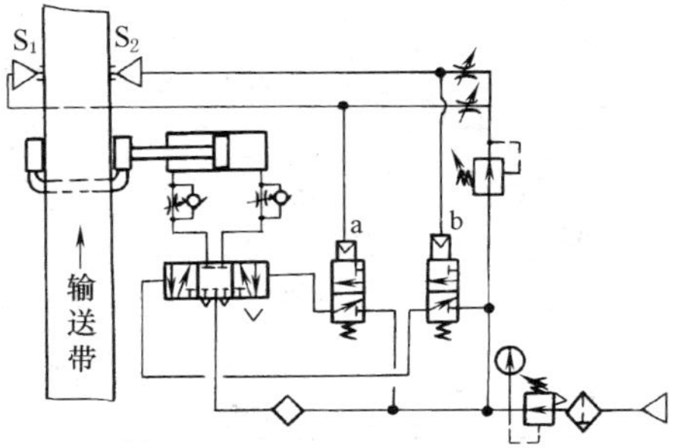 输送带	带状材料只有一定的宽度，在长距离输送时很容易产生跑偏现象，对材料的加工不利。采用如图所示的气动纠偏控制系统，能有效地控制偏差 当输送带向左偏时，气动传感器S_1发出信号，打开阀a使主阀V切换到右侧位置，从而使气缸向右运动，带动输送块纠正偏差。气缸右移至S_1，信号消失，阀a复位，使主阀V恢复至中位，从而锁住气缸动作。同样，输送带向右偏时，负责该侧的传感器和阀动作，使气缸带动输送带向左运动而纠正右偏差 特点： ①系统的纠偏检测采用了空气喷嘴式传感器，比用电子方法检测成本低得多 ②适用于灰尘多，温度、湿度高等恶劣环境

续表

名称	系统图	说明
尺寸自动分选机气动系统	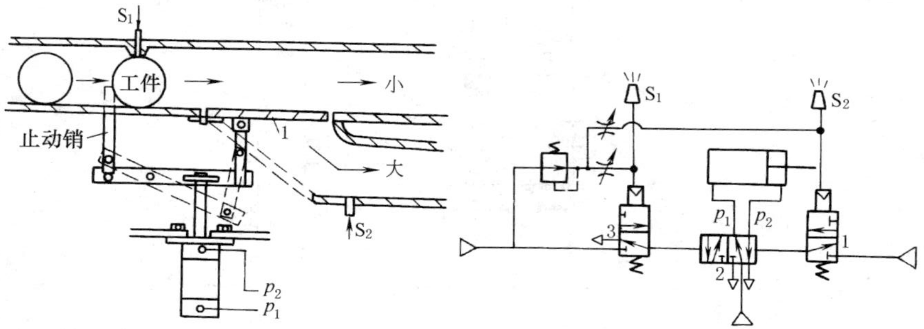	为了高效地区分出不同尺寸的工件，常采用自动分选机。如图所示，当工件通过通道时，尺寸大到某一范围内的工件通过空气喷嘴传感器 S_1 时产生信号，经阀 1 使主阀切换至左位，使气缸的活塞杆做缩回运动，一方面打开门使该工件流入下通道，另一方面使止动销上升，防止后面工件继续流过去而产生误动作。当落入下通道的工件经过传感器 S_2 时发出复位信号，经阀 3 使主阀复位，以使气缸伸出，门关闭，止动销退下，工件继续流动 尺寸小的工件通过 S_1 时，则不产生信号。设计该装置时应注意工件的运动速度和从传感器到阀之间气管的长度，以防止响应跟不上。实验证明当气管内径为 3mm、长度为 3m、空气压力为 0.03MPa 时，信号传递的时间为 0.01s 特点： ①结构简单，成本低 ②适用于不需要用空气测微计来测工件的一般精度的地方
气动振动装置气动系统	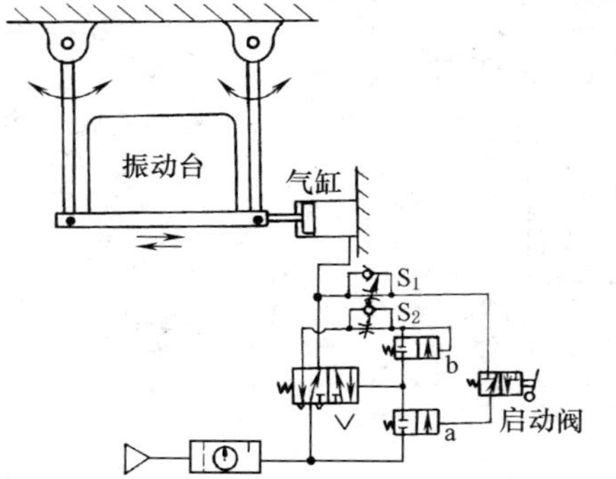	打开启动阀，流过单向节流阀 S_1 的压缩空气打开阀 a，使压缩空气进入主阀 V 的右侧，使之换向，气缸向右运动。此时从主阀 V 流出的压缩空气的一部分流过单向节流阀 S_2，因而阀 b 打开，而阀 a 此时的控制信号因主阀 V 换向而排入大气中，所以阀 a 复位关闭，主阀 V 的控制信号经阀 b 排向大气中，从而主阀 V 复位，气缸向左运动。同时从主阀 V 流出的压缩空气一部分又经单向节流阀 S_1 打开阀 a，而阀 b 因信号消失而关闭，从而又使主阀 V 换向，气缸向右运动。如此循环运动，形成振动回路。调节单向节流阀 S_1 和 S_2 可调节振动频率 特点： ①该装置的振动频率为每秒一个往复(1Hz) ②在振动回路中，各换向阀尽量采用膜片式阀以提高响应 ③可用于恶劣环境，不会发生电磁振荡引起的故障 ④振动装置的输出力可调
自动定尺切断机气动系统(轧钢、制管)	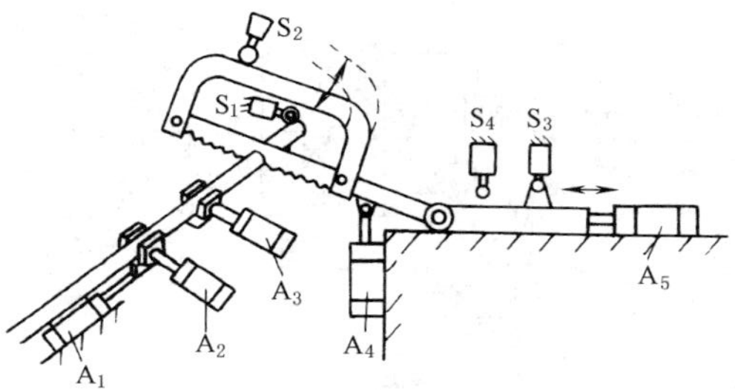	如图所示，打开气源阀，压缩空气流入各气缸，各缸初始状态为：送料缸 A_1 后退，夹持缸 A_2 后退，夹紧缸 A_3 前进；锯条进给气液缸 A_4 前进，锯条往复缸 A_5 后退。 按下启动阀，压力信号 p_3 使阀 V_1 切换到右位，使气缸 A_1、A_2、A_3 动作，夹紧缸 A_3 退后，为夹紧下一段工件做准备，夹持缸 A_2 前进，夹住工件，并随同送料缸 A_1 一起前进，把工件向前送进，待工件碰到行程阀 S_1 时换向，使信号 p_2 消失，而 p_1 信号发生。p_2 信号消失，也使 p_3 信号随之消失，于是阀 V_1 复位，使夹紧缸 A_3 夹住工件，为切断做准备，而夹持缸 A_2 松开，与送料缸 A_1 同时退回到初始位置，p_1 信号的产生使阀 V_2、V_3 和 V_4 相继换向。阀 V_2 的换向使气液缸 A_4 开始缓慢向下做锯切的进给运动，阀 V_3 的换向使气缸 A_5 在行程阀 S_3 与 S_4 的控制下做往复锯切运动。当工件锯切后掉下，行程阀 S_1 复位，信号 p_1 消失，使阀 V_2、V_3 和 V_4 复位，从而使气缸 A_5 停止在后退位置上，气缸 A_4 向上，

续表

名称	系统图	说明
自动定尺切断机气动系统(轧钢、制管)	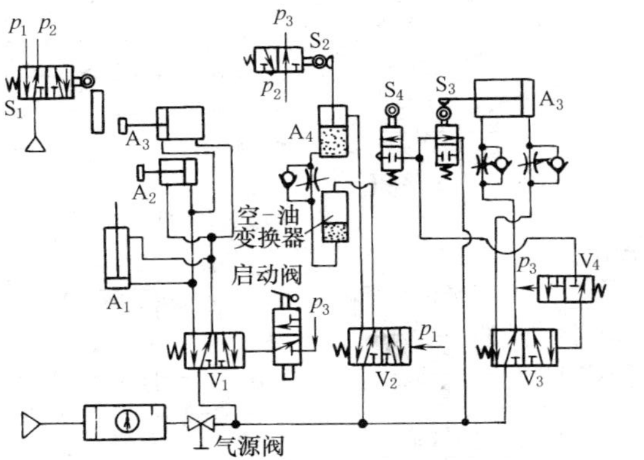	直至压下行程阀 S_2 后停止。S_2 阀的信号 p_3 又打开阀 V_1，重复上述过程 特点： ①使用了全气控气动系统，使结构简单、有效 ②锯条的进给运动采用了气液缸，进给速度最低可达 1mm/s，而不产生爬行
液体自动定量灌装机气动系统	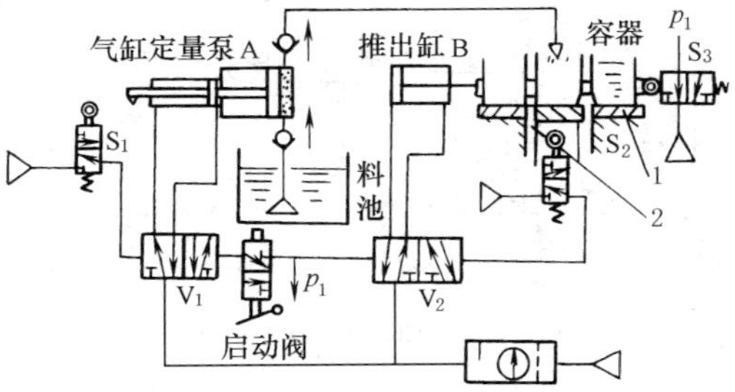 全气控液体定量灌装系统	如图所示，打开启动阀，使阀 V_1 换至右位，因而气缸定量泵 A 向左移动，吸入定量液体。当泵 A 移至左端碰到行程阀 S_1 时，阀 V_1 发生复位信号(此时下料工作台 1 上灌装好的容器已取走，行程阀 S_3 复位，p_1 信号消失)，阀 V_1 复位使气缸定量泵右移，将液体打入待灌装的容器中。当灌装的液体重力使灌装台 2 碰到行程阀 S_2 时产生信号，使阀 V_2 切换至右位，气缸 B 前进，将装满的容器推入下料工作台，而将空容器推入灌装台，被推出的容器碰到行程阀 S_3 时，又产生 p_1 信号，使阀 V_2 换向，推出缸 B 后退至原位，同时阀 V_1 换向，重复上述动作。下料工作台上灌装好的容器被输送机构取走，而由输送机构将空容器运至上料工作台，为下次循环做好准备 特点： ①使用气缸定量泵能快速地提供大量液体，效率高 ②空气能防火，故系统运行安全 ③结构简单，维修简便
冲压印字机	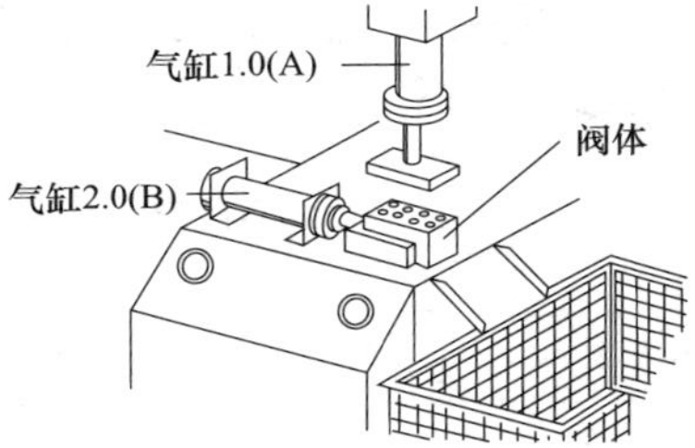 图(a)　冲压印字机 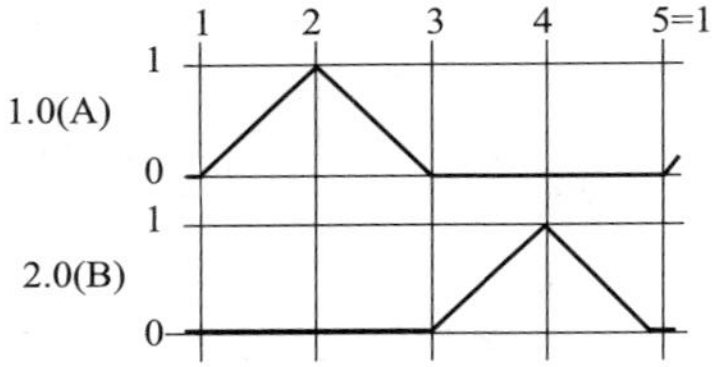 图(b)　冲压印字机位移-步骤图	如图(a)所示，阀体成品上需要冲印 P、A、B 及 R 等字母标志。将阀体放置在一握器内。气缸 1.0(A)冲印阀体上的字母。气缸 2.0(B)推送阀体自握器落入一筐篮内 其位移-步骤图见图(b)，根据图(b)可设计得到冲压印字机气动线路图，如图(c)所示

续表

名称	系统图	说明
冲压印字机	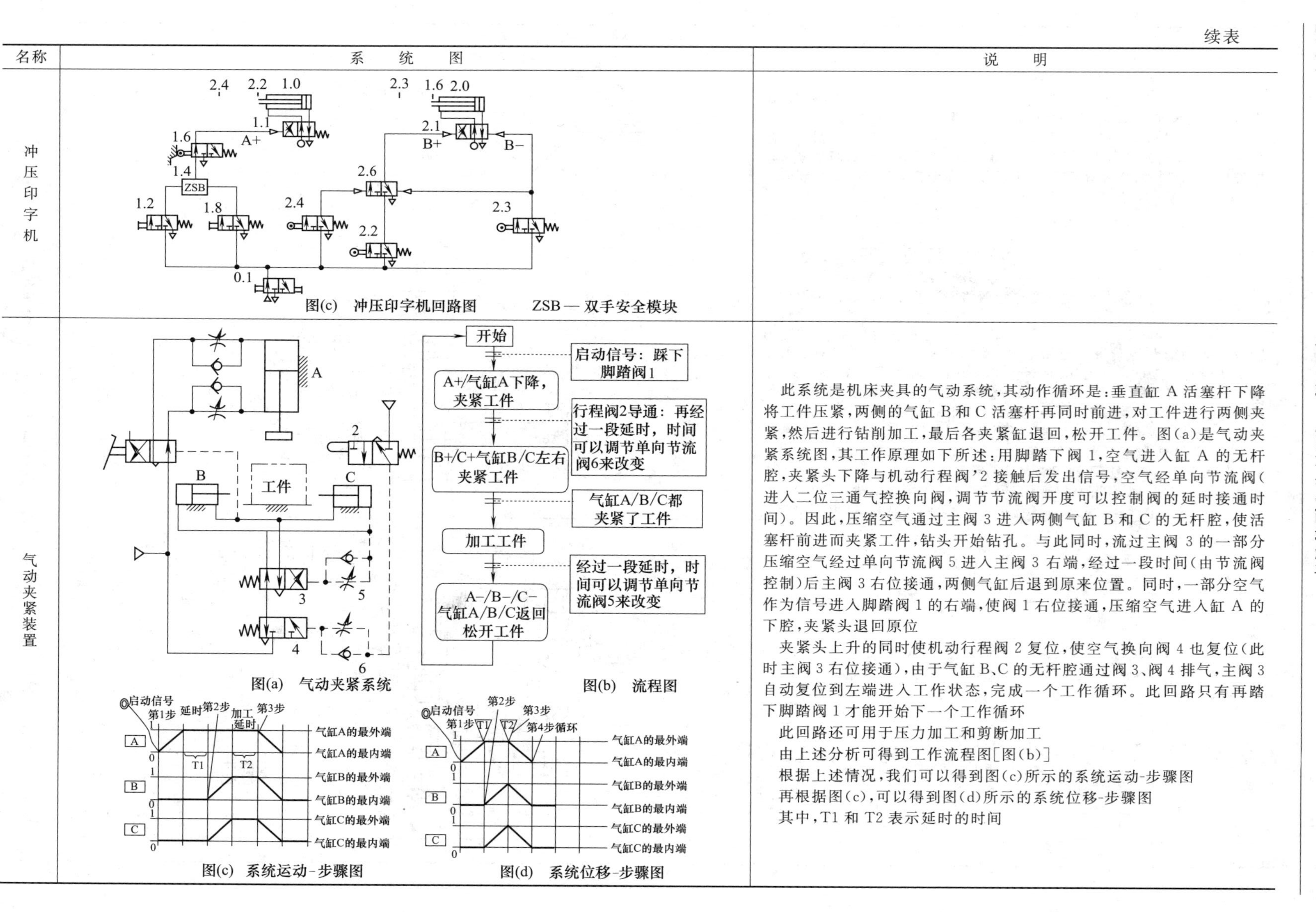 图(c)　冲压印字机回路图　　ZSB—双手安全模块	
气动夹紧装置	图(a)　气动夹紧系统 图(b)　流程图 图(c)　系统运动-步骤图 图(d)　系统位移-步骤图	此系统是机床夹具的气动系统，其动作循环是：垂直缸 A 活塞杆下降将工件压紧，两侧的气缸 B 和 C 活塞杆再同时前进，对工件进行两侧夹紧，然后进行钻削加工，最后各夹紧缸退回，松开工件。图(a)是气动夹紧系统图，其工作原理如下所述：用脚踏下阀 1，空气进入缸 A 的无杆腔，夹紧头下降与机动行程阀'2 接触后发出信号，空气经单向节流阀(进入二位三通气控换向阀，调节节流阀开度可以控制阀的延时接通时间)。因此，压缩空气通过主阀 3 进入两侧气缸 B 和 C 的无杆腔，使活塞杆前进而夹紧工件，钻头开始钻孔。与此同时，流过主阀 3 的一部分压缩空气经过单向节流阀 5 进入主阀 3 右端，经过一段时间(由节流阀控制)后主阀 3 右位接通，两侧气缸后退到原来位置。同时，一部分空气作为信号进入脚踏阀 1 的右端，使阀 1 右位接通，压缩空气进入缸 A 的下腔，夹紧头退回原位 夹紧头上升的同时使机动行程阀 2 复位，使空气换向阀 4 也复位(此时主阀 3 右位接通)，由于气缸 B、C 的无杆腔通过阀 3、阀 4 排气，主阀 3 自动复位到左端进入工作状态，完成一个工作循环。此回路只有再踏下脚踏阀 1 才能开始下一个工作循环 此回路还可用于压力加工和剪断加工 由上述分析可得到工作流程图[图(b)] 根据上述情况，我们可以得到图(c)所示的系统运动-步骤图 再根据图(c)，可以得到图(d)所示的系统位移-步骤图 其中，T1 和 T2 表示延时的时间

续表

名称	系统图	说明
拉门自动开闭系统	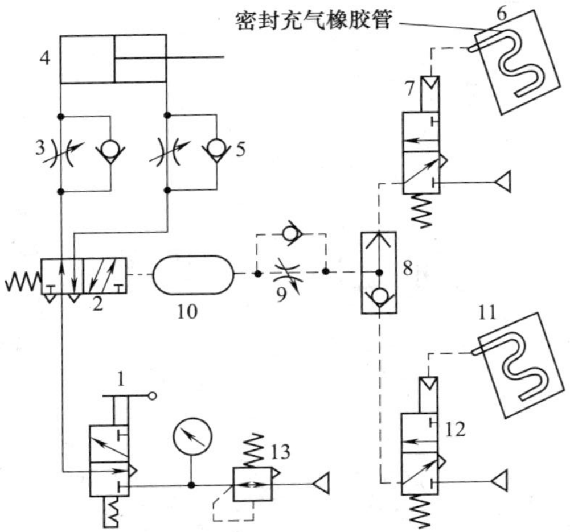 密封充气橡胶管	如图所示，该装置是通过连杆机构将气缸 4 活塞杆的直线运动转换成拉门的开闭运动，利用超低压气动阀来检测行人的踏板（6 和 11）动作。在拉门内、外装踏板 6 和 11，踏板下方装有完全封闭的橡胶管，管的一端与超低压气动阀 7 和 12 的控制口连接。当人站在踏板上时，橡胶管里压力上升，超低压气动阀动作 首先使手动阀 1 上位接入工作状态，空气通过气动换向阀 2、单向节流阀 3 进入气缸 4 的无杆腔，将活塞杆推出（门关闭）。当人站在踏板 6 上后，气动控制阀 7 动作，空气通过梭阀 8、单向节流阀 9 和气罐 10 使气动换向阀 2 换向，压缩空气进入气缸 4 的有杆腔，活塞杆退回（门打开） 当行人经过门后踏上踏板 11 时，气动控制阀 12 动作，使梭阀 8 上面的通口关闭，下面的通口接通（此时由于人已离开踏板 6，阀 7 已复位），气罐 10 中的空气经单向节流阀 9、梭阀 8 和阀 12 放气（人离开踏板 11 后，阀 12 已复位），经过延时（由节流阀控制）后阀 2 复位，气缸 4 的无杆腔进气，活塞杆伸出（关闭拉门） 该回路利用逻辑“或”的功能，回路比较简单，很少产生误动作。行人从门的哪一边进出均可。减压阀 13 可使关门的力自由调节，十分便利。如将手动阀复位，则可变为手动门
液位的气动控制系统	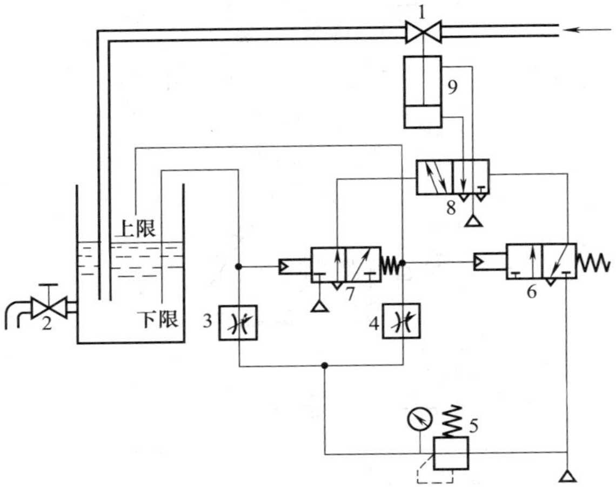 上限 下限	为了使敞口容器液位的变化不超过规定的范围，并考虑到工作环境是有爆炸危险和有腐蚀性的恶劣环境，故采用全气动控制。其气动控制系统如图所示 液体经截止阀 1 流入容器，由截止阀 2 输出。当液面处于上、下限之间时，上限吹气式探测管的管口离开液面，所以管内压力近似为零；而下限探测管管口浸入液内，所以管内有压力，压力的大小由管口浸入液体内深度决定 当液位升高到达上限时，上限探测管因管口浸入液体而使管内压力升高，此信号经放大器 6 放大后，送到主控阀 8，使气缸 9 运动（缩回），关闭阀 1；当液位低于下限时，下限探测管内压力降低，此信号经放大器 7 送入主控面，使气缸运动（伸出）打开阀 1 图中调速阀 3、4 分别调节两探测管的气流量以达到调节两放大器启动压力的目的

续表

<table>
<tr><th>名称</th><th>系统图</th><th>说明</th></tr>
<tr>
<td>气动计量系统</td>
<td>
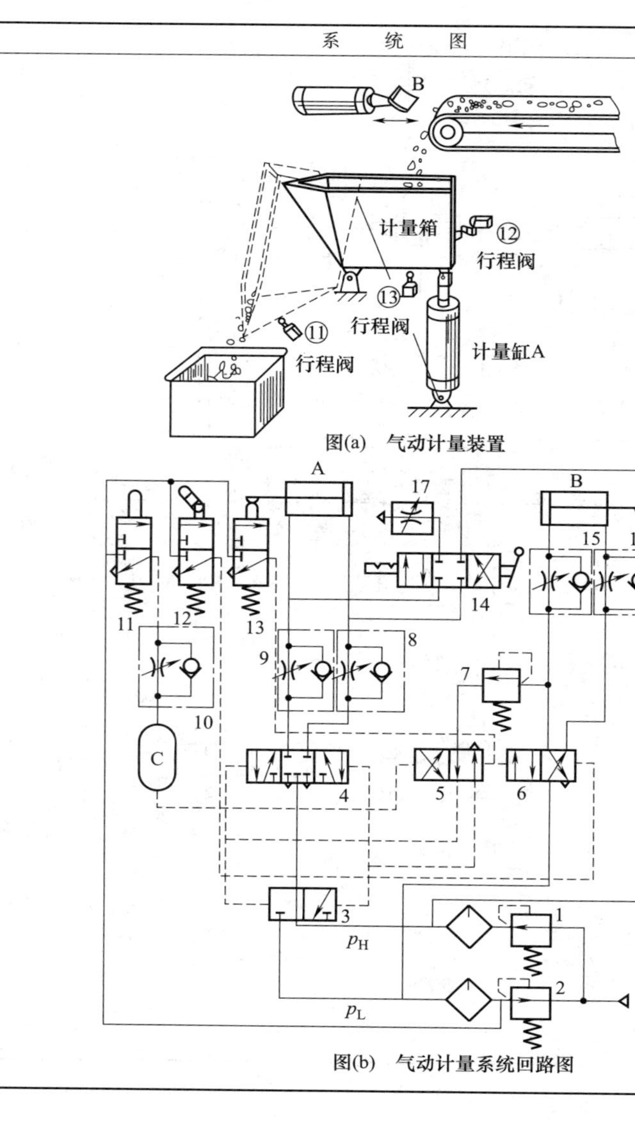

图(a) 气动计量装置
图(b) 气动计量系统回路图
</td>
<td>
在工业生产中，经常会碰到要对传送带上连续供给的粒状物料进行计量，并按一定质量进行分装的任务。图(a)所示就是这样一套气动计量装置。当计量箱中的物料质量达到设定值时，要求暂停传送带上物料的供给，然后把计量好的物料卸到包装容器中。当计量箱返回到图示位置后，物料再次落入计量箱中，开始下一次的计量
装置的动作原理如下：气动装置在停止工作一段时间后，因泄漏气缸活塞会在计量箱重力的作用下缩回。因此首先要有计量准备动作使计量箱到达图示位置。随着物料落入计量箱中，计量箱的质量不断增加，气缸 A 慢慢被压缩。计量的质量达到设定值时，气缸 B 伸出，暂时停止物料的供给。计量缸换接高压气源后伸出把物料卸掉，经过一段时间的延时后，计量缸缩回，为下次计量做好准备
(1)气动系统动作原理
气动计量装置启动时[见图(b)]，先切换手动换向阀 14 至左位，减压阀 1 调节的高压气体使计量缸 A 外伸，当计量箱上的凸块通过设置于行程中间的行程阀 12 的位置时；手动阀切换到右位，计量缸 A 以排气节流阀 17 所调节的速度下降。当计量箱侧面的凸块切换行程阀 12 后，行程阀 12 发出的信号使阀 6 换至图示位置，使止动缸 B 缩回。然后把手动阀换至中位，计量准备工作结束
随着来自传送带的被计量物落入计量箱中，计量箱的质量逐渐增加，此时 A 缸的主控阀 4 处于中间位置，缸内气体被封闭住而呈现等温压缩过程，即 A 缸活塞杆慢慢缩回
当质量达到设定值时，切换行程阀 13。行程阀 13 发出的气压信号切换气控阀 6，使止动缸 B 外伸，暂停被计量物的供给。同时切换气阀 5 至图示位置。止动缸外伸至行程终点时无杆腔压力升高，顺序阀 7 打开。A 缸主控阀 4 和高低压切换阀 3 被切换，6bar 的高压空气使计量缸 A 外伸。当 A 缸行至终点时，行程阀 11 动作，经过由单向节流阀 10 和气容 C 组成的延时回路延时后，切换换向阀 5，其输出信号使阀 4 和阀 3 换向，3bar 的压缩空气进入气缸 A 的有杆腔，A 缸活塞杆以单向节流阀 8 调节的速度内缩。单方向作用的行程阀 12 动作后，发出的信号切换气控阀 6，使止动缸 B 内缩，来自传送带上的粒状物料再次落入计量箱中
(2)回路的特点
1)止动缸安装行程阀有困难，所以采用了顺序阀控制的方式
2)在整个动作过程中，计量和倾倒物料都是由计量缸 A 完成的，所以回路采用了高低压切换回路，计量时用低压，计量结束倾倒物料时用高压。计量质量的大小可以通过调节低压调压阀 2 的调定压力或调节行程阀 13 的位置来进行调节
3)回路中采用了由单向节流阀 10 和气容 C 组成的延时回路
</td>
</tr>
</table>

续表

名称	系统图	说明
滚珠轴承的装配夹持器	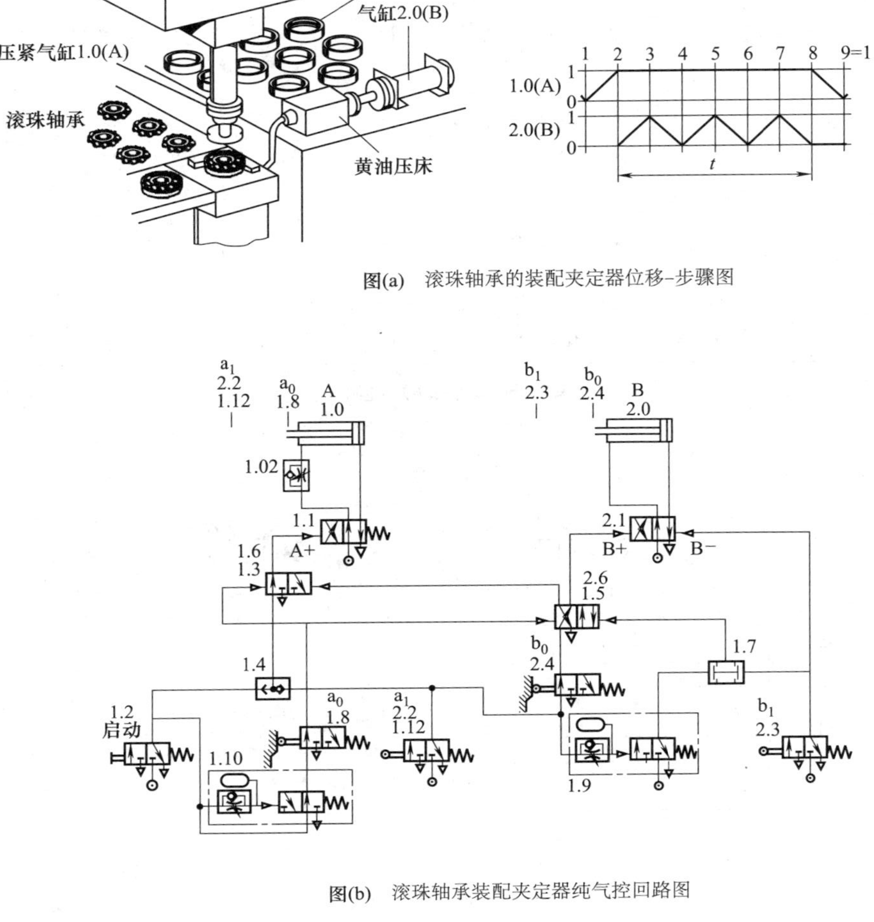 图(a)　滚珠轴承的装配夹定器位移-步骤图 图(b)　滚珠轴承装配夹定器纯气控回路图	在一装配在线上装配滚珠轴承。滚珠轴承经零件装配后，利用一气压气缸 1.0 固定握住。气缸 2.0(B)操作黄油压床使滚珠轴承充满黄油。因为在此装配在线需要装配不同尺寸的滚珠轴承，黄油压床的冲程速度须为可以调整。见图(a) 控制顺序[见图(b)]：操作阀 1.2(启动)使阀 1.1 在 A^+ 进气左位工作接转。气缸 1.0(A)外伸，压紧滚珠轴承。在气缸的外端点位置，操作阀 1.12/2.2 及因此通过梭动阀 1.4 使控制链 1.1 被自动保持。在同时一个信号送入阀 2.1 的 B^+。使气缸 2.0(B)外伸至前端点位置。操作阀 2.3 后开始回行运动。在阀 1.9、阀 2.3 及 1.7 使回动阀 1.5/2.6 接转前，气缸 2.0(B)继续产生直线运动。压缩空气进入作动组件 2.1 的 B^-。气缸 2.0(B)回行至后端点位置。空气进入阀 1.5/2.6 及阀 1.3/1.6 的 Z，使阀 1.1 排放。气缸 1.0(A)再度回到后端点位置。阀 1.8 及 1.10 联合成为一安全措施。当气缸 1.0(A)完全缩回时才能开始新的循环

续表

名称	系统图	说明
冲口器	图(a) 工作原理图　图(b) 位移-步骤图	夹持器在工件的孔端冲三个开口。该设备的工作原理如图(a)所示。用手将工件放在夹持器内。启动信号使气缸 1.0(A)移送冲模进入长方形工件内。自此以后，气缸 2.0(D)、3.0(C)及 4.0(D)一个接一个推动冲头在工件孔内冲开口。在气缸 4.0(D)的最后冲口操作完成后，气缸 2.0(B)、3.0(C)及 4.0(D)返回至它们的起始位置。气缸 1.0(A)从工件抽回冲模，完成最后的运动。用手将已冲口工件从夹持器上拿出。该设备的位移-步骤图如图(b)所示，动作顺序如表所示

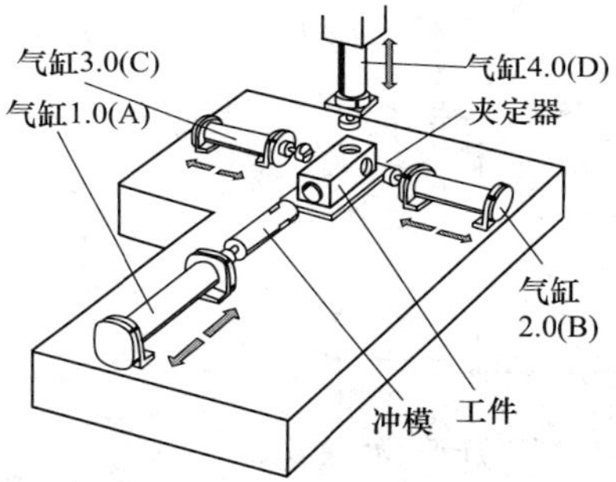

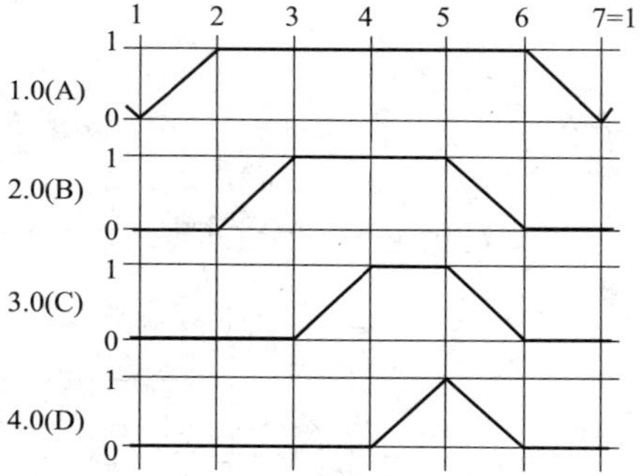

利用回动阀控制的顺序表

步骤	阀的代号	操作方式	阀的接转	压缩空气进入管路	气缸的控制	工作组件行进至		附注
						前端点位置	后端点位置	
1	1.2	手动	0.1(Y)	1	1.1(Z)	1.0		
	1.4	1.0						
2	2.2	1.0		1	2.1(Z)	1.0		
3	3.2	2.0		1	3.1(Z)	3.0		
4	2.3	3.0		1	4.1(Z)	4.0		迟延 1.02
5	3.3				2.1(Y)		2.0	
	4.3	4.0	0.1(Z)	2	3.1(Y)		3.0	
	1.7				4.1(Y)		4.0	
6		2.0		2	1.1(Y)			

续表

名称	系统图	说明
冲口器	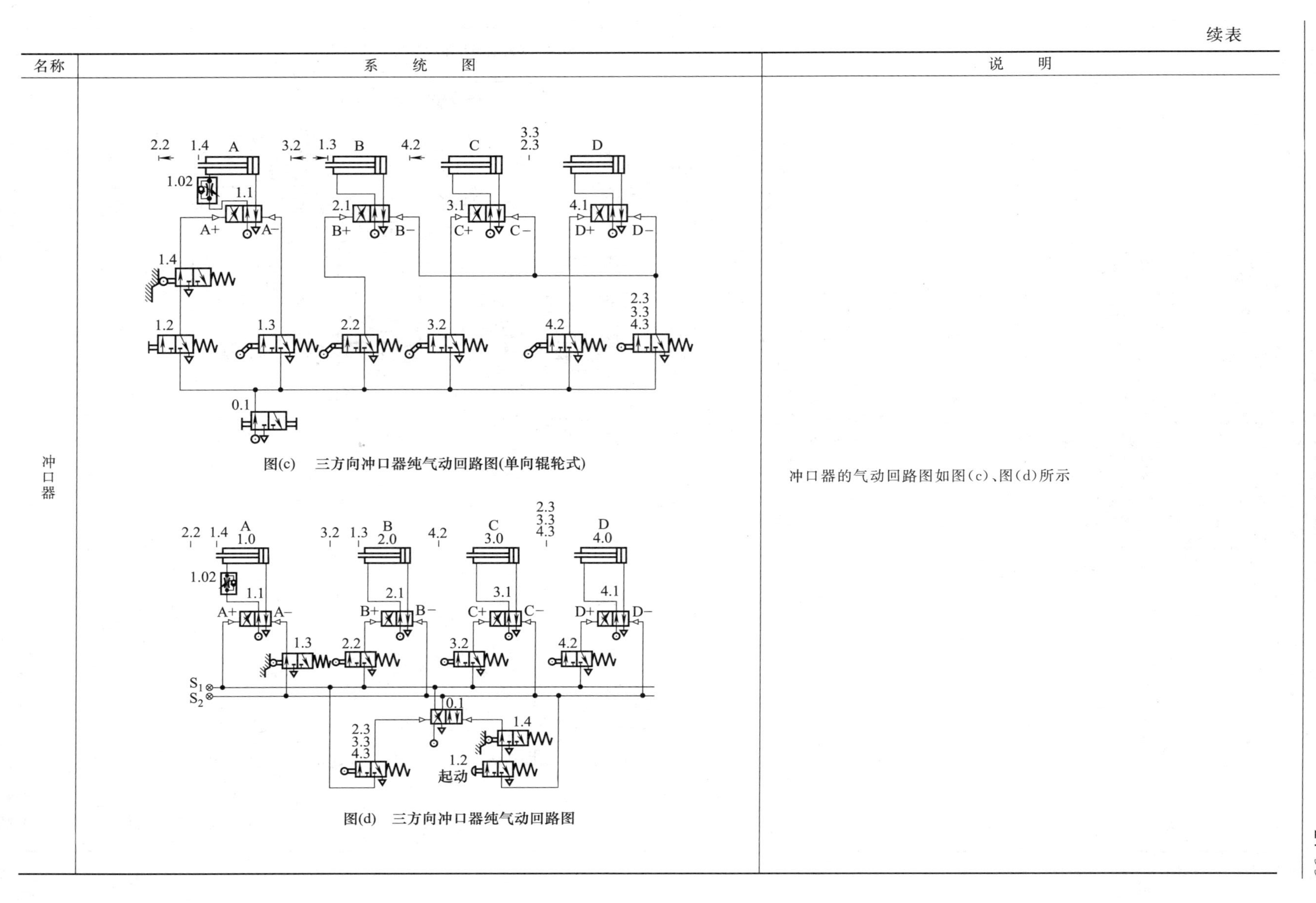 图(c)　三方向冲口器纯气动回路图(单向辊轮式) 图(d)　三方向冲口器纯气动回路图	冲口器的气动回路图如图(c)、图(d)所示

续表

名称	系统图	说明
冰淇淋喷巧克力机	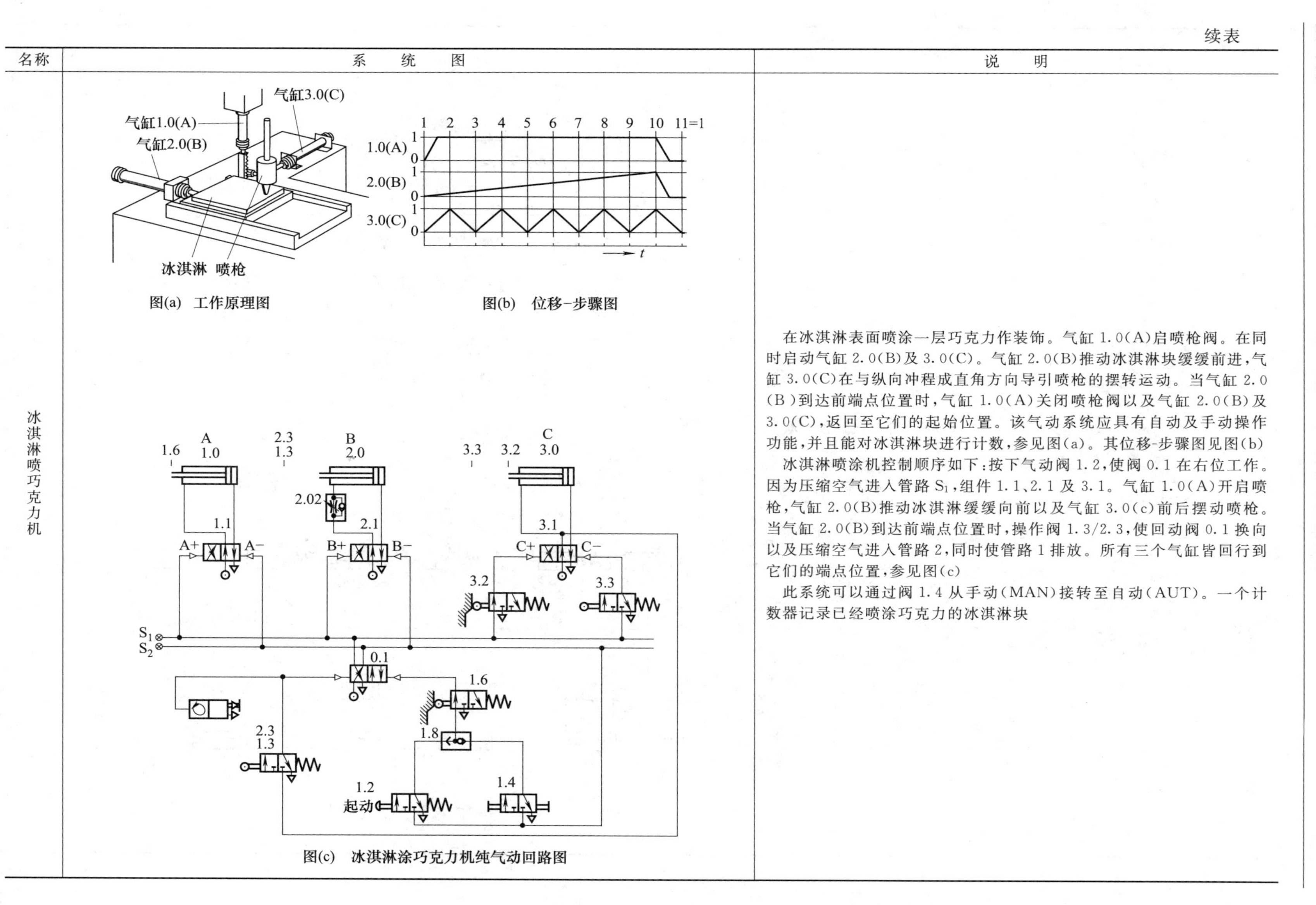 图(a)　工作原理图 图(b)　位移-步骤图 图(c)　冰淇淋涂巧克力机纯气动回路图	在冰淇淋表面喷涂一层巧克力作装饰。气缸1.0(A)启喷枪阀。在同时启动气缸2.0(B)及3.0(C)。气缸2.0(B)推动冰淇淋块缓缓前进，气缸3.0(C)在与纵向冲程成直角方向导引喷枪的摆转运动。当气缸2.0(B)到达前端点位置时，气缸1.0(A)关闭喷枪阀以及气缸2.0(B)及3.0(C)，返回至它们的起始位置。该气动系统应具有自动及手动操作功能，并且能对冰淇淋块进行计数，参见图(a)。其位移-步骤图见图(b) 冰淇淋喷涂机控制顺序如下：按下气动阀1.2，使阀0.1在右位工作。因为压缩空气进入管路S_1，组件1.1、2.1及3.1。气缸1.0(A)开启喷枪，气缸2.0(B)推动冰淇淋缓缓向前以及气缸3.0(c)前后摆动喷枪。当气缸2.0(B)到达前端点位置时，操作阀1.3/2.3，使回动阀0.1换向以及压缩空气进入管路2，同时使管路1排放。所有三个气缸皆回行到它们的端点位置，参见图(c) 此系统可以通过阀1.4从手动(MAN)接转至自动(AUT)。一个计数器记录已经喷涂巧克力的冰淇淋块

续表

名称	系统图	说明
螺塞的装配夹持器	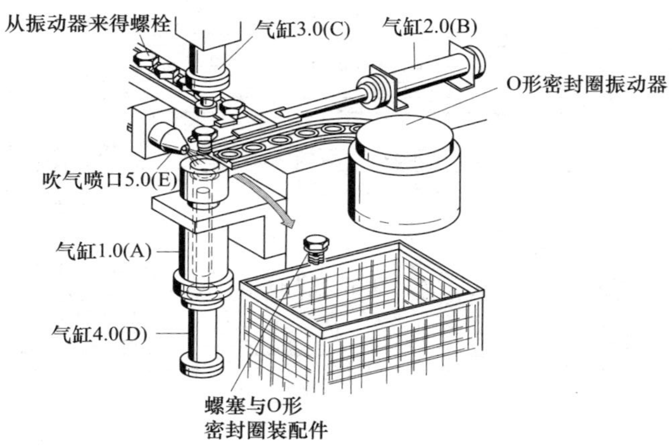 图(a) 螺塞的装配夹持器 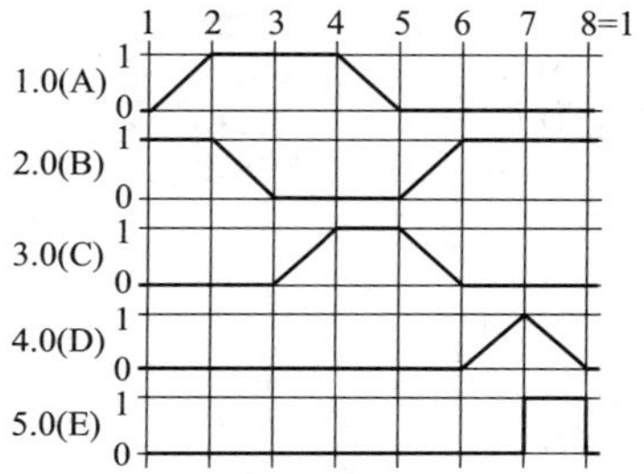 图(b) 螺塞装配夹持器位移－步骤图	将O形密封圈配装在阀的螺塞上。螺塞系通过一振动器进给到夹持器来。安装在气缸2.0(B)上的一个叉检起一个螺塞。当启动信号加入时，气缸(A)提升O形密封圈向上，同时气缸2.0(B)连叉返回。此时螺塞位于O形密封圈上面。气缸3.0(C)压螺塞入O形密封圈。然后气缸1.0(A)、2.0(B)及3.0(C)返回至它们的起始位置。气缸4.0(D)从夹持器提升工件。由一吹气喷口5.0(E)吹入箱内，见图(a) 螺塞的装配夹持器位移-步骤图如图(b)所示。其动作顺序如表所示，回路图如图(c)所示

续表

名称	系统图	说明
螺塞的装配夹持器	见下方动作顺序表及图(c)	将O形密封圈配装在阀的螺塞上。螺塞系通过一振动器进给到夹持器来。安装在气缸2.0(B)上的一个叉检起一个螺塞。当启动信号加入时，气缸(A)提升O形密封圈向上，同时气缸2.0(B)连叉返回。此时螺塞位于O形密封圈上面。气缸3.0(C)压螺塞入O形密封圈。然后气缸1.0(A)、2.0(B)及3.0(C)返回至它们的起始位置。气缸4.0(D)从夹持器提升工件。由一吹气喷口5.0(E)吹入箱内，见图(a) 螺塞的装配夹持器位移-步骤图如图(b)所示。其动作顺序如表所示，回路图如图(c)所示

螺塞的装配夹持器动作顺序表

步骤	阀的代号	操作方式	阀的接转	压缩空气进入管路	气缸的控制	工作组件行进至	
						前端点位置	后端点位置
1	1.2	手动		2	1.1(Z)	1.0	
	1.4	4.0					2.0
2	2.3	1.0		2	2.1(Z)		
3	3.2	2.0		2	3.1(Z)	3.0	
4	1.3	3.0	0.1(Y)	1	1.1(Z)		1.0
5	2.3	1.0		1	2.1(Y)	2.0	
	3.3				3.1(Y)		3.0
6	4.2	2.0		1	4.1(Z)	4.0	
7	4.3/5.2	4.0	0.1(Z)	2	4.1(Y)		4.0

注：吹气喷口5.0(E)随同步骤7同时间吹气

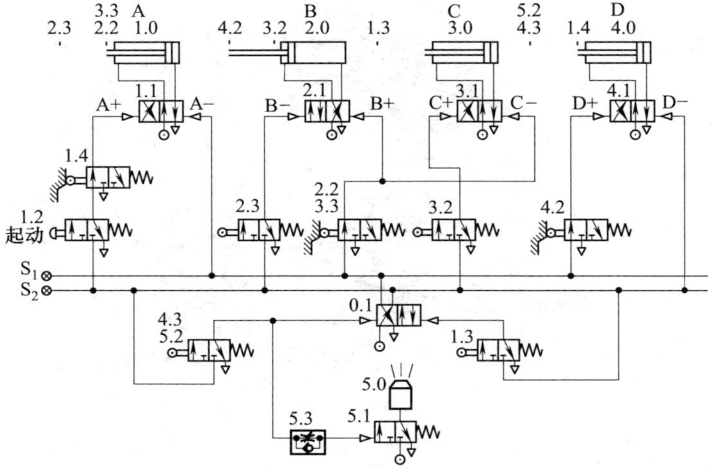

图(c) 螺塞的装配夹持器回路图

2.3　气动系统的控制

2.3.1　DIN 19226 标准给出的控制系统类型

表 21-2-15　DIN 19226 标准给出的控制系统类型

类型		说　　明
先导控制系统		假如干扰变量不会造成任何偏差，指令或参考值与输出值之间始终存在明确的关系。先导控制器没有记忆功能
记忆控制系统		当命令或参考值被移除或取消时，特别是在完成输入信号后，所获得的输出值被保留（存储）。需要不同的命令值或反向输入信号才能将输出值返回到初始值。记忆控制系统始终具有存储功能
程序控制	步骤图控制	在步骤图控制的情况下，参考变量由程序生成器（程序存储器）提供，其输出变量取决于行进的路径或受控系统的运动部分的位置
	顺序控制系统	顺序程序存储在程序生成器中，该程序生成器根据受控系统获得的状态逐步执行程序。该程序可以永久安装，也可以从穿孔卡、磁带或其他合适的存储器读取
	时间（程序）控制	在时间（程序）控制系统中，命令值由依赖时间的程序生成器提供。因此，时间控制系统的特征是存在程序生成器和取决于时间程序序列。程序生成器可能是：凸轮轴、凸轮、穿孔卡、穿孔磁带或在电子存储器中的程序

2.3.2　根据信息的表示形式和信号处理形式的不同来分类的控制系统

表 21-2-16　根据信息表示形式和信号处理形式的不同来分类

类型	信号图示	说　　明
模拟控制系统	模拟信号	主要在信号处理部分内用模拟信号操作的控制系统。信号处理主要通过连续作用的功能元件来实现
数字控制系统	数字信号	主要在信号处理部分内使用数字信号进行操作的控制系统。信息以数字表示。功能单元有：计数器、寄存器、存储器、算术单元
二进制控制系统	二进制信号	主要在信号处理部分内以二进制信号操作并且信号不是数字表示的数据的控制系统

2.3.3　根据信号处理形式的不同来分类的控制系统

表 21-2-17　根据信号处理形式的不同来分类

类　　型		说　　明
同步控制系统		信号处理与时钟脉冲同步的控制系统
异步控制系统		一个控制系统，在没有时钟脉冲的情况下工作，其中信号修改只是由输入信号的变化触发
逻辑控制系统		一种控制系统，其中通过布尔代数逻辑关系（例如 AND，OR，NOT），特定的输出信号的状态由输入信号的状态所指定
顺序控制系统（具有强制步进操作的控制系统，在程序中从一步切换到下一步取决于满足某些条件。特别是跳转、循环、分支等的编程是可能的）	时间顺序控制系统	一种顺序控制系统，其切换条件仅取决于时间。步进使能条件通过定时器或具有恒定速度的凸轮轴控制器生成。根据 DIN 19226，目前的定时控制术语是受依赖时间的参考变量的技术要求支配的
	过程顺序控制	一个顺序控制系统，其切换条件仅取决于受控系统的信号。DIN 19226 中定义的步进控制是一种依赖于过程的顺序控制的形式，其步进使能条件完全取决于受控系统的行程相关信号

2.3.4　根据有否反馈来分类的控制系统

（1）开环控制（open-loop control）

在开环控制中，当外力干扰由比例阀出口信号管理的最终设备的性能时，系统不允许修正，并且该偏差是蠕动的，直到干扰消失。

气缸和典型的步进分度器是开环系统。系统被命令启动，并且必须具有实际发生制动的附加电气验证。位置/时间动作将是未知的。不会对气压、摩擦、热量或障碍物的变化进行补偿。气缸的最终位置通常由一个可调机械止动器完成。一个可调机械或霍尔效应开关通常位于机械停止附近，这是对最终状态的验证。气动系统开环控制见图 21-2-1。

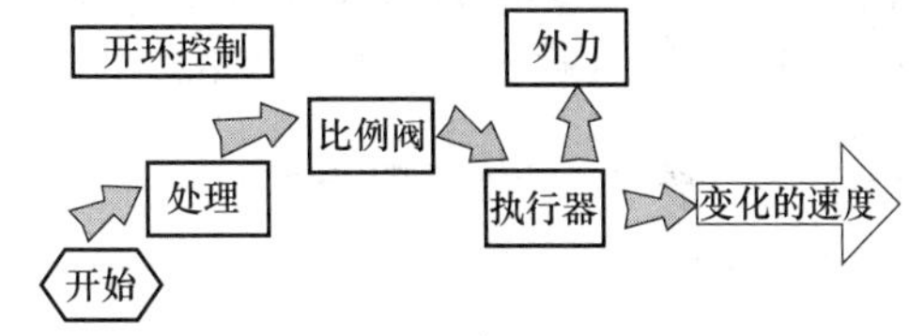

图 21-2-1　气动系统开环控制

图 21-2-2 为气动开环压力控制的两个实例。

（2）闭环控制（closed-loop control）

闭环控制以反馈信号为特征，反馈信号连续地将出口值与参考值进行比较，并且在发生误差的情况下连续对其进行修正。图 21-2-3 显示了比例电子调节器

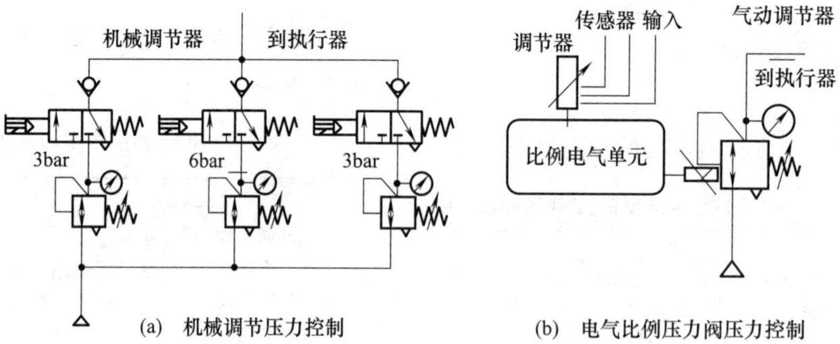

(a)　机械调节压力控制　　(b)　电气比例压力阀压力控制

图 21-2-2　气动开环压力控制的实例

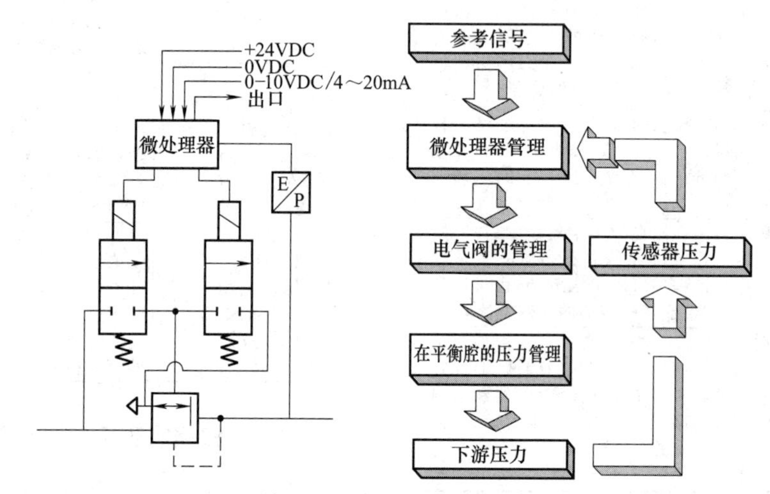

图 21-2-3　气动闭环压力控制

的操作图。反馈信息交给 E/P 型电-气动转换器，该转换器接收出口压力值并将其转换为电信号。产生的信号被发送到微处理器，并将其与入口处调制的信号进行比较。

伺服系统以及一些步进系统可以在闭环配置下运行。闭环是一种控制方法，系统被控制、监视和调整以取得最终值。监视时间称为采样率，以毫秒或微秒为单位进行测量。称为轨迹命令或轮廓命令的位置时间参考值被发送到驱动器。系统允许“滞后”的偏差值称为跟随误差。将系统与每个采样周期中的指令位置进行比较，并相应地进行调整以补偿并最小化偏差。

2.3.5　监控（monitoring）

监测车间压缩空气的消耗可以有效地降低运营成本，提高能源使用效率，增加系统的可靠性和延长机器使用寿命，并有助于生产优质的产品和增加生产企业的经济效益。

无论设计者具有多么高的技术水平，都不能消除气动系统压缩空气泄漏消耗的增加。由于日常工作磨损，尤其是密封件的磨损，最终都会导致气动系统发生泄漏，这将会引起能源的浪费并损害系统性能。当气动系统开始泄漏时，气动执行元件会减速运行。因此，用户倾向于增加系统压力来解决此问题。但增加压缩机容量意味着会泄漏更多的压缩空气，从而导致效率低下和能量损失。除了浪费能量外，由于泄漏导致的压力下降也会使气动元件的性能低于标准要求。提高压力在短期内可解决动力不足问题，但仍不可避免地产生更严重的部件问题，最终导致气动元件过早失效。许多用户往往继续运行气动系统，直到它们发生故障，原因通常是难以隔离耗气量高的控制进程和气动元件。

为了查明泄漏和损失，监测系统压缩空气的消耗应当是一项持续的工作。这可以通过制定人工的泄漏检测管理程序来实现，因此需要对所有空气管路进行完整的手动检查。技术人员可通过倾听空气泄漏的声音、检查管道和拧紧管接头等来诊断泄漏。

但是泄漏检测管理程序的缺点在于，由于检查频率的限制，泄漏可能长时间未被检测到。在嘈杂的工业环境中检查有时也会漏掉泄漏点。检查者往往也会漏掉危险的泄漏点，从而错过对它们进行早期修复的机会。

气动系统的连续寿命监控被证明是一种更好的解决方案，其可实现高效、经济的运行并获得更长的设备寿命。针对特定行业细分的、受限的监控和故障诊断程序已经可用，但直到今天，还没有哪家公司能提供整体系统监控、诊断和全面节能的通用工具。即使用户可以通过购买一系列传感器、控制器和显示器，编写相应的软件，组装、配置相应的故障监视系统，但是由于耗费的时间长，增加的工作量大和费用高等，很少有企业愿意这样做。

更好的解决方案是使用智能的流量和压力传感器、诊断控制器和图形显示器监控系统流量、压力和空气消耗。图形显示器可与外部监控和数据采集系统相结合，允许远程数据评估。能源监控软件可提供实时检测的数据，并进行深入的数据分析。

尺寸合适的流量传感器安装在空气传输网络中的重要位置，可用于突出显示偏差、发送信息，并在流量超过允许的阈值时发出警报。技术人员可以通过流量传感器轻松查明泄漏、故障和其他问题，并立即采取措施解决问题。此外，设备上的传感器可以跟踪气动系统的空气消耗，甚至可以追踪到特定组件，有助于计算真实的运营成本。

传感器可用于整个空气传输系统，但数量和确切位置取决于客户要求。通常，一些传感器集成在重要点处并监控流至机组的流量。任何增加的空气消耗都表明系统存在问题，并可让使用者注意这一区域。

其他用户对监视单个机器或子系统的流量更感兴趣。在这种情况下，传感器可以迅速缩小空气消耗量增加的来源。

有时，单个组件对制造过程或操作整个装配线至关重要。在这种情况下，安装传感器以密切监控该组件是一个好方法。一般的经验法则是在每台机器具有平均气动系统的主供应管路中安装至少一个流量传感器，可长期跟踪空气消耗量，并能识别需求的突然增长。如果当设备从一个过程变为另一个过程时，空气消耗量发生变化，则机器的 PLC 控制器会使用新的操作规程更新能量监控控制器。

2.3.6　气动顺序控制系统

表 21-2-18　　气动顺序控制系统

定义		顺序控制系统是工业生产领域，尤其是气动装置中广泛应用的一种控制系统。按照预先确定的顺序或条件，控制动作逐渐进行的系统叫做顺序控制系统。即在一个顺序控制系统中，下一步执行什么动作是预先确定好的。前一步的动作执行结束后，马上或经过一定的时间间隔再执行下一步动作，或者根据控制结果选择下一步应执行的动作 下图列出了顺序控制系统几种动作进行方式的例子。其中图(a)的动作是按 A、B、C、D 的顺序朝一个方向进行的单往复程序；图(b)的动作是 A、B、C 完成后，返回去重复执行一遍 C 动作，然后再执行 D 动作的多往复程序；图(c)为 A、B 动作执行完成后，根据条件执行 C、D 或 C′、D′的分支程序例子 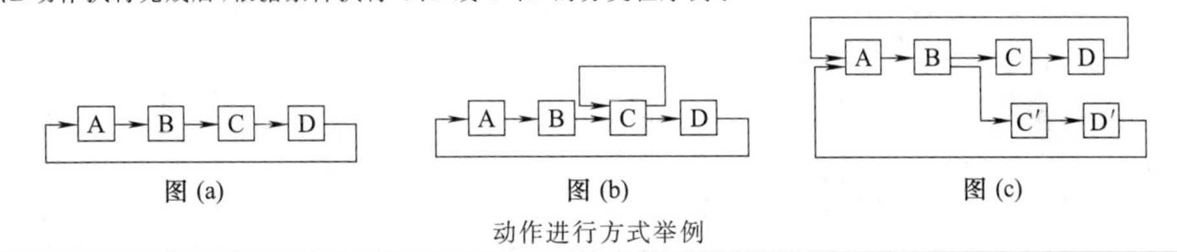 图 (a)　图 (b)　图 (c) 动作进行方式举例
组成		一个典型的气动顺序控制系统主要由 6 部分组成，如图所示 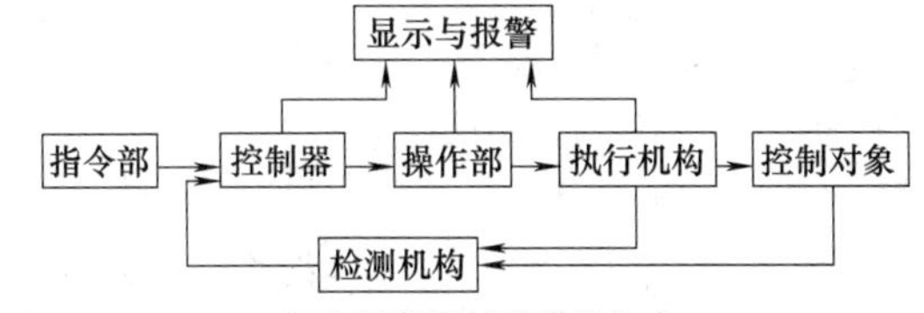 气动顺序控制系统的组成
	指令部	这是顺序控制系统的人机接口部分，该部分使用各种按钮开关、选择开关来进行装置的启动、运行模式的选择等操作
	控制器	这是顺序控制系统的核心部分。它接受输入控制信号，并对输入信号进行处理，产生完成各种控制作用的输出控制信号。控制器使用的元件有继电器、IC、定时器、计数器、可编程控制器等
	操作部	接受控制器的微小信号，并将其转换成具有一定压力和流量的气动信号，驱动后面的执行机构动作。常用的元件有电磁换向阀、机械换向阀、气控换向阀和各类压力、流量控制阀等
	执行机构	将操作部的输出转换成各种机械动作。常用的元件有气缸、摆缸、气马达等
	检测机构	检测执行机构、控制对象的实际工作情况，并将测量信号送回控制器。常用的元件有行程开关、接近开关、压力开关、流量开关等
	显示与报警	监视系统的运行情况，出现故障时发出故障报警。常用的元件有压力表、显示面板、报警灯等

续表

种类	顺序控制系统对控制器提出的基本功能要求是 ①禁止约束功能，即动作次序是一定的，互相制约，不得随意变动 ②记忆功能，即要记住过去的动作，后面的动作由前面的动作情况而定 根据控制信号的种类以及所使用的控制元件，在工业生产领域应用的气动顺序控制系统中，控制器可分为如下图所示的几种控制方式 全气动控制方式是一种从控制到操作全部采用气动元件来实现的一种控制方式。使用的气动元件主要有中继阀、梭阀、延时阀、主换向阀等。由于系统构成较复杂，目前仅限于在要求防爆等特殊场合使用 目前常用的控制器都为电气控制方式，其中又以继电器控制回路和可编程控制器应用最普及 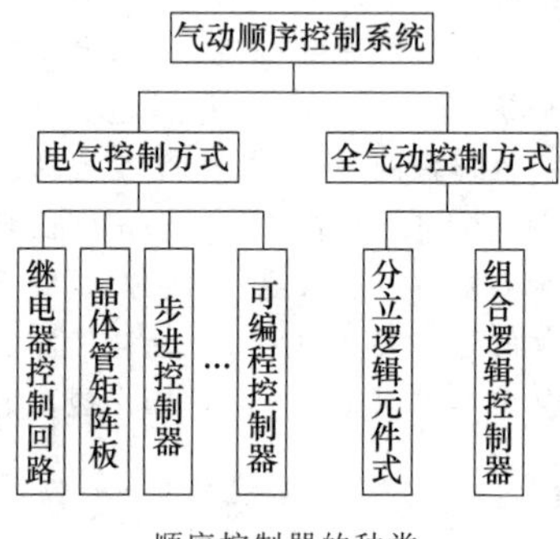 顺序控制器的种类

2.3.7　继电器控制系统

用继电器、行程开关、转换开关等有触点低压电器构成的电器控制系统，称为继电器控制系统或触点控制系统。继电器控制系统的特点是动作状态一目了然，但系统接线比较复杂，变更控制过程以及扩展比较困难，灵活通用性较差，主要适合于小规模的气动顺序控制系统。

继电器控制电路中使用的主要元件为继电器。继电器有很多种，如电磁继电器、时间继电器、干簧继电器和热继电器等。时间继电器的结构与电磁继电器类似，只是使用各种办法使线圈中的电流变化减慢，使衔铁在线圈通电或断电的瞬间不能立即吸合或不能立即释放，以达到使衔铁动作延时的目的。

梯形图是利用电器元件符号进行顺序控制系统设计的最常用的一种方法。其特点是与电/气操作原理图相呼应，形象、直观、实用。图 21-2-4 为梯形图的一个例子。梯形图的设计规则及特点如下。

① 一个梯形图网络由多个梯级组成，每个输出元素（继电器线圈等）可构成一个梯级；

② 每个梯级可由多个支路组成，每个支路最右边的元素通常是输出元素；

③ 梯形图从上至下按行绘制，两侧的竖线类似电器控制图的电源线，称作母线；

④ 每一行从左至右，左侧总是安排输入触点，并且把并联触点多的支路靠近左端；

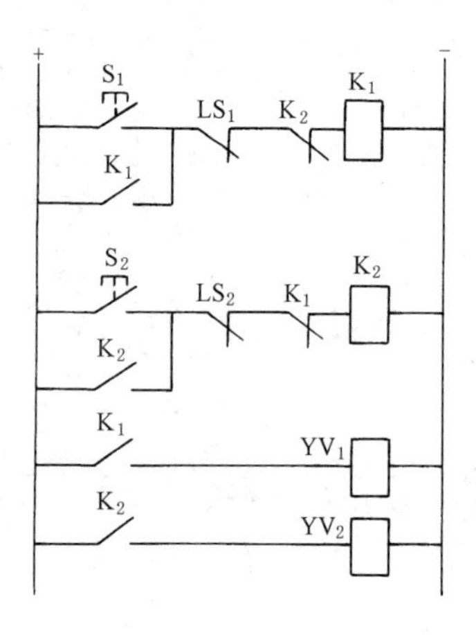

图 21-2-4　梯形图举例

⑤ 各元件均用图形符号表示，并按动作顺序画出；

⑥ 各元件的图形符号均表示未操作的状态；

⑦ 在元件的图形符号旁要注上文字符号；

⑧ 没有必要将端头和接线关系忠实地表示出来。

2.3.7.1　常用继电器控制电路

在气动顺序控制系统中，利用上述电器元件构成的控制电路是多种多样的。但不管系统多么复杂，其电路都是由一些基本的控制电路组成，见表 21-2-19。

表 21-2-19 基本的控制电路

串联/并联电路	串联电路 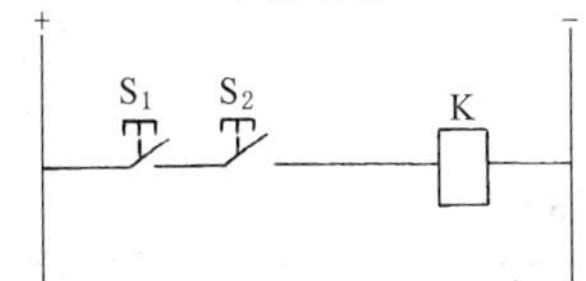 串联电路也就是逻辑“与”电路。例如，一台设备为了防止误操作，保证生产安全，安装了两个启动按钮。只有操作者将两个启动按钮同时按下时，设备才能开始运行。上述功能可用串联电路来实现	并联电路 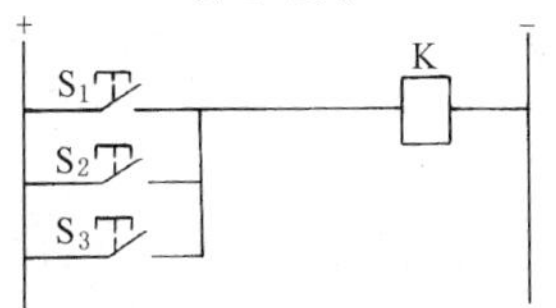 并联电路也称为逻辑“或”电路。例如，本地操作和远程操作均可以对同一装置实施控制，就可以使用并联电路实现
自保持电路	停止优先自保持电路 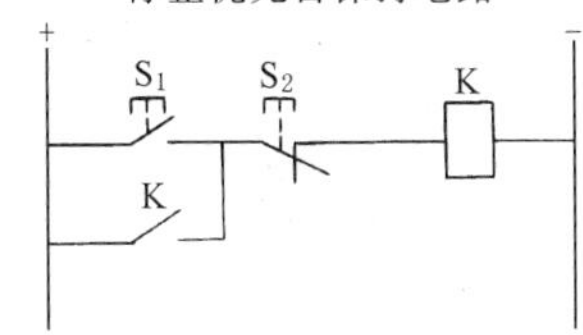 自保持电路也称为记忆电路。按钮 S_1 按一下即放开，是一个短信号。但当将继电器 K 的常开触点 K 和开关 S_1 并联后，即使松开按钮 S_1，继电器 K 也将通过常开触点 K 继续保持得电状态，使继电器 K 获得记忆。图中的 S_2 是用来解除自保持的按钮，并且因为当 S_1 和 S_2 同时按下时，S_2 先切断电路，S_1 按下是无效的，因此，这种电路也称为停止优先自保持电路	启动优先自保持电路 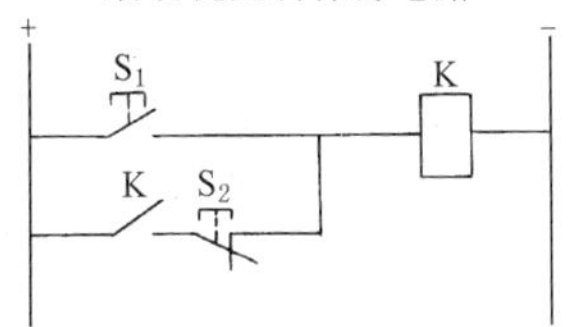 在这种电路中，当 S_1 和 S_2 同时按下时，S_1 使继电器 K 动作，S_2 无效，这种电路也称为启动优先自保持电路
延时电路	随着自动化设备的功能和工序越来越复杂，各工序之间需要按一定时间紧密配合，各工序时间要求可在一定范围内调节，这需要利用延时电路来实现。延时控制分为两种，即延时闭合和延时断开	
	延时闭合电路 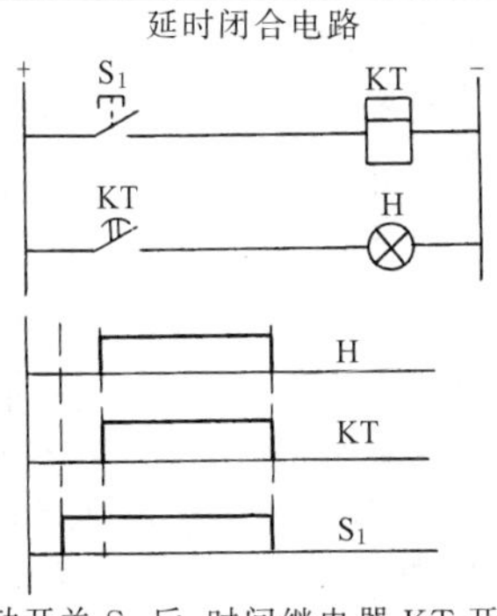 当按下启动开关 S_1 后，时间继电器 KT 开始计数，经过设定的时间后，时间继电器触点接通，电灯 H 亮。放开 S_1，时间继电器触点 KT 立刻断开，电灯 H 熄灭	延时断开电路 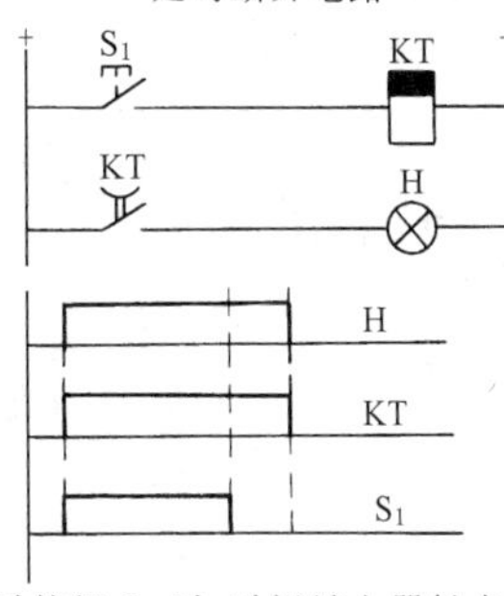 当按下启动按钮 S_1 时，时间继电器触点 KT 也同时接通，电灯 H 点亮。当放开 S_1 时，时间继电器开始计数，到规定时间后，时间继电器触点 KT 才断开，电灯 H 熄灭
联锁电路	当设备中存在相互矛盾动作，如气缸的伸出与缩回，为了防止同时输入相互矛盾的动作信号，使电路短路或线圈烧坏，或产生不确定的控制结果，控制电路应具有联锁的功能，即气缸伸出时不能使控制气缸缩回的电磁铁通电。图中，将继电器 K_1 的常闭触点加到行 3 上，将继电器 K_2 的常闭触点加到行 1 上，这样就保证了继电器 K_1 被励磁时继电器 K_2 不会被励磁，反之，K_2 被励磁时 K_1 不会被励磁	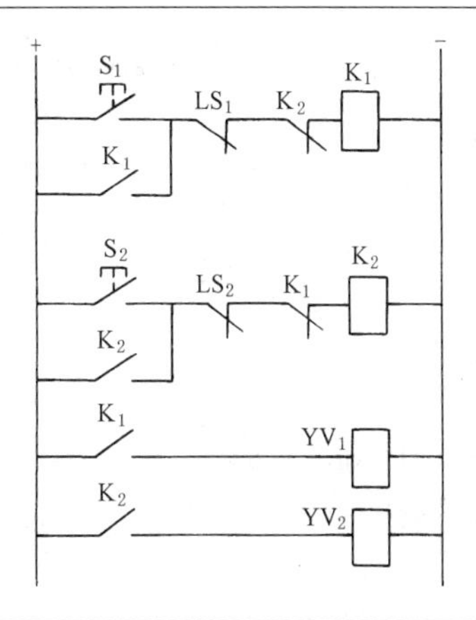

2.3.7.2 典型的继电器控制气动回路

采用继电器控制的气动系统设计时，应将电气控制梯形图和气动回路图分开画，两张图上的文字符号应一致。

表 21-2-20 单气缸的继电器控制回路

<table>
<tr>
<td rowspan="3">操作回路</td>
<td>双手操作(串联)回路

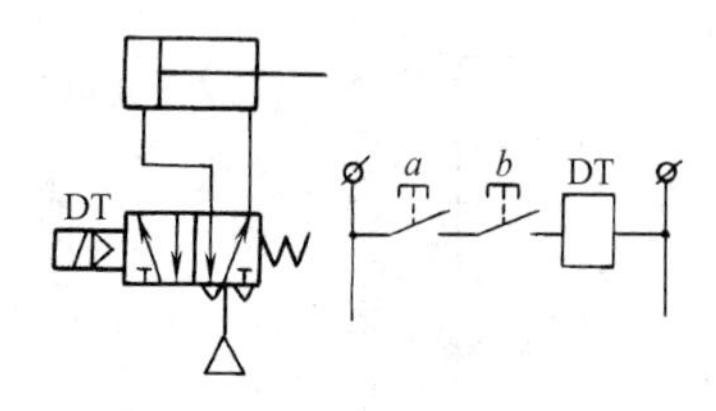

采用串联电路和单电控电磁阀构成双手同时操作回路，可确保安全</td>
<td>“两地”操作(并联)回路

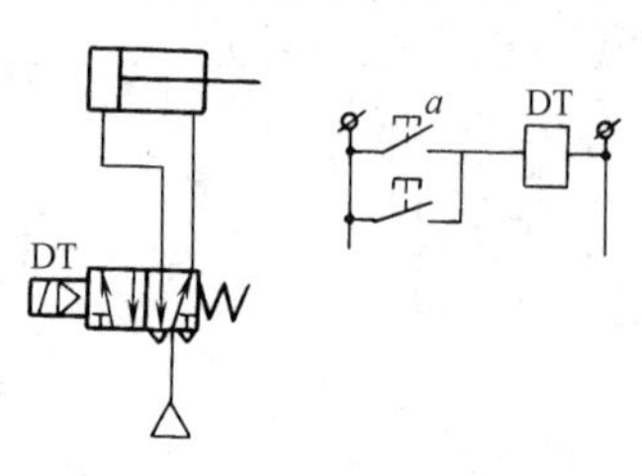

采用并联电路和电磁阀构成“两地”操作回路，两个按钮只要其中之一按下，气缸就伸出。此回路也可用于手动和自动等</td>
</tr>
<tr>
<td>具有互锁的“两地”单独操作回路

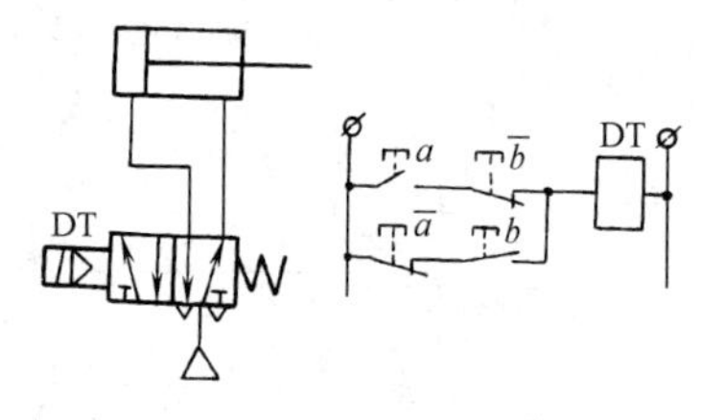

两个按钮只有其中之一按下气缸才伸出，而同时不按下或同时按下时气缸不动作</td>
<td>带有记忆的单独操作回路

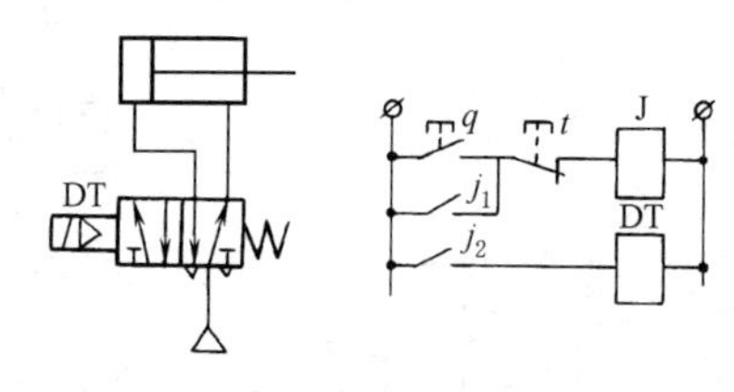

采用保持电路分别实现气缸伸出、缩回的单独操作回路。该回路在电气-气动控制系统中很常用，其中启动信号 q、停止信号 t 也可以是行程开关或外部继电路，以及它们的组合等</td>
</tr>
<tr>
<td>采用双电控电磁阀的单独操作回路

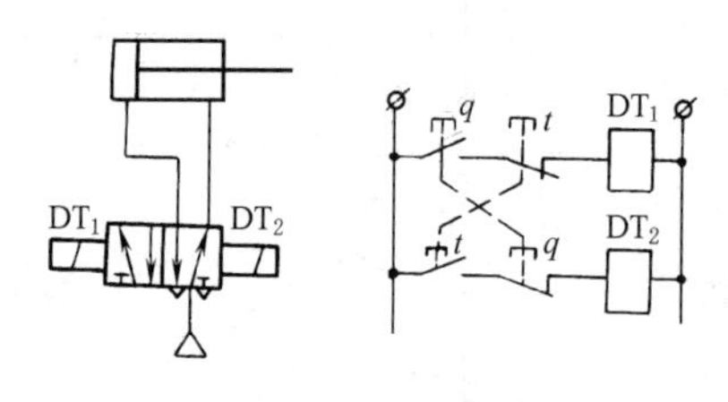

该回路的电气线路必须互锁，特别是采用直动式电磁阀时，否则电磁阀容易烧坏</td>
<td>单按钮操作回路

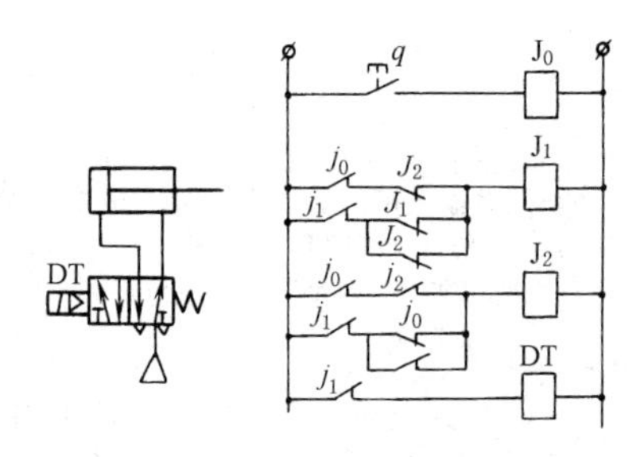

每按一次按钮，气缸不是伸出就是缩回。该回路实际是一位二进制计数回路</td>
</tr>
</table>

续表

<table>
<tr>
<td rowspan="3">往复回路</td>
<td>采用行程开关的单往复回路
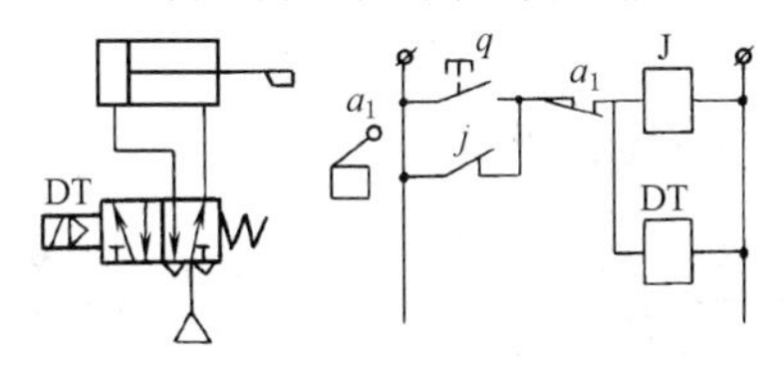

当按钮按下时，电磁阀换向，气缸伸出。当气缸碰到行程开关时，使电磁阀掉电，气缸缩回</td>
<td>采用压力开关的单往复回路
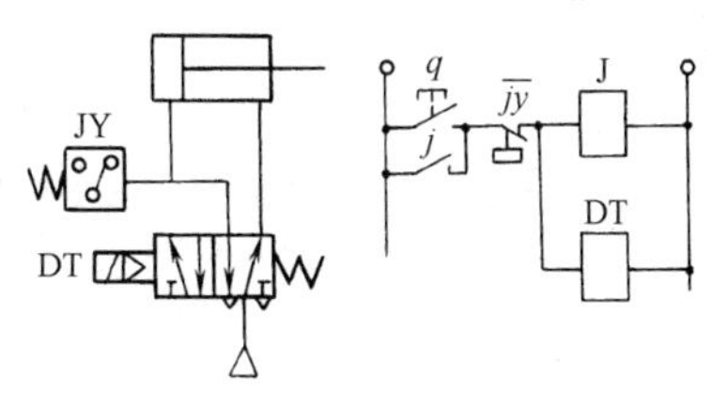

当按钮按下时，电磁阀换向，气缸伸出。当气缸碰到工件，无杆腔的压力上升到压力继电器 JY 的设定值时，压力继电器动作，使电磁阀掉电，气缸缩回</td>
</tr>
<tr>
<td>时间控制式单往复回路
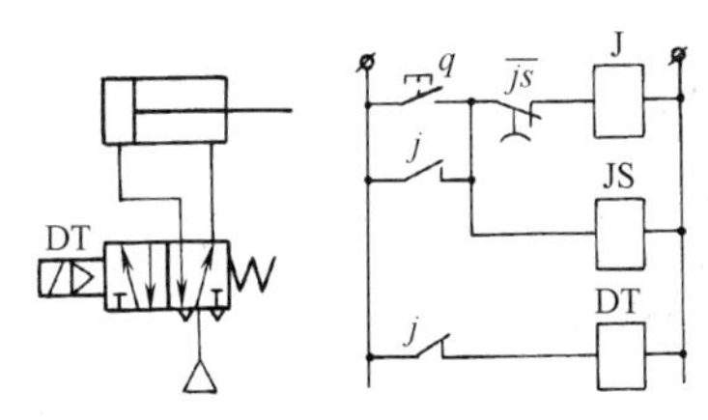

当按钮按下时，电磁阀得电，气缸伸出。同时延时继电器开始计时，当延时时间到时，使电磁阀掉电，气缸缩回</td>
<td>延时返回的单往复回路
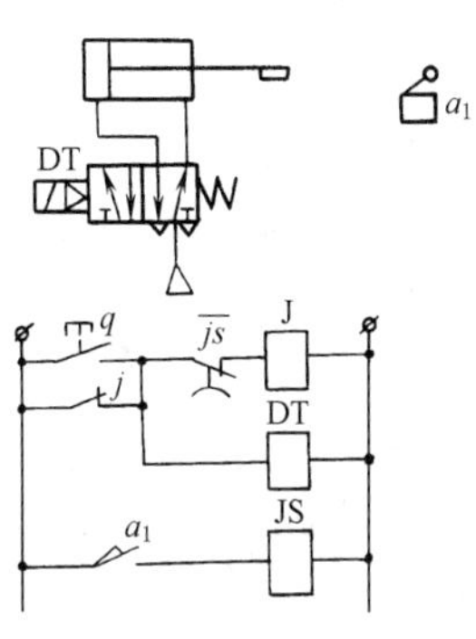

该回路可实现气缸伸出至行程端点后停留一定时间后返回</td>
</tr>
<tr>
<td>位置控制式二次往复回路
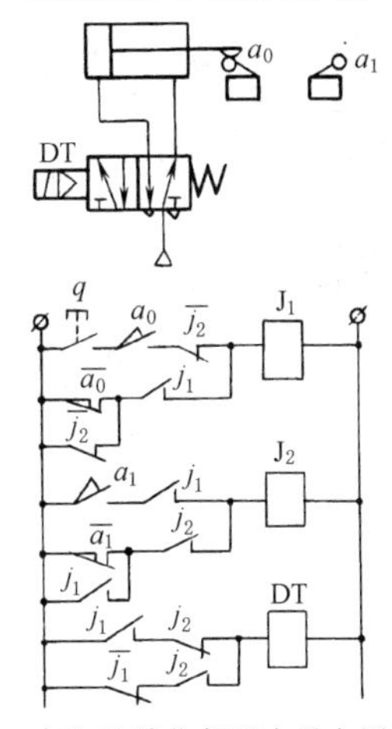

按一次按钮 q，气缸连续往复两次后在原位置停止</td>
<td>采用双电控电磁阀的连续往复回路
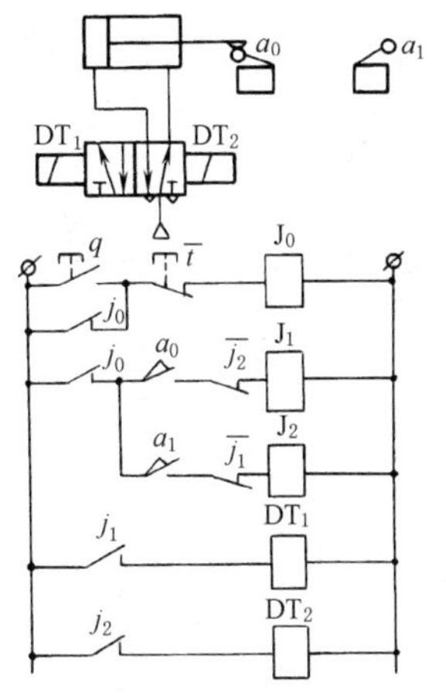

按下启动按钮 q，气缸连续前进和后退，直到按下停止按钮 t，气缸停止动作。如果在气缸前进（或后退）的途中按下停止按钮 t，气缸则在前进（或后退）终端位置停止。为了增加行程开关的触点以进行联锁，和减少行程开关的电流负载以延长使用寿命，在电气线路中增加了继电器 J_1 和 J_2</td>
</tr>
</table>

续表

往复回路

采用单电控电磁阀的连续往复回路

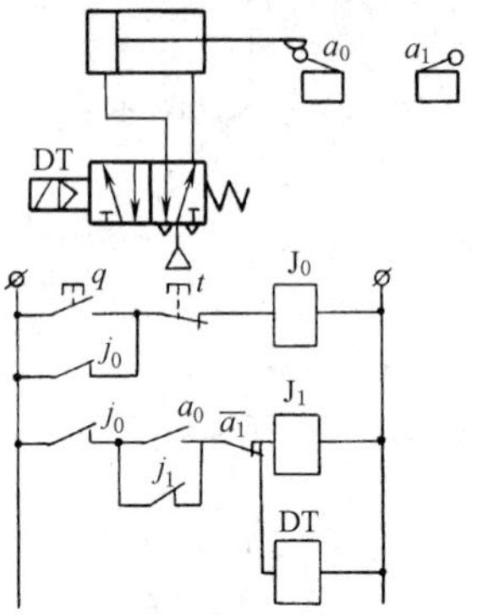

按下启动按钮 q，气缸连续前进和后退，直到按下停止按钮 t，气缸停止动作。如果在气缸前进(或后退)的途中按下停止按钮 t，气缸则在缩回位置停止。为了增加行程开关的触点以进行联锁，和减少行程开关的电流负载以延长使用寿命，在电气线路中增加了继电器 J_0 和 J_1

表 21-2-21　多气缸的电-气联合顺序控制回路

程序 $A_1A_0B_1B_0$ 的电气控制回路

X-D 线图

X/D	1 A_1	2 A_0	3 B_1	4 B_0	双控执行信号	单控执行信号
$b_0(A_1)$ A_1					$A_1^*=qb_0K_{a_1}^{b_1}$	$qb_0K_{a_1}^{b_1}$
$a_1(A_0)$ A_0					$A_0^*=a_1$	
$a_0(B_1)$ B_1					$B_1^*=a_0K_{b_1}^{a_1}$	$a_0K_{b_1}^{a_1}$
$b_1(B_0)$ B_0					$B_0^*=b_1$	

电-气控制回路

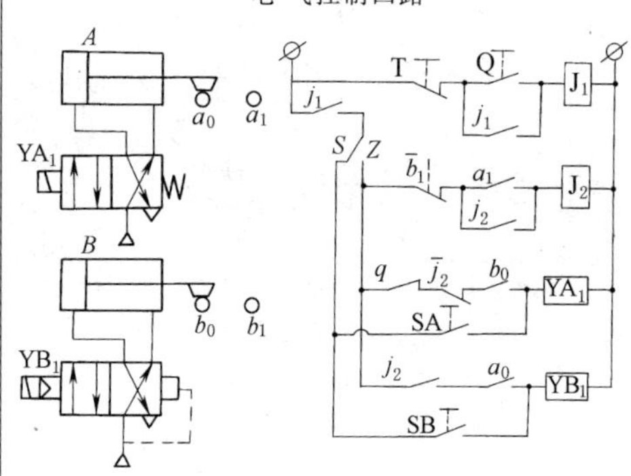

SZ 为手动/自动转换开关，S 是手动位置，Z 是自动位置，SA、SB 是手动开关

续表

程序 $A_1B_1C_0B_0A_0C_1$ 的电-气联合控制回路

X-D 线图

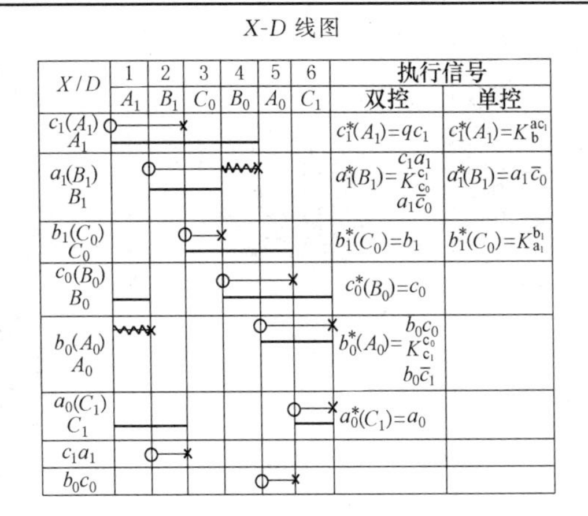

X/D	1 A_1	2 B_1	3 C_0	4 B_0	5 A_0	6 C_1	执行信号 双控	执行信号 单控
$c_1(A_1)$ / A_1							$c_1^*(A_1)=qc_1$	$c_1^*(A_1)=K_{b}^{ac_1}$
$a_1(B_1)$ / B_1							$a_1^*(B_1)=K_{c_0}^{c_1}$ c_1a_1 $a_1\bar{c}_0$	$a_1^*(B_1)=a_1\bar{c}_0$
$b_1(C_0)$ / C_0							$b_1^*(C_0)=b_1$	$b_1^*(C_0)=K_{a_1}^{b_1}$
$c_0(B_0)$ / B_0							$c_0^*(B_0)=c_0$	
$b_0(A_0)$ / A_0							$b_0^*(A_0)=K_{c_1}^{c_0}$ b_0c_0 $b_0\bar{c}_1$	
$a_0(C_1)$ / C_1							$a_0^*(C_1)=a_0$	
c_1a_1								
b_0c_0								

主控阀为单电控电磁阀的电-气控制回路

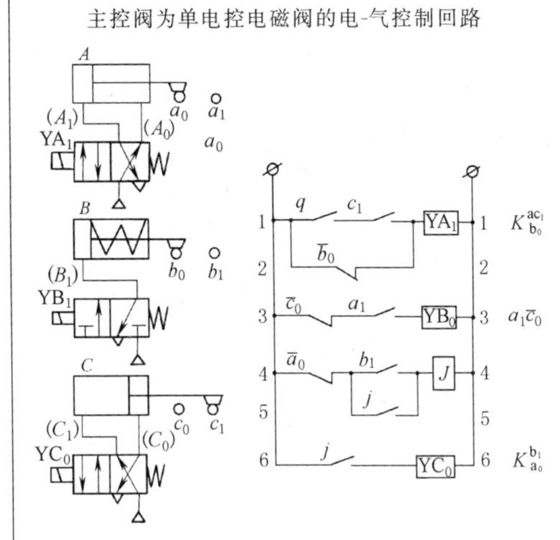

主控阀为双电控电磁阀的电-气控制回路

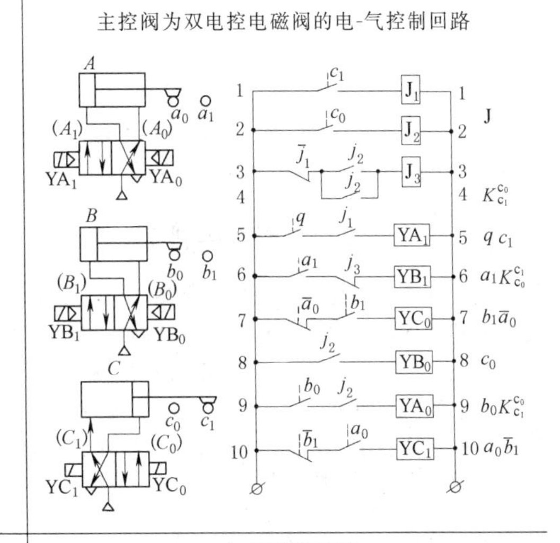

程序 $A_1B_1C_1$（延时 t）$C_0B_0A_0$ 的电-气联合控制回路

X-D 线图

No 顺序	1 A_1	2 B_1	3 C_1	4 JS_1	5 JS_0 C_0	6 B_0	7 A_0	主控信号	电磁阀控制信号
$a_0(A_1)$ / A_1								$A_1^*=\bar{j}q$	DTA1$=\bar{j}\bar{j}_0$
$a_1(B_1)$ / B_1								$B_1^*=a_1\bar{j}$	DTB1$=a_1\overline{c_0j}$
$b_1(C_1)$ / C_1								$C_1^*=b_1\bar{j}$	DTC1$=b_1\bar{j}$
$c_1(JS)$ / JS								$JS=c_1$	$JS=c_1$
$js(C_0)$ / c_0								$C_0^*=j$	
$c_0(B_0)$ / B_0								$B_0^*=c_0j$	
$b_0(A_0)$ / A_0								$A_0^*=b_0j$	DTA0$=b_0j$
J								$S=ja$ $R=a_0$	$j=(js+j)\bar{a}_0$ $J_0=(q+j_0)\bar{j}$

电-气控制回路

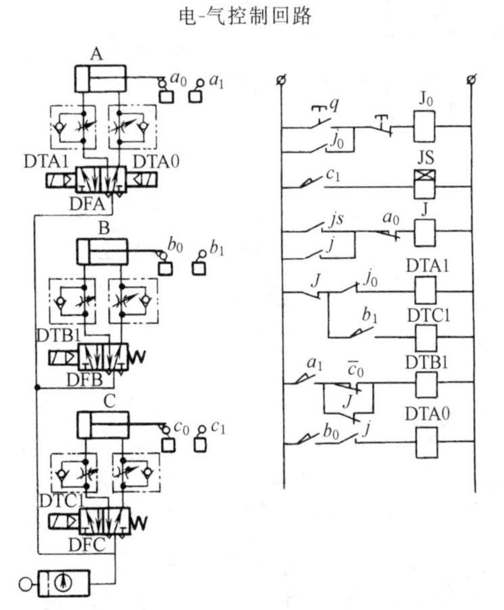

第 21 篇

续表

程序	X-D 线图	电-气控制回路
$\left[A_1B_1B_0B_1\begin{pmatrix}A_0\\B_0\end{pmatrix}\right]$ 的双缸多往复电-气联合控制回路	见下方 X-D 线图	见下方电-气控制回路

X-D 线图

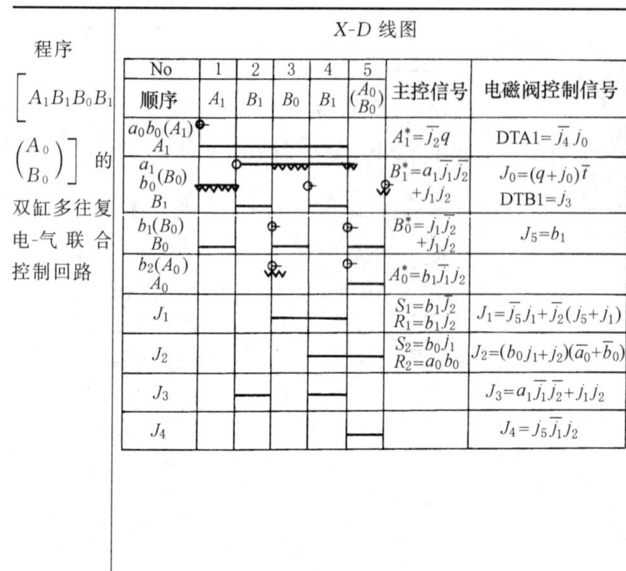

No	1	2	3	4	5	主控信号	电磁阀控制信号
顺序	A_1	B_1	B_0	B_1	$\begin{pmatrix}A_0\\B_0\end{pmatrix}$		
$a_0b_0(A_1)$ A_1						$A_1^*=\overline{j_2}q$	$DTA1=\overline{j_4}j_0$
$a_1b_0(B_0)$ B_1						$B_1^*=a_1\overline{j_1}\overline{j_2}+j_1j_2$	$J_0=(q+j_0)\overline{t}$ $DTB1=j_3$
$b_1(B_0)$ B_0						$B_0^*=j_1\overline{j_2}+\overline{j_1}j_2$	$J_5=b_1$
$b_2(A_0)$ A_0						$A_0^*=b_1\overline{j_1}j_2$	
J_1						$S_1=b_1\overline{j_2}$ $R_1=b_1j_2$	$J_1=\overline{j_5}j_1+\overline{j_2}(j_5+j_1)$
J_2						$S_2=b_0j_1$ $R_2=a_0b_0$	$J_2=(b_0j_1+j_2)(\overline{a_0}+\overline{b_0})$
J_3							$J_3=a_1\overline{j_1}\overline{j_2}+j_1j_2$
J_4							$J_4=j_5\overline{j_1}j_2$

电-气控制回路

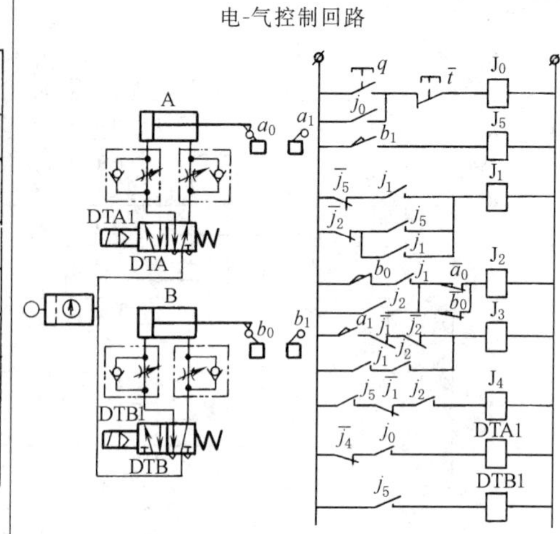

电磁阀为单电控电磁阀，J_0 为全程继电器，由启动按钮 q 和停止按钮 t 控制。J_1、J_2 是中间记忆元件。J_5 是用于扩展行程开关 b_1 的触点（假定行程开关只有一对常开-常闭触点）。为了满足电磁阀 DTA 的零位要求，引进了 J_4 继电器，继电器 J_1 的触点最多，应选用至少有四常开二常闭的型号

2.3.8 可编程控制器控制系统

随着工业自动化的飞速发展，各种生产设备装置的功能越来越强，自动化程度越来越高，控制系统越来越复杂，因此，人们对控制系统提出了更灵活通用、易于维护、可靠经济等要求，固定接线式的继电器已不能适应这种要求，于是可编程控制器（PLC）应运而生。

由于可编程控制器的显著优点，在短时间内，可编程控制器的应用就迅速扩展到工业的各个领域。并且，随着可编程控制器的应用领域不断扩大，其自身也经历了很大的发展变化，其硬件和软件得到了不断改进和提高，使得可编程控制器的性能越来越好，功能越来越强。

2.3.8.1 可编程控制器的组成

表 21-2-22 可编程控制器的组成

可编程控制器(PLC)是微机技术和继电器常规控制概念相结合的产物，是一种以微处理器为核心的用作数字控制的特殊计算机。其硬件配置与一般微机装置类似，主要由中央处理单元(CPU)、存储器、输入/输出接口电路、编程单元、电源及一些其他电路组成。其基本构成如图(a)所示

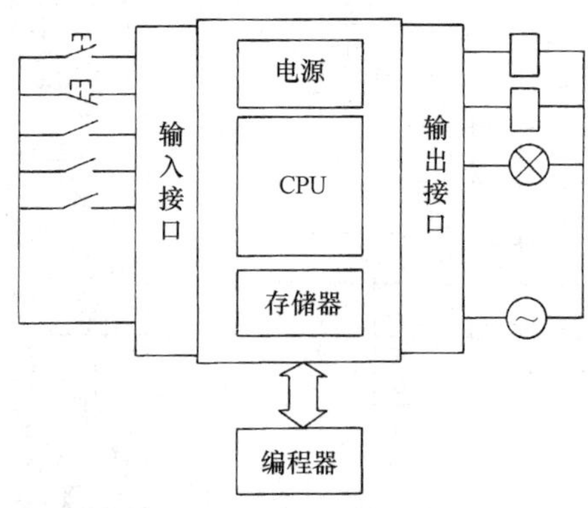

图(a) PLC硬件基本配置示意图

PLC 在结构上分为两种：一种为固定式，一种为模块式，如图(b)所示。固定式通常为微型或小型 PLC，其 CPU、输入/输出接口和电源等做成一体形，输入/输出点数是固定的[图(b)中(ⅰ)]。模块式则将 CPU、电源、输入输出接口分别做成各种模

续表

	块，使用时根据需要配置，所选用的模块安装在框架中[图(b)中(ⅱ)]。装有CPU模块的框架称之为基本框架，其他为扩充框架。每个框架可插放的模块数一般为3～10块，可扩展的框架数一般为2～5个基架，基本框架与扩展框架之间的距离不宜太大，一般为10cm左右。一些中型及大型可编程序控制器系统具有远程I/O单元，可以联网应用，主站与从站之间的通信连接多用光纤电缆来完成 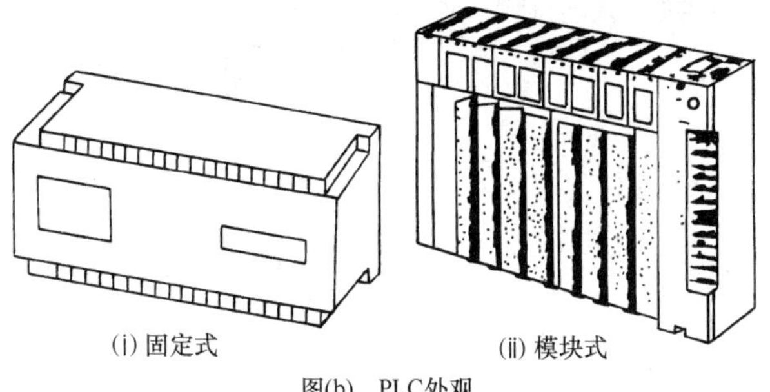 (ⅰ)固定式　(ⅱ)模块式 图(b)　PLC外观
中央处理单元(CPU)	中央处理单元是可编程控制器的核心，是由处理器、存储器、系统电源三个部件组成的控制单元。处理器的主要功能在于控制整个系统的运行，它解释并执行系统程序，完成所有控制、处理、通信和其他功能。PLC的存储器包括两大部分，第一部分为系统存储器，第二部分为用户存储器。系统存储器用来存放系统监控程序和系统数据表，由制造厂用PROM做成，用户不能访问修改其中的内容。用户存储器为用户输入的应用程序和应用数据表提供存储区，应用程序一般存放在EPROM存储器中，数据表存储区存放与应用程序相关的数据，用RAM进行存储，以适应随机存储的要求。在考虑PLC应用时，存储容量是一个重要的因素。一般小型PLC(少于64个I/O点)的存储能力低于6KB，存储容量一般不可扩充。中型PLC的最大存储能力约50KB，而大型PLC的存储能力大都在50KB以上，且可扩充容量
输入/输出单元(I/O单元)	可编程控制器是一种工业计算机控制系统，它的控制对象是工业生产设备和工业生产过程，PLC与其控制对象之间的联系是通过I/O模板实现的。PC输入输出信号的种类分为数字信号和模拟信号。按电气性能分，有交流信号和直流信号。PLC与其他计算机系统不同之处就在于通过大量的各种模板与工业生产过程、各种外设、其他系统相连。PLC的I/O单元的种类很多，主要有：数字量输入模板、数字量输出模板、模拟量输入模板、模拟量输出模板、智能I/O模板、特殊I/O模板、通信I/O模板等 虽然PLC的种类繁多，各种类型PLC特性也不一样，但其I/O接口模板的工作原理和功能基本一样

2.3.8.2　可编程控制器工作原理

表21-2-23　可编程控制器工作原理

巡回扫描原理	PLC的基本工作原理是建立在计算机工作原理基础上的，即在硬件的支持下，通过执行反映控制要求的用户程序来实现现场控制任务。但是，PLC主要是用于顺序控制，这种控制是通过各种变量的逻辑组合来完成的，即控制的实现是有关逻辑关系的实现，因此，如果单纯像计算机那样，把用户程序从头到尾顺序执行一遍，并不能完全体现控制要求，而必须采取对整个程序巡回执行的工作方式，即巡回扫描方式。实际上，PLC可看成是在系统软件支持下的一种扫描设备，它一直在周而复始地循环扫描并执行由系统软件规定好的任务。用户程序只是整个扫描周期的一个组成部分，用户程序不运行时，PLC也在扫描，只不过在一个周期中删除了用户程序和输入输出服务这两部分任务。典型PLC的扫描过程如图所示 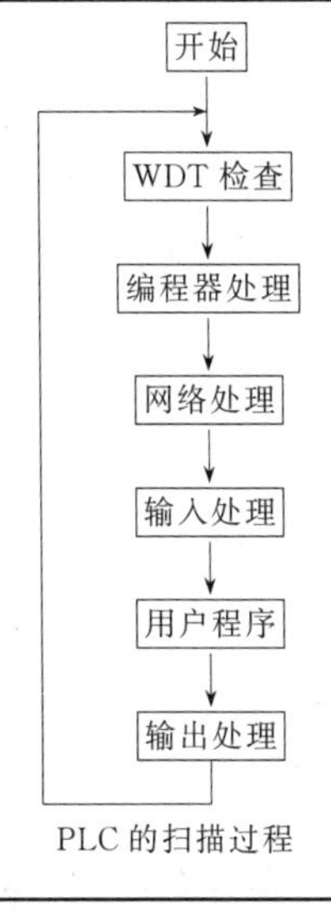 PLC的扫描过程

第21篇

续表

I/O管理	各种I/O模板的管理一般采用流行的存储映像方式，即每个I/O点都对应内存的一个位(bit)，具有字节属性的I/O则对应内存中的一个字。CPU在处理用户程序时，使用的输入值不是直接从实际输入点读取的，运算结果也不是直接送到实际输出点，而是在内存中设置了两个暂存区，即一个输入暂存区，一个输出暂存区。在输入服务扫描过程中，CPU把实际输入点的状态读入输入状态暂存区。在输出服务扫描过程中，CPU把输出状态暂存区的值传送到实际输出点 由于设置了输入、输出状态暂存区，用户程序具有以下特点 ①在同一扫描周期内，某个输入点的状态对整个用户程序是一致的，不会造成运算结果的混乱 ②在用户程序中，只应对输出赋值一次，如果多次，则最后一次有效 ③在同一扫描周期内，输出值保留在输出状态暂存区，因此，输出点的值在用户程序中也可当成逻辑运算的条件使用 ④I/O映像区的建立，使系统变为一个数字采样控制系统，只要采样周期 T 足够小，采样频率足够高，就可以认为这样的采样系统符合实际系统的工作状态 ⑤由于输入信息是从现场瞬时采集来的，输出信息又是在程序执行后瞬时输出去控制外设，因此可以认为实际上恢复了系统控制作用的并行性 ⑥周期性输入输出操作对要求快速响应的闭环控制及中断控制的实现带来了一定的困难
中断输入处理	在PLC中，中断处理的概念和思路与一般微机系统基本是一样的，即当有中断申请信号输入后，系统中断正在执行的程序而转向执行相关的中断子程序；多个中断之间有优先级排队，系统可由程序设定允许中断或禁止中断等。此外，PLC中断还有以下特殊之处 ①中断响应是在系统巡回扫描的各个阶段，不限于用户程序执行阶段 ②PLC与一般微机系统不一样，中断查询不是在每条指令执行后进行，而是在相应程序块结束后进行 ③用户程序是巡回扫描反复执行的，而中断程序却只在中断申请后被执行一次，因此，要多运行几次中断子程序，则必须多进行几次中断申请 ④中断源的信息是通过输入点进入系统的，PLC扫描输入点是按顺序进行的，因此，根据它们占用输入点的编号的顺序就自动进行了优先级的排队 ⑤多中断源有优先顺序但无嵌套关系

2.3.8.3　可编程控制器常用编程指令

虽然不同厂家生产的可编程控制器的硬件结构和指令系统各不相同，但基本思想和编程方法是类似的。下面以A-B公司的微型可编程控制器Micrologix 1000为例，介绍基本的编程指令和编程方法。

(1) 存储器构成及编址方法

由前所述，存储器中存储的文件分为程序文件和数据文件两大类。程序文件包括系统程序和用户程序，数据文件则包括输入/输出映像表（或称为缓冲区）、位数据文件（类似于内部继电器触点和线圈）、计时器/计数器数据文件等。为了编址的目的，每个文件均由一个字母（标识符）及一个文件号来表示，如表21-2-24所示。

上述文件编号为已经定义好的缺省编号，此外，用户可根据需要定义其他的位文件、计时器/计数器文件、控制文件和整数文件，文件编号可从10～255。一个数据文件可含有多个元素。对计时器/计数器文件来说，元素为3字节元素，其他数据文件的元素则为单字节元素。

存储器的地址是由定界符分隔开的字母、数字、符号组成。定界符有三种，分别为：

“:”——后面的数字或符号为元素；

“.”——后面的数字或符号为字节；

“/”——后面的数字或符号为位。

典型的元素、字及位的地址表示方法如图21-2-5所示。

表21-2-24　　数据文件的类型及标识

文件类型	标识符	文件编号	文件类型	标识符	文件编号
输出文件	O	0	计时器文件	T	4
输入文件	I	1	计数器文件	C	5
状态文件	S	2	控制字文件	R	6
位文件	B	3	整数文件	N	7

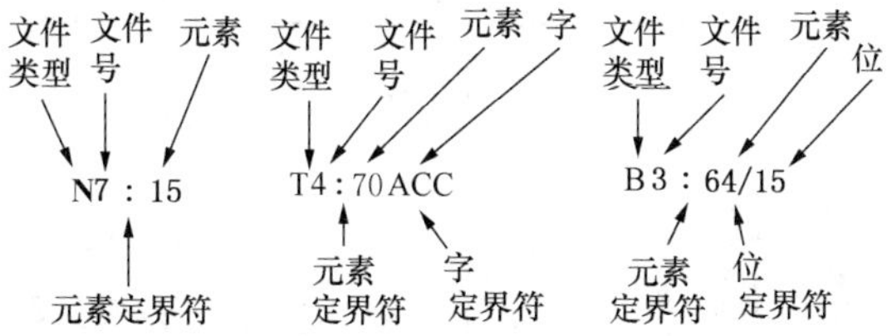

N7 : 15　　T4 : 70ACC　　B3 : 64/15

(a) 元素地址　(b) 字地址　(c) 位地址

图 21-2-5 地址的表示方法

（2）指令系统

Micrologix 1000 采用梯形图和语句两种指令形式，表 21-2-25 列出了其指令系统。

表 21-2-25　Micrologix 1000 指令系统

No	名　称	助记符	图形符号	意　义
		继电器逻辑控制指令		
1	检查是否闭合	XIC	┤├	检查某一位是否闭合，类似于继电器常开触点
2	检查是否断开	XIO	┤/├	检查某一位是否断开，类似于继电器常闭触点
3	输出激励	OTE	—( )—	使某一位的状态为 ON 或 OFF，类似于继电器线圈
4	输出锁存 输出解锁	OTL OTU	—(L)— —(U)—	OTL 使某一位的状态为 ON，该位的状态保持为 ON，直到使用一条 OUT 指令使其复位
		计时器/计数器指令		
5	通延时计时器	TON		利用 TON 指令，在预置时间内计时完成，可以去控制输出的接通或断开
6	断延时计时器	TOF		利用 TOF 指令，在预置时间间隔阶梯变成假时，去控制输出的接通或断开
7	保持型计时器	RTO		在预置时间内计时器工作以后，RTO 指令控制输出使能与否
8	加计数器	CTU		每一次阶梯由假变真，CTU 指令以 1 个单位增加累加值
9	减计数器	CTD		每一次阶梯由假变真，CTD 指令以 1 个单位把累加值减少 1
10	高速计数器	HSC		高速计数，累加值为真时控制输出的接通或断开
11	复位指令	RES		使计时器和计数器复位
		比较指令		
12	等于	EQU		检测两个数是否相等
13	不等于	NEQ		检测一个数是否不等于另一个数
14	小于	LES		检测一个数是否小于另一个数
15	小于等于	LEQ		检测一个数是否小于或等于另一个数
16	大于	GRT		检测一个数是否大于另一个数
17	大于等于	GRQ		检测一个数是否大于或等于另一个数
18	屏蔽等于	MEQ		检测两个数的某几位是否相等
19	范围检测	LIM		检测一个数是否在由另外的两个数所确定的范围内

续表

No	名　称	助记符	图形符号	意　义
运算指令				
20	加法	ADD		将源A和源B两个数相加，并将结果存入目的地址内
21	减法	SUB		将源A减去源B，并将结果存入目的地址内
22	乘法	MUL		将源A乘以源B，并将结果存入目的地址内
23	除法	DIV		将源A除以源B，并将结果存入目的地址和算术寄存器内
24	双除法	DDV		将算术寄存器中的内容除以源，并将结果存入目的地址和算术寄存器中
25	清零	CLR		将一个字的所有位全部清零
26	平方根	SQR		将源进行平方根运算，并将整数结果存入目的地址内
27	数据定标	SCL		将源乘以一个比例系数，加上一个偏移值，并将结果存入目的地址中
程序流程控制指令				
28	转移到标号 标号	JMP LBL		向前或向后跳转到标号指令
29	跳转到子程序 子程序 从子程序返回	JSR SBR RET		跳转到指定的子程序并返回
30	主控继电器	MCR		使一段梯形图程序有效或无效
31	暂停	TND		使程序暂停执行
32	带屏蔽立即输入	IIM		立即进行输入操作并将输入结果进行屏蔽处理
33	带屏蔽立即输出	IOM		将输出结果进行屏蔽处理并立即进行输出操作

2.3.8.4 控制系统设计步骤

表 21-2-26 控制系统设计步骤

1. 系统分析	对控制系统的工艺要求和机械动作进行分析，对控制对象要求进行粗估，如有多少开关量输入，多少开关量输出，功率要求为多少，模拟量输入输出点数为多少，有无特殊控制功能要求，如高速计数器等，在此基础上确定总的控制方案：是采用继电器控制线路还是采用PLC作为控制器
2. 选择机型	当选定用可编程控制器的控制方案后，接下来就要选择可编程控制器的机型。目前，可编程控制器的生产厂家很多，同一厂家也有许多系列产品，例如美国A-B公司生产的可编程控制器就有微型可编程控制器Micrologix 1000系列、小型可编程控制器SLC500系列、大中型可编程控制器PLC5系列等，而每一个系列中又有许多不同规格的产品，这就要求用户在分析控制系统类型的基础上，根据需要选择最适合自己要求的产品
3. I/O地址分配	输入输出定义就是对所有的输入输出设备进行编号，也就是赋予传感器、开关、按钮等输入设备和继电器、接触器、电磁阀等被控设备一个确定的PLC能够识别的内部地址编号，这个编号对后面的程序编制、程序调试和修改都是重要依据，也是现场接线的依据
4. 编写程序	根据工艺要求、机械动作，利用卡诺图法或信号-动作线图法求取基本逻辑函数，或根据经验和技巧，来确定各种控制动作的逻辑关系、计数关系、互锁关系等，绘制梯形图 梯形图画出来之后，通过编程器将梯形图输入可编程序控制器CPU

续表

5. 程序调试	检查所编写的程序是否全部输入、是否正确，对错误之处进行编辑、修改。然后，将PLC从编辑状态拨至监控状态，监视程序的运行情况。如果程序不能满足所希望的工艺要求，就要进一步修改程序，直到完全满足工艺要求为止。在程序调试完毕之后，还应把程序存储起来，以防丢失或破坏

2.3.8.5 控制系统设计举例

表 21-2-27 控制系统设计举例

以下图所示的系统为例说明可编程序控制器的控制程序设计方法

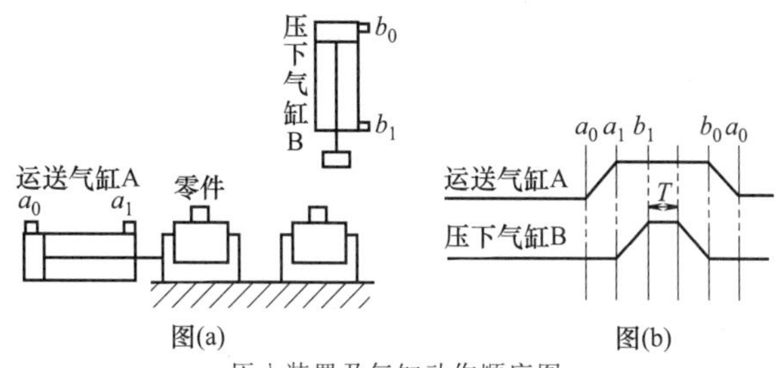

压入装置及气缸动作顺序图

系统分析	本系统控制器的输入信号有：气缸行程开关输入信号4个，启动/停止按钮输入信号2个，即总共有6个输入信号。控制器的输出为两只气缸的3个电磁铁的控制信号。此外，需要内部定时器一个
选择可编程控制器	对于这类小型气动顺序控制系统，采用微型固定式可编程控制器就足以满足控制要求。本例选取A-B公司的I/O点数为16的微型可编程序控制器Micrologix 1000系列。其中，输入点数为10点，输出点数为6点

输入/输出分配

输入分配表

输入信号	行程开关				按钮	
符号	a_0	a_1	b_0	b_1	q	t
连接端子号	1	2	3	4	5	6
内部地址	I1/1	I1/2	I1/3	I1/4	I1/5	I1/6

输出分配表

输出信号	电磁铁		
符号	YVA_0	YVA_1	YVB_0
连接端子号	1	2	3
内部地址	0/1	0/2	0/3

编写程序

如下图所示，该程序采用梯形图编程语言，这种编程语言为广大电器工作人员所熟知，每个阶梯的意义见程序右说明

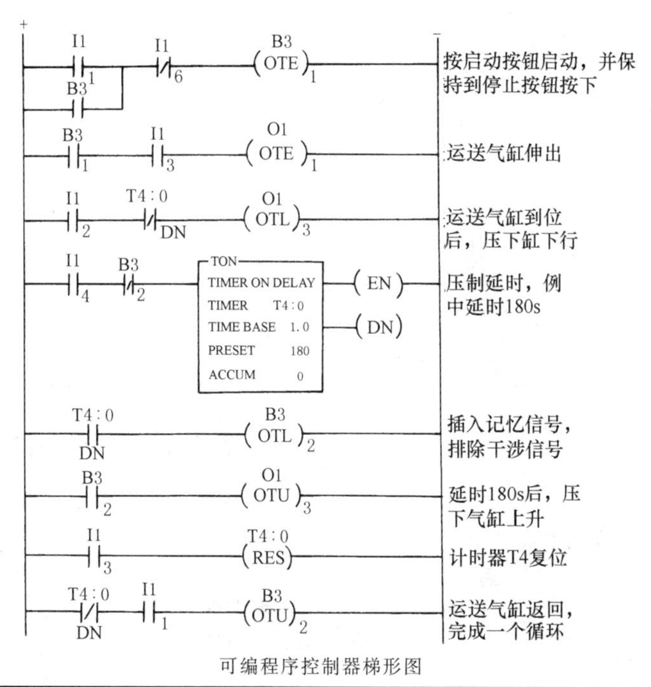

可编程序控制器梯形图

2.3.9 全气动控制系统

全气动系统包括气源、驱动回路和控制回路。控制回路又是由检测部分、控制部分、显示部分和运算部分构成的。气源由压气机、储气罐、空气处理单元等组成。驱动回路由气动执行元件、节流调速元件和主控换向阀组成。

检测部分：位置、压力、流量。

控制部分：按钮。

显示部分：位置、压力。

运算部分：实现给定的逻辑操作（状态、逻辑、顺序、延时）。

只有在易燃、易爆的特殊场合，全气动回路才是值得考虑的方案之一。

本节介绍梯形图法设计全气动控制系统。

2.3.9.1 梯形图符号集

表 21-2-28 基本符号集

名称		符号
管路		
连接点		
相交管路		
非相交管路		
按钮	弹簧复位常开	
	自锁式	
足踏开关	弹簧复位常开	
	自锁式	
机械式	弹簧复位常开	
气控方式	气控式	A B
	弹簧复位气控	
	差动式	A B
2 通口	手控式	
	主控阀 常通 常断	

名称			符号
3 通口	手控式		
	主控阀 常通 常断		
4/5 通口	手控式		
	主控阀		
6 通口	手控式		
手动按钮	常开 常闭		
3 位阀中位方式	中位封闭式	手控式	
		主控阀	
	中位排气式	手控式	
		主控阀	

表 21-2-29 控制元件梯形图助记符

名称	原理图符号	梯形图符号	名称	原理图符号	梯形图符号
手动-常开-无排气口-按钮			手动-常开-有排气口-按钮		
手动-常闭-无排气口-按钮			手动-常闭-有排气口-按钮		

第21篇

续表

名称	原理图符号	梯形图符号
机动-常开-无排气口-按钮		
机动-常闭-无排气口-按钮		
机动-常开-有排气口-按钮		
机动-常闭-有排气口-按钮		
手动-常开-无排气口-按钮		
手动-常闭-无排气口-按钮		
手动-常开-有排气口-按钮		
手动-常闭-有排气口-按钮		
手动-有排气口-2位3通按钮		
手动-有排气口-2位3通按钮		
手动-有排气-3位3通按钮		
手动-有排气-3位3通按钮		
脚踏-常开-无排气按钮		
脚踏-常闭-无排气按钮		
脚踏-常开-有排气按钮		
脚踏-常闭-有排气按钮		
脚踏-常开-有排气3通按钮		
手动-常开-无排气开关		
手动-常闭-无排气开关		
手动-常开-有排气开关		
手动-常闭-有排气开关		
手动-有排气-3通开关		
手动-有排气-3位3通开关		
双排气口-3位3通开关		
单排气口-3位3通开关		
单排气口-3位3通开关		
双排气口-3位4通开关		
常开-延时阀		
常闭-延时阀		
2位3通延时阀		
梭阀		
单稳阀-常开		
单稳阀-常闭		
双稳阀-常开		
双稳阀-常闭		
差动型-双稳阀-常开		
差动型-双稳阀-常闭		
有排气口-单稳阀-常开		
有排气口-单稳阀-常闭		

续表

名称		原理图符号	梯形图符号
有排气口-双稳阀	常开		
	常闭		
差动型-有排气口-双稳阀	常开		
	常闭		
2 位 3 通阀	单稳		
	双稳		
差动型-2 位 5 通-双稳阀			

名称	原理图符号	梯形图符号
差动型-2 位 4 通-单稳阀		
2 位 5 通-双稳阀		
差动型-2 位 5 通-双稳阀		
单排气口-3 位 5 通-双稳阀		
无排气口-3 位 5 通-双稳阀		
双排气口-3 位 5 通-双稳阀		
单排气口-3 位 5 通双稳阀		

表 21-2-30　　梯形图标注符号表

名　称	符号	备注
机械方式行程开关	LS	添脚注 ①如果只用到 M、LS、SH 等元件，不需要添加脚注 ②如果用到多个，则要添加脚注，如：M_1、M_2、M_3、LS_1、LS_2、LS_3 等来表示区别
手动按钮开关	PB	
手动切换开关	SL	
主动阀	M	
控制阀	R	
“或”功能阀	SH	
延时阀	TD	
气-电转换	A-E	
电-气转换	E-A	
指示灯	AL	
气动计数器	COUNT	
逆止阀	CH	
速度控制阀	SP	
快速排气阀	QE	
气缸	C	
空气处理元件	OL	
停止阀	ST	

2.3.9.2　设计流程

设有两只气缸 C_1 和 C_2，初始位于左端，其左端行程终点分别为 LS_1 和 LS_3，右端行程端点分别为 LS_2 和 LS_4。其动作要求：按下 PB 按钮，C_1 伸出；C_1 至伸出行程端点 LS_2 后，C_2 伸出；C_2 伸出至 LS_4 后，C_1 缩回；C_1 缩回至 LS_1 后，C_2 缩回；C_2 缩回至 LS_3 后停止。

设计按以下步骤进行。

① 画驱动回路。

② 画一个周期的时序图，见图 21-2-6。

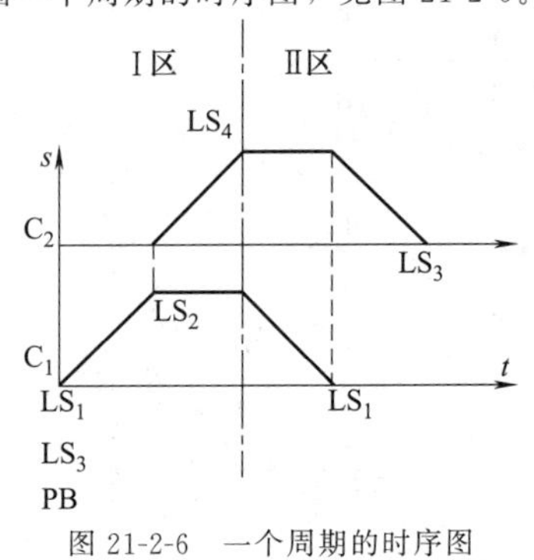

图 21-2-6　一个周期的时序图

③ 分区，$n=2$。原则：同一个执行元件的不同动作不能位于同一区内。

④ 选中继阀：$r=n-1=1$ 个。

中继阀的作用就是将 2 个分区分开，方便于设计。

⑤ 画主动作。

⑥ 补全换区条件。

⑦ 整理（行号，线号）。梯形图如图 21-2-7 所示。

⑧ 绘制气动原理图，见图 21-2-8。

2.3.9.3 基本回路

基本回路见表 21-2-31。

2.3.9.4 应用回路

在上述基本回路的基础上，增加手动、复位、急停等功能，即构成实际应用回路，增加的功能需通过相应的中继阀实现。

应用回路见表 21-2-32。

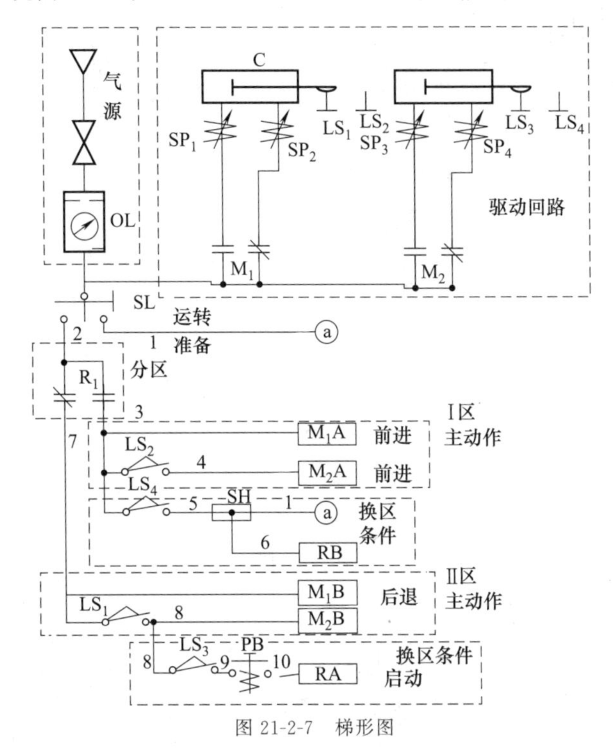

图 21-2-7 梯形图

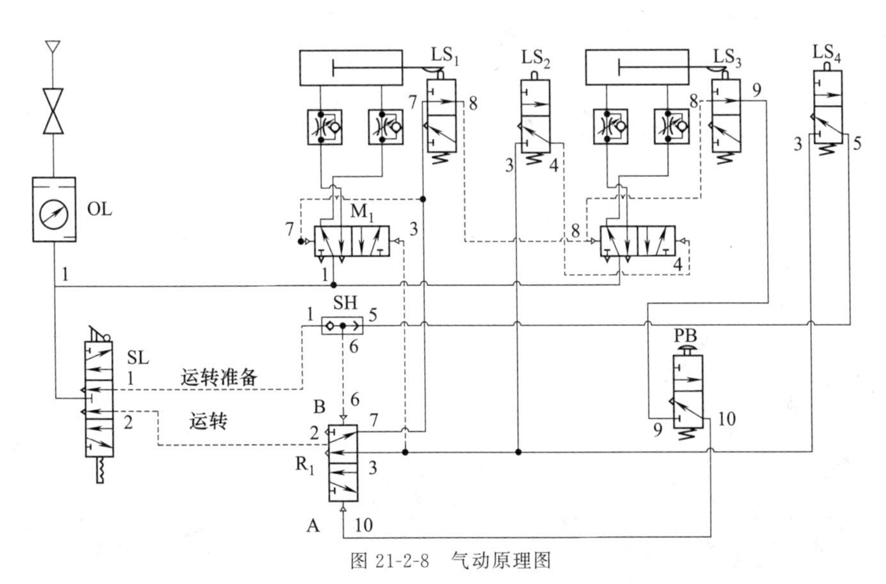

图 21-2-8 气动原理图

表 21-2-31　　　　基本回路

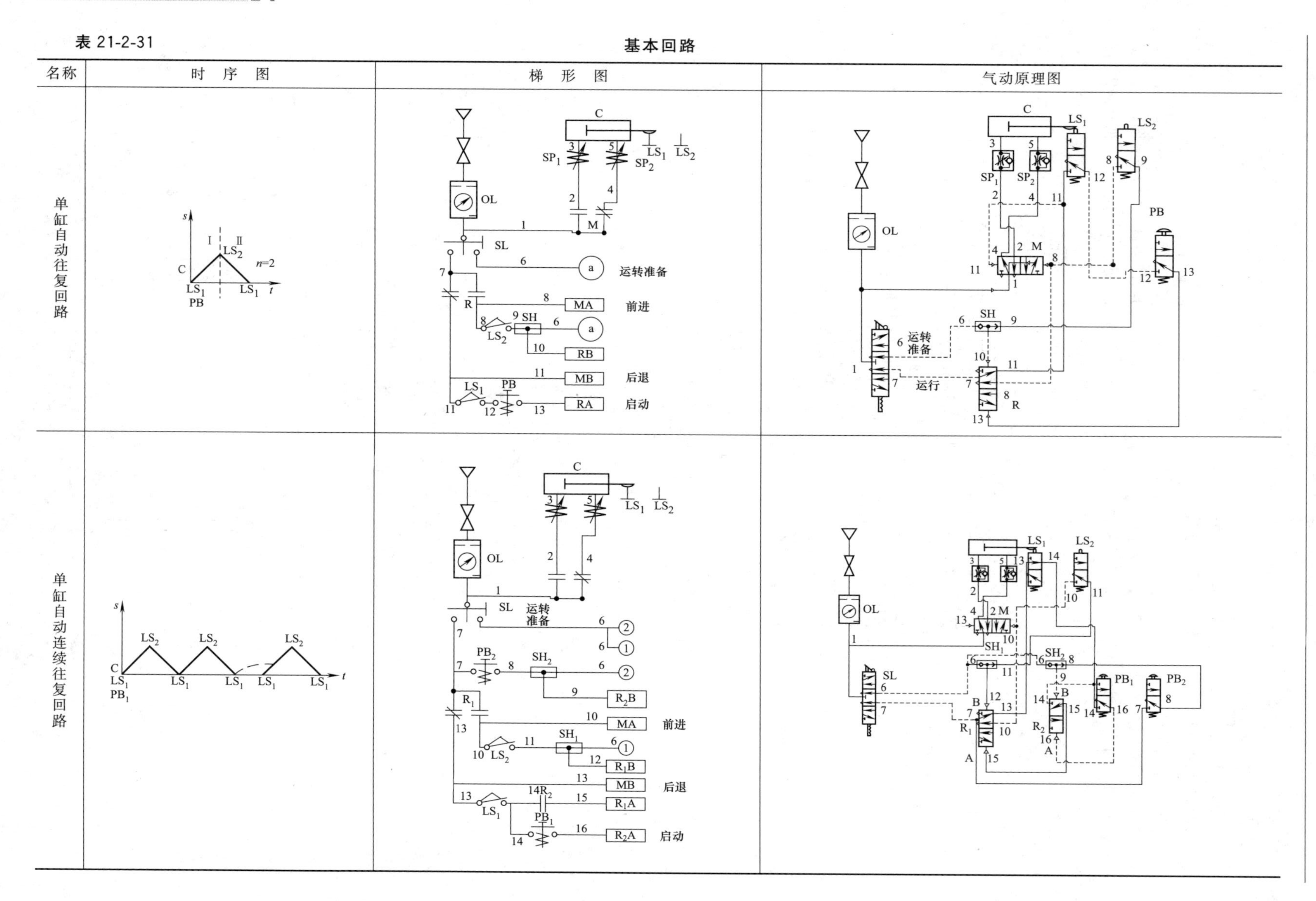
名称
时序图
梯形图
气动原理图
单缸自动往复回路
单缸自动连续往复回路
运转准备
前进
后退
启动
运行
n=2
C
OL
SL
SH
SH1
SH2
PB
PB1
PB2
M
R
R1
R2
LS1
LS2
SP1
SP2
MA
MB
RA
RB
R1A
R1B
R2A
R2B

续表

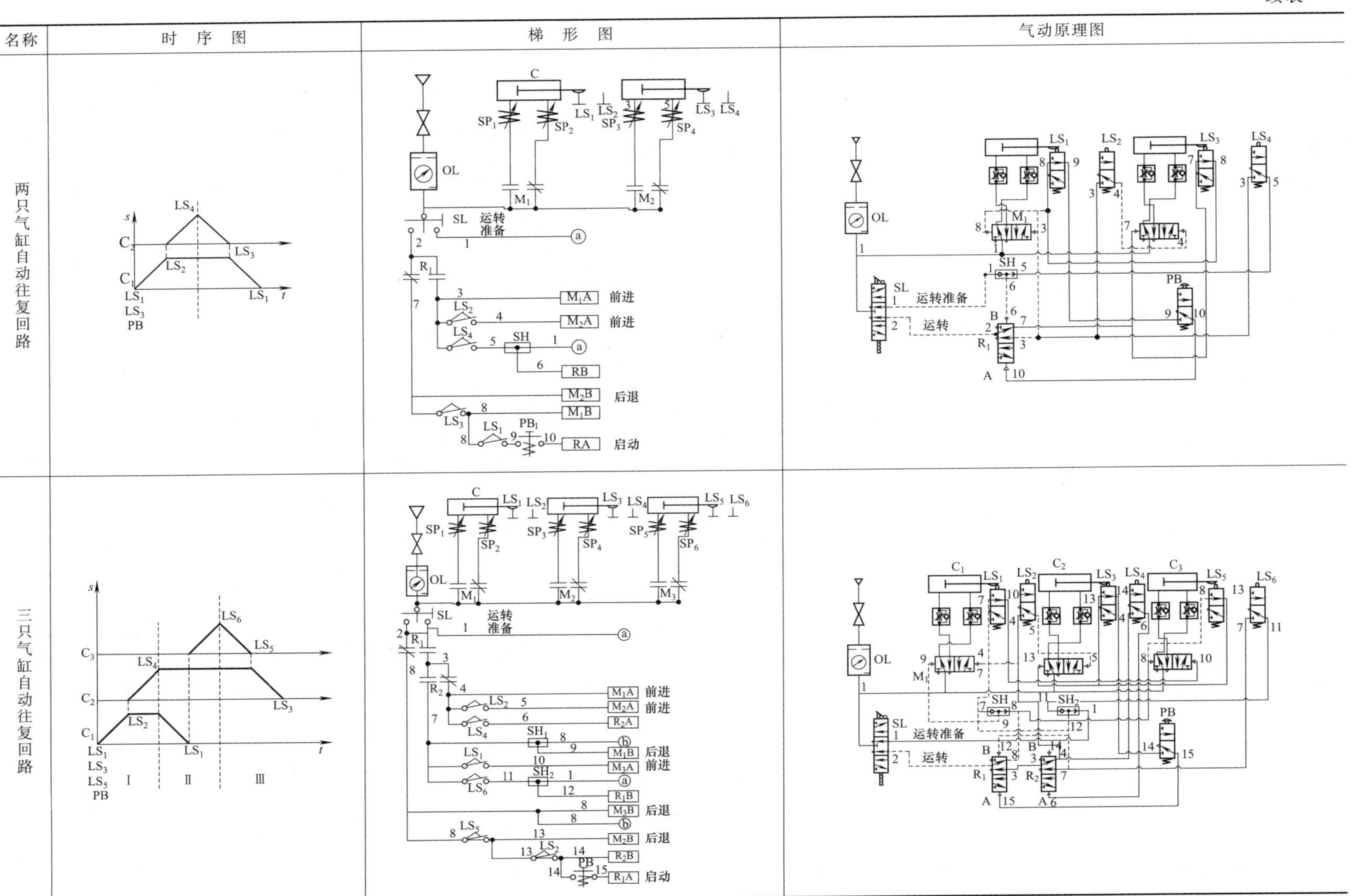

续表

名称	时序图	梯形图	气动原理图
单只气缸带延时自动往复回路	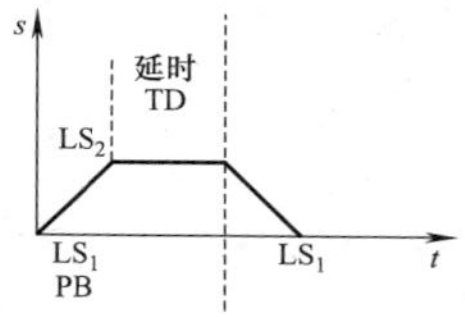 s, t, LS$_2$, 延时 TD, LS$_1$ PB, LS$_1$	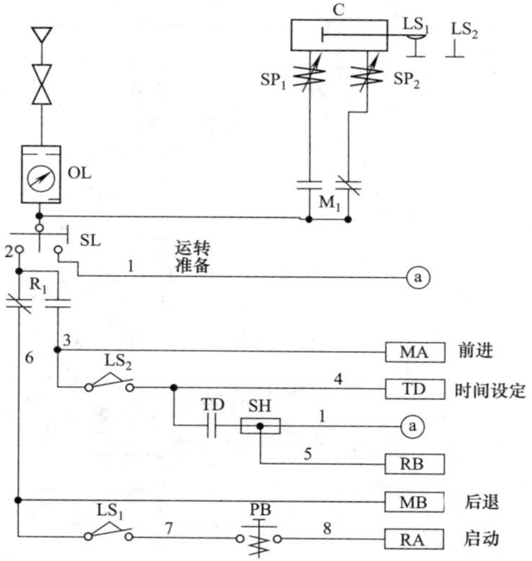 C, LS$_1$, LS$_2$, SP$_1$, SP$_2$, OL, M$_1$, SL, 运转准备, R$_1$, MA 前进, TD 时间设定, TD, SH, RB, MB 后退, LS$_1$, LS$_2$, PB, RA 启动	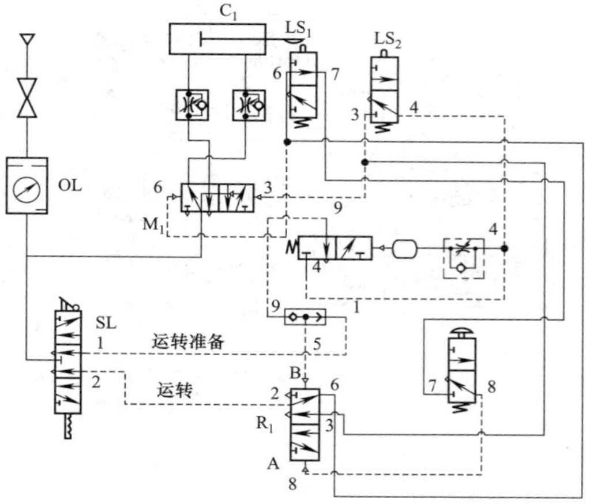 C$_1$, LS$_1$, LS$_2$, OL, M$_1$, SL, 运转准备, 运转, B, R$_1$, A
两只气缸延时自动往复回路(Ⅰ)	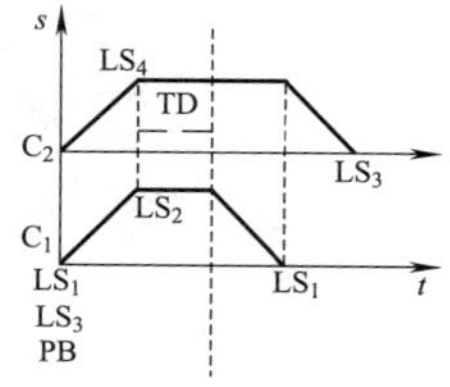 s, t, C$_2$, C$_1$, LS$_4$, TD, LS$_3$, LS$_2$, LS$_1$ LS$_3$ PB, LS$_1$	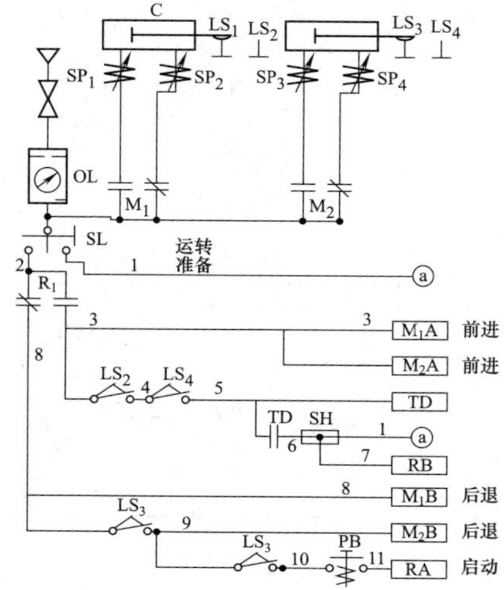 C, LS$_1$, LS$_2$, LS$_3$, LS$_4$, SP$_1$, SP$_2$, SP$_3$, SP$_4$, OL, M$_1$, M$_2$, SL, 运转准备, R$_1$, M$_1$A 前进, M$_2$A 前进, TD, SH, RB, M$_1$B 后退, M$_2$B 后退, PB, RA 启动	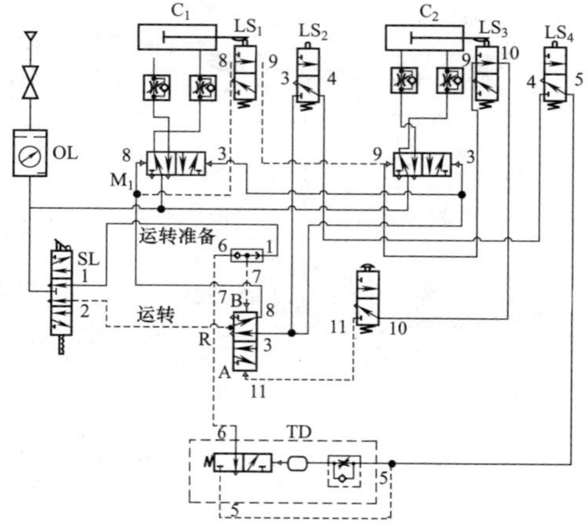 C$_1$, C$_2$, LS$_1$, LS$_2$, LS$_3$, LS$_4$, OL, M$_1$, SL, 运转准备, 运转, B, R, A, TD

续表

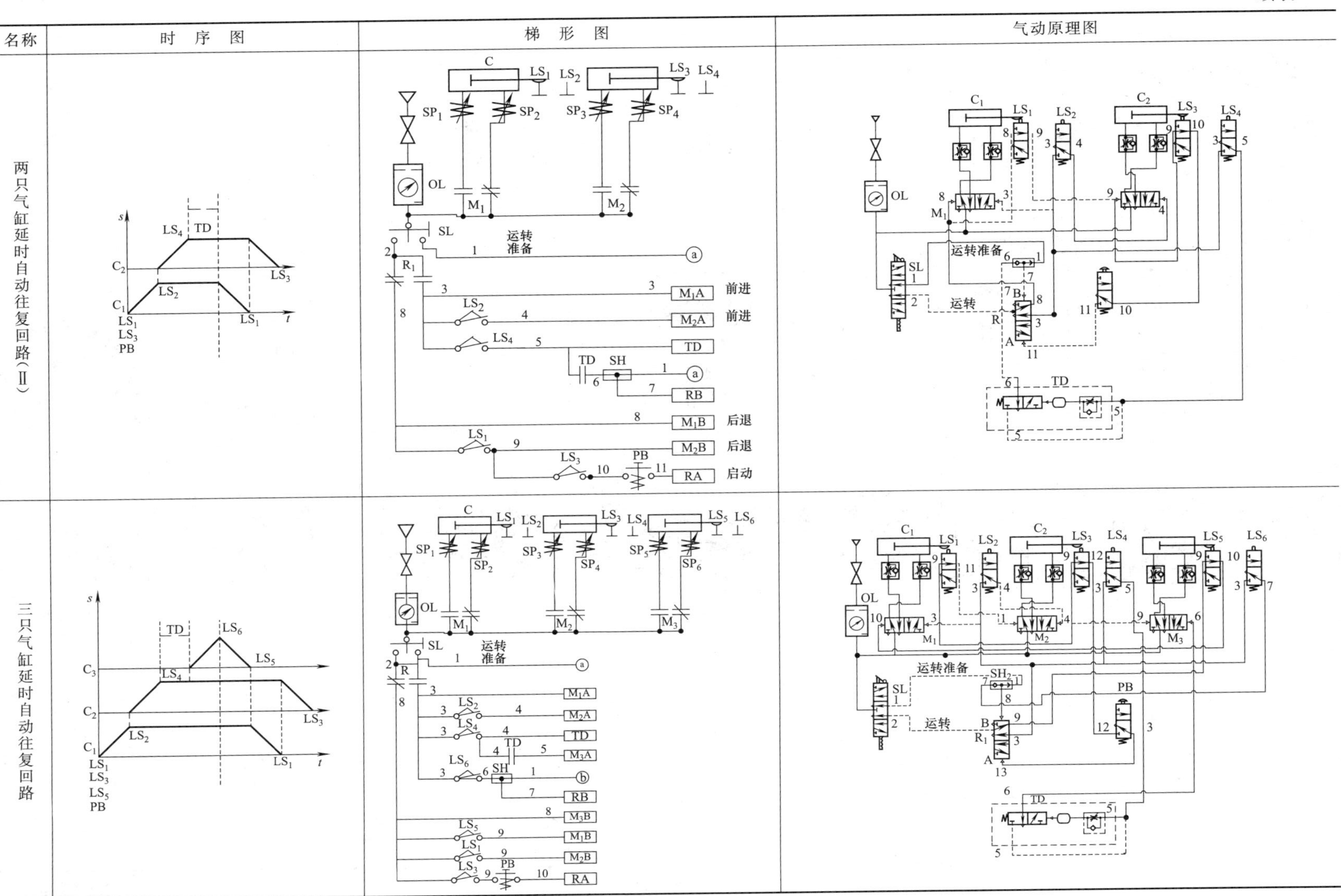

名称	时序图	梯形图	气动原理图
两只气缸延时自动往复回路（Ⅱ）			
三只气缸延时自动往复回路			

表 21-2-32

应用回路

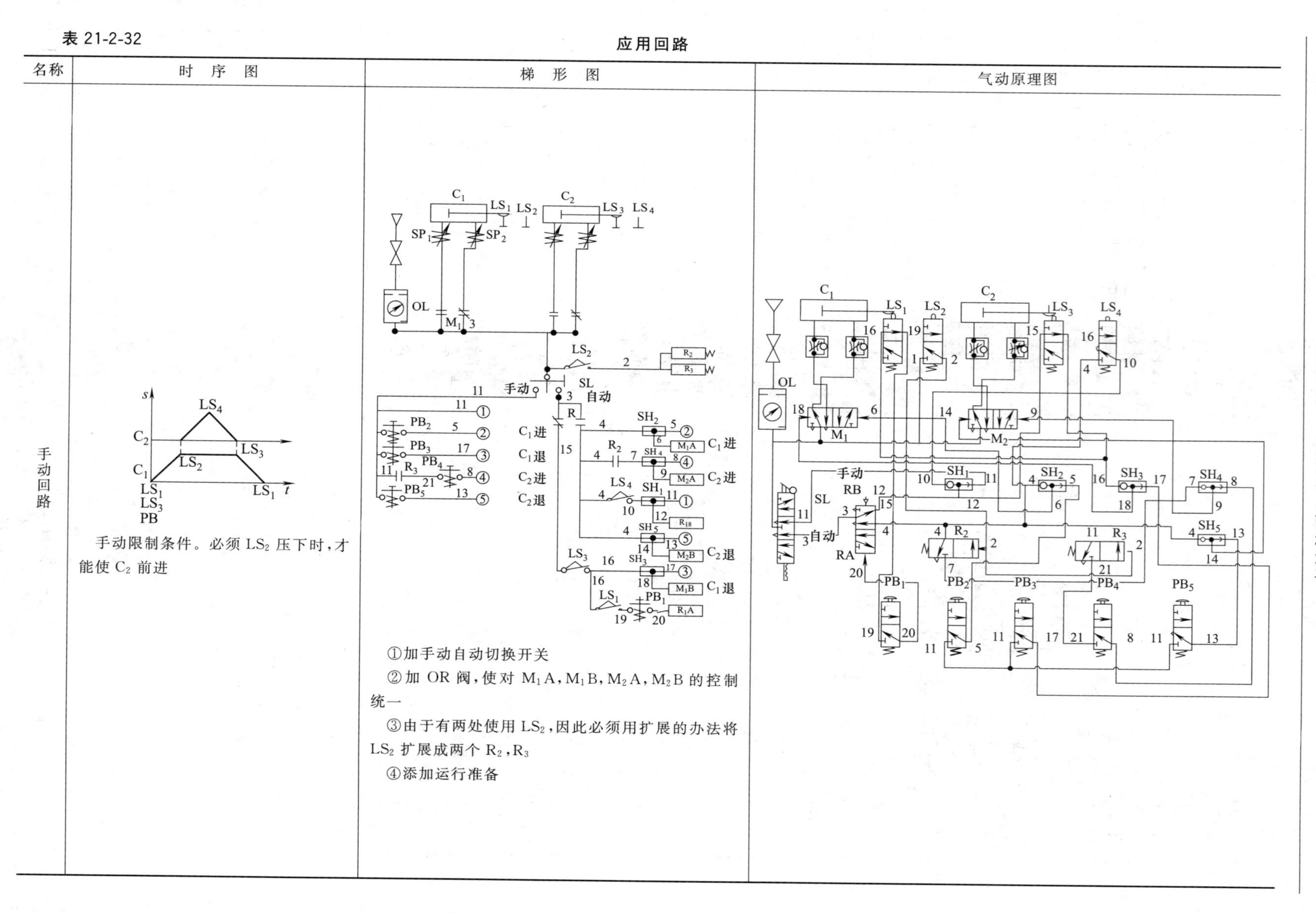

名称	时序图	梯形图	气动原理图
手动回路	手动限制条件。必须 LS_2 压下时，才能使 C_2 前进	①加手动自动切换开关 ②加 OR 阀，使对 M_1A，M_1B，M_2A，M_2B 的控制统一 ③由于有两处使用 LS_2，因此必须用扩展的办法将 LS_2 扩展成两个 R_2，R_3 ④添加运行准备	

续表

名称	时序图	梯形图	气动原理图
紧急复位回路	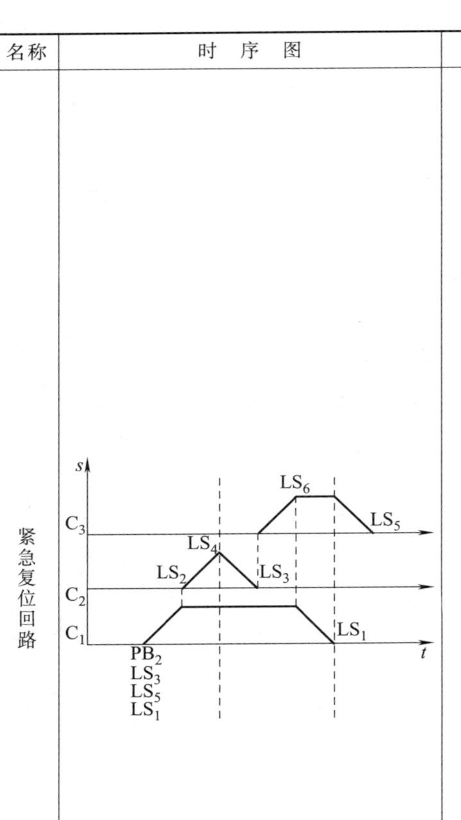		

续表

名称	时序图	梯形图	气动原理图
紧急停止回路	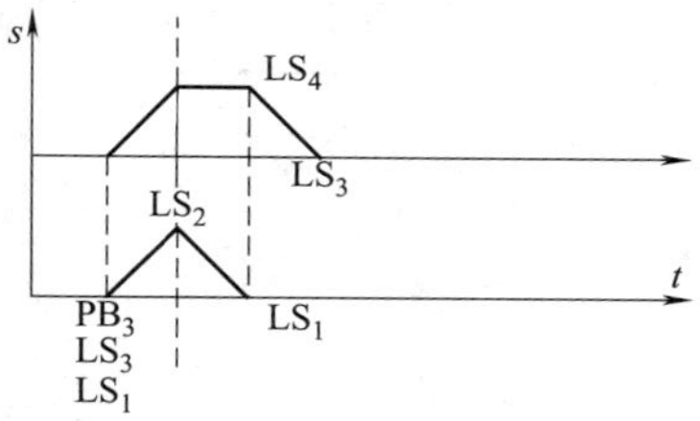 按下急停按钮，系统立即停止动作	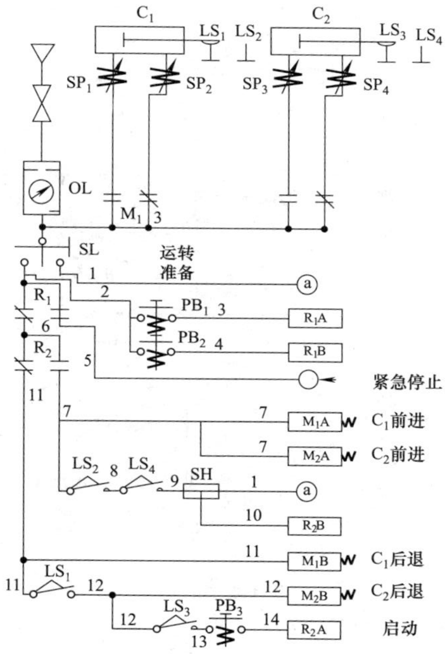	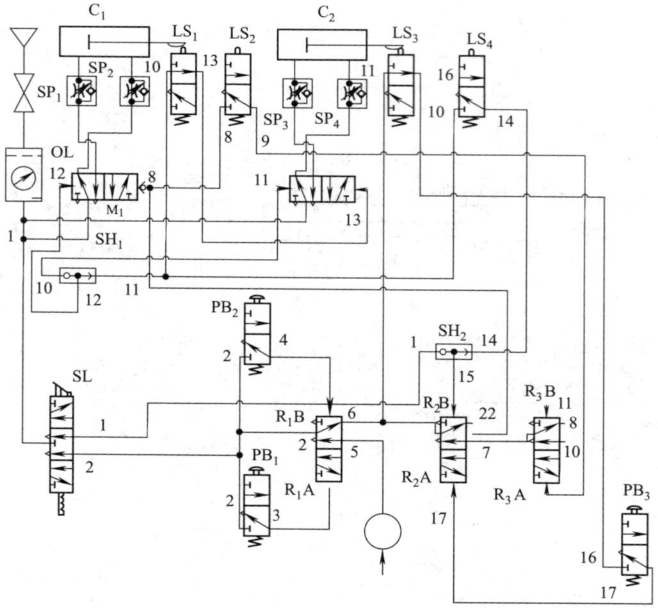

2.3.9.5 应用实例

某全气动清洗机如图 21-2-9 所示。其动作时序如图 21-2-10 所示。PB 按下，实现规定时序动作；PB_2 按下紧急复位。清洗机梯形图见图 21-2-11，气动系统原理如图 21-2-12 所示。

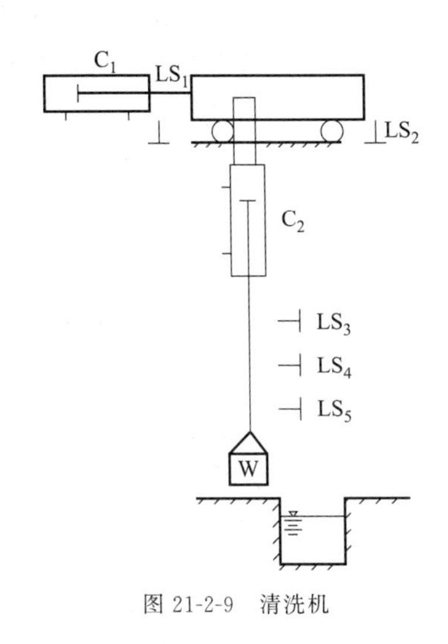

图 21-2-9 清洗机

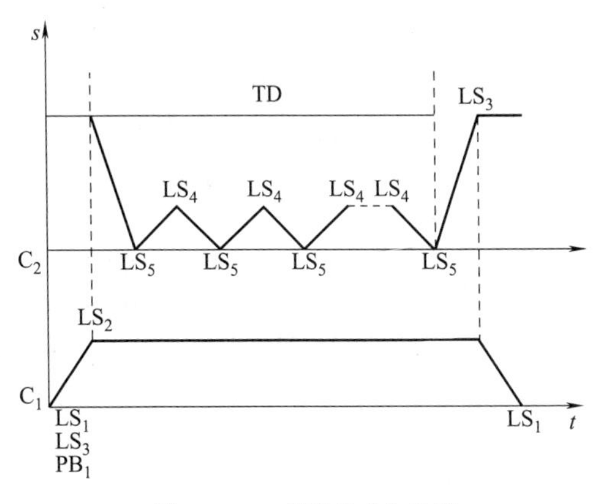

图 21-2-10 清洗机动作时序

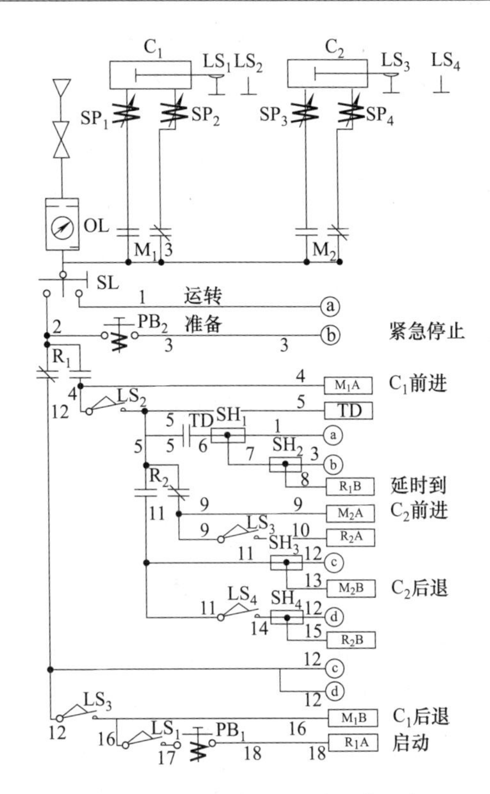

注：分成 2 级，(1) 是 2 气缸的顺序动作回路，(2) 是一个气缸的循环回路（延时决定）循环次数。

图 21-2-11 清洗机梯形图

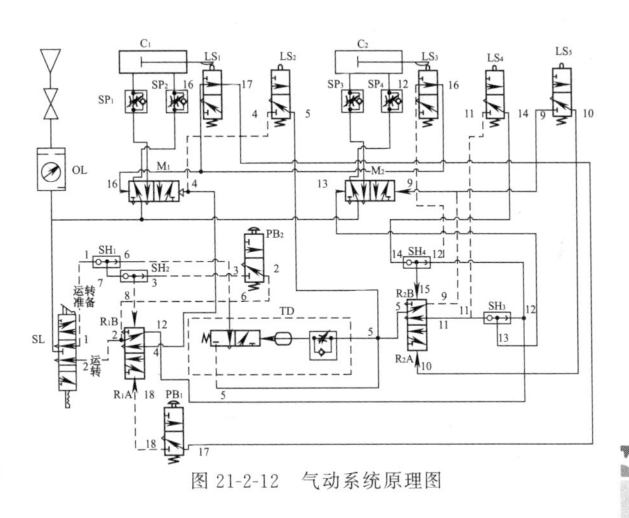

图 21-2-12 气动系统原理图

2.3.10 计算机数字控制系统 CNC

计算机数字控制器 CNC 用于控制机床，如钻孔、切割和车床等。第一台自动化机床使用木制图案进行测量，将其形状转移到工件上，然后用一个数字模型替换木制图案，其中工件坐标以大多数二进制数字代码的形式存储。CNC 控制器的主要目的是将使用软件创建的工件的计算机模型转换为工具的运动序列。

2.3.11 机器人控制系统 RC

机器人控制器 RC 专门用于控制工业机器人，其结构与 CNC 控制器类似。

2.3.12 气动非时序逻辑系统设计

由与、或、非三种基本逻辑门组成的无反馈连接的线路称为逻辑线路。非时序逻辑问题的特点是：输入变量取值是随机的，没有时间顺序。系统输出只与输入变量的组合有关，与输入变量取值的先后顺序无关。

逻辑线路的设计方法有两种，代数法和图解法（卡诺图法）。因图解法是建立在代数的理论基础上，所以两种方法实质是相同的。

代数法的设计步骤如下。

(1) 数学化实际问题，列出动作顺序表。

(2) 由动作顺序表列出输入、输出真值表，并写出逻辑函数式。

(3) 将逻辑函数式化简为最简逻辑函数式。

(4) 根据化简后的逻辑函数选取基本逻辑回路

(5) 作出气动逻辑原理图和气动回路原理图。

气动逻辑原理图的基本组成及符号以及绘制方法如下。

(1) 在逻辑原理图中，主要用“是”“与”“或”“非”和“双稳”等逻辑符号表示。注意，其中任一逻辑符号可理解为逻辑运算符号，不一定总代表某一确定的元件，这是因为逻辑图上的某逻辑符号，在气动回路原理图上可用多种方案表示。

(2) 执行元件动作的两种输出状态，如：伸出/缩回、正转/反转，由主控阀及其输出表示，而主控阀常用双控阀，具有记忆功能，可以用“双稳”逻辑符号来表示。

(3) 行程发信装置主要是行程阀，也包括外部信号输入装置，如启动阀、复位阀等。这些原始控制信号用小方框加相应的内部标注表示。

气动回路原理图是根据逻辑原理图绘制的，绘制时应注意以下几点。

(1) 要根据具体情况而选用气阀或逻辑元件。通常气阀及执行元件图形符号必须按《液压及气动图形符号》国家标准绘制。

(2) 一般规定工作程序图的最后程序终了时作为气动回路的初始位置（或静止位置），因此，气动回路原理图上气阀的供气及进出口连接位置，应按回路初始位置的状态连接。

(3) 控制回路的连接一般用虚线表示，但对复杂的气动系统，为防止连线过乱，亦可用细实线代替虚线。

(4) “与”“或”“非”“双稳”等逻辑关系可用逻辑元件或二位换向阀来实现。行程阀与启动阀常采用二位三通阀。

(5) 在回路原理图上应写出工作程序或对操作要求的文字说明。

(6) 气动回路原理图的习惯画法：把系统中全部执行元件（如气缸、气马达等）水平排列，在执行元件的下面画上相对应的主控阀，而把行程阀直观地画在各气缸活塞杆伸缩状态对应的水平位置上。

在画气动回路原理图时要注意，无障碍的原始信号，直接与气源相接（有源元件）。有障碍的原始信号，不能直接与气源相接（无源元件）；若用辅助阀消障，则只需使它们通过辅助阀与气源串接。

最后还必须指出，以上的气动回路原理图仅是为了执行元件完成所需要的动作设计，它只是整个气动控制系统的一部分。一个完整的气动系统还应有气源装置、调速线路、手动及自动转换装置及显示装置等部分。

2.3.13　设计举例

2.3.13.1　用公式法化简逻辑函数

逻辑函数是逻辑线路的代数表示形式，可由反映实际问题的真值表得到。一般来讲逻辑表达式愈简单逻辑线路就愈简单，所需要的器件也就愈少，这样既节省了元件同时也提高了线路的可靠性。通常从逻辑问题概括出来的逻辑函数不一定是最简的，所以要求对逻辑函数进行化简，找出最简的表达式，这是逻辑设计的必需步骤，但随着计算机辅助设计软件的使用，其手工进行化简的机会正在下降，但这是一个基础。

最简的函数表达式的标准是：表达式中所含项数量最少；每项中所含变量个数最少。

公式法化简是利用逻辑函数的基本公式、定律及常用公式来对函数进行的化简方法。

对于逻辑函数的化简，除了前面介绍的应用逻辑函数代数的公式进行化简以外，还有一种通过表格的形式表示逻辑函数进而化简逻辑函数的方法——卡诺图法。它是1953年由美国工程师卡诺首先提出的。用卡诺图法不仅可以把逻辑函数表示出来，更重要的是为化简逻辑函数提供了新的途径。卡诺图是真值表的变换，它比真值表更明确地表示出逻辑函数的内在联系。使用真值表可以直接写出最简函数，避免了复杂的逻辑代数函数运算。

卡诺图：把变量的最小项按照一定的规则将其排列在方格图内所得到的图形。每一个方格填入一个最小项。n个变量有2^n个最小项，对应就有2^n个小方格。卡诺图是一个如同救生圈状的立体图形，为了便于观察和研究，将它沿内圈剖开，然后横向切断并展开得到一个矩形图形。图21-2-13所示为自变量为2～4个的卡诺图。

这种排列方式能够让任意两个相邻小方格之间只有一个变量改变。

$B \backslash A$	$\bar{A}$	A
$\bar{B}$	$\bar{A}\bar{B}$	$A\bar{B}$
B	$\bar{A}B$	AB

(a) 2个变量

$C \backslash AB$	$\bar{A}\bar{B}$	$\bar{A}B$	AB	$A\bar{B}$
$\bar{C}$	$\bar{A}\bar{B}\bar{C}$	$\bar{A}B\bar{C}$	$AB\bar{C}$	$A\bar{B}\bar{C}$
C	$\bar{A}\bar{B}C$	$\bar{A}BC$	ABC	$A\bar{B}C$

(b) 3个变量

$CD \backslash AB$	$\bar{A}\bar{B}$	$\bar{A}B$	AB	$A\bar{B}$
$\bar{C}\bar{D}$	$\bar{A}\bar{B}\bar{C}\bar{D}$	$\bar{A}\bar{B}\bar{C}\bar{D}$	$AB\bar{C}\bar{D}$	$A\bar{B}\bar{C}\bar{D}$
$\bar{C}D$	$\bar{A}\bar{B}\bar{C}D$	$\bar{A}B\bar{C}D$	$AB\bar{C}D$	$A\bar{B}\bar{C}D$
CD	$\bar{A}\bar{B}CD$	$\bar{A}BCD$	$ABCD$	$A\bar{B}CD$
$C\bar{D}$	$\bar{A}\bar{B}C\bar{D}$	$\bar{A}BC\bar{D}$	$ABC\bar{D}$	$A\bar{B}C\bar{D}$

(c) 4个变量

图 21-2-13　卡诺图

2.3.13.2　应用卡诺图化简逻辑函数

应用卡诺图化简逻辑函数时，先将逻辑式中的最小项（或逻辑真值表中取值为 1 的最小项）分别用“1”填入相应的小方格内。如果逻辑式中的最小项不全，则填写“0”或者空着不填。如果逻辑不是由最小项构成，一般应先化为最小项形式。卡诺图填写完成之后就可以进行化简进而写出最简逻辑函数式，有两种形式的最简逻辑函数，即“与-或式”和“或-与式”。

用卡诺图写最简“与-或式”的步骤如下。

① 将逻辑函数写成最小项表达式。

② 按最小项表达式填卡诺图，凡式中包含了的最小项，其对应方格填“1”，其余方格填“0”。

③ 将卡诺图上数值为“1”的相邻小格子圈在一起，相邻小方格包括同列中的最上行与最下行及同行中最左列和最右列的两个小方格。所圈取值为“1”的相邻小方格的个数应为 2 的整数倍。

④ 圈的个数应尽可能少，圈内小方格的个数应尽可能多。每圈必须包含至少一个未被圈过的取值为“1”的小方格；每个取值为“1”的小方格可被圈多次，但不能遗漏。

⑤ 相邻的两项可以消去一个因子合并为一项，相邻的四项可以消去两个因子合并为一项，以此类推，每一个圈都可以合并为一项，最小的圈可以只含一个小方格，但是不能化简。

将每一个圈化简得到的式子相加，即为所求的最简“与-或式”。卡诺图化简就是保留一个圈内的相同变量，除去不同变量。

例：设某逻辑控制系统，它由两个气动缸 A，B 及四个按钮 a，b，c，d 组成，其动作要求如下。

(1) 按钮 a 接通，A 缸进，B 缸退；

(2) 按钮 b 接通，B 缸进，A 缸退；

(3) 按钮 c 接通，A 缸进，B 缸进；

(4) 按钮 d 接通，A 缸退，B 缸退；

(5) 按钮 a，b 都接通，A、B 缸都退；

(6) 按钮 a，b，c，d 都不通，A、B 两缸保持原状态。

按照上述设计要求，可列出他们相互关系的真值表，如表 21-2-33 所示。

表 21-2-33　　真值表

输入				输出			
a	b	c	d	A_0	A_1	B_0	B_1
1	0	0	0	0	1	1	0
0	1	0	0	1	0	0	1
0	0	1	0	0	1	0	1
0	0	0	1	1	0	1	0
1	1	0	0	1	0	1	0
0	0	0	0	0	0	0	0

注：A_0—A 缸退；A_1—A 缸进；B_0—B 缸退；B_1—B 缸进。

由真值表可知，四个逻辑函数 A_0，A_1，B_0，B_1 都包含有四个自变量 a，b，c，d，即

$A_1=f_1$ (a，b，c，d)，$A_0=f_2$ (a，b，c，d)，$B_1=f_3$ (a，b，c，d)，$B_0=f_4$ (a，b，c，d)。

为了利用卡诺图设计逻辑线路，先根据真值表作出卡诺图，将上表画圈分组，如图 21-2-14 所示。

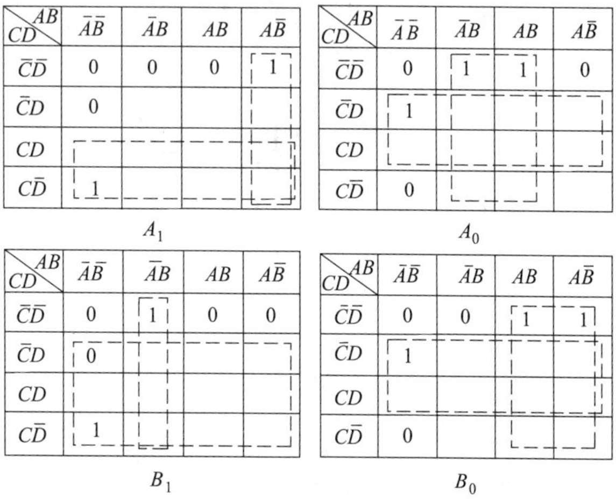

$CD \backslash AB$	$\bar{A}\bar{B}$	$\bar{A}B$	AB	$A\bar{B}$
$\bar{C}\bar{D}$	0	0	0	1
$\bar{C}D$	0			
CD				
$C\bar{D}$	1			

A_1

$CD \backslash AB$	$\bar{A}\bar{B}$	$\bar{A}B$	AB	$A\bar{B}$
$\bar{C}\bar{D}$	0	1	1	0
$\bar{C}D$	1			
CD				
$C\bar{D}$	0			

A_0

$CD \backslash AB$	$\bar{A}\bar{B}$	$\bar{A}B$	AB	$A\bar{B}$
$\bar{C}\bar{D}$	0	1	0	0
$\bar{C}D$	0			
CD				
$C\bar{D}$	1			

B_1

$CD \backslash AB$	$\bar{A}\bar{B}$	$\bar{A}B$	AB	$A\bar{B}$
$\bar{C}\bar{D}$	0	0	1	1
$\bar{C}D$	1			
CD				
$C\bar{D}$	0			

B_0

图 21-2-14　卡诺图

用“与-或”法，由卡诺图写出最简逻辑函数为

$$A_1=a\bar{b}+c$$
$$A_0=b+d$$
$$B_1=c+\bar{a}b$$
$$B_0=a+d$$

卡诺图中没有确定值的空格是生产中不出现的情况，可以任意假定。根据写出来的四个逻辑函数，可画出气动逻辑线路图，如图 21-2-15 所示。除了用气动元件组成逻辑线路外，还可用逻辑元件组成控制图如图 21-2-16 所示。

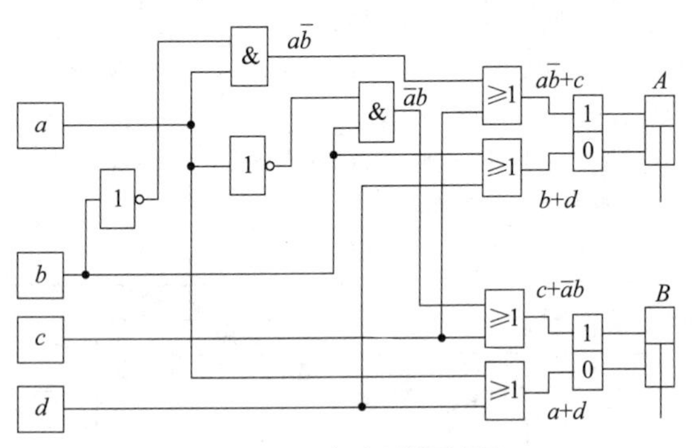

图 21-2-15 气动逻辑原理图

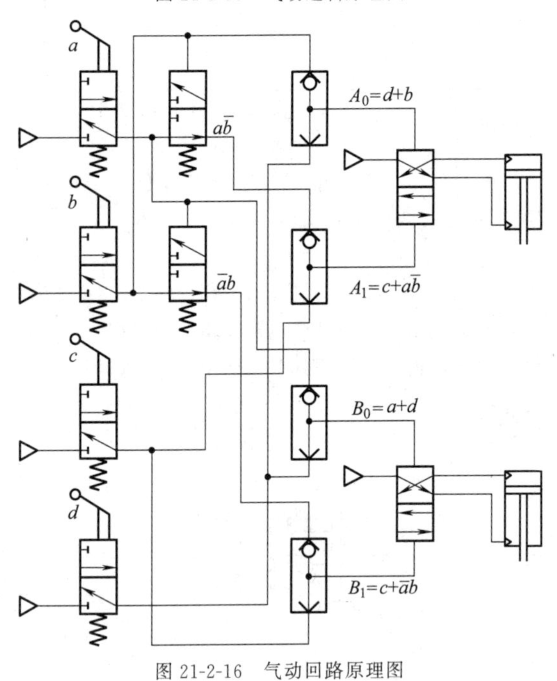

图 21-2-16 气动回路原理图

2.4 气动系统自动化

2.4.1 快速步进器

快速步进器的功能：其具有加 1 计数功能的步数指示器，指示 1～12 步。白色压力指示器用于指示输出口 Pn 是否有输出。蓝色压力指示器用于检测最后一步（输入）是否已完成。

拨动开关输出：当开关置“0”时，无输出。各控制步进动作可手动完成，且只有所选择的那步动作。当开关置“1”时，动作的输出口供有压力。

按钮 MAN. STEP（微动开关）：前进到下一步或选择步进动作。

MAN/P 口：当无辅助操作器时，此口用作控制口“P”。控制信号也可来自外部预置的 MAN。

安全性：当 L（复位）被驱动时，步数指示器跳至最后一步（12）。对于控制受阻时，这点十分重要。快速步进器还具有保护功能，只有当“AUTO”口有一持续的信号时，它才会动作。当“AUTO”有信号时，手动单步控制被锁住，输出不能预选，这样确保自动操作时没有手动干涉。同一时间内只有一个输出口供有压缩空气，其他输出口都处于排气状态。

0 位：指示器直接显示系统的信号发生器的初始位置。

复位：在手动复位时，设定快速步进器的第 12 步为初始位置。

启动按钮：用于启动步进器。

自动/手动选择开关：在手动模式下，启动步进模块。

停止按钮：用于停止循环动作，下一步不再执行。

连续/单循环选择开关：控制器工作时，如果选择开关从连续循环拨至单循环，或从连续循环拨至单循环再拨回连续循环，那么执行完最后一步后，将结束该循环（循环结束后停止）。

控制应用举例：图 21-2-17 所示为初始位置。

2.4.1.1 双手控制模块

功能参见图 21-2-18。该双手启动 ZSB 气动控制模块用于手动启动操作（例如触发气缸），否则将会对机器操作员或其他设备造成危险，当启动一台机器时机器操作员必须双手一起使用使双手离开危险区域。即，如果通过三位两通按钮换向阀同时产生气动压力到 ZSB 的两个入口端口 I_1 和 I_2，两个输入信号发出的时间间隔最大应该在 0.5s 范围内，ZSB 才会切换。如果两个按钮阀同时启动，在 ZSB 端口 2 就会有输出信号。释放一个或两个按钮则立即中断压缩空气流动，并且 ZSB 的出口 2 变为非加压的端口，系统会从端口 2 经端口 3 排气。

注意：安装用双手控制模块的两个按钮换向阀时，应确保其不能用一只手同时按下两个启动按钮，例如不能用一只胳膊的手和手肘同时按下 2 个按钮阀。如有必要，按钮阀应该安装附加的护板。

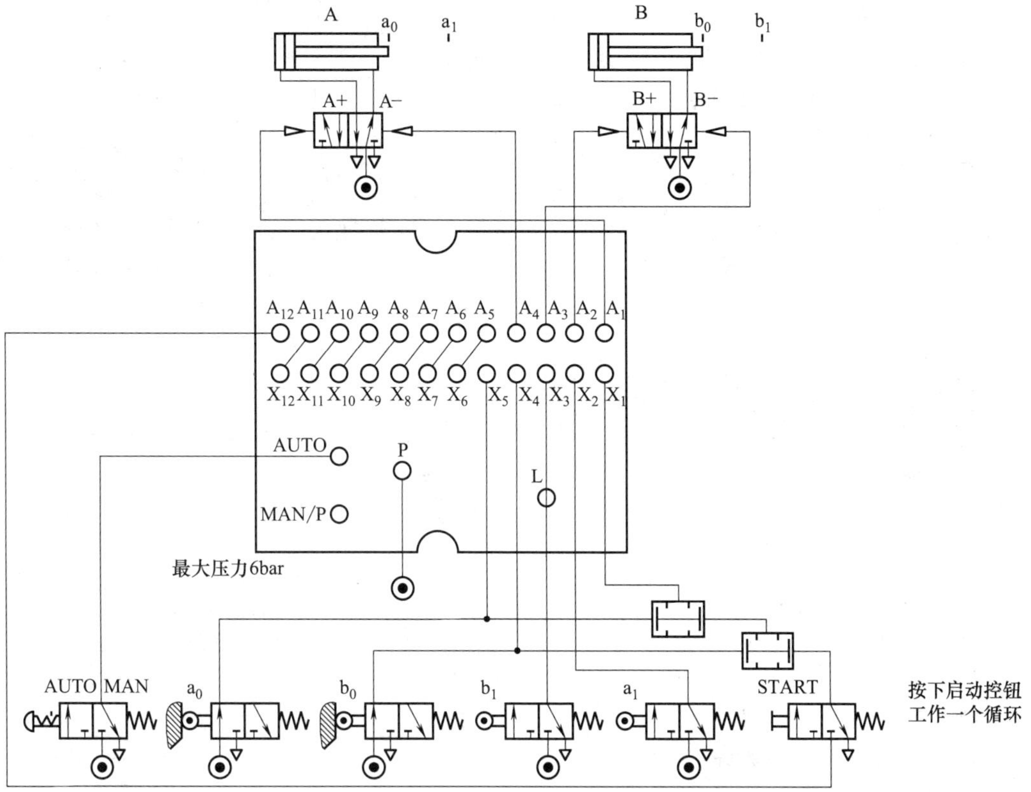

图 21-2-17　快速步进器应用

P—进气口；AUTO—启动信号；L—复位信号；MAN/P—控制口（不用辅助操作器时）；

X_1～X_2—输入口；A_1～A_{12}—输出口

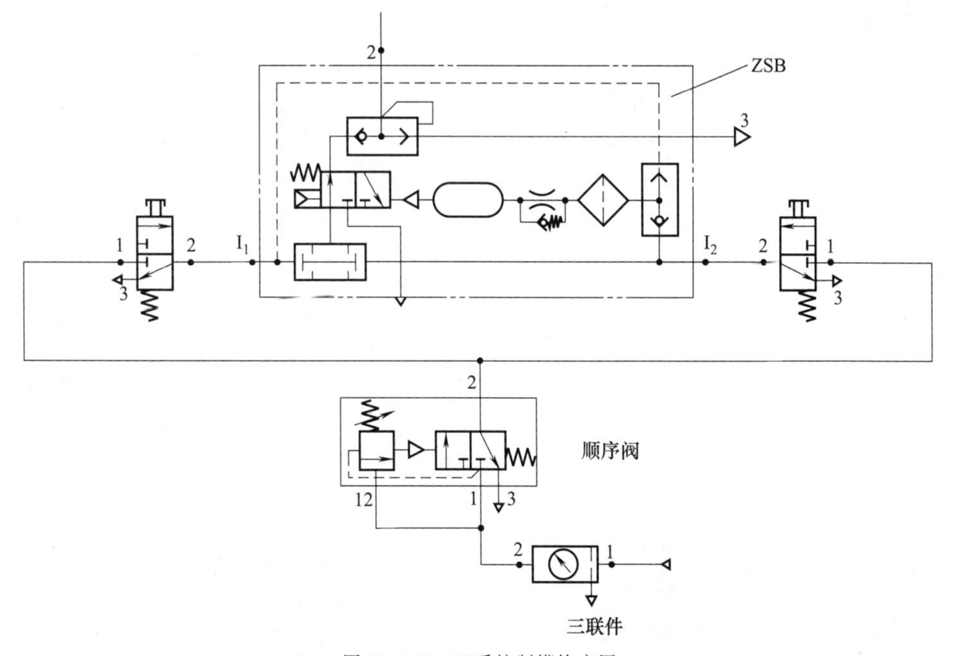

图 21-2-18　双手控制模块应用

2.4.1.2　气动计数器

计数器是进行计数控制的电气组件，其作动方式有电磁式或电子式，但如依其功能可区分为积算式计数器与预设式计数器。

(1) 积算式计数器（MC 计数器）　如图 21-2-19 所示，当线圈流过电流时产生电磁力，吸引电枢的衔铁，使数字车作一个回转，并将数字以累计方式表现出来。

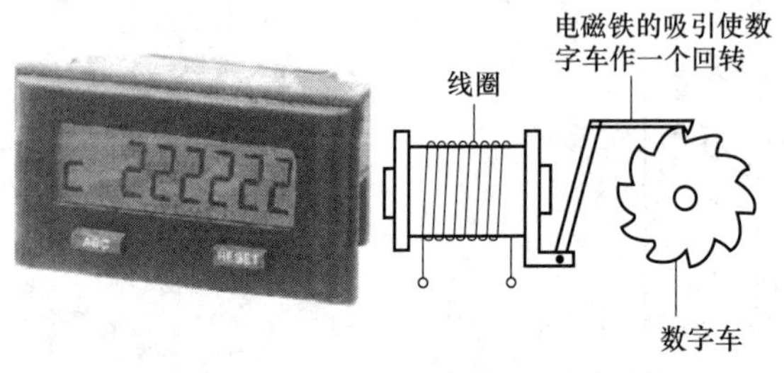

图 21-2-19　积算式计数器的外观及内部结构

(2) 预设式计数器（PMC 计数器）　如图21-2-20所示，此种计数器由计数线圈、复置线圈及微动开关所构成。依技术方式的不同可区分为两种：减法式 PMC 计数器；加法式 PMC 计数器。

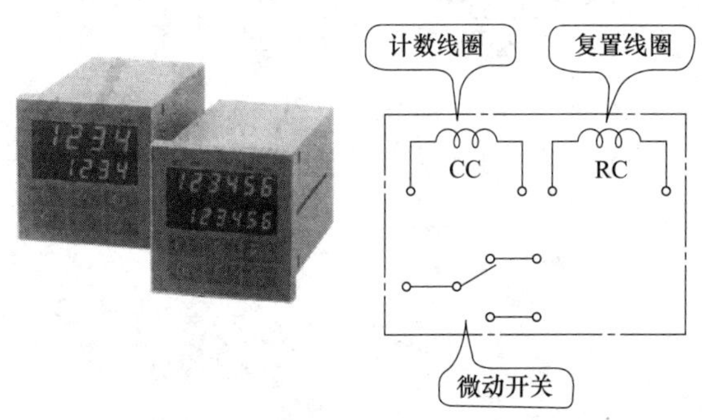

图 21-2-20　预设式计数器

加法计数器有 6 位数字显示和计数功能，即把输入信号累加。当计数器复位时，显示数字“000 000”。每个气动信号先使计数器增加半步，显示一半数字，当信号完成时，显示另一半数字（数字显示完整）。

计数器可通过手控按钮复位，也可通过气动信号复位，在复位过程中，停止计数和显示。

加法计数器的计数频率如图 21-2-21 所示。

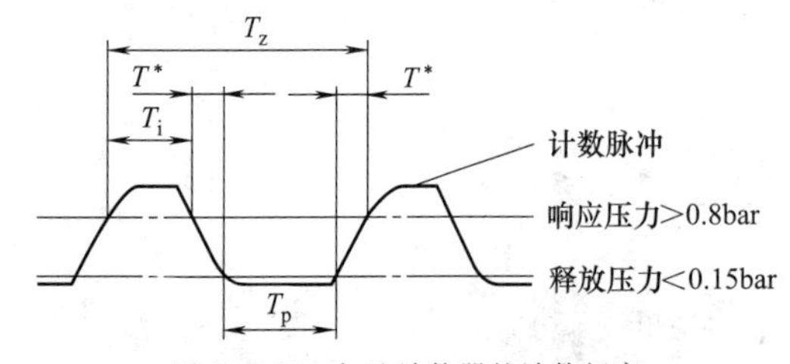

图 21-2-21　加法计数器的计数频率

图中，最大脉冲频率$=1/T_z$

$$T_z=T_i+T_p+T^*$$

式中　T_i——最小脉冲长度；

T_p——最小脉冲间隔；

T_z——计数器脉冲周期；

T^*——与压力和气管长度有关（具体数据由经验确定）。

• 间歇工作方式：计数器采用非连续工作方式。计数频率恒定（可为高频），计数到零后复位。

• 连续工作方式：计数器以恒定频率连续工作。计数脉冲间距离大于所需的复位时间。

2.4.1.3　气动定时器

① 数字计时器。将一个气动时间脉冲发生器和一个具有固定预选值的可调式计数器集成在一起的装置。其可以将精确的时间延迟设置为 1～999s 或 1～99999min。

所经过的秒数或分钟数显示在计数器窗口中（加法计数模式）。预选时间在预选窗口中不断显示。

当达到预选时间时，如果在 P 处有压缩空气，则在 A 处产生输出信号。输出信号一直保持到定时器由 Y 处的信号复位，其原理参见图 21-2-22。

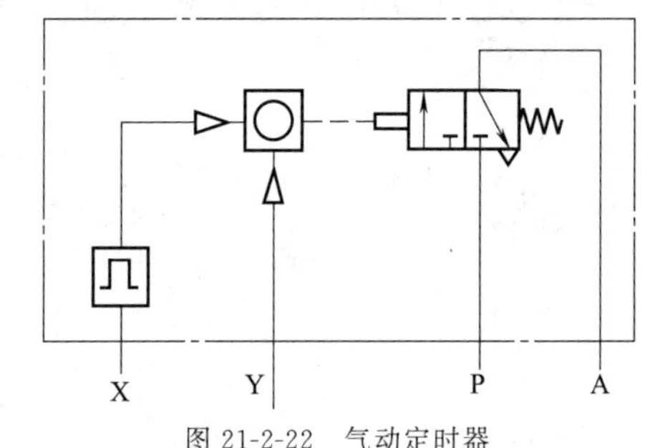

图 21-2-22　气动定时器

P—气源；A—输出；X—先导信号；Y—复位信号

键入期望值时按下锁定按钮可预选时间。定时器重置时，预定时间设置将被保留。在定时器运行时可以更改设置。

脉冲发生器由 X 处的气动信号启动。一台气缸卷绕一台机械计时器，时间为 1s 或 1min，可以通过复位按钮或 Y 口的气动信号进行复位。

定时器也可以通过复位模块上的手动按钮复位。复位模块使自动重复延时控制变得容易。定时器符号见图 21-2-23。

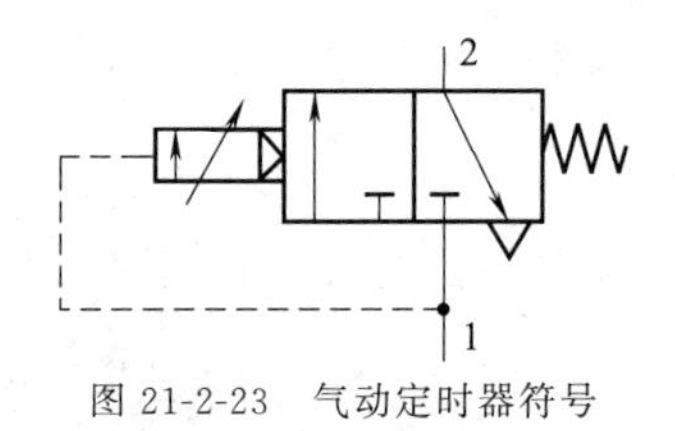

图 21-2-23　气动定时器符号

复位器符号见图 21-2-24。

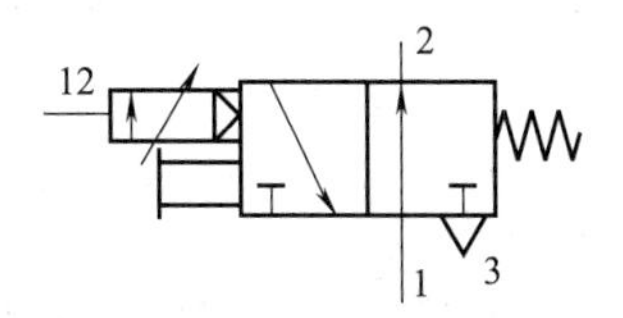

图 21-2-24 气动复位器符号

应用举例见图 21-2-25。

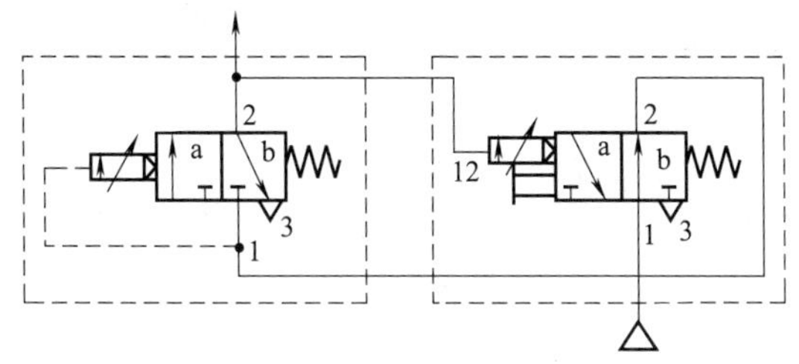

图 21-2-25 气动定时器应用举例

1—进气口；2—工作或输出口；3—排气口；12—先导气口

② 电子式定时器。定时器与继电器同样是由驱动部（线圈）和接点部所构成，所不同的是它的接点具有时间差的关闭动作。

当电源输入定时器时，依其输出接点动作形式不同，可分为下列两种。

• 限时动作型（又称通路延迟定时器）。当接通电源后经过一段设定时间 t，接点才产生开闭之动作，而当切断电源瞬间接点又复归原状，其符号及时序图如图 21-2-26 所示。

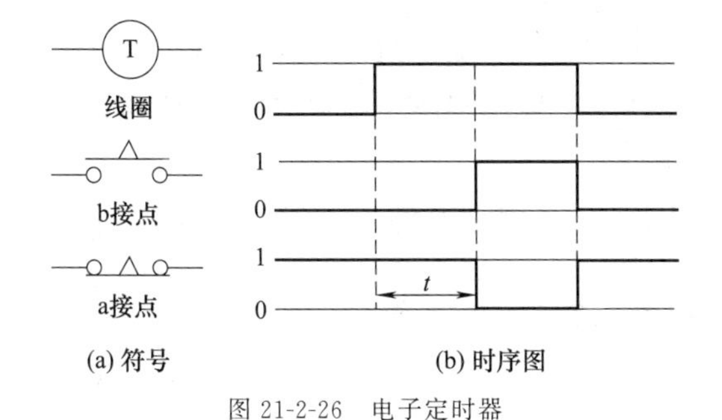

图 21-2-26 电子定时器

• 限时复归型（又称断路延迟定时器）。当切断电源后经过一段设定时间，接点才复归原状，其符号及时序图如图 21-2-27 所示。

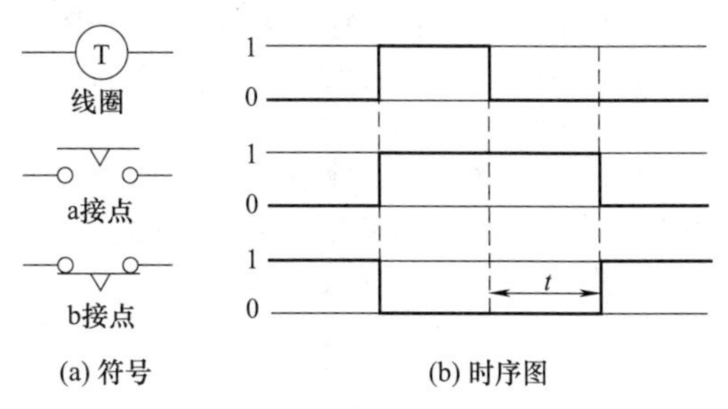

图 21-2-27 断路延时定时器

2.4.1.4 电气计数器

电气计数器 CCES 可以与接近传感器结合，用来计算气缸执行的开关周期的数值。推荐的接近传感器为 SME/SMT2。

特征：8 位 LCD 显示屏，自备电源，用于前面板安装设计，通过端子排连接，复位按钮，8 位数显示。

复位方法：按钮或电信号；最小驱动器的脉冲宽度：15ms；最小脉冲复位长度：15ms。使用时应注意以下：接近传感器 SME 可以作为 2 线开关连接到加法计数器，不需额外的电源；如果使用其他接近传感器，则需要额外的电源，加法计数器的时钟脉冲输入必须从 NPN 重新编程为 PNP；长于 3m 的电缆必须使用屏蔽电缆；最大允许电缆长度为 30m。

2.4.1.5 差压调节器

差压调节器是由两个膜盒腔组成，两个腔体分别由两片密封膜片和一片感差压膜片密封。高压和低压分别进入差压控制器的高压腔和低压腔，让差压控制器本身感受到的差值，导致膜片形变，通过顶杆弹簧等机械结构，最终启动最上端的微动开关，使电信号输出。纯触点的形式的直接通过顶杆或者弹簧并使开关接通或闭合，这种结构精度误差较大，需要长期调试维护。差压控制器的感压元件不同分为膜片和波纹管式，性能特点亦不同。微差压控制器可做到最低 300Pa 的测量范围。差压控制器可采用多种传感器，如波纹管式的传感器、膜片式传感器，可用于气体、液体等介质。调节器的设定值可调，工作压力范围和调节范围依产品不同而定。差压调节器灵敏度高，控制值低，切换差小。

2.4.1.6 气动继电器

喷嘴挡板放大器的主要限制是空气处理能力有限。所获得的空气压力的变化应用有限，除非空气处理能力增加。空气继电器在挡板喷嘴放大器之后使用，以增加待处理的空气量。空气继电器的工作原理可以用图 21-2-28 所示的原理图来解释。由图可以看出，空气继电器直接连接到气源（中间没有阻尼孔口）。喷嘴挡板放大器（p_2）的输出压力连接到空气继电器的下部腔室，其顶部具有膜片。压力 p_2 的变化引起膜片的运动（y）。膜片顶部固定有一个双座阀。当喷嘴压力 p_2 由于 x_i 的减少而增加时，膜片向上移动，阻塞排气管路，并在输出压力管路和供气压力管路之间形成一个管口，更多的空气流向输出管路，空气压力增加。当 p_2 减小时，膜片向下移动，从而阻塞空气气源管路并将输出端口连接到排气口，气压会下降。

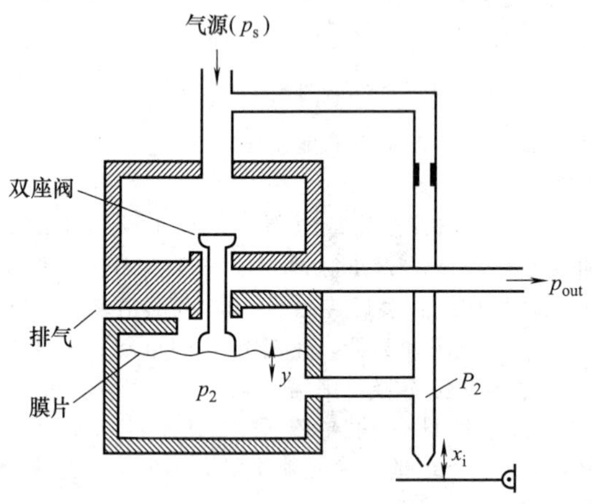

图 21-2-28　空气继电器

2.4.1.7　单喷嘴挡板放大器

气动控制系统使用空气。信号以可变气压（通常在 0.2～1.0bar 范围内）的形式传输，从而启动控制动作。挡板喷嘴放大器是气动控制系统的基本组成部分。它将非常小的位移信号（微米级）转换为空气压力的变化。喷嘴挡板气动放大器的基本结构如图21-2-29所示

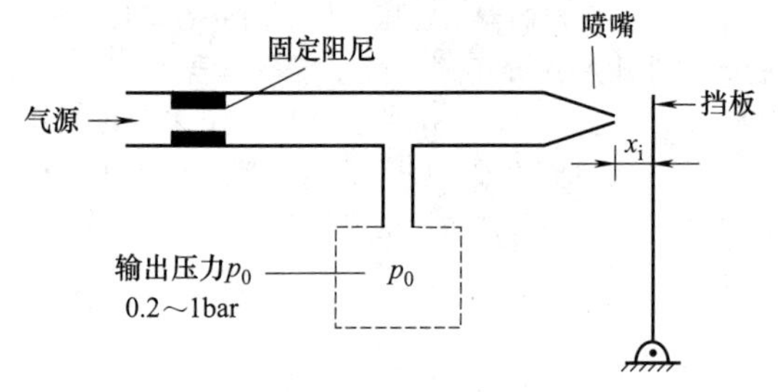

图 21-2-29　喷嘴挡板气动放大器的基本结构

2.4.2　伺服定位系统

2.4.2.1　带有位移传感器的驱动器

直线驱动器用于驱动过程阀，例如过程自动化系统中的闸板阀和开关阀。直线驱动器通常带有集成位移编码器（电位计），带集成定位控制器和阀模块的产品已上市。该产品所集成的定位控制器可检测活塞杆在有效行程范围内的位置。该驱动器出厂时设置了安全位置，以防止工作电压或模拟量设定值超出而出现故障。通过模拟量设定点的信号（4～20 mA）来设定位置，例如通过 PLC/IPC 主站设定或通过外部设定点发生器进行现场手动设定。使用集成的流量调节螺钉可调整行程速度。

对于 P 接口类型，电接口和气接口都有坚固的法兰式插座保护，以免受到外部机械影响，对于 ND2P-E-P 派生型，位移编码器以电压形式（分压器）产生一个与位移量成正比的模拟量信号，这个模拟量信号可以传送到外部的位置控制器做进一步处理。

该驱动器适用于：水处理系统、污水处理系统、工业用水系统、工艺用水系统、筒仓和散货系统等。

2.4.2.2　轴控制器

定位和软停止应用，可作为阀岛的集成功能部件——针对分散式自动化任务的模块化外围系统。其模块化的设计结构意味着阀、数字式输入和输出、定位模块以及端位控制器都能按照实际的应用需求以任何方式组合在阀岛终端上。

优点：

- 气和电的组合——控制和定位在同一个平台上；
- 创新的定位技术——带活塞杆的驱动器、无活塞杆的驱动器以及摆动驱动器；
- 通过现场总线进行驱动；
- 远程维护，远程诊断，网络服务器，SMS 和 e-mail 报警都可以通过 TCP/IP 来实现；
- 不需更换线路，就可进行模块的快速更换和扩充。

2.4.3　抓取系统

2.4.3.1　抓取模块

抓取系统主要由抓取模块构成，抓取模块是新一代功能模块，用于在极其有限的空间内实现自动输、进料和移料，这些功能通过导向摆动和直线运动顺序来实现。无回转间隙的导轨带有循环滚珠轴承元件，确保了高精度和高刚性。与摆动气缸和沟槽导向系统可组合成紧凑的单元，用于工作角度为 90°的完整的抓放循环，用于有效负载，最高可达 1.6kgf。具有结构紧凑、循环时间短、成本优化、调试简单、角度和行程调节、可有等待位置、无设计规划费用等特点。图 21-2-30 为一使用抓取系统从选抓分度台抓取工件至传送带的实例。

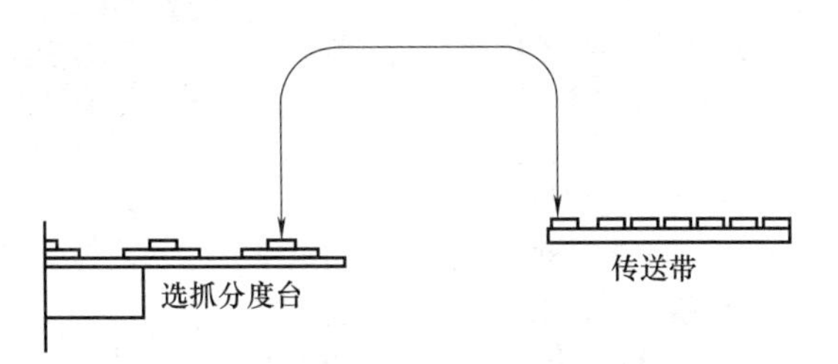

图 21-2-30　抓取系统

2.4.3.2　笛卡儿系统

单轴系统是用于任意单轴运动的单轴模块，适用于长门架行程和重负载，具有机械刚性高、结构坚固的特点，采用可靠的驱动器/直线轴。

直线门架由多个轴模块组合而成，用于二维空间运动，适用于长门架行程和重负载，机械刚性高，结构坚固，经常用于进给或加载应用。

三维门架由多个轴模块构成，用于三位空间运动，可通用于抓取从轻到重的工件或有效负载，特别适用于非常长的行程。其机械刚性高，结构坚固，气动和电驱动元件可自由组合，可用作电驱动解决方案，可自由定位/任意中间位置。应用范围：三维空间内的任意运动以及对于精度有高要求和/或工件重且行程长的任务。三维门架结构图参见图 21-2-31。

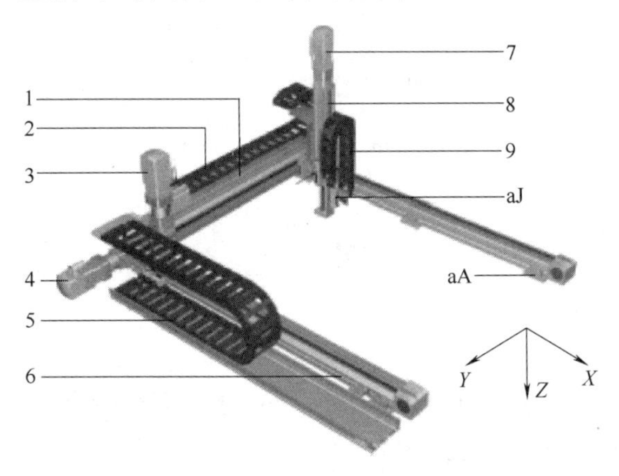

图 21-2-31　三维门架结构图

1—Y 轴；2—拖链（用于 Y 模块）；3—伺服电机（用于 Y 模块）；4—伺服电机（用于 X 模块）；5—拖链（用于 X 模块）；6—X 轴；7—伺服电机（用于 Z 模块）；8—Z 轴；9—拖链（用于 Y 模块）；aJ—多针插头分配器（统一传输电信号，如终端位置感测）；aA—型材安装/调节组件

X 模块由两条平行的齿型带式电缸组成，通过连接轴连接由伺服电机驱动。连接件安装在 X 轴上，来连接 Y 模块。Y 模块由直线轴构成，通过伺服电机驱动。连接件安装在 Y 轴滑块上，用于连接 Z 模块。Z 模块由电缸组成，拖链安装作为电缆导向。

2.4.3.3　平行运动系统

平行运动系统主要由三角运动装置组成，是一高速抓取装置，可在三维空间内自由运动，运动和定位的精度高，动态响应性能优异，最大抓取速度可达 150 次/分。该装置机械结构刚性高，移动负载轻，所以这种金字塔结构平行运动机器人的速度最多可达到笛卡儿系统的 3 倍。三组双连杆让前端单元总是保持水平。电缸和伺服电机不会跟着前端单元移动。三角运动装置最大抓取负载可达 5kgf。典型的应用场合包括：小零件抓放、涂胶、贴标、堆码、分拣、分组、重置和分离。

平行运动结构和笛卡儿系统相比较：平行运动机器人移动负载轻，非常适用于对三维空间内动态响应有高要求的场合；路径精度高，具有一系列路径曲线程序，甚至可用于动态要求非常高的工作，工作空间直径最大可达 1200mm，参见图 21-2-32。

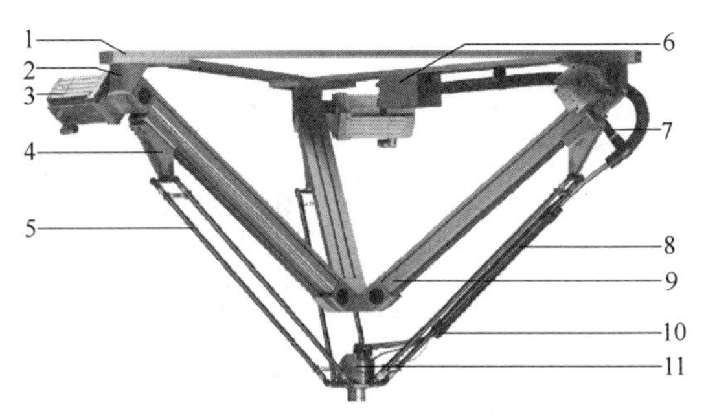

图 21-2-32　平行运动系统

1—安装框架；2—安装支架（用于齿形带式电缸）；3—电机；4—连接模块；5—杆组；6—接口壳体；7—角度组件；8—保护管；9—齿形带；10—气管支架；11—前端单元（用于连接爪手等）

2.4.3.4　控制器

模块化控制器功能多样，控制器设计用作主控制器和运动控制器，是一款强大的控制单元，不仅可以执行复杂的 PLC 指令，同时还能执行带插值的多轴运动。模块化的结构可以满足各种应用要求。模块化结构具有高密度的元件，易于使用，且可以安装在 H 型导轨上。控制电缸灵活调试、编程和检修简单，通过 SoftMotion 模块，CoDeSys 软件提供了强大的编程环境，通过 CANopen 现场总线来控制电缸。同时，还可提供模块库、配置工具以及驱动程序。编程符合 IEC 61131-3 标准，这意味着 CECX 具有一定灵活性，对所有类型控制任务开放。多种通信模块（Profibus，CANopen，Ethernet）确保了与其他系统

的兼容性。可靠产品特性，采用标准硬件和CoDeSys标准软件。有两种类型：模块化主控器，带CoDeSys；运动控制器，带CoDeSys和SoftMotion。配置方便，自动模块检测、搜索功能，用于搜寻网络中的控制器，DHCP兼容，项目通信设置自动传输模块选择，CPU单元可选模块输入/输出模块通信模块：Power PC 400 MHz，Ethernet接口，CAN总线接口，RS485接口，USB接口，便携式闪存卡存储。可选模块预留安装槽，控制器CECX-X可用以下可选模块进行扩充：

- Ethernet接口
- CAN接口
- RS232串行接口
- 数字量模块
- 模拟量模块，用于电流和电压
- 编码器计数模块
- Profibus从站DP V0通过CANopen接口驱动的电缸，马达控制器用于伺服马达

2.4.4　气动自动化辅件

表21-2-34　　气动自动化辅件

<table>
<tr><td>延时继电器</td><td>用于安装在任何2或3端口底座上，使用压缩空气进行控制，多圈调整，分接通延时和切断延时，延时时间在0.1～25s之间。注意：延时继电器的符号并不是标准的符号
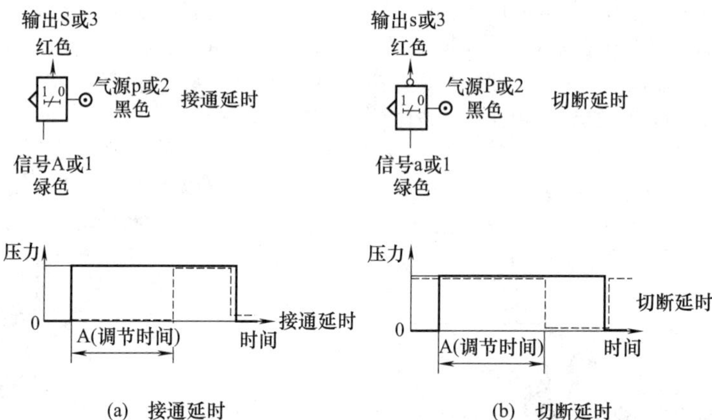

(a)　接通延时　　(b)　切断延时
A—控制信号；S—输出信号；P—气源</td></tr>
<tr><td>存储继电器</td><td>结构类似3通双作用气控先导式阀。其有4气口，符号如下图。复位信号Y(去存储压力)总是优先于设定信号X(存储压力)，手动优先。
(a)　符号　　(b)　存储压力和去存储压力与气源压力的关系</td></tr>
</table>

续表

排气传感器继电器	为排气式传感器提供气源，并在运行时产生输出信号，其符号如图所示。三通常闭功能。喷嘴直径3mm，工作压力 3～8bar，响应时间 2～3ms 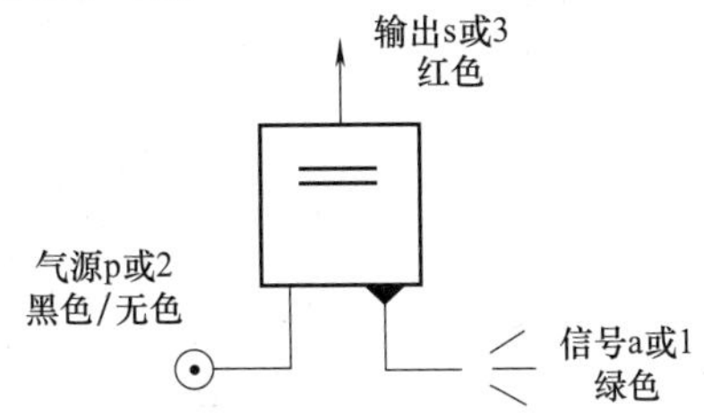 图(a) 排气传感器继电器符号 排气传感器用于感测较小的力和短行程。因为只需要一个连接气管，所以易于安装和连接。被检测到的物体阻挡了低流量的排气，管(T)内的压力增加会在继电器上产生一个与供给压力(P)相等的气动信号(S)。其工作原理见图(b) 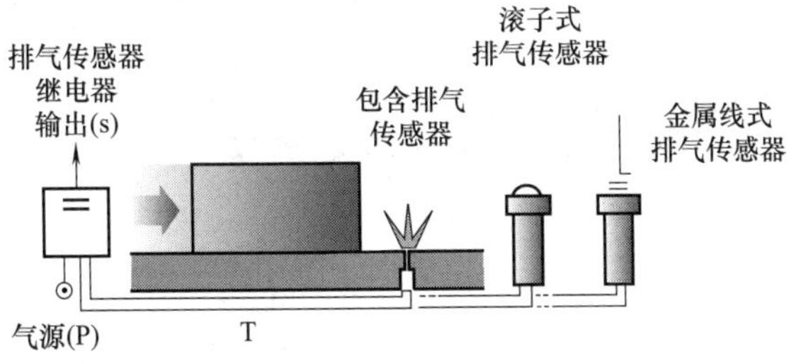 图(b) 工作原理 注意：如果需要快速的响应时间，连接管道的长度必须保持越短越好。图(c)给出了应用实例 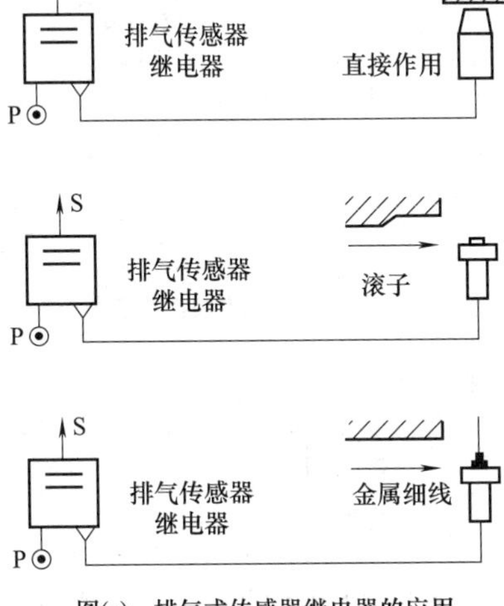 图(c) 排气式传感器继电器的应用
信号放大器继电器	将来自流体接近传感器的低压信号放大到可用水平，一个在端口 1 的低压信号允许较高的标准放大器压力信号从端口 2 通过至端口 3，其符号见下图 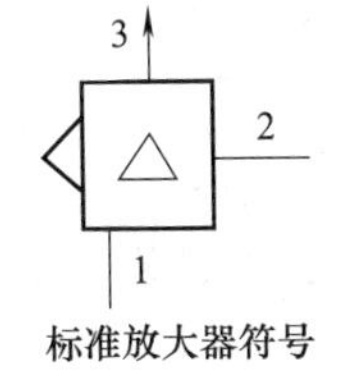 标准放大器符号

续表

<table>
<tr><td>电磁继电器</td><td>又称电气转换器，手动优先，工作压力 3～8bar，响应时间 8～12ms，标准电压 24V，防护等级：IP65。当A、B之间接通电源时，3 就有输出。其符号见图
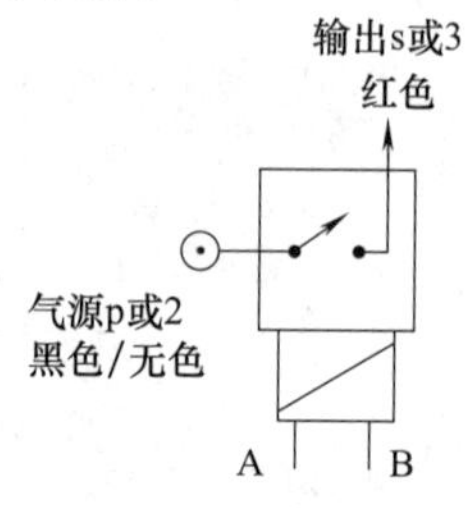
</td></tr>
<tr><td>压力开关和真空开关</td><td>这些设备监视流体（空气，水，油或真空）的压力。从 −30inHg（−0.04bar）（真空开关）到 0.9bar（压力开关）范围内的压力，可以在几个范围内根据所选型号检测到压力开关有两种结构形式：①从一可调节水准压力感应压力升高的变化并提供气动输出；②从一可调节水准压力感应压力下降的变化并提供气动输出。其符号见图
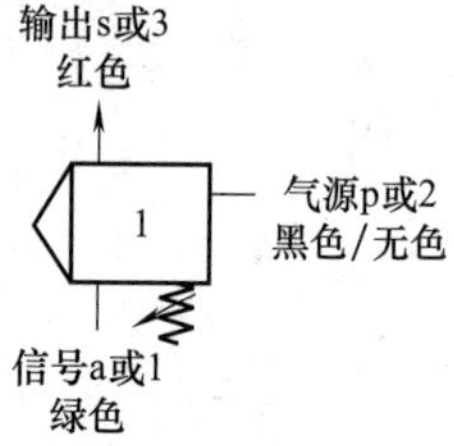

工作压力最大 8bar，可调节先导压力 0.5～8bar，开关压差＜0.34bar</td></tr>
<tr><td>人/机对话旋转选择开关</td><td>这些旋转开关可在任一方向上工作。它们通常都装配有长通型开关。所有开关都保持在未动作的不通位置，除了与给定转盘位置相关的那个开关之外，其处于未动作的接通位置
操作示例：
从位置 1 旋转到位置 2：开关 1 从未动作的接通变为动作的断开状态；开关 2 从动作的断开状态变为未动作的接通状态
有多种位置输出，参见图
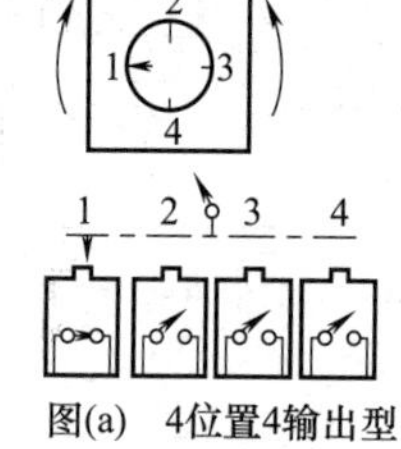

图(a) 4位置4输出型
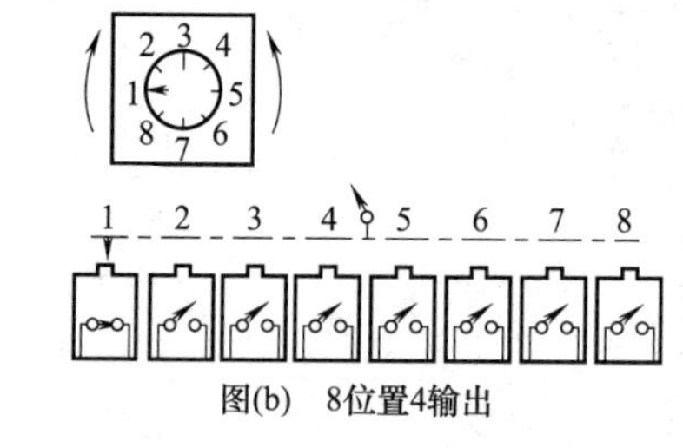

图(b) 8位置4输出
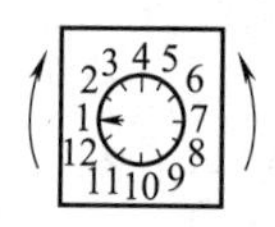

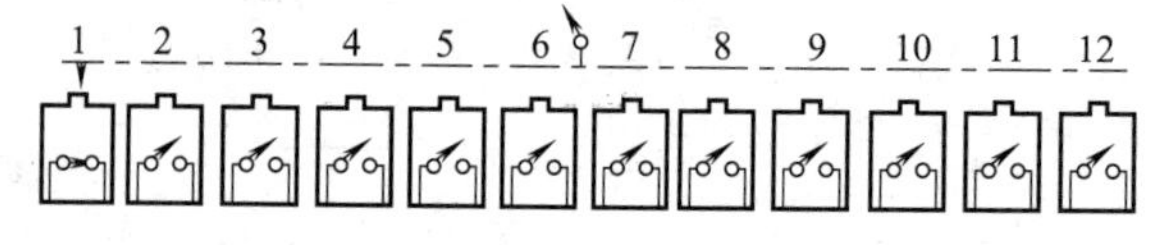

图(c) 12位置12输出</td></tr>
</table>

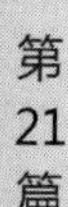

续表

脉冲单元	①固定脉冲单元。当一气动信号被施加时，提供短时间的气动脉冲。每0.5s或1.0s输出一个脉冲。其符号见图(a) 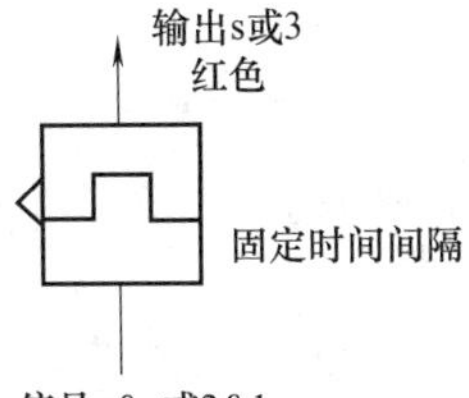 图(a) 固定的时间间隔脉冲单元符号 ②变脉冲单元。有两种型号：每1s输出1～10个脉冲，可为用户提供设定频率的连续脉冲；每1～10s输出一个脉冲，可为用户提供设定频率的连续脉冲。其符号见图(b) 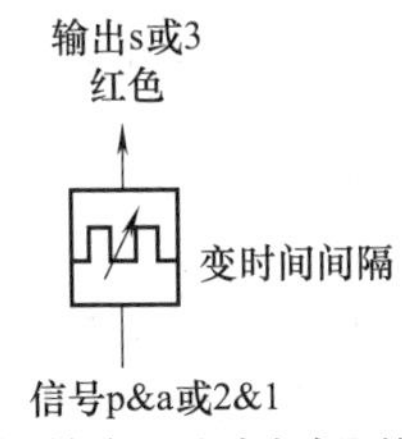 图(b) 变时间间隔脉冲发生器符号
按钮组合	人机对话需要诸如按钮和选择器开关之类的设备来提供命令输入，这些设备种类繁多，可用于满足大多数应用需求。所有这些设备都使用22mm安装标准
气动指示器	能显示气信号的元件称为气动显示器。气动指示器在一个位置是黑色的，在另一个位置是彩色的。颜色位置对应于压力("ON"指示灯)或无压力("OFF"指示灯)。在气控回路中，若用灯泡来显示系统的工作情况，则需设置气-电转换器。使用气动显示器，可避免这种转换。显示器可直观反映阀的切换位置，不需其他检测方式便可及时发现故障 图(a)、图(b)是两种气动显示器。有气压时，带色活塞头部被推出；无气压时，弹簧使活塞复位 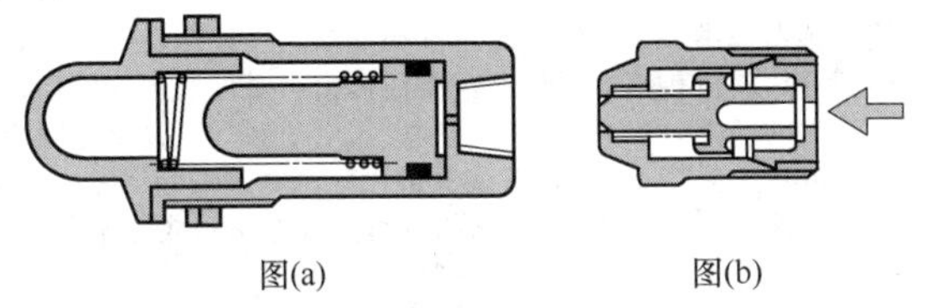 图(a) 图(b)
脚踏板开关	当应用程序需要使用脚踏板时，可以使用踏板在一个周期内启动一个循环或一个步骤。金属(塑料)脚踏板配有防护装置。踏板开关装备有高阻力防护罩，配有联锁机构，防止坠落物体意外操作，其外形见图  这些脚踏板操作器与开关(长通)组装在一起。当踏板处于未操作位置时，开关处于被启动的非通过位置。踏板启动后，开关处于未启动的正常通过位置。弹簧回位，开关通常是不通的

续表

限位开关	气动限位开关在移动部件启动时是常闭(NNP)或常通(NP)的。下图给出了各种操作杆、孔的外形和功能 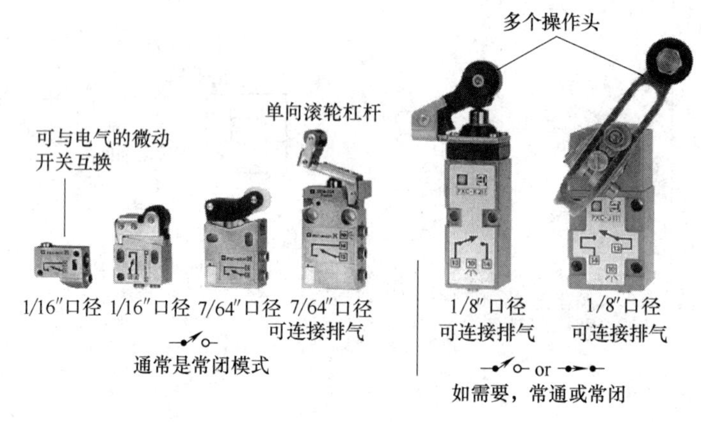 限位开关
双手控制模块	双手控制模块，带有两个蘑菇头按钮。双手控制模块只有在几乎同时操作两个按钮时才提供输出信号，见图(a)、图(b) 其不能用于任何涉及旋转式离合器压力机的应用中。双手控制模块本身不保证任何机器的安全。用户和原始设备制造商有责任确保安装符合所有相关的安全规定 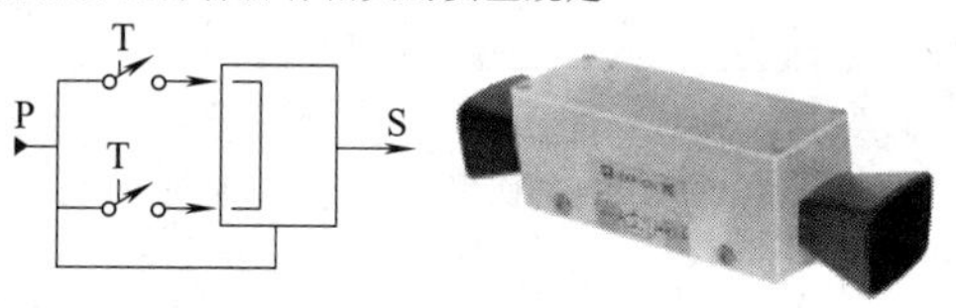 图(a) 双手控制模块符号 图(b) 双手控制模块外形
阈值传感器	阈值传感器提供关于气缸状态电气或气动的反馈信息。这些装置监测气缸排气腔的背压。当气缸停止时，背压下降，阈值传感器提供所需要的输出。对可变行程应用这是非常理想的。对接管接头和反馈元件是两个独立的组件，可为用户提供在电气、电子和气动输出之间反馈的灵活性 10～32mm到1/2in的对接管接头被设计成直接安装到执行器气口(最多5in内径气缸)。对接管接头可以适应其他功能配件和组件，例如直角流量控制阀或截止阀。使用内六角扳手或5/16in六角头扳手将尺寸为10～32mm对接管接头拧入执行机构。 电气或气动反馈元件使用锁箍卡入到位 气动传感器有一个连续的压力信号施加到传感装置上。电传感器具有连续电信号施加到传感装置上 直接安装在气缸气口中的阈值传感器组件提供输出信号S，当气缸的排气室中的回落压力达到操作阈值(0.4～0.62bar)时，才有输出信号S输出，输出信号可以是气动或电气的。该装置是一个长通装置，只有当气缸压力接近零时才输出，其工作原理见下图 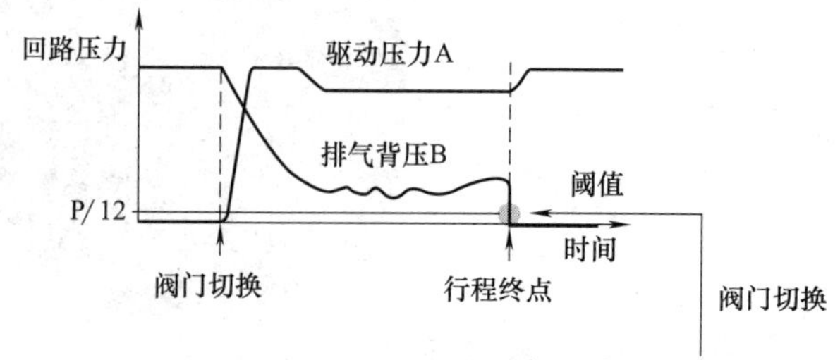 阈值传感器工作原理

续表

<table>
<tr>
<td>流体接近传感器</td>
<td>流体接近传感器与放大器继电器配合使用。传感器和继电器连接一个低压气源,“Px”口压力 0.1～0.2 bar,其符号见图(a)
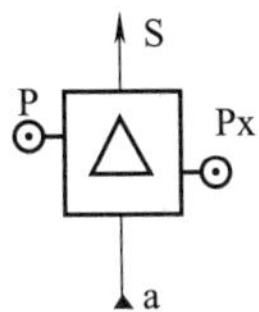

图(a) 流量接近传感器符号
来自传感器的持续的环状排气,创造了一个敏感的区域。当一个物体进入这个区域时,它会向传感器反射一个低压信号,然后反射到放大器继电器,将低压信号放大至系统压力水平:2.8～8.3bar,并在输出端S出现
低压气源“Px”最小压力随传感器到放大器继电器的感应距离“D”和信号行进距离“L”而变化。无论怎样,空气消耗可以忽略不计,实际上听不到排气声音。其工作原理见图(b),应用实例见图(c)
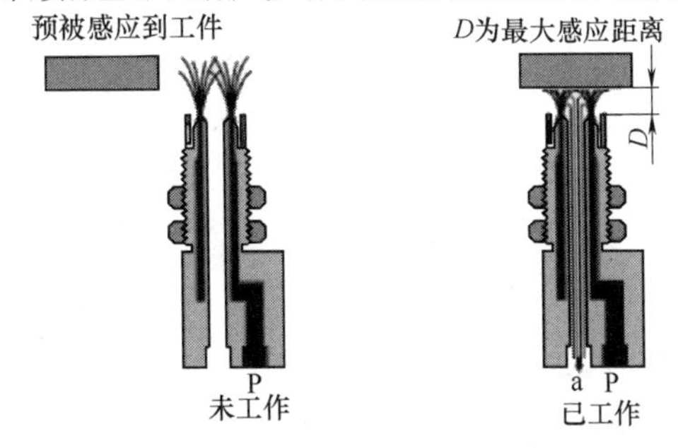

图(b) 流量接近传感器工作原理
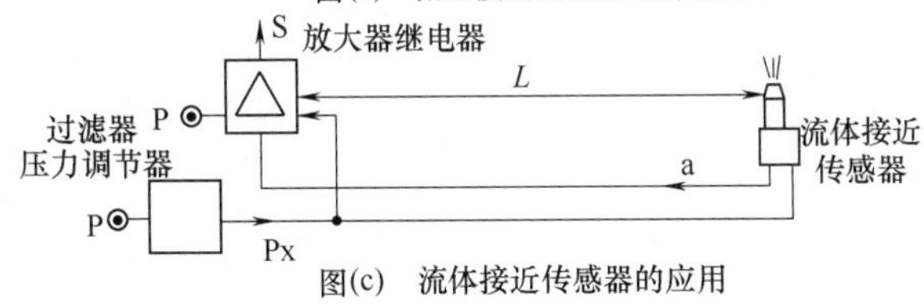

图(c) 流体接近传感器的应用</td>
</tr>
</table>

第 3 章　气动元件的选型及计算

3.1　气源设备

产生、处理和储存压缩空气的设备称为气源设备，由气源设备组成的系统称为气源系统。典型的气源系统如图 21-3-1 所示。

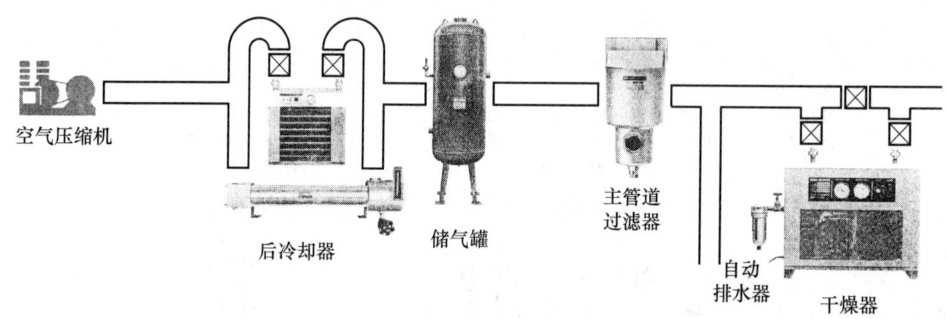

图 21-3-1　气源系统的组成

3.1.1　空气压缩机

在选择空气压缩机时，首先要确定所需的工作压力和空气流量，应能满足特定的应用需求，还必须确定压缩机的驱动功率。其他考虑因素还包括成本、安装空间、重量限制以及是否需要无油或无脉动空气要求等。只有当以上数据都已知，设计者才有足够的信息来选择压缩机的类型和尺寸，以及正确选择系统所需的其他部件。

（1）最大工作压力

评估压缩机性能的主要标准是其最大工作压力值。最大工作压力定义是：在商业运行中压缩机可以将空气输送到系统的最大压力。

对于任何压缩机，在设计时对最高工作压力都设置了限制（如空气泄漏和驱动功率限制等）。但在许多情况下，热量的积聚也决定了实际工作压力受限。压缩机越容易被冷却，允许的工作压力值就越高。这也是许多压缩机的连续工作额定值远远低于其间歇工作额定值的原因。选择合适的压缩机类型是通过将使用的最大工作压力要求与可用压缩机类型的最大压力值进行比较来确定的。

如表 21-3-1 所示，系统压力要求相对较低的应用需求将为设计者提供更多种类型的压缩机。随着系统压力需求的增加，有时会出现只有一种压缩机可用的情况。

对给定应用所需的最大系统压力取决于操作条件，这个要求并不像听起来那么简单，因为有许多因素可能参与影响使用压力的大小。

表 21-3-1　压力等级和可用的压缩机

所需的系统压力（MPa 表压力）		可用的压缩机	
连续工作	间歇工作①	合适的类型	可选的类型
0.7～1.2	1.2～1.4	2 级活塞式 1 级活塞式	—
0.35～0.7	—	摇摆活塞式（1 级）	—
0.2～0.4	—	膜片式	摇摆活塞式(1 级)
0.17～0.2	0.17～0.2	旋转滑片式（油润滑）	以上任意
0.07～0.1	0.1～0.14	旋转滑片式（无油式）	以上任意
0.07	0.07	旋转滑片式（油润滑或无油润滑）	以上任意
0.025	—	再生鼓风式	—

① 压力等级值基于 10min 开与 10min 关闭的周期

例如，如果系统压力是由一台通过压力泄放的溢流阀来控制，通常溢流阀设置的系统压力等于任何操作设备所需的最大压力。然而，使用这种类型的控制，与其他控制技术相比，需要压缩机在最大压力下工作更久、时间更长。

但是如果系统压力是由自动开/关或加载/卸载循环控制，最大系统压力将是循环开关的切断压力。其比任何单个操作装置所需的最高工作压力还要高 1～1.4bar（表压力）。

单个设备的工作压力可以从手册中的公式、性能曲线、目录数据或用原型机进行的实际测试系统来确定。通常，所需的工作压力取决于使用的执行机构的大小（工作设备）。当使用较大面积的执行器时系统压力需求可以降低。

（2）空气流量

在选择给定尺寸压缩机方面虽然流量是主要因素，但在选择压缩机类型时也要考虑。这是因为不同类型的压缩机提供的压力和流量范围是不同的，选择时应考虑不同类型的空压机所提供空气流量和压力之间的平衡。高性能的速度式压缩机比容积式压缩机能提供更高的流量但输出更低的压力，旋转叶片压缩机可提供比相同尺寸的活塞式压缩机更多的空气但提供的压力也通常较低。

因此，在确定所需的空气压力之后，通常的程序是选择在该压力下提供最大空气流量的压缩机的类型，并服从其他限制，至少，必须确保提供所需流量的压缩机在所选择的压缩机类型中是可用的。表 21-3-2列出了各种压缩机的典型流量范围。

表 21-3-2　压缩机流量和压力

可用的压缩机类型	最大压力/MPa		流量范围(在 0MPa 时的自由空气量)/L·min⁻¹	
	连续的	间隔的	最小	最大
柱塞式(1 级)	0.3445～0.689	0.3445～0.689	36.80	311.42
摇摆活塞式(1 级)	0.0689～0.689	0.0689～0.689	16.99	92.01
膜片式(1 级)	0.3445～0.4134	0.3445～0.4134	14.44	107.58
旋转叶片式(油润滑)	0.0689～0.17225	0.0689～0.2067	36.80	1557.11
旋转叶片式(无油润滑)	0.0689～0.10335	0.0689～0.1378	9.91	1557.11

如果流量是一个问题，有时可以通过改变压力与流量的要求来解决，允许使用不同的和较便宜的空气压缩机类型。

（3）驱动的类型

空气压缩机常配有或不配有与之集成安装的电机。这允许压缩机利用任何可用的动力。例如，在距离远的室外场地，在没有电力的场合时需要单独用发动机驱动。

① 分离驱动压缩机。这些压缩机可通过带传动系统，或通过取力器、汽油发动机或特殊电动机获得动力。驱动装置和压缩机通常通过柔性联轴器或通过包含内置冷却风扇的皮带轮来连接。

分离驱动模式的最大优势是在现有电源可用时实现成本节约。另外，带传动有时会形成更高的运行速度。

如果选择一个分离的驱动系统，设计者必须确保它可以同时提供在最大工作压力下所需的额定转速和功率。表 21-3-3 列出了分离驱动活塞式和叶片式压缩机的功率和转速范围。通过改变驱动带轮的尺寸，活塞式压缩机的速度可以在 1000～2000r/min 之间变化。

表 21-3-3　一些分离驱动压缩机的可用性

压缩机类型	容量范围(0MPa)/L·min⁻¹	驱动需求	
		功率/kW	速度/r·min⁻¹
活塞式(1 级)	36.8～136	0.223～0.82	最普通的 1725（最小 1000）
旋转叶片式（油润滑或无油润滑）	9.9～1557.43	0.018～3.728	2000（范围 880～3450）

驱动速度决定了送风量。如果压缩机运行速度低于制造商目录中给出的额定速度，空气流量和输送空气流量所需的功率将按相同的比例减少。

② 集成安装电机的压缩机。集成安装电机的压缩机就是将驱动电机和压缩机组装成一体。压缩机的固定元件牢固地将压缩机固定在电机框架上，产生泵送作用的转子（或偏心轮）安装在电机轴上，因此不需要底板安装和动力传输部件。这种方法提供了一个非常紧凑、低成本的电机/压缩机机组，以适应各种流量范围。

表 21-3-4 总结了一些可用的电机直接驱动压缩机，包括功率值以及功率的范围。

表 21-3-4　电机直接驱动压缩机的可用性

压缩机类型	流量范围(0MPa 时的自由空气量)/L·min⁻¹	电机功率需求/kW
活塞式(1 级或 2 级)	36.8～311.49	0.125～1.5
摇摆活塞式	17～92	0.093～0.372
膜片式	22.65～110.44	0.046～0.372
旋转滑片式（油润滑或无油润滑）	9.9～1557.43	0.049～0.559

（4）驱动功率的选择

下面的公式可以用来确定驱动空气压缩机所需的理论功率

$$理论功率(kW)=\frac{p_{in}Q}{17.1}\left[\left(\frac{p_{out}}{p_{in}}\right)^{0.286}-1\right]$$

式中　p_{in}——进口大气压力，kPa（绝对压力）；

p_{out}——出口大气压力，kPa（绝对压力）；

Q——流量，m^3/min。

（5）驱动电机的选择

选定压缩机后，需要选择相适应的驱动电机。

1）电机类型　有多种不同类型的电机可供选择，每种电机都有各自的优点和缺点。

① 罩极电机。又叫罩极式电动机（shaded pole motor），是单相交流电动机中的一种，通常采用笼型斜槽铸铝转子。根据定子外形结构的不同，又分为凸极式罩极电动机和隐极式罩极电动机。其特点是以低成本提供低启动转矩。通常用于小型压缩机直接驱动。

② 永久分相电容电动机（PSC）。性能和应用类似于罩极式电动机，但是PSC效率更高，线路电流更低，有较高的输出功率能力。

③ 分相异步电动机。具有适度的启动转矩，但具有较高的停转转矩，用于易于启动的应用场合。

④ 电容启动电动机。在许多方面，电容启动电机与分相式电机相似。主要区别在于在启动时在启动绕组上串联一个电容器提供更高的启动转矩。

⑤ 三相异步电动机。这种电机仅使用三相电源，它提供高启动转矩和停转转矩，效率高，启动电流中等，简单、坚固，寿命长。

⑥ 直流电动机（DC）。只在有直流电源时才使用，通常与电池一起使用。

2）频率　有些电机是双频的，60Hz或是50Hz下但要注意：这类电机若工作在50Hz下，其速度和驱动的压缩机的气动输出都比60Hz时低17%。

3）电机外壳　一般来说，电机外壳有两种分类：开放式电机和全封闭电机。这两个类别进一步细分如下。

① 防滴型。防止液滴和固体颗粒与垂直方向成15°的角度进入电机。

② 防溅型。防止液滴和固体颗粒从垂直角度到100°进入电机。

③ 完全封闭式（TE）。电机壳体中没有通风口，但不是不透气的。完全封闭的电机用于脏、潮湿或有油污地点 。

④ 完全封闭，非通风（TENV）。与普通TE电机不同，这里没有配备外部冷却风扇。冷却取决于对流或者一个分离的驱动设备。

⑤ 防爆。这是一个完全封闭的电机设计来承受内部指定的气体或蒸汽爆炸，而不允许火苗通过壳体。有不同种类的防爆电机。最常见的是1类D组

4）服务系数　服务系数SF是电机可以在不损坏的情况下运行的周期性过载能力的度量。分马力电机服务系数在1.0～1.35之间。也就是说，有些电机可以承受高达35%的过载。服务系数通常在电机铭牌上标记出。

只有开式的电机具有服务系数。对于完全封闭和防爆电机，隐含的服务系数是1.0。用全封闭的电机代替一个开式的，服务系数的差异可能需要选择使用下一个较大的尺寸型号。

5）温升　采用A级绝缘的绝大多数电机最高温度（在绕组中测量）为105℃。壳温通常应低于82℃。B级绝缘绕组的最高温度为130℃。如果电机的温度始终超过其绝缘等级所推荐的最大寿命（通常为20000h）每增加10℃将减半。

电机设计时通常预期最高环境温度为40℃。在低于最大负载的情况下，稍高的温度是可以忍受的。随着电机内部温度的变化，即使负载保持不变速度也会改变。这是因为较高的温度会增加电机的绕组阻抗。这会降低电机电流，进而降低在电机里的磁场强度，结果，会造成转矩下降，转速下降，与电机转速-转矩曲线一致。

如果总绕组温度不超过设计限制，并且设备正在输出额定值，则分马力电机通常在其额定速度附近运行。但是，如果环境温度较高，要求绝缘等级达到130℃（B级绝缘），则会导致较低的运行速度。

当电机在大于1的服务系数下运行时，由于负载超出了满载点，所以运行速度很慢。如果这些因素与较低的线电压进一步复合，因为速度几乎与电压的平方变化成正比，则电机可能会失速。这种情况下，需要更高功率的电机。

6）热过载保护　由于环境温度高，连续失速，电压异常，通风受限或过载，电动机可能会过热。

为了最大限度地减少电机故障，使用了一个热过载切断装置。有两种基本类型可用。一种类型只对温度敏感，另一种对温度和电流都敏感。

一些过载保护器提供运行以及锁定转子保护，另一些如永久分相电容电动机和罩极电机，只能提供锁定转子保护。所有这些都提供了一定程度的保护。但是，保护并不总足够严格地能确保正常的电机寿命，特别是电机接近极限运行时。但是，更严格的限制又可能会导致过多的不当跳电。

一些热过载设备具有自动复位功能。也就是说，它们在冷却后会自动重置，不需要人为干预。这个功能特别适用于压缩机或泵必须无人看管运行时。但当一个不期望的重启可能导致危险的时候，则不应使用

自动重启的设备。在自动重启时如果故障仍然存在，电机将循环启动和关闭，直到故障得到纠正。

(6) 其他因素

① 污染。如前所述，在某些应用中油蒸气可能会导致污染或恶化产品与材料。在这种情况下通常需要无油压缩机。因为不用定期向润滑器充油，从而可降低维护成本。

可用的无油压缩机包括大部分活塞式和隔膜式、再生式风机和一些旋转叶片的设计。

② 无脉冲输送。用于需要连续的无脉冲空气输送的场合中。不需储气罐的额外成本和空间要求，通常是指使用旋转叶片泵送机构的压缩机。这种压缩机的另一个优点是噪声和振动低于往复式压缩机。再生式风机也具有无脉冲输送和低振动的特点，但高叶轮速度会产生较高噪声。

③ 安装空间。压缩机的选择通常受到可用空间的限制。在安装现场。对于低压系统，紧凑型叶片式压缩机通常比活塞或隔膜式设计对于给定的自由空气流量需要更少的空间。

(7) 压缩机尺寸选择

对于压缩空气设备的有效和高效运行来说至关重要的是选择合适的压缩机来满足系统需要。大型压缩机装置可能是昂贵且复杂的。但是无论怎样，应该考虑以下几点。

• 系统流量需求：这应该包括预估的初始负荷和短期负荷。

• 应急情况下的备用能力：这可以是连接到主管路的第二台压缩机。

• 未来压缩空气要求：由于更换压缩机的成本，在选择压缩机时应考虑到这个问题。

压缩机尺寸选择应从应用需要开始。每个应用都需要在特定的时间、特定的压力下的特定容积的空气，因此，选择压缩机尺寸基本上就是将这些特性与可用空气压缩机的流量（L/min）和压力等级（bar）相匹配。

1）确定自由空气消耗　自由空气是大气压力下的空气。通过使用气体定律将实际工作压力和温度下的体积转换为大气压和环境温度下的体积，从而获得自由空气体积。

需要三个步骤来确定系统的空气消耗量。

① 确定每个操作设备在工作周期内所需的自由空气消耗量。

这可以通过基于手册公式的计算或从自由空气曲线、目录数据或用原型系统进行测试获得。

② 乘以每分钟的工作周期数。

空气压缩机通常按照自由空气消耗量（m^3/min）来定级，定义为在实际大气条件下的空气流量，其计算方程式是

$$V_1=V_2\frac{p_2}{p_1}\times\frac{T_1}{T_2}$$

式中，下标1表示压缩机入口大气条件（标准或实际的），下标2表示压缩机排放条件。

用时间 t 除等式两边得到：

$$Q_1=Q_2\frac{p_2}{p_1}\times\frac{T_1}{T_2}$$

③ 总计系统中所有工作设备的结果。如果没有使用储气罐，则还需要检查可能的高峰需求不要超过所计算的平均需求。如果超过了，支配容量需求的将是这些高峰需求。

a. 储气罐充气的影响。如果储气罐用于某一应用时需要快速地开/关或加载/卸载循环操作，压缩机必须增加额外的容量，因此储气罐可以在不中断正常系统操作的情况下进行充气。

确定储气罐充气所需的自由空气量的经验法则是将储气罐体积乘以接通和断开压力之间的压力差（在大气中），然后将结果除以允许的充气时间，并选择将在断开压力下输送该流量的压缩机。

b. 初始储气罐充气的影响。在一些间歇性工作的系统中，配备较大储气罐可使系统具有较长的停歇时间。尽管这减少了在给定的时间间隔内的占空系数，但大型储气罐初始充气所需的时间可能太长因而使系统不能正常操作。

一个实际的解决方案是选择一个比其他方式容量更大的压缩机，只是为了减少初始充气时间，增加的容量也将减小压缩机工作的占空系数。

初始储气罐充气所需的时间可以通过将要被泵入接收机的自由空气量除以平均传输速率（低压力下的速率加上高压下的速率除以2）来估计。

2）确定可用的压缩机容量　在确定空气压缩机满足特定系统需求的能力时，额定容量通常由曲线或性能表确定。这些图显示了在0MPa到最大额定压力范围内的在额定速度下的实际自由空气输送量。表21-3-2列出了各种压缩机的典型流量范围。

但切记，功率和排量不是合适的选择压缩机尺寸的标准。这些因素不能提供压缩机实际输送能力的准确度量，因此可能导致较大的尺寸误差。

为了防止由于泄漏、异常操作条件或维护不善等问题，尺寸选择应提供一些额外的容量。一般来说，实际选用的压缩机的额定自由空气容量应比系统的实际自由空气消耗率大10%～25%。这种预防措施还可用于将来可能的系统扩展或现场修改。

占空比的影响：当使用间歇性压力选择压缩机时，必须严格遵守由压缩机制造商确定的占空比限制。例如，压缩机的间歇压力等级基于50/50（10min开/10min关闭）工作周期。这10min时间是使压缩机冷却所需的最小时间。更长的休息时间可以通过增加储气罐容量或通过增加压力开关接通和断开之间的压差来获得。

10min是基于温度上升的最大值。增加压缩机的容量会缩短开机工作时间，但是，当通过启动和停止压缩机的驱动电机来控制压力时，过短的接通周期会造成问题。

这是因为过于频繁的启动可能会启动电机的热过载机构，导致暂时中断电力。最好的解决方法是通过让泵接通电源工作和使用电磁阀。

（8）选择压缩机时的其他注意事项

① 容积效率。容积式泵的理论泵送能力是其排量（泵的元件一转传输的总体积）乘以每分钟的转速，排量由泵送元件（活塞腔室、叶片隔间等）的尺寸和数量决定。排量本身不应该被用作尺寸参数，因为它是一个没有考虑泵送损失的理论值。

泵送装置的容积效率描述的是它实际输送容积与计算的流体容积的接近程度。容积效率随着速度、压力和泵的类型而变化。可通过以下公式来计算。

$$容积效率(\%)=\frac{自由空气输送量(L/min)}{理论的能力(L/min)}\times 100$$

空气压缩机的容积效率在0MPa时是最高的，也就是排气到大气。容积效率随着压力降低逐渐增加。

这个值下降反映了在较高压力下额定容量的损失，主要是因为被困在“间隙容积”有压气体增加以及内部泄漏或动力传递损耗增加。进入的空气的温度和密度也会影响容积效率。

② 驱动器功率要求。对于给定的压缩机，压缩所需的功率取决于压缩机的容量、运行压力和冷却方法的效率。需要一些额外的功率用于克服惯性和启动时的摩擦效应，以及在额定速度下驱动压缩机时的机械阻力。

制造商通常会给出驱动速度和功率需求的建议。驱动速度即在此速度下会形成额定的流量。功率需求是指所需的最大功率，这通常是最大额定压力下所需的功率但偶尔也可能会反映出启动要求。

压缩机制造商常提供性能曲线来表示在整个压力范围内在额定速度下的功率需求。在某些情况下，曲线可用于表示在给定的压力下、不同速度下时的功率需求。

③ 功率效率。评估压缩机使用功率效率的技术已被广泛采用。这需要同时测量气缸容积和压力、自由空气流量、温度和输入功率，根据这些测量结果计算的实际输出值与理论值进行对比，这样就可以确定压缩机的效率、压缩过程和整套设备。

这里给出一个简单又相对准确的比较不同压缩机性能的方法：首先，在要求的压力下找到输送的流量，用这个流量值除以在该压力下功率的值。注意：目录数据要是基于流量在实际压力水平或在大气压力下。相同的参考水平必须用于所有压缩机进行比较。

由于输送的功率与表压和流量的乘积成正比，因此在给定的每个输入功率的压力下，流量表示功率效率。

④ 温度对性能的影响。高温对空气压缩机的性能影响很大，它会限制压力能力、降低传输效率并增加电力需求。

在高温下持续运转会加速机器磨损并降低润滑剂的性能，导致轴承故障。

为了避免高温，压缩机的工作压力应该保持在制造商规定的最大压力等级和工作周期限制内。

如果压缩机必须在高压或高温下连续运行，可能需要重型水冷装置。

只要有可能，压缩机应该安装在其风扇可以吸入冷的、清新的空气的地方。在环境温度高于40℃的环境中，不应安装由电机驱动的压缩机装置。

除了压缩机过热的影响，高温的排放空气也会对气动系统产生许多不利影响：减少了储气罐的存储容量；从润滑油中被移走的挥发性成分带到储气罐和空气管路；增加水分进入压缩空气系统。

（9）储气罐的尺寸

储气罐的尺寸需要考虑系统压力和流量要求、压缩机输出能力以及操作类型等参数。

储气罐配有安全阀，以防止储气罐爆炸。

下式可以用来确定储气罐的尺寸

$$V_r=\frac{101t(Q_r-Q_c)}{p_{max}-p_{min}}$$

式中　t——储气罐能够提供所需空气量的时间，min；

Q_r——气动系统消耗流量，m^3/min；

Q_c——压缩机输出流量，m^3/min；

p_{max}——储气罐最大压力，kPa；

p_{min}——储气罐中的最小压力，kPa；

V_r——储气罐大小，m^3。

（10）空压机特点和性能参数

表21-3-5给出了不同类型的空压机的特性，可供选择空压机时作为参考。

表 21-3-5　**不同类型空压机的特性**

项目	容积式					速度式	
	往复式		旋转式			离心式	轴向式
	单作用	双作用	罗茨式	叶片式	螺杆式		
		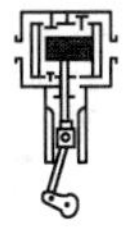	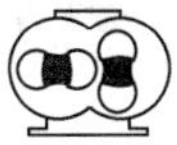		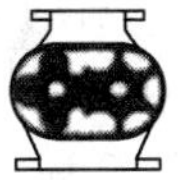	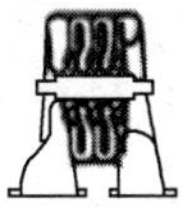	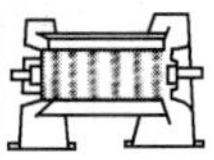
流量	除了罗茨泵，排量与压力无关，随轴速增加而增加					随着压力增加而下降，随轴速增加而增加	
压力	与轴速无关					随着轴速增加而增加	
流量范围 /L·s^{-1}	0～150	150～1500	$(0\sim2)\times10^4$	$(0\sim3)\times10^4$	油润滑：30～1000；干式：30～10000	500～10000	$(0.1\sim3)\times10^5$
流量调节(除了旁通和速度改变)	阀卸荷	阀卸荷；余隙空间；入口节流	无	入口节流；调节输出油口		可移动的导向叶片；入口节流	
流量类型	稳定的脉动	稳定的较小脉动	稳定的强脉动	稳定的非常小的高频脉动		稳定在浪涌限制以上，没有脉动	
级数	1～4	1～6	1～2	1～2(3)		1～6	10～25
压力范围/MPa	0.1～50 1 级到 0.7 2 级到 3.0 3 级到 10 4 级到 30	0.1～100 1 级到 0.45 1 级到 2.1 1 级到 3.5	1 级到 0.11 1 级到 0.25	1 级到 0.4 1 级到 1.0	油润滑： 1 级到 0.9； 干式： 1 级到 0.35 2 级到 1.0	0～3	0～0.6
冷却	空冷（水冷）	水冷（空冷）	无	液体喷射；空冷或水冷	空冷或液体冷却或液体喷射	水冷，但是壳体一般不冷却	
压缩空间的润滑	从曲轴箱飞溅(无润滑的类型可获得)	润滑物(无润滑的类型可获得)	无	除了干式类型，油喷射或水喷射	无，除了使用油喷射时	无	
柱塞或缸的数量	1～4	1～3	1(～2)	1～2		1～2	1～4
轴速范围 /r·min^{-1}	600～1800	300～1000	600～3600	400～3600	1000～20000	5000～80000	6000～20000
工作空间的密封	活塞环	活塞环和活塞杆填料	转子：层流间隙 轴：唇环	转子端：层流间隙(单边迷宫) 轴：碳环或迷宫			
在工作空间移动零件的速度 /m·s^{-1}	平均柱塞速度：2.5～5.0		转子端部速度			圆周速度	
			30～50	10～20	80～100	150～320	
输入转矩的变化	取决于柱塞的数量及其布置情况		某些产品(通过扭曲转子可能被减小)	非常小		无	
驱动方法	直接连接或使用 V 带或平带连接		直接连接或使用 V 带连接		直接连接或使用增速齿轮连接	直接连接涡轮机或使用增速齿轮连接	

3.1.2 后冷却器

表 21-3-6 后冷却器的分类、原理及选用

项目		简图及说明
作用		空压机输出的压缩空气温度可达120℃以上，在此温度下，空气中的水分完全呈气态。后冷却器的作用就是将空压机出口的高温空气冷却至40℃以下，将大量水蒸气和变质油雾冷凝成液态水滴和油滴，以便将它们去除
分类	风冷式	不需冷却水设备，不用担心断水或水冻结。占地面积小、重量轻、紧凑、运转成本低，易维修，但只适用于入口空气温度低于100℃且处理空气量较少的场合
分类	水冷式	散热面积是风冷式的25倍，热交换均匀，分水效率高，故适用于入口空气温度低于200℃，且处理空气量较大、湿度大、尘埃多的场合
工作原理		入口空气(高温) 按钮开关 指示灯 风扇 出口温度计 出口空气(低温) 冷却空气 冷却器 排水 图形符号 热空气 冷空气 冷却水 图(a) 风冷式后冷却器的工作原理　图(b) 水冷式后冷却器的工作原理 图(a)所示风冷式后冷却器是靠风扇产生的冷空气吹向带散热片的热气管道来降低压缩空气温度的 图(b)所示水冷式后冷却器是靠强迫输入冷却水沿热空气(热气管道)的反向流动，以降低压缩空气的温度。水冷式后冷却器出口空气温度约比冷却水的温度高10℃ 后冷却器最低处应设置自动或手动排水器，以排除冷凝水和油滴等杂质
选用		根据系统的使用压力、后冷却器入口空气温度、环境温度、后冷却器出口空气温度及需要处理的空气量，选择后冷却器的型号 当入口空气温度超过100℃或处理空气量很大时，只能选用水冷式后冷却器

3.1.3 主管道过滤器

表 21-3-7 主管道过滤器的结构原理和选用

项目	说明
作用	安装在主管路中。清除压缩空气中的油污、水分和粉尘等，以提高下游干燥器的工作效率，延长精密过滤器的使用时间
结构原理图	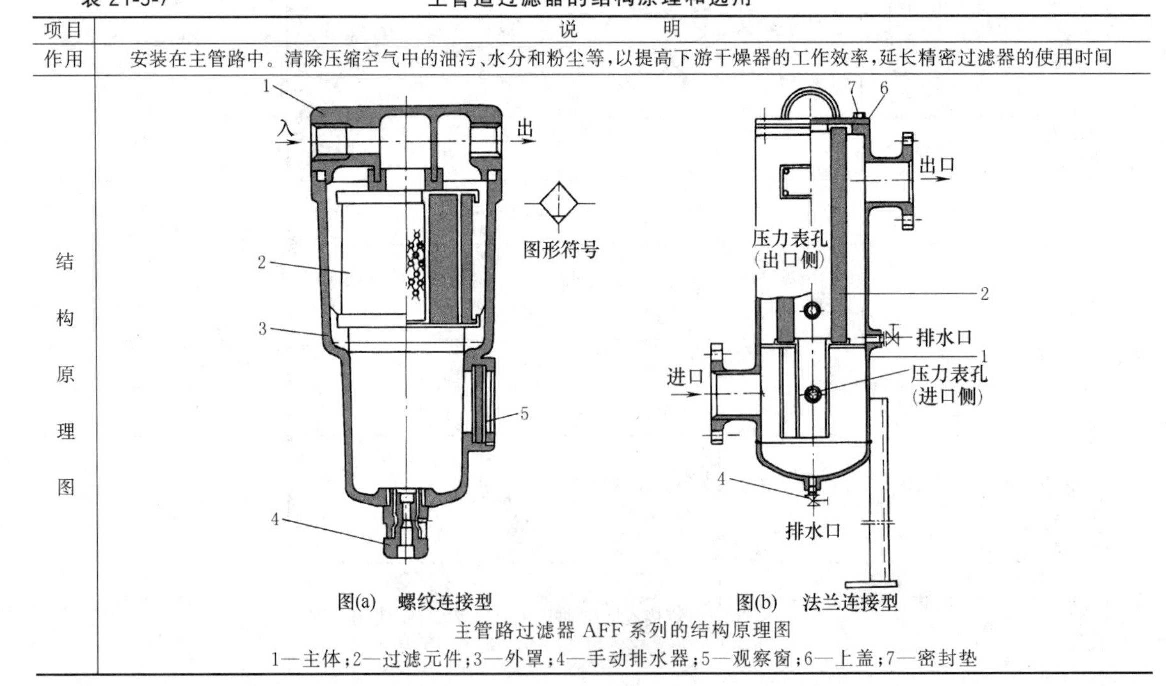 图(a) 螺纹连接型　图(b) 法兰连接型 主管路过滤器AFF系列的结构原理图 1—主体；2—过滤元件；3—外罩；4—手动排水器；5—观察窗；6—上盖；7—密封垫

续表

项目	说　　明
结构原理图	上图是主管路过滤器的结构原理图。通过过滤元件分离出来的油、水和粉尘等，流入过滤器下部，由手动(或自动)排水器排出 滤芯的过滤面积比普通过滤器大10倍，配管口径2in以下的过滤元件还带有金属骨架，故本过滤器使用寿命长。法兰连接过滤器的上盖可直接固定滤芯，故滤芯更换容易
选用	应根据通过主管路过滤器的最大流量不得超过其额定流量，来选择主管路过滤器的规格，并检查其他技术参数也要满足使用要求

3.1.4　储气罐

表21-3-8　　储气罐的组成及选用

项目	简图及说明	
作用	可消除活塞式空气压缩机排出气流的脉动；同时稳定压缩空气气源系统管道中的压力。缓解供需压缩空气流量。此外，还可进一步冷却压缩空气的温度，分离压缩空气中所含油分和水分的效果	
类别及组成	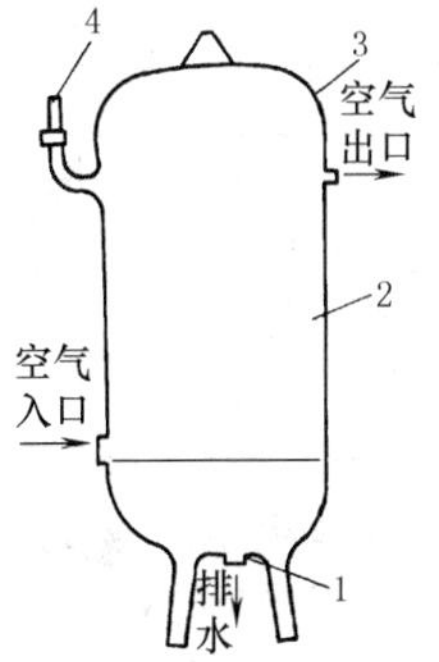 1—排水阀；2—气罐主体；3—压力表；4—安全阀	左图是储气罐的外形图。气管直径在1½in以下为螺纹连接，在2in以上为法兰连接。排水阀可改装为自动排水器。对容积较大的气罐，应设人孔或清洁孔，以便检查或清洗 储气罐与冷却器、油水分离器等，都属于受压容器，在每台储气罐上必须配套有以下装置 ①安全阀是一种安全保护装置，使用时可调整其极限压力比正常工作压力高约10% ②储气罐空气进出口应装有闸阀，在储气罐上应有指示管内空气的压力表 ③储气罐结构上应有检查用人孔或手孔 ④储气罐底端应有排放油、水的接管和阀门 储气罐有立式和卧式两种形式，使用时，数台空压机可合用一个储气罐，也可每台单独配用，储气罐应安装在基础上。通常，储气罐可由压缩机制造厂配套供应
选用计算	①当空压机或外部管网突然停止供气(如停电)，仅靠气罐中储存的压缩空气维持气动系统工作一定时间，则气罐容积V的计算式为 $V \geqslant \frac{p_a q_{max} t}{60(p_1 - p_2)}$　(L) ②若空压机的吸入流量是按气动系统的平均耗气量选定的，当气动系统在最大耗气量下工作时，应按下式确定气罐容积 $V \geqslant \frac{(q_{max} - q_{sa}) p_a}{p} \times \frac{t'}{60}$　(L)	p_1——突然停电时气罐内的压力，MPa p_2——气动系统允许的最低工作压力，MPa p_a——大气压力，$p_a = 0.1$MPa q_{max}——气动系统的最大耗气量，L/min(标准状态) t——停电后，应维持气动系统正常工作的时间，s q_{sa}——气动系统的平均耗气量，L/min(标准状态) p——气动系统的使用压力，MPa(绝对压力) t'——气动系统在最大耗气量下的工作时间，s

3.1.5　干燥器

压缩空气经后冷却器、油水分离器、气罐、主管路过滤器后得到初步净化后，仍含有一定的水蒸气。其含量的多少取决于空气的温度、压力和相对湿度的大小。对于某些要求提供更高质量的压缩空气气动系统来说，还必须在气源系统设置压缩空气的干燥装置。

在工业上，压缩空气常用的干燥方法有：吸附法、冷冻法和膜析出法。

表 21-3-9　　干燥器的分类、工作原理和选用

分类		简图及说明
吸附式干燥器	工作原理	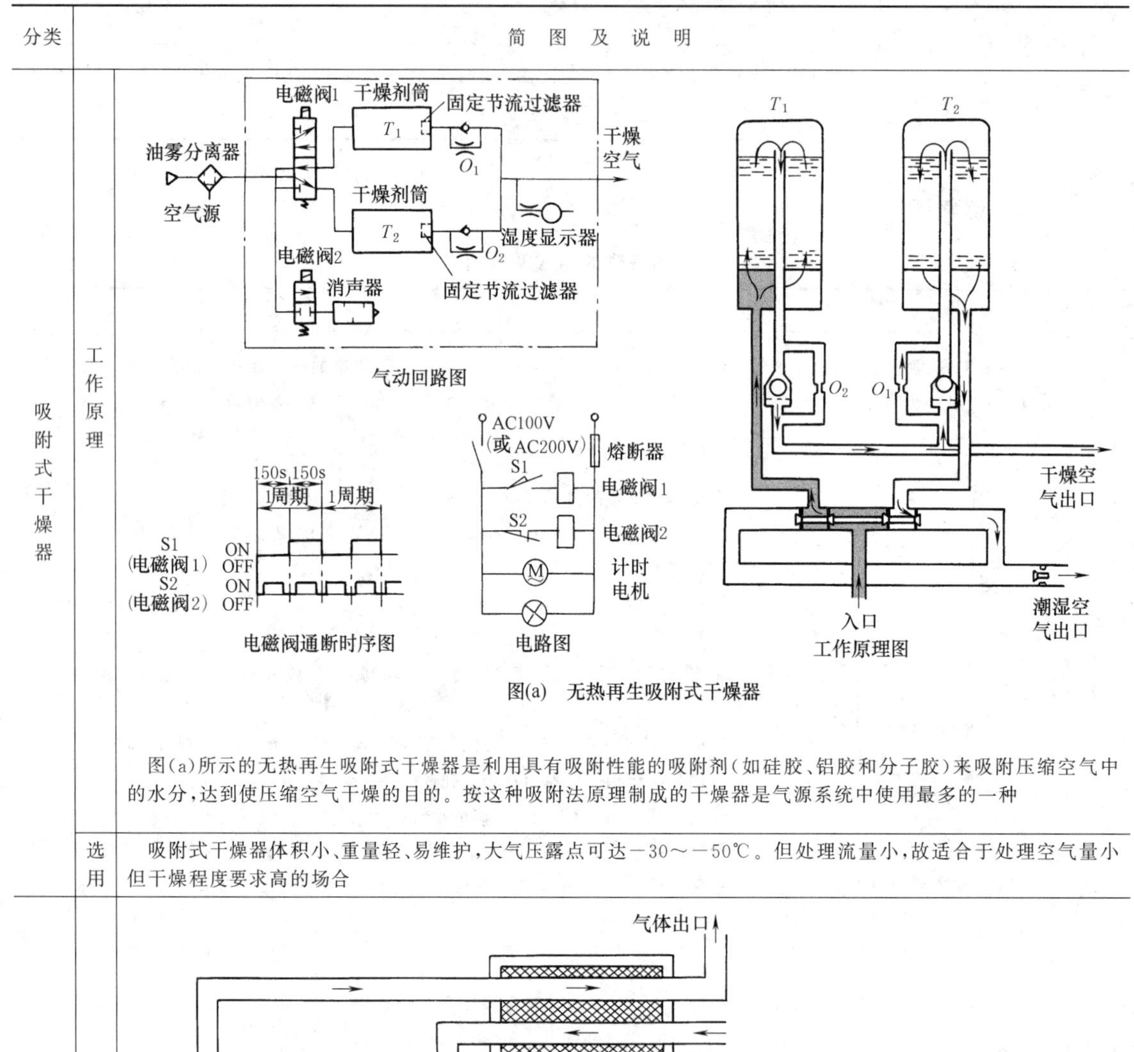 图(a)　无热再生吸附式干燥器 图(a)所示的无热再生吸附式干燥器是利用具有吸附性能的吸附剂（如硅胶、铝胶和分子胶）来吸附压缩空气中的水分，达到使压缩空气干燥的目的。按这种吸附法原理制成的干燥器是气源系统中使用最多的一种
	选用	吸附式干燥器体积小、重量轻、易维护，大气压露点可达－30～－50℃。但处理流量小，故适合于处理空气量小但干燥程度要求高的场合
冷冻式干燥器	工作原理	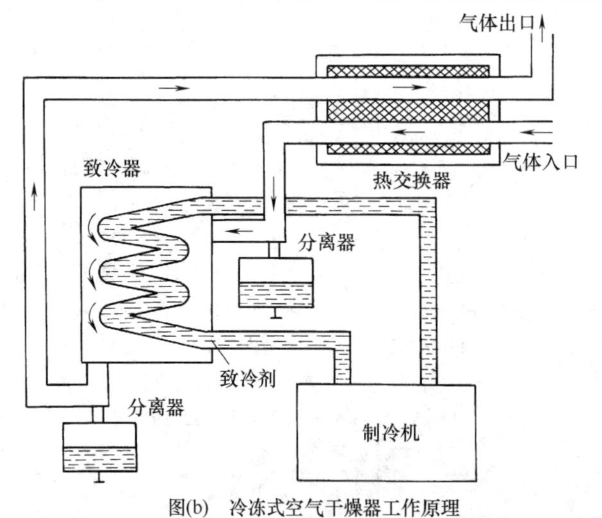 图(b)　冷冻式空气干燥器工作原理 如图(b)所示，潮湿的热压缩空气，进入热交换器的外筒被预冷，再流入内筒被空气冷却器冷却到压力露点（2～10℃）。在此过程中，水蒸气冷凝成水滴，经自动排水器排出

续表

分类		简图及说明
冷冻式干燥器	选用	（见下文）

修正后的处理空气量不得超过冷冻式干燥器产品所给定的额定处理空气量，依此来选择干燥器的规格

修正后的处理空气量由下式确定

$$q=q_c/(C_1C_2)\quad [\mathrm{L/min}(标准状态)]$$

式中　q_c——干燥器的实际处理空气量，L/min(标准状态)

C_1——温度修正系数，见下表

C_2——入口空气压力修正系数，见下表

冷冻式干燥器适用于处理空气量大，压力露点温度（2～10℃）的场合。具有结构紧凑、占用空间较小、噪声小、使用维护方便和维护费用低等优点

温度修正系数 C_1	入口空气温度/℃	45			50			55			65			75		
	出口空气压力露点/℃	5	10	15	5	10	15	5	10	15	5	10	15	5	10	15
环境温度/℃	25	0.6	1.35	1.35	0.6	1.35	1.35	0.6	1.35	1.35	0.6	1.35	1.35	0.6	1.35	1.35
	30	0.6	1.25	1.35	0.55	1.20	1.35	0.5	1.05	1.35	0.5	1.05	1.35	0.5	1.05	1.35
	32	0.6	1.25	1.35	0.55	1.15	1.35	0.45	0.95	1.25	0.45	0.95	1.25	0.45	0.95	1.25
	35	0.5	0.95	1.25	0.45	0.85	1.15	0.3	0.7	1.0	0.3	0.7	1.0	0.3	0.7	1
	40	0.25	0.70	1.0	0.2	0.65	0.9	0.1	0.5	0.8	0.1	0.5	0.8	0.1	0.5	0.8

入口空气压力修正系数 C_2										
入口空气压力/MPa	0.15	0.2	0.3	0.4	0.5	0.6	0.7	0.8	0.9	1.0
修正系数 C_2	0.65	0.68	0.77	0.84	0.9	0.95	1	1.03	1.06	1.08

膜式干燥器 — 工作原理

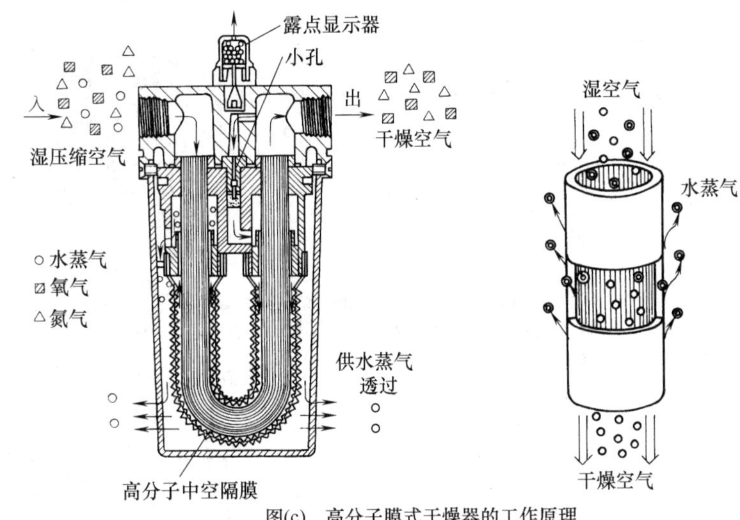

图(c)　高分子膜式干燥器的工作原理

湿空气从中空的分子纤维膜内部流过时，空气中的水分透过分子膜向外壁析出。由此排除了水分的干燥空气得以输出。同时，部分干燥空气与透过分子膜外壁的水分一起排向大气，使分子膜能连续地排除湿空气中的水分

膜式干燥器 — 选用

采用高分子膜作为分离空气中水分的膜式空气干燥器，其优点是：无机械可动件，不用电源，无须更换吸附材料，重量轻，使用简便，可在高温、低温、腐蚀性和易燃易爆等恶劣环境中使用，工作压力范围广（0.4～2MPa），大气压露点温度可达−70℃。但膜式空气干燥器的耗气量较大，达 20%～40%。目前膜式干燥器输出流量较小。当需要大流量输出时，可将若干个干燥器并联使用

3.1.6　自动排水器

表 21-3-10　　自动排水器结构原理和选用

型式	结构原理及技术参数
气动高负载型	后冷却器 储气罐 冷冻式空气干燥器 压缩机 高负载型自动排水器 高负载型自动排水器 图(a)　单个使用 高负载型自动排水器 冷冻式干燥机 高负载型自动排水器 压缩机 储气罐 高负载型自动排水器 后冷却器 高负载型自动排水器 集中排水处理 图(b)　集中排水 ①高负载型自动排水器为浮子式设计，不需要电源，不会浪费压缩空气 ②可靠、耐用，适合水质带污垢的情况下操作 ③不会受背压影响，适合集中排水 ④内置手动开关，操作及维修方便

使用流体	压缩空气	最高使用压力/MPa	1.6
接管口径	R_c(PT)1/2	最低使用压力/MPa	0.05
排水形式	浮子式	环境及流体温度/℃	5～60
自动排水阀形式	常开(在无压力下阀门打开)	最大排水量/$L\cdot min^{-1}$	400(水在压力 0.7MPa 的情况下)
保证耐压力/MPa	2.5	质量/kg	1.2

电动式

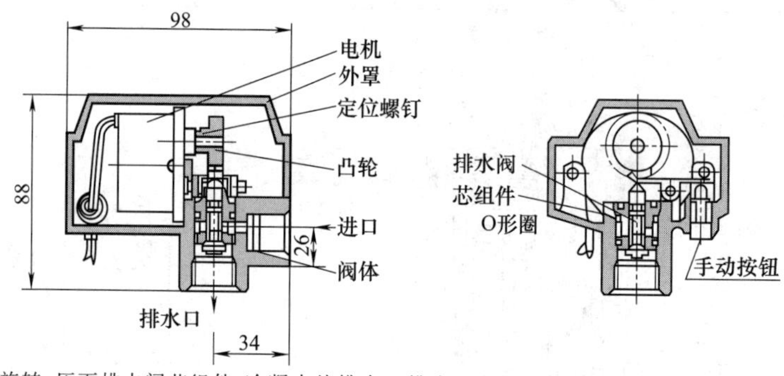

电机带动凸轮旋转，压下排水阀芯组件，冷凝水从排水口排出。它的入口为 R_c1/2(便于与压缩机输气管连接)，排水口为 R_c3/8，动作频率和排水的时间应与压缩机相匹配(每分钟 1 次，排水 2s；每分钟 2 次，排水 2s；每分钟 3 次，排水 2s；每分钟 4 次，排水 2s)

使用流体	空　气
最高使用压力/MPa	1.0
保证耐压力/MPa	1.5
环境及流体温度/℃	5～60
电源/V	AC 220，50Hz
耗电量/W	4
质量/kg	0.55

①可靠性高，高黏度流体亦可排出
②耐污尘及高黏度冷凝水，可准确开闭阀门排水
③排水能力大，一次动作可排出大量水
④防止末端机器发生故障
⑤储气罐及配管内部无残留污水，因此可防止锈及污水干后产生的异物损害后面的机器，排水口可装长配管
⑥可直接安装在压缩机上

注：参考 SMC 样本资料。

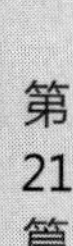

3.2　气动执行元件

3.2.1　气动执行元件的分类

在气动系统中，将压缩空气的压力能转化为机械能的一种传动装置，称为气动执行元件。它能驱动机构实现直线往复运动、摆动、旋转运动或夹持动作。

由于气动的工作介质是气体，具有可压缩性，因此，用气动执行元件来实现气动伺服定位。它的重复精度可控制在 0.2mm 之内，此时它的低速运行特性（10mm/s 左右时）不如常规的气动控制的低速平稳。对于采用低速气缸而言，它的低速运行可控制在 3～5mm/s，平稳运行。当要求更慢的速度或高速位置控制时，建议采用液压-气动联合装置来实现。

气动执行元件与液压执行元件相比，气动执行元件运动速度快，工作压力低，适用于低输出力的场合。

表 21-3-11　气动执行元件分类方法

方法	名称及特征						
按润滑的形式分	给油气动执行元件	执行元件的润滑是由润滑装置（如油雾器等）提供，应用于给油润滑气动系统					
	无给油气动执行元件	执行元件预先封入润滑脂等，并定期给予补充达到润滑，不需要润滑装置，应用于无给油润滑气动系统					
	无油润滑气动执行元件	执行元件由含油润滑材料和含油密封圈等组成，不需要润滑装置或预先封入润滑脂等，应用于无油润滑气动系统					
	在无给油与无油润滑气动系统中，无废油排出，具有对周围环境无污染的优点，广泛适用于纺织、医药、食品加工等行业						
按运动和功能分	气缸	用压缩空气作动力源	产生直线往复运动，输出力或动能	单作用式	柱塞式		无导向机构，根据力和速度等要素选用气缸，并需另行设计导向的运动机构
					活塞式	单活塞杆缩进 单活塞杆伸出 双活塞杆缩进 双活塞杆伸出	
					膜片式	膜片气缸 膜片夹紧气缸	
					气囊式		
					气动肌腱		
				双作用式	单出杆气缸		
					双出杆气缸	不可调行程 可调行程	
					活塞杆防回转气缸	方形、六角形活塞杆 活塞杆导向 活塞导向 椭圆活塞气缸	
					活塞杆防下落气缸		
					锁紧活塞杆气缸		
					无活塞气缸	磁耦合 滑块型	
					绳索气缸		
					倍力气缸	倍力气缸 增压气缸	
					多位气缸		
					伸端气缸		
					振荡气缸		
					冲击气缸		
					气液阻尼缸		
					带阀气缸		

续表

<table>
<tr><th>方法</th><th colspan="8">名 称 及 特 征</th></tr>
<tr><td rowspan="13">按运动和功能分</td><td rowspan="3">气缸</td><td rowspan="13">用压缩空气作动力源</td><td rowspan="3">产生直线往复运动,输出力或动能</td><td rowspan="3">导向驱动装置</td><td rowspan="2">直线驱动单元</td><td>高精度导杆气缸
中型短行程导向驱动器</td><td>—</td><td rowspan="3">不仅传递力,并且内部装有导向的导轨,以保证在其运行中能承受各种分力、扭矩和力矩。无须另设计导向的运动机构</td></tr>
<tr><td>带导轨无杆气缸</td><td>带止动刹车无杆气缸
内置位移传感器无杆气缸</td></tr>
<tr><td>模块化驱动单元</td><td colspan="2">导向驱动器(活塞杆运动)
滑块式驱动器(缸体运动)
超长行程滑块式驱动器
双活塞式导向单元</td></tr>
<tr><td rowspan="3">摆动气缸</td><td rowspan="3">产生<360°范围摆动,输出力矩</td><td colspan="2">叶片式</td><td colspan="3">单叶片:摆动角度<360°;双叶片:摆动角度<180°</td></tr>
<tr><td colspan="2">齿轮齿条式</td><td colspan="3">用齿轮齿条传动,使活塞杆的往复运动变为输出轴的摆动</td></tr>
<tr><td colspan="2">直线摆动组合式</td><td colspan="3">摆动和直线运动可分别或同时进行,摆角≤270°</td></tr>
<tr><td rowspan="5">气动马达</td><td rowspan="5">产生旋转运动,输出力矩</td><td rowspan="4">容积式</td><td>叶片式</td><td>单向回转式
双向回转式(最常用)
双作用双向式</td><td colspan="2"></td></tr>
<tr><td>活塞式</td><td>轴心活塞式
径向活塞式(最常用)</td><td colspan="2">有连接杆式
无连接杆式
滑杆式</td></tr>
<tr><td>齿轮式</td><td>双齿轮式
多齿轮式</td><td colspan="2"></td></tr>
<tr><td>摆动式</td><td>单叶片式
双叶片式
齿轮齿条式</td><td colspan="2"></td></tr>
<tr><td colspan="3">蜗轮式</td><td colspan="2"></td></tr>
<tr><td rowspan="2">气爪</td><td rowspan="2">产生模拟手指的开闭动作,输出力</td><td colspan="2">驱动部件</td><td colspan="3">直线坐标气缸
带导轨无杆气缸
小型短行程滑块式驱动器
齿轮齿条摆动气缸
气爪
真空吸盘</td></tr>
<tr><td colspan="2">框架构件</td><td colspan="3">立柱
重载导轨
角度转接板
辅件</td></tr>
</table>

3.2.2　气缸

3.2.2.1　气缸的分类

表 21-3-12　气缸的分类

(1)按功能分

分　类	原 理 及 特 点
普通气缸	用于通常工作环境,使用量最大的气缸
耐热气缸	用于环境温度 120~150℃,其密封圈、活塞上导向环和缓冲垫等均需用耐热材料,如密封圈和缓冲垫用氟橡胶,导向环用聚四氟乙烯
耐腐蚀性气缸	用于有腐蚀性环境下工作。气缸外露表面的零件均需用防腐性材料,如缸筒、活塞杆、端盖和拉杆等选用不锈钢等制作,根据腐蚀情况选用不同牌号
低摩擦气缸	气缸内系统摩擦力的大小会直接影响气缸运动的稳定性。减小摩擦力的措施一般有:降低缸筒内表面和活塞杆外表面的粗糙度值,减小密封圈的接触面积,采用低摩擦因数的材料等
高速气缸	通常指活塞运行速度超过 1m/s 的气缸,目前最高可达 17m/s

(2)按缓冲方式分

分类		
名　称		设置位置及方式
外部缓冲		在气缸终端位置设置液压缓冲器。对于高速运动的气缸如无杆气缸两端,经常安装有液压缓冲器
内部缓冲	单侧	杆侧或无杆侧
	双侧	—
	固定缓冲	如垫缓冲、固定节流口
	可调缓冲	缓冲节流阀

缓冲方式	原　理	应　用
无缓冲	—	适合微型缸、小型作用缸和中小型薄型缸(气缸直径不超过 ϕ25mm)
垫缓冲	在活塞两侧设置聚氨酯橡胶垫,吸收动能	适合速度不大于 350mm/s 的中小型缸(缸径≤25mm)和速度不大于 500mm/s 的单作用缸
气缓冲	将活塞运动的动能转化成封闭气室的压力能,以吸收动能	适合速度不大于 500mm/s 的大中型缸和速度不大于 1000mm/s 的中小型缸
液压缓冲器	将活塞运动的动能经液压缓冲器转化成热能和油液的弹性能	适合速度不大于 1000mm/s 的气缸和速度不大的高精度气缸

(3)按润滑方式分

分　类	原 理 及 应 用
给油气缸	由压缩空气带入油雾,对气缸内相对运动件进行润滑。运动速度 1000mm/s 时,应采用给油气缸,而且油雾不应中断
不给油气缸	压缩空气中不含油雾,靠预先在密封圈内添加的润滑脂润滑,且缸内零件要使用不易生锈的材料。采用不给油气缸需防止供气系统含有油雾。时续供油、时续又断油的压缩空气将加剧气缸活塞自润滑密封圈的磨损

(4)按位置检测方式分

分　类	原 理 及 应 用
限位开关式	在活塞杆上装有撞块,其运动行程两端装限位开关(如行程开关、机械控制换向阀),以检测出活塞的运动行程
磁性开关式	是将两个磁性开关直接安装在气缸缸身的不同位置,以检测出气缸的运动行程

表 21-3-13 **常用气缸的原理特点及其表示符号**

分类			图形符号	原理及特点
双作用单出杆			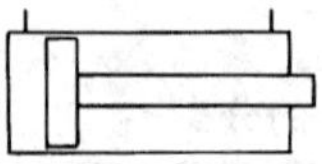	压缩空气驱动活塞向两个方向运动，活塞行程可根据实际情况选定。双向作用力和速度不等
单作用单出杆(弹簧缩进)			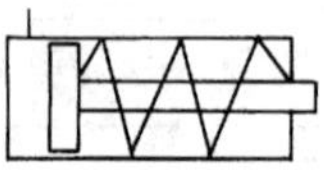	压缩空气驱动活塞向一个方向运动，复位靠弹簧力，输出力随行程而变化
单作用单出杆(弹簧伸出)			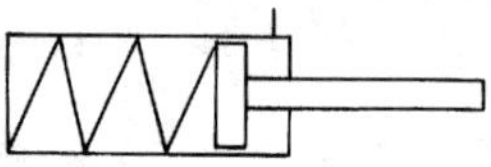	
双作用双出杆			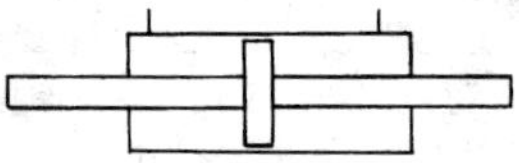	压缩空气驱动活塞向两个方向运动，活塞两侧作用面积相同。双向作用力和速度相等
带缓冲气缸	不可调缓冲气缸	无杆侧缓冲	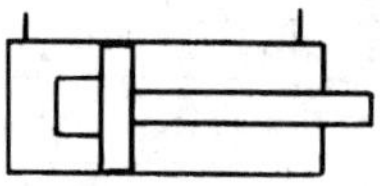	根据需要可在活塞任一侧或两侧设置缓冲装置，以使活塞临近行程终点时减速，防止活塞撞击缸端盖，减速值不可调整
		有杆侧缓冲	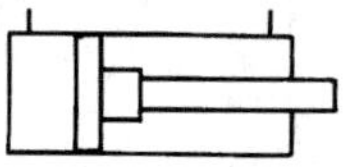	
		双侧缓冲	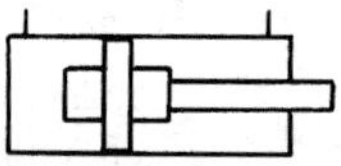	
	可调缓冲气缸	无杆侧缓冲	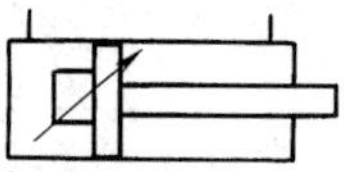	设有可调缓冲装置，使活塞接近行程终点时减速，其减速值可根据需要进行调整
		有杆侧缓冲	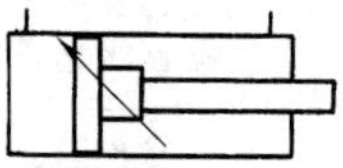	
		双侧缓冲	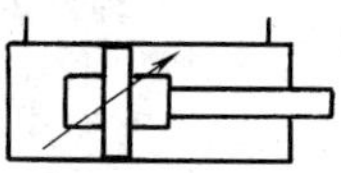	
无出杆气缸	磁性无活塞杆气缸		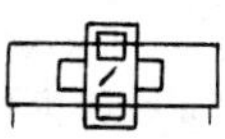	无外伸活塞杆。利用气缸内部活塞的强大磁性和外部磁性滑动部件的磁耦合功能作同步移动，适用于小缸径、长行程
	无杆气缸		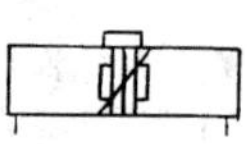	无外伸活塞杆。气缸是通过一个活塞-滑块组合装置传递气缸作用力
	绳索气缸		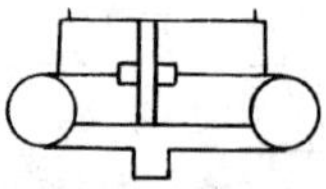	活塞杆是由钢索构成，当活塞靠气压左右推动时，钢索跟随活塞往复移动，可制作小缸径、长行程气缸
	钢带气缸		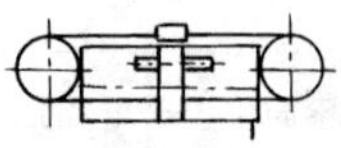	活塞杆是由钢带制成，适用于长行程气缸

续表

分类		图形符号	原理及特点
柱塞式气缸			以柱塞代替活塞。压缩空气驱动柱塞向一个方向运动，复位靠外力。对负载的稳定性较好，输出力小，适用于小缸
膜片气缸	平膜片		以膜片代替活塞，密封性能好，复位靠弹簧力，缸体不需加工，结构简单，适用于短行程
	滚动膜片		
	膜片夹紧气缸		膜片夹紧气缸的夹紧是靠膜片来完成。它的复位也是靠膜片的预张力。无终端缓冲结构，行程一般在 2～5mm 左右
气囊	波纹型		能作驱动和吸振功能，无须昂贵的连接元件和复杂结构，压缩空气使气缸伸展。复位主要靠所支撑物体的重量。气缸的行程终点安装有行程限位挡板，否则气缸外壁会急剧变形
	旋凸型		
柔性气缸	气动肌腱		由特殊编织物与橡胶所组成的圆筒形气动肌腱通入压缩空气后，气动肌腱径向膨胀并缩短，产生巨大拉力。断气后，气动肌腱靠弹性力自动恢复
伸缩气缸			活塞杆为多段短套筒形状组成的气缸，可获得很长的行程，推力和速度随行程而变化
行程可调气缸	伸出位置可调		活塞杆的行程，根据实际使用情况可进行适当的调节
	缩进位置可调		
防回转气缸	方形、六角形活塞杆		活塞杆呈方形或六角形等，防止活塞杆运动产生旋转
	活塞杆导向		活塞杆带导向
	活塞导向		活塞带导向

续表

分类			图形符号	原理及特点
防落下气缸	前端防落下		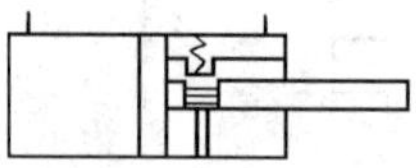	设有防止活塞杆落下机构的气缸，增加安全可靠性
	后端防落下		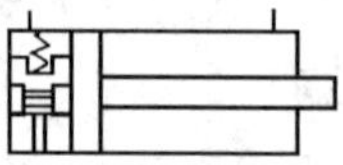	
锁紧气缸			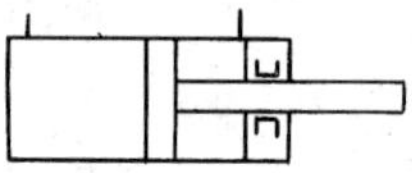	设有锁紧机构，可提高气缸的定位精度
多气缸组合式	三位气缸		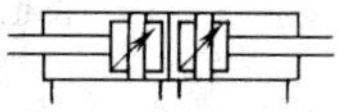	一种方法是通过将两个缸径相同、行程不同的同类气缸按串接形式排列，后动气缸的行程必须大于先动气缸的行程。另一种方法，气缸背靠背排列，活塞杆伸出方向相反，一端活塞杆固定。当两个气缸行程相同时，可获得三种工作位置
	双活塞杆伸出		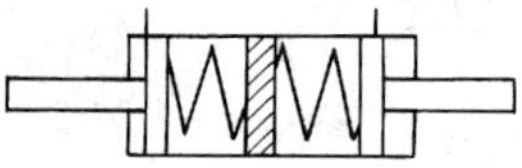	
	双活塞杆缩进		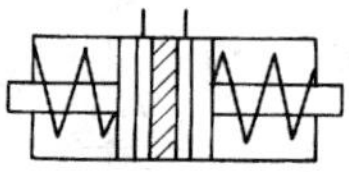	
	活塞直径相同倍力气缸		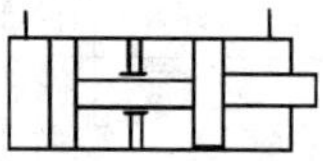	在一根活塞杆上串联 n 个活塞，活塞杆的输出力可增大近 n 倍
	活塞直径不同（增压气缸）		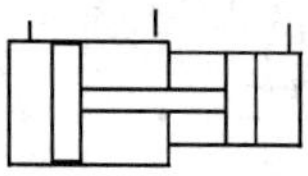	活塞杆两端面积不相等，利用压力和面积乘积不变原理，可使小活塞端输出单位压力增大
	气液结合式	气液阻尼缸	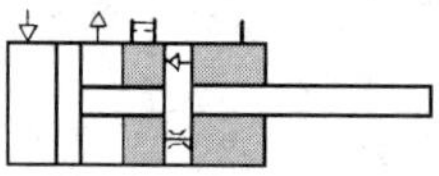	利用液体的不可压缩性和流量易控制的优点，获得活塞杆的稳速运动
		气液增压缸	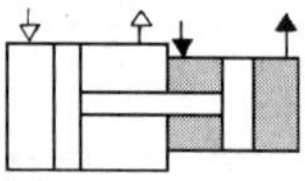	根据液体不可压缩和力的平衡原理，利用两个相连活塞面积的不等，压缩空气驱动大活塞，使小活塞输出单位压力增大
冲击气缸			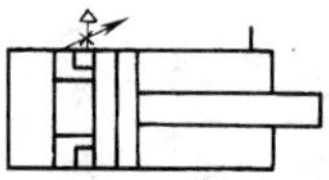	利用突然大量供气和快速排气相结合的方法使活塞杆得到快速冲击运动。用于切断冲孔、铆合、打入工件等

3.2.2.2 气缸的常用安装方式

表 21-3-14 气缸的常用安装方式

分类			代号	简图	特点
固定式	基本式		S	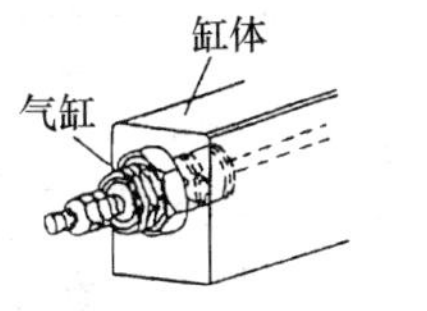 缸体 气缸	不带安装件的气缸 利用缸体体内螺纹拧入机体内固定(S),利用缸体体外螺纹用螺母固定在面板上(B)或利用缸体的通孔(B)或端盖上的螺钉孔(A、B)用螺钉固定在台面上
			B	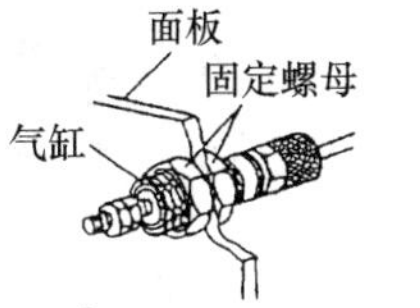 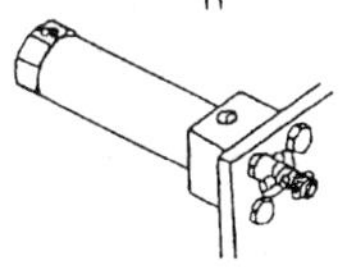 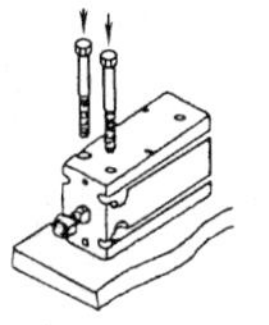 面板 固定螺母 气缸	
			A	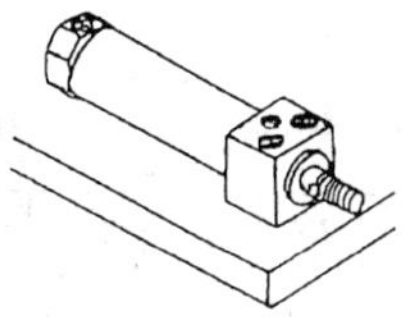	
	脚座式		L	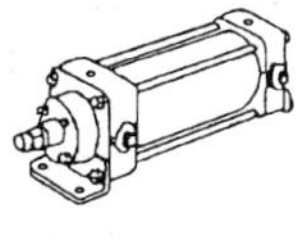	脚座上可承受大的倾覆力矩。用于负载运动方向与活塞杆轴线一致的场合
	法兰型	有杆侧法兰	F	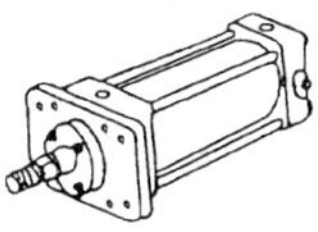	法兰上安装螺钉受拉力。用于负载运动方向与活塞杆轴线一致的场合
		无杆侧法兰	G	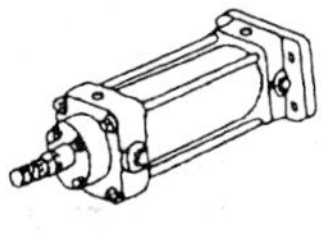	
摆动式	耳环型(悬耳型)	单耳环	C	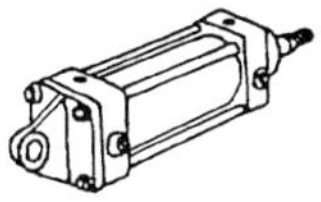	活塞杆轴线的垂直方向带有销轴孔的气缸,负载和气缸可绕销轴摆动。一体耳环型是指无杆侧端盖上直接带销轴的形式 快速动作时,摆动角越大,活塞杆承受的横向负载越大
		双耳环	D	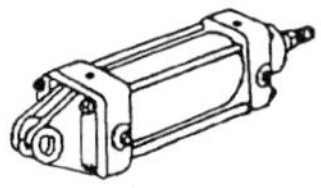	
		一体耳环	E	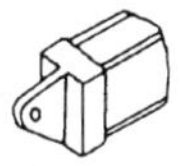	
	耳轴型(销轴型)	无杆侧耳轴	T	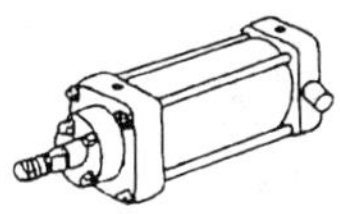	气缸可绕无杆侧端盖上的耳轴摆动
		有杆侧耳轴	U	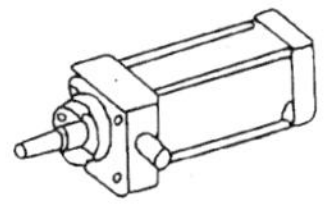	气缸可绕杆侧端盖上的耳轴摆动
		中间耳轴	T	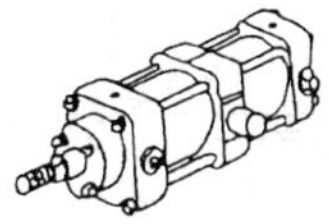	气缸可绕中间耳轴摆动,用于长缸

3.2.2.3　气缸的结构

表 21-3-15　　气缸的结构

名称	结构及原理
气缸的典型结构（双作用气缸）	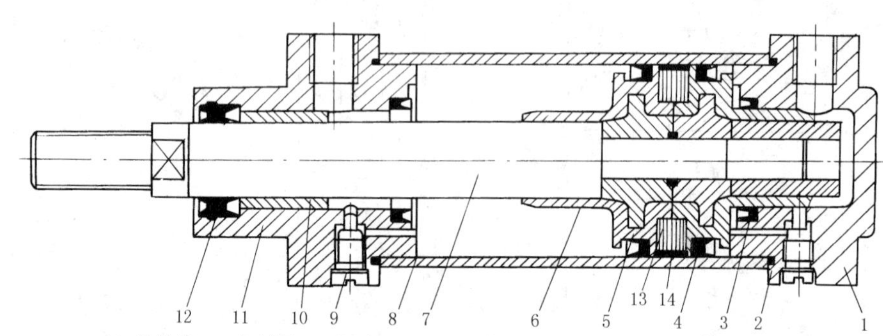 1—后端盖；2—密封圈；3—缓冲密封圈；4—活塞密封圈；5—活塞；6—缓冲柱塞；7—活塞杆；8—缸筒；9—缓冲节流阀；10—导向套；11—前缸盖；12—防尘密封圈；13—磁铁；14—导向环 气缸一般由缸筒、前后缸盖、活塞、活塞杆、密封件和紧固件等零件组成。气缸被活塞分成有杆腔(有活塞杆的腔，简称头腔或前腔)和无杆腔(无活塞杆的腔，简称尾腔或后腔) 当从无杆腔输入压缩空气时，有杆腔排气，压缩空气作用在活塞右端面上的力克服各种反作用力，推动活塞前进，使活塞杆伸出；当无杆腔排气，有杆腔进气时，活塞杆缩回至初始位置。两腔交替进气、排气，活塞杆实现往复直线运动 缸盖上未设缓冲装置的气缸称为无缓冲气缸；缸盖上设有缓冲装置的气缸称为缓冲气缸。缓冲装置由节流阀、缓冲柱塞、缓冲腔和缓冲密封圈等组成。其中缓冲密封圈可安装在缸盖上，如图所示，也可安装在缓冲柱塞上，前者工艺性好，缓冲性能好，基本上已替代后者 缓冲气缸工作原理：当缓冲柱塞进入缓冲行程前、缓冲行程中直至缓冲结束，活塞杆换向，其气流流动全过程见下图 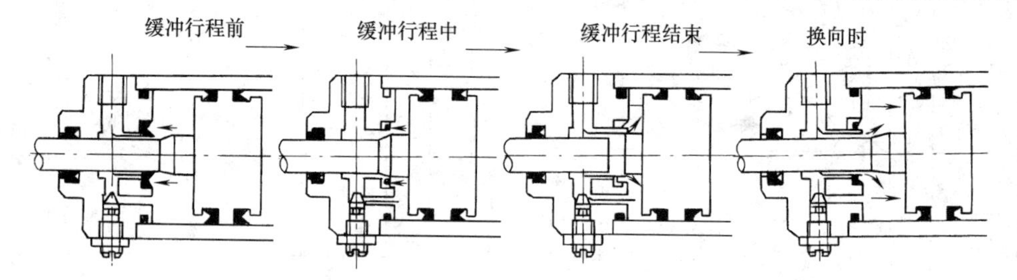 当压缩空气从后腔进气使活塞杆伸出时，前腔的气体经缓冲腔孔、前缸盖排气孔排出。活塞杆伸出接近行程末端，活塞左侧缓冲柱塞将缓冲腔孔封闭，缓冲开始，活塞杆再继续伸出时，前腔内的剩余气体只能经过节流阀才能排出，气体排出受到阻力，活塞杆伸出运动速度逐渐减慢，起到缓冲作用。这样可防止活塞与缸盖的撞击，活塞可缓慢停止 为了缩短气缸开始运动时的启动时间，在前后缸盖上可安装单向阀
单作用气缸	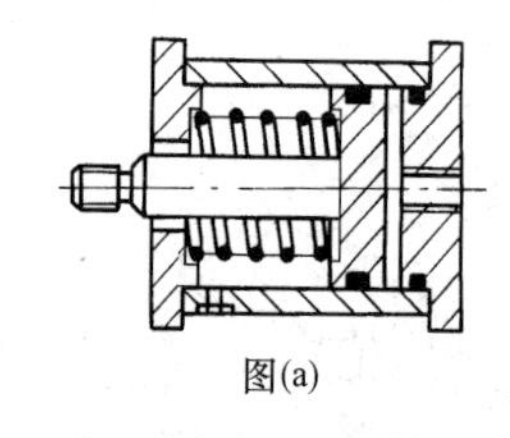 图(a) 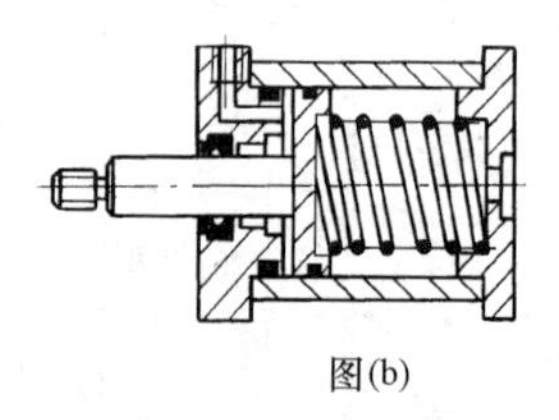 图(b) 图(a)为活塞杆缩进型，图(b)为活塞杆伸出型。根据力平衡原理，单作用气缸输出推力必须克服弹簧的反作用力和活塞杆工作时的总阻力

续表

名称	结构及原理
摆动气缸	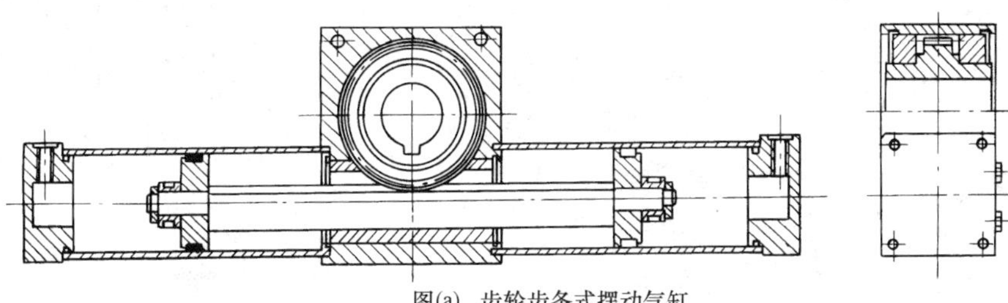 图(a)　齿轮齿条式摆动气缸 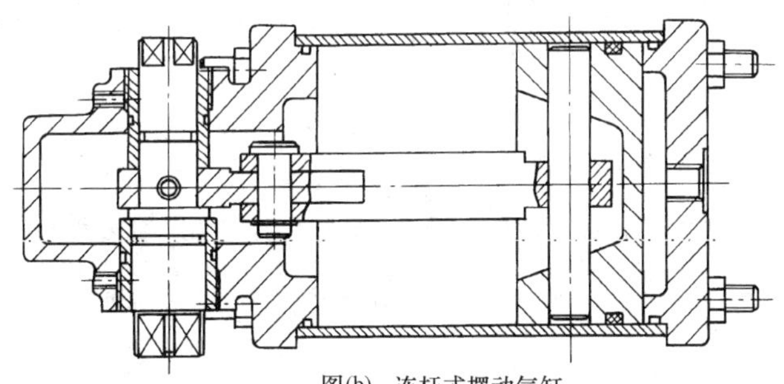 图(b)　连杆式摆动气缸 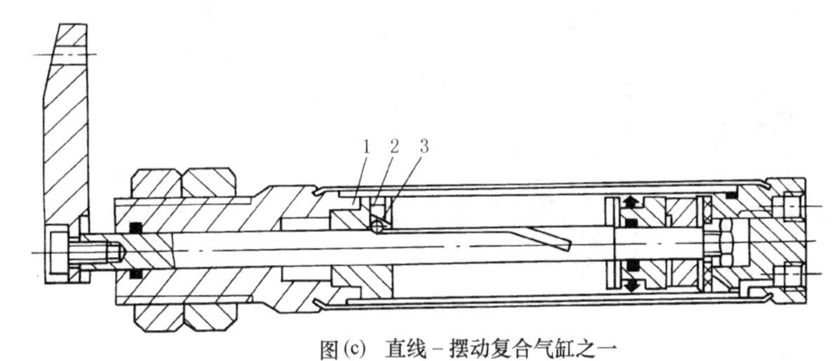 图(c)　直线-摆动复合气缸之一 1—前端盖; 2—黄铜轴承; 3—定位钢球 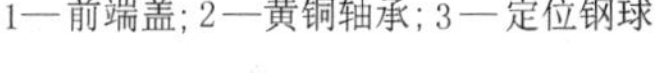 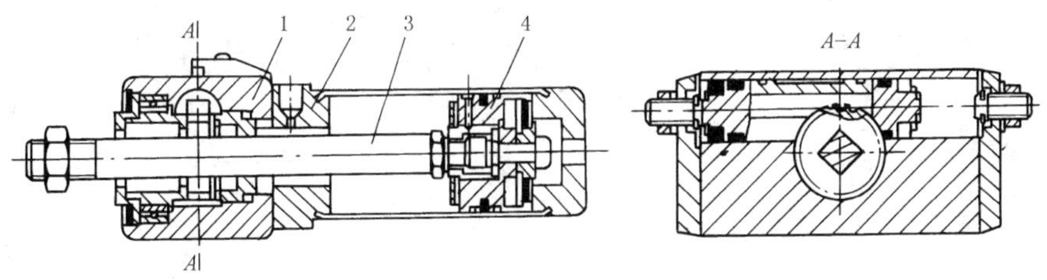 图(d)　直线-摆动复合气缸之二 1—齿轮齿条摆动气缸; 2—气缸盖; 3—方形活塞杆; 4—主活塞 摆动气缸输出往复的摆动运动和转矩。图(a)为齿轮齿条式摆动气缸，图(b)为连杆式摆动气缸，图(c)和图(d)是两种直线-摆动复合气缸。直线-摆动复合气缸是指气缸能同时完成直线运动及转动一固定角度的结构 图(c)所示为在气缸活塞杆上有一个螺旋槽，在气缸前端盖的里边安装一黄铜轴承，在轴承上装有一个定位钢球，当活塞杆运动时，定位钢球在螺旋槽中迫使活塞杆旋转，当活塞杆退回时，活塞杆反向旋转至原始位置 图(d)为另一种直线-摆动复合气缸，在直线运动气缸的基础上，将活塞杆的截面做成正方形，在气缸盖上设计一个齿轮-齿条摆动缸，可带动活塞杆旋转，因此活塞杆输出一个旋转-直线复合运动。直线运动的主活塞与方截面活塞杆为铰接，因此主活塞本身不旋转

续表

名称	结构及原理
回转气缸	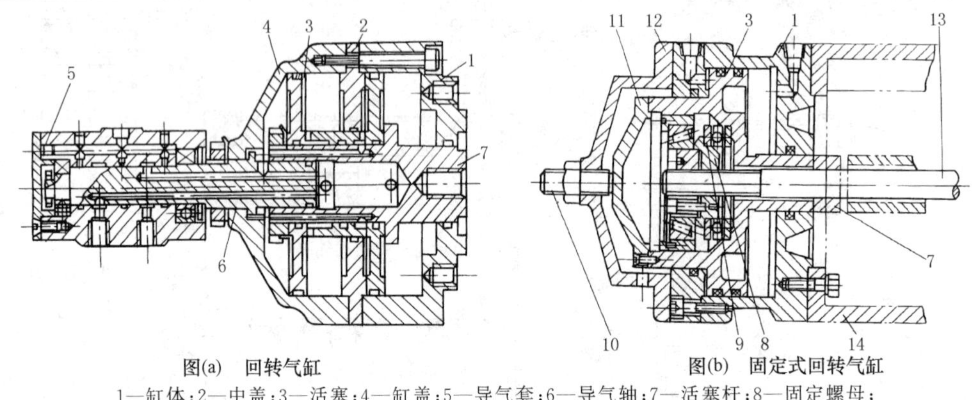 图(a)　回转气缸　　　图(b)　固定式回转气缸 1—缸体；2—中盖；3—活塞；4—缸盖；5—导气套；6—导气轴；7—活塞杆；8—固定螺母；9—轴向止推轴承；10—调整螺钉；11—活塞盖；12—顶盖；13—拉杆；14—机床床头箱 图(a)为回转气缸，一般都与机床气动卡盘配合使用，由活塞进退控制工件的松卡。缸体和导气轴随卡盘回转，导气套固定，活塞作往复运动。体积较大，加大了机床主轴的转动惯量。为了克服这种回转气缸由缸体转动产生的离心力和振动，以及不安全因素，可采用图(b)所示固定式回转气缸。其拉杆通过轴承可在空心活塞中自由转动，并可随活塞往复运动
膜片气缸	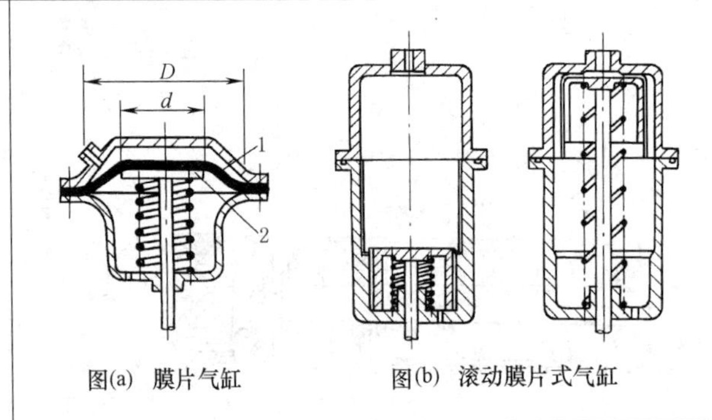 图(a)　膜片气缸　　　图(b)　滚动膜片式气缸 它是利用膜片1和压盘2代替活塞，在气体压力作用下产生变形，推动活塞杆运动，结构简单紧凑，重量轻，无泄漏，寿命长，可用作刹车和夹紧机构，安全可靠。但行程较短，一般不超过40mm，平膜片更短，仅是其有效直径的1/10。图(b)为滚动膜片式气缸，具有图(a)所示膜片气缸的优点，并在有效直径不变的情况下获得较大行程
多位气缸	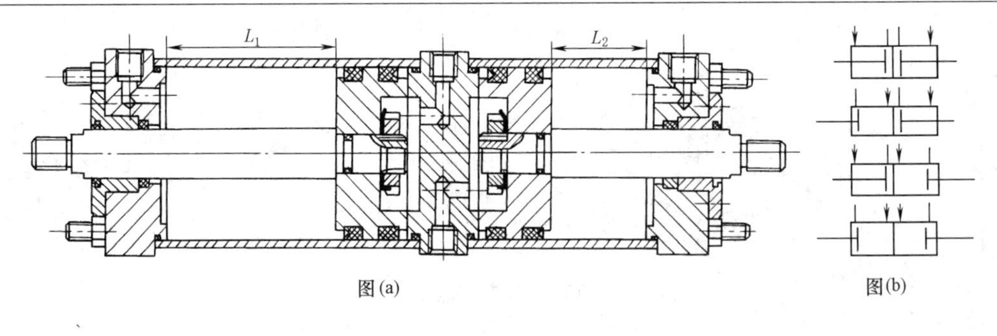 图(a)　　　图(b) 多位气缸是一种利用改变进排气口通道，获得不同位置的气缸。图(a)是多位气缸的一种——四位气缸，改变其进排气口通道可获得图(b)所示四个位置。图(c)是三位气缸，可得到的三个位置。在工作需要气缸沿其行程长度占有几个位置的场合就可选用这种气缸 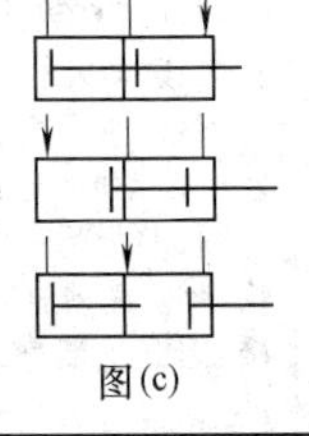 图(c)

续表

<table>
<tr><th>名称</th><th>结构及原理</th></tr>
<tr><td>串联气缸</td><td>图为串联气缸。两个活塞串联，可以增加气缸的推力，适用于行程短、出力大的场合
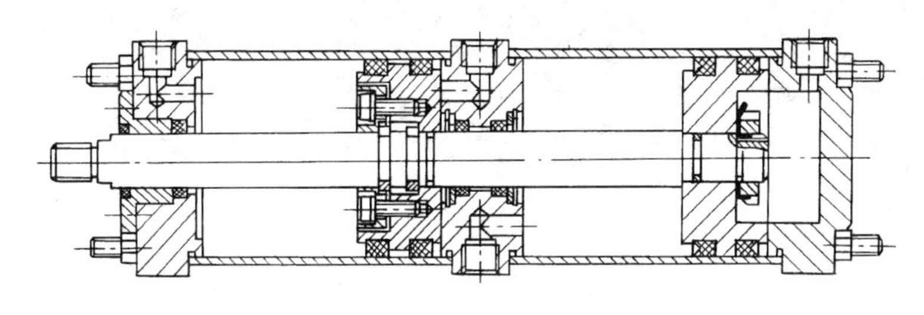</td></tr>
<tr><td>伸缩气缸</td><td>图为多层套筒式单作用伸缩缸。由导套1、活塞杆2、套筒3、缸筒4、半环5等组成。其特点是体积小，但行程较大
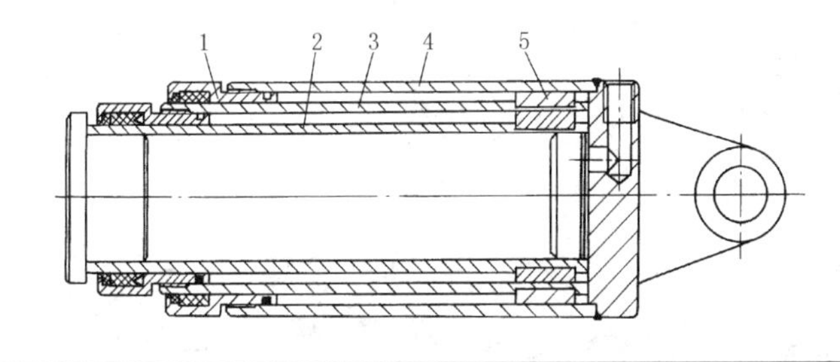
</td></tr>
<tr><td>差动气缸</td><td>图为单活塞杆差动气缸。活塞杆的直径与活塞直径接近，因此在一个方向上可得到较大出力而速度较慢，另一方向上则速度较大，出力较小。在系统设计时，有杆腔往往处于一直有气状态
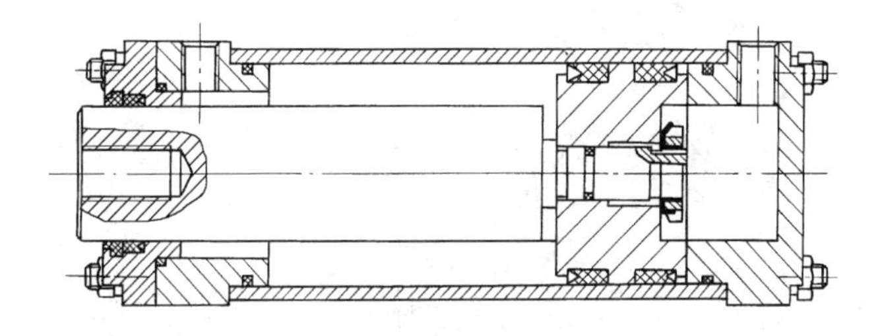</td></tr>
<tr><td>行程可调气缸</td><td>行程可调气缸是指活塞杆在伸出或缩进位置可进行适当调节的一种气缸。其调节结构有两种形式：图(a)为伸出位置可调；图(b)为缩进位置可调。它们分别由缓冲垫1、调节螺母2、锁紧螺母3和调节杆6或调节螺杆4和调节螺母5组成，调节螺杆4接工作机构
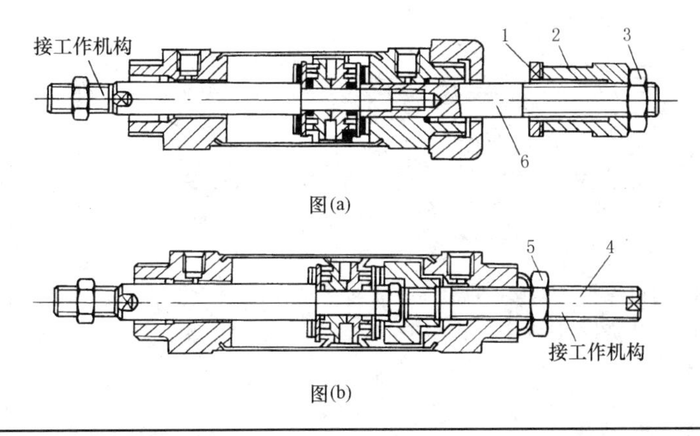

图(a)
图(b)</td></tr>
</table>

续表

名称	结构及原理
带阀及行程开关的气缸	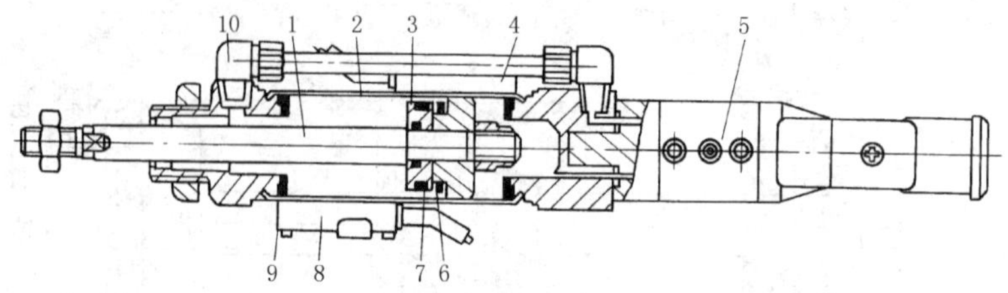 1—活塞杆；2—缸筒；3—活塞；4，8—行程开关；5—电磁换向阀；6—磁铁环；7—密封圈； 9—缓冲垫；10—管路 图为带阀及行程开关的气缸，尾部装有电磁换向阀，通过管路与气缸的前腔及后腔相连，活塞上安装有一个永久磁铁制成的发信号环（磁铁环 6），以便在活塞运动时，使固定在缸筒上的装有干簧继电器的行程开关动作，以发出信号指示活塞的行程位置。如图所示当活塞位于尾端时，行程开关 4 闭合，位于前端时，行程开关 8 闭合
防回转气缸	该气缸是将活塞杆截面做成方形、六角形或其他形状，本图为圆弧直线形，给活塞杆或活塞另设导向杆，以防止活塞杆在行程过程中回转 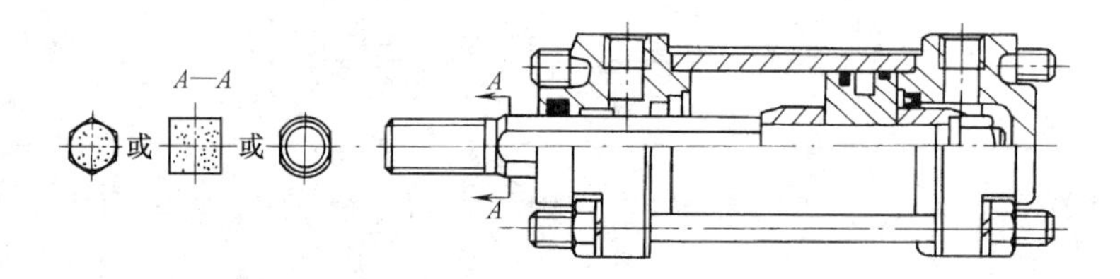
防落下气缸	A—A　　活塞杆伸出时　　活塞杆缩进时 A A 缸筒运动的防落下装置 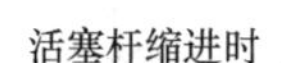 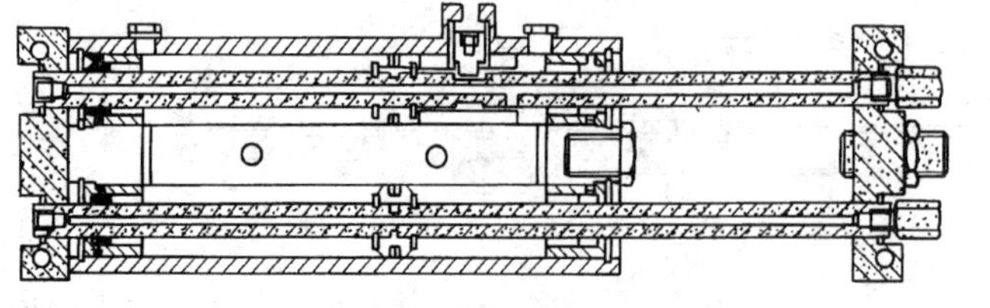 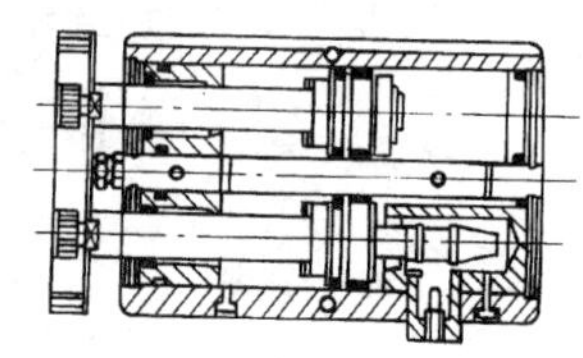 活塞杆伸出或缩进时，设有防止活塞杆缩进或伸出装置的气缸，称为防落下气缸。防落下装置如图中 A—A 所示，活塞杆到位时靠弹簧力推动定位销定位，工作时靠气压力达到一定压力压缩弹簧，使定位脱开，开始运行。可防止停电时发生故障，保障安全

续表

名称	结构及原理
锁紧气缸	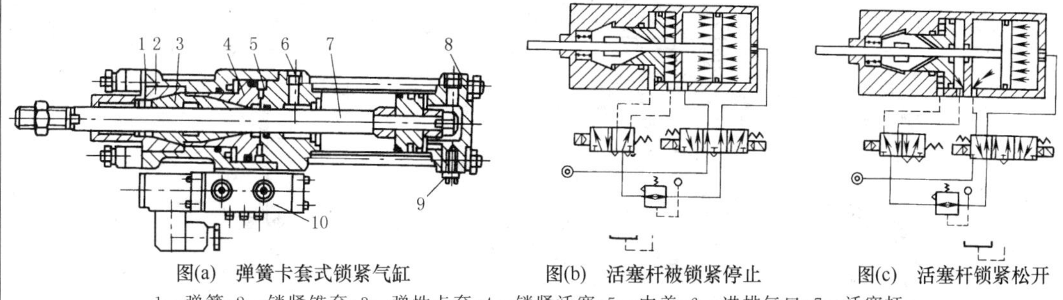 图(a)　弹簧卡套式锁紧气缸　　图(b)　活塞杆被锁紧停止　　图(c)　活塞杆锁紧松开 1—弹簧;2—锁紧锥套;3—弹性卡套;4—锁紧活塞;5—中盖;6—进排气口;7—活塞杆; 8—后缸盖;9—节流阀;10—电磁阀 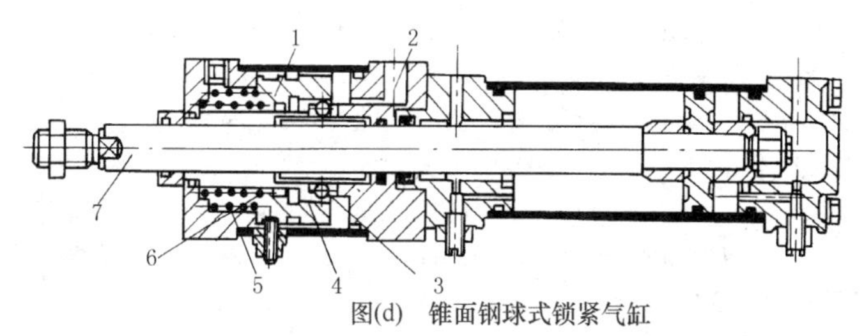 图(d)　锥面钢球式锁紧气缸 1—锁紧活塞;2—通气口;3—钢球;4—锥形面;5—弹簧;6—锁紧套;7—活塞杆 图(a)的锁紧原理见图(b)、图(c) 图(d):当压气从通气口 2 进入,锁紧活塞 1 左移,使钢球放松锁紧套 6,活塞处于自由状态。当通气口 2 与排气腔相连时,活塞 1 在弹簧 5 作用下向右移动,锥形面 4 迫使钢球 3 径向移动,压紧锁紧套 6,锁紧活塞杆 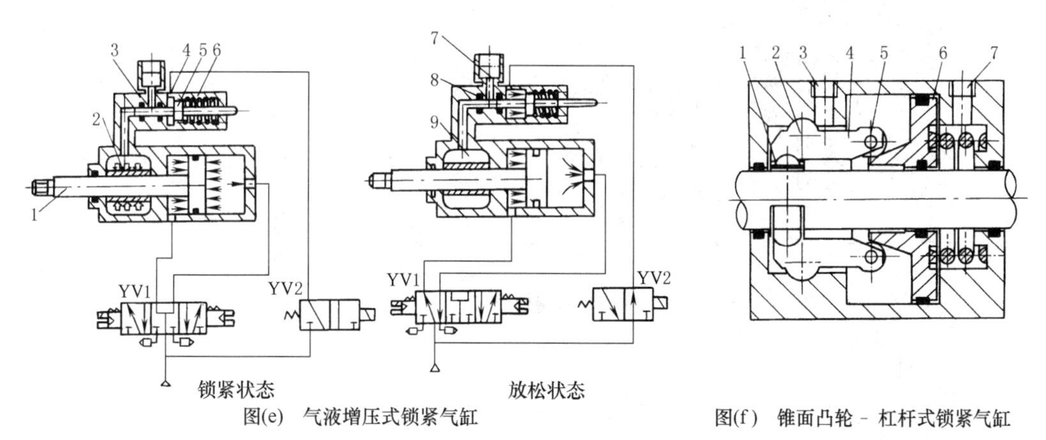 图(e)　气液增压式锁紧气缸　　图(f)　锥面凸轮 - 杠杆式锁紧气缸 1—活塞杆;2—锁紧套;3—增压柱塞;4—通气口;5—活塞; 6—弹簧;7—补油器;8—增压腔密封;9—油室 1—夹紧套;2—支点;3,7—通气口; 4—杠杆;5—滚轮;6—锥面活塞 图(e):活塞 5 在弹簧 6 作用下向左移动,增压柱塞 3 将高压油打入锁紧套 2 的外围,从而使活塞杆 1 锁紧。当二位三通电磁阀接通时,活塞 5 克服弹簧力向右移动,增压柱塞 3 使锁紧套 2 外围压力下降,放松活塞杆 图(f):锥面活塞在弹簧的作用下通过锥面将力传到杠杆 4 上,杠杆通过旋转支点 2 使力增大,并作用在夹紧套 1 上,从而夹紧活塞杆。通气口 3 通气,活塞右移,松闸 锁紧气缸提高了气缸的定位精度,一般情况下当活塞运动速度为 300mm/s 时,其定位精度为±(1～1.5)mm。定位精度与气缸运动速度和气动回路设计及锁紧机构的形式有关

第21篇

续表

<table>
<tr><th>名称</th><th>结构及原理</th></tr>
<tr><td>低摩擦气缸</td><td>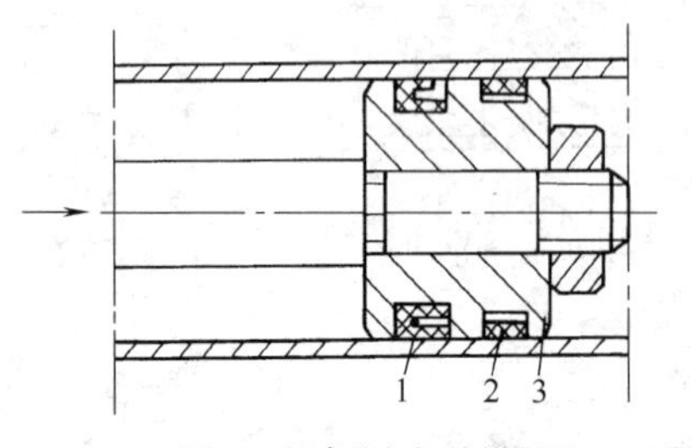

图(a)　低摩擦气缸结构原理
1—带O形圈的U形密封组件;2—支撑圈;3—活塞
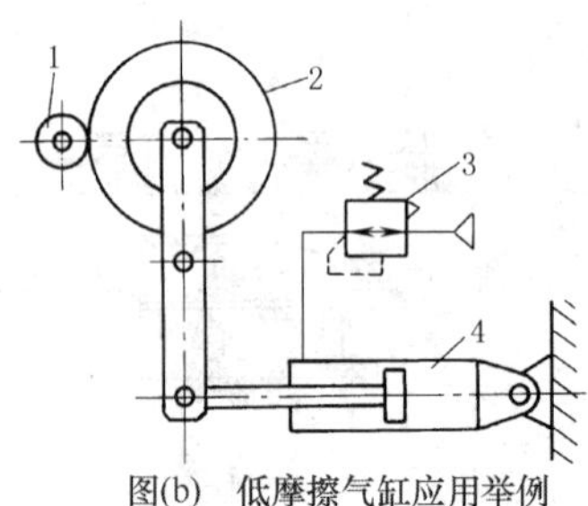

图(b)　低摩擦气缸应用举例
1—驱动轮;2—卷取轮;3—精密减压阀;4—低摩擦气缸
在保证不产生泄漏的条件下,应尽量减小气缸的启动压力。措施是:除气缸内表面有较高精度及较低粗糙度外,活塞上只安装一个密封圈,保证活塞在一个方向上有低摩擦力,图(a)中箭头指向为低摩擦运动方向。当缸径小于 ϕ40mm 时最低工作压力为 25kPa;当缸径大于 ϕ40mm 时,最低工作压力为 10kPa,远远小于普通气缸。目前这种气缸的最大缸径为 ϕ100mm,最小缸径为 ϕ20mm。标准状态下允许泄漏量为 0.5L/min
图(b)为应用低摩擦气缸的例子。为保证在卷带过程中卷取轮的外径变化时,驱动轮与卷取轮之间的压紧力变化很小,采用如图所示的机构,此时精密减压阀调定的压力输送至低摩擦气缸。由于气缸的摩擦力极小,在行程过程中变化甚微,故能保证在卷取轮直径变化时,压紧力基本保持恒定。这种气缸由于密封圈的安装方向不同,活塞杆的低摩擦方向也不同,在使用时应当注意</td></tr>
<tr><td>薄型气缸(又称短行程气缸)</td><td> 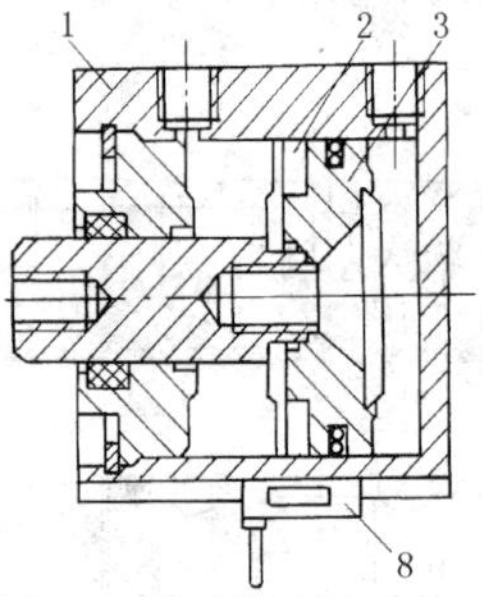图(a)　双作用单活塞杆气缸
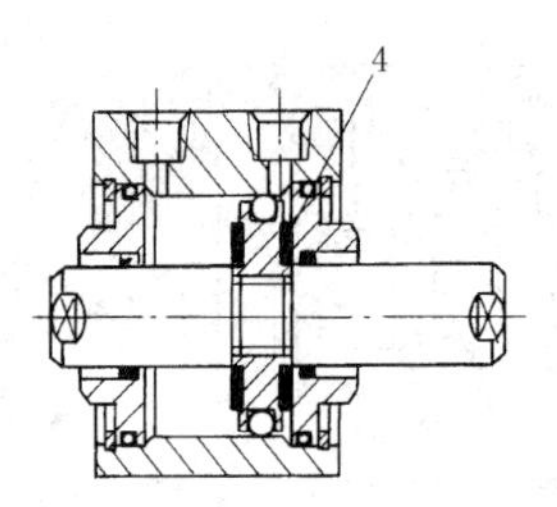

图(b)　双作用双活塞杆气缸
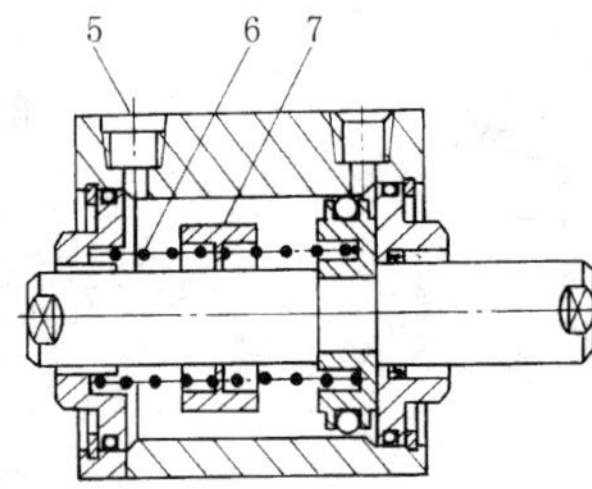

图(c)　单作用双活塞杆气缸
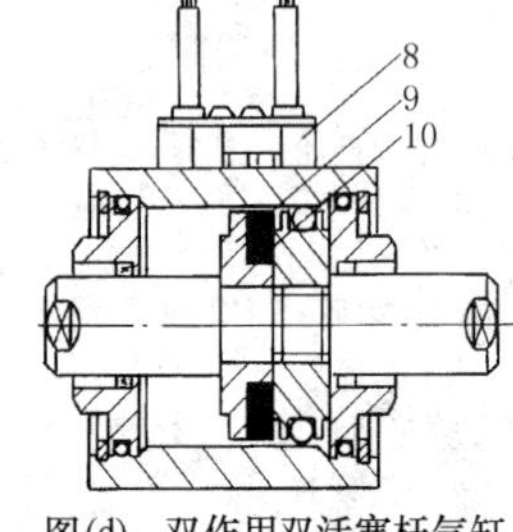

图(d)　双作用双活塞杆气缸
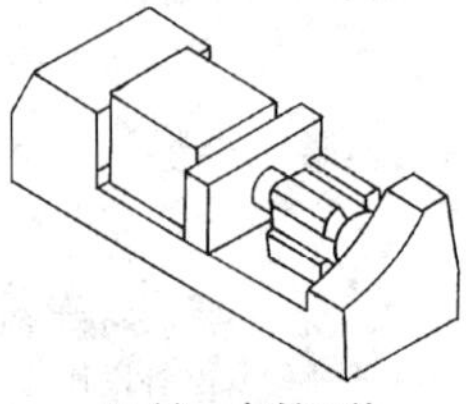
图(e)　夹紧工件
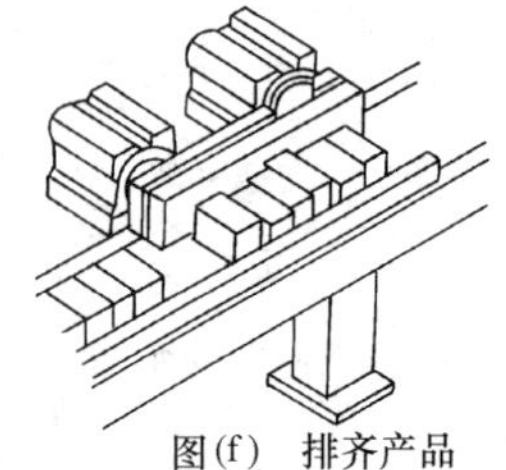
图(f)　排齐产品
1—缸筒;2,10—磁铁环;3—活塞;4—缓冲垫;5—过滤片;6—弹簧;
7—隔套;8—开关;9—垫片
特点是行程短,一般为 5～20mm,最大至 40mm;外部轴向尺寸也短,缸径一般为 12～100mm。由于外形尺寸紧凑,输出力大,广泛用于机械手和各种夹紧装置中,亦可安装行程开关,以指示活塞的位置。多数为不供油型,使用维修方便</td></tr>
</table>

续表

名称	结构及原理

磁性无活塞杆气缸

主要技术参数

气缸直径/mm			$\phi15$	$\phi25$	$\phi32$	$\phi40$
磁铁吸力/N	磁铁数目	4	112	300	470	800
		3	69	210	340	600
		2	20	130	230	400
行程长度/mm			5～1000	5～2000	5～2000	5～2000

图(a)　结构

1—外磁环；2—外隔圈；3—内隔圈；4—内磁环

图(b)　磁性无活塞杆气缸负载与速度的关系

图(c)　理论作用力与磁环数目、供气压力的关系

它是在活塞上安装一组强磁性的永久磁环，一般为稀土磁性材料。磁力线通过薄壁缸筒（不锈钢或铝合金无导磁材料等）与套在外面的另一组磁环作用，由于两组磁环极性相反，具有很强的吸力。当活塞在缸筒内被气压推动时，则在磁力作用下，带动缸筒外的磁环套一起移动。因此，气缸活塞的推力必须与磁环的吸力相适应。为增加吸力可以增加相应的磁环数目，磁力气缸中间不可能增加支撑点，当缸径≥25mm 时，最大行程只能≤2m；当速度快、负载重时，内外磁环易脱开，因此必须按图(b)所示的负载和速度关系选用。这种气缸重量轻、体积小、无外部泄漏，适用于无泄漏的场合；维修保养方便。但只限用于小缸径（6～40mm）的规格。可用于开闭门（如汽车车门，数控机床门）、机械手坐标移动定位、组合机床进给装置、无心磨床的零件传送，自动线输送料、切割布匹和纸张等

缸筒带槽式无活塞杆气缸

1—密封、防尘带；2—密封带；3—滑块；4—缸筒；5—活塞；6—缓冲柱塞

在气缸缸管轴向开有一条槽，活塞与滑块在槽上部移动。为了防止泄漏及防尘需要，在开口部采用聚氨酯密封带和防尘不锈钢带固定在两端缸盖上，活塞与滑块连接为一体，带动固定在滑块上的执行机构实现往复运动。无活塞杆气缸缸径最小为 $\phi8$mm，最大为 $\phi80$mm，工作压力在 1MPa 以下，行程小于 10m。其输出力比磁性无活塞杆气缸要大，标准型速度可达 0.1～1.5m/s；高速型可达到 0.3～3.0m/s。但因结构复杂，必须有特殊的设备才能制造，密封、防尘带 1 与 2 的材料及安装都有严格的要求，否则不能保证密封和寿命。受负载力小，为了增加负载能力，必须增加导向机构

续表

名称	结构及原理

绳索气缸

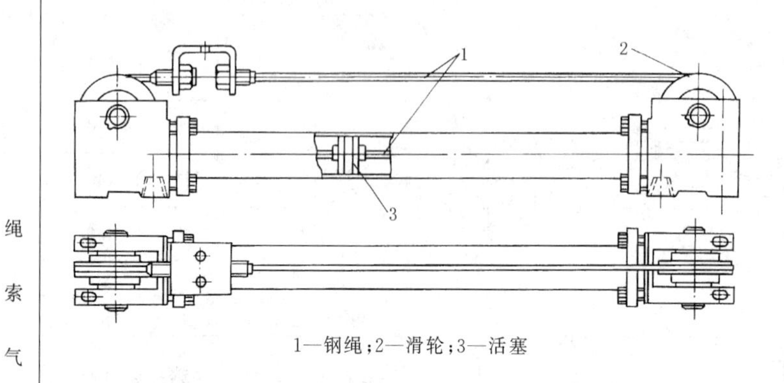

1—钢绳；2—滑轮；3—活塞

普通气缸与绳索气缸安装长度比较　　mm

行程	必要安装长度	
	绳索气缸	带活塞杆气缸
500	627	1100
1300	1529	2700
1800	2029	3700
3500	3829	7100
5000	5329	10100

绳索气缸是一种柔性活塞杆气缸，采用钢丝绳代替活塞杆，可以实现各种形式的传动。其外形如图，气缸两端有两个滑轮，绳索通过两端的滑轮在气缸上方连接

从表中可看出，采用绳索缸时，安装尺寸可减小约等于一个行程的长度，这对大行程气缸无疑很重要。另外一个优点是可以延长绳索，实现远距离传动

绳索气缸的摩擦力较大，启动压力比普通气缸稍高，另外绳索是特制的，在钢丝绳外包一层尼龙，以保证与缸盖孔的密封

钢带气缸

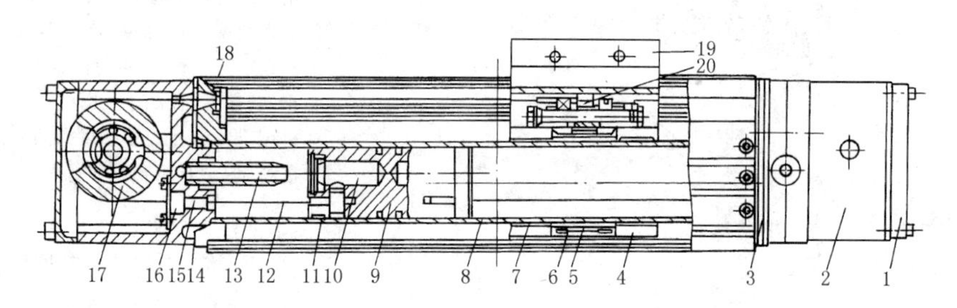

1，2—气缸端盖；3—法兰；4，7—导向键；5，6—锁紧套；8—缸筒；9—活塞；10—缓冲孔；11—导向环；12—钢带；13—缓冲柱塞；14—密封；15，16—钢带轴承与密封；17—钢带导轮；18—钢带防尘圈；19—滑块；20—钢带张紧螺栓

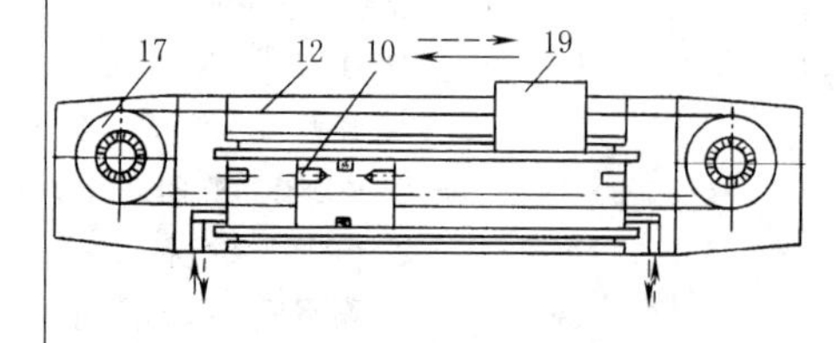

该气缸是采用钢带代替活塞杆的气缸。它克服了绳索气缸密封困难、结构尺寸大的缺点，具有密封和连接容易，运动平稳，与测量装置结合，易实现自动控制。如图所示，锁紧套5和6可保证滑块19的定位和锁紧。它和绳索气缸与阀及开关连接，即可成为带开关、带阀绳索气缸和钢带气缸，是较理想的长行程气缸

续表

名称	结构及原理
双活塞杆气缸	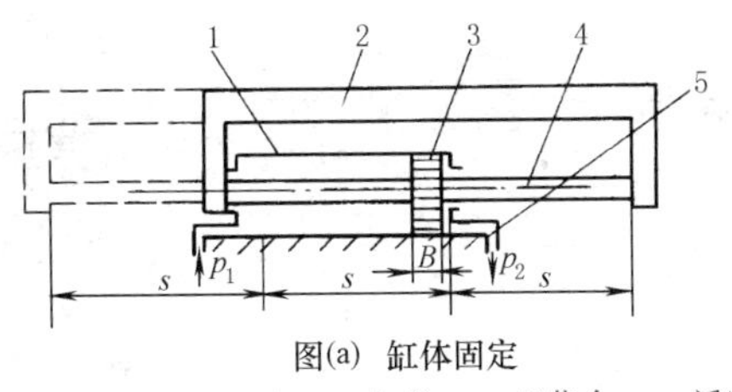 图(a)　缸体固定 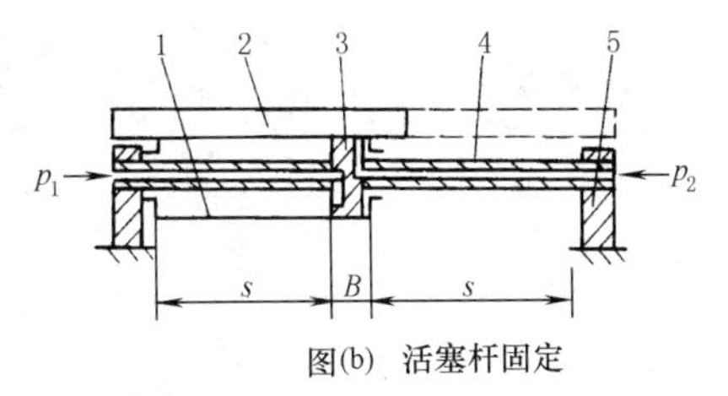 图(b)　活塞杆固定 1—缸体；2—工作台；3—活塞；4 —活塞杆；5— 机架 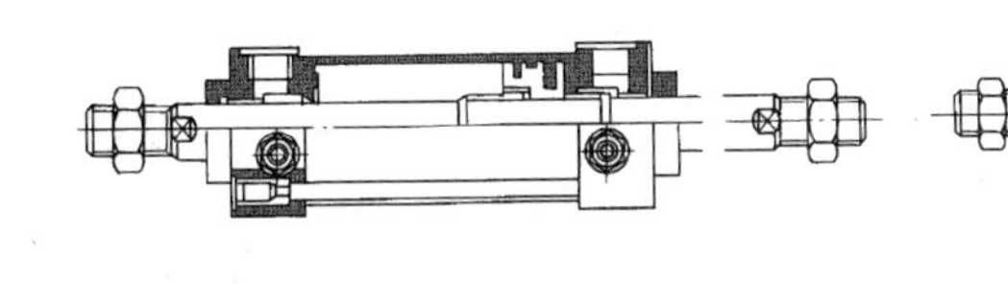 图(c)　整体式  图(d)　分离式 缸体固定双活塞杆气缸如图(a)所示，缸体固定在支承架上，而工作台与气缸两端活塞杆连接成一整体，压缩空气依次进入气缸两腔，活塞杆带动工作台左右移动，工作台运动的范围等于其有效行程 s 的 3 倍。安装空间较大，一般用于小型设备上 活塞杆固定双活塞杆气缸如图(b)所示，活塞杆为空心且固定在不动支架上，缸体与工作台连接成一整体，压缩空气从空心活塞杆的左端或右端进入气缸两腔，使缸体带动工作台左右运动，工作台运动的范围为其有效行程 s 的 2 倍。适用于大、中型设备上 双活塞杆可做成整体式[图(c)]或分离式[图(d)]
步进气缸	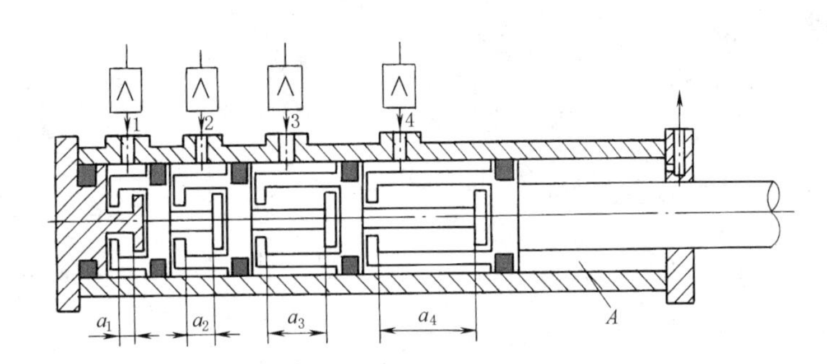 在气动自动控制系统中，若要求执行机构在某一定行程范围内每次可移动任意距离，而且要有较高的重复精度，则可采用步进气缸。步进气缸中有若干个活塞。活塞的形状是：右端有 T 形头部伸出，左端有环形拉钩，这样一个活塞与另一活塞顺序联锁在一起。最左面的活塞是以气缸盖内端的 T 形头为基准，最右面的活塞则与输出杆连成一体 每一个活塞均由一个气阀控制，而每一个活塞移动时，都使输出杆相应移动一个距离 a_n，因此可以用打开不同组合控制阀的办法，使输出杆移动程序所要求的距离。若有 n 个活塞，则有 2^n 个不同的输出位置。例如，有 4 个活塞就可以有 16 个位置输出 当控制阀与排气孔相连时，由于 A 腔经常与低压气源相接，活塞会自动退回原位

续表

名称	结构及原理
气液阻尼缸	见下

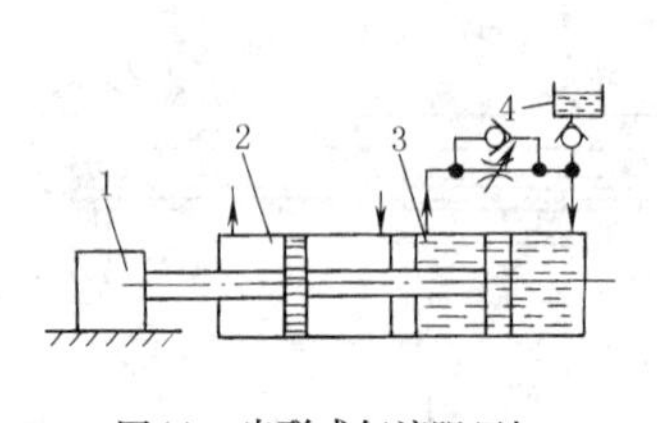

图(a)　串联式气液阻尼缸

1—负载；2—气缸；3—液压缸；4—信号油杯

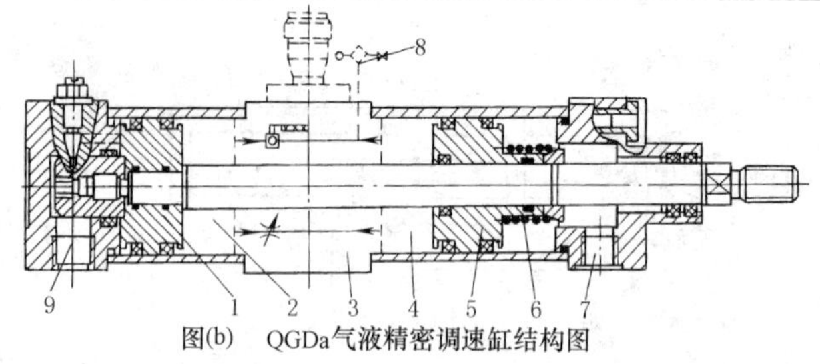

图(b)　QGDa气液精密调速缸结构图

1，5—活塞；2，4—液压腔；3—控制装置；6—补偿弹簧；7，9—进排气口；8—压力容器

气缸的工作介质通常是可压缩的空气，动作快，但速度较难控制，当负载变化较大时，容易产生“爬行”或“自走”现象。液压缸的工作介质通常是不可压缩的液压油，动作不如气缸快，但速度易于控制，当负载变化较大时，不易产生“爬行”或“自走”现象。充分利用气动和液压的优点用气缸产生驱动力，用液压缸进行阻尼，可调节运动速度。工作原理是：当气缸活塞左行时，带动液压缸活塞一起运动，液压缸左腔排油，单向阀关闭，液压油只能通过节流阀排入液压缸的右腔内，调节节流阀开度，控制排油速度，达到调节气-液阻尼气缸活塞的运动速度。液压单向节流阀可以实现慢速前进及快速退回。气控开关阀可在前进过程中的任意段实现快速运动

调速特性类型

类型	作用原理	结构示意图	特性曲线	应用	结构图例
双向节流	在阻尼缸油路上装节流阀，使活塞往复运动的速度相同 采用节流阀调速		L 慢进 慢退 t	适用于空行程及工作行程都较短的场合（L＜20mm）	图(c)　单向阀，节流阀安装在缸盖上 1—单向阀；2—节流阀
单向节流	在调速油路中又并联了一只单向阀；慢进时单向阀关闭，快退时则打开，实现快速退回 采用单向阀与节流阀并联而成的速度控制阀调速		L 慢进 快退 t	适用于空行程较短而工作行程较长的场合。图(c)，缸径大于60mm，图(d)小径	活动挡板(作单向阀用) 图(d)　活塞上有挡板式单向阀的气液阻尼气缸
快速趋进	在液压缸 f 点开小孔，开始时，右腔油从 $fgea$ 回路流入 a 端，快速趋近。活塞移过 f 点后，油液只能经节流阀流入 a 端，实现慢进。退回时，单向阀打开，实现快退 采用快速趋近式线路连接调速	e g f a	L 慢进 快进 快退 t	是常用的一种类型。快速趋近节省了空程时间，提高了生产率。见图（e）、图（f）	1 2 3 4 5 s_1 s_2 图(e)　浮动连接气液阻尼气缸原理图 1—气缸；2—顶丝；3—T形顶块；4—拉钩；5—液压缸 图(f)　活塞杆内浮动连接的气液阻尼气缸

需要匀速或低速（＜20mm/s）运动时，可采用气动-液压阻尼缸

续表

名称	结构及原理
气液增压缸	气液增压缸是以低压压缩空气为动力，按增压比转换为高压油的装置。其工作原理如图(a)所示。压缩空气从气缸 a 口输入，推动活塞带动柱塞向前移动，当与负载平衡时，根据帕斯卡原理："封闭的液体能把外加的压强大小不变地向各个方向传递"，如不计摩擦阻力及弹簧反力，则由气缸活塞受力平衡求得输出的油压 p_2 $\frac{\pi}{4}D_1^2p_1\times10^6=\frac{\pi}{4}d^2p_2\times10^6$ $p_2=\frac{D^2}{d^2}p_1$ 式中　p_1——输入气缸的空气压力，MPa p_2——缸内的油压力，MPa D——气缸活塞直径，m d——气缸柱塞直径，m D^2/d^2 称为增压比，由此可见液压缸的油压为气压的 D^2/d^2 倍，D/d 越大，则增压比也越大。但由于刚度和强度的影响，液压缸直径不可能太小。因此通常取 $D/d=3.0\sim5.5$，一般取 $d=30\sim50$mm。机械效率为 80%～85% 气液增压缸的优点如下 ①能将 0.4～0.6MPa 低压空气的能量很方便地转换成高压油压能量，压力可达 8～15MPa，从而使夹具外形尺寸小，结构紧凑，传递总力可达 $(1\sim8)\times10^4$N，可取代用液压泵等复杂的机械液压装置 ②由于一般夹具的动作时间短，夹紧工作时间长，采用气液增压装置的夹具，在夹紧工作时间内，只需要保持压力而不需消耗流量，在理论上是不消耗功率的，这一点是一般液压传动夹具所不能达到的 ③油液只在装卸工件的短时间内流动一次，所以油温与室温接近，且漏油很少 图(b)是直动式气液增压缸。由气缸和液压缸两部分组成，气缸由气动换向阀控制前后往复直线运动，气缸活塞杆就是液压缸活塞。气缸活塞处于初始位置(卸压位置)时，液压缸活塞处液压缸脱开状态，此时增加缸上部的油筒内油液与夹具油路沟通，使夹具充满压力油，电磁阀通电后，压缩空气进入增压腔内，使气缸活塞 2 前进，先将油筒与夹具的油路封闭，活塞继续前进，就使夹具体内的油压逐步升高，起到增压、夹紧工件的作用。电磁阀失电后，增压缸活塞返回到初始位置，油压下降，气液增压夹具在弹簧力作用下使液压油回到油筒内 图(a)　气液增压缸工作原理 1—气缸；2—柱塞；3—液压缸 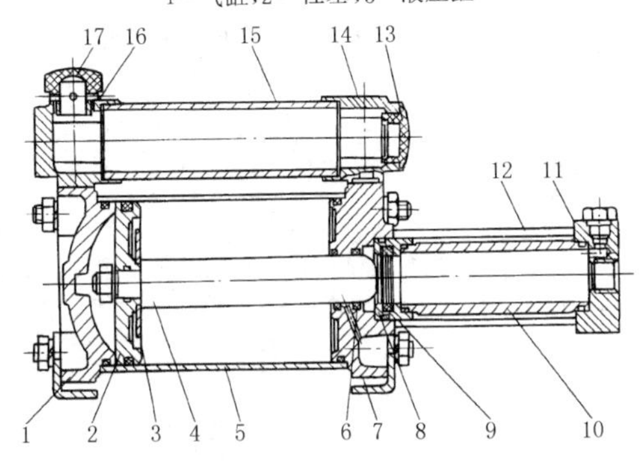 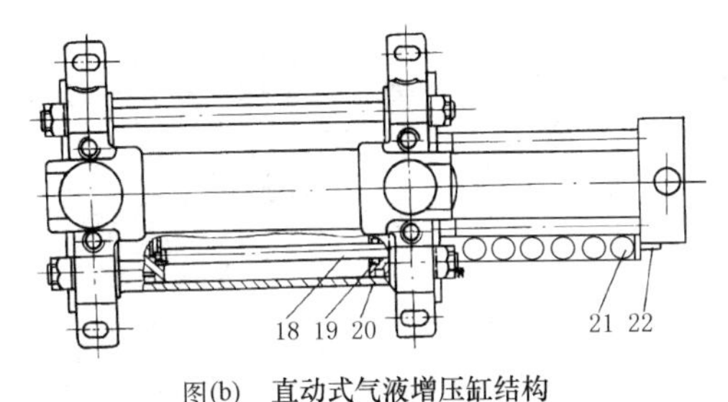 图(b)　直动式气液增压缸结构 1—气缸体后盖；2—活塞；3—显示杆支承板；4—活塞杆；5—气缸体；6—防尘密封圈；7—气缸体前盖；8—液压缸端套；9—Y 形密封圈；10—液压缸体；11—液压缸端盖；12—螺栓；13—圆形油标；14—液压缸前座；15—油筒；16—油筒后座；17—加油口盖；18—行程显示杆；19—O 形密封圈；20—压板；21—行程显示管；22—显示管支架

续表

名称	结构及原理
冲击气缸	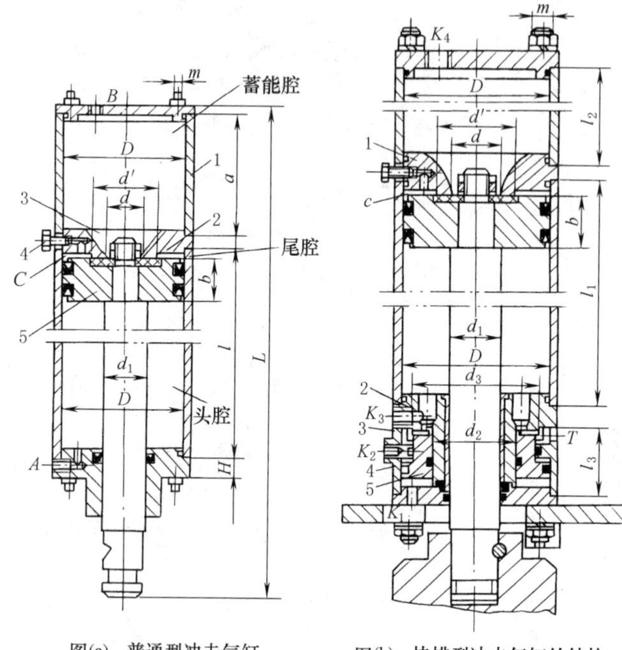 图(a)　普通型冲击气缸 1—蓄能气缸；2—中盖；3—中盖喷气口；4—排气小孔；5—活塞；*A*，*B*—进排气孔；*C*—环形空间 图(b)　快排型冲击气缸的结构 1—中盖；2—快排导向盖；3—快排密封垫；4—快排缸体；5—快排活塞 大气压力　B　供气压力　A　无信号　(ⅰ) 供气压力　B　开始　泄压　A　有信号　(ⅱ) 自由加速冲程　获得能量过程　工作冲程　做功过程　减速冲程(不常用)　通常外部停止过程　(ⅲ) 图(c)　工作过程 冲击气缸是一种结构简单、体积小、耗气功率较小，但能产生相当大的冲击力，能完成多种冲压和锻造作业的气动执行元件 图(a)为普通型冲击气缸。其中盖和活塞把气缸分成三个腔：蓄能腔、尾腔和前腔。前盖和后盖有气口以便进气和排气；中盖下面有一个喷嘴，其面积为活塞面积的1/9左右。原始状态时，活塞上面的密封垫把喷嘴堵住，尾腔和蓄能腔互不窜气。其工作过程分以下三个阶段 ①第一阶段见图(c)的(ⅰ)，控制阀处于原始状态，压缩空气由A孔输入前腔，蓄能腔经B孔排气，活塞上移，封住喷嘴，尾腔经排气小孔与大气相通 ②第二阶段见图(c)的(ⅱ)，气控信号使换向阀动作，压缩空气经*B*孔进入蓄能腔，前腔经*A*孔排气，由于活塞上端受力面积只有喷嘴口这一小面积，一般为活塞面积的1/9，故在一段时间内，活塞下端向上的作用力仍大于活塞上端向下的作用力，此时为蓄能腔充气过程 ③第三阶段见图(c)的(ⅲ)，蓄能腔压力逐渐增加，前腔压力逐渐减小，当蓄能腔压力高于活塞前腔压力9倍时，活塞开始向下移动。活塞一旦离开喷嘴，蓄能腔内的高压气体迅速充满尾腔，活塞上端受力面积突然增加近9倍，于是活塞在很大压差作用下迅速加速，在冲程达到一定值(例如50～75mm)时，获得最大冲击速度和能量。冲击速度可达到普通气缸的5～10倍，冲击能量很大，如内径200mm、行程400mm的冲击气缸，能实现400～500kN的机械冲床完成的工作，因此是一种节能且体积小的产品 经以上三个阶段，冲击缸完成冲击工作，控制阀复位，准备下一个循环 图(b)是快排型冲击气缸，是在气缸的前腔增加了“快排机构”。它由开有多个排气孔的快排导向盖2、快排缸体4、快排活塞5等零件组成。快排机构的作用是当活塞需要向下冲时，能够使活塞下腔从流通面积足够大的通道迅速与大气相通，使活塞下腔的背压尽可能小。加速行程长，故其冲击力及工作行程都远远大于普通型冲击气缸。其工作过程是：a. 先使K_1孔充气，K_2孔通大气，快排活塞被推到上面，由快排密封垫3切断从活塞下腔到快排口*T*的通道。然后K_3孔充气，K_4孔排气，活塞上移。当活塞封住中盖1的喷气孔后，K_4孔开始充气，一直充到气源压力。b. 先使K_2孔进气，K_1孔排气，快排活塞5下移，这时活塞下腔的压缩空气通过快排导向盖2上的八个圆孔，再经过快排缸体4上的八个方孔*T*直接排到大气中。因为这个排气通道的流通面积较大(缸径为200mm的快排型冲击气缸快排通道面积是36cm²，大于活塞面积的1/10)，所以活塞下腔的压力可以在较短的时间内降低，当降到低于蓄气孔压力的1/9时，活塞开始下降。喷气孔突然打开，蓄能气缸内压缩空气迅速充满整个活塞上腔，活塞便在最短压差作用下以极高的速度向下冲击 这种气缸活塞下腔气体已经不像非快排型冲击气缸那样被急剧压缩，使有效工作行程可以加长十几倍甚至几十倍，加速行程很大，故冲击能量远远大于非快排型冲击气缸，冲击频率比非快排型提高约一倍

续表

名称	结构及原理
冲击气缸	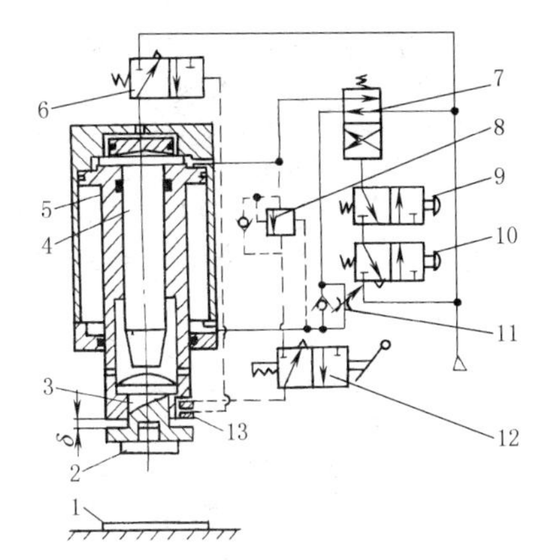 图(d)　压紧活塞式冲击气缸结构原理图及控制回路 1—工件；2—模具；3—模具座；4—打击柱塞；5—压紧活塞；6,7—气控阀；8—压力顺序阀；9,10—按钮阀；11—单向节流阀；12—手动选择阀；13—背压传感器 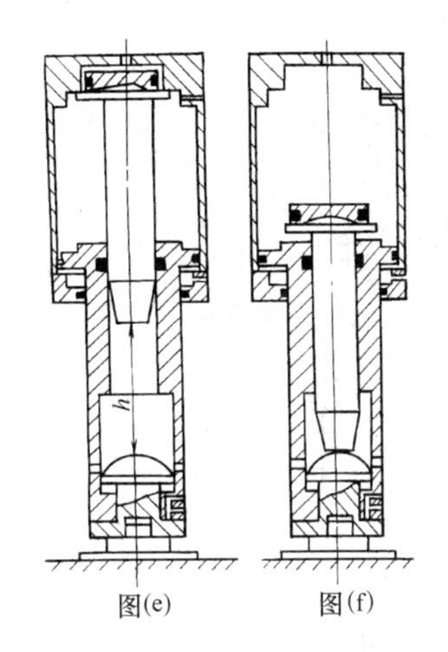 图(e)　　图(f) 图(d)是压紧活塞式冲击气缸，它有一个压紧工件用的压紧活塞和一个施加打击力的打击柱塞。压紧活塞先将模具压紧在工件上，然后打击柱塞以很大的能量打击模具进行加工。由于它有压紧工件的功能，打击时可避免工件弹跳，故工作更加安全可靠 其工作原理为：图示状态压紧活塞处于上止点位置，打击柱塞被压紧活塞弹起。若同时操作按钮阀9和10，使其换向，则气控阀7换向，使压紧活塞下降，下降速度可用单向节流阀11适当调节打击柱塞的上端是一个直径较大的头部，插入气缸上端盖的凹室内，凹室内此时为大气压力。当压紧活塞的上腔充气时，气压也作用在打击柱塞头部的下端面上，使它仍保持在上止点。这样打击柱塞保持不动，压紧活塞下降直到模具2压紧工件为止，如图(e)所示 当压紧活塞上腔压力急剧上升，下腔压力急剧下降，压紧力达到一定值时，差压式压力顺序阀8接通，如果事先已将手动选择阀12置于接通位置，则差压顺序阀的输出压力就加到背压传感器13上，如工件已被压紧，背压传感器的排气孔被工具座封住，传感器的输出压力使气控阀6换向，这时，压缩空气充入气缸上端盖的凹室，使打击柱塞启动，打击柱塞的头部一脱离凹室，预先已充入压紧活塞上腔的压缩空气就作用在它的上端面上，而打击柱塞的下部，即压紧活塞的内部为大气压力，在很大的压差力作用下，打击柱塞便高速运动，获得很大的动能来打击模具而做功，如图(f)所示 打击完毕，松开阀9、10、12，则气控阀6、7复位，压紧活塞就托着打击柱塞一起向上，恢复到图(d)所示状态 若在压紧活塞下降和压紧过程中，放开任一个按钮阀，压紧活塞能立即返回到起始状态，如果手动选择阀12置于断开位置，则只有压紧动作，而无打击动作。特别是设置了判别工件是否已被压紧用的背压传感器，当模具与工件不接触时，阀6不能换向，故没有空打的危险
伺服气缸	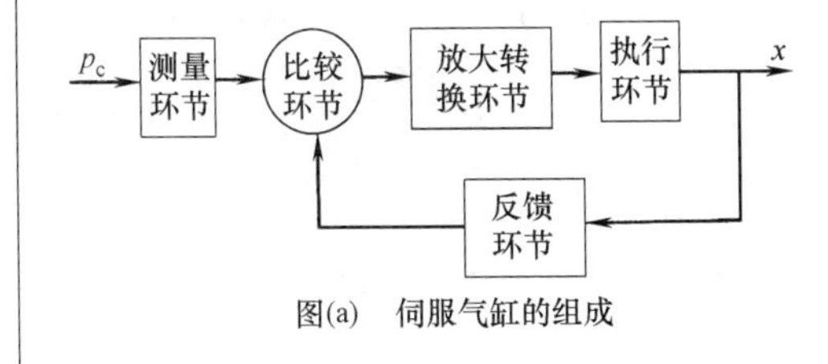 图(a)　伺服气缸的组成 伺服气缸由测量环节、比较环节、放大转换环节、执行环节及反馈环节五个基本环节组成，如图(a)所示。输入信号 p_c 是控制气信号压力，输出量 x 是活塞杆的位移，x 随 p_c 值成比例变化，即它能把输入的气压信号成比例地转换为活塞杆的机械位移。在自动调节系统中有广泛的用途。其特点是动作可靠、性能稳定、灵敏度高 图(b)为QGS80×15型伺服气缸的结构图。其测量环节是膜片4、磁钢5、支架6等零件构成的膜片组件；比较环节是带有弹性支点的反馈杆15；放大转换环节是锥阀14；执行环节是活塞式单作用气缸；反馈环节是一个拉伸弹簧——反馈弹簧16。减压阀18调节气缸下腔压力，下腔压力相当于一个预加负载，起弹簧作用，单向阀17的作用是当气源突然切断时保持气缸下腔压力，使气缸活塞迅速复位

续表

<table>
<tr><th>名称</th><th>结构及原理</th></tr>
<tr><td>伺服气缸</td><td>
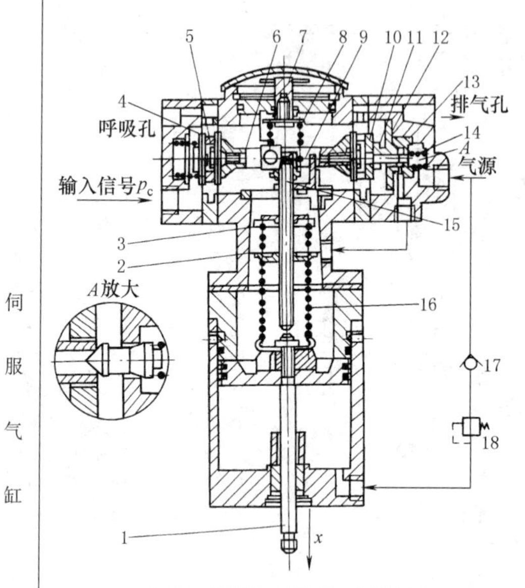

图(b)　QGS80×15伺服气缸的结构

1—活塞杆；2—调整螺母；3—锁紧螺母；4—膜片；5,10—磁钢；6—支架；7—调零螺母；8—调零弹簧；9—拨销；11—柱塞；12—保持架；13—阀座；14—锥阀；15—反馈杆；16—反馈弹簧；17—单向阀；18—减压阀

工作原理：当控制压力 p_c 输入膜片室时，作用在膜片 4 上的力使支架 6 右移，拨销 9 使反馈杆 15 顺时针回转，同时由于支架 6 右移，与之相连的磁钢 10 及柱塞 11 也同时右移，柱塞 11 上有孔口使气缸上腔与排气孔相通，这时柱塞 11 右移，其上的孔口被锥阀 14 左端锥面堵住，从而使气缸上腔与排气孔之间的通路关闭，与此同时，柱塞 11 右移，并使锥阀 14 也右移，锥阀 14 右端锥面离开阀座 13，从而使进气孔与气缸上腔连通。来自气源的压缩空气通过锥阀开口进入气缸上腔，克服外界负载、气缸下腔气压的作用力和摩擦力等，使气缸连同活塞杆 1 下移，输出位移 x。同时，反馈弹簧 16 伸长牵动反馈杆 15 逆时针回转，直到作用在反馈杆上的诸力平衡为止，此时活塞及活塞杆处于一个新的位置。控制压力 p_c 升高时，支架 6 右移加大，锥阀右锥面与阀座间的开口加大，活塞上腔压力升高，活塞杆向下输出位移 x 加大。控制压力 p_c 降低时，支架左移，锥阀在弹簧作用下左移，锥阀右端锥面与阀座间的开口关小，活塞上腔压力降低，活塞在气缸下腔气压力作用下上移，使活塞、杆输出位移 x 减小。当控制压力 p_c 为零时，支架回到原始位置，锥阀复位，气缸上腔进气孔被关闭，排气孔被打开，气缸上腔通大气，活塞在下腔压力及反馈弹簧力的作用下，移至上端原始位置，活塞杆输出位移 x 为零

调整螺母 2 和锁紧螺母 3 可改变反馈弹簧 16 的工作圈数，即可调整反馈弹簧刚度

伺服气缸又称定位气缸，其活塞杆能停留在整个行程中的任意位置上，定位迅速准确。在许多机械中广泛采用，如发动机调速、带材跑偏控制等，且可实现远距离控制
</td></tr>
<tr><td>数字控制气缸（NC气缸）</td><td>
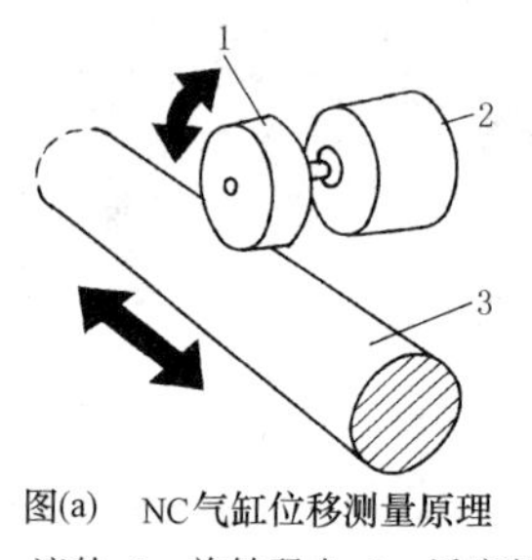

图(a)　NC气缸位移测量原理

1—滚轮；2—旋转码盘；3—活塞杆

数字控制气缸是指气缸的位移量可以用数字方式进行控制的气缸，即气缸活塞的位移通过附加的直线运动测量机构，变成一系列的数字脉冲，再将这些脉冲输送到控制器中，与设定的原始数据进行比较，并发出一系列的指令，改变活塞运动的方向、速度或对活塞杆进行锁紧。数字控制气缸是一种新型机电一体化元件，它将气动控制阀、位移测量机构、锁紧机构等与气缸连成一体，作为一个单独的部件，可用于机械手臂或其他传动装置中

图(a)为 NC 气缸位移测量的原理图。在气缸的前端安装带有旋转码盘的位移测量器。当活塞杆运动时带动与其接触的滚轮 1 转动，为了减少相对滑动，滚轮带有磁性且有弹簧压紧，与滚轮相连的是一个旋转码盘，当活塞杆运动时，便可不断地得到位移的脉冲信号，经电气处理可变为速度或加速度信号

气缸的控制回路如图(b)，气缸 12 带有偏心锁紧机构及滚轮码盘式位移测量机构。活塞的运动由两个三位五通换向阀 4 及 5 及四个单向节流阀 6、7、8、9 控制。调压阀 2 控制活塞杆腔的工作压力，调压阀 3 控制活塞后腔压力，以使气缸活塞在停止位置时，前后腔的力保持平衡，此时调压阀 3 的输出压力应低于调压阀 2 的输出压力。当活塞杆需要快速伸出时，应接通电磁铁 YV3 并使节流阀 7 工作。快速收回时，则应接通电磁铁 YV4 及使节流阀 9 工作。因此三位五通阀 4 控制活塞的快速移动。当活塞杆需要慢速移动时，则三位五通阀 5 和节流阀 6 与 8 控制活塞杆的慢速伸出与收回。气缸的锁紧机构由二位三通阀 10 及快排阀 11 控制。图中用点画线圈出的部分(10、11、12)组成一个单独的部件，即为数字控制气缸
</td></tr>
</table>

续表

名称	结构及原理
数字控制气缸（NC气缸）	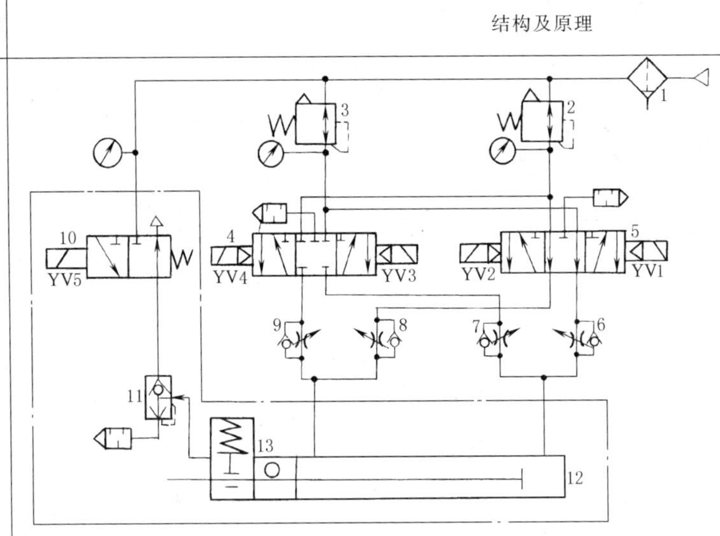 图(b)　NC气缸的控制回路 1—过滤器；2—调压阀(有活塞杆侧)； 3—调压阀(无活塞杆侧)； 4,7,9—快速用换向阀及节流阀； 5,6,8—慢速用换向阀及节流阀； 10,11—锁紧机构换向阀及快排阀； 12—气缸；13—旋转码盘
气液转换器	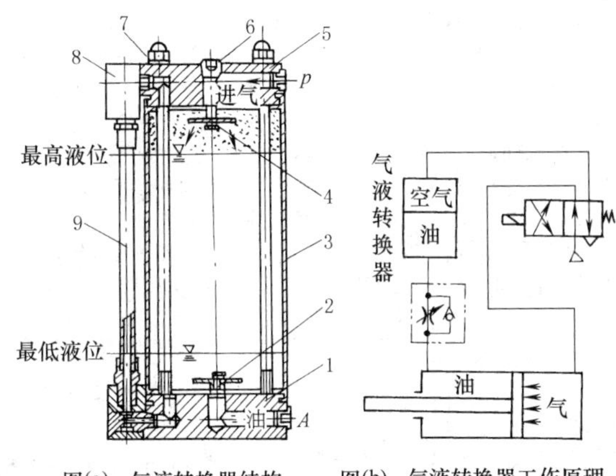 图(a)　气液转换器结构　　图(b)　气液转换器工作原理 1—底座；2—缓冲板；3—缸筒；4—隔离阻片； 5—上盖；6—加油口螺塞；7—螺栓；8—接头； 9—透明油位管 气液转换器是将气压直接转换为油压(增压比为 1∶1)的一种气液转换元件，可作为辅助元件应用于气液回路中。其特点是：与液压相比，不需要复杂庞大的液压泵站和冷却系统等，成本低；与液压阻尼缸相比，气液转换器与液压缸分离，可放在任意位置，操作方便；由于工作液压油温稳定，空气不会混入油中，又无液压泵引起的脉动，因此能获得稳定的移动。可用于精密切割、精密稳定的进给运动 气液转换器的结构如图(a)所示。缸内有一挡板——隔离阻片，使空气均匀分布在液面上，避免空气混入油中造成传动不稳定的现象。为了能观察缸内油面高度变化，缸筒侧面装有透明尼龙管。工作原理如图(b)所示。在垂直安放的缸筒内装有液压油，因气比油轻，油在下面。缸筒上部是压缩空气输入口，下部是液压油的进出口。接通气源，压缩空气经二位四通换向阀进入气缸，推动活塞杆前进，缸内液压油被压至气液转换器。压出的油量可通过液压单向节流阀调节，实现稳定低速无级变速(如缸的直径 40mm，可达到 0.3～300mm/s 的速度)。当换向阀换向时，压缩空气经二位四通阀进入气液转换器作用在油面上，则缸内液体以同样的压力进入气缸左腔，使活塞杆退回

气液转换器的应用举例

同步回路	联锁回路	防冲击回路	稳定低速回路	二级变速回路
可实现数个缸的同步移动。缸杆连接的场合，同步精度高；缸杆分离场合，电磁气阀切换后也能同步移动。采用本回路要取出缸的缓冲垫。用于工作台上下臂的同步	可实现前进、后退、中间停止	用于起重提升、包装机等	用于机床切削进给等	用于机床切削进给、蝶阀的开闭、缓冲装置

第21篇

3.2.2.4　气缸特性

表 21-3-16　　气缸特性

项目	特 性 及 参 数
瞬态特性	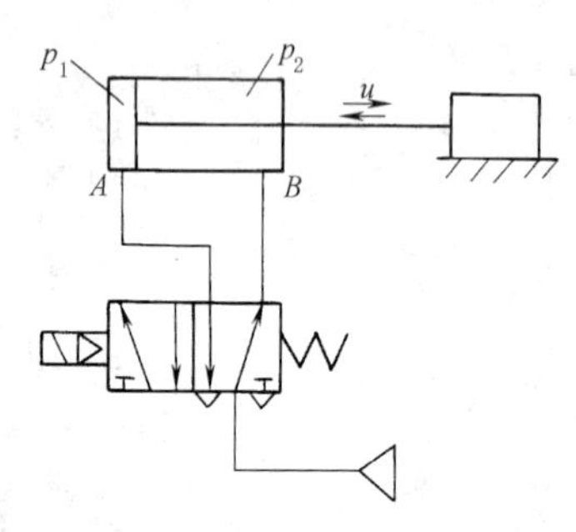 图(a)　单杆双作用气缸的运动状态示意图 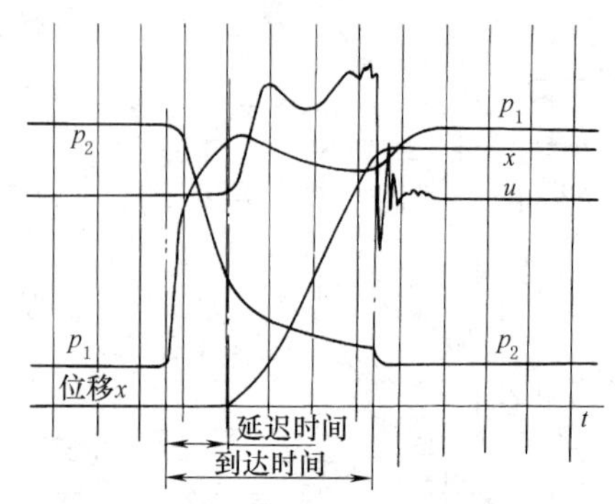 图(b)　气缸的瞬态特性曲线示意图 电磁换向阀换向,气源经 A 口向气缸无杆腔充气,压力 p_1 上升。有杆腔内气体经 B 口通过换向阀的排气口排气,压力 p_2 下降。当活塞的无杆侧与有杆侧的压力差达到气缸的最低动作压力以上时,活塞开始移动。活塞一旦启动,活塞等处的摩擦力即从静摩擦力突降至动摩擦力,活塞稍有抖动。活塞启动后,无杆腔为容积增大的充气状态,有杆腔为容积减小的排气状态。由于外负载大小和充排气回路的阻抗大小等因素的不同,活塞两侧压力 p_1 和 p_2 的变化规律也不同,因而导致活塞的运动速度及气缸的有效输出力的变化规律也不同。图(b)是气缸的瞬态特性曲线示意图。从电磁阀通电开始到活塞刚开始运动的时间称为延迟时间。从电磁阀通电开始到活塞到达行程末端的时间称为到达时间 从图(b)可以看出,在活塞的整个运动过程中,活塞两侧腔室内的压力 p_1 和 p_2 以及活塞的运动速度 u 都在变化。这是因为有杆腔虽排气,但容积在减小,故 p_2 下降趋势变缓。若排气不畅,p_2 还可能上升。无杆腔虽充气,但容积在增大,若供气不足或活塞运动速度过快,p_1 也可能下降。由于活塞两侧腔内的压差力在变化,又影响到有效输出力及活塞运动速度的变化。假如外负载力及摩擦力也不稳定的话,则气缸两腔的压力和活塞运动速度的变化更复杂
速度特性	活塞在整个运动过程中,其速度是变化的。速度的最大值称为最大速度 u_m。对非缓冲气缸,最大速度通常在行程的末端;对缓冲气缸,最大速度通常在进入缓冲前的行程位置 气缸在没有外负载力,并假定气缸排气侧以声速排气,且气源压力不太低的情况下,求出的气缸速度 u_0 称为理论基准速度 $u_0=1920\dfrac{S}{A}\quad(\mathrm{mm/s})$ 式中　S——排气回路的合成有效截面积,$\mathrm{mm^2}$ 　　　A——排气侧活塞的有效面积,$\mathrm{cm^2}$ 理论基准速度 u_0 与无负载时气缸的最大速度非常接近,故令无负载时气缸的最大速度等于 u_0。随着负载的加大,气缸的最大速度 u_m 将减小 气缸的平均速度是气缸的运动行程 L 除以气缸的动作时间(通常按到达时间计算)t。通常所指气缸使用速度都是指平均速度 标准气缸的使用速度范围大多是 50～500mm/s。当速度小于 50mm/s 时,由于气缸摩擦阻力的影响增大,加上气体的可压缩性,不能保证活塞作平稳移动,会出现时走时停的现象,称为“爬行”。当速度高于 1000mm/s 时,气缸密封圈的摩擦生热加剧,加速密封件磨损,造成漏气,寿命缩短,还会加大行程末端的冲击力,影响机械寿命。要想气缸在很低速度下工作,可采用低速气缸。缸径越小,低速性能越难保证,这是因为摩擦阻力相对气压推力影响较大的缘故,通常 ϕ32mm 气缸可在低速 5mm/s 无爬行运行。如需更低的速度或在外力变载的情况下,要求气缸平稳运动,则可使用气液阻尼缸,或通过气液转换器,利用液压缸进行低速控制。要想气缸在更高速度下工作,需加长缸筒长度、提高气缸筒的加工精度,改善密封圈材质以减小摩擦阻力,改善缓冲性能等,同时要注意气缸在高速运动终点时,确保缓冲来减小冲击

续表

项目	特性及参数
理论输出力	是指气缸的使用压力作用在活塞有效面积上产生的推力或拉力

理论输出力	弹簧压回型气缸的理论：输出推力	弹簧压回型气缸的理论：返回拉力	弹簧压出型气缸的理论：输出拉力	弹簧压出型气缸的理论：返回推力
单作用杆单气缸	$F_0=\frac{\pi}{4}D^2p-f_2$　(N)	$F_0=f_1$　(N)	$F_0=\frac{\pi}{4}(D^2-d^2)p-f_2$　(N)	$F_0=f_1$　(N)

理论输出力	理论输出推力(活塞杆伸出)	理论输出拉力(活塞杆返回)
单作杆用双气缸	$F_0=\frac{\pi}{4}D^2p$　(N)	$F_0=\frac{\pi}{4}(D^2-d^2)p$　(N)

理论输出力	理论输出力	式中符号意义
双用杆气双缸作	理论输出力 $F_0=\frac{\pi}{4}(D^2-d^2)p$　(N)	D——缸径，mm d——活塞杆直径，mm p——使用压力，MPa f_1——安装状态时的弹簧力，N，f_1 是弹簧预压缩量产生的弹簧反力 f_2——压缩空气进入气缸后，弹簧处于被压缩状态时的弹簧力，N，f_2 是弹簧预压缩量加上活塞运动行程后产生的弹簧反力

负载率

是气缸活塞杆受到的轴向负载力 F 与气缸的理论输出力 F_0 之比

气缸的负载率 $\eta=\frac{F}{F_0}\times100\%$

负载率是选择气缸时的重要因素。负载状况不同，作用在活塞杆轴向的负载力也不同。负载率的选取与负载的运动状态有关。可参考下表选取

负载状态与负载力的几个实例	负载状态	提升	夹紧	水平滚动	水平滑动
	负载力	$F=W$	$F=K$(夹紧力)	$F+\mu W$ 取摩擦因数 $\mu=0.1\sim0.4$	$F+\mu W$ 取摩擦因数 $\mu=0.2\sim0.8$

负载率与负载的运动状态	负载的运动状态	静载荷(夹紧、低速区)	动载荷：气缸速度 50～500mm/s	动载荷：气缸速度＞500mm/s
	负载率	$\eta\leqslant70\%$	$\eta\leqslant50\%$	$\eta\leqslant30\%$

项目	特性及参数
使用压力范围	是指气缸的最低使用压力至最高使用压力的范围 最低使用压力是指保证气缸正常工作的最低供给压力。正常工作是指气缸能平稳运动且泄漏量在允许指标范围内。双作用气缸的最低工作压力一般为 0.05～0.1MPa，而单作用气缸一般为 0.15～0.25MPa。在确定气压最低工作压力时，应考虑换向阀的最低工作压力特性，一般换向阀工作压力范围为 0.15～0.8MPa 或 0.25～1MPa(也有硬配阀为 0～1MPa) 最高使用压力是指气缸长时间在此压力作用下能正常工作而不损坏的压力
耐压性能	耐压力规定为气缸最高使用压力的 1.5 倍。在耐压力作用下，保压 1min，应保证气缸各连接部位没有松动、零件没有永久变形或其他异常现象
环境温度、介质温度	流入气缸内的气体温度称为介质温度。气缸所处工作场所的温度称为环境温度 一般情况下，对非磁性开关气缸，其环境温度和介质温度为 5～70℃；对磁性开关气缸，其环境温度和介质温度为5～60℃ 缸内密封材料在高温下会软化，低温下会硬化脆裂，都会影响密封性能。虽然气源经冷冻式干燥器清除了水分，但温度太低，空气中仍会有少量水蒸气冷凝成水以致结冰，导致缸、阀动作不良，故对温度必须有所限制

续表

项目	特性及参数
泄漏量	气缸处于静止状态，从无杆侧和有杆侧交替输入最低使用压力和最高使用压力时，从活塞处（称为内泄漏）及活塞杆和管接头等处（称为外泄漏）的泄漏流量称为泄漏量 合格气缸的泄漏量都应小于JISB 8377标准规定的指标。外泄漏不得大于$3+0.15d$mL/min（标准状态），内泄漏不得大于$3+0.15D$mL/min（标准状态），其中，缸径D和杆径d都以mm计
耐久性	在活塞杆的轴向施加负载率为50%的负载，向气缸的两腔交替通入最高使用压力，调节速度控制阀，使活塞运动速度达到200mm/s，活塞沿全行程作往复运动，气缸仍保证合格的累计行程称为耐久性。即在耐久性行程范围内，气缸的最低使用压力、耐压性能、泄漏量仍符合要求 一般情况下，气缸的耐久性指标不低于3000km。实际气缸的耐久性与气缸的使用状态、活塞速度、压缩空气过滤等级、润滑状况等许多因素有关
耗气量	气缸的耗气量可分成最大耗气量和平均耗气量 最大耗气量是气缸以最大速度运动时所需要的空气流量，可表示为 $q_r=0.0462D^2u_m(p+0.102)$　(L/min)(标准状态) 平均耗气量是气缸在气动系统的一个工作循环周期内所消耗的空气流量。可表示为 $q_{ca}=0.0157(D^2L+d^2l_d)N(p+0.102)$　(L/min)(标准状态) 平均耗气量用于选用空压机、计算运转成本。最大耗气量用于选定空气处理元件配管尺寸等。最大耗气量与平均耗气量之差用于选定气罐的容积 D——缸径，cm u_m——气缸的最大速度，mm/s p——使用压力，MPa N——气缸的工作频度，即每分钟内气缸的往复周数，一个往复为一周，周/min L——气缸的行程，cm d——换向阀与气缸之间的配管的内径，cm l_d——配管的长度，cm

3.2.2.5　理论出力表

表 21-3-17　气缸理论出力表　N

缸径/mm	工作压力/MPa			0.10	0.15	0.30	0.40	0.50	0.63	0.70	0.80
ϕ6	推力			2.8	4.2	8.4	11.2	14.0	17.6	19.6	22.4
	拉力（活塞杆ϕ3）			2.1	3.2	6.3	8.4	10.5	13.2	14.7	16.8
ϕ8	推力			5.0	7.5	15.0	20.0	25.0	31.5	35.0	40.0
	拉力（活塞杆ϕ4）			3.8	5.7	11.4	15.2	19.0	23.9	26.6	30.4
ϕ10	推力			7.9	11.6	23.7	31.6	39.5	49.8	55.3	63.2
	拉力	活塞杆	ϕ4	6.6	9.9	19.8	26.4	33.0	41.6	46.2	52.8
			ϕ5	5.9	8.9	17.7	23.6	29.5	37.2	41.3	47.2
ϕ12	推力			11.3	17.0	33.9	45.2	56.5	71.2	79.1	90.4
	拉力	活塞杆	ϕ4	10.1	15.2	30.3	40.4	50.5	63.6	70.7	80.8
			ϕ6	8.5	12.8	25.5	34.0	42.5	53.6	59.5	68.0
ϕ15	推力			17.7	26.6	53.1	70.8	88.5	111.5	123.9	141.6
	拉力（活塞杆ϕ6）			14.8	22.2	44.4	59.2	74.0	93.2	103.6	118.4
ϕ16	推力			20.1	30.2	60.3	80.4	100.5	126.6	140.7	160.8
	拉力	活塞杆	ϕ5	18.2	27.3	54.3	72.8	91.0	114.7	127.4	145.6
			ϕ6	17.3	26.0	51.9	69.2	86.5	109.0	121.1	138.4
			ϕ8	15.1	22.7	45.3	60.4	75.5	95.1	105.7	120.8
ϕ20	推力			31.4	47.1	94.2	125.6	157.0	197.8	219.8	251.2
	拉力	活塞杆	ϕ8	26.4	39.6	79.2	105.6	132.0	166.3	184.8	211.2
			ϕ10	23.6	35.3	70.5	94.0	117.5	148.1	164.5	188.0
ϕ25	推力			49.1	73.7	147.3	196.4	245.5	309.3	343.7	392.8
	拉力	活塞杆	ϕ10	41.2	61.8	123.6	164.8	206.0	259.6	288.4	329.6
			ϕ12	37.8	56.7	113.4	151.2	189.0	238.1	264.6	302.4

续表

缸径/mm	工作压力/MPa			0.10	0.15	0.30	0.40	0.50	0.63	0.70	0.80
φ32	推力			80.4	120.6	241.2	321.6	402.0	506.5	562.8	643.2
	拉力	活塞杆	φ10	72.6	108.9	217.8	290.4	363.0	457.4	508.2	580.8
			φ12	69.1	103.7	207.3	276.4	345.5	435.3	483.7	552.8
			φ14	65.0	97.5	195.0	260.0	325.0	409.5	455.0	520.0
			φ16	60.3	90.5	180.9	241.2	301.5	379.9	422.1	482.4
φ40	推力			125.7	188.6	377.1	502.8	628.5	791.9	879.9	1005.6
	拉力	活塞杆	φ12	114.4	171.6	343.2	457.6	572.0	720.7	800.8	915.2
			φ14	110.3	165.5	330.9	441.2	551.5	694.9	772.1	882.4
			φ16	105.6	158.4	316.8	422.4	528.0	665.3	739.2	844.8
			φ18	100.2	150.3	300.6	400.8	501.0	631.3	701.4	801.6
φ50	推力			196.4	294.6	589.2	785.6	982.0	1237.3	1374.8	1571.2
	拉力	活塞杆	φ16	176.2	264.3	528.6	704.8	881.0	1110.1	1233.4	1409.6
			φ20	164.9	247.4	494.7	659.6	824.5	1038.9	1154.3	1319.2
			φ22	158.3	237.5	474.9	633.2	791.5	997.3	1108.1	1266.4
φ63	推力			311.7	467.6	935.1	1246.8	1558.5	1963.7	2181.9	2493.6
	拉力	活塞杆	φ20	280.3	420.5	840.9	1121.2	1401.5	1765.9	1962.1	2242.4
			φ22	273.7	410.6	821.1	1094.8	1368.5	1724.3	1915.9	2189.6
φ80	推力			502.7	754.1	1508.1	2010.8	2513.5	3167.0	3518.9	4021.6
	拉力	活塞杆	φ20	471.2	706.8	1413.6	1884.8	2356.0	2968.6	3298.4	3769.6
			φ25	453.6	680.4	1360.8	1814.4	2268.0	2857.7	3175.2	3628.8
φ100	推力			785.4	1178.1	2356.2	3141.6	3927.0	4948.0	5497.8	6283.2
	拉力	活塞杆	φ25	736.3	1104.5	2208.9	2945.2	3681.5	4638.7	5154.1	5890.4
			φ30	714.7	1072.1	2144.1	2858.8	3573.5	4502.6	5002.9	5717.6
			φ32	705.0	1057.5	2115.0	2820.0	3525.0	4441.5	4935.0	5640.0
φ125	推力			1227.2	1840.8	3681.6	4908.8	6136.0	7731.4	8590.4	9817.6
	拉力	活塞杆	φ25	1178.1	1767.2	3534.3	4712.4	5890.5	7422.0	8246.7	9424.8
			φ28	1165.6	1748.4	3496.8	4662.4	5828.0	7343.3	8159.2	9324.8
			φ30	1156.5	1734.8	3469.5	4626.0	5782.5	7286.0	8095.5	9252.0
			φ32	1146.8	1720.2	3440.4	4587.2	5734.0	7224.8	8027.6	9174.4
φ160	推力			2010.6	3015.9	6013.8	8042.4	10053.0	12666.8	14074.2	16084.8
	拉力	活塞杆	φ30	1939.9	2909.9	5819.7	7759.6	9699.5	12221.4	13579.3	15519.2
			φ32	1930.2	2895.3	5790.6	7720.8	9651.0	12160.3	13511.4	15441.6
			φ40	1885.0	2827.5	5655.0	7540.0	9425.0	11875.5	13195.0	15080.0
			φ45	1851.6	2777.4	5554.8	7406.4	9258.0	11665.1	12961.2	14812.8

续表

缸径/mm	工作压力/MPa			0.10	0.15	0.30	0.40	0.50	0.63	0.70	0.80
ϕ200	推力			3141.6	4712.4	9428.8	12566.4	15708.0	19792.1	21991.2	25132.8
	拉力	活塞杆	ϕ32	3061.2	4591.8	9183.6	12244.8	15306.0	19285.6	21428.4	24489.6
			ϕ40	3015.9	4523.9	9047.7	12063.6	15079.5	19000.2	21111.3	24127.2
			ϕ45	2982.6	4473.9	8947.8	11930.4	14913.0	18790.4	20878.2	23860.8
			ϕ50	2945.2	4417.8	8835.6	11780.8	14726.0	18554.8	20616.4	23561.6
ϕ250	推力			4908.8	7363.2	14726.4	19635.2	24544.0	30952.4	34361.6	39270.4
	拉力	活塞杆	ϕ40	4783.1	7174.7	14349.3	19132.4	23915.5	30133.5	33481.7	38264.8
			ϕ45	4749.7	7124.6	14249.1	18998.8	23748.5	29923.1	33247.9	37997.6
			ϕ50	4712.4	7068.6	14137.2	18849.6	23562.0	29688.1	32986.8	37699.2
			ϕ63	4597.0	6895.5	13791.0	18388.0	22985.0	28961.1	32179.0	36776.0
			ϕ70	4523.9	6785.9	13571.7	18095.6	22619.5	28500.6	31667.3	36191.2
ϕ280	推力			6157.5	9236.3	18472.5	24630.0	30787.5	38792.3	43102.5	49260.0
	拉力(活塞杆 ϕ70)			5772.7	8659.1	17318.1	23090.8	28863.5	36368.0	40408.9	46181.6
ϕ300	推力			7068.6	10602.9	21205.8	28274.4	35343.0	44532.2	49480.2	56548.8
	拉力(活塞杆 ϕ70)			6683.8	10025.7	20051.4	26735.2	33419.0	42107.9	46786.6	53470.4
ϕ320	推力			8042.5	12063.8	24127.5	32170.0	40212.5	50667.8	56297.5	64340.0
	拉力	活塞杆	ϕ63	7730.8	11596.2	23192.4	30923.2	38654.0	48704.0	54115.6	61846.4
			ϕ65	7710.1	11566.1	23132.1	30842.8	38553.5	48577.4	53974.9	61685.6
			ϕ70	7657.7	11485.6	22973.1	30630.8	38288.5	48243.5	53603.9	61261.6
			ϕ80	7539.8	11309.7	22619.4	30159.2	37699.0	47500.7	52778.5	60318.4
			ϕ90	7406.3	11109.5	22218.9	29625.2	37031.5	46659.7	51844.1	59250.4
ϕ350	推力			9621.2	14431.8	28863.6	38484.8	48106.0	60613.6	67348.4	76969.6
	拉力(活塞杆 ϕ90)			8985.0	13477.5	26955.0	35940.0	44925.0	56605.5	62895.0	71880.0
ϕ400	推力			12566.4	18849.6	37699.2	50265.6	62832.0	79168.3	87964.8	100531.2
	拉力	活塞杆	ϕ80	12063.7	18095.6	36191.1	48254.8	60318.5	76001.3	84445.9	96509.6
			ϕ90	11930.2	17895.3	35790.6	47720.8	59651.0	75160.3	83511.4	95441.6
ϕ450	推力			15904.4	23856.6	47713.2	63617.6	79522.0	100197.7	111330.8	127235.2
	拉力(活塞杆 ϕ90)			15268.2	22902.3	45804.6	61072.8	76341.0	96189.7	106877.4	122145.6
ϕ500	推力			19635.0	29452.5	58905.0	78540.0	98175.0	123700.5	137445.0	157080.0
	拉力(活塞杆 ϕ90)			18998.8	28498.2	56996.4	75995.2	94994.0	119692.4	132991.6	151990.4

3.2.2.6　无杆气缸的转矩限制

在设计无杆气缸系统时，必须特别注意气缸运动所产生的动能，因为无杆气缸可以达到比较快的传输速度（2～3m/s）和较大的行程（最长 6m）。此外，负载可以将其自身的重心定位在滑架的重心之外，这样就会产生弯矩，参见图 21-3-2。一旦确定了具有足够推力的气缸，必须评估负载在滑块上的位置，并确定可能产生的力矩。表 21-3-18 列出了静态条件下允许的最大载荷和弯矩。

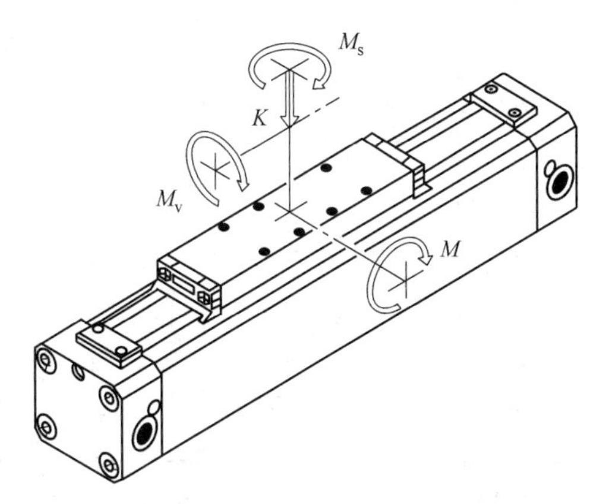

图 21-3-2　无杆气缸所受到载荷和弯矩

表 21-3-18　无杆气缸静态条件下允许的最大载荷和弯矩

直径 /mm	最大载荷 /kN	M/N·m	M_s/N·m	M_v/N·m
25	300	20	1	4
32	450	35	3	6
40	750	70	5	9
50	1200	120	8	15
63	1600	150	9	25

现在必须考虑滑块的速度，最好等于 1m/s，并查看图 21-3-2 以了解动态条件下的最大载荷 K。在速度较小例如 0.2m/s 的传输中，应该没有问题，但如果速度增加，则必须减小施加的负荷或者增加气缸的尺寸。

允许的动态负载取决于速度，动态载荷等于

$$K_d = KC_v$$

式中，K_d为动态载荷；C_v为速度比。如果在静态条件下无杆气缸的允许载荷是 750N，若运行速度等于 0.5m/s，查图 21-3-3 得到速度比为 $C_v=0.4$，则负载必须减小到 750×0.4=375N。

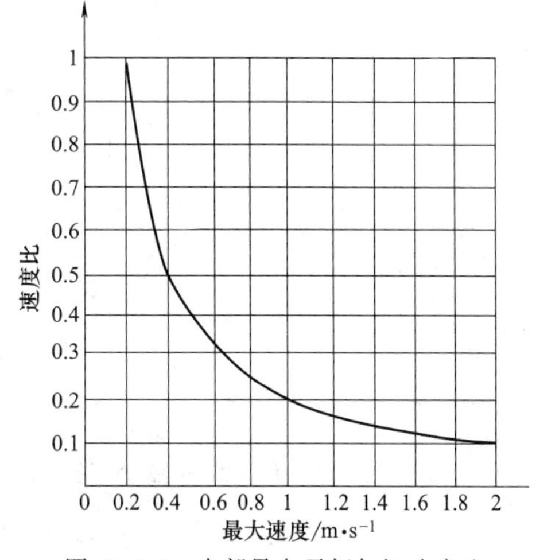

图 21-3-3　内部导向无杆气缸速度比

在组合应力的情况下，或者更确切地说是同时作用力矩的情况下，以下等式是有用的：

$$\left(\frac{2M_s}{M_{s\max}}+\frac{1.5M_v}{M_{v\max}}+\frac{M}{M_{\max}}+\frac{K}{K_{\max}}\right)\frac{100}{K_v}\leqslant 100$$

3.2.2.7　负载比（工作压力 5bar，摩擦因数 0.01、0.2）

表 21-3-19　在工作压力＝5bar，摩擦因数在 0.01、0.2 时的气缸负载比

气缸直径 /mm	质量 /kg	气缸垂直运动	60°		45°		30°		气缸水平运动	
			μ=0.01	μ=0.2	μ=0.01	μ=0.2	μ=0.01	μ=0.2	μ=0.01	μ=0.2
25	100	—	—	—	—	—	—	—	4	80
	50	—	—	—	—	—	—	—	2.2	40
	25	—	(87.2)	(96.7)	71.5	84.9	50.9	67.4	1	20
	12.5	51.8	43.6	48.3	35.7	342.5	25.4	33.7	0.5	10
32	180	—		—		—	—	—	4.4	—
	90	—		—		—	—	—	2.2	43.9
	45	—	(95.6)	—	78.4	(93.1)	55.8	73.9	1.1	22
	22.5	54.9	47.8	53	39.2	46.6	27.9	37	0.55	11

续表

气缸直径/mm	质量/kg	气缸垂直运动	60°		45°		30°		气缸水平运动	
			μ=0.01	μ=0.2	μ=0.01	μ=0.2	μ=0.01	μ=0.2	μ=0.01	μ=0.2
40	250	—	—	—	—	—	—	—	3.9	78
	125	—	—	—	—	—	(99.2)	—	2	39
	65	—	—	—	72.4	(86)	51.6	68.3	1	20.3
	35	54.6	47.6	52.8	39	46.3	27.8	36.8	0.5	10.9
50	400	—		—		—		—	4	79.9
	200	—		—		—	—	—	2	40
	100	—	(87)	(96.5)	71.3	84.8	50.8	67.3	1	20
	50	50	43.5)	48.3	35.7	42.4	25.4	33.6	0.5	0
63	650	—		—		—		—	4.1	81.8
	300	—		—		—		—	1.9	37.8
	150	(94.4)	82.3	(91.2)	67.4	80.1	48	63.6	0.9	18.9
	75	47.2	41.1	45.6	33.7	40.1	24	31.8	0.5	9.4
80	1000	—		—		—		—	3.9	78.1
	500	—		—		—		—	2	39
	250	(97.6)	85	(94.3)	69.7	82.8	49.6	65.7	1	19.5
	125	48.8	42.5	47.1	34.8	41.4	24.8	32.8	0.5	9.8
100	1600	—		—		—		—	4	79.9
	800	—		—		—		—	2	40
	400	—	(87)	(96.5)	71.4	84.4	50.8	67.3	1	20
	200	50	43.5	48.3	35.7	42.2	25.4	33.6	0.5	10

3.2.2.8 气缸质量（工作压力5bar，负载比85%，气缸直径25～100mm）

表21-3-20 气缸质量（工作压力5bar，负载比85%，气缸直径25～100mm） kg

气缸直径/mm	气缸垂直运动	60°		45°		30°		气缸水平运动	
		μ=0.01	μ=0.2	μ=0.01	μ=0.2	μ=0.01	μ=0.2	μ=0.01	μ=0.2
25	21.2	24.5	22	30	25	42.5	31.5	2123	106
32	39.2	45	40.5	54.8	46.2	77	58.2	3920	196
40	54.5	62.5	56.4	76.3	64.2	107	80.9	5450	272.5
50	85	97.7	88	119	100.2	167.3	126.4	8500	425
63	135	155	139.8	189	159.2	265.5	200.5	13500	675
80	217.7	250	225.5	305	256.7	428	323.5	21775	1089
100	340.2	390.5	390.8	352	476.2	669.2	505.5	34020	1701

3.2.2.9 每100mm行程双作用气缸的空气消耗量（修正了绝热过程的损失）

表21-3-21 每100mm行程双作用气缸的空气消耗量（修正了绝热过程的损失） L/min

活塞直径/mm	工作压力/bar				
	3	4	5	6	7
20	0.174	0.217	0.260	0.304	0.347
25	0.272	0.340	0.408	0.476	0.543
32	0.446	0.557	0.668	0.779	0.890
40	0.697	0.870	1.044	1.218	1.391
50	1.088	1.360	1.631	1.903	2.174
63	1.729	2.159	2.590	3.021	3.451
80	2.790	3.482	4.176	4.870	5.565
100	4.355	5.440	6.525	7.611	8.696

3.2.2.10 双作用气缸从20～100mm缸径的理论耗气量（100mm行程时）

表 21-3-22　双作用气缸20～100mm缸径时的理论耗气量（100mm行程时）　L/min

缸径/mm	工作压力/bar					
	2	3	4	5	6	7
20	0.09	0.13	0.16	0.19	0.22	0.25
25	0.15	0.20	0.25	0.30	0.35	0.40
32	0.24	0.33	0.40	0.48	0.56	0.64
40	0.38	0.51	0.64	0.75	0.88	1.00
50	0.60	0.80	1.00	1.20	1.40	1.60
63	0.95	1.25	1.55	1.87	2.20	2.50
80	1.50	2.00	2.55	3.00	3.50	4.00
100	2.40	3.20	4.00	4.80	5.60	6.40

3.2.2.11 双作用气缸20～100mm缸径时的实际流量

表 21-3-23　双作用气缸20～100mm缸径时的实际流量　L/min

缸径/mm	气缸平均速度/mm·s^{-1}									
	100	200	300	400	500	600	700	800	900	1000
20	16	32	49	66	84	112	120	139	159	180
25	25	50	76	103	131	175	188	217	248	279
32	40	82	125	169	214	286	308	357	406	457
40	63	128	195	266	334	447	481	557	635	714
50	99	201	305	413	523	699	752	870	992	1116
63	157	318	487	658	830	1110	1193	1382	1575	1772
80	253	511	782	1057	1340	1792	1926	2230	2541	2860
100	395	804	1223	1653	2094	2801	3011	3487	3973	4471

3.2.2.12 气缸的压杆稳定计算

表 21-3-24　不同类负载情况下所允许的气缸活塞杆长度　mm

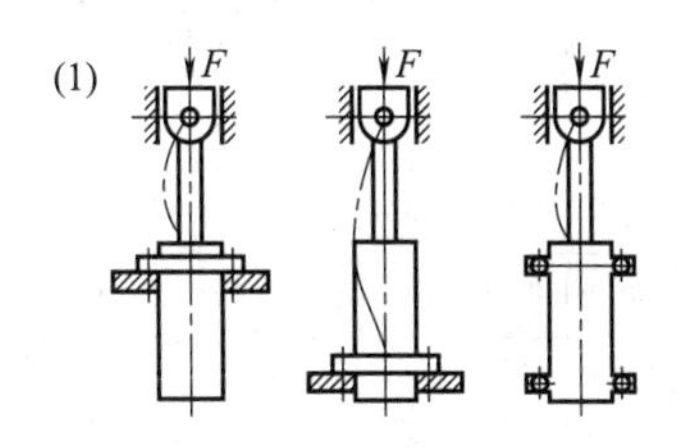

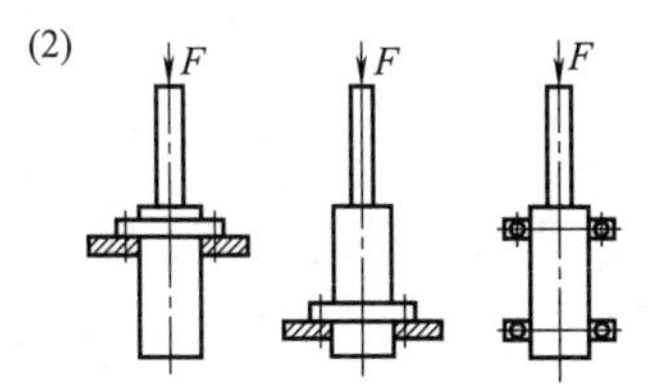

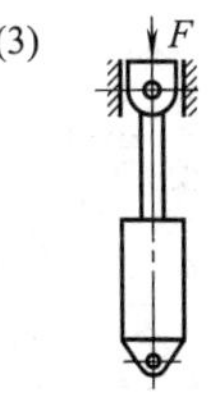

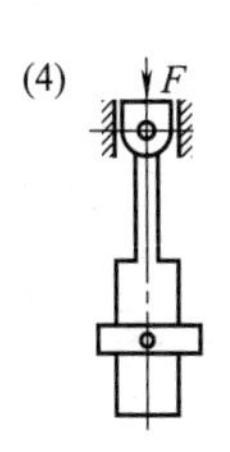

续表

缸径/mm(in)	活塞杆径/mm(in)	第1类负载压力/bar				第2类负载压力/bar				第3类负载压力/bar				第4类负载压力/bar			
		4	6	10	16	4	6	10	16	4	6	10	16	4	6	10	16
8	3	270	220	170	130	130	100	80	60	170	130	100	80	190	160	120	90
10	4	380	300	230	170	170	140	100	70	230	180	130	100	260	210	160	120
12	4	310	250	180	140	140	110	80	50	180	140	100	80	220	170	120	90
	6	730	590	450	350	350	280	210	160	450	360	270	210	520	420	320	240
16	6	540	440	330	250	250	200	150	110	330	260	190	150	380	300	230	240
	8	980	790	600	470	470	370	280	210	600	480	360	280	700	560	430	330
20	8	780	620	470	370	370	5290	220	160	470	380	280	210	550	440	330	250
	10	1200	1000	760	590	590	470	350	270	760	610	460	350	880	710	540	410
25	10	970	790	600	460	460	370	270	200	600	480	360	270	690	560	420	320
	12	1400	1100	880	680	680	550	410	310	870	700	530	410	1000	820	620	480
31.75(1.25)	12	1100	890	680	520	520	420	310	230	680	540	410	310	790	630	480	360
32	12	1100	860	650	500	500	390	290	210	650	520	380	290	760	600	450	340
	16	2000	1600	1200	960	960	770	580	450	1200	990	750	580	1400	1100	870	680
40	14	1200	960	730	570	570	450	340	250	730	580	440	330	850	680	510	390
	16	1600	1200	950	730	730	580	430	320	940	750	560	430	1100	880	660	500
44.45(1.75)	16	1400	1100	870	670	670	540	400	300	860	690	520	400	1000	810	610	470
50	20	2000	1600	1200	930	930	740	550	420	1200	960	720	550	1400	1100	840	640
50.8(2)	20	1900	1600	1200	930	930	740	550	420	1200	960	7520	550	17400	1100	840	640
63	20	1500	1200	930	720	720	570	420	310	930	740	550	420	1100	860	650	490
63.5(2.5)	25	2400	2000	1500	1200	1200	930	700	530	1500	1200	900	690	1700	1400	1100	810
76.2(3)	25	2000	1600	1200	950	950	760	560	420	1200	980	740	560	1400	1100	860	660
80	25	1900	1500	1100	880	880	700	510	380	1100	910	680	510	1300	1100	800	600
100	25	1500	1200	880	670	670	520	380	270	880	690	510	370	1000	820	600	450
101.6(4)	32	2400	2000	1500	1100	1100	910	670	500	1500	1200	890	670	1700	1400	1000	790
125	32	2000	1600	1200	910	910	710	520	380	1200	940	690	520	1400	1100	820	620
127(5′)	38.1(1.5)	2800	2200	1700	1300	1300	1000	760	570	1700	1300	1000	760	2000	1600	1200	900
152.4(6)	38.1(1.5)	2300	1800	1400	1100	1100	830	610	440	1400	1100	810	600	1600	1300	950	720
160	40	2400	1900	1500	1100	1100	880	640	480	1400	1200	860	640	1700	1400	1000	760
200	40	1900	1500	1100	860	860	670	480	350	1100	890	650	480	1300	1000	770	580
203.2(8)	44.45(1.75)	2300	1900	1400	1100	1100	840	610	440	1400	1100	810	600	1600	1300	960	720
250	50	2400	1900	1400	1100	1100	850	620	440	1400	1100	830	610	1700	1300	980	730
254(10)	57.15(2.25)	3100	2500	1900	1400	1400	1100	840	620	1900	1500	1100	830	2200	1700	1300	990
304.8(12)	57.15(2.25)	2500	2000	1500	1200	1200	920	660	480	1500	1200	890	660	1800	1400	1100	790
320	63	3000	2400	1800	1400	1400	1100	780	570	1800	1400	1000	780	2100	1700	1200	930
355.6(14)	57.15(2.25)	2100	1700	1300	970	970	760	540	380	1300	1000	730	540	1500	1200	870	650

3.2.2.13 气缸相关标准选摘

表 21-3-25 气缸内径、活塞杆外径、活塞行程、活塞杆螺纹、气口螺纹及其公称压力标准 mm

	本标准适用于气动系统及元件用气缸。规定了气动系统及元件用气缸的缸内径及活塞杆外径									
	气缸的缸内径				气缸的活塞杆外径					备 注
缸内径及活塞杆外径(GB/T 2348—1993)	8	40	125	(280)	4	16	36	80	180	括号内尺寸为非优先选用者
	10	50	(140)	320	5	18	40	90	200	
	12	63	160	(360)	6	20	45	100	220	
	16	80	(180)	400	8	22	50	110	250	
	20	(90)	200	(450)	10	25	56	125	280	
	25	100	(220)	500	12	28	63	140	320	
	32	(110)	250	—	14	32	70	160	360	

	本标准适用于气缸的活塞行程。气缸的活塞行程参数依优先次序按下表									
缸活塞行程系列(GB/T 2349—1980)	25	50	80	100	125	160	200	250	320	400
	500	630	800	1000	1250	1600	2000	2500	3200	4000
		40			63		90	110	140	180
	220	280	360	450	550	700	900	1100	1400	1800
	2200	2800	3600							
	240	260	300	340	380	420	480	530	600	650
	750	850	950	1050	1200	1300	1500	1700	1900	2100
	2400	2600	3000	3400	3800					
	备注：缸活塞行程＞4000mm 时，按 GB/T 321—2005《优先数和优先数系》中 R10 数系选用；不能满足要求时，允许按 R40 数系选用									

活塞杆螺纹型式和尺寸系列(GB 2350—1980)

本标准适用于气缸的活塞杆螺纹。活塞杆螺纹系指气缸活塞杆的外部连接螺纹

活塞杆螺纹型式：内螺纹；外螺纹（带肩）；外螺纹（无肩）

活塞杆螺纹尺寸：

螺纹直径与螺距 $D\times p$	螺纹长度 L 短型	螺纹长度 L 长型	螺纹直径与螺距 $D\times p$	螺纹长度 L 短型	螺纹长度 L 长型	螺纹直径与螺距 $D\times p$	螺纹长度 L 短型	螺纹长度 L 长型	备注
M3×0.35	6	9	M20×1.5	28	40	M90×3	106	140	①螺纹长度 L 对内螺纹是指最小尺寸；对外螺纹是指最大尺寸 ②当需要用锁紧螺母时，采用长型螺纹长度 ③带*号的螺纹尺寸为气缸专用
M4×0.5	8	12	M22×1.5	30	44	M100×3	112	—	
M4×0.7*	8	12	M24×2	32	48	M110×3	112	—	
M5×0.5	10	15	M27×2	36	54	M125×4	125	—	
M6×0.75	12	16	M30×2	40	60	M140×4	140	—	
M6×1*	12	16	M33×2	45	66	M160×4	160	—	
M8×1	12	20	M36×2	50	72	M180×4	180	—	
M8×1.25*	12	20	M42×2	56	84	M200×4	200	—	
M10×1.25	14	22	M48×2	63	96	M220×4	220	—	
M12×1.25	16	24	M56×2	75	112	M250×6	250	—	
M14×1.5	18	28	M64×3	85	128	M280×6	280	—	
M16×1.5	22	32	M72×3	85	128				
M18×1.5	25	36	M80×3	95	140				

续表

气缸公称压力系列(GB 7938—1987)	本标准规定了气缸公称压力。气缸的常用的公称压力系列为：0.63MPa、1.0MPa、1.6MPa

气缸气口螺纹(GB/T 14038—2008)

本标准规定了气动系统的气缸气口螺纹。适用于缸内径为8～400mm一般用途的气缸

气缸内径	气缸最小气口螺纹(螺纹精度6H)	气缸内径	气缸最小气口螺纹(螺纹精度6H)	气缸内径	气缸最小气口螺纹(螺纹精度6H)
8 10 12 16	M5×0.8	40 50	M14×1.5	160 200	M27×2
		63 80	M18×1.5		
20 25 32	M10×1	100 125	M22×1.5	250 320 400	M33×2

表 21-3-26　　气动气缸技术条件(JB/T 5923—2013)

适用范围	本标准规定了气缸技术要求、检验方法、检验规则及标志、包装、运输、储存等 本标准适用于以压缩空气为工作介质，在气压传动系统中使用的双作用、缸径6～320mm的活塞式普通气缸

(1)定义		
	最低工作压力	能保证气缸正常工作所需要的最低压力
	空载状态	气缸不带任何外加负载时的工作状态
	内泄漏	气缸内腔间的泄漏
	活塞杆部外泄漏	活塞杆外径表面与气缸端盖密封件之间的泄漏
	稳态条件	测量数值达到允许记录时应有的试验参数变化范围

(2)技术要求

1)工作条件

项目	要求		
公称压力/MPa	0.63、(0.8)、1.0		
最低工作压力	缸径/mm	6～100	125～320
	最低工作压力/MPa	0.15	0.1
工作介质	经过除水过滤的压缩空气(供油型可含有油雾)		
环境温度和介质温度	5～60℃，低于5℃时，介质中的水分需特殊处理		
活塞运动速度	≤500mm/s		

2)技术性能

启动压力：气缸空载状态下，其启动压力应不高于下表规定

缸径/mm	6～16	20～25	32～100	125～320
启动压力/MPa	0.1	0.08	0.06	0.05

负载性能：在气缸活塞杆轴向加入相应的阻力负载，其值相当于下表规定的气缸最大理论输出力的百分值，活塞双向运行均应平稳且活塞运行速度≥150mm/s时，各部件应无异常情况

最大理论输出力的百分值	缸径/mm	最大理论输出力的百分值/%
	6～25	70
	32～320	80

气缸最大理论输出力计算式

$$F_1=\frac{p\pi}{4}D^2$$

$$F_2=\frac{p\pi}{4}(D^2-d^2)$$

式中　F_1——无活塞杆端的最大理论输出力，N
F_2——有活塞杆端的最大理论输出力，N
p——公称压力，MPa
D——气缸内径，mm
d——活塞杆直径，mm

续表

(2)技术要求	2)技术性能	耐压性能	气缸通入1.5倍公称压力，保压1min，各部件不得有松动、永久变形及其他异常现象
		密封性能	气缸分别通入最低工作压力和630kPa的试验压力时，其活塞部的内泄漏量不得大于$(3+0.10D)cm^3/min$，活塞杆部的外泄漏量不得大于$(3+0.10d)cm^3/min$，其他部位不允许有泄漏现象
		耐久性	气缸的耐久性应符合 商务文件或合同中对客户的承诺，但累计行程应≥600km，商务文件或合同中无明确规定者为累计行程600km
		外观	气缸外观应光滑、平整，色泽均匀，表面应无剥落、划痕、碰伤等缺陷。气缸的裸露表面应进行防腐蚀处理（耐腐蚀材料除外）。气缸的油漆表面应色泽均匀一致，无气泡、流挂现象
(3)试验	1)试验条件	介质	经过过滤、除水、除油的干燥压缩空气，应达到JB/T 5967规定的空气质量为465的要求
		环境条件	环境温度25℃±10℃；环境相对湿度≤85%
		测量仪器和稳态条件	测量仪器：型式试验和出厂检验所用测量仪器的允许误差应不超出表1的规定范围。 稳态条件：被测参数平均指示值在表2规定的范围内变化时，允许记录参数测量值。（见表1、表2）

表1　测量仪器的允许误差

测量仪器参数	测量仪器的允许误差	
	型式试验	出厂检验
力/%	±1	±2
压力/%	±1.5	±4
温度/℃	±2	±3

表2　温度、压力平均指示值范围

被测参数	型式试验	出厂检验
温度/℃	±2	±3
压力/%	±1.5	±4

(3)试验	2)试验方法	启动压力	试验回路可参照图(a)。节流阀全开，气缸水平放置，经往复运动数次后，在空载状态，从零气压开始慢慢加压，直到活塞开始运动，并能运行至全行程。这样往复试验三次，其最小加压值即为启动压力，其值应满足表中(2)之2)的规定
		负载性能	试验回路可参照图(b)。在活塞杆的轴向施加表中(2)之2)规定的负载。在气缸两端气口交替通入公称压力的压缩空气，调节排气量，沿全行程往复运动三次以上，检查气缸的动作情况应符合表中(2)之2)规定
		耐压性能	试验在空载条件下进行。在气缸两端气口交替通入1.5倍公称压力的气压，分别保压1min，检查气缸各部位情况，应符合耐压性能技术要求
		密封性能	在耐压试验后空载状态下进行。试验时保持气缸的静止状态，向气缸两端气口交替通入最低工作压力和公称压力，分别检查活塞部位的内泄漏和活塞杆部位、其他部位的外泄漏，泄漏情况应符合密封性能技术要求
		耐久性	试验回路可参考图(b)。在活塞杆的轴向方向施加相当于气缸最大理论输出力的50%的负载。在被试气缸两端气口交替通入公称压力的压缩空气，调节排气口流量，使活塞平均速度达到200mm/s左右，活塞沿全行程作往复运动，试验可连续或持续进行，其累计行程达到表中(2)之2)的规定后，重复上述启动压力、负载性能、耐压性能及密封性能试验，并仍应符合要求
		外观	气缸外观的检查方法，采用目测法和手感法进行，应符合外观技术要求

续表

(3) 试验	2）试验方法	试验装置系统原理图	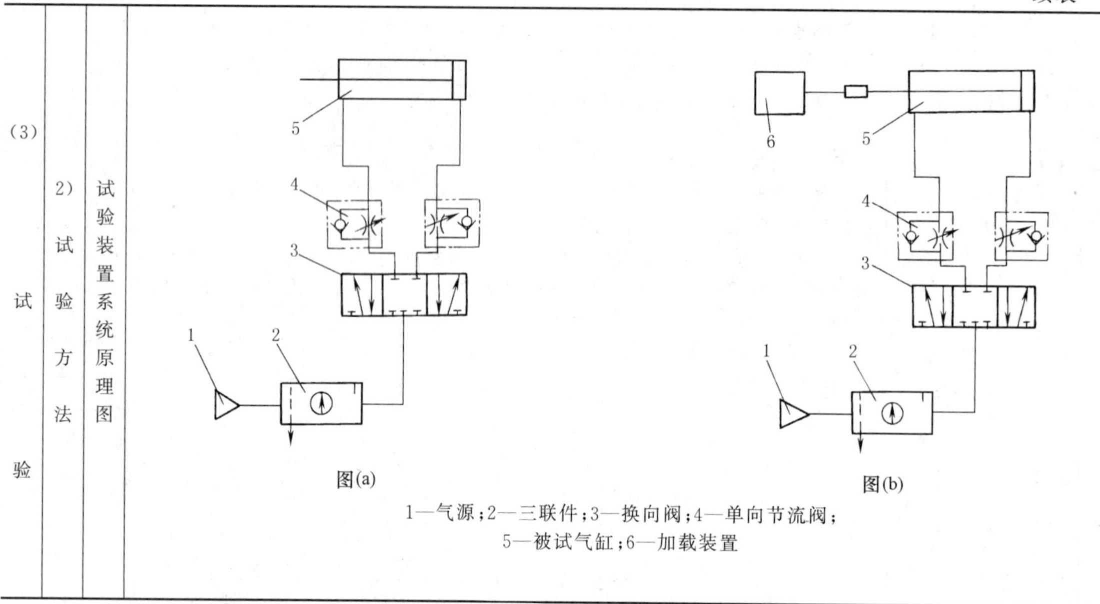

图(a)　图(b)

1—气源；2—三联件；3—换向阀；4—单向节流阀；5—被试气缸；6—加载装置

3.2.2.14　气缸的选择

首先应选择标准气缸，其次才考虑自行设计。选择一般遵循表21-3-27。

表21-3-27　气缸的选择

考虑因素	内　容
类型	根据工作要求和条件，正确选择气缸的类型。高温环境下需选用耐热气缸。在有腐蚀环境下，需选用耐腐蚀气缸。在有灰尘等恶劣环境下，需在活塞杆伸出端安装防尘罩。要求无污染时需选用无给油或无油润滑气缸等
安装形式	根据安装位置、使用目的等因素决定。在一般情况下，采用固定式气缸。在需要随工作机构连续回转时（如车床、磨床等），应选用回转气缸。在要求活塞杆除直线运动外，还需作圆弧摆动时，则选用轴销式气缸。有特殊要求时，应选择相应的特种气缸
作用力的大小	根据负载力的大小来确定气缸输出的推力和拉力。一般均按外载荷理论平衡条件所需气缸作用力，参照表21-3-16负载率，乘以系数1.5～2，使气缸输出力稍有余量。缸径过小，输出力不够，但缸径过大，使设备笨重，成本提高，又增加耗气量，浪费能源。在夹具设计时，应尽量采用扩力机构，以减小气缸的外形尺寸
活塞行程	与使用的场合和机构的行程有关，但一般不选用满行程，防止活塞和缸盖相碰。如用于夹紧机构等，应按计算所需的行程增加10～20mm的余量
活塞的运动速度	主要取决于气缸输入压缩空气流量、气缸进排气口大小及导管内径的大小。要求高速运动应取大值。气缸运动速度一般为50～700mm/s。对高速运动的气缸，应选择大内径的进气管道；对于负载有变化的情况，为了得到缓慢而平稳的运动速度，可选用带节流装置或气-液阻尼缸，则较易实现速度控制。选用节流阀控制气缸速度需注意：水平安装的气缸推动负载时，推荐用排气节流调速；垂直安装的气缸举升负载时，推荐用进气节流调速；要求行程末端运动平稳避免冲击时，应选用带缓冲装置的气缸

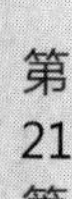

3.2.3　气马达

3.2.3.1　气马达与液压马达和电动机的比较

气马达、液压马达与电动机的性能比较参见表21-3-28。

表 21-3-28　**气马达与液压马达和电机的性能比较**

特　　性	气马达	液压马达	电机
过载安全	* * *	* * *	*
带载启动能力	* * *	* *	*
易于限制转矩	* * *	* * *	*
易于改变速度	* * *	* * *	*
易于限制功率	* * *	* * *	*
可靠性	* * *	* * *	* * *
鲁棒性(刚性)	* * *	* * *	*
设备成本	* * *	*	* *
维护便利	* * *	* *	*
潮湿环境中的安全	* * *	* * *	*
爆炸性环境中的安全	* * *	* * *	*
电气设备的安全风险	* * *	* * *	*
漏油风险	* * *	*	* * *
需要液压系统	* * *	*	* * *
重量	* *	* * *	*
功率密度	* *	* * *	*
相同尺寸规格输出的转矩	* *	* * *	*
运行中的噪声等级	*	* * *	* *
总能源消耗	*	* *	* * *
维护间隔	*	* *	* * *
压缩机容量要求	*	* * *	* * *
购买价格	*	*	* * *

注：* ＝好，* * ＝平均，* * * ＝优秀。

一般气马达的性能特征可用图 21-3-4 中的曲线显示，当工作压力不变时，其转速、转矩及功率均随外加载荷的变化而变化。从图中可以读出作为速度函数的转矩、功率和耗气量。在马达静止时的功率为零，在无负载情况下以自由速度（100%）运行时，功率也为零。当气马达以大约一半的自由速度（50%）驱动负载时，通常会输出最大功率（100%）。

从图中还可以看出，在自由速度下的气马达的转矩为零，但在施加负载后立即增加，直线上升，直到马达失速（最大速度）。由于马达停止时其柱塞或叶片可以在各种不同位置，因此不能指定精确的转矩，图中显示的是最小启动转矩。

如图 21-3-4 所示，空载转速（自由速度）下耗气量最大，随着转速的下降而减小。

如果供气压力下降，气马达输出功率也会下降。空气必须通过合适尺寸的管子供给，以减少控制回路中的任何潜在压降。

降低气马达速度的方法是在进气口安装流量调节阀。双向马达用进气口也可用于排气口。流量调节也用于主要进气口上，但要注意调速应是适量的，无限制的调速会影响马达的功率和效率。

通过在上游供气处安装一只减压阀，也可以调节速度和转矩。当连续供给马达低压空气并且马达减速时，会在输出轴上产生很低的转矩。

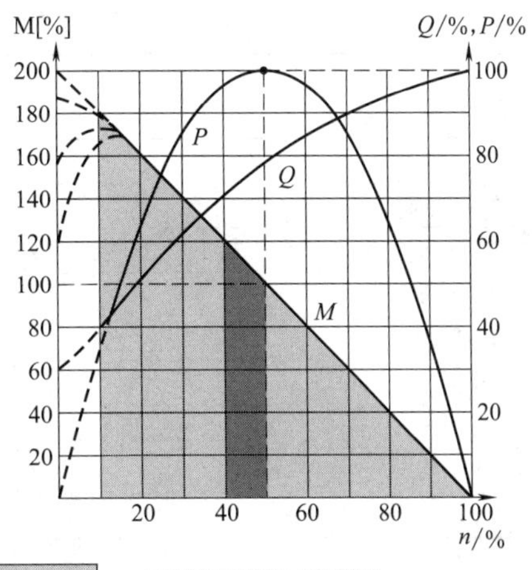

图 21-3-4　当工作压力不变时，其转速、转矩及功率、耗气量

P—功率；M—转矩；Q—耗气量；n—旋转速度

图 21-3-4 中曲线当负荷不断增加，气马达会停止，这就是停止转矩。当负荷减少时马达恢复工作，马达不会烧毁，这就是气马达的最大特点。由于受润

滑和摩擦的影响，启动转矩一般是停止转矩的75%～80%，从图中可看出马达功率达到最大的旋转速度时。因此，在适当范围内可以通过降低马达速度获得马达最大功率和扭矩，并可以节约气源消耗，如需扭矩比较大还是要选择相对应功率的马达。

要供给马达的空气必须是经过过滤和减压而且有油雾处理的。最简单的方法是在马达的进气端加上气源三联件。压缩空气供给必须有足够通径的管道和控制阀，以保证马达的最大转矩。在任何时候，马达都需要6～7bar的供气压力，压力减小到5bar，功率就减小到77%，而在4bar时，功率为55%。

若供气压力为0.6MPa，表21-3-29给出了非调节的气马达在不超过0.6MPa压力下的性能特征随着空气压力的变化情况。性能特征将按下面给出的百分比变化。

表21-3-30是一个计算实例，在620kPa下了解某型号可逆不可控的气马达的性能特性，确定其在另一个空气压力下的特性是一件简单的事情。使用表中414 kPa的百分比，见表21-3-30。

图21-3-5表示了在不同气压下的典型气马达转矩和功率曲线，请注意，随着供气空气压力的降低，速度、转矩和功率会下降。

供气或排气调节：减少或限制供给马达的空气量与降低空气压力具有类似的效果。憋住或限制排气有不同的效果，速度下降远远超过转矩下降。压力、供气和排气调节变化的影响见表21-3-31。

表21-3-29　非调节的气马达在不超过0.6MPa压力下的性能特征

空气压力/MPa	自由速度/r·min⁻¹	在自由速度时的耗气量/L·min⁻¹	最大功率/kW	在最大功率时的速度/r·min⁻¹	在最大马力时的转矩/N·m	在最大功率时的耗气量/L·min⁻¹	堵转或启动转矩/N·m
0.28	80%	45%	30%	80%	37.5%	45%	45%
0.34	84%	56%	44%	84%	52.4%	56%	56%
0.41	88%	67%	58%	88%	65.9%	67%	67%
0.48	92%	78%	72%	92%	78.3%	78%	78%
0.55	96%	89%	86%	96%	89.6%	89%	89%
0.62	100%	100%	100%	100%	100%	100%	100%
0.69	104%	111%	114%	104%	109.6%	111%	111%

表21-3-30　计算实例

特　　性	在620kPa时的特性	在414 kPa时的特性
最大功率/kW	1.00	0.58
自由速度/r·min⁻¹	440	387
在最大功率时的速度/r·min⁻¹	215	189
最大(堵转)转矩/N·m	72.50	48.58
在最大功率时的转矩/N·m	44.72	29.47
启动转矩/N·m	54.20	36.31
在自由速度下的耗气量/L·min⁻¹	1528.80	1024.30
在最大功率时的耗气量/L·min⁻¹	1245.68	834.61

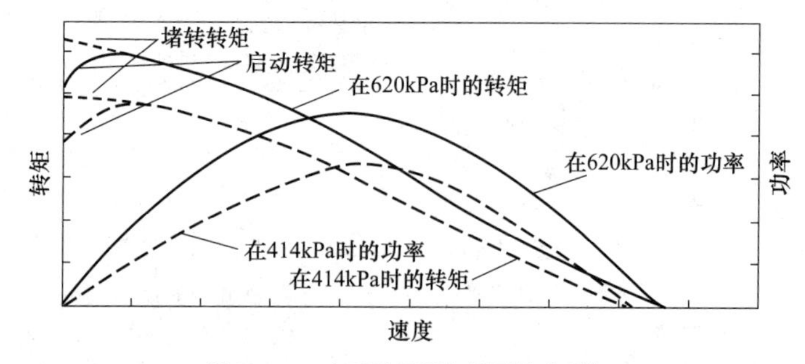

图21-3-5　在两种不同气压下的典型气马达转矩和功率曲线

表 21-3-31　　压力、供气和排气调节变化对气马达的影响

空气调节	速　度	转　矩
减少空气压力，或者限制到气马达的流量	减小	显著减小
阻塞或限制排气	显著减小	减小

3.2.3.2　气马达、液压马达和电机的功率质量比与功率体积比

表 21-3-32　　气马达、液压马达和电机的功率质量比与功率体积比

马达	功率/质量		功率/体积	
	W/kg	比较系数	W/dm^3	比较系数
叶片式气马达	300	1	1000～1200	1
柱塞式气马达	70～150	2.7	70～300	6
液压马达	600～800	0.4	2000	0.6
电动机	20～100	5	70～150	10
内燃机	70～150	2.7	20～70	40

3.2.3.3　各种形状物体的转动惯量计算公式

表 21-3-33　　各种形状物体的转动惯量计算公式

圆筒的惯量	D_2—圆筒的内径，mm D_1—圆筒的外径，mm J_W—圆筒的惯量，kg·m^2 M—圆筒的质量，kg	$J_W=\dfrac{M(D_1^2+D_2^2)}{8}\times10^{-6}$　(kg·m^2)
偏心圆筒的惯量（旋转中心偏移时的圆筒）	M—圆筒的质量，kg J_W—惯量，kg·m^2 r_e—旋转半径，mm J_C—围绕圆柱的中心 C 旋转的惯量 旋转的中心	$J_W=J_C+Mr_e^2\times10^{-6}$(kg·m^2)
旋转棱柱的惯量	M—棱柱的质量，kg b—高度，mm J_W—惯量，kg·m^2 a—宽，mm L—长，mm	$J_W=\dfrac{M(a^2+b^2)}{12}\times10^{-6}$　(kg·m^2)
直线运动物体的惯量	M—负载质量，kg J_B—滚珠丝杠的惯量，kg·m^2 J_W—惯量，kg·m^2 P—滚珠丝杠的节距，mm	$J_W=M\left(\dfrac{P}{2\pi}\right)^2\times10^{-6}+J_B$　(kg·m^2)

续表

将物体用滑轮提升时的惯量	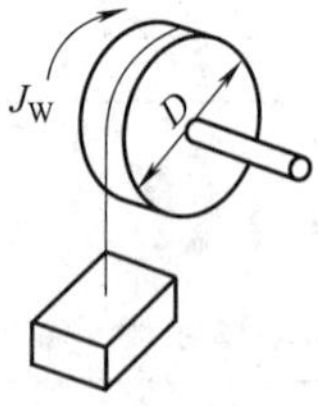 D—直径,mm M_1—圆筒的质量,kg J_1—圆筒的惯量,kg·m^2 J_2—物体决定的惯量,kg·m^2 M_2—物体的质量,kg J_W—惯量,kg·m^2	$J_W=J_1+J_2=\left(\frac{M_1D^2}{8}+\frac{M_2D^2}{4}\right)\times10^{-6}$ (kg·m^2)
用齿轮/齿条传动时的惯量	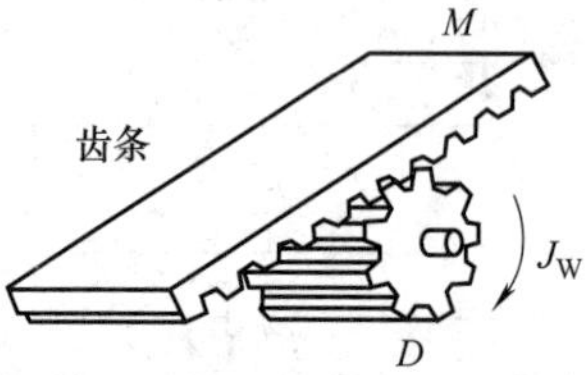 齿条 J_W—惯量,kg·m^2 M—质量,kg D—齿轮直径,mm	$J_W=\frac{MD^2}{4}\times10^{-6}$ (kg·m^2)
带配重时的惯量	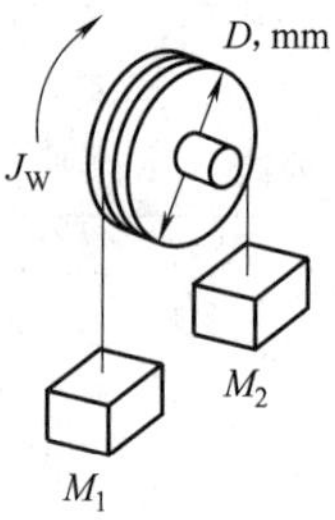 D,mm J_W—惯量,kg·m^2 M_1—质量,kg M_2—质量,kg	$J_W=\frac{D^2(M_1+M_2)}{4}\times10^{-6}$ (kg·m^2)
用传送带运送物体时的惯量	M_3—物体的质量,kg M_4—传送带的质量,kg D_1—圆筒1的直径,mm J_W—惯量,kg·m^2 M_1—圆筒1的质量,kg D_2—圆筒2的直径,mm M_2—圆筒2的质量,kg J_W—惯量,kg·m^2 J_1—圆筒1的惯量,kg·m^2 J_2—圆筒2所产生的惯量,kg·m^2 J_3—物体所产生的惯量,kg·m^2 J_4—传送带所产生的惯量,kg·m^2 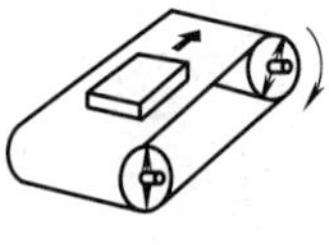	$J_W=J_1+J_2+J_3+J_4=\left(\frac{M_1\cdot D_1^2}{8}+\frac{M_2\cdot D_2^2}{8}\cdot\frac{D_1^2}{D_2^2}+\frac{M_3\cdot D_1^2}{4}+\frac{M_4\cdot D_1^2}{4}\right)\times10^{-6}$(kg·m^2)
工件处于被滚轴夹入状态时的惯量	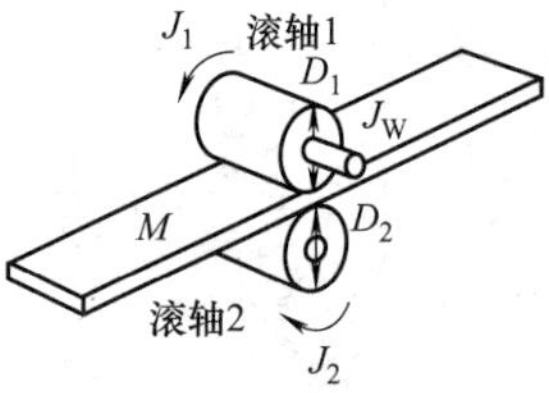 滚轴1 滚轴2 J_W—系统整体的惯量,kg·m^2 J_1—滚轴1的惯量,kg·m^2 J_2—滚轴2的惯量,kg·m^2 D_1—滚轴1的直径,mm D_2—滚轴2的直径,mm M—工件的等效质量,kg	$J_W=J_1+\left(\frac{D_1}{D_2}\right)^2J_2+\frac{MD_1^2}{4}$ $\times10^{-6}$(kg·m^2)
换算到马达轴的负载惯量	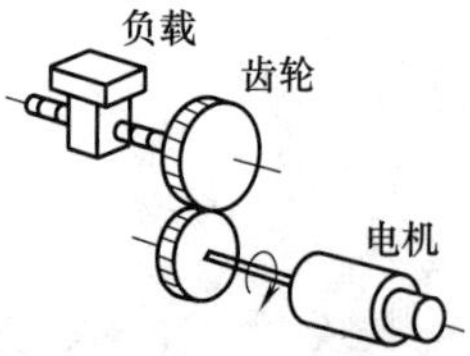 负载 齿轮 电机 Z_2—负载侧齿轮齿数 J_2—负载侧齿轮惯量,kg·m^2 J_W—负载惯量,kg·m^2 Z_1—电机侧齿轮齿数 J_1—电机侧齿轮惯量,kg·m^2 J_L—换算到电机轴的负载惯量,kg·m^2 变速传动比$G=Z_1/Z_2$	$J_L=J_1+G^2(J_2+J_W)$ (kg·m^2)

3.2.3.4　计算换算到马达轴的负载转矩

摩擦转矩的计算：对于各要素，如有必要，可计算摩擦力并换算为马达轴上的摩擦转矩。外力转矩的计算：对于各要素，如有必要，可计算外力并换算为马达轴上的外力转矩。计算换算到马达轴的全负载转矩。负载转矩的计算公式参见表 21-3-34。

表 21-3-34　负载转矩的计算公式

对外力的转矩	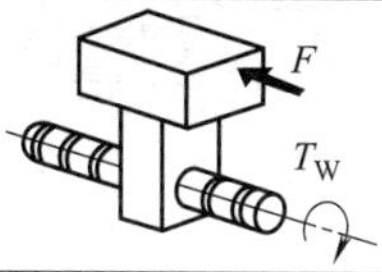 F—外力，N T_W—外力产生的转矩，N·m P—滚珠丝杠节距，mm	$T_W=\frac{FP}{2\pi}\times10^{-3}$　(N·m)
对摩擦力的转矩	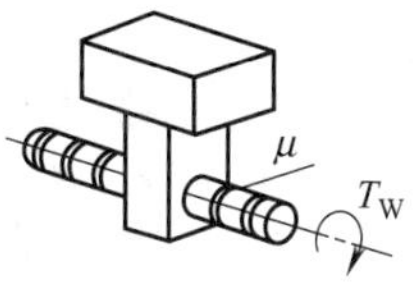 M—负载质量，kg μ—滚珠丝杠摩擦因数 T_W—摩擦力产生的转矩，N·m P—滚珠丝杠节距，mm g—重力加速度，9.8m/s^2	$T_W=\mu Mg\ \frac{P}{2\pi}\times10^{-3}$　(N·m)
在旋转体上施加外力时的转矩	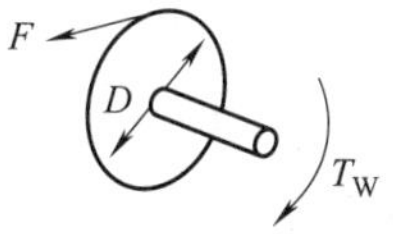 D—直径，mm F—外力，N T_W—外力产生的转矩，N·m	$T_W=F\ \frac{D}{2}\times10^{-3}$　(N·m)
对传送带上的物体施加外力时的转矩	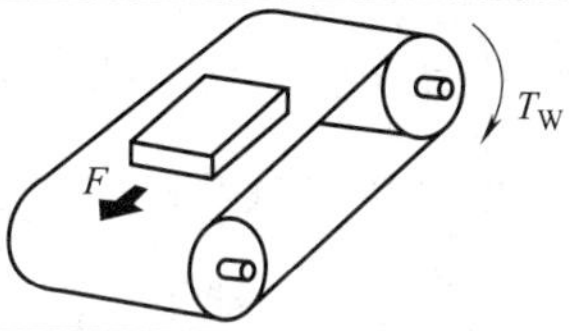 D—直径，mm T_W—外力产生的转矩，N·m F—外力，N	$T_W=F\ \frac{D}{2}\times10^{-3}$　(N·m)
用齿轮/齿条对物体施加外力时的转矩	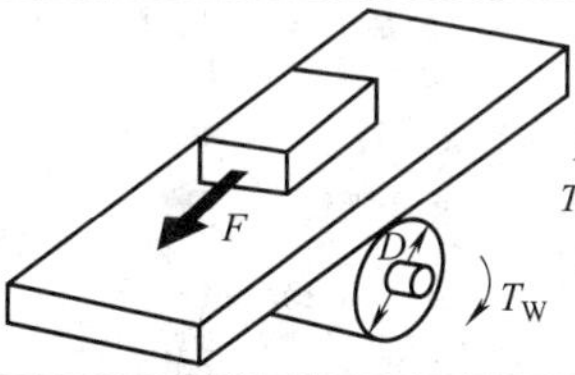 D—直径，mm T_W—外力产生的转矩，N·m F—外力，N	$T_W=F\cdot\frac{D}{2}\times10^{-3}$　(N·m)
使工件倾斜上升时的转矩	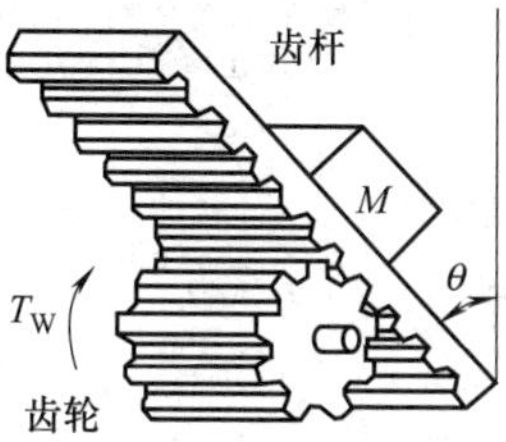 齿杆　垂直线　齿轮 M—质量，kg T_W—外力产生的转矩，N·m g—重力加速度 9.8m/s^2 D—直径，mm	$T_W=Mg\cos\theta\times\frac{D}{2}\times10^{-3}$(N·m)
转换到电机轴的负载转矩	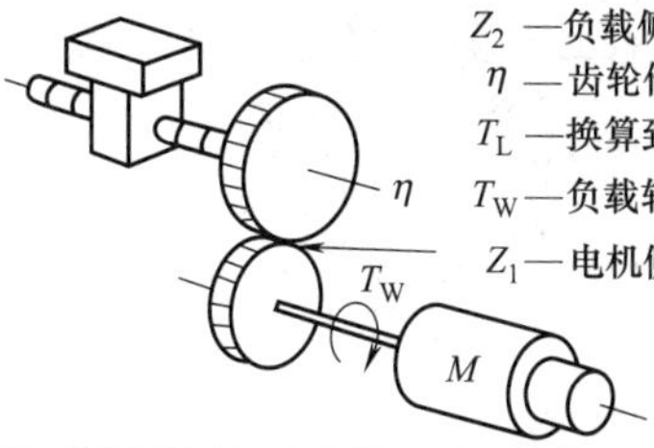 Z_2—负载侧齿轮齿数 η—齿轮传输效率 T_L—换算到电机轴的负载转矩，N·m T_W—负载转矩，N.m Z_1—电机侧齿轮齿数传动(减速)比$G=Z_1/Z_2$	$T_L=T_W\ \frac{G}{\eta}$　(N·m)

3.2.3.5　气马达的结构原理及特性

气马达是把压缩空气的压力能转换成机械能的又一能量转换装置，输出的是力矩和转速，驱动机构实现旋转运动。

气马达按工作原理分为容积式和蜗轮式两大类。容积式气马达都是靠改变空气容积的大小和位置来工作的，按结构形式分类见表 21-3-35。

表 21-3-35　　气马达的结构、原理和特性

名称	结构和工作原理	特性和特性曲线
叶片式气马达	（见下）	（见下）

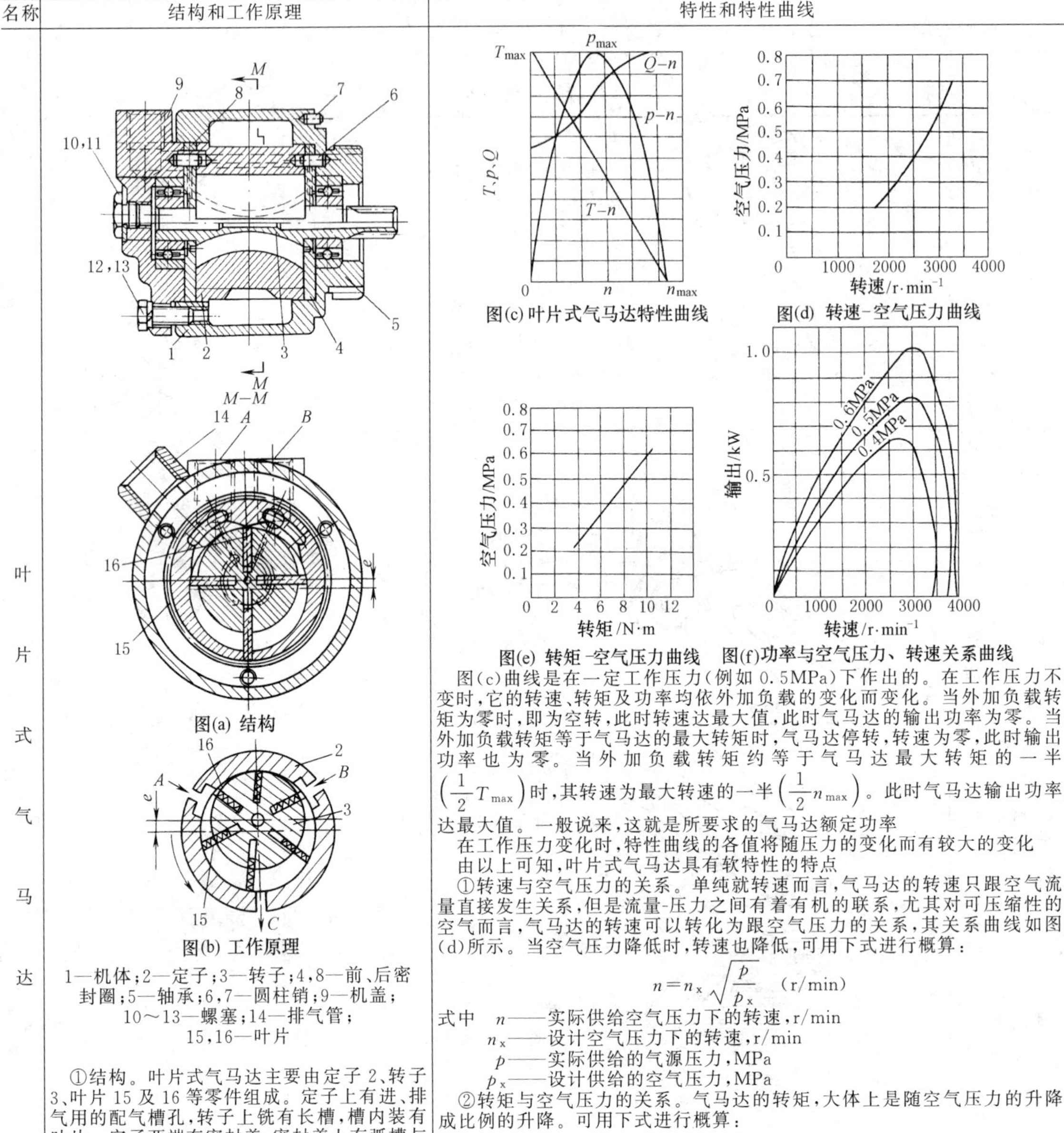

图(a) 结构

图(b) 工作原理

1—机体；2—定子；3—转子；4,8—前、后密封圈；5—轴承；6,7—圆柱销；9—机盖；10～13—螺塞；14—排气管；15,16—叶片

①结构。叶片式气马达主要由定子2、转子3、叶片15及16等零件组成。定子上有进、排气用的配气槽孔，转子上铣有长槽，槽内装有叶片。定子两端有密封盖，密封盖上有弧槽与两个进排气孔A、B及各叶片底部相通转子与定子偏心安装，偏心距为e。这样由转子的外表面、定子的内表面、叶片及两端密封盖就形成了若干个密封工作空间

②工作原理。叶片式气马达与叶片式液压马达的原理相似。压缩空气由A孔输入时，分成两路：一路经定子两端密封盖的弧形槽进入叶片底部，将叶片推出，叶片就是靠此气压推力及转子转动时的离心力的综合作用而紧密地抵在定子内壁上。压缩空气另一路经A孔进入相应的密封工作空间，在叶片15和16上，产生相反方向的转矩，但由于叶片15伸出长，作用面积大，产生的转矩大于叶片16产生的转矩，因此转子在两叶片上产生的转矩差作用下按逆时针方向旋转。做功后的气体由定子的孔C排出，剩余残气经孔B排出。若改变压缩空气输入方向，即改变转子的转向

图(c) 叶片式气马达特性曲线　　图(d) 转速-空气压力曲线

图(e) 转矩-空气压力曲线　　图(f) 功率与空气压力、转速关系曲线

图(c)曲线是在一定工作压力(例如0.5MPa)下作出的。在工作压力不变时，它的转速、转矩及功率均依外加负载的变化而变化。当外加负载转矩为零时，即为空转，此时转速达最大值，此时气马达的输出功率为零。当外加负载转矩等于气马达的最大转矩时，气马达停转，转速为零，此时输出功率也为零。当外加负载转矩约等于气马达最大转矩的一半$\left(\frac{1}{2}T_{max}\right)$时，其转速为最大转速的一半$\left(\frac{1}{2}n_{max}\right)$。此时气马达输出功率达最大值。一般说来，这就是所要求的气马达额定功率

在工作压力变化时，特性曲线的各值将随压力的变化而有较大的变化

由以上可知，叶片式气马达具有软特性的特点

①转速与空气压力的关系。单纯就转速而言，气马达的转速只跟空气流量直接发生关系，但是流量-压力之间有着有机的联系，尤其对可压缩性的空气而言，气马达的转速可以转化为跟空气压力的关系，其关系曲线如图(d)所示。当空气压力降低时，转速也降低，可用下式进行概算：

$$n=n_x\sqrt{\frac{p}{p_x}}\quad(\text{r/min})$$

式中　n——实际供给空气压力下的转速，r/min

n_x——设计空气压力下的转速，r/min

p——实际供给的气源压力，MPa

p_x——设计供给的空气压力，MPa

②转矩与空气压力的关系。气马达的转矩，大体上是随空气压力的升降成比例的升降。可用下式进行概算：

$$T=T_x\frac{p}{p_x}\quad(\text{N·m})$$

式中　T——实际供给空气压力下的转矩，N·m

T_x——标准空气压力下的转矩，N·m

p——实际供给的空气压力，MPa

p_x——设计规定的标准空气压力，MPa

转矩与空气压力的关系曲线如图(e)所示

③功率与空气压力的关系。从上述分析中，可以求出气马达的功率：

$$N=\frac{Tn}{9.54}\quad(\text{W})$$

式中　T——转矩，N·m

n——转速，r/min

由于空气压力的变化，转矩、转速的变动而导致功率的变化如图(f)所示。气马达的效率：

$$\eta=\frac{N_{实}}{N_{理}}\times100\%$$

式中　$N_{实}$——输出的有效功率，即实际输出功率，W

$N_{理}$——理论输出功率，W

续表

名称	结构和工作原理
活塞式气马达	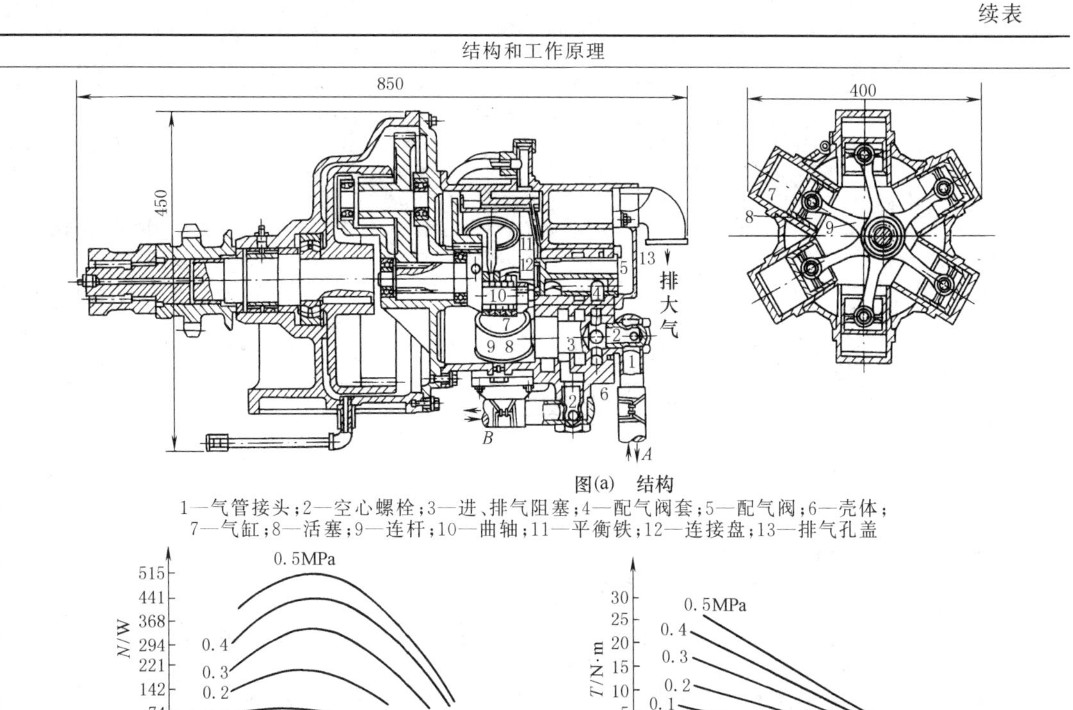 图(a)　结构 1—气管接头；2—空心螺栓；3—进、排气阻塞；4—配气阀套；5—配气阀；6—壳体；7—气缸；8—活塞；9—连杆；10—曲轴；11—平衡铁；12—连接盘；13—排气孔盖 N-n 功率曲线　　T-n 转矩曲线 图(b)　活塞式气马达特性曲线 ①结构和工作原理。活塞式气马达是依靠作用于气缸底部的气压推动气缸动作来实现气马达功能的。活塞式气马达一般有 4～6 个气缸，为达到力的平衡，气缸数目大多数为双数。气缸可配置在径向和轴向位置上，构成径向活塞式气马达和轴向活塞式气马达两种。图(a)是六缸径向活塞带连杆式气马达结构原理。六个气缸均匀分布在气马达壳体的圆周上，六个连杆同装在曲轴的一个曲拐上。压缩空气顺序推动各活塞，从而带动曲轴连续旋转。但是这种气缸无论如何设计都存在一定量的力矩输出脉动和速度输出脉动 如果使气马达输出轴按顺时针方向旋转时，压缩空气自 A 端经气管接头 1、空心螺栓 2、进、排气阻塞 3、配气阀套 4 的第一排气孔进入配气阀 5，经壳体 6 上的进气斜孔进入气缸 7，推动活塞 8 运动，通过连杆 9 带动曲轴 10 旋转。此时，相对应的活塞作非工作行程或处于非工作行程末端位置，准备做功。缸内废气经壳体的斜孔回到配气阀，经配气阀套的第二排孔进入壳体，经空心螺栓及进气管接头，由 B 端排至操纵阀的排气孔而进入大气 平衡铁 11 固定在曲轴上，与连接盘 12 衔接，带动气阀转动，这样曲轴与配气阀同步旋转，使压缩空气进入不同的气缸内顺序推动各活塞工作 气马达反转时，压缩空气从 B 端进入壳体，与上述的通气路线相反。废气自 A 端排至操纵阀的排气孔而进入大气中 配气阀转到某一角度时，配气阀的排气口被关闭，缸内还未排净的废气由配气阀的通孔经排气孔盖 13，再经排气弯头而直接排到大气中 输出前必须减速，这样在结构上的安排是使气马达由曲轴带动齿轮，经两级减速后带动气马达输出轴旋转，进行工作 ②工作特性。活塞式气马达的特性如图(b)所示。最大输出功率即额定功率，在功率输出最大的工况下，气马达的输出转矩为额定输出转矩，速度为额定转速。 活塞式气马达主要用于低速、大转矩的场合。其启动转矩和功率都比较大，但是结构复杂、成本高、价格贵 活塞式气马达一般转速为 250～1500r/min，功率为 0.1～50kW
齿轮式气马达	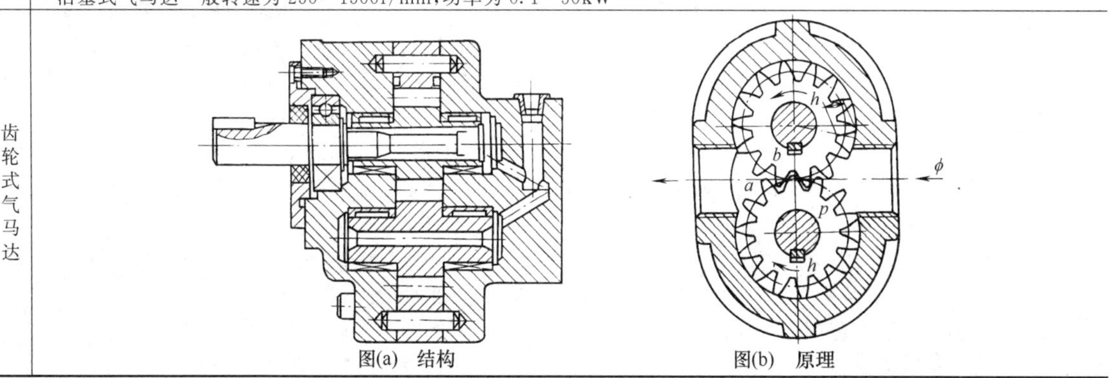 图(a)　结构　　图(b)　原理

第21篇

续表

名称	结构和工作原理
齿轮式气马达	①工作原理。齿轮式气马达结构原理如图(a)、(b)所示，p 为齿轮啮合点，h 为齿高，啮合点 p 到齿根距离分别为 a 和 b，由于 a 和 b 都小于 h，所以压缩空气作用在齿面上时，两齿轮上就分别产生了作用力 $pB(h-a)$ 和 $pB(h-b)$（p 为输入空气压力，B 为齿宽），使两齿轮按图示方向旋转，并将空气排到低压腔。齿轮式气马达的结构与齿轮泵基本相同，区别在于气马达要正反转，进排气口相同，内泄漏单独引出。同时，为减少启动静摩擦力，提高启动转矩，常做成固定间隙结构，但也有间隙补偿结构 ②特点。齿轮式气马达与其他类型的气马达相比，具有体积小、重量轻、结构简单、工艺性能好、对气源要求低、耐冲击惯性小等优点。但转矩脉动较大，效率较低、启动转矩较小和低速稳定性差，在要求不高的场合应用 如果采用直齿轮，则供给的压缩空气通过齿轮时不膨胀，因此效率低。当采用人字齿轮或斜齿轮时，压缩空气膨胀60%～70%，为提高效率，要使压缩空气在气马达体内充分膨胀，气马达的容积就要大 小型气马达转速能达到10000r/min左右，大型气马达转速能达到1000r/min左右。功率能达到几十千瓦。断流率小的气马达的空气消耗量每千瓦为40～45m³/min 直齿轮气马达大都可以正反转动，采用人字齿轮的气马达则不能反转

3.2.3.6　气马达的特点

表21-3-36　　气马达的特点

特　　点	说　　明
可以无级调速	只要控制进气阀或排气阀的开闭程序，控制压缩空气流量，就能调节气马达的输出功率和转速
可实现瞬时换向	操纵气阀改变进排气方向，即能实现气马达输出轴的正反转，且可瞬时换向，几乎瞬时升到全速的能力，如叶片式气马达可在1.5转的时间内升到全速；活塞式气马达可以在不到1s的时间内升至全速。这是气马达的突出优点。由于气马达转动部分的惯性矩只相当于同功率输出电机的几十分之一，且空气本身重量轻、惯性小，因此，即使回转中负载急剧增加，也不会对各部分产生太大的作用力，能安全地停下来。在正反转换向时，冲击也很小
工作安全	在易燃、高温、振动、潮湿、粉尘等不利条件下均能正常工作
有过载保护作用	不会因过载而发生故障。过载时气马达只会降低转速或停车，当过载解除后即能重新正常运转，并不产生故障
具有较高的启动转矩	可带负载启动。启动、停止迅速
功率范围及转速范围较宽	功率小到几百瓦，大到几万瓦；转速可以从0到25000r/min或更高
长时间满载连续运转，温升较小	
操纵方便，维修简便	一般使用0.4～0.8MPa的低压空气，所以使用输气管要求较低，价格低廉

3.2.3.7　气马达的选择和特性

气马达选型取决于四大因素：功率；转矩；转速；耗气量。根据工况要求和用处可先简单估算下马达所需的功率、转矩、转速。再根据功率、转矩、转速和具体使用用途要求选择最适合的气马达。

（1）气马达驱动原理的选择

① 叶片式气马达适用于正常的操作循环，速度非常小，例如16r/min；比输出相同功率的活塞式气马达更小、更轻、更便宜。设计和施工简单，可以在任何位置进行操作。叶片式气马达有多种速度、转矩和功率，是使用最广泛的气马达。

② 齿轮式气马达或涡轮式气马达更适合连续运转，可24h不间断，速度范围高达140000r/min。这三种气马达常常可以无油操作。但要注意，无油操作性能会降低10%～20%。

③ 柱塞式气马达在低速情况下有较大的输出功率，低速性能好，适于载荷较大和要求低速转矩的机械。其中径向柱塞式气马达以低于叶片式气马达的速度运转。具有出色的启动和速度控制性能。特别适合以低速“拖拉”重物。标准操作位置是水平的。

④ 不可逆气马达的额定速度、转矩和马力比相同系列的可逆气马达稍高。

（2）考虑气马达工作环境

① 气马达是否在正常生产区域工作？

② 在造纸行业？

③ 在食品加工业中，与食品接触或不接触？

④ 在水下使用？

⑤ 在医疗、制药行业？

⑥ 在潜在的爆炸区域？

⑦ 其他的，请描述环境条件。

(3) 考虑气马达功率

① 哪个旋转方向？顺时针，逆时针，可逆？

② 气压工作范围？哪种空气质量可用？

一旦选择了气马达，在马达运转时确保马达可获得所需的气压是很重要的。压缩机上的压力读数并不意味着可用于工作的气马达，这是由于空气系统中可能存在的限制和摩擦损失。排气限制也会影响气马达的运行，并且通常是影响性能问题的原因。

选择气马达时，请记住气马达规格表仅显示一组性能数据，即在特定压力如 6bar 下。气马达的设计可在此压力下产生最佳性能。通过调节压力、空气供应或排气，可以通过同一台马达获得许多其他的速度、转矩和功率。若马达在低于 2.756br 的压力下运行，其性能可能不一致。马达也可以在 6.89bar 以上运行，但通常会增加维护费用。通常根据最低可用空气压力的大约 70% 来确定气马达的尺寸。这将允许额外的动力启动和可能的超载。

③ 期望获得哪种转矩和负载下的哪种速度？

转速的使用范围从最大输出时的转速至低速极限转速。需要比使用范围更低的转速时，要安装减速机构（若转速超过最大输出时的转速，寿命会缩短。若转速小于低速极限，旋转会不稳定）。

• 转矩-转速。转矩与转速成正比。复合转矩增加时转速下降。若负荷继续增加，气马达会停止，此时的转矩称为停止转矩。一般来说，受润滑及摩擦的影响，启动转矩为停止转矩的 80%～85%。

• 输出-转速。输出在无负荷转速的约 1/2 位置时达到最大值。因此，以最大输出时的转速为中心，输出相同的点在低速侧和高速侧各有一个，应使用低速侧的点，这样，可以节省空气消耗量。

• 空气消耗量-转速。空气消耗量与转速大致成正比。随着转速的升高，空气消耗量几乎呈直线增加。因此，压力一定时，在无负荷旋转（最高旋转）的状态下，空气消耗量达到最大。另外，空气消耗率（空气消耗量/输出）在转速约为最大输出时转速的 80%时达到最小值，在该点使用最经济。

与气马达运行的速度同样重要的是转矩。速度和转矩这两个因素的组合决定了马达的功率。当选择气马达时应注意区分失速（最大）和运转转矩。启动转矩约为失速转矩的 75%。一般按下式计算运转转矩。

$$M=\frac{P\times 9550}{n}(\mathrm{N\cdot m})$$

所需的运行速度：选择气马达时应考虑期望的运行速度，而不是自由和未加载的速度。

不能调节的气马达不应该在无载荷的情况下运行。马达样本中的性能曲线显示了马达运行的最大速度。

④ 用公式计算基本功率

$$P=Mn/95550$$

式中　P——功率输出 kW；

M——额定转矩，N・m；

n——额定转速，r/min。

注意：不受调节的气马达在大约 50% 自由（空载）速度时产生最大功率，而受调节马达在大约 80%空转速度时达到其峰值功率。

图 21-3-6 为典型气马达的转矩和功率曲线。注意：转矩在零速时最大，在自由（空载）速度时为零。任何负载都会减慢马达，随着负载的增加，马达转速降低，转矩增加，直到电机停转。如果负载降低，马达转速增加，转矩输出降低以适应负载。

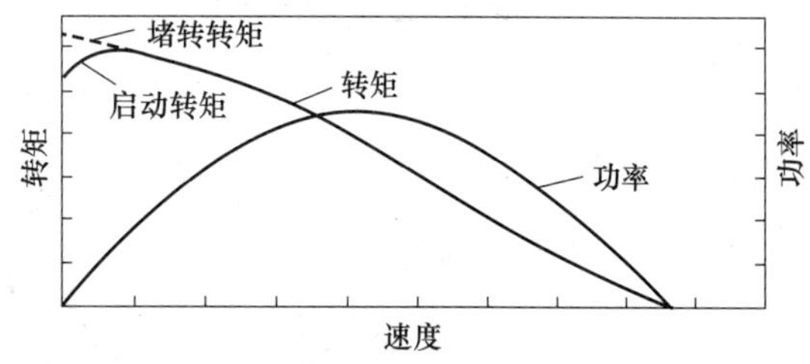

图 21-3-6　典型气马达的转矩和功率曲线

⑤ 检查马达目录中气马达的性能数据。请注意，气马达入口处的所有数据均为 6bar，管道和油润滑作业最长 3m。

⑥ 为了适应气压与操作条件的不同，应查看马达样本中的图表以及操作说明。

⑦ 可以通过调节气马达的出口流量来适应空气需求以适应操作条件，从而降低转速而不会损失转矩。

⑧ 检查是否需要无油或不工作。需要每立方米 1～2 滴油来优化气马达的性能和使用寿命。无油操作将使气马达的性能下降 10%～20%。

⑨ 将气马达整合到系统中

a. 在哪个位置使用气马达？

b. 是否需要使用刹车？

c. 你想使用自己的变速箱，并把它放在机器的其他地方吗？为了在极低速旋转状态下获得稳定的转速和高转矩输出，气马达可以带减速器。通过减速器降低转速可以在保持功率的同时提高转矩。减速器通常用于降低速度并增加气马达的转矩。减速器减速比越大，转矩曲线越陡，因此，与具有附加传动装置的低速马达相比，在施加负载时，高速马达将更容易受到速度下降的影响。使用减速器后，马达的性能曲线将发生变化，见图 21-3-7。

d. 是否需要配件、管道、阀门和 FRL（气动三联件）等额外部件？

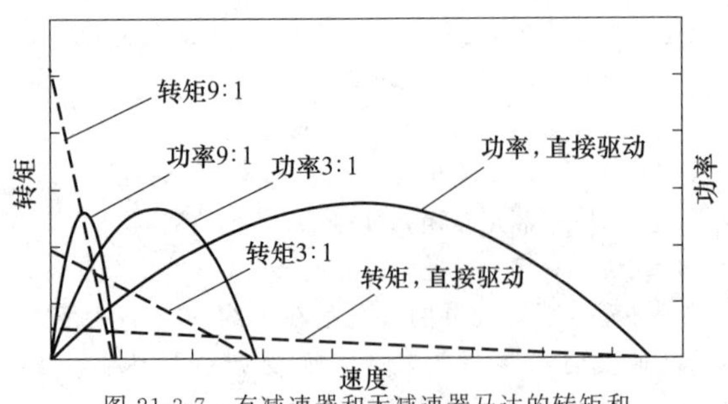

图 21-3-7 有减速器和无减速器马达的转矩和功率曲线（减速比 1∶1，3∶1 和 9∶1）

⑩ 如何确保气动马达的长寿命和高性能?

a. 确保空气质量符合要求，有油润滑或者是无油润滑操作。

b. 保持推荐的维护间隔

c. 当气马达与轴上的滑轮、链轮或齿轮一起使用时，必须考虑悬臂负载（垂直于轴），通常称为“轴径向负载”。它被显示在性能曲线上，通常假定作用在轴的键槽的中点处。

⑪ 确定气马达安装后的采购和运行成本。

3.2.3.8 气马达回路

常用的几种气马达回路参见表 21-3-37。

表 21-3-37 气马达回路

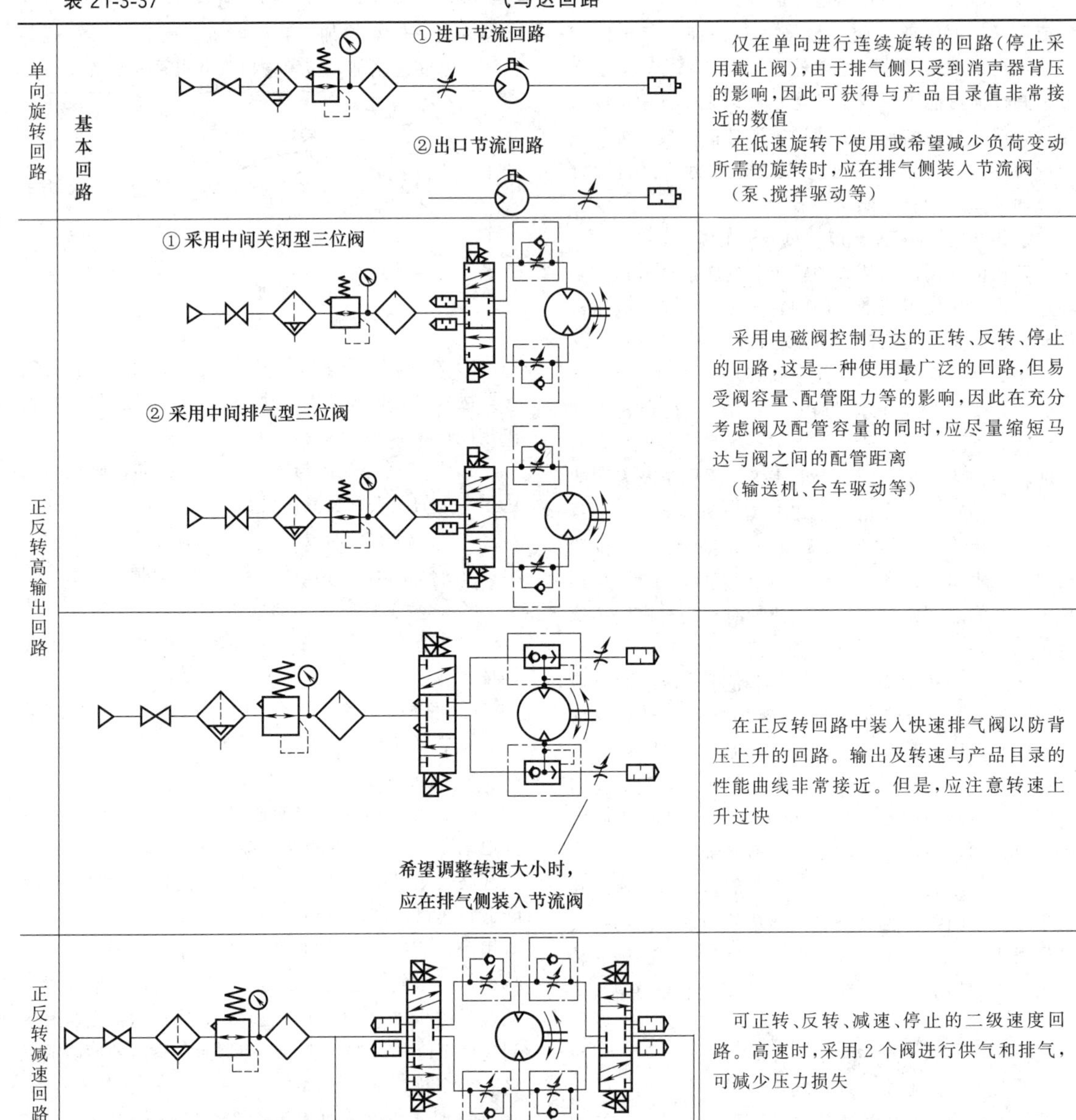

		回路	说明
单向旋转回路	基本回路	①进口节流回路 ②出口节流回路	仅在单向进行连续旋转的回路(停止采用截止阀),由于排气侧只受到消声器背压的影响,因此可获得与产品目录值非常接近的数值 在低速旋转下使用或希望减少负荷变动所需的旋转时,应在排气侧装入节流阀 (泵、搅拌驱动等)
正反转高输出回路		①采用中间关闭型三位阀 ②采用中间排气型三位阀	采用电磁阀控制马达的正转、反转、停止的回路,这是一种使用最广泛的回路,但易受阀容量、配管阻力等的影响,因此在充分考虑阀及配管容量的同时,应尽量缩短马达与阀之间的配管距离 (输送机、台车驱动等)
		希望调整转速大小时,应在排气侧装入节流阀	在正反转回路中装入快速排气阀以防背压上升的回路。输出及转速与产品目录的性能曲线非常接近。但是,应注意转速上升过快
正反转减速回路			可正转、反转、减速、停止的二级速度回路。高速时,采用2个阀进行供气和排气,可减少压力损失

表 21-3-38　　摆动气缸的结构和工作原理

<table>
<tr><th>类别</th><th>结　　构</th><th>工作原理和转矩计算</th></tr>
<tr><td>叶片式摆动气缸</td><td>

图(a)　单叶片式

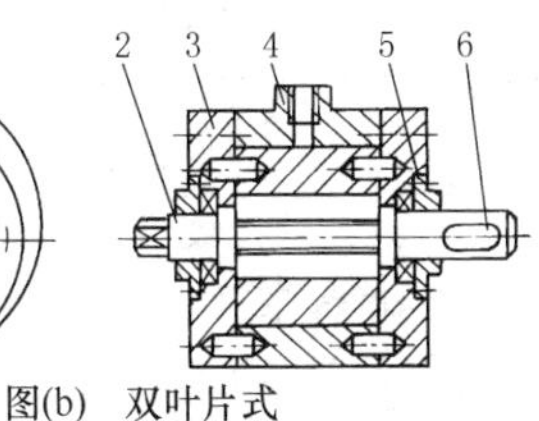

图(b)　双叶片式

叶片式摆动气缸
1—定块；2—叶片轴；3—端盖；
4—缸体；5—轴承盖；6—键

叶片式摆动气缸分为单叶片式和双叶片式两种。单叶片输出轴摆动角度大，小于 360°，双叶片输出轴摆动角小于 180°

它是由叶片轴转子(输出轴)、定子、缸体和前后端盖等组成。定子和缸体固定在一起，叶片和转子连在一起，叶片轴密封圈整体硫化在叶片轴上，前、后端盖装有滑动轴承。这种摆动气缸输出效率 η 较低，因此，在应用上受到限制，一般只用在安装受到限制的场合，如夹具的回转、阀门开闭及工作转位等

</td><td>

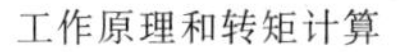

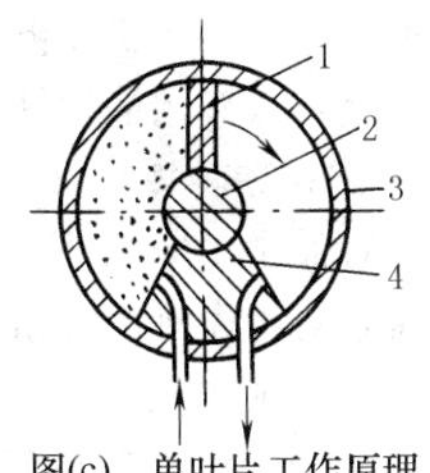

图(c)　单叶片工作原理

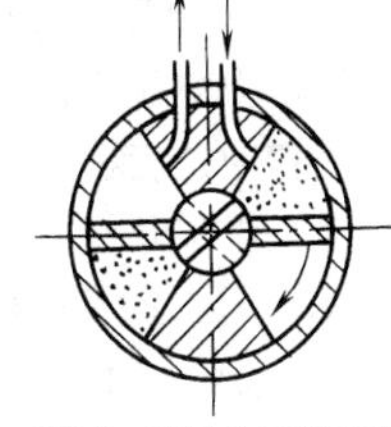

图(d)　双叶片工作原理

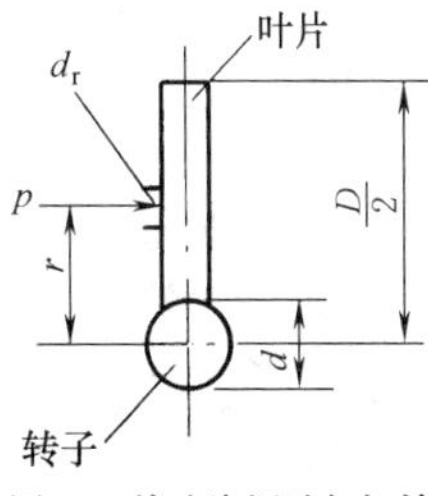

图(e)　单叶片摆动气缸输出转矩计算图

在定子上有两条气路，单叶片左路进气时，右路排气，双叶片右路进气时，左路排气，压缩空气推动叶片带动转子顺时针摆动，反之，作逆时针摆动。通过换向阀改变进、排气。因为单叶片式摆动气缸的气压力 p 是均匀分布作用在叶片上[图(e)]，产生的转矩即理论输出转矩 T：

$$T=\frac{p\times10^{6}b}{8}(D^{2}-d^{2})\quad(\mathrm{N\cdot m})$$

式中　p——供气压力，MPa
　　b——叶片轴向长度，m
　　d——输出轴直径，m
　　D——缸体内径，m

在输出转矩相同的摆动气缸中，叶片式体积最小，重量最轻，但制造精度要求高，较难实现理想的密封，防止叶片棱角部分泄漏是困难的，而且动密封接触面积大，阻力损失较大，故输出效率 η 低，小于 80%

实际输出转矩：

$$T_{实}=\eta(T)\quad(\mathrm{N\cdot m})$$

</td></tr>
<tr><td>齿轮齿条式摆动气缸</td><td>

齿轮齿条摆动气缸是通过连接在活塞上的齿条使齿轮回转的一种摆动气缸。摆动角度可超过 360°，但摆角太大、齿条太长，不合适，因此，一般摆角＜360°。分单输出轴和双输出轴

</td><td>

活塞仅作往复直线运动，摩擦损失少，齿轮的效率虽然较高，但由于齿轮对齿条的压力角不同，使其受到侧压力，效率受到影响。若制造质量好，效率 η 可达到 95%左右

输出轴的转矩即理论输出转矩 T：

$$T=\frac{\pi}{4}D^{2}(p_{1}-p_{2})\times10^{6}\frac{d_{f}}{2}\quad(\mathrm{N\cdot m})$$

式中　p_1——进气腔的工作压力，MPa
　　p_2——排气腔的背压力，MPa
　　D——缸筒内径，m
　　d_f——齿轮的节圆直径，m

实际输出转矩：

$$T_{实}=\eta T$$

</td></tr>
</table>

3.2.4　摆动气缸

摆动气缸是一种在小于360°角度范围内做往复摆动的气缸，它是将压缩空气的压力能转成机械能的装置，输出力矩使机构实现往复摆动。常用的摆动气缸的最大摆动角度有90°、180°、270°三种规格。

摆动气缸输出轴承受转矩，对冲击的耐力小，因此，如摆动气缸速度过快或受到驱动物体时的冲击作用，将容易损坏，故需要采用缓冲机构或安装制动器。

摆动气缸按结构特点可分为叶片式和活塞式两种。其分类见表21-3-38。

3.2.5　气爪

气爪能实现各种抓取功能，是现代气动机械手的关键部件。气爪具有如下特点。

① 所有的结构都是双作用的，能实现双向抓取，可自动对中，重复精度高；

② 抓取力矩恒定；

③ 在气缸两侧可安装非接触式检测开关；

④ 有多种安装、连接方式。

图21-3-8（a）所示为平行气爪，平行气爪通过两个活塞工作，两个气爪对心移动。这种气爪可以输出很大的抓取力，既可用于内抓取，也可用于外抓取。

图21-3-8（b）所示为摆动气爪，内、外抓取40°摆角，抓取力大，并确保抓取力矩始终恒定。

图21-3-8（c）所示为旋转气爪，其动作和齿轮齿条的啮合原理相似。两个气爪可同时移动并自动对中，其齿轮齿条原理确保了抓取力矩始终恒定。

图21-3-8（d）所示为三点气爪，三个气爪同时开闭，适合夹持圆柱体工件及工件的压入工作。

图21-3-9显示了夹具气爪上的夹具手指（在这种情况下用于圆柱形工件）和接近传感器。夹具类型、尺寸和夹爪的选择取决于工件的形状和重量。

气爪设计的发展方向：

① 标准气爪设计。

② 袋状气爪设计。主要用于抓取饲料、肥料、粮食、种子、面粉、添加剂等1～15kg大颗粒或者粉料包装袋的专用气爪。

③ 纸箱气爪设计。用于物流行业纸箱类产品的抓取。

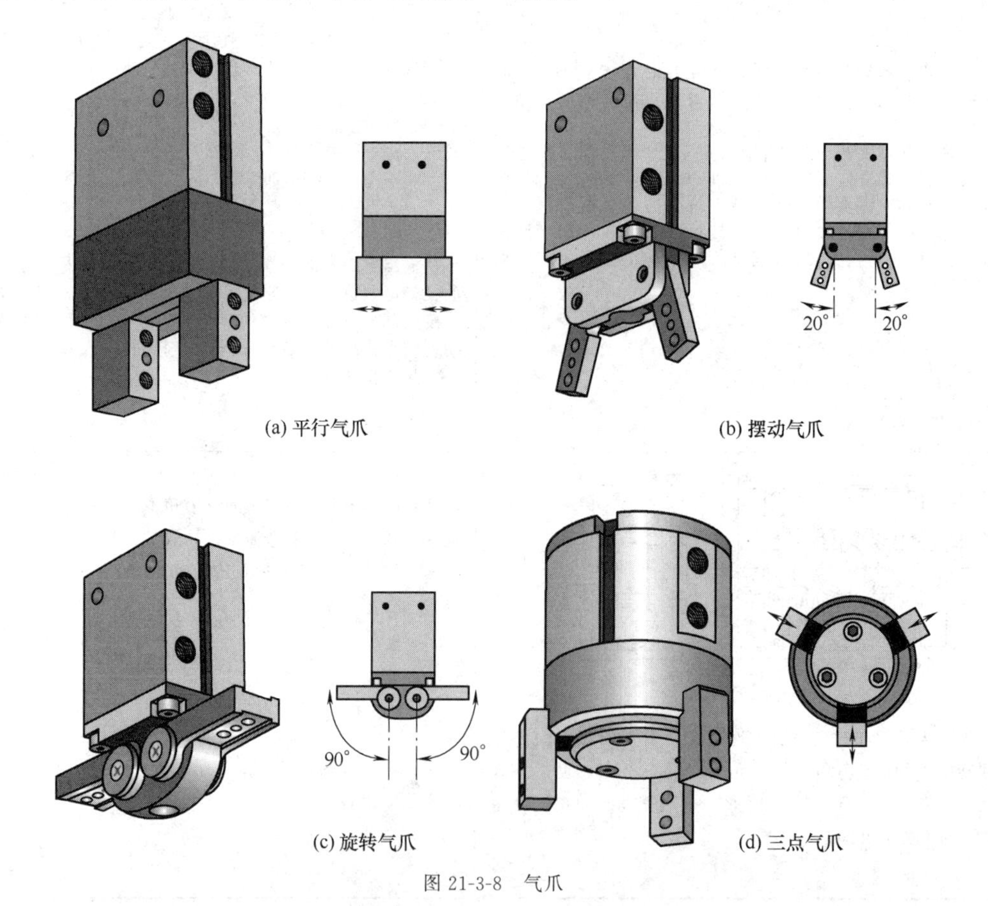

(a) 平行气爪　(b) 摆动气爪　(c) 旋转气爪　(d) 三点气爪

图21-3-8　气爪

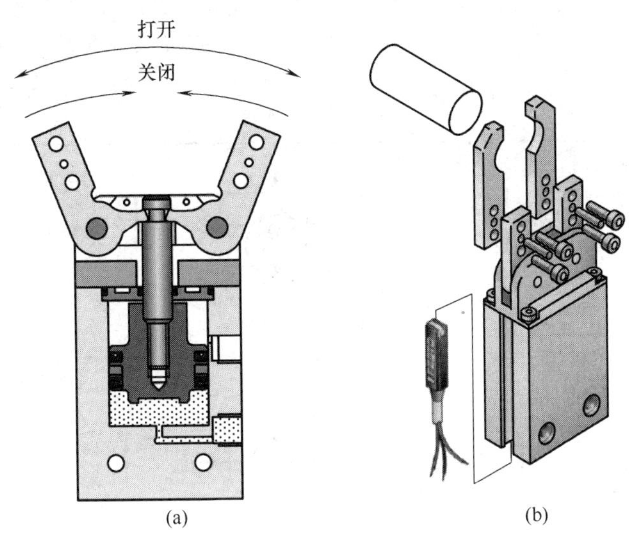

图 21-3-9　气爪夹具手指和用于摆动气爪的接近传感器

④ 研磨抛光气爪设计。对某一工件进行研磨抛光时，往往有特殊的工艺要求，这需要气爪的设计不仅要满足研磨抛光工件的精度要求，而且还要提高工效，保证质量。

3.2.5.1　气爪分类

表 21-3-39　气爪分类

<table>
<tr><td rowspan="4">平行开闭式</td><td>十字滚柱平移</td><td>标准型——采用一体化直线导轨，刚性强，精度高的通用型。分单作用和双作用
防尘型——防尘、防滴构造，与标准型有互换尺寸。根据用途，可选用不同的防尘罩材质。分单作用和双作用
长行程型——手指行程约为标准型的 2 倍，对应多种工件。分单作用和双作用</td></tr>
<tr><td>宽型</td><td>宽度方向开闭行程大。最适合夹持有尺寸差别的大型工件。由于是双活塞结构，夹持力大。双作用</td></tr>
<tr><td>回转驱动型</td><td>2 爪型——采用回转驱动机构，可实现高度小且精度高。可用于 10 级清洁室。双作用
3 爪型——采用回转驱动机构，可实现高度小且精度高。最适合夹持圆形工件的轴向，可用于 10 级清洁室。双作用</td></tr>
<tr><td>滑动导轨方式</td><td>①方形主体，2 爪型——能在防尘、防滴、承受外力和多种环境下使用。根据环境不同，可选择不同的防尘罩材质和不锈钢手指。分双作用个单作用
②圆形主体，3 爪型
i. 标准型——由于采用楔形凸轮机构，高度减小。最适合向机床上装卸圆筒形工件和压入等加外力的作业。双作用
ii. 带防尘罩型——防尘、防滴构造，结合用途可选择防尘罩材质。双作用
iii. 通孔型——防尘罩和中心推杆的组合可能。双作用
iv. 长行程型——手指行程约为标准型的 2 倍，与标准型的安装有互换性。双作用
③ 4 爪型——由于采用楔形凸轮机构，高度减小。适合于方形工件的定位夹持。双作用</td></tr>
<tr><td colspan="2">支点开闭型</td><td>标准型——采用双活塞结构，夹持力矩大。分单作用和双作用
肘节型——采用肘节结构，支点附近的夹持力矩大。气压释放时，夹持工件能保持
凸轮式，180°开闭型——由于采用凸轮机构，轻，小型。双作用
齿条式，180°开闭型——由于采用独有的密封结构，总长缩短。由于有防尘措施，可用于从机床上取下工件或保持工件。双作用</td></tr>
<tr><td colspan="2">摆动气爪</td><td>气爪功能与摆动功能紧凑地一体化。单作用和双作用</td></tr>
</table>

3.2.5.2　气爪受力计算

基本原则：用于确定夹紧力的计算。

夹紧力 F_G 是指每个夹爪的夹紧力。选择夹具时，需要确定夹持质量为 m（kg）的工件所需的夹紧力，并以 a（m/s²）的加速度移动该工件。

表 21-3-40　　气爪夹持力计算

气爪类型	锁定方式	图示	计算公式
2爪型气爪（平行的、径向的和有角度的气爪）	机械锁定	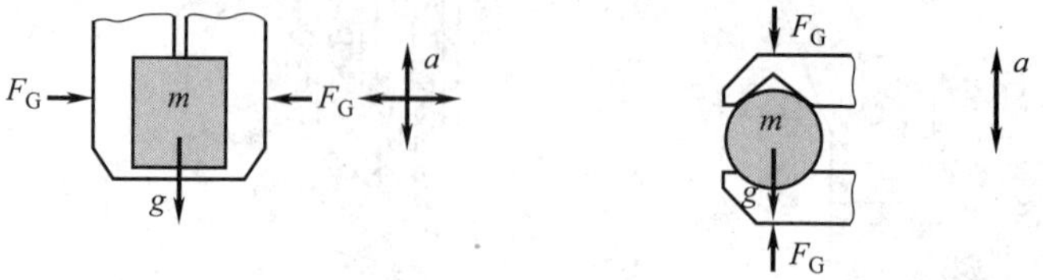 F_G m F_G g a；F_G m g F_G a	$F_G=m(g+a)S$
	用V形夹爪进行机械锁定	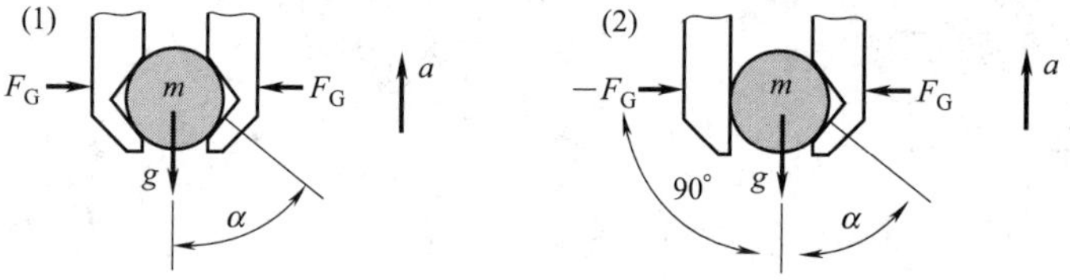 (1) F_G m F_G g α a；(2) $-F_G$ m F_G g 90° α a	(1) $F_G=\frac{m(g+a)}{2}S\tan\alpha$ (2) $F_G=m(g+a)S\tan\alpha$
	摩擦锁定	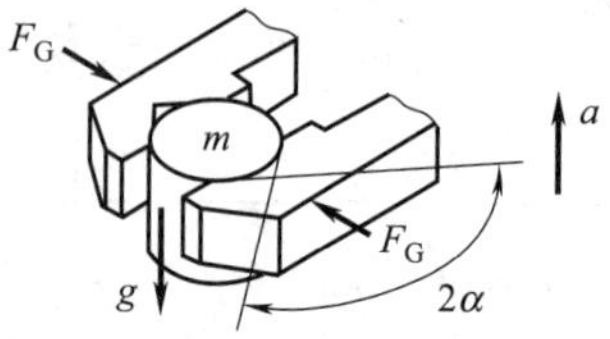 F_G m F_G g 2α a	$F_G=\frac{m(g+a)}{2\mu}S\sin\alpha$
3爪型气爪	机械锁定	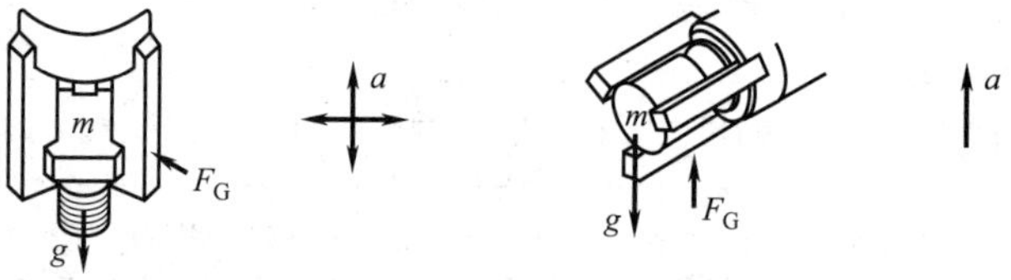 m F_G g a；m F_G g a	$F_G=m(g+a)S$
	用V形夹爪进行机械锁定	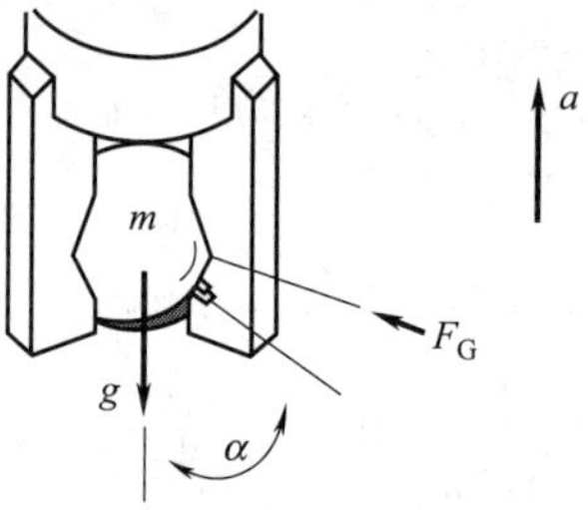 m F_G g α a	$F_G=\frac{m(g+a)}{3}S\tan\alpha$
	摩擦锁定	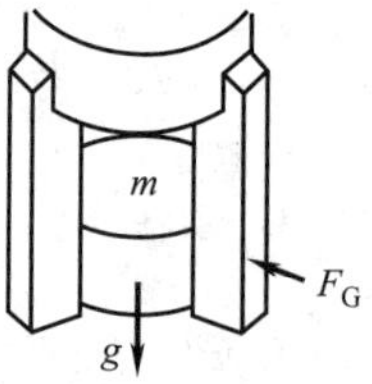 m F_G g a	$F_G=\frac{m(g+a)}{3\mu}S$

表中：F_G—每个夹爪的夹紧力，N；m—工件质量，kg；g—对于加速度 a 而言，要求重力加速≈10m/s²；a—由动态运动引起的加速度，m/s²；S—安全系数；α—V 型手指的角度；μ—手指与工件之间的摩擦因数。

加速度值峰值发生在紧急停止和到达结束位置之前不久时。最大加速度值见表 21-3-41。

表 21-3-41　**最大加速度值**

驱动功能	气动			伺服气动	电动		
	带有固定的缓冲	带有可调的缓冲	带减振器		带有齿形带的轴	带万向节的轴	带有直线电机
最大加速度 /m·s^{-2}	50～300	10～300	10～300	5～15	0～15	0～6	0～30

推荐的安全系数见图 21-3-10。摩擦因数参见表 21-3-42。

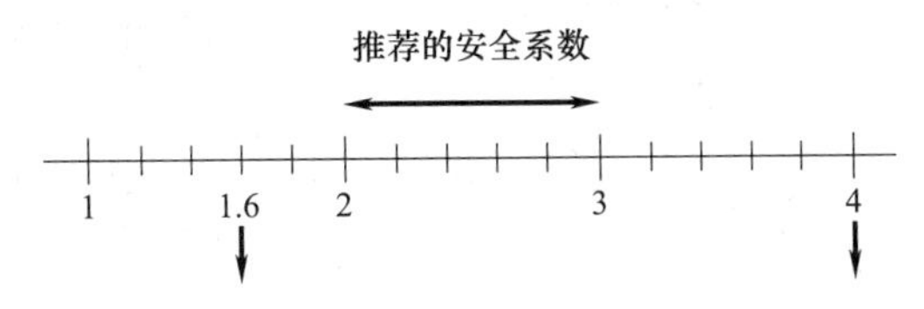

图 21-3-10　推荐的安全系数

表 21-3-42　**摩擦因数**

摩擦因数 μ		工件表面				
		钢	加油润滑的钢	铝	加油润滑的铝	橡胶
气爪表面	钢	0.25	0.15	0.35	0.20	0.50
	加油润滑的钢	0.15	0.09	0.21	0.12	0.30
	铝	0.35	0.21	0.49	0.28	0.70
	加油润滑的铝	0.20	0.12	0.28	0.16	0.40
	橡胶	0.5	0.30	0.70	0.40	1.00

3.2.5.3　气爪使用注意事项

表 21-3-43　**气爪使用注意事项**

设计方面	①担心运动的工件碰到人身或担心气爪夹住手指的场合，应安装防护罩。当气动夹具的施加载荷或移动部件有可能危及人体时，应设计系统使人体不能直接接触这些部件 ②遇到停电或气源出现故障，回路压力下降，造成夹持力减小，使工件脱落的情况，应采取防止落下的措施，以避免人体或装置受损伤。在设计回路时，要考虑防止气动夹爪突然动作 如果提供的压缩空气在气动夹爪的驱动中没有背压，则气动夹持器将突然启动，造成危险。还应考虑紧急情况下气动夹具的动作，当机器在紧急情况下被某人停止或由于停电、系统故障等而被安全装置停止时，气动夹具可能会根据情况抓住人体或损坏机器 为避免此类事故发生，在设计系统时要考虑气动夹爪的动作，以免造成人身伤害和机器损坏。在紧急情况或异常状态下重新启动时，应考虑气动夹爪的动作 气动夹爪重新启动时，要进行防止人体伤害和机器损坏的设计。当需要将气动夹爪复位到起始位置时，应设计一个安全手动控制单元 使用气动夹爪，使其夹点在有限的范围内 当夹点超过极限时，过大的力矩作用在手指滑动部件上，会对气动夹具的使用寿命产生不利影响

续表

<table>
<tr>
<td>气爪的选择</td>
<td>

气动夹具是为压缩空气设计的。使用压缩空气以外的液体时，请事先联系供应商。在规定的压力和温度范围之外使用气动夹爪，可能会导致故障或错误的操作。选择一个夹持力有余量的夹爪型号。选择不合适的型号可能会导致工作量下降或其他麻烦。选择一个手指开口有余量的型号。在没有余量的时候，由于手指开口或工件直径的差异，夹持可能不稳定

①夹持点应在限制范围内使用。在超过限制范围的场合，手指夹持部位会受到过大的力矩作用，使气爪寿命下降，应参考各系列的限制范围。参见图(a)

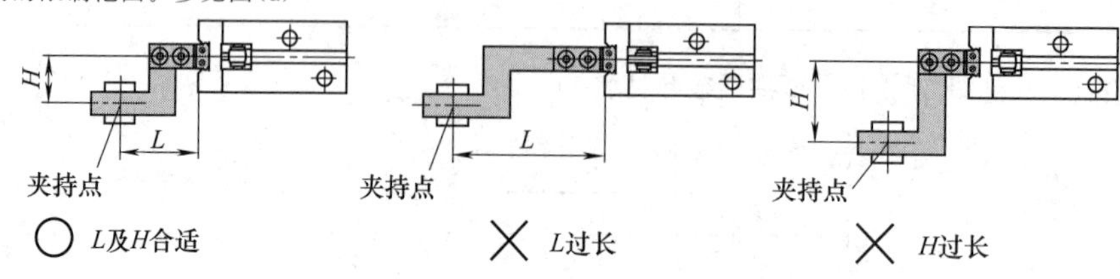

图(a)　夹持点的选择

②附件应轻且短，参见图(b)

a. 附件又长又重，开闭时的惯性力大，手指可能夹不住工件或影响气爪寿命

b. 即使夹持点在限制范围内，附件也应轻且短

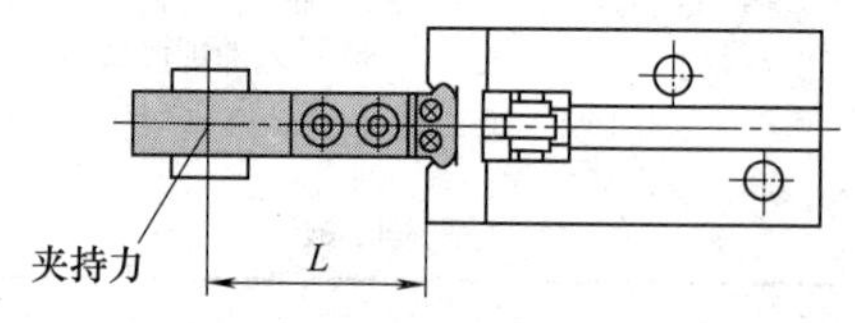

图(b)　附件的长度限制

c. 对长工件及大型工件，应选尺寸大的气爪或使用多个气爪

③对极细、极薄的工件，应在附件上设置退让空间，否则，会出现夹持不稳、位置偏移或夹持不良的情况，参见图(c)

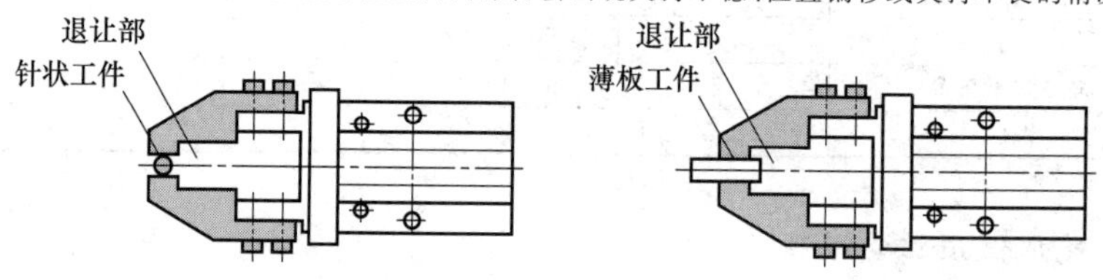

图(c)　夹持极细、极薄工件

④根据工件质量，选择夹持力有一定余量的型号

型号选定失误，是造成工件脱落的原因。应根据各系列的有效夹持力及工件质量大致选定型号

⑤气爪不得在受过大的外力及冲击力作用下使用

⑥气爪夹工件时，应具有一定的开闭行程余量

没有余量时，由于气爪的开闭尺寸误差或工件尺寸误差，会使夹持不稳定；使用磁性开关的场合，会导致检测不良，因各系列磁性开关都存在迟滞，含迟滞的行程必须确保有余量

特别是使用防水性提供的2色显示磁性开关时，由于根据检测时显示灯颜色的设定，行程会被限制，所以应参见磁性开关的迟滞

⑦对单作用式，仅靠弹簧力夹持的场合应与供应商商谈，以免出现夹持不稳定和复位不良等情况。

</td>
</tr>
<tr>
<td>安装</td>
<td>

①确保设备正常运行之前，不得启动系统。安装气动夹爪后再连接压缩空气和电源。正确进行功能测试和泄漏测试，检查系统安全运行是否正常。然后才启动系统

②安装时，注意气爪不得跌落或碰撞，以免造成伤痕。稍许变形，会导致精度下降或动作不良

③安装气爪或附件时，应牢固地拧紧固定部分和接头。当气动夹爪用于连续作业或振动场所等重载作业时，应采用可靠的拧紧方法，小心防止切屑、密封剂进入管道和接头。螺纹紧固力矩要在允许范围内。力矩过大，会造成动作不良；力矩不足，会发生位置偏离或掉落。在连接管道之前彻底冲洗管道内部，清除管道前的碎屑、冷却液、灰尘等

④用油漆涂层，当用涂料涂覆树脂部分时，它可能受到涂料和溶剂的不利影响

⑤勿撕下夹在气动夹爪上的铭牌，也不要抹去其上的字母

</td>
</tr>
</table>

续表

安全操作	气爪的手指辅件：如果辅件长而重，在开合时惯性力会增加，引起手指剧烈振动，会对使用寿命产生不利影响。即使抓握点在极限范围内，也应尽可能将连接件设计得短而轻。对于长工件和大工件，建议增加气动夹具的尺寸或使用 2 个或更多个气动夹具。当工件非常窄和薄弱时，在附件中应提供一个退让空间，以免气爪不稳定，导致提升或抓握不良 ①在手指上安装附件时，不得撬手指，以免造成松动和精度变差 ②应在气爪手指不受外力作用的情况下，进行调整、确认。往返动作的手指一旦受到横向负载或冲击负载的作用，会导致手指松动或破损。在气爪移动的行程末端，工件和附件不要碰上其他物体，应留有间隙 在实际安装时，应考虑留有足够间隙，以确保气爪正常工作。例如： •气爪开启的行程端部 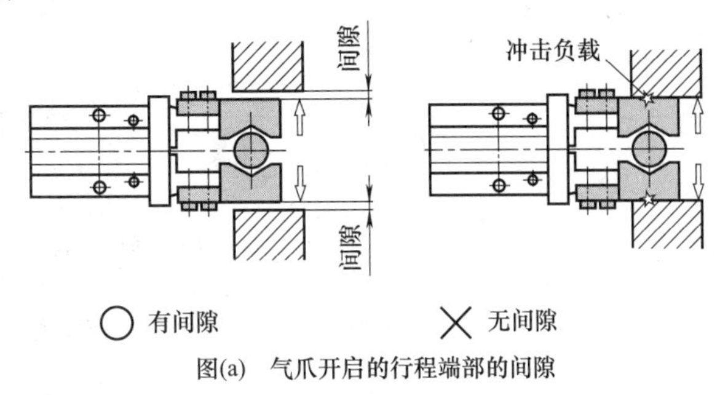 图(a)　气爪开启的行程端部的间隙 •气爪移动的行程端部 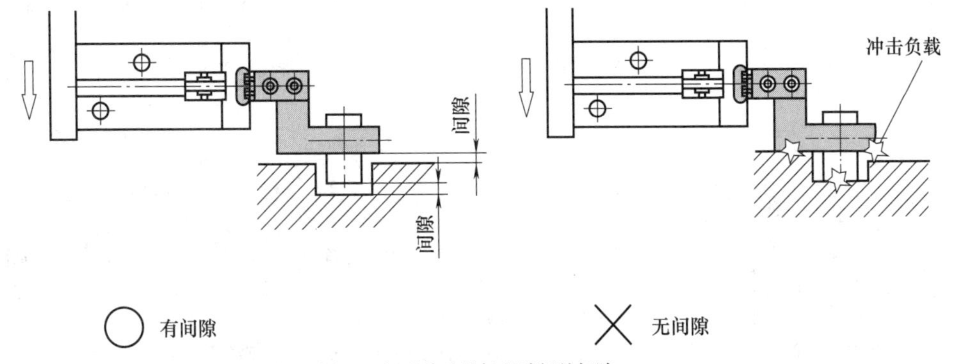 图(b)　气爪移动的行程端部的间隙 •反转动作时 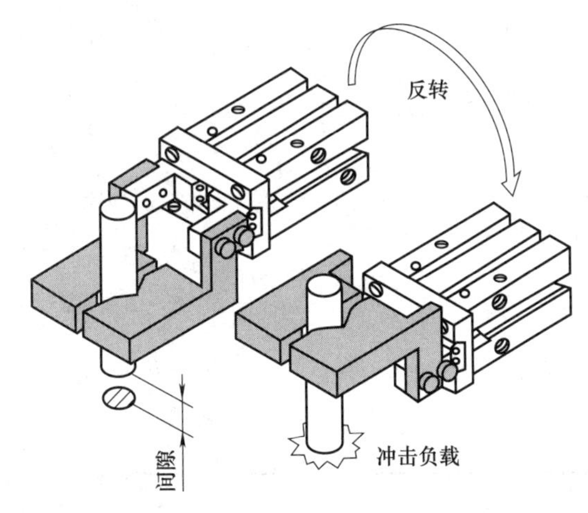 图(c)　反转动作时应留有的间隙 ③在进行工件插入动作时，要对准中心[见图(d)]，气爪手指上不得受到额外的力。特别是在试运转时，靠手动或在低压作用下让气缸低速运动时，应确认安全、无冲击等

续表

安全操作	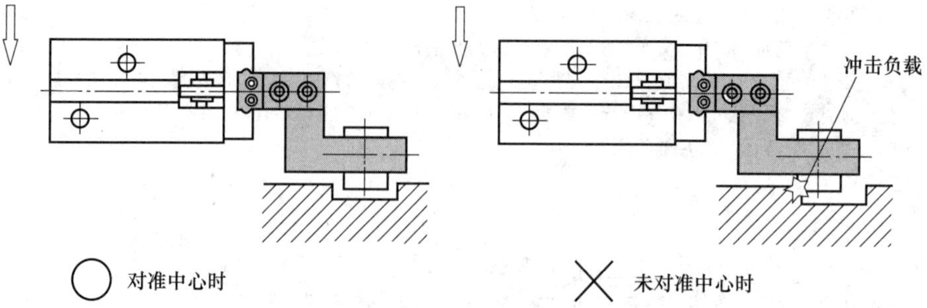 冲击负载 ○ 对准中心时　　× 未对准中心时 图(d)　对准中心要求 ④当控制气动手爪的手指开合速度时，应安装适当的速度控制器。从低速即开始控制速度，直到达到预期的速度 应用节流阀等调整气爪手指的开闭速度，使速度不能过快。如果手指开闭速度太快，手指会受过大的冲击力，使夹持工件的重复精度变差，影响寿命。手指开闭速度的调整方法，可使用速度控制阀进行调整，一般对于双作用气爪，若装备有内置可调节流阀，可用内置针阀进行调节。当内径为 ϕ6mm 和 ϕ10mm，可接 2 台速度控制阀，采取进气节流方式调节或采用双作用速度控制阀。对内径为 ϕ16mm 以上系列，接 2 台速度控制阀，采取排气节流方式进行速度调节。对单作用气爪，接一个速度控制阀，采用进气节流方式，或采用双作用速度控制阀。夹持外径时，关闭通口，夹持内径时节开通口 支点开闭型气爪，为避免手指根部的惯性冲击，根据附件的长度，开闭速度应调节得更慢些
安全检查	①请勿将磁铁从外部靠近气动夹具。具有开关的气动夹具设计成使得开关感测磁性。如果磁力从外面靠近，会发生故障，造成人身伤害或机器损坏 ②当将附件安装到手指上时，小心不要扭曲手指。扭曲导致间隙或准确性差。进行调整并检查，以免外力施加在手指上。如果横向载荷作用或脉冲载荷反复作用在手指上，则会引起手指的间隙或故障 ③在气爪的运行路线上，人不得进入或放置物品，否则会造成伤亡或事故 ④提供维护和检查的空间。手不得进入气爪的手指和附件之间，以免造成伤亡或事故 ⑤卸气爪时，要确认没有夹持工件之后，并释放掉压缩空气再进行。如果在工件残留的情况下进行，有工件落下的危险 ⑥当有过度的外力和冲击力作用在气爪上时不要使用气爪。气动夹爪会折断，有时会造成伤害或损坏机器
操作环境	①在爆炸性环境中不要使用气动夹爪 ②在含有腐蚀性气体、化学物质、海水、水和蒸气的环境中以及电磁阀有可能接触这些物质的地方不要使用气动夹爪 ③勿在气压震动直接作用的地方使用气动夹爪 ④当气动夹爪暴露在阳光直射下时，应在气动夹具上安装防护罩 ⑤当气动夹爪位于热源周围时，应关闭辐射热。在控制面板上安装气动夹爪时，应采取适当的散热措施，使内部保持在规定的温度范围内 ⑥在暴露于焊接飞溅物的地方使用气动夹爪时，应提供防护罩或其他适当的防护措施。焊枪可能会烧毁气动夹爪的塑料部件，造成火灾

3.2.5.4　SMC公司气爪的选定

气爪选定流程见图 21-3-11。SMC 气爪的性能参数见表 21-3-44 和表 21-3-45。

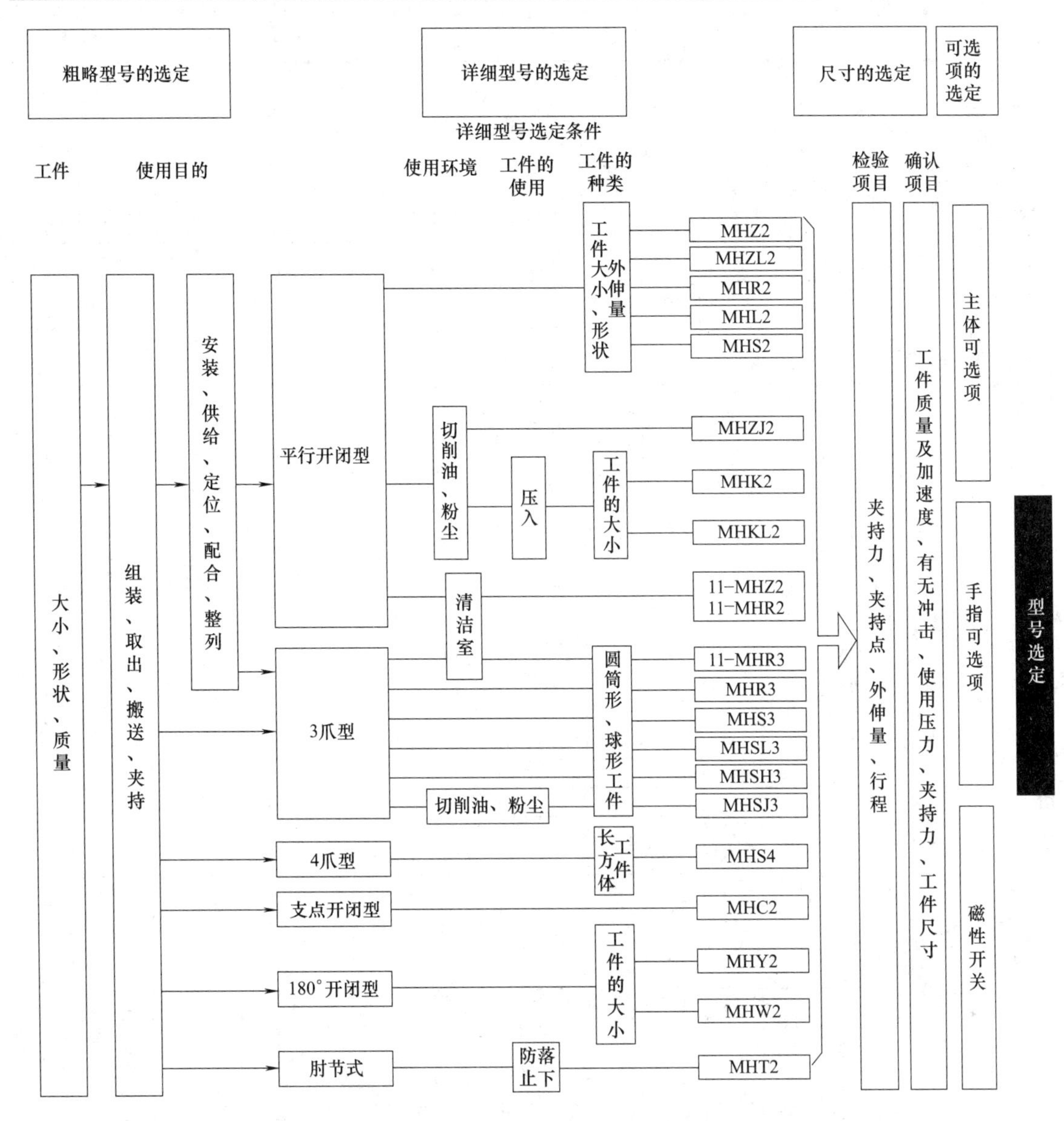

图 21-3-11　SMC 气爪选定流程

表 21-3-44　　**气爪的性能参数**

系列名称	系列型号	缸径/mm	夹持力[①]/N 双作用 外径夹持力	夹持力[①]/N 双作用 内径夹持力	夹持力[①]/N 单作用 N.O. 外径夹持力	夹持力[①]/N 双作用 N.C. 内径夹持力	手指闭宽/mm	手指开度/mm	行程/mm	质量[④](×4)/g	尺寸[⑤]/mm	内部容积/cm³ O 通口	内部容积/cm³ S 通口
平行开闭型 滑动导轨方式 圆形主体 2爪型	MHS2	16	21	23	—	—	10	14	4	58	32	0.9	0.7
		20	37	42	—	—	12	16	4	96	35	1.4	1.1
		25	63	71	—	—	14	20	6	134	37	2.8	2.4
		32	111	123	—	—	16	24	8	265	41	5.5	5.0
		40	177	195	—	—	20	28	8	345	44	9.0	8.0
		50	280	306	—	—	22	34	12	515	52	18.3	16.6
		63	502	537	—	—	30	46	16	952	62	37.1	33.0

续表

系列名称	系列型号	缸径/mm	夹持力[1]/N 双作用 外径夹持力	双作用 内径夹持力	单作用N.O. 外径夹持力	双作用N.C. 内径夹持力	手指闭宽/mm	手指开度/mm	行程/mm	质量[4](×4)/g	尺寸[5]/mm	内部容积/cm³ O通口	内部容积/cm³ S通口
平行开闭型 滑动导轨方式 圆形主体 3爪型 标准型	MHS3	16	14	16	—	—	5[2]	7[2]	4[3]	60	32	0.8	0.7
		20	25	28	—	—	6[2]	8[2]	4[3]	100	35	1.4	1.1
		25	42	47	—	—	7[2]	10[2]	6[3]	140	37	2.8	2.4
		32	74	82	—	—	8[2]	12[2]	8[3]	237	41	5.5	5.0
		40	118	130	—	—	10[2]	14[2]	8[3]	351	44	9.0	8.0
		50	187	204	—	—	11[2]	17[2]	12[3]	541	52	18.3	16.6
		63	335	359	—	—	15[2]	23[2]	16[3]	992	62	37.1	33.0
		80	500	525	—	—	21.5[2]	31.5[2]	20[3]	1850	77	70.7	65.7
		100	750	780	—	—	28[2]	40[2]	24[3]	3340	90	133.7	121.3
		125	1270	1320	—	—	30[2]	46[2]	32[3]	6460	114	278.0	247.3
防尘型	MHSJ3	16	9	16	—	—	7.5[2]	9.5[2]	4[3]	95	43	0.8	0.4
		20	21	28	—	—	8[2]	10[2]	4[3]	150	46	1.3	0.9
		25	36	47	—	—	9.5[2]	12.5[2]	6[3]	230	52	2.5	1.9
		32	62	82	—	—	11.5[2]	15.5[2]	8[3]	440	60	5.3	3.8
		40	97	130	—	—	15[2]	19[2]	8[3]	620	63	8.1	5.9
		50	155	204	—	—	18[2]	24[2]	12[3]	1050	77	17.9	12.7
		63	280	359	—	—	23[2]	31[2]	16[3]	1800	87	32.4	27.7
		80	400	525	—	—	31[2]	41[2]	20[3]	3200	103	68.2	52.1
通孔型	MHSH3	16	9	15	—	—	7.5[2]	9.5[2]	4[2]	90	39	0.8	0.4
		20	21	26	—	—	8[2]	10[2]	4[3]	140	42	1.2	0.9
		25	36	45	—	—	9.5[2]	12.5[2]	6[3]	220	47	2.4	1.9
		32	62	77	—	—	11.5[2]	15.5[2]	8[3]	410	54	5.0	3.8
		40	97	118	—	—	15[2]	19[2]	8[3]	570	57	7.3	5.9
		50	155	187	—	—	18[2]	24[2]	12[3]	970	70	16.4	12.7
		63	280	329	—	—	23[2]	31[2]	16[3]	1650	79	32.4	27.7
		80	400	490	—	—	31[2]	41[2]	20[3]	2920	93	68.2	52.1
长行程型	MHSL3	16	14	16	—	—	8.5[2]	13.5[2]	10[3]	80	40.5	1.4	1.2
		20	25	28	—	—	9[2]	14[2]	10[3]	135	43	2.3	1.9
		25	42	47	—	—	10[2]	16[2]	12[3]	180	46	4.1	3.7
		32	74	82	—	—	14[2]	22[2]	16[3]	370	55	9.2	8.0
		40	118	130	—	—	16.5[2]	26.5[2]	20[3]	550	61	16.7	15.2
		50	187	204	—	—	22[2]	36[2]	28[3]	930	74.5	36.1	31.6
		63	335	359	—	—	26[2]	42[2]	32[3]	1550	85	64.5	58.8
		80	500	525	—	—	28.5[2]	48.5[2]	40[3]	2850	111	129.5	118.9
		100	750	780	—	—	41[2]	65[2]	48[3]	5500	129	249.2	225.5
		125	1270	1320	—	—	48[2]	80[2]	64[3]	11300	167	506.2	465.9
4爪型	MHS4	16	10	12	—	—	13	17	4	66	32	0.8	0.7
		20	19	21	—	—	15	19	4	110	35	1.4	1.1
		25	31	35	—	—	20	26	6	154	37	2.8	2.4
		32	55	61	—	—	20	28	8	300	41	5.5	5.0
		40	88	97	—	—	24	32	8	390	44	9.0	8.0
		50	140	153	—	—	26	38	12	590	52	18.3	16.6
		63	251	268	—	—	35	51	16	1095	62	37.1	32.9

系列名称	系列型号	缸径/mm	夹持力矩[1]/N·m 双作用	单作用N.O.	手指闭角度	手指开角度	手指开闭角度	质量[4]/g	尺寸[5]/mm	内部容积/cm³ O通口	内部容积/cm³ S通口
支点开闭型 标准型	MHC2	10	0.10	0.07	−10°	30°	40°	39	38.6	0.4	0.4
		16	0.39	0.31				91	44.6	1.3	1.4
		20	0.70	0.54				180	55.2	3.1	2.1
		25	1.36	1.08				311	60.4	5.2	2.8

续表

系列名称		系列型号	缸径/mm	夹持力矩①/N·m 双作用	夹持力矩①/N·m 单作用 N. O.	手指闭角度	手指开角度	手指开闭角度	质量④/g	尺寸⑤/mm	内部容积/cm³ O 通口	内部容积/cm³ S 通口
支点开闭型	肘节型	MHT2	32	12.4	—	−3°	28°	31°	800	89.6	12.4	9.2
			40	36	—	−3°	27°	30°	1090	96.5	20.8	17.5
			50	63	—	−2°	23°	25°	1930	113	41.7	35.0
			63	106	—	−2°	23°	25°	2800	119.2	65.5	58.9
	凸轮式 180°开闭型	MHY2	10	0.16	—	−3°	180°	183°	70	58	1.2	0.6
			16	0.54	—	−3°			150	69	3.3	2.1
			20	1.10	—	−3°			320	86	6.9	4.1
			25	2.28	—	−3°			560	107	13.8	8.5
	齿轮式 180°开闭型	MHW2	20	0.30	—	−5°		185°	300	60	3.1	4.0
			25	0.73	—	−6°		186°	510	69	6.6	7.6
			32	1.61	—	−5°		185°	910	83.5	14.8	15.7
			40	3.70	—	−5°		185°	2140	104.5	32.3	36.7
			50	8.27	—	−4°		184°	5100	136	71.6	82.3

① 夹持力，夹持力矩都是压力为 0.5MPa 时的值。
② M（D）HR3，MHS×3 的手指开闭宽度是指一个爪的值。
③ M（D）HR3，MHS×3 的行程用直径表示。
④ 双作用型的质量。
⑤ 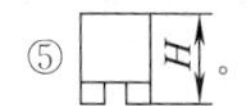。

表 21-3-45　　平行开闭型扩展和支点开闭型气爪型号选定性能数据

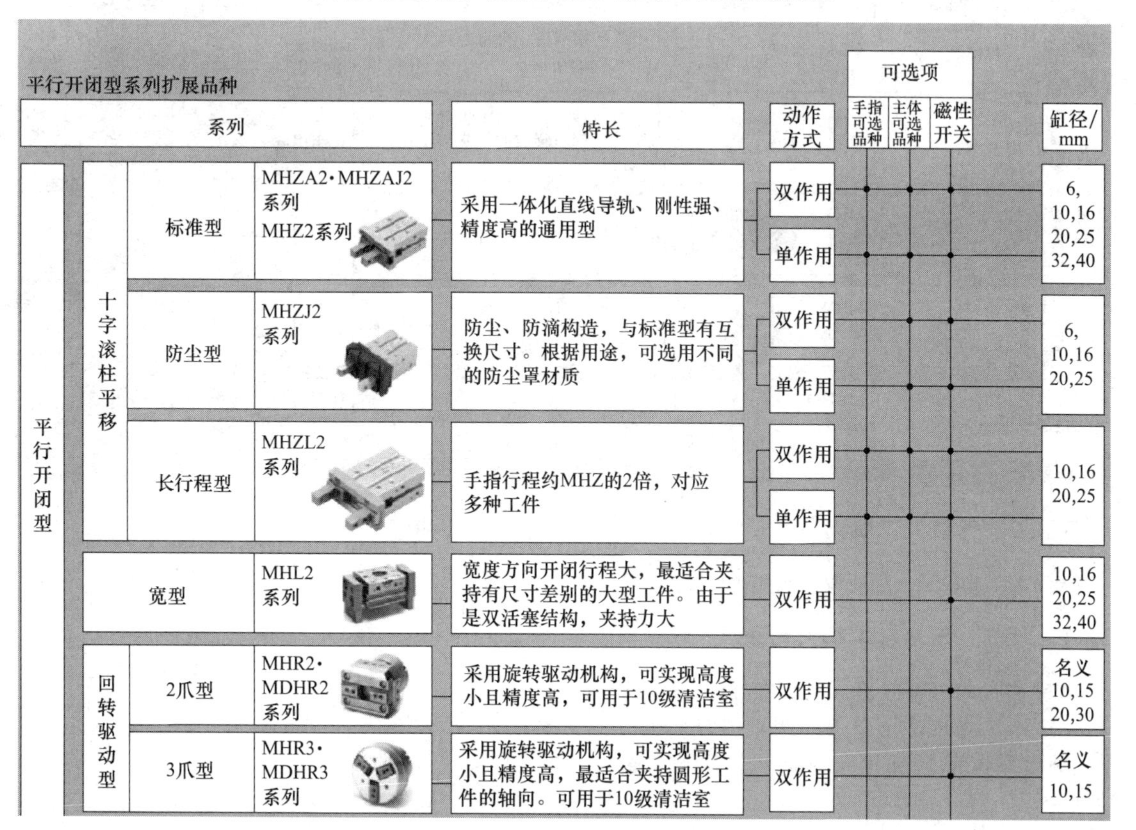

续表

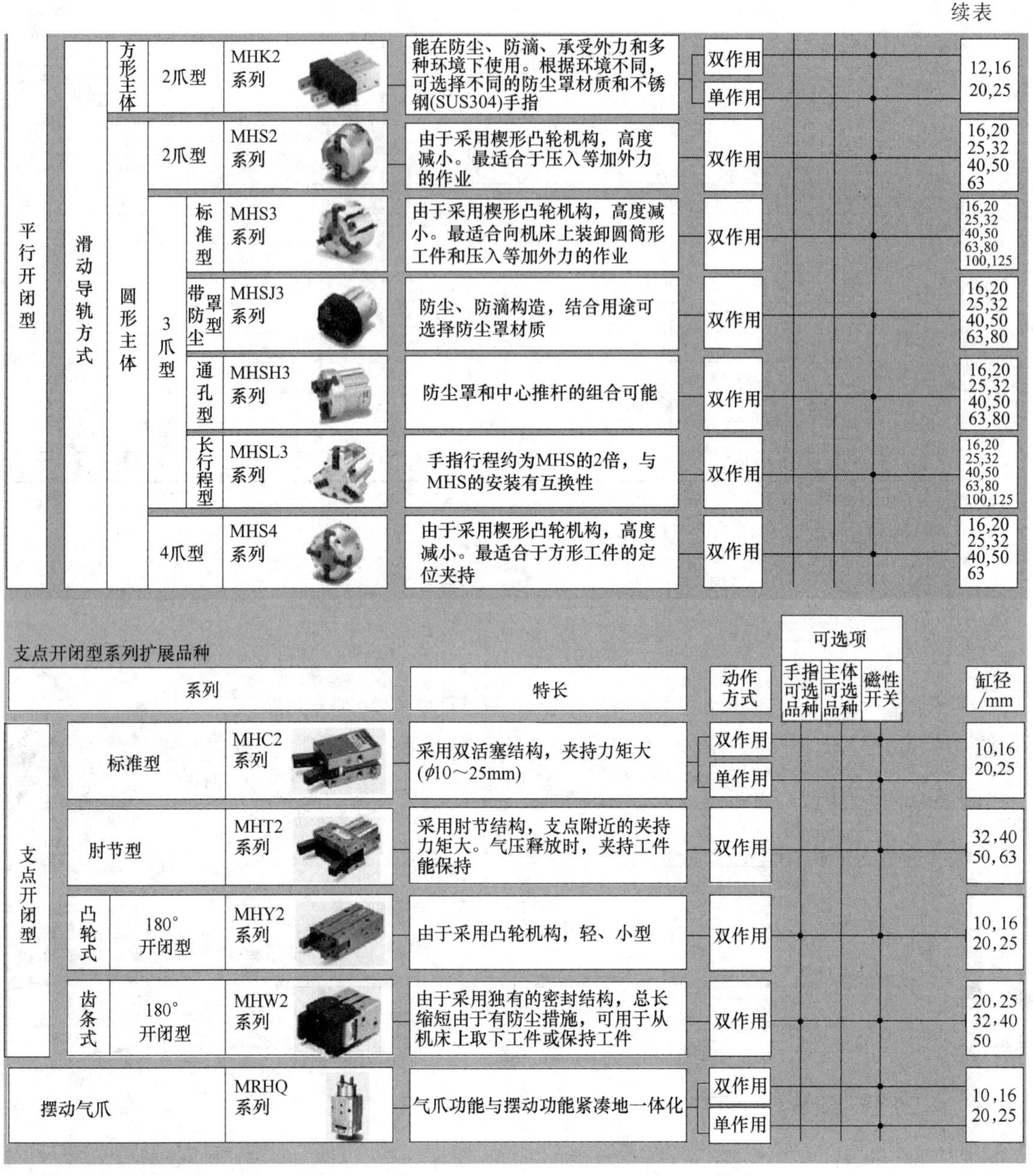

系列					特长	动作方式	手指可选品种	主体可选品种	磁性开关	缸径/mm
平行开闭型	滑动导轨方式	方形主体	2爪型	MHK2系列	能在防尘、防滴、承受外力和多种环境下使用。根据环境不同，可选择不同的防尘罩材质和不锈钢(SUS304)手指	双作用			●	12,16 20,25
						单作用			●	
平行开闭型	滑动导轨方式	圆形主体	2爪型	MHS2系列	由于采用楔形凸轮机构，高度减小。最适合于压入等加外力的作业	双作用			●	16,20 25,32 40,50 63
平行开闭型	滑动导轨方式	圆形主体	3爪型 标准型	MHS3系列	由于采用楔形凸轮机构，高度减小。最适合向机床上装卸圆筒形工件和压入等加外力的作业	双作用			●	16,20 25,32 40,50 63,80 100,125
平行开闭型	滑动导轨方式	圆形主体	3爪型 带防尘罩型	MHSJ3系列	防尘、防滴构造，结合用途可选择防尘罩材质	双作用			●	16,20 25,32 40,50 63,80
平行开闭型	滑动导轨方式	圆形主体	3爪型 通孔型	MHSH3系列	防尘罩和中心推杆的组合可能	双作用			●	16,20 25,32 40,50 63,80
平行开闭型	滑动导轨方式	圆形主体	3爪型 长行程型	MHSL3系列	手指行程约为MHS的2倍，与MHS的安装有互换性	双作用			●	16,20 25,32 40,50 63,80 100,125
平行开闭型	滑动导轨方式	圆形主体	4爪型	MHS4系列	由于采用楔形凸轮机构，高度减小。最适合于方形工件的定位夹持	双作用			●	16,20 25,32 40,50 63

支点开闭型系列扩展品种

系列				特长	动作方式	可选项 手指可选品种	可选项 主体可选品种	可选项 磁性开关	缸径/mm
支点开闭型	标准型		MHC2系列	采用双活塞结构，夹持力矩大(ϕ10～25mm)	双作用			●	10,16 20,25
					单作用			●	
支点开闭型	肘节型		MHT2系列	采用肘节结构，支点附近的夹持力矩大。气压释放时，夹持工件能保持	双作用			●	32,40 50,63
支点开闭型	凸轮式	180°开闭型	MHY2系列	由于采用凸轮机构，轻、小型	双作用	●		●	10,16 20,25
支点开闭型	齿条式	180°开闭型	MHW2系列	由于采用独有的密封结构，总长缩短由于有防尘措施，可用于从机床上取下工件或保持工件	双作用	●		●	20,25 32,40 50
摆动气爪			MRHQ系列	气爪功能与摆动功能紧凑地一体化	双作用			●	10,16 20,25
					单作用			●	

3.2.6 气动人工肌肉

气动人工肌肉是一种新型的气动执行元件。

3.2.6.1 气动人工肌肉的分类

按结构形式可将气动人工肌肉（pneumatic artificial muscles，PAM）分为三类：编织型人工肌肉、网孔型人工肌肉和嵌入型人工肌肉，参见图21-3-12。

- 气动人工肌肉
  - 编织型气动人工肌肉
    - McKibben 型气动人工肌肉
    - 套囊式气动人工肌肉
  - 网孔型气动人工肌肉
    - Yarlott 型气动人工肌肉
    - Romac 型气动人工肌肉
    - Kukolj 型气动人工肌肉
  - 嵌入型气动人工肌肉
    - Morin 型气动人工肌肉
    - Baldwin 型气动人工肌肉
    - UPAM 型气动人工肌肉
    - Paynter 型气动人工肌肉

另外，还有特种气动人工肌肉，包括旋转气动人工肌肉、三自由度气动人工肌肉、单动作弹性管及其组合。

图 21-3-12 气动人工肌肉的分类

表 21-3-46　气动人工肌肉结构原理

编织型肌肉

编织型气动人工肌肉由一根包裹着特殊纤维编织网的橡胶筒与两端连接接头组成，如图(a)所示。特殊材质纤维编织网预先嵌入在能承受高负载、高吸收能力的橡胶筒表面，即预先与高强度、高弹性橡胶硫化在一起

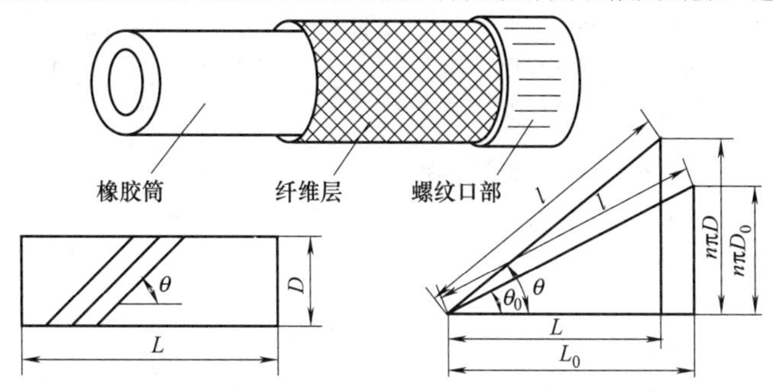

图(a)　气动人工肌肉的结构简图

由于纤维编织网的刚性远远大于橡胶筒的刚性，因此，可以假设单根纤维的长度 l 在气动人工肌肉运动过程中保持不变。根据图(a)，气动人工肌肉结构中各几何参数的函数关系为：

$$L=l\cos\theta$$

$$n\pi D=l\sin\theta$$

$$\varepsilon=\frac{L_0-L}{L_0}=\frac{\cos\theta_0-\cos\theta}{\cos\theta_0}$$

式中　L_0——气动人工肌肉初始长度；

L——气动人工肌肉实际长度；

D_0——气动人工肌肉初始外径；

D——气动人工肌肉实际外径；

l——单根纤维长度；

n——纤维缠绕圈数；

θ——纤维编织角；

ε——气动人工肌肉收缩率

当气动人工肌肉充气后，橡胶筒开始变形膨胀，由于纤维编织网的刚度很大，其对橡胶筒的约束使得气动人工肌肉径向膨胀和轴向收缩。反之，当气体被释放后，橡胶弹性力迫使其回复到原来位置。如果在气动人工肌肉运动过程中将其与负载相连，就会产生张力(气动人工肌肉收缩力)。气动人工肌肉在充气收缩的过程中，收缩力逐步减小，使得气动人工肌肉最终能够平稳地到达期望位置，这就是气动人工肌肉的柔性

编织式人工肌肉主要由气密弹性管和套在它外面的编织套组成，如图(b)所示。编织纤维沿与肌肉轴线成一定角度($+\theta$ 和$-\theta$)编织，纤维丝是螺旋缠绕在气密弹性管上，纤维丝与肌肉轴线所夹的锐角称为编织角。当气密弹性管内加压时，气密弹性管在内压的作用下发生变形，带动编织套一起径向移动，编织角增大，编织套轴向缩短，拉动两端的负载，与此同时编织套的纤维丝产生拉力，此拉力与气密弹性管内压相平衡。由于此种肌肉是由气密弹性管推压编织套来工作的，因此，不能在负压下工作

橡胶管

编织套

图(b)　橡胶管与编织套

续表

<table>
<tr>
<td rowspan="3">编织型肌肉</td>
<td colspan="2">

这种形式肌肉源于 Morin 的 1953 年的专利，实际上他已将编织纤维嵌入气密弹性管壁内。这种形式肌肉与骨骼肌肉在长度-负载特性曲线上具有相似性，20 世纪 50 年代后期，J. L. McKibben 把它用作矫正驱动装置，就这一目的来说，这似乎是一个理想的选择，然而，当时实际应用中存在着很多问题，例如，气动能源的供应、实用性问题及气动阀的控制问题等，这些问题的困扰渐渐使人们对这种人工肌肉失去了兴趣。20 世纪 80 年代晚期，日本的 Bridgestone 公司再次推出这种形式肌肉，取名为 Rubbertuator，并将其用于驱动工业机械臂，从那时起，一些研究机构开始用这种气动人工肌肉驱动机器人。

这种形式肌肉的形状、收缩率及收缩时产生的拉力由气密弹性管和编织套的初始状态（无压无负荷状态）下的几何形状决定，还与使用的材料有关。通常编织套为圆柱筒状，这样可以使肌肉的编织角为统一值，但按照气密弹性管是否与编织套一起与两端连接附件相连，又将这种肌肉分为两种

</td>
</tr>
<tr>
<td>McKibben 肌肉 (McKibben muscle)</td>
<td>

气密弹性管和编织套一起与两端连接附件相连的，称为 McKibben 肌肉。McKibben 肌肉是当前使用最广泛的一种气动人工肌肉，现有公开发表的文献中关于它的介绍也最多。它是筒状编织结构，内部的气密弹性管两端部和编织套的两端部一起与两端的连接附件相连，两端的附件不仅用于传力，而且也起密封作用

McKibben 肌肉采用的材料是橡胶和尼龙纤维，图(c)为 McKibben 肌肉的结构及工作状态图

最大容积时编织角达到最大，$\theta_{max}=54.7°$。要想继续增大编织角，只能对肌肉两端在轴向进行压缩，但肌肉的抗弯能力很差，是不稳定的，所以，气动人工肌肉只能承受拉力载荷，不能承受压力载荷。当肌肉被拉伸时，编织角将达到最小值 θ_{min}，此值由纤维的直径、纤维丝编织的疏密程度以及端部连接附件的直径等决定

拉力大小受摩擦因素和橡胶变形的影响，摩擦包括编织套与气密弹性管之间的摩擦、纤维丝与纤维丝之间的摩擦。摩擦与橡胶的非弹性变形使肌肉表现出迟滞和压力死区，而弹性变形将减小有效拉力

McKibben 肌肉的功率/质量比很高。1993 年 Caldwell 等人的研究结果为：范围从压力在 200kPa 时的 1.5kW/kg 到压力为 400kPa 时的 3kW/kg；1995 年 Hannaford 等人的研究为 5 kW/kg；1990 年 Hannaford 和 Winters 研究甚至达到了 10kW/kg

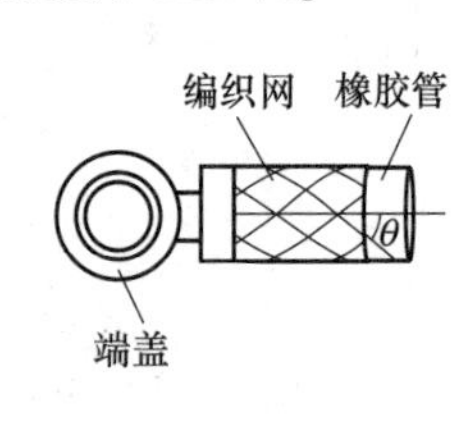

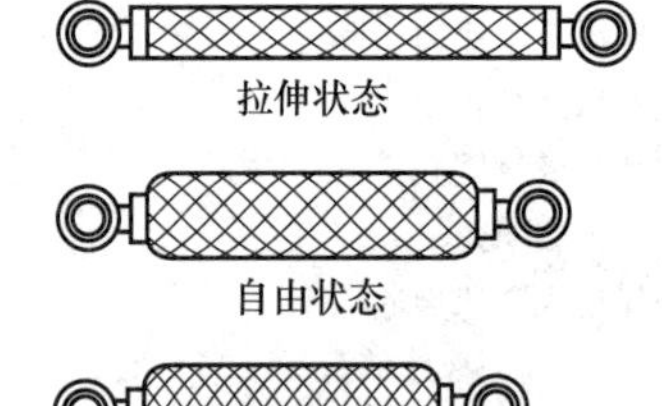

图(c) McKibben型气动人工肌肉

</td>
</tr>
<tr>
<td>套囊肌肉 (sleeved bladder muscle)</td>
<td>

只有编织套的两端与两端连接附件相连，内部的气密弹性管做成囊状，不与两端固连，囊处于浮动状态，这种肌肉没有特定的名字，为了清楚起见，称为套囊肌肉，参见图(d)。这种肌肉的气密弹性管两端是封闭的，呈球囊状，且不与两端的连接附件相连，整个气密弹性管处于浮动状态，只有编织套两端与两端的连接附件相连，传递拉力，承受负载。这种结构意味着气密弹性管不承受负载产生的拉力，但是，在肌肉收缩过程中，橡胶薄膜仍要储存一部分变形能，从而减小了肌肉的输出力。这种肌肉的优点是安装相当容易

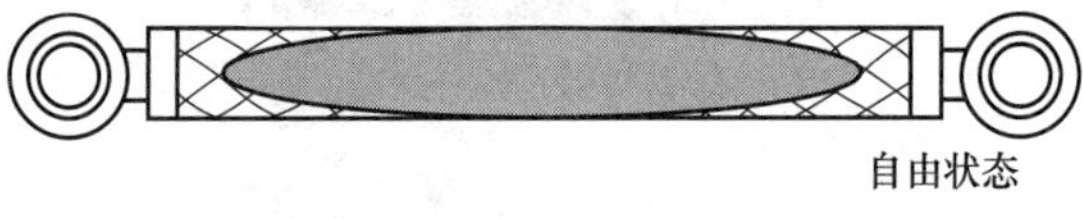

图(d) 套囊型气动人工肌肉

</td>
</tr>
</table>

续表

<table>
<tr><td rowspan="4">网孔型肌肉(Netted Muscles)</td><td colspan="2">网孔型人工肌肉与编织型人工肌肉的区别在于编织套的疏密程度不同,编织型肌肉的编织套比较密,而网孔型肌肉的网孔比较大,纤维比较稀疏,网是系结而成的,因此这种肌肉只能在较低的压力下工作。网孔型肌肉可分以下几种</td></tr>
<tr><td>Yarlott 气动肌肉(Yarlott muscle)</td><td>这种肌肉是 Yarlott 1972 申请的美国专利,现已公开。一个长圆形的弹性球,外面覆盖上粗纤维编织成的网,有经线和纬线,外形呈辐射状,如图(a)所示。在充分膨胀状态下呈椭球状,当承受负载力时外形出现峰谷形状。表面积基本保持恒定,但随着肌肉的膨胀,表面积出现重新分布。由于表面积拉伸变形较小,所以更多的气压能转换成机械能。如果完全拉伸的话,经向的纤维将能承受无穷大的拉力,但由于材料的原因,这是不可能的
Yarlott 肌肉只能在低压下工作,Yarlott 给出的值为 1.7kPa。
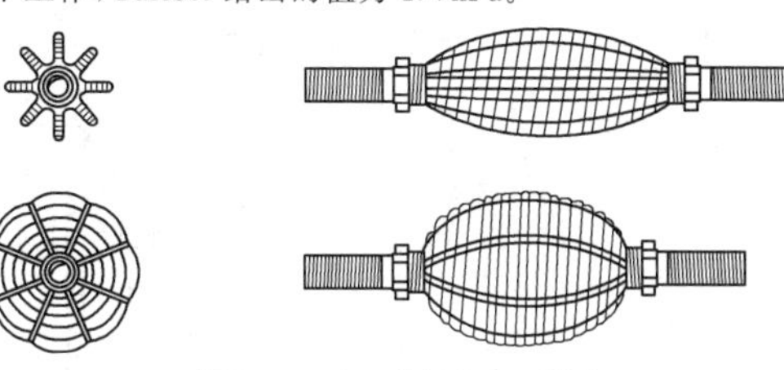
图(a)　Yarlott型气动人工肌肉</td></tr>
<tr><td>ROMAC 气动肌肉</td><td>ROMAC 是 robotic muscle actuator 的缩写形式,是机器人肌肉驱动器的意思。这种肌肉由 G . Immega 和 M . Kukolj 1986 设计,于 1990 年获美国专利。这种肌肉的结构及形状如图(b)所示
肌肉做成鞘壳状,它具有高强度、柔顺性好和气密性好等特点。织网由不能伸长但易弯曲的粗纤维做成,节点处为四面钻石形,当肌肉径向膨胀、轴向收缩时,封闭体积发生变化,鞘壳的面积不变(由于鞘壳的材料抗拉强度很高)。这种肌肉可在高压下工作,工作压力可达到 700kPa,工作负载达到 13600N,收缩率达到 50%
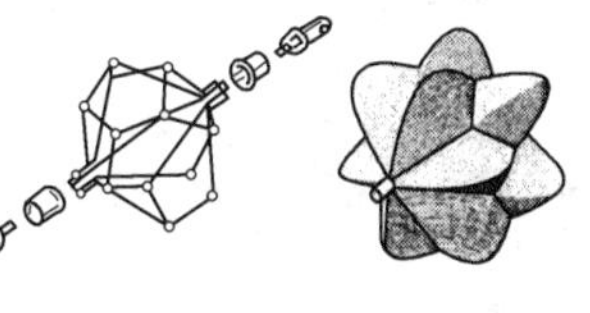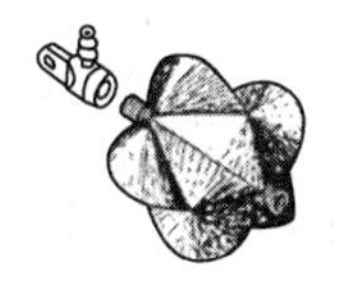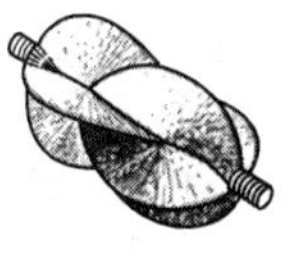
标准型　　微型
图(b)　ROMAC型气动人工肌肉</td></tr>
<tr><td>Kukolj 气动肌肉(Kukolj muscle)</td><td>这种肌肉是 Kukolj 于 1988 年申请的美国专利,与 McKibben 肌肉结构相似,主要差别在于它们的编织套,McKibben 肌肉的编织套编织得比较紧密,而 Kukolj 肌肉是网孔较大的网,而且,在自由状态下网与膜之间有一个间隙,只有在较大膨胀时这个间隙才会消失,图(c)为 Kukolj 肌肉状态图
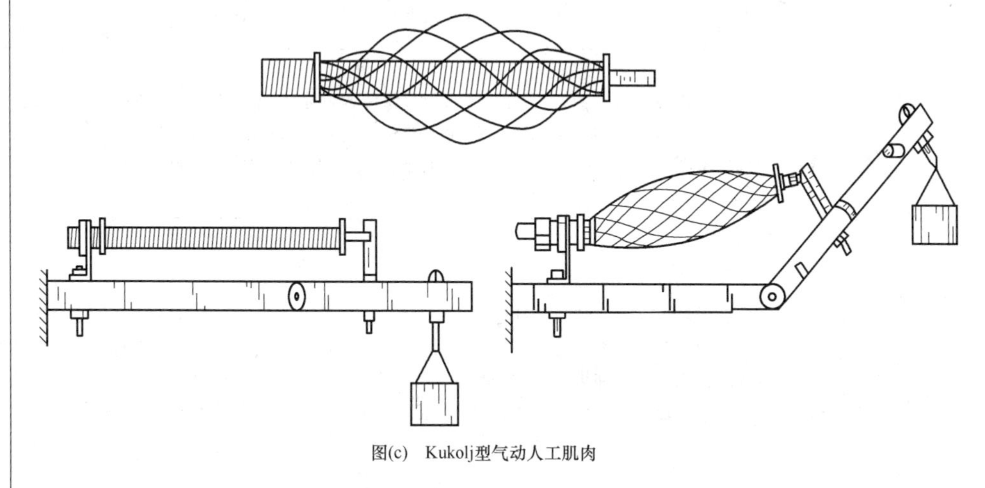
图(c)　Kukolj型气动人工肌肉</td></tr>
</table>

续表

嵌入式肌肉(Embedded muscles)		
嵌入式肌肉(Embedded muscles)	这种肌肉承受负载的构件(丝、纤维)是嵌入弹性薄膜里的	
	Morin 气动肌肉 (Morin muscle)	这是一种较早的气动人工肌肉,由 Morin 1953 年设计的。这种肌肉的承载构件(丝、纤维)嵌入弹性薄膜里,它使用的纤维强度很高,一般为棉线、人造丝、石棉或钢丝等。纤维丝可以沿轴向布置,也可以左右旋双向螺旋缠绕,由两相材料制成的弹性管两端固定在两端附件上,两端附件起密封及承载作用。它的工作介质可以是空气、水、油甚至水蒸气。图(a)所示为三种 Morin 肌肉结构。图(a)中(ⅰ)的工作原理是:从上端充气,径向膨胀,轴向缩短;图(a)中(ⅱ)的机构是,除弹性管和两端连接附件外,又在外面加了一个壳体,工作时是从壳体下端进气口充气,弹性管内的空气由上端连接附件上的气口排出,弹性管径向缩小,导杆外伸,驱动负载;图(a)中(ⅲ)是由两个弹性管同轴安装构成的,工作时向两弹性管形成的夹层空间充气 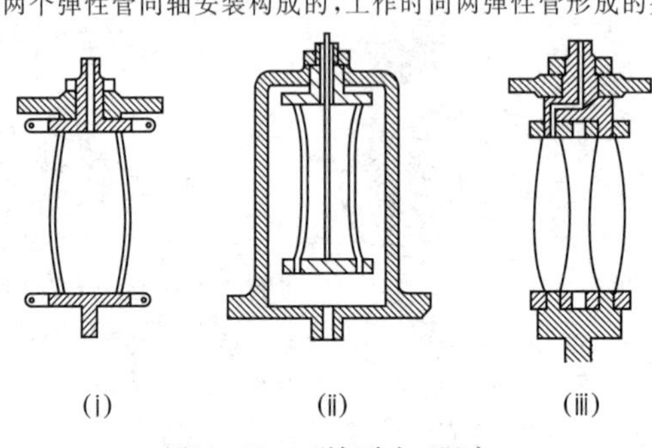 图(a) Morin型气动人工肌肉
	Baldwin 气动肌肉 (Baldwin muscle)	这种肌肉是 Baldwin1969 在 Morin 肌肉的基础上设计的。它由很薄的弹性薄膜组成,在弹性薄膜内轴向布置玻璃丝,这样,弹性薄膜在轴向的弹性模量要比在周向的弹性模量大。图(b)为 Baldwin 肌肉在自由状态和充气状态的外形 由于去除了摩擦,再加之弹性膜很薄,所以,这种肌肉与编织肌肉相比有较小的迟滞和较低的压力死区,但这种肌肉膨胀时径向尺寸相当大,工作压力低,Baldwin 在 1969 年实验时,压力为 10～100kPa,输出力为 1600N,连续工作寿命为 10000～30000 循环 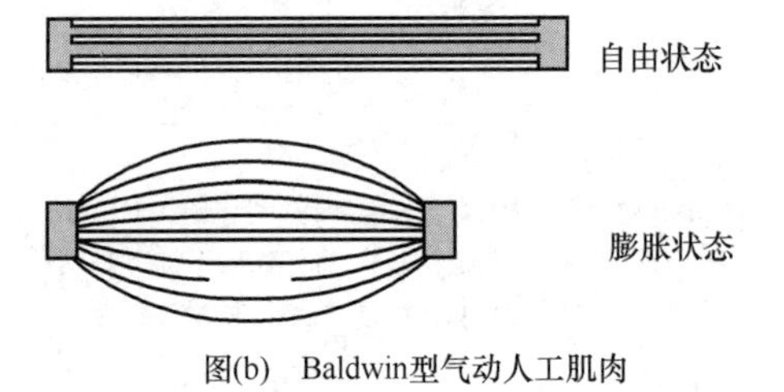 图(b) Baldwin型气动人工肌肉
	负压工作下的气动人工肌肉(UPAM)	UPAM 是 underp ressure artificial muscle 的缩写,意思是由负压驱动的人工肌肉。它的结构与图(a)中(ⅱ)所示的 Morin 肌肉相似。工作时,弹性管内的空气从气孔吸出,管内产生负压,在大气压的作用下弹性管径向收缩,从而引起轴向收缩。由于最大负压值为－100kPa ,所以这种肌肉的驱动力不大
	双曲面气动肌肉 (paynter hyperboloid muscle)	双曲面肌肉是 Paynter 设计的一种肌肉,1988 年申请了美国专利。它的外形是回转双曲面,如图(c)所示。编织丝嵌入弹性薄膜中,编织丝笔直地连接在两端的附件上,所以形成了回转双曲面,同时,自由状态下肌肉的长度是最大值。当充气时,肌肉的外形接近于球形,编织丝的材料可以是金属丝、合成材料等,此种肌肉可由压缩空气驱动,也可由液压油驱动,膨胀的直径可达到两端附件直径的 2 倍,最大收缩率约为 25%

续表

嵌入式肌肉(Embedded muscles)	双曲面气动肌肉(paynter hyperboloid muscle)	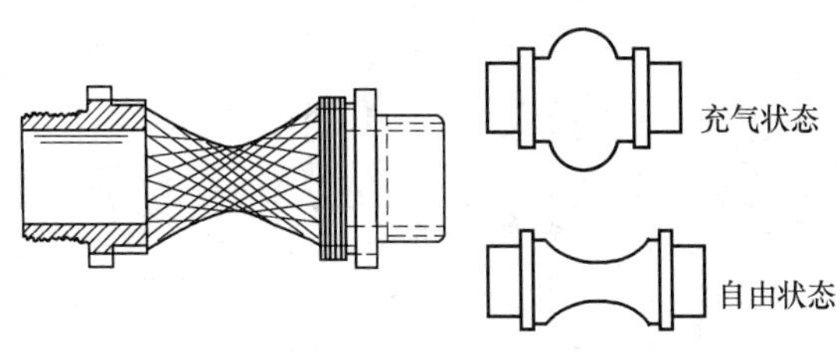 图(c)　Paynter型气动人工肌肉
	旋转气动肌肉(kleinwachter torsion device kleinwachte)	Kleinwachter 和 Geerk 在 1972 年申请了一项美国专利,它是一种利用气压驱动薄膜产生旋转的肌肉,其结构如图(d)所示。当薄膜内充气时膨胀,径向分布的纤维驱动轴沿 ω 方向旋转 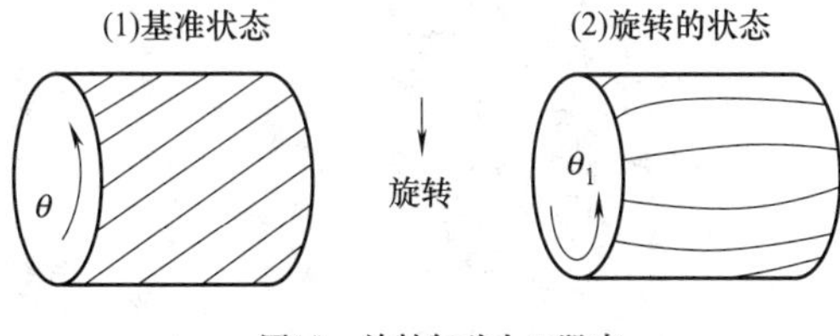 图(d)　旋转气动人工肌肉
	三自由度肌肉	以 FRR (fiber reinfoced rubber)为材料制成的三自由度柔性驱动器,如图(e)所示。其外形呈三自由度肌肉状,管内分隔成三个互成 120°的扇形柱状空腔。在管壁的橡胶基体中,夹有芳香族聚酰胺增强纤维,纤维走向与肌肉的轴向(Z 轴方向)有一夹角。由于纤维单方向增强效果的影响,沿垂直于纤维方向的变形比沿纤维方向的变形容易得多。调节各个空腔的压力 $p_i(i=1,2,3)$,可以实现沿中心轴 Z 方向的伸缩及任意一个方向的弯曲,实现三个自由度的控制 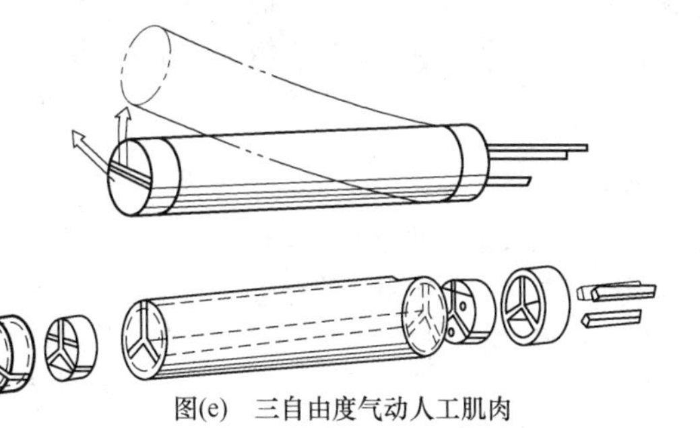 图(e)　三自由度气动人工肌肉
	单动作弹性管	单动作弹性管是一种嵌入式气动人工肌肉,按纤维丝的排布方式可分为 XF、AF、CF、RF、LF、r180XF 及 1180XF 等几种基本形式,如图(f)中(ⅰ)所示。图(f)中(ⅱ)列出了几种基本形式组合形式,图(f)中(ⅲ)为 XF-CF 形式的动作管在压力变化时的动作情况

续表

嵌入式肌肉(Embedded muscles)	单动作弹性管	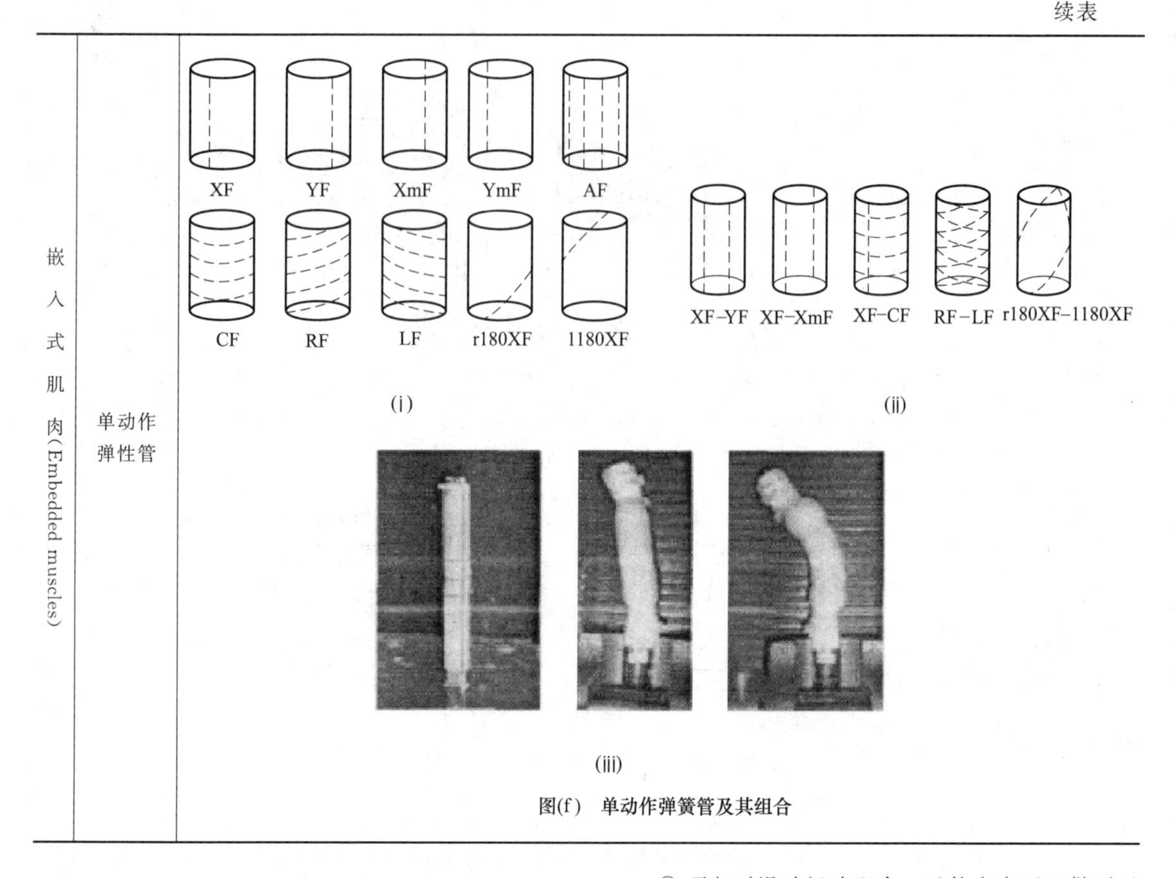 图(f) 单动作弹簧管及其组合

3.2.6.2 气动人工肌肉的特性

从理论上来说，密封材料的展开面积可以不变，而且弹性密封材料的使用减小编织型气动人工肌肉的有效输出，但弹性密封材料使编织型气动人工肌肉结构更加紧凑，提高了编织型气动人工肌肉工作的可靠性。

通过对各种类型气动人工肌肉的工作原理分析可以看出，气动人工肌肉之所以能够实现其功能，其基本原理是具有可变形的封闭容腔，在压缩空气的作用下封闭容腔变化，从而产生位移效应。位移变化的范围受气动人工肌肉结构的限制，输出力的大小与压缩空气压力大小和气动人工肌肉结构有关。封闭容腔的形成方法很多，但总的来说可分为表面积可变和不可变两种。

编织型气动人工肌肉属于表面积可变的，是气动人工肌肉的一种基本形式，完善其理论研究对于其他类型气动人工肌肉的分析有着重要意义。

气动人工肌肉有以下一些优点。

① 结构简单，重量轻，功率密度较大，工作介质无污染；动作平滑，具有柔性，应用领域广泛，特别适用于仿人机械的驱动。

② 无相对滑动间隙配合，元件本身可以做到无泄漏。

③ 价格低廉，安装和维护方便。

气动人工肌肉也存在一些缺点：行程较小，不适合大位移驱动的要求；气动人工肌肉为工作介质可压缩性大，同时其自身为非线性元件，因此，实现精确控制困难。

3.2.6.3 气动人工肌肉的研究方向与应用

① 研究气动人工肌肉的工作机理，在此基础上建立更为精确的数学模型。

② 对气动人工肌肉使用材料进行研究，通过采用合适的材料，使气动人工肌肉的特性满足工程的需要。

③ 对与气动人工肌肉配套的气动元件进行研究。

④ 对气动人工肌肉控制策略进行研究。

⑤ 对气动人工肌肉的应用进行研究。

目前气动人工肌肉的主要应用研究领域是仿生和医疗机器人、远程控制以及虚拟现实。

① 仿生移动机器人。目前大部分的机器人关节采用电机驱动，在输出力矩和功率上受限，且需要减速装置气动肌肉作为柔性驱动器，能够吸收运动冲

击、储存和释放能量，易于获得优雅的步态，特别适合于仿生移动机器人。

② 理疗康复。气动肌肉构成的康复理疗装置能够在家里和诊所方便地为患退化性肌肉萎缩症的中风、脑脊髓运动受伤病人提供低成本的有效治疗，同时也能作为为残疾人提供助力的假肢，这是目前气动肌肉最实用的应用，已经有商品化的小型医疗设备出现。

3.2.7　气动机构

对于执行机构最广泛的定义是：一种能提供直线或旋转运动的驱动装置，它利用某种驱动能源并在某种控制信号作用下工作。

气动自动化系统最终是用气动执行元件驱动各种机构完成特定的动作。用气动执行元件和连杆、杠杆等常用机构结合构成的气动机构，如断续输送机构、多级行程机构、阻挡机构、行程扩大机构、扩力机构、绳索机构、离合器及制动器等，能实现各种平面和空间的直线运动、回转运动和间歇运动。采用气动机构能使机构设计简化，结构轻巧，从最简单的气动虎钳到柔性加工线中的气动机械手，充分发挥了气动机构的特点。

3.2.7.1　滑动机构

（1）滑动导轨及其优缺点

这是一种最简单的机械结构，容易设计而且刚度大。不过要获得优良的导轨面，加工成本较高而且必须解决导轨面的摩擦和润滑问题。如果内表面加工精度较低，就不可避免会产生间隙，为消除这种间隙可在调整部分加上镶条，但这样又会使摩擦增大。对于只是在导轨局部区段中往返运动的场合，易使这部分磨损加快。在尘埃多的场所运转时容易发生故障。

（2）采用滑动导轨应注意的问题

因为气动缸是用具有压缩性的空气驱动的，这种压缩性对其操纵部分有着微妙的影响，当各种原因（如因导轨面加工精度低或粉尘等）而产生摩擦不均时容易发生故障。故在用气动驱动的场合，最好避免使用这种结构，但是如上所述，因它设计简单，故采用这种结构还是很多的。

（3）机械问题

① 摩擦因数。在一般手册中查到的摩擦因数值与自动装置等的摩擦因数之间有很大的差别。特别是表面粗糙度、粉尘、润滑等对摩擦因数的影响极大。手册中的摩擦因数一般是以机床滑动面和滑动轴承的表面粗糙度为对象的，至于自动化机械因成本问题往往不能加工成这样优良的工作表面，因此，需要取用的值应比设计手册中的值大。

一般自动化机械滑动表面粗糙度为 $Ra1.6\mu m$，假如是钢和青铜配合，根据使用现场的状况，摩擦因数 μ 值取 0.2～0.6 是可靠的。

② 载荷。实际导轨不仅要能支持上方的重量，而且还要承受侧向力甚至一些由下向上的力。由于导轨滑动面不可能加工成绝对平面，不可避免会产生一些凹凸起伏、偏斜、翘曲等。在这些凹凸起伏、偏斜、翘曲等的相互作用下就形成导向台和移动台之间的相对移动。因此，就需要气动缸有矫正偏斜的附加力。这个力 f' 就是矫正移动台运动的力 W' 产生的

$$f'=\mu W'$$

故必须把这个力 W' 加在上述移动物体的重量里。但是，计算 W' 并不容易，一般只能采用经验值。

（4）气动驱动的问题

用气动驱动时，滑动导轨的缺点会因用气动驱动而更明显地表现出来。但若用电机或液压驱动时，其缺点在某种程度上并不明显。因为用电机驱动时由于电机转子的惯性可以补偿一些导轨面上的阻力，而且电机允许短时间内有少量过载。用液压驱动时，可把溢流阀的设定压力调得比计算值稍高一点。

但是在气动驱动时，对摩擦的不均匀性及惯性的变化非常敏感，因此需要很好地掌握气动缸的动作特性。

① 要是能最大限度地减少摩擦就是用内径很小的气动缸也能高速动作。

② 活塞速度在行程末端比预想的要快，故在行程末端若没有采取任何措施使活塞减速，则由于载荷的惯性力可能会使气动缸损坏。

③ 气动缸的有效做功量比理想的做功量要小得多。

3.2.7.2　滚动机构

（1）滚动机构的特点

为了减小移动重物时的摩擦力，最好的方法是采用滚动机构（图 21-3-13）。驱动小车时通常有两种滚动副，其一是轨道和车轮间的滚动副；其二是车轮和车轴之间的滚动轴承。

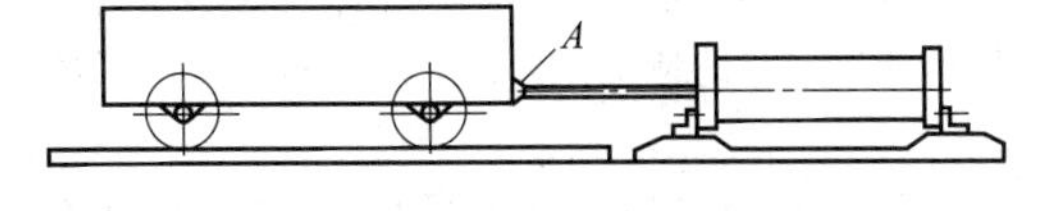

图 21-3-13　用气动缸驱动小车

在一般设计中，车轮装有滚动轴承时，推动小车的力一般取小车重量的 10% 左右。诚然，若按滚动轴承手册记载的数值计，可能会得出更小的值，但在

实际设计中还应考虑许多因素。

首先，应当考虑的是车轮能否在驱动方向完全平行滚动？如果不能完全平行滚动就会出现侧向滑移，使车轮和轨道之间介入滑动摩擦。

其次，应当考虑轨道是否完全保持水平。若因弯曲和铺设误差造成轨道上下倾斜就会使小车移动或上升或下降。图 21-3-14（a）所示为小车在倾斜为 α 的轨道上滚动的情况。设小车和载荷的总重量为 W，则所需推力

$$f=W\sin\alpha$$

从这个关系式可看出，如果 α，很小可以认为对推力没有什么影响。设图 21-3-14（b）中所示的车轮直径为 D，包括载荷在内的小车重量为 W，轨道上尘埃直径为 d，则越过这个尘埃的力 f' 近似为：

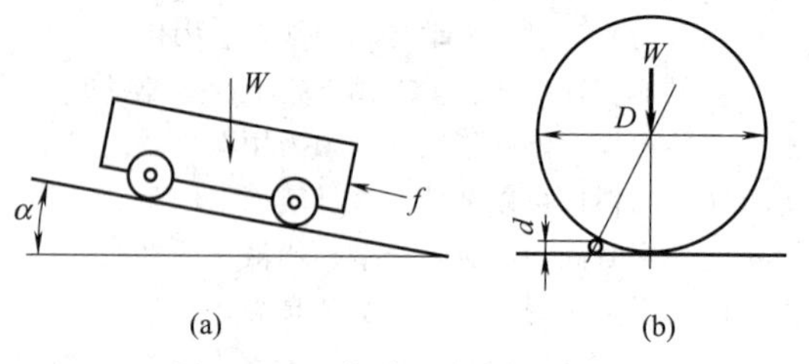

图 21-3-14 轨道对驱动力的影响

$$f'=W\frac{2\sqrt{Dd+d^2}}{D}$$

这个关系式对车轴上使用的滚动轴承也适用，而且这种场合滚动体不能向上移动，产生的阻力更大，所以避免尘埃进入轴承是很重要的。

如上所述，小车的运动并不完全是滚动摩擦，实际上影响的因素很多，所以推力取重量的 10%较可靠。如取 5%，就得对轨道、轴承和装配工作提出更高的要求。因为把这个值取得太小，小车动作就会不灵活。

用电机-机械机构驱动时，因电机转子有惯性，因此对尘埃的影响不进行上述那样的分析。但用气动驱动时因气动缸的活塞和活塞杆重量很小，几乎没有惯性，所以产生超载就立刻会反映出输出力不足。

（2）小车与气动缸连接所产生的问题

小车和活塞杆不连接起来，小车可能会出现与活塞杆运动不同步的情况，因此，需要将小车和活塞杆连接起来。

小车和活塞杆连接后发生的最大问题是：小车停止时因惯性力而产生的冲击；气动缸因安装误差而产生的扭斜问题。

① 冲击与缓冲。假定气动缸在终点停止时因气动缸安装部分的刚度和气动缸活塞杆的伸长等而使小车在 3mm 的距离内等减速停止。设停止时产生的反作用力为 F，则

$$F=\frac{Mv^2}{2s}-f$$

式中 M——小车的质量；

v——小车的速度；

s——小车冲击所引起的振动振幅；

f——小车的摩擦力。

将具体数值代入会发现此值很大。不过，有 3mm 缓冲行程的小车在冲击时引起的气动缸振动是很小的，通常是因安装刚度很大，故作用在活塞杆上的力也很大。

所以，小车和活塞杆连接后存在着因冲击力而破坏气动缸的危险。要解决这个问题应考虑采用气动缸缓冲机构。

在设计气动缸的缓冲机构时应当注意当气动缸发生缓冲作用时封入缓冲部分的空气量。实际气动缸的结构是活塞到达终点时还残留一个小空间，假设这个小空间的容量为 V_2，若把缓冲行程内气体状态的变化当作绝热变化，则在缓冲行程内能够吸收的最大能量为

$$W=\frac{1}{\gamma-1}(p_2V_2-p_1V_1)-p_2V_1$$

$$\gamma=\frac{C_p}{C_V}=1.4$$

式中 p_1——压缩前的压力（绝对压力）；

V_1——压缩前的体积；

p_2——压缩后的压力（绝对压力）；

V_2——压缩后的体积。

而气动缸内最终压力 p_2 由

$$p_1V_1^{\gamma}=p_2V_2^{\gamma}$$

得

$$p_2=p_1\left(\frac{V_1}{V_2}\right)^{\gamma}$$

假设小车进入缓冲区时的速度为 v'，则小车具有的能量为

$$W_T=\frac{W}{2g}v'^2$$

应当注意，在负荷和气动缸相同的情况下如果管道阻力不同，移动时间也不同，进入缓冲行程前的压力 p_1 也不同，故要想获得充分的缓冲效果应使 p_1 值高一些。

调节缓冲气动缸的缓冲调节针阀，只要使 W_T 和

W 相均衡即可，不要使 p_1 升得过高，因为压力 p_1 过大会影响缸筒强度和密封圈的寿命。

用气动缸缓冲机构不能充分吸收能量时，要在小车停止的地方装设减振器。减振器有带弹簧的和不带弹簧的。不带弹簧的减振器效果很好，但是在小车后退时必须使减振器回到原来的状态。

② 活塞杆的损坏。用气动缸驱动小车时，小车行程末端的速度与用液压驱动的大很多，在小车和活塞杆连接在一起的情况下，往往会发生活塞杆损坏的事故。所以在设计时应充分注意活塞杆的强度。在气动缸没有缓冲机构时，若剩余压力 p_2 为已知，则计算是简单的；若不知道时需要先求出这个值。在小车和活塞杆不连接在一起的情况下，应根据小车能够容许的冲击系数在必要时设置缓冲装置。

因气动缸安装质量差而引起活塞杆折断的事故也是很多的。因为小车的移动方向线和气动缸的中心线不一致时，活塞杆在弯曲应力的作用下会产生疲劳而损坏。还有因小车的行走线不是直线，而是曲线（或在曲线导轨上移动），也会使活塞杆承受弯曲作用，使活塞杆螺纹部分疲劳而损坏。为了避免发生这类损坏现象有设计成图 21-3-15 所示那样结构的，不过这种结构只能消除在一个方向上的弯曲，所以应注意其方向性，最好采用图 21-3-16 所示结构。

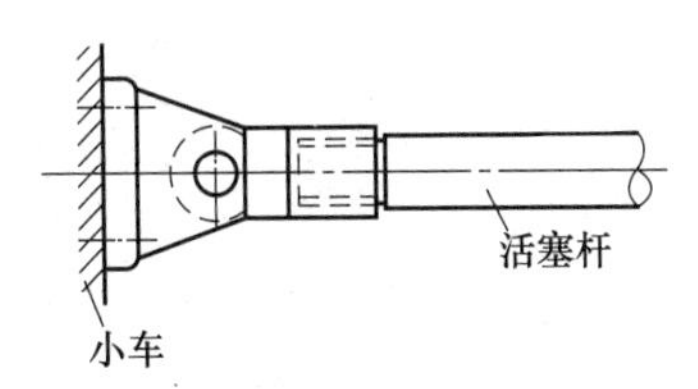

图 21-3-15　只在一个方向上可避免弯曲的连接方法

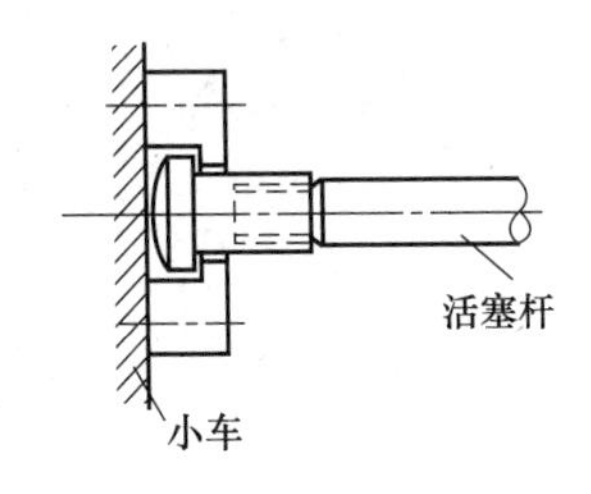

图 21-3-16　较理想的连接方法

③ 活塞杆下垂。下面讨论在行程长的情况下，若小车和活塞杆不连接，在杆的自重作用下发生的问题。若把活塞当作承受均布载荷的悬臂时，垂度 y 为

$$y=\frac{wl^4}{8EI}\left(1-\frac{4x}{3l}+\frac{x^4}{3l^4}\right)$$

$$y_{\max}=\frac{wl^4}{8EI}$$

式中　w——单位长度重量；

l——活塞杆末端到端盖之间的长度；

E——材料的拉伸弹性模数；

I——截面惯性矩，$I=\frac{\pi}{64}\ (D^4-d^4)$；

x——从活塞末端到所求垂度 y 处的距离（在 $y_{\max}$ 处为零）。

$$y_{\max}=\frac{10^{-5}}{4}\frac{l^4}{D^2}\quad(\text{cm})$$

若活塞杆直径为 30mm，长为 1000mm，计算出的 $y_{\max}$ 约为 8mm。这样大的垂度会使气动缸的端盖处损坏，所以应采取不使活塞杆发生弯曲的措施。

可采用增大气动缸活塞杆支承部分距离的方法，这样即便活塞杆下垂也可减轻对端盖和活塞滑动部分的影响。如果不采取这种措施，在端盖和活塞杆及活塞和缸筒之间的配合不十分精密时，就会造成活塞和端盖上局部过载和增大摩擦的后果。采取这种措施不仅对活塞杆的下垂有效，而且对重量大的活塞杆也是有效的。

当端盖和活塞杆、活塞与缸筒的配合松弛时，在端盖和活塞的局部区域会产生很大应力，而且局部接触压力更大，这必然会发生卡死现象。

也可以用支承轮支承活塞杆的结构，能防止活塞杆下垂。采用这种方法可使气动缸的行程达到 30m。

3.2.7.3　连杆机构

图 21-3-17 所示为采用最简单的连杆机构的结构。在一般情况下这种机构不是直线运动机构，而是摆动运动机构。本节只说明 θ 极小时的近似直线运动机构（吊臂机构）。θ 较大时的摆动运动在下一节介绍。

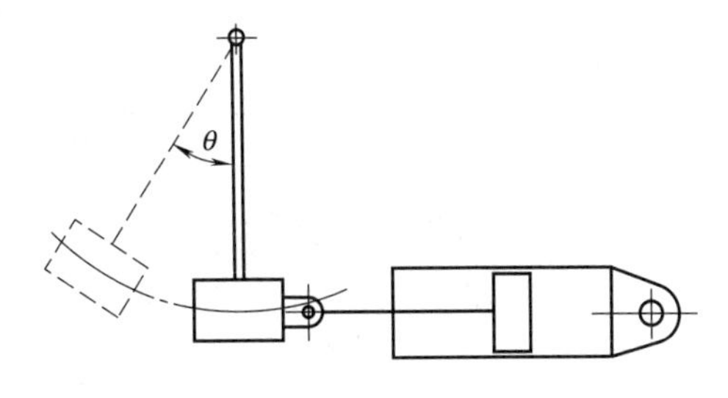

图 21-3-17　用连杆机构的导向法（摩擦极小）

表 21-3-47　**吊臂机构**

类别	简图	说明
简单的吊臂机构	图(a)　吊臂机构的摩擦 图(b)　采用挠性弹簧减少摩擦的例子 图(c)	这种机构摩擦很小，比前面介绍的滑动机构和滚动机构都优良。图(a)所示为载荷被垂直悬挂的情形（相当于 θ 等于零的情形）。使载荷 W 水平移动所需要的力 F_0 只要克服作用于支承销的摩擦力就够了 作用于支承销的摩擦力 f 为 $f=\mu W$　(1) 式中　μ——销子和衬套之间的摩擦因数 $F_0 l=\mu W \frac{d}{2}$　(2) $F_0=\frac{\mu W d}{2l}$　(3) 在这种情况下取摩擦因数 $\mu=0.2$。这种机构因销子和衬套的加工能够比较容易地获得真圆度和表面光洁。因此可取较小的 μ 值。同时因相互滑动面始终保持接触，尘埃难以侵入，防止尘埃侵入也比较容易 要是在销子部位装上滚动轴承，可使 F_0 值更小。需要进一步减少摩擦时，可采用挠性弹簧悬挂［图（b）］。这样对于微小变位，摩擦（弹簧的内摩擦）实际上可以忽略。当然如果 θ 角较大，就需要将重物 W 沿斜面提升的力增大。若图 21-3-17 中气动缸的转轴在无限远处，气动缸的推力是水平的，则当吊臂和垂线成 θ 角时［见图(c)］，必要的气动缸推力 F_0 为 $F_0=W\tan\theta+\frac{\mu W d}{2l\cos\theta^2}$　(4) 这时的移动距离（气动缸行程）为 $S=2l\sin\theta$ 这种机构的特点是在 θ 角很小的范围内摩擦力很小。但在 θ 较大时由于需要倾斜向上的力，就会使驱动力大大增加，而且还有摆动运动周期的影响 从工作性质来看，吊臂的直径可以很小，而且因销子部分加工简单，故造价低。可是，由于吊臂必须很长，需要占用较大的空间，这在机械设计上是个最为难的问题。若销子和臂的刚度小，则对横摆（和移动方向垂直的摆动）阻力也小，容易引起横摆现象。这种横摆可用简单的导向装置防止。若载荷和臂是刚性连接的，则臂倾斜后载荷也随着倾斜

续表

类别	简图	说明
载荷水平移动的吊臂机构	图(d)　重物近似水平运动的吊臂机构 1～4—销子；a～c—臂	为了克服吊臂只能在臂的移动角度 θ 很小的范围内才能使用的缺点设计成一些即使 θ 很大时也能实现重物近似水平运动的吊臂机构。图(d)所示的便是其中一例。这是一种三臂连杆机构。销子 1 和 2 为固定销；销子 2 和 4 分别连接臂 a 和 b，a 和 c。这种机构能使载荷 W 的移动线成近似水平线，由于所用销子较多，所以销子的摩擦也相应增多，但每一个销子的摩擦都不是很大，故还是能以固定的较小摩擦力动作，装置的可靠性也较高。因杠杆 b 承受压应力，需要注意它的抗弯强度特别是在高速移动时，由于臂的自振使弯曲应力进一步增大
平行运动的吊臂机构	图(e)　四连杆平行运动机构 1～4—销子；a～c—臂 图(f)　臂中部有驱动点的情形	图 21-3-17 所示机构的缺点之一是：若使臂和载荷刚性连接，则臂倾斜 θ，载荷也跟着倾斜 θ。为了消除这个缺点，设计了平行运动的吊臂机构 图(e)所示为最简单的四连杆平行运动机构，载荷是用两根连杆 a、b 通过连杆 c 吊着的。销子 1-2 及 3-4 的间隔等长，1-2、2-4 的连杆长度也相等。这种机构上的连杆 c 只能平行于 1-2 运动。由于连杆 a、b 分别承受一半载荷，故作用于销子 1 和 2 的摩擦力也相应减半。由气动缸推力所产生的摩擦力也被加在销子 2 和 4 上，但这个值不很大，所以，在臂 a 和 b 倾角很小的范围内摩擦极小。这点和图 21-3-17 所示情形相同。这种机构需要用力把载荷提升，这点也和图 21-3-16 所示情形相同 在这种情况下，如设图(f)所示结构中的气动缸推力为 F'，则 $F_0=F'\frac{l_1}{l}$　　(5) 如将式（4）中的 F_0 代入式（5）便可求出 F'

表 21-3-48 吊臂机构的使用实例

简图	说明
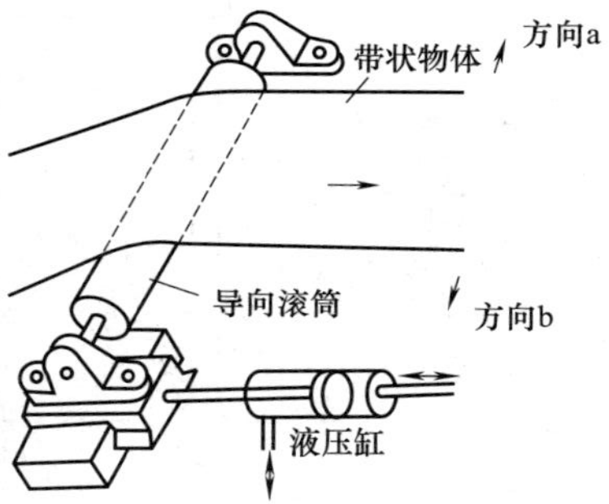 图(a) 采用液压缸的带状物跑偏控制装置 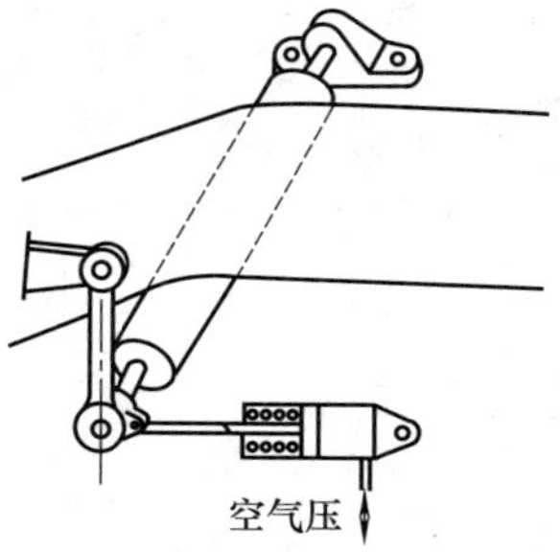 图(b) 用气动缸驱动的导向滚筒	图(a)所示机构是制造纸、塑料布、玻璃纸、布之类机械中的导向滚筒装置(跑偏控制装置)。滚筒的一端是位置控制机构的驱动部分。图示机构是用双作用液压缸使轴承座沿导轨左右移动,从而控制导向滚筒移动。当活塞杆伸出时,导向滚筒向左方移动,使带状物偏向方向b,相反,当活塞杆收进时,导向该筒向右方移动使带状物方向a。因为是用液压控制的,故滑动导轨的摩擦对机构的动作影响不大。但若是气动控制,则摩擦问题就会影响控制精度。同时若带状物是纸类,则控制流体不希望使用油。这是因为一旦发生漏油,不是把产品弄脏,就是把油混进应当回收的水中 因此,应当改用气动控制。但若只是简单地用气动代替液压,则除非使用具有相当高级的位置控制装置,否则滑动导轨的动作必然会发生爬行而不能获得预期的控制效果。所以,要想采用简单的气动缸驱动并具有良好的控制性能,就希望在驱动导向滚筒时的摩擦影响尽可能小。要解决这个问题可使用如图(b)所示的吊臂机构 前面已经讲过这种机构在θ很小的范围内几乎没有摩擦。所以,可使用弹簧复位的单作用气动缸,如图(b)所示,机构中由于导向滚筒的轴要作摆动运动,所以两端滚动轴承也应能作微小摆动。即使这种结构能减小摩擦,但若轴承结构不好,在轴摆动时需消耗很大的力,使气动缸控制效果不好。通过这个例子仅说明气动和液压的不同,若不注意机械各部分的问题,因空气的柔性就会使机械不能圆满地工作

上面已介绍过作为直线运动机构的用气动缸驱动吊臂上重物的连杆导向法,该情况下气动缸行程与连杆长度相比很短,故可把吊臂末端的运动看成近似直线运动。下面介绍的是气动缸行程与臂的长度相比较长、臂的回转角较大的机构

续表

简　　图	说　　明
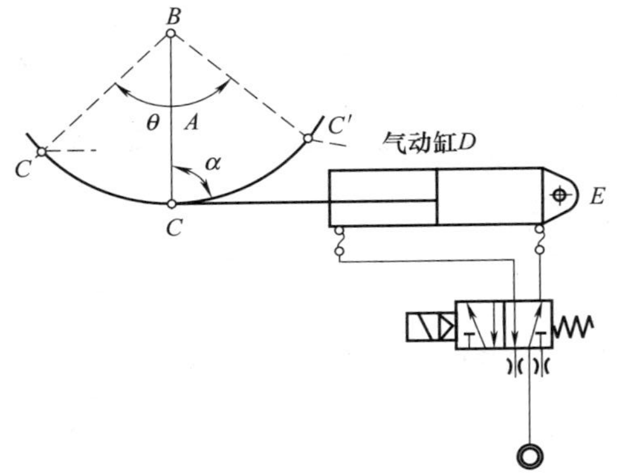 气动缸D 图(a)　典型的曲柄摆动机构 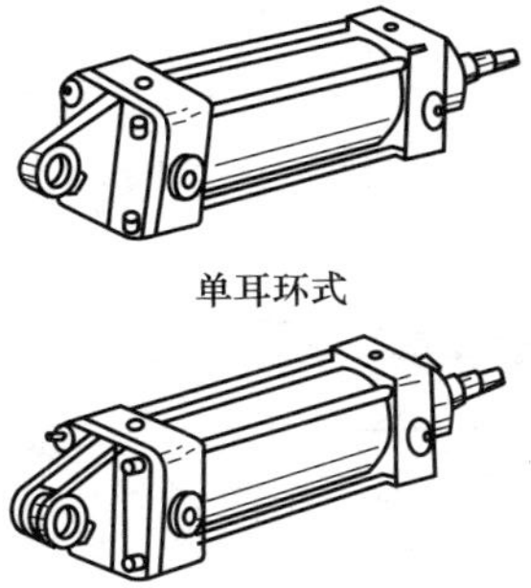 单耳环式 双耳环式 图(b)　典型的曲柄摆动机构中使用的气动缸 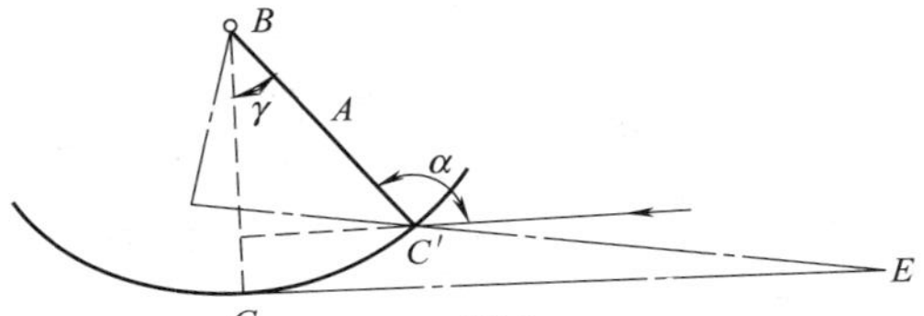 图(c)	如图(a)所示机构把气动缸活塞杆的一端连接在曲柄 A 的一端 C 上，曲柄 A 的另一端 E 连接在输出轴上。当气动缸工作时曲柄 A 就在图上的虚线范围内摆动。轴 B 在角度 θ 范围内转动。这种机构在机械中应用较多。气动缸 D 一般采用图(b)所示结构。为使工作时活塞杆和曲柄 A 能作相对角度变化，连接点 C 制成能回转的形式。因气动缸作摆动运动，故空气供给管道应使用柔性的软管 图(a)所示机构的力传递能力与气动缸耳环处的销子 E 的位置(即 CE 的长度)以及 CE 和 CB 的夹角 α 有关。在忽略摩擦的情况下，当 α 为 90°时传递效率为 100% 设臂长 BC 为 l，气动缸的输出力为 F，轴 B 的输出转矩为 T，在 $\alpha=90°$ 时 $$T=lF,F=\frac{\pi}{4}D^2p\eta$$ 所以 $$T=\frac{\pi}{4}D^2pl\eta$$ 式中　η——气动缸输出效率。 在 α 不等于 90°、E 点在无限远时，有 $$T'=lF\sin(180°-\alpha)$$ 或 $$T'=lF\cos\gamma$$ 其中　$\gamma=\alpha-90°$ 一般 $\theta=90°$，即 γ 的最大值为 45°的情形较多，这时的输出效率和 $\gamma=0°$时的输出效率的比值为 $$\frac{T'}{T}=\frac{lF\cos\gamma}{lF}=\cos\gamma$$ 当 $\gamma=45°$时，因为 $\cos\gamma=\frac{1}{\sqrt{2}}$，所以输出效率约为 71% B 点实际上不可能无限远，所以如图（c）所示，α 大些效率更低。如图中 E 点不在 C 点处的切线上，而在稍高于图示的位置，则 C 点输出效率略有下降。因此应尽量选择整体效率较平均的点 在图（a）所示机构中使用的耳环式气动缸，因 CE 较长，往往造成安装上的困难。在这种情况下若传递效率允许，可改用图（d）所示的铰轴式气动缸，但因缩短了 CE 而使效率降低

续表

简　　图	说　　明
图(d)　铰轴式气动缸 可节省安装空间，但比图(c)的效率低	
图(e)　安装空间小的结构	图(e)所示为一种安装空间小而效率高的结构。这种场合流入曲柄腔的空气为无效空气而被消耗掉
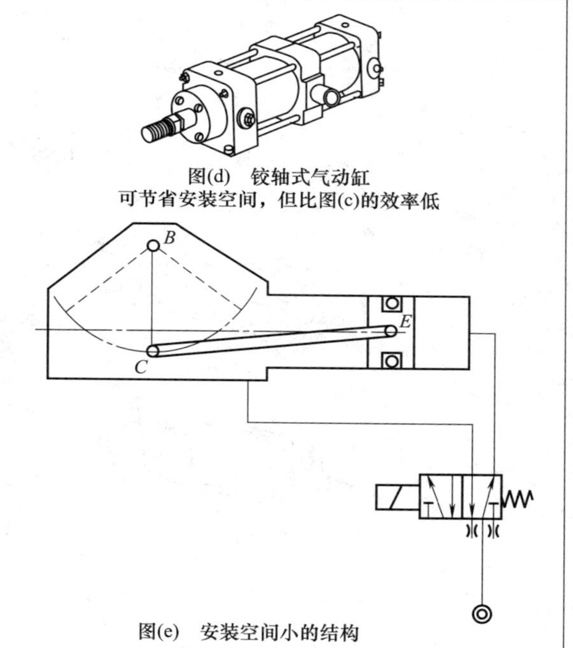 图(f)　作用于活塞上的侧压力S	图(f)中 l 为连接杆的长度，θ 为连接杆的倾斜角，则作用在活塞上的最大侧压力为 $$s=\frac{\pi}{4}D^2p\tan\theta$$ 曲柄腔中轴承上也作用着大小相同方向相反的力。侧压力 S 的作用不仅会使活塞磨损，而且因侧压产生摩擦使效率降低。为减少磨损可降低滑动面接触压，并选择摩擦因数低的滑动副 假设图（f）中所示的活塞直径为 D，活塞厚度为 t，滑动面的压力为 p_s，则有 $$S=Dtp_s$$ 所以 $$t=\frac{S}{Dp_s}=\frac{\frac{\pi}{4}D^2p\tan\theta}{Dp_s}t=\frac{\pi}{4}D\frac{p}{p_s}\tan\theta$$ p_s可取 3～5bar，因为工作压力 p 一般为 5bar，所以若 $p_s=p$，则有 $$t=\frac{\pi}{4}D\tan\theta$$ 这时，$\tan\theta$ 取最大值。 图（e）所示的机构当转矩较大时，因曲柄长度和活塞直径之间存在一定相关关系，曲柄腔小，则活塞行程便要增加，故要减轻重量和进一步使流入曲柄腔的空气减少是不可能的。为了在一定的工作压力下增大输出转矩，无论怎样也需要有一定大小的曲柄腔。故这种结构的大输出力装置成本高，空气浪费大。不过对小的或中等输出力的马达来说，因结构简单、可靠性高，常和控制位置的调位器结合起来用来控制调节阀等

表 21-3-49　　连杆机构的应用实例

<table>
<tr><th>机构名称</th><th>简　图</th><th>说　明</th></tr>
<tr><td rowspan="3">采用连杆的多级行程机构</td><td colspan="2">事实上，在气动控制中要使气动缸准确地停止在行程中间的某个位置，几乎是不可能的，所以在需行程控制的场合都是用几个气动缸实现多级行程控制。这种方式看起来好像相对行程的自由度较少，使用受到限制，而被认为是气动的缺点，但在机械设计中只需几个行程的情况是很多的，而且这种多级行程机构能获得正确位置，还能利用气动缸的缓冲装置
在实际机械中用气动施行多级行程控制比用一个液压缸施行行程控制还好的例子是不少的
一根连杆通常只能够连接两个气动缸，但若结合方法得当，因每个气动缸都有两个位置，故将 n 个气动缸的行程进行适当组合，就能获 $2n-1$ 个行程</td></tr>
<tr><td>4 3 2 1 B A
图(a)　4级行程运动机构
1～4—气动缸所处位置</td><td>图(a)所示为采用一个连杆和两个气动缸构成的多级行程机构。适当地选取两个气动缸的行程和连杆接点的距离就能控制任意四点的位置</td></tr>
<tr><td>8 7 6 5 4 3 2 1
图(b)　8级行程运动机构
1～8—气动缸所处位置</td><td>图(b)所示机构中使用三个气动缸，其中一个气动缸设在连杆上，能够得到八个位置，其实用的例子示于图(c)
随着自动装置的发展，迫切要求机械之间搬运物品的自动化。目前很多自动化机器除了材料的供给和排出，其他中间过程是全自动化的。但是能自动供给材料并能够向下一工序自动搬运的装置目前还并不普遍</td></tr>
</table>

续表

机构名称	简图	说明
采用连杆的多级行程机构	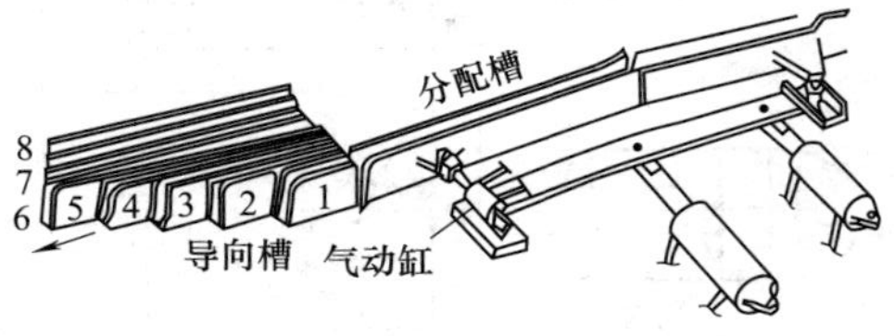 图(c) 把多位置控制机构应用到分配槽上的例子 (取三个气动缸将物品分配给八个导向槽)	图(c)所示的分配槽，是用于前一台机械的处理能力相大，其后流程需要许多机械的场合或根据自动检测的结果来区分货物种类的场合 用这种装置分配较小物品时有时使用电磁铁操纵，但在被分配物稍重时，由于分配槽重量较大，故大多利用气动操纵。若物件非常大则用液压驱动较好，但因大批量生产大形物件的情况很少，所以说这种装置主要是用气动操纵的 这种装置存在的问题是由于分配槽的强度较低，气动缸动作又快，槽子在冲击作用下而破坏，因此需要尽量巧妙地使用气动缸的缓冲。若要使气动缸快速动作、气动缸缓冲器难以充分消振的情况下，应采用有充分缓冲作用的气动缸并适当加长缓冲行程。因为没有经过周密考虑而设计出的气动缸，如果采用长缓冲行程，则反向时气动缸的速度会过于缓慢，但这种装置要求气动缸必须在要求的时间内动作，不得已时需要牺牲缓冲效果，结果会促使槽子很快破坏
采用连杆的断续输送装置	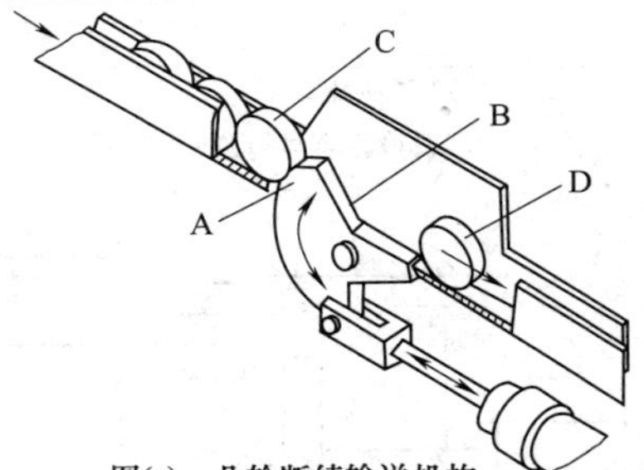 图(a) 凸轮断续输送机构	图(a)所示为将板状连杆做成合适形状的断续输送装置的例子。图中气动缸为伸出状态。当气动缸收进时连杆板的凸起部分 A 下降，使材料落入凹部 B 中。再使气动缸伸出时，下一个材料 C 被凸起部分 A 阻止，同时把落入凹部 B 中的材料 D 从槽中排出
	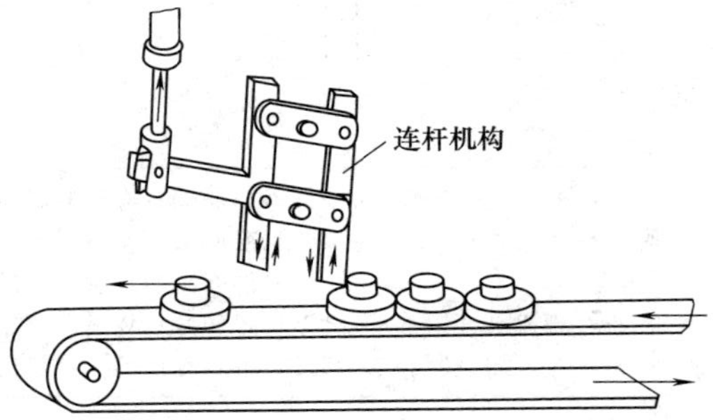 图(b) 连杆断续输送机构	图(b)所示为用连杆将一个气动缸的运动转换成两个相反的运动并将其用于滚子输送机的物件断续输送机构。这种机构也不是绝对可靠的，有时也会发生销子等零件的损坏。事实上出现2个材料同时进入受料机构的情况，不能完全怪罪于机械本身不可靠，而应消除存在同时送进两个材料的可能性。所以若受料机构在发生接连送入两个材料后能自动停止工作，这个问题就能得到解决。 这种机构有时会因机构的材料重量而使销子和其他连杆节产生疲劳而破坏。这是因为气动缸速度相当快而且多次重复运动。因考虑安全而使气动装置的管道直径用得过大是气动缸速度太快的原因之一

续表

机构名称	简　图	说　明
采用连杆的断续输送装置	图(c)	在气动机构中合理选择元件和配管粗细是很重要的。例如气动缸和电磁阀采用优质产品，而气滤采用劣质产品的气动系统，虽然采用大直径配管，其速度有时还不能达到要求，但若将气滤、油雾器、速度控制阀等换用合格产品，则气动缸的速度便立即提高 在气动系统中采用过粗的管道也是不必要的。例如，直径为 1/2″的速度控制阀其孔径只有 7～8mm，所以若把连接这种阀的 1/2″配管改成 1/4″时气动机构的动作时间并不改变 图(c)所示机构中使用了和图(b)所示机构相似的连杆机构。不管力作用在工作台上 A、B、C 哪一点，都能用空气压力平衡，故这种机构可用于检测装置等上
	图(d)　滑杆断续输送机构之一 1—滑道；2—摆杆；3—滑杆；4—气动缸；5—弹簧；6—压杆	图(d)所示为滑道中的零件与零件间互相紧靠没有间隙时的一种断续输送机构。若气动缸驱动滑杆动作，由于滑杆和摆杆的作用，使压杆反向移动。在压杆上装有弹簧，用来压住零件。滑杆退回后，零件失去支承在滑道中落下，而在上面的零件因受压杆弹簧的作用而不能下落。随后滑杆伸出，压杆退回，只落下一个零件，并被支承在滑杆上。因而，零件一个一个地断续下落。如果把滑杆和压杆的距离增大到 2 个、3 个零件的距离，则气动缸的每次循环就可落下 2 个、3 个零件

续表

机构名称	简图	说明
采用连杆的断续输送装置	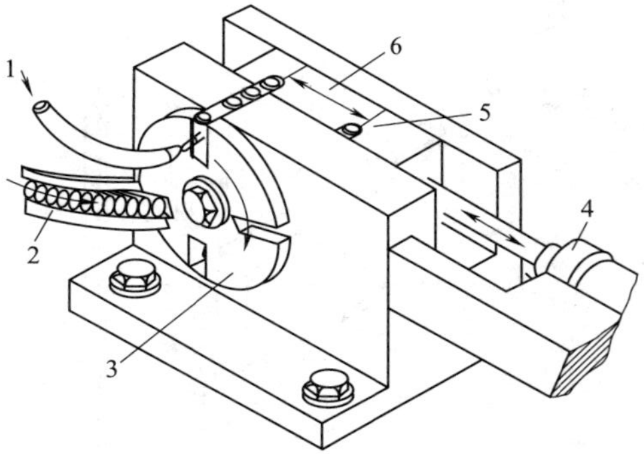 **图(e) 转盘断续输送机构** 1—压缩空气;2—滑道;3—分度转盘;4—气动缸;5—工作位置;6—滑动夹具	图(e)所示的断续输送机构能使横卧在滑道中输送的零件利用分度转盘将零件转为直立状态。由于竖立的零件容易倒,应使零件直立的时间尽可能短。同时,零件直立在滑道上时,用压缩空气把零件吹向一边,保证零件的稳定并将零件送至夹具
	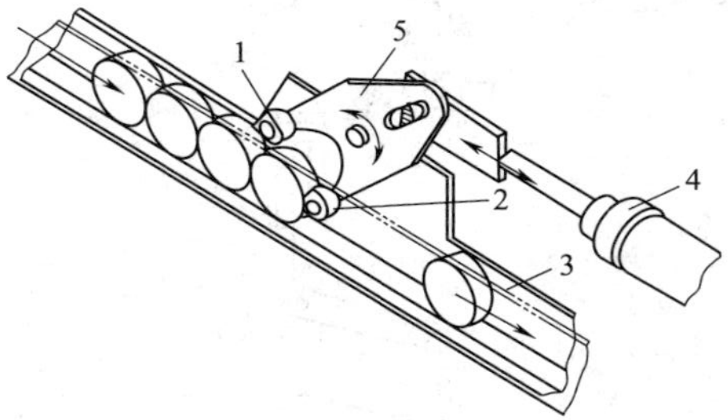 **图(f) 摇板断续输送机构** 1,2—滚轮;3—滑道;4—气动缸;5—摇板	图(f)所示的断续输送机构中,摇板的两只脚上装有小滚轮,利用气动缸动作使摇板摆动,输送过程中滚轮和零件相接触,以减轻零件擦伤

第21篇

3.2.7.4　阻挡机构

阻挡机构的主要作用是使紧密排列的零件分开供料。

图 21-3-18 所示为用气缸驱动专门用作阻挡的机构。在大圆筒状物件沿滚槽倾斜滚下的过程中，速度逐渐增加，到达底部时达最大，此时物体会对底部的机构产生冲击，所以有时需在滚槽中途设置阻挡机构。

气动阻挡机构使用方便，成本低，效果好，但在机构设计和使用中要注意气缸活塞杆所受到的冲击力影响。图 21-3-19 所示的阻挡机构，除非物件很轻，滚动速度不是很快，否则最好避免采用。因为这种结构在碰撞的瞬间冲击力大，而且冲击力作用方向通常与气缸的轴线方向不完全一致，即活塞杆上承受了侧向载荷，建议采用图 21-3-20 所示的阻挡机构。这种机构能有效地利用气缸的缓冲效果。在阻挡机构的挡板因物件的冲击力而后退时，气缸有杆腔内的压缩空气被压缩而起到缓冲作用。为了防止有杆腔内的空气倒流入管道中去，可在气缸的换向回路中设置一个二位二通电磁阀或者单向阀，如图 21-3-21 所示。

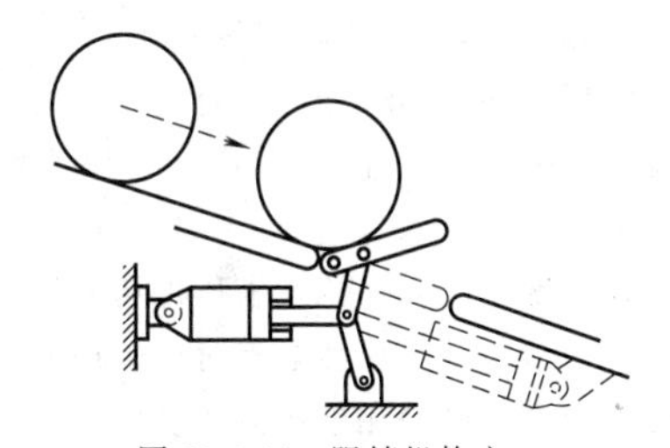

图 21-3-18　阻挡机构之一

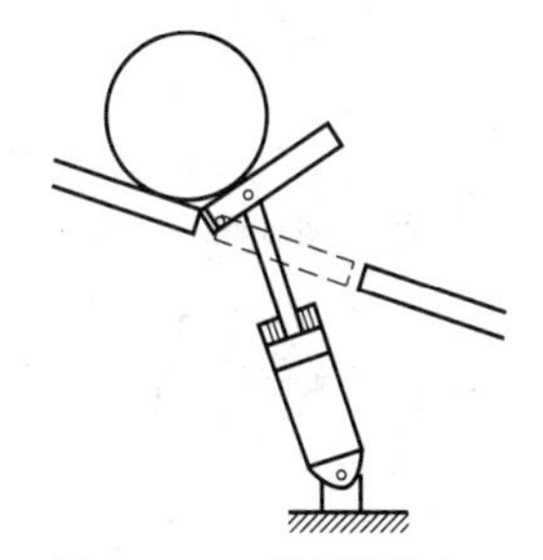

图 21-3-19　阻挡机构之二

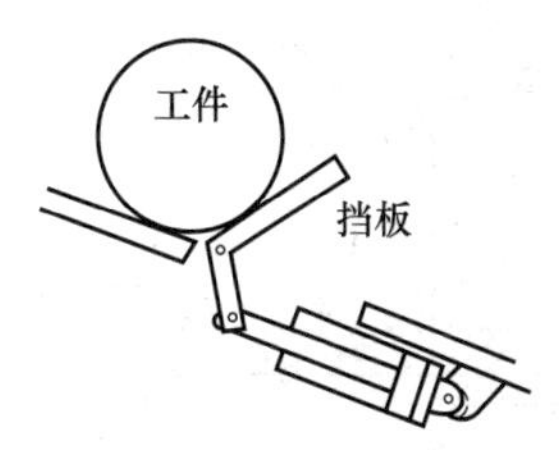

图 21-3-20　阻挡机构之三

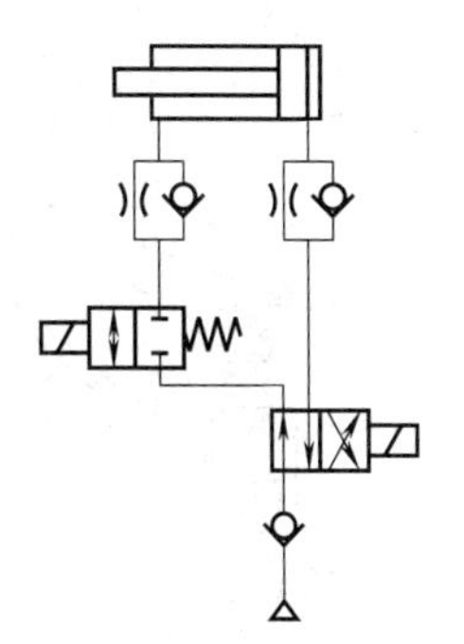

图 21-3-21　防止有杆腔内的空气倒流的回路

3.2.7.5　连杆增力机构

连杆增力机构很早以前就已应用于气动铆钉机上了。图 21-3-22 所示为一种利用肘式机构的气动铆钉机。连杆 1 及 2 相交处的销子 3 与气动缸的活塞杆相连接。滑动轴 5 的末端装有铆接工具，随着连杆 1 相对滑动轴的夹角的减小，加在工具 6 上的压力快速增大，直到连杆 1 和 2 重合时达到最大。

图 21-3-23 所示机构中，连杆 1 和 8 为一整体，滑动轴 5 的配置也不同。

图 21-3-22 中的铆钉机要求铆接压力均匀，这在使用气动的场合应认真对待。图 21-3-24 所示的那种把气动缸输出力直接传递到压头的机构来说需要注意滑动轴的滑动摩擦和扭歪等问题。但只要注意作业方式和气动回路的设计，由供给压力进行正确控制是可能的。可是对图 21-3-22 那种机构来说因铆钉的高低和各连杆端部销子的磨损等，有时压力会有很大的差别。

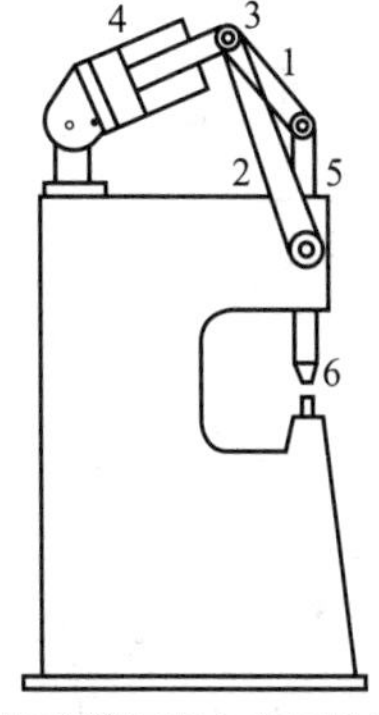

图 21-3-22　气动铆钉机上应用的连杆增力机构
1，2—连杆；3—销子；4—气动缸；
5—滑动轴；6—工具

图 21-3-24 所示加压机构的气动回路，应注意：这种气动回路的压力用减压阀进行调整，为了使压力稳定，有将储气罐设在减压阀下流（见图 21-3-25）和减压阀上流（见图 21-3-26）两种回路。比较这两

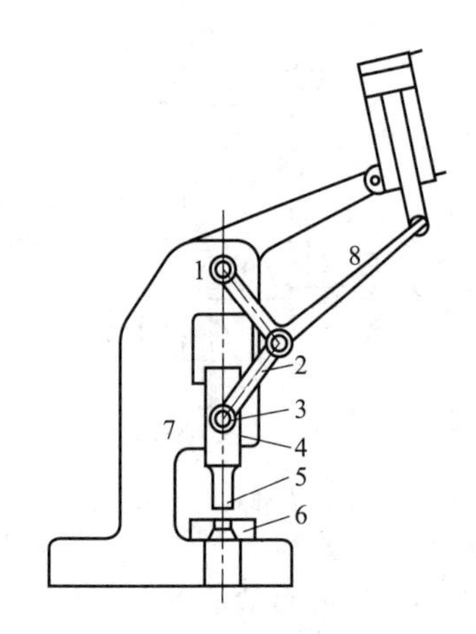

图 21-3-23　冲床上应用的连杆增力机构
1,2,8—连杆；3—销子；4—滑动轴；
5—工具；6—工件；7—机架

种回路时，把用减压阀减压后的固定压力蓄积在储气罐内的回路（图 21-3-25 中的回路）较能使气动缸的推力稳定。但对图 21-3-25 所示回路来说，如储气罐的容积与气动缸容积相比不大时，要得到稳定的动作是困难的。

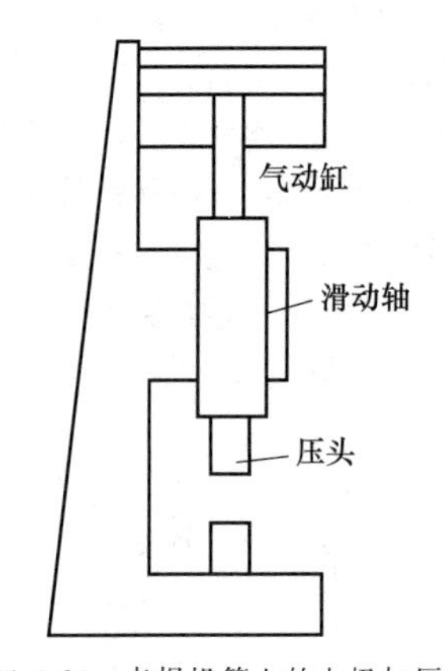

图 21-3-24　点焊机等上的电极加压机构

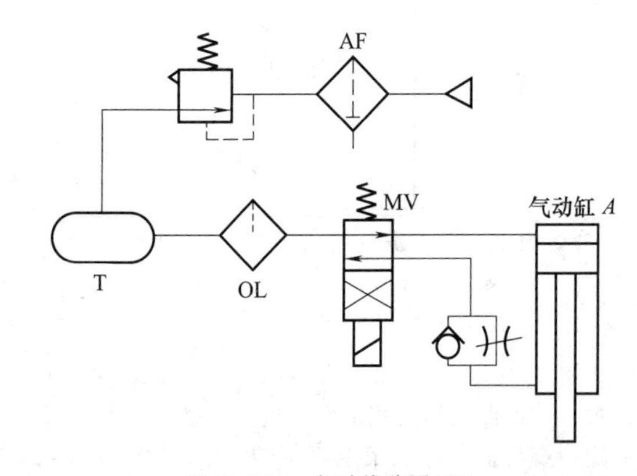

图 21-3-25　气动线路图（1）

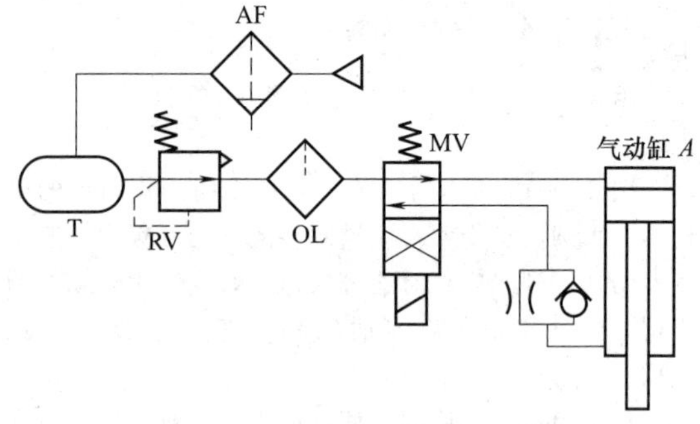

图 21-3-26　气动线路图（2）

因此，如图 21-3-26 那样把储气罐 T 设在减压阀的回路到达设定压力的时间较快。这是设计上应注意的事项之一。在图 21-3-25 所示的回路中使用质量优良的减压阀已能使气动缸很好地工作。但如希望避免在很小区间内流量曲线很快下降可采用先导型减压阀，这样可使特性得以改善。

图 21-3-27 所示为利用双连杆获得更大增力的例子。

图 21-3-28 所示为单纯利用杠杆的滚子加压机构的例子。如滚子重量较轻，则利用气动加压效果好。这是因为重量一增加，要得到较大加速度就比较困难，机构的反应就较慢。相反，若气动缸的输出力比滚子重量大 10 倍，就能获得 $10g$ 的加速度，反应就快。

在这种情况下需要讨论用液压加压和用气动加压的优缺点。仅从价格方面考虑有时可采用液压，但若要提高反应速度，则采用液压就比较困难。例如要获得 $10g$ 的加速度，就需要很大的液压泵。如采用较小的液压泵便需要大型蓄能器，而且在滚子稳定运转时（此时滚子轴不移动）也要消耗液压泵的功率。利用气动时因气动缸内的空气能以声速膨胀，在稳定状态下不消耗空气（动力消耗等于零）。

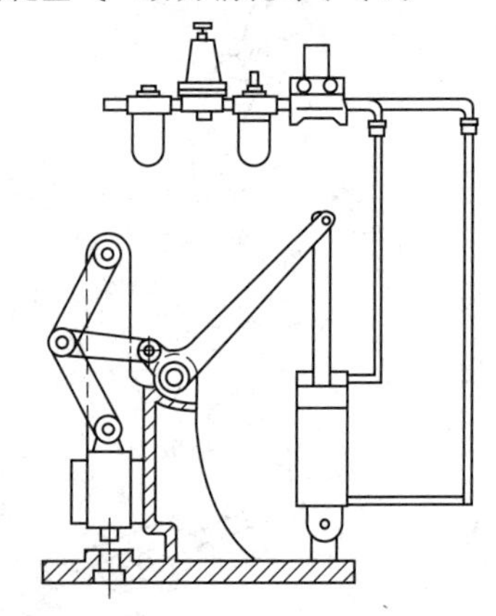

图 21-3-27　使用双连杆增力机构的例子

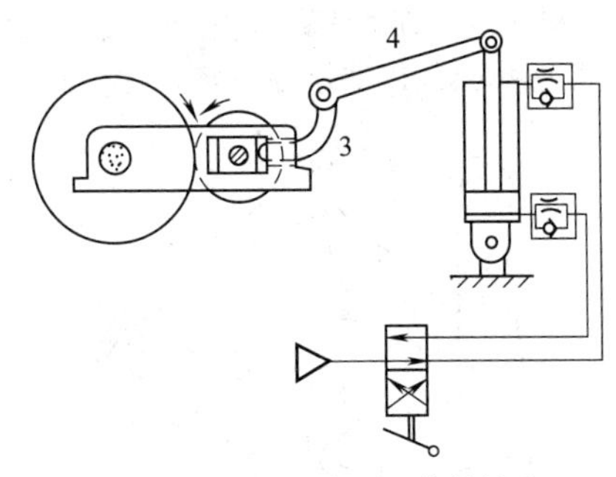

图 21-3-28 滚子加压机构的例子

采用液压时当滚子加压压力大时，液压缸成本较低，故设备费用低，但不能避免稳定运转时的功率消耗，在滚子移动时的追随性也往往不能与气动的相比，这些在设计上必须注意。近来在高性能的大型抄纸机等上，滚子加压不使用活塞缸而使用摩擦小的膜片装置。在这种装置上，每一膜片输出的力可达 10t 左右。

图 21-3-29 所示为一种搬运物料的最简单的机械手。图中 A、B 是连杆，销子 C 固定在气动缸的活塞杆上，活塞前进时放开工件，活塞后退时夹持工件。设计这种装置时应注意对于一定的气动夹紧力如何确定气动缸的容积。例如，图 21-3-29 所示机构的增力率近于 1，工件夹紧力为 5000N，机械手的动作距离要求为 20mm，则做功为

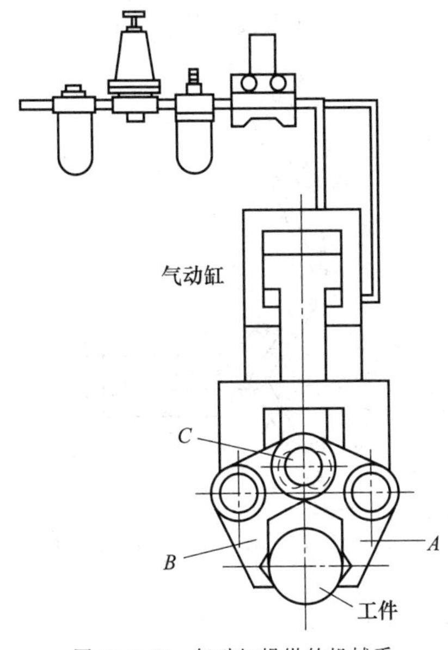

图 21-3-29 气动缸操纵的机械手

$$W=FS=5000\times0.02=100\ (\mathrm{N\cdot m})$$

当使用 5bar 的空气压力时，所需空气量

$$V=\frac{W}{P}=\frac{100}{5\times10^5}=200\ (\mathrm{cm^3})$$

确定了气动缸容积后，再适当地设计连杆，并确定出气动缸的细长比。由于在连杆开始动作时并不需要很大的力，所以最好将连杆设计成开始推力小然后逐渐增大的结构。

图 21-3-30 所示为用在钢丝剪断机上随钢丝直径加大剪断力也随之增大的连杆机构。这种机构利用了曲面摩擦面 A、B。图中杠杆是做摆动运动的，如要使它做直线运动，可设计成图 21-3-31 所示那种结构。连接杆 7 作左右直线运动，当它在左端时推力小，在右端时推力大。这种机构有时可原封不动地应用于一些剪断机构上。

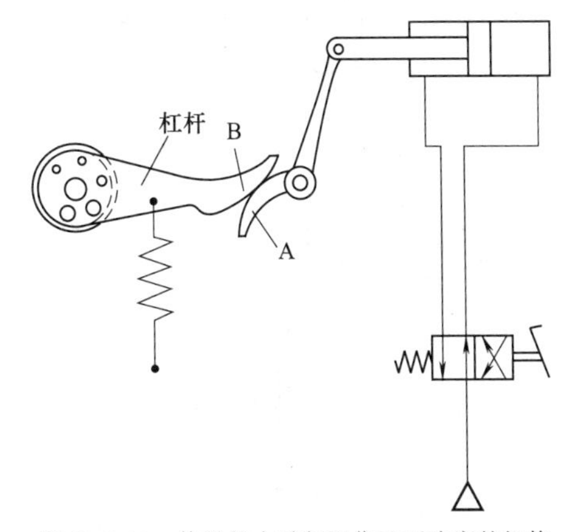

图 21-3-30 传递的力随行程位置而改变的机构

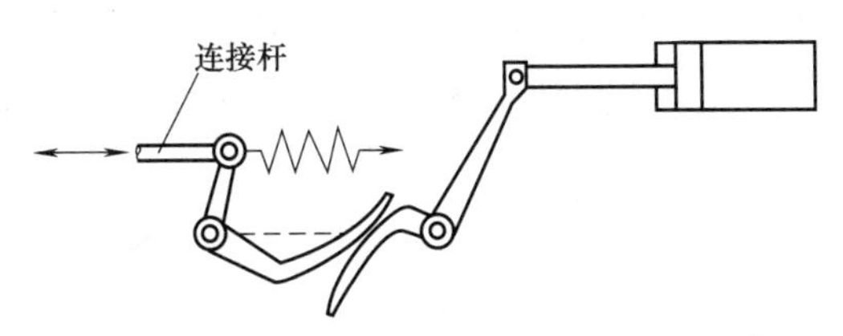

图 21-3-31 根据行程位置改变杠杆输出力的机构

图 21-3-32 所示为由双连杆机构构成的剪断机械，其剪断力极大。用气动操纵这种机构的主要问题是供给图中所示气动缸的空气管道必须使用软管。

但由于弯曲软管，其内面会因疲劳而剥离出一些粉末，这种粉末往往会损害气动缸和电磁阀的机能。在液压的场合，因压力很高，在软管产生这种状况之前，早已破坏。可是在气动的场合，因内部压力低，即使软管已相当疲劳也还能勉强使用，这就容易造成气动缸和电磁阀发生故障。

图 21-3-33 所示为用四连杆构成的推力变化的机构。连杆 1 和连杆 3 的倾角不同，当用气动缸推动连接连杆 1 的杠杆 4 时，连杆 3 顶端的转角随连杆 1 的倾斜位置而变化。因连杆 3 在左侧的转角减小，所以若用同一转矩驱动连杆 1，则在左侧连杆 3 的输出转矩增加。图 21-3-34 所示的也是使用四节连杆的装

置。滑动轴 6 和 8 向外张开的力随气动缸活塞杆伸出而增大。当连杆 1 和 4 成水平状态时达到最大值（在理论上为无穷大）。

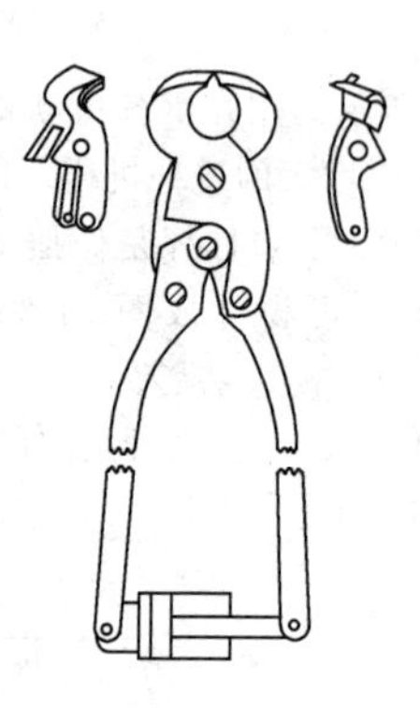

图 21-3-32 应用双连杆机构的剪断机械

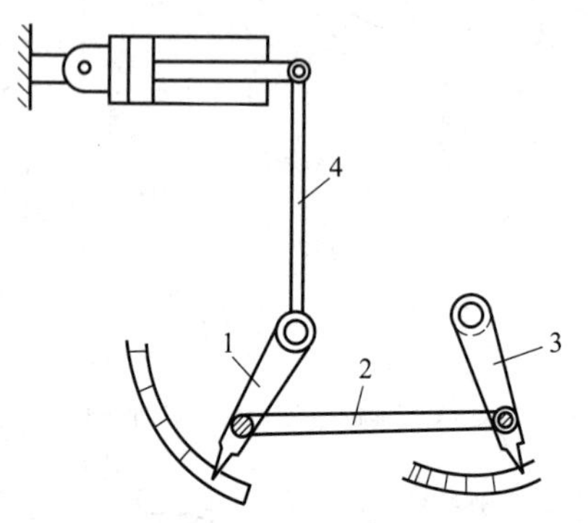

图 21-3-33 由四节连杆构成的随行程位置改变输出力的机构
1～3—连杆；4—杠杆

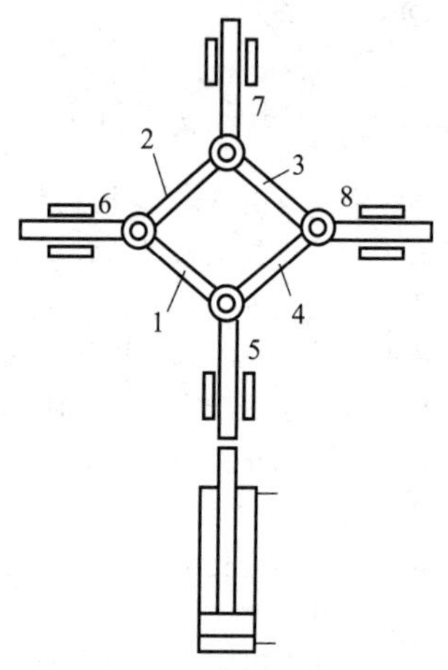

图 21-3-34 连杆增力机构
1～4—连杆；5～8—滑动轴

图 21-3-35 所示为一种铆接机。这是把齿轮应用到如机械手一类的机械中的例子。这种机构在发挥齿轮的增力作用的同时使连杆 3、4 同时分别向左右移动，所以机构前端的中心 8 并不移动。这种机构适用于在夹紧工件时要求工件不动的场合。

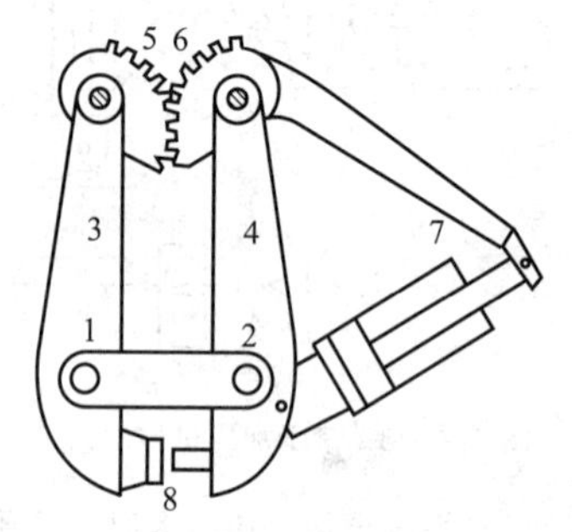

图 21-3-35 使用齿轮和连杆的机构
1,2—销子；3,4,7—连杆；
5,6—齿轮；8—机构前端中心

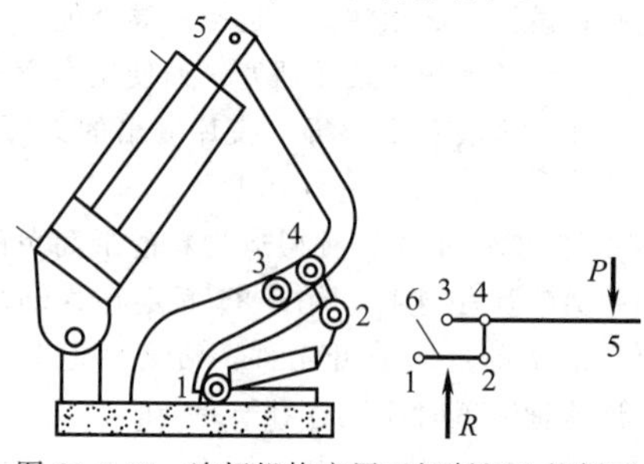

图 21-3-36 连杆机构应用于切断机上的例子
1～5—销子；6—连杆

图 21-3-36 所示为连杆机构应用于切断机上的例子。但飞剪等装置上常使用图 21-3-37 所示的机构。

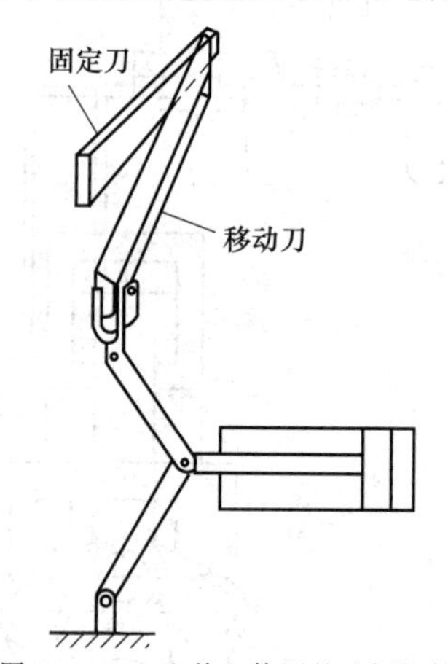

图 21-3-37 飞剪上使用的连杆机构

3.2.7.6 气动扩力机构

扩力机构是一种能将较小的输入力放大而获得较大的输出力，并按需要改变力的方向的机构，广泛应用于夹具、机械手等机械装置。

图 21-3-38 所示为气动扩力机构原理图，若不考虑机构的摩擦损失，其扩力比 i_F 为

$$i_F=\frac{F_1}{F}$$

行程比 i_S 为

$$i_S=\frac{S_1}{S}$$

式中 F_1——从动件上的压紧力，N；

F——原动力，N；

S_1——从动件行程，mm；

S——原动件行程，mm。

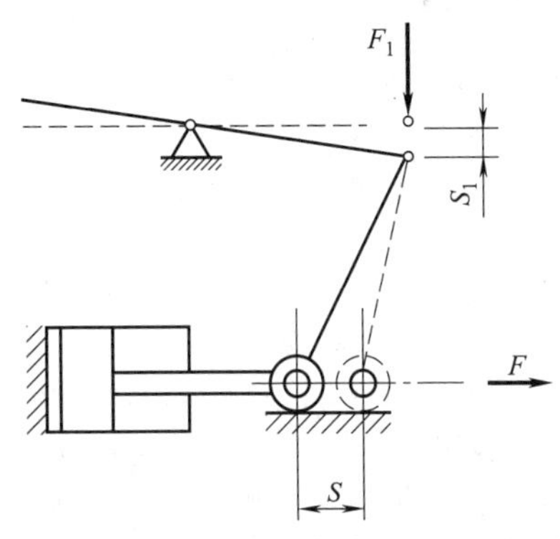

图 21-3-38 气动扩力机构原理

由上式可知，在任何一种扩力机构中，当其他条件一定时，如果扩力比 i_F 增大，则行程比 i_S 要减小。设计时应适当选取 i_F、i_S 值。常用的气动扩力机构有杠杆扩力机构、楔式扩力机构和铰链杠杆扩力机构等。

图 21-3-39 所示为一种常用于气动机械手的抓取机构，采用了铰链杠杆扩力机构，其夹紧力 F_1 与气缸输出力 F 的关系为

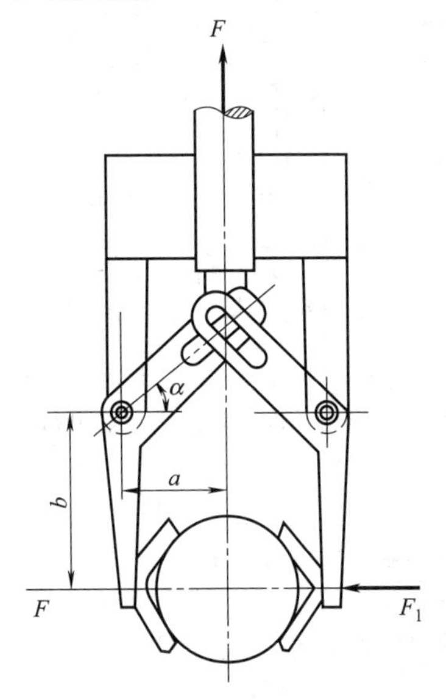

图 21-3-39 机械手抓取机构

$$F_1=\frac{a}{2b}\left(\frac{1}{\cos\alpha}\right)^2 F$$

从上式可见，在气缸输出力 F 为定值时，增大 α 角可使夹紧力 F_1 增加，通常选择 α 角为 30°～40°。图 21-3-40 所示为一种采用楔式机构和杠杆机构相结合的气动夹具。由于楔式扩力机构本身结构紧凑、压紧力固定不变并且有自锁性，而被广泛应用于气动夹具中。

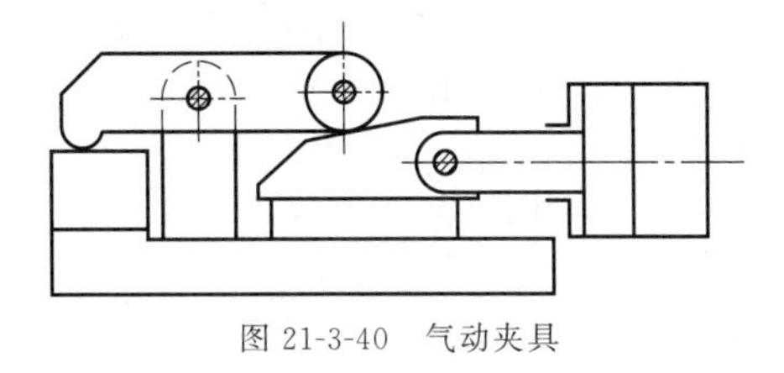

图 21-3-40 气动夹具

3.2.7.7 升降台

图 21-3-41 所示的用气动缸驱动的升降台中，由于在多数情况下载荷的重心与气动缸中心并不重合，而是具有偏心的，载荷位置也是经常变化的，所以应仔细考虑用气动缸导向还是另设导向装置的问题。特别是升降台偏心量较大的场合更应慎重处理。

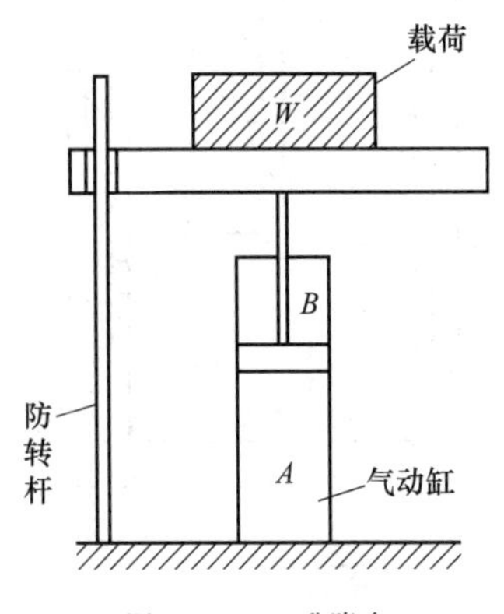

图 21-3-41 升降台

用气动缸的活塞杆直接导向时，若活塞杆和升降台连接部分的刚度能满足要求，则往往能降低成本。但因气动缸要承受侧向荷重，故气动缸不能采用标准产品，而必须采用能承受侧向荷重的特制产品，并应使作用在活塞杆、活塞和活塞杆导向套等部位上的应力限制在接触压力极限以下。

如果不采用特制气动缸，就应另设导向装置（如图 21-3-42 所示）而气动缸采用标准产品。重量大的升降台使用这种结构比较稳定。如果导向杆和升降台的连接处 a 完全刚性，则各个导向面的摩擦力可用载荷、气动缸输出力和偏心量计算出来，升降台的升降也不会发生故障。然而 a 处刚性很大的情况很少，

于是就会出现在导向面处被卡住的现象。当然，上面讨论时认为导向套和导向杆之间都是等间隙的、平行的，但由于加工精度和刚度的影响实际情况离这种理想状态相差很远。

假定图21-3-42所示结构是理想的几何学结构：导向孔和导向杆的精度良好，间隙为零，只是a处不是完全刚性，则在偏心载荷作用下导向孔和导向杆之间的摩擦无限大。因为如图21-3-43所示，作用于导向杆的力如为W_a和W_b，导向套上承受的侧压力（在W_a垂直方向发生的力）分别假设为F_a及F_b，则

$$(W_a-W_b)\mathrm{d}y=F_a\mathrm{d}x$$

$$F_a=\frac{\mathrm{d}y}{\mathrm{d}x}(W_a-W_b)$$

由于$\frac{\mathrm{d}y}{\mathrm{d}x}=\cot\theta$；$f=\mu F_a$

式中 f——导向杆和导向套的摩擦力；

μ——导向杆和导向套的摩擦因数。

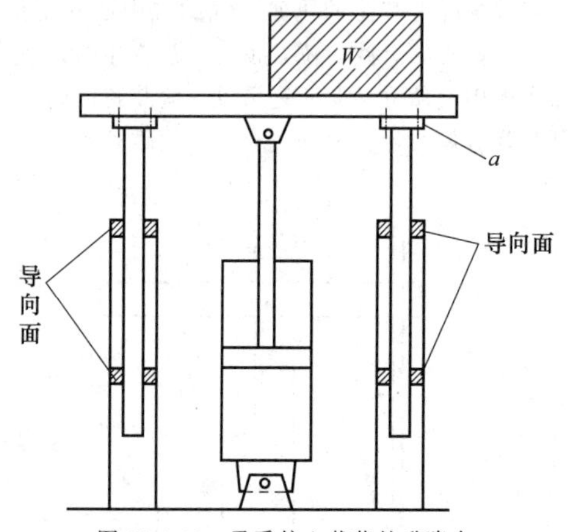

图21-3-42 承受偏心载荷的升降台

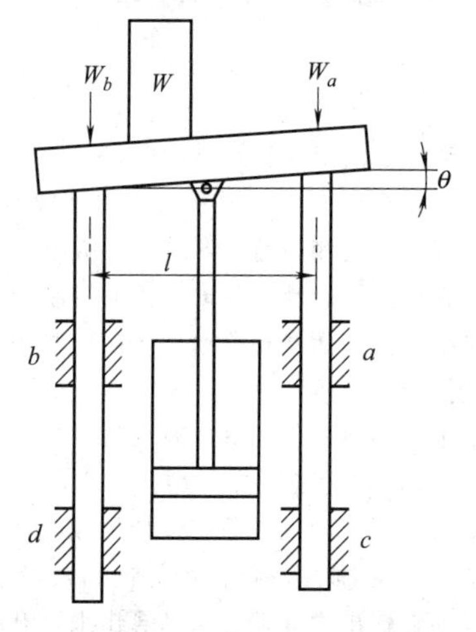

图21-3-43 升降台上作用偏心载荷的状态

所以

$$f=\mu(W_a-W_b)\cot\theta$$

在无载荷作用时θ为零，故$\cot\theta$为无穷大，所以只要有微小的变位，摩擦力f就为无限大。

那么为什么一般这样的装置有能顺利动作的情形呢？这是因为导向套和导向杆之间有间隙，导向套承受侧压力后多少能后退一些。假设导向杆与升降台都是垂直的，当升降台倾斜θ角时导向杆之间的距离缩小Δx，则

$$\Delta x=l\sin\theta\tan\theta$$

式中 l——导向杆之间的距离。

因此，在这种结构上提高导向杆和导向套之间的配合精度或提高导向套的刚度就有发生故障的可能性。

为获得良好的动作效果而提高精度和刚度反而会造成动作不灵活，其原因就是没有注意到这点。

所需间隙Δx：当升降台和导向杆上因偏载荷产生的扭矩T作用时，先算出升降台的倾斜角θ，再用$\Delta x=l\sin\theta\tan\theta$求出$\Delta x$。在满足上述要求的基础上再提高升降台和导向杆的刚度及精度才算合理的设计。

图21-3-44所示为用两个气动缸驱动的升降台，两个气动缸还兼导向作用，代替了导向套和导向杆。在这种情况下使用的气动缸，就应注意图21-3-41中所说明的事项和采取措施使之有一定的间隙Δx，以免发生故障。

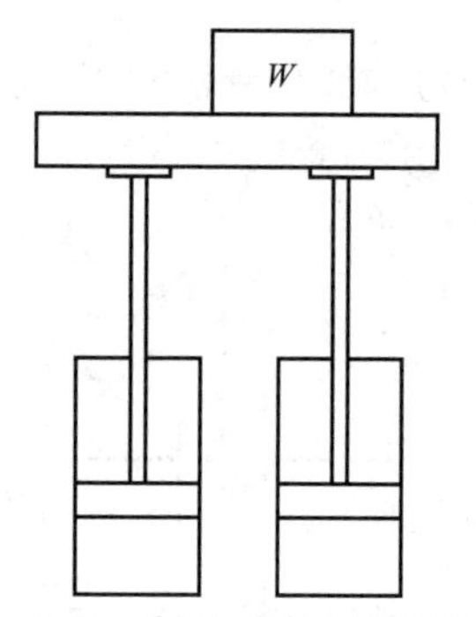

图21-3-44 采用两个气动缸的升降台
注意气动缸和升降台的结构

图21-3-45所示为把导向套设在工作台旁侧的结构。这种结构导向长度l较短，故在升降台上承受偏力矩时也应注意防止发生卡死。

对图21-3-42、图21-3-43所示结构如不考虑发生扭斜的问题，则导向套和导向杆之间不留间隙时，机构就不能运动。假设图21-3-46所示升降台所受扭矩为T，则

$$T=l\sigma a$$

式中 l——导向部分的长度；

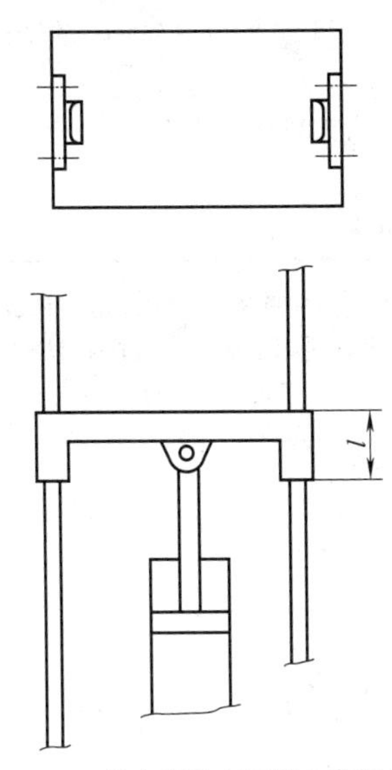

图 21-3-45　导向套设在工作台旁侧的结构

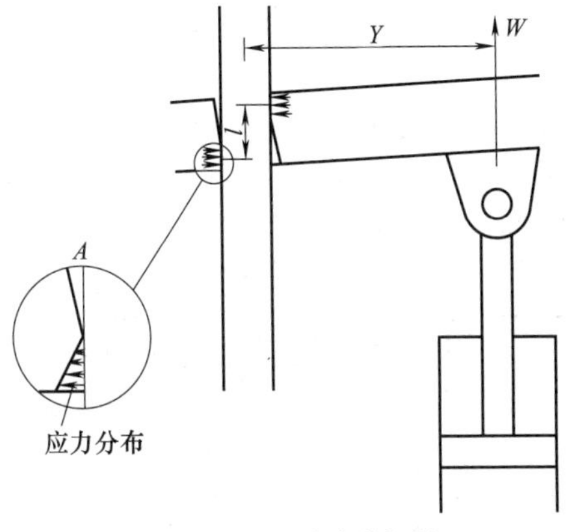

图 21-3-46　导向套的扭斜

σ——导向套与导向杆接触部分的平均接触压；

a——导向套和导向杆的接触面积。

若发生在滑动面上的摩擦力为 f，则有

$$f=\mu\sigma a=\mu \frac{T}{l}$$

这时需要考虑如下两点，其一是气动缸的输出力应满足上式的要求，其二是如图 21-3-46 中的局部放大图 A 所示，接触压的大小并不是导向套与导向杆接触部分的平均接触压 σ，根据接触部分的不同其大小有差异，存在着最大值 σ_{max}，σ_{max} 的值应不引起卡死和烧伤。

在以上分析中把升降台、导向杆看作完全刚体，只是工作台和导向杆连接部分发生变形。实际上因升降台上作用着力偶，升降台和导向杆会发生如图 21-3-47所示的弯曲，所以，多少可使导向杆和导向套的摩擦力缓和一些。

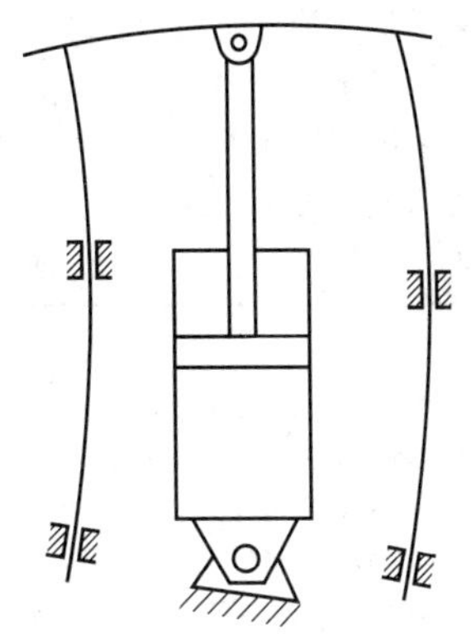

图 21-3-47　导向杆或升降台因力偶作用而产生的弯曲

3.2.7.8　用气动缸驱动的绳索机构

将气动机构与古老的机械装置相结合，就能赋予古老机械装置以新的生命。绳索、链条与气动缸相结合就是其中一例。在直线运动机构中利用绳索大多不是为了增力而是为了增大行程。这是因为用增大气动缸直径的方法就能较容易地做成大输出力的装置，但要获得长行程而增加气动缸的行程却不容易。

与此相反，在工作行程很短的情况下，也可采用直径较细、行程较长的气动缸，并使用滑轮使输出力增大。

(1) 应用定滑轮的绳索机构

滑轮有定滑轮和动滑轮之分，用定滑轮能改变驱动方向，图 21-3-48 所示就是其中一例。在这种情况下，气动缸的输出力有一部分要消耗在滑轮的摩擦和使绳索弯曲上，这种损失通常是很小的，但在输出力小的情况下却不能忽视。

图 21-3-48 所示的装置是使重 10kg 的物体重复上下移动。在气动缸的速度较慢时，只需在气动缸上装设良好的缓冲装置就行，可是通常移动这样重的载荷时，所用气动缸的缸筒直径很小，而且驱动速度较快，所以若使用钢丝绳和链条等在疲劳和冲击的作用下会很快损坏。在这种场合用合成纤维绳索代替钢丝绳能耐久使用。

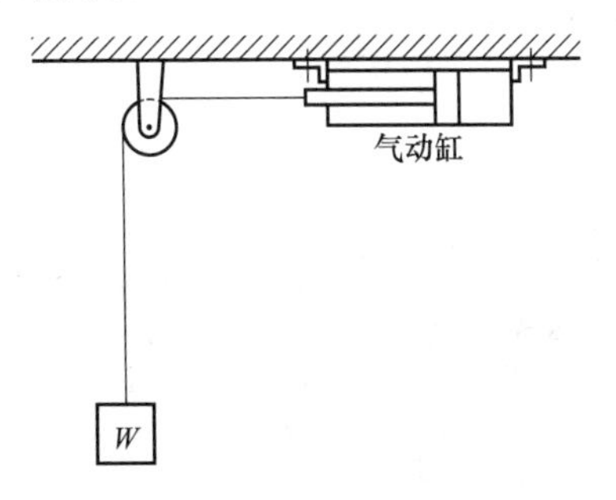

图 21-3-48　用定滑轮改变驱动方向的例子

采用绳索的最大缺点是绳索能伸长，往往得不到正确的尺寸。这对于图 21-3-48 所示用定滑轮改变驱动方向的装置来说问题还不大，但对于使用动滑轮来延长行程的机构就会发生各种故障。

（2）应用定滑轮和动滑轮的三倍增力机构（表 21-3-50）

（3）其他增力机构（表 21-3-51）

表 21-3-50　　应用定滑轮和动滑轮的三倍增力机构

图(a)所示为利用一个动滑轮和两个定滑轮构成的三倍增力机构。在这种机构中希望定滑轮 B 的直径是动滑轮 A 的直径的 1/2。而对定滑轮 C 没有这种限制

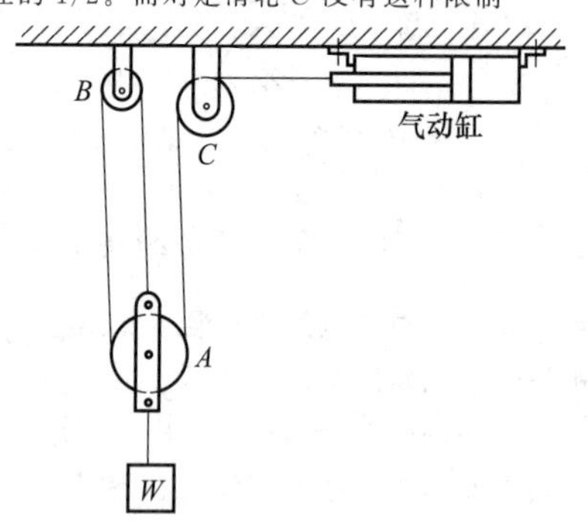

图(a)　用两个定滑轮和一个动滑轮的三倍增力机构

图(b)所示为使用一个定滑轮和两个动滑轮构成的三倍增力机构。可是这种机构对气动缸的设置方向有限制，气动缸活塞杆的移动方向不能与垂线成较大的角度

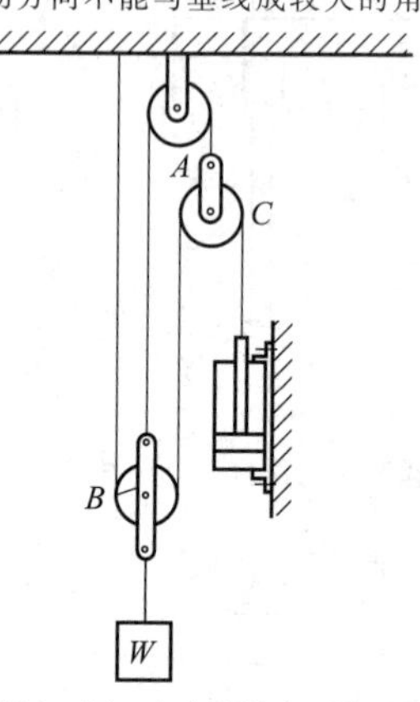

图(b)　用一个定滑轮和两个动滑轮的三倍增力机构

图(c)所示为由两个定滑轮和一个动滑轮构成的三倍增力机构。其气动缸设置方向的自由度相对比图(a)的要大

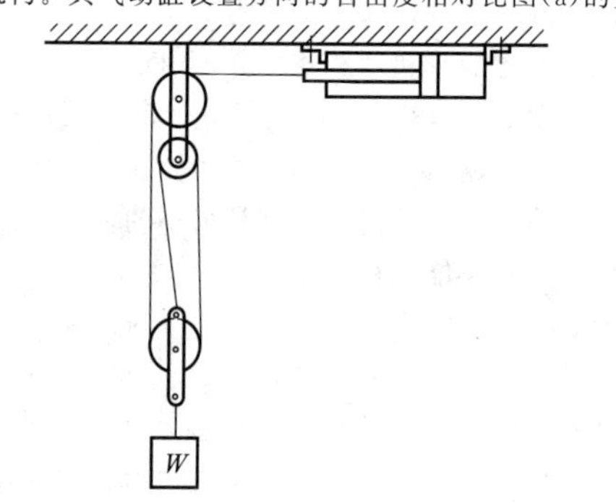

图(c)　利用两个定滑轮和一个动滑轮的三倍增力机构

图(d)为使用两个同轴的定滑轮 A、B 与一个动滑轮 C 构成的三倍增力机构。它与图(a)所示机构类似

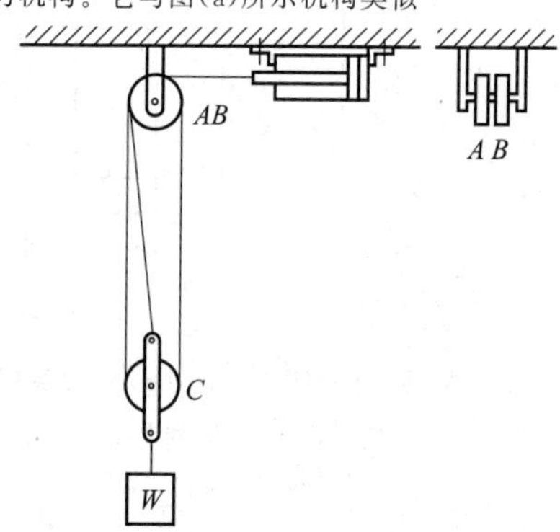

图(d)　使用A、B两个定滑轮和一个动滑轮的三倍增力机构

表 21-3-51　　其他增力机构

图(a)所示机构能提升约四倍气动缸输出力的载荷。若气动缸行程方向与垂线有较大偏离时需要采取措施。图(b)是为使图(a)所示气动缸改成水平位置设计的，但应注意当无载荷 W 时动滑轮 C 会下垂

图(c)所示是为了避免上述缺点而采用两个定滑轮 C、D 构成的机构。因为是从定滑轮 A 引出钢丝绳与气动缸输出端相连，所以气动缸安装方向的自由度较大，即只要保持气动缸与定滑轮 A 在一个平面上，气动缸设在什么方向都行。若气动缸如图(d)所示那样垂直安装则可省去定滑轮 A

续表

<table>
<tr>
<td>
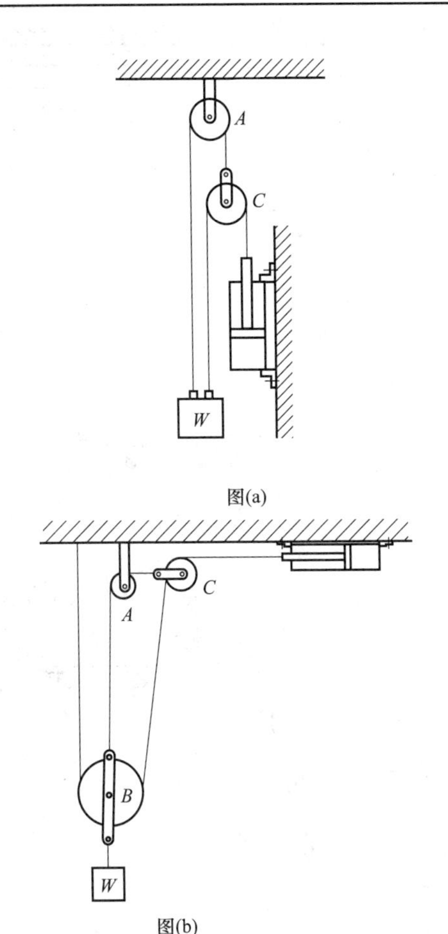

图(a)
图(b)
使用一个定滑轮和一个动滑轮的四倍增力机构
</td>
<td>
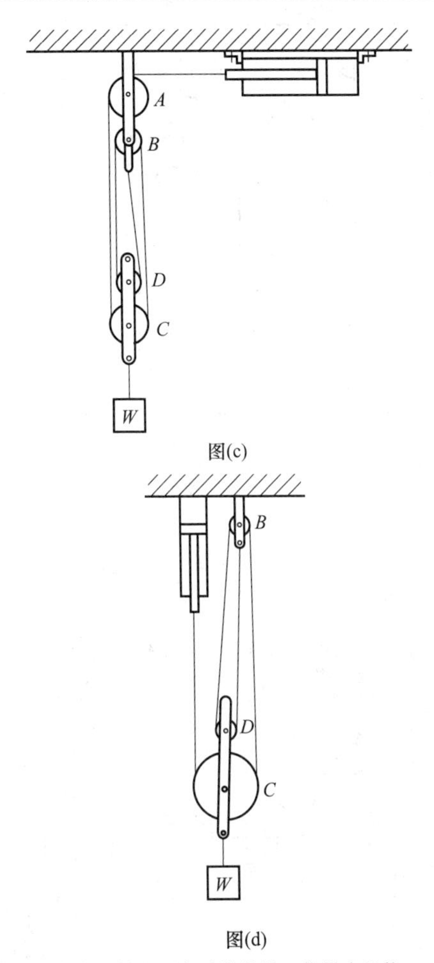

图(c)
图(d)
用两个定滑轮和两个动滑轮的四倍增力机构
</td>
</tr>
<tr>
<td>
图(e)所示为用一个定滑轮 A 和两个动滑轮 B、C 构成的五倍增力机构。该机构使用两根绳索(图中①及②)，绳索①和定滑轮 A 及动滑轮 B 构成一个二倍增力机构；绳索②和动滑轮 B、C 构成三倍增力机构并由此合并成一个五倍增力机构
这种机构和图(a)所示机构一样要求气动缸必须设置在近乎垂直的方向上。为了获得较好的增力效果，希望尽量增大 B 和 C 的间隔，但这样会使绳索机构的缺点(绳索的伸长问题)更严重，而且气动缸的行程里也必须加上这个伸长量。采用绳索机构而失败的原因之一就是忘记在气动缸的行程里增加绳索的伸长量。当在气动缸上设缓冲装置防止载荷着地时发生冲击的场合，若不把这种伸长量计算进气动缸行程内，则在载荷着地时气动缸的缓冲才起作用。若缓冲作用过早，则从载荷着地到完全脱离气动缸力需经过较长时间且影响下面的作业和动作
</td>
<td>
图(f)所示为使用三个定滑轮 A、B、C 和两个动滑轮 D、E 构成的五倍增力机构。图中定滑轮不能绘成同一直径的，可是在同一轴上采用相同直径的结构却是很多的。这种场合要求各滑轮能各自独立地转动，对动滑轮 D、E 来说也是同样的。滑轮架 F 承受在气动缸方向上的横向载荷。通常使用的手动提升机等也有将定滑轮简单地吊下来的情形，但在使用气动缸时则往往要把托架固定起来才能使用
</td>
</tr>
</table>

续表

图(e)　把两倍和三倍增力机构合并成五倍增力机构

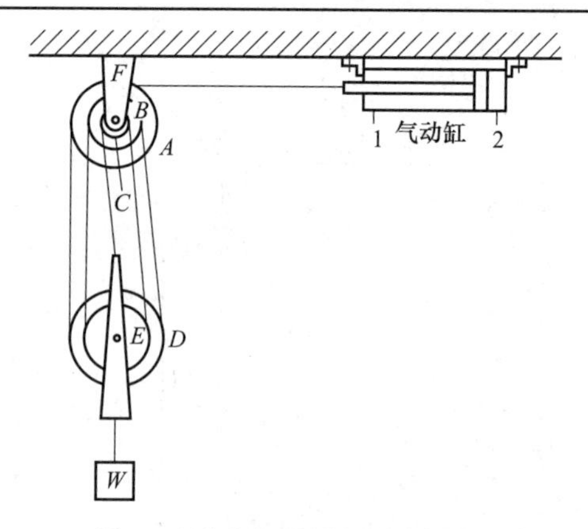

图(f)　用多个定滑轮和动滑轮获得多倍增力的机构(本例为五倍增力)

图(g)所示为各使用四个定滑轮和动滑轮构成的八倍增力机构。图(h)所示为使用一个定滑轮 A 和两个动滑轮 B 和 C 构成的机构。因用了三根绳索,故增力效果可达七倍

不过这种方式要求气动缸的推力方向和载荷方向平行

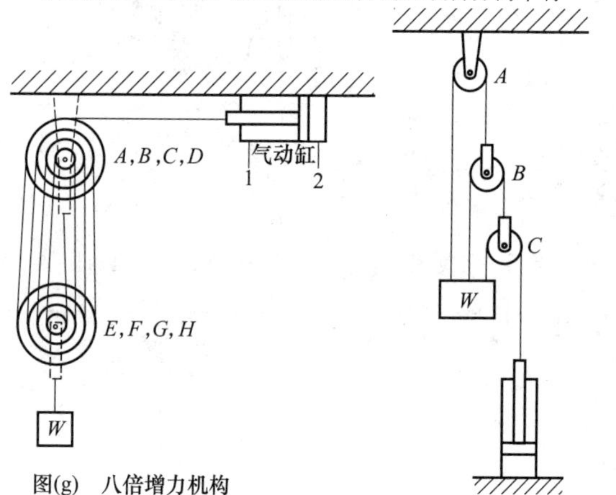

图(g)　八倍增力机构

图(h)　使用一个定滑轮和两个动滑轮的七倍增力机构

图(i)所示为使用一个定滑轮和三个动滑轮构成的机构。它能达到八倍的省力效果,并且不要求气动缸推力方向和载荷方向一致。这种机构的另一特点是由于钢丝绳都在同一平面内,所以能用链条代替钢丝绳。使用链条时因各段张力不同故可分别使用不同粗细的链条

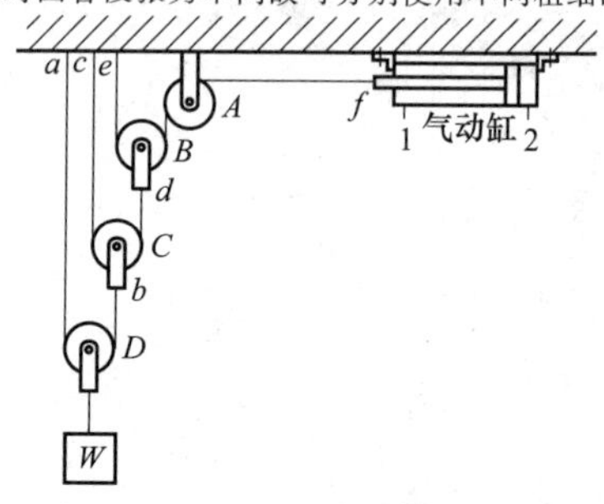

图(i)　使用一个定滑轮和三个动滑轮的八倍增力机构

在图(i)中绳索 ab、cd、ef 各段钢丝绳上分别作用着荷重 1/2、1/4、1/8 的张力。一般钢丝绳不能期待重复工作的频度过高。但对链条来说就是很高的频度也能使用。还有,它跟用铜丝拧成的钢丝绳不同,根据不同的载荷伸长量也相当稳定,因此,机构容易调整。无论是钢丝绳还是链条都应充分给油

在上述这些增力机构上,气动缸的速度控制一般并不困难。这是因为虽然气动缸的活塞是以相当高的速度运动的,但经过增力部分使载荷减速,所以速度的变化对载荷的影响很小

图(f)、(g)所示的那些方式,若使用链条都会有些扭转,所以要是滑轮的间距太小就不能使用。在图(e)所示的方式中若要用链条代替钢丝绳,则可将图中 cd 段改为两根,然后让 ab 段从两根中间穿过去。图(e)那种方式因绳索 ab 和 cd 多少有些触碰,所以不宜用于高频度使用的装置

（4）行程增大机构

使用绳索的行程增大机构与增力机构的作用相反，但以机构学的观点看往往是相同的。因为制造行程长的气动缸并不容易，并且占有空间较大，这不仅增加气动缸的成本，而且导致增加其他经费的因素很多，所以有时需采用增行程机构。例如，图 21-3-49 所示机构是使用了两组表 21-3-52 中图（a）所示机构的小车移动装置。小车行程为气动缸活塞行程的 2 倍。松紧螺钉 E、F、G、H 可调节绳索的拉紧度和小车的位置。小车的驱动力为气动缸输出力的 1/2。

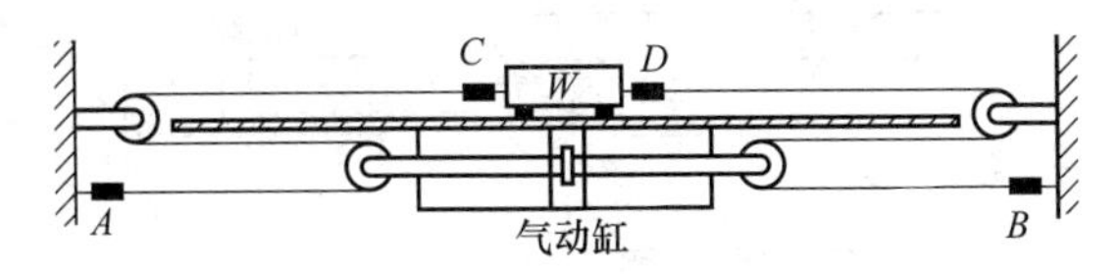

图 21-3-49　小车移动装置

如图 21-3-50 所示，气动缸的尾端和活塞杆顶端都安装了多排滑轮。气动缸被固定在机座上。当气动缸 1 的活塞前进时，气动缸 2 的空气供给口排气，小车向左移动。图中小车的移动量为活塞移动量的 6 倍。若要提高增幅率可增加滑轮数。若在同一轴上装四个滑轮则可扩大八倍行程；若装五个能扩大十倍行程。

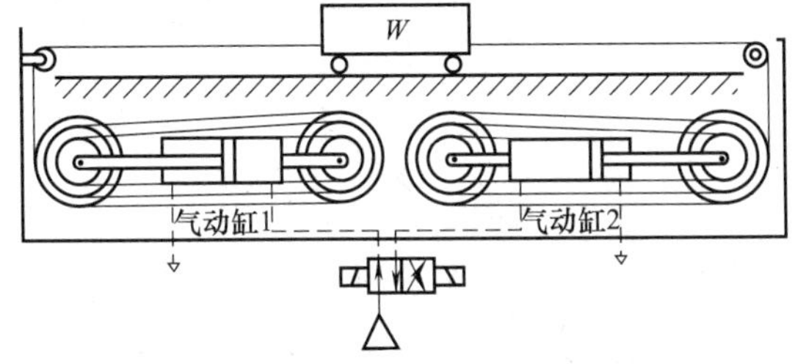

图 21-3-50　八倍增力机构的增行程机构

(5) 使用绳索的同步运转机构

如图 21-3-51 (a) 所示，用一个方向控制阀使两个气动缸同步移动是很困难的。因为在这种情况下要求两个气动缸各自管道的阻力相同，各气动缸的摩擦阻力在行程各点也应相同。如果左气动缸的阻力值比右气动缸大，则右气动缸可用比左气动缸低的压力运动，所以流入右气动缸的空气量就比流入左气动缸的多，使右气动缸以比左气动缸快的速度运动。假如只受管道阻力影响，则如图 21-3-51 (a) 所示，当管道 ab 比从方向控制阀到气动缸的管道粗时，只要在方向控制阀和气动缸之间装设可调节流阀即可。

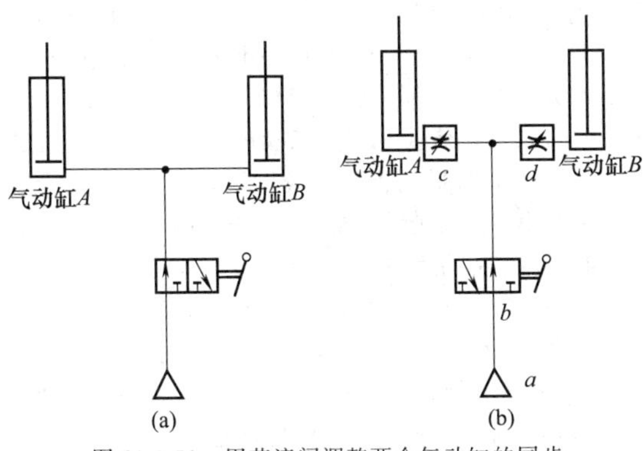

图 21-3-51　用节流阀调整两个气动缸的同步
(不能期待有太好的效果)

然而，纵然管道阻力相等，要使气动缸和与它有关联的机械部分的摩擦阻力达到相等也是不容易的。例如，升降台为使气动缸同步将其活塞杆与外部机械刚性连接起来，这样做可容许有些摩擦不均和管道阻抗的差异，但在外部机械不能刚性连接的场合，要实现两个气动缸同步对气动来说是很困难的。

图 21-3-52 所示为在某种卷取机上使用链条机构的一个例子。使用链条的作用是增行程和使左右气动缸同步。滚筒 A、B 按箭头所示方向转动。材料 C 以轴为中心回转。由于其直径逐渐增大，同时重量也逐渐增加，所以材料 C 和滚筒 A、B 间的接触压力也逐渐增大，使直径大的部分卷得过紧。于是，要使材料沿径向各部的卷绕松紧度相等，就要使材料 C 和滚筒的接触压保持恒定。

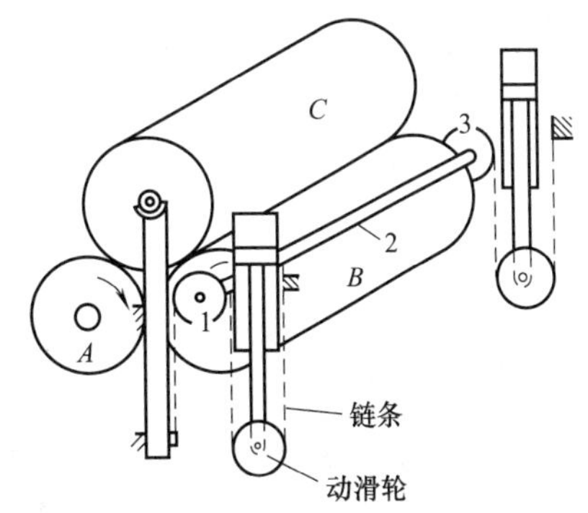

图 21-3-52　在卷取机上采用链条的同步机构
1,3—链轮；2—连接轴

图 21-3-52 所示机构中，若能使气动缸无活塞杆腔的压力逐渐增加，就能减小滚筒与材料的接触压。卷绕结束后为了从滚筒 A、B 上卸下卷取物应将其举起（这时气动缸无活塞杆腔的压力为最大）。卷取轴由链条、链轮 1、3 和连接轴 2 联系起来，故卷取轴能水平升降。

使用链轮及连接轴时左右行程误差 Δx 这样计算：在图 21-3-53 中作用在左右链条上的作用力分别为 p_1，p_2，若其偏差为 Δp，则

$$\Delta p = p_1 - p_2$$

假设链轮 1 和 2 的相对扭转角为 θ，连接轴 2 的长度为 l，其直径为 d，链轮的半径为 r，则

$$\theta = \frac{r\Delta pl}{GI_p}$$

式中　G——轴材料的切变模量；

I_p——相对轴心的截面极惯性矩。

实轴：$I_p = \dfrac{\pi d^4}{32}$

空心轴：$I_p = \dfrac{\pi(d_1^4 - d_2^4)}{32}$

假定链条的全长为 L，链条每单位长度的伸长率

为E，行程误差为Δx，则

$$\Delta x = r\theta + E(p_1 - p_2)L \qquad (21\text{-}3\text{-}1)$$

所以

$$\Delta x = \left(\frac{32r^2 l}{\pi G d^4} + EL\right)(p_1 - p_2) \qquad (21\text{-}3\text{-}2)$$

或

$$\Delta x = \left[\frac{32r^2 l}{\pi G(d_1^4 - d_2^4) + EL}\right](p_1 - p_2) \qquad (21\text{-}3\text{-}3)$$

式（21-3-2）用于实轴，式（21-3-3）用于空心轴。

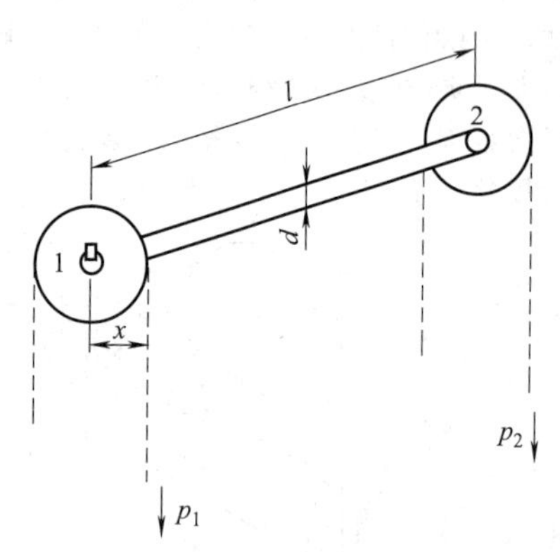

图 21-3-53　由于轴扭转而产生的行程误差

3.2.7.9　使用齿轮齿条的直线运动机构

直线式气动缸和齿轮齿条组合起来成为回转或摆动的机构很多，但用它们组成直线运动的机构却又很少。这是因为一般齿轮是作回转运动的，故用它实现从直线运动到直线运动的情形比较少。不过在一部分阀启闭机构中用气动驱动的倍力机构经常采用这种方案。驱动工作台等的增行程机构中也能很好地使用这种机构。图 21-3-54 所示的便是这种机构中最基本的齿条齿轮机构。

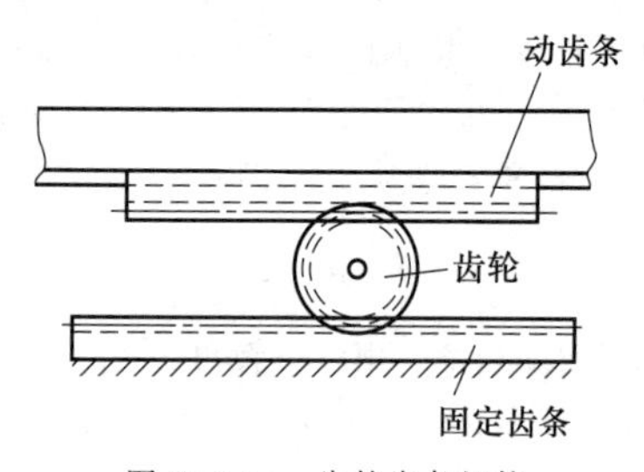

图 21-3-54　齿轮齿条机构

适用于气动驱动方式的这种机构用气动缸驱动齿条（见图 21-3-55）和用气动缸驱动齿轮（见图 21-3-56）两种方式。在图 21-3-55 中气动缸将动作传递给齿条C，而齿条C使齿轮B转动并在齿条A上滚动。在这种情况下，齿轮中心只移动气动缸行程的 1/2，而其输出力为气动缸输出力的 2 倍。这种机构适宜作增力机构。

如果结构过大，其自重和移动加速度产生的惯性力也较大，容易引起破坏。为了防止惯性力引起的破坏，应当注意速度和移动物的重量。另外，要避免因阀的水锤现象等产生的冲击力作用在齿轮之类的结构上。

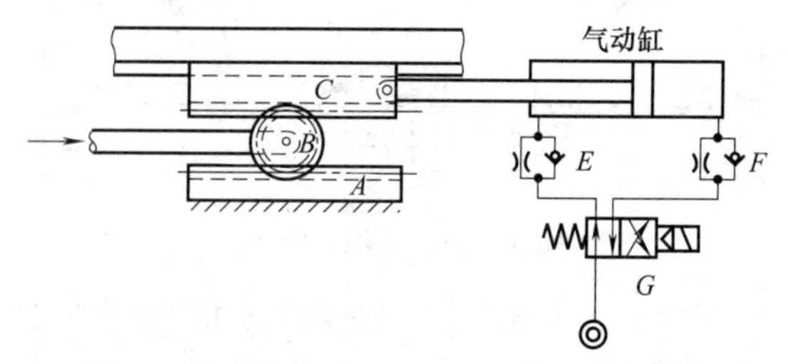

图 21-3-55　用气动缸驱动齿条的齿轮齿条机构

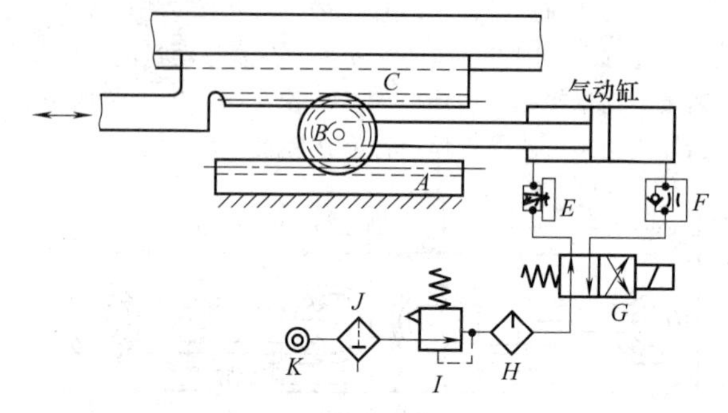

图 21-3-56　用气动缸驱动齿轮的齿轮齿条机构

应注意由于齿轮背压引起的推力减小。这对于为使结构小而采用大压力角的齿轮的机构来说，更不能忽视。为使机构小型化还有很重要的一点是减少齿轮的齿数，使齿轮整体小型化。因此，可使用压力角比标准压力角大的短齿齿轮，有时甚至使用压力角更大的齿轮。

3.2.7.10　使用回转式执行机构的摆动运动机构

摆动运动可用直线式气动缸、连杆机构和棘轮等组成的机构得到，也可用摆动马达（或叫旋转式执行机构）得到。根据结构摆动马达主要分为叶片式、齿条齿轮式、螺杆式等。最近还出现了用链条将活塞的直线运动传递给回转轴的结构。

叶片式摆动马达在使用于气动时因密封困难，特别是叶片侧壁和转轴交点附近的泄漏很难防止，即使是低压，从很小间隙的泄漏空气量也是很大的，而且叶片部分密封的滑动阻力也很大，因此往往没有实用价值。

齿条齿轮式摆动马达制造较容易，使用效果也很好，容易获得平滑稳定的运转，但需要注意其性能的选择。

螺杆式摆动马达结构存在螺杆加工和密封困难，螺纹磨损、导向轴磨损和螺杆轴的推力轴承磨损等问题，但是与机械整体占有体积相比，给、排空气量很大，因此能设计成结构紧凑的机械。

这种摆动马达的中心轴一般装有滚动轴承，所以摩擦阻力很小，能用小型的执行机构使大惯性量的物

体回转。但这会使摆动马达的回转轴在停止位置承受很大转矩而损坏。在摆动马达上设置在行程末端起缓冲作用的机构往往是困难的，并且，在被驱动的大惯性量物体停止时也不能有效发挥作用。

上述三种摆动马达在行程末端轴的扭转强度都不太大，故在使用时要注意设置回转体定位器，必要时在定位器上可设减振器等。螺杆式摆动马达用于定位和夹紧装置上时，因螺杆有摩擦，故在保持位置准确方面比直线式气动缸好，但是需要注意螺旋部分的强度。

3.2.7.11　使用回转式执行机构的回转运动机构

采用回转式执行机构驱动回转机构，对气动来说效率并不高，因为气动系统的能量传递与电气和液压相比效率较低。

用电机驱动直线运动机构一般需要减速齿轮机构和丝杠、凸轮、连杆等，特别是要求运动速度慢时需要采取减速措施，动力损失很大。例如，一个进给丝杠（除滚珠丝杠外）的动力传递效率低于 50%，蜗轮、齿轮等也一样。在减速系统中若使用蜗轮、蜗杆传动，动力传递效率低于 20%并不稀奇。因此在直线运动的场合，虽然气动驱动的效率较低但因不用减速机构，没有因机构而造成的动力损失，故在效率上能与电气传动相对抗。然而在驱动回转机构的场合，因为气马达一般速度相当高，所以就丧失了在直线运动中不需要减速机构的优势。

使用气动的优点有：

① 机构简单，设计容易；

② 机械成本低；

③ 比同功率的电机轻；

④ 结构坚固，故障少；

⑤ 在恶劣环境中，不用担心着火和漏油；

⑥ 功率惯性比小。

故应可在能利用上列优点的情况下使用气马达。

因气马达有③～⑥所述优点，曾被看作是不可缺少的驱动源。随着电气设备防爆结构的进步，目前有些回转部分已由电机代替。气动驱动在坚固性和不发生漏电危险性方面比电动驱动优越。

图 21-3-57 所示为由回转运动变为摆动运动的机构。这种机构可用来控制阀和气流调节器。用自动控制装置频繁地调节阀和气流调节器开度的情况下，就显出了使用气马达的优势。

3.2.7.12　使用摆动或回转马达的直线运动机构

由摆动运动和回转运动获得直线运动的机构已众

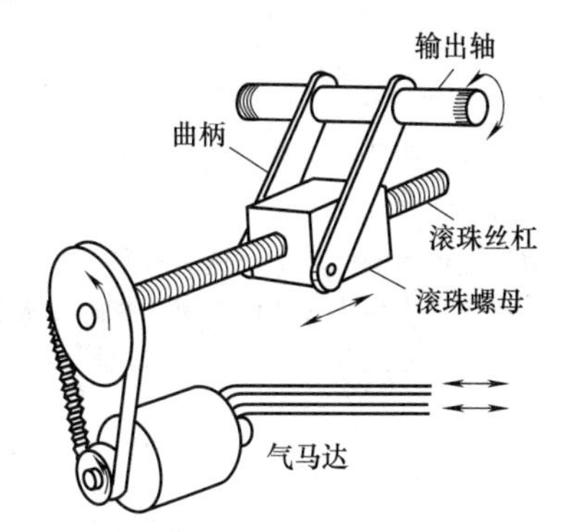

图 21-3-57　由回转运动获得摆动运动的机构

所周知，一般用电机驱动具有很优良的特性，但因其特性相当固定，故通融性较小。本书将介绍用液压和气动改善驱动特性的方法。

需要特别指出，使用气动的回转机械的优点是故障少，对环境条件的适应性好。例如在湿度大的环境中用气动驱动大型阀的启闭比用电机或液压的效果好。

由回转和摆动运动获得直线运动的机构有驱动工作台做直线运动的机构（见图 21-3-58）、齿条齿轮机构（见图 21-3-59）、使用连杆的直线运动机构（见图 21-3-60）以及采用曲柄的直线运动机构（见图21-3-61）。这类机构非常多，但对气动来说，用直线运动的气动缸就能很容易地得到直线运动，故应用较少。

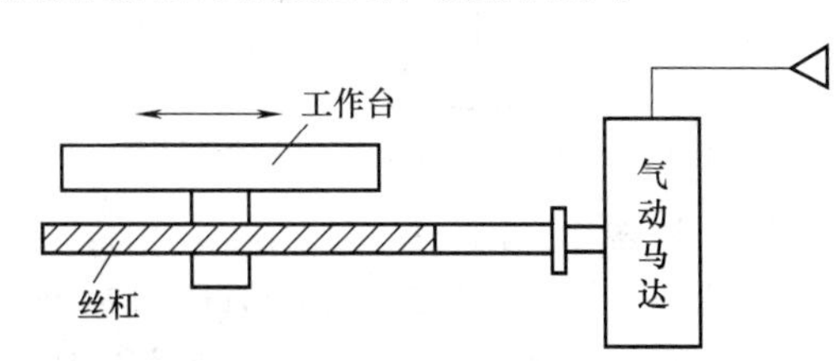

图 21-3-58　驱动工作台做直线运动的机构

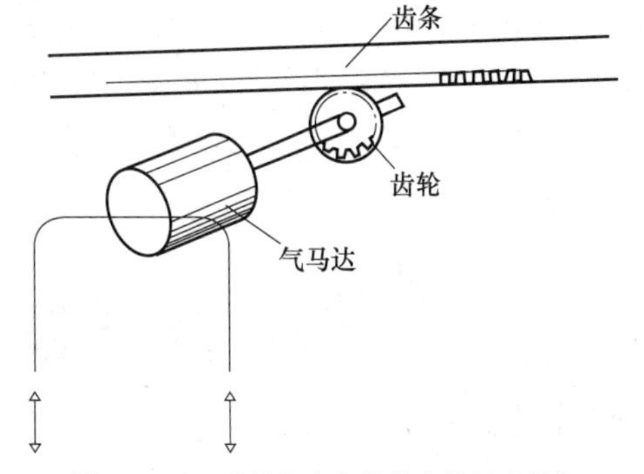

图 21-3-59　采用齿条齿轮的直线运动机构

不过如前所述，气动缸的缺点是要在行程中间停留时活塞的定位性较差，并且在安装空间受到限制的情况下。或者要求操作很慢和不能用电的场合，采用这种摇动式回转马达的直线运动机构还是有价值的。

图 21-3-62 所示为应用气动马达的阀启闭驱动机

构的例子。

依靠电信号使四通电磁阀动作，经减速齿轮、蜗杆、蜗轮变成进给丝杠的直线运动。这种机构中的气马达不像电机那样在超过额定转矩后还会产生强力转矩。因此齿轮轴和蜗轮轴可按最小强度设计，故可减轻从动部分的重量，并且气马达的转速比电机慢，在相同功率下气马达的回转部分比电机轻，因此惯性较小。

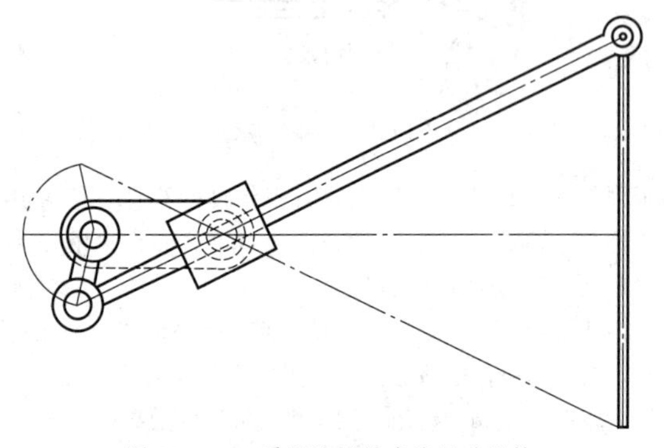

图 21-3-60 采用连杆的直线运动机构

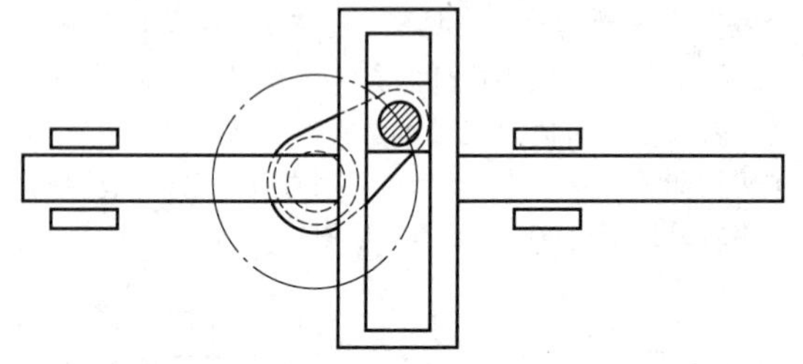

图 21-3-61 采用曲柄的直线运动机构

图 21-3-62 所示机构设有行程阀和弹簧，当进给丝杠不能动作时，蜗杆就会向右移动，由于行程阀的作用自动关闭了空气的进给通路。有些阀机构不设这样的停止机构，有些小型装置当弹簧被压缩时气马达自然停止。

气马达和电机不同，即使一直供给空气压力而不转动也不用担心发生烧毁事故。若用电机驱动时，电

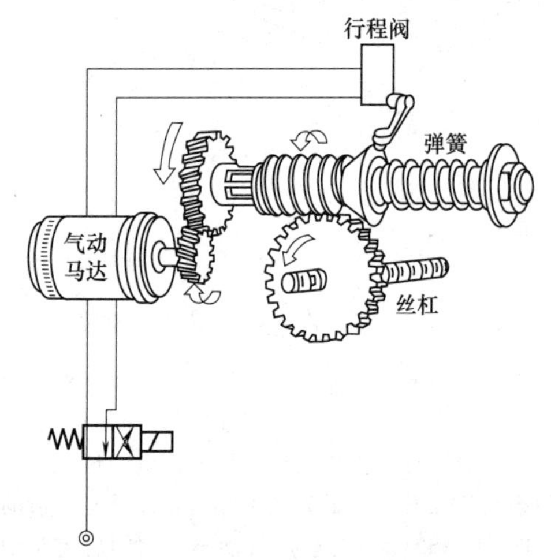

图 21-3-62 采用气马达的阀启闭机构

机卡住后还继续通电就会立刻使电机烧毁。

3.2.7.13 使用直线式气动缸的回转运动机构

在气动设备中虽然有时可采用现成的气动产品，但有时在制造简单的机械时并不一定要求连续平稳地回转，此时可自制简单的回转机械。

图 21-3-63 所示为利用棘轮的断续回转机构。图 21-3-64 所示为利用内棘轮的例子。图 21-3-65 所示为使用超越离合器的例子。

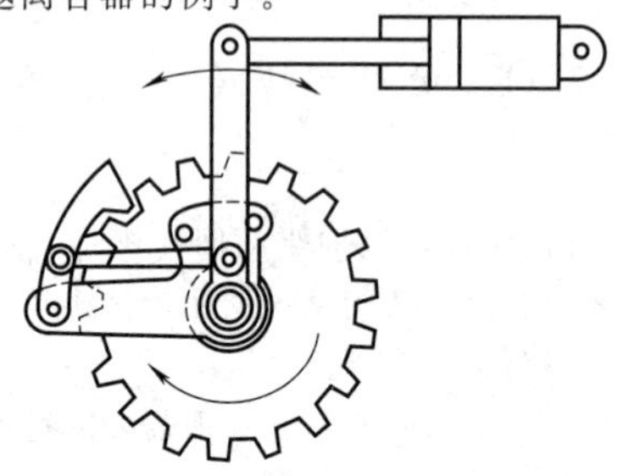

图 21-3-63 利用棘轮的断续回转机构

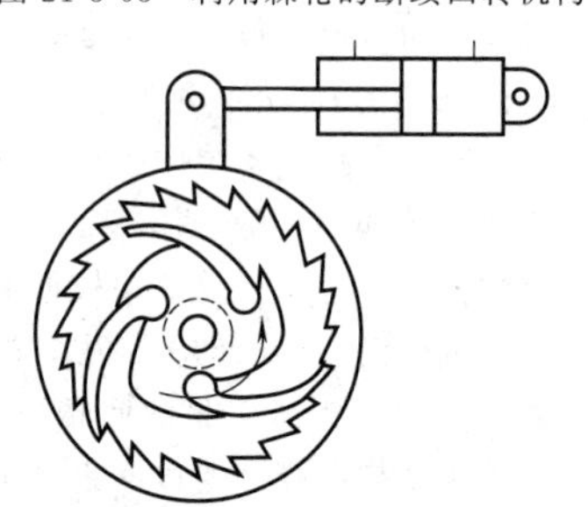

图 21-3-64 使用内棘轮的断续回转机构

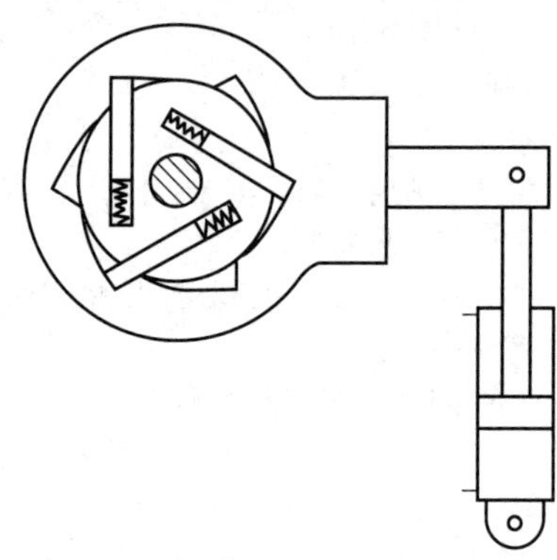

图 21-3-65 使用超越离合器的回转机构

3.3 气动控制元件

3.3.1 方向控制阀

3.3.1.1 换向阀

(1) 换向阀的分类、特点及应用

表 21-3-52　换向阀的分类、特点及应用

分类			特点		应用
按阀芯结构分	提动式	平板式	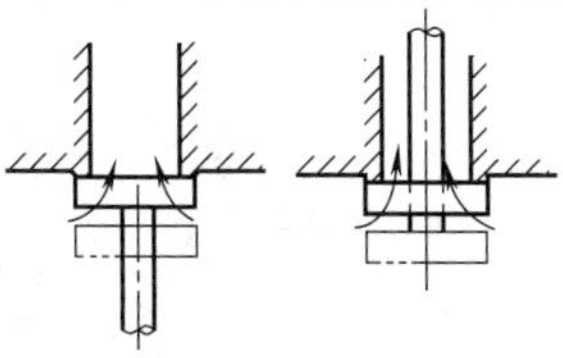	提动式阀芯结构具有如下特点：行程小、换向迅速、流量增益大、滑动密封面少、零位密封性好；阀芯受力不平衡，不易实现四、五通阀的功能	①压力控制阀 ②大通径阀 ③低通路（二通、三通）方向控制阀
		锥面式	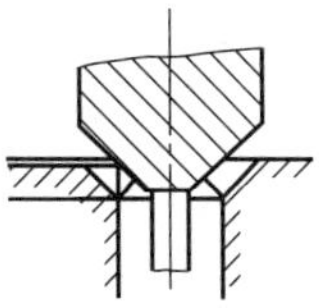		
		球面式	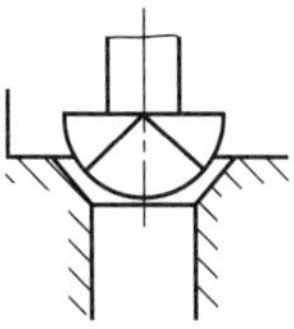		
	圆柱滑阀式	弹性体密封	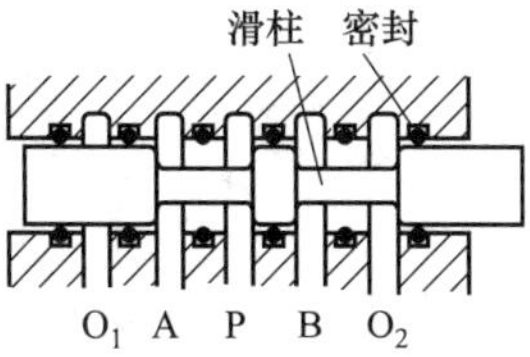 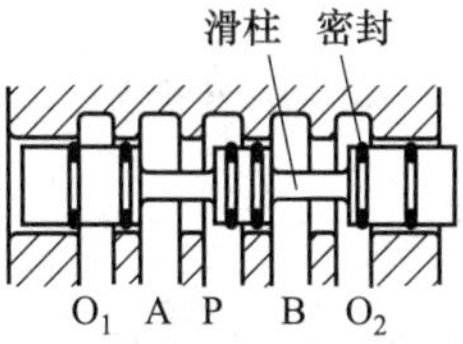 滑柱 密封 O_1 A P B O_2 滑柱 密封 O_1 A P B O_2	圆柱滑阀式阀芯结构换向行程较长、加工精度要求较高，但易于实现多通路、对称结构。其中，间隙密封式中位密封较差，但寿命长，切换灵活	适用于多通路（四通、五通及以上）换向阀
		间隙密封	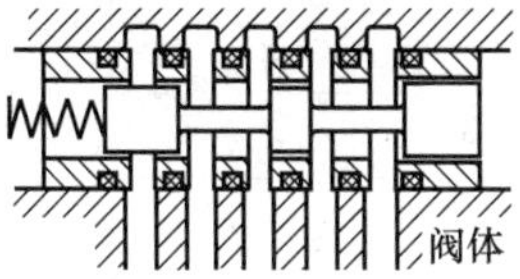 阀体		
	平板滑阀式	旋转式	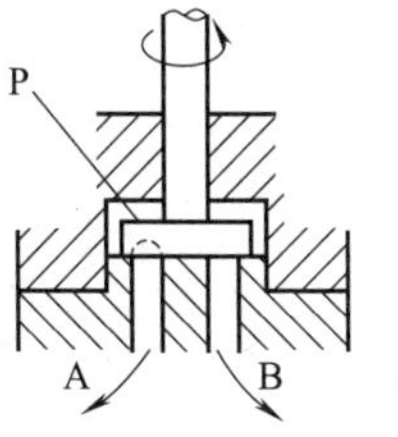 P A B	结构简单，通用性强，容易设计成各种通路的阀，尤其适合设计成多位多通路换向阀。在手动转阀中常采用平面滑块旋转式结构型式；平面滑块往复式结构具有对称性质，也有设计为具有记忆功能的阀密封面为平面，又有背压作用，故密封性好。但要求密封面平整光滑；对气源介质中的杂质也比较敏感，如果气动系统过滤、润滑和维护处理不当，易造成密封面磨损，产生泄漏	适用于多通路换向阀，特别是手动换向阀
		往复式	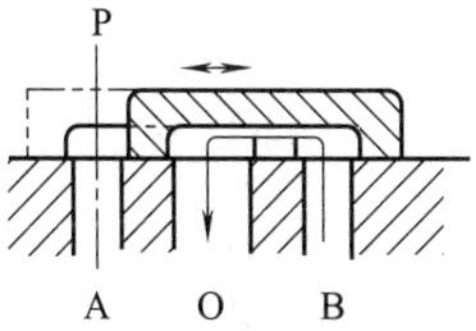 P A O B		

续表

分类			特点		应用
按阀芯结构分	旋塞式		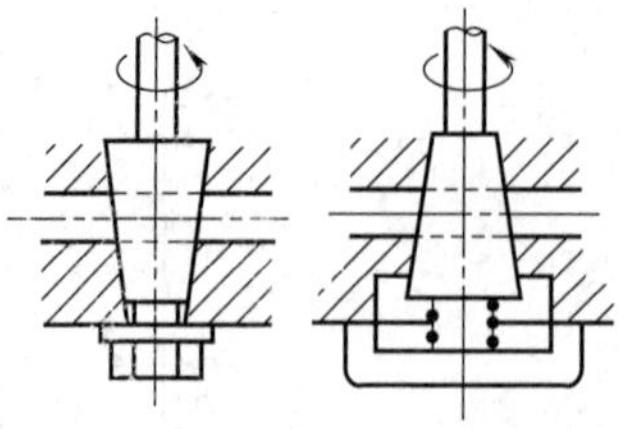	圆锥面紧密接触密封可保证磨损后的补偿；流动阻力小	手动二通或三通阀
按阀的通口数目分	二通	常断	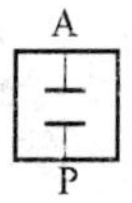 A P	实现流道的通、断	流道的通、断(不排气)
		常通	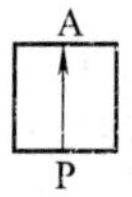 A P		
	三通	常断	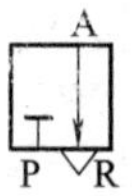 A P R	实现流道中流体的正、反向流动	①单作用气动执行器的控制 ②流道的通、断(排气)
		常通	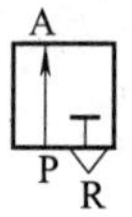 A P R		
	四通		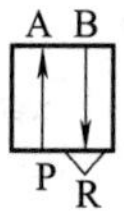 A B P R	同时实现两个流道中正、反向流动的切换(单排气)	双作用气动执行器的控制
	五通		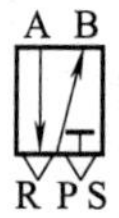 A B R P S	同时实现两个流道中正、反向流动的切换(双排气)	双作用气动执行器的控制
	多通路		同时实现多个流道流动方向的切换		多流道流动方向的切换
按切换位置个数分	二位	二通	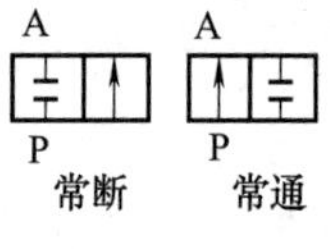 A P 常断　A P 常通	实现流道通断、流动方向两个状态的切换	截止阀或换向阀
		三通	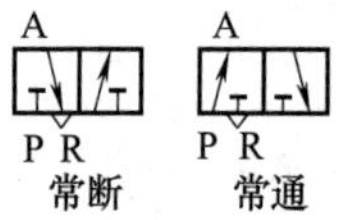 A P R 常断　A P R 常通		
		四通、五通	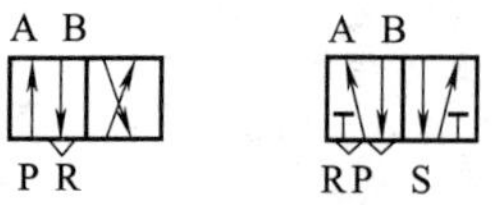 A B P R　A B R P S		

第21篇

续表

分类			特点		应用
按切换位置个数分	三位	中位封闭	A P R 三通；A B P R 四通；A B R P S 五通	实现流道通断、流动方向三个状态的切换	换向阀
		中位加压	A B P R 四通；A B R P S 五通		
		中位卸压	A B P R 四通；A B R P S 五通		
	多位		实现多个流动状态的切换		换向阀
按作用方式分	电控			适合于远距离操作	电磁换向阀
	气控			适合于不便用电磁控制方式的中等距离操作；先导控制	气控阀；先导式换向阀
	机控	直动圆头		直接当地控制	气动行程开关
		滚轮			
		单向滚轮（空返回）			
	人控	普通式		直接当地控制	气动按钮、气动开关等
		按钮			
		手柄			
		脚踏式			
按复位方式分	弹簧复位			结构简单，不需供气；大阀难以实现	单稳态的换向阀
	气动复位			需要供气，可实现大阀芯的复位	单稳态的换向阀
	机械限位			可停止在任意阀位	多稳态的换向阀
按稳态工作点数目分	单稳态		AB EAPEB；A PR；AB EAPEB 只有一个稳态工作点，当控制信号去除时，换向阀自动回到这一稳态工作点		适用于当除去作用（断电断气等）时，恢复初始状态的场合
	双稳态		A PR；AB EAP EB	具有两个稳态工作点，当控制信号去除时，换向阀保持在此工作位不动（记忆功能）	适用于当除去作用（断电断气等）时，保持该状态的场合
	多稳态		A A RPR	具有多个稳态工作点，当控制信号去除时，换向阀保持在此工作位不动（记忆功能）	

（2）换向阀的安装方式及公称通径

表 21-3-53　　**换向阀的安装方式**

分类		特点	应用
管式阀	管式连接	直接接管，安装方便简单	适用于单个或少量阀的场合
	带阀座的管式连接	因为有阀座，便于整齐地安装、布置，便于现场装、拆阀体	适用于中等数量阀的场合
	带集成板的管式连接	多个阀集成安装在同一集成板上，共用进气、排气，结构紧凑，便于现场装、拆阀体	适用于阀数量较多的场合
集成安装型		通过专用的集成板可将多个阀集成安装成一体，共用进、排气口。结构紧凑，集成度高，接管少	适用于阀数量巨大的场合

表 21-3-54　　**换向阀的公称通径**

阀的类型		a.微型阀				b.小型阀			c.中型阀					d.大型阀				
公称通径/mm		1	1.2	1.6	2	3	4	6	8	10	15	20	25	32	40	50	65	80
连接螺纹	公制					M5×0.8	M5×0.8	M10×1	M14×1.5	M18×1.5	M22×1.5	M27×2	M33×2	M42×2	M50×2	M60×2	法兰	法兰
	英制					$R_c\frac{1}{8}$	$R_c\frac{1}{8}$	$R_c\frac{1}{8}$	$R_c\frac{1}{4}$	$R_c\frac{3}{8}$	$R_c\frac{1}{2}$	$R_c\frac{3}{4}$	R_c1	$R_c1\frac{1}{4}$	$R_c1\frac{1}{2}$	R_c2	$R_c2\frac{1}{2}$	R_c3
流通能力	S 值/mm²	0.5	0.8	1.6	2	3	6	10	20	40	60	110	190	300	400	650	1000	1600
	$K_V(C)$值	0.025	0.04	0.08	0.10	0.15	0.30	0.5	1.0	2.0	3.0	5.6	9.6	15.1	20.2	32.8	50.5	80.8
	C_V 值	0.029	0.047	0.09	0.12	0.18	0.35	0.59	1.18	2.4	3.5	6.5	11.2	17.7	23.6	38.3	59	94.4
	流量①/dm³·min⁻¹ Q_1	11	18	36	45	70	140	230	450	900	1300	2500	4300	6800	9000	14700	22700	36000
	流量①/dm³·min⁻¹ Q_5	26	40	80	100	160	310	520	1050	2100	3100	5800	10000	15800	21000	35800	52600	84000
	流量①/dm³·min⁻¹ Q_6	28	46	90	110	170	340	570	1150	2300	3400	6300	10900	17300	23100	37500	57700	92000
	额定条件下 流量/m³·h⁻¹				0.3	0.7	1.4	2.5	5	7	10	20	30	50	70	100	150	200
	额定条件下 压降/MPa				$\leqslant$0.02	$\leqslant$0.02	$\leqslant$0.02	$\leqslant$0.02	$\leqslant$0.015	$\leqslant$0.015	$\leqslant$0.015	$\leqslant$0.012	$\leqslant$0.012	$\leqslant$0.012	$\leqslant$0.01	$\leqslant$0.01	$\leqslant$0.01	$\leqslant$0.01

① Q_1、Q_5、Q_6 分别表示进口气压为 0.1MPa、0.5MPa、0.6MPa，进出口压降为 0.1MPa 下，标准流量计算值。

(3) 换向阀的主要技术参数

表 21-3-55　　换向阀的主要技术参数

<table>
<tr><td rowspan="3">工作压力范围</td><td colspan="2">换向阀的工作压力范围是指阀能正常工作时输入的最高或最低(气源)压力范围。正常工作是指阀的灵敏度和泄漏量应在规定指标范围内。阀的灵敏度是指阀的最低控制压力、响应时间和工作额度在规定指标范围内
最高工作压力主要取决于阀的强度和密封性能,常见的为 0.8MPa、1.0MPa,有的达 1.6MPa
最低工作压力与阀的控制方式、阀的结构型式、复位特性以及密封型式有关</td></tr>
<tr><td>内先导</td><td>自控式(内先导)换向阀的最低工作压力取决于阀换向时的复位特性,工作压力太低,则先导控制压力也低,作用于活塞的推力也低,当它不能克服复位力时,阀不能被换向工作。如减小复位力,阀开关时间过长,动作不灵敏</td></tr>
<tr><td>外先导</td><td>他控式(外先导)换向阀的工作压力与先导控制功能无关,先导控制的气源为另行供给。因此,其最低工作压力主要取决于密封性能,工作压力太低,往往密封不好,造成较大的泄漏</td></tr>
<tr><td>控制压力</td><td colspan="2">控制压力是指在额定压力条件下,换向阀能完成正常换向动作时,在控制口所加的信号压力。控制压力范围就是阀的最低控制压力和最高控制压力之间的范围
最低控制压力的大小与阀的结构型式,尤其对于软密封滑柱式阀的控制压力与阀的停放时间关系较大。当工作压力一定时,阀的停放时间越长,则最低控制压力越大,但放置时间长到一定以后,最低控制压力就稳定了。上述现象是由于橡胶密封圈在停放过程中与金属阀体表面产生亲和作用,使静摩擦力增加,对差压控制的滑阀,控制压力却随工作压力的提高而增加。这些现象在选用换向阀时应予注意。而截止式阀或同轴截止阀的最低控制压力与复位力有关。外先导阀与工作压力关系不大,但内先导阀与工作压力有关,必须有一个最低的工作压力范围</td></tr>
<tr><td>介质温度和环境温度</td><td colspan="2">流入换向阀的压缩空气的温度称为介质温度,阀工作场所的空气温度称为环境温度。它们是选用阀的一项基本参数,一般标准为 5~60℃。若采用干燥空气,最低工作温度可为−5℃或−10℃
如要求阀在室外工作,除了阀内的密封材料及合成树脂材料能耐室外的高、低温外,为防止阀及管道内出现结冰现象,压缩空气的露点温度应比环境温度低 10℃。流进阀的压缩空气,虽经过滤除水,但仍会含少量水蒸气,气流高速流经元件内节流通道时,会使温度下降,往往会引起水分凝结成水或冰
环境温度的高或低,会影响阀内密封圈的密封性能。环境温度过高,会使密封材料变软、变形。环境温度过低,会使密封材料硬化、脆裂。同时,还要考虑线圈的耐热性</td></tr>
<tr><td rowspan="2">流量特性</td><td colspan="2">表示气动控制阀流量特性的常用方法</td></tr>
<tr><td>声速流导 c 和临界压力比 b</td><td>

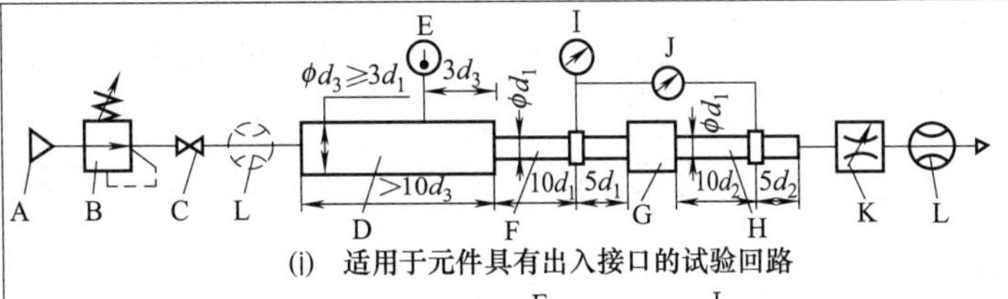

(i) 适用于元件具有出入接口的试验回路

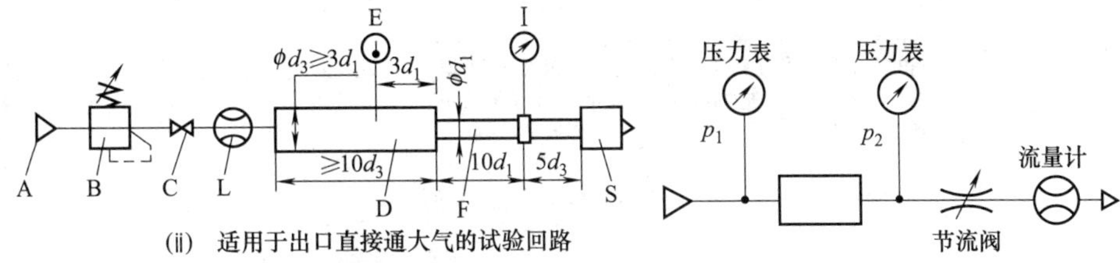

(ii) 适用于出口直接通大气的试验回路

图(a)　ISO6358标准的试验装置回路　　图(b)　标准额定流量的测试回路

A—压缩气源和过滤器;B—调压阀;C—截止阀;D—测温管;E—温度测量仪;F—上游压力测量管;G—被测试元件;H—下游压力测量管;I—上游压力表或传感器;J—差动压力表(分压表)或传感器;K—流量控制阀;L—流量测量装置

图(a)所示为 ISO 6358 标准测试元件流量性能的回路,其中图(a)中(i)适用于被测元件具有出入接口的试验回路,图(a)中(ii)适用于元件出口直接通大气的试验回路。测试时,只要测定临界状态下气流达到的 p_1^*、T_1^* 和 Q_m^* 以及任一状态下元件的上游压力 p_1 以及通过元件的压力降 Δp 和流量 Q_m,分别代入式(1)和式(2)可算出 c 值和 b 值。若已知元件的 c 和 b 参数,可按式(3)和式(4)计算通过元件的流量

国际标准 ISO 6358 气动元件流量特性中,用声速流导 c 和临界压力比 b 来表示方向控制阀的流量特性。参数 c、b 分别按下式计算

$$c=\frac{Q_m^*}{\rho_0 p_1^*}\sqrt{\frac{T_1^*}{T_0}}\quad (\mathrm{m^4 \cdot s/kg}) \tag{1}$$

$$b=1-\frac{\dfrac{\Delta p}{p_1}}{1-\sqrt{1-\left(\dfrac{Q_m}{Q_m^*}\right)^2}} \tag{2}$$

</td></tr>
</table>

第21篇

续表

<table>
<tr><td rowspan="5">流量特性</td><td>声速流导 c 和临界压力比 b</td><td colspan="2">

当 $\frac{p_2}{p_1} \leqslant b$ 时，元件内处于临界流动

$$Q_m^* = c p_1^* \rho_0 \sqrt{\frac{T_0}{T_1^*}} \quad (\mathrm{kg/s}) \tag{3}$$

当 $\frac{p_2}{p_1} \geqslant b$ 时，元件内处于亚声速流动

$$Q_m = Q_m^* \sqrt{1-\left(\frac{\frac{p_2}{p_1}-b}{1-b}\right)^2} \tag{4}$$

式中 p_1^*——处于临界状态下元件的上游压力，Pa
T_1^*——处于临界状态下元件的上游温度，K
Q_m^*——处于临界状态下元件的流量，kg/s
Δp——被测元件前后压降，Pa
p_1——被测元件上游压力，Pa
Q_m——通过元件的质量流量，kg/s
T_0——标准状态下的温度，$T_0=(273+20)\mathrm{K}$
ρ_0——标准状态下的空气密度，$\rho_0=1.209\mathrm{kg/m^3}$

用ISO 6358气动元件流量标准的一组参数 b 和 c 能完整地表征方向控制阀的流量特征，参数含义明确。c 值反映了折算成标准温度下处于临界状态的气动元件，单位上游压力所允许通过的最大体积流量值，该值越大，说明气动元件的流量性能越好；b 值反映了气动元件达到临界状态所必需的条件，在相同的流量条件下，b 值越大则说明在气动元件上产生的压力降越小</td></tr>
<tr><td>标准额定流量 Q_{Nn}</td><td colspan="2">标准额定流量 Q_{Nn} 是指在标准条件下的额定流量，其单位是L/min。额定流量 Q_n 是指在额定条件下测得的流量。图(b)所示为用于测量标准额定流量的回路
通常对方向控制阀来说，测试时调定的输入电压 p_1 为0.6MPa，输出压力为0.5MPa，通过被测元件的流量(ANR)即为标准额定流量 Q_{Nn}</td></tr>
<tr><td rowspan="3">流通能力 C 值、K_V 值及流量系数 C_V 值</td><td colspan="2">阀的流通能力是指在规定压差条件下，阀全开时，单位时间内通过阀的液体的体积数或质量数</td></tr>
<tr><td>公制</td><td>C 值(或 K_V 值)是公制单位表示阀的流通能力，它的定义为阀全开状态下以密度为 $1\mathrm{g/cm^3}$ 的清水在阀前后压差保持0.1MPa，每小时通过阀的水的体积数($\mathrm{m^3}$)。按原定 C 值的压差 $9.8\times10^4\mathrm{Pa}$，K_V 值的压差为1bar，两者基本相同</td></tr>
<tr><td>英制</td><td>C_V 值是英制单位表示阀的流通能力，它的定义为阀前后压差保持1psi (6894.76Pa)时，每分钟流过60°F(15.6℃)水的加仑数(美制加仑数，1gal=3.785L)
C 值与 C_V 值之间的换算关系为

$$C_V=1.167C$$</td></tr>
<tr><td></td><td>有效截面积 S</td><td colspan="2">阀的有效截面积是指某一假想的截面积为 S 的薄壁节流孔，当该孔与阀在相同条件下通过的空气流量相等时，则把此节流孔的截面积 S 称为阀的有效截面积，单位为 $\mathrm{mm^2}$
有效截面积 S 与流量系数 C_V 的换算关系为

$$S=16.98C_V$$

换向阀的标准额定流量 Q_{Nn} 与流通能力的换算关系为

$$Q_{Nn}=1100K_V$$
$$Q_{Nn}=984C_V$$</td></tr>
<tr><td>切换时间</td><td colspan="3">切换时间是指出气口只有一个压力传感器连接时，从电气或者气动的控制信号变化开始，到相关出气口的压力变化到额定压力的10%时所对应的滞后时间。换向阀切换时间的测试方法见图(c)
新的切换时间规定与旧的换向时间定义和数值都不同，新的切换时间是在规定的工作压力、输出口不接负载的条件下，从一开始给控制信号(接通)到阀的输出压力上升到输入压力10%，或下降到原来压力90%的时间
影响阀切换时间的因素是复杂的，它与阀的结构设计有关，与电磁线圈的功率有关(换向力的大小)，与换向行程有关，与复位可动部件弹簧力及密封件在运动时摩擦力等因素均有关(密封件结构、材质等)
通常直动式电磁阀比先导式电磁阀的换向时间短，双电控阀比单电控阀的换向时间短，交流电磁阀比直流电磁阀的换向时间短，二位阀比三位阀的换向时间短，小通径阀比大通径阀的换向时间短
注意：当选用某一个阀时，切换时间是表征了阀的动态性能，是一个重要参数。要注意区分各个国家对阀切换时间的规定

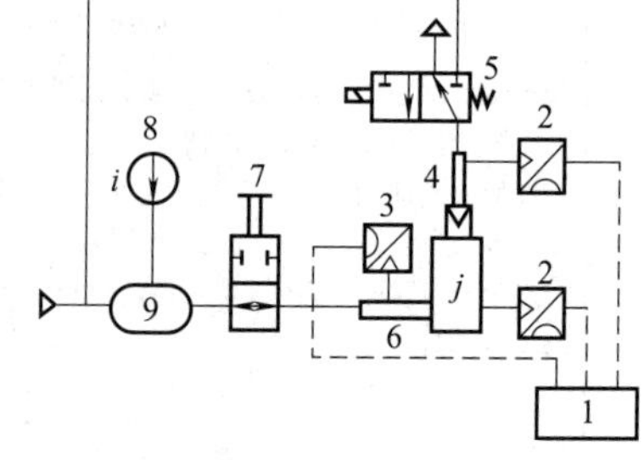

图(c) 换向阀切换时间的测试方法

1—控制阀；2—控制压力传感器；3—压力传感器；4—输出记录仪；5—被测试阀；6—符合ISO 6358规定的压力测量管；7—截止阀(任选)；8—温度计；9—供气容器</td></tr>
</table>

续表

最高换向频率

阀的最高换向频率是指换向阀在额定压力下在单位时间内保证正常换向的最高次数，也称为最高工作频率(Hz)。影响换向频率的因素与切换时间的相同

“频度”是每分钟时间内完成的动作次数，不要与“频率”相混淆。频率是指每秒钟内完成的动作次数，是国际单位制中具有专门名称的导出单位 Hz(s^{-1})

最高换向频率与阀的本身结构、阀的切换时间、电磁线圈在连续高频工作时的温升及阀出口连续的负载容积大小有关，负载容积越大，换向频率越低，电磁阀通径越大，换向频率也越低。直动式阀比先导式阀换向频率高，间隙密封(硬配合阀)比弹性密封换向频率要高，双电控比单电控高，交流比直流要高

防护等级

电气设备的防护等级：欧美地区气动制造厂商均采用 EN 60 529 标准对电气设备的防护，带壳体的防护等级通过标准化的测试方法来表示。防护等级用符合国际标准代号 IP 表示，IP 代码用于对这类防护等级的分类。欧美地区气动制造厂商样本中在电磁阀或电磁线圈上通常印有 IP65 字样，下表列出了防护代码的含义。IP 代码由字母 IP 和一个两位数组成。有关两位数字的定义见下表

第 1 数字的含义：数字 1 表示人员的保护。它规定了外壳的范围，以免人与危险部件接触。此外，外壳防止了人或人携带的物体进入。另外，该数字还表示对固体异物进入设备的防护程度

第 2 数字的含义：数字 2 表示设备的保护。针对由于水进入外壳而对设备造成的有害影响，它对外壳的防护等级做了评定

IP65，6 表示第一代码编号：对电磁阀而言，表示固体异物、灰尘进入阀体的保护等级值；

5 表示第二代码编号：对电磁阀而言，表示水滴、溅水或浸入的保护等级值

IP　6　5

代码字母		
IP	国际防护	—

代码编号 1	说明	定义
0	无防护	—
1	防止异物进入，50mm 或更大	直径为 50mm 的被测物体不得穿透外壳
2	防止异物进入，12.5mm 或更大	直径为 12.5mm 的被测物体不得穿透外壳
3	防止异物进入，2.5mm 或更大	直径为 2.5mm 的被测物体完全不能进入
4	防止异物进入，1.0mm 或更大	直径为 1mm 的被测物体完全不能进入
5	防止灰尘堆积	虽然不能完全阻止灰尘的进入，但灰尘进入量应不足以影响设备的良好运行或安全性
6	防止灰尘进入	灰尘不得进入

代码编号 2	说明	定义
0	无防护	—
1	防护水滴	不允许垂直落水滴对设备有危害作用
2	防护水滴	不允许斜向(偏离垂直方向不大于 15°)滴下的水滴对设备有任何危害作用
3	防护喷溅水	不允许斜向(偏离垂直方向不大于 60°)滴下的水滴对设备有任何危害作用
4	防护飞溅水	不允许任何从角度向外壳飞溅的水流对设备有任何危害作用
5	防护水流喷射	不允许任何从角度向外壳喷射的水流对设备有任何危害作用
6	防护强水流喷射	不允许任何从角度对准外壳喷射的水流对设备有任何危害作用
7	防护短时间浸入水中	在标准压力和时间条件下，外壳即使只是短时期内浸入水中，也不允许一定量的水流对设备造成任何危害作用
8	防护长期浸入水中	如果外壳长时间浸入水中，不允许一定量的水流对设备造成任何危害作用 制造商和用户之间的使用条件必须一致，该使用条件必须比代码 7 更严格
9	防护高压清洗和蒸汽喷射清洗的水流	不允许高压下从任何角度直接喷射到外壳上的水流对设备有任何危害作用

食品加工行业通常使用防护等级为 IP65（防尘和防水管喷水）或 IP67（防尘和能短时间浸水）的元件。对某些场合究竟采用 IP65 还是 IP67，取决于特定的应用场合，因为对每种防护等级有其完全不同的测试标准。一味强调 IP67 比 IP65 等级高并不一定适用。因此，符合 IP67 的元件并不能自动满足 IP65 的标准

续表

<table>
<tr><td>泄漏量</td><td colspan="6">阀的泄漏量有两类，即工作通口泄漏量和总体泄漏量。工作通口泄漏量是指阀在规定的试验压力下相互断开的两通口之间的内泄漏量，它可衡量阀内各通道的密封状态。总体泄漏量是指阀所有各处泄漏量的总和，除其工作通口的泄漏外，还包括其他各处的泄漏量，如端盖、控制腔等。泄漏量是阀的气密性指标之一，是衡量阀的质量性能好坏的标志。它将直接关系到气动系统的可靠性和气源的能耗损失。泄漏与阀的密封型式、结构型式、加工装配质量、阀的通径规格、工作压力等因素有关</td></tr>
<tr><td>耐久性</td><td colspan="6">耐久性是指阀在规定的试验条件下，在不更换零部件的条件下，完成规定工作次数，且各项性能仍能满足规定指标要求的一项综合性能，它是衡量阀性能水平的一项综合性参数
阀的耐久性除了与各零件的材料、密封材料、加工装配有关外，还与两个十分重要的因素有关，即阀本身设计结构及压缩空气的净化处理质量（如需合适的润滑状况）
某些国外气动厂商对阀测试条件是：过滤精度为 5μm 干燥润滑的压缩空气，工作压力为 6bar，介质温度为 23℃，频率为 2Hz 条件下进行，目前，各气动制造厂商的耐久性指标平均为 2 千万次以上，一些优质的电磁阀可达 5 千万次、1 亿次以上</td></tr>
<tr><td rowspan="4">温升与绝缘种类</td><td colspan="6">电磁阀线圈通电后就会发热，达到热稳定平衡时的平均温度与环境温度之差称为温升。线圈的最高允许温升是由线圈的绝缘种类决定的（见下表）。电磁阀的环境温度由线圈的绝缘种类决定的最高允许温度和电磁线圈的温升值来决定，一般电磁阀线圈为 B 种绝缘，最高允许温升则为 130℃</td></tr>
<tr><td>绝缘种类</td><td>A</td><td>E</td><td>B</td><td>F</td><td>H</td></tr>
<tr><td>允许温升/℃</td><td>65</td><td>80</td><td>90</td><td>115</td><td>140</td></tr>
<tr><td>最高允许温升/℃</td><td>105</td><td>120</td><td>130</td><td>155</td><td>180</td></tr>
<tr><td>吸力特性</td><td colspan="6">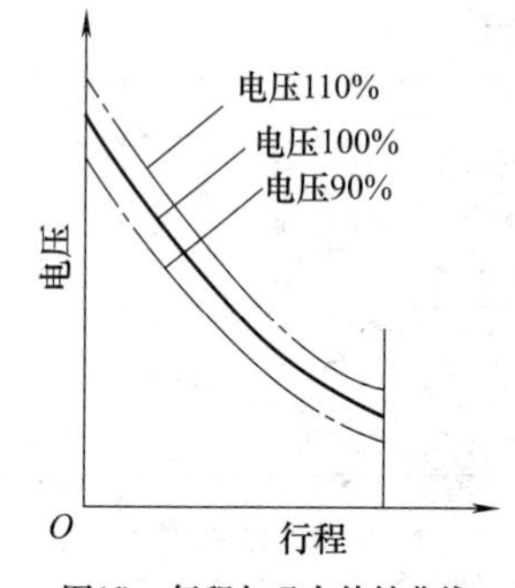

图(d)　行程与吸力特性曲线
图(d)为行程与吸力特性曲线。交流电磁铁与直流电磁铁特性是相似的，当电压增加或行程减少时，两者的吸力都呈增加趋势。但是，当动铁芯行程较大时，由于两者的电流特性不同，直流电磁铁的吸力将大幅度下降，而交流电磁铁吸力下降较缓慢</td></tr>
<tr><td>启动电流与保持电流</td><td colspan="6">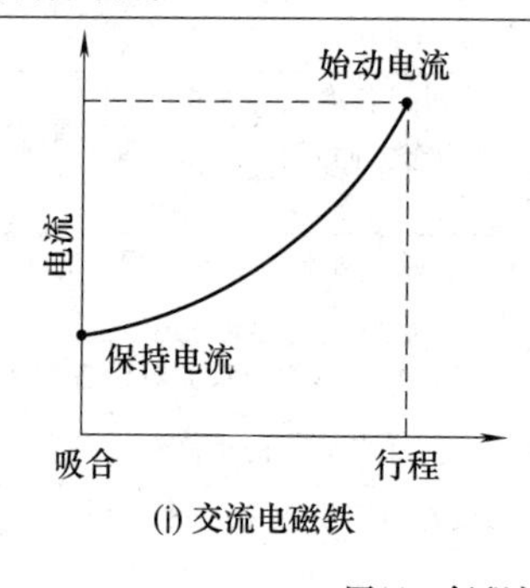

(ⅰ) 交流电磁铁
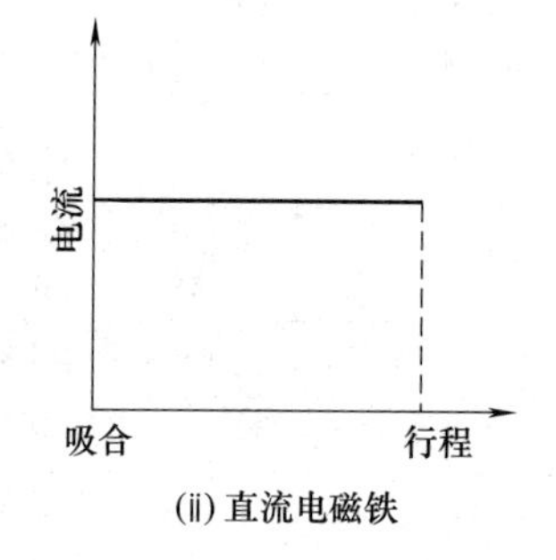

(ⅱ) 直流电磁铁
图(e)　行程与电流特性曲线
当交流电磁铁工作电压确定后，励磁电流大小虽与线圈的电阻值有关，但还受到行程的影响，行程大，磁阻大，励磁电流也大，最大行程时的励磁电流（也称启动电动）由图(e)中(ⅰ)可见，交流电磁铁启动时，即动铁芯的行程最大时，启动电流最大。随着动铁芯移动行程逐渐缩短，电流也逐渐变小。当电磁铁已被吸住的电流称为保持电流。一般电磁阀的启动电流为保持电流的 2～4 倍，对于大型交流电磁阀，它的启动电流可达保持电流 10 倍以上，甚至更大。当铁芯被卡住，启动电流持续流过时，线圈发热剧升，甚至烧毁。交流电磁铁不宜频繁通断，其寿命不如直流电磁铁长。对于直流电磁铁而言，其线圈电流仅取决于线圈电阻，与行程无关。如图(e)中(ⅱ)所示，直流电磁铁的电流与行程无关，在吸合过程中始终保持一定值。故动铁芯被卡住时也不会烧毁线圈，直流电磁铁可频繁通、断，工作安全可靠。但不能错接电压，错接高压电时，流过电流过大，线圈即会烧毁</td></tr>
<tr><td>功率</td><td colspan="6">在设计电磁阀控制回路时，需计算回路中电流等参数。计算时应注意，交流电磁铁的功率用视在功率 $P=UI$ 计算，单位为 V·A，已知交流电磁阀的视在功率为 16V·A，使用电压为 220V，则流过交流电磁阀的电流为 73mA。直流电磁阀用消耗功率 P 计算，单位为 W</td></tr>
</table>

(4) 换向阀的选择

表 21-3-56　　换向阀的选择

选用原则	总体原则	首先根据应用场合(工作压力、工作温度、气源净化要求等级等)确定采用电磁控制还是气压控制，是采用滑阀型电磁阀还是截止型电磁阀或间隙型电磁阀(硬配阀)，然后根据工艺逻辑关系要求选择电磁阀通口数目及阀切换位置时的功能，如二位二通、二位三通(常开型、常闭型)、二位五通(单电控、双电控)、三位五通(中封式、中泄式、中压式)。接着应考虑阀的流量、功耗、切换时间、防护等级、通电持续率，与此同时选择管式阀、半管式阀、板式阀或是ISO 板式阀，通常当需要几十个阀时，大都采用集成板接式连接方式
	具体原则	①根据流量选择阀的通径。阀的通径是根据气动执行机构在工作压力状态下的流量值来选取的。目前国内市场的阀流量参数有各种不同的表示方法，阀的通径不能表示阀的真实流量，如 G1/4 的阀通径为 8mm，也有的为 6mm。阀的接口螺纹也不能代表阀的实际流量，必须明确所选阀实际流量(L/min)，这些在选择时需特别注意 ②根据要求选用阀的功能及控制方式，还须注意应尽量选择与所需型号相一致的阀，尤其对集成板接式阀而言，如用二位五通阀代替二位三通阀或二位二通阀，只需将不用的孔口用堵头堵上即可。用两个二位三通阀代替一个二位五通阀，或用两个二位二通阀代替一个二位三通阀的做法一般不推荐，只能在紧急维修时暂用 ③根据现场使用条件选择直动阀、内先导阀、外先导阀。如需用于真空系统，只能采用直动阀和外先导阀 ④根据气动自动化系统工作要求选用阀的性能，包括阀的最低工作压力、最低控制压力、响应时间、气密性、寿命及可靠性。如用气瓶惰性气体作为工作介质，对整个系统的气密性要求严格。选择手动阀就应选择滑柱式阀结构，阀在换向过程中各通口之间不会造成相通而产生泄漏 ⑤应根据实际情况选择阀的安装方式。从安装维修方面考虑板式连接较好，包括集成式连接，ISO 5599.1 标准也是板式连接。因此优先采用板式安装方式，特别是对集中控制的气动控制系统。但管式安装方式的阀占用空间小，也可以集成板式安装，且随着元件的质量和可靠性不断提高，已得到广泛应用。对管式阀应注意螺纹是 G 螺纹、R 螺纹，还是 NPT 螺纹 ⑥应选用标准化产品，避免采用专用阀，尽量减少阀的种类，便于供货、安装及维护。最后要指出，选用的阀应该技术先进，元件的外观、内在质量、制造工艺是一流的，有完善的质量保证体系，价格应与系统的可靠性要求相适应。这一切都是为了保证系统工作的可靠性
使用注意事项		①安装前应查看阀的铭牌，注意型号、规格与使用条件是否相符，包括工作压力、通径、螺纹接口等。接通电源前，必须分清电磁线圈是直流型还是交流型，并看清工作电压数值。然后，再进行通电、通气试验，检查阀的换向动作是否正常。可用手动装置操作，检查阀是否换向。但检查后，务必使手动装置复原 ②安装前应彻底清除管道内的粉尘、铁锈等污物。接管时应防止密封带碎片进入阀内。如用密封带时，螺纹头部应留 1.5～2 个螺牙不绕密封件，以免断裂密封带进入阀内 ③应注意阀的安装方向，大多数电磁阀对安装位置和方向无特殊要求，有特定要求的应予以注意 ④应严格管理所用空气的质量，注意空压机等设备的管理，除去冷凝水等有害杂质。阀的密封元件通常用丁腈橡胶制成，应选择对橡胶无腐蚀作用的透平油作为润滑油(ISO VG32)。即使对无油润滑的阀，一旦用了含油雾润滑的空气后，则不能中断使用。因为润滑油已将原有的油脂洗去，中断后会造成润滑不良 ⑤对于双电控电磁阀应在电气回路中设联锁回路，以防止两端电磁铁同时通电而烧毁线圈 ⑥使用小功率电磁阀时，应注意继电器接点保护电路 RC 元件的漏电流造成的电磁阀误动作。因为此漏电流在电磁线圈两端产生漏电压，若漏电压过大时，就会使电磁铁一直通电而不能关断，此时要接入漏电阻 ⑦应注意采用节流的方式和场合，对于截止式阀或有单向密封的阀，不宜采用排气节流阀，否则将引起误动作。对于内部先导式电磁阀，其入口不得节流。所有阀的呼吸孔或排气孔不得阻塞 ⑧应避免将阀装在有腐蚀性气体、化学溶液、油水飞溅、雨水、水蒸气存在的场所，注意，应在其工作压力范围及环境温度范围内工作 ⑨注意手动按钮装置的使用，只有在电磁阀不通电时，才可使用手动按钮装置对阀进行换向，换向检查结束后，必须返回，否则，通电后会导致电磁线圈烧毁 ⑩对于集成板式控制电流阀，注意排气背压造成其他元件工作不正常，特别对三位中泄式换向阀，它的排气顺畅与否，与其工作有关。采取单独排气以避免产生误动作

3.3.1.2　其他方向控制阀

表 21-3-57　　其他方向控制阀

名称	结　　构	用　　途
单向阀	1—弹簧；2—阀芯；3—阀座；4—阀体 是最简单的一种单向型方向阀。选用的重要参数为最低动作压力(阀前后压差)、阀关闭压力(压差)、流量特性等	在气动系统中，单向阀除单独使用外，还经常与流量阀、换向阀和压力阀组合成单向节流阀、延时阀和单向压力阀，广泛用于调速控制、延时控制和顺序控制系统中

续表

名称	结　构	用　途
梭阀(或门阀)	1—阀体;2—阀芯;3—阀座 相当于两个单向阀组合而成,有两个输入口和一个输出口。无论是 X 口或 Y 口进气,A 口都有输出 它实际上是一个二输入自控导通式二位三通阀	在气动系统中多用于控制回路中,特别是逻辑回路中,起逻辑"或"的作用,故又称为或门阀。也可用于执行回路中
双压阀(与门阀)	有两个输入口和一个输出口 只有 X、Y 口同时有输入时,A 才有输出 它实际上是一个二输入自控关断式二位三通阀	在气动系统中,它主要用于控制回路中,对两个控制信号进行互锁,起逻辑"与"的作用,故又称与门阀
快速排气阀	当 P 口进气后,阀芯关闭排气口 R,P、A 通路导通,A 口有输出。当 P 口无气时,输出管路中的空气使阀芯将 P 口封住,A、R 接通,排气 它实际上是一个自控反馈差压平衡式二位三通阀	常将这种阀安装在气缸和换向阀之间,应尽量靠近气缸排气口,或直接拧在气缸排气口上,使气缸快速排气,故叫做快速排气阀,达到提高生产效率的作用

3.3.1.3 阀岛

阀岛（valve terminal）是由著名的德国 FESTO 公司最先发明并引入应用。

由于近十几年来电子技术的飞速发展，机电一体化技术已越来越广泛地应用到工业设备中。在这类设备上往往大量采用电子器件实现测量、控制以及操作和显示，由气动或电动执行机构实现送料、夹紧、加工等动作。因此，与此相应的接口技术，即电信号、各种物理量或气动、液压、电动及其他方式的驱动能量有机地结合、转换，就显得极为重要。

阀岛是新一代的电-气一体化控制元器件，大幅度简化了设备中各种接口，并且和现场总线技术相合，使两者的技术优势得到充分发挥，具有广泛的应用前景。

（1）带多针接口的阀岛

第一代阀岛——带多针接口阀岛为简化设备中的选型、订货、安装和测试工作等迈出了第一步。在阀岛上安装的电磁阀可以是单电控，也可以是双电控，同时其尺寸、功能覆盖面极广。可编程控制器的输出控制信号、输入电信号均通过一根带多针插头的多股电缆与阀岛连接，而由传感器输出的信号则通过电缆连接到阀岛的电信号输入口上。

带多针接口阀岛有以下特点。

① 各种阀根据用户提出的要求集中安装于阀岛上，其气源口、排气口已连接妥当。

② 各阀的电控信号连接到一个统一的多针插座上。

③ 电控信号的输入和输出口的电路保护、防水措施等功能都集成于阀岛。

④ 可以与目前市场上最常见的多接头输入/输出方式的可编程控制器结合使用，即对可编程控制器的接口形式无特殊要求（如现场总线形式）。

⑤ 阀岛的气动、电控组件的功能都已测试、检验完毕。

用户只需要：

① 将阀的输出口连接到对应的气动执行机构上；

② 将带多针插头的多股电缆与可编程控制器的输入/输出口连接。

带多针接口的阀岛输入信号均通过一根带多针插头的多股电缆与阀岛连接，而由传感器输出的信号则通过电缆连接到阀岛的电信号输入口上，参见图 21-3-66。

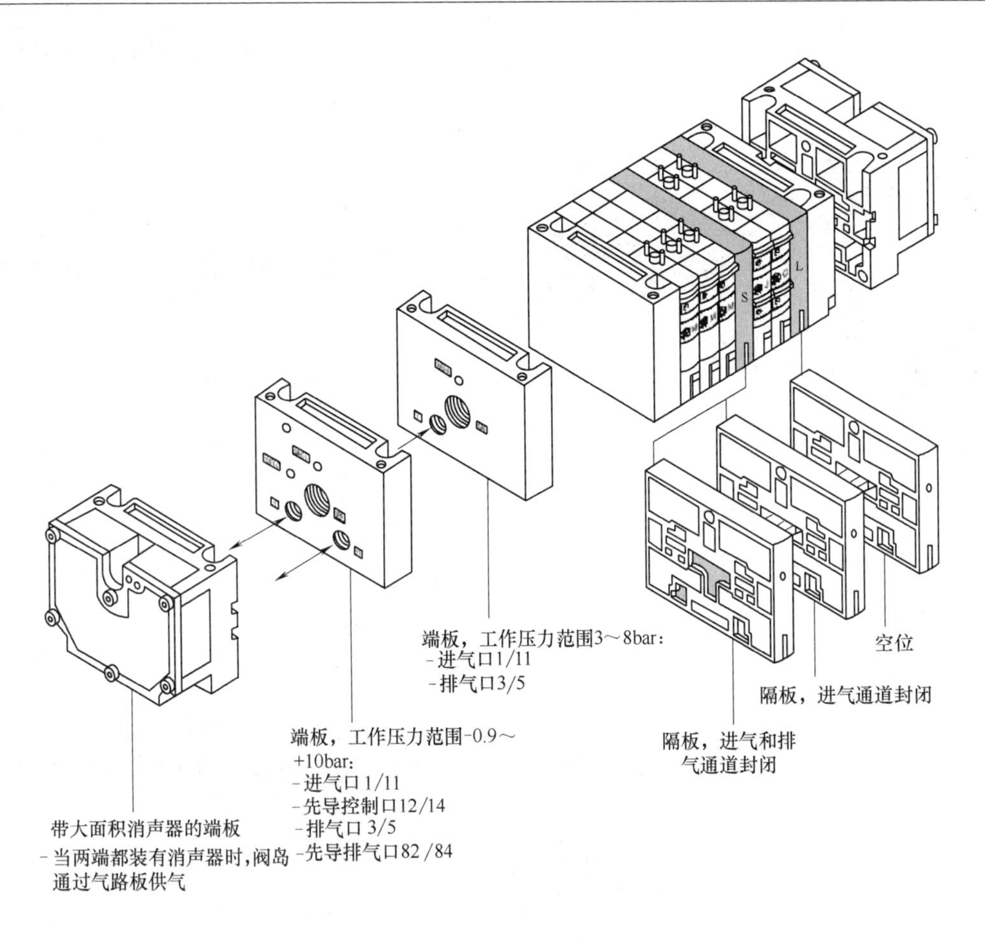

图 21-3-66　多针阀岛

因此控制器、气动阀、传感器输入电信号之间的接口简化为只有一个带多针插头的多股电缆。与常规方式实现的控制系统比较可知，采用多针接口的阀岛后，系统不再需要接线盒。同时，所有电信号的处理、保护功能（如电信号的极性保护、光电隔离、防水等）都已在阀岛上实现。显然，通过采用多针接口的阀岛使得系统的设计、制造和维护过程大为简化。

阀岛结构尺寸小，最多可以安装 8 片阀，所有的阀都采用先导式控制。电磁多针阀岛由左右端板（带大面积消声器）、多针插头接口、阀片 C、隔板、标牌安装架、连接电缆组成。

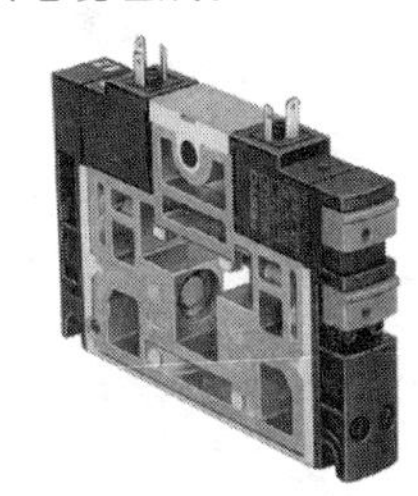

图 21-3-67　阀片（手动控制，滑片锁定式）

当电磁线圈得电后，阀岛上相应的指示灯显示当前的工作状态。当电磁线圈或其通讯线路出现故障时，单片阀可以手动控制。

（2）带现场总线的阀岛

使用多针接口型阀岛使设备的接口大为简化，但用户还必须根据设计要求自行将可编程控制器的输入/输出口与来自阀岛的电缆进行连接，而且该电缆随着控制回路的复杂化而加粗，随着阀岛与可编程控制器间的距离增大而加长。为克服这一缺点，出现了新一代阀岛——带现场总线的阀岛，参见图 21-3-68。

现场总线（field bus）的实质是通过电信号传输方式，并以一定的数据格式实现控制系统中信号的双向传输。两个采用现场总线进行信息交换的对象之间只需一根两股或四股的电缆连接。特点是以一对电缆之间的电位差方式传输的。

在由带现场总线的阀岛组成的系统中，每个阀岛都带有一个总线输入口和总线输出口。这样当系统中有多个带现场总线阀岛或其他带现场总线设备时可以由近至远串联连接。现提供的现场总线阀岛装备了目

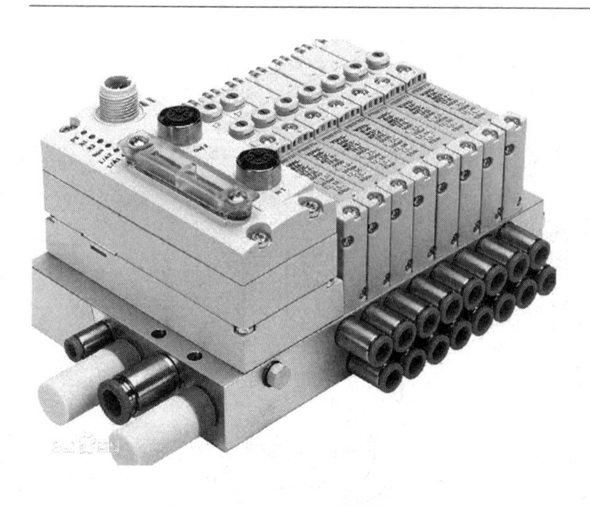

图 21-3-68　带现场总线的阀岛

前市场上所有开放式数据格式约定及主要可编程控制器厂家自定的数据格式约定。这样，带现场总线阀岛就能与各种型号的可编程控制器直接相连接，或者通过总线转换器进行阀接连接。

带现场总线阀岛的出现标志着气电一体化技术的发展进入一个新的阶段，为气动自动化系统的网络化、模块化提供了有效的技术手段，因此近年来发展迅速。

（3）可编程阀岛

模块式生产是将整台设备分为几个基本的功能模块，每一基本模块与前、后模块间按一定的规律有机地结合，参见图 21-3-69。模块化设备的优点是可以根据加工对象的特点，选用相应的基本模块组成整机。这不仅缩短了设备制造周期，而且可以实现一种模块多次使用，节省了设备投资。可编程阀岛在这类设备中广泛应用，每一个基本模块装用一套可编程阀岛。这样，使用时可以离线同时对多台模块进行可编程控制器用户程序的设计和调试。这不仅缩短了整机调试时间，而且当设备出现故障时可以通过调试出故障的模块，使停机维修时间最短。

（4）模块式阀岛（见图 21-3-70）

在阀岛设计中引入了模块化的设计思想，这类阀岛的结构有以下特点。

① 控制模块位于阀岛中央。控制模块有三种基本方式：多针接口型、现场总线型和可编程型。

② 各种尺寸、功能的电磁阀位于阀岛右侧，每2个或1个阀装在带有统一气路、电路接口的阀座上。阀座的次序可以自由确定，其个数也可以增减。

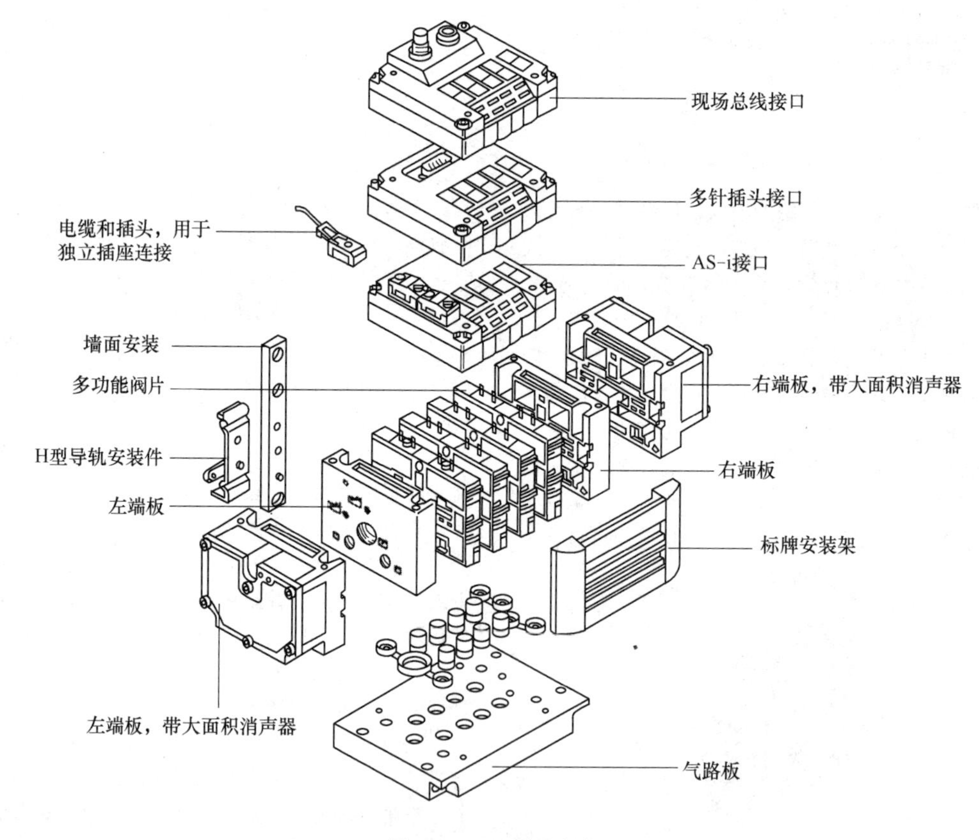

图 21-3-69　可编程阀岛

③ 各种电信号的输入/输出模块位于阀岛左侧，提供完整的电信号输入/输出模块产品（见表21-3-58）。

带现场总线接口的阀岛可与现场总线节点或控制器相连。这些设备将分散的输入/输出单元串接起来，最多可连接4个分支。每个分支可包括16个输入和16个输出，连接电缆同时输电源和控制信号。也就是说，它适合控制分散元件，使阀尽可能安装在气缸附近，其目的是缩短气管长度，减少进排气时间，并减少流量损失。模块化的设计思想也被引入阀岛的设计中。

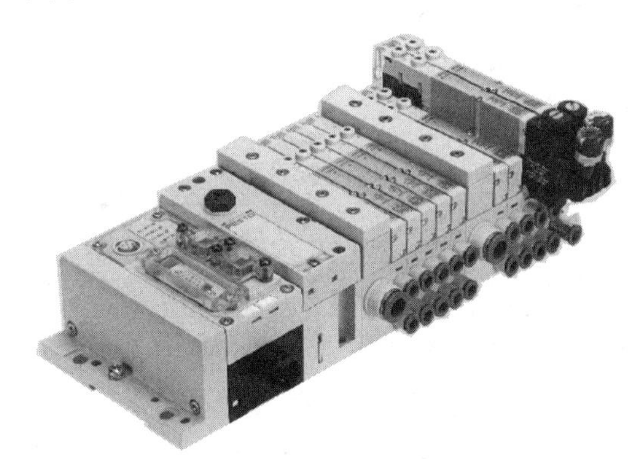

图 21-3-70 模块式阀岛

表 21-3-58 各种功能的电信号输入/输出模块

模块类型	功　　能
输入模块	开关式电信号输入
输出模块	开关式电信号输出
模拟信号输入输出模块	模拟式电信号的输入和输出
AS-1 主级模块	带 AS-1 总线方式的主控级
大电流输出模块	输出可直接驱动执行机构的电信号
多针输入/输出模块	带12路输入、8路输出的模块
CAN	连接CAN总线的总线转换

(5) 紧凑型阀岛（CP阀岛）

与模块式自动生产线发展相呼应的技术是分散控制。分散控制在复杂、大型的自动化设备上得到广泛应用。在这类设备上往往有完成一些特定任务的基本动作单元，如工件的抓取、转向、放置这一系列动作就需要由气动手指（或真空吸盘）、摆动缸以及普通气缸组成的动作单元。为了减少气缸控制管路的气流损失，控制电磁阀应尽可能安装在这些动作单元附近。鉴于分散控制系统的要求，出现了由CP型紧凑阀组成的紧凑型阀岛（CP阀岛）。紧凑型阀的外形很小，但输出流量大，即其体积/流量比特别大，这是紧凑阀与微型阀的区别之处，如14mm厚度的CP阀可提供800L/min大流量。其他厚度的CP阀的流量为10mm厚度可达400L/min，18mm厚度可达1600L/min。图21-3-71所示为紧凑型阀岛系统结构。CP阀岛有CPV和CPA两种。CPA阀岛采用模块化结构可扩充，带AS-i接口，内置式SPS，用于阀岛自控。CPV阀岛的类型有带独立插座、带多针插头、带AS-i接口及带现场总线接口。

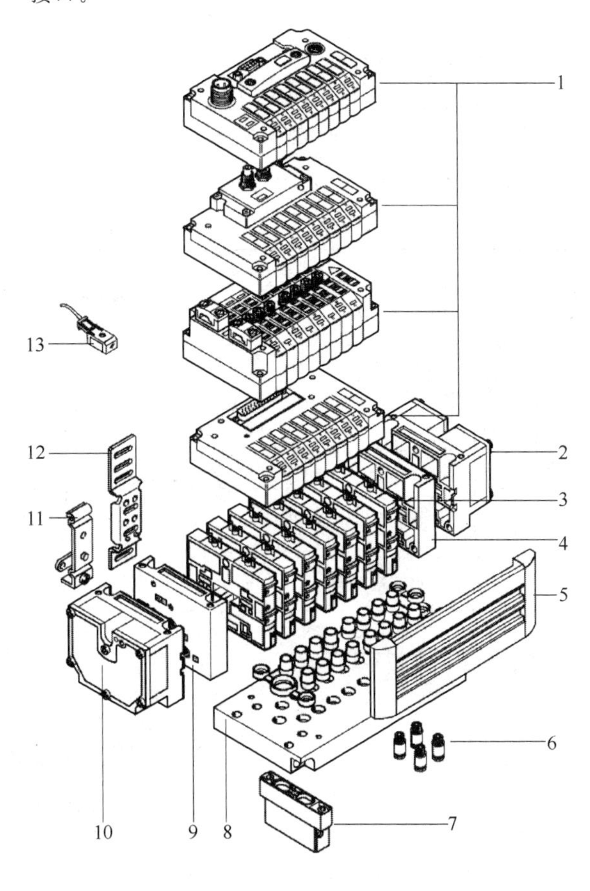

图 21-3-71 紧凑型阀岛

1—基本电元件（MP、AS-l、FB、CPV、Direct）；2—右端板（螺纹接口不能与气路板连接）；3—阀功能；4—右端板；5—说明标签支架；6—QS快插接头；7—功能化模块（垂直叠加）；8—气路板；9—左端板（螺纹接口不能与气路板连接）；10—左端板，带大面积消声器；11—H型导轨安装件；12—墙面安装件；13—带电缆插座

(6) AS-i接口与阀岛的结合

目前，一种称为AS-i的现场总线得到了广泛的应用，这种总线的特点是驱动电源、控制信号的传输只需要用一根双股电缆。显然采用这种总线形式使布线更为简便。

采用AS-i接口的控制系统包括AS-i主级控制器和各种次级。主级控制器的功能是实现由它所控制的各种次级与可编程控制器或其他现场总线之间的信息交换。AS-i接口构成的阀岛包括AS-i主级、电信号输入/输出的次级、电信号输入并带电磁阀控制口插头的次级、带两个或4个电磁阀的CP阀岛次级。

阀岛的技术性能视阀岛类型而有不同，如MIDI/MAXI03型可编程阀岛（带FESTO控制器）有以下技术性能。

① 采用模块式结构。

② 带现场总线接口。

③ 电气连接：24V（DC），RS230串行接口。

④ 通过现场总线和总线可扩展。

⑤ 防护等级IP65。

⑥ 阀的功能：二位五通阀、二位三通阀。

⑦ 最多26个电磁线圈。

⑧ 最多64个电信号输出（包括电磁线圈）。

⑨ 模拟量输入/输出。

⑩ 可带AS-i主控单元。

⑪ 阀岛组扩展：取决于被控制数量、线路接法。

⑫ 流量：1250L/min。

⑬ 阀宽：18mm、25mm。

3.3.2　压力控制阀

3.3.2.1　减压阀

（1）减压阀的分类和结构原理

表21-3-59　　减压阀的分类、特点及应用

<table>
<tr><td colspan="3">分　类</td><td colspan="3">特点及应用</td></tr>
<tr><td colspan="3" rowspan="2">按调压范围分</td><td>低压用/MPa</td><td>中压用/MPa</td><td>高压用/MPa</td></tr>
<tr><td>0～0.25</td><td>0～0.63和0～1</td><td>0.05～1.6和0.05～2.5</td></tr>
<tr><td rowspan="3">按压力调节方式分</td><td colspan="2">直动式</td><td colspan="3">直动式是利用手柄、旋钮或机械直接调节调压弹簧，把力直接加在阀上来改变减压阀输出压力</td></tr>
<tr><td rowspan="2">先导式</td><td>内部先导式(自控式)</td><td colspan="3" rowspan="2">先导式是采用调压加压腔中压缩空气的压力来代替直动式调节弹簧进行调压的，加压腔中压缩空气的调节一般采用一小型直动式减压阀进行
外部先导式减压阀所采用的小型直动式减压阀装在主阀外面</td></tr>
<tr><td>外部先导式(他控式)</td></tr>
<tr><td colspan="3">按压力调节精度分</td><td colspan="3">普通型和精密型</td></tr>
<tr><td rowspan="3">按排气方式分</td><td colspan="2">溢流式</td><td colspan="3">在减压过程中从溢流孔中排出多余的气体，维持输出压力不变</td></tr>
<tr><td colspan="2">非溢流式</td><td colspan="3">非溢流式减压阀结构　　1—非溢流式减压阀；2—放气阀
没有溢流孔，使用时回路中要安装一个放气阀以排出输出侧的部分气体，它适用于调节有害气体压力的场合，可防止大气污染</td></tr>
<tr><td colspan="2">恒量排气式</td><td colspan="3">始终有微量气体从溢流阀座的小孔排出，因而能更准确地调整压力，但有经常耗气的缺点，故一般用于输出压力要求调节精度高的场合</td></tr>
</table>

续表

分类		特点及应用
按主要调压部分的结构型式分	膜片式	为常用型式
	活塞式	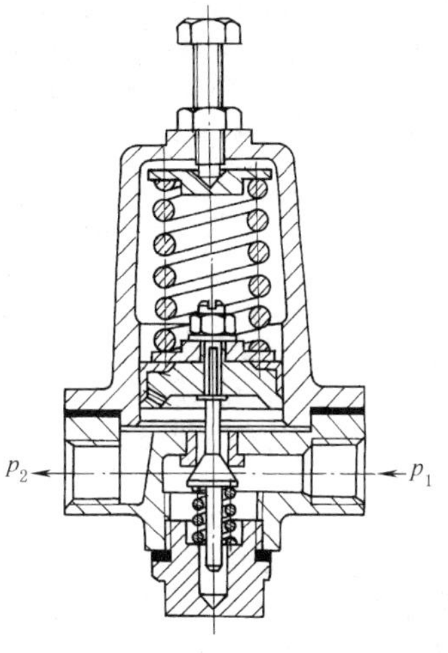 预先决定好活塞行程，当作用在活塞下面的作用力与调节弹簧力和活塞上密封环的摩擦力之和相平衡时，减压阀便获得一定的开度，而具有一定的出口压力。调节调压弹簧的预压缩量，便可改变出口压力的大小。活塞式结构虽具有能够充分增大有效面积的优点，但活塞滑动部分的摩擦力影响了灵敏性
按调压弹簧配置方式分	单簧式	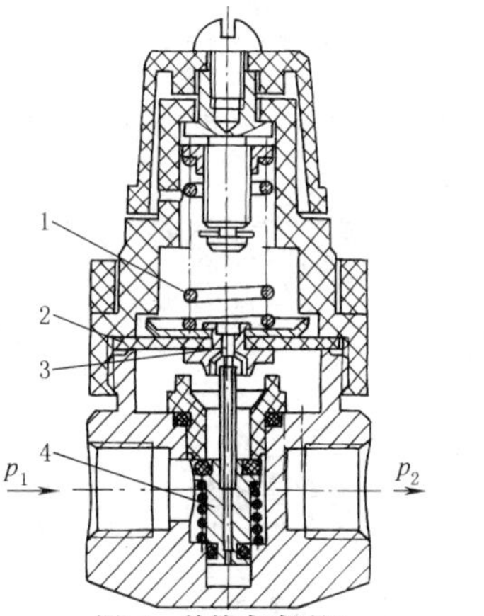 图(a)　单簧式减压阀 1—调压弹簧；2—膜片；3—溢流孔；4—阀芯 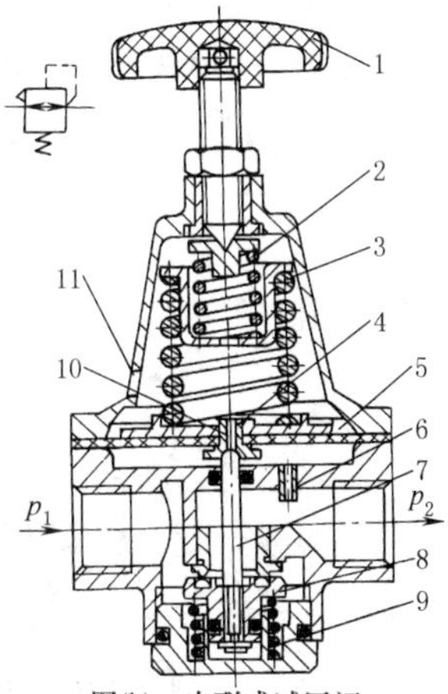 图(b)　串联式减压阀 1—旋转手柄；2，3—调压弹簧；4—阀座；5—膜片；6—反馈导管；7—阀杆；8—阀芯；9—复位弹簧；10—溢流孔；11—排气孔 图(a)所示单簧式减压阀只有一个调压弹簧，通常在体积小、通径小的场所采用。图示为小型减压阀的一种。减压阀的出口是可调的，在调压范围内，弹簧刚度为定值，调压螺钉即调压弹簧力与出口压力成比例 图(b)所示串联式减压阀中，调压弹簧是为了使出口压力在高、低调定值下都能获得较好的流量特性而采用。串联式有主、副两个调压弹簧。经中间弹簧座而互相串联
	串联式	
	并联式（常用为前两种）	
按溢流量大小分	小溢流量式	小溢流量式用得最普遍，大溢流量式只是在特殊情况下使用。因为一般溢流式减压阀中的溢流孔孔径为1mm左右，由高调定值调至低调定值时，必须花费较长时间才能使空气溢流，为了解决这个问题，需要具有大溢流量的溢流结构的减压阀，称为大溢流量式减压阀
	大溢流量式	

表 21-3-60　　减压阀的结构和工作原理

名称	结　构　图	工 作 原 理
普通型减压阀	图(a)　QTY 型减压阀 1—旋转手柄；2,3—调压弹簧； 4—阀座；5—膜片；6—反馈导管； 7—阀杆；8—阀芯；9—复位弹簧； 10—溢流孔；11—排气孔	图(a)所示为应用最广的一种普通型直动溢流式减压阀，其工作原理是：顺时针方向旋转手柄(或旋钮)1，经过调压弹簧 2、3 推动膜片 5 下移，膜片又推动阀杆 7 下移，进气阀芯 8 被打开，使出口压力 p_2 增大。同时，输出气压经反馈导管 6 在膜片 5 上产生向上的推力。这个作用力总是企图把进气阀关小，使出口压力下降，这样的作用称为负反馈。当作用在膜片上的反馈力与弹簧的作用力相平衡时，减压阀便有稳定的压力输出 当减压阀输出负载发生变化，如流量增大时，则流过反馈导管处的流速增加，压力降低，进气阀被进一步打开，使出口压力恢复到接近原来的稳定值。反馈导管的另一作用是当负载突然改变或变化不定时，对输出的压力波动有阻尼作用，所以反馈管又称阻尼管 当减压阀的进口压力发生变化时，出口压力直接由反馈导管进入膜片气室，使原有的力平衡状态破坏，改变膜片、阀杆组件的位移和进气阀的开度及溢流孔 10 的溢流作用，达到新的平衡，保持其出口压力不变 逆时针旋转手柄(旋钮)1 时，调压弹簧 2、3 放松，气压作用在膜片 5 上的反馈力大于弹簧作用力，膜片向上弯曲，此时阀杆的顶端与溢流阀座 4 脱开，气流经溢流孔 10 从排气孔 11 排出，在复位弹簧 9 和气压作用下，阀芯 8 上移，减小进气阀的开度直至关闭，从而使出口压力逐渐降低直至回到零位状态 由此可知，溢流式减压阀的工作原理是：靠进气阀芯处节流作用减压；靠膜片上力的平衡作用和溢流孔的溢流作用稳定输出压力；调节手柄可使输出压力在规定的范围内任意改变
空气过滤减压阀	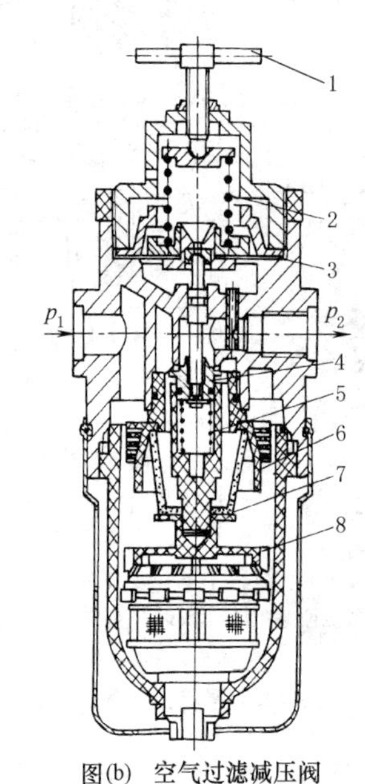 图(b)　空气过滤减压阀 1—调节手柄；2—调压弹簧；3—膜片； 4—阀芯；5—复位弹簧；6—旋风叶片； 7—滤芯；8—挡水板 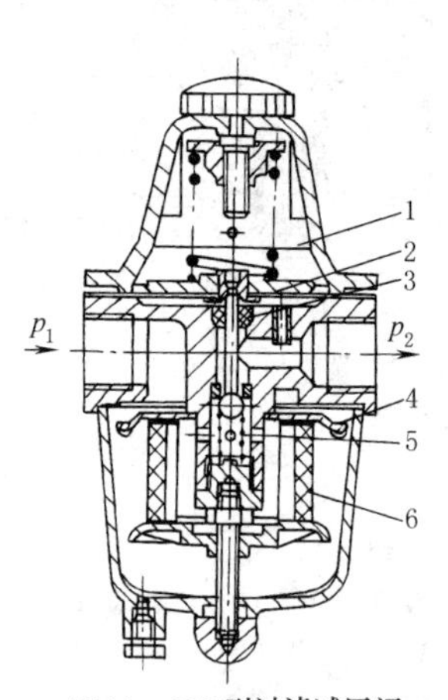 图(c)　QFH型过滤减压阀 1—调压弹簧；2—膜片组件； 3—阀芯；4—旋风叶片； 5—复位弹簧；6—滤芯	空气减压阀将空气过滤器和减压阀组成一体的装置，它基本上分两种，一种如图(b)所示，用于气动系统中的压力控制及压缩空气的净化。调压范围：0～0.80MPa 及 0～1.00MPa。随着工业的发展，要求气动元件小型化、集成化，这种型式的气动元件广泛用于轻工、食品、纺织及电子工业。另一种如图(c)所示，用于气动仪表、气动测量及射流控制回路，输出压力有 0～0.16MPa、0～0.25MPa 及 0～0.60MPa 三种。最大输出流量有 $3m^3/h$、$12m^3/h$、$30m^3/h$ 三种。过滤元件微孔直径为 40～60μm，有的可达 5μm。这两种型式的空气过滤减压阀的工作原理基本相同：压缩空气由输入端进入过滤部分的旋风叶片和滤芯，使压缩空气得到净化，再经过减压部分减压至所需压力，而获得干净的空气输出。这样既起到净化气源又起到减压作用。其减压部分的工作原理与 QTY 型减压阀相同

第21篇

续表

名称		结构图	工作原理
精密减压阀	内部先导式减压阀	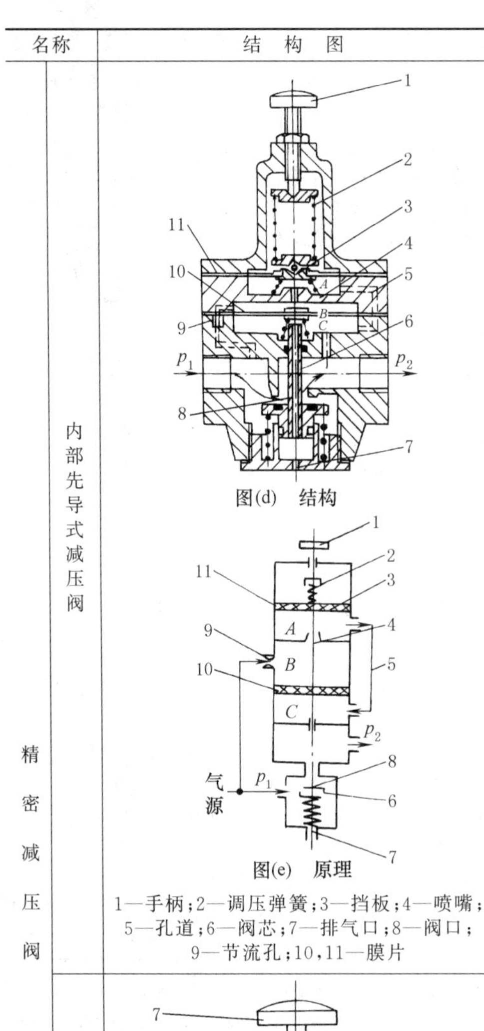 图(d)　结构 图(e)　原理 1—手柄；2—调压弹簧；3—挡板；4—喷嘴；5—孔道；6—阀芯；7—排气口；8—阀口；9—节流孔；10，11—膜片	由图(d)可知，内部先导式减压阀比图(a)直动式减压阀增加了由喷嘴 4、挡板 3(在膜片 11 上)、固定节流孔 9 及气室 B 所组成的喷嘴挡板放大环节。由于先导气压的调节部分采用了具有高灵敏度的喷嘴挡板结构，当喷嘴与挡板之间的距离发生微小变化时(零点几毫米)，就会使 B 室中压力发生很明显的变化，从而引起膜片 10 有较大的位移，并控制阀芯 6 的上下移动，使阀口 8 开大或关小，提高了对阀芯控制的灵敏度，故有较高的调压精度 工作原理：当气源进入输入端后，分成两路，一路经进气阀口 8 到输出通道；另一路经固定节流孔 9 进入中间气室 B，经喷嘴 4、挡板 3、孔道 5 反馈至下气室 C，再由阀芯 6 的中心孔从排气口 7 排至大气 当顺时针旋转手柄(旋钮)1 到一定位置，使喷嘴与挡板的间距在工作范围内，减压阀就进入工作状态，中间气室 B 的压力随间距的减小而增加，于是推动阀芯打开进气阀口 8，即有气流流到输出口，同时经孔道 5 反馈到上气室 A，与调压弹簧 2 的弹簧力相平衡 当输入压力发生波动时，靠喷嘴挡板放大环节的放大作用及力平衡原理稳定出口压力保持不变 若进口压力瞬时升高，出口压力也升高。出口压力的升高将使气室 C、A 气室压力也相继升高，并使挡板 3 随同膜片 11 上移一微小距离，而引起气室 B 压力较明显地下降，使阀芯 6 随同膜片 10 上移，直至使阀口 8 关小为止，使出口压力下降，又稳定到原来的数值上 同理，如出口压力瞬时下降，经喷嘴挡板的放大也会引起气室 B 压力较明显地升高，而使阀芯下移，阀口开大，使出口压力上升，并稳定到原数值上 精密减压阀在气源压力变化 ±0.1MPa 时，出口压力变化小于 0.5%。出口流量在 5%～100% 范围内波动时，出口压力变化小于 0.5%。适用于气动仪表和低压气动控制及射流装置供气
	QGD 型定值器	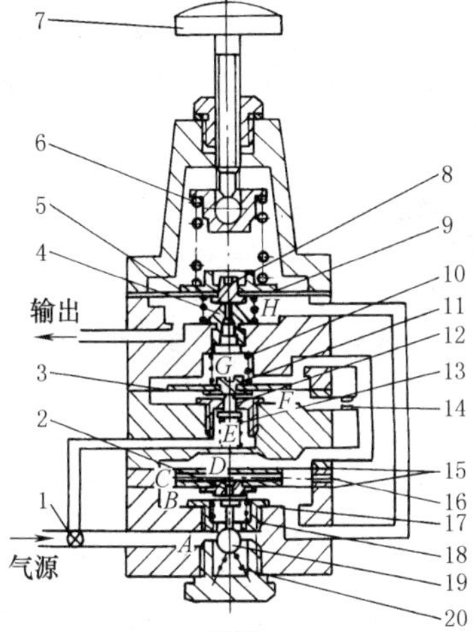 图(f) 1—过滤网；2—溢流阀；3，5—膜片；4—喷嘴；6—调压弹簧；7—旋钮；8—挡板；9，10，13，17，20—弹簧；11—硬芯；12—活门；14—恒节流孔；15—膜片(上有排气孔)；16—排气孔；18—阀杆；19—进气阀	图(f)为 QGD 型定值器，是一种高精度的减压阀，图(g)是其简化后的原理图，该图右半部分就是直动式减压阀的主阀部分，左半部分除了有喷嘴挡板放大装置(由喷嘴 4、挡板 8、膜片 5、气室 G、H 等组成)外，还增加了由活门 12、膜片 3、弹簧 13、气室 E、F 和恒节流孔 14 组成的恒压降装置。该装置可得到稳定的气源流量，进一步提高了稳压精度 非工作(无输出)状态下，旋钮 7 被旋松，净化过的压缩空气经减压阀减至定值器的进口压力，由进口处经过滤网进入气室 A、E，阀杆 18 在弹簧 20 的作用下，关闭进气阀 19，关闭了气室 A 和气室 B 之间的通道。这时溢流阀 2 上的溢流孔在弹簧 17 的作用下，离开阀杆 18 而被打开，而进入气室 E 的气流经活门 12、气室 F、恒节流孔 14 进入气室 G 和气室 D。由于旋钮放松，膜片 5 上移，并未封住喷嘴 4，进入气室 G 的气流经喷嘴 4 到气室 H、气室 B，经溢流阀 2 上的孔及排气孔 16 排出，使 G 和 D 的压力降低。H 和 B 是等压的，G 和 D 也是等压的，这时 G 到 H 的喷嘴 4 很畅通，从恒节流孔 14 过来的微小流量的气流在经过喷嘴 4 之后的压力已很低，使气室 H 的出口压力近似为零(这一出口压力即漏气压力，要求越小越好，不超过 0.002MPa) 工作(即有输出)状态下(顺时针拧旋钮 7 时)，压缩弹簧 6，使挡板 8 靠向喷嘴 4，从恒节流孔过来的气流使 G 和 D 的压力升高。因气室 D 中的压力作用，克服弹簧 17 的反力，迫使膜片 15 和阀杆 18 下移，首先关闭溢流阀 2，最后打开进气阀 19，于是气室 B 和大气隔开而和气室 A 经气阻接通(球阀与阀座之间的间隙大小反映气阻的大小)，气室 A

续表

名称		结构图	工作原理
精密减压阀	QGD型定值器	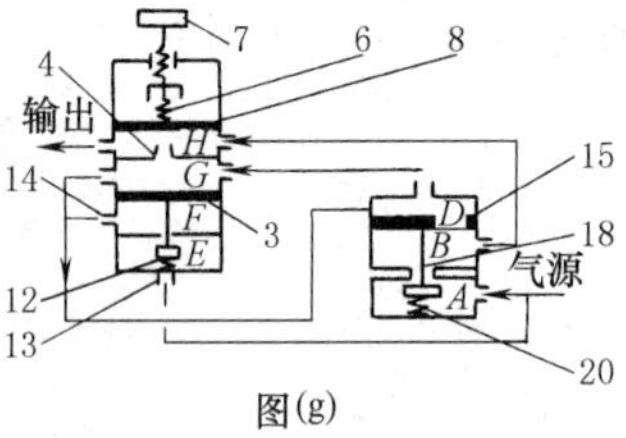 图(g)	的压缩空气经过气阻降压后再从气室 B 到气室 H 而输出。但进入 B、H 室的气体有反馈作用，使膜片 15、5 又都上移，直到反馈作用和弹簧 6 的作用平衡为止，定值器便可获得一定的输出压力，所以弹簧 6 的压力与出口压力之间有一定的关系 假定负载不变，进口压力因某种原因增加，而且活门 12 和进气阀 19 开度不变，则气室 B、H、F 的压力增加。其中气室 H 的压力增加将使膜片 5 上抬，喷嘴挡板距离加大，气室 G、D 的压力下降，气室 E、F 的压力增加，将使活门 12，膜片 3 向上推移，使活门 12 的开度减小，气室 F 的压力回降。气室 D 压力下降和气室 B 压力升高，使膜片 15 上移，进气阀 19 的开度减小，即气阻加大，使气室 H 的压力回降到原来的出口压力。同样，假设输入压力因某种原因减小时，与上述过程正好相反，将使气室 H 的压力回升到原先的输出压力 假设进口压力不变，出口压力因负载加大而下降，即气室 H、B 压力下降，将使膜片 5 下移，挡板靠向喷嘴，气室 G、D 压力上升，活门 12 和进气阀 19 的开度增加，出口压力回升到原先的数值。相反，出口压力因负载减小而上升时，与上述正好相反，将使出口压力回降到原先的数值 对于定值器来说，气源压力在±10%范围内变化时，定值器出口压力的变化不超过最大出口压力的 0.3%。当气源压力为额定值，出口压力为最大值的 80%时，出口流量在 0～600L 范围内变化，所引起的出口压力下降不超过最大出口压力的 1% 在气动检测、调节仪表及低压、微压装置中，定值器作为精确给定压力之用
	外部先导式减压阀	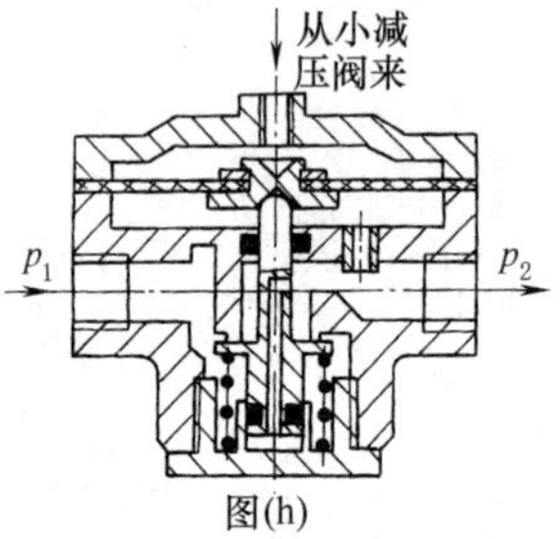 图(h)	图(h)为外部先导式减压阀的主阀，主阀的工作原理与直动式减压阀相同，在主阀的外部还有一只小型直动溢流式减压阀，由它来控制主阀，所以外部先导式减压阀亦称远距离控制式减压阀。外部先导式和内部先导式与直动式减压阀相比，对出口压力变化时的响应速度稍慢，但流量特性、调压特性好。对外部先导式，调压操作力小，可调整大口径如通径在 20mm 以上气动系统的压力和要求远距离（30m 以内）调压的场合
	大功率减压阀	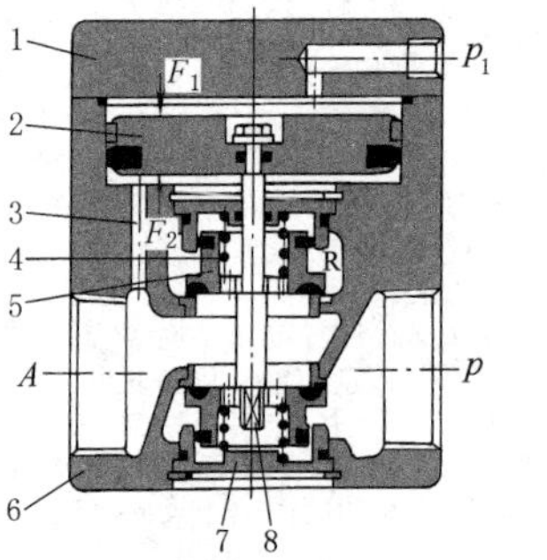 1—阀盖； 2—调压活塞； 3—反馈通道； 4—弹簧； 5—截止阀芯； 6—阀体； 7—阀套； 8—阀轴 图(i)	减压阀的内部受压部分通常都使用膜片式结构，故阀的开口量小，输出流量受到限制。大功率减压阀的受压部分使用平衡截止式阀芯，可以得到很大的输出流量，故称为大容量精密减压阀

续表

名称		结构图	工作原理
精密减压阀	带单向阀的减压阀	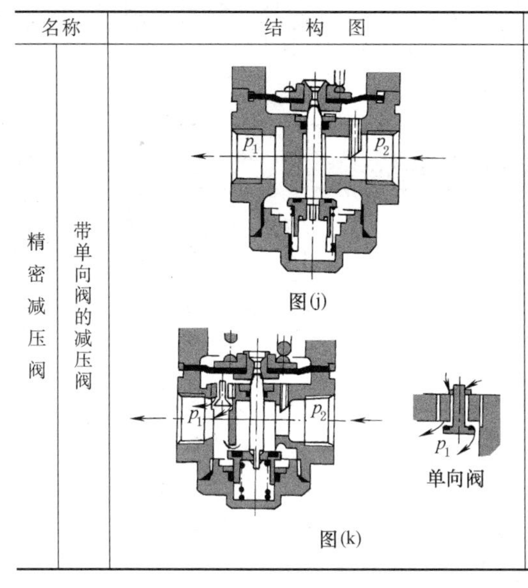 图(j) 图(k)	要求输入气缸的压力可调时，需装减压阀；为了使气缸返回时快速排气，需与减压阀并联一个单向阀，如把单向阀和减压阀设置在同一阀体内，则此阀就是带单向阀的减压阀 当换向阀复位时，减压阀的入口压力被排空。对图(j)，出口压力作用在主阀芯上的力克服复位弹簧力，使主阀芯开启，则出口压力从入口排空。对图(k)，膜片下腔的气压力将单向阀压开，并从入口泄压。一旦下腔压力下降，调压弹簧通过阀杆将主阀芯压下，则出口压力迅速从入口排空

(2) 减压阀的性能参数

表 21-3-61　　减压阀的性能参数

项　目	性　能　参　数
进口压力 p_1	气压传动回路中使用的压力多为 0.25～1.00MPa，故一般规定最大进口压力为 1MPa
调压范围	调压范围是指减压阀出口压力 p_2 的可调范围，在此范围内，要求达到规定的调压精度。一般进口压力应在出口压力的 80%范围内使用。调压精度主要与调压弹簧的刚度和膜片的有效面积有关 在使用减压阀时，应尽量避免使用调压范围的下限值，最好使用上限值的 30%～80%，并应选用符合这个调压范围的压力表，压力表读数应超过上限值的 20%
流量特性(也叫动特性)	它是指减压阀在公称进口压力下，其出口空气流量和出口压力之间的函数关系，当出口空气流量增加，出口压力就会下降，这是减压阀的主要特性之一。减压阀的性能好坏，就是看当要求出口流量有变化时，所调定的出口压力 p_2 是否在允许的范围内变化 减压阀开度最大时的流量为最大流量，在此值附近，出口压力急剧下降，而在连续负荷情况下，希望在此值的 80%之内使用。图中的实线为流量增加时，虚线为流量减小时，流量增加到流量减少，两者之间产生滞后现象，波动值通常为 0.01MPa 左右
压力调节	当减压阀的进口压力为公称压力时，在规定的范围内均匀调节减压阀的出口压力，出口压力应均匀变化，无阶跃现象
压力特性(调压特性或静特性)	它表示当减压阀的空气流量为定值时，由于进口压力的波动而引起出口压力的波动情况。出口压力波动越小，说明减压阀的压力特性越好。从理论上讲：进口压力变化时，出口压力应保持不变。实际上出口压力需要大约比进口压力低 0.1MPa，才基本上不随进口压力波动而波动，一般出口压力波动量为进口压力波动量的百分之几。出口压力随进口压力而变化值不超过 0.05MPa
溢流特性	对于带有溢流结构的减压阀，在给定出口压力的条件下，当下游压力超过定值时，便造成溢流，以稳定出口压力。出口压力与溢流流量的关系称为减压阀的溢流特性 对于溢流式减压阀希望下游压力超过给定值少而溢流量大。先导式减压阀的溢流特性比直动式要好

(3) 减压阀的选择

表 21-3-62　　减压阀的选择

选择	①根据气动控制系统最高工作压力来选择减压阀，气源压力应比减压阀最大工作压力大 0.1MPa ②要求减压阀的出口压力波动小时，如出口压力波动不大于工作压力最大值的±0.5%，则选用精密型减压阀 ③ 如需遥控时或通径大于 20mm 时，应尽量选用外部先导式减压阀
使用	① 一般安装的次序是：按气流的流动方向首先安装空气过滤器，其次是减压阀，最后是油雾器 ②注意气流方向，要按减压阀或定值器上所示的箭头方向安装，不得把输入、输出口接反 ③减压阀可任意位置安装，但最好是垂直方向安装，即手柄或调节帽在顶上，以便操作。每个减压阀一般装一只压力表，压力表安装方向以方便观察为宜 ④为延长减压阀的使用寿命，减压阀不用时，应旋松手柄回零，以免膜片长期受压引起变形，过早变质，影响减压阀的调压精度 ⑤装配前应把管道中铁屑等脏物吹洗掉，并洗去阀上的矿物油，气源应净化处理。装配时滑动部分的表面要涂薄层润滑油。要保证阀杆与膜片同心，以免工作时，阀杆卡住而影响工作性能

3.3.2.2 安全阀

安全阀的作用是当压力上升到超过设定值时，把超过设定值的压缩空气排入大气，以保持进口压力的设计值。

表 21-3-63　安全阀的结构及工作原理

分类		结构及工作原理	
直动式安全阀		利用调整螺钉压缩调压弹簧以调定压力	
	活塞式安全阀	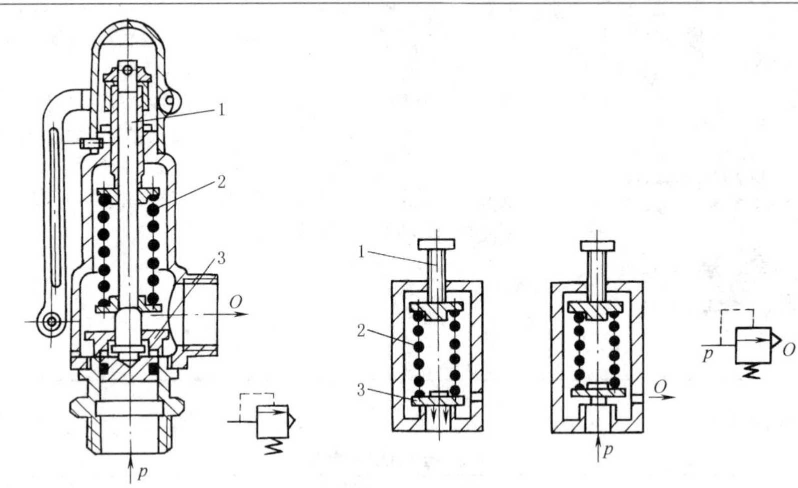 安全阀工作原理 1—调节手柄；2—调压弹簧；3—活塞 此阀结构简单，但灵敏性稍差，常用于储气罐或管道上。当气动系统的气体压力在规定的范围内时，由于气压作用在活塞 3 上的力小于调压弹簧 2 的预压力，所以活塞处于关闭状态。当气动系统的压力升高，作用在活塞 3 上的力超过了弹簧的预压力时，活塞 3 就克服弹簧力向上移动，开启阀门排气，直到系统的压力降至规定压力以下时，阀重新关闭。开启压力大小靠调压弹簧的预压缩量来实现 一般一次侧压力比调定压力高 3%～5%时，阀门开启，一次侧开始向二次侧溢流。此时的压力为开启压力。相反比溢流压力低 10%时，就关闭阀门，此时的压力为关闭压力	
	膜片式安全阀	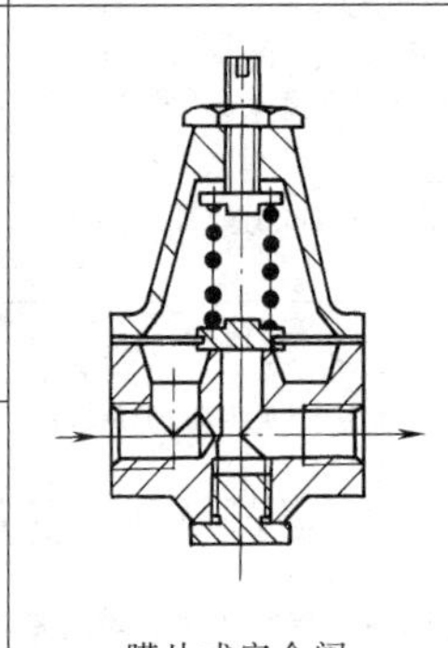 膜片式安全阀 膜片式安全阀由于膜片的受压面积比阀芯的面积大得多，阀门的开启压力与关闭压力较接近，即压力特性好，动作灵敏，但最大开启量比较小，所以流量特性差	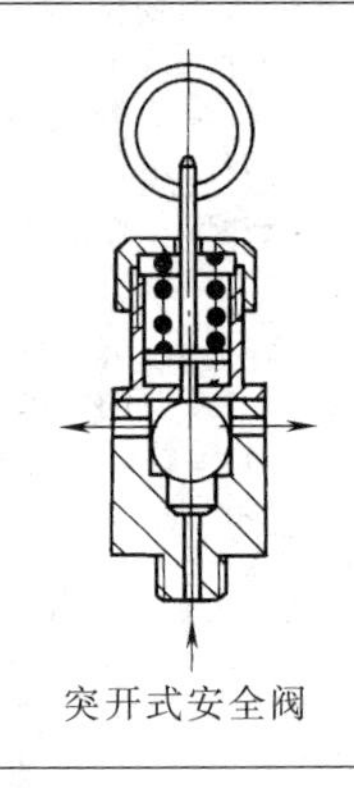 突开式安全阀 球阀式安全阀（亦称突开式安全阀），阀芯为球阀，钢球外径和阀体间略有间隙，若超过压力调定值，则钢球略微上浮，而受压面积相当于钢球直径所对应的圆面积。阀为突开式开启，故流量特性好。这种阀的关闭压力约为开启压力的一半，即 $p_{开}/p_{闭}\approx1.9\sim2.0$，所以溢流特性好。因此阀在迅速排气后，当回路压力稍低于调定压力时阀门便关闭。这种阀主要用于储气罐和重要的气路中
	球阀式安全阀		
先导式安全阀		用压缩空气代替调压弹簧以调定压力	
		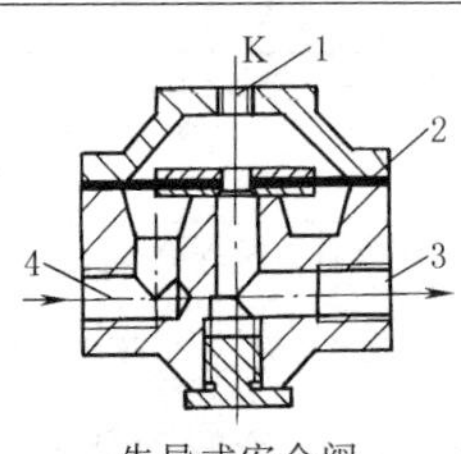 先导式安全阀 1—先导控制口；2—膜片；3—排气口；4—进气口	这是一种外部先导式安全阀，安全阀的先导阀为减压阀，由减压阀减压后的空气从上部先导控制口进入，此压力称为先导压力，它作用于膜片上方所形成的力与进气口进入的空气压力作用于膜片下方所形成的力相平衡。这种结构型式的阀能在阀门开启和关闭过程中，使控制压力保持不变，即阀不会产生因阀的开度引起的设定压力的变化，所以阀的流量特性好。先导式安全阀适用于管道通径大及远距离控制的场合

安全阀的选用遵循以下三点原则。

① 根据需要的溢流量来选择安全阀的通径。

② 对安全阀来说，希望气动回路刚一超过调定压力，阀门便立即排气，而一旦压力稍低于调定压力便能立即关闭阀门。这种从阀门打开到关闭过程中，气动回路中的压力变化越小，溢流特性越好。在一般情况下，应选用调定压力接近最高使用压力的安全阀。

③ 如果管径大（如通径 15mm 以上）并远距离操作时，宜采用先导式安全阀。

3.3.2.3　增压阀

表 21-3-64　　增压阀的功能和工作原理

功　　能	动作原理图	工作原理说明
工厂气路中的压力，通常不高于 1.0MPa。因此在下列情况时，可利用增压阀提供少量高压气体 ①气路中个别或部分装置需用高压 ②工厂主气路压力下降，不能保证气动装置的最低使用压力时，利用增压阀提供高压气体，以维持气动装置正常工作 ③不能配置大口径气缸，但输出力又必须确保 ④气控式远距离操作，必须增压以弥补压力损失 ⑤需要提高联动缸的液压力 ⑥希望缩短向气罐内充气至一定压力的时间	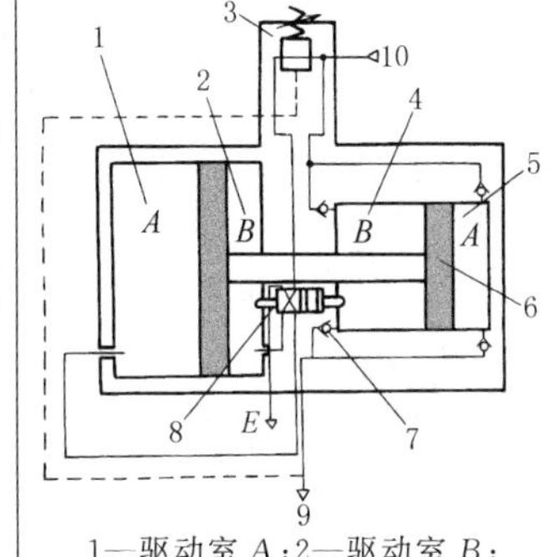 1—驱动室 A；2—驱动室 B； 3—调压阀；4—增压室 B； 5—增压室 A；6—活塞； 7—单向阀；8—换向阀； 9—出口侧；10—入口侧	输入气压分两路，一路打开单向阀小气缸的增压室 A 和 B，另一路经调压阀及换向阀向大气缸的驱动室 B 充气，驱动室 A 排气。这样，大活塞左移，带动小活塞也左移，使小气缸 B 室增压，打开单向阀从出口送出高压气体。小活塞移动到终端，使换向阀切换，则驱动室 A 进气，驱动室 B 排气，大活塞反向运动，增压室 A 增压，打开单向阀从出口送出高压气体。出口压力反馈到调压阀，可使出口压力自动保持在某一值。当需要改变出口压力时，可调节手轮，便得到在增压范围内的任意设定的出口压力。若出口反馈压力与调压阀的可调弹簧力相平衡，增压阀就停止工作，不再输出流量

3.3.3　流量控制阀（节流阀）

表 21-3-65　　节流部分的典型结构和节流原理

<table>
<tr><td rowspan="1">节流原理</td><td colspan="3">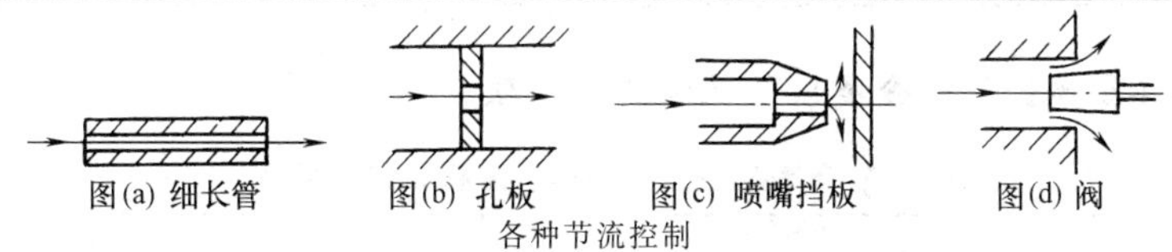
图(a) 细长管　图(b) 孔板　图(c) 喷嘴挡板　图(d) 阀
各种节流控制
从流体力学的角度来看，凡利用某种装置在气动回路中造成一种局部阻力，并通过改变局部阻力的大小，来达到调节流量变化的目的，通常把这种控制方法称为流量控制。实现流量控制有两种方法，一种是固定的局部阻力装置，为不可调的流量控制，如细长管、孔板等，如图(a)、(b)所示。另一种是可调的局部阻力装置，为可调的流量控制，如各种流量控制阀、喷嘴挡板机构等，如图(c)、(d)所示
流量控制阀(简称流量阀)是通过改变阀的流通面积来实现流量(或流速)控制，达到控制气缸等执行元件的运动速度的元件</td></tr>
<tr><td rowspan="3">节流部分典型结构图</td><td colspan="3">流量控制阀有以下两种：一种是设置在回路中，以控制所通过的空气流量；另一种是连接在换向阀的排气口以控制排气量。属于前者的有节流阀、单向节流阀、行程节流阀等，属于后者的有排气节流阀。为使节流阀适用于不同的使用场合，出现了各种结构的节流阀。常用节流部分典型结构如下</td></tr>
<tr><td>平　板　阀</td><td>针　阀</td><td>球　阀</td></tr>
<tr><td colspan="3">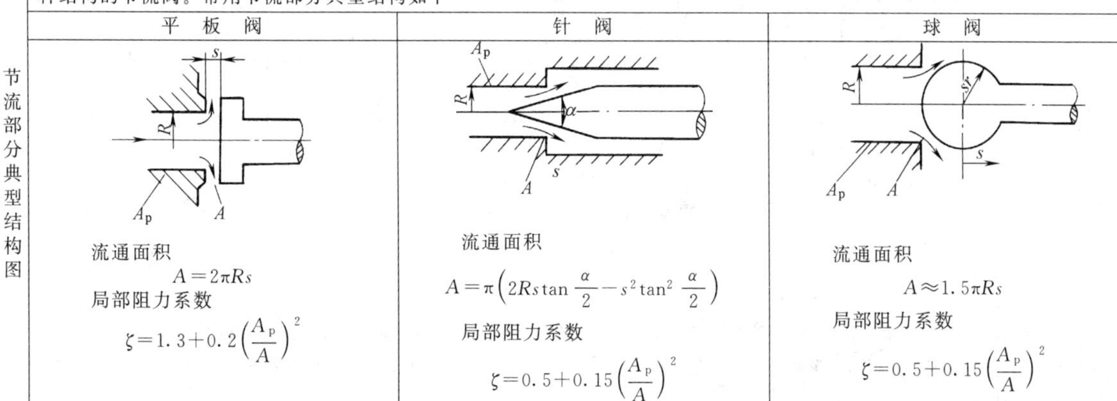</td></tr>
<tr><td></td><td>流通面积
$A=2\pi Rs$
局部阻力系数
$\zeta=1.3+0.2\left(\frac{A_p}{A}\right)^2$</td><td>流通面积
$A=\pi\left(2Rs\tan\frac{\alpha}{2}-s^2\tan^2\frac{\alpha}{2}\right)$
局部阻力系数
$\zeta=0.5+0.15\left(\frac{A_p}{A}\right)^2$</td><td>流通面积
$A\approx1.5\pi Rs$
局部阻力系数
$\zeta=0.5+0.15\left(\frac{A_p}{A}\right)^2$</td></tr>
</table>

续表

	孔　口　阀	孔口阀 ζ 值计算曲线
节流部分典型结构图	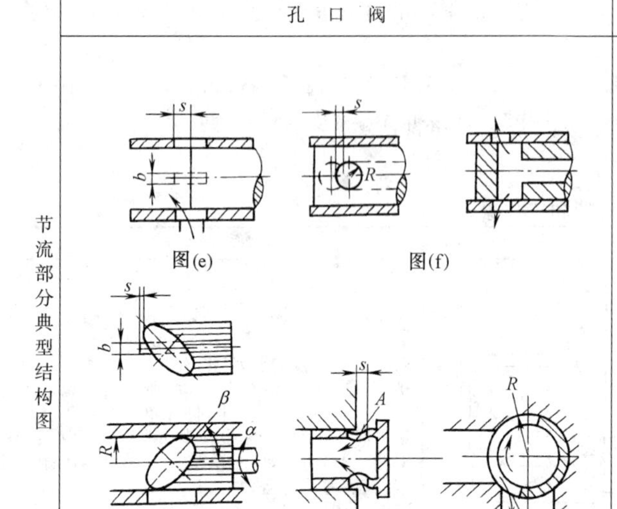 图(e)　图(f) 图(g)　图(h)　图(i) 流通面积 A 可以用几何学的方法求得	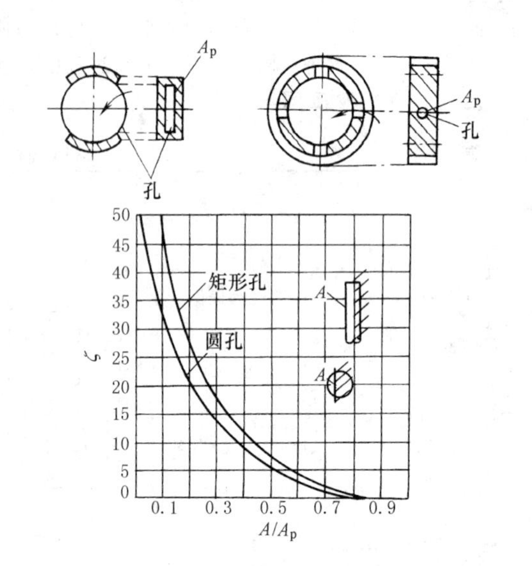
压力损失	在阀的输入口平均流速为 v 时，压力损失为： $$\Delta p=\zeta\frac{\rho v^2}{2}$$ 式中　ρ——气体的密度	

3.3.3.1　流量控制阀的分类、结构和工作原理

表 21-3-66　　流量控制阀的分类、结构和工作原理

分类	结构及工作原理
单向节流阀	单向节流阀是由单向阀和节流阀组合而成的流量控制阀，是最常用的节流阀之一。由于它经常用于气缸速度调节，因此又称调速阀
	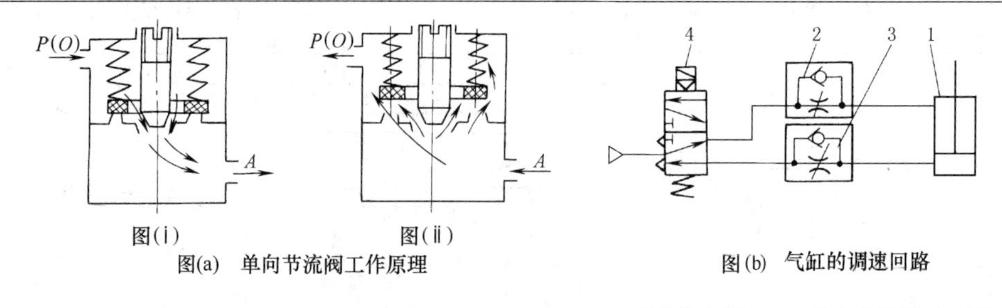 图(ⅰ)　图(ⅱ) 图(a)　单向节流阀工作原理　　图(b)　气缸的调速回路 1—电磁换向阀；2，3—单向节流阀；4—气缸
	如图(a)中(ⅰ)所示，当气流沿着一个方向，例如由 $P\rightarrow A$ 上流动时，经过节流阀节流；反方向流时动，如图(a)中(ⅱ)所示，由 $A\rightarrow P$ 单向阀打开，不节流。图(b)为单向节流阀，用于气缸的速度调节回路，通过调节节流阀的开度，达到改变气缸运动速度

续表

<table>
<tr><th>分类</th><th colspan="3">结构及工作原理</th></tr>
<tr><td rowspan="2">单向节流阀</td>
<td>球面密封，用钢球作单向阀的开闭件，密封性较差，由于结构简单，制造成本低，用于密封要求不高的场合</td>
<td>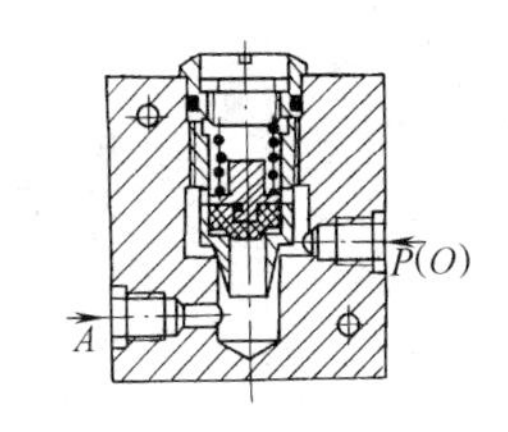

锥面密封，单向阀设在节流阀杆之内，单向阀被弹簧顶紧，压紧力由螺塞调节，节流大小由节流阀调节</td>
<td rowspan="2">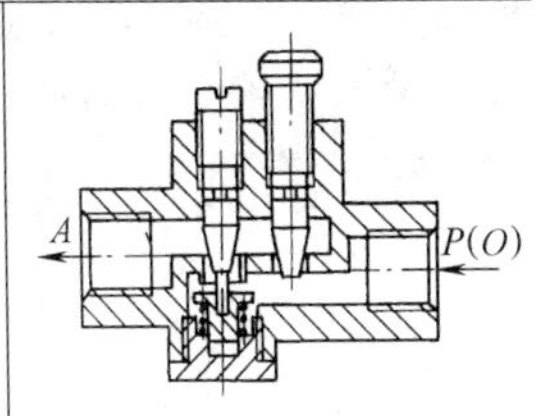

单向阀的开度也是可调的，根据实际要求的调速范围预先用调整螺钉把单向阀顶开到一定的开度，当有气体自 P 进入时，气流除了从节流阀通过外，还从这具有一定开度的单向阀中流过，这样通过调节节流阀的开度（微调）和单向阀的开度（粗调）便可在很广的范围内实现流量调节，使气缸活塞可在较宽速度范围内进行调节</td></tr>
<tr><td>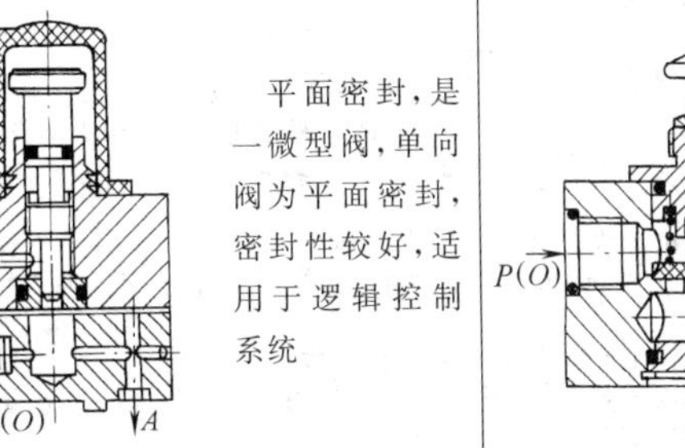

平面密封，是一微型阀，单向阀为平面密封，密封性较好，适用于逻辑控制系统</td>
<td>单向阀芯是用橡胶制成的环形圈，阀座上有 12 个均布的孔</td></tr>
<tr><td rowspan="3">排气节流阀</td>
<td colspan="3">排气节流阀的节流原理与节流阀一样，是靠调节流通面积来改变通过阀的流量。它们的区别是：节流阀通常是安装在系统中间调节气流的流量，而排气节流阀只能安装在排气口（如换向阀的排气口）处，调节排入大气的气流的流量，以调节气动执行机构的运动速度。由于其结构简单，安装方便，能简化线路，故应用广泛</td></tr>
<tr><td>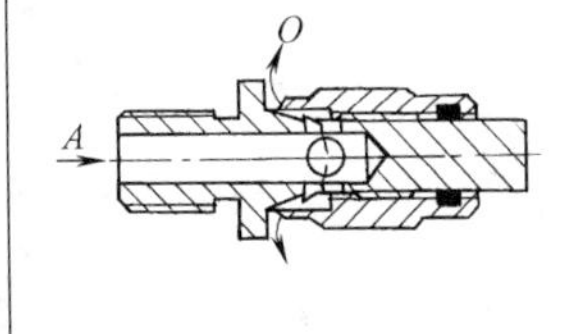

通过调节锥面部分开启面积的大小来调节排气流量</td>
<td rowspan="2">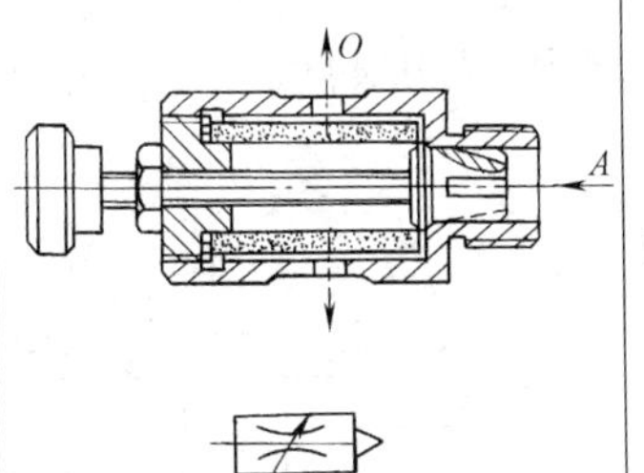

是带消声器的排气节流阀，靠调节三角形沟槽部分的开启面积大小来调节排气流量。消声器是为了减少排气噪声</td>
<td rowspan="2">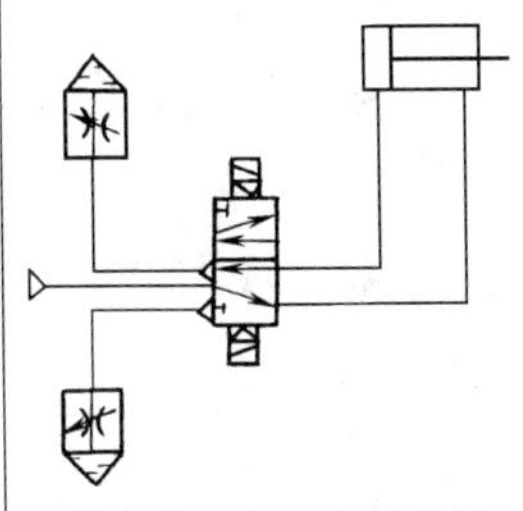
图为排气节流应用示例。是把两个排气节流阀安装在二位五通电磁换向阀的排气口上，用来控制活塞往复运动速度的回路</td></tr>
<tr><td>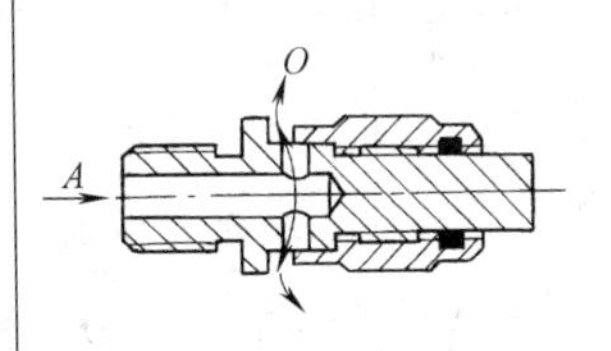

通过节流孔的开启面积的大小来调节排气流量</td></tr>
<tr><td rowspan="2">行程节流阀</td>
<td colspan="3">行程节流阀是依靠凸轮、杠杆等机构来控制阀的开度，进行流量控制的装置</td></tr>
<tr><td colspan="3">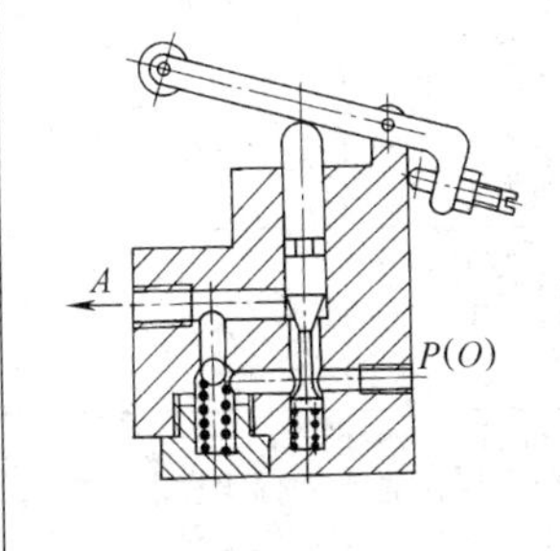

图所示的行程节流阀，用机械凸轮或撞块等推动杠杆顶端的滚轮，滚轮通过杠杆调节杆向下移动，从而控制节流阀的开度，达到流量控制的目的。调整螺钉可用来调节杠杆的复位位置，以决定凸轮或撞块不起作用时的节流阀开度
行程节流阀用于气缸在行程过程中以机械方式改变节流面积来调节活塞运动的速度。然而，由于受行程长度、活塞速度、惯性力等的影响很大，使用时应充分注意这些影响</td></tr>
</table>

3.3.3.2 节流阀的典型流量特性

节流阀的典型流量特性如图21-3-72所示。横轴为转动圈数n，纵轴为控制流量q_{nN}。小圈数时流量增益较小，当圈数$n>5$时，流量增益急剧上升。

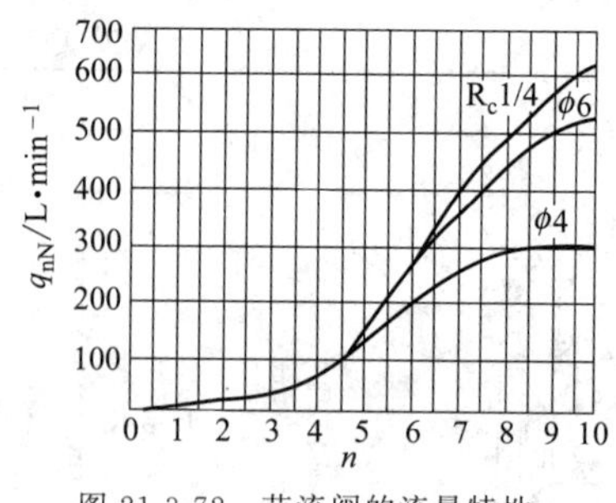

图21-3-72 节流阀的流量特性

3.3.3.3 节流阀的选择

表21-3-67 节流阀的选择

作用	选择	使用
①对气缸的活塞运动速度的调节 ②对延时换向阀，可调节信号延时时间的长短 ③对气信号传递快慢的调节 ④对油量(如油雾器)的调节等	①根据气动系统或执行元件的进、排气口通径来选择 ②根据调节流量范围来选用 ③根据使用条件(如普通气动控制系统或逻辑控制系统)选用	用流量控制的方法调节气缸活塞的速度比液压困难，特别是在超低速的调节中用气动很难实现，但如能充分注意下面各点，则在大多数场合，可使气缸调节速度达到比较令人满意的程度 ①调节气缸活塞的速度一般有进气节流和排气节流两种，但多采用后者，用排气节流方法比用进气节流的方法稳定、可靠 ②采用流量控制阀调节气缸活塞的速度时气缸的速度不得小于30mm/s。若小于这个速度，由于受空气的可压缩性和气缸阻力的影响，调节速度较困难，此时应采用专用低速气缸，可达3～5mm/s ③彻底防止管道中的漏损。有漏损则不能期望有正确的速度控制，越是低速时这种倾向越显著 ④要特别注意气缸内表面加工精度和表面粗糙度，尽量减少内表面的摩擦力。在低速场合，往往使用聚四氟乙烯等材料做密封圈 ⑤要始终使气缸内表面保持一定的润滑状态。润滑状态一改变，滑动阻力也就改变，速度调节就不可能稳定 ⑥加在气缸活塞杆上的载荷必须稳定。若这种载荷在行程中途有变化，则速度调节相当困难，甚至成为不可能。在不能消除载荷变化的情况下，必须借助于液压力，有时在外部也使用平衡锤或连杆等，这样能得到某种程度上的补偿 ⑦必须注意调速阀的位置。原则上调速阀应设在气缸管接口附近

3.4 气动管路设备及气动附件

3.4.1 过滤器

表21-3-68 不同场合、不同空气质量要求的几种过滤系统

系统	空气质量	应用场合	过滤后状况
A 普通级	过滤：(5～20μm)，排水99%以下，除油雾(99%)	一般工业机械的操作、控制，如气钳、气锤、喷砂等	
B 精细过滤	过滤：(0.3μm)，排水99%以下，除油雾(99.9%)	工业设备，气动驱动，金属密封的阀、马达	主要排除灰尘和油雾，允许有少量的水
C 不含水，普通级	过滤：(5～20μm)，排水：压力露点在-17℃以内，除油雾(99%)	类似A过滤系统，所不同的是它适合气动输送管道中温度变化很大的耗气设备，适用于喷雾、喷镀	对除水要求较严，允许少量的灰尘和油雾
D 精细级	过滤：(0.3μm)，排水：压力露点在-17℃以内，除油雾(99.9%)	测试设备，过程控制工程，高质量的喷镀气动系统，模具及塑料注塑模具冷却等	对除水、灰尘和油雾要求较严
E 超精细级	过滤：(0.01μm)，排水：压力露点在-17℃以内，除油雾(99.9999%)	气动测量、空气轴承、静电喷镀。电子工业用于净化、干燥的元件。主要特点：对空气要求相当高，包括颗粒度、水分、油雾和灰尘	对除灰、除油雾和水都要求很严
F 超精细级	过滤(0.01μm)，排水：压力露点在-17℃以内，除油雾(99.9999%)，除臭气99.5%	除了满足E系统要求外，还须除臭，用于医药工业、食品工业(包装、配置)、食品传送、酿造、医学的空气疗法、除湿密封等	同E系统，此外对除臭还有要求
G	过滤(0.01μm)，排水：压力露点在-30℃以内，除油雾(99.9999%)	该类过滤空气很干燥，用于电子元件、医药产品的存储、干燥的装料罐系统，粉末材料的输送、船舶测试设备	在E系统的基础上对除水要求最严，要求空气绝对干燥

表 21-3-69　过滤器的作用、结构、工作原理参数和选用

<table>
<tr><td colspan="2">作用和分类</td><td colspan="2">用于滤除压缩空气中含有的固体粉尘颗粒、水分、油分、臭味等各类杂质。有别于前面所说的主管道过滤器，本表说明的主要为支管道上使用的空气过滤器
按净化质量的要求分类：一般过滤精度和高过滤精度
按净化对象分类：除水滤灰过滤器、除油过滤器、除臭过滤器</td></tr>
<tr><td rowspan="3">除水滤灰过滤器</td><td>作用和分类</td><td colspan="2">除去压缩空气中的固态杂质、水滴和油污等，不能清除气态油、水
按过滤器的排水方式，可分为手动排水式和自动排水式。按自动排水式的工作原理，可分为浮子式和差压式。按无气压时的排水状态，可分为常开型和常闭型</td></tr>
<tr><td>典型结构和工作原理</td><td rowspan="2">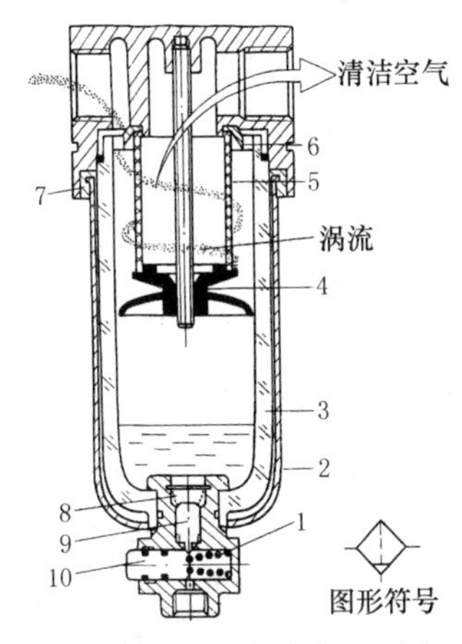
1—复位弹簧；2—保护罩；3—水杯；
4—挡水板；5—滤芯；6—导流片；7—卡圈；
8—锥形弹簧；9—阀芯；10—按钮</td><td>从入口流入的压缩空气，经导流片切线方向的缺口强烈旋转，液态油、水及固态杂质受离心力作用，被甩到水杯的内壁上，再流至底部。由手动或自动排污器排出。除去液态油、水和杂质的压缩空气，通过滤芯进一步清除微小固态颗粒，然后从出口流出。挡水板能防止液态油、水被卷回气流中，造成二次污染</td></tr>
<tr><td>主要性能参数</td><td>①耐压性能：对元件施加相当于最高使用压力 1.5 倍的压力，保压时间 1min，保证元件无损坏。耐压性能只表示短时间内元件所承受的压力，而不是长时间使用的工作压力
②过滤精度：指通过滤芯的最大颗粒直径
③流量特性：指在一定入口压力下，通过元件的空气流量与元件压力降之间的关系曲线
④分水效率：指分离出来的水分与输入空气中所含水分之比</td></tr>
<tr><td rowspan="2">除油过滤器</td><td>作用</td><td rowspan="2">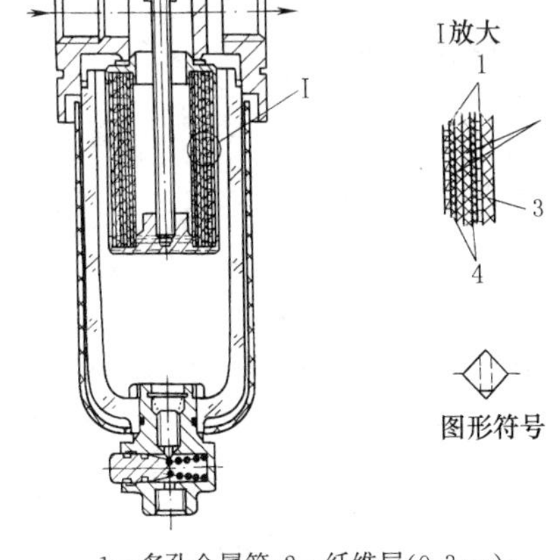
1—多孔金属筒；2—纤维层(0.3μm)；
3—泡沫塑料；4—过滤纸</td><td>分离 0.3～5μm 的焦油粒子及大于 0.3μm 的锈末、碳类颗粒及油雾</td></tr>
<tr><td>典型结构和工作原理</td><td>压缩空气从入口流入滤芯内侧，再流向外侧。进入纤维层的油粒子，由于相互碰撞或粒子与多层纤维碰撞，被纤维吸附。更小的粒子因布朗运动引起碰撞，使粒子逐渐变大，凝聚在特殊的泡沫塑料层表面，在重力作用下沉降到杯子底部再被清除</td></tr>
</table>

续表

类别	项目	图示	说明
微油雾过滤器	作用	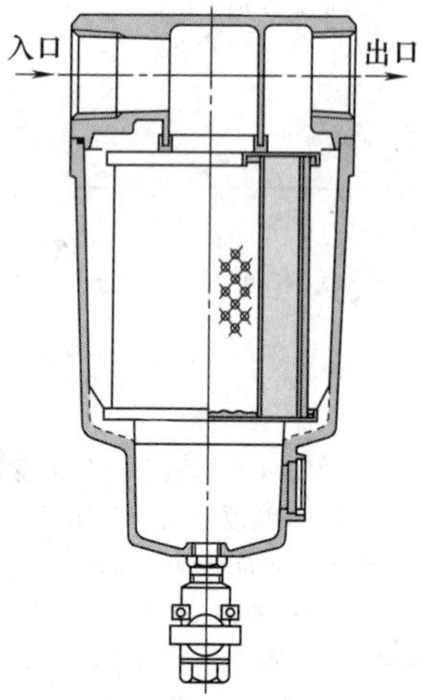 入口　出口	除去大于 0.01μm 碳类颗粒、灰尘及油雾
	典型结构和工作原理		压缩空气从入口流入滤芯内部，穿过滤芯流出。通过滤芯材料的吸附除去油雾及微粒
除臭过滤器	作用	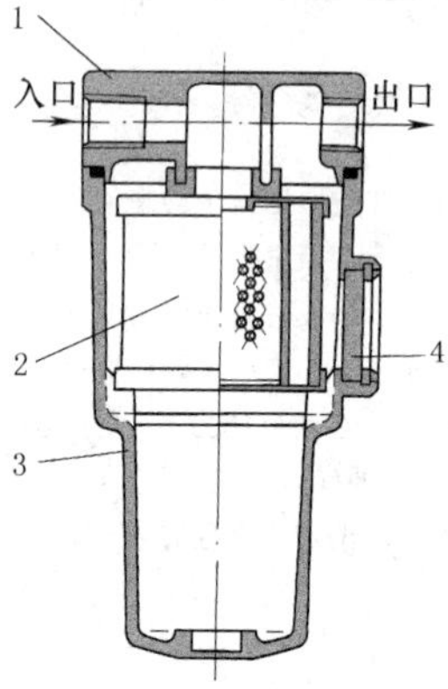 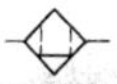 入口　出口　图形符号	除去压缩空气中的气味及有害气体等
	典型结构和工作原理	1—主体；2—滤芯；3—外罩；4—观察窗	空气由输入口进入过滤器滤芯内侧容腔，在透过滤芯输出时，其中含有的臭气粒子(0.002～0.0003μm)被填充在超细纤维层内的活性炭所吸附
除水器	作用	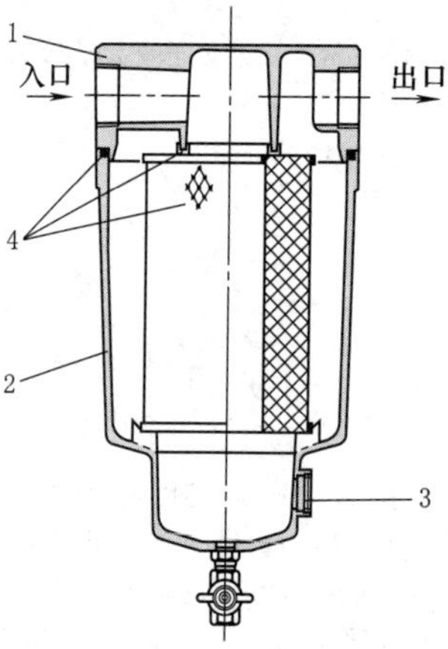 入口　出口	除去压缩空气中游离态的微小水滴，除去率达 99%
	典型结构和工作原理	1—主体；2—滤芯；3—外罩；4—观察窗	压缩空气从入口流入滤芯内部，穿过滤芯流出。通过滤芯材料时吸附除去微小水滴
选用	①选择过滤器的类型。根据过滤对象的不同，选择不同类型的过滤器 ②按所需处理的空气流量 Q_V(换算成标准状态下)选择相应规格的过滤器。所选用的过滤器额定流量 Q_0 与实际处理流量 Q_r 之间应有如下关系：$Q_r \leqslant Q_0$		

3.4.2 油雾器

表 21-3-70　**油雾器结构、原理及使用**

结构及原理	比例油雾器将精密计量的油滴加入压缩空气中。当气体流经文丘里喷嘴时形成的压差将油滴从油杯中吸出至滴盖。油滴通过比例调节阀滴入，通过高速气流雾化。油雾量大小和气体的流量成正比 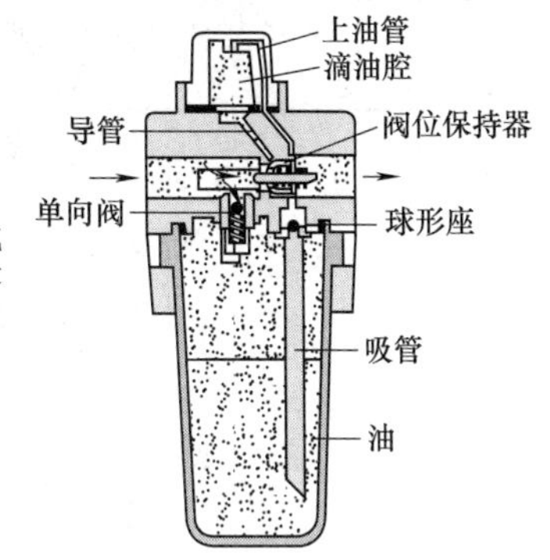
使用注意事项	压缩空气油雾润滑时应注意以下事项 ①可使用专用油(必须采用 DIN 51524-HLP32 规定的油：40℃时油的黏度为 $32\times10^{-6}m^2/s$) ②当压缩空气润滑时，油雾不能超过 $25mg/m^3$(DIN ISO 8573-1 第 5 类)。压缩空气经处理后应为无油压缩空气 ③采用润滑压缩空气进行操作将会彻底冲刷未润滑操作所需的终身润滑，从而导致故障 ④油雾器应尽可能直接安装在气缸的上游，以避免整个系统都使用油雾空气 ⑤系统切不可过度润滑。为了确定正确的油雾设定，可进行以下简单的“油雾测试”：手持一页白纸距离最远的气缸控制阀的排气口(不带消声器)约 10cm，经一段时间后，白纸呈现淡黄色，上面的油滴可确定是否过度润滑 ⑥排气消声器的颜色和状态进一步提供了过度润滑的证据。醒目的黄色和滴下的油都表明润滑设置得太大 ⑦受污染或不正确润滑的压缩空气会导致气动元件的寿命缩短 ⑧必须至少每周对气源处理单元的冷凝水和润滑设定检查两次。这些操作必须列入机器的保养说明书中 ⑨目前各气动元件厂商均生产无油润滑的气缸、阀等气动元件，为了保护环境或符合某些行业的特殊要求，尽可能不用油雾器 ⑩对于可用/可不用润滑空气的工作环境，如果气缸的速度大于 1m/s，建议采用给油的润滑方式

3.4.3 气源处理三联件和二联件

表 21-3-71　**三联件和二联件的结构和工作原理**

定义	在气动技术中，将空气过滤器、减压阀和油雾器三种气源处理元件组装在一起称为气动三联件。若将空气过滤器和减压阀设计成一个整体，成为二联件 其目的是为了缩小外形尺寸，节省安装空间，便于安装、维护和集中管理，其应用已越来越广泛
结构图	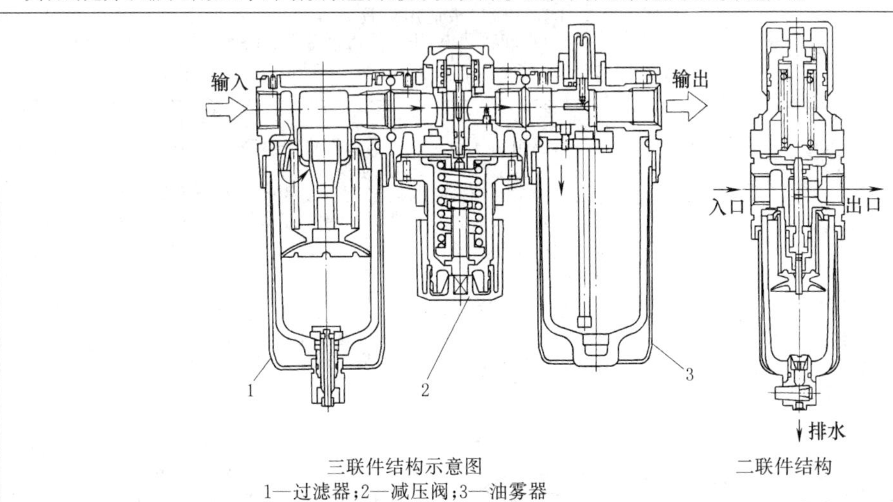 三联件结构示意图 1—过滤器；2—减压阀；3—油雾器 二联件结构
工作原理	三联件：压缩空气首先进入空气过滤器，经除水滤灰净化后进入减压阀，经减压后控制气体的压力以满足气动系统的要求，输出的稳压气体最后进入油雾器，将润滑油雾化后混入压缩空气一起输往气动装置 二联件：空气首先进入空气过滤器，经除水滤灰净化后进入减压阀，经减压控制其输出压力，后由输出口输出。通常使用在不需润滑的气动系统中

3.4.4 管接头

常用的管接头连接型式有卡套式、插入式、卡箍式、快速接头和回转接头。接头的连接方式有过渡接头、等径接头、异径接头及内外螺纹压力表接头等。目前管接头的螺纹型式有G螺纹、R螺纹及NPT螺纹（美国标准的螺纹）。

表 21-3-72　　　　管接头的型式

型式	结构、工作原理及应用
卡套式管接头	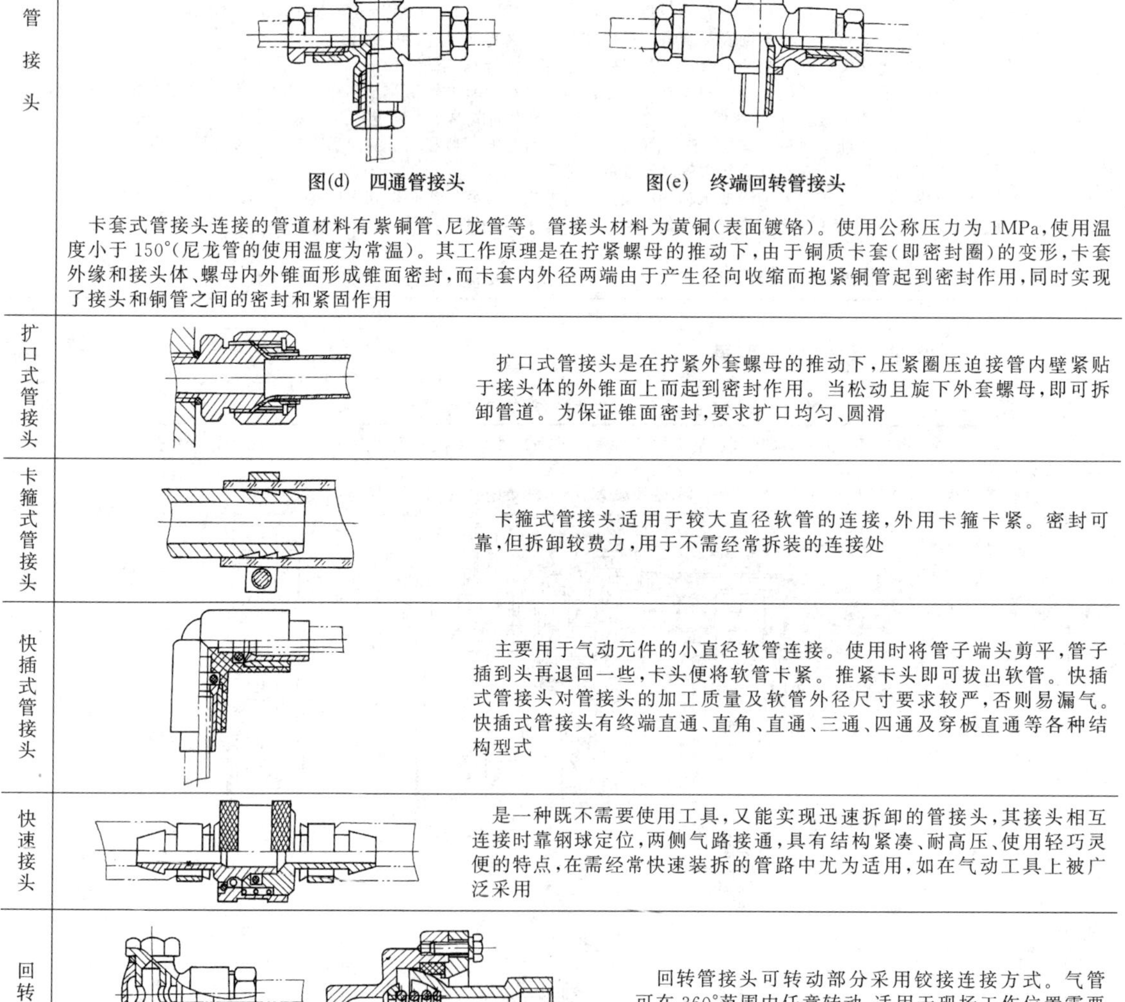 图(a) 直通终端管接头　图(b) 直通穿板管接头　图(c) 三通管接头 图(d) 四通管接头　图(e) 终端回转管接头 卡套式管接头连接的管道材料有紫铜管、尼龙管等。管接头材料为黄铜（表面镀铬）。使用公称压力为1MPa，使用温度小于150°（尼龙管的使用温度为常温）。其工作原理是在拧紧螺母的推动下，由于铜质卡套（即密封圈）的变形，卡套外缘和接头体、螺母内外锥面形成锥面密封，而卡套内外径两端由于产生径向收缩而抱紧铜管起到密封作用，同时实现了接头和铜管之间的密封和紧固作用
扩口式管接头	扩口式管接头是在拧紧外套螺母的推动下，压紧圈压迫接管内壁紧贴于接头体的外锥面上而起到密封作用。当松动且旋下外套螺母，即可拆卸管道。为保证锥面密封，要求扩口均匀、圆滑
卡箍式管接头	卡箍式管接头适用于较大直径软管的连接，外用卡箍卡紧。密封可靠，但拆卸较费力，用于不需经常拆装的连接处
快插式管接头	主要用于气动元件的小直径软管连接。使用时将管子端头剪平，管子插到头再退回一些，卡头便将软管卡紧。推紧卡头即可拔出软管。快插式管接头对管接头的加工质量及软管外径尺寸要求较严，否则易漏气。快插式管接头有终端直通、直角、直通、三通、四通及穿板直通等各种结构型式
快速接头	是一种既不需要使用工具，又能实现迅速拆卸的管接头，其接头相互连接时靠钢球定位，两侧气路接通，具有结构紧凑、耐高压、使用轻巧灵便的特点，在需经常快速装拆的管路中尤为适用，如在气动工具上被广泛采用
回转管接头	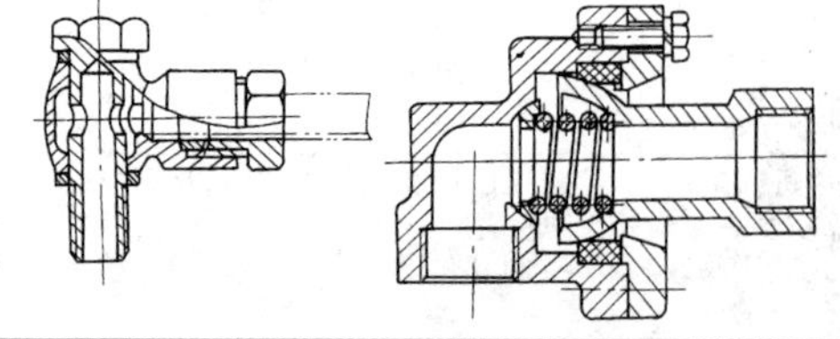 回转管接头可转动部分采用铰接连接方式。气管可在360°范围内任意转动，适用于现场工作位置需要经常变更的场合，如气动喷枪、气动工具的管路连接等处

3.4.5　气动视觉指示器（pneumatic visual indicators）

指示器球由气动输入旋转，改变可见颜色。球位于透明塑料窗后面，提供了广阔的视野。视觉指示器有五种颜色鲜艳的日光油漆，以提高可视性。与按钮和选择开关一样，可视指示器使用22mm安装标准。其结构见图21-3-73。

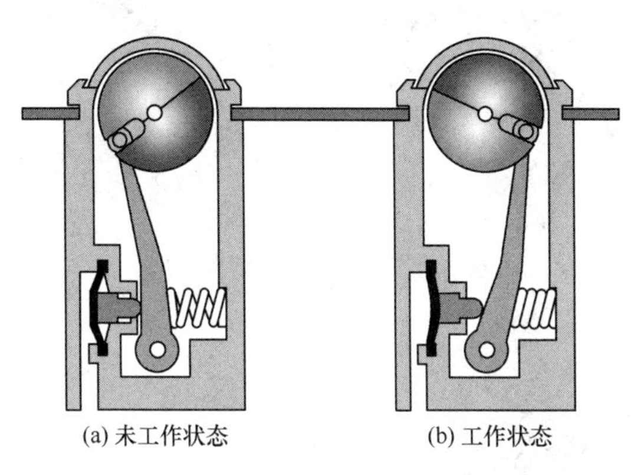

图21-3-73　气动视觉指示器

3.4.6　二位二通螺纹插装阀（单向阀）

该阀的外形与气动符号如图21-3-74所示，该阀的特性曲线如图21-3-75所示。

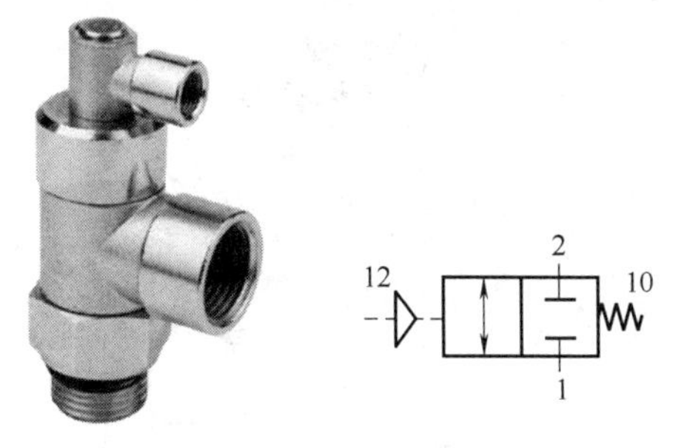

图21-3-74　二位二通气动螺纹插装阀的外形和符号

使用实例：二位二通气控阀只有失压，气缸在伸出和缩回过程中就可以停止。如图21-3-76所示。

3.4.7　锁定阀（lockout valves）

锁定阀安装在排放支路上或单独的气动控制管路中。在气动操作设备的维护和保养过程中使用锁定阀。

在维修之前，手柄向内按压，阻止压力并释放所有下游空气压力。通过锁扣锁定，防止在维护过程中意外启动。在维护之后，挂锁被移除并且手柄被向外拉，空气压力重新作用于系统，其外形和气动符号见图21-3-77。

该阀可以使用阀体内的两个安装孔进行在线安装或表面安装。安装时为使用方便应使手柄易触及。

正常机器操作：阀门打开，把手柄向外拉。如图21-3-78所示，进气口1向排气口2开放。排气口3堵塞。锁定阀打开接通气路。

锁定操作：阀门关闭，把手柄向内推。进气口1被阻塞，排气口2对排气口3开放。

锁定阀还可以与具有软启动功能的阀集成，将锁定功能和软启动功能集于一个单元中（EZ阀）。排气口带螺纹，用于安装消声器或用于远程排气的管路，适用于管道或板式安装，其功能符号与实物照片见图21-3-79。

EZ阀安装在排放支路上或单独的气动控制管路中（见图21-3-80）。在维修期间使用EZ阀和气动（空气）操作设备的维修程序。维修之前，红色手柄向内按压，阻止压力并释放所有下游空气压力。通过锁扣安装挂锁，防止在维护过程中发生意外故障。维护之后，挂锁被移除并且红色手柄被向外拉动，逐渐将空气压力返回到系统中。

正常机器操作：阀门打开，当手柄向外拉时，可调式针阀（通过手柄顶部进入）的设置决定压力建立的速率。当下游压力达到时，进口端口1向出口端口2开放。排气口3被堵塞。

锁定操作：阀门关闭，当向内推动手柄时，入口端口1被阻塞。下游空气通过排气口3排出。

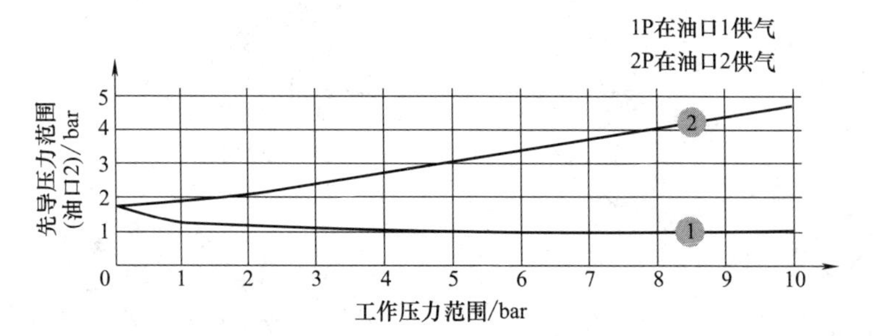

图21-3-75　二位二通气动螺纹插装阀的特性曲线

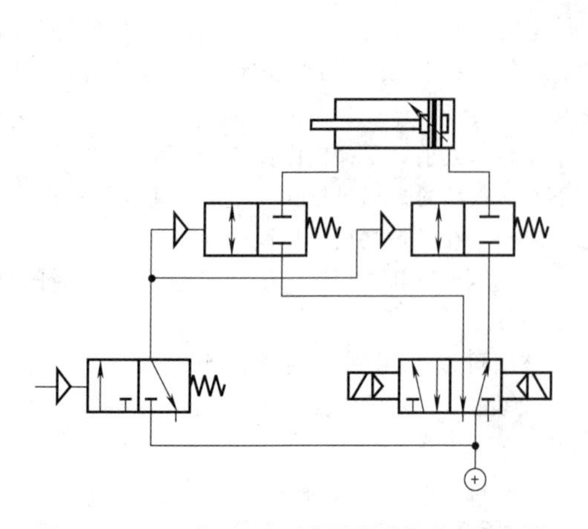

图 21-3-76 二位二通气动螺纹插装阀的使用实例

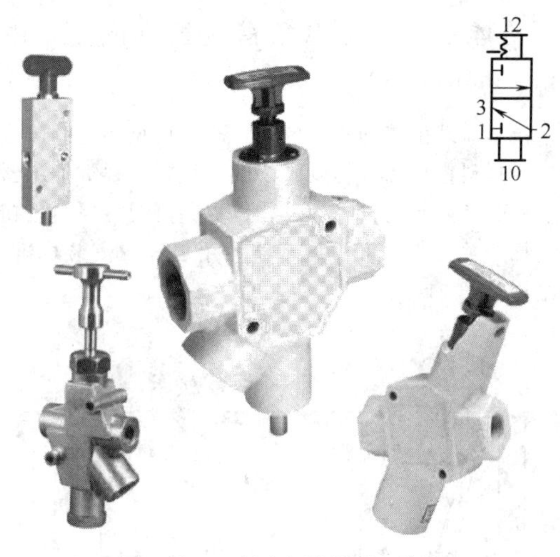

图 21-3-77 锁定阀的外形和符号

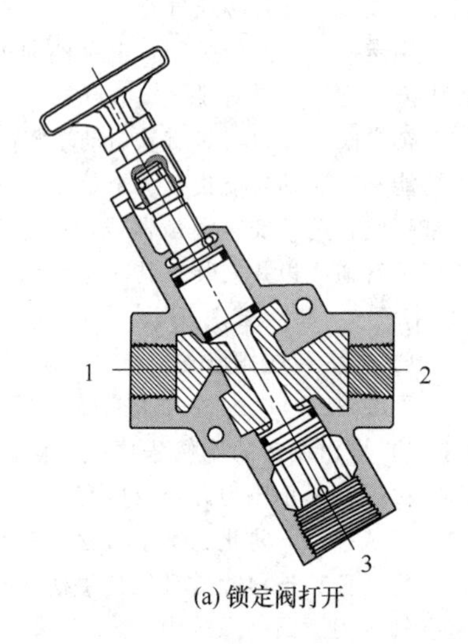

(a) 锁定阀打开

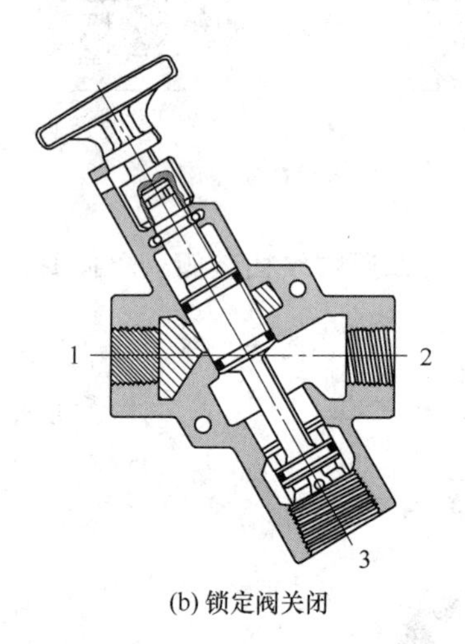

(b) 锁定阀关闭

图 21-3-78 锁定阀的打开与关闭

1—进气口；2,3—排气口

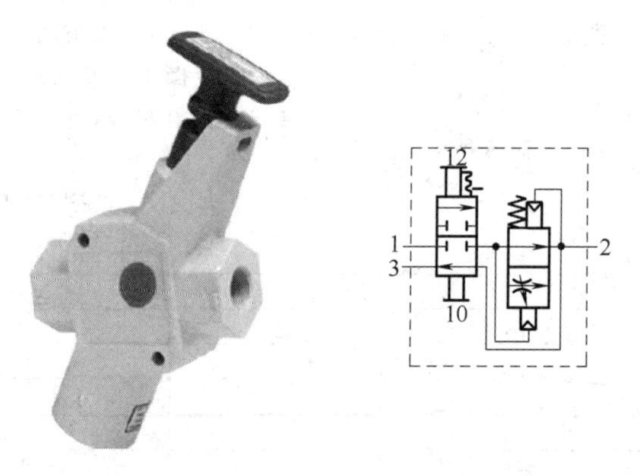

图 21-3-79 具有锁定功能和软启动功能的锁定阀

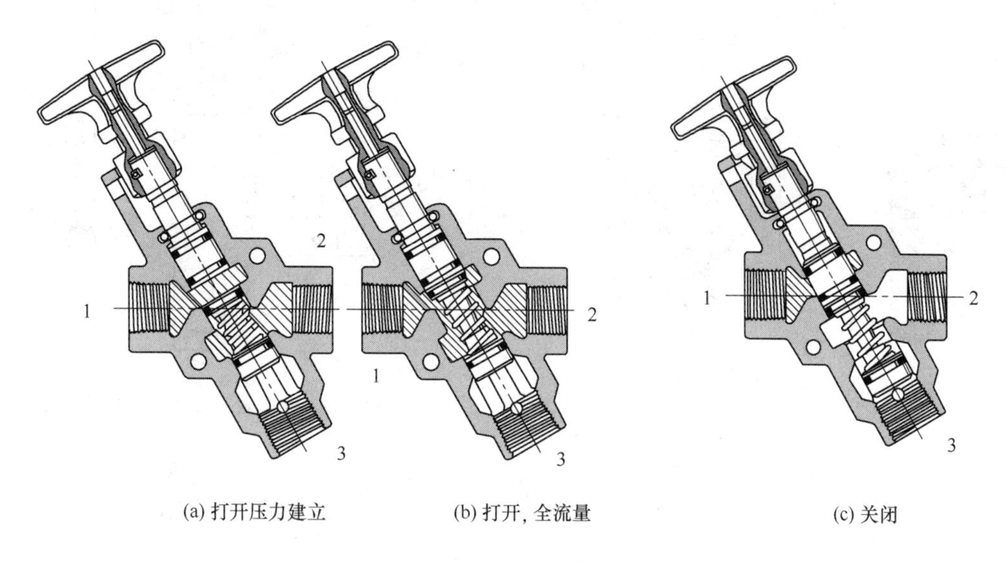

图 21-3-80　EZ 阀的工作状态
1—进气口；2,3—排气口

3.4.8　储气罐充气阀（tank valve）

对于气罐，钢桶，压缩机和其他气动容器需要可靠的自动充气阀。该阀配备标准阀芯和密封盖。最大工作压力为 12.74bar。温度范围为－40～104℃。其外形尺寸见图 21-3-81。

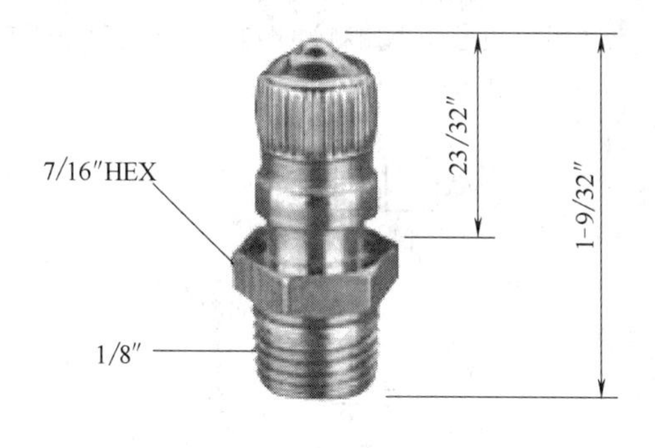

图 21-3-81　储气罐充气阀

3.4.9　呼吸器（breather vents）

这些形状矮小的通气呼吸器，在空间有问题时和防止污染的情况下非常有用。用于齿轮箱、油箱、储液器等的真空释放或压力平衡。无腐蚀性。工作压力 12.4bar（空气），工作温度 0～149℃。注意：呼吸器不应用作排气消声器，低于冰点的环境温度需要无水分空气。环境温度低于冰点并高于 180°需要润滑油，尤其是在这些温度下适用的润滑油。气动阀门应使用过滤和润滑空气。其外形见图 21-3-82。

图 21-3-82　呼吸器

3.4.10　自动排水器（automatic drip leg drain）

该自动排水器的特性是，排水具有手动优先，不需工具即可轻松维修，可适用于 0～17.2bar 工作压力范围，体积小巧。

端口螺纹：1/4～1/2in，顶部 1/8in 排水。压力和温度等级：0～17.2 bar，0～80℃。其规格和尺寸见图 21-3-83。

3.4.11　快速排气阀

快速排气阀与梭阀也可以用下面的气动功能符号来表示。如图 21-3-84 所示。

应用 1：双作用缸快速收回，见图 21-3-85。在该回路中，空气通过与气缸无杆腔端连接的快速排气阀排空。由于快速排气阀比四通控制阀的排气量更大，因此可以通过使用更小、更便宜的控制阀来提高气缸速度。

应用 2：双作用缸的双重压力驱动，见图

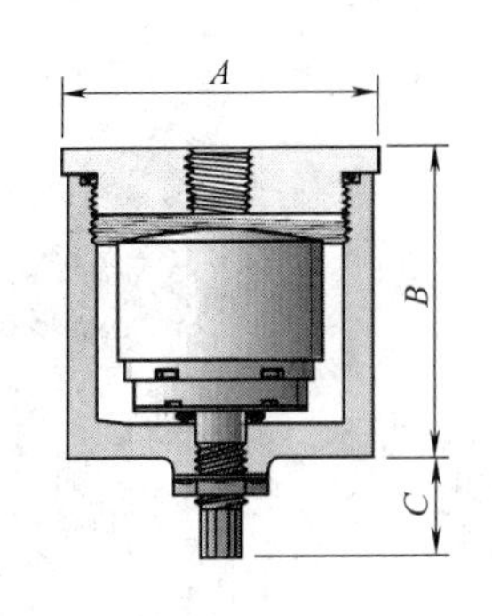

A	B	C
2.50in	2.37in	0.87in
64mm	60mm	22mm

图 21-3-83　自动排水器

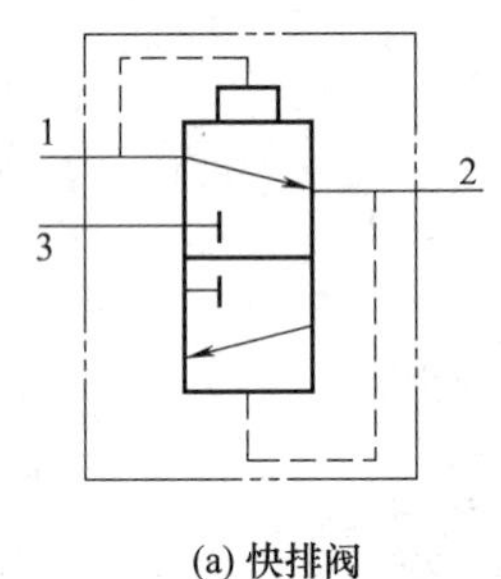

(a) 快排阀

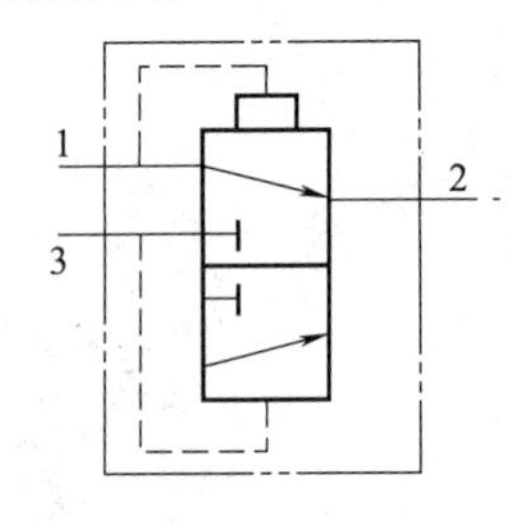

(b) 梭阀

图 21-3-84　快速排气阀与梭阀的图形符号

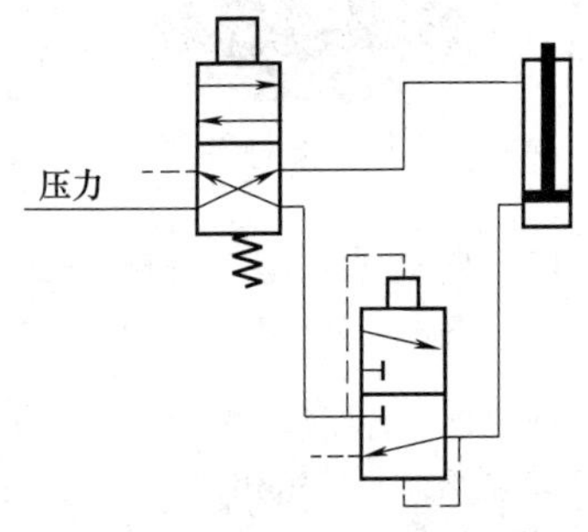

图 21-3-85　用于双作用气缸快速缩回

21-3-86。该回路采用快速排气阀和三通控制阀，以使气缸在高压下迅速伸出。注意：供气压力必须比有杆腔压力高3或4倍。有效的工作压力是无杆腔和有杆腔之间的压力差。

应用3：两个双作用气缸的双向控制，见图21-3-87。该回路以最小的阀门提供最大的控制。由于快速排气阀执行此功能，因此不需要大型四通控制阀来快速使气缸A返回。气缸A和B的伸出和气缸B的退回由速度控制阀控制。

3.4.12　典型的梭阀

应用1："或"电路。梭阀最常见的应用是"或

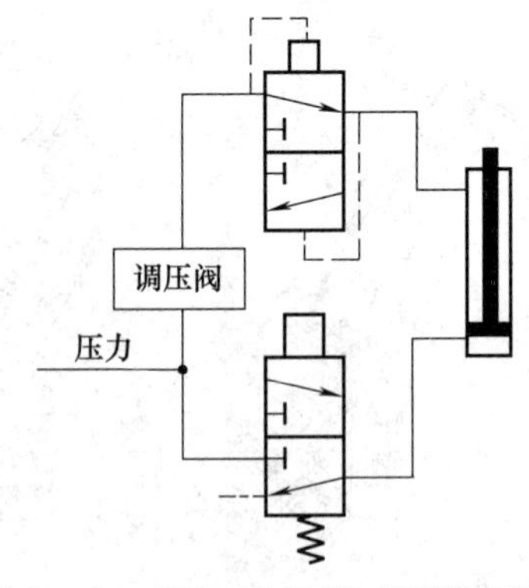

图 21-3-86　用于双作用气缸双重压力驱动

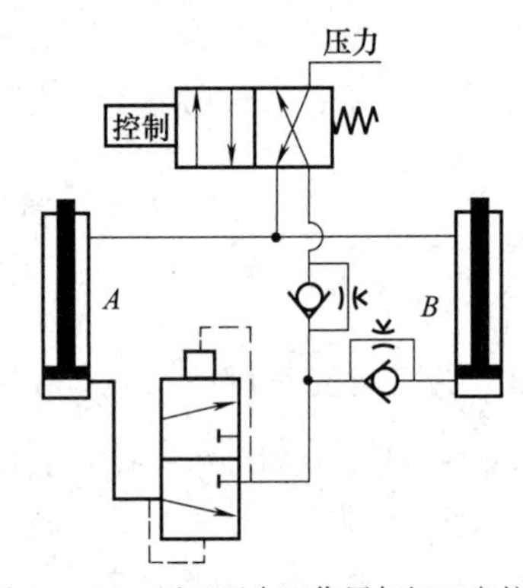

图 21-3-87　用于两个双作用气缸双向控制

(OR)"回路，见图21-3-88。在这里，一气缸或其他工作装置可以通过任一控制阀来启动。阀门可以手动或电动启动，并可位于任何位置。

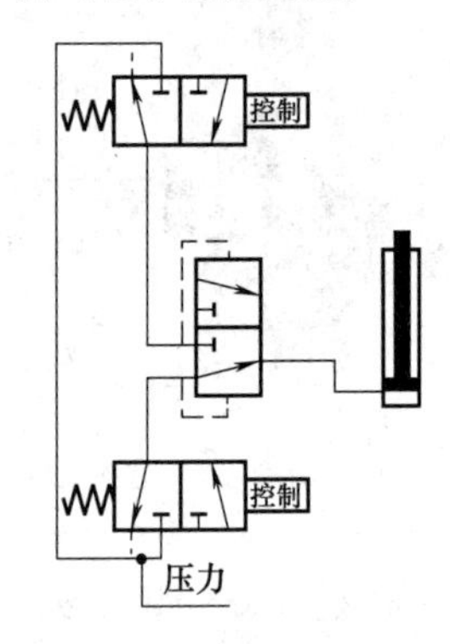

图 21-3-88　"或"回路

应用2：记忆回路-自保持，见图21-3-89。该回路一旦激励就可以连续运行。当阀门A启动时，压力就会传递到回路。这允许压力通过梭阀驱动阀B，压力然后流过阀B并且还通往梭阀的另一侧，其使阀B保持打开自保持激励以便连续操作。为了解锁该回路，必须打开阀门C回路排气泄压并使阀门B返回到其常闭位置。

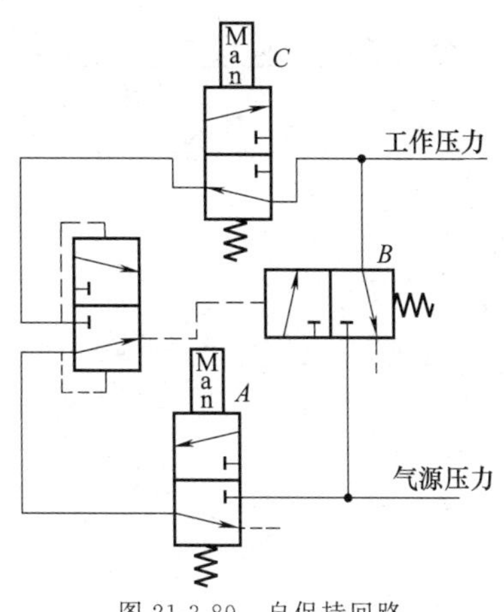

图 21-3-89　自保持回路

应用 3：联锁，见图 21-3-90。该回路在发生一个或另一个操作时防止发生特定操作发生。当阀 A 或阀 B 被启动执行操作 1 或操作 2 时，阀 D 转换到关闭位置并防止操作 3 发生。

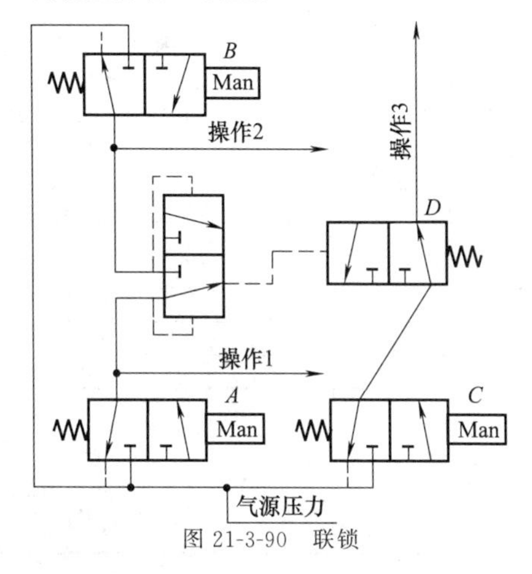

图 21-3-90　联锁

3.4.13　自动电气排水阀（automatic electrical drain valve）

某型号自动电气排水器外形见图 21-3-91。

自动电子排水器设计用于从压缩机、压缩空气干燥器和接收器中去除冷凝物。电子排水器提供了真正的安装简便性，是一种可靠和性能很好的冷凝水排放装置。直动阀中的大直径孔口与其复杂的计时器模块相结合，确保长时间无故障排放冷凝水。

图 21-3-91　自动电气排水器外形

其优点是：操作过程中不会产生空气闭锁现象，适用于任何尺寸的压缩空气系统，也可用于不锈钢。直动阀可维修，适用于所有类型的压缩机，具有微型开关功能、大直径（4.5mm）阀孔。

技术参数：工作压力：15.9bar；环境工作温度范围：1.1～54℃；线圈绝缘等级：H 级（71.1℃）；电压 AC115，230/50～60；计时器：开放时间 5～10s，可调节；周期时间 5s～45min，可调节；最大额定电流：最大 4mA；接口尺寸：1/4in，3/8in，1/2in NPT；质量：0.8kg。

自动电气排水器应用的场合见图 21-3-92。

3.4.14　气管

3.4.14.1　气动管道的尺寸（pneumatic pipe size）

橡胶软管或增强型塑料管最适合用于气动工具主要是因为其具有柔韧性适合工作时的自由移动，橡胶软管的直径见表 21-3-74。

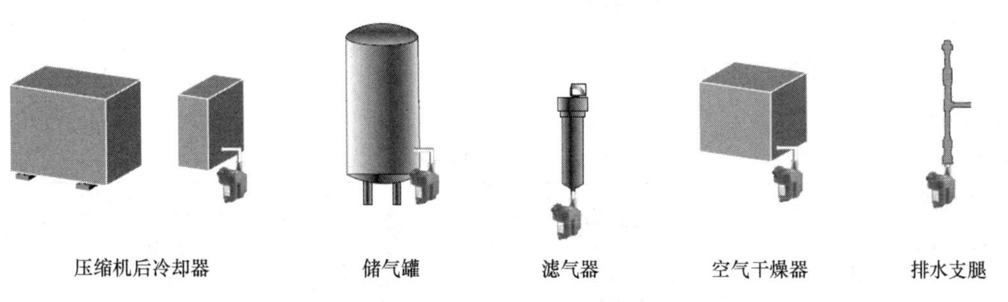

图 21-3-92　自动电气排水器的应用场合

表 21-3-73 标准气动钢管或软钢管技术参数

公称通径		外径/mm	壁厚/mm	质量/kg·m^{-1}
A	B			
6	1/8	10.5	2.0	0.419
8	1/4	13.8	2.3	0.652
10	3/8	17.3	2.3	0.851
15	1/2	21.7	2.8	1.310
20	3/4	27.2	2.8	1.680
25	1	34.0	3.2	2.430
32	1¼	42.7	3.5	3.380
40	1½	48.6	3.5	3.890
50	2	60.3	3.65	5.100
65	2½	76.1	3.65	6.510
75	3	88.9	4.05	8.470
100	4	114.3	4.5	12.100

表 21-3-74 橡胶软管（布缠绕）的技术参数

公称通径/in	外径/mm	内径/mm	内部截面积/mm^2
1/8	9.2	3.2	8.04
1/4	10.3	6.3	31.2
3/8	18.5	9.5	70.9
1/2	21.7	12.7	127
5/8	24.10	15.9	199
3/4	29.0	19.0	284
1	35.4	25.4	507
1¼	45.8	31.8	794
1½	52.1	38.1	1140
1¾	60.5	44.5	1560
2	66.8	50.8	2030
2¼	81.1	57.1	2560
2½	90.5	63.5	3170

3.4.14.2 气动管道允许的最高工作压力和最小弯曲半径

表 21-3-75 气动管道允许的最高工作压力和最小弯曲半径

直径/mm		4	5	6	8	8②	10	10②	12	12②	14	15②	16	22	28
−40～20℃时	尼龙管	28	31	25	19	10	24	8	18	6	15	6	18	15	15
最高工作压力①/bar	聚氨酯管	10	11	9	9	—	9	—	9	—	—	—	—	—	—
最小弯曲半径/mm	尼龙管	25	25	30	50		60		75		80		95	125	16
	聚氨酯管	7	9	16	17	—	25	—	—	—	—	—	—	—	

① 用于较高温度时，压力要求以相应的系数。

② 超软管。

注：最高连续工作温度：尼龙：80℃，聚氨酯：60℃。

3.4.14.3 压力与温度转换系数

当温度升高时，所允许的最高工作压力要乘以相应的系数，参见表 21-3-76。

表 21-3-76 压力与温度转换系数

工作温度/℃	转换系数	工作温度/℃	转换系数
+30	0.83	+60	0.57
+40	0.72	+80	0.47
+50	0.64		

3.4.15　消声器

表 21-3-77　　消声器原理和分类

<table>
<tr><td colspan="2">基本要求</td><td colspan="2">①具有较好的消声性能，即要求消声器具有较好的消声频率特性，噪声一般控制在 74～80dB 之间（当供气为 0.6MPa，距离为 1m 时测得的噪声）
②具有良好的空气动力性能，消声器对气流的阻力损失要小
③结构简单，便于加工，经济耐用，无再生噪声
在设计和选择消声器时，应合理选择通过消声器的气流速度。对空调系统，流过的气流速度可取≤6m/s；对一般系统宜取 6～10m/s；对工业鼓风机或其他气动设备可取 10～20m/s；对高压排空消声器则可大于 20m/s</td></tr>
<tr><td rowspan="5">按原理分类</td><td colspan="3">消声器种类繁多，但根据消声原理不同，有阻性消声器、抗性消声器和阻抗复合式消声器</td></tr>
<tr><td>阻性消声器</td><td colspan="2">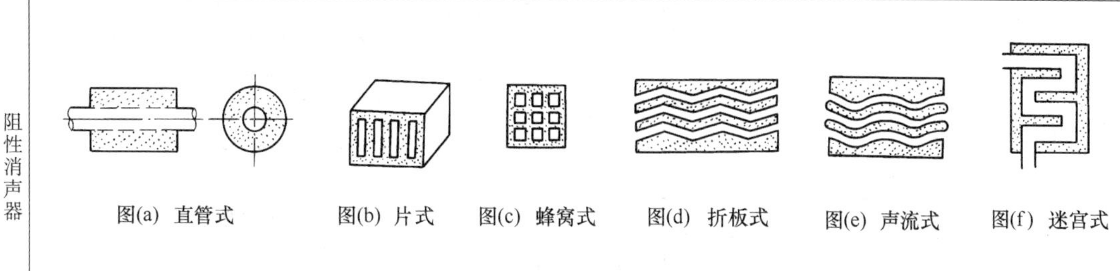
图(a)　直管式　图(b)　片式　图(c)　蜂窝式　图(d)　折板式　图(e)　声流式　图(f)　迷宫式
是利用在气流通道内表面上的多孔吸声材料来吸收声能。其结构简单，能在较宽的高频范围内消声，特别是对刺耳的高频声波有突出的消声作用，但对低频噪声的消声效果较差</td></tr>
<tr><td>抗性消声器</td><td colspan="2">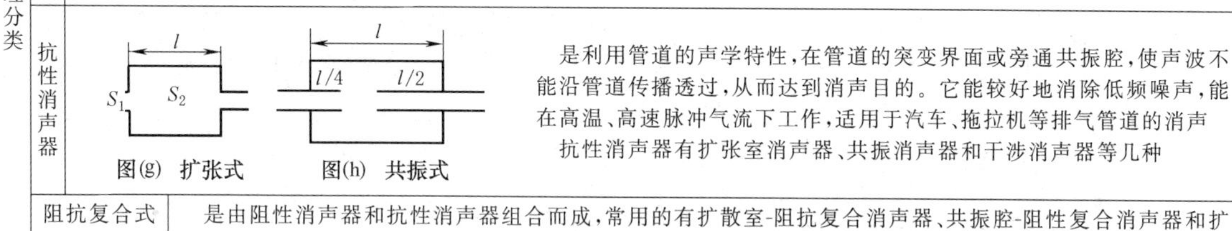

图(g)　扩张式　图(h)　共振式
是利用管道的声学特性，在管道的突变界面或旁通共振腔，使声波不能沿管道传播透过，从而达到消声目的。它能较好地消除低频噪声，能在高温、高速脉冲气流下工作，适用于汽车、拖拉机等排气管道的消声
抗性消声器有扩张室消声器、共振消声器和干涉消声器等几种</td></tr>
<tr><td>阻抗复合式消声器</td><td colspan="2">是由阻性消声器和抗性消声器组合而成，常用的有扩散室-阻抗复合消声器、共振腔-阻性复合消声器和扩散室-共振腔-阻性复合消声器，这样，可在一个宽阔的频率范围内获得良好的消声效果</td></tr>
<tr><td>微穿孔板消声器</td><td colspan="2">用金属薄板做成，本身为一种阻抗复合消声器，能在宽阔的频率范围内具有良好的消声效果。微穿孔板的阻抗小，耐高温，不怕油雾和水蒸气。金属薄板上的小孔孔径小于 1mm，穿孔率为 1%～3%，同样，微穿孔板消声器可以与多孔吸声材料、扩张室等组成各种型式的微穿孔复合消声器</td></tr>
<tr><td rowspan="2">按气动产品分类</td><td>排气口用多孔消声器</td><td></td><td>常安装在气动方向控制阀的排气口上，用于消除高速喷气射流噪声，在多个气阀排气消声时，也有用集中排气消声的方法。图所示为一种结构，消声材料用铜颗粒烧结而成，也有用塑料颗粒烧结
设计要求消声器的有效流出面积大于排气管道的有效面积。这种消声器在气动系统中应用较多</td></tr>
<tr><td>集中过滤消声器</td><td></td><td>对排出的废气具有消声、过滤两种功能。一般用集中排气方式。对废气污染物分离效果一般能达到 99%以上
常用于对车间工作环境要求较高的场合</td></tr>
</table>

3.4.16　油压缓冲器

油压缓冲器（shock absorber）依靠液压油的阻尼对作用在其上的物体进行缓冲减速至停止，起到一定程度的保护作用，适用于起重运输、电梯、冶金、港口机械、铁道车辆等机械设备，是在工作过程中防止硬性碰撞导致机构损坏的安全缓冲装置。在气动系统中主要用于气动缸的缓冲。

油压缓冲器有以下功能。

① 消除非机械运动的振动和碰撞破坏等冲击。

② 大幅度减小噪声，提供安静的工作环境。

③ 加速机械动作频率，增加产能。

④ 高效率，生产高品质产品。

⑤ 延长机械寿命，减少售后服务。

表 21-3-78　　选型方法

1. 使用条件参数说明

符号	使用条件参数	单位
μ	摩擦因数	
α	斜面倾角	rad
θ	负载撞击接触角度	rad
ω	角速度	rad/s
A	宽度	m
B	厚度	m
C	每小时撞击次数	h^{-1}
d	气液压缸缸径	mm
E_D	每次驱动能量	N·m
E_K	每次动能	N·m
E_T	每次综合能量	N·m
E_{TC}	每小时综合能量	N·m
F	推进力	N
F_m	最大冲击力	N
g	重力加速度	m/s^2
h	高度	m
HM	马达制动系数(一般为 2.5)	
P	电动机功率	kW
m	减速负载的综合质量	kg
M_e	有效质量	kg
p	气液压缸操作压力	bar
R	半径	m
R_s	油压缓冲器至旋转中心的距离	m
S	行程	m
T	驱动转矩	N·m
t	减速时间	s
v	撞击速度	m/s

2. 必须明确以下四个参数才能确定油压缓冲器的尺寸

序号	符号	使用条件	单位
1	m	减速负载的综合重量	kg
2	v	撞击速度	m/s
3	F	推进力	N
4	C	每小时撞击次数	h^{-1}

3. 计算公式

- 动能　$E_K=mv^2/2$
- 驱动能量　$E_D=FS$
- 自由落体速度　$v=\sqrt{2gh}$
- 气液压缸的推进力　$F=0.00785pd^2$
- 最大冲击力(概估)　$F_m=1.2E_T/S$
- 电动马达产生的推进力　$T=3000P/v$
- 每小时吸收的总能量　$E_{TC}=E_TC$

4. 选型举例

例 1:水平撞击

使用条件
$m=300\text{kg}$
$v=1.0\text{m/s}$
$S=0.05\text{m}$
$C=300\text{h}^{-1}$

公式计算

$$E_K=\frac{mv^2}{2}=\frac{300\times1.0^2}{2}=150\ (\text{N}\cdot\text{m})$$

$$E_T=E_K=150\ (\text{N}\cdot\text{m})$$

$$E_{TC}=E_TC=150\times300=45000\ (\text{N}\cdot\text{m/h})$$

$$M_e=\frac{2E_T}{v^2}=\frac{2\times150}{1.0^2}=300\ (\text{kg})$$

选择型号
根据“有效质量-撞击速度”曲线图选择满足条件的 AD-3650 油压缓冲器

例 2:有推进力的水平撞击

使用条件
$m=300\text{kg}$
$v=1.2\text{m/s}$
$S=0.05\text{m}$
$p=0.4\text{MPa}$
$d=100\text{mm}$
$C=300\text{h}^{-1}$

公式计算

$$E_K=\frac{mv^2}{2}=\frac{300\times1.2^2}{2}=216\ (\text{N}\cdot\text{m})$$

$$E_D=FS=0.00785pd^2S=0.00785\times0.4\times10^6\times0.1^2\times0.05=1.57\ (\text{N}\cdot\text{m})$$

$$E_T=E_K+E_D=216+1.57=217.57\ (\text{N}\cdot\text{m})$$

$$E_{TC}=E_TC=217.57\times300=65271\ (\text{N}\cdot\text{m/h})$$

$$M_e=\frac{2E_T}{v^2}=\frac{2\times217.57}{1.2^2}=302.2\ (\text{kg})$$

选择型号
根据“有效质量-撞击速度”曲线图选择满足条件的 AD-4250 油压缓冲器

续表

例 3：自由落体撞击

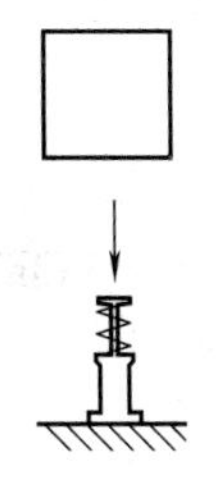

使用条件

$m=40\text{kg}$

$h=0.4\text{m}$

$S=0.06\text{m}$

$C=200\text{h}^{-1}$

公式计算

$v=\sqrt{2gh}=\sqrt{2\times 9.81\times 0.4}=2.8\ (\text{m/s})$

$E_K=\dfrac{mv^2}{2}=\dfrac{40\times 2.8^2}{2}=157\ (\text{N}\cdot\text{m})$

$E_D=FS=mgS=40\times 9.81\times 0.06=23.5\ (\text{N}\cdot\text{m})$

$E_T=E_K+E_D=157+23.5=180.5\ (\text{N}\cdot\text{m})$

$E_{TC}=E_TC=180.5\times 200=36100\ (\text{N}\cdot\text{m/h})$

$M_e=\dfrac{2E_T}{v^2}=\dfrac{2\times 180.5}{2.8^2}=46\ (\text{kg})$

选择型号

根据“有效质量-撞击速度”曲线图选择满足条件的 AC-3660-1 型号

例 4：有推进力的自由落体撞击

使用条件

$m=40\text{kg}$

$h=0.3\text{m}$

$S=0.025\text{m}$

$p=5\text{bar}$

$d=50\text{mm}$

$C=200\text{h}^{-1}$

$v=1.0\text{m/s}$

公式计算

$E_K=\dfrac{mv^2}{2}=\dfrac{40\times 1.0^2}{2}=20\ (\text{N}\cdot\text{m})$

$E_D=FS=(mg+0.0785pd^2)S$
$=(40\times 9.81+0.0785\times 0.5\times 10^6\times 0.05^2)\times 0.025=41.06\ (\text{N}\cdot\text{m})$

$E_T=E_K+E_D=20+41.06=61.06\ (\text{N}\cdot\text{m})$

$E_{TC}=E_TC=61.06\times 200=12212\ (\text{N}\cdot\text{m/h})$

$M_e=\dfrac{2E_T}{v^2}=\dfrac{2\times 61.06}{1.0^2}=122.12\ (\text{kg})$

选择型号

根据“有效质量-撞击速度”曲线图选择满足条件的 AD-2525 型号

例 5：马达驱动的水平撞击

使用条件

$m=400\text{kg}$

$v=1.0\text{m/s}$

$P=1.5\text{kW}$

$HM=2.5$

$S=0.075\text{m}$

$C=60\text{h}^{-1}$

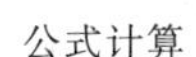

公式计算

$E_K=\dfrac{mv^2}{2}=\dfrac{400\times 1.0^2}{2}=200\ (\text{N}\cdot\text{m})$

$E_D=FS=\dfrac{P(HM)}{v}S=\dfrac{1500\times 2.5}{1.0}\times 0.075=281\ (\text{N}\cdot\text{m})$

$E_T=E_K+E_D=200+281=481\ (\text{N}\cdot\text{m})$

$E_{TC}=E_TC=481\times 60=28860\ (\text{N}\cdot\text{m/h})$

$M_e=\dfrac{2E_T}{v^2}=\dfrac{2\times 481}{1.0^2}=962\text{kg}$

选择型号

根据“有效质量-撞击速度”曲线图选择满足条件的 AD-4275 型号

例 6：倾斜撞击

使用条件

$m=150\text{kg}$

$h=0.3\text{m}$

$S=0.075\text{m}$

$\alpha=30°$

$C=200\text{h}^{-1}$

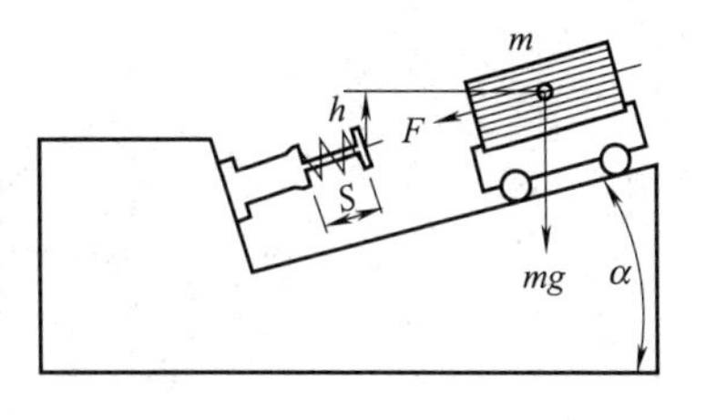

公式计算

$v=\sqrt{2gh}=\sqrt{2\times 9.81\times 0.3}=2.43\ (\text{m/s})$

$E_K=\dfrac{mv^2}{2}=\dfrac{150\times 2.43^2}{2}=443\ (\text{N}\cdot\text{m})$

$E_D=FS=mgS\sin\alpha$
$=150\times 9.81\times 0.075\times \sin 30°=55.2\ (\text{N}\cdot\text{m})$

$E_T=E_K+E_D=433+55.2=488.2\ (\text{N}\cdot\text{m})$

$E_{TC}=E_TC=488.2\times 200=97640\ (\text{N}\cdot\text{m/h})$

$M_e=\dfrac{2E_T}{v^2}=\dfrac{2\times 488.2}{2.43^2}=165.4\ (\text{kg})$

选择型号

根据“有效质量-撞击速度”曲线图选择满足条件的 AD-4275 型号

续表

例7:水平旋转门

使用条件

$m=20\text{kg}$

$\omega=2.0\text{rad/s}$

$T=20\text{N}\cdot\text{m}$

$R_s=0.8\text{m}$

$A=1.0\text{m}$

$B=0.05\text{m}$

$S=0.04\text{m}$

$C=100\text{h}^{-1}$

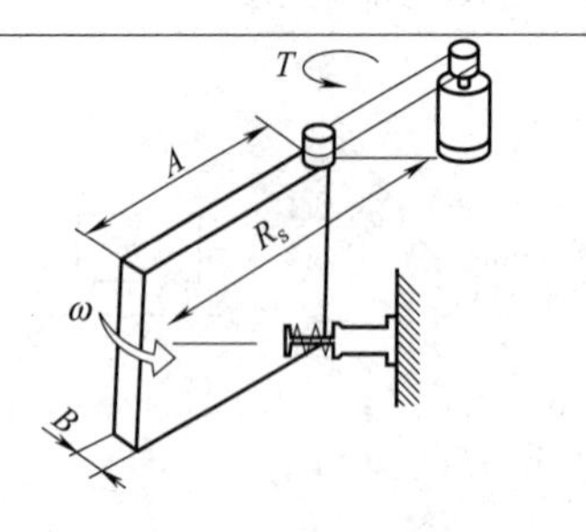

公式计算

$I=\dfrac{m(4A^2+B^2)}{12}=\dfrac{20\times(4\times1.0^2+0.05^2)}{12}=6.67\ (\text{kg}\cdot\text{m}^2)$

$E_K=\dfrac{I\omega^2}{2}=\dfrac{6.67\times2.0^2}{2}=13.34\ (\text{N}\cdot\text{m})$

$\theta=\dfrac{S}{R_s}=\dfrac{0.04}{0.8}=0.05\ (\text{rad})$

$E_D=T\theta=20\times0.05=1.0\ (\text{N}\cdot\text{m})$

$E_T=E_K+E_D=13.34+1.0=14.34\ (\text{N}\cdot\text{m})$

$E_{TC}=E_TC=14.34\times100=1434\ (\text{N}\cdot\text{m/h})$

$v=\omega R_s=2.0\times0.8=1.6\ (\text{m/s})$

$M_e=\dfrac{2E_T}{v^2}=\dfrac{2\times14.34}{1.6^2}=11.20\ (\text{kg})$

选择型号

根据“有效质量-撞击速度”曲线图选择满足条件的AD-2016型号

例8:有驱动的旋转分度盘

使用条件

$m=200\text{kg}$

$\omega=1.0\text{rad/s}$

$T=100\text{N}\cdot\text{m}$

$R=0.5\text{m}$

$R_s=0.4\text{m}$

$S=0.04\text{m}$

$C=100\text{h}^{-1}$

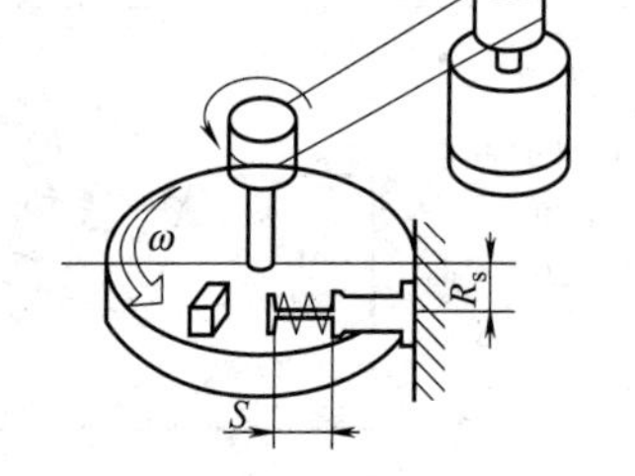

公式计算

$I=\dfrac{mR^2}{2}=\dfrac{200\times0.5^2}{2}=25\ (\text{kg}\cdot\text{m}^2)$

$E_K=\dfrac{I\omega^2}{2}=\dfrac{25\times1.0^2}{2}=12.5\ (\text{N}\cdot\text{m})$

$\theta=\dfrac{S}{R_s}=\dfrac{0.04}{0.4}=0.1\ (\text{rad})$

$E_D=T\theta=100\times0.1=10\ (\text{N}\cdot\text{m})$

$E_T=E_K+E_D=12.5+10=22.5\ (\text{N}\cdot\text{m})$

$E_{TC}=E_TC=22.5\times50=1125\ (\text{N}\cdot\text{m/h})$

$v=\omega R_s=1.0\times0.4=0.4\ (\text{m/s})$

$M_e=\dfrac{2E_T}{v^2}=\dfrac{2\times22.5}{0.4^2}=281\ (\text{kg})$

选择型号

根据“有效质量-撞击速度”曲线图选择满足条件的AD-4250型号

例9:水平输送带负载撞击

使用条件

$m=150\text{kg}$

$v=0.5\text{m/s}$

$\mu=0.25$

$S=0.02\text{m}$

$C=120\text{h}^{-1}$

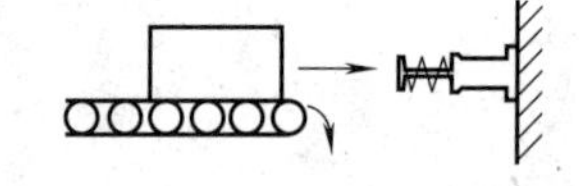

公式计算

$E_K=\dfrac{mv^2}{2}=\dfrac{150\times0.5^2}{2}=18.75\ (\text{N}\cdot\text{m})$

$E_D=FS=mg\mu S=150\times9.81\times0.25\times0.02=7.35\ (\text{N}\cdot\text{m})$

$E_T=E_K+E_D=18.75+7.35=26.1\ (\text{N}\cdot\text{m})$

$E_{TC}=E_TC=26.1\times120=3132\ (\text{N}\cdot\text{m/h})$

$M_e=\dfrac{2E_T}{v^2}=\dfrac{2\times26.1}{0.5^2}=208.8\ (\text{kg})$

选择型号

根据“有效质量-撞击速度”曲线图选择满足条件的AC-2020-3型号

例10:有驱动的旋转臂

使用条件

$m=40\text{kg}$

$A=0.5\text{m}$

$B=0.05\text{m}$

$\omega=2.0\text{rad/s}$

$T=10\text{N}\cdot\text{m}$

$R_s=0.4\text{m}$

$S=0.05\text{m}$

$C=50\text{h}^{-1}$

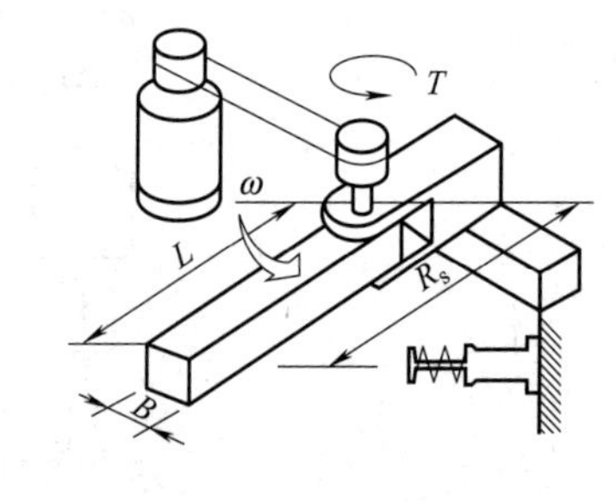

公式计算

$I=\dfrac{m(4A^2+B^2)}{12}=\dfrac{40\times(4\times0.5^2+0.05^2)}{12}=3.34\ (\text{kg}\cdot\text{m}^2)$

$E_K=\dfrac{I\omega^2}{2}=\dfrac{3.34\times2.0^2}{2}=6.68\ (\text{N}\cdot\text{m})$

$\theta=\dfrac{S}{R_s}=\dfrac{0.05}{0.4}=0.125\ (\text{rad})$

$E_D=T\theta=10\times0.125=1.25\ (\text{N}\cdot\text{m})$

$E_T=E_K+E_D=6.68+1.25=7.93\ (\text{N}\cdot\text{m})$

$E_{TC}=E_TC=7.93\times50=396.5\ (\text{N}\cdot\text{m/h})$

$v=\omega R_s=2.0\times0.4=0.8\ (\text{m/s})$

$M_e=\dfrac{2E_T}{v^2}=\dfrac{2\times7.93}{0.8^2}=24.78\ (\text{kg})$

选择型号

根据“有效质量-撞击速度”曲线图选择满足条件的AC-1416-2型号

3.5　真空元件及真空系统

在气动系统中，工作所需的压力差是由空气压缩机产生的。空气压缩机把更多的空气推入系统，增加了空气压力。

在真空系统中，压力差是由真空泵产生的。通过真空泵将空气抽吸出系统，将压力降低到大气压力以下。

真空被定义为没有物质或只含有稀薄气体的空间的状态。有时把真空称为负压，但从绝对意义上讲，压力总是正的。压力只能相对于其他更高的压力而言与之进行比较才可以是“负的”。由于我们经常被大气所包围，因此将低于大气的压力描述为负值是很自然的。

虽然在真空和压力系统中产生的压力差是完全相反的，但所使用的设备则有相当大的相似性。空气压缩机（空压机）和真空泵都使用相同的原理。原则上它们可以被认为是相同的机器，但是其入口和出口是反向的。也就是说，每个都以较低的入口压力吸入空气，并以较高的出口压力将其转化为压缩空气。在压缩机中，入口通常处于大气压力下，出口连接到系统；在真空泵中，出口处于大气压力之下。有时空气压缩机和真空泵部分由相同的可互换的部件组装而成。然而，控制阀、油口和注油器通常是不同的。另一个主要区别在于所需的驱动力。根据其压力等级，空气压缩机可能需要比相同工作容量的真空泵多150%～400%的功率。

3.5.1　空压机和真空泵的分类

清楚地了解压缩机和真空泵系统的基本类型及其关系对理解其工作原理和应用是有所帮助的。在任何情况下，动力驱动设备都会在初始进气压力下将空气转换为更高出口压力的空气。常见的空压机和真空泵的种类见图 21-3-93。

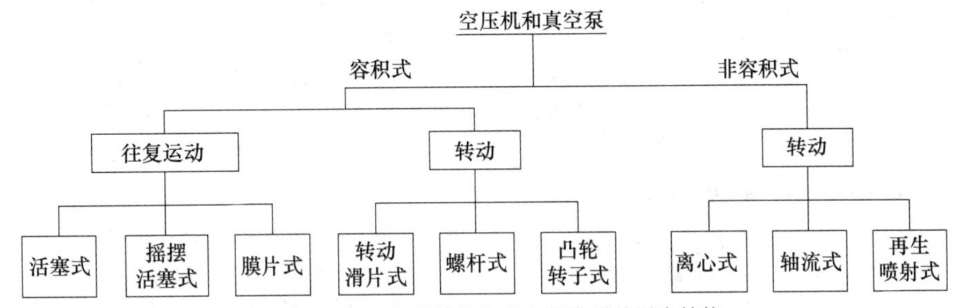

图 21-3-93　空气压缩机和真空泵类型的层次结构

表 21-3-79 为常用空压机的主要功率范围、压力等级及其特点。

表 21-3-79　　常用空压机的主要功率范围、压力等级及其特点

分类	类型	型式	功率范围/kW	压力等级/MPa	特点
容积式压缩机	往复式	柱塞式空气冷却	0.373～3730	0.00689～10.342	简单,重量轻
		柱塞式水冷	7.46～3730	0.0689～344.74	效率高,重载
		膜片式	7.46～149.2	0.0689～24.13	无密封,无污染
	旋转式	滑片式	7.46～373	0.0689～1.03	紧凑,高速
		螺杆式(螺旋结构)	7.46～373	0.0689～1.03	无脉动传输
		凸轮式低压	11.19～149.2	0.035～0.28	紧凑,无油
		凸轮式高压	6～2238	0.138～5.17	紧凑,高速
非容积式压缩机	旋转式	离心式	37.3～14920	0.28～13.79	紧凑,无油,高速
		轴流式	746～7460	0.28～3.45	大容量,高速
		再生风机	0.19～14.92	0.0069～0.034	紧凑,无油,大容量

表 21-3-80 为考虑压缩机是连续工作还是瞬态工作时，可选择空压机的类型。

表 21-3-80　　压力等级和可用的压缩机

所需的工作压力/MPa		可用的压缩机类型	
连续值	瞬态值	首选的类型	可选的类型
0.689～1.20575	1.20575～1.378	2 级(柱塞式) 柱塞式	—
0.3445～0.689	—	摇摆活塞式(1 级)	—

第21篇

续表

所需的工作压力/MPa		可用的压缩机类型	
连续值	瞬态值	首选的类型	可选的类型
0.2067～0.4134	—	膜片式	摇摆活塞式(1级)
0.17225～0.2067	0.17225～0.2067	旋转叶片式（油润滑）	以上任何一种
0.0689～0.10335	0.10335～0.1378	旋转叶片式（无油润滑）	以上任何一种
0.0689	0.0689	旋转叶片式（油润滑或无油润滑）	以上任何一种
0.024115	—	再生鼓风式	—

3.5.2　压力等级和术语

图 21-3-94 总结了所涉及的压力术语以及基本关系。

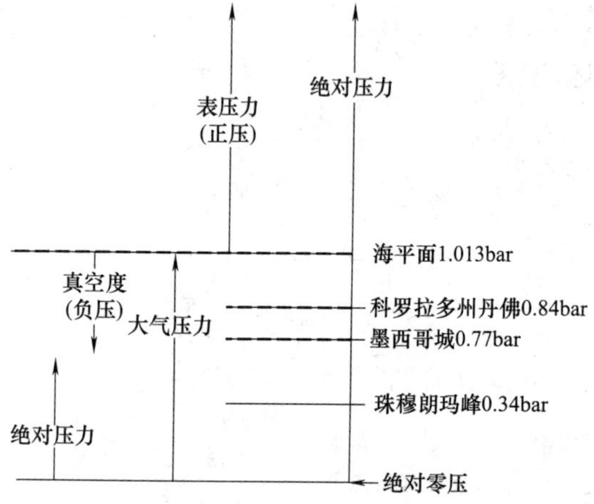

图 21-3-94　压力术语及其基本关系

① 大气压力。地球周围的大气可以认为是低压空气的储存器。空气的重量会产生一随温度、湿度和高度而变化的压力。

数千年来，空气被认为是失重的。这是可以理解的，因为施加在我们身上的净气压是零。人体肺中的空气和心血管系统中的血液的压力等于（或可能略大于）外部空气的向内压力。

② 大气压。压在每个单位表面上的地球大气的重量构成大气压，在海平面上是 1101.3Pa 或 0.1013MPa。这个压力称为一个大气压（1atm）。还有其他常用单位，1atm 等于 760mmHg（或 760torr）、1.013bar（1bar=0.1MPa）。

大气压力与真空度严格相关。地球大气作用在行星表面上，在海平面上，压力等于 101kPa（1.013bar）。由于大气压力是由上覆空气的重量产生的，在更高的海拔高度，大气压力更低。

由于，在某一个地方大气压力也会因气候模式的运动随时变化。而这些气压的变化通常不到 0.017bar，所以只有当需要做精确的测量时才考虑当地大气压力的变化。

当压力值低于大气压时产生真空，当没有大气压时产生绝对真空。

理想气体定律指出，在恒定的温度下，压力 p 与体积 V 成反比，或者说，当体积增加时压力下降。

③ 表压力。表压力是正值还是负值，取决于其高于或低于大气压基准的水平。如普通的轮胎压力表显示的 2.01bar 压力指示的是超出大气压的部分。换句话说，压力表显示的是泵入轮胎的空气压力和大气压力之间的差值。表压力可以是正值（高于大气压力）或负值（低于大气压力）。大气压力代表零表压力。

④ 真空压力。真空是低于大气压的压力。除了在外层空间，真空只发生在封闭的系统中。

简而言之，封闭系统中任何大气压力的降低都可以称为局部真空。实际上，真空是通过排空系统中的空气而产生的压力差。

3.5.3　真空系统的构成、分类及应用

3.5.3.1　真空范围与应用

真空主要用于以下三个领域。

• 鼓风机或粗/低真空（从 −20～0kPa）：用于通风、冷却和清洁。

• 工业真空（从 −99～−20kPa）：用于提升、搬运和实现自动化。

• 用于实验室的制程真空（−99kPa）：高真空、微芯片生产、分子沉积物覆盖等。

通过机械泵产生真空，所述机械泵可以是吸入式或鼓风式容积泵，或者是气动泵如单级式喷射器或多级式喷射器。

抽吸或吹气泵产生低真空，而容积式活塞或叶片泵用于产生大流速的工业真空。

真空分为低真空、中高真空、高真空和超高真空，见图21-3-95。其中低真空常用于物料的搬运。

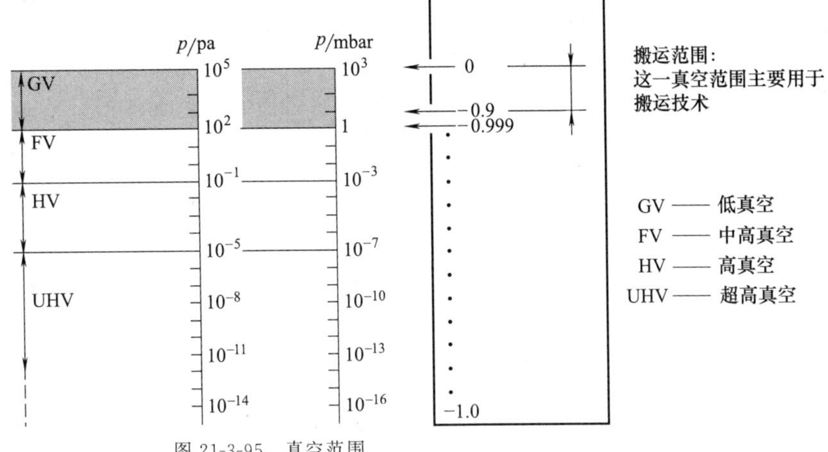

图21-3-95　真空范围

表21-3-81　真空范围及其应用

真空范围	压力范围（绝对压力）	气体流动特点	应　用
低真空	1mbar～1atm	黏性流动	工业搬运技术领域
中高真空	10^{-3}～1mbar	介于黏性流动和分子流动之间	炼钢脱气，灯泡生产，冷冻干燥食品，钢水真空脱气，白炽灯的生产制造，食品的冷冻干燥，合成树脂的烘干
高真空	10^{-8}～10^{-3}mbar	分子流动或牛顿流体流动，各个分子之间的相互作用很小	金属冶炼或退火，电子管制造
超高真空	10^{-11}～10^{-8}mbar	—	金属喷涂，真空金属涂覆（金属涂层）以及电子束流熔化，金属以微粒状态散射，气相淀积和电子束熔炼

3.5.3.2　通过孔口的真空流量

表21-3-82　通过孔口的空气流量值　L/min

孔口直径/in	真空度/mbar								
	67.72	135.44	203.16	270.88	338.64	406.32	474.04	609.48	812.64
1/64	0.51	0.74	0.91	1.05	1.16	1.27	1.36	1.56	1.78
1/32	2.09	2.83	3.62	4.19	4.67	5.10	5.52	6.23	7.08
1/16	8.49	11.89	14.64	16.85	18.69	20.53	22.08	24.91	28.31
1/8	33.97	47.56	58.32	67.10	74.74	81.82	88.33	99.94	114.38
1/4	135.89	189.6837	234.983	268.95	300.10	328.41	351.06	396.35	458.64
1/2	305.76	430.33	523.7535	605.86	673.80	736.09	792.71	900.29	1030.52
5/8	540.74	764.40	934.26	1089.97	1197.56	1310.80	1415.55	1599.57	1828.89
3/4	849.33	1194.724	1463.68	1684.50	1874.19	2055.38	2208.26	2491.37	2859.41
7/8	1217.37	1715.65	2095.01	2414.928	2695.21	2944.34	3170.83	3595.497	4105.095
1	1664.69	2338.49	2859.41	3284.076	3680.43	4020.16	4331.58	4897.80	5605.58

3.5.3.3　常用的真空度量单位

表21-3-83　常用的真空度量单位

1Pa=0.01mbar	1kPa=10mbar	1torr=1.333mbar
1mmHg=1.333mbar	1mmH_2O=0.098mbar	1PSI =69mbar

表 21-3-84 压力/真空测量的单位换算等值表

mmHg	mbar (10^{-4}MPa)	psi	inHg	atm	真空度/%
760	1013	14.696(14.7)	29.92	1.0	0.0
750	1000(1bar)	14.5	29.5	0.987	1.3
735.6	981	14.2	28.9	0.968	1.9
700	934	13.5	27.6	0.921	7.9
600	800	11.6	23.6	0.789	21
500	667	9.7	19.7	0.658	34
400	533	7.7	15.7	0.526	47
380	507	7.3	15.0	0.500	50
300	400	5.8	11.8	0.395	61
200	267	3.9	7.85	0.264	74
100	133.3	1.93	3.94	0.132	87
90	120	1.74	3.54	0.118	88
80	106.8	1.55	3.15	0.105	89.5
70	93.4	1.35	2.76	0.0921	90.8
60	80	1.16	2.36	0.0789	92.1
51.7	68.8	1.00	2.03	0.068	93.0
50	66.7	0.97	1.97	0.0658	93.5
40	53.3	0.77	1.57	0.0526	94.8
30	40.0	0.58	1.18	0.0395	96.1
25.4	33.8	0.4912	1.00	0.034	96.6
20	26.7	0.39	0.785	0.0264	97.4
10	13.33	0.193	0.394	0.0132	98.7
7.6	10.13	0.147	0.299	0.01	99.0
1	1.33	0.01934	0.03937	0.00132	99.868
10^{-3}torr	mbar (10^{-4}MPa)	psi	inHg	atm	真空度/%
750	1.00	0.0145	0.0295	0.000987	99.9
100	0.133	0.00193	0.00394	0.000132	99.99
10	0.0133	0.000193	0.000394	0.0000132	99.999
1	0.00133	0.0000193	0.0000394	0.00000132	99.9999
0.1	0.00133	0.00000193	0.00000394	0.000000132	99.99999

表 21-3-85 以负值和百分比形式表示的真空测量单位换算表

mbar	真空度/%	kPa	mmHg	torr
0	0	0	0	0
−100	10	−10	−75	−75
−133	13.3	−13.3	−100	−100
−200	20	−20	−150	−150
−267	26.7	−26.7	−200	−200
−300	30	−30	−225	−225
−400	40	−40	−300	−300
−500	50	−50	−375	−375
−533	53.3	−53.3	−400	−400
−600	60	−60	−450	−450
−667	66.7	−66.7	−500	−500
−700	70	−70	−525	−525
−800	80	−80	−600	−600
−900	90	−90	−675	−675
−920	92	−90	−690	−690

3.5.3.4　压力系统和真空系统原理对照

图 21-3-96 比较了压缩空气正压系统和真空系统的基本工作原理。在这两种系统中，电动机或汽油发动机作为原动机驱动空气压缩机或真空泵，将电或化学能转换成气体的动能。箭头指示的是传输气动的能量方向。在每个系统的末端，控制阀和工作装置（气缸、气马达等）将气动能量转换成有用的机械能。在整个运行周期内空气都是保持不变的工作介质。

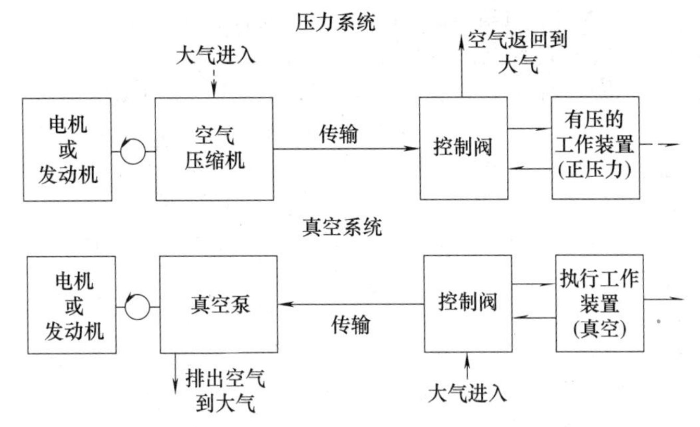

图 21-3-96　压力系统和真空系统的简单比较

3.5.3.5　可用的组合式压缩机/真空泵系统

表 21-3-86　可用的组合式压缩机/真空泵系统

类　型	压缩机部分		真空泵部分		
	额定流量/L·min^{-1}	最大工作压力/MPa	额定流量/L·min^{-1}	最大真空度/mbar	
				瞬态值	连续值
旋转叶片式(油润滑)	198.18～396.35	0.10335	198.18～254.80	6.772	5.079～6.772
旋转叶片式(无油润滑)	212.33～268.95	0.0689	452.98～537.91	6.772	6.772
膜片式	11.32～56.62	0.4134	14.156～50.96	8.8036	8.8036
摇摆活塞式	19.82～84.93	0.689	33.97～45.30	9.3115	9.3115
柱塞式	35.39～45.30	0.689	36.80～50.96	9.3115	9.3115

3.5.3.6　真空泵与真空发生器的特点

表 21-3-87　真空泵与真空发生器的特点

特点	真空泵		真空发生器	
最大真空度	可达 101.3kPa	能同时达到最大值	可达 88kPa	不能同时达到最大值
吸入流量	可很大		不大	
结构	复杂		简单	
体积	大		很小	
重量	重		很轻	
寿命	有可动件，寿命较长		无可动件，寿命长	
消耗功率	较大		较大	
价格	高		低	
安装	不便		方便	
维护	需要		不需要	
与配套件复合化	困难		容易	
真空的产生与解除	慢		快	
真空压力脉动	有脉动，需设真空罐		无脉动，不需真空罐	
应用场合	适合连续、大流量工作，不宜频繁启停，适合集中使用		需供应压缩空气，宜从事流量不大的间歇工作，适合分散使用	

3.5.3.7　真空泵的分类

(1) 容积式真空泵

① 往复式活塞泵。活塞设计的主要优点是可以产生从91.43～96.51kPa的较高真空度，并且可以在各种工况下连续进行。主要缺点是容积有限和噪声较高，并伴随有可能传递到基础结构的振动。一般来说，往复式活塞泵最适合于抽出相对较小体积的空气从而建立高真空度。

② 膜片泵。膜片泵通过密封室内的膜片弯曲变形而产生真空。小型隔膜泵有单级和两级两种结构。单级设计提供高达81.27kPa的真空，而两级膜片泵的额定真空度为98.21kPa。

③ 摇摆活塞泵。这种设计将隔膜单元的轻质和紧凑尺寸与往复式活塞泵的真空功能相结合。真空度为25.40kPa，可单级使用；两级摇摆活塞泵可以提供98.21kPa的真空度。然而，空气流量是有限的，目前只能提供最大76.46L/min的流量。

④ 旋转叶片泵。大多数旋转叶片泵的真空额定值低于活塞泵，其最大值仅为67.72～94.82kPa。但也有例外。

一些2级油润滑设计的真空泵可高达99.90kPa。

旋转叶片泵具有显著的优点：结构紧凑；给定尺寸的流量更大；降低成本（对于给定的排量和真空度，减少约50%）；启动和运转转矩较低；安静，平稳，无振动，连续的空气排空而不需要储气罐。

⑤ 旋转螺杆泵和转子泵。旋转螺杆泵的真空能力与活塞泵相似，但是排空几乎是无脉冲的。与相应的压缩机一样，罗伯特转子真空泵流量很大，但真空能力限制在50.80kPa左右。分级功能可以提高真空度等级。

(2) 非容积式真空泵

非容积式真空泵利用动能的变化从系统中移走空气。这种泵的最大优点是能够提供比任何容积式泵都高得多的体积流量。但由于其固有的泄漏，非容积式真空泵对于需要较高真空度和小流量的应用是不实用的。

非容积式真空泵的主要类型有离心式、轴流式和再生式。单级再生式鼓风机可以提供高达23.70kPa的真空度，流量每分钟可达几千升。其他设计的单级真空能力均较低。

3.5.3.8　真空泵的性能

主要的性能指标：产生的真空度，空气排气速率，所需的功率，另外，还有温度。

一般来说，用于特定工作的最佳的泵是在所要求的真空度下具有最大抽吸能力并在可接受的功率范围内运行的泵。

表21-3-88　真空泵的性能指标

<table>
<tr><td>真空度</td><td>泵的真空度是建议的最大真空度。额定值以kPa表示，并规定是连续的还是间歇的工作循环
由于内部泄漏，大多数真空泵不能接近理论最大真空度(海平面为101.32kPa)。对于往复式活塞泵，例如，真空上限可以是94.82kPa或96.51kPa，或者最大理论值的93%～95%
内部泄漏和移除量决定了泵可以产生的最高真空度
然而在其他类型中，散热是一个问题。基于此，最大真空额定值可能是基于允许的温升。例如，对于某些叶片泵而言，良好的磨损寿命需要排气口处的壳体温度最高上升至82℃。真空额定值将基于这个温度。在间歇性工作时真空度可能高于连续工作时的真空度
通常，产品样本中列出的泵的真空额定值是基于101.32kPa(海平面标准大气压力)的。在大气压力较低的情况下工作会降低泵产生的真空度。通过将实际大气压力乘以额定真空额定值与标准大气压力的比值，就可以确定某个区域调节后的真空度：
$$调节后的真空度=实际的大气压力\times\frac{额定真空度}{标准大气压}$$</td></tr>
<tr><td>抽气速率</td><td>根据真空泵的无阻流量进行评定。真空泵的无阻流量是指当泵无真空负载或无压力负载时每分钟抽取的空气体积(L/min)
真空泵从封闭系统中抽取空气的效率由真空泵的容积效率给出，这是衡量真空泵抽取的空气容积与理论计算的空气抽取容积的比值</td></tr>
<tr><td>真实(或摄入)容积效率</td><td>在给定时间段内抽取的空气体积被转化为当前的温度和绝对压力下的在泵进气口处的等效体积与理论计算的空气抽取容积的比值</td></tr>
</table>

续表

<table>
<tr><td>一个大气压下容积效率</td><td>将泵抽取的空气体积转换为在标准条件下（0.1013MPa 和 20℃）等量体积与理论计算的空气抽取容积的比值
排量是在相同的时间段（通常为一圈）内泵送元件所扫过的总体积。对于具有相同排量的真空泵，容积效率的差异导致了自由空气容量的差异。由于存在这些差异，泵的选择应基于实际的自由空气容量而不是排量
空气去除率是衡量真空泵的能力。标准泵的容量由制造商的表格或曲线来确定，该表格或曲线表示在额定速度下输送的自由空气的流量（L/min），真空度从 0kPa（无阻流量）到最大真空额定值。制造商的性能曲线中也可能包含给定真空的不同速度下的自由空气容量
如图（a）和图（b）所示，泵的额定容量在 0kPa 时都是最高的，随着真空度的增加，泵的额定容量将迅速下降。这反映了容积效率和可以吸入泵室的空气量的下降。容积式泵的一个基本特征就是容量随着真空度的增加而下降。图（a）清楚地显示了活塞泵的这一特性。隔膜泵的原理也是一样的
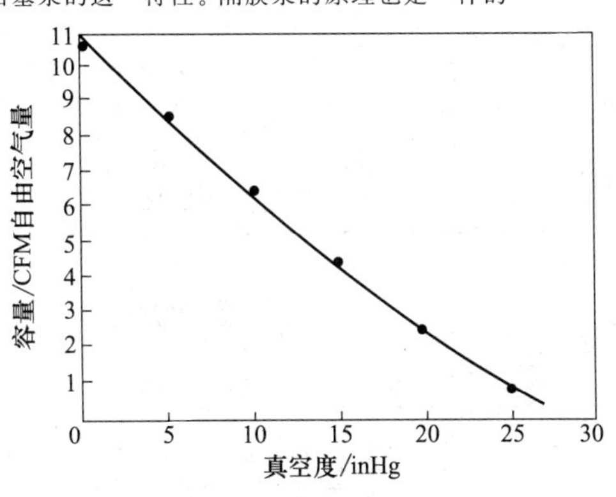

图(a)　单级往复活塞泵的容量与真空度的关系
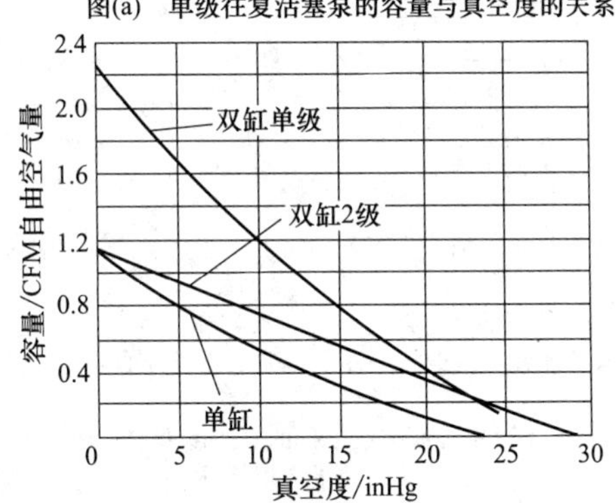

图(b)　不同类型隔膜真空泵的容量与真空度的关系
单缸，双缸并联（双单级）和双缸串联（双级）
在图（b）中，单缸表示单腔室单级泵。双单级泵具有两个并联的工作腔室。在双缸 2 级串联泵中，双腔室串联运行
分级过程产生更高的真空度，因为第一阶段排入第二级的空气已经是在负压状态下。这导致困在气缸工作室容积中的空气（完全压缩时活塞与气缸盖之间的空间）的绝对压力降低</td></tr>
<tr><td>驱动功率</td><td>驱动装置必须能够满足泵的峰值功率要求。换句话说，驱动功率必须足够大，以确保在所有额定工作条件下有令人满意的操作。这包括提供足够的能量来克服启动时的摩擦和惯性的影响
与空气压缩机相比，真空泵的功率要求相对较低。主要原因是压缩工作需要较低。整个机器的体积流量和压差都比压缩机低得多
例如，当泵在接近大气压的压力下运行时，质量流量（泵送自由空气）处于最高水平，但入口和出口之间的压力差非常小。因此，每千克空气必须施加的功非常低
在较高的真空度下，由于进口和出口压力之间有较大压差，必须完成的工作量增加。然而，质量流量或泵送耗自由空气流量（L/min）逐渐下降，因此压缩功的总量仍然非常低</td></tr>
<tr><td>驱动速度</td><td>除了各种真空度所需的实际制动功率之外，样本通常还会显示驱动各种额定容量所需的速度</td></tr>
</table>

续表

温度升高	真空泵性能会受到泵本身加热的影响。在较高的真空度下，通过泵的气流非常少，大部分空气已经耗尽，因此，内部热量很少传递给剩余的空气，摩擦产生的大部分热量必须被泵吸收和消散 由于一些泵产生热量的速度比消耗的快，泵温度逐渐升高，从而大大缩短了使用寿命 一个解决方案是仔细考虑泵的额定值。例如，连续工作泵应具有较高的最大真空度。另一方面，如果关闭时间足以有效地冷却泵，则可以将间歇工作泵指定为高真空度。如果最大开启时间大大超过冷却期，可能会出现其他并发故障 只要有可能，真空泵应运行加载/卸载循环，而不是开/关循环。当泵卸载时，通过它吸入的空气迅速带走积聚的热量。但是，当泵内部真空关闭时，由于仅通过外壳的外部，热量损失要慢得多

3.5.3.9 真空泵的选择

上节叙述了设计者如何根据真空度、空气流量、功率要求和温度效应来评估真空泵性能。本节阐述了将基本特性应用于特定操作和应用需求的一些因素。简而言之，我们希望将选择过程缩小到真空泵及相关系统部件的单一类型、尺寸和功率。

表 21-3-89 真空泵的选择

真空度因素	选择适当类型的真空泵是通过比较应用的要求和可用商用泵的最大额定值来确定的

真空度和适用的真空泵

最大真空度/kPa	真空泵类型
连续的	
93.13～96.51	活塞式(多级)
86.35～98.21	摇摆活塞式
81.27～98.21	膜片式(单级和多级)
33.86～94.82	旋转叶片式(油润滑)
50.80～88.05	旋转叶片式(无油润滑)
23.70	再生鼓风式

真空度因素	如何确定工作真空度水平呢？当需要真空吸力时，必要的工作真空度通常可以用类似于如何选定气动装置工作压力的方法来决定 增加装置的尺寸以增加其面积会降低所需的工作真空度。根据相关手册公式、理论数据或性能曲线和原型系统的测试，可以确定生产线中特定真空设备的要求 可以在给定应用中使用的真空泵类型的主要限制是设计者确定的实际系统真空度。当这个水平相对较低(约 50.80kPa)时，设计者可以选择多种不同类型和型号的泵。但随着真空水平的提高，设计者的选择越来越少，有时只可以选择一个 最大真空等级：对于可以经济地完成工作的真空度有实际的限制。这些限制代表用于从系统中排出空气的机械泵的最大真空能力。根据所涉及的泵类型，该限制范围为 67.73～98.21kPa，因为需要非常复杂和昂贵的设备才能获得更高的真空等级。目前可用的商用真空泵的产品系列中，隔膜泵和摇摆活塞类型泵可以提供最高的真空等级，而且它们也通常被优先用于连续工作的工况，其实，油润滑的旋转叶片泵的真空等级也接近这个水平。
系统控制因素	如果系统的真空度由安全阀控制，则应根据任何单一空气支路的最高工作真空度要求来选择所需的最大真空度。如果系统真空由真空泵的自动开/关或加载/卸载循环控制，则所需的最大真空度等于控制器的截止值
温度因素	环境温度：对于温度高于 38℃ 的环境，选择额定值更高的真空泵，并提供一些外部冷却 泵内部温度：在较高真空度下运行会增加泵温度，并且这可能是泵运行中最严重的限制因素。带冷却的重型泵可以连续运行，但轻型泵可以在短时间内以最大真空度运行，但必须在两个工作周期之间应进行冷却
泵类型特点	①对不污染空气的需求：这可以应用于系统的进入部分，在那里砂粒可能进入并损坏泵机构。更常见的情况是它应用于系统的排气部分，例如，污染的空气或油蒸气可能污染食品加工厂的产品或材料。最直接的解决方案是选择无油真空泵 ②免维护操作：机械绝对"免维护"。但是如果我们将这个术语限制在润滑方面，那么无油真空泵可以最好地满足这个需求，因为它不需要定期加油 ③无脉动气流：旋转叶片和非容积式机器。具有平稳、连续的空气去除特性，而不需额外的成本和储气罐的空间要求 ④最小振动/噪声：旋转叶片泵比往复式泵具有更低的噪声和振动水平。再生式鼓风机基本上也是无振动的，但叶轮可能会产生高频噪声 ⑤空间限制：再次选择旋转叶片设计是因为其相对紧凑，如果需要更高的真空度，摇摆活塞可能是合适的

续表

真空容量因素

通过比较根据从系统中抽取空气的速率与各种商用泵的流量来确定实际使用的最佳泵尺寸。一般而言，具有相同最大真空能力的小流量和大流量泵将在封闭系统上形成相同的真空，小型泵只需要更多的时间来达到最大的真空度。为了直接比较真空泵和压缩机额定值数据，空气去除率是以 m^3/min 自由空气为单位计算的(就像压力系统一样)。为了确定必须除去的自由空气，将体积乘以大气中的真空度。

泵流量和适用的真空泵

真空泵类型	最大真空度/kPa		流量范围 /$L \cdot min^{-1}$	
	连续的	间歇的	最小	最大
活塞式	93.23～96.62	—	36.81	297.33
摇摆活塞式	86.45～98.31	—	34.55	76.46
膜片式	79.67～98.31	—	13.88	101.94
旋转叶片式(油润滑)	33.9～94.92	84.85～94.92	36.81	1557.43
旋转叶片式(无油润滑)	50.85～91.53	50.85～91.53	9.91	1557.43

后者是通过将标准大气压(101.32KPa)除以真空度(kPa)得到的。因此，自由空气流量为

$$\text{自由空气流量}=\text{系统流量}\times\frac{\text{表压力}}{101.32}$$

与压缩机一样，必须首先计算每个工作装置在整个工作周期内的自由空气排出量。该值乘以每分钟的工作周期数，对所有工作设备的要求进行合计得到总流量

①无阻流量额定值：总流量与可用泵的流量等级匹配。通常，为了适应可能的泄漏，选定的真空泵应具有比实际需要的空气去除率高10%～25%的额定流量

真空泵的流量通常由制造商提供的曲线或性能表给出，用“L/min”表示的泵出自由空气流量(在额定速度下)，真空度范围从0kPa(无阻流量)到最大真空额定值。工作真空度流量的额定值通常用于选择实际尺寸

②抽空率：上述定义所用的方法很难应用于许多真空应用中，因为空气的去除发生在很宽的真空度范围内。由于容积效率随着真空度的变化而变化，所以没有一种流量等级可以与自由空气要求相比较

解决这个问题的一个方法是使用下列等式

$$t=\frac{v}{S}\ln\frac{p^*}{p}$$

式中，v 为系统体积；p 和 p^* 分别是用绝对压力表示的初始压力和最终压力；t 为将系统从 p 泵到 p^* 的时间；S 为系统中实际压力下用 L/min 表示的泵流量。如果流量以“自由空气流量(L/min)”表示，则必须将其转换为“实际压力”下的流量

但是这个公式留下了 S 代表什么的问题。实际上，它表示的是在压力 p 和 p^* 之间的平均流量，这是一个不易获得的值。然而，通常厂商给出了每间隔为16.93kPa(5inHg)的流量值，然后可以逐个地应用这个等式计算 t

将如此计算的给定泵的抽空时间与应用所需的抽空时间进行比较，以确定泵是否具有足够的流量

其他泵尺寸因素

①储气罐的影响。如果储气罐与真空泵的开/关或加载/卸载控制一起使用，则泵的尺寸通常可以更小

然而，有时候，一个本来足够的泵需要很长的时间才能排空储气罐。所需时间可以根据“抽气率”的方法计算。如果这是不可接受的，那么必须选择一个更大的泵。当然，如果需要更大的泵，那么使用储气罐的情况就不会那么重要了

在某些间歇工作的应用中，可能需要安装一个超大容量的储气罐，以延长关闭时间，即有较长的冷却时间。但这会增加初次抽气所需的时间。如果这是不可接受的，一个解决方案是增加泵容量。这将减少初始抽空储气罐所需的时间以及泵所付出的占空比的比例

②间歇工作周期的影响。很短的开/关周期会导致严重的问题。当通过不断地启动和停止泵的驱动电机来控制真空时，电机的热过载装置可能会动作。这会暂时中断电源并导致泵停运

如果使用真空/压力开关来控制占空比，则可以通过增加储气罐体积或增加开始和切断开关设置之间的范围来延长关闭时间间隔。占空比的比例可以通过增加泵的尺寸来缩短

一般来说，重型泵可以在最大真空度下连续工作。轻型泵可以运行很长时间

当规定了间歇真空等级时，这些限制必须严格遵守。例如，某间歇真空额定值是基于10min/10min的关闭周期。确定最大开启时间，使泵能够承受伴随的温升，10min的关闭时间可以确保足够的时间来冷却泵

续表

驱动功率的选择

选择真空泵并不关心它是如何驱动的，所以应该基于实际和经济来选择

在根据所需的真空度和流量确定类型和尺寸之后，确定驱动真空泵所需的正确操作速度和功率的工作相对简单。对于活塞式真空泵而言，一般的规则是每抽吸 0.566m³ 的空气需要大约 0.75kW

真空度应限制在满足真空工作的需求即可，因为它需要高能量消耗来产生真空

真空泵所需的功率是吸入流量与真空度之间的乘积：

功率＝流量×真空度

所提供的功率与泵的容量大小严格相关，应该明确知道哪种泵在哪些真空度范围内运行是最优的，而不是比较两个不同的泵。如果知道真空发生器的空气消耗量和吸入流量，就可以独立于泵的尺寸来计算效率：

效率＝提供的流量/消耗的流量

表 1 所示为流量、真空度和所需功率

表 1　　流量、真空度和所需功率

流量/L·s⁻¹	真空度/kPa	所需功率/kW
10.9	—0	0
5.7	－10％	57
3.8	－20％	76
2.5	－30％	75
1.4	－40％	56
1.1	－50％	55
0.8	－60％	48
0.48	－70％	33.6
0	－80％	0

真空泵可与电机组装在一起组成电机泵，也可以选择用泵架或者钟形罩等通过联轴器使其与电机相连，还有一种形式就是与发动机相连接

①电机泵。已有电机泵不存在驱动器选择问题。例如，旋转叶片泵的转子直接安装在电机轴上，泵的其余部分牢固地固定在电机框架上，不需底板安装或电力传输组件，电机泵比独立驱动的泵更加紧凑和轻便

表 2 列出了一些有代表性的电机泵，且给出了电机功率需求范围

表 2　　可用的电机泵

真空泵类型		无阻流量范围/L·min⁻¹	电机功率需求范围/kW
活塞式	1 级	50.97～297.34	0.12～0.56
	2 级	32.57～65.13	0.09～0.19
摇摆活塞式	1 级	31.71～45.31	0.09～0.19
	2 级	35.40～76.46	0.19
旋转叶片式（油润滑和无油润滑）		17.00～283.17	0.05～0.56

②分离驱动泵。可通过带和带轮或联轴器将单独驱动的泵连接到驱动装置。当由带传动装置驱动时，运行速度在设计限制内无限可变

与电动机安装的设备不同，分离驱动系统需要适合的驱动装置产生所需的速度和功率。设计用于分离驱动装置的真空泵一般是底座安装的，可以从泵制造商那里获得分离安装所需的附加组件，例如底板和安全带防护罩

表 3 列出了一些具有代表性的独立驱动真空泵。表中给出了速度和功率要求，以表明设计者需要开发一种有效的独立驱动系统的基本信息

真空泵制造商编制的额定速度决定了排气的速率。在较低的运行速度下，容量和所需功率将按比例减少。一般来说，分离驱动泵的运行速度高于或低于额定值过多可能会导致问题。当系统以非额定速度运行时，务必联系泵制造商进行指导

表 3　　可使用的独立驱动的真空泵

真空泵类型	无阻流量范围/L·min⁻¹	驱动需求	
		功率/kW	速度/r·min
活塞式	36.81～135.92	0.097～0.19	200(最小 100)
旋转叶片式	9.91～1557.43	0.019～2.24	800～3450（常用 1725）

对以上真空泵选择因素概括总结：在决定哪个真空泵最适合特定应用之前，应该回答以下基本问题

① 需要什么样的真空度？

② 需要多少流量？

③ 需要多大功率和速度要求来满足真空度和容量值？

④ 有哪些功率可用？

⑤ 工作周期是连续的还是间歇的？

⑥ 工地上的大气压力是多少？

⑦ 环境温度是多少？

⑧ 有没有空间限制？

3.5.3.10 真空泵的正确使用与保养要点

① 经常检查油位位置，不符合规定时应调整使之符合要求。以真空泵运转时，油位到油标中心为准。

② 经常检查油质情况，发现油变质应及时更换新油，确保真空泵工作正常。

③ 换油期限按实际使用条件和能否满足性能要求等情况考虑，由用户酌情确定。一般新真空泵，抽除清洁干燥的气体时，建议在工作100h左右换一次真空泵油。待油中看不到黑色金属粉末后，可适当延长换油期限。

④ 一般情况下，真空泵工作2000h后应检查橡胶密封件老化程度，检查排气阀片是否开裂，清理沉淀在阀片及排气阀座上的污物。清洗整个真空泵腔内的零件，如转子、旋片、弹簧等。一般用汽油清洗，并烘干。对橡胶件，清洗后用干布擦干即可。清洗装配时应轻拿轻放以免碰伤。

⑤ 有条件的对管中同样进行清理，确保管路畅通。

⑥ 重新装配后应进行试运行，一般要空运转2h并换油2次，因清洗时在真空泵中会留有一定量易挥发物，待运转正常后，再投入正常工作。

⑦ 检查真空泵管路及结合处有无松动现象。用手转动真空泵，试看真空泵是否灵活。

⑧ 向轴承体内加入轴承润滑机油，观察油位应在油标的中心线处，润滑油应及时更换或补充。

⑨ 拧下真空泵泵体的引水螺塞，灌注引水（或引浆）。

⑩ 关好出水管路的闸阀和出口压力表、进口真空表。

⑪ 点动电机，试看电机转向是否正确。

⑫ 开动电机，当真空泵正常运转后，打开出口压力表和进口真空泵，待其显示出适当压力后，逐渐打开闸阀，同时检查电机负荷情况。

⑬ 尽量控制循环水真空泵的流量和扬程在标牌上注明的范围内，以保证真空泵在最高效率点运转，才能获得最大的节能效果。

⑭ 真空泵在运行过程中，轴承温度不能超过环境温度35℃，最高温度不得超过80℃。

⑮ 如发现真空泵有异常声音应立即停车检查原因。

⑯ 真空泵要停止使用时，先关闭闸阀、压力表，然后停止电机。

⑰ 真空泵在工作第一个月内，经100h更换润滑油，以后每个500h换一次油。

⑱ 经常调整填料压盖，保证填料室内的滴漏情况正常（以成滴漏出为宜）。

⑲ 定期检查轴套的磨损情况，磨损较大后应及时更换。

⑳ 真空泵在寒冬季节使用时，停车后，需将泵体下部放水螺塞拧开将介质放净，防止冻裂。

㉑ 真空泵长期停用，需将泵全部拆开，擦干水分，将转动部位及结合处涂以油脂装好，并妥善保管。

3.5.4 真空系统的构成、分类及应用

表 21-3-90 真空产生装置分类及真空系统

<table>
<tr><td rowspan="21">真空的产生装置</td><td>装置</td><td colspan="4">真空的产生装置有真空泵和真空发生器两种
真空泵是吸入口形成负压，排气口通大气，两端压力比很大的抽除气体的机械，其动力源是电机或内燃机等
真空发生器是利用压缩空气（正压）的流动而形成一定真空的元件，也即利用拉瓦尔喷管原理产生负压的元件。负压的大小用真空度表示</td></tr>
<tr><td rowspan="20">两种装置的特点比较</td><td>项目</td><td>真空泵</td><td colspan="2">真空发生器</td></tr>
<tr><td>最大真空度</td><td rowspan="2">可达101.3kPa
可很大 } 能同时获得大值</td><td rowspan="2">可达88kPa
较小 } 不能同时获得大值</td><td rowspan="19">产生的负压力(真空度)、流量不大，但可控、可调，稳定可靠；瞬时开关特性好，无残余负压；同一输出口可使用负压或交替使用正负压
但产生真空的抽吸流量较小，若真空系统稍有不慎，易造成真空度不足而影响系统的正常工作。因此，使用时更应彻底防止管件接头等处的泄漏</td></tr>
<tr><td>吸入流量</td></tr>
<tr><td>结构</td><td>复杂</td><td>简单</td></tr>
<tr><td>体积</td><td>大</td><td>很小</td></tr>
<tr><td>重量</td><td>重</td><td>很轻</td></tr>
<tr><td>寿命</td><td>有可动件，寿命较长</td><td>无可动件，寿命长</td></tr>
<tr><td>消耗功率</td><td>较大</td><td>较大或很小（见表3-48中省气式组合真空发生器）</td></tr>
<tr><td>价格</td><td>高</td><td>低</td></tr>
<tr><td>安装</td><td>不便</td><td>方便</td></tr>
<tr><td>维护</td><td>需要</td><td>不需要</td></tr>
<tr><td>与配套件复合化</td><td>困难</td><td>容易</td></tr>
<tr><td>真空的产生及解除</td><td>慢</td><td>快</td></tr>
<tr><td>真空压力脉动</td><td>有脉动，需设真空罐</td><td>无脉动，不需真空罐</td></tr>
<tr><td>应用场合</td><td>适合连续、大流量工作，不宜频繁启停，适合集中使用</td><td>需供应压缩空气，宜从事流量不大的间歇工作，适合分散使用</td></tr>
</table>

续表

真空系统	真空系统一般由真空压力源(真空发生器、真空泵)、吸盘(执行元件)、真空阀(控制元件,有手动阀、机控阀、气控阀及电磁阀)及辅助元件(管件接头、过滤器和消声器等)组成。有些元件在正压系统和负压系统中都能通用,如管接头、过滤器和消声器以及部分控制元件 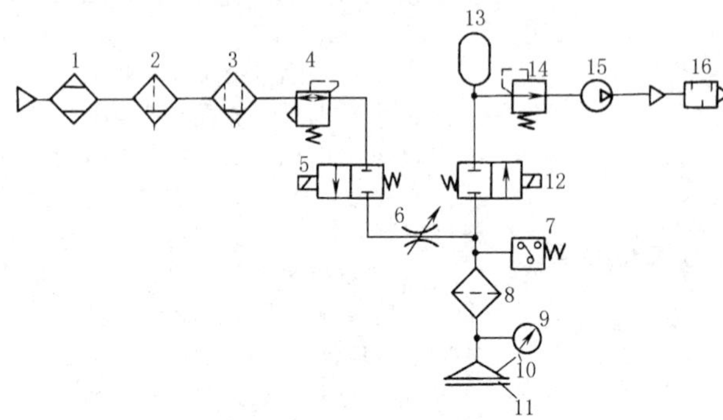 图(a)　真空由真空泵产生的回路 图(b)　真空由真空发生器产生的回路 1—冷冻式干燥机;2—过滤器;3—油雾分离器;4—减压阀;5—真空破坏阀;6—节流阀;7—真空压力开关;8—真空过滤器;9—真空表;10—吸盘;11—被吸吊物;12—真空切换阀;13—真空罐;14—真空减压阀;15—真空泵;16—消声器;17—供给阀;18—真空发生器;19—单向阀 用真空发生器产生的真空回路,往往是正压系统一部分,同时组成一个完整的气动系统
应用	真空系统作为实现自动化的一种手段,已在电子、半导体元件组装、汽车组装、自动搬运机械、轻工机械、医疗机械、印刷机械、塑料制品机械、包装机械、锻压机械、机器人等许多方面得到广泛应用。如真空包装机械中,包装纸的吸附、送标、贴标,包装袋的开启;电视机的显像管、电子枪的加工、运输、装配及电视机的组装;印刷机械中的双张、折面的检测,印刷纸张的运输;玻璃的搬运和装箱;机器人抓起重物,搬运和装配;真空成型、真空卡盘等。总之,对任何具有较光滑表面的物体,特别对于非金属且不适合夹紧的物体,如薄的柔软的纸张、塑料膜,铝箔,易碎的玻璃及其制品,集成电路等微型精密零件,都可以使用真空吸附,完成各种作业

3.5.5　真空发生器

表 21-3-91　真空发生器的类型及工作原理

<table>
<tr><td>工作原理</td><td colspan="2">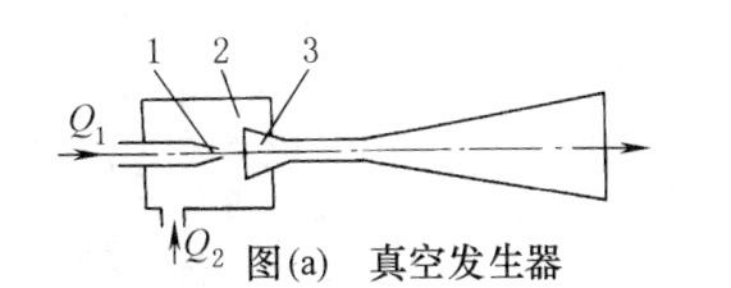

图(a)　真空发生器
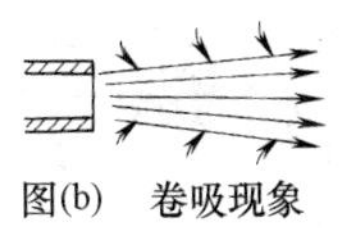
图(b)　卷吸现象
真空发生器的工作原理
1—喷嘴；2—负压室；3—接收管
它由工作喷嘴、负压室、接收室组成[图(a)]
压缩空气通过收缩的喷嘴后，从喷嘴内喷射出来的一束流动的流体称为射流。射流能卷吸周围的静止流体和它一起向前流动，称为射流的卷吸作用[图(b)]。负压室限制了射流与外界的接触，但从喷嘴流出的主射流还是要卷吸一部分周围的流体向前运动，于是在射流的周围形成一个低压区。若在喷嘴两端的压差达到一定值时，气流则为超声速流动，于是在负压室内可获得一定的负压
对于真空发生器，若在负压室由通道接真空吸盘，当吸盘与平板工件接触，只要将吸盘腔室内的气体抽吸完并达到一定真空度，就可将平板吸持住
真空发生器可用于产生负压，也可用作喷射器</td></tr>
<tr><td rowspan="3">类型</td><td colspan="2">①真空发生器按其结构组合形式分为普通真空发生器、带喷射开关的真空发生器与组合真空发生器三种
②真空发生器按外形分有盒式(在排气口带消声器)和管式(不带消声器)两种
③按性能分有标准型和大流量型两种，标准型的最大真空度可达 88kPa，但最大吸入流量比大流量型小，大流量型的最大真空度为 48kPa，但最大吸入流量比标准型大
④按连接方式分有快换接头式和锥管螺连接式两种
⑤按级数分有单级和多级两种。在单级类型中，进气在排出之前仅穿过文丘里喷嘴，并在进气回路的连接处形成压力下降。在多级类型中，空气穿过串联连接的两个或多个喷嘴，从而确保进气回路中的较大的吸入流量。多级设备的特点是在抽吸开始时可以有一个充足的流量和降低的压力，这可以减少压缩时间，一般用于大型系统，可以达到等于－92kPa的真空度。这些系统可以满足真空控制的多种需求，因为它们可以完美地集成在许多工业活动部门中，以抓取和移动大量的物体</td></tr>
<tr><td>普通真空发生器</td><td>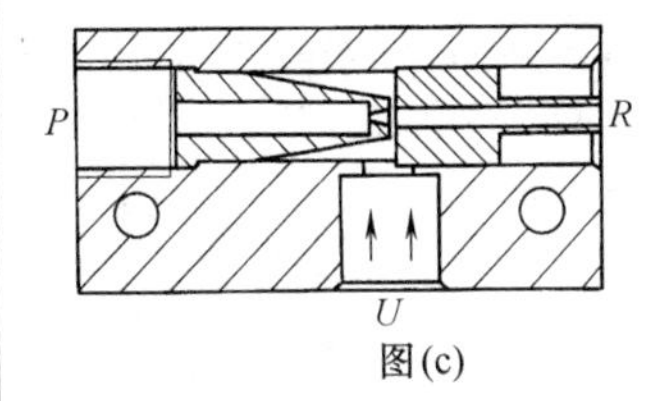

图(c)
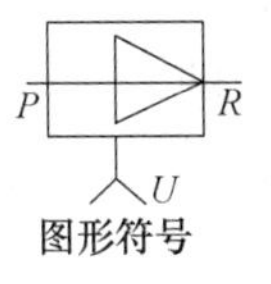

图形符号
供气口接正压气源，排气口接消声器，真空口接真空吸盘
压缩空气从真空发生器的供气口流向排气口时，在真空口产生真空。当供气口无压缩空气输入时，抽吸过程停止</td></tr>
<tr><td>带喷射开关的真空发生器</td><td>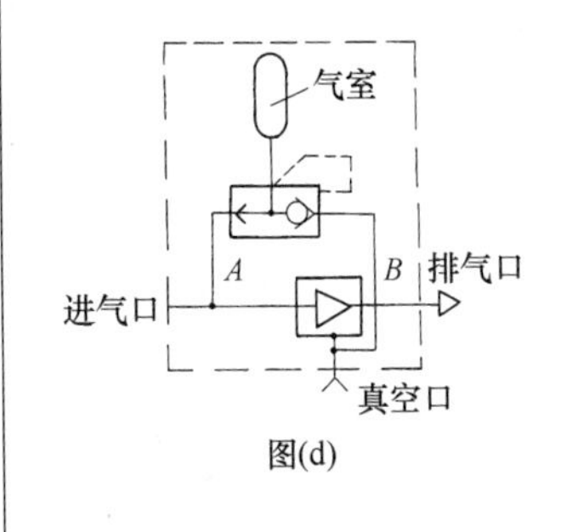

图(d)
一般真空吸盘吸持工件后，要放掉工件就必须使吸盘内的真空消除。若在真空发生器引射通道流入一股正压气流，就能使吸盘内压力从负压迅速变为正压，工件脱开。带有喷射开关的真空发生器就能完成这一功能
图(d)所示为带喷射开关的真空发生器原理图，内置气室和喷射开关。喷射开关的动作原理和快速排气阀相似。真空发生器在抽吸过程中，压缩空气经通道 A 充满气室，同时喷射开关的阀芯压在阀座上将排气通道 B 关断。而当进气口无输入时，储存在气室内的压缩空气把喷射开关的阀芯推离阀座，气室内的压缩空气从真空口快速排出，从而使工件与吸盘快速脱开</td></tr>
</table>

续表

<table>
<tr><td rowspan="3">类型</td><td rowspan="3">组合真空发生器</td><td colspan="2">组合真空发生器有几种型式。按是连续耗气还是断续耗气分为两种型式：一种是连续耗气的组合真空发生器，另一种是断续耗气的组合真空发生器。真空发生器常与电磁阀、压力开关和单向阀等真空元件构成组件。由于采用一体化结构，更便于安装使用</td></tr>
<tr><td>连续耗气的组合真空发生器</td><td>图(e)
1—进气口；2—真空口(输出口)；3—排气口

它由真空发生器、消声器、过滤器、压力开关和电磁阀等组成。进入真空发生器的压缩空气由内置电磁阀控制。电磁阀 A 为真空发生阀，B 为真空破坏阀。当电磁阀 A 通电时，阀换向，压缩空气从1口(进气口)流向3口(排气口)，真空发生器在真空口产生真空。当电磁阀 A 断电、B 通电时，压缩空气从1口流向2口(真空口)，真空口真空消失。吸入的空气通过内置过滤器和压缩空气一起从排气口排出。内置消声器可减少噪声。真空开关用来控制真空度</td></tr>
<tr><td>省气式组合真空发生器(断续耗气)</td><td>图(f)

它也是由真空发生器、消声器、过滤器、电磁阀 V_1、V_2、单向阀及真空压力开关所组成。当 V_1 打开时，产生了真空度，待真空压力达到所期望调定的真空上限时，真空压力开关切断 V_1 路。当真空压力低于所期望调定的真空下限值时，V_1 电磁阀的电磁线圈被再次接通，于是又产生了真空。V_2 电磁阀的功能是通入压气以达到破坏真空的目的，使吸盘内的真空迅速消失，被吸物体与吸盘立即脱开。单向阀功能是当在 V_1 达到真空上限值时被关闭后，使真空发生器不再耗气，即省气状态。吸盘吸住物体时与喷嘴发生器的喷射口排气区域之间的通道被单向阀封堵，保证吸盘内的真空压力不遭外界破坏。一旦吸盘在吸物体过程中，被吸物体由于不平整等其他原因，使其真空压力消失较快时，只要降到设定真空下限值时，V_1 电磁线圈将立即被接通，瞬时便可产生能满足上限值时的真空压力。这一过程使省气式组合真空发生器实现断续式瞬时耗气，大大减小了真空发生器的耗气</td></tr>
<tr><td>文丘里真空发生器及选型</td><td colspan="3">文丘里效应的真空发生器具有许多优点：简单而有竞争力的工作原理，没有磨损问题(无移动部件)，尺寸减小，并且可以直接装配在机器人系统等移动且紧凑的装置上。这种解决方案允许减少管道的长度并改善响应时间
(1)文丘里真空发生器的真空回路
文丘里真空发生器的真空回路一般有两种：一种是基本的文丘里发生器和其他单独支持元件组成真空回路；另一种是将所有支持元件都集成于文丘里真空发生器中。图(g)为使用真空发生器常用的真空应用回路
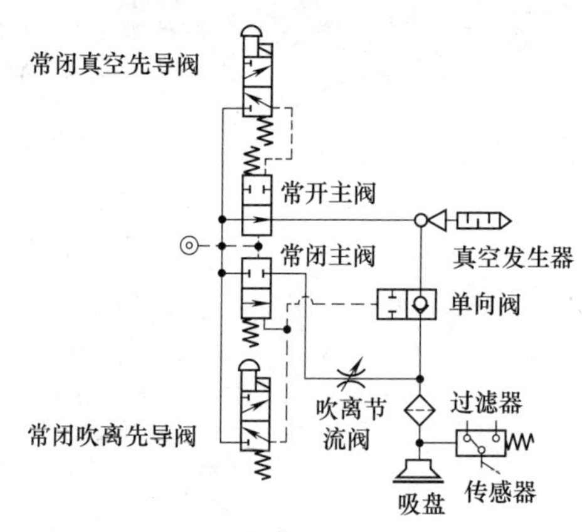

图(g)　真空回路(阀控紧急停止)

(2)选型
选择文丘里真空发生器时，正确选择供气阀和供气管线的尺寸对设备的性能至关重要，选择时可参考表1</td></tr>
</table>

续表

表 1　喷嘴直径、最小管道通径和流量系数

喷嘴直径/mm	最小管道公称通径/mm	流量系数 C_v
0.5	4	0.16
1.0	4	0.16
1.5	6	0.379
2.0	8	0.65
2.5	8	0.95
3.0	10	1.35

如果由于其他气动元件或集成的文丘里真空发生器系统而导致压力下降，则可能需要增加阀门和/或供应管路的公称通径

对于大多数应用无孔隙材料的真空发生器，喷嘴直径可以根据先前确定的吸盘直径来选择，见表 2

表 2　喷嘴直径和最大吸盘直径

喷嘴直径/mm	最大的吸盘直径/mm
0.5	20
1.0	50
1.5	60
2.0	120
2.5	150
3.0	200

一个系统仅具有一个吸盘的真空发生器是理想化的，实际应用中并不是这样，一般是单个文丘里真空发生器带多个吸盘，但是其发生器和吸盘面积的总和不超过表中所列的单个吸盘的面积

真空发生器尺寸的选择取决于组件的系统要求和应用的整体性能。增加集成组件，例如自动排气控制器、真空和排气电磁阀、压力传感器、止回阀和过滤器等可以减小总体的安装空间

真空源只能达到并保持一定的真空度，以维持进入真空系统的泄漏量。在大多数情况下，由于吸盘密封的泄漏限制了系统的真空度。高泄漏的产品是应用了多孔材料，其真空度可以变化（低于 33.86kPa）。假设系统的最大真空度是真空发生器的最大程度，由于设计周期时间和安全要求，通常选择较低的真空度，而不是最大的可获得的真空度。表 3 列出了典型应用真空度范围和单位。系统真空度必须通过现场实际测试确定

表 3　基本的真空度范围和单位

负的表压力		绝对压力		
psiG	kPa	psi(绝)	kPa	inHg
0	0	14.7	101.35	0
在海平面的大气压力				
−1.5	−10.34	13.2	91.01	3
−3	−20.68	11.7	80.67	6
−4.5	−31.03	10.2	70.33	9
典型的多孔真空度				
−6	−41.27	8.7	59.98	12
−7.5	−51.71	7.2	49.64	15
−9	−62.05	5.7	39.30	18
−10.5	−72.39	4.2	28.96	21
典型的非多孔真空度				
−12.0	−82.74	2.7	18.62	24
−13.5	−93.08	1.2	8.27	27
−14.7	−101.35	0	0	29.92
完全真空（0 参考压力）				

真空发生器的大小通常是指发生器的抽空时间或真空流速，并且随着喷嘴/扩散器的尺寸变化而变化。抽空时间是将真空系统中的空气排出到特定真空度所需的时间，也可以视为系统的响应时间

续表

文丘里真空发生器及选型	喷嘴直径、真空管内径和最大吸盘直径的大小必须相互关联。图(h)是帮助选择真空管的快速参考，并给出最大吸盘直径的喷嘴直径。例如，一个长度为2m的60mm杯子需要至少6mm的内径真空管和一个1.5mm的喷嘴；具有3.5m管长度的相同的60mm杯子将需要至少8mm的真空管和2.0mm喷嘴，以达到相同的性能 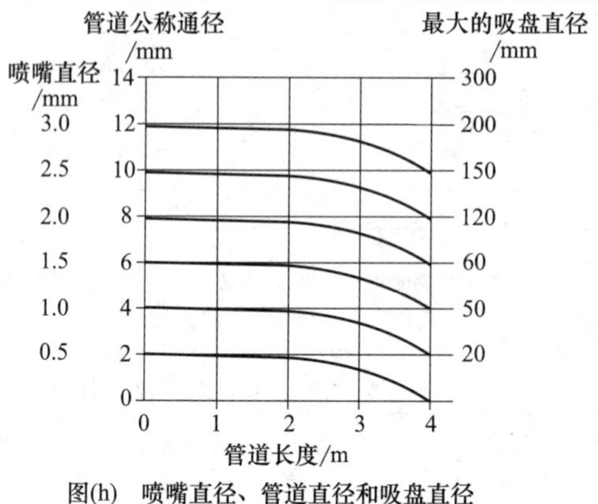 图(h)　喷嘴直径、管道直径和吸盘直径

3.5.6　真空吸盘

真空吸盘是真空设备执行器之一，其广泛应用于各种真空吸持设备上，如在建筑、造纸工业及印刷、玻璃等行业，实现吸持与搬送玻璃、纸张等薄而轻的物品。

真空吸盘又称真空吊具及真空吸嘴，一般来说，利用真空吸盘抓取制品是最廉价的一种方法。真空吸盘品种多样，橡胶制成的吸盘可在高温下进行操作，由硅橡胶制成的吸盘非常适于抓住表面粗糙的制品；由聚氨酯制成的吸盘则很耐用。另外，在实际生产中，如果要求吸盘具有耐油性，则可以考虑使用聚氨酯、丁腈橡胶或含乙烯基的聚合物等材料来制造吸盘。通常，为避免制品的表面被划伤，最好选择由丁腈橡胶或硅橡胶制成的带有波纹管的吸盘。真空吸盘的特点如下。

① 易损耗。由于它一般用橡胶制造，直接接触物体，磨损严重，所以损耗很快。它是气动易损件。

② 易使用。不管被吸物体是什么材料做的，只要能密封、不漏气，均能使用。电磁吸盘就不行，它只能用在钢材上，其他材料的板材或者物体是不能吸的。

③ 无污染。真空吸盘特别环保，不会污染环境，没有光、热、电磁等产生。

④ 不伤工件。真空吸盘由于是橡胶材料所造，吸取或者放下工件不会对工件造成任何损伤，而挂钩式吊具和钢缆式吊具就不行。在一些行业，对工件表面的要求特别严格，只能用真空吸盘。

（1）真空吸盘的材质和性能

真空吸盘由各种橡胶化合物制成，如丁腈橡胶（NBR）、硅橡胶、聚氨酯和氟橡胶（FPM）等。对于大多数应用，传统的NBR吸盘提供表面兼容性和刚性的适当组合；较软的硅吸盘对于具有深度波状外形表面的物品是有用的，而在诸如电子工业（其中部件易于损坏）的区域中需要氟橡胶或其他抗静电材料。

NBR橡胶（黑色）N：主要用于吸吊硬壳纸、胶合板、铁板和其他一般工件。

硅橡胶（白色）S：主要用于吸吊半导体、金属成型制品、薄工件、食品类工件。

聚氨酯（褐色）U：主要用于吸吊硬壳纸、胶合板、铁板。

氟橡胶（黑色，绿色）F：主要用于吸吊药品类工件。

导电性NBR橡胶（黑色，1白点）GN：主要用于吸吊半导体的一般工件（抗静电）。

导电性硅橡胶（黑色，2白点）GS：主要用于吸吊半导体（抗静电）。

真空吸盘常用橡胶材料材质表见表21-3-92。

表21-3-92　真空吸盘常用橡胶材料材质表

材料名称	丁腈橡胶		硅橡胶		天然橡胶	高温材料
	Perbunan(AS=抗静电)		Silicone(AS=抗静电)			
缩写	NBR	NBR-AS	SI	SI-AS	NK	HT1
耐磨	●●	●●	●	●	●●	●●●
抗永久变形能力	●●	●●	●●	●●	●●●	●●
耐气候	●●	●●	●●●	●●●	●●	●●●

续表

材料名称	丁腈橡胶 Perbunan(AS=抗静电)		硅橡胶 Silicone(AS=抗静电)		天然橡胶	高温材料
耐臭氧	●	●	●●●●	●●●●	●●	●●●●
耐油	●●●●	●●●●	●	●	●	●●●●
耐燃料	●●	●●	●	●	●	●●
耐乙醇(96%)	●●●●	●●	●●●●	●●	●●●●	●●●●
耐溶剂	●●	●●	●●	●●	●	●●
耐酸	●	●	●	●	●●	●
耐蒸汽	●●	●●	●●	●●	●	●●●
抗拉强度	●●	●●	●	●	●●	●●
磨损值(约)/mm^3	100～120 肖氏硬度55	100～120 肖氏硬度55	180～200 肖氏硬度55	180～200 肖氏硬度55	100～120 肖氏硬度40	100～120 肖氏硬度60
电阻率/Ω·cm	—	$\leqslant 10^7$	—	$\leqslant 10^7$	—	—
短时间接触耐温(<30s)/℃	−30～+120	−30～+120	−50～+220	−35～+220	−35～+120	−30～+170
长时间接触耐温/℃	−10～+70	−10～+70	−30～+180	−20～+180	−25～+80	−10～+140
肖氏硬度(DIN 53505)	40～90	55±5	30～85	55±5	30～90	60±5
颜色/代码	黑,灰,蓝,浅蓝	黑	白,透明	黑	灰,浅棕色,黑	蓝

材料名称	聚氨酯	特种聚氨酯 Vulkollan	氟橡胶 FPM(AF=无痕迹)		表氯醇橡胶
缩写	PU	VU1	FPM	FPM-AF	ECO
耐磨	●●●	●●●●	●	●	●●
抗永久变形能力	●	●●	●●●	●●●	●●●
耐气候	●●●	●●●	●●●●	●●●●	●●●
耐臭氧	●●●	●●●	●●●●	●●●●	●●●
耐油	●●●	●●●	●●●●	●●●●	●●●●
耐燃料	●●	●●	●●●●	●●●●	●●
耐乙醇(96%)	●●●●	●●●●	●●	●●	●
耐溶剂	●	●	●●●	●●●	●●●
耐酸	●	●	●●●	●●●	●
耐蒸汽	●	●	●●	●	●●
抗拉强度	●●●	●●●●	●●	●●	●●
磨损值(约)/mm^3	60～80 肖氏硬度55	10～12 肖氏硬度72	200～210 肖氏硬度65	200～210 肖氏硬度65	
电阻率/Ω·cm	—	—	—	—	—
短时间接触耐温(<30s)/℃	−40～+130	−40～+100	−10～+250	−10～+250	−25～+160
长时间接触耐温/℃	−30～+100	−40～+80	−10～+200	−10～+200	−25～+130
肖氏硬度(DIN 53505)	55	72	65±5	65±5	50
颜色/代码	蓝、绿	深绿	黑	黑	黑

(2) 真空吸盘的形状和用途

表 21-3-93　真空吸盘的形状和用途

吸盘形状	用途
平型	工作表面是平面且不变形的场合
平型带肋	工件易变形的场合和工件可靠脱离的场合
深型	工件表面是曲面的场合
风琴型	没有安装缓冲空间的场合
椭圆形	吸着面小的工件
摆动型	吸着面不是水平的工件
长行程缓冲型	工件高度不确定的需缓冲的场合
大型	重型工件
导电性吸盘	抗静电、使用电阻率低的橡胶

(3) 真空吸盘的选取

① 计算提升力值。保持物体压在吸盘上的力是由大气压力和吸盘内压的差异引起的，并且与此差异成比例地增长。吸盘的选择取决于被移动物体的重量、形状和材料以及抓取位置。

由一个或多个吸盘所产生的实际力由下式定义：

$$产生的实际力\ F=理论力/k$$

式中，k 是根据夹持类型考虑的安全比率，对于低速水平移动，$k=2$；高速或垂直运动时，$k=4$。

$$吸盘产生的理论力\ F=面积\times p$$

式中，p 是外部压力与吸盘与物体表面之间压力的差值。

在加载运动过程中，必须考虑加速度、减速度等应用产生的附加结果，这可能会进一步影响吸盘数量和直径的选择。

摩擦因数根据用途而变化，这可以确定吸盘抓取能力的变化。

也可以从真空设备制造商处获得不同尺寸真空发生器的提升力值。然而，应该记住的一点是，提供的数字并不总是合理的安全范围，例如，在工件移动时，并不总是考虑诸如作用在每个吸盘上的侧向力等因素。根据应用情况，如果从工件上方施加吸力，则可能有必要将所计算的升力降低50%，如果将真空吸盘施加到侧面上，则工作能力可能降低多达75%。

② 选择吸盘类型。计算出实际力值后，我们可以根据其特点选择吸盘。

平吸盘使用广泛，可用于水平或垂直移动具有平坦或稍微皱褶的表面（例如玻璃和金属表面）的部件，或者用于移动薄和轻的物体（例如纸张）。为了减少喷射时间，吸盘和泵之间连接管的长度必须严格限制。在许多情况下，可以将真空发生器直接固定在吸盘上，并与吸盘一起移动。

应将喷射出的风量降到最低的需求值，这样可以提高系统的响应时间。

波纹吸盘用于提升具有不规则表面的物体，例如波纹板或平板，或用于补偿轻微的水平差异。

波纹或组的数量使其适合于补偿在水平方向上的重力压力差异；波纹的数量越多，要补偿的水平方向上的重力压力差异差别越高。绝对不能用于垂直抓取。

椭圆形吸盘用于紧凑和平坦的物体，它由一系列小直径的吸盘组成取代了一个大的吸盘。

在确定系统的大小时，必须考虑要处理的对象的特征。实际上，物体有毛孔或气孔的（纸板、木材）与“紧实”的计算方法是不同的。吸盘必须产生合适的力量能安全地处理这些紧实的物体。为此，它必须在正确的真空度下工作，并且尺寸合适。对于这些紧实的材料，真空度约为－60kPa。

在正常操作条件下，每个真空发生器只能连接到一个吸盘上。

一个给定任务所需的真空吸盘的大小和类型取决于各种因素，其中最重要的是工件的质量、表面光洁度和形状。

另外，在施加真空时吸盘的能力保持最佳状态也将直接影响系统的性能。由于外部空气压力迫使吸盘的外部与工件的表面接触，因此无支撑的真空吸盘会在施加真空时变形。这极大地减小了有效的吸盘面积，并因此也降低了可以产生的真空度。相反，如果吸盘材料太硬，则空气会在轮缘下方泄漏，因此必须增加供应压力，以保持静态真空。

解决方案是使用相对较软的肋状吸盘，能够保持垫和工件之间腔室的最大体积，并确保用于产生真空的装置也能够产生高的流动速率。这会在建立明显的泄漏流动之前迅速将吸盘拉下到工作表面上。对此应用目的，使用两级喷射真空发生器较理想。

带肋的吸盘也应该用于柔性物品，如塑料片，这些物品在施加真空时可能会变形。在这种情况下，应该减小吸盘的尺寸、降低真空度，以防止工作表面起皱。平坦、坚硬的工作表面通常需要高度比较小、比较短的吸盘，对于曲面只能使用具有深圆锥形轮廓的吸盘来移动。

吸取粗糙的表面时，空气容易在真空吸盘的边缘下泄漏。为了克服这个问题，有必要提高所施加的真空度，并使用直径较小的吸盘，以减少空气损失。因此，需要更大数量的吸盘来保持相同吸盘接触面积。具有深度纹理的表面，采用较软的吸盘材料可减少空气损失，然而，较软的材料会影响所达到的抓取力大小，因为吸盘在压力下可能会变形。

排空每个吸盘所花费的时间将影响随后操作的顺序。

响应时间的计算必须考虑到：通过真空发生器的流量以及因此可用的真空压力、吸盘的尺寸、吸盘周围的空气泄漏、工件的孔隙率以及空气管道的尺寸和长度，这将影响操作压力。

③ 要点总结。

a. 使用一系列小吸盘将吸力分布在尽可能宽的范围内。

b. 不要让吸盘超出工件的边缘。

c. 使用多个吸盘，以防止工作表面当提升时下垂。

d. 通过减少真空发生器和吸力表面之间使用管路的数量，减少达到真空操作所需的时间。

e. 使用一个真空发生器一个吸盘。如果一个吸盘无法正常工作，则由单个真空发生器驱动的多个吸盘都将受到影响。

f. 用一个节流阀保护多个真空发生器和吸盘系统，确保在吸盘上保持恒定的空气流量。

g. 应安装备用的吸盘，以便在发生多个吸盘故障时吸盘还能继续将工件牢固地固定在位。

h. 尽量减小空气管道的直径，以减少流动阻力、泄漏和响应时间。

i. 使用并正确维护在线过滤器。有效的过滤可以防止固体碎屑或空气中的油或其他颗粒污染真空发生器内的孔口和真空泵。真空发生器应在真空进气口和主要供应管路上安装过滤器。

j. 在某些应用中，需要通过真空吸盘提供吸力和正气压。将阀门结合到系统中来即可实现。切换阀门可使空气吹过吸盘，以移动工件或防止碎屑进入真空端口。

3.5.7　真空辅件和真空系统

表 21-3-94　　真空辅件和真空系统

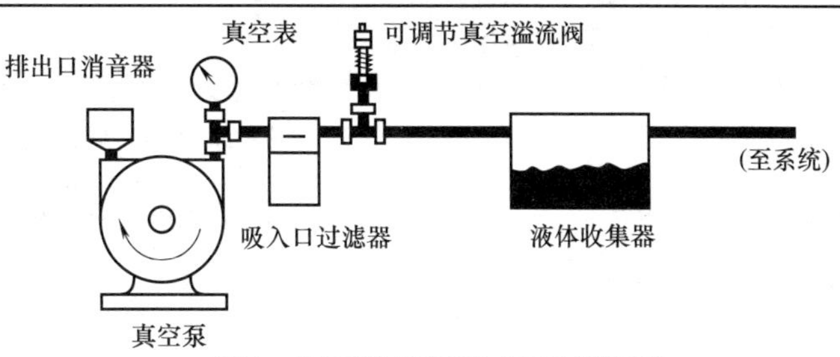

图(a)　带有液体捕集器的真空泵能源系统

模块化生产的真空发生器集成了几个附件，如供气电磁阀、吹风装置、控制真空开关、止回阀等，很容易适应自动化过程

类别	项目	说明
真空辅件	真空开关	真空开关可以检测产生的低压级别，通过激活电气触点来确认零件的保持力值。它可以与用于正压的压力开关相比较
	吹气装置	吹气装置可以减少零件的释放时间
	进气过滤器	每个真空系统都应使用进气过滤器，以防止外来杂质进入泵内。当真空系统必须在含有大量灰尘、沙子或类似的环境中工作时，过滤器尤为重要。过滤器类别，可以用捕获颗粒的大小（以微米为单位）来分级 过滤器通常安装在泵的进气口，应定期清理过滤器，以免因堵塞造成泵过载
	液体捕集器/机械过滤器	除真空泵的进口过滤器外，在真空系统用于充填操作时，还需要液体收集器或机械过滤器，以防止真空管路中的任何物质进入泵内 液体收集器是利用重力作用的简单的水箱或瓶状装置，以防止液体被吸入真空系统。机械过滤器（未示出）通常是安装在真空线路中的大型袋式装置，使干燥粉末在被吸入泵之前被捕获，积累的材料往往可以回收利用
	排气消声器	排气消声器是一种低阻的流量通过装置，旨在减少泵的排气噪声。有几种类型，但是作为低通滤波器的最简单和最常用的功能是一种能够吸收除最低频率声波之外的所有能量的谐振腔。这些类似玻璃瓶或塑料瓶的装置位于真空泵的排气口
	真空表	真空表对于监测系统性能是必不可少的。真空计应安装在泵的进气口处或附近[图(a)]。如果它位于系统中的其他位置，由于过滤器脏污或堵塞、真空管路弯曲、阀门关闭或其他问题，读数可能不准确 准确的真空读数简化了各种系统故障定位的工作。例如，如果进气口处的表读数显示目标值，则故障必须位于真空计和工作装置之间。但是，如果进气压力计读数低于规定的工作等级，那么泵不能正常工作或者系统中有泄漏 如果泄漏是问题，那么在真空计前用阻挡块堵塞管路将恢复真空度。然后，通过进一步向工作装置移动阻挡块，可以确定故障点。系统中其他仪表可以简化故障检查工作
	真空传输管	从工作装置排出的空气可以通过用于压缩空气的金属管、铜管和不可折叠橡胶或塑料软管等管路输送到真空泵。真空泵产生的工作力可以传递一定距离，避免泄漏是至关重要的，所有接头、密封件、阀门和连接管路必须密封 沿线的任何阻力限制都会显著降低泵的性能。为了使压降（真空损失）最小化，应根据所输送的空气的流量（L/min）来选择管道直径和配件
	真空储气罐	真空可以像压缩空气那样容易地储存。作为直接真空泵源的替代方案，可以根据需要通过使用储气罐来建立真空。真空储气罐可适应突然或异常高的系统需求，也可以防止可能的泵过载 通常在储气罐的泵侧使用止回阀，在下游侧使用适当的操作阀
	真空控制装置	真空泵本身不能控制所产生的真空度，必须提供一些外部装置，如安全阀，以控制真空，使泵不会超过安全水平 如果没有这种控制装置，只有通过泄漏到系统中才能停止生产更高的真空。虽然这似乎提供了一个理想的内置安全系数，但真空度可能会超过泵的最大真空度，结果可能是由于过度的热量积聚造成泵故障

续表

<table>
<tr><td rowspan="3">真空辅件</td><td>真空安全阀</td><td>真空安全阀允许少量的空气进入系统，当超过阀的设定点时就限制真空泵吸入的真空量。它没有关闭系统
调节阀门使得泵只拉动应用所需的真空度，这是可取的，因为在高于必要的真空度下运行会在泵上产生更高的温度和更大的工作负荷，从而缩短使用寿命。使用轻型泵的真空安全阀尤其重要，因为它们在真空度过高的情况下连续运行</td></tr>
<tr><td>止回阀</td><td>止回阀只允许一个方向的自由流动。它安装在真空泵和系统其余部分之间，以防止回流
止回阀有多种类型和样式。对于普通的用途，只要 6.78～20.34kPa 的开启压力就足以使球（或提升阀）失去密封，所以只要很少的流量就可以启动。在一些真空回路中，无弹簧的止回阀垂直安装，利用球或提升阀的重力将其固定在阀座上</td></tr>
<tr><td>流量控制阀</td><td>图(b)显示了手动三通阀如何控制真空流量。一台电磁阀可以以相同的方式工作。使用单个真空泵，一系列这样的阀门可以提供多个工作装置的选择性操作
如图(b)中(i)所示，空气流向泵，到大气的端口关闭。图(b)中(ii)显示工作装置的释放，因为到大气的端口是打开的。这样，单个工作装置的选择性操作不会影响同一系统中任何其他工作装置的性能
至泵的真空流量
(i) 工作位置　　(ii) 与大气接通
(b)　手动控制阀允许选择工作的接通和断开</td></tr>
<tr><td>真空系统</td><td colspan="2">真空能源供应系统：由真空泵、驱动电源、储气罐（可选）和各种控制和保护装置组成的系统，以产生一定的真空度
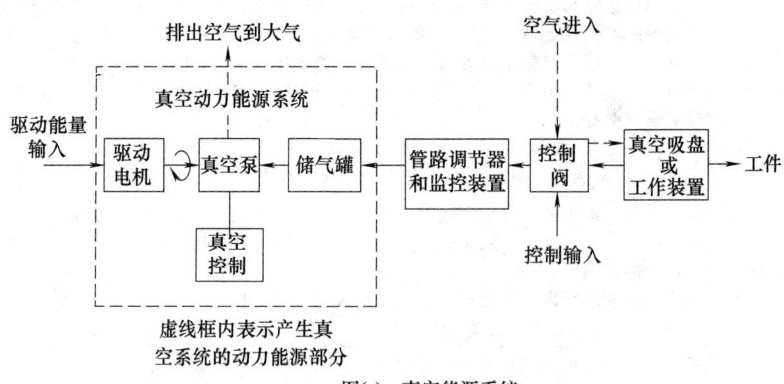

图(a)　真空能源系统
与压缩机一样，泵所需机械能可以由电动机、发动机或动力输出装置提供。可以通过真空管路将作业的真空势能直接施加到执行器上，或者通过排空真空罐罐体将其积聚以按需使用。无论哪种情况，真空度都必须得到有效控制
以下是用于控制真空度的代表性系统配置</td></tr>
</table>

续表

真空系统	连续操作系统	图(b)显示了用于连续工作的基本真空能源系统。例如,这样的系统可以用于干粉填充可调节的真空安全阀通过在超过预设值时向系统提供大气空气调节流量来控制系统的真空度 进气过滤器保护泵免受进气中固体物质的影响。图中没有显示润滑装置,因为泵是无油的 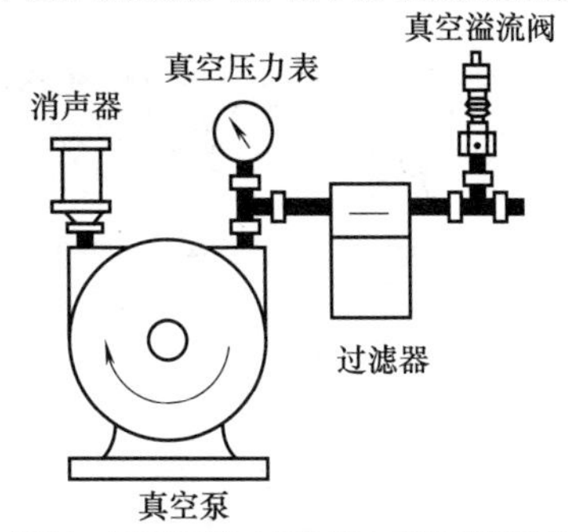 图(b)　用于连续工作的基本真空能源系统
	双级真空系统	图(c)显示了如何使用前面的连续工作系统提供第二个可单独调节的下游真空度(注意有两个真空计) 使用两个可调的真空安全阀。第一个控制较高的真空(较低压力)水平,安装在一个过滤罐中,以确保当超过预设的真空度时,调节的空气泄漏是从管路的下游支管侧而不是从大气中被抽出。第二个真空安全阀常规安装,当超过预设的较低真空水平时,从大气中吸入其调节的泄漏空气流 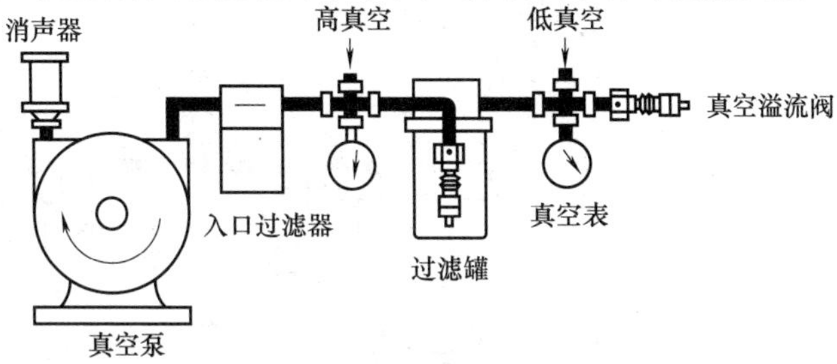 图(c)　典型的真空能源系统设计(用于保持两个可单独调节的真空度) 这两个真空安全阀的设置值是相加的。也就是说,两个阀的设定值不得超过泵的最大真空额定值。例如,67.73kPa 的泵可以在系统内提供如 60.95kPa 和 6.77kPa,50.80kPa 和 16.93kPa 等真空度的组合。假设一个系统,真空度分别为 40.64kPa 和 27.09kPa。当真空泵启动时,它从系统的下游管路排出空气直到压力为 40.64kPa。此时,第一个真空安全阀打开,允许泵吸入上游支管的空气 当空气从系统的上游管路排出时,真空安全阀在两部分之间保持 40.64kPa 的恒定压差,并一直持续到上游的压力下降到 27.09kPa。此时,第二个真空安全阀打开,使上游支路的压力稳定在 27.09kPa,下游支路的压力稳定在 67.73kPa
	真空存储系统	图(d)显示了真空罐集成到动力能源系统中,按需为流体动力积累真空。这样的系统可以用于塑料片的真空成型 一般来说,这种系统主要用于周期运行,泵在负载下连续运行。真空储气罐的使用有助于使活塞和膜片式泵的吸气管道内流量脉动平滑,而这些泵不具有无脉动输送特性 真空储气罐还使得执行器能够非常快速地操作,因为其中所含的任何空气迅速膨胀以填充真空接收器。这个动作使真空储气罐内的绝对压力大幅下降 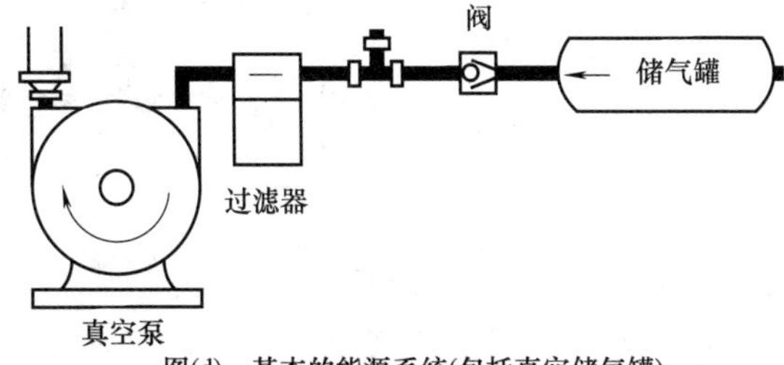 图(d)　基本的能源系统(包括真空储气罐) 由于旋转叶片泵是无阀的,所以当这种类型的泵与真空储气罐一起使用时,需要止回阀。当泵不工作时,该阀可防止大气泄漏到储气罐中。但不管使用什么类型的泵,唯一需要的控制装置是一个可调的真空安全阀,以保持所需的真空度

续表

真空系统	双级真空存储系统	图(e)显示了如何将两个储气罐连接起来，以根据需要提供不同的系统真空度。除真空存储能力外，该能源系统类似于双级真空系统。唯一的附加部件是安装在第一真空储气罐罐出口处的止回阀 图(e) 真空能源系统带有两个储气罐，提供各自独立的真空度
	开/关循环系统	如果真空泵由电机驱动，则可通过间歇开/关循环来控制储罐真空度。图(f)显示了储气罐处的真空开关与真空泵驱动电机的连接。该系统主要用于延长关闭周期 在操作中，真空开关允许驱动电机运行，直到检测到真空度达到预设的上限值。此时，触点打开并停止驱动电机，关闭泵，然后止回阀关闭。开关触点保持打开，直到真空储气罐的真空度下降到预设的较低切入水平。然后触点闭合，以驱动马达，泵再次自动打开。 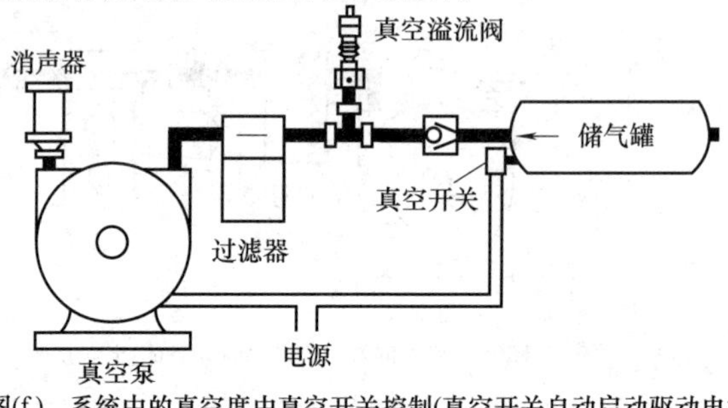 图(f) 系统中的真空度由真空开关控制(真空开关自动启动驱动电机) 切入和切出点之间的通常范围是 16.93～50.80kPa。这种类型的系统总是使用真空安全阀来提供独立的防止过真空度的保护
	装载/卸载循环系统	如图(g)所示，开关连接到安装在生产线上的电磁阀。通常，电磁阀保持通电(排气口关闭)。但是当真空储气罐上的真空开关检测到真空已达到其上限(卸载)时，其触点打开并断开电磁阀，打开阀门，允许大气被抽入并通过泵室循环 电磁阀保持断电，直到压力开关检测到储气罐中的真空度回落到较低的负载极限，发出信号并传输到电磁铁来停止排气动作。但由于管路中存在止回阀，电磁阀的开启不会立即影响真空储气罐的真空度。只有通过正常的系统操作才能降低真空度 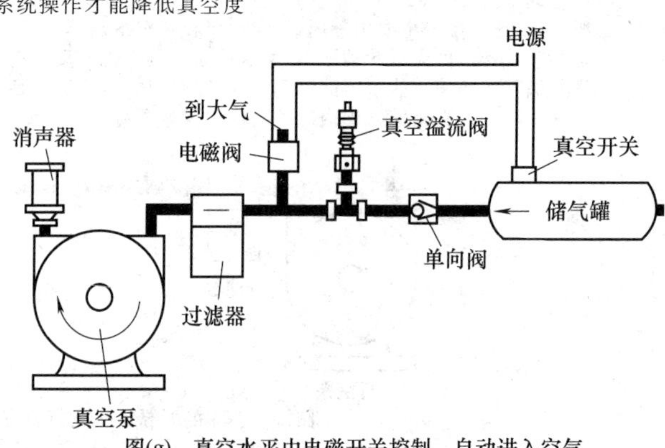 图(g) 真空水平由电磁开关控制，自动进入空气 真空安全阀必须用于加载/卸载系统，以提供独立的高真空保护

续表

真空系统	双泵真空系统	图(h)显示了两个真空能源系统的组合，以满足更大的真空容量需求，或者可能允许更快的抽空初始真空储气罐的容积。通常，这样的设备配置可以提供更大的灵活性以满足不同的系统需求。在真空泵功能损失可能有害或造成严重经济损失的应用中，通常需要冗余操作能力 两个真空泵通常分开供电和控制。尽管在图(h)中没有显示，但是两个能源应该配备独立的开/关或装载/卸载控制系统。在一些应用中，期望用不同的上部和下部真空开关设置来启动第二泵的自动切入。例如，它可能仅用于满足较重的负载需求 单独的止回阀将泵连接到系统的其余部分或真空储气罐。除了单独的真空安全阀之外，还提供了完全的冗余，使得任何一台机器都可以在不中断系统其余部分的情况下关闭 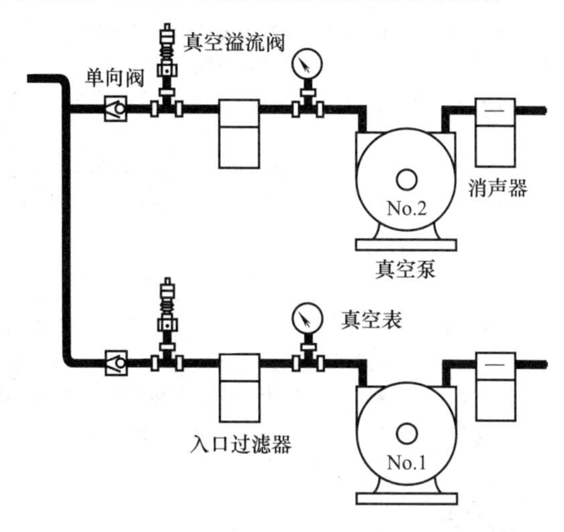 图(h)　可满足特殊需求的双泵真空能源系统
	组合的压缩机/真空泵系统	有许多应用过程需要在同一个周期内执行压缩和抽真空工作。一个主要类别是纸张处理设备，如计算机、印刷机、分拣机、文件夹等。虽然可以联合两台独立的机器来处理这些工作，但使用双腔室或单腔室压缩机/真空装置可以降低成本。部分型号采用双入口设计，可同时进行压力/真空操作 经验法则是将真空限制在 33.86kPa，压力限制在 20.68kPa，限制通常是由设备的温度导致 图(i)显示了设计用于同时提供压力和真空的能源。该系统有一些限制。由于所使用的压力和真空值的总和不得超过泵的最大真空额定值，所以正压力必须相对较低。如图(i)所示，真空度和压力等级由独立的安全阀来控制，这也可以保护机器免受过度真空或压力的损害 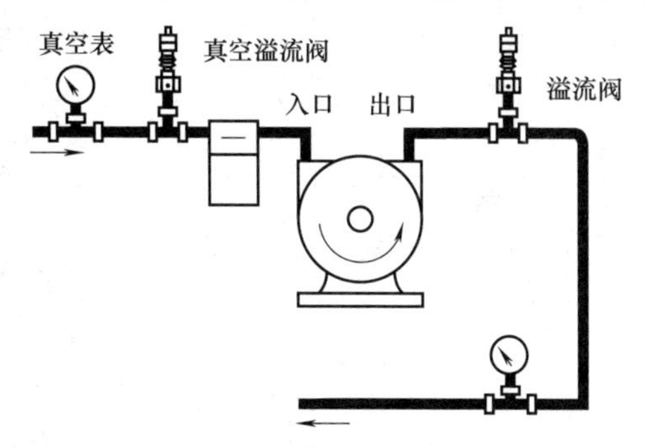 图(i)　组合式压缩机/真空泵供电系统[从应用(图纸顶部)输送真空，并将压力传送到应用(底部)]

3.6　气动比例（伺服）控制元件

3.6.1　气动比例（伺服）控制系统

表 21-3-95　　气动断续控制与气动连续控制的区别

比例控制的特点

气动控制分为断续控制和连续控制两类。绝大部分的气压传动系统为断续控制系统，所用控制阀是开关式方向控制阀；而气动比例控制则为连续控制，所用控制阀为伺服阀或比例阀。比例控制的特点是输出量随输入量变化而相应地变化，输出量与输入量之间有一定的比例关系。比例控制又有开环控制和闭环控制之分。开环控制的输出量与输入量之间不进行比较，而闭环控制的输出量不断地被检测，与输入量进行比较，其差值称为误差信号，以误差信号进行控制。闭环控制也称反馈控制。反馈控制的特点是能够在存在扰动的条件下，逐步消除误差信号，或使误差信号减小

气动比例/伺服控制阀由可动部件驱动机构及气动放大器两部分组成。将功率较小的机械信号转换并放大成功率较大的气体流量和压力输出的元件称为气动放大器。驱动控制阀可动部件（阀芯、挡板、射流管等）的功率一般只需要几瓦，而放大器输出气流的功率可达数千瓦

气动断续控制

气动断续控制，仅限于对某个设定压力或某一种速度进行控制、计算。通常采用调压阀调节所需气体压力，节流阀调节所需的气体流量。这些可调量往往采用人工方式预先调制完成。而且针对每一种压力或速度，必须配备一个调压阀或节流阀与它相对应。如果需要控制多点的压力系统或多种不同的速度控制系统，则需要多个减压阀或节流阀。控制点越多，元件增加也越多，成本也越高，系统也越复杂，详见下图和表

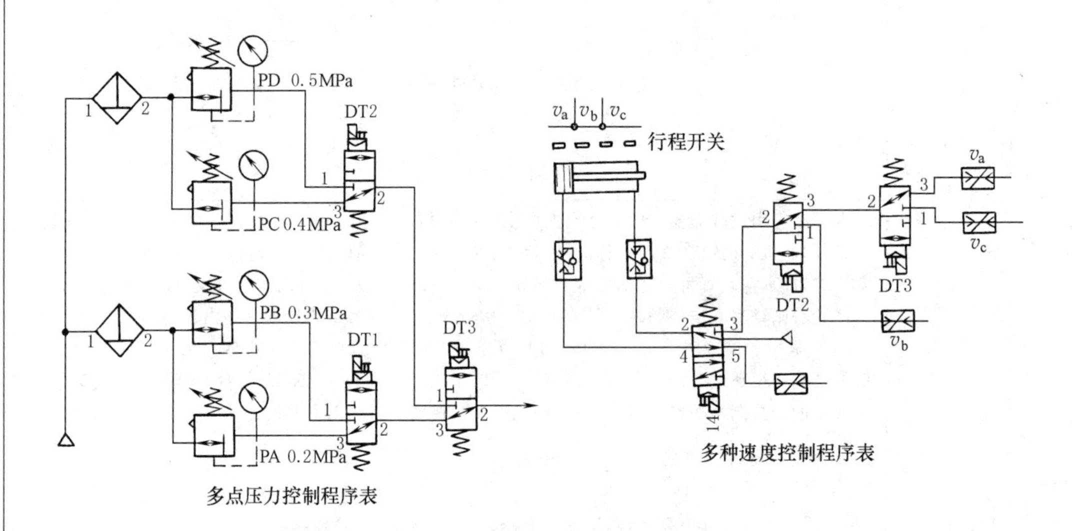

多点压力控制程序表　　多种速度控制程序表

多点压力程序表					气动多种速度控制程序表		
减压阀	电磁阀 DT1	电磁阀 DT2	电磁阀 DT3	输出压力 /MPa	气缸进给速度	电磁线圈 DT2	电磁线圈 DT3
PA	0	1/0	0	0.2	v_a	0	0
PB	1	1/0	0	0.3	v_b	1	1/0
PC	1/0	0	1	0.4	v_c	0	1
PD	1/0	1	1	0.5			

上述多点压力控制系统及气缸多种速度控制系统是属于断续控制的范畴。与连续控制的根本区别是它无法进行无级量（压力、流量）控制

续表

气动连续控制	气动比例(压力、流量)控制技术属于连续控制一类。比例控制的输出量随着输入量的变化而相应跟随变化,输出量与输入量之间存在一定的比例关系。为了获得较好的控制效果,在连续控制系统中一般引用了反馈控制原理 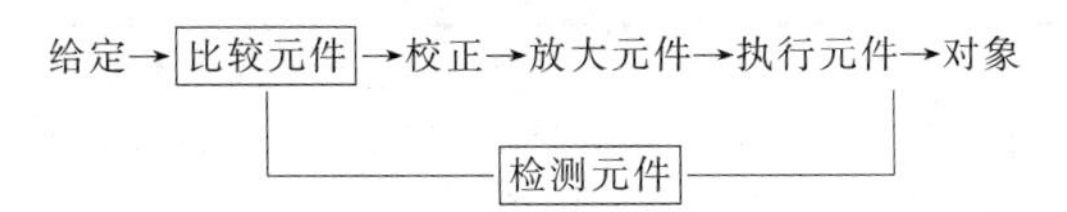 在气动比例压力、流量控制系统中,同样包括比较元件、校正系统放大元件、执行元件、检测元件。其核心分为四大部分:电控制单元、气动控制阀、气动执行元件及检测元件 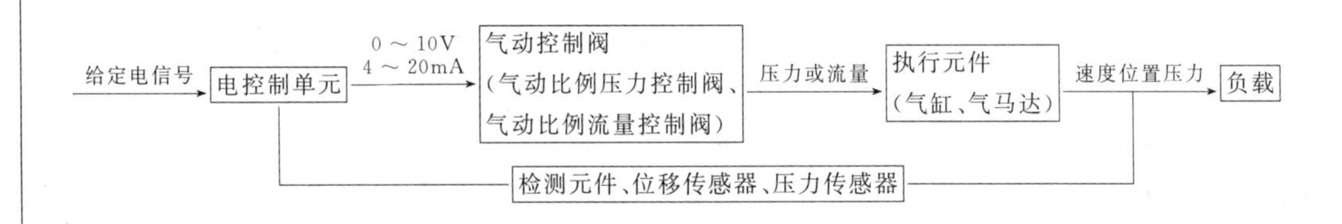
开环控制回路	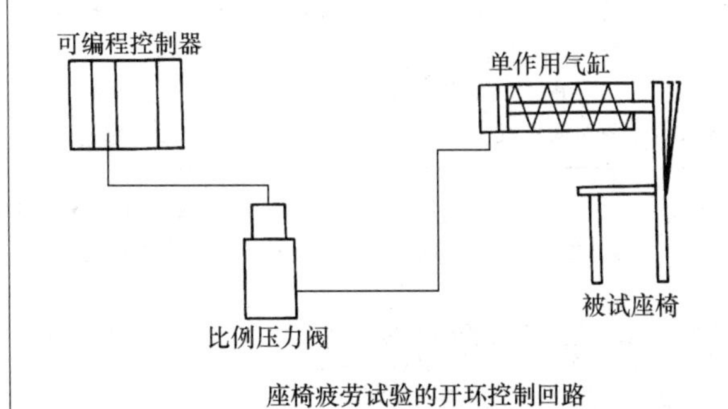 座椅疲劳试验的开环控制回路 开环控制的输出量与输入量之间不进行比较,如图(对座椅进行疲劳试验的开环控制)。当比例压力阀接收到一个正弦交变的电信号,它的输出压力也将跟随一个正弦交变波动压力。它的波动压力通过单作用气缸作用在座椅靠背上,以测试它的寿命情况
闭环控制回路	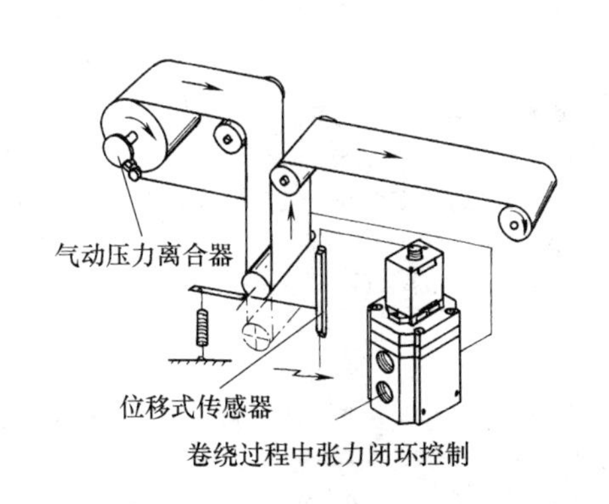 卷绕过程中张力闭环控制 闭环控制的输出量不断被检测,并与输入量进行比较,从而得到差值信号,进行调整控制,并不断逐步消除差值,或使差值信号减至最小,因此闭环控制也称为反馈控制。左图是对纸张、塑料薄膜或纺织品的卷绕过程中张力闭环控制。比例压力阀的输出力作用在输出辊筒轴上的一气动压力离合器,以控制输出辊筒的转速。而比例压力阀的电信号来自中间张力辊筒的位移传感器。张力辊筒拉得越紧(即辊筒在上限位置),位移传感器的电信号越小,比例压力阀的输出压力越低,作用在输出辊筒轴上的压力离合力也越小,输出辊筒转速加大。反之,输出辊筒转速减慢,以达到纸张塑料薄膜或布料的张力控制

3.6.2 气动比例（伺服）阀

3.6.2.1 气动比例（伺服）阀的分类

表 21-3-96 气动比例（伺服）阀的分类

<table>
<tr><td rowspan="2">作用</td><td>信号转换</td><td colspan="2">由于电气元件具有多方面的适应性，信号的检测、传输、综合、放大等都很方便，而且几乎各种物理量均能转换成电量。因此，气动比例控制系统中的输入信号以电信号居多。比例电磁铁、力矩马达和力马达将电信号转换成机械位移，而气动放大器又将机构位移转换成具有一定压力的气体流量</td></tr>
<tr><td>信号放大</td><td colspan="2">原始的控制信号功率很小，通过气动放大器将信号功率放大。有时一级放大还不够，还需要两级或多级放大，使气动放大器的输出功率能借助于气动执行元件而达到克服负载做功的目的</td></tr>
<tr><td rowspan="2">构成</td><td>可动部件驱动机构</td><td colspan="2">驱动机构有机械式、气压式和电磁式三种，以电磁式最为普遍。在没有输入信号时，控制阀的可动部件由弹性元件使其处于中位（也称零位），这时阀的输出功率为零
机械式驱动机构是以机械力促使可动部件移动，通过弹性元件将机械力转化为可动部件的位移
气压式和电磁式驱动机构分别以气压力和电磁力作用在可动部件上，也是通过弹性元件转变为位移。电磁式驱动机构统称电-机械转换器，其典型代表有比例电磁铁、极化式力马达和极化式力矩马达等</td></tr>
<tr><td>气动放大器</td><td colspan="2">气动放大器对输出气流的压力、流量和功率进行控制。常采用三种控制原理：一是节流控制，二是能量转换与分配控制，三是脉宽调制控制
以节流控制原理工作的气动放大器，通过改变可动部件的位置来调节节流面积，从而控制通过放大器的气体流量和压力。这类放大器有滑阀、喷嘴挡板阀等
以能量转换与分配控制原理工作的放大器，是将压力能转换成动能，然后按输入信号大小进行分配，最后又将动能转换成压力能进入执行元件。这类放大器的典型代表是射流管阀
以脉宽调制方式工作的气动放大器是一种开关阀，阀的开、闭时间与高频脉冲方波输入信号的调制量有一定的对应比例关系，即阀输出功率的平均效果与输入信号的调制量成正比。滑阀、球阀、锥阀等都可作为脉宽调制阀</td></tr>
<tr><td rowspan="4">分类</td><td>气动比例控制阀</td><td>比例电磁铁和气动放大器组成的控制阀（简称比例阀）</td><td rowspan="2">不论是比例电磁铁，还是力矩马达或力马达，它们的输入信号都是电信号，而比例阀和伺服阀的输入信号不仅仅限于电信号，还可以是机械信号或气压信号，但应用最广的是电信号
比例阀和伺服阀都具有按输入信号控制气体压力和流量的作用，但它们在以下几方面有所区别：
①比例阀能应用在伺服机构以外的不带反馈的开环回路中
②比例阀的加工精度低于伺服阀，这不仅降低了生产成本，而且还具有较强的抗污染能力
③比例阀的控制精度和动态性能低于伺服阀
④操作比例阀的输入功率较大</td></tr>
<tr><td>气动伺服控制阀</td><td>极化式力矩马达或力马达与气动放大器组成的控制阀（简称伺服阀）</td></tr>
<tr><td>按结构或信号放大级数分</td><td colspan="2">按气动放大器的结构分，伺服/比例阀可分为：滑阀、喷嘴挡板阀、射流管阀、脉宽调制阀
按电-机械转换器的结构分，伺服/比例阀又可分为比例式、动铁式、动圈式等
按气流信号放大级数分，伺服/比例阀可分为单级阀、二级阀和多级阀。气动控制系统一般都是小功率系统，所用的控制阀以单级阀为主，也有采用二级阀，但用得很少，三级以上的多级阀更是罕见。在二级阀中，用喷嘴挡板阀或射流管阀作前置级，滑阀作功率级，也有以喷嘴挡板阀作功率级的，但应用较少</td></tr>
<tr><td>按功能分</td><td colspan="2">电-气比例阀和伺服阀按其功能可分为压力式和流量式两种。压力式比例/伺服阀将输入的电信号线性地转换为气体压力；流量式比例/伺服阀将输入的电信号转换为气体流量。由于气体的可压缩性，使气缸或气马达等执行元件的运动速度不仅取决于气体流量，还取决于执行元件的负载大小，因此精确地控制气体流量往往是不必要的。单纯的压力式或流量式比例/伺服阀应用不多，往往是压力和流量结合在一起应用</td></tr>
</table>

3.6.2.2　气动比例（伺服）阀的主要构成部件及其工作原理

表 21-3-97　气动比例（伺服）阀的主要构成部件及其工作原理

名称		结构原理图	工作原理	组成和优缺点
可动部件驱动机构	直流比例电磁铁	图(a)　结构原理 图(b)　工作气隙附近磁路　图(c)　位移-力特性曲线 直流比例电磁铁 1—极靴；2—工作气隙；3—衔铁；4—导套；5—外壳；6—控制线圈	图(a)为一种典型的直流比例电磁铁，其磁路(图中虚线所示)由前端盖极靴1经工作气隙2、衔铁3、径向非工作气隙、导套4、外壳5回到前端盖板靴。导套分前后两段，由导磁材料制成，中间用一段非导磁材料焊接。导套前段的锥形端部和极靴组合，形成盆形极靴。它的尺寸决定比例电磁铁的稳态特性曲线的形状。导套与壳体之间装入同心螺线管式控制线圈6 当向控制线圈输入电流时，线圈产生磁势。磁路中的磁通量除部分漏磁通外，在工作气隙附近被分为两部分[图(b)]，一部分磁通Φ_1沿轴向穿过气隙进入前端盖极靴，产生作用于衔铁上的轴向力为F_1。气隙越小，F_1越大。另一部分磁通Φ_2则穿过径向间隙经盆口锥形周边回到外壳，这部分磁通产生作用于衔铁上的力为F_2，其方向基本与轴向平行，并且由于是锥形周边，故气隙越小，F_2也越小。作用于衔铁上的总电磁力为： $F_m=F_1+F_2$ 通过对盆口锥形结构尺寸的优化设计，使F_1和F_2受衔铁气隙大小的影响相互抵消，可以得到水平的位移-力特性曲线[图(c)]。但这种抵消作用只在一定的气隙范围内有效。因此一般直流比例电磁铁的位移-力特性分为三个区域：一是吸合区，二是工作区，三是空行程区。工作区内的位移-力特性呈水平直线。应适当控制比例阀的轴向尺寸，使阀的稳态工作点落在该区域内	直流比例电磁铁具有结构简单、价格低廉、输出功率-质量比大等优点，是目前流体比例控制技术中应用广泛的一种电-机械转换器。直流比例电磁铁在气动比例元件中直接驱动气动放大器，构成单级比例阀。这类电磁铁的缺点是频宽较窄。但通过减少线圈匝数、增大电流并采用带电流反馈的恒流型放大器等措施可以提高它的频宽 常见的直流比例电磁铁可分为力输出和位移输出两大类。位移输出比例电磁铁是在力输出的基础上采取衔铁位移电反馈或弹簧力反馈，获得与输入电信号成比例的位移量 直流比例电磁铁的数学模型如下 动态简化传递函数为 $\frac{F_m(s)}{U(s)}=\frac{K_u}{1+\frac{s}{a}}$ $a=\frac{R_c+R_p}{L_c}$ 式中　F_m——输出力，N U——放大器输入电压，V K_u——电压-力增益，N/V s——水平位移，m R_c——控制线圈电阻，Ω R_p——放大器内阻，Ω L_c——控制线圈电感，H

续表

名称		结构原理图	工作原理	组成和优缺点
可动部件驱动机构	动铁式力马达	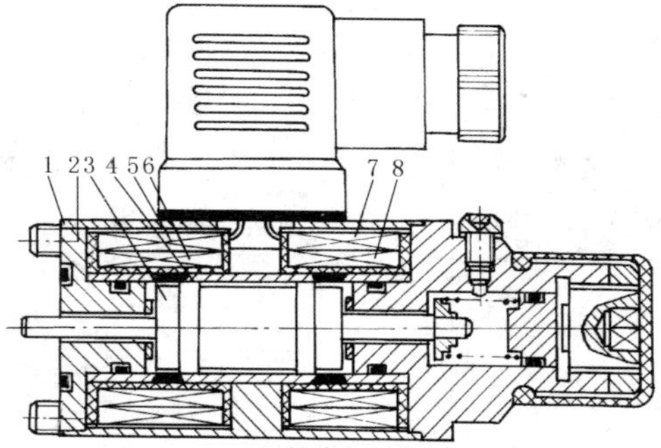 1 2 3 4 5 6 7 8 动铁式力马达	两励磁线圈极性相同，互相串联连接，并由恒流电源供给励磁电流，产生极化磁场。由于左右磁路对称，极化磁场对衔铁的作用合力为零 两控制线圈极性相反，互相串联或并联。输入控制电流后产生控制磁场，其方向和大小由输入电流确定。该磁场与极化磁场共同作用于衔铁，在左、右工作气隙内产生差动效应，使衔铁得到输出力。由于采用励磁线圈和特殊的盆口尺寸，保证了输出力可双向连续比例控制，无零位死区。力马达的控制增益随励磁电流的大小而变，便于控制和调节 数学模型：动铁式力马达的动态传递函数具有与直流比例电磁铁相同的形式，只是参数有所不同	动铁式力马达具有驱动功率大、固有频率高等优点，可以输出推力和拉力，是一种较理想的电-机械转换器 动铁式力马达采用左右对称的平头盆形动铁式结构，由软磁材料制成的壳体1、轭铁2、衔铁3、带隔磁环的导向套4、励磁线圈5、7及控制线圈6、8等组成
	动圈式力马达	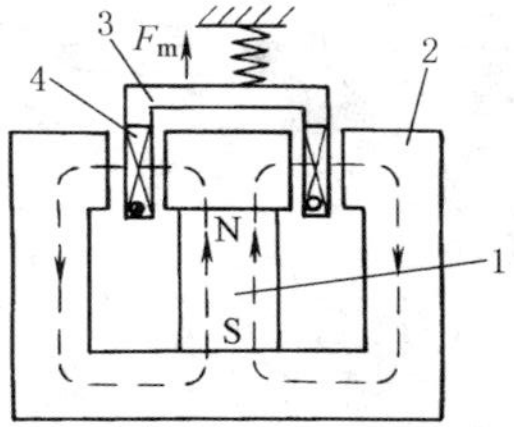 3 F_m 4 2 N S 1 动圈式力马达	永久磁铁产生的磁路如图中虚线所示，它在工作气隙中形成径向磁场，载流控制线圈的电流方向与磁场强度方向垂直。磁场对线圈的作用力由下式确定 $$F_m=\pi DB_gN_cI$$ 式中　F_m——动圈式力马达输出力，N D——线圈平均直径，m B_g——工作气隙内磁场强度，T N_c——线圈匝数 I——线圈输入电流，A 由式可见 F_m 与线圈输入电流 I 之间存在正比关系 数学模型：动圈式力马达的动态传递函数，其形式与直流比例电磁铁的相同	左图是典型的动圈式力马达。它是由永久磁铁1、导磁架2、线圈架3、线圈4等组成。其尺寸紧凑、线性行程范围大，线性好、滞环小、工作频带较宽。缺点是输出功率较小。由于它适用于干式工作环境，故在气动控制中应用较为普遍，可作为双级阀的先导级或小功率的单级阀

续表

名称		结构原理图	工作原理	组成和优缺点
可动部件驱动机构	动圈式力矩马达	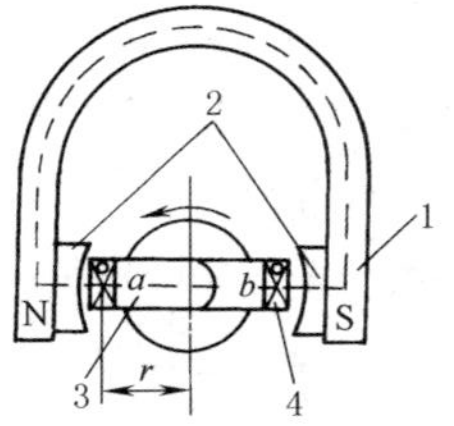 动圈式力矩马达	动圈式力矩马达的工作原理与动圈式力马达基本相似 永久磁铁产生的磁路如图中虚线所示，它在工作气隙中形成磁场，磁场方向如图所示。载流控制线圈的电流方向与磁场强度方向垂直，同时矩形线圈与转动轴相平行的两侧边 a 和 b 上的电流方向又相反，磁场对线圈产生力矩，其方向按左手法则判定，其大小由下式确定： $$M_m=2rWB_gN_cI$$ 式中　M_m——动圈式力矩马达输出力矩，N·m W——线圈侧边 a、b 的边长，m r——线圈侧边与转轴的平均距离，m 其余符号含义同动圈式力马达中公式 数学模型：动圈式力矩马达的动态传递函数为： $$\frac{M_m(s)}{U_{(s)}}=\frac{K_u}{1+\frac{s}{a}}$$ $$a=\frac{R_c+R_p}{L_c}$$	它是由永久磁铁 1、导磁架 2、矩形线圈架 3、线圈 4 等组成。矩形线圈架可绕中心轴转动
	动铁式力矩马达	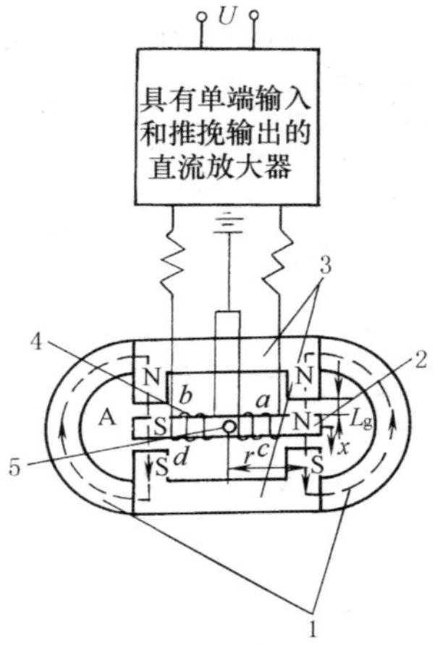 动铁式力矩马达	永久磁铁产生的磁路如图中虚线所示，沿程的四个气隙中通过的极化磁，通量相同。无电流信号时，衔铁由扭簧支承在上、下导磁架的中间位置，力矩马达无力矩输出。当有差动电流信号 ΔI 输入时，控制线圈产生控制磁通 Φ_c。若控制磁场和永久磁铁的极化磁场方向如图所示，则气隙 b、c 中的控制磁通与极化磁通方向相同，而在气隙 a、d 中方向相反。因此气隙 b、c 中合成磁通大于 a、d 中的合成磁通，衔铁受到顺时针方向的磁力矩。当差动电流方向相反时，衔铁受到逆时针方向的磁力矩 动铁式力矩马达的线性度和稳定性受有效工作行程 x 与工作气隙长度 L_g 之比值 $\frac{x}{L_g}$ 影响较大，一般要求 $\frac{x}{L_g}<\frac{1}{3}$ 数学模型：动铁式力矩马达动态传递函数的形式与动圈式力矩马达的动态传递函数相同，其中 a 稍有不同，为： $$a=(R_c+R_p)/(2L_c)$$	它由永久磁铁 1、衔铁 2、导磁架 3、控制线圈 4、扭簧支座 5 等组成 动铁式力矩马达具有很高的工作频宽，但其线性范围较窄

续表

名称		结构原理图	工作原理	组成和优缺点
气动放大器	喷嘴挡板式	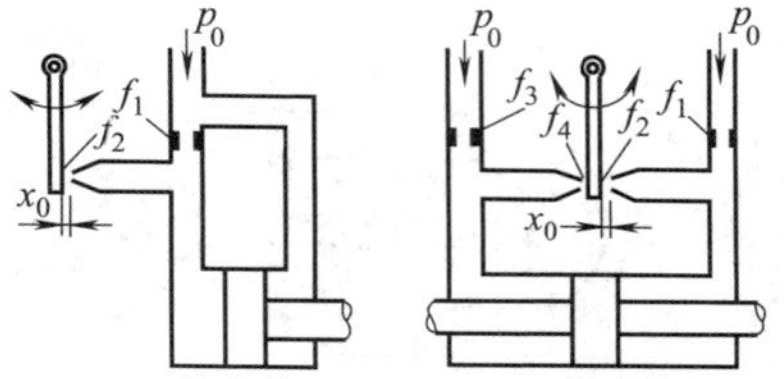 单喷嘴 双喷嘴 图(a) 喷嘴-挡板阀 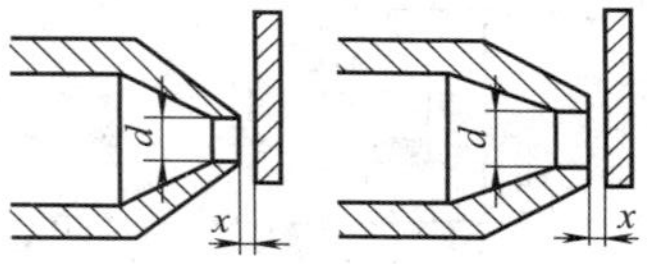 锐边喷嘴 平端喷嘴 图(b) 喷嘴结构	喷嘴挡板可分为单喷嘴和双喷嘴两种，按结构型式不同，又可以分为锐边喷嘴挡板和平端喷嘴挡板两种[图(b)]。锐边喷嘴挡板的控制作用是靠喷嘴出口锐边与挡板间形成的环形面积(节流口)来实现的，阀的特性稳定，制造困难。平端喷嘴挡板的喷嘴制成有一定边缘圆环形面积的平端，当喷嘴的平端不大时，阀的特性与锐边喷嘴挡板阀基本接近，性能也比较稳定	喷嘴挡板的特点是结构简单、灵敏度高、制造比较容易。故价格较低，对污染不如滑阀敏感，由于连续耗气，效率较低。一般用于小功率系统或作二级阀的前置级。在气动测量、气动调节仪表和气动伺服系统中得到了广泛的应用
	射流管阀	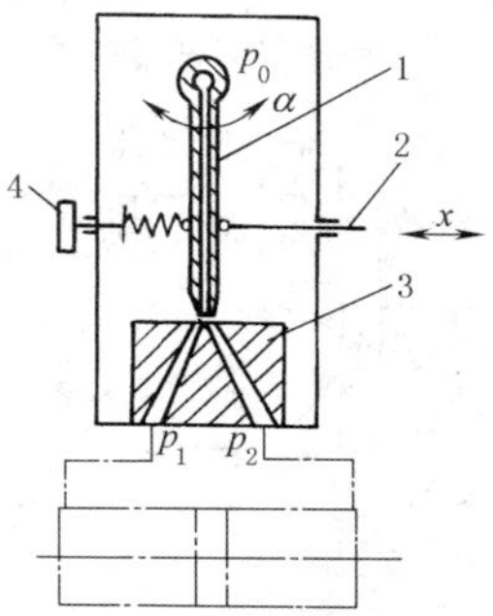 射流管阀 1—射流管；2—传动杆；3—接收器；4—螺钉	射流管阀由射流管和接收器两部分组成，通过螺钉 4 改变弹簧压缩量来调节射流管 1 的中位。射流管的偏转角由力马达通过传动杆 2 控制(也可以由力矩马达直接控制射流管偏转)。射流管的回转轴也是气源的供给管路。接收器 3 固定不动，它的两个接收孔的中心位于射流管的回转平面内。接收器的两输出孔分别与执行元件的两工作腔连接，如图中点画线所示 射流管喷口有收缩形和拉伐尔形两种，前者可将气流加速到声速，而后者可将气源压力较高的气流加速到超声速。射流管的作用之一是接受力马达或力矩马达的控制信号，并将控制信号转换成射流管的偏转角 α；作用之二是将气体的压力能转变成动能 接收器中的两个接收通道是扩张形的，其作用是使高速气流减速，恢复压力能。射流管阀的实际工作原理是能量的转换和分配 射流管阀的应用虽没有喷嘴挡板阀那么广泛，但在动力控制系统中应用较多，有时也在二级阀中作功率级用。射流管阀也具有结构简单、对气源净化要求不高等优点。与喷嘴挡板阀相比，射流管阀的效率略高，在流量大、效率要求较高的控制系统中，均采用射流管阀 射流管阀适用的气源压力不宜太高。高速气流从射流管中喷出进入接收孔，而负载工作腔的一部分气体从接收孔返回大气，在这些流动过程中，射流管受到气流的反作用力。当射流管处于中位时，反作用力的合力通过射流管的转轴；当射流管偏转角增大时，射流管受到的气流反作用力矩也增大，该力矩方向与射流管的控制力矩方向相反，致使射流管产生振荡。过高的气源压力会引起控制系统的不稳定。经验表明，射流管阀的气源压力限制在 0.4MPa 以下为好 射流管阀的特点是输出刚度低，中位功率损失大	

续表

名称		结构原理图	工作原理	组成和优缺点
气动放大器	膜片式喷嘴挡板	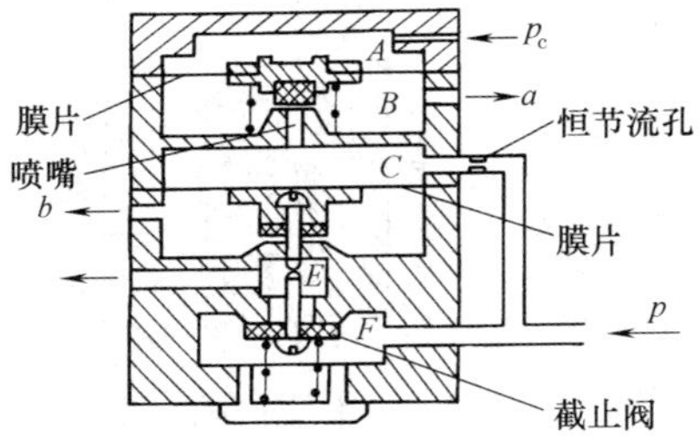 膜片　喷嘴　恒节流孔　膜片　截止阀 膜片式喷嘴挡板阀结构原理	当气源进入放大器后,一部分气体进入 F 室,另一部分气体经恒定节流孔进入 C 室。当 A 室无控制信号 p_c 输入时,进入 C 室的气体经喷嘴流入 B 室再通过排气孔 a 排向大气,在 F 室内的气体压力作用下,截止阀关闭,输出口 E 无气体输出。当控制信号 p_c 输入 A 室后,A、B 室间的膜片在 p_c 的作用下变形,堵住喷嘴,C 室内气体不能排出,压力随之升高,达到一定压力值时推动 C 室下的膜片,打开截止阀,接通 p 与 E 之间的通道,高压气流从输出口 E 输出。当控制信号压力 p_c 消失后,截止阀关闭,输出口 E 与排气口 b 接通排气 由上述工作原理分析可知,放大器实际上是一种微压控制阀,即用很小的压力气体作为输入控制信号,以获得压力较高、流量较大的气流输出 图示的膜片式气动放大器是一个两级放大器,第一级是用膜片-喷嘴式进行压力放大,第二级是功率放大	该气动放大器由于没有摩擦部件和相对机械滑动部分,因此它有较高的灵敏度和较长的使用寿命。但其恒定节流孔小,工作中易被堵塞而失灵
	滑阀	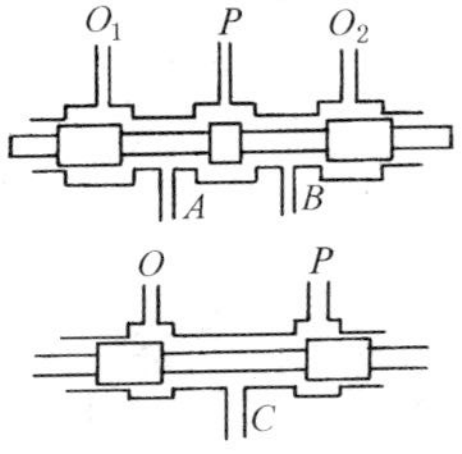 图(a) 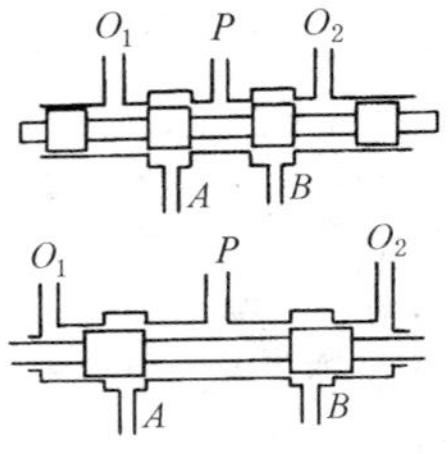　图(b) 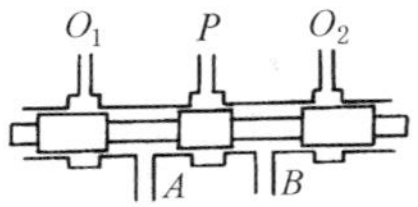　图(c) 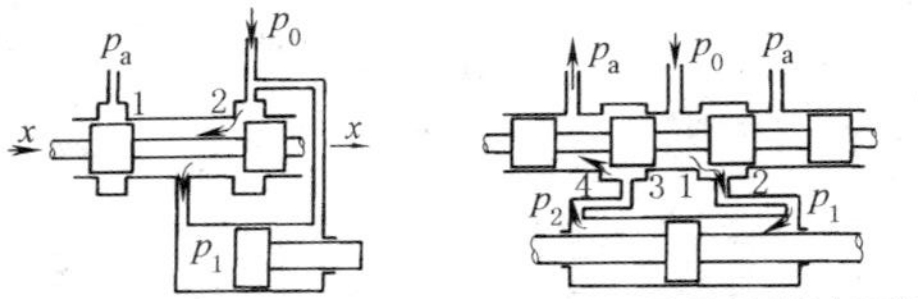 图(d)　三通滑阀控制系统　图(e)　四通滑阀控制系统 滑阀工作原理 1,2—节流口	根据阀芯形状的不同,滑阀分为柱形滑阀和滑板滑阀,柱形滑阀应用最广。柱形滑阀的阀芯是具有多凸肩的圆柱体,凸肩棱边与阀体(或阀套)内凹槽棱边组成节流口。根据凸肩的数量,滑阀分为二凸肩阀、三凸肩阀、四凸肩阀[图(a)～图(c)]。按阀芯位于中位时节流口的开闭状况,滑阀又分为中开阀和中闭阀。中开阀又称正开口阀,阀芯凸肩与凹槽之间构成的是负重叠(负遮盖)量,如图(a)所示;中闭阀又有零开口阀(零重叠量)和负开口阀(正重叠量)两种,如图(b)、图(c)所示。与开关式方向阀分类相同,伺服/比例控制阀也有三通阀、四通阀、五通阀之分 柱形滑阀和滑板滑阀的工作原理相同。现以柱形滑阀为例进行分析 三通滑阀具有两个节流口,与差动气缸组成气动比例控制系统,如图(d)所示。当阀芯在力马达的作用下由中位(零位)向右移动一距离时,节流口 1 关死,节流口 2 打开,气缸无杆腔进气;当阀芯反向移动时,则节流口 2 关死,节流口 1 打开,气缸无杆腔排气。阀芯运动的方向受输入信号的极性控制,节流口开口量的大小受输入信号大小控制。可以用半桥气动回路描述三通滑阀的工作状态 图(e)所示为四通滑阀组成的控制系统。四通滑阀有四个节流口,节流口的开闭情况视滑阀的中开式或中闭式而不同。对零开口阀,当阀芯向某一方向运动时,两个节流口关闭,其余两个节流口流通面积逐渐增大;当阀芯由中位反向运动时,节流口的开闭情况恰好相反 对中开式四通滑阀,当阀芯的位移量大于中位时的负重叠量时,四个节流口都是可变的;当阀芯的位移量大于中位时的负重叠量时,工作情况与零开口阀相同 对负开口阀,当阀芯的位移量小于中位时的正重叠量时,四个节流口始终处于关闭状态。当阀芯位移超过上述正重叠量时,工作情况与零开口阀相同。由负开口阀组成的控制系统,存在明显的死区 四通滑阀的工作状态可用全桥气动回路来描述 五通滑阀与四通滑阀功能完全相同,仅比四通滑阀多一个排气口	与其他气动放大器相比,气动滑阀具有输出功率大、滑芯能实现静态平衡、控制功率小、中闭阀中位可以不消耗能量等优点。但滑阀的缺点也是明显的,阀芯与阀体(或阀套)构成的节流口尺寸精度要求高,加工困难,生产成本高,由于气体的润滑性能差,阀芯与阀体(阀套)构成的摩擦副干摩擦力大,影响了控制系统的线性性能。这些缺点限制了滑阀在气动伺服控制系统中的应用

第21篇

3.6.2.3　典型电-气比例阀

表 21-3-98　　典型电-气比例阀

名称	结构简图及工作原理
新发展	电-气比例阀和伺服阀主要由电-机械转换器和气动放大器组成。但随着近年来廉价的电子集成电路和各种检测器件的大量出现，在电-气比例/伺服阀中越来越多地采用了电反馈方法，这大大提高了比例/伺服阀的性能。电-气比例/伺服阀可采用不同的反馈控制方式，阀内增加了位移或压力检测器件，有的还集成有控制放大器
喷嘴挡板式电气压力比例阀	如图(a)所示，它由控制器、喷嘴、挡板、膜片组件、压力传感器、内阀等主要部件组成。它可实现输入信号与输出压力成比例关系。它是基于压力反馈的原理工作的。当控制输入信号增大时，有压电晶体构成的挡板 1 靠近喷嘴 2，使喷嘴背压腔 3 内的压力上升，作用于膜片 4 上，压下排气阀 5，由于内阀 6 与排气阀联动，输出口被打开，压力气体通过输出口流向负载，成为输出。另外此压力气体通过压力传感器 8 转换成电信号，反馈到控制器 9 中，与控制输入信号进行比较，产生偏差信号，修正输出。这样通过不断反馈以实现输出气体压力和控制输入信号成比例关系。图(b)为其静态特性曲线图 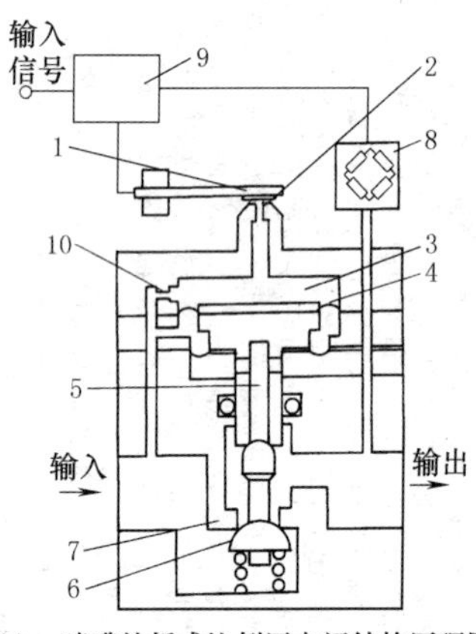 图(a)　喷嘴挡板式比例压力阀结构原理图 1—挡板；2—喷嘴；3—喷嘴背压腔；4—膜片；5—排气阀；6—内阀；7—阀座；8—压力传感器；9—控制器；10—固定节流孔 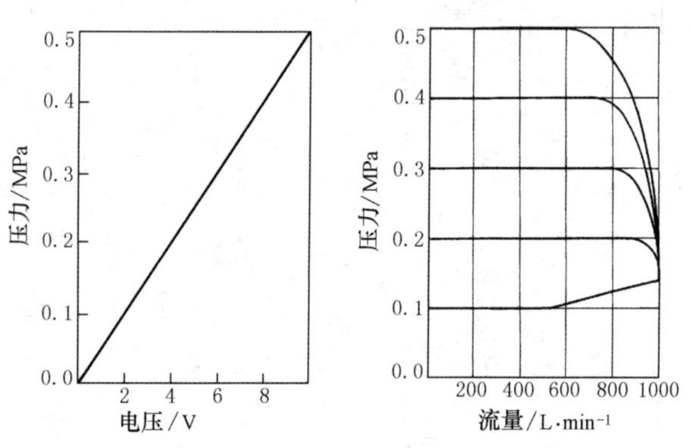 图(b)　电—气比例阀静态特性曲线
动铁式比例压力阀	动铁式比例压力阀是一个二位三通的硬配阀阀体和比例电磁铁两大部分所组成，如图(c)所示。通常，比例电磁铁部分包含一个控制电路(包括一个比例放大器电路)。当输入电压信号(电流)经过比例放大器转换为与其成比例的驱动电流 I_e，该驱动电流作用于比例电磁阀的电磁线圈，使永久磁铁产生与 I_e 成比例的推力 F_e，并作用于阀芯 3，使二位三通阀的阀口打开，气源与输出口接通，形成输出气压，该气压经过反馈气路 6 作用于阀芯底部，产生反馈力 F_f 并与电磁力相抵抗直至平衡。此时，满足下列方程式： $$F_f+X_0K_{XF}=F_e+\Delta F$$ 从图中看出反馈力：　$F_f=A_fp_a$ 又因为，电磁力 F_e 与驱动电流 I_e 成比例关系，因此，也同输入电压信号 U_e 成比例关系，所以 $$F_e=K_{IF}I_e=K_{IF}K_{UI}U_e$$ 则有 $$p_a=\begin{cases}0, & U_e<\dfrac{X_0K_{XF}}{A_fK}\\ KU_e-\dfrac{(X_0+X)K_{XF}}{A_f}+\dfrac{\Delta F}{A_f}, & U_e>\dfrac{(X_0+X)K_{XF}}{A_fK}\end{cases}$$ 由式可见，输出压力 p_a 与输入电压信号 U_e 基本成比例关系 式中　X_0——反馈弹簧的预压缩力 K_{XF}——反馈弹簧的刚性系数 F_e——电磁力 ΔF——摩擦力 A_f——阀芯底部截面积 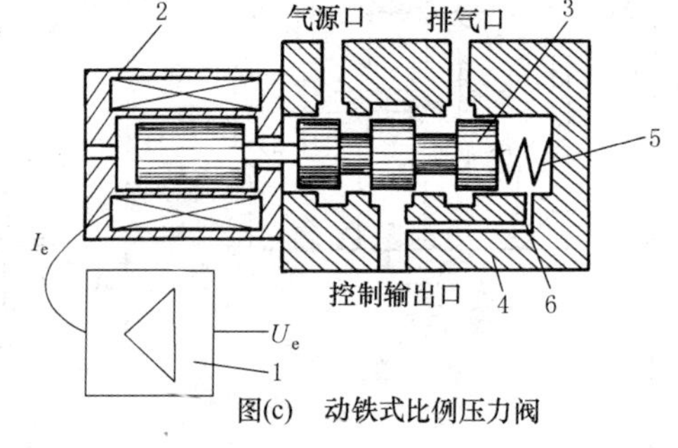 图(c)　动铁式比例压力阀 1—控制电路；2—比例电磁铁；3—阀芯；4—阀体；5—反馈弹簧；6—反馈气路

续表

名称	结构简图及工作原理
动铁式比例压力阀	p_a——输出口 A 的压力 K_{IF}——比例电磁铁的电流-力增益 K_{UI}——比例放大器的电压-电流增益 $K=\frac{K_{IF}K_{UI}}{A_f}$(称比例阀的增益,或称比例系数)
先导式比例压力阀	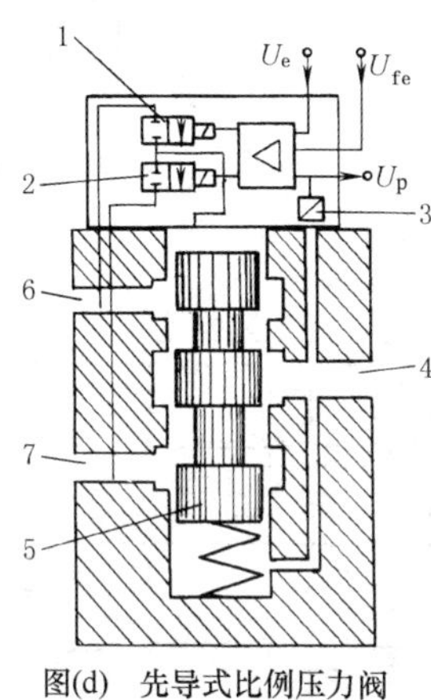 图(d) 先导式比例压力阀 1—先导控制阀1;2—先导控制阀2;3—压力传感器; 4—输出口;5—主阀芯(先导式放大器); 6—气源口;7—排气口;U_e—输入信号; U_{fe}—外反馈信号;U_p—输出信号 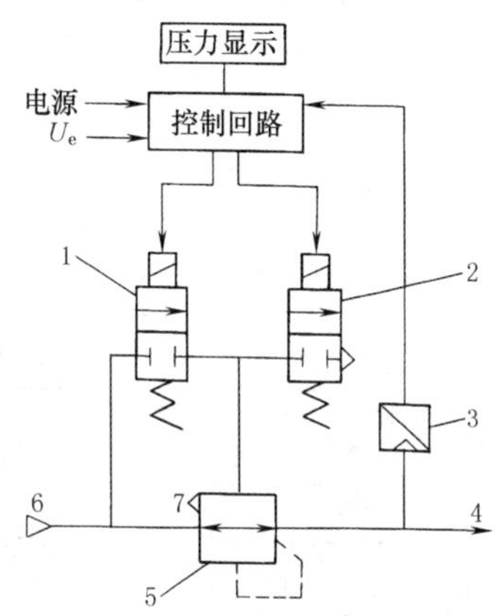 图(e) 先导式比例压力阀的工作原理 先导式比例压力阀是由一个二位三通的硬配阀阀体和一组二位二通先导控制阀、压力传感器和电子控制回路所组成。如图(d)所示,当压力传感器检测到输出口气压 p_a 小于设定值时,先导部件的数字电路输出控制信号打开先导控制阀1,使主阀芯上腔的控制压力 p_0 增大。阀芯下移,气源继续向输出口充气,输出压力 p_a 增高。当压力传感器检测到输出气压 p_a 大于设定值时,先导部件的数字电路输出控制信号打开先导阀2,使主阀芯的控制压力与大气相通,p_0 适量下降,主阀芯上移,输出口与排气口相通,p_a 降低。上述的反馈调节过程一直持续到输出口的压力与设定值相符为止 由该比例阀的原理可以知道,该阀最大的特点就是当比例阀断电时,能保持输出口压力不变。另外,由于没有喷嘴,该阀对杂质不敏感,阀的可靠性高 还有一种比例阀就是用一个二位三通高速开关阀替代阀1、2,通过控制该阀的开关占空比来控制先导腔的压力,与上图所示比例阀相比它没有断电保压作用

先导式比例压力阀技术参数

输入压力/MPa	0.2	0.8	1.2	电压(DC)/V	24±25%
输出压力/MPa	0~0.1	0~0.6	0~1		
流量范围/L·min^{-1}				电压波动	10%的比例电压
G1/8	360	600	1200		
G1/4	700	1900	2600	功耗/W	3.6(30V DC)100%运动周期
G1/2	2000	6300	7000		
介质	工业用压缩空气(润滑或无润滑),中性气体,过滤等级 40mm			实际输出值	V=0~10V DC I=4~20mA
介质温度/℃	0~60				
迟滞 输出压力	0~0.1MPa	≤0.003MPa	—	实际输入值	V=10V DC 推荐电阻 R=4.7kΩ
输出压力	0~0.6MPa	≤0.004MPa			
输出压力	0~1MPa	≤0.005MPa		保护等级	IP 65

续表

名称	结构简图及工作原理
先导式比例压力阀	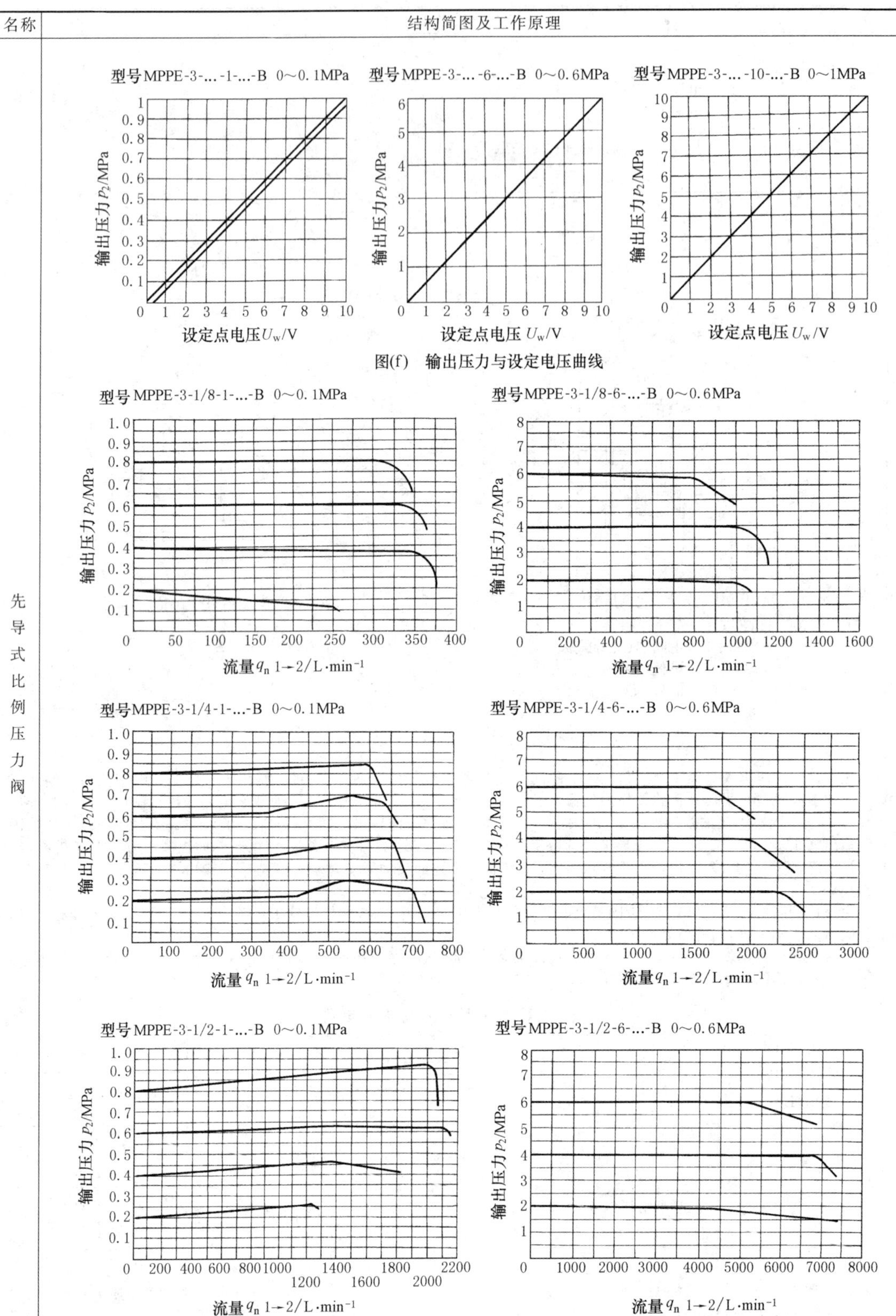

图(f) 输出压力与设定电压曲线

续表

<table>
<tr><th>名称</th><th colspan="2">结构简图及工作原理</th></tr>
<tr><td>先导式比例压力阀</td><td colspan="2">

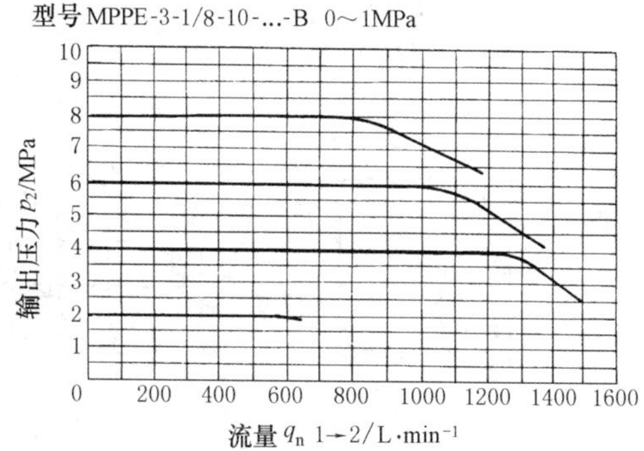

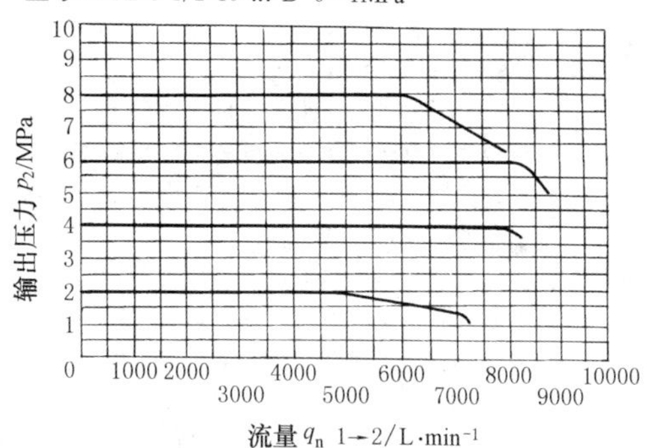

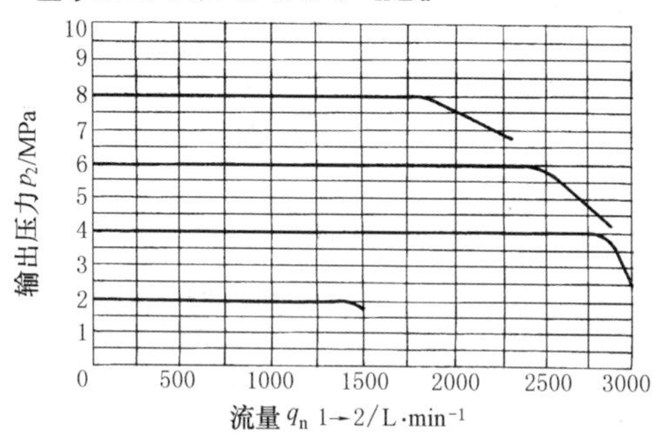

图(g)　输出压力与额定流量之间关系曲线

</td></tr>
<tr><td>气动比例流量控制阀</td><td>二位三通气动比例流量阀</td><td>

二位三通型气动比例流量阀是由一个二位三通硬配阀阀体和一个动铁式比例电磁铁组成，图(g)为二位三通型比例流量阀。当输入电压信号 U_e 经过比例放大器转换成与其成比例的驱动电流 I_e，该驱动电流作用于比例电磁铁的电磁线圈，使永久磁铁产生与 I_e 成比例的推力 F_e 并作用于阀芯 3 使其右移。阀芯的移动与反馈弹簧力 F_f 相抗衡，直至两个作用力相平衡，阀芯不再移动为止。此时满足以下方程式：

$$F_f+X_0K_{XF}=F_e\pm\Delta F$$

$$F_f=K_{XF}X$$

$$F_e=K_{IF}I_e=K_{IF}X_{UI}U_e$$

则有

$$X=\begin{cases}0, & U_e<\dfrac{X_0}{K}\\ KU_e-X_0-\dfrac{\Delta F}{K_{XF}}, & U_e>\dfrac{X_0}{K}\pm\dfrac{\Delta F}{K_{XF}}\end{cases}$$

式中　F_f——反馈弹簧力
X_0——反馈弹簧预压缩量
K_{XF}——反馈弹簧刚性系数
X——阀芯的位移
F_e——电磁驱动力
ΔF——摩擦力
K_{IF}——比例电磁铁的电流-力增益
K_{UI}——比例放大器的电压-电流增益
I_e——比例驱动电流
U_e——输入电压信号
K——比例阀的增益，即比例系数

$$K=\frac{K_{IF}K_{UI}}{K_{XF}}$$

从式可见，阀芯的位移 X 与输入电压信号 U_e 基本成比例关系

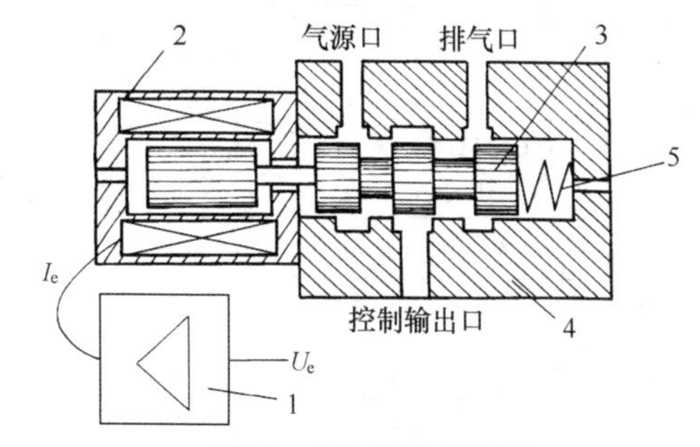

图(h)　二位三通比例流量阀
1—控制电路；2—比例电磁铁；
3—阀芯；4—阀体；5—反馈弹簧

</td></tr>
</table>

续表

名称		结构简图及工作原理
气动比例流量控制阀	三位五通比例流量阀(亦称气动伺服阀)	二位三通型比例流量阀仅对一输出流量进行控制，而三位五通型比例流量阀则同时对两个输出口进行跟踪控制。又因为此阀的动态响应频率高，基本满足伺服定位的性能要求，故也称为气动伺服阀 三位五通比例流量阀是一个三位五通型硬配阀阀体与一个含动铁式的双向电磁铁的控制部分所组成，如图(h)控制放大器除了一个动铁式的双向电磁铁之外还有一个比例放大器、位移传感器及反馈控制电路。动铁式双向电磁铁与阀芯被做成一体 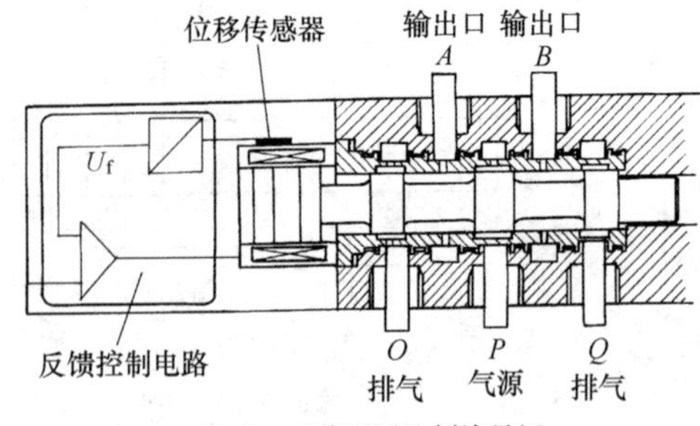 图(i)　三位五通比例流量阀 三位五通比例流量阀的工作原理是：在初始状态，控制放大器的指令信号 $U_e=0$，阀芯处于零位，此时气源口 P 与 A、B 两输出口同时被切断，A、B 两口与排气口也切断，无流量输出；此时位移传感器的反馈电压 $U_f=0$。若阀芯受到某种干扰而偏离调定的零位时，位移传感器将输出一定的电压 U_f，控制放大器将得到的 $\Delta U=-U_f$ 放大后输出电流给比例电磁铁，电磁铁产生的推力迫使阀芯回到零位。若指令信号 $U_e>0$，则电压差 ΔU 增大，使控制放大器的输出电流增大，比例电磁铁的输出推力也增大，推动阀芯右移。而阀芯的右移又引起反馈电压 U_f 增大，直至 U_f 与指令电压 U_e 基本相等，阀芯达到力平衡。此时，$U_e=U_f=K_fX$（K_f 为位移传感器增益） 上式表明阀芯位移 X 与输入信号 U_e 成正比。若指令电压信号 $U_e<0$，通过类似的反馈调节过程，使阀芯左移一定距离。阀芯右移时，气源口 P 与 A 口连通，B 口与排气口连通；阀芯左移时，P 与 B 连通，A 与排气口连通。节流口开口量随阀芯位移的增大而增大 上述的工作原理说明带位移反馈的方向比例阀节流口开口量及气流方向均受输入电压 U_e 的线性控制。这类阀的优点是线性度好，滞回小，动态性能高 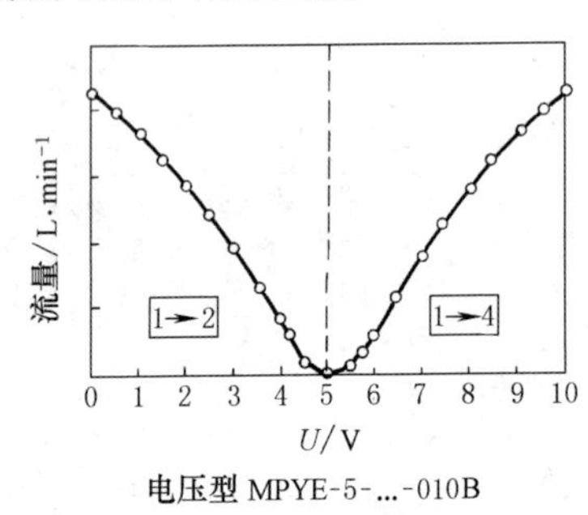 电压型 MPYE-5-...-010B 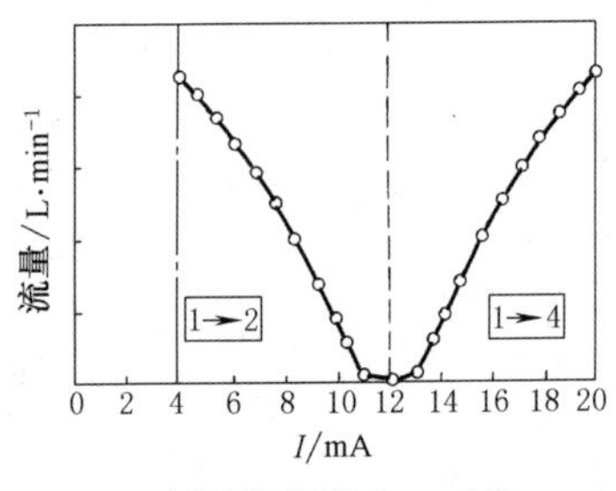 电流型 MPYE-5-...-420B 图(j)　三位五通比例流量阀流量特性曲线

三位五通比例流量阀的主要技术参数

规格	M5	G1/8LF	G1/8HF	G1/4	G3/8
最大工作压力	1MPa				
工作介质	过滤压缩空气，精度 5μm，未润滑				
设定值的输入(电压，电流)	0～10V DC，4～20mA				
公称流量/L·min^{-1}	100	350	700	1400	2000
电压(DC)/V	24±25%				
电压脉动	5%				
功耗/W	中位 2，最大 20				
最大频率/Hz	155	120	120	115	80
响应时间/ms	3.0	4.2	4.2	4.8	5.2
迟滞	最大 0.3%，与最大阀芯行程有关				

3.6.3　气动比例（伺服）系统应用举例

表 21-3-99　　气动比例（伺服）系统应用举例

(1)气动伺服定位系统

一般要求	这里讨论的气动伺服定位系统前提是：根据目前气动伺服定位系统的技术水平，最大运动速度在 3m/s 之内。阀的最大输出流量为 2000L/min，定位精度在±0.2mm 之内

组成原理及组成元件作用

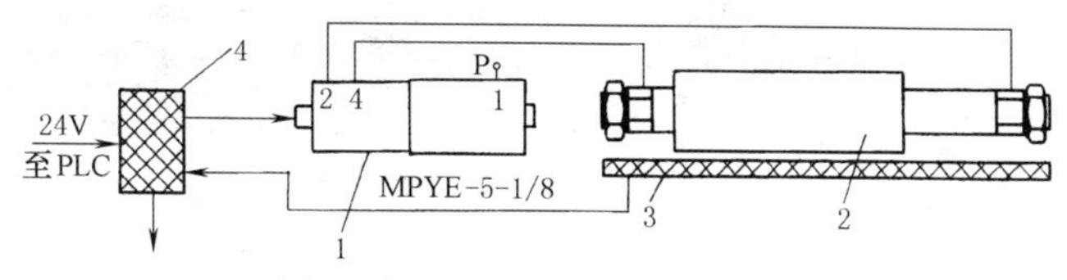

图(a)　气动伺服定位系统主要元件组成

1—气动伺服阀；2—直线气缸或摆动气缸；3—位移传感器；4—伺服控制器(位置控制器)

(1) 气动伺服阀　它接受位置控制器的控制信号(0～10V 直流电压信号，或者 4～20mA 电流信号)

(2) 直线气缸或摆动气缸　气缸行程在 2000mm 之内。气缸的摩擦力对气动伺服定位系统中的定位精度影响很大。应选用低摩擦气缸

(3) 位移传感器　将检测、跟踪气缸活塞的位置并连续转换为电信号反馈给控制器中的反馈电路。位移传感器有模拟量位移传感器和数字式位移传感器两种。某些公司已把位移传感器和气缸组装在一起

(4) 伺服控制器　(亦称轴控制器、电控制单元)伺服控制器可用于储存和处理设定点的位置及程序，并对正在运行的反馈电信号与原设定位置电信号进行比较，驱动气动伺服阀进行纠正性运行

① 伺服控制器需要输入气缸的直径和长度、气压值、负载质量大小、位置的控制精度和运行速度等基本参数

② 伺服控制器既可对单轴进行控制，也可通过协调器对几个轴的位置及次序进行协调控制

③ 伺服控制器对每个单轴控制，可有 512 个位置控制点及 99 个不同程序

④ 伺服控制器的控制程序可由计算机通过 PISA 软件(制造厂商提供专门软件)进行编程

气动伺服定位的应用

现需焊接不在一条直线上三个焊点的汽车副车架面板，左右副车架面板对称共有六个点，焊枪固定，工件移动，工件由夹具气缸固定。由于焊点不在一直线上，而且工件在移动时，焊枪必须避开工件上的夹具，所以工件要做二维运动。焊机机械结构如图(b)所示。整台多点焊机的控制由位置控制器(伺服控制器)SPC-100 和 PLC 协同完成。SPC-100 实现定位控制，采用 NC 语言编程。PLC 完成其他辅助功能，如控制焊枪的升降，系统的开启、停等，并且协调 X、Y 轴的运动。SPC-100 与 PLC 之间的协调通过握手信号来实现

	项目	X 轴	Y 轴
工况要求	移动范围/mm	1200	250
	定位精度/mm	±1	±1
	负载质量/kg	200(包括机架)	120
	工件质量(左、右梁)/kg	4	
	工作周期/min	2	

	名称	型号	数量
气动伺服系统组成元件	伺服控制器	SPC-100-P-F	2
	无杆气缸	X 轴 DGP-40-1500-PPV-A	1
		Y 轴 DGP-40-250-PPV-A	1
	位移传感器(模拟式)	X 轴 MLO-POT-1500-TLF	1
		Y 轴 MLO-POT-300-TLF	1
	比例阀	MPYE-5-1/8-HF-10-B	2

		X 轴	Y 轴
多点焊机定位系统的运行参数	速度 v/m·s^{-1}	0.5	0.3
	加速度 a/m·s^{-2}	5	1
	定位精度/mm	±0.2	±0.2

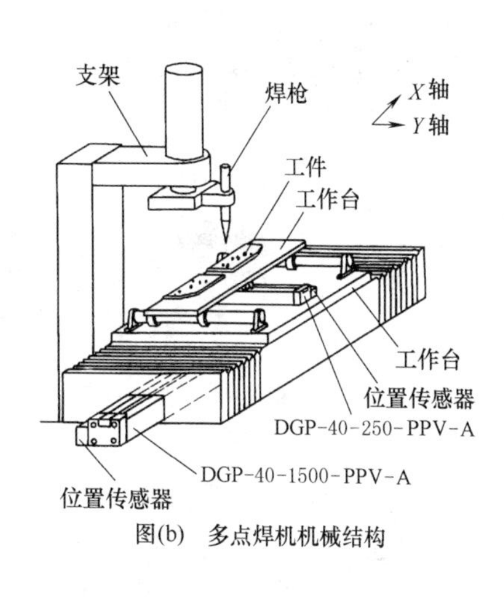

图(b)　多点焊机机械结构

(2)柔性抓取系统

要求	气压传动在工业机械手的抓取系统上应用较为广泛。在这类系统中若不采用比例控制技术，抓紧力就难以调节，尤其是在工作过程中更无法实现对抓紧力的实时控制，这对推广机械手的应用是不利的。这里介绍的一种柔性抓取系统可以自动根据被抓取对象的重量调节其抓取力，这样既可以可靠地抓紧工件，同时又不至于破坏工件表面。采用这种柔性抓取系统后，可以使一台机械手完成多种任务，提高利用率

续表

<table>
<tr>
<td>工作原理</td>
<td>
图(c)是柔性抓取系统的工作原理。该系统主要由控制放大器 1、电-气压力伺服阀 2、抓取机构 3、滑移传感器 4 等组成。滑移传感器带有滑轮，当滑轮转动时，其输出电压 U_e 升高。控制放大器的作用是将滑移传感器输出的信号 U_e 与初始电压信号 U_0 相加，并将两者之和 U_e+U_0 线性放大并转换为电流信号输出
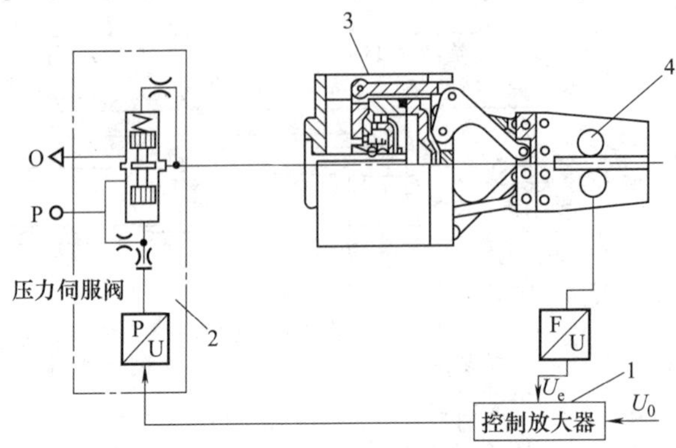

图(c)　柔性抓取系统工作原理
当抓取机构接近工件后，抓取系统开始工作。这时滑移传感器尚未动作，$U_e=0$，控制放大器仅输入初始电压信号，电-气压力伺服阀输出相应的初始气压后，驱动抓取机构抓取工件。由于初始信号 U_0 是根据工件重量范围的下限调定的，因此开始抓取时由于抓取力不够使工件在抓取机构上滑动，从而带动滑移传感器的滑轮转动，并产生电压信号 U_e，U_e 加入控制放大器使输出电流上升进而使抓紧力增大。以上过程持续到抓紧力刚好能抓起工件为止
</td>
</tr>
</table>

3.6.4　电气比例阀用控制器

SMC 公司推出的压力型电气比例阀用控制器 IC 系列，主要用于将 PLC 输出的数字信号转化为模拟信号，提供给比例压力阀，产生与电信号成比例的工作压力驱动气缸做功，或者通过该控制器直接输出模拟信号给比例压力阀，控制气缸输出。其主要功用如图 21-3-97 所示。

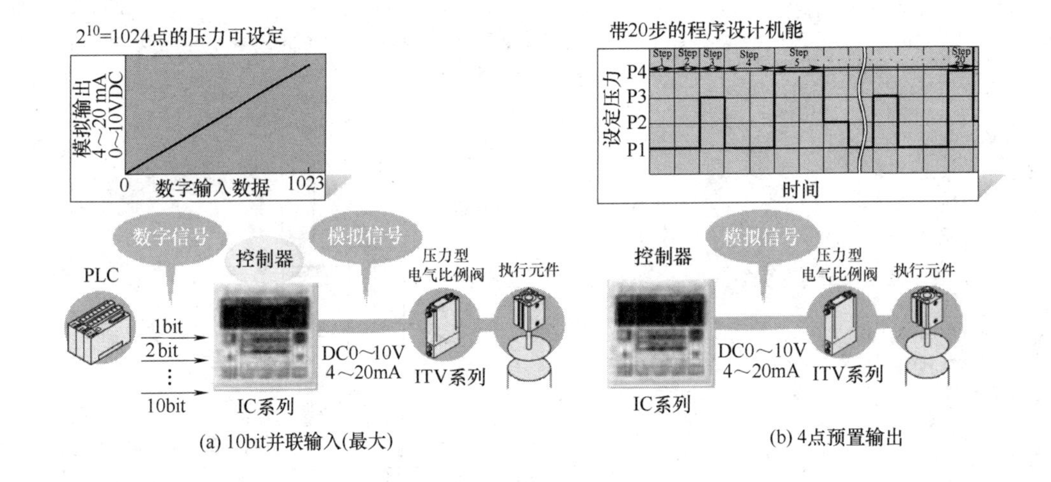

(a) 10bit并联输入(最大)　　(b) 4点预置输出

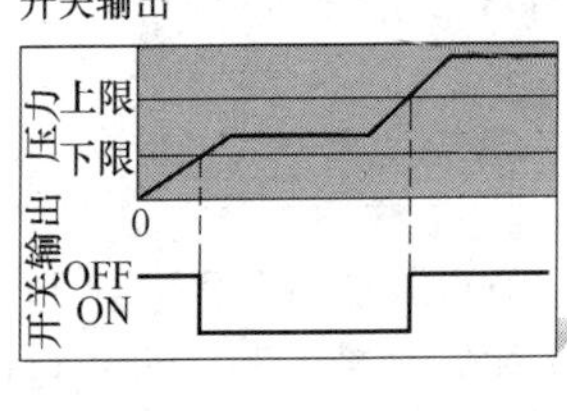

(c) 压力开关机能

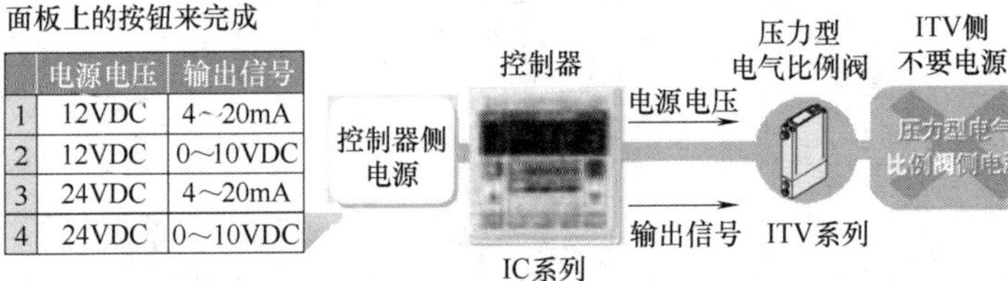

	电源电压	输出信号
1	12VDC	4～20mA
2	12VDC	0～10VDC
3	24VDC	4～20mA
4	24VDC	0～10VDC

(d) 电源电压、输出信号

图 21-3-97　IC 系列比例控制器的主要功用

表 21-3-100 **规格**

压力范围/MPa		0.1	0.5	0.9	−0.1
耐压试验压力/MPa		0.5	1.5		0.5
适合流体		空气、非腐蚀性气体			
外形尺寸/mm		48×48×100.5			
供给电源		DC12～24V(15W 以上),波动(p-p)1%以下			
输入		①输入点数:根据定序器最大输入可达 10bit(并联) 输入方法:无电压触点或 NPN 开路集电极输入 最小脉冲宽度:50ms ②输入方法:按钮操作,可调节 4 点输入 (使用程序设计可设定间距时间)			
电源输出		DC12V(max.300mA)、精度 DC12～14.4V[2]			
		DC24V(max.300mA)、精度 DC22.0～26.8V			
指令输出		① DC0～10V(输出电阻:6500‰以上、精度 0.5%F.S. 以内) ② 4～20mA(输出电阻:800‰以上、精度 0.5%F.S. 以内)			
开关输出		输出点数:4 点 输出形式:NPN,PNP 开路集电极输出 耐压:max.30V 电流:max.100mA 内部降下电压:1V 以下 N.O.N.C. 型可切换			
开关应答性		5～640ms			
显示方式		压力显示用:3 1/2 位 LED 显示(红色)			
		输出电源电压、电流信号显示:1 行 LED 显示(红色)			
		RUN,CH,SW 用 LED 灯(红色、绿色)			
显示精度[1]		−0.5%F.S. −1dig(25℃)			
显示抽样速度		约 4 次/秒			
温度特性		−0.12%F.S./℃			
错误显示		用 LED 显示压力			
耐环境性	使用温度范围/℃	0～50			
	保存温度范围/℃	−20～60			
	使用湿度范围	0～85%R.H.			
	耐振动性	10～55Hz 全振幅 1.5mm$X$,Y,Z 方向各 2h			
	耐冲击性	100m/s^2(约 10G)X,Y,Z 各方向			
	耐水性	仅表盘部带保护罩的适合 IP65、没有保护罩的场合适合 IP40			
传感器类型		内置传感器型、外置传感器型[3]			
设定值保持		不通电可保持 10 年(采用 EEPROM)			
连接口径		M5 内螺纹(内置传感器型)			
材质		外壳部:POM 表盘部:PC 垫片:NBR 面板安装连接件:POM 表盘部保护罩:PC			
质量/g		约 330(内置传感器型) 约 345(外置传感器型)			

① 显示精度为:内置传感器,当向引入口加压时 LED 的显示精度。
② 外置传感器的输出电源电压也为同样规格。
③ 外置传感器型的场合,传感器需另外订货。若为发生模拟输出信号的压力传感器,则可进行连接。

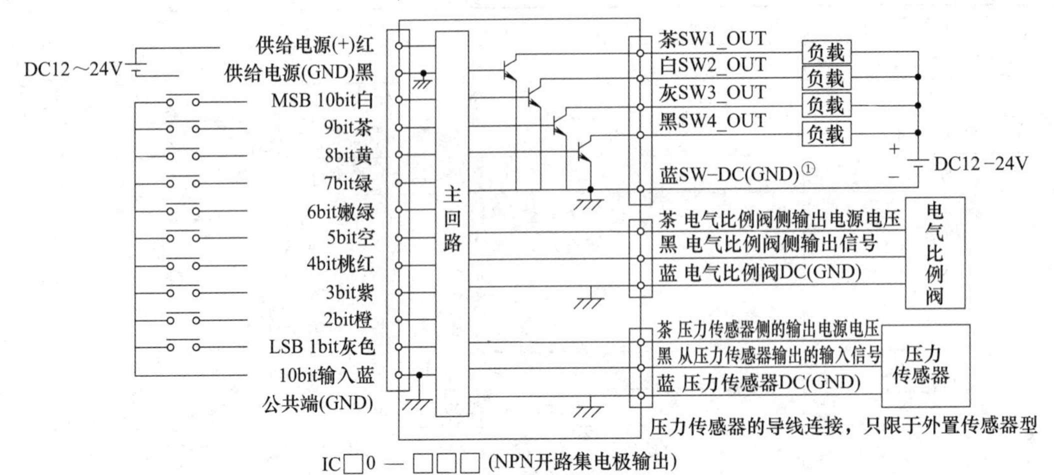

①负载用电源与供给电源通用的场合，SW-DC(GND)也可作为供给电源使用。

(a)

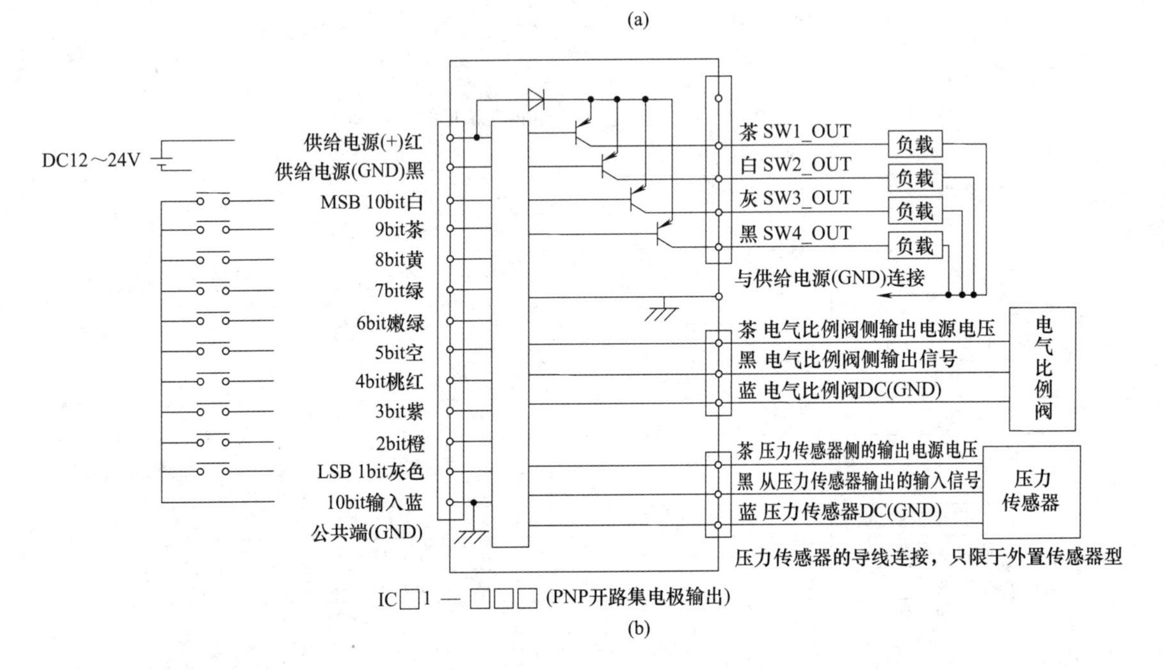

(b)

图 21-3-98 回路与配线示例

3.6.5 电气比例定位器

电气比例定位器使气缸定位能与输入信号（空气压）成比例，并带修正动作功能，即使因负载变动发生位置偏移，也可回到初始设定位置。其工作原理见图 21-3-99。当输入压力流入输入室后，输入膜片受到力的作用向左方向位移。喷嘴间隔变窄，背压升高。在背压作用下膜片 A 的作用力大过膜片 B 的作用力，阀芯向左方向移动，出口 1 侧流入供给压力。另外，出口 2 侧排出气缸内部气体，气缸活塞杆向右方向移动伸出，该运动通过连接杆传至反馈弹簧。气缸活塞杆不断运动直至弹簧与输入膜片的作用力相平衡，最终得到与输入信号成比例的位移。

在使用中应满足以下技术要求：应使用经除湿除尘的清洁压缩空气；安装时注意不要使气缸活塞杆处于扭拧状态；勿对反馈弹簧保护罩施加力；零点会因安装姿势发生变化，应在装置设置后自行零点调整；勿使用油雾器；在室外使用时，应采取相应措施使其不受风雨影响。

其规格参见表 21-3-101。

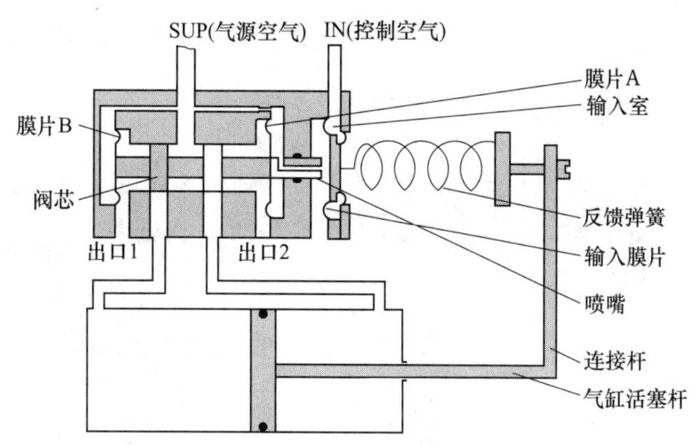

图 21-3-99　电气比例定位器的工作原理

表 21-3-101　电气比例定位器的规格

项目	型号	
	CPA2 型	CPS1 型
输入压力	0.02～0.1MPa	
供给压力	0.3～0.7MPa	
直线性	±0.2%F.S. 以内	
迟滞	1%F.S. 以内	
重复性	±1%F.S. 以内	
灵敏度	0.5%F.S. 以内	
空气消耗量	18L/min(ANR)以内(SUP=0.5MPa)①	
环境温度及使用流体温度	−5～60℃(无冻结)	0～60℃(无冻结)
温度系数	0.1%F.S./℃	
行程调整范围	10%F.S. 以内	
适合气缸行程	25(最小)～300mm(最大)	
空气连接口	R_c1/4 内螺纹②	

①（ANR）表示 JIS B0120 标准空气。
② 基本规格外的连接口应进行确认。

3.6.6　电气比例变换器

电气比例变换器可输出与电流信号成比例的空气压力，可与气-气定位器组合，作为输入压力信号使用。其输出范围广，输出工作压力范围可达 0.02～0.6MPa，可通过范围调整自由设定最大压力。先导阀的容量大，故可得到较大流量。当直接操作驱动部或对有大容量气罐的内压进行加压控制时，响应性优异。有独立的电气单元/耐压防爆（防火花）构造，即使在易发生爆炸、火灾的场所，也可将主体外壳卸下进行范围调整、零点调整及点检整备。范围调整机构采用矢量机构，可实现平滑的范围调整。

其工作原理参见图 21-3-100、图 21-3-101。输入电流增大后，转矩电机部的转子受到顺时针方向回转的力矩，将挡板向左方推压，喷嘴舌片因此而分开，喷嘴背压下降。于是，先导阀的排气阀向左方移动，出口 1 的输出压力上升。该压力经由内部配管进入受压风箱，力在此处发生变换。该力通过杠杆作用于矢量机构，在杠杆交点处生成的力与输入电流所产生的力相平衡，并得到了与输入信号成比例的空气压力。补偿弹簧将排气阀的运动立刻反馈给挡板杆，故闭环的稳定性提高。零点调整通过改变调零弹簧的张力进行，范围调整通过改变矢量机构的角度进行。

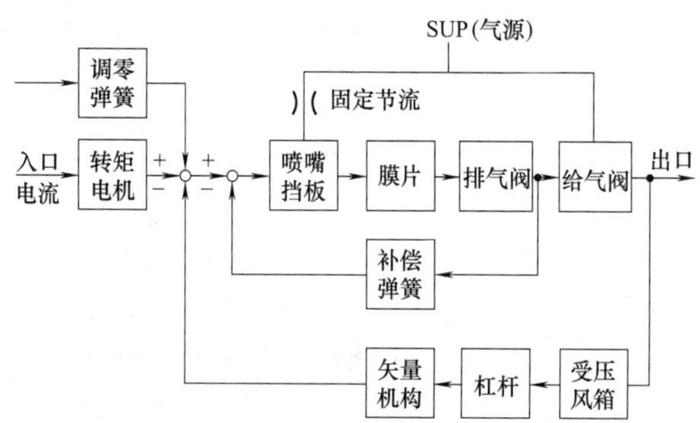

图 21-3-100　电气比例变换器的动作原理框图

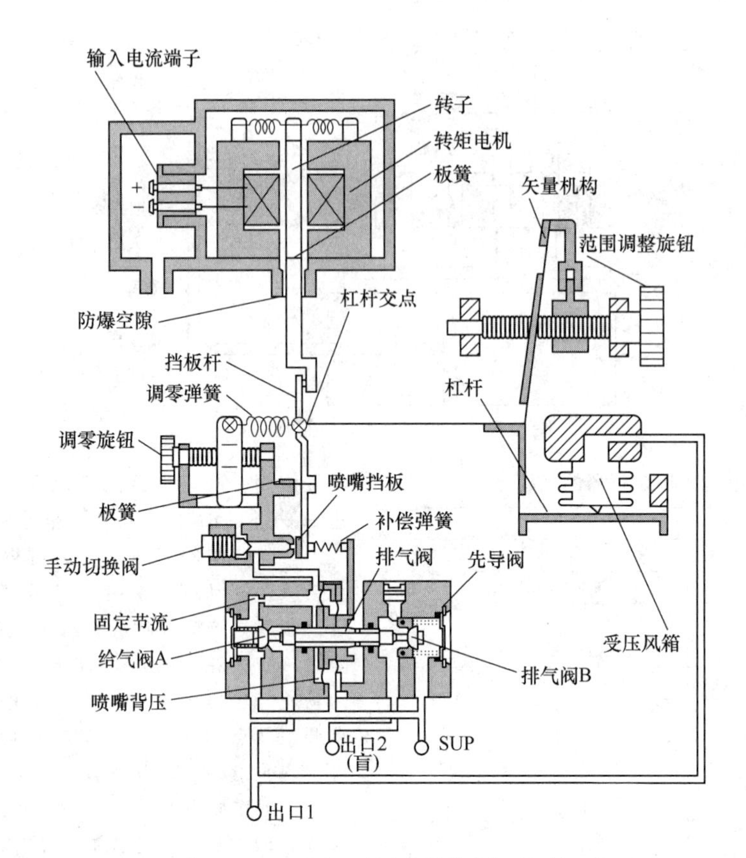

图 21-3-101 电气比例变换器的动作原理图

电气比例变换器的规格见表 21-3-102。

表 21-3-102 电气比例变换器的规格

项目	IT600	IT601
	低压力用	高压力用
输入电流	4～20mA DC	
输入抵抗	235Ω(4～20mA. 20℃)	
供给空气压	0.14～0.24MPa	0.24～0.7MPa
输出压力	0.02～0.1MPa (max. 0.2MPa)	0.04～0.2MPa (max. 0.6MPa)
直线性	±1.0%F.S. 以内	
迟滞	0.75%F.S. 以内	
重复性	±0.5%F.S. 以内	
空气消耗量	7L/min(ANR) (SUP0.14MPa)	22L/min(ANR) (SUP0.7MPa)
环境温度及使用流体温度	−10～60℃	
空气连接口	R_c1/4 内螺纹	
电气配线连接口	R_c1/2 内螺纹	
防爆构造	耐压防爆构造 d2G4(合格编号第 T28926 号)	
材质	本体压铸铝	
质量	3kg	

3.6.7　终端定位模块与电子末端定位软停止控制器

FESTO 轴控制器 CPX-CMAX 是专门为该公司生产的 CPX 阀岛而设计的，可实现定位和软停止应用，可作为 CPX 阀岛的集成功能部件——针对分散式自动化任务的模块化外围系统。其模块化的设计结构意味着阀、数字式输入和输出、定位模块以及端位控制器都能按照实际的应用需求以任何方式组合在 CPX 终端上。其具有以下优点。

① 气和电的组合——控制和定位在同一个平台上。

② 创新的定位技术——带活塞杆的驱动器、无活塞杆的驱动器以及摆动驱动器。

③ 通过现场总线进行驱动。

④ 远程维护、远程诊断、网络服务器、SMS 和 e-mail 报警都可以通过 TCP/IP 来实现。

⑤ 不需更换线路，就可进行模块的快速更换和扩充。

⑥ 自由选择——位置和力的控制，直接驱动或从 64 组可配置的位置指令中选择其一。如果还有更多的要求，可自动切换到下一指令，这一可配置功能可以轻易地使得轴控制器 CPX-CMAX 实现按序自动执行的功能。

⑦ 自动识别功能——自动识别功能将通过 CPX-CMAX 控制器中的各个设备数据来识别每个站点。

⑧ 其他特性：控制器 CPX-CMAX 的功能范围包含通过比例方向控制阀 VPWP 来驱动制动器或夹紧单元，最多可允许 7 个模块（最多 7 根轴）并行运作，同时彼此相互独立。

⑨ 调试工作通过 FCT（Festo 配置软件）或通过现场总线来实现：不需编程只需进行配置。

⑩ 灵活性强，OEM 友好——调试也通过现场总线，构造清晰，可快速调试，性价比高，可以在 PLC 环境中对系统进行编程。

电子末端定位软停止控制器不仅能控制气缸在机械末端位置之间快速移动，且在端位可以柔性制动而不形成冲撞。通过控制面板、现场总线或手持单元进行快速调试。停机控制进一步改善。比例方向控制阀 VPWP 将作为 CMPX 控制器的一个集成部件来驱动制动装置或夹紧单元。根据所选的现场总线，CPX 终端上最多驱动 9 个端位控制器。所有的系统数据都可通过现场总线进行读写。其优点有：灵活性强；OEM 友好，调试也通过现场总线；构造清晰，且可以快速调试；性价比高，动作循环率提高 30%，明显降低系统的振动；改良的人机工程学，有效降低噪声水平；扩展诊断功能有助于减少设备维护所需的时间。

图 21-3-102 给出了一个终端定位模块的应用实例。

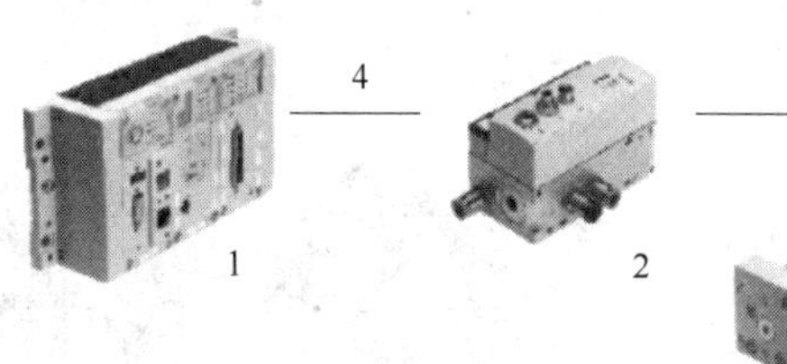

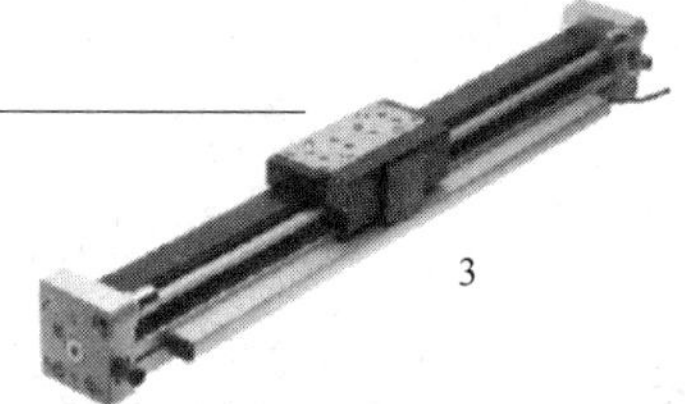

图 21-3-102　应用实例

1—控制器模块 CPX-CMPX 或 CPX-CMAX；2—比例方向控制阀 VPWP；3—直线驱动器 DGCI（带位移传感器）；4—连接电缆 KVI-CP-3-...

组合了轴控制器 CPX-CMAX 的气动定位系统的组成元件参见表 21-3-103。

表 21-3-103　组合了轴控制器 CPX-CMAX 的气动定位系统的组成元件

名称	直线驱动器		标准气缸	摆动模块	位移传感器	电位计	
	DGCI	DGPI,DGPIL	DNCI	DSMI	MME	LWG	TLF
端位控制器 CPX-CMAX	■	■	■	■	■	■	■
比例方向控制阀 VPWP	■	■	■	■	■	■	■
传感器接口 CASM-S-D2-R3	—	—	—	■	—	■	■

续表

名称	直线驱动器		标准气缸	摆动模块	位移传感器	电位计	
	DGCI	DGPI,DGPIL	DNCI	DSMI	MME	LWG	TLF
传感器接口 CASM-S-D3-R7	—	—	■	—	—	—	—
连接电缆 KVI-CP-3-...	■	■	■	■	■	■	■
连接电缆 NEBC-P1W4-...	—	—	—	■	—	■	—
连接电缆 NEBC-A1W3-...	—	—	—	—	—	—	■
连接电缆 NEBP-M16W6...	—	■	—	—	■	—	—

3.7 安全气动系统新元件

3.7.1 软启动泄气阀

软启动泄气阀一般用在气源处理之后，可以将下游的空气压力缓慢地上升至一定压力后再全部打开，可以起到保护下游气动元件的作用。

启动时控制下游压力的增加，可以是电磁或气动控制，气动符号参见图 21-3-103。大工作流量和大泄放流量，可选手动锁定（图 21-3-104），在受到过调信号时泄放下游气压。

泄放压力：当下游压力达到入口压力的 50%～80%时全流量泄放。

介质：压缩空气。

最大压力：电磁先导式，10bar；气动先导式，17bar。

最小工作压力：3bar。

元件温度：电磁先导式，5～+50℃；气动先导式，-20～+65℃。

软启动泄气阀也可用在储气罐上，可使储气罐保持在安全工作范围内。当因作业等失误或外部火情以及降雨等问题导致的紧急情况所造成的罐内压力积聚失衡时，普通排气装置可能排放量过小而无法防止储气罐因突发状况过压的泄放。其外形参见图 21-3-105。

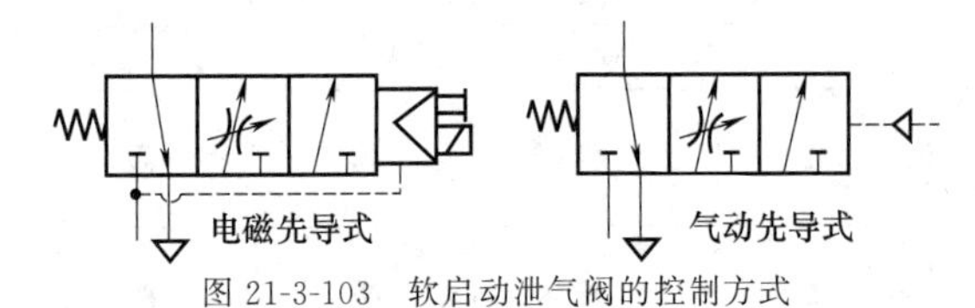

图 21-3-103 软启动泄气阀的控制方式

3.7.2 接头型截止阀

此阀是一个先导式单向阀。当有先导压力时，

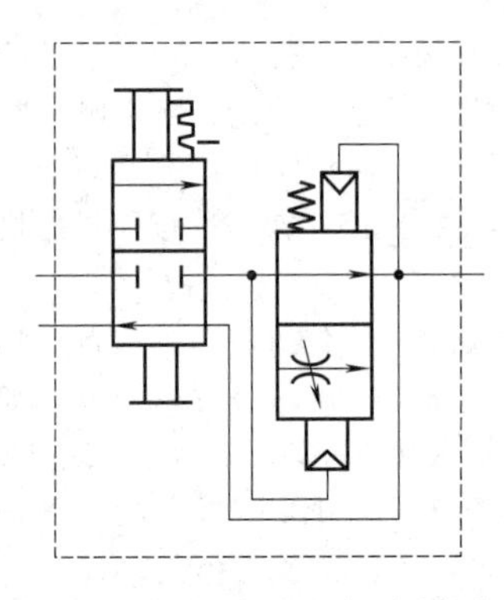
图 21-3-104 软启动泄气阀与手动阀的连接

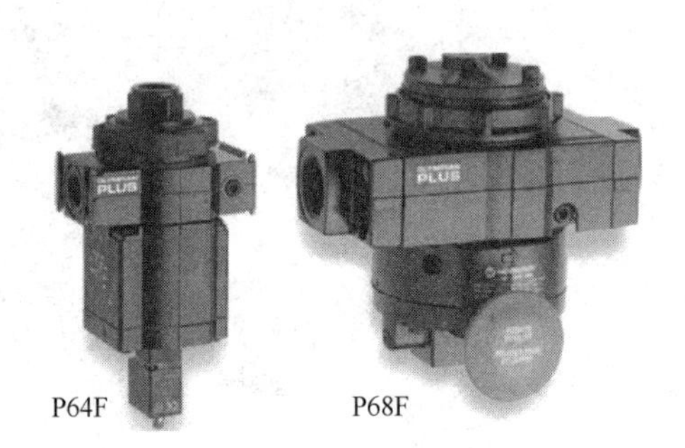

图 21-3-105 两种型号的软启动泄气阀外形

允许双向流动。当失去气信号时，由于内置单向阀的存在，使其只能单向流动。当成对使用时，若因突发事件引起管路漏气时，该阀能使执行元件安全工作。其特点是：紧凑，便于气管插入，可快速装入管路系统，简化气动系统。其外形图见图 21-3-106。

3.7.3 气动保险丝

气动保险丝应直接安装在固定或刚性管件与弹性管件之间，以保护整根软管，只有在气动保险丝下方

图 21-3-106　接头型截止阀外形

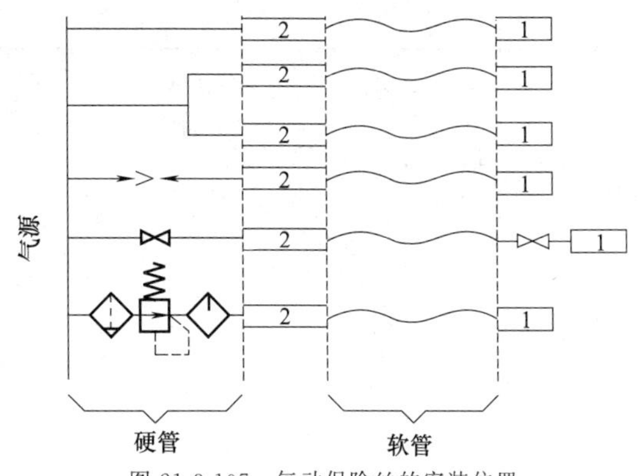

图 21-3-107　气动保险丝的安装位置

1—工具；2—气动保险丝

的管子才能得到保护。必须按正确的气流方向安装该阀，否则会导致其失效。当截止阀装在其上方时，为控制内部气流并避免由减压效应引起气动保险丝关闭，该截止阀必须缓慢开启。

气动保险丝典型安装位置参见图 21-3-107。

气动保险丝起到辅助安全调节作用，防堵塞，紧凑安全，低压降，故障纠正后能自动复位，适用于高压。其气动符号和外形参见图 21-3-108。

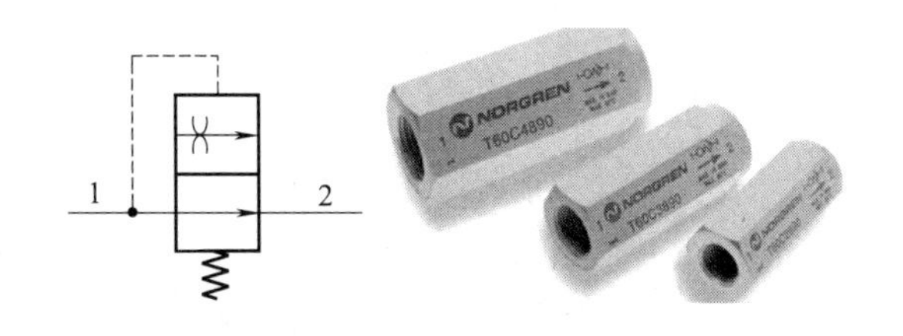

(a) 气动符号　　(b) 外形图

图 21-3-108　气动保险丝气动符号和外形

表 21-3-104　　气动保险丝选用、检验及技术参数

项目		内容
气动保险丝的选用		(1)气动保险丝的气口规格应与供气管路公称口径相同 (2)若要保护长的软管则需要一个充足的系统压力，应选大流量型号的气动保险丝软管长度和最小供应压力关系请参见产品样本。 (3)安装后应检查每个阀是否具有正确的功能 (4)气动系统必须能够提供气动保险丝动作所需的流量
气动保险丝的检验		(1)按所提供的安装指南装好气动保险丝 (2)将气动工具或完整的回路连接至气路系统 (3)进入工作状态，确保完成一个完整的工作循环 (4)若气动工具或一个完整的回路能启动和满意地运行，则停止工作并使气路排气。从气动工具或气路中卸下软管，并卡紧软管的末端。逐渐接通气源(以免引起减压效应)，在完全达到工作状态之前，该阀应能突然动作并关断气流，但会保持少量气流，以供自动复位之用。若气动保险丝没有动作，则应卸下来，并换用较低流量规格的气动保险丝
技术参数	介质	经过滤的润滑和非润滑压缩空气或惰性气体
	工作压力	最高 160bar，最低取决于软管长度
	安装方式	管式双通阀装于气源和特性软管之间
	气流截止时的压降	0.14～0.3bar
	工作环境温度	－20～＋80℃，在低于＋2℃条件下使用，应咨询供应商。在低温时，要保证气动保险丝不可处结冰状态，以免失效

续表

	气口规格/in	在气流截止时的压降/bar	在7bar供气压力气流截止时的流量/(dm³/s)±10%	在7bar供气压力和压差为0.07bar时的流量/(dm³/s)	型号	质量/kg
技术参数	1/4	0.14	8.3	6.5	T60C2890	0.041
	1/4	0.3	14	6.5	T60C2891	0.041
	3/8	0.14	19.4	13.5	T60C3890	0.065
	3/8	0.3	32.2	13.5	T60C3891	0.065
	1/2	0.14	32.2	23.2	T60C4890	0.150
	1/2	0.3	48.3	23.2	T60C4891	0.150
	3/4	0.14	48.3	43	T60C6890	0.130
	3/4	0.3	80	43	T60C6891	0.130
	1	0.14	92	68	T60C8890	0.540
	1	0.3	128	68	T60C8891	0.540
	1E	0.14	186	145	T60CB890	1.1
	1E	0.3	268	145	T60CB891	1.1

3.7.4 自卸空安全快速接头

该单闭接头具有两个断开阶段。第一个阶段关闭阀并允许下游压力泄放，同时接头仍然连接以避免鞭索效应。一旦压力泄放完毕，第二阶段插头就会从管套中断开。

技术参数：工作压力0～15bar，环境温度－20～＋100℃，压缩空气流量系数：C_v＝1.92（6bar热口压力时）。

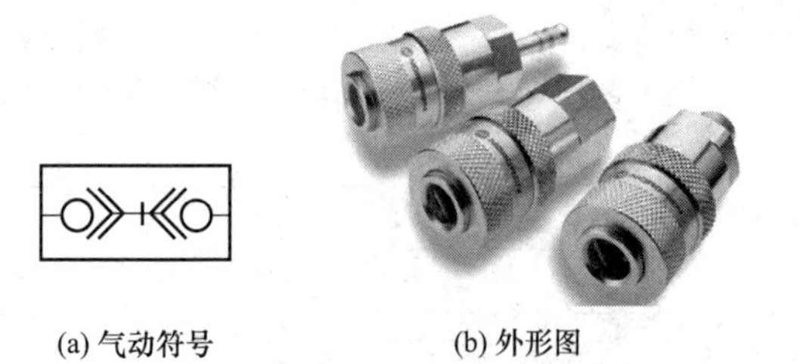

(a) 气动符号　　(b) 外形图

图 21-3-109 自泄空安全快速接头气动符号和外形

材料：背套和管套——镀镍黄铜；阀——黄铜；弹簧和球——不锈钢；密封件——丁腈橡胶；壳体和管塞——淬硬镀镍钢。其气动符号和外形参见图21-3-109。

3.7.5 双手控制装置

图 21-3-110 是 SMC 公司双手操作用控制阀 VR51 系列的回路图。通口 P_1 和 P_2 分别接一个按钮式二位三通阀，通口 A 接控制气缸用的（单）气控阀的控制口。双手同时按下（时差在 0.5s 以内，A 口才有输出信号）两按钮阀，则可防止作业时手不被压伤。连接管子外径为 ϕ6mm，使用压力范围为 0.25～1.0MPa，有效截面积 P→A 通路为 1.5mm²，A→R 通路为 5mm²。该阀的动作原理参见图21-3-111。

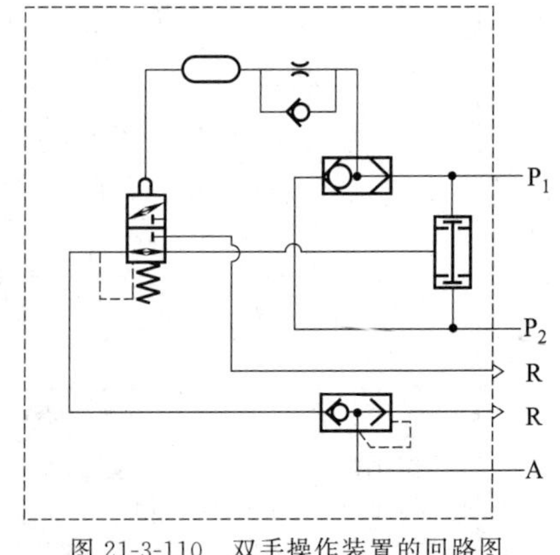

图 21-3-110 双手操作装置的回路图

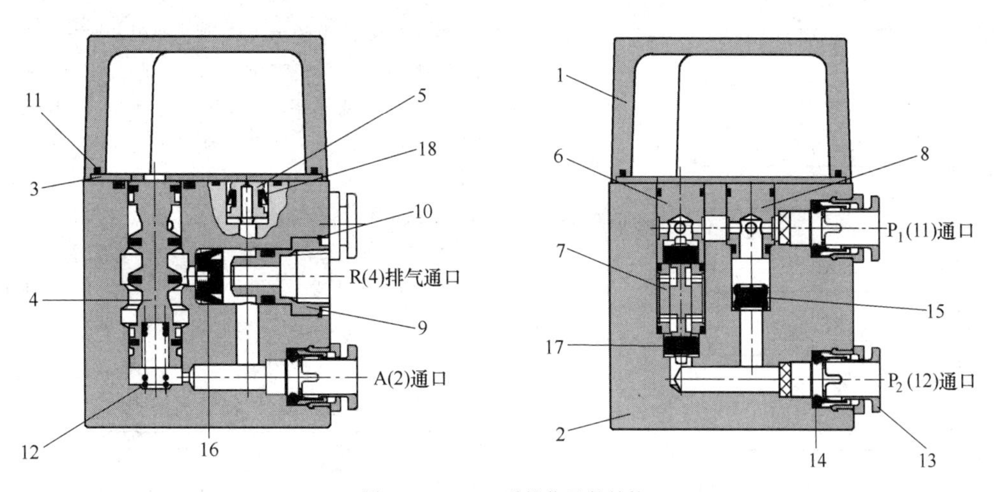

图 21-3-111　双手操作元件结构

1—盖；2—主体；3—平板；4—滑柱；5—孔口；6—双压阀阀座；7—双压阀芯导座 B；8—梭阀阀芯导座 A；9—快排阀芯导座；10—夹子；11—垫片；12—弹簧；13—快换接头组件；14—密封件；15—梭阀阀芯；16—快排阀阀芯；17—双压阀阀芯；18—U 形密封件

双手操作元件的规格参表 21-3-105。连接回路举例参见图 21-3-112。

表 21-3-105　双手操作元件的规格

使用流体		空气		
使用压力		0.25～1MPa		
耐压试验压力		1.5MPa		
环境温度及使用流体温度		－5～60℃(未冻结)		
流量特性		$C/dm^3 \cdot s^{-1} \cdot bar^{-1}$	b	C_v
P→A		0.3	—	—
A→R		1.0	0.12	0.25
连接口径	米制	ϕ6mm		
	英制	ϕ1/4in		
适合管子材质①		尼龙、软尼龙、聚氨酯、FR 软尼龙、FR2 层、FR2 层聚氨酯		
质量		340g		
附属品	消声器	型号:AN101-01		
可选项	托架	型号:VR51B		
规格		EN574:1996,EN954-1:1996 类别:ⅢA 型		

① 使用软尼龙、聚氨酯的场合，注意管子的最高使用压力。

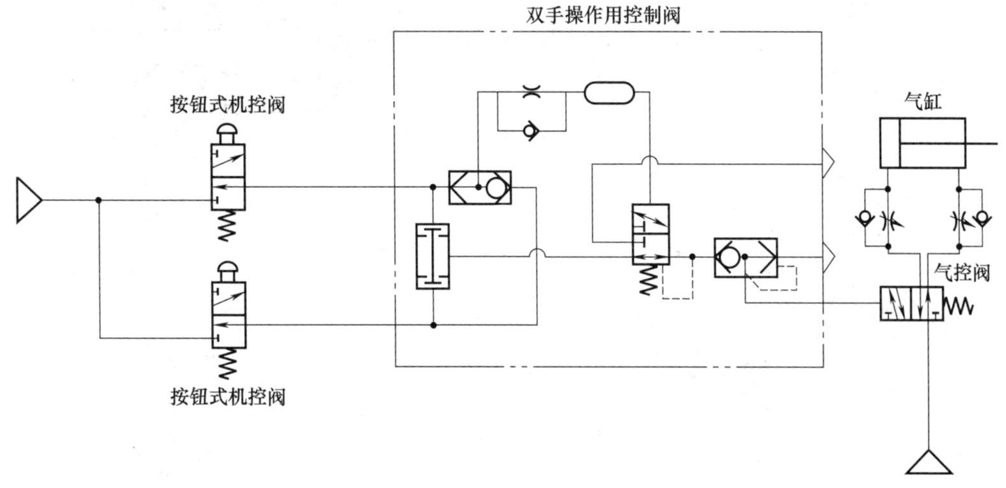

图 21-3-112　双手操作元件连接回路举例

双手操作元件的动作时间见图 21-3-113。

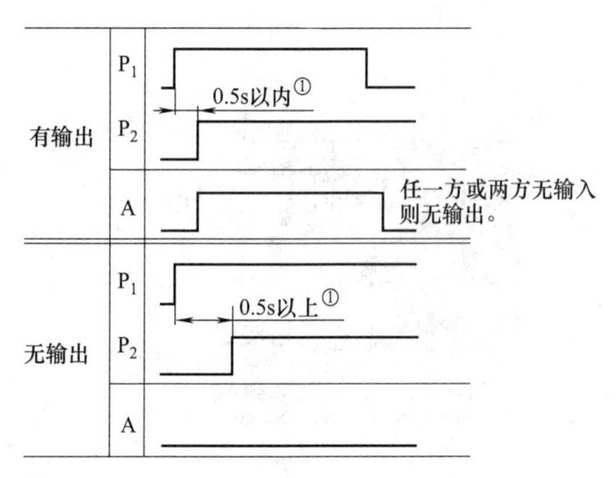

图 21-3-113 双手操作元件的动作时间

3.7.6 锁定阀

气控过程控制管路中气源或供气配管系中发生异常时，可以使用锁定阀。单作用型、双作用型能应急保持操作部的位置，直至气源恢复正常状态。三通口：异常发生时，切换供给通口。其工作原理见图 21-3-114。

信号空气压进入上部膜片室，若其产生的力比设定弹簧压缩产生的力大，则上部膜片被向上推压，排气口关闭，信号空气压进入下部膜片室并作用于下部膜片，将活塞压下，阀打开。此时 IL201，IL211 为 IN 与 OUT 连通，IL220 为 IN1 与 OUT 连通。若信号空气压由于某种原因变得低于设定压，则上部膜片被向下推压，下部膜片内的压力从排气口排出，阀受弹簧的力而关闭。此时，IL201，IL211 的 IN 与 OUT 切断，IL220 的 IN1 与 OUT 切断而 IN2 与 OUT 连通。设定压力通过设定螺钉调整。

其规格见表 21-3-106。

表 21-3-106 锁定阀的规格

型号	IL201	IL211	IL220
动作方式	单作用型	双作用型	三通口
信号压力	max. 1. 0MPa①		
设定压力范围	0. 14～0. 7MPa①		
切断空气回路压力	max. 0. 7MPa		
环境温度及使用流体温度	－5～60℃		
连接口径	R_c1/4		
压差②	0.01MPa		
质量/kg	0.45	0.64	0.7

① 应使信号压力与设定压力间有 0. 1MPa 以上的压差。若压差小，产品内部会发生磨损，排气孔的泄气量增加，可能会对性能产生影响。

② 锁定与解锁时的压力差。

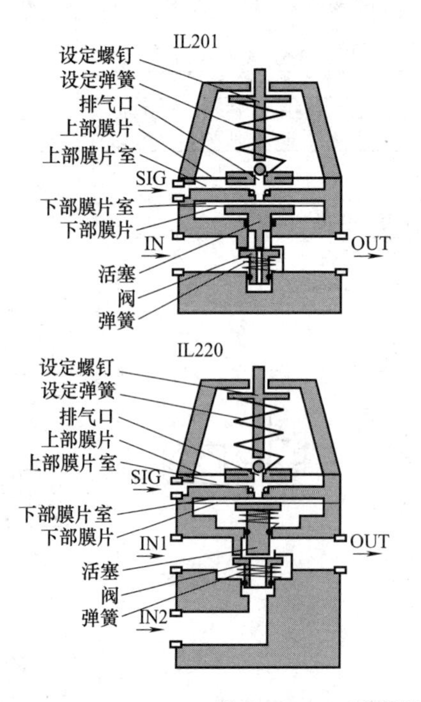

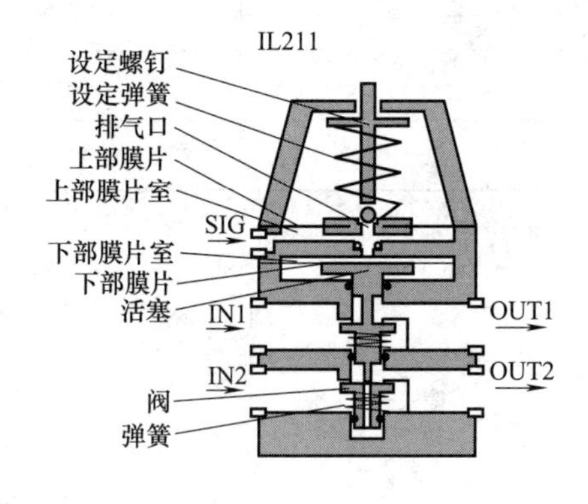

图 21-3-114 三种不同型号的锁定阀的工作原理

3.7.7　速度控制阀（带残压释放阀）

图 21-3-115 是带锁孔的二位三通残压释放阀，它符合 OSHA（美国安全健康管理局）标准。气路切断时，用挂锁锁住阀，可防止清扫时或设备维护时意外地将阀开启，导致安全事故。红色旋钮上有 SUP（供气）、EXH（排气）显示窗，供排气一目了然。操作旋钮时，必须切换到头，不得停止在中间位置。排气口若接配管，其排气通路的有些截面积不得小于 $5mm^2$。该阀可以与空气组合元件（三联件）进行模块式连接。

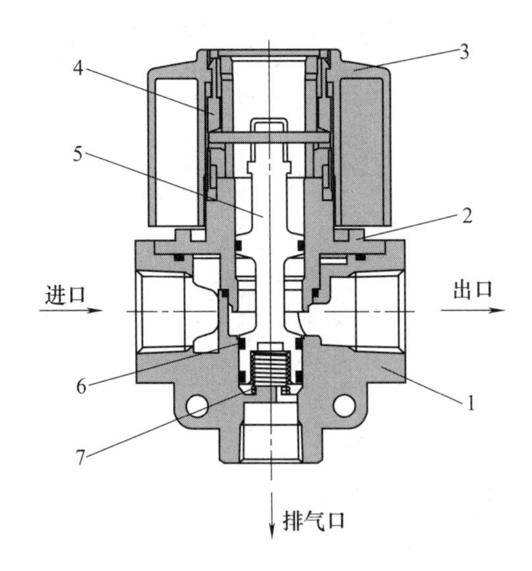

图 21-3-115　二位三通残压释放阀
1—本体；2—上盖；3—旋钮；
4—凸轮环；5—阀轴；6—阀轴 O 形圈；
7—阀轴弹簧

其可以与气动三联件组装在一起，参见图 21-3-116。

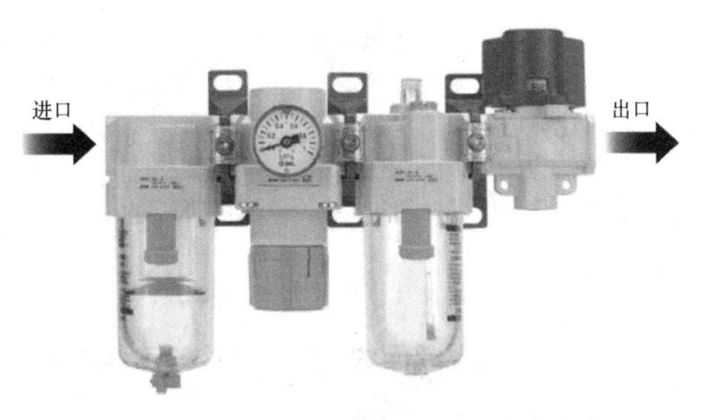

图 21-3-116　带锁孔的二位三通残压释放阀电磁阀的连接

3.7.8　缓慢启动电磁阀减速阀（外部先导式电磁阀）

缓慢启动电磁阀 AV 系列可用于系统的安全保护。在气动系统的启动初期，它只允许少量压缩空气流过。当出口压力达到进口压力的一半时，该阀便完全开启，达到其最大流量。该阀关闭时，残压会通过该阀快速排空。该阀可与空气组合元件（三联件）模块式连接，见图 21-3-117。

该阀的结构原理见图 21-3-118。先导阀 4 通电（或压下手动钮），先导压力便压下活塞 3 及主阀芯 1，主阀芯 1 开启，R 口被封闭。从 P 口来的压力经节流阀 7，流量被调节，从 A 通口流出。由于 7 是进气节流控制，后续气缸将缓慢向上移动。气缸到行程端部后，当出口压力 $p_A \geqslant 0.5p_P$（进口压力）时，活塞 5 全开，达到最大流量，p_A 急升至 p_P。因活塞 5 保持全开状态，在通常动作时，气缸的速度控制便是通常的排气节流控制。当阀 4 断电时，受弹簧 2 的作用，活塞 3 及主阀芯 1 复位，P 口封闭，R 口开启，由于压力差的作用，单向阀 6 开启，则 A 口残压从 R 口迅速排出。

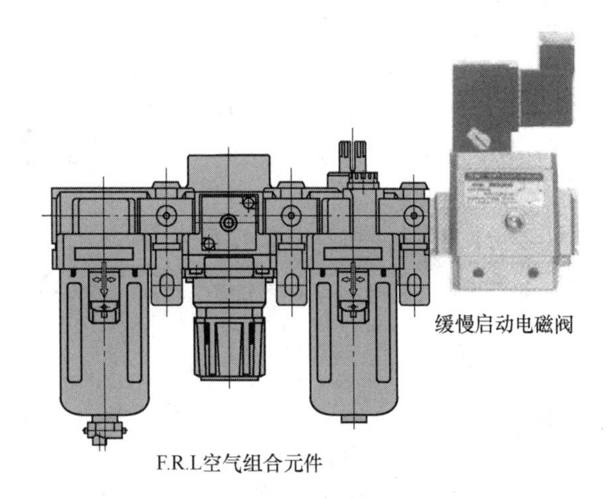

图 21-3-117　AV 系列缓慢启动电磁阀的连接

该阀的一次侧配管与合成有效截面积应大于规格表规定的值（详见产品样本），否则，有可能造成供气压力不足、主阀不能切换、从 R 口漏气等。

在阀二次侧安装减压阀必须具有逆流功能，以便能排出残压。

若系统需油雾润滑，油雾器应安装在阀的一次侧，以避免排残压时，油逆流从 R 口吹出。

设置在阀二次侧的电磁阀的动作，必须确认阀的二次侧压力已上升至与一次侧压力相同之后才能进行。

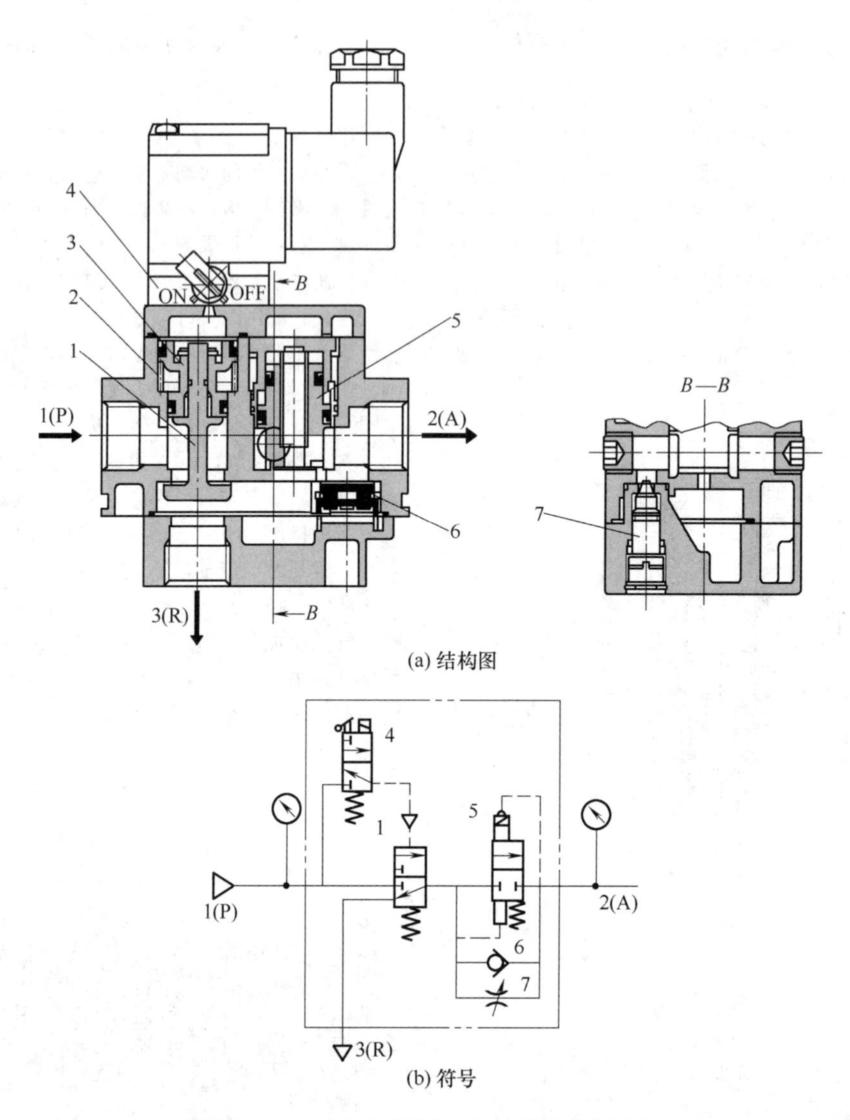

图 21-3-118　AV 系列缓慢起动电磁阀的结构原理
1—主阀芯；2—弹簧；3,5—活塞；4—先导阀；6—单向阀；7—节流阀

3.8　气动逻辑元件

气动逻辑元件的种类和结构型式较多，可以从元件所使用的工作气源压力、结构型式及逻辑功能来分类。

① 从使用的工作气源压力来看，可分为：高压型（工作压力 2～8bar）；低压型（工作压力 0.5～2bar）；微压型（工作压力 0.05～0.5bar）。

② 从逻辑功能来分类，有或门、与门、非门、是门、双稳等。

③ 从结构型式来分类，有截止式、膜片式、滑阀式等。

3.8.1　基本逻辑门

具有基本逻辑功能的元器件称为基本逻辑门。每个基本逻辑门都有相应的逻辑函数和真值表。任意的逻辑函数都可以用基本逻辑组成的逻辑回路表示。基本逻辑门包括与门、或门、非门等。表 21-3-107 列出了基本逻辑门的逻辑符号、气动回路图、电气回路图和真值表之间的关系。

基本逻辑运算及其恒等式如图 21-3-119 所示。

3.8.2　逻辑单元的性能、结构和工作原理

(1) 逻辑元件主要性能

① 采用气动逻辑元件能组成全气控系统。由于

表 21-3-107　基本逻辑门的逻辑符号、气动回路图、电气回路图和真值表之间的关系

<table>
<tr><th>名称</th><th>回路图</th><th>逻辑符号及表达式</th><th>电气回路图</th><th>真值表或说明</th></tr>
<tr><td>“是”回路
(YES)</td><td></td><td>$S=A$</td><td></td><td><table><tr><th>输入信号 A</th><th>输出信号 S</th></tr><tr><td>0</td><td>0</td></tr><tr><td>1</td><td>1</td></tr></table></td></tr>
<tr><td>“与”回路
(AND)</td><td>(a) 无源 (b) 有源 (c) 双压阀</td><td>$S=AB$</td><td></td><td><table><tr><th colspan="2">输入信号</th><th rowspan="2">输出信号 S</th></tr><tr><th>A</th><th>B</th></tr><tr><td>0</td><td>0</td><td>0</td></tr><tr><td>1</td><td>0</td><td>0</td></tr><tr><td>0</td><td>1</td><td>0</td></tr><tr><td>1</td><td>1</td><td>1</td></tr></table></td></tr>
<tr><td>“或”回路
(OR)</td><td></td><td>$S=A+B$</td><td></td><td><table><tr><th colspan="2">输入信号</th><th rowspan="2">输出信号 S</th></tr><tr><th>A</th><th>B</th></tr><tr><td>0</td><td>0</td><td>0</td></tr><tr><td>1</td><td>0</td><td>1</td></tr><tr><td>0</td><td>1</td><td>1</td></tr><tr><td>1</td><td>1</td><td>1</td></tr></table></td></tr>
<tr><td>“非”回路
(NOT)</td><td></td><td>$S=\overline{A}$</td><td></td><td><table><tr><th>输入信号 A</th><th>输出信号 S</th></tr><tr><td>0</td><td>1</td></tr><tr><td>1</td><td>0</td></tr></table></td></tr>
<tr><td>“或非”回路
(NOR)</td><td></td><td>$S=\overline{A+B}$</td><td></td><td><table><tr><th colspan="2">输入信号</th><th rowspan="2">输出信号 S</th></tr><tr><th>A</th><th>B</th></tr><tr><td>0</td><td>0</td><td>1</td></tr><tr><td>1</td><td>0</td><td>1</td></tr><tr><td>0</td><td>1</td><td>1</td></tr><tr><td>1</td><td>1</td><td>0</td></tr></table></td></tr>
<tr><td>“与非”回路
(NAND)</td><td></td><td>$S=\overline{AB}$</td><td></td><td><table><tr><th colspan="2">输入信号</th><th rowspan="2">输出信号 S</th></tr><tr><th>A</th><th>B</th></tr><tr><td>0</td><td>0</td><td>1</td></tr><tr><td>1</td><td>0</td><td>1</td></tr><tr><td>0</td><td>1</td><td>1</td></tr><tr><td>1</td><td>1</td><td>0</td></tr></table></td></tr>
</table>

续表

<table>
<tr><th>名称</th><th>回路图</th><th>逻辑符号及表达式</th><th>电气回路图</th><th>真值表或说明</th></tr>
<tr><td>“禁”回路
(Inhibition)</td><td>A B
A B S</td><td>A B & S
$S=A\overline{B}$</td><td>A
B
S</td><td>$S=A\overline{B}$的真值表<table><tr><th colspan="2">输入信号</th><th rowspan="2">输出信号 S</th></tr><tr><th>A</th><th>B</th></tr><tr><td>0</td><td>0</td><td>0</td></tr><tr><td>0</td><td>1</td><td>0</td></tr><tr><td>1</td><td>0</td><td>1</td></tr><tr><td>1</td><td>1</td><td>0</td></tr></table></td></tr>
<tr><td>“隐”回路
(Implication)</td><td>S
A
B</td><td>A B ≥1 S
$S=A+\overline{B}$</td><td>A B
S</td><td><table><tr><th colspan="2">输入信号</th><th rowspan="2">输出信号 S</th></tr><tr><th>A</th><th>B</th></tr><tr><td>0</td><td>0</td><td>1</td></tr><tr><td>0</td><td>1</td><td>0</td></tr><tr><td>1</td><td>0</td><td>1</td></tr><tr><td>1</td><td>1</td><td>1</td></tr></table></td></tr>
<tr><td>“双稳”回路
(Memory)</td><td>S_1 S_2
A B
(a) 双稳
S_1
A B
(b) 单记忆</td><td>S_1 S_2 1 0 A B　S_1 1 0 A B
$S_1=k_A^B$　$S_2=k_B^A$</td><td>A K
K
B
K
$\overline{S}$ S</td><td><table><tr><th colspan="2">输入信号</th><th colspan="2">输出信号</th></tr><tr><th>A</th><th>B</th><th>S_1</th><th>S_2</th></tr><tr><td>1</td><td>0</td><td>1</td><td>0</td></tr><tr><td>0</td><td>0</td><td>1</td><td>0</td></tr><tr><td>0</td><td>1</td><td>0</td><td>1</td></tr><tr><td>0</td><td>0</td><td>0</td><td>1</td></tr></table>注：A、B 不能同时存在</td></tr>
</table>

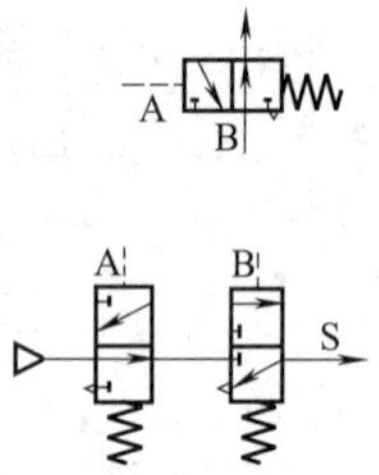

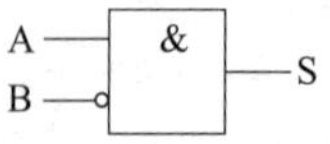

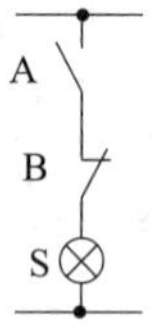

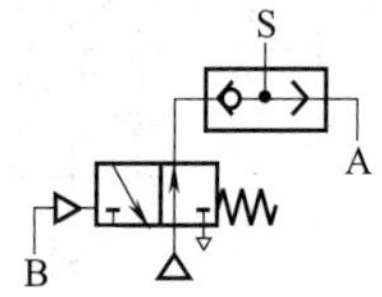

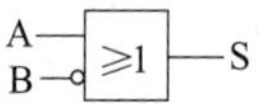

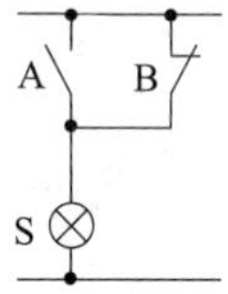

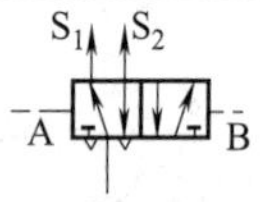

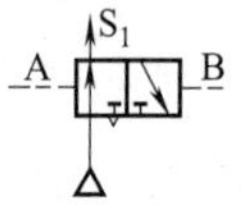

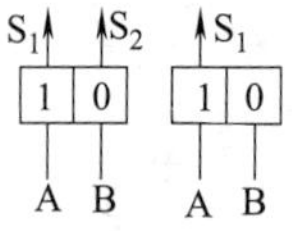

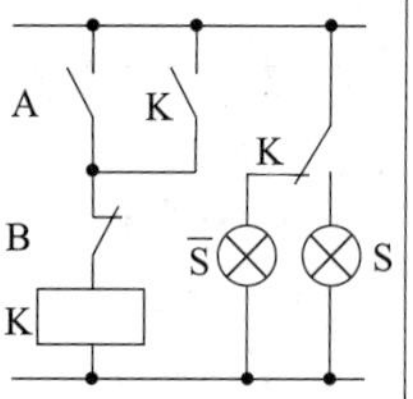

非运算
1、$\overline{\overline{A}}=A$

或运算
2、$A+0=A$
3、$A+1=1$
4、$A+A=A$
5、$A+\overline{A}=1$

与运算
6、$A\cdot 1=A$
7、$A\cdot 0=0$
8、$A\cdot A=A$
9、$A\cdot\overline{A}=0$

结合律
10、$(A+B)+C=A+(B+C)$
11、$(A\cdot B)C=A(B\cdot C)$

分配律
12、$A(B+C)=AB+AC$
13、$A+BC=(A+B)(A+C)$

吸收律
14、$A+A\cdot B=A$
15、$A\cdot(A+B)=A$
16、$A+\overline{A}\cdot B=A+B$
17、$A\cdot(\overline{A}+B)=AB$
18、$AB+\overline{A}C+BC=AB+\overline{A}C$
19、$(A+B)(\overline{A}+C)(B+C)=(A+B)(\overline{A}+C)$

20、如果P是任意一个逻辑函数，那么
$AB+\overline{A}C+BCP=AB+\overline{A}C$

交换律
21、$A+B=B+A$
22、$A\cdot B=B\cdot A$

摩根定律(反演律)
23、$\overline{A\cdot B\cdot C\cdots\cdots}=\overline{A}+\overline{B}+\overline{C}+\cdots\cdots$
24、$\overline{A+B+C+\cdots\cdots}=\overline{A}\cdot\overline{B}\cdot\overline{C}\cdots\cdots$

图 21-3-119　基本逻辑运算及其恒等式

控制和执行元件都用压缩空气为动力，省去了界面（电-气）转换，故工作可靠，给生产设备的安装、使用和维修带来了不少方便。

② 由于元件中的可动部件在元件完成切换动作后，能切断通路，即元件具有关断能力，因此元件的耗气量比较低。

③ 元件在切换过程中阀芯经常是上下移动的，所以对所使用的压缩空气净化处理要求较低，可以直接使用经过一般气源处理的工厂车间的动力气源，元件也能在灰尘较大的环境中正常工作。

④ 从理论上讲，元件的输入阻抗为无限大，所以元件的负载能力强，同一个元件的输出可带较多数量的元件。在组成系统时，元件相互之间连接方便，匹配、调试都比较简单。

⑤ 气动逻辑元件的响应时间在几毫秒到十几毫秒（微压元件在 2ms 左右）之间，这难以和电子器件的运算速度相比，一般不宜组成很复杂的控制系统，但对于常见的工业装置已经足够快了。

⑥ 普通的继电器在频繁工作时，其触头极易烧坏，使用寿命较短；而气动逻辑元件结构简单，动作可靠，使用寿命大大超过普通的继电器，即使高压截止式逻辑元件也在一千万次以上。

⑦ 由于元件中有可动部件，要注意使用场合，

在强烈冲击和振动的环境中可能产生误动作。

（2）基本逻辑单元的结构和工作原理

在实际生产应用中，有各种类型的气动装置和控制系统，而执行机构的动作往往是按一定的顺序进、退或者开、关。

从逻辑角度看，进和退、开和关、有气和无气都表示两个对立的状态。这两个对立的状态可以用两个数字符号“1”和“0”来表示。它们之间的逻辑关系都可以用布尔代数来运算。

看起来很复杂的气动控制回路，实际上是可以分解成许多相同的最基本的逻辑单元（或称逻辑门）。利用压缩空气可以实现逻辑功能的简单回路或元件，称为气动逻辑单元。

气动逻辑单元是按一定规律而动作的开关元件。当输入口的信号满足一定要求时，输出口才有信号输出。

表 21-3-108　　基本逻辑单元结构和工作原理

“与”门	“与”门具有两个信号输入口 a(1)、b(2)和一个信号输出口 s(3)。阀芯可在阀体中作往复移动，可以靠紧阀座或者离开阀座，也称为双压阀 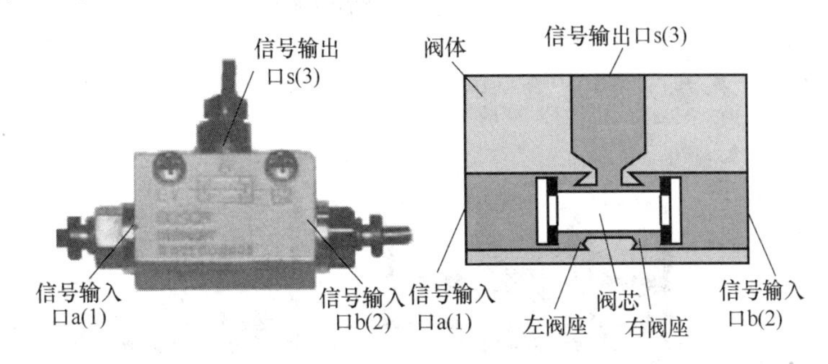 图(a)　“与”门的基本结构 “与”门逻辑函数表达式为：S＝a・b，“与”门的工作原理：信号（压缩空气）从信号输入口 1 输入（1 口置“1”）时，推动阀芯右移，直到靠在左阀座上为止，所以输出口 3 无信号输出（“0”状态） 同样道理，当信号（压缩空气）从信号输入口 2 输入（2 口置“1”）时，推动阀芯左移，直到靠在右阀座上为止，所以输出口 3 无信号输出（“0”状态）。如果信号同时加在信号输入口 1 和 2 信号上（1 和 2 口均置“1”），则不论阀芯处于什么位置，信号输出口 3 都有输出（“1”状态） 综上所述，得到与逻辑功能如下：只有在两个信号输入口 1 和 2 都有输入信号时（“1”状态），输出口 3 才有信号输出（“1”状态）。只要两个输入口中有一个无输入信号，输出口 3 就无信号输出（“0”状态） “与”门（双压阀）主要用于：互锁控制；安全控制；检查功能；逻辑操作；所有的只有当多个条件被满足后才允许执行的过程 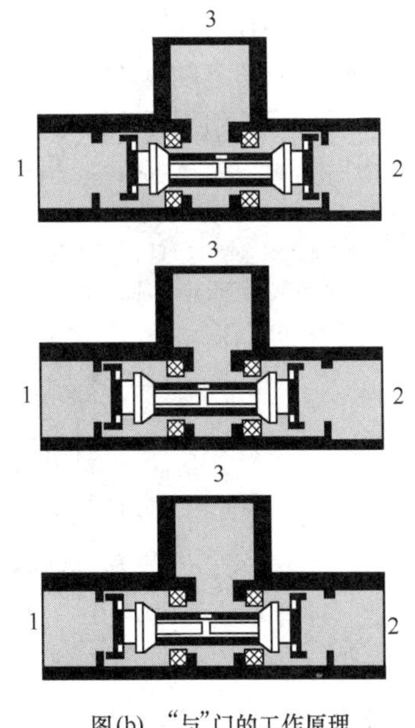 图(b)　“与”门的工作原理
“或”门	“或”门（梭阀）具有两个信号输入口 a(1)、b(2)和一个信号输出口 s(3)。阀芯可在阀体中作往复移动，可以靠紧阀座或者离开阀座 “或”门（梭阀）逻辑函数表达式为：S＝a＋b。“或”门（梭阀）的工作原理［图(b)］：当信号（压缩空气）从信号输入口 1 输入（1 口置“1”）时，推动阀芯右移，直到靠在右阀座上为止，所以输出口 3 有信号输出（“1”状态）。同样道理，当信号（压缩空气）从信号输入口 2 输入（2 口置“1”）时，推动阀芯左移，直到靠在左阀座上为止，所以输出口 3 有信号输出（“1”状态）。如果信号同时加在信号输入口 1 和 2 上（1 和 2 口均置“1”），则不论阀芯处于什么位置，信号输出口有信号输出（“1”状态）

续表

“或门”	图(a) “或”门基本结构 综上所述,得到“或”逻辑功能:当两个信号输入口1和2之中一个有输入信号或者两个都有输入信号时(“1”状态),输出口3就有信号输出(“1”状态) 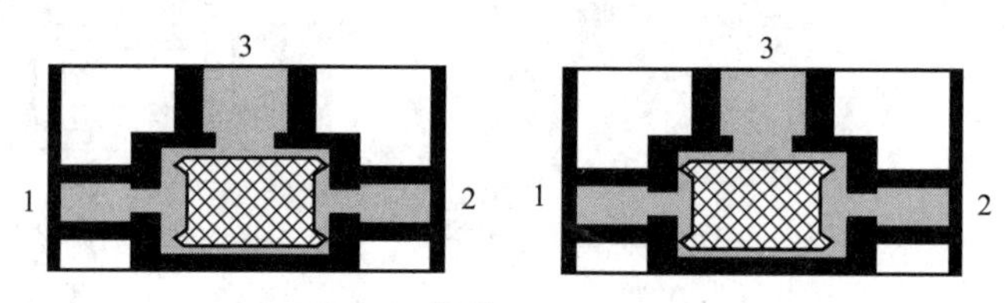 图(b) “或”门工作原理 “或”门(梭阀)主要用于:气动元件的并联;各种不同过程的交替控制;同一动作在不同地点控制 使用说明:使用该阀时应使压力迅速建立起来,否则会使各口互相串通,从而产生误动作
“是”门	“是”门有一个信号输入口a(1),一个气源口P(2),一个信号输出口Y(3) 其工作原理:当信号输入口a(1)没有控制信号时(1口置“0”),信号输出口s(3)没有信号输出(“0”状态)。当信号输入口a(1)有控制信号时(1口置“1”),气体压力使膜片变形向右凸起,推杆右移,阀芯右移离开阀座,打开了P(2)到s(3)的通道,使s(3)口有气流输出(“1”状态) 综上所述,“是”逻辑功能:有信号输入就有输出,没有信号输入就没有输出 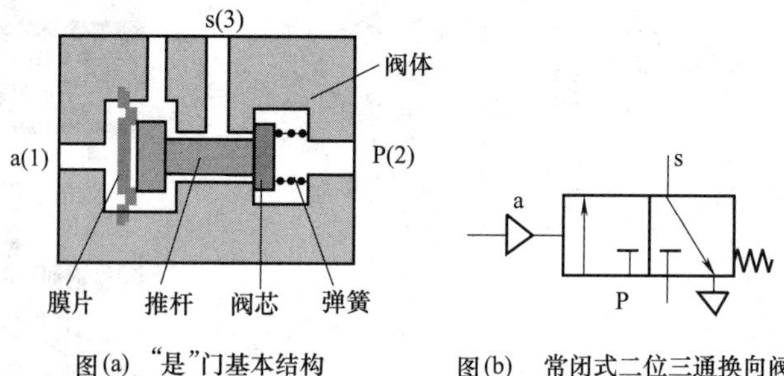 图(a) “是”门基本结构 图(b) 常闭式二位三通换向阀 在常规的气阀元件中,常闭式二位三通换向阀[图(b)]就是一个具有“是”逻辑功能的元件 是门逻辑函数表达式为:s=a
“非”门	“非”门通常也称为“倒相器”或“反相器”。它有一个信号输入口a(1),一个气源口P(2)和一个信号输出口s(3) 其工作原理:当信号输入口a(1)没有控制信号时(1口置“0”),信号输出口s(3)有信号输出(“1”状态)。当信号输入口a(1)有控制信号时(1口置“1”),气体压力使膜片变形向右凸起,推杆右移,阀芯右移离开阀座,关闭了P(2)到s(3)的通道,使s(3)口没有气流输出(“0”状态) 在常规的气阀元件中,常通式二位三通换向阀[图(b)]就是一个具有“非”逻辑功能的元件

续表

“非”门	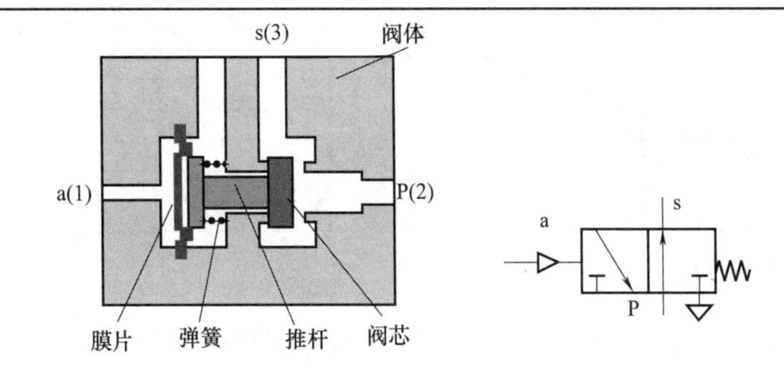 图(a)　“非”门的基本结构和工作原理　　图(b)　常通式二位三通换向阀 综上所述，“非”逻辑功能：有信号输入时就没有输出信号，没有信号输入就有输出信号。非门逻辑函数表达式为：$s=\bar{a}$
“禁”门	“禁”门的结构与“非”门相同，只是在连接方式上将“非”门的气源口改换成另一个信号输入口 b(2) 其工作原理：当没有输入信号 a，只有输入信号 b 时，有输出信号 s(“1”状态)；当有输入信号 a 时，则输出信号即被截止(“1”状态) 综上所述，“禁”逻辑功能：有 a 信号则禁止 b 信号输出，无 a 信号则有 b 信号输出。禁门逻辑函数表达式为：$s=\bar{a}\cdot b$ 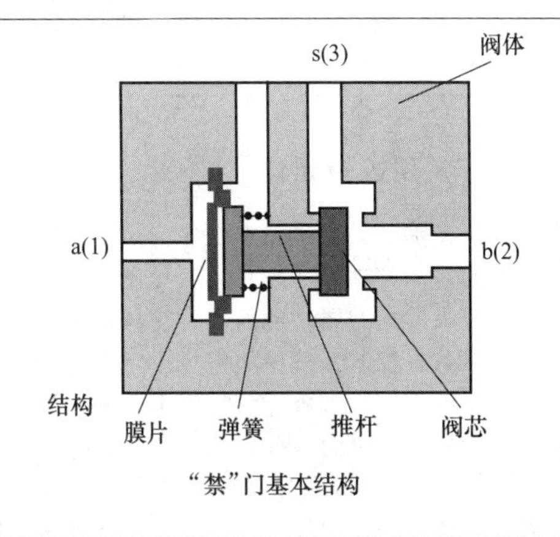 “禁”门基本结构
记忆元件、双稳元件	除了上述基本逻辑门之外，在控制回路中还常用另一类具有记忆作用的逻辑门，它能把输入信号的状态保持下来，双稳元件就是其中的一种 双稳元件的输出有两个稳定状态，在它的每一个稳态需要相应的脉冲信号输入，才转换到另一个稳态。双稳的两个输入口 X_0(1)、X_1(①)分别称为置 1 口和置 0 口。置 0 口又称为复位或扫零。双稳的两个稳定状态分别称为“1”状态和“0”状态。置 1 就是使双稳处于“1”状态，置 0 就是使双稳处于“0”状态，参见图(a) 当信号输入口 X_0(1)有输入信号(“1”状态)时，控制气流使阀芯右移，P 口与 $\overline{X}$ 口接通，所以在 $\overline{X}$ 口有气流输出(“1”状态) 同理，当信号输入口 X(①)有输入信号(“1”状态)时，控制气流使阀芯左移，P 口与 X 口接通，所以在 X 口有气流输出(“1”状态) 双稳的输出口有双输出(一般所称的双稳)和单输出(可称为单输出记忆或单记忆)两种。单输出双稳只有一个信号输出口，当信号输入口 X_0(1)有输入信号(“1”状态)时，有信号输出；而另一个信号输入口有输入信号时，单输出双稳的输出被截止 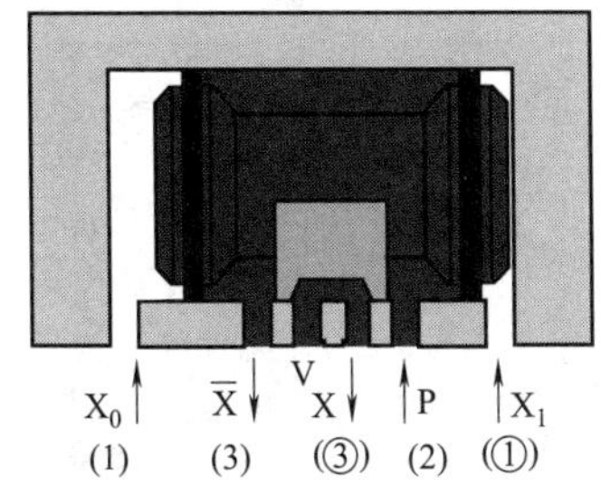 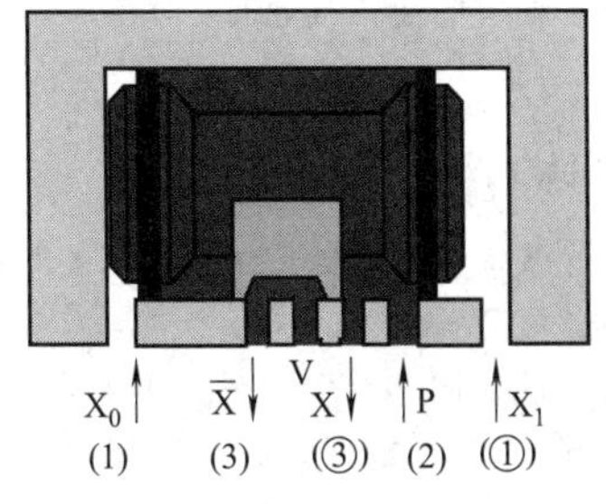 图(a)　双稳基本结构原理

续表

记忆元件、双稳元件

表 1　双稳元件真值表

X_0	X_1	$\overline{X}$	X
0	0	*0	*1
1	0	1	0
0	0	1	0
0	1	0	1
0	0	0	1

表 2　单稳元件真值表

X_0	X_1	$\overline{X}$
0	0	*0
1	0	1
0	0	1
0	1	0
0	0	0

双稳逻辑函数表达式为：$\overline{X}=K_{X_1}^{X_0}$。上标表示使相应的输出接通的信号，下标表示使相应的输出关闭的信号。＊表示记忆值

综上所述，双稳逻辑功能：能够保持输入信号的状态，即具有记忆功能。双稳的符号和气阀系统对应元件符号如图(b)所示

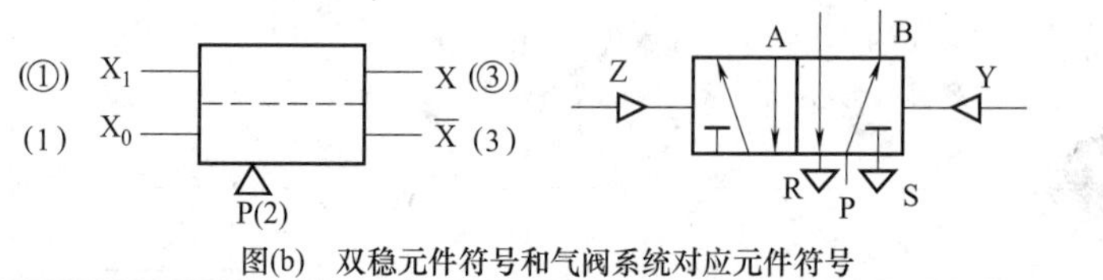

图(b)　双稳元件符号和气阀系统对应元件符号

3.8.3　常用逻辑元件

气动逻辑元件是采用压缩空气作为工作介质，通过元件内部的可动部件（如膜片）在控制气压信号的作用下动作，来实现逻辑功能的一种流体逻辑元件。

逻辑元件是在控制系统中能完成一定逻辑功能的器件，也是一种自动化基础元件。为了实现元件的流路切换，元件的结构由两部分组成：开关部分；控制部分（包括复位部分）。

元件的开关部分能在控制气压信号的作用下来回动作，改变气流的通断状态，从而完成逻辑功能。

元件的控制部分能根据输入气压信号使开关部分来回动作。

气动逻辑元件共同的工作原理：气动逻辑元件内部气流的切换是由可动部件的机械位移来实现的。

继电器电路的切换是：当触点闭合时，电路得电（输出为“1”状态）；当触点断开时，电路失电（输出为“0”状态）。

气动逻辑元件流路的切换：当元件的排气口被可动部件关断，同时气源与输出口的通路接通时，则有气压输出（输出为“1”状态）；当元件的气源口被切断，同时输出口与排气口的通路接通时，则元件无气压输出（输出为“0”状态）。

3.8.3.1　截止式逻辑元件

截止式逻辑元件是依靠控制气压信号推动阀芯移动，或通过薄膜变形推动阀芯移动，改变气流的方向以实现一定的逻辑功能。阀芯（即元件的开关部分）是自由圆片状（或圆柱体）。根据阀芯的两端面与阀座的相对位置的不同，有内截止式和外截止式两种。内截止式元件阀芯往往就是一块自由薄片，外截止式元件则往往通过刚性阀杆连接阀芯。

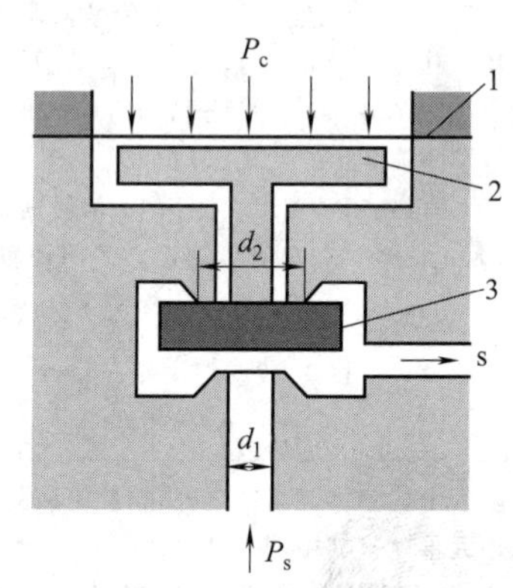

图 21-3-120　截止式逻辑元件原理图
1—膜片；2—阀杆；3—阀芯

如图 21-3-120 所示，加在膜片上的控制信号压力为 P_c。若在元件输入口所加的控制信号压力 P_c 从零开始逐渐增加，当 P_c 上升至 P'_c 时，输出 s 由“1”状态变为“0”状态，此时的控制压力称为切换压力。

此后 P_c 再增加，输出 s 仍为“0”。元件处于临界切换时，阀芯和上阀座之间的接触力（若忽略了膜片的弹性力作用）则有

$$P'_c A-P_s A_2=0$$

$$P'_c=\frac{A_2}{A}P_s$$

式中　A——膜片的有效作用面积；

A_2——上阀座截面积；

P'_c——元件的切换压力；

P_s——气源压力。

若控制压力 P_c 逐渐减小，降到 P''_c 时，输出由“0”状态回复到“1”状态。此时控制压力称为返回压力。直至控制压力回到零，输出 s 仍保持“1”状

态，同样得：

$$P''_c=\frac{A_1}{A}P_s$$

式中　A_1——下阀座内截面积。

切换压力与返回压力是不相等的。参数的确定还要考虑元件的外形尺寸、使用寿命及材料等因素。

截止式逻辑元件的特点如下。

① 元件在切换时的阀芯移动距离很小，约等于被密封阀座孔径的四分之一，可以使元件达到完全开启，因此元件的响应时间快。

② 可以获得较好的流量特性，与其他类型元件相比，输出流量也大。

③ 元件的工作气压范围较宽，可以从低压（1bar）到高压（8bar）。当工作气压达到额定压力时，密封性能好，几乎没有泄漏，而且制造简单，可以采用塑料压注法大批量生产。

④ 阀芯的移动使元件获得一种自身的净化能力，对压缩空气的净化处理要求较低，能够直接使用工厂的动力气源，保证元件正常工作。因此，这类元件在逻辑元件中占有很大的比重。

表 21-3-109　**截止式逻辑元件原理和结构**

“是”门元件	工作原理	。 阀芯 4 在气源压力(或弹簧力)的作用下紧压在下阀体 3 上，输出口与排气口相通，元件没有输出。当输入口 7 有输入信号 a 时，则膜片 1 在控制信号作用下将阀芯 4 紧压在上阀体 2 上，关闭输出与排气口之间的通路，于是输出口 5 就有输出信号 s 在输入口的输入信号 a 消失时，阀芯 4 复位仍压在下阀体 3 上，关闭出口之间的通路，输出口无输出信号，输出通道中的剩余气体经上阀座口泄出 元件的输入和输出信号之间始终保持相同的状态，即没有输入信号时，没有输出；有输入信号时，才有输出	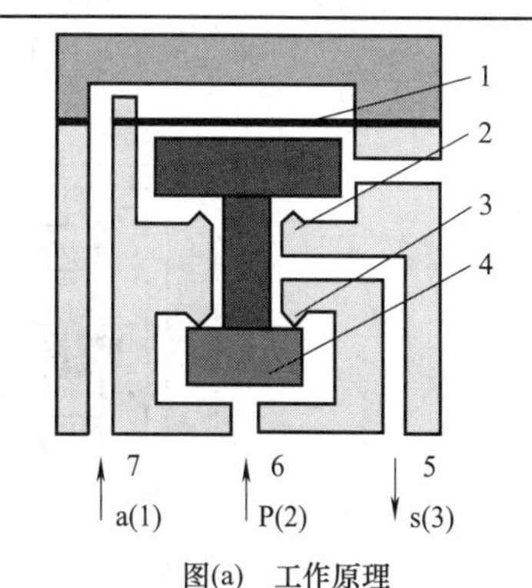 图(a)　工作原理 1—膜片；2—上阀体；3—下阀体；4—阀芯；5—输出口；6—气源口；7—输入口
	典型结构	“是”门元件在回路中可用作波形整形、隔离和放大。弹簧 10 用以保证元件工作可靠；小活塞 3 为显示元件；手动按钮 1 用来检查元件的工作状况 限压信号元件的功能是产生一个与压力有关的信号。当压力达到该元件所调定的值时产生一个输出信号，结构原理同“是”门元件	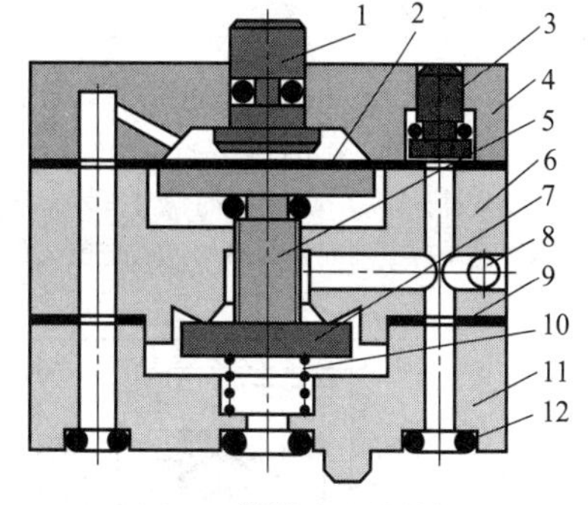 图(b)　“是”门元件结构 1—手动按钮；2—膜片；3—小活塞；4—上阀体；5—阀杆；6—中阀体；7—阀芯；8—钢珠；9—密封膜片；10—弹簧；11—下阀体；12—O 形圈
“或”门元件	工作原理	当有输入信号 a 时，阀芯 2 在输入信号的作用下紧压在下阀座 3 上，气流经上阀座 1 从输出口 4 输出。当有输入信号 b 时，阀芯 2 在其作用下紧压在上阀座 1 上，气流经下阀座 3 从输出口 4 输出 因此，有一个输入口或两个输入口同时有输入信号出现，元件就有输出，即元件能实现“或”门逻辑功能 “或”门元件的结构简单。为保证元件工作可靠，非工作通道不应有窜气现象发生，输入信号压力应等于额定工作压力	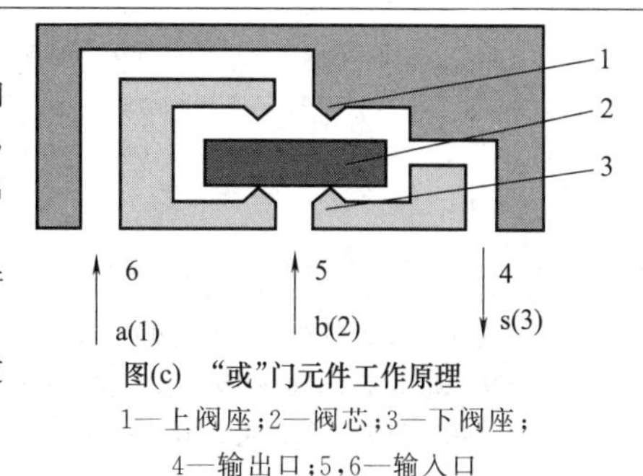 图(c)　“或”门元件工作原理 1—上阀座；2—阀芯；3—下阀座；4—输出口；5，6—输入口

续表

"或"门元件	典型结构	(1)标准结构　参见图(d) (2)带快速排气"或"门元件 图(e)为带有快速排气结构的"或"门元件工作原理。在阀芯上装有带槽的导向杆1,自由膜片2起单向阀作用。当输入口信号都消失时,输出口的剩余气体能把自由膜片打开,直接排向大气,而不必经"或"门元件从前级元件的排气口排出,这样可以提高回路动作的可靠性 (3)多输入"或"门元件 图(f)为一种多输入"或"门元件工作原理。元件有三个输入口a、b、c,三块膜片不是刚性连在一起的,而是处于"自由状态",即中间的阀柱和相应的上下膜片是分开的,结构较为简单。该元件是一种有源"或"门元件,适用于输入较多的场合 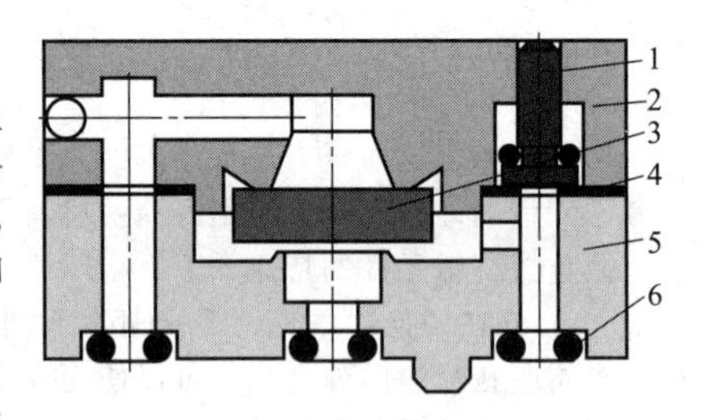 图(d)　标准"或"门元件结构 1—显示活塞;2—阀盖;3—阀芯;4—密封膜片;5—阀底;6—O形圈 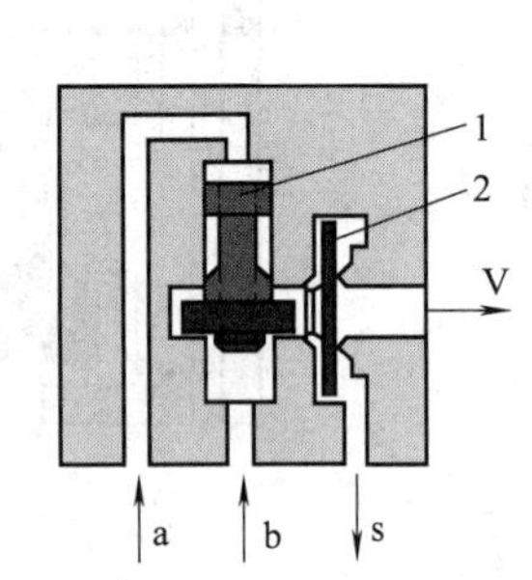 图(e)　带有快速排气的"或"门元件工作原理 1—导向杆;2—自由膜片 图(f)　多输入"或"门元件
"与"门元件		图(g)为"与"门元件工作原理。图中a、b为输入信号,s为输出信号。当有输入信号a而没有b时,阀芯3在a作用下压向上阀座1,输出口4没有信号输出。同样,当有b而没有a出现时,亦没有输出信号。只有当两个信号输入口同时有输入信号a、b时,元件的输出口才有输出信号s 图(h)是"与"门元件的结构。若把前述的"是"门元件气源口换成信号输入口,也就能作为"与"门元件使用 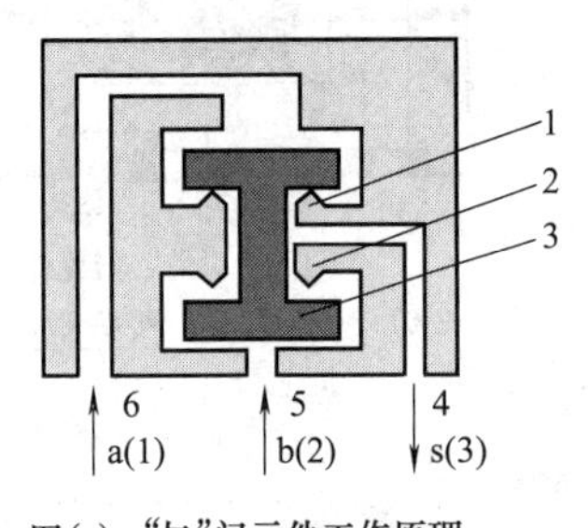 图(g)　"与"门元件工作原理 1—上阀座;2—下阀座;3—阀芯;4—输出口;5,6—输入口 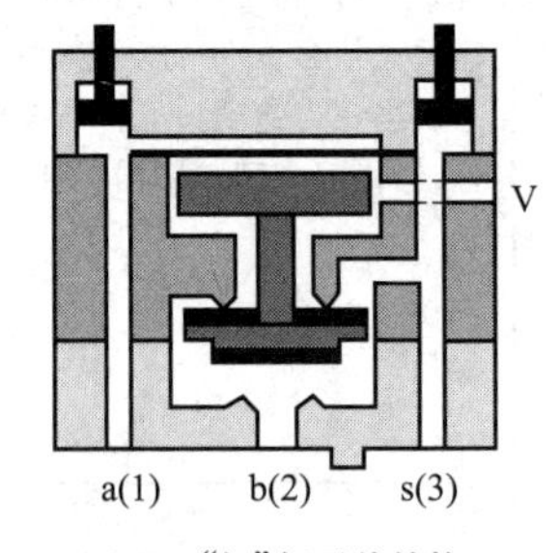 图(h)　"与"门元件结构
"非"门元件		图(i)为"非"门元件工作原理。在输入口没有输入信号a时,阀芯3在气源压力作用下上移,封住上阀座2,气流直接从输出口流出,元件有输出;当在输入口有输入信号a出现时,由于膜片1的面积远大于被阀芯所封住的阀座面积,阀芯在压差作用下下移,封住下阀座4,输出口5就没有信号输出。输出通道中的气体经上阀座2从排气口流至大气

续表

<table>
<tr><td>“非”门元件</td><td>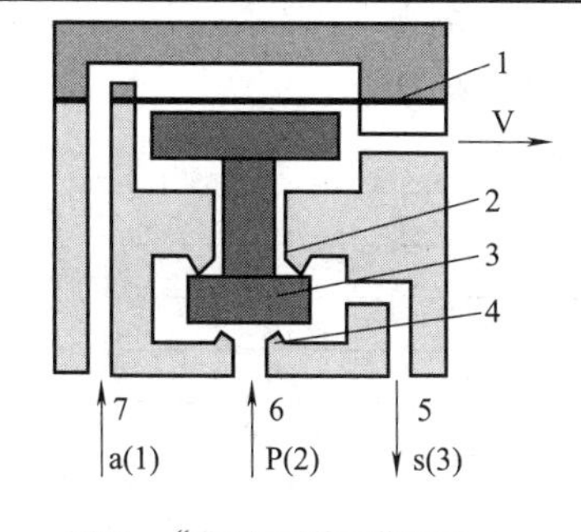

图(i)　“非”门元件工作原理
1—膜片；2—上阀座；3—阀芯；4—下阀座；5—输出口；6—气源口；7—输入口
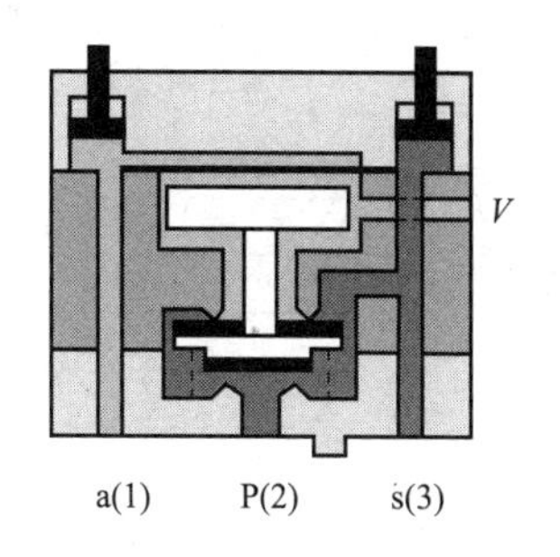

图(j)　“非”门元件结构</td></tr>
<tr><td>“禁”门元件</td><td>“非”门元件也能实现“禁”门逻辑功能，只要把“非”门元件的气源口改成输入信号 b 就可以了。“禁”门的意思是：只要有信号 a 存在，就禁止 b 信号输出。只有信号 a 不存在，才有 b 信号输出。其结构参见图(k)
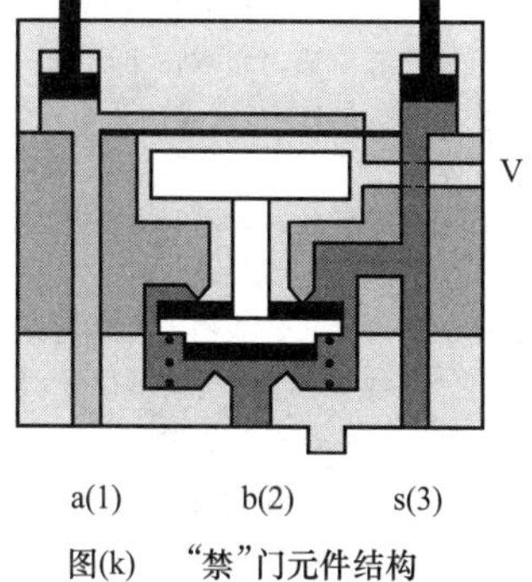

图(k)　“禁”门元件结构</td></tr>
<tr><td>限压信号元件</td><td>限压信号元件的功能是产生一个与压力有关的信号，当压力达到该元件所固定的值时产生一个输出信号，其结构原理同“非”门元件，其符号见图(l)
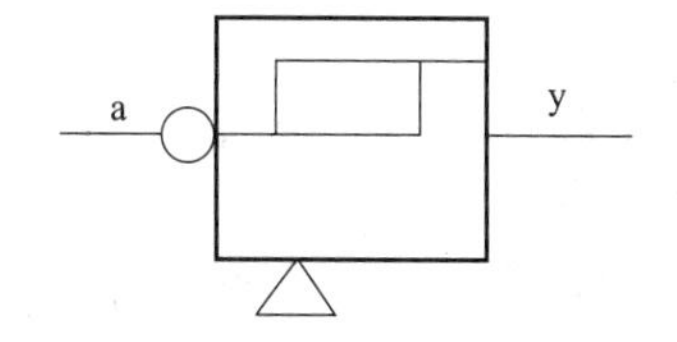

图(l)　限压信号元件的符号</td></tr>
<tr><td>“或非”门元件</td><td>“或非”门元件是一种多功能的逻辑元件，应用范围很广，用它可以组成各种逻辑门
图(m)所示为三输入“或非”元件工作原理。这种“或非”元件是在“非”门元件的基础上，另外加了两个信号输入口，共有三个信号输入口。该元件每个信号输入口都对应有一个膜片和阀柱，它们各自都是独立的。有信号输入时，信号压力由膜片、阀柱依次传递到阀芯上
这种元件的结构比较简单
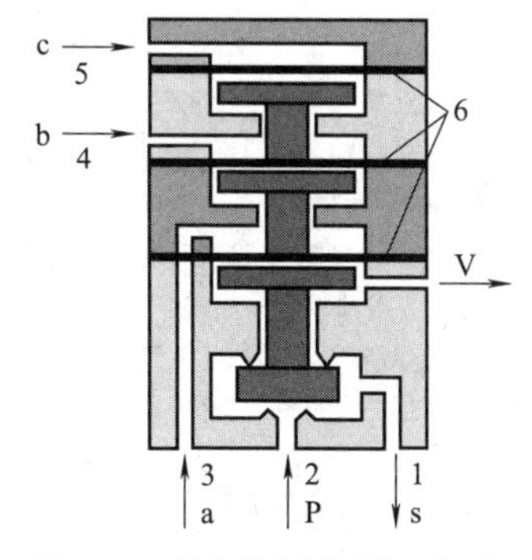

图(m)　三输入“或非”元件工作原理
1—输出口；2—气源；3～5—输入口；6—膜片</td></tr>
</table>

续表

“或非”门元件

显然，当三个输入口都没有输入信号时，元件才有输出。只要在三个输入口中有一个有输入信号出现时，就没有信号输出，即元件能实现“或非”的逻辑功能。“或非”元件的真值表见下表

“或非”元件的真值表

a	b	c	s
0	0	0	1
1	0	0	0
0	1	0	0
0	0	1	0
1	1	0	0
0	1	1	0
1	1	1	0

或非元件的逻辑表达式为：$s=\overline{a+b+c}$

双稳元件

双稳元件在逻辑回路中有着重要的作用，它能把输入信号状态“记忆”下来。双稳元件有单输出和双输出两种。双稳元件目前采用滑阀式结构的比较多，采用截止式结构的较少，这是因为要保证几个端面同时起可靠的密封作用，工艺上比较困难

双稳元件的逻辑符号参见图(n)

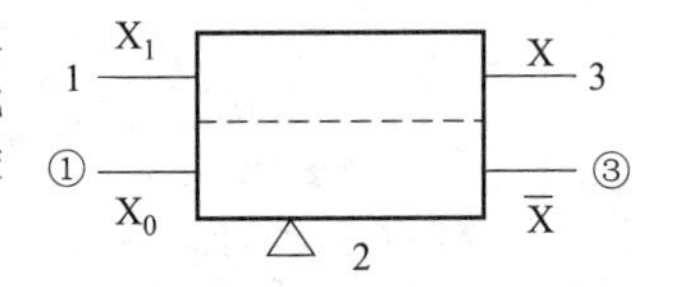

图(n) 双稳元件的逻辑符号

截止式双稳元件

截止式双稳元件参见图(o)。s_1有输出 s_0无输出：当输入口3有输入信号a出现时，阀杆右移，关闭排气口O_1，气源P与输出口4相通，有输出；同时，输出口5与排气口O_2相通。此时，双稳的输出处于状态“1”

s_1无输出 s_0有输出：当输入信号a消失，在压差作用下，双稳仍保持“1”状态，直至在输入口1有b信号输入时，阀杆左移，元件切换变为“0”状态输出

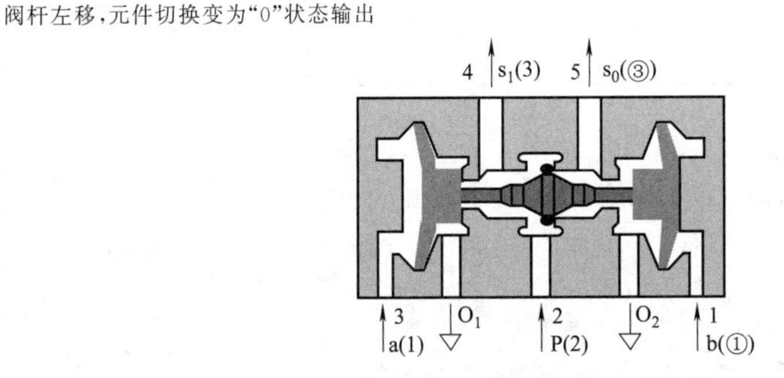

图(o) 截止式双稳元件工作原理

1,3—输入口；2—气源；4,5—输出口

“或”-“或”-双稳元件

图(p)所示为另一种双稳元件的工作原理。它实际上由两个“或非”元件组合而成的，称为“或”-“或”-双稳元件。左侧“或非”元件的输出 s_0经内部的反馈通道加在右侧“或非”元件的输入口上；同样右侧的输出 s_1加在左侧的输入口上

若双稳元件的输出为“1”状态，即 $s_1=1$，$s_0=0$。此时 s_1的输出在内部反馈至左侧“或非”的输入口，左侧阀芯下移把气源关断，使 s_0仍无输出，即使置“1”信号 a、b 消失后，双稳仍保持“1”状态输出，即该双稳的信号记忆是由输出信号的反馈来实现的。也正因为如此，当气源刚一接通后，元件的输出状态是随机的

因此，元件在回路中应用要加置“0”信号复位。同时还要注意，若元件所承受的负载较大(如直接带气缸)，则元件工作的稳定性受到排气速度的影响，此时可在双稳元件和负载之间加“是”门元件隔离

图(p) “或”-“或”-双稳元件工作原理

续表

双稳元件　　单输出双稳元件

图(q)所示为一种单输出双稳元件。当在输入口 7 有置“1”信号 a 时，膜片 4 向上变形，推动阀芯 3 上移顶开小活塞 2，而接通气源通道，并且关闭排气通道，使输出口 6 有输出。若置“1”信号 a 消失，膜片虽然复位了，但阀芯在气源压力作用下仍保持原来封住阀座的位置，输出口 6 仍然有输出。只有在输入口 8 有了置“0”信号 b 以后，阀芯才下移复位，打开排气通道，同时小活塞也下移，关断气源通道，于是元件就没有输出

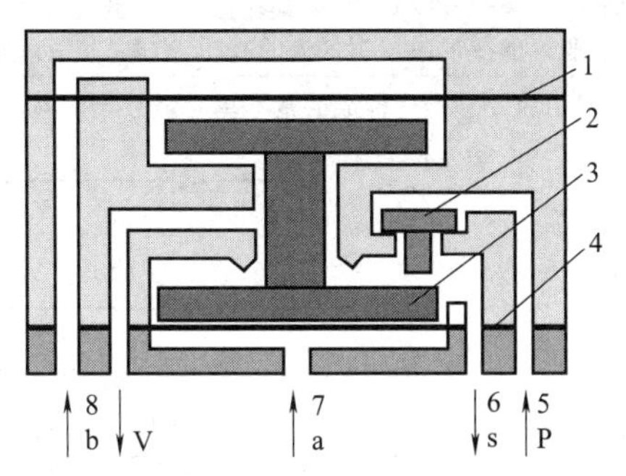

图(q)　单输出双稳元件工作原理

1，4—膜片；2—小活塞；3—阀芯；5—气源；6—输出口；7，8—输入口

图(r)也是一种单输出的双稳元件。该元件是由两个元件组合而成，其中记忆单元只有一个输出口 s，它的输入信号 a(置“1”或置“0”)由 S-R 门的输出供给

当在 S-R 门的输入口 3 有信号 a 输入(置“1”)时，阀芯离开阀座，输出口 2 有信号输出。这个输出信号 s 加在记忆单元的输入口 a 上，作为置“1”信号，于是记忆单元有信号输出。当信号消失后，S-R 门复位，由于气阻的作用，记忆元件的输出仍然保持“1”状态

当 S-R 门的输入口 1 有信号 b 输入(置“0”)时，膜片向下变形，阀芯下移，S-R 门的输出经输入口 3 排空，记忆单元切换，元件的输出为“0”状态

该记忆元件在接通气源后，输出的初始状态总是“0”状态

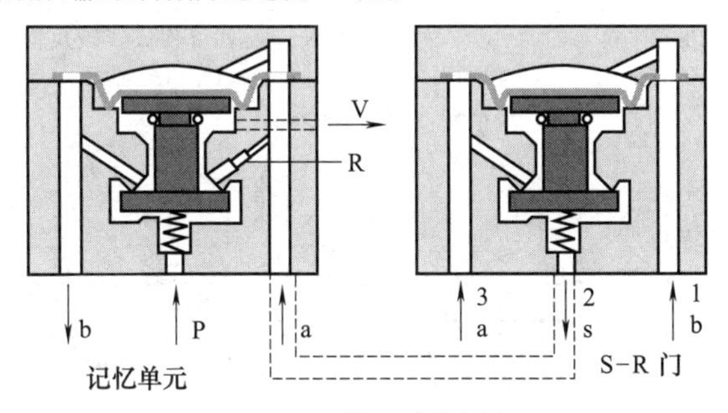

图(r)　记忆元件

图(s)所示为另一种单输出双稳元件。该元件中，在阀芯的左右两侧各有一对永磁环，靠它来实现信号的记忆

当在输入口 5 有输入信号 a(置“1”)时，阀杆、阀芯 3 左移并被永磁环 2 吸住，气源 6 输出口 7 接通，元件有输出

在信号 a 消失后，阀芯 3 仍被永磁环吸住，元件的输出状态仍然保持“1”状态

直至在输入口 8 有输入信号 b(置“0”)时，元件的输出呈“0”状态。

这种靠磁性吸力作用保持信号状态的记忆元件，在气源中断后重新供气时，元件的输出状态亦能保持不变，即具有永久记忆的功能

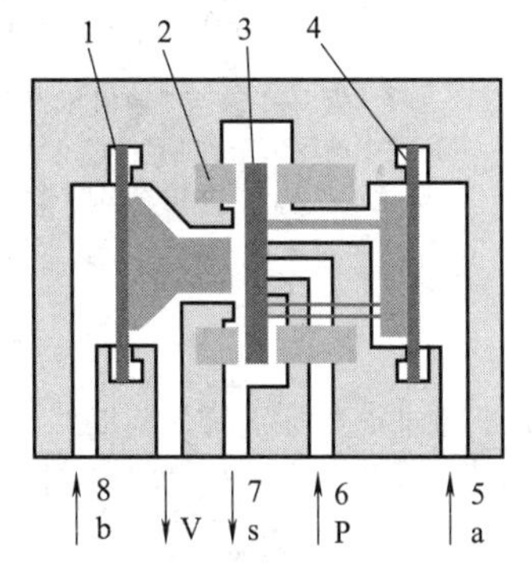

图(s)　单输出记忆元件

1，4—膜片；2—永磁环；3—阀芯；5，8—输入口；6—气源；7—输出口

3.8.3.2　膜片式逻辑元件

膜片式逻辑元件的可动部分由膜片（或膜片组）构成，因此元件结构简单、体积小，易集成安装，制造工艺简单，元件生产装配方便，元件的工作压力范围宽，可从微压到高压，适用范围广。

表 21-3-110　　膜片式逻辑元件原理和结构

微压膜片式逻辑元件

这类元件的工作压力极低，一般为 0.05～0.2bar，动作速度快，最快可达 1.5m/s，通径为 1～2mm。元件的可动部分大多采用薄而柔软的膜片，由膜片的变形来控制气流的流动，实现一定的逻辑功能

基本单元

微压膜片式逻辑元件是由膜片和挡壁构成的基本单元经一定的内部管路连接而成。图(a)所示为几种基本单元的结构

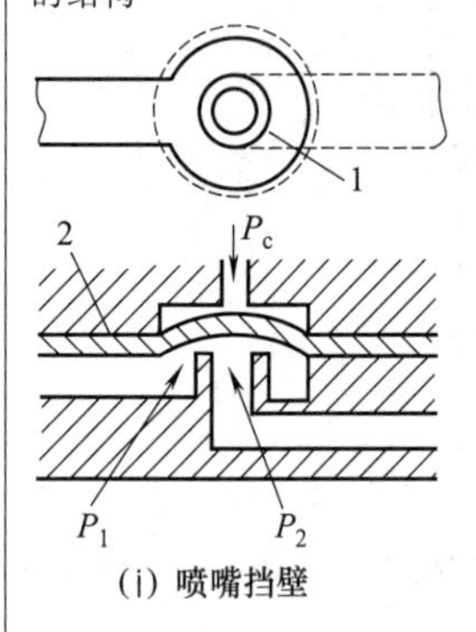

(i) 喷嘴挡壁

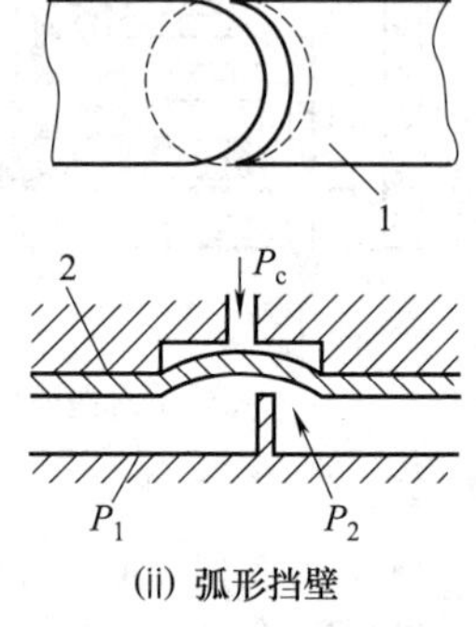

(ii) 弧形挡壁

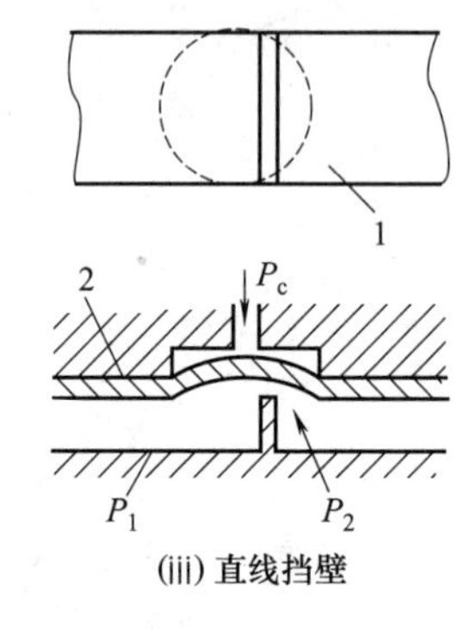

(iii) 直线挡壁

图(a)　膜片式逻辑元件的基本单元

1—挡壁；2—膜片

在膜片上面的控制气室中没有控制信号时，有压气体能流过膜片和挡壁之间的流动通道。在控制气室中加入控制信号气压 P_c 时，膜片向下弯曲关断气流流动通道。这样，元件的切换特性取决于膜片两侧的相对压力而不是绝对气源压力的大小。这种压力控制的切换方式，由于膜片将控制通道和输出通道之间隔离而提高了元件的输出能力，减少了功率消耗。这也意味着元件几何参数的准确性、流体的性质（如黏性）及雷诺数对元件的工作性能没有明显的影响

非门单元

如图(b)所示，在基本单元的前后串入两个气阻 R_1、R_2 就可构成实现反向作用的“非”门单元。由于串入了两个气阻 R_1、R_2，靠气阻的分压作用，使膜片下腔室中的压力 P_1 和 P_2 降低。当没有输入信号压力 P_c 时，有输出 P_0。当加入输入信号压力 P_c 时，膜片将挡壁关闭，没有输出

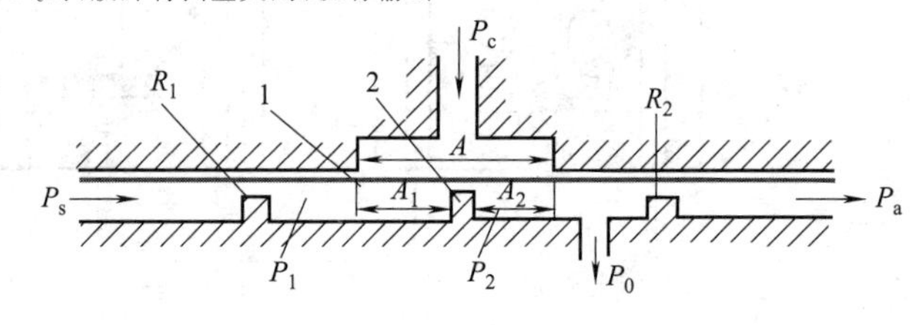

图(b)　“非”门单元

P_s—气源压力；P_c—输入压力；P_a—大气压力；P_0—输出压力；R_1，R_2—气阻；1—膜片；2—挡壁

一般气阻 $R_2>R_1$，即输出压力 $P_0>1/2P_s$。为了实现切换，控制压力 P_c 作用在膜片上的力必须等于膜片下面两腔室中的压力 P_1 和 $P_2(P_0)$ 分别向上作用在膜片有效作用面积 A_1 和 A_2 上的力。若忽略气流通过挡壁时的阻力，则 P_1 和 P_2 基本相等。因此元件切换时其控制压力 $P_c(P'_c)$ 需满足以下条件

$$P'_cA=P_1A_1+P_2A_2$$

即

$$P'_c=P_0=\frac{R_2}{R_1+R_2}P_s$$

上式说明“非”门单元没有增益。一旦膜片封住了挡壁，气流就不再流动，“非”门单元没有输出。此时返回压力 P''_c 仅取决于 A_1 和 A_2 的比值，即

$$P''_c=\frac{A_1}{A}P_s$$

“非”门元件的输出为开关式，其切换压力必须大于返回压力，即

$$\frac{R_2}{R_1+R_2}>\frac{A_1}{A}$$

续表

微压膜片式逻辑元件 — 推挽单元

“非”门单元中的气阻 R_1、R_2 限制了元件的输出能力，为了使元件具有低输出阻抗及对负载的不敏感性，在“非”门单元的基础上增加一对推挽放大级，构成推挽单元，如图(c)所示。由于推挽单元中的两个气阻相等，所以在膜片打开时，$P_1=P_2=1/2P_s$。推挽放大级 3 的有效面积比 A_1/A 约为 0.8，推挽放大级 2 的有效面积比 A_1/A 为 0.2。于是，当 $P_c=0$ 时，“非”门单元 1(控制级)的膜片处于打开状态。此时推挽放大级 3 的挡壁打开，推挽放大级 2 的挡壁关闭，元件的输出通道与气源相通，有输出 $P_0=P_s$。当 $P_c>1/2P_s$时，“非”门单元 1 的膜片将气流通道关闭，即 $P_1=P_s$，$P_2=0$。此时，推挽放大级 3 的挡壁关闭，推挽放大级 2 的挡壁打开，元件的输出通道与大气相通，无输出 $P_0=0$，元件实现了非门逻辑功能

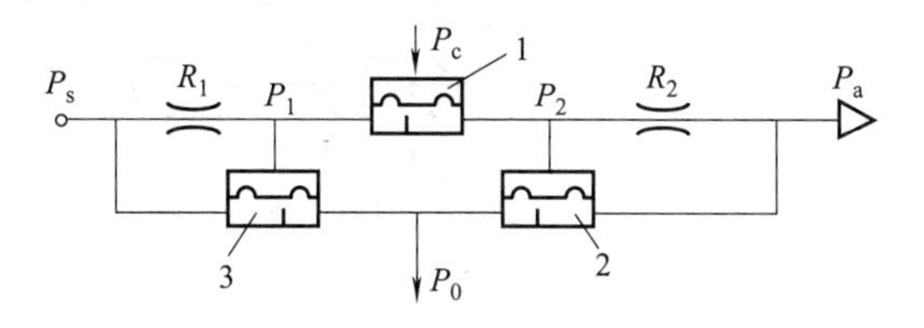

图(c)　推挽单元

1—非门单元；2，3—推挽放大级

由于在推挽放大级中没有气阻，元件的输出与控制级完全隔离，从而提高了元件的输出能力。另外在切换动作完成后，由于推挽放大级中的两个挡壁总有一个是关断的，因此元件不消耗功率

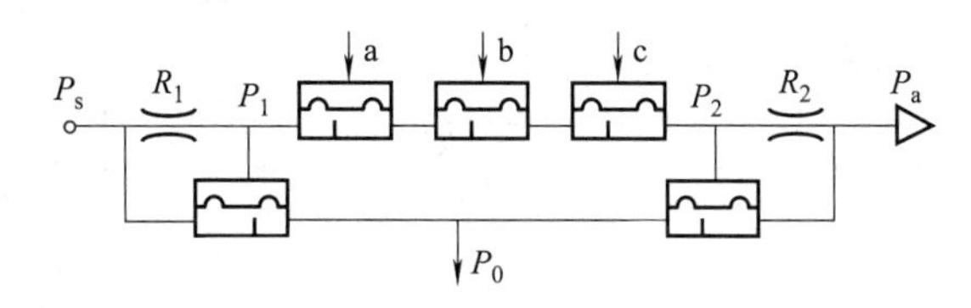

图(d)　“或非”元件工作原理图

由此推挽单元可以构成实现不同逻辑功能的元件。如图(d)所示的三输入“或非”元件就是在控制级中将三个基本单元串联并保留推挽放大级而构成。但元件中所串联的单元数量受到一定限制，要求在控制级中气流通过挡壁的阻抗必须大大低于 R_1 和 R_2 的阻抗

如在控制级中基本单元并联就能实现“与非”功能，如图(e)所示。用同样的方法还可以构成“与”“或”“非”、记忆、计数触发器等元件

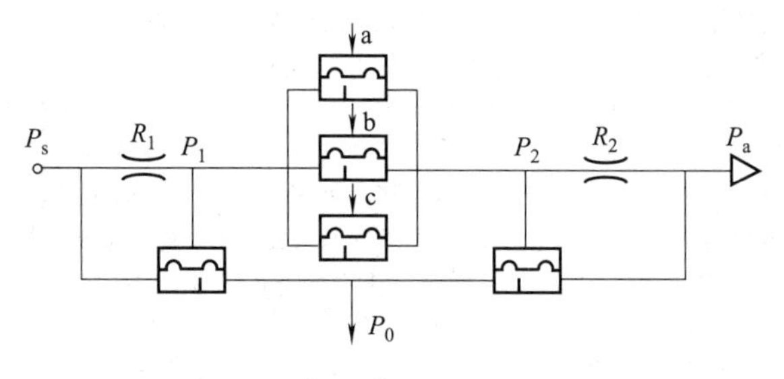

图(e)　“与非”元件工作原理

低压膜片式逻辑元件

低压膜片式逻辑元件是一种多功能元件(具有多种逻辑功能)，其结构形式也较多，此处介绍双膜片式和三膜片式低压逻辑元件

双膜片式逻辑元件

此类元件的工作压力在 1～2bar 之间，响应时间短，可达 2ms，元件体积可做得较小，使用寿命长

元件由刚性连杆连接两块膜片构成，参见图(f)。根据所要求实现的逻辑功能，在 a、b、c 和 d 四个输入端加入相应的输入信号，借助于气压在膜片两侧产生的压力差来推动膜片组件的上下移动，实现气流通路的通断，以改变输出 s 的状态

使用时应注意，没有加入信号的输入端不可以堵死

续表

<table>
<tr>
<td rowspan="3">低压膜片式逻辑元件</td>
<td>双膜片式逻辑元件</td>
<td>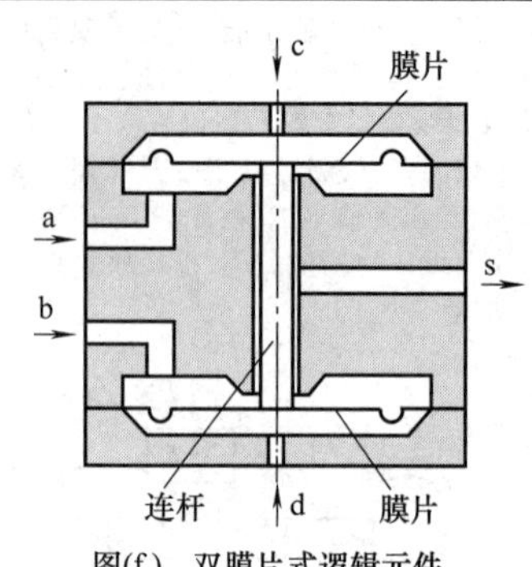

图(f)　双膜片式逻辑元件</td>
</tr>
<tr>
<td>三膜片式逻辑元件</td>
<td>此类元件又称为运算继电器，是一种低压膜片元件，工作气压为1.4bar，具有典型的开关特性，可实现多种逻辑功能
如图(g)所示，在元件的上、下两端有两个喷嘴，中间的刚性连杆连接三块膜片构成膜片组件，将元件分隔成A、B、C、D四个气室。中间膜片的有效面积比两侧膜片的有效面积大2倍。若在一个中级气室中加输入压力 P_a，在另一个中级气室中加偏置压力 P_b，则膜片组件在压力差的作用下，向上或向下移动，关闭或打开气源喷嘴，元件输出呈开或关状态
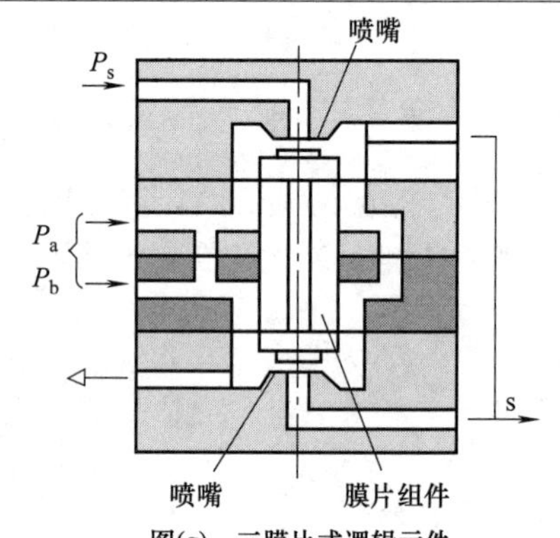

图(g)　三膜片式逻辑元件
P_a—输入压力；P_b—偏置压力；P_s—气源；s—输出</td>
</tr>
<tr>
<td colspan="2">双膜片式和三膜片式逻辑元件均可实现是门、非门、或门、与门、双稳等逻辑功能</td>
</tr>
<tr>
<td>高压膜片式逻辑元件</td>
<td colspan="2">这种元件的工作压力为3～7bar，元件通径为2mm，可动部件只有膜片，所以元件结构简单，便于做成集成线路。元件采用负压切换方式改变其输出状态，即“1”表示无气状态，“0”表示有气状态，这与正压切换相反。在用这类元件组成的控制回路中，使用的“非”门元件主要采用正压切换截止式结构，故往往用正、负混合逻辑设计回路。由于采用排气控制方式，故气压信号在管路中传输的时间较长，若回路设计不当，易发生障碍
高压膜片式逻辑元件包括“或”门、“与”门、双稳及放大和换向元件组成的系列元件，元件种类较多，现以双稳元件为例说明其工作原理
如图(h)所示，在常态下，a、b两输入口均有气。在接通气源后，若中间膜片偏向右侧，此时s无气输出，s与气源相通有气输出，即双稳处于“1”状态。若a端瞬时排空，左膜片就偏离阀座，中间膜片因左侧压力降低而向左偏移，关断气源和 s_0 的通路，则 s_0 无气输出；同时，右膜片压向阀座，关断 s_1 与排气口的通路，而 s_1 与气源相通有气输出，即双稳由“1”状态变为“0”状态输出。如果a口仍恢复有气状态，则元件能将状态保持下来，仍处于“0”状态输出，即具有记忆作用。只有在b口瞬时排空时，即加入另一输入信号，元件才会切换，变为“1”状态输出
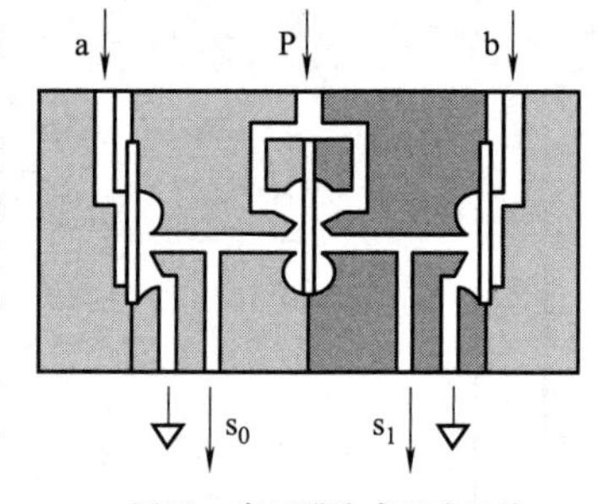

图(h)　高压膜片式双稳元件</td>
</tr>
</table>

3.8.3.3　滑阀式逻辑元件

滑阀式逻辑元件的结构与常规的气动换向阀没有根本上的差别，只是根据逻辑元件的要求，在设计时考虑了体积、管道通径及安装等因素，同时为了提高元件的性能，在结构和工艺上采取了一些措施。滑阀式逻辑元件大多数采用三个或五个孔口，即二位三通或二位五通滑阀。阀芯（滑柱）在输入信号作用下来回移动，切换流路，实现一定的逻辑功能。

（1）结构原理

如图21-3-121所示，P为气源，a为输入信号，s为输出信号。没有加输入信号时，阀芯在弹簧力作用下被置于一侧，元件有输出（置“1”）。当加入输入信号a（置“1”）时，阀芯右移，关闭气源，输出与排气口相通，元件无输出（置“0”）。

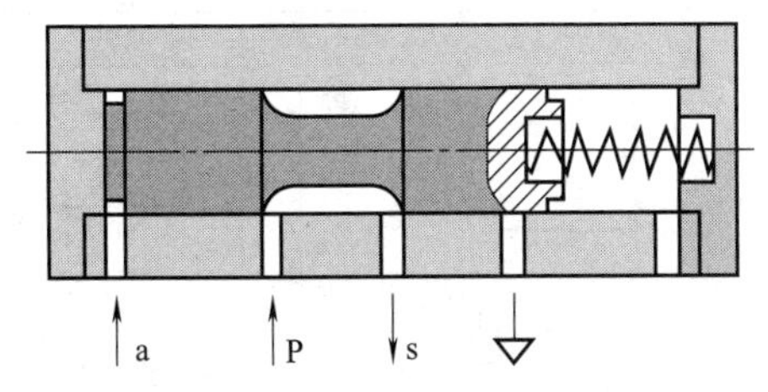

图 21-3-121　滑阀式连接元件（非门）

图 21-3-122 为双稳元件，它有两个输入口 a 和 b（置“1”和置“0”口）。加入输入信号 a 后，阀芯被推至右端。此时，元件的输出处于“1”状态，即 $s_1=1$，$s_0=0$。该状态一直保持到信号 b 出现，阀芯被推至另一端为止，这时元件处于“0”状态，即 $s_1=0$，$s_0=1$。值得注意的是，由滑阀式元件实现的双稳具有永久的记忆作用，即在气源中断后重新供气时，元件仍然保持原来的输出状态不变。滑阀式元件的工作气源压力范围大（从真空到 10bar），工作可靠，结构坚固，流量输出较大，常作小功率阀用以直接推动小型执行机构。元件的响应时间一般为十几毫秒，比截止式元件稍慢。滑阀式元件是一种多功能元件，表 21-3-111 列出了用滑阀式逻辑元件实现的几种逻辑功能。

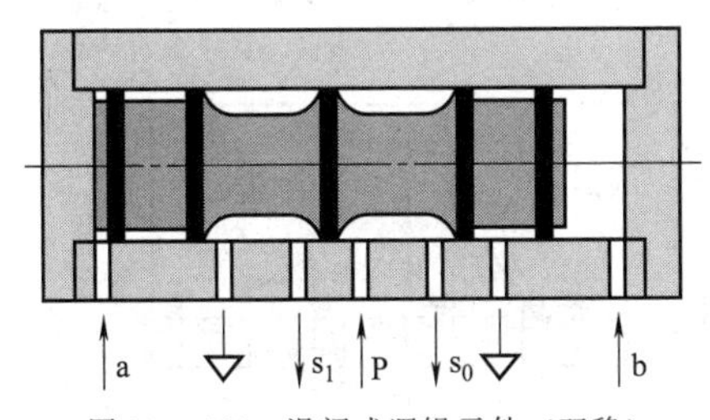

图 21-3-122　滑阀式逻辑元件（双稳）

（2）密封

滑阀式逻辑元件阀芯和阀体之间的密封方式主要有两种：一种是采用软质密封圈；另一种是间隙密封。

① 软质密封。滑柱（阀芯）和阀体之间的正常配合间隙，会造成相当大的气体泄漏。因此，在滑柱或阀体上总是要使用 O 形密封圈或其他形式的密封圈。密封圈一般采用橡胶或者尼龙等软质材料制成。采用密封圈密封的元件对滑阀副的加工精度要求比间隙密封来得低，元件的工作位置可任意方向安装而不影响元件的逻辑性能，但必然影响元件的切换灵敏度。为此，工作气源需用具有润滑作用的含油雾的压缩空气。

图 21-3-123 给出了采用软质密封的两种结构

这两种密封结构都采用滑柱来推动滑块做开关动作，以改变流体通路的方向。滑块与固定面之间的配合需要研磨，结构紧凑、体积小，密封可靠。

② 间隙密封。采用间隙密封的滑阀式逻辑元件是靠滑柱和阀体之间微小的间隙来保证工作通道和排气口之间的密封。这类元件有两种，一种是靠阀芯和阀体的金属-金属的配合间隙，其结构原理与常规的金属硬配滑阀相同；另一种是应用气动轴承原理，工作时滑柱在气压作用下“悬浮”在阀体中间，使元件切换时摩擦力大大降低，动作频率大大提高。

图 21-3-124 为金属-金属间隙配合的滑阀式逻辑元件原理图。

在图 21-3-124（a）中滑柱没有定位装置，使用时必须水平放置。在强烈冲击的场合下往往会产生误动作。图 21-3-124（b）、（c）所示两种结构就能克服这个缺点。

在图 21-3-124（b）中，滑柱的两端装有永久磁铁，切换后靠磁力定位。

在图 21-3-124（c）中，滑柱的端部有机械定位用弹簧，切换后靠机械力定位。

表 21-3-111　　用滑阀式逻辑元件实现的几种逻辑功能

	或门	非门	与门
逻辑功能	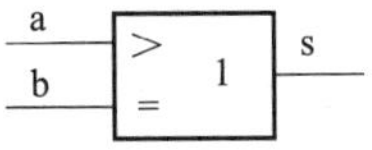 a, b → ≥1 → s	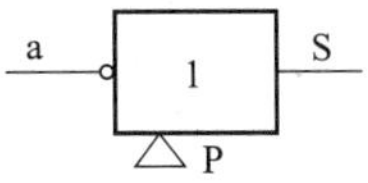 a → 1 → S; P	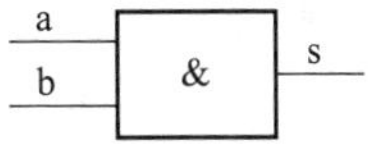 a, b → & → s
逻辑回路	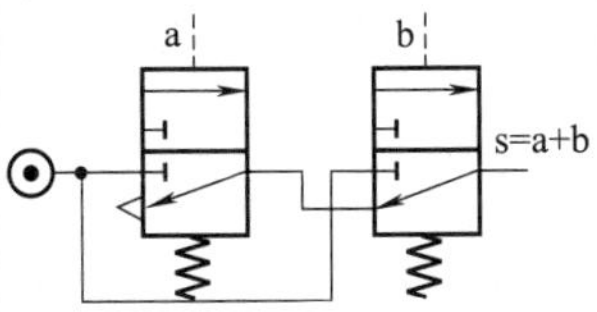 a, b; s=a+b	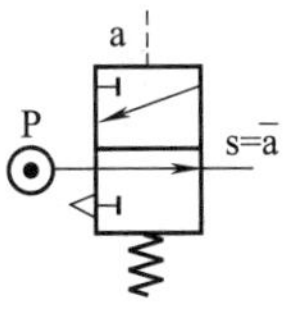 P, a; $s=\bar{a}$	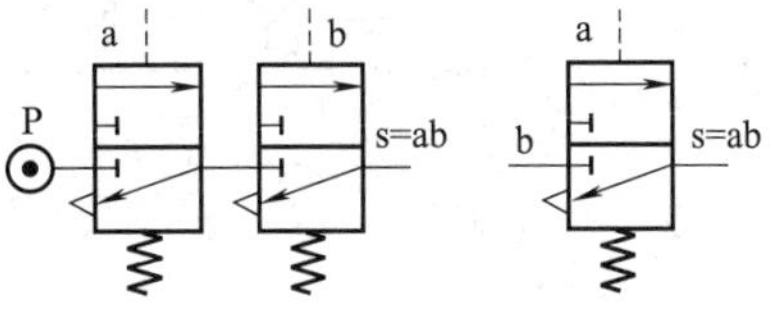 P, a, b; s=ab　　a, b; s=ab

第 21 篇

续表

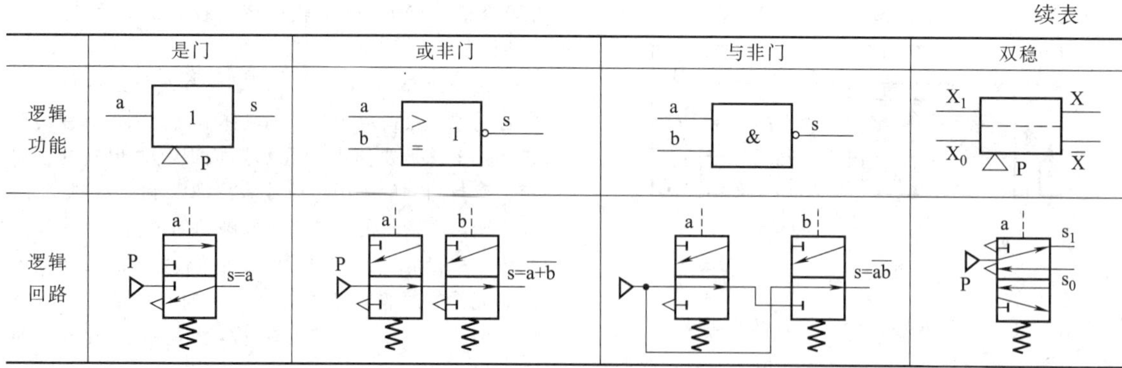

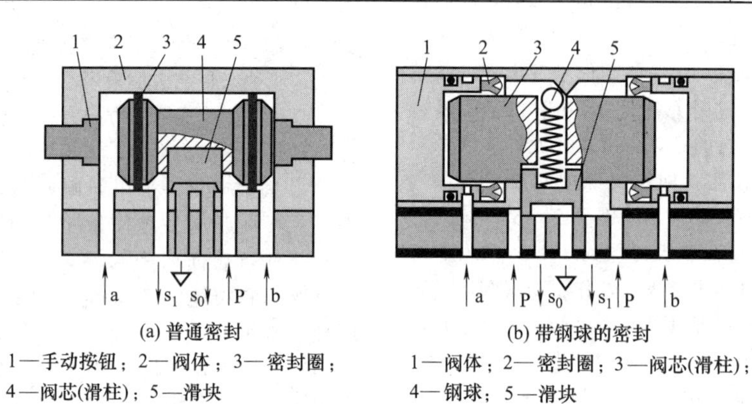

(a) 普通密封
1—手动按钮；2—阀体；3—密封圈；
4—阀芯(滑柱)；5—滑块

(b) 带钢球的密封
1—阀体；2—密封圈；3—阀芯(滑柱)；
4—钢球；5—滑块

图 21-3-123　滑阀的软质密封

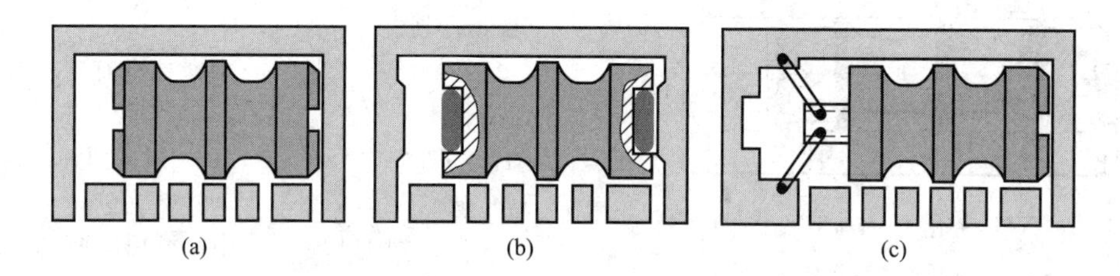

(a)　(b)　(c)

图 21-3-124　金属-金属间隙配合的滑阀式逻辑元件工作原理图

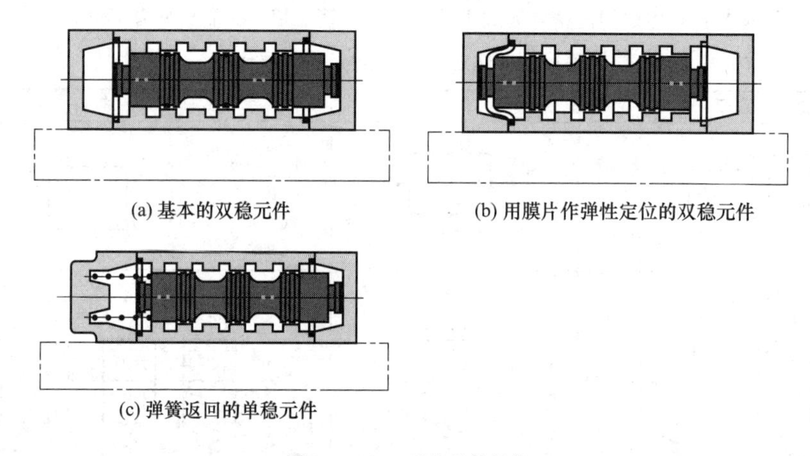

(a) 基本的双稳元件

(b) 用膜片作弹性定位的双稳元件

(c) 弹簧返回的单稳元件

图 21-3-125　双稳元件结构

间隙密封的滑阀式逻辑元件对制造精度要求高，配合间隙一般在 10μm 左右，特别是滑柱和阀体选用不锈钢材质，研磨加工，表面粗糙度 $Ra \leqslant 1.6\mu m$，所使用的工作气源需经精密过滤，过滤精度为 5μm，空气应清洁而干燥。

由于滑阀副几何形状的制造偏差（如椭圆度、台阶的同心度等）及阀芯的自重作用，使滑阀径向受力不平衡而偏向一侧，造成元件切换的摩擦阻力增加，并有卡死的可能。为避免上述现象的发生，除要求滑阀副具有正确的几何形状和适当的配合间隙外，还在阀芯的工作表面开设数条间距 2～4mm、深度 0.5mm 的平衡槽、均压槽，以形成气膜，即采用类似空气轴承的结构。元件在工作时由于气压沿阀芯工作表面轴向压力梯度在径向是均匀分布的，而有利于形成厚度均匀的气膜。在均压槽内径向压力均匀分布，可防止阀芯受力不均而偏向一侧的现象发生。

由于采用了空气轴承原理，阀芯在阀体内移动时几乎不受摩擦力的作用，因此元件切换灵敏，动作频率极高。

图 21-3-125（a）所示为基本的双稳元件，工作时阀芯必须处于水平位置，不能受到强烈振动和冲击，否则易产生误动作。一般用于系统需要最短响应时间的场合。元件也可以在阀芯一侧加恒定的低压偏置信号作单稳用。

图 21-3-125（b）所示为用膜片作弹性定位的双稳元件，弹性定位克服了上述元件的缺点，但切换压力增加了。

图 21-3-125（c）所示为弹簧返回的单稳元件，也常用偏置气压信号来代替弹簧返回，切换压力的大小与弹簧刚度有关。

3.8.3.4　顺序控制单元

顺序控制单元（又称为步进单元）是一个组合元件。它主要应用在多个执行元件顺序动作的气动系统中。

表 21-3-112　顺序控制单元结构原理

结构及特点	顺序控制单元由“与”门、“或”门和单输出双稳元件组成。其逻辑符号如图(a)所示 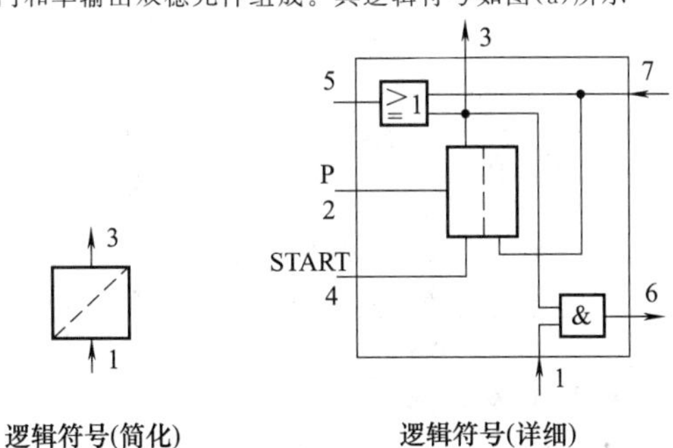 逻辑符号(简化)　逻辑符号(详细) 图(a)　顺序控制单元逻辑符号 1—信号输入口；2—总气源口；3—信号输出口；4—设置第一步(第一个顺序单元的置位信号，一般用启动按钮实现)；5—工作和复位状态显示；6—“与”门最后一级；7—共用的复位输入口(复位脉冲) 顺序控制单元特点：简化设计，费用低，省时；可防止输入的错误信号及系统自身的错误信号；线路短，换向速度快；动作中断时，后续动作信号全部互锁；控制系统明了且易懂，易维护
工作原理	参见图(b)。控制信号从 4 输入(用启动按钮实现)，使单输出双稳元件的输出为 1 状态(例如输出口 3 接气缸的无杆腔，使气缸的活塞杆伸出)，同时通过或门元件到达前一个顺序控制单元或者使气动显示器工作，另一条路线到达与门元件的一个信号输入口 当信号输入口 1 有控制信号时(例如气缸的活塞杆伸出到位后压下行程开关，其输出口接顺序控制单元的信号输入口)与门元件的输出为“1”状态，其输出气流向下一个顺序控制单元输入(相当于本单元的 4)或者作为最后一个顺序控制单元的“与”门最后一级 6 与 7 连接。当下一个顺序控制单元的输出口 3 为“1”状态时，本单元的输出就被截止(“0”状态) 工作和复位状态显示 5 根据本单元所在位置不同有以下几种情况 ① 本单元处于第一个位置：5 一般接一个气动显示器表示有气或无气的状态；或者接一个压力表可以监测压力的大小 ② 本单元处于第二个及以后的位置：5 就是前一个顺序控制单元的复位控制口 在 6 和 7 口相接，7 的输入气流使所有的顺序控制单元都复位 通过以上的分析可以得到以下结论 ① 执行元件的动作顺序数和顺序控制单元的数量相符，即一个顺序控制单元控制一步动作 ② 顺序控制单元输出口为“1”状态的条件是：前一个顺序控制单元的输入口和输出口都是 1 状态 ③ 同一时间只能有一个顺序控制单元在工作

续表

<table>
<tr><td rowspan="1">应用（四步式集成步进控制器）</td><td>四步式集成步进控制器[见图(b)]可以控制四步顺序动作。其工作过程如下
(1)s 有输出
控制信号从 4 口输入，s 有输出。同时，气流经过“或”门从 5 口输出(5 口接气动显示器)；另一条气路使“与”门元件上输入口置“1”
(2)s 有输出
当 R 口有信号输入时，即“与”门元件下输入口置“1”，则“与”门输出为“1”状态，信号到达第二个顺序控制单元，s 有输出
同时，气流经过“或”门到达第一个顺序控制单元中单输出双稳元件的另一个信号输入口，因此 s_1 的输出被截止。另一条气路使“与”门元件上输入口置“1”
(3)s_3 有输出
当 R_2 口有信号输入时，即“与”门元件下输入口置“1”，则“与”门输出为“1”状态，信号到达第三个顺序控制单元，s_3 有输出
同时，气流经过“或”门到达第二个顺序控制单元中单输出双稳元件的另一个信号输入口，因此 s_2 的输出被截止
另一条气路使与门元件上输入口置“1”
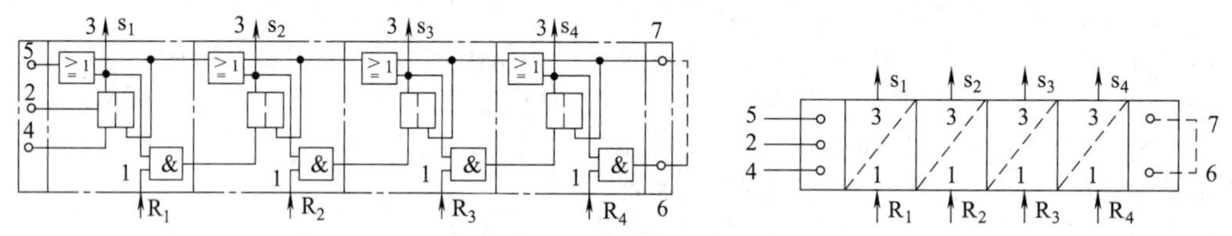
图(b) 四步式集成步进控制器和其简化符号
(4)s_4 有输出
当 R_3 口有信号输入时，即“与”门元件下输入口置“1”，则“与”门输出为“1”状态，信号到达第四个顺序控制单元，s_4 有输出
同时，气流经过“或”门到达第三个顺序控制单元中单输出双稳元件的另一个信号输入口，因此 s_3 的输出被截止
另一条气路使“与”门元件上输入口置“1”
(5)复位
当 R_4 口有信号输入时，即“与”门元件下输入口置“1”，则“与”门输出为“1”状态，即接口 6 有气流输出
接口 6 的输出气流从接口 7 再进入顺序控制单元组件，经过一系列“或”门元件的作用，使所有的顺序控制单元全复位</td></tr>
</table>

3.8.3.5 气动逻辑元件的性能及使用

表 21-3-113 气动逻辑元件的性能及使用

<table>
<tr><td>性能参数</td><td>工作压力范围</td><td>气动逻辑元件的工作压力范围是指元件能正常工作的气压范围。能正常工作是指元件在动作时，其响应时间、切换压力等都在规定的范围内。包括最高工作压力和最低工作压力。它们既是元件结构设计的主要依据，也是选用元件时参考的主要性能参数。对于有源元件来说，工作压力就是指在元件的气源输入口所加的气源压力；对于无源元件来说，则指输入信号的压力。为了保证元件现场工作的可靠，一般要求在工作压力范围波动±20%时，元件也能正常工作。元件的工作压力范围测试线路如图(a)所示
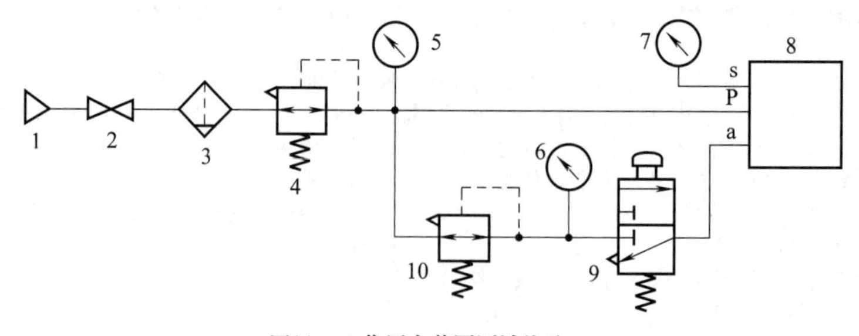
图(a) 工作压力范围测试线路
1—气源；2—气源开关；3—过滤器；4，10—减压阀；5～7—压力表；8—被测元件；9—手动按钮</td></tr>
</table>

续表

性能参数	切换压力和返回压力	元件的切换 P'_c 是指元件从常态变为另一种状态时(这个过程称为切换过程)在输入口所加的控制压力大小。元件切换后,当在输入口的控制信号压力逐渐减小,直到元件的输出返回到切换前的状态,此时的控制压力大小即为元件的返回压力 P''_c 切换压力和返回压力的大小往往与元件的结构型式、工作压力及密封等因素有关。例如对截止式逻辑元件来说,工作压力增加,切换压力和返回压力也相应提高。对于用软质密封的滑阀式逻辑元件,当工作压力一定时,元件第一次开始动作的切换压力,要比动作数次后的切换压力更高一些。这是由于橡胶密封圈在停放过程中与金属表面产生亲和作用,而使始动摩擦力增加。间隙密封的滑阀式逻辑元件的切换压力与停放时间的长短无关 元件的切换压力和返回压力的测试线路见图(a)
	流量特性	表示逻辑元件流量特性常用的方法有:流通能力 C 或 C_v 值、有效截面积 S 及流量 Q 等,也有用有效通径表示的。国内常用流通能力 C 值和流量 Q 表示 元件的流量 Q 表示在一定的工作压力下,气流从输出口流向大气的自由空气流量(或用标准流量表示)。因此,在表示流量大小时要指出此时的工作压力大小。图(b)为元件的流量测试线路原理 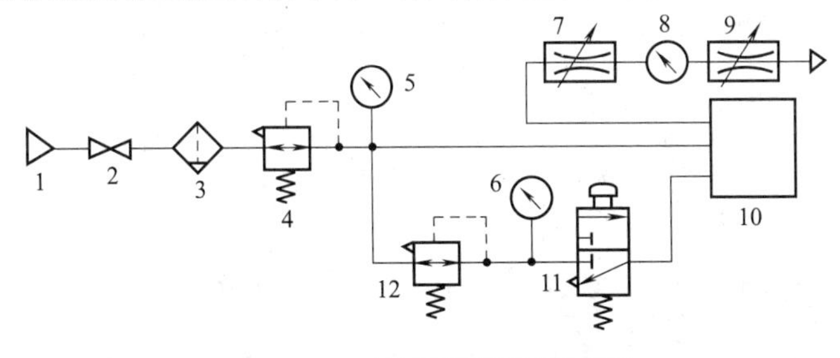 **图(b)　元件的流量测试线路原理** 1—气源;2—气源开关;3—过滤器;4,12—减压阀;5,6,8—压力表;7,9—节流阀;10—被测元件;11—手动按钮
	响应时间和工作频率	响应时间是指控制元件刚一发出控制信号到元件切换动作完成的一段时间,它又分为开启时间和关闭时间,如图(c)所示 影响响应时间的因素很多,除了元件本身的结构参数(可动部件的位移量、惯性力等)外,还有控制信号的大小和波形以及测试管路的长度所引起的信号延迟 元件的响应时间测试线路原理如图(d)所示 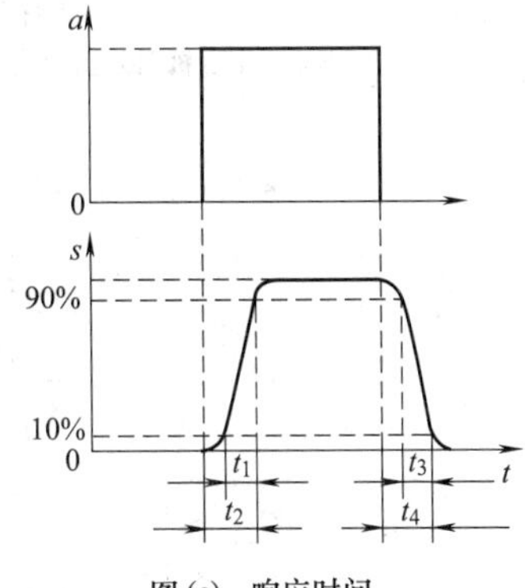 **图(c)　响应时间** t_1—上升时间;t_2—开启时间;t_3—下降时间;t_4—关闭时间 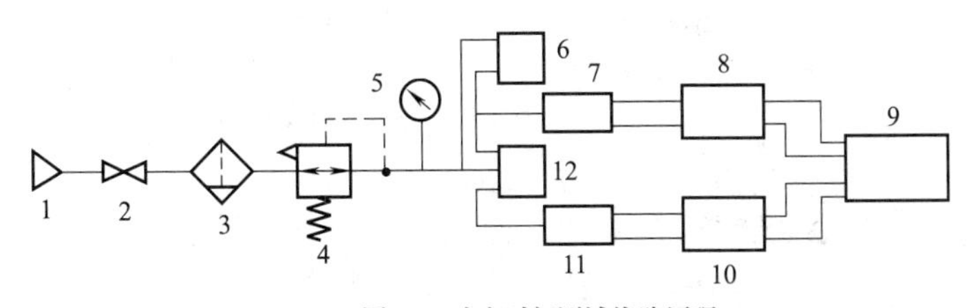 **图(d)　响应时间测试线路原理** 1—气源;2—气源开关;3—过滤器;4—减压阀;5—压力表;6—控制元件; 7,11—压力传感器;8,10—动态应变仪;9—记录仪;12—被测元件 工作频率是指在每秒钟(或每分钟)内能正常动作的切换次数

续表

<table>
<tr><td rowspan="2">元件的使用</td><td>适用范围</td><td>①机械设备本身采用气动执行机构(如气缸)时,用气动逻辑控制不需要工作介质的转换,能组成全气动系统,具有很好的技术经济效果
②在易燃、易爆、多粉尘、强磁和辐射等工作环境中,电器、电子元件不能适应工作,这时气动逻辑元件能发挥其优越性
③在一般的气动设备的程序控制中,可优先考虑选用高压型逻辑元件,它能直接利用多数工厂的动力气源工作,元件输出的负载能力强。在与气动仪表配套时,可选用低压型逻辑元件。而当与传感检测或射流配套使用,要求运算速度快时,宜选用微压型逻辑元件</td></tr>
<tr><td>使用时应注意的问题</td><td>①气动逻辑元件对气源的净化处理要求较低,除了间隙密封的滑阀式逻辑元件外,它要求空气的过滤精度为50～60μm,采用普通的分水过滤器。由于元件内有橡胶膜片,应该把逻辑控制系统用的气源,同需要润滑的元件供气分开,以免润滑油污损膜片
②元件之间的连接管路,对于低压型、微压型元件,用一般的塑料管或优质橡胶管直接连起来就可以了。而对于高压型元件应注意连接管路和管接头的密封性。若采用塑料管要用厚壁的,或者用尼龙管等。元件的安装还应留有一定的空间,便于检查、维修。连接管路要短
元件的安装可采用安装底板,在安装底板下面有管接头,元件之间用塑料管连接。为了减少连接管路也用集成气路板安装,气动逻辑元件之间的连接已在气路板内实现,外部只有一些连接用管接头。集成气路板可用几层有机玻璃粘接,或者用金属铝板和耐油橡胶材料构成
③气压信号的传输速度取决于管路的尺寸、长度及两端的压差。对于稳态信号没有严格的要求。但由于快速的开关信号在管路中传输将被衰减,而直接影响元件切换的动态性能
在气动控制中,逻辑元件本身的响应时间是比较短的,远不如气压信号在管路中传输所引起的时间延迟,这在使用时要注意
为保证元件动作可靠,不要使用只有几毫秒的短脉冲信号来切换元件,因为一般元件的响应时间在10ms左右,用短脉冲信号来切换,元件易产生误动作
④所有元件在安装之前都应检查其逻辑功能是否正常。接通气源后,元件的排气孔不应有明显漏气现象(微压元件正常的泄漏除外)</td></tr>
</table>

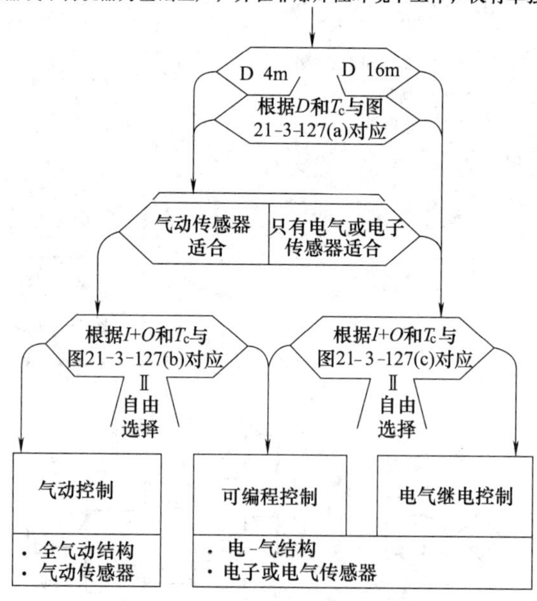

图 21-3-126 逻辑控制选择流程

3.8.3.6 气动逻辑控制的选择

一台自动化机器通常有气动驱动（气缸、气马达、鼓风机、吸盘等）和电气驱动（电机、加热电阻器、电磁铁等）两种方式。在选择控制硬件时，设计者应该设法最大限度地提高整个控制系统的一致性。因此，当大多数执行器为气动时，应使用气动控制装置。当大多数执行器是电气时，应使用电气控制。图

21-3-126 可用于气动执行机构绝大多数（至少 60%）的机器或机器工作站选择控制技术。机器必须是一个机组或部分机组结构，最后它只应该包含单独的信号并且仅需要逻辑处理。这些条件适用于最新的自动化系统。然而，如果考虑的机器包括具有模拟或数字信号的部分，则可以将其构造成一系列工作站，并且可以将不符合所有条件的那些单独处理。

使用流程图，用于决定是否采用气动逻辑控制。三个重要的选择判据可依次应用于所考虑的机器。

① 距离和反应时间。信号传输距离 $D=D_1+D_2$ 很容易计算。

- 如果 $D<4$m：选用什么配置都是可能的。
- 如果 $D>16$m：只有电-气控制适合。
- 如果 $4\text{m}<D<16$m：则使用图 21-3-127（a）进行选择。

计算步长 T_E 的平均时间，并且作为 D 的函数，该图能够选择的有：方向Ⅰ——所有可能的配置；方向Ⅱ——电-气动配置。

② 传感器匹配。我们已经看到了气动传感器和电气和电子传感器之间的并行存在。在这个阶段，验证大部分传感器可以是气动的。

③ 需要的处理量。这是使机器的使用寿命达到最佳选择的优化标准，因此是最佳的总体成本。处理量是以下两个变量的函数。

- 输入/输出的数量：$I+O$
- 由以下公式给出的复杂程度：

$$T_E=(\text{步数}+\text{工序数})/(I+O)$$

$$D=D_1+D_2$$

式中 D_1——传感器与处理器之间的距离；
T_E——平均步长时间；
D_2——处理器与方向控制阀之间的距离。

对关注的应用，把这两个元素确定值计算出来，并将其输入其中一个图中：

- 图 21-3-127（b）可以选择气动控制（Ⅰ）和可编程控制器控制（Ⅱ）。
- 图 21-3-127（c）可以在电气继电控制（Ⅰ）和可编程控制器（Ⅲ）之间进行选择。

在图 21-3-127（b）、(c）中显示“自由选择”的情况下，两种技术均适用于相关的应用。

全气动控制系统比电动气动驱动具有许多优点。

① 系统一致性。使用一个能源和控制介质，靠减少必要的技能和技术，简化了设备的设计、操作和维护。

② 硬件一致性。实际上，气动缸与气动传感器的结合要好于电子传感器。

a. 在潮湿的环境中：与电气传感器相反，气动

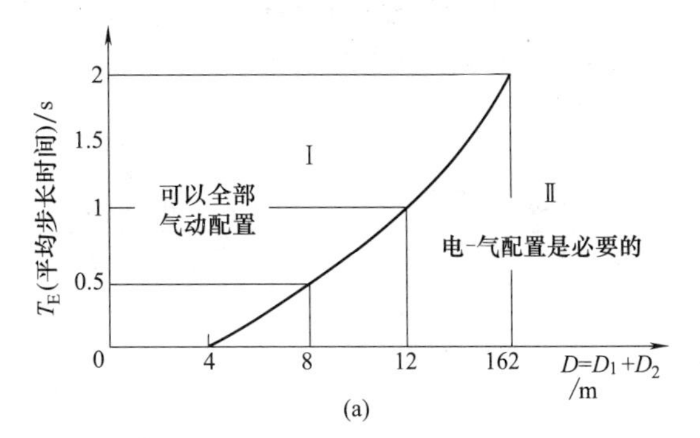

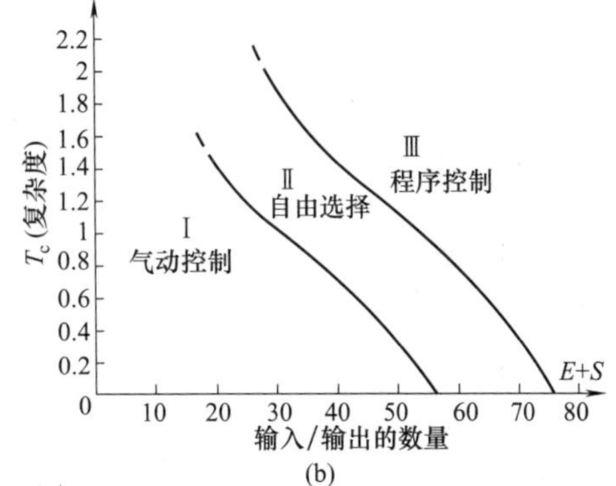

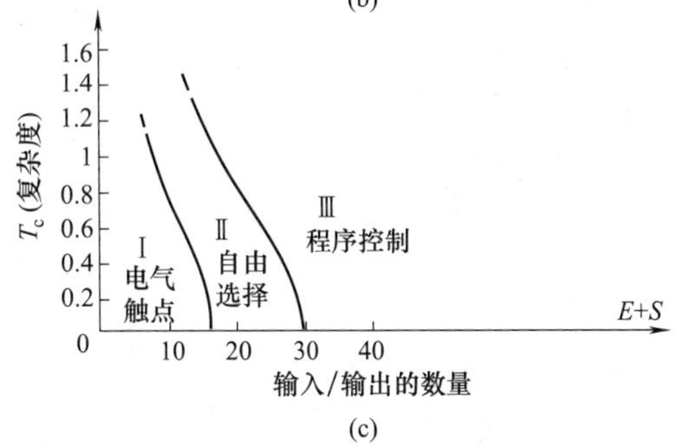

图 21-3-127 全气控逻辑控制系统的选择

传感器在潮湿的环境中无故障运行气动缸的应用通常是有利的。

b. 在爆炸环境中：防爆电器元件麻烦且昂贵；气动元件本身具有防爆功能，非常适合日益频繁的爆炸性工业环境。

c. 对于短行程气缸：短行程如典型的夹紧液压缸，很容易用气动限位传感器检测。

d. 限位开关无法使用的地方：这个经常遇到的问题可以通过使用阈值继电器来解决。

③ 消除了电磁阀。气动系统更紧凑、更可靠，成本降低。

④ 消除电力供应和保护装置，降低成本，增加安全性。

⑤ 没有切断或暴露线路和设备的电击。

⑥ 更长的寿命和更长的时间可靠性。

⑦ 更快的响应时间。在紧凑型控制系统中，总气动系统比电动气动系统的响应时间更快。

⑧ 降低总体成本。出于所有这些原因，全气动自动化是降低机器设计、操作和维护成本的有效技术。

3.8.3.7 气动逻辑元件产品（park公司）

（1）元件符号

表 21-3-114　　park公司的气动逻辑元件符号

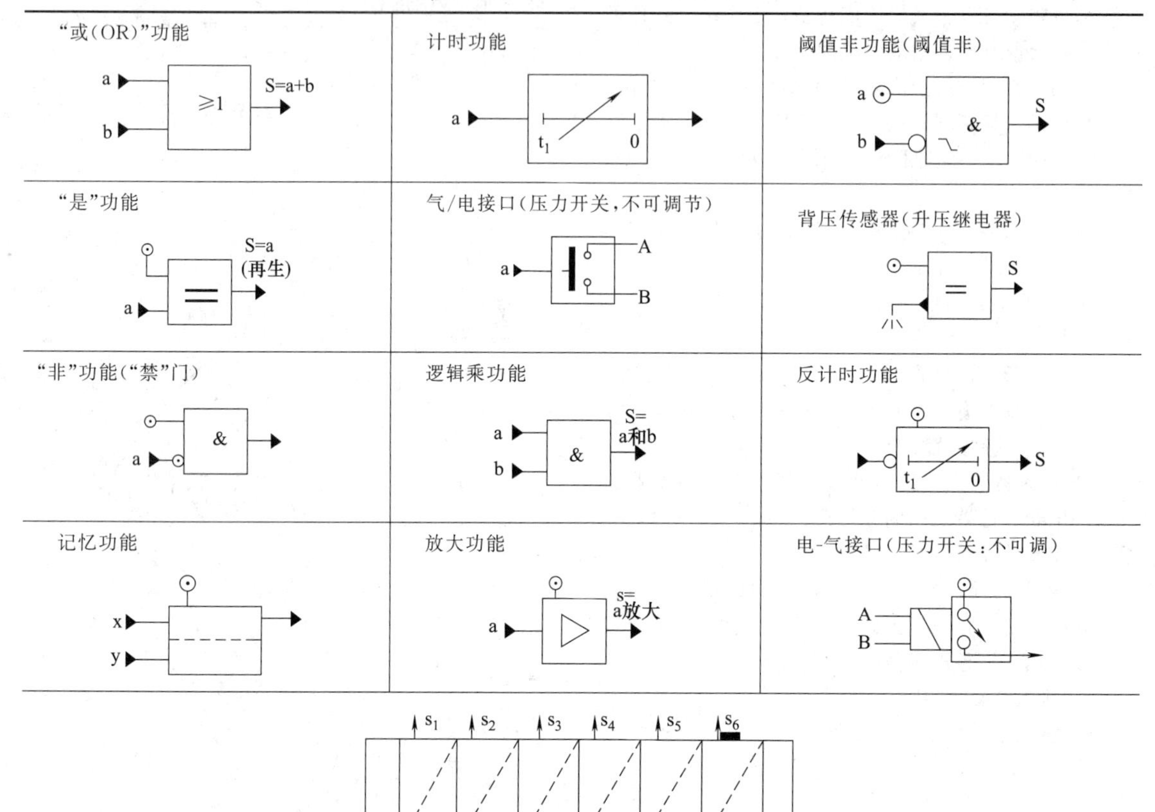

s_1 s_2 s_3 s_4 s_5 s_6		
R_1 R_2 R_3 R_4 R_5 R_6		

模块化程序控制器

（2）park气动逻辑元件

表 21-3-115　　park公司的气动逻辑元件

	逻辑功能	逻辑符号	气动元件	功能符号	等效电气
被动功能	或 OR	s=a 或 b(或者都) s=a+b ≥1 a　b 如果至少有一个输入"a"或"b"为ON，或者都为ON，则输出s为ON	s=a+b a　b	a　b	a b s=a+b

第21篇

续表

	逻辑功能	逻辑符号	气动元件	功能符号	等效电气
被动功能	与(AND)	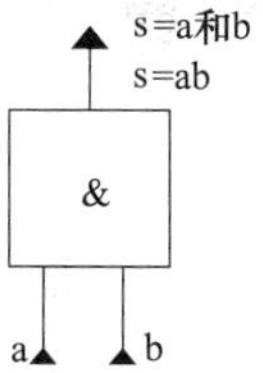 s=a和b s=ab & a b 只有当输入"a"和"b"为都为ON时，输出s才为ON	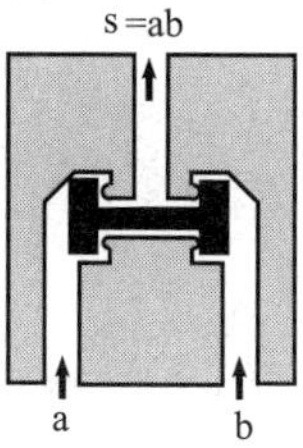 s=ab a b	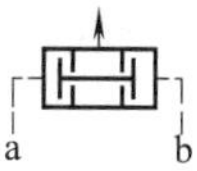 a b	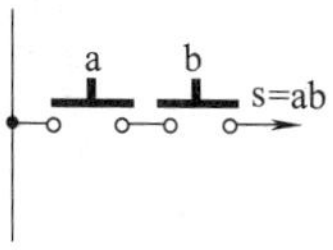 a b s=ab
主动功能	是(YES)(再生)	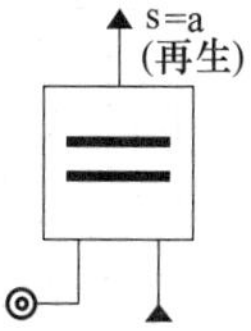 s=a (再生) 如果输入"a"为ON，则输出s为ON，并重新生成	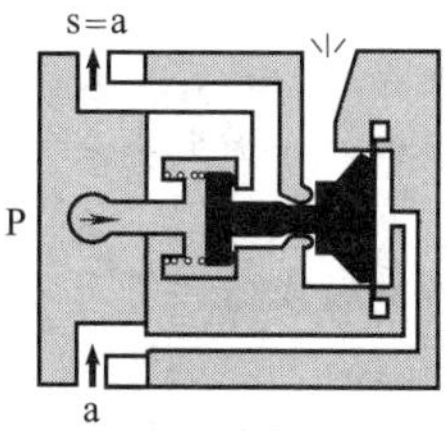 s=a P a		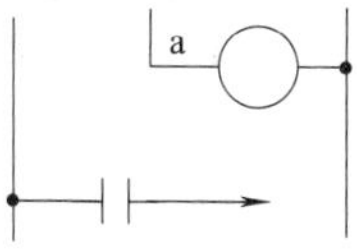 a
	非门NOT (禁)	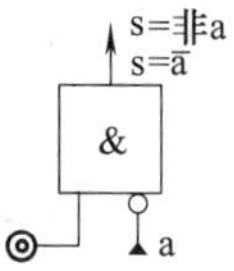 s=非a $s=\bar{a}$ & a 如果输入"a"为OFF(且气源P存在)，则输出s为ON	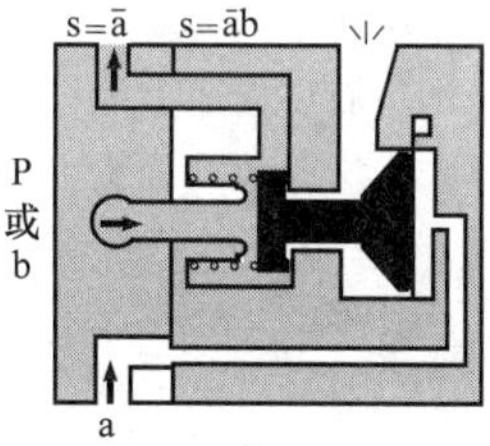 $s=\bar{a}$ $s=\bar{a}b$ P 或 b a		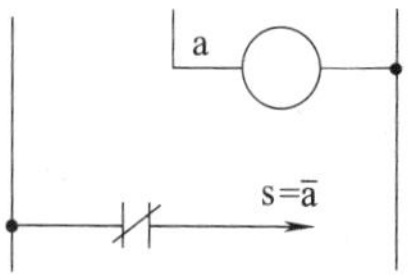 a $s=\bar{a}$
		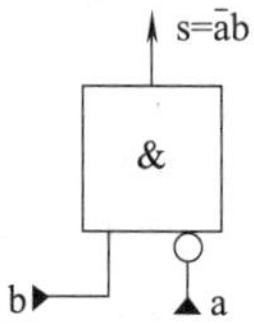 $s=\bar{a}b$ & b a "b"是一个间歇信号。"a"禁止"b"。如果"b"为ON，"a"为OFF，则输出s为ON			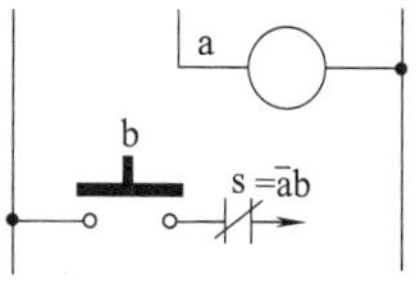 a b $s=\bar{a}b$
	记忆MEMORY	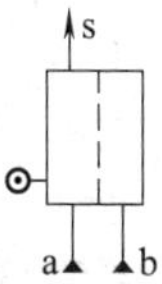 s a b 输入"a"产生输出s(SET)。输出s保持ON，直到输入"b"(RESET)	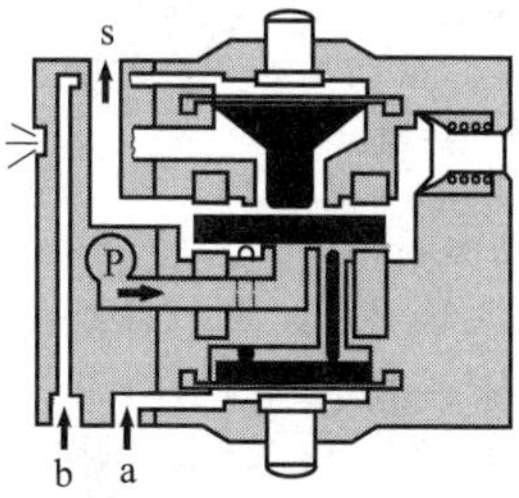 s P b a		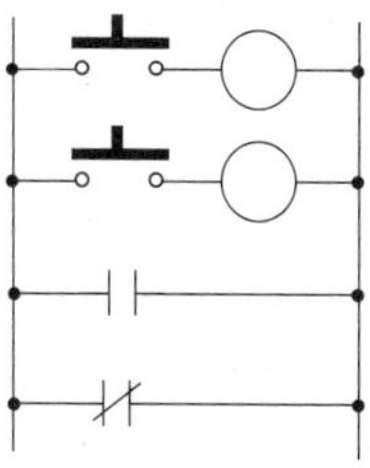

第4章 信号转换装置

4.1 气-电转换器

气-电转换器也称为P/E转换器和压力开关，它用于将气动输入信号转换成电输出信号。它的基本工作原理是利用弹性元件在气压信号作用下产生的位移来接通或断开电源。

气-电转换器利用的弹性元件有橡胶膜片、金属膜片（膜盒）、弹簧管等，由所转换的气压力大小来选择。

气-电转换器分为开关点不可调的转换器和带有可调工作点的转换器两种类型。开关点不可调的转换器具有一个固定的吸合压力，其取决于所使用的压力范围。一般的压力范围为1～3bar。其通过一个气动传动装置（活塞、膜片）将一个电触点接通，这种转换器通常还设有一个手动辅助按钮，用它可以进行检测或者在有干扰和断电的情况下输出一个信号。带有可调工作点的转换器可以在一个设定的压力范围内进行无级调节，并且根据其结构形式和所使用的材料可用于不同的介质。其通过压力在其作用面积上产生的力与可调节的弹簧力相平衡并且当大于所调节的弹簧力时，发出电信号。

4.1.1 干簧管式气-电转换器

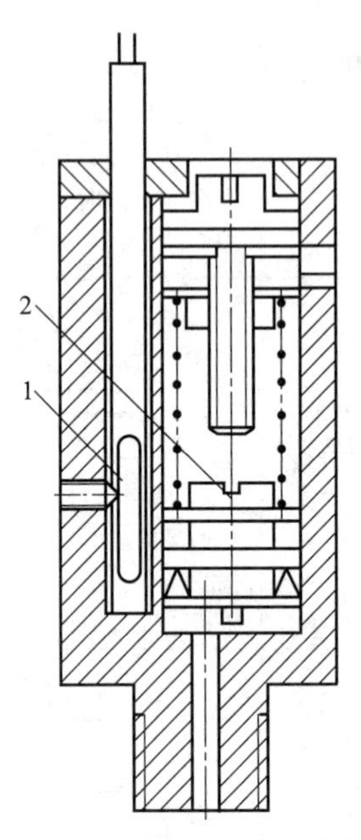

图21-4-1 干簧管式气-电转换器的结构
1—干簧管；2—活塞

图21-4-1所示为干簧管式气-电转换器的结构。它的工作原理是：在进气口有输入信号时，磁性活塞动作，活塞的磁场变化激励舌簧片闭合，从而触发一个电信号输出。气-电转换器的工作状态由LED显示，它的工作压力范围0～0.8MPa，最小动作压力0.15MPa，工作电压12～27V（DC和AC），最大输出电流200mA，触点容量3W。

4.1.2 膜片式气-电转换器

图21-4-2所示的是一种低压膜片式气-电转换器，其工作原理是：在没有控制信号输入时，在气源口P输入的压缩空气经恒节流气阻、喷嘴，从排气口流入大气。在控制口X有气压信号输入时，上膜片封住喷嘴，背压升高，压下下膜片，驱动微动开关动作，输出电信号。

转换器的工作气源压力范围为10～25kPa，控制信号压力范围为0.05～25kPa，无信号输出时耗气量为0.7L/min(ANR)，工作电源可用交流和直流。

使用时，在较高切换频率和电感较大的场合，采用直流工作方式时，必须加RC吸收回路，即将串联的R和C元件并联到开关或负载上。吸收回路的元件要求电容大小与负载电流大小相当，耐压630～1000V以上，电阻值与负载电阻相对应，功率0.5～1W。

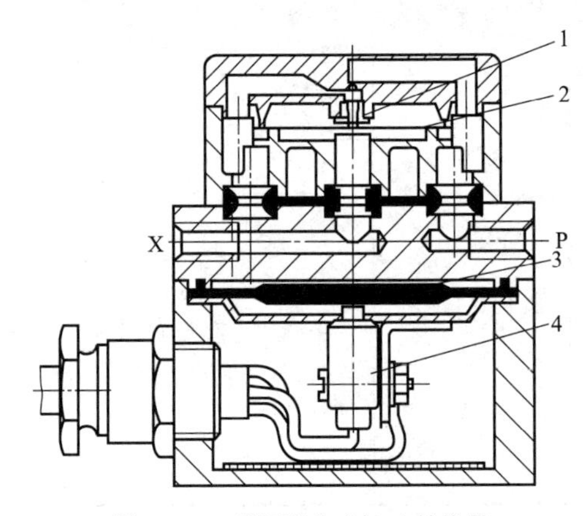

图21-4-2 低压膜片式气-电转换器
1—喷嘴；2—上膜片；3—下膜片；
4—微动开关

图21-4-3（a）所示的是一种低压气-电转换器，

其输入压力小于 0.1MPa。平时阀芯 1 和焊片 4 是断开的，气信号输入后，膜片 2 向上弯曲，带动硬芯上移，与限位螺钉 3 导通，即与焊片导通，调节螺钉可以调节导通气压力的大小。这种气-电转换器一般用来提供信号给指示灯，指示信号的有无。也可以将输出的电信号经过功率放大后带动电力执行机构。

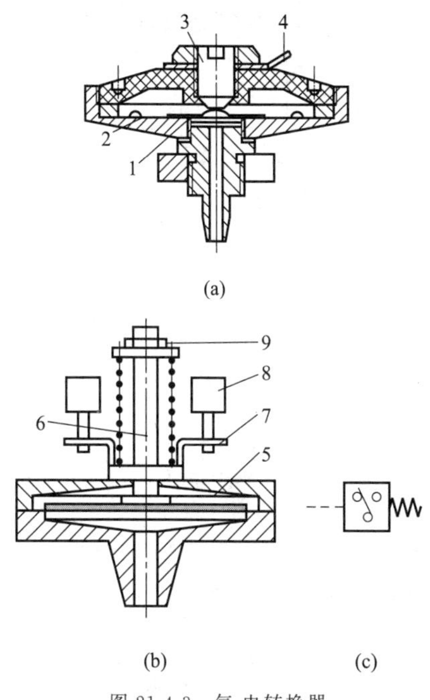

图 21-4-3　气-电转换器

1—阀芯；2，5—膜片；3—限位螺钉；4—焊片；6—顶杆；7—爪枢；8—微动开关；9—螺母

图 21-4-3（b）所示的是一种高压气-电转换器，其输入信号压力大于 1MPa，膜片 5 受压后，推动顶杆 6 克服弹簧的弹簧力向上移动，带动爪枢 7，两个微动开关 8 发出电信号。旋转螺母 9，可调节控制压力的范围，这种气-电转换器的调压范围有 0.025～0.5MPa，0.065～1.2MPa 和 0.6～3MPa 几种。这种依靠弹簧可调节控制压力范围的气-电转换器也称为压力继电器，当气罐内压力升到一定值后，压力继电器控制电机停止工作；当气罐内压力降到一定值后，压力继电器又控制电机启动。其图形符号如图 21-4-3（c）所示。

4.1.3　压力开关

压力开关是一种当输入压力达到设定值时，电气开关接通，发出电信号的装置，常用于需要压力控制和保护的场合。例如，空压机排气和吸气压力保护，有压容器（如气罐）内的压力控制等。压力开关除用于压缩空气外，还用于蒸汽、水、油等其他介质压力的控制。

压力开关由感受压力变化的压力敏感元件、调整设定压力大小的压力调整装置和电气开关三部分构成。

通常，压力敏感元件采用膜片、膜盒、波纹管和波登管等弹性元件，也有用活塞的。敏感元件的作用是感受压力大小，将压力转换为位移量。除此以外，敏感元件趋于采用压敏元件、压阻元件，其体积小，精度高，能直接将压力转换成电信号输出。

电气开关性能根据工作电压、功率及输出电路的通断状况来确定，要求电气开关体积小，动作灵敏可靠，使用寿命长。

4.1.3.1　高低压控制器

图 21-4-4 所示的高低压控制器是一种把两个压力开关组合在一起的结构，可用来分别控制高压和低压，如常用于制冷压缩机排气压力保护和吸气压力保护。其特点是高低压的设定压力值都有刻度指示，差动值也有刻度指示，且高压带有手动复位装置。

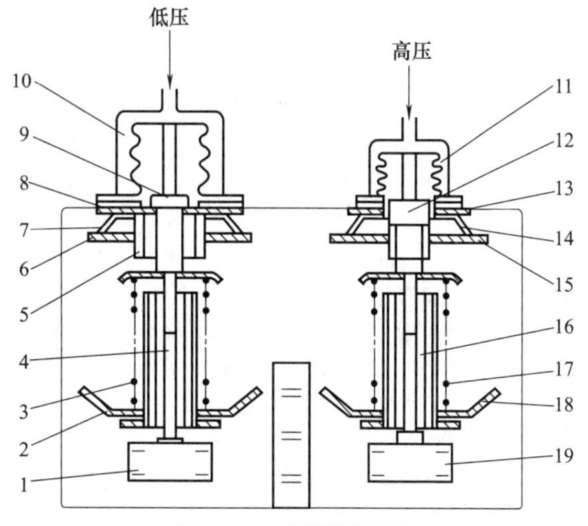

图 21-4-4　高低压控制器

1,19—微动开关；2—低压调节盘；3—低压调节弹簧；4,16—传动杆；5—调节螺钉；6—低压压差调节盘；7,14—碟形弹簧；8,13—垫片；9—传动棒；10—低压波纹管；11—高压波纹管；12—传动螺栓；15—高压压差调节盘；17—高压调节弹簧；18—高压调节盘

高压及低压的断开压力值可通过高压或低压的调节盘进行调节。若转动调节盘，加大调节弹簧力，则高压及低压的断开压力值就相应增大；反之，则减小。

高压或低压的差动值（指接通或断开时的压力差）可以通过高压或低压压差调节盘进行调节，若转动压差调节盘使碟形弹簧压力增大，则差动值相应增大。

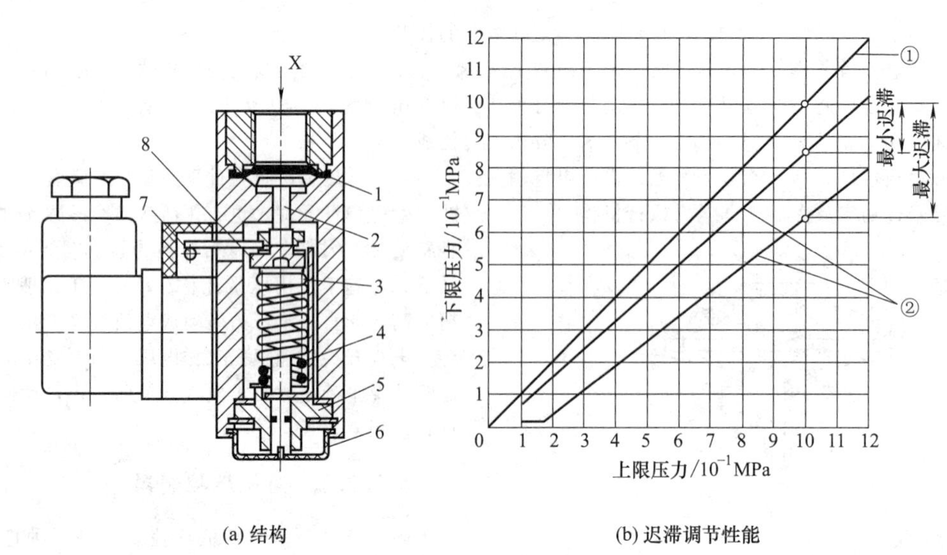

图 21-4-5 可调压力开关

1—膜片；2—推杆；3—弹簧；4—调节螺钉；5—六角螺母；6—保护帽；7—微动开关；8—连杆；①—上限压力；②—下限压力

4.1.3.2 可调压力开关

图 21-4-5（a）所示为一种可调压力开关，当输入 X 口的压力达到设定值时，膜片变形，驱动微动开关动作，即有电信号输出。设定压力在 0.1～1.2MPa 范围内无级可调。

根据微动开关的不同连接形式，微动开关可用作常开电触点、常闭电触点和常开/常闭电触点。出厂时，压力开关的上限压力设定为（0.6±3%）MPa，下限压力设定为（0.48±3%）MPa，顺时针旋转调节螺钉可增加设定的上限值和下限值。旋转保护帽下的六角螺母，也可调节压力开关的迟滞值，但设定的下限压力值保持不变，见图 21-4-5（b）。

图 21-4-6 所示为一种可调真空开关，其结构基本与图 21-4-5 所示的可调压力开关相同，因输入为真空压力信号，膜片和输入口都设置在下方，当输入口 X 的压力达到真空设定值时，膜片向上位移经推杆驱动微动开关动作，从而有电信号输出。同样，旋转调节螺钉可改变真空设定值。旋转保护帽下的六角螺母，可调节真空开关的迟滞值，但真空设定值保持不变。

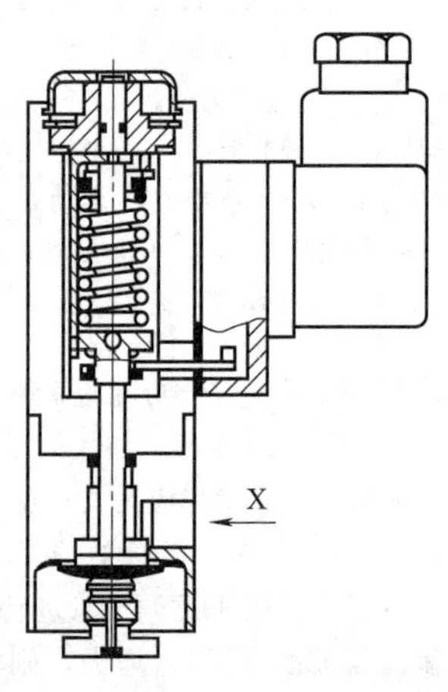

图 21-4-6 可调真空开关

4.1.3.3 多用途压力开关

图 21-4-7（a）所示为一种多用途压力开关，可

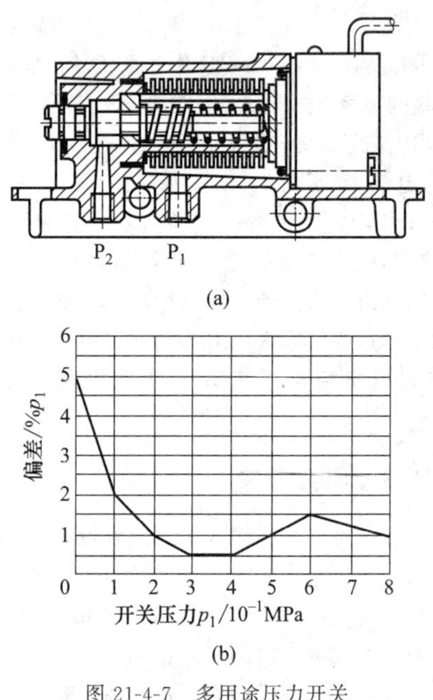

图 21-4-7 多用途压力开关

用作压力开关、真空开关和差压开关。

压力调节螺钉可调节弹簧的预紧力。由于电气开关采用电感式传感器，所以当金属波纹管因气压作用产生位移而引起磁场变化时，传感器输出电流并放大，于是获得一个非接触式的输出电信号。该信号可用以控制所有的数字电路和继电器，输入口 P_1 和 P_2 输入不同的压力范围就可实现不同的开关功能。

① 压力开关。P_1 口输入压力范围为 0.025～0.8MPa，期望的开关压力由调节螺钉设定。当 P_1 口压力大于设定值时，产生一个电信号输出。

② 真空开关。真空在 P_2 口输入，真空开关点的设定范围为－20～－80kPa。

③ 差压开关。P_1 和 P_2 口的输入压力范围为－0.095～0.8MPa，期望差压值由螺钉设定。

4.2　电-气转换器

转换器可以把不同能量形式的信号进行转换，本节主要介绍电-气（气-电）信号之间的转换。

电-气转换器是将电信号转换为气信号的装置，其作用如同小型电磁阀。

图 21-4-8 是一种低压电-气转换器，线圈 2 不通电时，由于弹性支承 1 的作用，衔铁 3 带动挡板 4 离开喷嘴 5。这样，从气源来的气体绝大部分从喷嘴排向大气，输出端无输出；当线圈通电时，将衔铁吸下，橡皮挡板封住喷嘴，气源的有压气体便从排出端输出。电磁铁的直流电压为 6～12V，电流为 0.1～0.14A，气源压力为 1～10kPa。

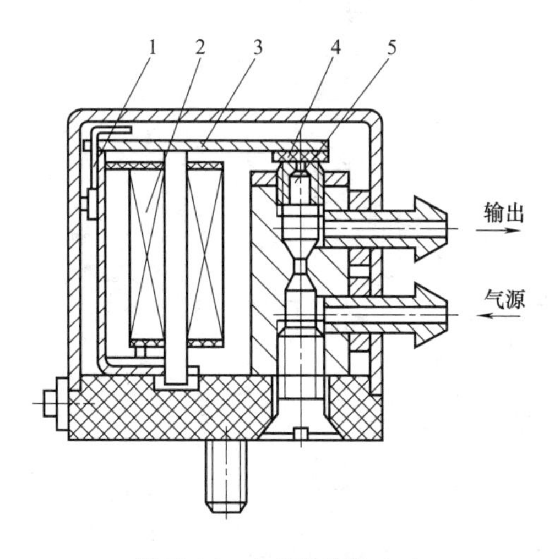

图 21-4-8　电-气转换器（一）
1—弹性支承；2—线圈；3—衔铁；4—挡板；5—喷嘴

另一种电-气转换器工作原理如图 21-4-9 所示。它是按力平衡原理设计和工作的。在其内部有一线圈，当调节器（变送器）的电流信号送入线圈后，由于内部永久磁铁的作用，线圈和杠杆产生位移，带动挡板接近（或远离）喷嘴，引起喷嘴背压增加（或减少），此背压作用在内部的气动功率放大器上，放大后的压力一路作为转换器的输出，另一路馈送到反馈波纹管。输送到反馈波纹管的压力，通过杠杆的力传递作用在铁芯的另一端产生一个反向的位移，此位移与输入信号产生电磁力矩平衡时，输入信号与输出压力成一一对应的比例关系，即输入信号从 4mA DC 改变到 20mA DC 时，转换器的输出压力从 0.02～0.1MPa 变化，实现了将电流信号转换成气动信号。图中调零机构用来调节转换器的零位，反馈波纹管起反馈作用。

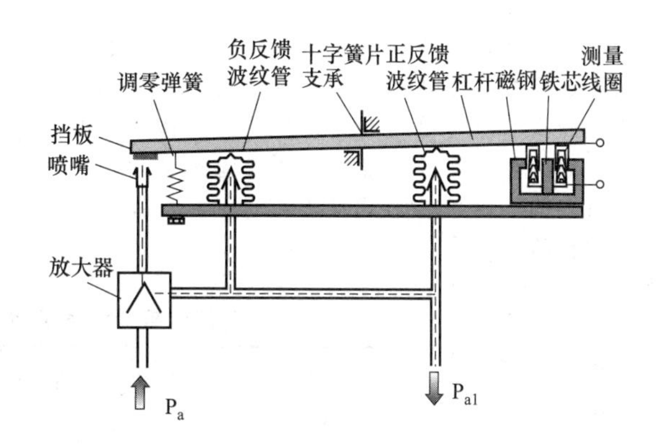

图 21-4-9　电-气转换器（二）

4.3　气-液转换器

作为推动执行元件的有压力流体，使用气压力比液压力简便，但空气有压缩性，难以得到定速运动和低速（50mm/s 以下）平稳运动，中停时的精度也不高。液体一般可不考虑压缩性，但液压系统需有液压泵系统，配管较困难，成本也高，使用气-液转换器，用气压力驱动气液联用缸动作，就避免了空气可压缩性的缺陷，启动时和负载变动时，也能得到平稳的运动速度。低速动作时，也没有爬行问题。故最适合于精密稳速输送，中停、急停和快速进给和旋转执行元件的慢速驱动等。

4.3.1　工作原理

将气压信号转换成液压信号的元件称为气-液转换器。现代电气信号处理系统一方面用简单的电-气转换器来确定气动部分的顺序。液压部分中精确的运动顺序也可能受到电-气转换器和可调节流量控制阀（用于向液压流动施加信号）的影响。这种气动系统中通过气-液转换控制液压部分运动非常适合于解决许多驱动问题。由于气动系统易于实现高流速，压缩空气能量很快就可以使用，并且采用了最新的技术，所以压缩空气能量可以几乎没有损失地传输到液压部分。

气-液转换器是一个油面处于静压状态的垂直放置的油筒，见图21-4-10。其上部接气源，下部与气-液联用缸相连。为了防止空气混入油中造成传动的不稳定，在进气口和出油口处，都安装有缓冲板。进气口缓冲板还可防止空气流入时产生冷凝水，防止排气时流出油沫。浮子可防止油、气直接接触，避免空气混入油中，防止油面起波浪。所用油可以是透平油或液压油，油的运动黏度为40～100mm^2/s，添加消泡剂更好。

阀单元是控制气-液转换单元动作的各类阀的组合。其中，换向阀可能有中停阀和变速阀，速度控制阀可能有单向节流阀和带压力补偿的单向调速阀。它们都有小流量型和大流量型两种。它们可以构成的组合形式见表21-4-1，以适应不同使用目的。

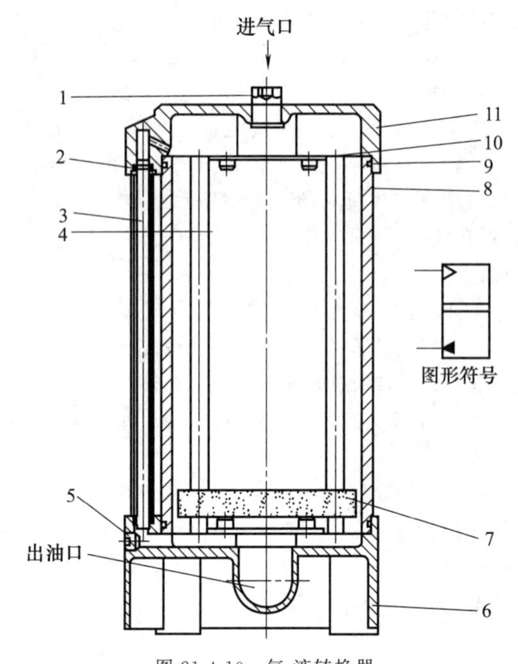

图21-4-10　气-液转换器

1—注油塞；2—油位计垫圈；3—油位计；4—拉杆；5—泄油塞；6—下盖；7—浮子；8—筒体；9—垫圈；10—缓冲板；11—头盖

表21-4-1　气-液转换器和各类阀的组合及其使用目的

换向阀 \ 速度控制阀	无	单向节流阀	带压力补偿的单向调速阀	使用目的
无中停阀 无变速阀				只需要速度控制
有中停阀				用于点动，中停、急停（如停电）
有变速阀				用于两种速度的控制（快速进给，切削进给）

续表

速度控制阀 换向阀	无	单向节流阀	带压力补偿的单向调速阀	使用目的
有中停阀和变速阀				用于点动,中停、急停(如停电)以及两种速度的控制
使用要求	使物体平稳移动、不需速度控制的场合或者用气动速度控制可行的场合(3L/min 以上)	需微速控制(0.3L/min 以上)。使用压力变化、负载变化时允许速度变化的场合	需微速控制(0.04～0.06L/min),使用压力变化、负载变化时要求速度几乎保持不变的场合	

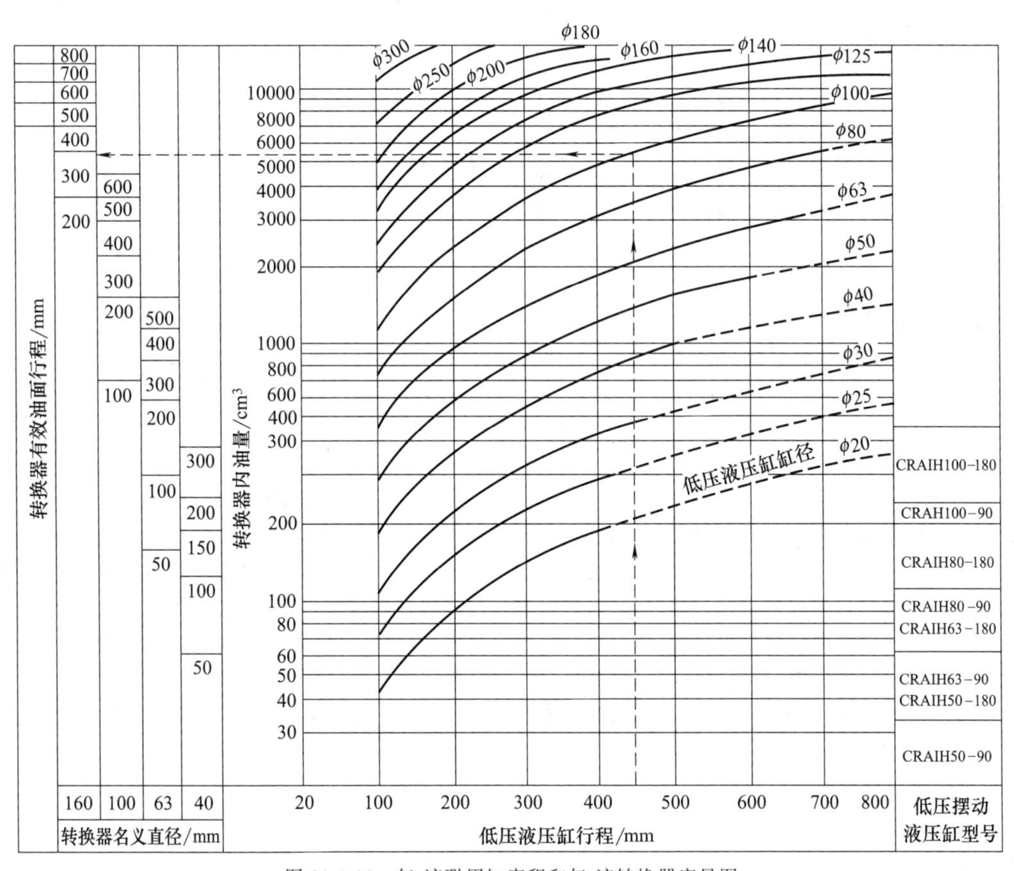

图 21-4-11　气-液联用缸容积和气-液转换器容量图

4.3.2　选用

(1) 选气-液联用缸的缸径及行程

根据该缸的轴向负载力大小及负载率(应在 0.5 以下),来选择气-液联用缸的缸径。

(2) 选择气-液转换器

选气液转换器时先由气-液联用缸的缸径和行程,计算出气液联用缸的容积,根据气-液转换器的油容量应为气-液联用缸容积的 1.5 倍,来选定气-液转换器的名义直径和有效油面行程。也可根据图 21-4-11 进行选择。如缸径为 100mm、行程为 450mm 的气-液联用缸,应配用名义直径为 160mm、有效油面行程为 300mm 的气-液转换器。按图 21-4-11 选择气-液转换器,实际上就是满足气-液转换器的油面速度不

表 21-4-2 **阀单元的主要技术参数**

阀的品种		变速阀、中停阀		节流阀		流量控制阀		
		小流量型	大流量型	小流量型	大流量型	微小流量型	小流量型	大流量型
使用压力/MPa		0～0.7		0～0.7		0.3～0.7		
外部先导压力/MPa		0.3～0.7		—		—		
有效截面积/mm^2	变速阀、中停阀	40	88	—				
	控制阀全开	—		35	77	18	24	60
	控制阀自由流动	—		30	80	23	30	80
最小控制流量/$L \cdot min^{-1}$		—		0.3		0.04	0.06	
压力补偿能力		—		—		±10%		
压力补偿范围		—		—		负载率在60%以下		
阀的零位状态		N.C.		—		—		

大于200mm/s的要求。

(3) 按需要功能选择阀单元

阀单元的主要技术参数见表21-4-2。

阀单元使用介质温度和环境温度为5～50℃，使用透平油的黏度为40～100mm^2/s，不得使用机油、锭子油。

小流量型阀与气液转换器名义直径63mm和100mm相配；大流量型阀与气液转换器名义直径100mm和160mm相配。

(4) 选择阀单元的规格和配管尺寸

根据对气液联用缸的驱动速度图（图21-4-11）来选择阀的大小（小流量型或大流量型）及配管内径。

4.3.3 使用注意事项

(1) 气源

为防止冷凝水混入、防止气-液转换单元的故障、延长工作油的使用寿命，建议使用空气过滤器及油雾分离器。

(2) 环境

气液转换单元不要靠近火源使用，不要用于洁净室，不要在60℃以上的机械装置上使用。油位计是用丙烯材料制成的，不要在有害雾气（如亚硫酸、氯、重铬酸钾等）中使用。

(3) 安装

① 转换器必须垂直安装，气口应朝上。

② 安装气-液转换单元要留出维护空间，便于补油（系统中会有微量油排出，油量会逐渐减少）及释放油中空气。

③ 气-液转换器的安装位置应高于气-液联用缸，若比缸低，则缸内会积存空气，必须使用缸上的排气阀排气。若没有泄气阀，就要旋松油管进行排气了。

④ 气-液联用缸动作时，不能避免会发生微量漏油。特别是气-液联用缸一侧使用空气时，会从气动换向阀出口排出油分，故气动换向阀排气口上应设置排气洁净器，并要定期排放，见图21-4-12。

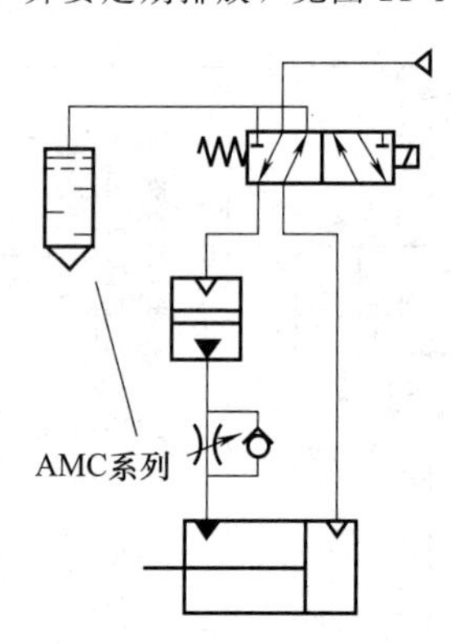

图21-4-12 气动换向阀排气口上应设置排气洁净器

(4) 配管

① 安装前，配管应充分吹净。

② 油管应使用白色尼龙管。油管路部分内径不要变化太大，管内应无凸起和毛刺。油管路中的弯头及节流处尽量减少，且油管应尽量短，否则所要求的流量可能达不到，或由于过分节流处速度高，会发生汽蚀出现气泡。

③ 管接头不要使用快换接头，应使用卡套式接头等。

④ 不能发生从油管处吸入空气。

⑤ 中停阀和变速阀是电磁阀时，应是外部先导式，空气配管中的压力应为0.3～0.7MPa，外部先导压力应高于缸的驱动压力。

⑥ 中停阀和变速阀是气控阀时，信号压力应为0.3～0.7MPa，气控压力应高于缸的驱动压力。

⑦ 由于汽蚀，缸动作中会产生气泡。为了不让这些气泡残留在配管中，缸至转换器的配管应朝上，且油管应尽量短。

(5) 日常维护

① 缸两侧为油时，因油有可能微漏，则会一侧

转换器油量增加，另一侧转换器油量减少。可将两转换器连通，中间加阀 A 将油量调平衡，如图 21-4-13 所示。

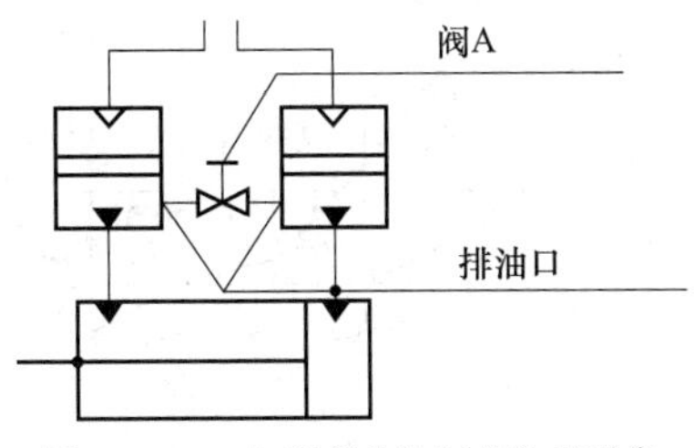

图 21-4-13　缸两侧为油时的油量平衡

② 缸一侧为油时，气-液转换单元最好两侧为油，但一侧为油也能用。因油的黏性阻力减半，速度约增 40%，空气有可能混入油中，这会发生以下现象：缸速不是定速；中停精度降低；变速阀的超程量增加；带压力补偿的流量控制阀（也含微小流量控制阀）有振动声。

因此，要定期检查是否油中混入空气，发生上述现象要进行排气。

（6）注油

① 在确认被驱动物体已进行了防止落下处置和夹紧物体不会掉下的安全处置后，切断气源和电源，将系统内压缩空气排空后，才能向气-液转换器注油。若系统内残存压缩空气，一旦打开气-液转换器上的注油塞，油会被吹出。

② 气-液转换器的位置应高于气-液联用缸，见图 21-4-14（a），应让气-液联用缸的活塞移动至注油侧的行程末端。打开缸上泄气阀，带中停阀的场合，提供 0.2MPa 左右的先导压力，利用手动或通电，让中停阀处于开启状态。打开油塞注油，当缸上的泄气阀不再排出带气的油时便关闭。确认注油至透明油位计的上限位置附近便可。然后，对另一侧气-液转换器注油。这时，要将活塞移动至另一侧行程末端，重复上述步骤。

③ 如气-液转换器一定要低于气-液联用缸，如图 21-4-14（b）所示，注油步骤与②相同。当注油至油位计的上限后，拧入注油塞，从进气口加 0.05MPa 的气压力，将油压至缸内，直至缸上的泄气阀不再排出带气的油时，关闭泄气阀。这种使用方法，在缸动作过程中，要定期排放缸内的空气。若缸上没有泄气阀，应在配管的最高处设置泄气阀。

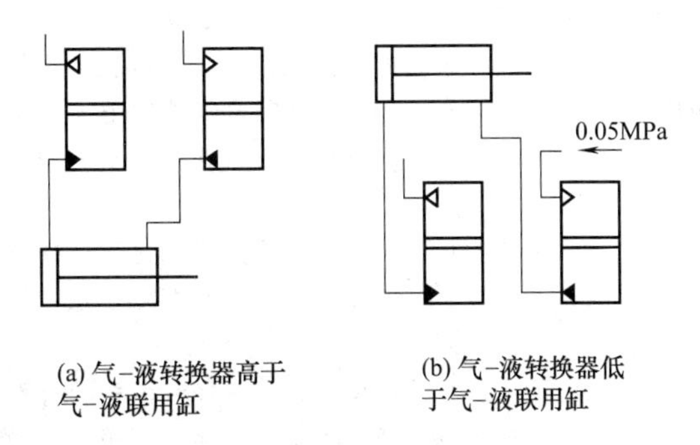

图 21-4-14　气-液转换器的注油方法

（7）回路中的注意事项

① 执行元件往复动作中，仅一个方向需控制动作快慢，可在控制方向的缸通口上连接气-液转换单元，如图 21-4-15 所示。

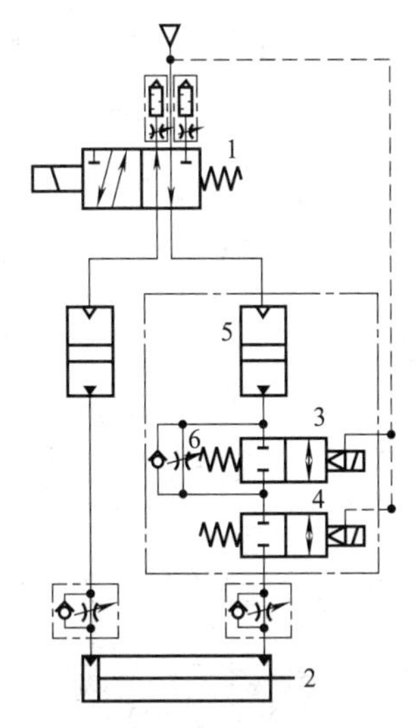

图 21-4-15　利用气-液单元的应用回路

② 两个执行元件共用一个气-液转换器，但不要求两个执行元件同步动作的场合，应每个执行元件使用一个阀单元，如图 21-4-16 所示，各执行元件动作有先有后。

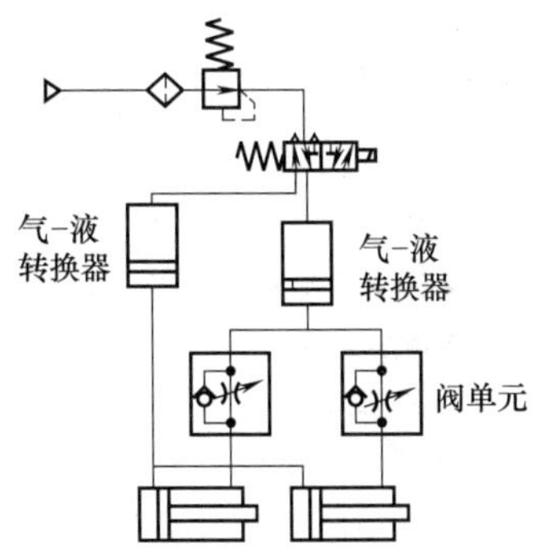

图 21-4-16　两个执行元件共用一个气-液转换器的回路

③ 使用变速阀时，高低速之比最大为 3∶1。这个比值过大，会因"弹跳"而产生气泡，会带来许多问题。变速阀动作时，由于没有速度控制阀，快进速度取决于气-液单元的品种、配管条件及执行元件。

这种情况下，若缸径小，缸速会很高，若要控制快进速度，可如图21-4-17那样使用气动用速度控制阀。

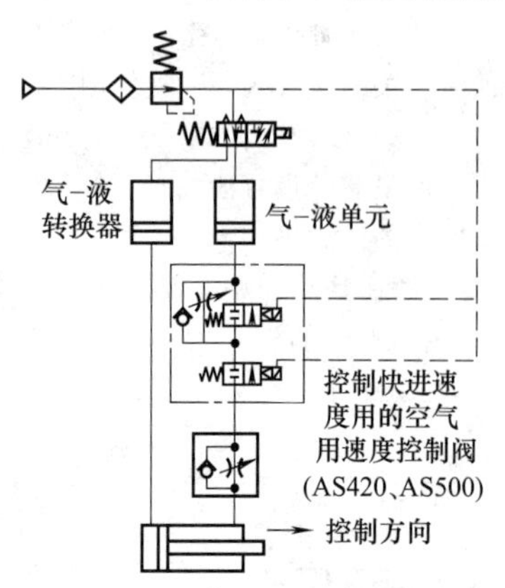

图21-4-17 控制快进速度的回路

④ 中停阀应使用出口节流控制。往复方向都需中停时，有杆侧和无杆侧都应使用中停阀。使用缸吊起重物时，若有杆侧设置中停阀让其中停，由于有杆侧压力为0，活塞杆会下降，为防止此现象，在无杆侧也应设置中停阀。中停阀因间隙密封，稍有泄漏，故缸中停时会有如图21-4-18所示的移动量。

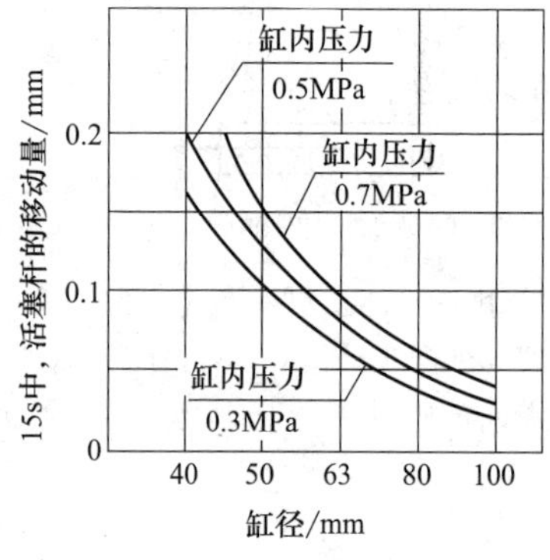

图21-4-18 气-液单元缸中停时的移动量

⑤ 冲击压力。缸高速动作时，一旦到达了行程末端，在有杆侧或无杆侧会产生冲击压力。这时，若有杆侧或无杆侧中停阀关闭，冲击压力被封入，中停阀就有可能不能动作。这时，应让中停阀延迟1～2s再关闭。

⑥ 温升的影响。缸在行程末端停止时，其对侧的中停阀一旦关闭（杆缩回时指有杆侧的中停阀，杆伸出时指无杆侧的中停阀），有温度上升时，缸内压力也会增大，中停阀有可能打不开。这种情况下，就不要关闭中停阀。

⑦ 压力补偿机构的跳动量。在缸动作时，压力补偿机构伴随有图21-4-19所示的跳动量。跳动量是指缸速不受控制时，以比控制速度高的速度动作而产生的移动量。

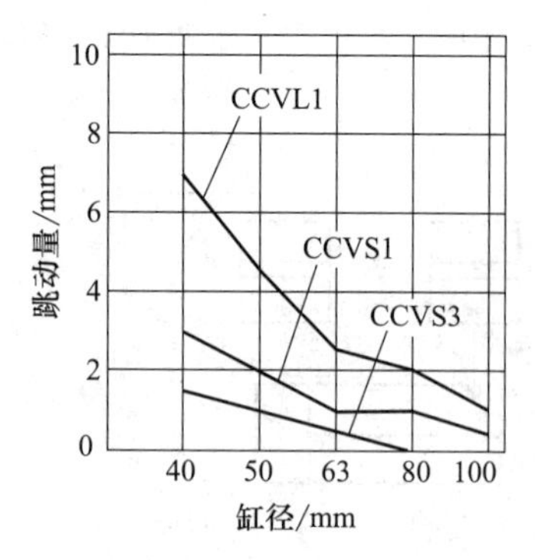

图21-4-19 气液单元带压力补偿机构的跳动量

4.4 气-液元件

4.4.1 气-液阻尼缸

气-液阻尼缸结合了气动与液压控制的特点。气-液阻尼缸的特殊之处在于，它们可以提供通常与液压系统相关的刚度和速度控制，而不需要液压泵和驱动器。

气-液阻尼缸适用于整体结构，即使两个回路是完全独立分开的。组合气缸的单活塞杆端通常是气缸。由于液压缸是双出杆，所以只需要一个标称尺寸的油箱，其通常是弹簧加载型的。液压管路中的节流阀能够提供可调节的速度设置，同样可以通过合适的液压回路设计，获得与直线运动相关的任何所需的速度控制顺序。可以插入独立的控制阀以提供任何特定点的停止需求，或者可以使用凸轮操作的控制阀来提供跳转进给功能。液压回路仅影响系统的运行速度。除了禁止使用对背压敏感的卸荷阀或压力溢流阀之外，它对空气回路及其控制没有影响。气动回路的设计可以按照常规做法。专有的气-液阻尼缸通常配备普通的液压活塞（通过液压回路中的调节阀可在任一方向上控制速度）或液压活塞上的单向阀来实现快速前进或返回运动。

通过机械连接各自的气缸和液压缸可以获得类似的解决方案。在只有一部分工作行程需要阻尼的情况下，这具有如下优点：气缸活塞杆仅在需要阻尼的行程部分接触液压活塞杆。然而，在这种情况下，在液压缸上应有足够的行程长度以适应所需的任何机械调节，否则有可能在调节时液压缸就已经到了行程的终点。

可以使用更复杂的机械系统，其通常由相同行程的气缸和液压缸组成，两者根据需要通过机械联轴器或闩锁进行锁定和解锁。如果必须要进行移动，可以操纵液压回路中的调节阀，这通常优于需要差速控制的机械系统。在液压回路中，通过旁通的、合适的流量调节阀给出不受限制的流量也可以获得差速控制。这种阀可以通过液压缸活塞运动进行机械操作。

组合式气-液阻尼缸使用方便，只需安装一个单元，但与使用单独的空气和液压缸相比，它有两个缺点：长度较长，可能使其不适合某些安装场所；贯穿于气缸和液缸的活塞杆依靠可靠的密封设计来确保没有空气可以流入油路，因为这可能导致冲击性的阻止动作。通常通过在气缸侧和液压缸侧的两组杆密封件之间的中央部分中引入放气孔来消除空气进入液缸风险。气缸的泄漏都将被排放到大气中，而不是流入液缸。放气孔处的空气或油的存在也将表明密封泄漏，参见图 21-4-20。

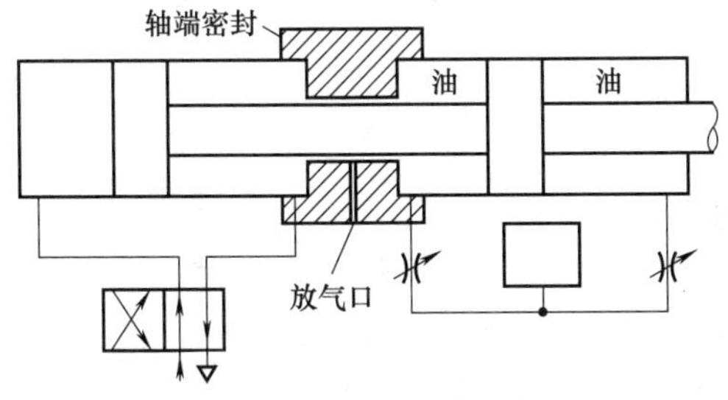

图 21-4-20　气-液阻尼缸简图

与气压缸配合使用，油制动缸确保定期进给并控制进给速度。轴向外力传递到活塞杆上，结果油从一个腔室流过节流阀到另一个腔室。由于油的流量几乎恒定，在变化的负载条件下，气缸的速度波动被补偿和中和。

许多机器和单元所使用的执行机构的运动质量所需的要求通常非常高。或者高速度都需要用低速工作顺序进行整合和调整，或者运动的规律性必须非常精确。气-液阻尼缸已经在木材、金属和玻璃加工行业的进料和操作运动、操纵和定位操作、过程技术工作中的控制和调节运动等方面得到了广泛应用。该执行器有以下优势：无振动的运动；均一的、高精度的速度；高精度进给和快速动作；准确定位；开关时间短；非失速；动力只在实际运行中消耗。

图 21-4-21 是采用压力补偿阀与先导式气控单向阀的气-液阻尼缸控制回路。在左端盖侧具有终止缓冲阻尼的气缸 1 驱动机架 8。速度控制装置集成在执行液压缸中，作用在执行活塞上的压力能直接传递给油系统。在前进（左行）行程中，油通过前进行程可调节流阀 2 移动到右侧前缸室，所需速度由节流阀设定的流量确定。除了阀 2 之外，在气动先导控制单向阀的向前行程期间还可以通过带有差动活塞的先导式单向阀 6 打开另一条通路，可以额外的流动增加液压缸的速度，例如用于快速动作运动。在返回行程中（右行），油流通过节流阀 4、单向阀 5。返回行程速度与前进行程的设定无关。液压系统通过压力补偿装置 9 和补偿阀 10 连续地由气动工作压力供给。

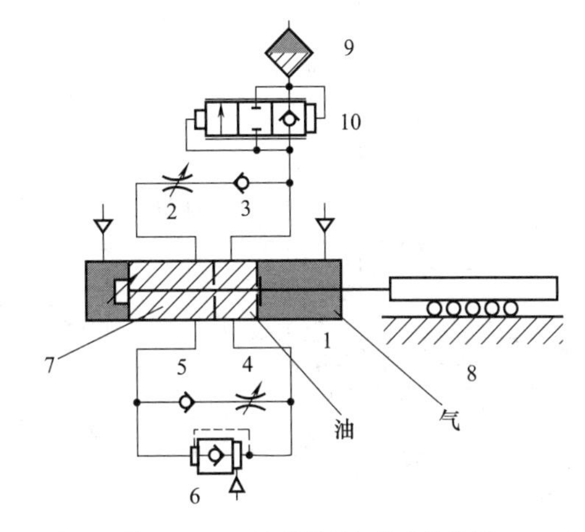

图 21-4-21　气-液阻尼缸的应用实例
1—气缸；2—前进行程可调节流阀；3—单向阀；4—回程可调节流阀；5—单向阀；6—带有差动活塞的先导式单向阀；7—油压介质腔室；8—机架；9—压力补偿装置；10—补偿阀

常用的几种使用压力补偿的气-液阻尼缸结构见表 21-4-3，表 21-4-4 给出了气-液阻尼缸的几种应用实例。

表 21-4-3　几种气-液阻尼缸的结构

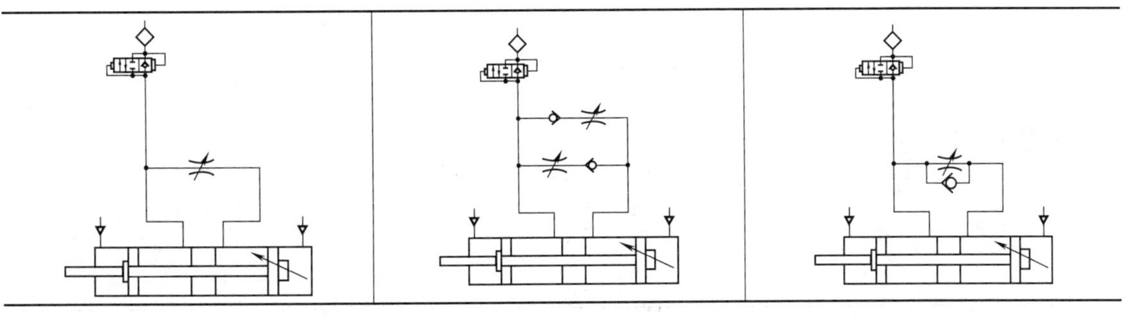

续表

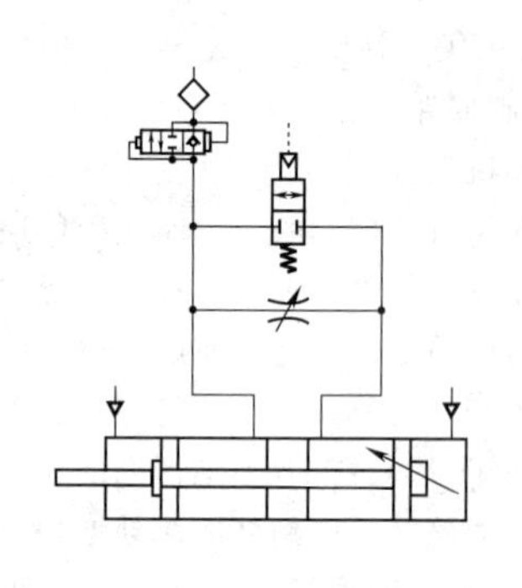	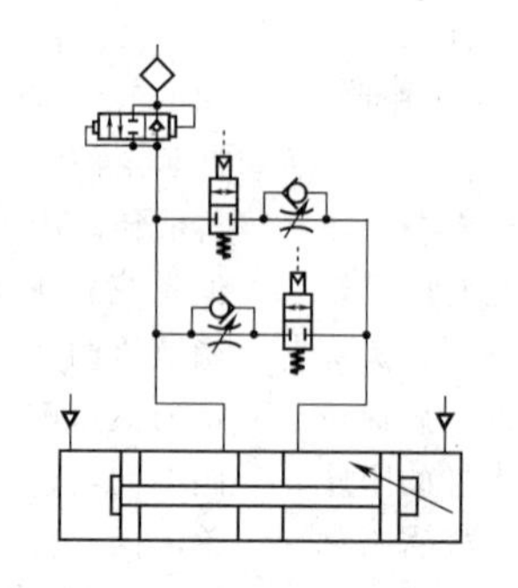	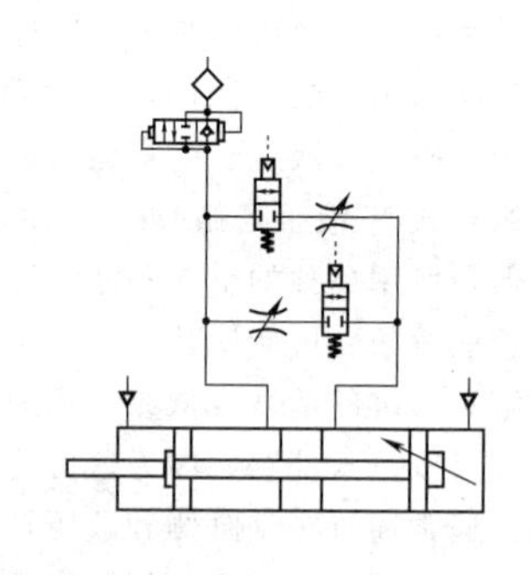

表 21-4-4　　**带压力补偿的气-液阻尼缸应用实例**

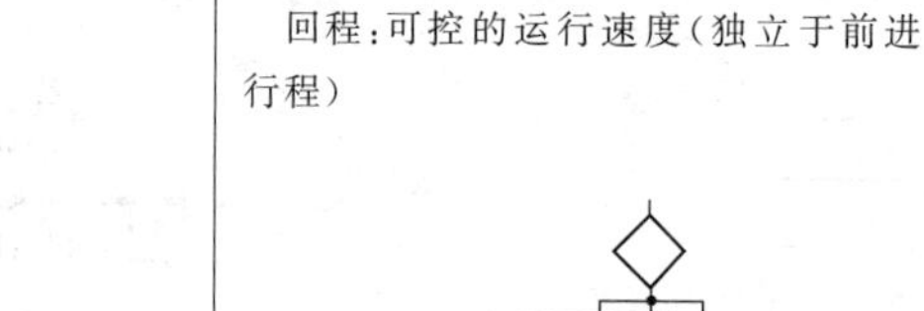

前进行程：用控制杆调节快速运动的长度行程：可控的运行速度 回程：快速运动	前进行程：可调节的运行速度 回程：可控的运行速度（独立于前进行程）	前进行程：快速行动路径可调：如果提供气动控制信号，则运动速度可调节 回程：快速运动
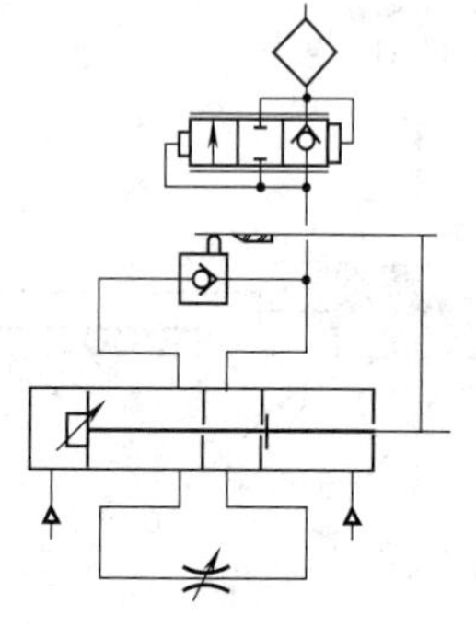	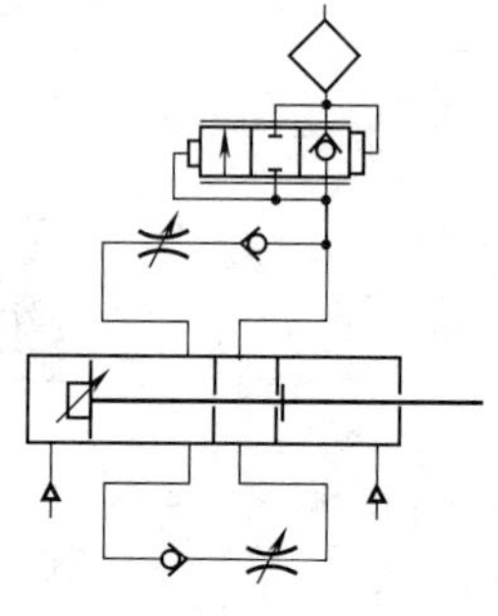	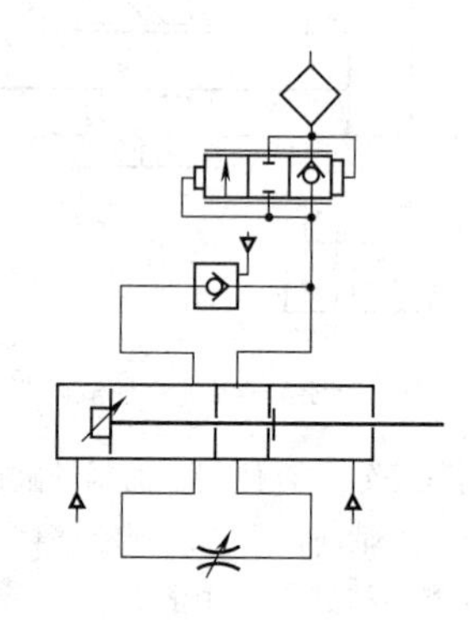
前进行程：如果提供气动控制信号，则运行速度可调；没有控制信号，则停止 回程：如果提供气动控制信号，则运行速度可调；没有控制信号，则停止（独立于前进行程）	前进行程：气动控制信号可调的快速路径；可调节的运行速度 回程：气动控制信号可调的快速路径；可调节的运行速度（独立于前进行程）	前进行程：气动控制信号可调的快速路径。如果提供气动控制信号，则运行速度可调；没有控制信号，则停止 回程：气动控制信号可调的快速路径。如果提供气动控制信号，则运行速度可调；没有控制信号，则停止
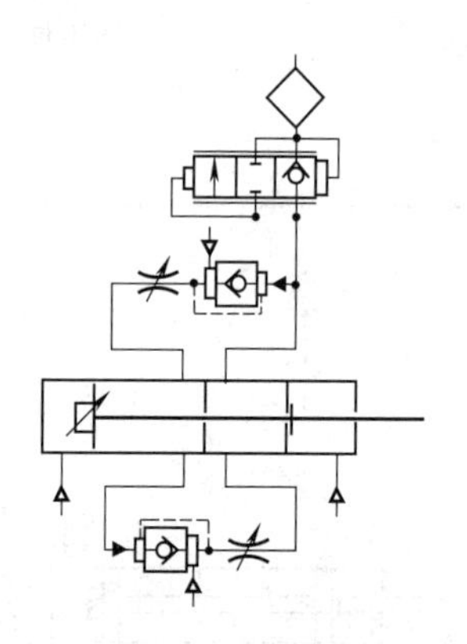	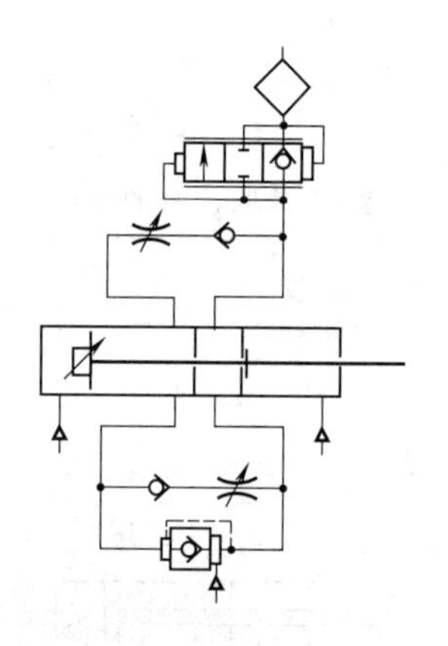	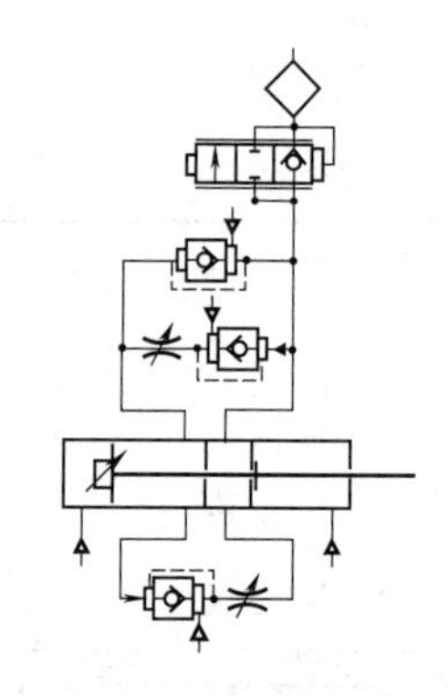

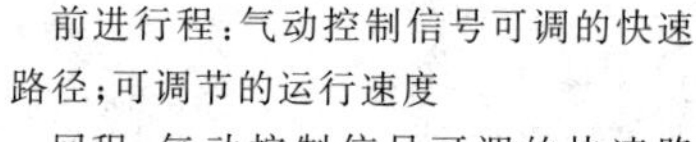

续表

<table>
<tr>
<td>负载补偿
前进行程：气动控制信号可调的快速路径；可调节的运行速度；负载补偿
回程：快速运动
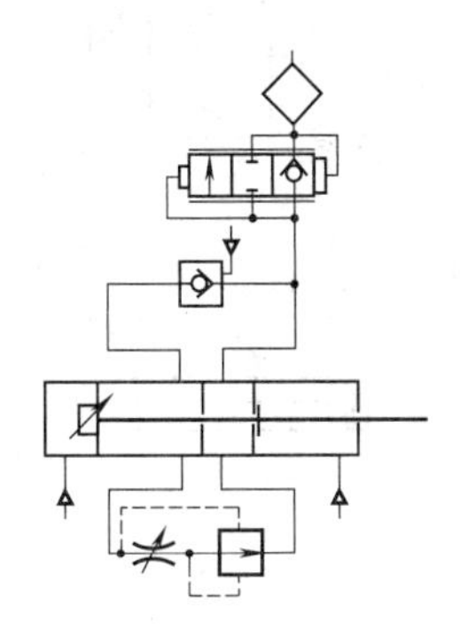</td>
<td>遥控
前进行程：气动控制信号可调的快速路径；气动调节运行速度
回程：快速运动
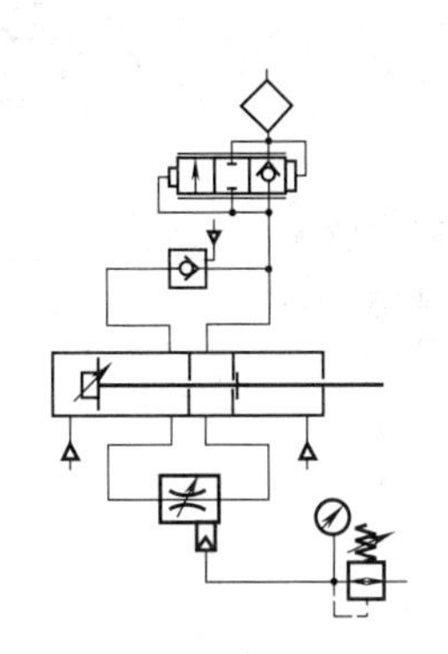</td>
<td>旋转气-液缸，最大旋转角度180°
两个可调节节流阀都可以独立地在两个旋转方向上灵敏地调节角速度
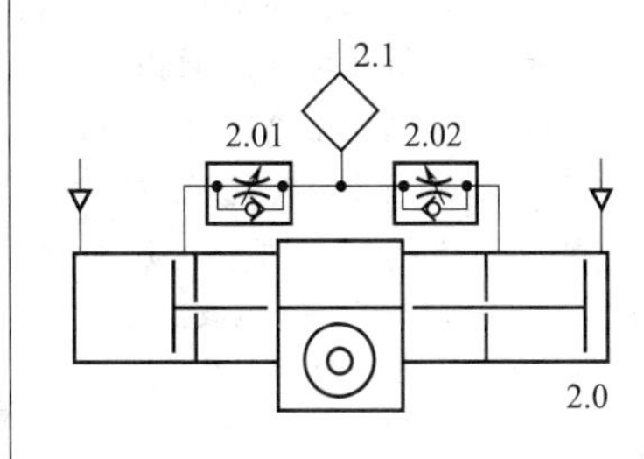
</td>
</tr>
<tr>
<td>采用闭路液压气动系统的设计，允许停止、旋转运动。不同的角速度可以在两个旋转方向上彼此独立地精确调节。如果气动信号被切除，也可以在任何位置停止执行器
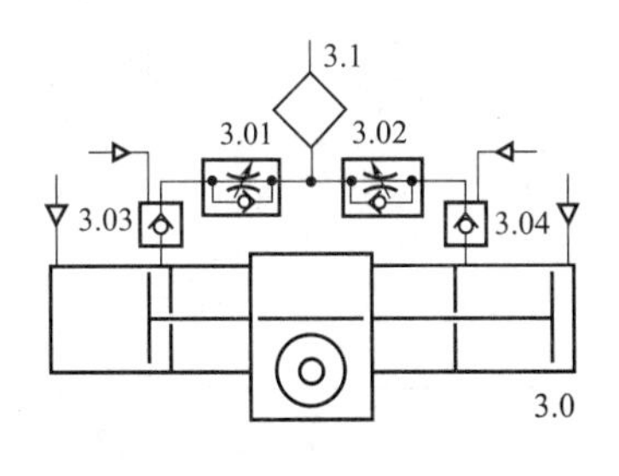
</td>
<td></td>
<td></td>
</tr>
</table>

4.4.2　气-液增压缸

气-液增压缸用作压缩空气和液压缸之间液压气动执行机构的连接元件。气动系统中，由于压力较低不能够产生足够大的输出力，然而，增压器［也称为（压力）增压器］的设计则用于从较低压力流体（气动）输入提供高压流体（液压）输出的单元。大多数类型的增压器提供了低压和高压流体的完全分离，因此，可以在低压侧使用压缩空气（或气体），使用油作为高压流体。由于水压缩性低（压缩率低于油），有时用于高压测试工作，作为增压器的高压流体。对于非常高的压力测试，可以使用具有更低压缩率的流体。

带有增压器的液压缸系统用于铆接、夹紧、压制、压花、弯曲、冲压等。气-液增压缸的增压比可从几倍至几十倍，故输出力极大，但动作行程短，故适合需要极大输出力但动作行程短的工作，如去毛刺、打印记、冲孔、弯料、压延、铆接以及作为夹具等。机床夹具动作时间短、夹持时间长，理论上夹持时间是不耗能的，若使用液压夹具，夹持时间内液压泵也因运转而耗能，故气-液增压器能够节能。

具有液压输出的增压器可以是全液压的或气动-液压的。两种情况下的工作原理是相同的，如图21-4-22所示，增压器中两个不同直径的活塞/气缸安装在一个共同的杆上。

低压供给较大的活塞，通过较小的活塞产生高

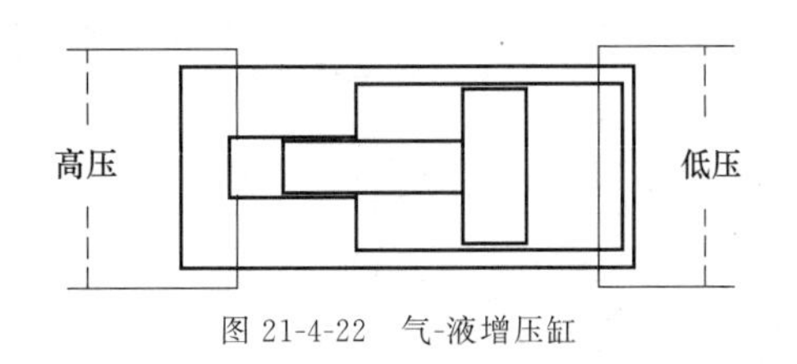

图21-4-22　气-液增压缸

压，达到的压力比由下式给出：

$$\frac{p_h}{p_L}=\eta\frac{A_L}{A_h}$$

式中 p_h——放大输出的压力；

p_L——输入低压；

A_L——低压活塞的面积；

A_h——高压活塞的面积；

η——效率（考虑密封摩擦）。

表21-4-5给出了理想的压力放大比，假定效率为100%。所达到的效率取决于摩擦和内部泄漏以及流体的热量。对于简单的“一次”或单冲程增压，这种损失可以忽略不计，即 $\eta=100\%$。在增压器运行以提供连续高压输出的情况下，实际的工作效率可以降低到80%。

图21-4-23给出了气-液增压缸的实用回路。

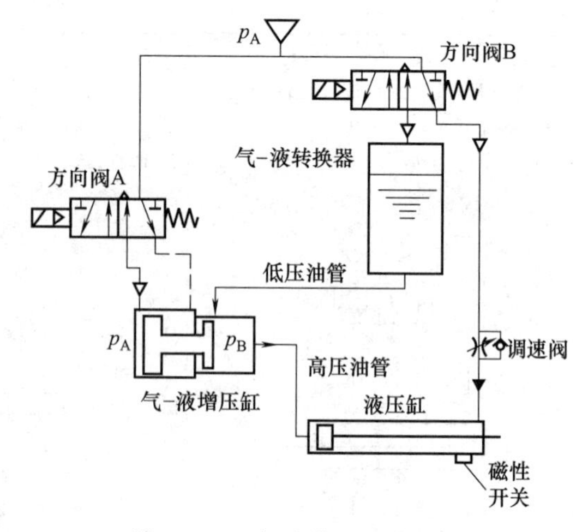

图21-4-23 气-液增压缸实用回路

表21-4-5 理想的压力放大比

液压缸直径/mm	小活塞直径/mm									
	5	10	15	20	25	30	35	40	45	50
25	25	6.25	2.78	1.30	—	—	—	—	—	—
50	100	25.00	11.00	6.25	4	2.78	2.00	1.30	—	—
75	225	56.25	25.00	14.00	9	6.25	4.60	3.50	2.80	2.25
100	400	100.00	44.00	25.00	16	11.00	8.20	6.25	4.90	4.00
125	625	156.25	69.00	44.00	25	17.40	12.75	11.00	7.70	6.25
150	900	225.00	100.00	56.25	36	25.00	18.40	14.00	11.00	9.00
175	1225	306.25	136.00	76.50	49	34.00	25.00	19.00	15.00	12.25
200	1600	400.00	178.00	100.00	64	44.00	32.65	25.00	19.80	16.00
225	2025	506.25	225.00	126.00	81	55.00	41.30	31.50	25.00	20.25
250	2500	625.00	278.00	156.25	100	69.00	51.00	44.00	30.90	25.00

第 5 章　高压气动技术和气力输送

5.1　高压气动技术

当前，随着科技的发展，高压气动系统的应用场合不断增多。大、中型商船上常配有压力为 1～10MPa 的压缩空气系统，主要用于船舶主柴油机启动、换向和发电柴油机的启动。舰艇上广泛应用压力为 15～40MPa 的高压气动系统，用于鱼雷的装弹和发射、火炮操纵、潜艇浮起等。飞机上广泛应用压力为 7～23MPa 的高压系统，主要用于操纵起落架、收放对正鼻轮、螺旋桨制动、主轮刹车、客舱门收放等。此外，高压气动系统还应用于空气爆破（70～84MPa）、金属成形（最高 140MPa）、风洞实验（21～28MPa）、深海潜水（最高 21MPa）、高压空气断路器（1.75MPa）、大功率气动离合器（1.2 MPa）、拉伸吹塑成型（常高达 4MPa）、气辅成型（2.5～30MPa）、气动舵机、压缩空气储能发电、气动汽车（研发阶段）等场合。

这里所指高压气动元件是指最高使用压力为 5.0MPa 的气动元件，有电磁阀、减压阀、单向阀、消声器等。相关元件有压力开关、压力传感器。

高压气动元件可用于吹气、向容器充气（见图 21-5-1）及从容器放气和驱动气缸（见图 21-5-2）。

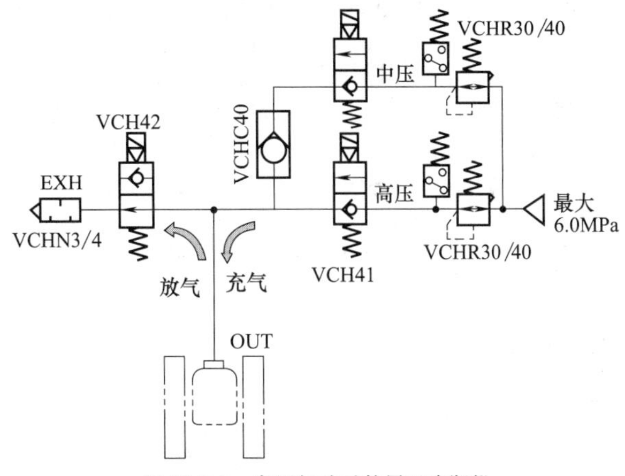

图 21-5-1　高压气动元件用于吹瓶机

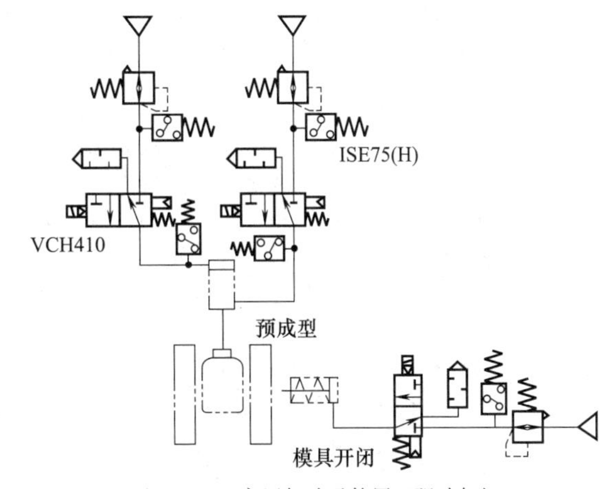

图 21-5-2　高压气动元件用于驱动气缸

5.1.1　高压压缩空气的主要来源

表 21-5-1　　高压空气的主要来源

使用多级空压机	由于每台空压机的输出功率是有限的，而实际工作中所需的气源压力大小是不等的，因此可以根据实际所需的压力高低和流量大小来决定使用一台多级空压机或使用几台空压机同时工作来获得满足设定压力条件的压缩空气
充满高压气体的压力容器（如气瓶、储气罐）	实际工作中，常使用各种氮气瓶、氧气瓶。在高压气体用气量不大时，气源的来源选择最适当的是气瓶，其工作压力一般在 12.5MPa 以内，可用在不便于使用空压机的场合。必须注意的是，根据气体压力安全的规定，压力容器（如气瓶、储气罐）必须经过气压试验，检验是否达到所规定的压力标准。一般任何压力容器都需要经过专业检测，并提供可靠的压力等级证书和压力试验证书才能使用
气体增力器	0.7MPa 的气源或从气瓶中提供的气源，通过输入气体增力器，以获得更高压力的气源。气体增力器的基本原理见下图，输出气源的压力 $p_{出}$ 是由输入气源压力 $p_{入}$ 和低压活塞和高压活塞的受力面积比（Ψ）决定的，$p_{出} \approx p_{入}\Psi$，但事实上 Ψ 值是有限的，在实际使用中最适当的输出压力和输入压力比是 4∶1～6∶1，如果要获得更高的压力气源，可以选择两级增力器连续工作。应用这种方式时必须注意减少第二级增力器的压力波动。输入压力的波动直接造成输出压力的波动变化。如果更高压力的输入气压由气瓶提供，随着气瓶的工作，压力会逐渐下降，因而增力器输出的有效最高压力是基于气瓶最低输出压力的，因此在选择气瓶时需考虑到这一点。

续表

<table>
<tr><td>气体增力器</td><td>根据这种原理，可以由最终要求的压力和增压器增压比的可能性来选择适当的增力器和输入气源
一般工业用的所有较高压力和大流量压缩空气（和其他高压气体）都由多级空压机提供，低压气体则由单级空压机来供应。当所需的高压气体流量不大、压力低于14MPa时，选择气瓶合适；当压力达到14～140MPa时，需采用气体增力器。随着科技的发展，甚至可以采用液态空气存储，或化学方法产生高压气体。然而上述三种方法都具有共同的局限，从经济上考虑，即可以利用的高压气体的容量是有限的，随着工作压力的提高，这种局限性变得更加明显，这就给高压气动的应用带来限制，只能在非持续工作运转中得以推广应用</td><td>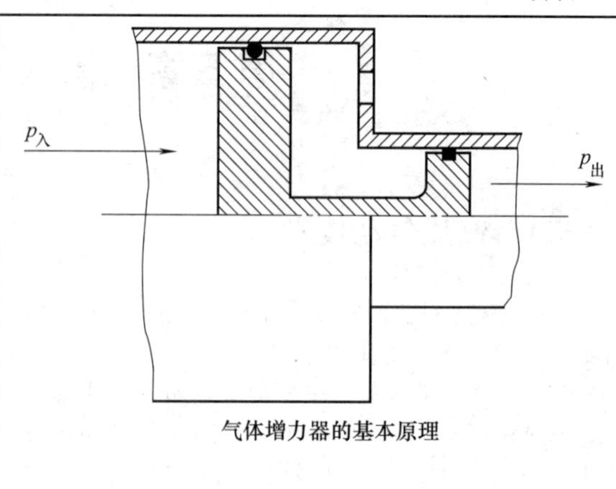

气体增力器的基本原理</td></tr>
</table>

5.1.2　高压气动元件和辅件

表 21-5-2　高压气动元件和辅件

<table>
<tr><td colspan="2">高压气动截止阀</td><td>一旦供应高压气源，在停止工作运转时，要求切断高压气体的供应；在需要实现工作运转，又能方便地提供高压气体动力，从经济效益和实际操作安全性、合理性等方面考虑，可在回路中设置高压气动截止阀。高压气动截止阀的常用结构和原理见图(a)，阀采用手柄旋转，带动阀杆上下运动，实现开启和关闭。在阀杆与阀体相对运动部件之间加上耐高压的密封件，以防止阀打开后高压气体从阀杆中泄漏，阀采用的材质一般为不锈钢或青铜。材料不得有气孔、砂眼、疏松、缩孔等缺陷。设计时，结构尺寸的大小要能承受输入的最高压力。阀进出气口一般采用标准的螺纹连接。连接螺口和阀体中气流通口的大小由连接尺寸和流量要求确定。阀口在打开时要缓慢，以防止出口瞬时建立起高压
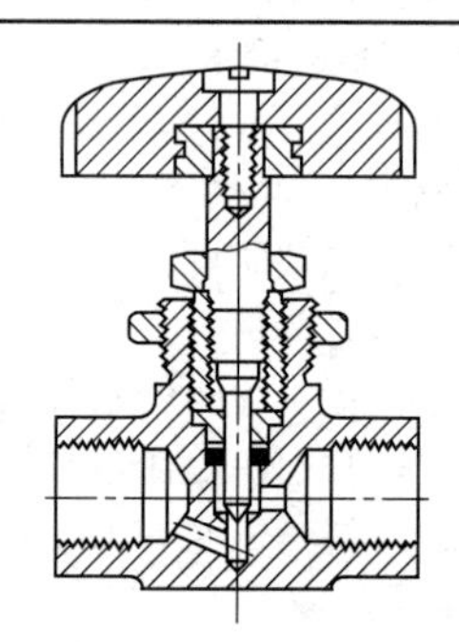
图(a)　高压气动截止阀结构</td></tr>
<tr><td rowspan="2">高压气动减压阀</td><td>工作原理</td><td>调节和控制压力大小的气动元件称为压力控制阀，气动压力控制阀包括减压阀、安全阀（溢流阀）及顺序阀。减压阀是利用空气压力和弹簧力相平衡的原理来工作的
由于气压传动是将比使用压力高的压缩空气储于储气罐中，然后减压到适用于系统的压力，因此需要用减压阀（在气动系统中有称调压阀）来减压，并保持供气压力值稳定
空气缩机输出压力：
小于1MPa，称为低压；1～2MPa，称为中压；大于2MPa，称为高压；特高压力则为超高压。在此，认为1～2MPa的中压已是高压了</td></tr>
<tr><td>减压方法</td><td>(1)节流减压
节流减压是常规的减压方法，采用节流元件使高压气体在流动过程中产生摩擦功耗来实现。管道中流动的流体，在经过截面突然缩小的阀门、狭缝和孔口等设备时，因发生不可逆的压力损失而使流体的压力降低。在节流过程中，气流与外界交换的热量很少，可以认为是绝热的，故称为绝热节流
(2)容积减压
容积减压是为了区别节流减压而提出的，容积减压的目的是减小介质流动过程中的节流摩擦损失，提高可用能量的利用率
由气体状态方程可知，一定量气体的压力与其充满的容积成反比，容积增大，压力降低，根据该原理，高压气体在减压容器中膨胀后，可以使压力降低。容积减压实现节能的条件是高压气体到减压容器之间的气体流动为声速状态，且没有气体的壅塞现象；工作条件是减压容器的入口质量流量远大于出口质量流量；主要设备是高压大流量气动开关阀和具有相应容积的减压容器。高压气动容积减压方法是一种节能减压方法，容积减压装置一般安装在高压起源于气动执行元件之间，可根据系统的减压控制要求</td></tr>
</table>

续表

<table>
<tr>
<td></td>
<td>减压方法</td>
<td>由控制器对高压气动开关阀的开启和关闭状态进行控制，从而控制高压气体在体积减压容器中的减压过程和减压指标，以满足气动执行元件的动力需求
(3)分级减压
分级减压是为了使容积减压发挥更大作用而提出的一种新的减压方法。分级减压期望在每一级减压中能够得到能量补偿，使系统输出有效能尽可能增多。理想的分级减压方式有两种：定容充分吸热补偿分级减压和定压充分吸热补偿分级减压。前者减压过程主要由多变过程和定容吸热过程组成，每级减压的初始状态都在等温过程线上，初始压力根据设定情况逐级降低；后者减压过程主要由多变过程和定压吸热过程组成，每级减压的初始状态都在等温过程线上，初始压力根据设定情况逐级降低</td>
</tr>
<tr>
<td>高压气动减压阀</td>
<td>结构形式</td>
<td>高压气动减压阀主要由主阀和先导阀构成，其结构如图(b)所示。主阀为活塞式结构，按照压力区可划分为进气腔 i、排气腔 o、调压腔 r 和反馈腔 f。先导阀的进气引自主阀的进气腔，其排气端与主阀调压腔相连，加压阀输出压力通过控制先导阀调节；增大先导阀的开度 x_0，则经先导阀进入调压腔的气体多于调压腔进入排气腔的气体，调压腔气体压力上升，主阀芯的开度 x_1 增大，输出压力升高；反之，减小先导阀的开度 x_0，输出压力下降。减压工作过程中，主阀芯处于动态平衡状态
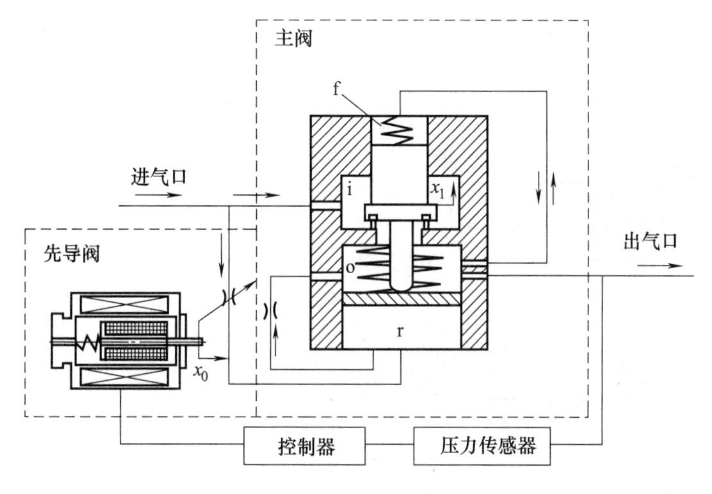

图(b)　高压气动减压阀结构
高压气源的压力一般不是实际工作运转中设定的压力值(设定的实际工作压力值小于气源提供的最高压力)，为了满足设定的压力，需要采用减压阀。减压阀的结构、原理见图(c)
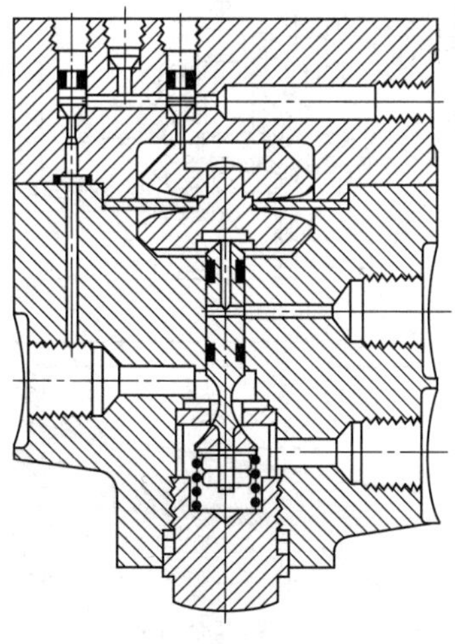
图(c)　减压阀的结构原理</td>
</tr>
</table>

续表

高压气动减压阀	结构形式	减压阀常采用圆顶的结构，受压易变形的软膜片(常为橡胶件)固定在两个金属硬芯之间，膜片的变形位移量是有限的，主阀下腔有一弹簧，使阀芯受力向上运动，关闭主阀。压力调节是通过圆顶腔的压力变化来实现的，膜片的上方有控制信号，控制信号的压力近似等于输出压力。当出口压力设定值低于圆顶压力，膜片迫使阀继续打开，直到出口压力达到预先设定的值。该阀同时具有安全性的特征，压力过大时，膜片上升，额外的压力从主阀的中心孔逸出，保持输出压力的恒定。减压阀使用的环境温度为－25～80℃，但必须在不冻结的条件下工作
高压气动系统连接管道、管件		一般，铜管是不宜用在高压气动回路中(尼龙管更不适合)，当压力超出 35MPa 时，最好选用液压钢管或不锈钢钢管，要保证管道的畅通，管夹和弯曲的地方要防止压力的冲击和振动 在高压气动回路中，油不能以任何形式存在，它容易在气体引入时“柴油化”，甚至造成爆炸
高压空气过滤器		高压空气过滤器适合现场介质高温、高压、易燃易爆的有毒介质，主要用于分离气体中的固体杂质、水分、油以及固液分离。通常是非标设计制造，过滤器结构多样，可配置多种规格的滤芯，以达到最佳过滤效果 过滤器口径：*DN*15～*DN*500；工作介质：天然气、合成气、压缩空气。壳体材料：Q235B、20G、16MnR、304、316L。工作压力：0.6～25MPa；工作温度：－80～700℃(必须是在不冻结的前提条件下)。滤芯：可采用不锈钢多层丝网滤芯、合金丝网。过滤器精度：5～1000μm；设计制造标准：GB/T 150—2011《压力容器　第 4 部分：制造、检验和验收》
二位二通电磁阀	零压启动式	如图(d)所示，其工作压力范围 0～5.0MPa。当电磁线圈通电时，电磁线圈动铁芯上移，从而使主阀芯上移，电磁阀打开，这种阀在回路中可根据通径大小采用螺纹连接或者法兰连接，K_v 值可以达到 5～165m^3/h(S＝99～3267mm^2)。公称通径 15～200mm；工作时环境温度－10～80℃，介质温度在＋35℃内，使用电压，AC：24V、42V、110V、230V，50/60Hz；DC：24V、110V、250V。电磁线圈的功率随着 K_v 值的增大功率由 30W 增至 200W 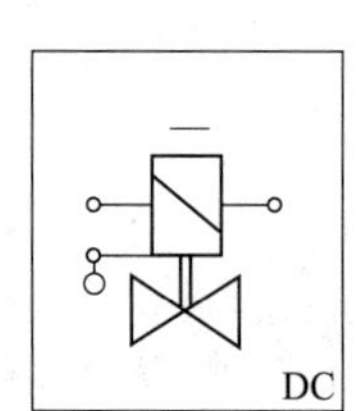 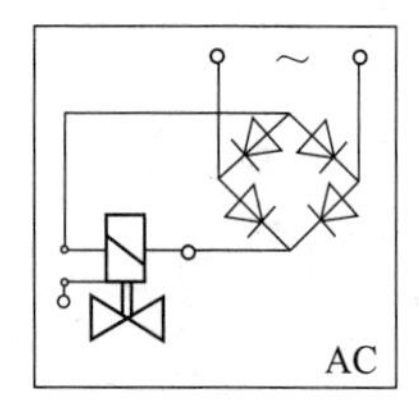 图(d)　零压启动式高压阀 如图(e)所示，其工作压力范围 0.1(0.2)～4.0MPa。公称通径 15～300mm，K_v 值为 5.0～1400m^3/h(S＝99～27720mm^2)。线圈功率 11～110W，其余指标参数和连接方式与图(e)所示阀相同

续表

<table>
<tr><td rowspan="1">二位二通电磁阀</td><td>有压启动式</td><td>
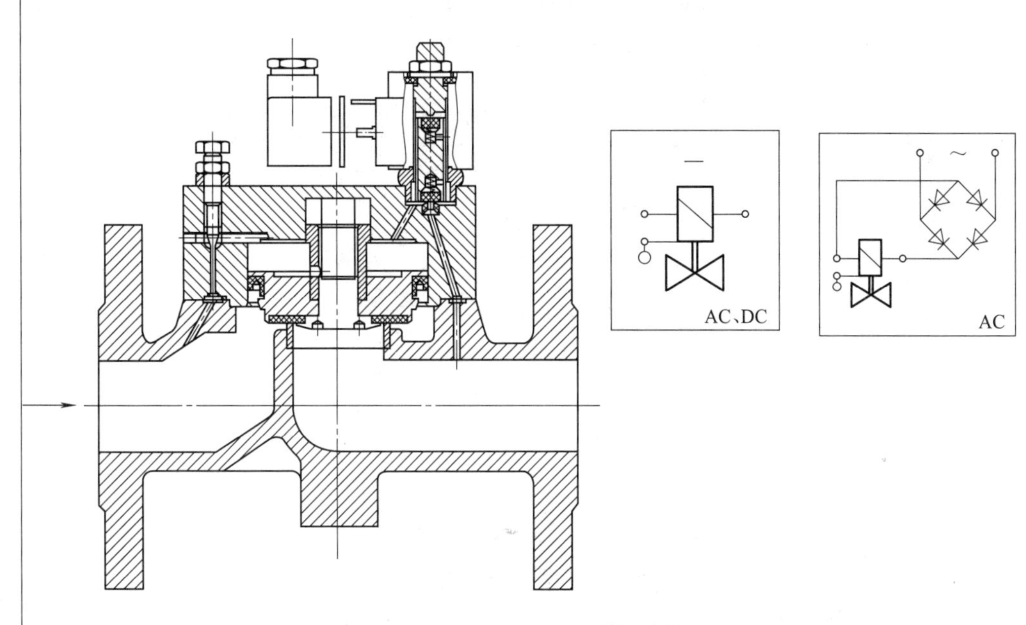

图(e)　有压启动式高压阀

如图(f)所示，其 K_v 值 1.0～8.0m^3/h，公称通径 1/4～1in(8～25mm)，工作压力范围 0.1～15.0MPa，线圈功率 25～46W，其余性能参数指标与图(e)、图(f)所示阀相同，连接方式一般采用螺纹连接

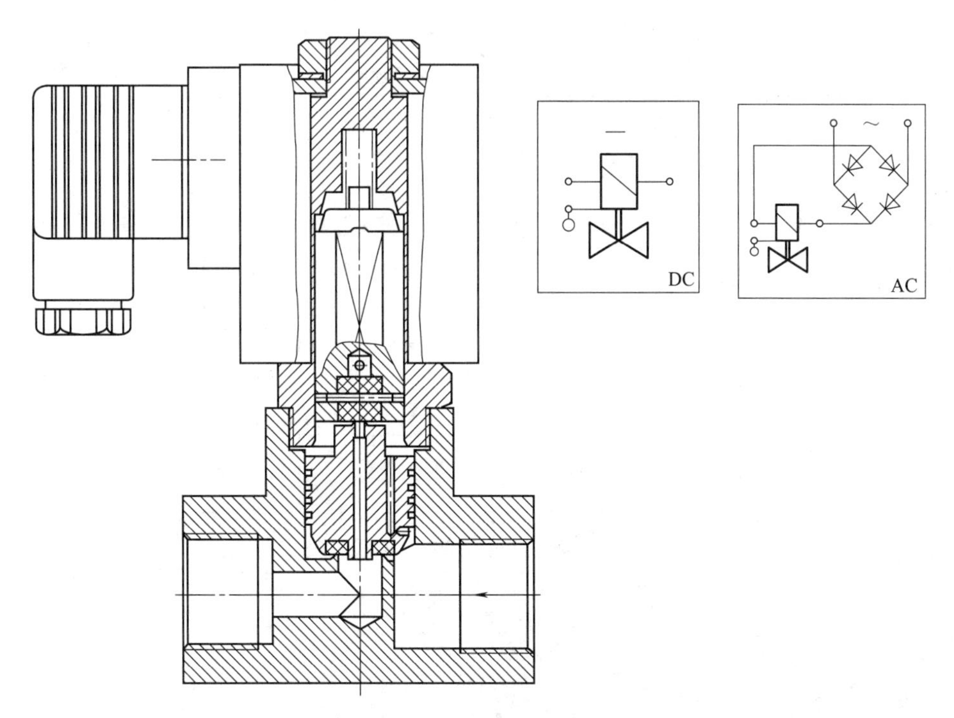

图(f)　高压二位二通电磁阀

如将图(d)、图(e)所示阀中线圈部分去掉，不采用电磁线圈控制，而采用其他方式(如气控等)控制，主阀的工作压力可以得到进一步提高(主要影响参数是输入先导阀的气压、活塞的受力面积、弹簧、密封等)
</td></tr>
</table>

续表

<table>
<tr><td>二位三通电磁阀</td><td>二位三通高压电磁阀的结构见图(g)，K_v 值 1.0～36.0m³/h，工作压力范围 0.2～3.0MPa；电压范围 AC:24V，42V，110V，230V，50/60Hz。DC:24V，110V；工作温度：−10～80℃
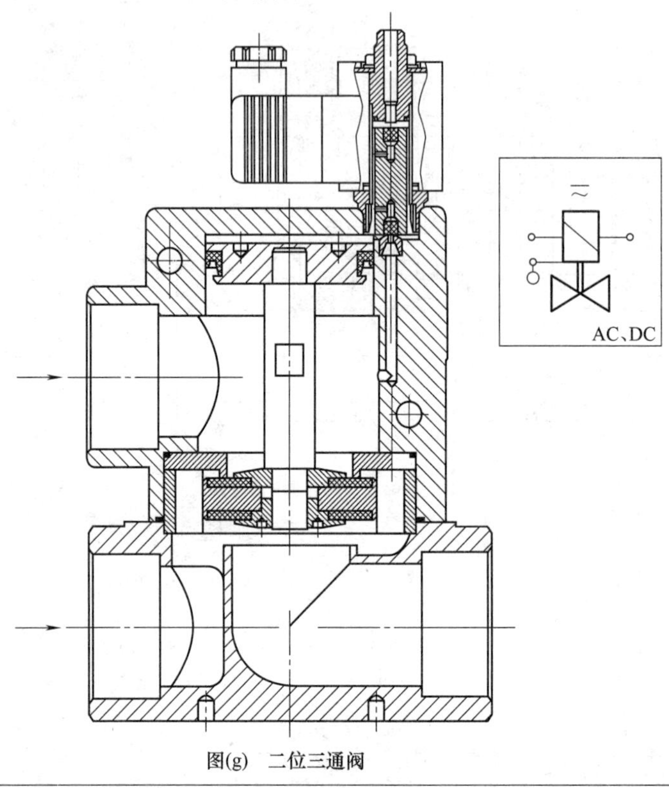

图(g) 二位三通阀</td></tr>
<tr><td>气动管形阀</td><td>气动管形阀的结构如图(h)，该阀由通径 6mm 的二位五通电磁先导阀(供气压力 0.8MPa 以下)和二通管形阀(主阀)组合而成，技术参数为：通径：10～50mm；气源压力：4～16MPa；流量系数 K_v 值：31～42.3m³/h；环境温度：−10～120℃
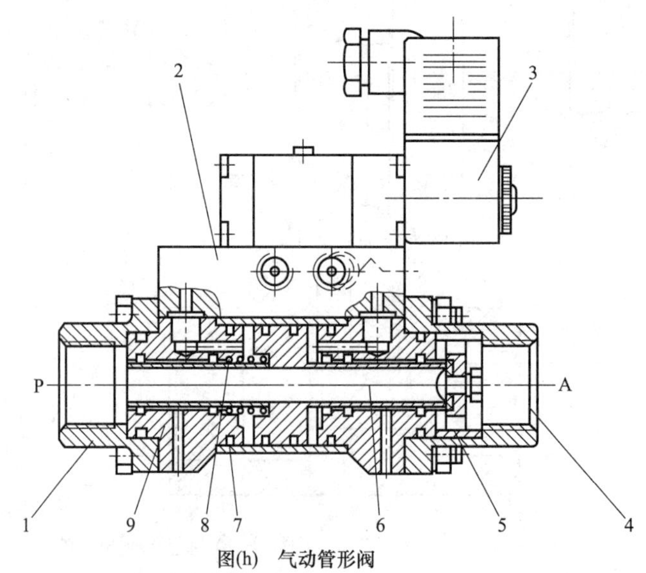

图(h) 气动管形阀
1—H形阀座；2—连接板；3—二位五通电磁阀；4—V形阀座；
5—阀座组件；6—活塞控制管；7—套筒；8—压力弹簧；9—阀体</td></tr>
</table>

续表

<table>
<tr><td>气动管形阀</td><td colspan="2">工作原理：高压气体由 P 端进入阀活塞控制管 6，而 6 与 V 形阀座 4 之间处于密封状态（由于压力弹簧 8 和作用在活塞上的背压），此时阀处于关闭状态。当电磁阀充电后，活塞在气源压力作用下压缩压力弹簧 8 左移，控制管端面离开 V 形阀座 4，气流由 A 端输出。当电磁阀 3 断电后，活塞受气源压力右移，控制管端面与 V 形阀座受压密封，阀恢复关闭状态
当主阀改为二位三通时，即可制成二位三通管形阀。气动管形阀的优点在于流阻小，流通能力强，K_v 值大，密封性能好，阀芯动作时磨损小、寿命长，可靠性高，加工方便</td></tr>
<tr><td rowspan="2">高压伺服压力控制装置</td><td colspan="2">一般的高压顺序控制回路设计和常压（0.2～0.7MPa）设计方法相同。工业生产过程中，对压力控制的要求很高时，把高压气动和电器相连接便可以得到精密的压力伺服控制</td></tr>
<tr><td>伺服控制原理</td><td>压力伺服控制原理图见图(i)，这种压力伺服控制装置是由两只阀、压力传感器、电子控制回路组成，当向输入线路加一个模拟设定点的指令信号时，控制回路则将目前出口点的压力与指令信号所给定的压力相比较。如果指令信号比当前压力高，控制回路即向进气阀发出信号脉冲，打开进气阀，增大出口的压力，直到指令信号得到满足；如果指令信号比出口点的压力低，控制回路则向排气阀发出信号，打开排气阀，降低出口压力，直到满足指令信号所给定的压力
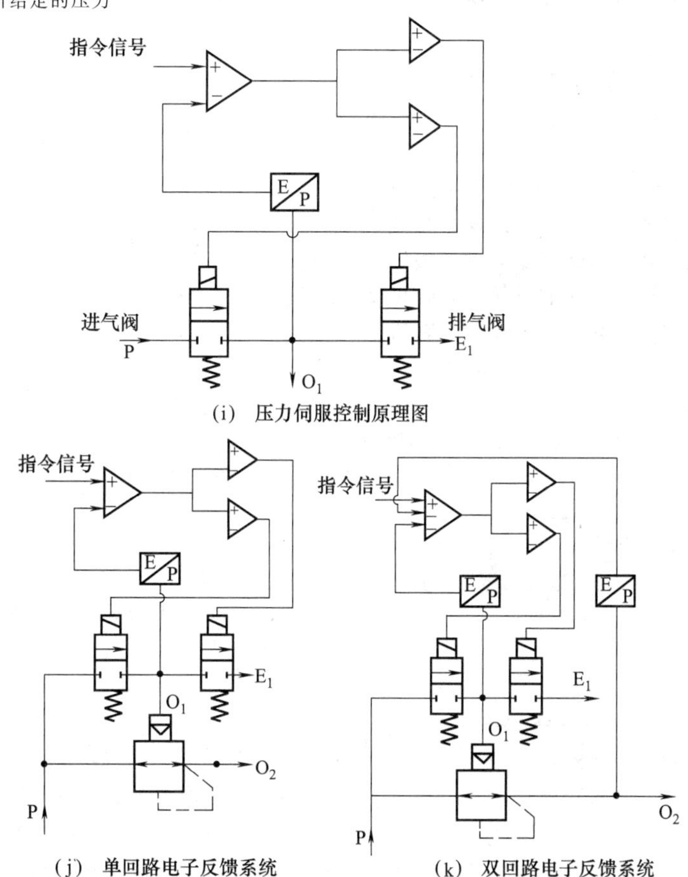

(i)　压力伺服控制原理图
(j)　单回路电子反馈系统　　(k)　双回路电子反馈系统
整个阀在封闭的铝壳体内（也可用不锈钢壳体），应用时可在离使用点较远的地方安装，实现远程控制
当与其他控制阀相连使用时，伺服系统原理见图(j)和图(k)
分析图(j)：空气伺服控制信号 O_1 向流量阀的伺服区施加压力，流量阀中的平衡活塞将流量阀中空气流量控制阀推到打开位置，空气流过流量阀，并在出口处形成压力，当通过反馈管路流入平衡室的反压力与控制压力相等时，控制器的流量阀关闭，当输出压力大于设定压力时，活塞上移，使空气通过平衡活塞中的气孔流入大气
分析图(k)：第一只内装压力传感器与进气阀和排气阀一起工作。向控制器流量阀的伺服部分提供电子控制压力。第二只内装压力传感器测输出力，并提供电子反馈信号以纠正流量阀机械偏差。这种双回路反馈系统与标准的单回路反馈系统相比具有许多的优点：精确度改善、死区小、重复性好，从实际流量阀输出进行反馈等。当其使用在遥控应用中时，第一个回路提供正确的压力，第二个回路反馈信号从应用点的遥控压力传感器处获得，用来纠正机械偏差，因而缩小响应时间，提供较快的准确动作。这种伺服压力控制装置也可以与其他控制液压介质、蒸气等阀相连使用</td></tr>
</table>

续表

高压伺服压力控制装置	主要技术参数	①供气压力：100%～110%额定压力；许可压力：150%额定压力；爆炸压力：200%额定压力；内装过滤器过滤精度40μm；操作温度：0～50℃；精度：0.25%满量程；信号压力：0～1012MPa；输出压力：0～1.12MPa；迟滞性1.7%；C_v值：8～38；介质温度18～79℃；最大流量$40m^3/min$ ②供应电压：15～24V DC；电流：80～325mA ③电压输入信号：电压0～10V DC；输入阻抗：(10±1%)kΩ ④电流输入信号：4～20mA；输入阻抗：(250±1%)Ω ⑤供气口连接螺纹1/8～2in；控制口1/4in；排气口1/8in 随着工业生产要求的提高，一些技术参数指标可以相应增加，在这种装置中，排气口一般采用远端排气以达到降低噪声的目的

5.1.3 使用高压气动时注意问题

与液体不同，被高度压缩的空气（或气体）与自由状态时相比，存在着很高的压缩比，见表21-5-3，这种高的压缩比表明高压气体在很小的空间内存储了很高的能量，当高压空气瞬时释放，恢复到自由空气状态时，存在着潜在的爆炸危险，因而在实际工作运转中，二位三通阀的排气以及其他情况下的高压气体的排空问题影响了阀的实际工作压力范围的提高，也给阀和系统的优化设计带来一定的困难，同时存在爆炸与安全问题，所以实际工作中高压气体的排气并不能简单地采用消声器直接连在阀上的设置，常应采取集中、地沟排气的方式。另外，随着压力的提高，换向阀在换向过程中，高压口与排气口接通一般只有几毫秒，高压气体瞬时变成大气压，温度降低，若换向频率高，会产生阀内结冰、阀泄漏或出现尖锐的啸叫声、密封件不能正常工作等问题，因而对密封问题提出要求。此外，还存在着弹簧、阀体材料等一系列的问题，需要在使用时注意。

表21-5-3 高压气动的压缩比

气压/0.1MPa	压缩比	气压/0.1MPa	压缩比
7	7.9	210	207
14	14.8	280	277
21	21.7	350	346
28	28.6	700	692
35	35.6	1000	988
70	70.1	1500	1481
140	139		

5.1.4 高压气动技术的应用

现在高压气动技术在化工、冶金、纺织、矿山、航天、食品等行业都得到了应用，表21-5-4是高压气动技术的几种典型运用。有时，液态气体作为气源也得到应用，它是液化空气分馏而成。

表21-5-4 高压气动技术的典型应用

应用	压力/MPa	高压气源
航行器(二级或紧急运转控制)	3.5～21	气瓶
空气爆破开关	＞17.5	空压机系统(自动控制)
发动机启动	2.5～4.2	储气罐
轻装潜水	≥21	气瓶
深海潜水	≥1	手动泵、高压容器等
金属成形	≥140	储气罐(由多级空压机组提供)
风洞(高马赫数)	3.5～21	储气罐(由多级空压机组提供)
制冷剂		液化气

(1) 应用1：空气爆破

在煤矿开采时，常采用空气爆破技术，让高压气体突然释放，产生巨大的能量。其工作原理：通常在炮弹孔内储存大于17.5MPa的高压空气，工作时突然释放。其中的内储能量用于在煤矿开采处产生爆裂，膨胀的空气进入裂缝。每次爆炸逐出大面积的煤(平均每次可逐煤3～15t)，逐出的煤的数量、厚度和裂缝的大小有关。空气爆破器如图21-5-3所示。炮弹头在后级装置，面对开炮腔，高压气体经加强的软管进入爆炸阀，当阀打开，炮弹内空气压力上升，直到预装的金属片破裂，然后空气膨胀，进入枪膛孔产生喷射力，造成煤的破裂，同时腔向后，增强了爆炸的效率。

在采矿业上，这种空气爆破的高压气源来自多级高压机组。软管的长度可以达到数米，在爆破混凝土和其他材料时，有相似类型的断路器，爆破的功效由材料、爆破的长度和特性所决定。

(2) 应用2：钢板卷曲

在钢铁生产领域，高压气动得以广泛使用，如热轧气动卷取机助卷辊气控系统，见图21-5-4。这是一个高压和常规压力结合使用的机构，在高压气动中，采用了高压的截止阀、过滤器、二位三通控制阀、伺

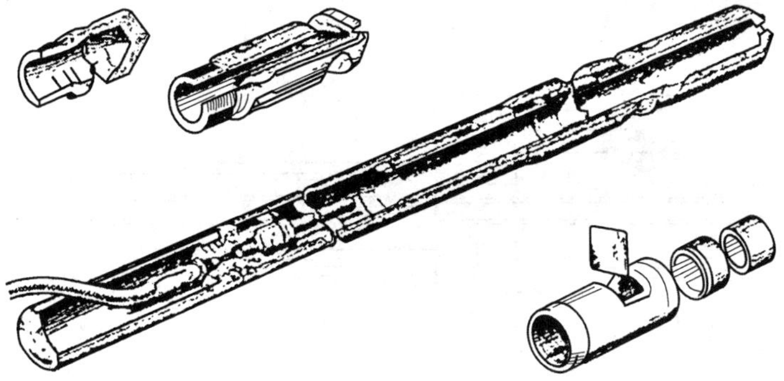

图 21-5-3　空气爆破器

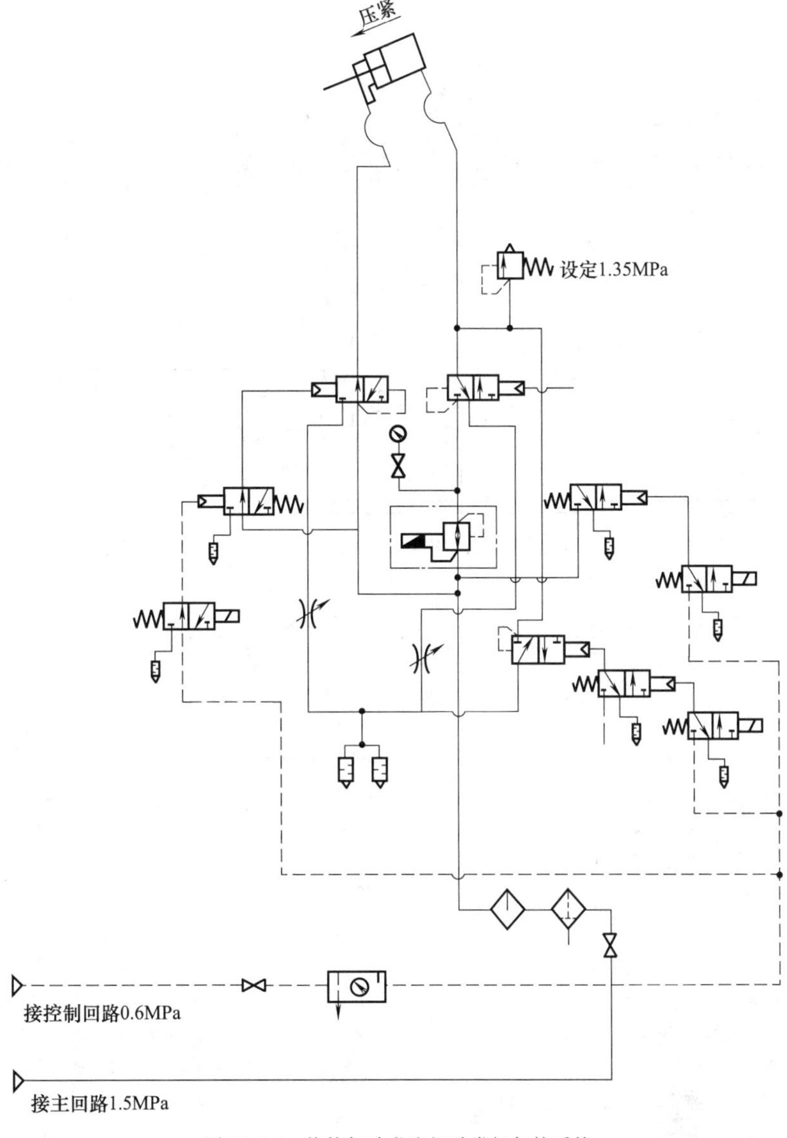

图 21-5-4　热轧气动卷取机助卷辊气控系统

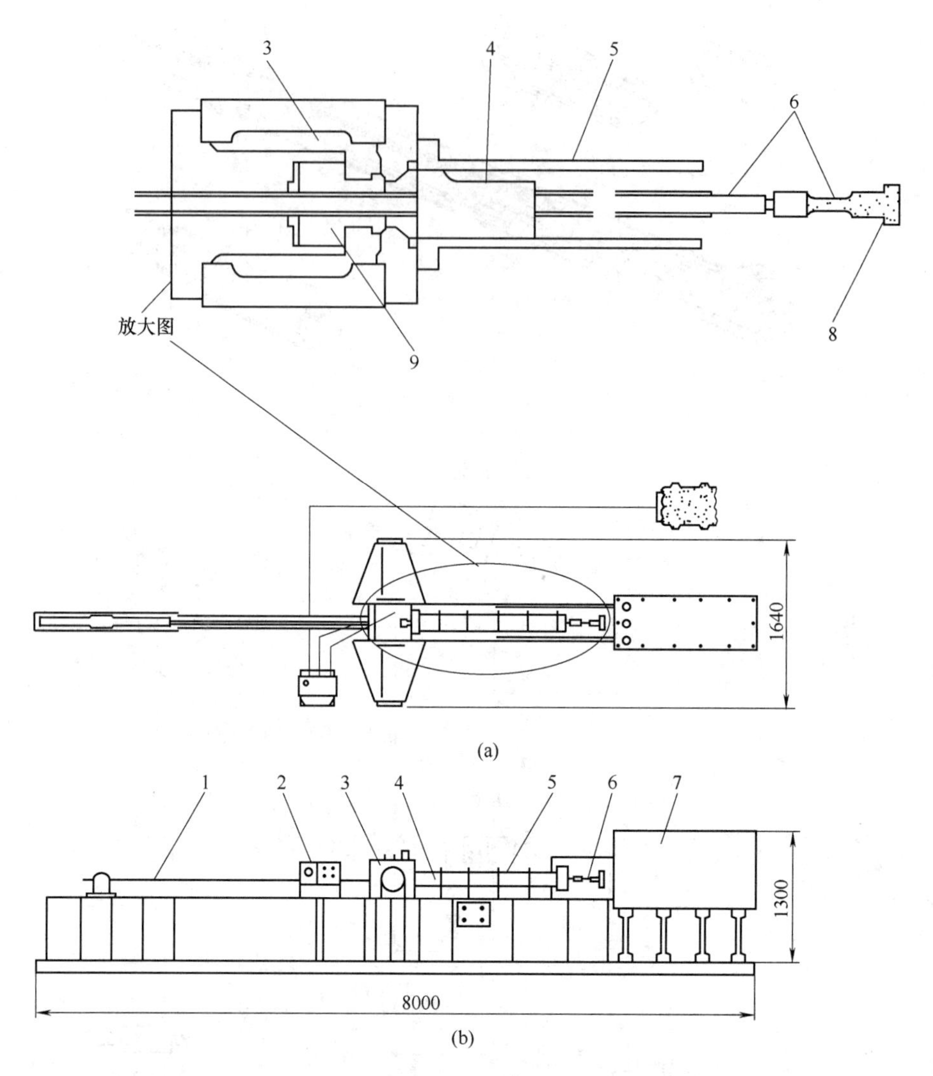

图 21-5-5 气动高速冲击拉力试验机外观及驱动控制
1—拉力测量杆；2—控制板；3—蓄能腔；4—弹丸活塞；5—缸筒；
6—试样；7—弹丸回收箱；8—冲击法兰；9—截止阀芯

服控制阀、减压阀和气缸。

使用注意：

① 高压空气一旦急速排气，温度会显著变化，会产生结露或冻结，造成阀芯动作不良。使用消声器可减少冻结。

② 二、三通电磁阀的排气通口若节流过大，一旦形成的背压超过供给压力，阀可能切换不良或动作不稳定。三通电磁阀在切换过程中，高压空气会回流至中压空气侧，作为选择阀使用时，中压侧减压阀必须使用溢流型。

③ 电磁阀一次侧配管不得过分节流，以免流量不足，造成切换不良或响应慢。二次侧配管也要合理选用。设置减压阀的场合，电磁阀刚切换后，因减压阀响应速度的关系，一时为无供气状态，因此，低于最低动作压力的场合，应考虑选好配管尺寸、长度以及设置气容等。

④ 若没有高压气源，可利用增压阀将普通气源增压至高压。

(3) 应用3：气动高速冲击拉力试验机

在高速运动物体（如高速公路处的汽车）受到撞击时，为模拟试验这时的材料性能，采用高压气动方法与常规的机械电机驱动方法相比有一系列优点，其试验外观及驱动控制部分见图 21-5-5。

试样一端装有受冲击的凸缘（法兰），另一端装在载荷测量杆的端部，当试样被高速运动的弹丸冲击拉断后，受力情况即经过测量杆端部传到检测仪上显示出来。

弹丸为马蹄形截面，设计成能跨在载荷测量杆上飞行。在图 21-5-5（b）中，蓄压室内的高压通过活塞式阀芯被左向拉动而释放的一瞬间，弹丸在弹道中被加速向右高速飞行（速度可达到 100m/s）打击冲击法兰，试样塑性变形后断裂飞出，断裂飞出部分进入充水的回收箱内。

弹丸的运动速度由蓄压室的压力控制，速度测量通过设在弹道内的两处光电测头的时间差测出。

随着高压气动技术系统的深入研究，在某些领域，高压气动结合液压技术，可进行精密控制，提供精确输出力，使之使用于伺服系统中，推广了其应用领域。

5.2　气力输送

5.2.1　气力输送的特点

气力输送是利用负压或正压气体为动力，在管道中输送物料的一种技术，物体通常为粉、粒状固态物质。

使用气力输送技术传输物料时，输送管路占用空间小、线路布置灵活，同时也保持了环境的清洁和避免被送物料的污染。从安全性角度考虑，气力输送比其他机械输送更安全可靠，表 21-5-5 给出了气力输送与其他输送方式的比较。

气力输送根据工作原理大致可分为吸送式和压送式两种类型。

吸送式气力输送有如下特点。

① 在负压的作用下，物料容易吸入。供料机构较简单且易实现连续供料输送。

② 可实现从多处向一处输送物料。

③ 系统密封性能、空气净化程度要求高等。

压送式气力输送有如下特点。

① 可实现长距离输送物料的工作。

② 适合从一处向多处输送物料。

③ 供料机构较复杂，有时不能连续传输。

气力输送有如下缺点。

① 动力消耗大；物料在管道内传输，与管壁产生碰撞，增大了管道的磨损，特别是在弯管部分磨损更加严重。

② 对输送的物料粒度、黏度、湿度有一定的要求，易碎物料不宜采用气力输送。

5.2.2　气力输送装置的型式

一般用最高真空度 60kPa 的气流以 20～40m/s 的速度在管道内传输物料。物料主要为干燥的粉末、碎粒状的物质。输送距离可达到 550m。真空吸送装置见图 21-5-6。选用罗茨风机或真空泵作为气源机械，取料装置常用吸嘴、诱导式接料器。采用旋风除尘器或脉冲袋滤器，可使空气净化以保证气源设备的工作可靠性和使用寿命。

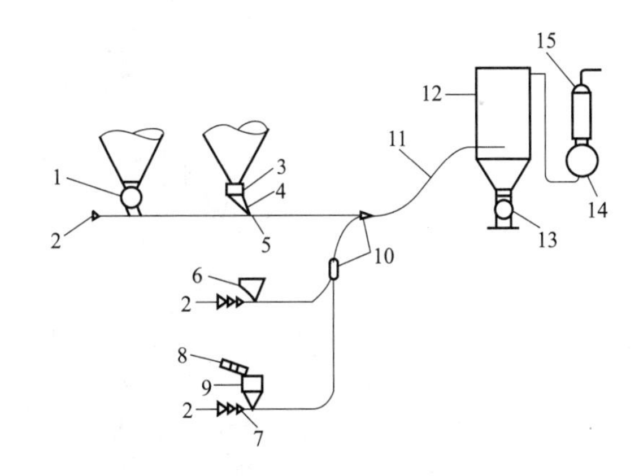

图 21-5-6　真空吸送装置

1—旋转供料器；2—进气口；3—旋转式料仓阀；4—物流量调节阀门；5—进料口；6—接收斗；7—进气调节阀；8—限量装置；9—磨粉机；10—管道换向器；11—输料管；12—分离器；13—卸料器；14—风机；15—消声器

表 21-5-5　气力输送与其他输送方式的比较

输送装置 \ 输送特性			输送能力						线路自由度						污染程度		维护		运动特性	
			长度/m			输送量/t·h⁻¹			方向			弯曲								
			3～30	30～300	300～3000	0.3～3	3～30	30～300	水平	斜向上	垂直向上	水平面	垂直平面	弯曲数	环境污染	粉料污染	检查点数量	零部件损耗	输送速度	动力消耗
机械输送	循环	带式输送	2	1	2	3	2	1	1	3	4	4	4	4	3	2	4	2	2	1
		斗式提升	1	3	4	3	2	1	4	4	1	4	4	4	2	4	4	3	3	2
		埋刮板输送	1	2	3	3	2	1	1	3	4	4	3	3	3	4	4	3	3	3
	槽式	螺旋输送	2	4	4	3	2	3	1	2	3	4	4	4	2	2	2	3	3	3
		振动输送	2	3	4	1	2	3	1	3	3	4	4	4	3	1	1	1	4	3

续表

输送装置 \ 输送特性		输送能力						线路自由度						污染程度		维护		运动特性	
		长度/m			输送量/t·h^{-1}			方向			弯曲								
		3～30	30～300	300～3000	0.3～3	3～30	30～300	水平	斜向上	垂直向上	水平面	垂直平面	弯曲数	环境污染	粉料污染	检查点数量	零部件损耗	输送速度	动力消耗
流体输送	气力输送	2	1	2	2	1	1	1	1	1	1	1	1	1	1	1	3	1	3
	水力输送	3	2	1	3	2	1	1	1	1	1	1	1	1	1	1	1	2	2

注：1—好；2—可；3—差；4—不能。

表 21-5-6　　气力输送装置的型式

低压压送式

一般以表压在 0.1MPa 以下的中速气流来传送物料，物料主要为干燥的粉末、碎颗粒状和纤维状的物质。见图(a)。采用这种装置输送易扬尘的物料时，对抑制粉尘和降低空气污染的要求很高。选用气源机械为罗茨风机或离心风机，供料装置多为旋转供料器

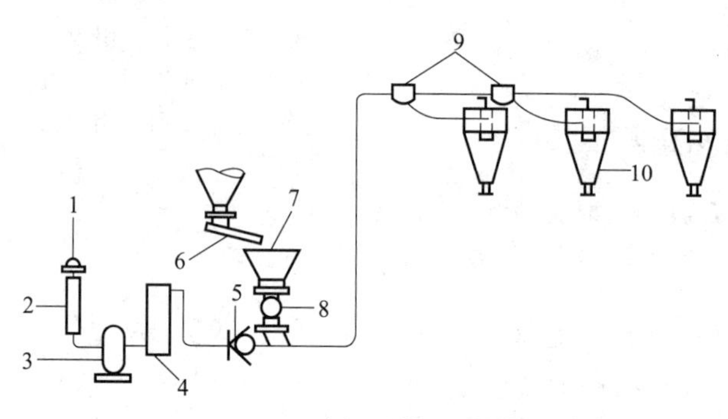

图(a)　低压压送装置

1—滤网；2—进口消声器；3—鼓风机；4—风机出口消声器；5—止回阀；6—限量装置；7—缓冲料斗；8—旋转供料器；9—管道转向器；10—收料容器

中压压送式

一般以表压为 0.1～0.31MPa 的低速气流来传输物料，物料主要为干燥、流动性好、易流态化的颗粒状物质。最长输送距离可达 1200m。见图(b)，一般供料器可选用螺旋泵、发送罐或流态化罐供料

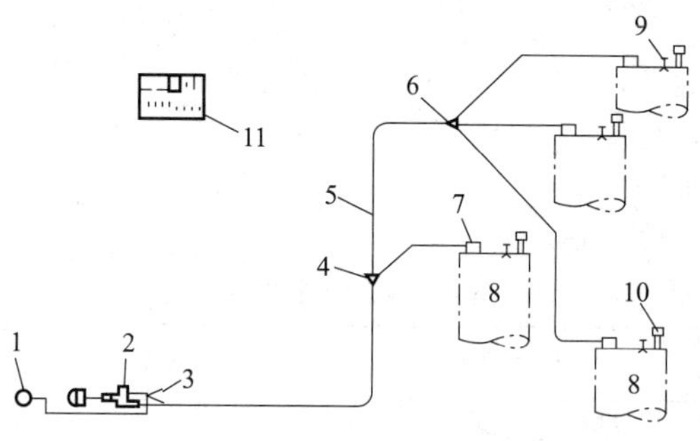

图(b)　用螺旋泵供料的中压压送装置

1—回转压气机；2—进料口；3—螺旋泵；4—二位换向阀；5—输料管；6—三位换向阀；7—卸载器；8—料仓；9—料位器；10—排气管或通往除尘装置；11—自控操纵台

高压压送式

一般以表压为 0.31～0.86MPa 的低速气流传输物料，物料主要为粉末状。输送距离可达 3000m。这种装置的供料器仅限发送罐，气源机械采用空气压缩机。一个工作循环周期分为装料、充气、排料、排气四个过程，因而送料是间歇式的。要实现连续送料，可以采用两个发送罐交替使用

续表

脉冲栓流式	一般以表压在 0.2MPa 以下的低速气流传输物料，脉冲气流进入输料管的密集物料中，将其隔成不连续的一段一段料栓，依靠每段料栓的前后压差来实现传输物料。当然，此压差要大于料栓管道内壁之间的摩擦力。常见的有脉冲气刀式、脉冲成栓器式等。气源机械为空压机，供料装置为发送罐。图(c)为脉冲气刀式装置，主要适用于黏性物料，粉、粒状物料，脉冲成栓器式见图(d)。发送器关闭后，有一定压力的空气将物料从出料口连续地压入成栓器，然后脉冲气流推动成栓器上的转换板，将发送器出料口关闭，物料停止进入成栓器，同时，脉冲气流又将成栓器中原有物料推入输料管，这时脉冲发生器的气阀关闭，成栓器中压力低于发送器内背压，物料冲开转换板重新进入成栓器，以此循环 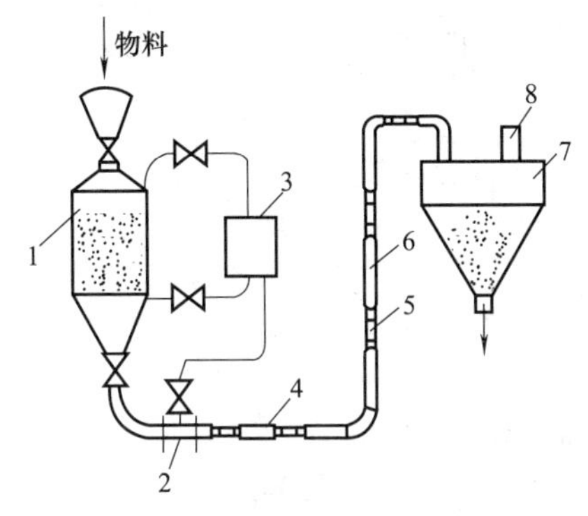 图(c)　脉冲气刀式气力输送装置 1—压力容器；2—气刀；3—控制器； 4—输料管；5—料栓；6—气栓； 7—储料器；8—除尘器 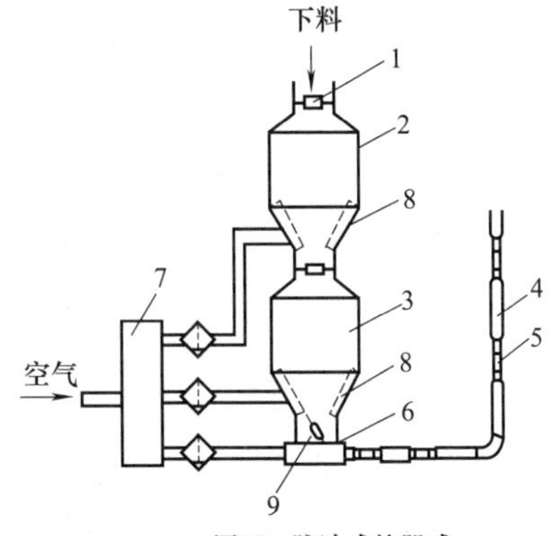 图(d)　脉冲成栓器式 1—加料斗；2—上料罐；3—发送器； 4—气栓；5—料栓；6—成栓器； 7—脉冲发生器；8—流态化装置；9—转换板
吸送-压送组合式	这是一种将前面介绍的吸送式和压送式组合在一起的传输方式，它适用于将物料从几个供料点输送到多个卸料点。常见的形式如图(e)所示，一般根据物料的性质和输送距离来选择压送的型式 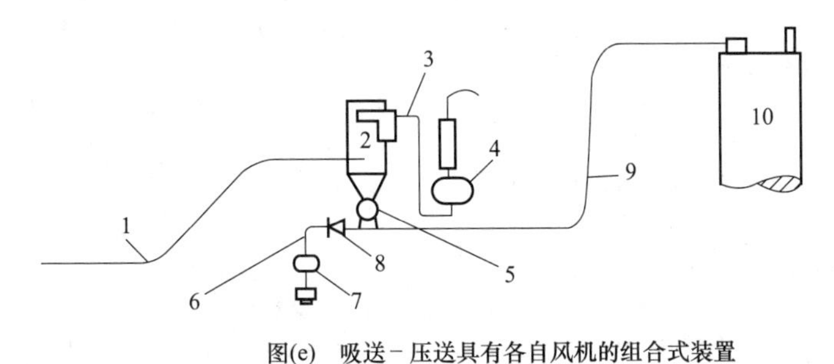 图(e)　吸送-压送具有各自风机的组合式装置 1—吸送分支；2—袋式分离器；3—管内真空度(40kPa)；4—吸送风机；5—旋转供料器； 6—管内表压(70kPa)；7—压送风机；8—止回机；9—压送分支；10—料仓
集装筒式	与前面几种输送类型相比，它的传输主体不是粉末状物料，而是集装件，主体相对比较大。集装筒气力输送示意图见图(f)，它利用管道内气体的压差进行传输。根据收发站(或装卸站)的线路连接情况，可分为单管、双管和多管吸送式、压送式、混合式。管道可为直管也可为弯管，可实现单向输送和往复的双向传输，如图(g)所示 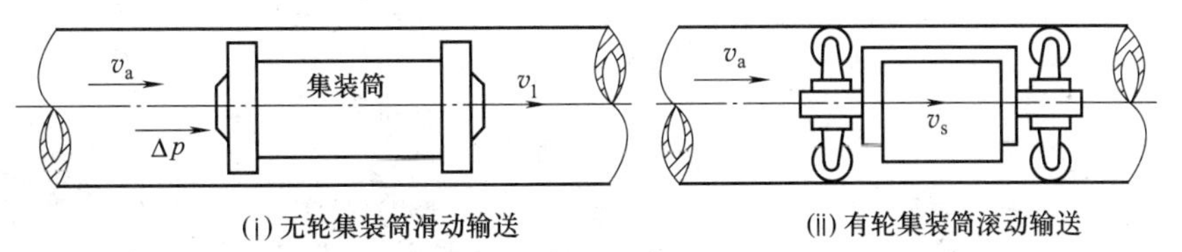 (ⅰ)无轮集装筒滑动输送　(ⅱ)有轮集装筒滚动输送 图(f)　集装筒气力输送示意图

续表

 集装筒式	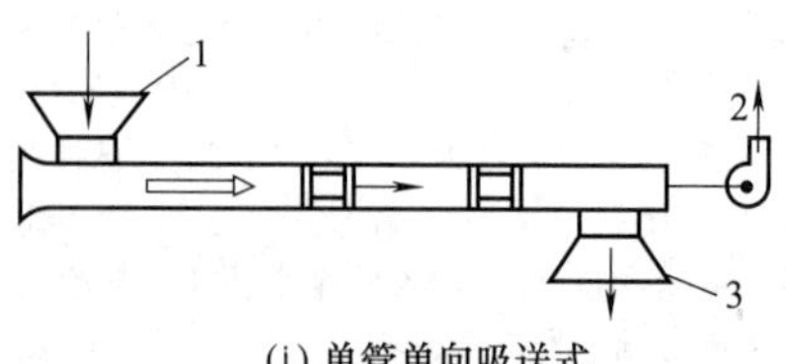 (ⅰ) 单管单向吸送式 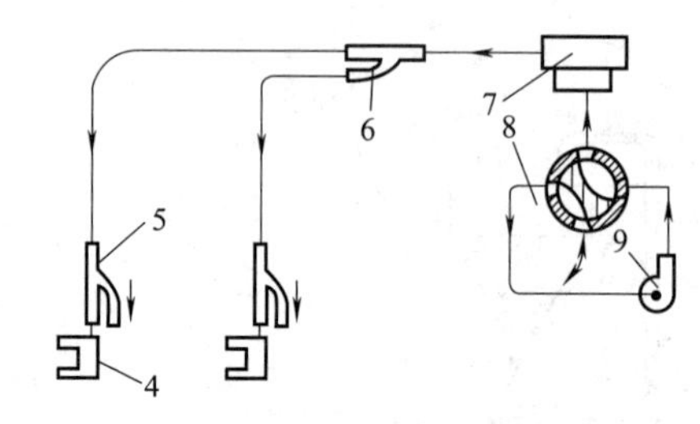 (ⅱ) 单管双向(往复)交换式 图(g)　两种简单输送线路示意图 1—装站；2，9—风机；3—卸站；4—发送器；5—接收器；6—待线器；7—交换站；8—交换阀

表 21-5-7　　主要气力输送装置的比较

主要方式	使用方便性	选用注意点	适用场合
吸送式	1. 由吸嘴集料、可避免取料点的粉尘飞扬 2. 适用于由深处或狭窄处以及由数处向一处集中输送 3. 润滑油或水分等不会混入、沾污被输送的物料 4. 物料不会从系统中逸出 5. 容易输送水分含量高的物料 6. 生产率较高，每小时可达数百吨	1. 输送量和输送距离不能同时取大值；输送范围受到一定限制 2. 应在气源之前部设置性能好的分离除尘设备 3. 气源设备容量较大，价格较昂贵 4. 整个系统的气密性要求较高	主要用于料气比较低的车、船、库场上的卸料作业以及将分散的物料集中起来的厂内工艺输送 1. 从船舱中卸料，如谷物、铝矾土等 2. 食品工业、化学工业，如啤酒、制粉工厂内的输送 3. 灰状粉料的输送处理 4. 有毒物料的输送
低压压送式	1. 适用于从一处向多处进行分散输送 2. 因为系统为正压，所以外界空气或水分不会侵入 3. 物料易从卸料口排出	1. 在供料口处供料较吸送式困难，应根据被输送物料的物性和输送压力选用和设计供料装置 2. 物料是干粉状、颗粒状或纤维状，它的输送距离不长，输送量和料气比较低	主要用在工厂内部加工工序间的物料输送或者槽车卸载 1. 普通工业生产 2. 石油化工业中，特别是用于氮气、二氧化碳气体输送 3. 制造业中，如输送木片、粒料等
高压压送式	1. 在直径较小的输料管中可实现较高的料气比输送，输送效率较高 2. 由于输送风量较小，故可用较小型的分离和除尘设备	1. 属密闭压力容器仓式发送 2. 可连续发送 3. 粉料可直接由发送罐发送，对于粗物料应在发送罐下加螺旋式供料器 4. 容易出现物料在输送管中堵塞和管道磨损的问题	适宜于长距离大容量输送或用来输送较重、较黏的物料 1. 输送水泥、铝矾土 2. 输送煤粉等
脉冲栓料式	1. 可输送易破碎的物料 2. 输送管磨损小 3. 能耗低	对物料的物性要考虑，例如粒度超过 2mm 时就难以显示出其输送的优点	1. 粉料作高浓度输送 2. 2mm 以内的易碎物料输送

5.2.3　气力输送装置的主要设备

气力输送装置在工作运行中的可靠性和经济性主要取决于装置系统中各设备的合理选择和配套使用。气力输送系统主要由供料器、管道和管件、分离器、闭风器、除尘器、消声器、气源机械等组成。

5.2.3.1　供料器

供料器是把要输送的物料送入输送管，并使物料运动速度加快的设备。它必须尽可能定量、均匀、分散地供料，同时要满足设备在结构上体积尽可能小、供料通顺、消耗功率小的要求。

在选择使用何种型式的供料器时，要充分考虑到物料的性质随温度、湿度、物料的压力等因素的变化情况以及物料的黏附性、磨削性和腐蚀性等。

表 21-5-8　　气力输送装置供料器

<table>
<tr><td rowspan="4">压送式气力输送装置的供料器</td><td colspan="2">压送式气力输送装置中供料要求密封性能好，防止压缩空气从供料器中泄漏，增加能量损失。其分类主要有：重力式、叶轮式、螺旋式、喷射式、充气罐式等</td></tr>
<tr><td>重力式供料器</td><td>工作原理是：物料依靠自重产生下落运动，达到从一个装置向另一装置的输送。可分为单筒供料管和双层供料管两种，图(a)为双层供料管，上下板交替开闭，使物料下落。需注意的是，动作要具有周期性，要保持密封
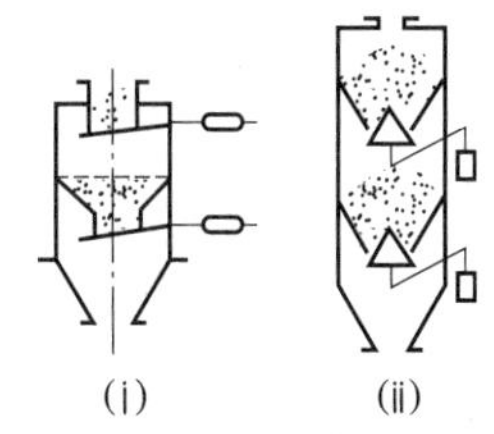

图(a)　双层供料管</td></tr>
<tr><td>叶轮式供料器</td><td>见图(b)，主要由叶轮和机壳组成。其工作原理是：带有若干叶片的轮子在机壳内旋转，使物料从上部料斗或容器下落到叶轮之间，当叶片旋转到下端时，将物料排出，可实现定量供料。这种供料器仅用于非磨削性或稍有磨削性的物料。叶轮和机壳材料的选择根据物料的情况而定，壳体和端盖的材质一般为耐磨铸铁，对于化工、食品物料采用不锈钢。转子既可由钢材焊接制造，也可以整体铸造。转子的形状尺寸决定了整个供料器的性能和稳定性，供料器上下的压力差与叶片数的关系见下表
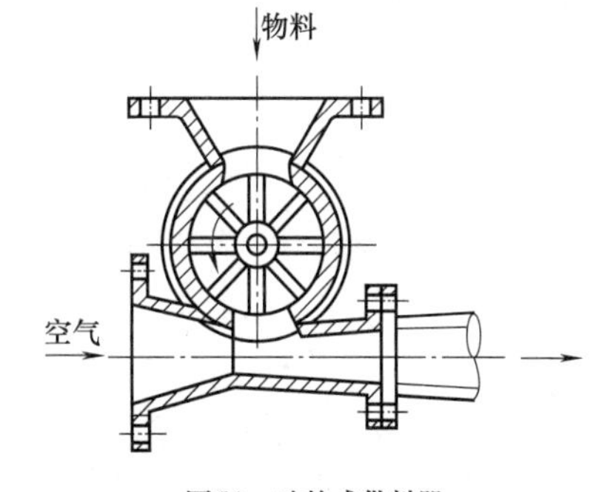

图(b)　叶轮式供料器

供料器上下的压差与叶片数的关系
<table><tr><td>压力差/MPa</td><td><0.02</td><td><0.05</td><td><0.10</td></tr><tr><td>叶片数/片</td><td>6</td><td>8</td><td>10</td></tr></table>这种供料器在吸送式和压送式气力输送装置中都可采用</td></tr>
<tr><td>螺旋式供料器</td><td>螺旋式供料器在压送式气力输送装置中可作为供料器，在吸送式装置中可作为卸料器。见图(c)，螺旋在壳体内快速旋转时，料斗中的物料经螺旋压入混合室。在混合室下部装有压缩空气喷嘴，一旦物料进入混合室，压缩空气将其吹散并使物料加速，形成物料与压缩空气的混合物均匀地进入输料管。螺旋的螺距从左至右逐渐减小，进入螺旋的物料被越压越紧，达到防止压缩空气通过螺旋泄漏的作用。同时在排料口上装有带杠杆和重砣的可调节阀门，对于不同的物料，通过移动杠杆和重砣可调节螺旋中物料的压紧程度。物料的性质、输送量以及作用在旋转供料器上的操作压力对选用供料器的尺寸、转速、结构设计起决定性的作用。供料器的尺寸、转速由输送量和物料的堆积密度而定，供料器工作时承受的压差大小决定转轴、叶轮的设计。对于黏性物料，可在叶轮表面喷涂聚四氟乙烯液体再经高温处理，以减小对壳体的摩擦。叶片也可用耐磨材料制成，以适应磨削性大的物料
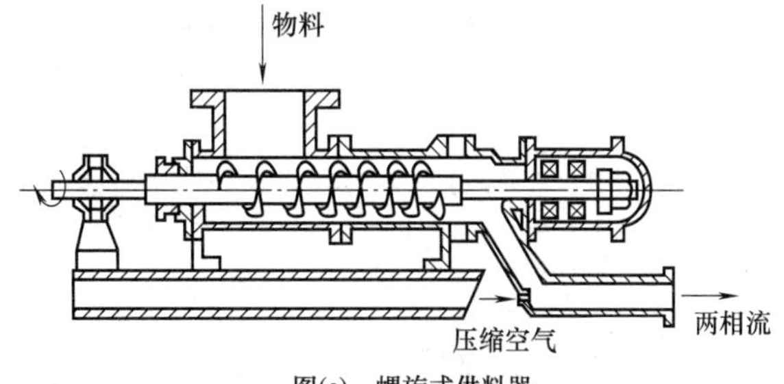

图(c)　螺旋式供料器</td></tr>
</table>

续表

<table>
<tr><td rowspan="2">压送式气力输送装置的供料器</td><td>喷射式供料器</td><td>图(d)中，压缩空气从喷嘴中高速喷出，在喷嘴出口的外部区域形成负压，从而将大气压力作用下的物料吸入管内，同时管内空气不会向供料口喷吹，且有少量空气随同物料一起进入供料器，供料口后端是一段渐扩管，在其中气流速度逐渐减小，静压逐渐增大，使物料沿管道正常输送
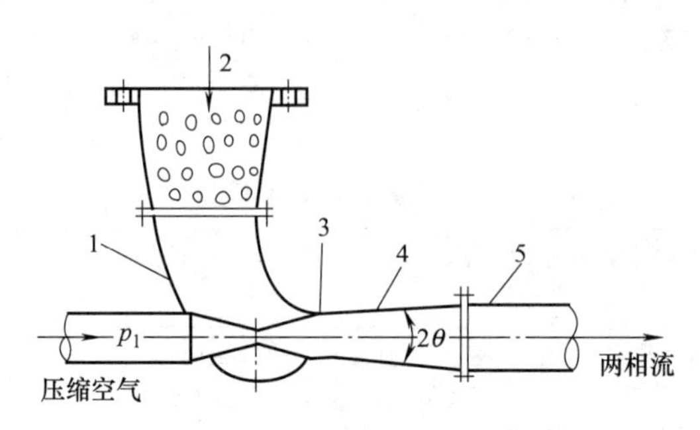

图(d) 喷射式供料器构造工作原理
1—进料；2—供料；3—喉部；4—扩散管；5—输送管</td></tr>
<tr><td>充气罐式供料器</td><td>适用于粉末状的物料传输，先将粉料送到罐内，然后向密封罐内送入压缩空气，使空气和粉料一起喷出，进入输送管中。工作过程是周期性的，每个周期由装料、充气、排料、放气四个过程组成，若要实现连续送料，必须采用双罐交替工作的方式</td></tr>
<tr><td rowspan="3">吸送式气力输送装置的供料器</td><td colspan="2">吸送式气力输送装置中，供料器相对结构更简单，主要有：吸嘴、三通式接料器、诱导式接料器等</td></tr>
<tr><td>吸嘴</td><td>适用于输送流动性好的粒状物料，一般分为单筒型和双筒型两种。其常见型式见图(e)
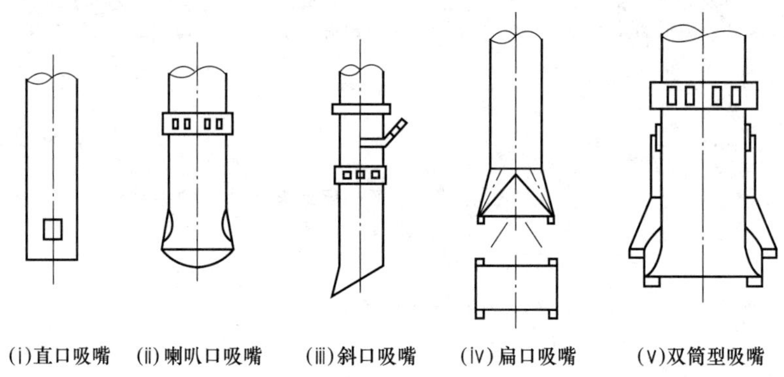
(ⅰ)直口吸嘴 (ⅱ)喇叭口吸嘴 (ⅲ)斜口吸嘴 (ⅳ)扁口吸嘴 (ⅴ)双筒型吸嘴
图(e) 吸嘴
双筒型吸嘴内筒的入口处呈喇叭状，外筒可以上下活动，喇叭状可以减少一次空气和物料流入时的阻力，二次空气从吸嘴上端进入，使物料加速，提高输送能力。工作时可以根据物料性质、输送条件改变内外筒下端的相对高度，以便提高输送的效率</td></tr>
<tr><td>三通式接料器</td><td>有两种型式，见图(f)。卧式接料器[图(f)中(ⅰ)]中物料由弯管2处引入短管1，与1右端进入的压缩空气相混合进入输料管。隔板3是为了防止物料过多，引起堵塞而设置的
立式接料器[图(f)中(ⅱ)]工作时，物料由自流管1处落入喇叭口3处的气流中
靠气流推入输料管2，插板5控制物料的输送量，齿板6是为使物料能顺气流方向落入时与齿板撞击而冲散，并折向上方，以便更好地与上升气流混合而设置的</td></tr>
</table>

续表

吸送式气力输送装置的供料器	三通式接料器	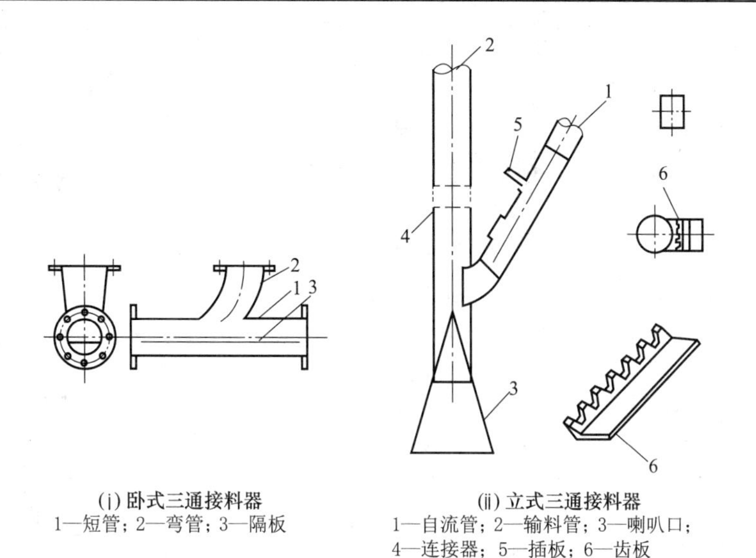 (ⅰ) 卧式三通接料器 1—短管；2—弯管；3—隔板 (ⅱ) 立式三通接料器 1—自流管；2—输料管；3—喇叭口； 4—连接器；5—插板；6—齿板 图(f)　三通式接料器
	诱导式接料器	如图(g)所示，物料由自流管 1 下落，经过圆弧形淌板对物料进行诱导，在气流推动下向上输送，如此料、气混合得好，克服了逆向喂料的情况，而且阻力小 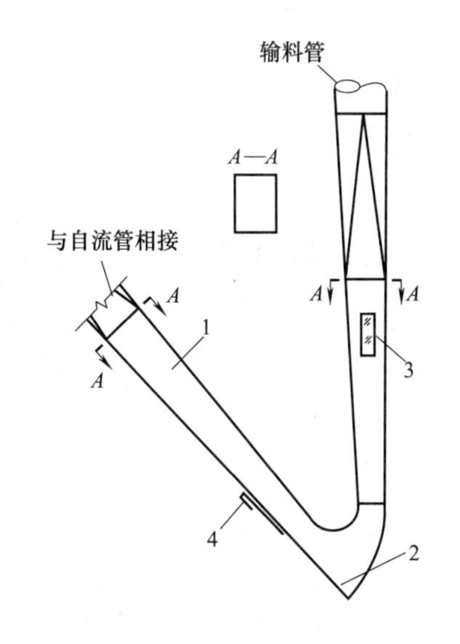 图(g)　诱导式接料器 1—自流管；2—进风口；3—观察窗；4—插板活门

5.2.3.2　输料管道、管件

大多数物料的气力输送都采用国际管道标准(IPS) 的钢管作为输料管，管径为 50～175mm 时采用该标准 40 系列号钢管；管径 200～3000mm 时，采用 30 系列号钢管；管径 350mm 以上的，采用卷焊的钢管，其壁厚一般为 5～8mm。当输送塑料、食品和其他严格要求不受污染的物料时，可选用 5 系列号或 10 系列号的铝管或不锈钢管。

在输料管路中，应采用由进口向下游断面逐渐扩

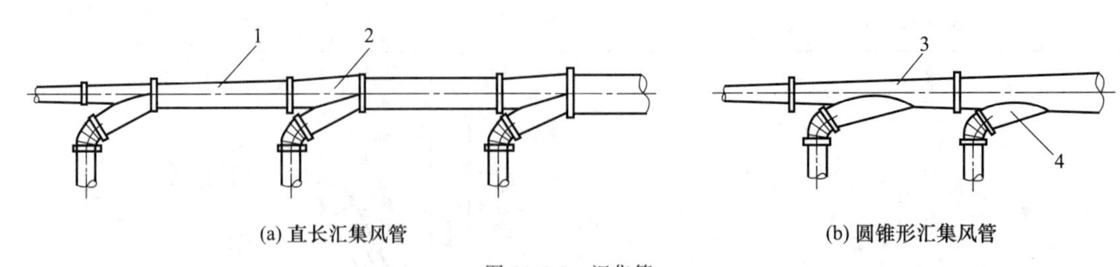

图 21-5-7 汇集管

1—直管；2—三通；3—圆锥形管；4—连接短管

大的结构，需避免出现任何断面的收缩。在需要改变输料方向时，采用弯管，为了缓和物料与弯头内壁的撞击，对弯管曲率半径的大小提出了要求，一般情况下，对于管径不大于200mm的弯管，曲率半径取管道半径的6～12倍；管径在200～350mm之间时，曲率半径取2.4m；超过350mm的管道，其弯管曲率半径可取更大。

一般情况下，根据物料的莫氏硬度等级来选择弯管的材料，1～3等级选择普通弯管，4、5等级选择加强弯管，6、7等级选择加抗磨箱的弯管。一些特殊物料如铝粉，传输时易黏附在钢制弯管上，因而要采用橡胶制的软弯管等。弯管与直长管采用法兰连接，两法兰间要加薄橡胶或密封衬垫，尽可能在接头处保证气密性要求，同时要消除裂缝、缺口、毛刺。输料管连接安装时，可采用套接法和对接法两种方式。套接时，要求每节输料管大小头内径相差大于2mm，为防止气体泄漏，套接处缝隙可焊封，但要防止焊疤伸入管道内壁；对接时，要求每节管径相同，连接时要尽量保持同心，如出现错边，则会引起阻力增大，严重时会发生物料的淤积。

汇集管常用于吸气式气力输送系统中，如图21-5-7所示，汇集管的材料一般选用10mm的薄钢板，若强度不足可在沿管的适当长度上增加加强铁箍以防止管道变形。

在需将1根输料管分为多根支管或将多根支管汇集时，需采用管道换向器。图21-5-8为蜗壳转向器。由卸料器排出的空气，以垂直方向进入蜗壳转向器，然后以水平方向将空气引入汇集管。根据旋转方向不同，可分为左旋和右旋。转向器进口短管直径与卸料器的排气管直径相同，两者用法兰连接。

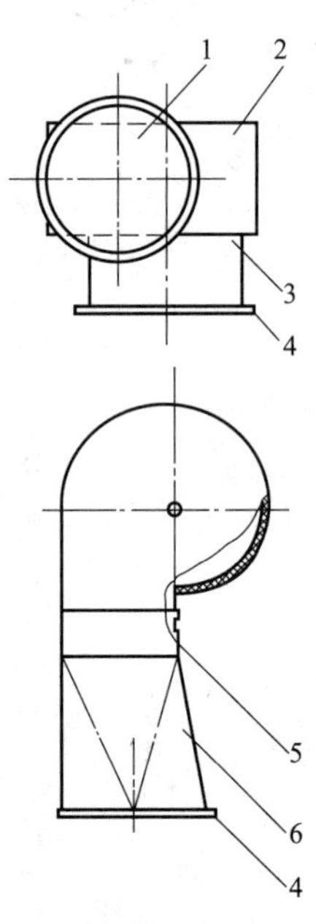

图 21-5-8 蜗壳转向器

1—进口短管；2—蜗壳；3—出口短管；4—法兰盘；5—空气连接管；6—变形管

5.2.3.3 分离器（卸料器）

物料的性质直接影响着分离的效果，因而分离器根据物料的情况可分为：旋风分离器、袋式分离器、静电分离器等。分离器必须具备以下要求：分离效率高；经久耐用；性能稳定；结构简单；维修方便。

表 21-5-9 分离器原理和构造

旋风分离器	见图(a)，旋风分离器工作原理：气流由进风口1处切向进入分离器后，绕中心形成高速旋转产生离心力，物料在此离心力作用下，被甩向外圆筒的内壁，产生撞击而失去速度，然后在自重作用下沿圆锥体壁面螺旋下滑排出，细尘粒和气体则沿上升螺旋线，经内圆筒2的溢流口流出。它适用于吸送和低中压压送装置的卸料端，从输送气流中分离粒状物料、粉尘等。它在分离5～10μm以上的物料时，效果比较明显，有时也作除尘器用

续表

旋风分离器

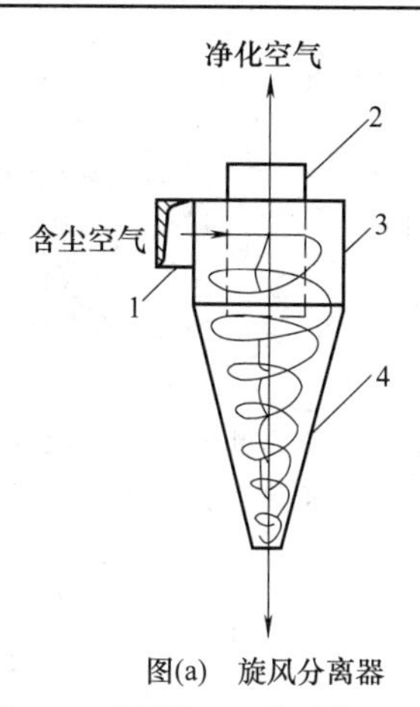

图(a)　旋风分离器

1—进风口；2—内圆筒；3—外圆筒；4—圆锥体

袋式分离器

它是利用纤维过滤布从输送气体中分离出粉状物料。它可以分离 5mm 以下的物料。在分离物料时，由于布袋表面物料增多，因而每隔一段时间就要清理布袋，按清理原理分为机械振动式和气体反吹式。机械振动式包括一些小型的电机、液压或气动元件，并通过开关联锁和定时控制器等构成独立的自动操作机构，使布袋产生振动，从而使物料与布袋分离。气体反吹式是利用气体从物料运动的反方向经布袋吸风式吹风使物料脱离布袋。反吹方式有脉冲喷吹、气环反吹、反吹风等形式

吸气式布袋分离器如[图(b)]所示。物料由分配箱 8 进入灰斗 4，由于活门 9 使部分物料先下落，经螺旋输送器 10 排出，另一部分随气流进入布袋 2，空气由风管 11 处排出，关闭风门 12，空气在相邻布袋组的吸力作用下反吹，使物料脱落，离开布袋进入灰斗 4，由螺旋输送器 10 处排出。如此循环往复，完成分离物料工作。而脉冲喷吹是利用高压气流在风门 12 关闭时对准布袋中心喷气，一瞬间滤袋急剧膨胀，产生的逆向气流使物料脱落

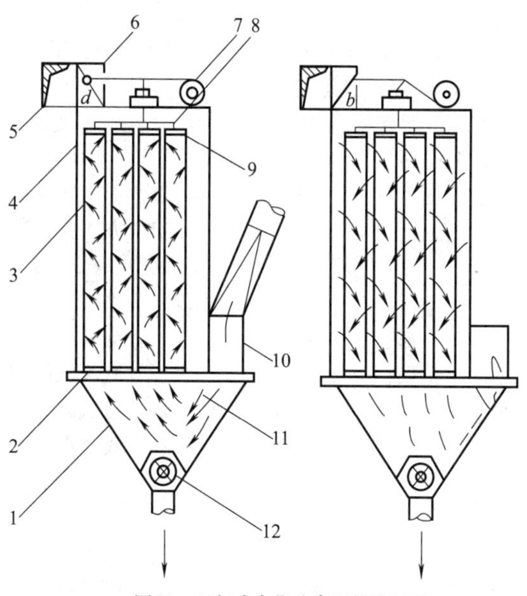

图(b)　吸气式布袋分离器构造原理

1—箱柜；2—布袋；3—圆孔；4—灰斗；5—圆木盖；6—支架；7—抖动机构；
8—分配箱；9—活门；10—螺旋输送器；11—风管；12—风门

表 21-5-10 **气力输送装置常用的除尘器**

重力沉降室	其工作原理是：使气流截面突然扩大，风速下降到物料颗粒悬浮速度的5%～10%，然后利用粉尘重力自然下沉的原理将空气中的粉尘分离出来。重力沉降室一般用来作为第一级除尘器使用，用于净化大于20～40μm的粉尘
惯性除尘器	它的工作原理是：压缩空气和粉尘的混合物一起运动，在急转弯处或遇到障碍物时，由于两者惯性力不同，粉尘将偏离气体的流线，而达到分离除尘的目的。一般也作为一级除尘器，用于净化20μm以上的非纤维状粉尘
静电除尘器	它的工作原理是：用高压电场作用于粉尘、空气的混合物，使粉尘带电，然后在电场内静电的吸引下使粉尘与气体分离，达到除尘的目的
超声波除尘器	它的工作原理见图，它是利用超声波作用于含粉尘的气流，使悬浮于气流的粉尘共振引起粉尘的相互碰撞，使粉尘凝聚从而从气流中分离出来，达到除尘的目的 超声波除尘器 1—净化气体出口；2—声波发生器；3—压缩空气；4—凝集塔；5—含尘气体；6—排灰；7—旋风除尘器

5.2.3.4 闭风器

低压吸气式气力输送装置在负压的作用下由卸料器排出物料的同时，排料口可能吸入空气。为此需在排料口安装闭风器，常用闭风器主要有叶轮式闭风器（其原理与叶轮式供料器工作原理相同）和螺旋式闭风器（其构造与螺旋式供料器类似），不再赘述。

5.2.3.5 除尘器

除尘器是气力输送装置的重要部件。常用的有：重力沉降室、惯性除尘器、旋风除尘器、布袋除尘器、静电除尘器、超声波除尘器，其中旋风除尘器、布袋除尘器的结构、原理与前面介绍的分离器相同。

5.2.3.6 气源机械

气源机械是气力输送的气源产生机构，常用的有离心通风机、鼓风机、空气压缩机。离心通风机的排气压力为：≤15kPa；鼓风机排气压力为：15～20kPa；使用空气压缩机的排气压力为：≥0.1MPa，可根据实际情况选择合适的气源机械。

5.2.3.7 消声器

气力输送装置中，通风机和供料、输料、卸料过程的设备都会产生噪声，因而工作时需要引入消声器，以最大限度地降低噪声。消声器分为阻性消声器、抗性消声器、阻抗复合消声器和微穿孔板消声器等。阻性消声器是把吸声材料固定在气流管道内壁或按一定的方式在管道中排列，构成消声效果，适宜于较宽的中、高频噪声的消声。抗性消声器是利用声波滤波原理进行工作的，对于低频噪声具有良好的消声性能。阻抗复合式是综合阻性和抗性的特点组合而成的。一般罗茨风机和叶氏风机采用ZHZ-55系列阻性消声器，高压离心风机采用GPL系列阻性和F系列阻抗复合式消声器，空压机宜采用抗性消声器。

5.2.4 气力输送的应用

气力输送的应用见表21-5-11。

（1）应用举例1：水泥生产工业

水泥的生产运输中许多环节都适宜采用气力输送。制造水泥时，先将石灰石和其他含石灰的原料加上各种化学成分的其他原料，按一定的比例混合后，经破碎研磨形成水泥生料。在初级、二级破碎粗磨过

表 21-5-11　**气力输送应用举例**

行业类别	物料种类	输送方式	效果
水泥工业	细粒的水泥生料运输、散装水泥的卸料	脉冲气力输送 空气槽发送罐	避免输送过程中灰尘多减少维修量，操作安全
	水泥原料的配料	吸-压组合式	
烘烤工业	面粉、食糖等从火车、汽车上卸料或将储存在圆筒仓内的物料送到多个加工料斗中	吸-压组合式	面粉、食糖等烘烤工业原料卫生要求，减少火灾、爆炸的危险
酿造酒精工业	麦芽运输卸料	吸-压组合式 二个独立风机	提高生产率
塑料工业	塑料、酚醛树脂等输送	吸送式 低压压送式	防止污染，防止不同颜色的塑料混杂
	多品种塑料粒卸车	吸-压组合式	
造纸工业	纸浆木片的运输	低压压送式	
饲料工业	饲料运输	吸送式 低压压送式	
钢铁工业	钢样输送	集装筒式	高温状态下，迅速实现长距离运输

程中原料块大，不宜用气力输送的方式，宜用机械输送。粗磨后卸料时，可采用空气槽式气力输送从一台（或多台）粗磨机的卸料口沿水平方向把物料送到斗式提升机，提升到分离器内将细料、粗料分离，再把细料送到配料槽，可采用吸送式和吸-压送式将生料按规定的比例配料后送到回转窑中煅烧成水泥熟料。熟料经冷却器冷却，再由破碎机破碎送到水泥研磨机，这个过程宜机械输送，熟料的包装和散装发送可采用空气槽或螺旋泵进行气力输送，现在国内已制成 400t/h 的大型气力输送设备。

图 21-5-9 所示为回转窑快速煅烧和煤粉燃料供给系统，给加工工艺提供了方便，同时提高了工作效率。

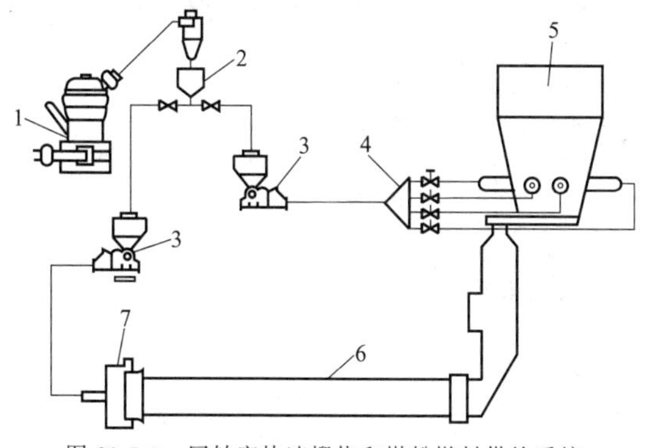

图 21-5-9　回转窑快速煅烧和煤粉燃料供给系统
1—磨煤机；2—煤粉缓冲仓；3—螺旋泵；
4—分流器；5—快速煅烧炉；6—回转窑；7—喷头

如果整个水泥生产过程都采用机械输送方式，则水泥厂内投资成本会大幅增大，厂内布置也会很乱，同时避免不了水泥灰尘的飞扬，严重污染生产环境，大大增加维修工作量和维修费用。

（2）应用举例 2：钢样输送

在钢铁生产行业，有时需将现场高温炉的钢样送到分析室进行成分分析化验，从现场到分析室距离很长，且钢样温度很高，温度下降大时，无法准确进行分析，这就给其他方式的输送带来一定的困难，而采用气力输送，可以很方便地完成这一任务，如图 21-5-10所示。

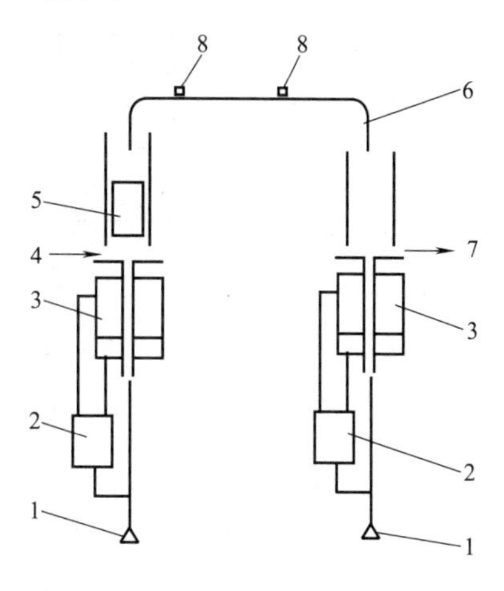

图 21-5-10　钢样分析输送系统
1—气源；2—控制器；3—气缸；
4，7—加样装置（卸样装置）；5—样盒；
6—输送管道；8—感应元件

样盒尺寸：73mm×216mm；送样速度：30m/s；空样返回速度：20m/s；气源压力：0.5MPa；电源电压：AC 380V，50Hz，三线制。现场采用机械手取炉中一小段钢样装入输送集装容器内，用集装筒式气力输送可实现单向或双向输送。

第6章　气动系统的维护及故障处理

6.1　维护保养

表 21-6-1　　　　维护管理的考虑方法

<table>
<tr><td>维护的中心任务</td><td colspan="3">保证气动系统清洁干燥的压缩空气；保证气动系统的气密性；保证油雾润滑元件得到必要的润滑；保证气动系统及元件得到规定的工作条件(如使用压力、电压等)，以保证气动执行机构按预定的要求进行工作
维护工作可以分为日常性的维护工作及定期的维护工作。前者是指每天必须进行的维护工作，后者可以是每周、每月或每季度进行的维护工作。维护工作应有记录，以利于今后的故障诊断与处理</td></tr>
<tr><td>维护管理的考虑方法</td><td colspan="3">维护管理时首先应充分了解元件的功能、性能、构造
在购入元件设备时，首先应根据厂家的样本等对元件的性能、功能进行调查。样本上所表示的元件性能一般是根据厂家的试验条件而测试得到的，厂家的试验条件与用户的实际使用条件一般是不同的，因此，不应忽视两者之间的不同对产品性能的影响
在选用元件的时候，必须考虑下述事项
①理解决定元件型号而进行的试验条件及其理论基础，尽可能根据确实的数据来掌握元件的性能
②调查、研究各种实际使用条件对气动元件使用场合、性能的影响
③从①和②中了解在最恶劣的使用条件下，元件性能上有无裕度</td></tr>
<tr><td rowspan="7">气动元件选定注意事项</td><td>选定元件</td><td>检查项目</td><td>摘　要</td></tr>
<tr><td>气动系统全体</td><td>使用温度范围
流量/L·min^{-1}(ANR)
压力</td><td>标准5～50℃

一般0.4～0.6MPa</td></tr>
<tr><td>过滤器</td><td>最大流量/L·min^{-1}(ANR)
供给压力
滤过度
排水方式
外壳类型</td><td>
一般1.0MPa
一般5μm、10μm、40～70μm
手动还是自动
一般耐压外壳、耐有机溶剂外壳、金属外壳</td></tr>
<tr><td>减压阀</td><td>压力调整范围
流量/L·min^{-1}(ANR)</td><td>一般0.1～0.8MPa(压力变动0.05MPa程度)</td></tr>
<tr><td>油雾器</td><td>流量范围
给油距离
补油间隔(油槽大小)
外壳种类</td><td>无流量传感器
油雾(约5m以内)，微雾(约10m以内)
通常按10m^{3}空气对应1mL油计算
一般耐压外壳、耐有机溶剂外壳、金属外壳</td></tr>
<tr><td>电磁阀</td><td>控制方法

流量(有效截面积、C_V值)/L·min^{-1}(ANR)
动作方式
电压
给油式或无给油式</td><td>单电磁铁、双电磁铁、两通、三通、四通、五通阀、两位式、三位式、直动式、先导式、交流直流、电压大小、频率等</td></tr>
<tr><td>气缸</td><td>安装方式
输出力大小
有无缓冲

要不要防尘套
使用温度
给油、无给油</td><td>脚座式、耳轴式、法兰式
使用压力、气缸内径
速度100mm以上、行程100mm以上时使用，一般50～500mm/s
有无粉尘
一般5～60℃，耐热型60～120℃</td></tr>
</table>

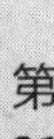

表 21-6-2　**维护检修原则和项目**

<table>
<tr><td colspan="2">维修前注意事项</td><td colspan="3">①在元件的维护检修中，必须清楚元件在停止、运转时的正常状态及不正常状态的现象。仅从数据资料及相关人员的说明等获得的知识还不够，还应在实际操作中获取经验，这是非常重要的
②气动系统中各类元件的使用寿命差别较大，像换向阀、气缸等有相对滑动部件的元件，其使用寿命较短。而许多辅助元件，由于可动部件少，相对寿命就长些。各种过滤器的使用寿命，主要取决于滤芯寿命，这与气源处理后空气的质量有很大关系
③像急停开关这种不经常动作的阀，要保证其动作可靠，就必须定期进行维护。因此，气动系统的维护周期，只能根据系统的使用频度、气动装置的重要性和日常维护、定期维护的状况来确定。一般是每年大修一次
④维修之前，应根据产品样本和使用说明书预先了解该元件的作用、工作原理和内部零件的运动状况。必要时，应参考维修手册
⑤根据故障的类型，在拆卸之前，对哪一部分问题较多应有所估计
⑥维修时，对日常工作中经常出问题的地方要彻底解决
⑦对重要部位的元件、经常出问题的元件和接近使用寿命的元件，宜按原样换成一个新元件
⑧新元件通气口的保护塞，在使用时才应取下来
⑨许多元件内仅仅是少量零件损伤，如密封圈、弹簧等，为了节省经费，可只更换这些零件
⑩必须制定一套适当的制度，使元件或装置一直保持在最好的状态。尽量减少故障的发生，在故障发生时能尽快尽好地得到迅速处理</td></tr>
<tr><td colspan="2">维修保养原则</td><td colspan="3">①理解元件的原理、构造、性能、特征
②检查元件的使用条件是否合适
③事先掌握元件的使用方法及其注意事项
④事先掌握元件的寿命及其相关的使用条件
⑤事先了解故障易发的场所、发现故障的方法和预防方法
⑥准备好管理手册，定期进行检修，预防故障发生
⑦准备好能正确、迅速修理并且费用最低的备件</td></tr>
<tr><td rowspan="10">元件定期检修项目</td><td>日常维护</td><td colspan="3">在设备开始运转及结束时，应养成排水的习惯。在气罐、竖管的最下端及配管端部、过滤器等需要排污的地方必须进行排水</td></tr>
<tr><td>每周一次的维护</td><td colspan="3">日常检修由操作工进行，而每周的检修最好由专责检修人员进行。此时的重点是补充油雾器的油量及检查有无漏气
空气泄漏是由于部件之间的磨损及部件变质而引起的，是元件开始损坏的初期阶段，此时应进行元件修理的准备计划，及时做好元件修理的准备工作，防止故障的突然发生</td></tr>
<tr><td rowspan="6">三个月到一年的定期维修</td><td>装　置</td><td>维护内容</td><td>说　明</td></tr>
<tr><td>过滤器</td><td>杯内有无污物
滤芯是否堵塞
自动排水器能否正常动作</td><td rowspan="5">表中所列为各种元件的定期检修内容，因装置的重要性及使用频度的不同，详细的检修时间及项目也不同，应综合考虑各种情况后，确定定期检修的时间</td></tr>
<tr><td>减压阀</td><td>调压功能正常否，压力表有无窜动现象</td></tr>
<tr><td>油雾器</td><td>油杯内有无杂质等污物，油滴是否正常</td></tr>
<tr><td>电磁阀</td><td>电磁阀电磁铁处有无振动、噪声
排气口是否有漏气
手动操作是否正常</td></tr>
<tr><td>气缸</td><td>活塞杆出杆处有无漏气
活塞杆有无伤痕
运动是否平稳</td></tr>
<tr><td>大修</td><td colspan="3">一般来说，一年到二年间大修。在清洗元件时，必须使用优质的煤油，清洗后上润滑油（黄油或透平油）后组装。因汽油、柴油等有机溶剂对由橡胶材料及塑料构成的部件有损坏，应尽量不要使用</td></tr>
</table>

6.2 维护工作内容

表 21-6-3 日常性的和定期的维护工作内容

日常性维护工作

日常维护工作的主要任务是冷凝水排放、检查润滑油和空压机系统的管理。冷凝水排放涉及整个气动系统,从空压机、后冷却器、气罐、管道系统及空气过滤器、干燥机和自动排水器等。在作业结束时,应将各处冷凝水排放掉,以防夜间温度低于0℃,导致冷凝水结冰。由于夜间管道内温度下降,会进一步析出冷凝水,故气动装置在每天运转前,也应将冷凝水排出。注意查看自动排水器是否工作正常,水杯内不应存水过量

在气动装置运转时,应检查油雾器的滴油量是否符合要求,油色是否正常,即油中不应混入灰尘和水分等

空压机系统的日常管理工作是:是否向后冷却器供给了冷却水(指水冷式);空压机有否异常声音和异常发热,润滑油位是否正常

定期的维护工作——每周的维护工作

每周维护工作的主要内容是漏气检查和油雾器管理。漏气检查应在白天车间休息的空闲时间或下班后进行。这时气动装置已停止工作,车间内噪声小,但管道内还有一定的空气压力,根据漏气的声音便可知何处存在泄漏。泄漏的原因见下表。严重泄漏处必须立即处理,如软管破裂、连接处严重松动等。其他泄漏应做好记录

泄漏部位	泄漏原因	泄漏部位	泄漏原因
管子连接部位	连接部位松动	减压阀的溢流孔	灰尘嵌入溢流阀座,阀杆动作不良,膜片破裂。但恒量排气式减压阀有微漏是正常的
管接头连接部位	接头松动		
软管	软管破裂或被拉脱	油雾器调节针阀	针阀阀座损伤,针阀未紧固
空气过滤器的排水阀	灰尘嵌入	换向阀阀体	密封不良,螺钉松动,压铸件不合格
空气过滤器的水杯	水杯龟裂	换向阀排气口	密封不良,弹簧折断或损伤,灰尘嵌入,气缸的活塞密封圈密封不良,气压不足
减压阀阀体	紧固螺钉松动		
油雾器器体	密封垫不良	安全阀出口侧	压力调整不符合要求,弹簧折断,灰尘嵌入,密封圈损坏
油雾器油杯	油杯龟裂		
快排阀漏气	密封圈损坏,灰尘嵌入	气缸本体	密封圈磨损,螺钉松动,活塞杆损伤

油雾器最好选用一周补油一次的规格。补油时要注意油量减少情况。若耗油量太少,应重新调整滴油量。调整后的油量仍少或不滴油,应检查油雾器进出口是否装反,油道是否堵塞,所选油雾器的规格是否合适

定期的维护工作——每月或每季的维护工作

每月或每季度的维护工作应比每日、每周的工作更仔细,但仍只限于外部能检查的范围。其主要内容是仔细检查各处泄漏情况,紧固松动的螺钉和管接头,检查换向阀排出空气的质量,检查各调节部分的灵活性,检查各指示仪表的正确性,检查电磁换向阀切换动作的可靠性,检查气缸活塞杆的质量以及一切从外部能够检查的内容

元件	维护内容	元件	维护内容
自动排水器	能否自动排水,手动操作装置能否正常动作	气缸	查气缸运动是否平稳,速度及循环周期有否明显变化,气缸安装架有否松动和异常变形,活塞杆连接有无松动,活塞杆部位有无漏气,活塞杆表面有无锈蚀、划伤和偏磨
过滤器	过滤器两侧压差是否超过允许压降		
减压阀	旋转手柄,压力可否调节。当系统压力为零时,观察压力表的指针能否回零	空压机	入口过滤网眼有否堵塞
换向阀的排气口	查油雾喷出量,查有无冷凝水排出,查有无漏气	压力表	观察各处压力表指示值是否在规定范围内
电磁阀	查电磁线圈的温升,查阀的切换动作是否正常	安全阀	使压力高于设定压力,观察安全阀能否溢流
速度控制阀	调节节流阀开度,查能否对气缸进行速度控制或对其他元件进行流量控制	压力开关	在最高和最低的设定压力,观察压力开关能否正常接通与断开

检查漏气时应采用在各检查点涂肥皂液等办法,因其显示漏气的效果比听声音更灵敏。检查换向阀排出空气的质量时应注意如下几个方面:一是了解排气阀中所含润滑油量是否适度,其方法是将一张清洁的白纸放在换向阀的排气口附近,阀在工作3~4个循环后,若白纸上只有很轻的斑点,表明润滑良好;二是了解排气中是否含有冷凝水;三是了解不该排气的排气口是否有漏气。少量漏气预示着元件的早期损伤(间隙密封阀存在微漏是正常的)。若润滑不良,应考虑油雾器的安装位置是否合适,所选规格是否恰当,滴油量调节是否合理,管理方法是否符合要求。如有冷凝水排出,应考虑过滤器的位置是否合适,各类除水元件设计和选用是否合理,冷凝水管理是否符合要求。泄漏的主要原因是阀内或缸内的密封不良、复位弹簧生锈或折断、气压不足等所致。间隙密封阀的泄漏较大时,可能是阀芯、阀套磨损所致

像安全阀、紧急开关阀等,平时很少使用,定期检查时,必须确认其动作可靠

让电磁换向阀反复切换,从切换声音可判断阀的工作是否正常。对交流电磁阀,如有蜂鸣声,应考虑动铁芯与静铁芯没有完全吸合,吸合面有灰尘,分磁环脱落或损坏等

气缸活塞杆常露在外面。观察活塞杆是否被划伤、腐蚀和存在偏磨。根据有无漏气,可判断活塞杆与端盖内的导向套、密封圈的接触情况,压缩空气的处理质量,气缸是否存在横向载荷等

6.3 故障诊断与对策

表 21-6-4 故障种类和故障诊断方法

故障种类	故障发生的时期不同,故障的内容和原因也不同	
	初期故障	在调试阶段和开始运转的二三个月内发生的故障称为初期故障。其产生的原因如下: ①元件加工、装配不良。如元件内孔的研磨不符合要求,零件毛刺未清除干净,不清洁安装,零件装错、装反,装配时对中不良,紧固螺钉拧紧力矩不恰当,零件材质不符合要求,外购零件(如密封圈、弹簧)质量差等 ②设计错误。元件的材料选用不当,加工工艺要求不合理等。对元件的特点、性能和功能了解不够,造成回路设计时元件选用不当。设计的空气处理系统不能满足气动元件和系统的要求,回路设计出现错误 ③安装不符合要求。安装时,元件及管道内吹洗不干净,使灰尘、密封材料碎片等杂质混入,造成气动系统故障,安装气缸时存在偏载。管道的固定、防振动等没有采取有效措施 ④维护管理不善,如未及时排放冷凝水,未及时给油雾器补油等
	突发故障	系统在稳定运行期间突然发生的故障。例如,油杯和水杯都是用聚碳酸酯材料制成的,它们在有机溶剂的雾气中工作时,就有可能突然破裂;空气或管路中残留的杂质混入元件内部,突然使相对运动件卡死;弹簧突然折断、软管突然破裂、电磁阀线圈突然烧毁;突然停电造成回路误动作等 有些突发故障是有先兆的。如排出的空气中出现杂质和水分,表明过滤器已失效,应及时查明原因,予以排除,不要酿成突发故障。但有些突发故障是无法预测的,只有采取安全措施加以防范,或准备一些易损元件,以备及时更换失效元件
	老化故障	个别或少数元件达到使用寿命后发生的故障称为老化故障。参照系统中各元件的生产日期、开始使用日期、使用的频度以及已经出现的某些征兆,如反常声音、泄漏越来越大、气缸运行不平稳等,大致预测老化故障的发生期限是可能的
故障诊断方法	经验法	主要依靠实际经验,并借助简单的仪表,诊断故障发生的部位,找出故障原因的方法,称为经验法。经验法可按中医诊断病人的四字"望、闻、问、切"进行 ①望:如看执行元件的运动速度有无异常变化;各测压点的压力表显示的压力是否符合要求,有无大的波动;润滑油的质量和滴油量是否符合要求;冷凝水能否正常排出;换向阀排气口排出空气是否干净;电磁阀的指示灯显示是否正常;紧固螺钉及管接头有无松动;管道有无扭曲和压扁;有无明显振动存在;加工质量有无变化等 ②闻:包括耳闻和鼻闻,如气缸及换向阀换向时有无异常声音;系统停止工作但尚未泄压时,各处有无漏气,漏气声音、大小及其每天的变化情况;电磁线圈和密封圈有无过热而发出特殊气味等 ③问:即查阅气动系统的技术档案,了解系统的工作程序、运行要求及主要技术参数;查阅产品样本,了解每个元件的作用、结构、功能和性能;查阅维护检查记录,了解日常维护保养工作情况;访问现场操作人员,了解设备运行情况,了解故障发生前的征兆及故障发生时的状况,了解曾经出现过的故障及其排除方法 ④切:如触摸相对运动件外部的温度,电磁线圈处的温升等,触摸2s感到烫手,应查明原因;气缸、管道等处有无振动感,气缸有无爬行感,各接头处及元件处手感有无漏气等 经验法简便易行,但由于每个人的感觉、实际经验和判断能力的差异,诊断故障会存在一定的局限性

续表

故障诊断方法	推理分析方法		利用逻辑推理、步步逼近，寻找出故障真实原因的方法称为推理分析法
		推理步骤	从故障的状况找出故障发生的真正原因，可按下面三步进行 ①从故障的状况，推理出可能导致故障的常见原因 ②从故障的本质原因，推理出可能导致故障的常见原因 ③从各种可能的常见原因中，推理出故障的真实原因 如阀控气缸不动作的故障，其本质原因是气缸内气压不足或阻力太大，以致气缸不能推动负载运动。气缸、电磁换向阀、管路系统和控制线路都可能出现故障，造成气压不足，而某一方面的故障又有可能是由于不同的原因引起的。逐级进行故障原因推理，画出故障分析框图。由故障的本质原因逐级推理出来的众多可能的故障常见原因是依靠推理及经验累积起来的
		推理方法	推理的原则是：由简到繁、由易到难、由表及里地逐一进行分析，排除掉不可能的和非主要的故障原因；故障发生前曾调整或更换过的元件先查；优先查故障概率高的常见原因 ①仪表分析法，利用监测仪器仪表，如压力表、差压计、电压表、温度计、电秒表及其他电子仪器等，检查系统中元件的参数是否符合要求 ②部分停止法，即暂时停止气动系统某部分的工作，观察对故障征兆的影响 ③试探反证法，即试探性地改变气动系统中的部分工作条件，观察对故障征兆的影响。如阀控气缸不动作时，除去气缸的外负载，察看气缸能否正常动作，便可反证是否是由于负载过大造成气缸不动作 ④比较法，即用标准的或合格的元件代替系统中相同的元件，通过工作状况的对比，来判断被更换的元件是否失效
实例故障诊断			为了从各种常见的故障原因中推理出故障的真实原因，可根据上述推理原则和推理方法查找故障的真实原因 要快速准确地找到故障的真实原因，还可以画出故障诊断逻辑推理框图，以便于推理 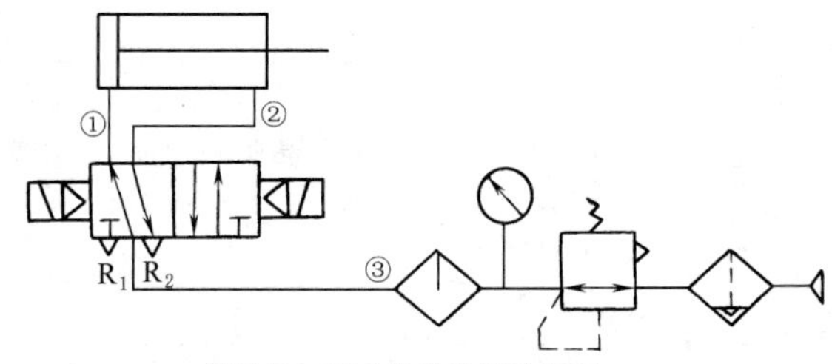 阀控气缸不动作的故障诊断图 ①首先察看气缸和电磁阀的漏气情况，这是很容易判断的。气缸漏气大，应查明气缸漏气的原因。电磁阀漏气，包括不应排气的排气口漏气。若排气口漏气大，应查明是气缸漏气还是电磁阀漏气。如图所示回路，当气缸活塞杆已全部伸出时，R_2 孔仍漏气，可卸下管道②，若气缸口漏气大，则是气缸漏气，反之为电磁阀漏气。漏气排除后，气缸动作正常，则故障真正原因即是漏气所致。若漏气排除后，气缸动作仍不正常，则漏气不是故障的真正原因，应进一步诊断 ②若缸和阀都不漏气或漏气很少，应先判断电磁阀能否换向。可根据阀芯换向时的声音或电磁阀的换向指示灯来判断。若电磁换向阀不能换向，可使用试探反证法，操作电磁先导阀的手动按钮来判断是电磁先导阀故障还是主阀故障。若主阀能换向，及气缸动作了，则必是电磁先导阀故障。若主阀仍不能切换，便是主阀故障。然后进一步查明电磁先导阀或主阀的故障原因 ③若电磁换向阀能切换，但气缸不动作，则应查明有压输出口是否没有气压或气压不足。可使用试探反证法，当电磁阀换向时活塞杆不动作，可卸下图中的连接管①。若阀的输出口排气充分，则必为气缸故障。若排气不足或不排气，可初步排除是气缸故障，进一步查明气路是否堵塞或供压不足。可检查减压阀上的压力表，看压力是否正常。若压力正常，再检查管路③各处有无严重泄漏或管道被扭曲、压扁等现象。若不存在上述问题，则必是主阀阀芯被卡死。若查明是气路堵塞或供压不足，即减压阀无输出压或输出压力太低，则进一步查明原因 ④电磁阀输出压力正常，气缸却不动作，可使用部分停止法，卸去气缸外负载。若气缸动作恢复正常，则应查明负载过大的原因。若气缸仍不动作或动作不正常，则进一步查明是否摩擦力过大

6.4　常见故障及其对策

表 21-6-5　　气路、空气过滤器、减压阀、油雾器等的故障及对策

现象		故障原因	对策
①气路没有气压		气动回路中的开关阀、速度控制阀等未打开	开启
		换向阀未换向	查明原因后排除
		管路扭曲、压扁	纠正或更换管路
		滤芯堵塞或冻结	更换滤芯
		介质或环境温度太低，造成管路冻结	及时清除冷凝水，增设除水设备
②供气不足		耗气量太大，空压机输出流量不足	选用输出流量更大的空压机
		空压机活塞环磨损	更换零件。在适当部位装单向阀，维持执行元件内压力，以保证安全
		漏气严重	更换损坏的密封件或软管。紧固管接头及螺钉
		减压阀输出压力低	调节减压阀至使用压力
		速度控制阀开度太小	将速度控制阀打开到合适开度
		管路细长或管接头选用不当，压力损失大	重新设计管路，加粗管径，选用流通能力大的管接头及气阀
		各支路流量匹配不合理	改善各支路流量匹配性能。采用环形管道供气
③异常高压		因外部振动冲击产生了冲击压力	在适当部位安装安全阀或压力继电器
		减压阀破坏	更换
④油泥过多		压缩机油选用不当	选用高温下不易氧化的润滑油
		压缩机的给油量不当	给油量过多，在排出阀上滞留时间长，助长碳化；给油量过少，造成活塞烧伤等。应注意给油量适当
		空压机连续运行时间过长	温度高，机油易碳化。应选用大流量空压机，实现不连续运转。气路中加油雾分离器，清除油泥
		压缩机运动件动作不良	当排出阀动作不良时，温度上升，机油易碳化。气路中加油雾分离
⑤空气过滤器故障	漏气	密封不良	更换密封件
		排水阀、自动排水器失灵	修理或更换
	压力降太大	通过流量太大	选更大规格过滤器
		滤芯堵塞	更换或清洗
		滤芯过滤精度过高	选合适过滤器
	水杯破裂	在有机溶剂中使用	选用金属杯
		空压机输出某种焦油	更换空压机润滑油，使用金属杯
⑤空气过滤器故障	从输出端流出冷凝水	未及时排放冷凝水	每天排水或安装自动排水器
		自动排水器有故障	修理或更换
		超过使用流量范围	在允许的流量范围内使用
	输出端出现异物	滤芯破损	更换滤芯
		滤芯密封不严	更换滤芯密封垫
		错用有机溶剂清洗滤芯	改用清洁热水或煤油清洗
⑥减压阀故障	阀体漏气	密封件损伤	更换
		紧固螺钉受力不均	均匀紧固
	输出压力波动大于10%	减压阀通径或进出口配管通径选小了，当输出流量变动大时，输出压力波动大	根据最大输出流量选用减压阀通径
		输入气量供应不足	查明原因
		进气阀芯导向不良	更换
	溢流口总是漏气	进出口方向接反了	改正
		输出侧压力意外升高	查输出侧回路
		膜片破裂，溢流阀座有损伤	更换
	压力调不高	膜片撕裂	更换
		弹簧断裂	更换
	压力调不低，输出压力升高	阀座处有异物、有伤痕，阀芯上密封垫剥离	更换
		阀杆变形	更换
		复位弹簧损坏	更换
	不能溢流	溢流孔堵塞	更换
		溢流孔座橡胶太软	更换
⑦油雾器故障	不滴油或滴油量太少	油雾器装反了	改正
		油道堵塞，节流阀未开启或开度不够	修理或更换。调节节流阀开度
		通过油量小，压差不足以形成油滴	更换合适规格的油雾器
		气通道堵塞，油杯上腔未加压	修理或更换
		油黏度太大	换油
		气流短时间间隙流动，来不及滴油	使用强制给油方式
	耗油过多	节流阀开度太大	调至合理开度
		节流阀失效	更换
	油杯破损	在有机溶剂的环境中使用	选用金属杯
		空压机输出某种焦油	换空压机润滑油，使用金属杯
	漏气	油杯或观察窗破损	更换
		密封不良	更换

表 21-6-6　　气缸、气液联用缸和摆动气缸故障及对策

现　象		故障原因	对　策
①外泄漏	活塞杆处	导向套、杆密封圈磨损，活塞杆偏磨	更换。改善润滑状况。使用导轨
		活塞杆有伤痕、腐蚀	更换。及时清除冷凝水
		活塞杆与导向套间有杂质	除去杂质。安装防尘圈
	缸体与端盖处缓冲阀处	密封圈损坏	更换
		固定螺钉松动	紧固
		密封圈损坏	更换
②内泄漏（即活塞两侧窜气）		活塞密封圈损坏	更换
		活塞配合面有缺陷	更换
		杂质挤入密封面	除去杂质
		活塞被卡住	重新安装，消除活塞杆的偏载
③气缸不动作		漏气严重	见①
		没有气压或供气不足	见表 21-6-5 之①、②
		外负载太大	提高使用压力，加大缸径
		有横向负载	使用导轨消除
		安装不同轴	保证导向装置的滑动面与气缸轴线平行
		活塞杆或缸筒锈蚀、损伤而卡住	更换并检查排污装置及润滑状况
		混入冷凝水、灰尘、油泥，使运动阻力增大	检查气源处理系统是否符合要求
		润滑不良	检查给油量、油雾器规格和安装位置
④气缸偶尔不动作		混入灰尘造成气缸卡住	注意防尘
		电磁换向阀未换向	见表 21-6-7 之④、⑤
⑤气缸动作不平稳		外负载变动大	提高使用压力或增大缸径
		气压不足	见表 21-6-5 之②
		空气中含有杂质	检查气源处理系统是否符合要求
		润滑不良	检查油雾器是否正常工作
⑥气缸爬行		使用最低使用压力	提高使用压力
		气缸内泄漏大	见①
		回路中耗气量变化大	增设气罐
		负载太大	增大缸径
⑦气缸走走停停		限位开关失控	更换
		继电器节点寿命已到	更换
		接线不良	检查并拧紧接线螺钉
		电插头接触不良	插紧或更换
		电磁阀换向动作不良	更换
		气-液缸的油中混入空气	除去油中空气
⑧气缸动作速度过快		没有速度控制阀	增设
		速度控制阀尺寸不合适	速度控制阀有一定流量控制范围，用大通径阀调节微流量是困难的
		回路设计不合适	对低速控制，应使用气-液阻尼缸，或利用气-液转换器来控制液压缸作低速运动
⑨气缸动作速度过慢		气压不足	提高压力
		负载过大	提高使用压力或增大缸径
		速度控制阀开度太小	调整速度控制阀的开度
		供气量不足	查明气源至气缸之间哪个元件节流太大，将其换成更大通径的元件或使用快排阀让气缸迅速排气
		气缸摩擦力增大	改善润滑条件
		缸筒或活塞密封圈损伤	更换

续表

现　象	故障原因	对　　策
⑩气缸不能实现低速运动	速度控制阀的节流阀不良	阀针与阀座不吻合，不能将流量调至很小，更换
	速度控制阀的通径太大	通径大的速度控制阀调节小流量困难，更换通径小的阀
	缸径太小	更换较大缸径的气缸
⑪气缸行程终端存在冲击现象	无缓冲措施	增设合适的缓冲措施
	缓冲密封圈密封性能差	更换
	缓冲节流阀松动	调整好后锁定
	缓冲节流阀损伤	更换
	缓冲能力不足	重新设计缓冲机构
	活塞密封圈损伤，形不成很高背压	更换活塞密封圈
⑫端盖损伤	气缸缓冲能力不足	加外部油压缓冲器或缓冲回路
⑬活塞杆折断	活塞杆受到冲击载荷	应避免
	缸速太快	设缓冲装置
	轴销摆动缸的摆动面与负载摆动面不一致，摆动缸的摆动角过大	重新安装和设计
	负载大，摆动速度快	重新设计
⑭每天首次启动或长时间停止工作后，气动装置动作不正常	因密封圈始动摩擦力大于动摩擦力，造成回路中部分气阀、气缸及负载滑动部分的动作不正常	注意气源净化，及时排除油污及水分，改善润滑条件
⑮气缸处于中止状态仍有缓动	气缸存在内漏或外漏	更换密封圈或气缸，使用中止式三位阀
	由于负载过大，使用中止式三位阀仍不行	改用气-液联用缸或锁紧气缸
	气-液联用缸的油中混入了空气	除去油中空气
⑯气-液联用缸内产生气泡	气-液转换器、气-液联用缸及油路存在漏油，造成气-液转换器内油量不足	解决漏油，补足漏油
	气-液转换器中的油面移动速度太快，油从电磁阀溢出	合理选择气-液转换器的容量
	开始加油时气泡未彻底排出	使气-液联用缸走慢行程以彻底排除气泡
	油路中节流最大处出现汽蚀	防止节流过大
	油中未加消泡剂	加消泡剂
⑰气-液联用缸速度调节不灵	流量阀内混入杂质，使流量调节失灵	清洗
	换向阀动作失灵	见表 21-6-7 之④
	漏油	检查油路并修理
	气-液联用缸内有气泡	见本表之⑯
⑱摆动气缸轴损坏或齿轮损坏	惯性能量过大	减小摆动速度，减轻负载，设外部缓冲，加大缸径
	轴上承受异常的负载力	设外部轴承
	外部缓冲机构安装位置不合适	安装在摆动起点和终点的范围内
⑲摆动气缸动作终了回跳	负载过大	设外部缓冲
	压力不足	增大压力
	摆动速度过快	设外部缓冲，调节调速阀
⑳摆动气缸振动（带呼吸的动作）	超出摆动时间范围	调整摆动时间
	运动部位的异常摩擦	修理更换
	内泄增加	更换密封件
	使用压力不足	增大使用压力

表 21-6-7 **磁性开关、阀类故障原因及对策**

现象		故障原因	对策
①磁性开关故障	开关不能闭合或有时不闭合	电源故障	查电源
		接线不良	查接线部位
		开关安装位置发生偏移	移至正确位置
		气缸周围有强磁场	加隔磁板，将强磁场或两平行气缸隔开
		两气缸平行使用，两缸筒间距小于40mm	
		缸内温度太高（高于70℃）	降温
		开关受到过大冲击，开关灵敏度降低	更换
		开关部位温度高于70℃	降温
		开关内瞬时通过了大电流，而断线	更换
	开关不能断开或有时不能断开	电压高于AC 200V，负载容量高于AC 2.5V·A，DC 2.5W，使舌簧触点粘接	更换
		开关受过大冲击，触点粘接	更换
		气缸周围有强磁场，或两平行气缸的缸筒间距小于40mm	加隔磁板
	开关闭合的时间推迟	缓冲能力太强	调节缓冲阀
②换向阀主阀漏气	从主阀排气口漏气	气缸活塞密封圈损伤	更换
		异物卡入滑动部位，换向不到位	清洗
		气压不足造成密封不良	提高压力
		气压过高，使密封件变形太大	使用正常压力
		润滑不良，换向不到位	改善润滑
		密封件损伤	更换
		滤芯阀套磨损	更换
	阀体漏气	密封垫损伤	更换
		阀体压铸件不合格	更换
③电磁先导阀的排气口漏气		异物卡住动铁芯，换向不到位	清洗
		动铁芯锈蚀，换向不到位	注意排除冷凝水
		弹簧锈蚀	
		电压太低，动铁芯吸合不到位	提高电压
④换向阀的主阀不换向或换向不到位		压力低于最低使用压力	找出压力低的原因
		接错管口	更正
		控制信号是短脉冲信号	找出原因，更正或使用延时阀，将短脉冲信号变成长脉冲信号
		润滑不良，滑动阻力大	改善润滑条件
		异物或油泥侵入滑动部位	清洗，查气源处理系统
		弹簧损伤	更换
		密封件损伤	更换
		阀芯与阀套损伤	更换
⑤电磁先导阀不换向	无电信号	电源未接通	接通
		接线断了	接好
		电气线路的继电器故障	排除
	动铁芯不动作（无声）或动作时间过长	电压太低，吸力不够	提高电压
		异物卡住动铁芯	清洗，查气源处理状况是否符合要求
		动铁芯被油泥粘连	
		动铁芯锈蚀	
		环境温度过低	
	动铁芯不能复位	弹簧被腐蚀而折断	查气源处理状况是否符合要求
		异物卡住动铁芯	清理异物
		动铁芯被油泥粘连	清理油泥
	线圈烧毁（有过热预兆）	环境温度过高（包括日晒）	改用高温线圈
		工作频率过高	改用高频阀
		交流线圈的动铁芯被卡住	清洗，改善气源质量
		接错电源或接线头	改正
		瞬时电压过高，击穿线圈的绝缘材料，造成短路	将电磁线圈电路与电源电路隔离，设计过压保护电路
		电压过低，吸力减小，交流电磁线圈通过的电流过大	使用电压不得比额定电压低15%以上
		继电器触点接触不良	更换触点
		直动双电控阀，两个电磁铁同时通电	应设互锁电路避免同时通电
		直流线圈铁芯剩磁大	更换铁芯材料
⑥交流电磁阀振动		电磁铁的吸合面不平，有异物或生锈	修平，清除异物，除锈
		分磁环损坏	更换静铁芯
		使用电压过低，吸力不够	提高电压
		固定电磁铁的螺栓松动	紧固，加防松垫圈

表 21-6-8　　排气口、消声器、密封圈、油压缓冲器的故障及对策

现象		故障原因	对　策
①排气口和消声器有冷凝水排出		忘记排放各处的冷凝水	坚持每天排放各处冷凝水，确认自动排水器能正常工作
		后冷却器能力不足	加大冷却水量。重新选型，提高后冷却器的冷却能力
		空压机进气口处于潮湿处或淋入雨水	将空压机安置在低温、湿度小的地方，避免雨水淋入
		缺少除水设备	气路中增设必要的除水设备，如后冷却器、干燥器、过滤器
		除水设备太靠近空压机	为保证大量水分呈液态，以便清除，除水设备应远离空压机
		压缩机油不当	使用了低黏度油，则冷凝水多。应选用合适的压缩机油
		环境温度低于干燥器的露点	提高环境温度或重新选择干燥器
		瞬时耗气量太大	节流处温度下降太大，水分冷凝成冰，对此应提高除水装置的能力
②排气口和消声器有灰尘排出		从空压机入口和排气口混入灰尘等	在空压机吸气口装过滤器。在排气口装消声器或排气洁净器。灰尘多的环境中元件应加保护罩
		系统内部产生锈屑、金属末和密封材料粉末	元件及配管应使用不生锈、耐腐蚀的材料。保证良好的润滑条件
		安装维修时混入灰尘等	安装维修时应防止混入铁屑、灰尘和密封材料碎片等。安装完应用压缩空气充分吹洗干净
③排气口和消声器有油雾喷出		油雾器离气缸太远，油雾送不到气缸，待阀换向油雾便排出	油雾器尽量靠近需润滑的元件。调整油雾器的安装位置。选用微雾型油雾器
		油雾器的规格、品种选用不当，油雾送不到气缸	选用与气量相适应的油雾器规格
③排气口和消声器有油雾喷出		一个油雾器供应两个以上气缸，由于缸径大小、配管长短不一，油雾很难均等输入各气缸，待阀换向，多出油雾便排出	改用一个油雾器只供应一个气缸。使用油箱加压的遥控式油雾器供油雾
④密封圈损坏	挤出	压力过高	避免高压
		间隙过大	重新设计
		沟槽不合适	重新设计
		放入的状态不良	重新装配
	老化	温度过高	更换密封圈材质
		低温硬化	更换密封圈材质
		自然老化	更换
	扭转	有横向载荷	消除横向载荷
	表面损伤	摩擦损耗	查空气质量、密封圈质量、表面加工精度
		润滑不良	查明原因，改善润滑条件
	膨胀	与润滑油不相容	换润滑油或更换密封圈材质
	损坏、粘着、变形	压力过高	检查使用条件、安装尺寸和安装方法、密封圈材质
		润滑不良	
		安装不良	
⑤吸收冲击不充分。活塞杆有反冲或限位器上有相当强的冲击		内部加入油量不足	从活塞补入指定油
		混入空气	
		实际能量大于计算能量	再按说明书重新验算
		可调式缓冲器的吸收能量大小与刻度指示不符	调节到正确位置
		活塞密封破损	更换
⑥不能吸收冲击。如在行程途中停止，冲击物弹回		实际负载与计算负载差别太大	按说明书重新验算
		油中混入杂质，缸内表面有伤痕，正常机能不能发挥	与厂商联系
		可调式缓冲器吸收的能量大小与刻度指示不符	调节到正确位置
⑦活塞杆完全不能复位		活塞杆上受到偏载，杆被弯曲	更换活塞杆组件
		复位弹簧破损	更换
		外部储能器的配管故障	查损坏的密封处
⑧漏油		杆密封破损	更换
		O 形圈破损	

第21篇

6.5 气动系统的噪声控制

6.5.1 往复压缩机的噪声对策

6.5.1.1 整机噪声组成

往复压缩机噪声由多个声源通过机器外壁辐射出来，整机噪声由下述几部分组成。

① 进气噪声。压缩机在进气口间歇地吸气产生压力脉动，形成进气噪声。它与负荷、进气阀门的尺寸、气门通路和调速的结构等因素有关，其噪声的基频由转速决定。一般往复式压缩机的转速为400～800r/min，双作用压缩机的基频 $f=2n/60$，即3～27Hz。

② 排气与储气罐噪声。压缩机排出的气体进入储气罐，在排管及罐内随着排气量的变化产生压力脉动，由振动及气体涡流使储气罐产生很大声响，它与脉动的压力、储气罐的支承、排气管的连接位置有很大关系。

③ 机械噪声。在压缩机运转时，许多部件产生摩擦、撞击，主要有轴、连杆、十字头等部件发出的撞击声及给油泵和阀门的声响，特别是活塞往复期间活塞环与气缸壁的摩擦，使气缸壁以本身的固有频率强振动发声。这些声音随撞击力的大小、轴承间隙的调整和机械基础的连接而变化。

④ 驱动机噪声。压缩机一般由电机带动，移动式压缩机由柴油机带动。电机的噪声主要与输入功率和转速有关，声功率级由下式估算：

$$L_W=20\lg HP+15\lg n+K_m \quad (\mathrm{dB})$$

式中 HP——输入功率，1～300hp；

n——转速，r/min；

K_m——电机常数，$K_m=13\mathrm{dB}$。

柴油机的噪声大大高于压缩机的噪声。例如同一压缩机，由电机带动时，其噪声为94dB(A)，用柴油机带动为104dB(A)，A声级差10dB，可见驱动机对压缩机的影响极大。

这四部分噪声中，进气噪声最高，对压缩机整机噪声起决定作用。当进气口用管道引出室外或在进气口上加消声器时，可估计出机器其他部分的噪声水平，其主要为机械噪声和驱动机噪声。

6.5.1.2 压缩机的噪声控制

通常，压缩机噪声可按照各部分噪声采取相应的方法来降低，一般可采取以下措施。

① 安装进气消声器。降噪甚为明显。因进气噪声一般高出机体噪声10dB左右，所以进气消声器的消声值应为10～15dB较为适宜，其次，进气消声器还要求阻力损失小，至少不能影响压缩机的正常使用，也要求结构简单、体积小、重量轻和成本低。

由于往复式压缩机进气噪声频带宽、低频强，消声的设计以消低频声为主，其结构型式可以是多种多样的。

压缩机的进气消声不宜采用以疏松物质为吸声材料的阻性消声器，因为它往往容易因纤维材料飞出而使机器发生故障，影响正常使用；当加工质量不高时，消声正常使用的寿命更短。

压缩机的进气口都有过滤器，在设计消声器时应将两者结合考虑。

压缩机进气消声器有时还有特殊要求，如耐高温、防腐蚀。

② 低噪声压缩机。为了降低机械噪声，必须从结构设计上着手。在设计和加工时要遵循下列原则：各部件的固有频率要低于强迫振动频率，一般应设计为1/3强迫振动频率以下，各部件的固有振动频率不能相同；调整运动旋转件的动平衡，减小旋转件的转速，减少往复部件惯性力的影响，减轻撞击和摩擦，缩小声辐射面等。

如气缸的外表面要尽量小，这样在一定的激发力下，可以减小声辐射。

各部分间的连接管道要尽量短，增强振动表面的支承刚度，或在大振幅的部位增加支承点，管道内的气流速度要尽可能低。同时，正确安装调试、精良的加工工艺都很重要。

对于固体表面产生的噪声，采用隔振和阻尼的方法降低。而由机械内部产生的噪声，通过固体表面辐射出来的二次固体声，可采用低噪声合金使之降低。

低噪声合金内耗因数高，能吸收声振动能量。低噪声合金的内耗因数的数量级为 $10^{-3}\sim10^{-2}$，比普通金属高20～40倍，它对振动的衰减能力比一般金属强得多，这样就可以将噪声控制在产生之前，这是最积极、有效的方法，可使各部件产生的噪声降低7～10dB(A)。

③ 隔声罩。许多压缩机都采用隔声罩与整机配套生产。隔声罩的设计要点如下。

a. 隔声罩的罩壁，应具有足够的隔声和吸声能力，一般采用钢板，内壁涂阻尼和吸声材料。

b. 压缩机的管道或由于检查原因而需在罩壁开孔的地方，要考虑漏声的结构。

c. 为了降低由于罩内机器散热而使罩内温升，应考虑采用通风降温措施。

d. 压缩机的进、出口消声器，其消声量应与隔声罩匹配。

6.5.1.3　低噪声压缩机站的设计

工厂的压缩机站控制，在确定机器后还要根据压缩机的噪声特性，综合采用隔声、吸声和消声器的方法降低噪声。一般，压缩机站内的噪声为 85～100dB(A)，站外附近达 80dB(A)，某大型空压机站外 60m 处，噪声高达 85dB(A)、99dB(C)，对环境影响极大，采用低噪声结构设计的空压机站可降低噪声 30dB(A) 左右，基本消除对环境的影响。

压缩机站噪声控制包括机房的隔声、吸声处理，进气消声和储气罐消声等。此外，压缩机的振动也是很大的，由于振动而辐射出的噪声又使声音加强。为了减小振动，调整整台机器的动平衡是很重要的。机器安装时，要安装减振器或减振支座或设计减振基础，装在单体上的压缩机，其机座下要装设减振器或减振垫。

在压缩机的噪声控制中，防止低频脉冲的发生也是很重要的。

为此，应使过滤器与压缩机之间的配管长度 l 比吸气基频的波长短，即 $l<60C/2n$，式中，C 为在空气中声速，一般取 340m/s；n 为压缩机转速，r/min。所有的管道都用隔声层处理。最后，压缩机配用的驱动机，要选用低噪声产品，使噪声降低。

6.5.2　回转式压缩机的噪声对策

表 21-6-9　回转式压缩机的噪声对策

<table>
<tr><td rowspan="3">噪声类型</td><td>空气动力性噪声</td><td>空气动力性噪声是气体的流动或物体在气体中运动引起空气振动产生的，由于气体的非稳定过程，一般高于机械性噪声。当源的发射量加大时，影响面广，危害大。当气流与物体相互作用时，物体对气流的作用力使空间发生了变化，产生偶极子辐射。偶极子源可以看成是一对相互距离比波长小且相位相反的单源
高速气流通过阀门时往往有激流噪声出现，主要为进气孔口的噪声，吸入的气体若为大气，在螺杆压缩机中，发生气体的定容积膨胀或压缩，从而引起附加能量损失，随着排气孔口周期通断，产生强烈的周期性排气噪声，排气噪声基频为：
$$f_0=nz/60$$
式中，f_0 为排气噪声基频；z 为阳转子齿数；n 为阳转子转速
当高速气流沿物体环流或某物体在流体中运行时，涡流分裂时产生的压力与波动形成了涡流噪声。压缩机转子高速旋转时，气流的相对速度很大，具备了形成涡流噪声的充分条件。由于涡流无规则的运动，因而涡流噪声具有宽广、连续高频性的频谱</td></tr>
<tr><td>机械噪声</td><td>机械噪声是由固体振动产生的。在冲击作用下，引起机械设备中的构件碰撞、振动，产生机械性噪声。对于螺杆压缩机，机械噪声是由机械振动引起的，当机械噪声的声源是由固体面的振动引起时，其振动速度越大，噪声级越高</td></tr>
<tr><td>电磁噪声</td><td>压缩机的电磁噪声是由驱动电机产生的，脉动力的大小与磁通密度的平方成正比。电磁噪声是电机中特有的噪声，它的切向分量形成转矩，是由定、转子间的气隙中谐波磁场产生的电磁力波引起的。该电磁力波在气隙场中旋转，有助于转子的转动。对空间固定点而言，该电磁力波所呈现的力的幅值随时间脉动变化，引起定子径向振动所辐射的噪声，是主要的电磁噪声源</td></tr>
<tr><td>机械性噪声控制</td><td colspan="2">(1)采用隔声罩
隔声技术是控制大型动力机械设备噪声的最有效方法之一。当设备难以从声源本身降噪，隔声罩是将噪声源封闭在一个相对小的空间内，而生产操作又允许将声源全部或局部封闭起来时，以减小向周围辐射噪声的罩状结构。罩体上通常安装有活动门及散热消声通道，使用隔声罩会获得很好的效果。隔声罩的降噪效果通常用插入损失来表示。对于一个单层匀质材料，在无规入射条件下，隔声罩固有隔声量的经验公式为
$$R=18\lg m+12\lg f-25$$
式中，m 为材料面密度；f 为声波激声频率
(2)选择吸声材料
如果隔声罩内没有吸声材料，罩内将形成一个混响场，因此，在隔声罩里必须粘贴吸声材料。多孔性吸声材料的构造特征是有内部相互连通的微孔，材料内部应有大量的微孔或间隙；当声波射入多孔材料的表面时激起微孔内部的空气振动，使声波容易从材料表面进到材料的内部；由于空气的黏滞性在微孔内产生相应的黏滞阻力，材料内部的微孔必须是相互连通的，使得声能被衰减。影响多孔性材料吸声特性的因素还有流阻，也会使声能转化为热能，材料的吸声系数越大，它的吸声能力就越好。因此，吸声系数与噪声频率、材料厚度以及密度等有关</td></tr>
</table>

续表

空气动力性噪声及控制

压缩机空气动力性噪声包括吸、排气噪声和气体动力噪声等，由于在压缩机的排气过程中，排气噪声是主要噪声源，排气孔口的面积是变化的，气体经过压缩后瞬间排放，在不同的时刻通过排气孔口的气流流量不同，形成涡流喷注噪声以及排气脉动都会产生噪声，因而不可避免地会产生排气流量脉动。因进气脉动存在压力波动，如排气口压力低将发生膨胀，将被重新激励，排气口压力也影响着压缩机的排气噪声，空压机的排气噪声主要是由于气流在排气管内产生压力脉动所致。在压缩机排气口测试排气噪声会发现，噪声随着排气压力减小

用消声器降低排气噪声是最有效的方法之一。消声器一般分两类，即阻性消声器和抗性消声器。事实上，所有消声器在降低噪声方面都结合了阻性和抗性两方面的作用。这种区分在一定程度上是人为的

为了便于研究消声器的基本原理，也有人把消声器分为：阻性、抗性、共振、复合、微孔等数种。这里对阻性消声器和抗性消声器加以简要说明

①阻性消声器。阻性消声器具有在相当宽的频带内降低噪声的特征，它是利用阻性吸声材料消声的。把消声材料固定在气流流动的管道内壁，或按一定方式在管道中排列起来，就构成了阻性消声器。当声波进入消声器，吸声材料将使一部分声能转化为热能吸收掉，这样就起到了消声作用。常用的吸声材料有玻璃棉、矿棉，或是由玻璃布、铜丝网组成的复合玻璃棉、复合矿棉，或是泡沫塑料、多孔纤维板等吸声材料组成。

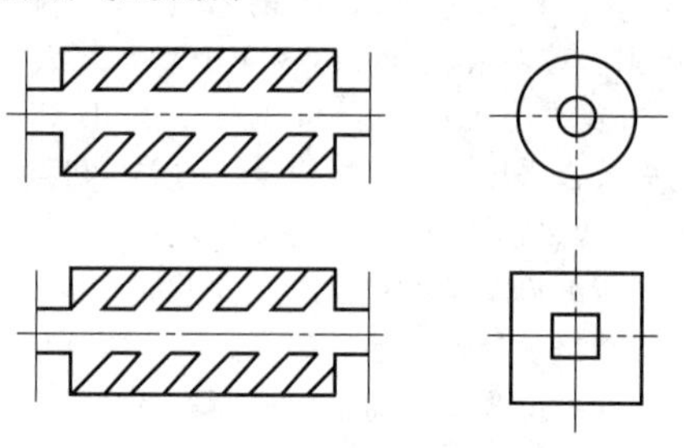
图(a)　管式消声器示意图

阻性消声器有多种结构形式，其基本形式为管式消声器，见图(a)

它的特点是气流不转弯地直通出去。这种消声器的消声量，可按下式进行估算

$$\Delta L=\frac{pl\phi}{S}$$

式中　ΔL——消声量，dB

p——饰面部分周长，m

l——饰面部分长度，m

S——饰面部分截面积，m^2

ϕ——系数，与饰面吸声材料的吸声系数有关

ϕ 与饰面吸声材料的吸声系数 α 之间的关系见下表(经验值)

α	0.1	0.2	0.3	0.4	0.5	0.6～1.0
$\phi(\alpha)$	0.1	0.25	0.4	0.55	0.7	1～1.5

应注意气流在消声器中的流速不能过高(不超过40～60m/s)。因为流速过高，气流在消声器中产生的湍流噪声(称“再生噪声”)就会达到一定程度，会导致消声器失效，而且，流速过高，对空气动力性能影响也会增大

管式消声器结构简单，加工容易，空气动力性能好。在气流量不大时用管式消声器好。但当气流增大时，为了保持较小的流速，管道截面积就要求很大，而管道截面积太大了，消声效果就会变差

②抗性消声器。抗性消声器由截面不连续的刚性管道构成。常用抗性消声器的示意图如图(b)所示，是利用管道内截面突变引起的反射和干涉作用，达到使噪声衰减。由图(b)可知抗性消声器的结构简单，因而制作方便，成本低廉

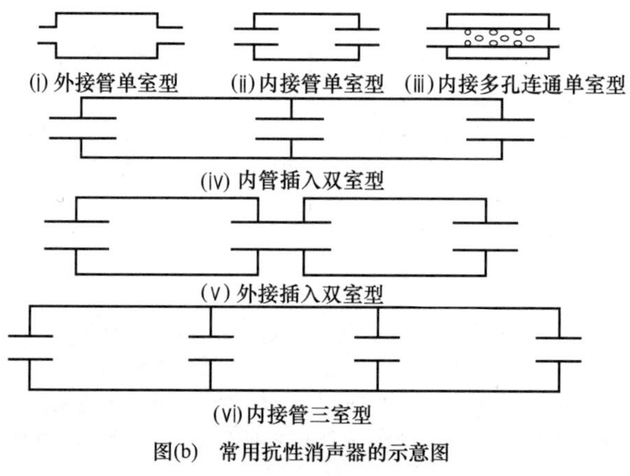

图(b)　常用抗性消声器的示意图

续表

抗性消声器的消声量主要取决于扩张比 $m(m=S_2/S_1$，即机器排气管道截面积 S_1 与所采用抗性消声器扩张室的截面 S_2 之比值)和采用扩张室的数量。增大扩张比 m 与增多扩张室数量均能提高抗性消声器的消声量

但是当扩张比 m 增大至一定值时，扩张室截面很大，而致声波在消声器内不符合平面波的假设，消声效果显著降低。此时的频率称上界失效频率，其经验计算公式为

$$f_{上}=1.22\frac{C}{D}$$

式中　$f_{上}$——上界失效频率，Hz

C——声速，m/s

D——扩张室直径，m

单室扩张室抗性消声器[图(c)]在不同频率下的消声量可用下式计算，并可根据下式绘制出具体消声器的消声特性

$$\Delta L=10\lg\left[1+\frac{1}{4}\left(m-\frac{1}{m}\right)^2\sin^2 kl\right]$$

式中　ΔL——消声量，dB

m——扩张比

l——扩张室长度，m

k——波数，m^{-1}，$k=2\pi/\lambda$

λ——声波波长，m

不同的 k 值相当于不同的频率值，可按此计算各频率下的消声量

上式中含有周期函数，故其消声量存在极值。即当 $kl=n\pi$ 时$(n=0,1,2,3,\cdots)$，$\sin kl=0$，故 $\Delta L=0$，也就是说，对某个频率$(f=0.5nc/l)$不消声。这正是单腔扩张室消声器的主要缺点。为了提高扩张室式消声器的消声效果，通常还可采用多节扩张室，即将不同长度的扩张室连接起来，如图(d)所示

图(c)

图(d)　多级扩张室式消声器

图(e)为气动凿岩机与气动工具常用的消声器。(ⅰ)型体积最小，常用于小气钻、气砂轮等气动工具；(ⅱ)、(ⅲ)型体积较大，常用于较大的气动工具、气马达及气动凿岩机等

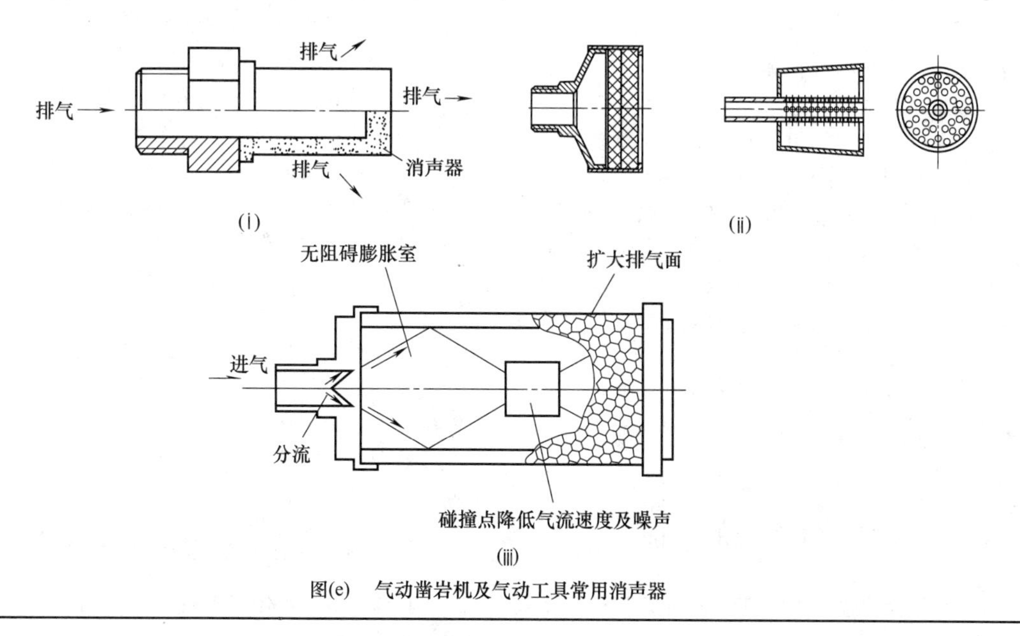

图(e)　气动凿岩机及气动工具常用消声器

续表

冲击噪声及控制	冲击噪声不同于连续、稳态噪声，也有别于间断、波动噪声，是一种特殊类型的噪声，非稳态噪声的强度随时间变化较大[声压级波动大于≥5dB(A)]，可分为瞬时的、周期性起伏的、脉冲的和无规则的噪声，其中，持续时间小于0.5s，间隔时间大于1s，声压变化大于40dB的噪声称为脉冲（或冲击）噪声，如锻锤、冲压、射击和建筑工地上的各种施工机械产生的噪声，气动工具固定碰撞冲击时产生的噪声等 气动工具的噪声大致可分为排气噪声和机械噪声两部分。排气噪声是排气气流在排气口附近产生较强的紊流造成的，机械噪声是由相对运动的机件之间摩擦和撞击产生的。除冲击类气动工具外，大部分气动工具的机械噪声远远小于其排气噪声。因此，相对排气噪声来讲，可把机械噪声视为背景噪声来处理，一般略去不计。就冲击类气动工具来说，虽然冲击噪声和排气噪声难以分开，但从定性分析来看，冲击噪声中低频占主要成分，高频部分主要是排气噪声。所以，对冲击类气动工具来讲，降低排气噪声也是必要的 消除与降低冲击产生的噪声和其他影响的措施主要有： ①选择系统的刚度，提高固有频率 ②适当增加阻尼，使冲击振动的能量转化为热能 ③对产生冲击的机器采取隔振措施，以减低冲击对其他机械或人员的影响 ④合理设计冲击部位的形状，以延长冲击作用时间 ⑤采用吸声、隔振等措施，降低冲击噪声

6.6　压缩空气泄漏损失及其对策

在泄漏问题上，我国工厂中的泄漏量通常占供气量的20%～40%，而管理不善的工厂甚至可能高达50%。

泄漏在生产现场广泛存在，主要产生在橡胶软管接头、三联件、快换接头、电磁阀、螺纹连接、气缸前端盖等处。

泄漏是在使用过程中随着零部件的老化或破损而形成。数据显示，现场泄漏量的60%～70%是寿命泄漏，来自使用5年以上的设备；10%～30%是在使用1～4年的设备中发现的；而在设备安装阶段由于安装不当或产品允许泄漏等造成的泄漏仅占全部泄漏的5%～10%。

查漏和堵漏是一个经常性的工作。因此，便利、高效、实用的泄漏检测仪器对于减少泄漏、降低能耗具有非常重要的现实意义。

目前在国内，可使用泄漏检测仪和泄漏点扫描枪进行泄漏检测。查出设备泄漏了多少后，要堵漏还需找出泄漏点。此时利用压缩空气泄漏点扫描枪。扫描枪基于超声波定位原理，泄漏点定位精度可达到±1cm，误报率低于1%，完全不受气体泄漏超声波以外的电磁等信号的干扰，在设备电机等运转时也可正常扫描，方便实用。

查出泄漏量和泄漏点后，企业可根据投资回收期来判断是否需要更换设备中泄漏的元器件，或更换密封圈等。

6.7　压缩空气系统的节能

在大多数生产企业中，压缩空气系统的效率较低，存在着严重的浪费。因此，为了提高企业利润、降低能耗，很多企业开展了简单的节能活动，例如管道堵漏、空压机加装变频装置等。但是，由于缺少系统化的整体节能手段与技术的支持，节能活动取得的效果十分有限。目前国内压缩空气系统节能主要面临能耗评价不合理、空压站运行不科学、供气节能管理待优化和末端设备节气待提高四个问题。

6.7.1　压缩空气系统能耗评价体系及节能诊断方法

目前工业现场普遍采用的压缩空气系统能量消耗指标是空气消耗量，即消耗空气的体积流量或体积。由于空气消耗量不具有能量单位，不能独立于整个系统而表示各个设备能耗，因此该评价方法无法对气源输出端到设备使用端中间环节的能量损失进行量化，无法明确压缩空气系统内部的能量损失，压缩空气系统效率偏低的问题也就得不到根本解决。另外，世界各国在压缩空气系统能耗评价及测量上没有统一的科学标准，从而无法引导用户优先选用能源利用效率高的压缩空气元器件和设备。

通过分析压缩空气状态变化与外界机械能转换的关系，基于焓与熵的变化，考虑不同温度下的影响，人们利用一种新的压缩空气能耗评价指标——气动功率，来表示空气相对大气环境的做功能力。该指标能直接量化气动设备的用气能耗。

该能量评价体系可揭示压缩空气系统各环节的能量损失，为压缩空气系统节能诊断尤其是节能率的计算和选用能效高的气动元器件和设备提供了计算依据。

6.7.2　空压机群运行优化管理

目前，单机加卸载运行模式下的螺杆空压机群的负载匹配能力较弱，空压机频繁卸载不产气但却耗电30%以上，末端设备用气量的波动也造成整个空气管网压力波动大，空压站输出压力整体偏高，耗电大。同时，由于离心空压机不能频繁开关机，在无法预测未来数小时用气需求的情况下，离心空压机通常一直开机运行，造成巨大能源浪费。

按现有的控制技术，空压站空压机群系统控制分为压力变化控制和流量变化控制。

（1）压力变化控制

目前，世界上各主要空压机制造商都开发出各自的空压机群控制系统，可以通过缩小空压机系统的运行压差，降低系统的运行压力。

瑞典阿特拉斯·科普科（Atlas Copco）公司在2002年底推出空压机群节能控制器ES+，该控制器采集后部压缩空气储罐的压力，通过Profibus或是硬线连接与空压机进行通信，根据传统逻辑选择的原则，通过压力的变化来轮换启动或停止一台空压机。

美国英格索兰（Ingersoll Rand）公司的空压机集成控制系统X81系统，就采用了硬线与空压机进行连接，通过采集后部压缩空气的压力，进而依次控制空压机的启动、加载、卸载及停机的控制技术。

德国凯撒空压机（Kaeser）公司在2001年推出了基于Profibus DP通信的西格玛空气系统控制器，其主要作用是通过监测后部压力的变化来顺序控制相应空压机的运行与停止。该控制器遵循先进先出的控制原则，并在空压机系统内配置不同大小的空压机，始末用大功率的空压机作为基载，用小功率空压机作为峰载空压机来调节用气量的变化。这样使大功率的空压机始末得到最好的利用，从而达到效率最高。

英国康普艾/德马格（Compair/Demag）公司的空气系统使用的控制器为Smart Air 8，该控制器可采用RS485与空压机进行通信，通过监控后部压力的变化，轮换启动或停止系统内的空压机。该控制器实现轮换启动与控制，其主要目的是自动控制与运行。

日本日立（HITACHI）公司开发了台数控制器（Multiroller EX）。该控制器对空压机的运转进行控制，实现空压机台数的启、停控制功能。台数控制器每隔一定时间计算当前最佳的运行台数，与实际的运行台数进行比较，增减空压机的运行台数。最佳的运行台数计算的原则是判断空压机群内卸载运行的空压机运行时间，当其卸载运行时间超过设定值时，台数控制器认为压缩空气系统内不需要如此多的空压机运行，因而将其停下。当监测到供气管网压力下降时，计算压力下降的速度、预测压力的到达点，在压力下降至下限值之前，提前启动空压机，以控制压力下降。空压机的启、停可以通过PLC相应数字量的ON/OFF来实现。

（2）流量变化控制

相对于以压力匹配为控制目标的空压机群控制系统，基于流量控制的空压机群控制方法，可在满足工业现场生产所需压力的基础上，根据用气流量变化优化空压机群的运行组合及各空压机产气负荷的分配，以提高空压机群运行效率，降低其运行能耗。

针对螺杆空压机的控制需求，对未来用气流量采用了分钟级预测方法，通过采集空压站储气罐的压力波动率来计算；针对离心空压机的控制需求，对未来用气流量采用基于支持向量机算法进行小时级预测方法。

针对各螺杆式空压机卸载压力恒值设定不能适应流量变化的问题，可使用最优卸载压力线的控制方法，即动态调节空压机卸载压力设定值，在设定值偏低时频繁加卸载与设定值偏高时能耗增加之间寻找平衡点，并根据用气量预测值，综合考虑空压机功率大小、产气效率、运行时间等因素，按总能耗最小目标实施专家决策，制定空压机群加卸载序列。

6.7.3 供气环节节能监控管理

（1）泄漏检测

压缩空气泄漏点的定位是气动系统节能领域的重要技术，当气体通过小孔向大气环境泄漏时，气体产生的紊流将在小孔处产生超声波，超声波沿直线传播，具有良好的指向性，通过检测压缩空气泄漏位置产生的超声波信号就能够快速地定位泄漏点。

通过使用基于基准流量的并联接入式气体泄漏量测量方法，导入基准流量，可以消除未知容积的影响，在被测对象容积未知的条件下即可测量出管路设备的泄漏量。

① 研究利用超声波的气体泄漏检测方法，通过频谱加窗（中心频率40kHz）及计算其面积重心，成功区分直射与反射声源，减少反射对泄漏点定位的干扰，并采用信号识别将环境中的不连续金属撞击声过滤，准确定位泄漏源，定位精度可达±1.0cm。开发了泄漏点扫描枪，可解决现场传统依靠听觉侦测泄漏方法中受环境噪声干扰及容易遗漏微小泄漏的问题。

② 提出了基于基准流量的并联接入式泄漏量测量新方法，设计了基于多变指数的温度补偿算法来

消除温度对测量结果的影响，测量精度±5%以内，量程比高达200∶1。开发了智能气体泄漏量检测仪，满足在现场不拆开供气管道即可检测用气设备泄漏量的需求。

以上两个产品有效地解决了现场泄漏检测中的实际困难，极大地促进了耗气量占比高达10%～40%的现场泄漏的治理。

③ 打破传统需破坏管道的介入式测量方法，提出了利用压力波的非介入式（将测量头接入管道排水口，不用切开管道）管道流量测量新方法，以压力波与气体在管路中的传播特性为基础，通过测量顺、逆流的传播时间差来计算气体流速。

④ 研究基于管道温度场动态热特性的外置式测量方法，通过在管道外壁激发动态温度场，以气体管道非稳态温度场受到气流传热影响后的特征为基础，来测量气体的流量大小。并提出一种基于小波变换的信号消噪处理技术，以小波变换中模极大值去噪技术为基础，通过引入自适应阈值与插值函数，提高了消噪效果及速度。

（2）压缩空气增压技术

采用局部增压的方法，降低空压机的输出压力是压缩空气系统节能技术体系重要的组成部分，具有重要的节能效果。目前常见的压缩空气增压技术由于输出流量小、效率低，限制着其在工业现场的推广应用。为了提高压缩空气局部增压技术及装置的输出流量及效率，满足工业现场的需要，通过利用驱动腔内压缩空气的膨胀能，有效地提高了增压器的输出流量计效率。

（3）压力与流量的控制

对车间进行合理精确的压力及流量供给是保证车间高效生产、减少浪费的重要手段之一。管道供气节能管理单元能自动采集高、低压管道的供气压力及其溢流流量，及时有效地进行高、低压供气管网之间的压力调节与流量调度，稳定高压侧或低压侧管网的压力，保证压缩空气在各压力管网间的有效分配和利用，减少供气管网的压力波动及供气盈余所造成的浪费，对供气管网进行综合节能管理。

6.7.4 末端节能用气设备

① 气动喷嘴广泛地应用于工业自动化现场，尤其是在机械加工行业。传统喷嘴是安装减压阀来降低喷嘴供气压力，减少流量，但是这种方法存在大量能量损失。为了提高喷嘴的效率，减少压缩空气的消耗，可以使用一种将连续气流转化为不连续流量气流的装置，利用脉宽调制的原理，采用最优频率和占空比控制气枪喷吹流量，利用机械式气体脉冲发生机构来替代电磁式发生装置，提高适用性。该装置由于不使用减压阀，可以减少减压阀部分造成的压力及能量损失，增强喷吹效果，降低空气消耗量。另外，基于科恩达原理的节能增效喷嘴、节能气幕等代替传统喷管、喷头也能取得较大的节气效果。

② 利用一种新型结构的节能上顶栓气缸，改变了传统单一活塞气缸结构，采用两段式主、副气缸驱动，主气缸工作在工作行程，副气缸工作在空载行程，可实现削减空气消耗量50%左右。

③ 采用适用于恶劣工况下的气缸（泄漏量大于驱动用理论用气量）节气装置，改变传统调节阀单一压力值输出的特性，通过节气口的输入压力控制使节气装置输出两种不同的压力，匹配不同的工况减少非工作工况下的供气压力以降低气体泄漏量，达到节能效果。

④ 采用恒压恒流的供气节能装置，通过采用减压阀稳定前端压力，并配置临界压力比接近1的具有收缩扩张特征的“拉瓦尔”喷管作为恒流装置，达到稳定并减少流量输出的目的。

第 7 章　气动元件产品

7.1　气动执行器

7.1.1　普通单活塞杆气缸

7.1.1.1　PB 系列单活塞杆气缸（ϕ4～16）

型号意义：

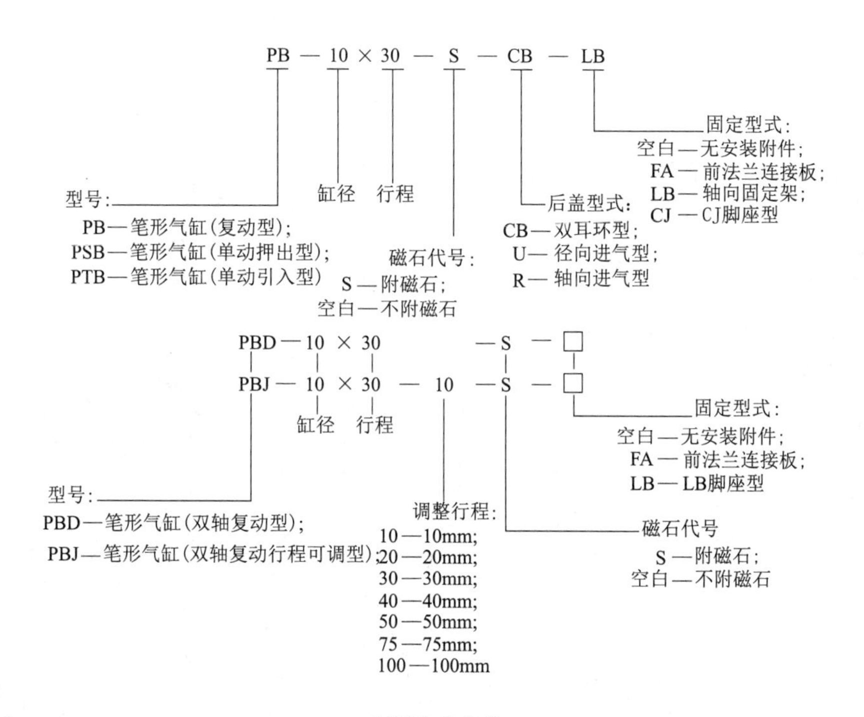

表 21-7-1　　主要技术参数

缸径/mm		4	6	10	12	16
动作型式		复动型、单动押出型	复动型、单动押出型、单动引入型			
工作介质		空气				
使用压力范围	复动型	0.2～0.7MPa（28～100psi）	0.1～0.7MPa(15～100psi)			
	单动型	0.3～0.7MPa（36～100psi）	0.2～0.7MPa(28～100psi)			
保证耐压力		1.1MPa(160psi)				
使用温度范围/℃		−20～70				
使用速度范围/$mm \cdot s^{-1}$		50～500	50～800			
行程公差范围		$^{+0.5}_{0}$	0～150：$^{+1.0}_{0}$　>150：$^{+1.4}_{0}$			
缓冲形式		无缓冲	防撞垫			
接管口径		管接型	M5×0.8			

表 21-7-2　　**行程**　　mm

缸径		标准行程	最大行程	容许行程
复动	4	5,10,15,20	20	20
	6	10,15,20,25,30,40,50,60	60	60
	10	10,15,20,25,30,40,50,60,75,80,100,125,150,160,175,200	200	200
	12	10,15,20,25,30,40,50,60,75,80,100,125,150,160,175,200	200	300
	16	10,15,20,25,30,40,50,60,75,80,100,125,150,160,175,200,250,300	300	300
单动	4	5,10,15,20	—	—
	6	5,10,15,20,25,30,40,50,60	—	—
	10		—	—
	12		—	—
	16		—	—

表 21-7-3　　**外形尺寸**　　mm

PB型

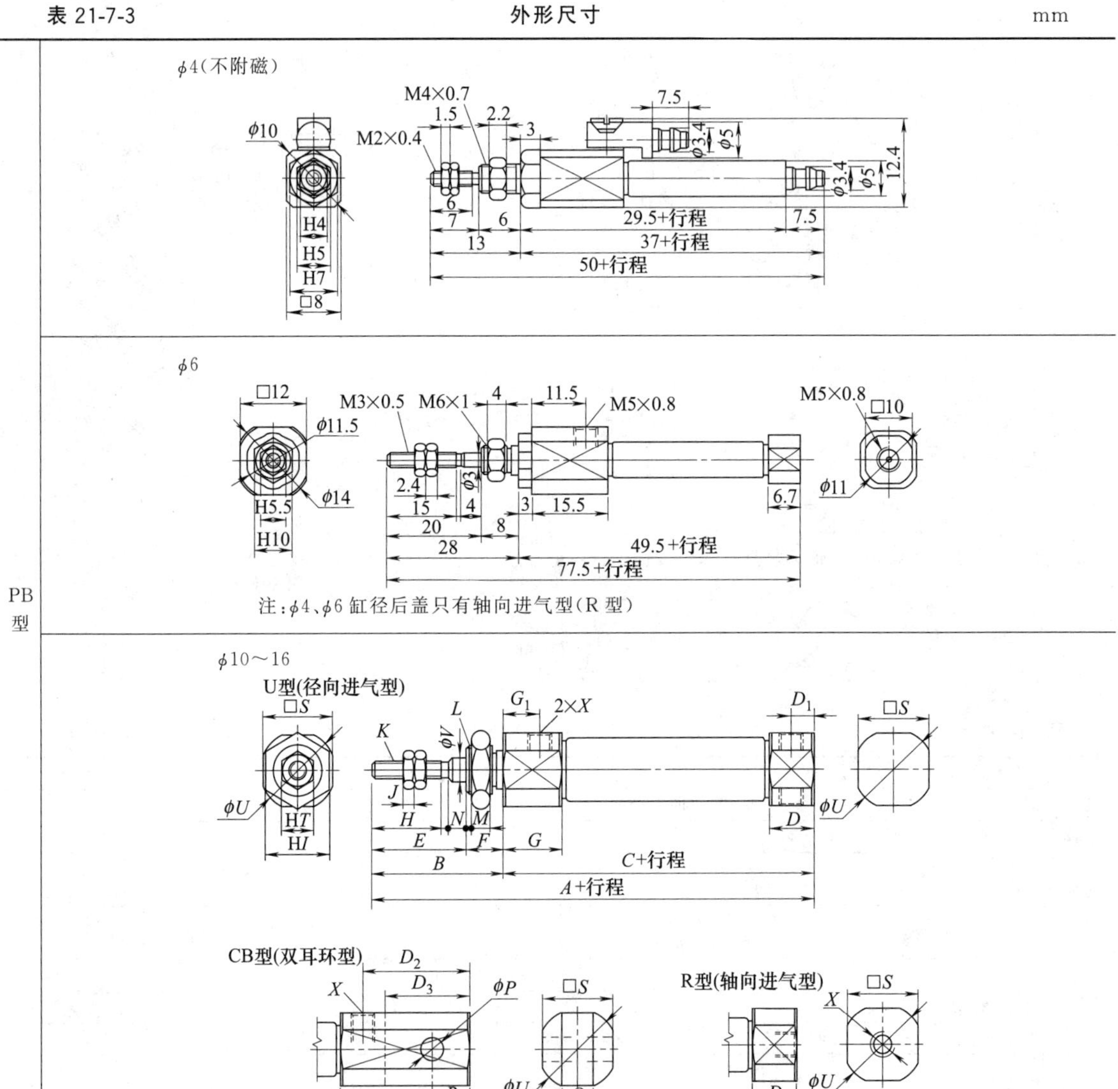

续表

PB 型

缸径	A	A_1	A_2	B	C	D	D_0	D_1	D_2	D_3	E	F	G	G_1	H	I	J
10	74	87	74	28	46	9.5	22.5	5	18	13	20	8	11.5	7.5	15	11	2.2
12	74	92	74	28	46	9.5	27.5	5	23	18	20	8	11.5	7.5	15	14	4
16	76	94	76	28	48	9.2	27.2	4.8	22.8	18	20	8	11.8	7.5	15	14	4

缸径	K	L	M	N	P	Q	R	S	T	U	V	X
10	M4×0.7	M8×1.0	4	3.5	3.3	3.3	5	12	7	14	4	M5×0.8
12	M5×0.8	M10×1.0	4	3.5	5	6.6	8	15	8	17	5	M5×0.8
16	M5×0.8	M10×1.0	4	3.5	5	6.6	8	18	8	20	5	M5×0.8

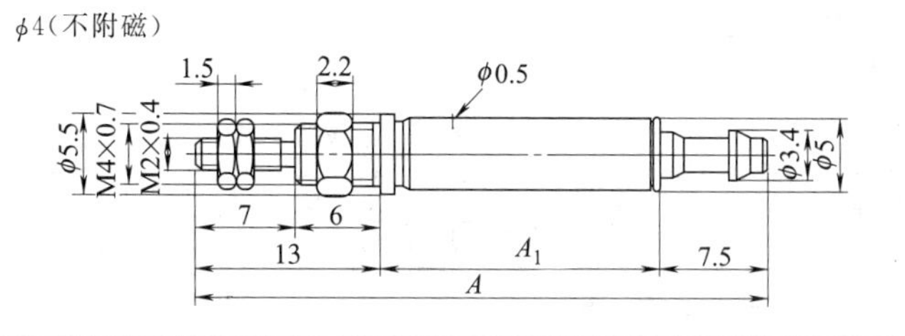

行程	A	A_1
5	40	19.5
10	49	28.5
15	58	37.5
20	67	46.5

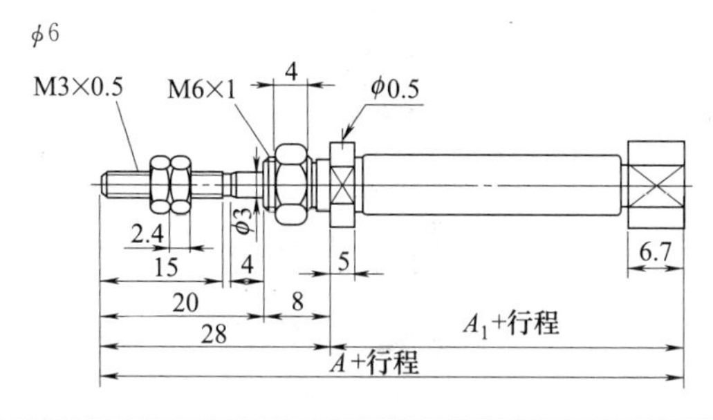

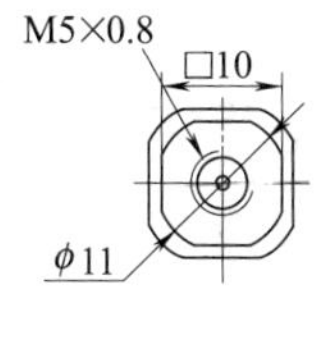

行程	A	A_1
5～15	70	42
16～30	79	51
31～45	83	55
46～60	97	69

注：ϕ4、ϕ6 缸径后盖只有轴向进气型（R 型）

PSB 型

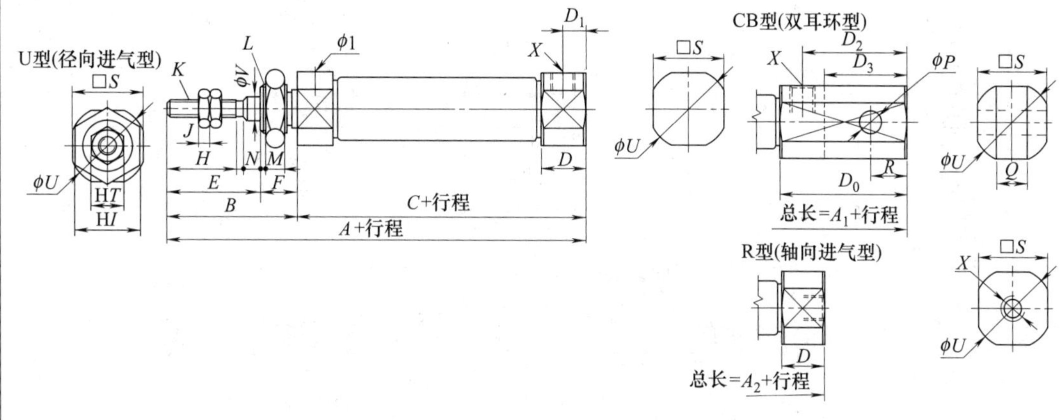

缸径	A				A_1				A_2				B	C			
行程	5～15	16～30	31～45	46～60	5～15	16～30	31～45	46～60	5～15	16～30	31～45	46～60		5～15	16～30	31～45	46～60
10	73.5	81	93	105	86.5	94	106	118	73.5	81	93	105	28	45.5	53	65	77
12	73.5	81	93	105	91.5	99	111	123	73.5	81	93	105	28	45.5	53	65	77
16	74.5	83	95	107	92.5	101	113	125	74.5	83	95	107	28	46.5	55	67	79

缸径	D	D_0	D_1	D_2	D_3	E	F	H	I	J	K	L	M	N	P	Q	R	S	T	U	V	X
10	9.5	22.5	5	18	13	20	8	15	11	2.2	M4×0.7	M8×1.0	4	3.5	3.3	3.3	5	12	7	14	4	M5×0.8
12	9.5	27.5	5	23	18	20	8	15	14	4	M5×0.8	M10×1.0	4	3.5	5	6.6	8	15	8	17	5	M5×0.8
16	9.2	27.2	4.8	22.8	18	20	8	15	14	4	M5×0.8	M10×1.0	4	3.5	5	6.6	8	18	8	20	5	M5×0.8

续表

PTB型

φ6

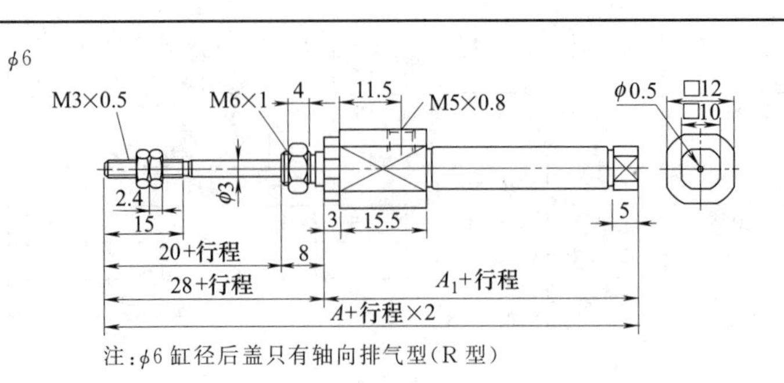

行程	A	A_1
5～15	82	54
16～30	91	63
31～45	95	67
46～60	109	81

注：φ6缸径后盖只有轴向排气型（R型）

φ10～16

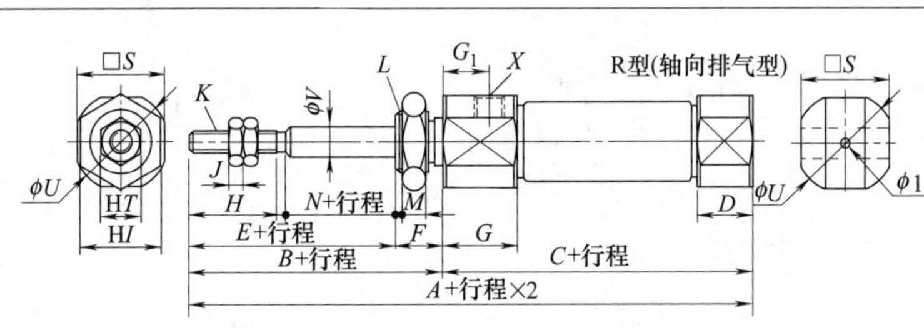

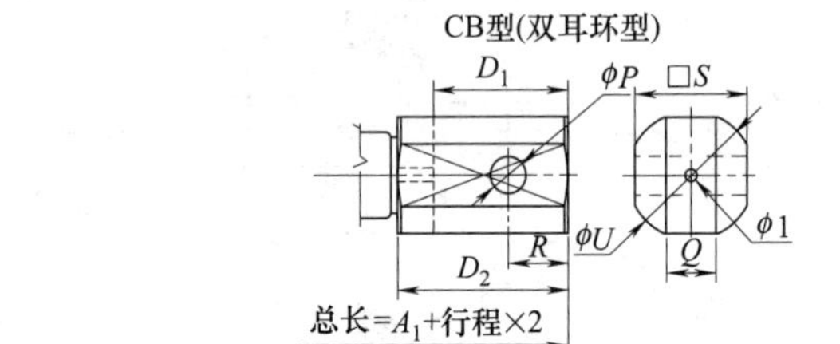

注：φ10～16缸径无径向排气型（U型）

缸径	A				A_1				B	C				D	D_1	D_2
	行程				行程					行程						
	5～15	16～30	31～45	46～60	5～15	16～30	31～45	46～60		5～15	16～30	31～45	46～60			
10	76.5	84	96	108	89.5	97	109	121	28	48.5	56	68	80	5	13	18
12	76.5	84	96	108	94.5	102	114	126	28	48.5	56	68	80	5	18	23
16	77.5	86	98	110	95.5	104	116	128	28	49.5	58	70	82	5	18	23

缸径	E	F	G	G_1	H	I	J	K	L	M	N	P	Q	R	S	T	U	V	X
10	20	8	11.5	7.5	15	11	2.2	M4×0.7	M8×1.0	4	3.5	3.3	3.3	5	12	7	14	4	M5×0.8
12	20	8	11.5	7.5	15	14	4	M5×0.8	M10×1.0	4	3.5	5	6.6	8	15	8	17	5	M5×0.8
16	20	8	11.8	7.5	15	14	4	M5×0.8	M10×1.0	4	3.5	5	6.6	8	18	8	20	5	M5×0.8

PBD型

φ6

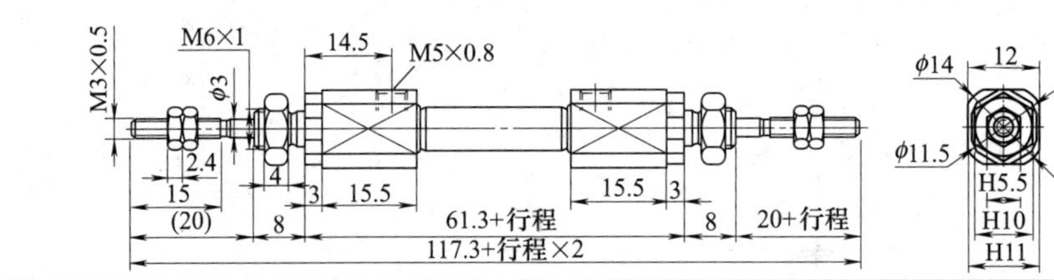

φ10～16

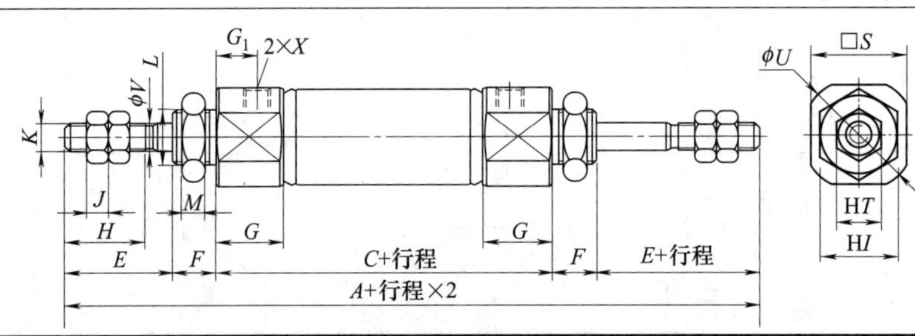

续表

型号	缸径	A	C	E	F	G	G_1	H	I	J	K	L	M	S	T	V	X
PBD型	10	104	48	20	8	11.5	7.5	15	11	2.2	M4×0.7	M8×1.0	4	12	7	4	M5×0.8
	12	104	48	20	8	11.5	7.5	15	14	4	M5×0.8	M10×1.0	4	15	8	5	M5×0.8
	16	106.6	50.6	20	8	11.8	7.5	15	14	4	M5×0.8	M10×1.0	4	18	8	5	M5×0.8

PBJ型

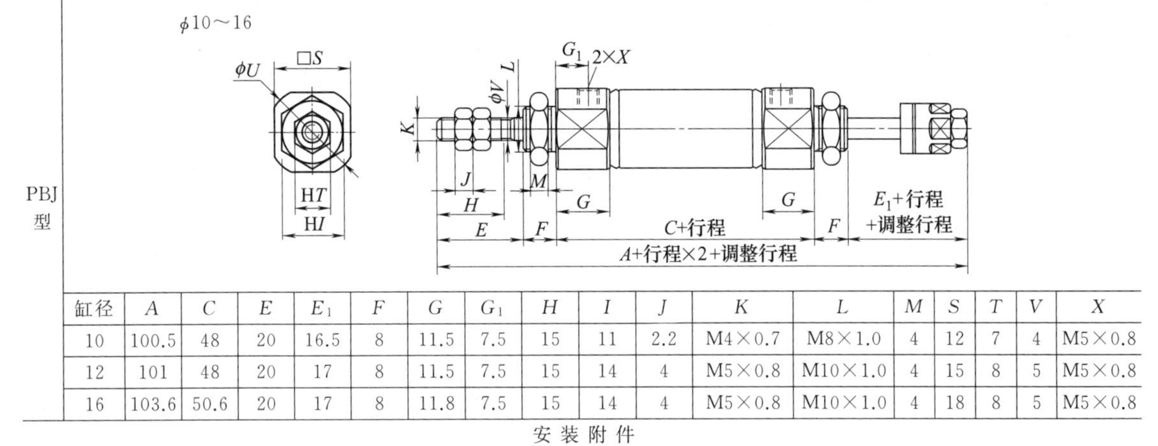

缸径	A	C	E	E_1	F	G	G_1	H	I	J	K	L	M	S	T	V	X
10	100.5	48	20	16.5	8	11.5	7.5	15	11	2.2	M4×0.7	M8×1.0	4	12	7	4	M5×0.8
12	101	48	20	17	8	11.5	7.5	15	14	4	M5×0.8	M10×1.0	4	15	8	5	M5×0.8
16	103.6	50.6	20	17	8	11.8	7.5	15	14	4	M5×0.8	M10×1.0	4	18	8	5	M5×0.8

安装附件

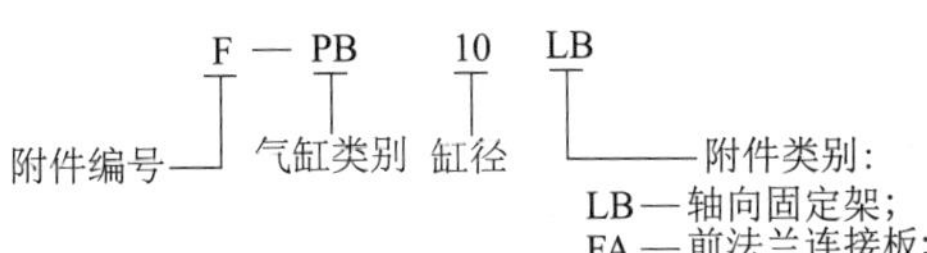

附件材质

安装附件			连接附件		
LB	FA	CJ	I	Y	U
SPCC			碳钢		

附件选配

气缸型号＼附件		安装附件 LB	安装附件 FA	安装附件 CJ	连接附件 I	连接附件 Y	连接附件 U	感应开关 CS1-M
PB	标准型	●	●	●	●	●	●	×
	附磁型	●	●	●	●	●	●	●
PSB PTB	标准型	●	●	●	●	●	●	×
	附磁型	●	●	●	●	●	●	●
PBD	标准型	●	●	×	●	●	●	×
	附磁型	●	●	×	●	●	●	●
PBJ	标准型	●	●	×	●	●	●	×
	附磁型	●	●	×	●	●	●	●

附件订购码列表

缸径＼附件名称	安装附件 LB	安装附件 FA	安装附件 CJ	连接附件 I(I形接头)	连接附件 Y(Y形接头)	连接附件 U(鱼眼接头)	感应开关
4	—	—	—	—	—	—	—
6	F-PB6LB	F-PB6FA	—	—	—	—	CS1-M
10	F-PB10LB	F-PB10FA	F-PB10CJ	F-M04070IB	F-M04070YB	F-M04070U	
12	F-PB12LB	F-PB12FA	F-PB12CJ	F-M05080IB	F-M05080YB	F-M05080U	
16			F-PB16CJ				

LB型

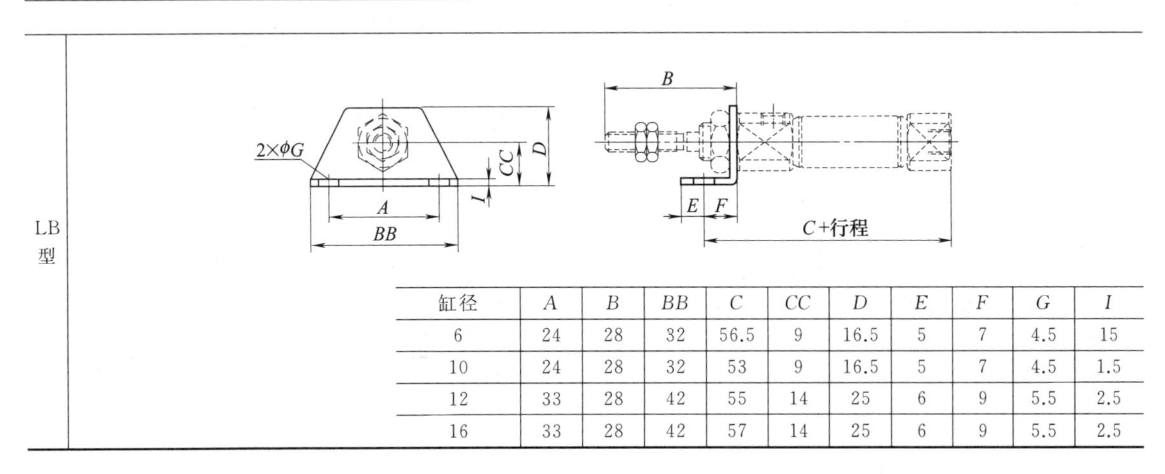

缸径	A	B	BB	C	CC	D	E	F	G	I
6	24	28	32	56.5	9	16.5	5	7	4.5	15
10	24	28	32	53	9	16.5	5	7	4.5	1.5
12	33	28	42	55	14	25	6	9	5.5	2.5
16	33	28	42	57	14	25	6	9	5.5	2.5

续表

FA型

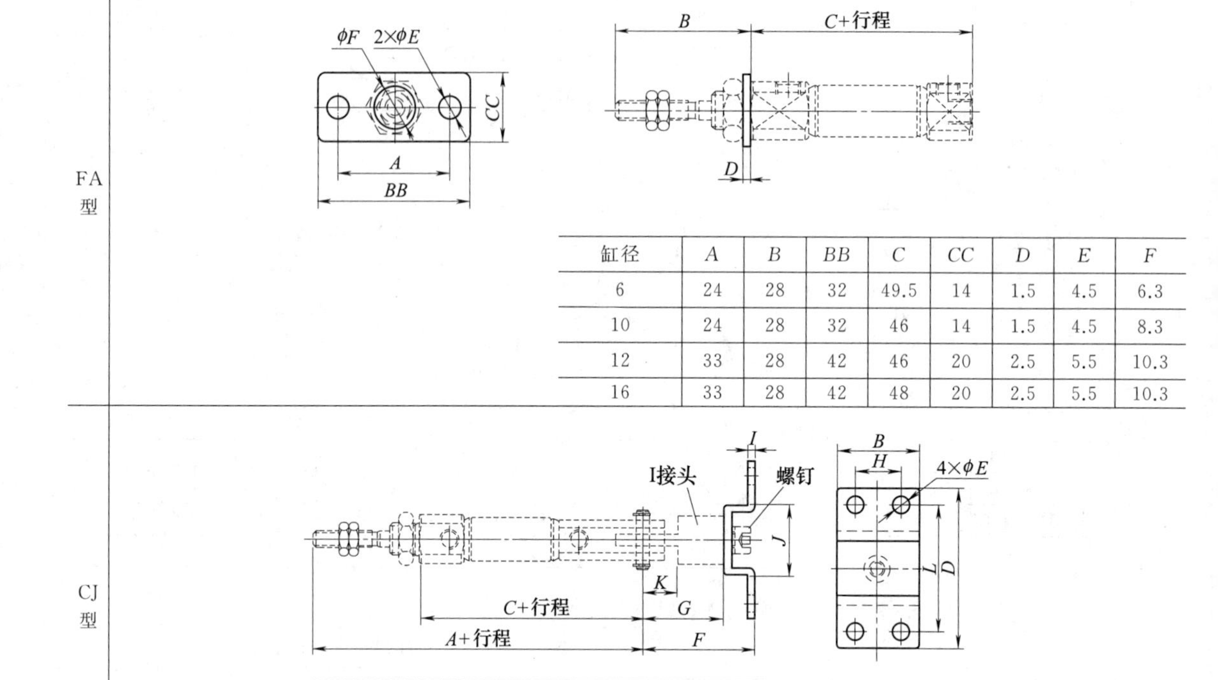

缸径	A	B	BB	C	CC	D	E	F
6	24	28	32	49.5	14	1.5	4.5	6.3
10	24	28	32	46	14	1.5	4.5	8.3
12	33	28	42	46	20	2.5	5.5	10.3
16	33	28	42	48	20	2.5	5.5	10.3

CJ型

缸径	A	B	C	D	E	F	G	H	I	J	K	L
10	82	22	54	40	4.5	29	21	12	2	18	9.1	32
12	84	28	56	48	5.5	35	25	16	2.5	20.4	14.1	38
16	86	28	58	48	5.5	35	25	16	2.5	20.4	14.1	38

注：1. 附磁型与不附磁型的尺寸相同。
2. CJ 附件需与 I 接头配套使用，且 I 接头另外订购。
3. 生产厂为亚德客公司。

7.1.1.2　QCJ2 系列微型单活塞杆气缸（ϕ6～16）

型号意义：

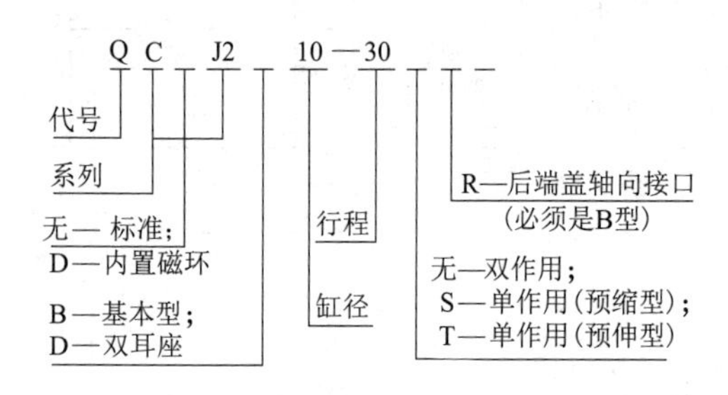

使用注意事项：

1. 使用的电压及电流避免超负荷。

2. 严禁磁性开关直接与电源连通，必须同负载串联使用。

3. 严禁有其他强磁体靠近磁性开关，如有应有屏蔽。

表 21-7-4　主要技术参数

缸径/mm	6	10	16
使用介质	经过滤的压缩空气		
作用形式	双作用/单作用		
最高使用压力/MPa	0.7		
最低工作压力①/MPa	ϕ6mm：0.12 ϕ10～16mm：0.06		
缓冲	橡胶垫		
环境温度/℃	5～60		
使用速度/mm·s^{-1}	50～750		
行程误差/mm	0～+1.0		
润滑②	出厂已润滑		
接管口径	M5×0.8		
后端盖接管位置	轴向	径向	
		轴向	

① 单动的最低工作压力：ϕ6mm 时为 0.25MPa；ϕ10～16mm 时为 0.15MPa。

② 如需要润滑，请用透平 1 号油（ISO VG32）。

第21篇

表 21-7-5　　标准行程/磁性开关

缸径/mm	标准行程/mm	磁性开关	钢带固定码
6	15,30,45,60	AL-03R（钢带固定）	PBK-06
10	15,30,45,60,75,100,125,150		PBK-10
16	15,30,45,60,75,100,125,150,175,200		PBK-16

表 21-7-6　　外形尺寸及安装形式　　mm

双作用(基本型)

QCJ2B6

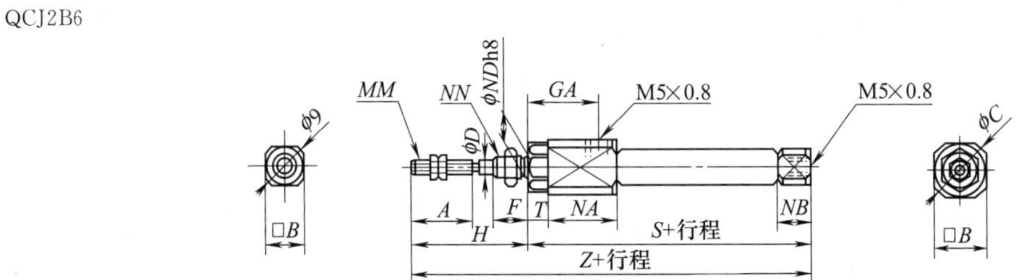

QCJ2B10～16

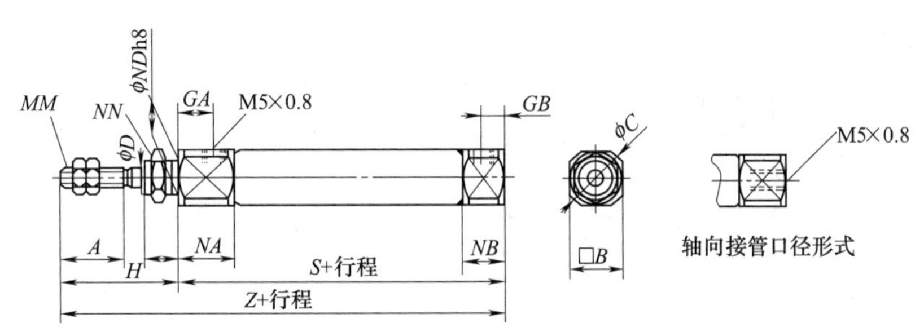

缸径	A	B	C	D	F	GA	GB	H	MM	NA	NB	ND	NN	S	T	Z
6	15	12	14	3	8	14.5	—	28	M3×0.5	16	7	6	M6×1.0	49	3	77
10	15	12	14	4	8	8	5	28	M4×0.7	12.5	9.5	8	M8×1.0	46	—	74
16	15	18	20	5	8	8	5	28	M5×0.8	12.5	9.5	10	M10×1.0	47	—	75

双作用(双耳座)

QCJ2D10～16

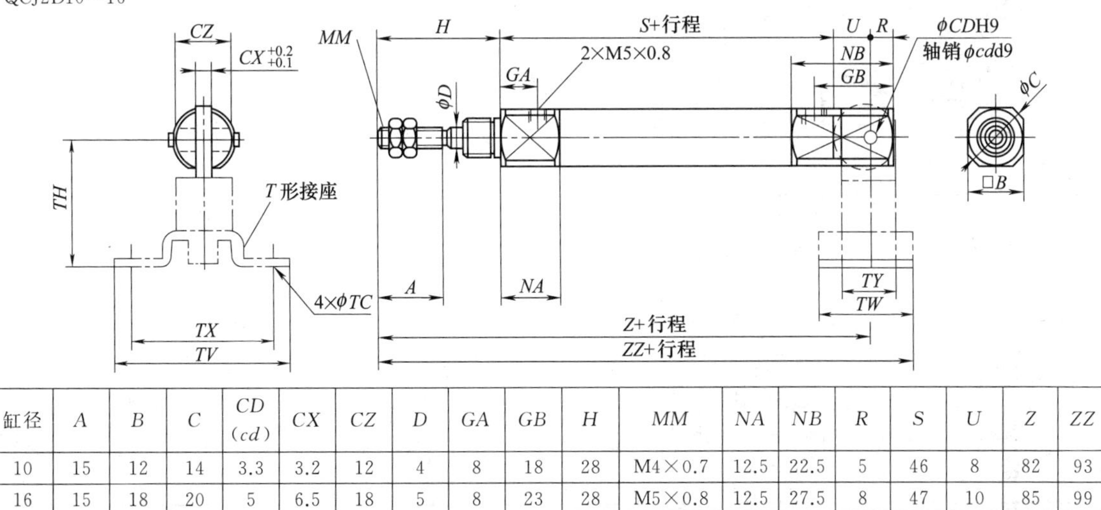

缸径	A	B	C	CD (cd)	CX	CZ	D	GA	GB	H	MM	NA	NB	R	S	U	Z	ZZ
10	15	12	14	3.3	3.2	12	4	8	18	28	M4×0.7	12.5	22.5	5	46	8	82	93
16	15	18	20	5	6.5	18	5	8	23	28	M5×0.8	12.5	27.5	8	47	10	85	99

续表

单作用-S(预缩型)
QCJ2B6～10～16

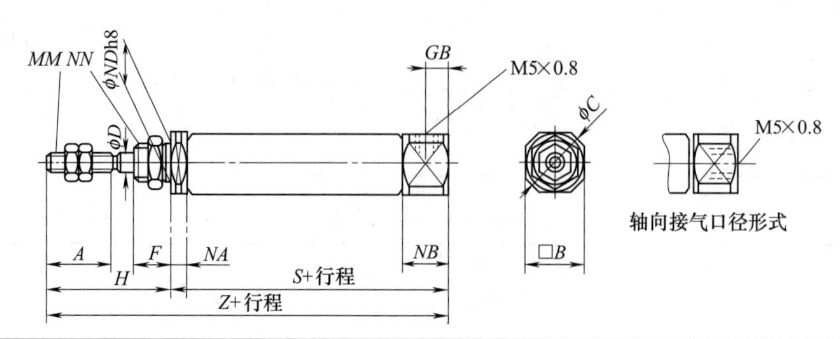

缸径	A	B	C	D	F	GB	H	MM	NA	NB	ND	NN
6	15	8	14	3	8	—	28	M3×0.5	3	7	6	M6×1
10	15	12	14	4	8	5	28	M4×0.7	5.5	9.5	8	M8×1
16	15	18	20	5	8	5	28	M5×0.8	5.5	9.5	10	M10×1

缸径	S								Z							
	行程								行程							
	5～15	16～30	31～45	46～60	61～75	76～100	101～125	126～150	5～15	16～30	31～45	46～60	61～75	76～100	101～125	126～150
6	34.5 (39.5)	43.5 (48.5)	47.5 (52.5)	61.5 (66.5)	—	—	—	—	62.5 (67.5)	71.5 (76.5)	75.5 (80.5)	89.5 (94.5)	—	—	—	—
10	45.5	53	65	77	—	—	—	—	73.5	81	93	105	—	—	—	—
16	45.5	54	66	78	84	108	126	138	73.5	82	94	106	112	136	154	166

单作用-S(预缩型,双耳座)
QCJ2D10～16

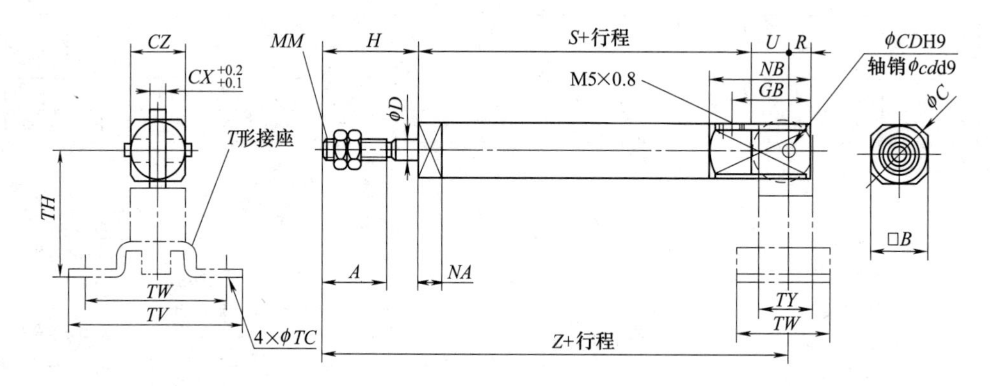

缸径	A	B	C	CD (cd)	CX	CZ	D	GB	H	MM	NA	NB	R	U
10	15	12	14	3.3	3.2	12	4	18	20	M4×0.7	5.5	22.5	5	8
16	15	18	20	5	6.5	18	5	23	20	M5×0.8	5.5	27.5	8	10

缸径	S								Z							
	行程								行程							
	5～15	16～30	31～45	46～60	61～75	76～100	101～125	126～150	5～15	16～30	31～45	46～60	61～75	76～100	101～125	126～150
10	45.5	53	65	77	—	—	—	—	73.5	81	93	105	—	—	—	—
16	45.5	54	66	78	84	108	126	138	75.5	84	96	108	114	138	156	168

续表

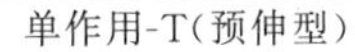

单作用-T(预伸型)
QCJ2B6

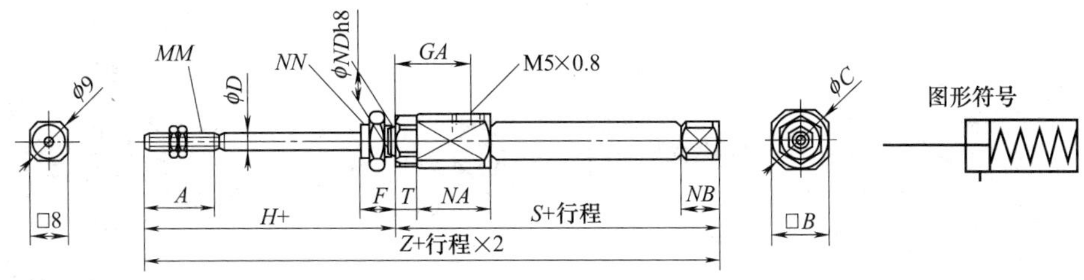

QCJ2B10～16

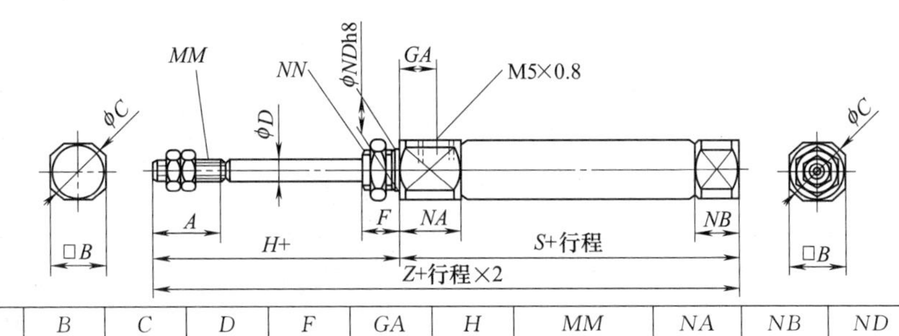

缸径	A	B	C	D	F	GA	H	MM	NA	NB	ND	NN	T
6	15	12	14	3	8	14.5	28	M3×0.5	16	3	6	M6×1	3
10	15	12	14	4	8	8	28	M4×0.7	12.5	5.5	8	M8×1	—
16	15	18	20	5	8	8	28	M5×0.8	12.5	5.5	16	M10×1	—

缸径	S								Z							
	行程								行程							
	5～15	16～30	31～45	46～60	61～75	76～100	101～125	126～150	5～15	16～30	31～45	46～60	61～75	76～100	101～125	126～150
6	46.5 (51.5)	55.5 (60.5)	59.5 (64.5)	73.5 (78.5)	—	—	—	—	74.5 (79.5)	83.5 (88.5)	87.5 (92.5)	101.5 (106.5)	—	—	—	—
10	48.5	56	68	80	—	—	—	—	76.5	84	96	108	—	—	—	—
16	48.5	57	69	81	87	111	129	141	76.5	85	97	109	115	139	157	169

单作用-T(预伸型,双耳座)
QCJ2D10～16

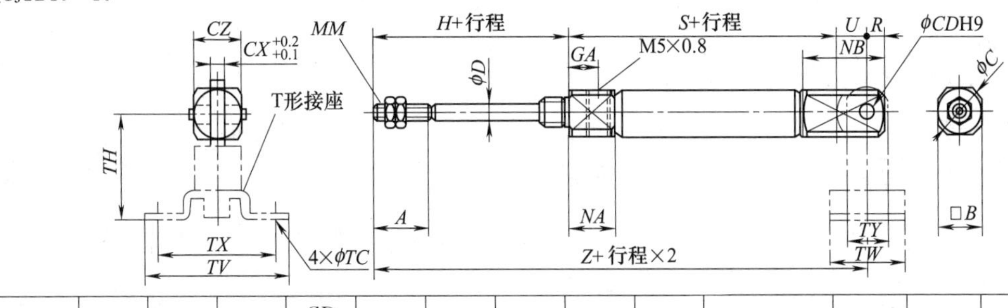

缸径	A	B	C	CD (cd)	CX	CZ	D	GA	H	MM	NA	NB	R	U
10	15	12	14	3.3	3.2	12	4	8	28	M4×0.7	12.5	18.5	5	8
16	15	18	20	5	6.5	18	5	8	28	M5×0.8	12.5	23.5	8	10

缸径	S								Z							
	行程								行程							
	5～15	16～30	31～45	46～60	61～75	76～100	101～125	126～150	5～15	16～30	31～45	46～60	61～75	76～100	101～125	126～150
10	48.5	56	68	80	—	—	—	—	84.5	92	104	116	—	—	—	—
16	48.5	57	69	81	87	111	129	141	86.5	95	107	119	125	149	167	179

续表

安装附件

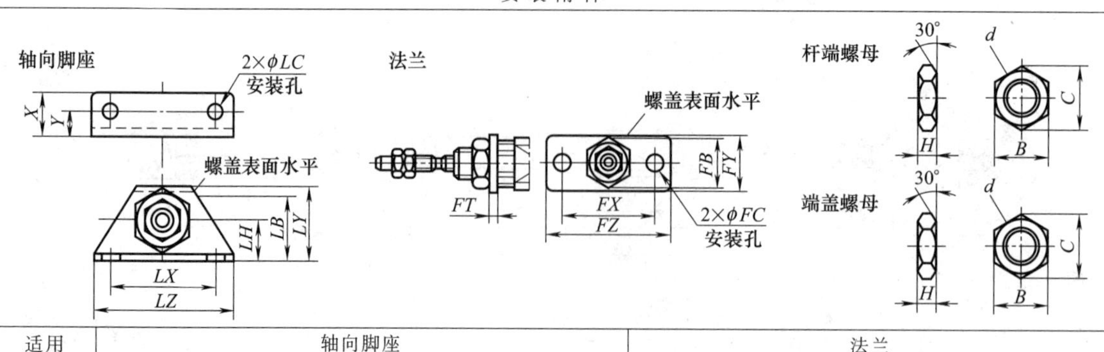

适用缸径	轴向脚座								法兰						
	零件号	LB	LC	LH	X	Y	LX	LY	LZ	零件号	FB	FC	FX	FY	FZ	FT
6	CJ-L06	13	4.5	9	12	7	24	16.5	32	CJ-F06	11	4.5	24	14	32	1.6
10	CJ-L10	15	4.5	9	12	7	24	16.5	32	CJ-F10	13	4.5	24	14	32	1.6
16	CJ-L16	23	5.5	14	15	9	33	25	42	CJ-F16	19	5.5	33	20	42	2.3

适用缸径	端盖螺母					杆端螺母				
	零件号	B	C	d	H	零件号	B	C	d	H
6	CJ-06B	8	9.2	M6×1	4	CJ-06A	5.5	6.4	M3×0.5	2.4
10	CJ-10B	11	12.7	M8×1	4	CJ-10A	7	8.1	M4×0.7	3.2
16	CJ-16B	14	16.2	M10×1	4	CJ-16A	8	9.2	M5×0.8	4

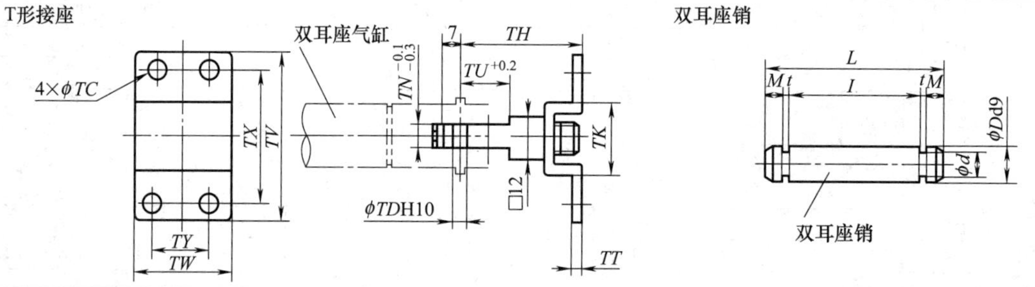

适用缸径	T形接座											双耳座销						
	零件号	TC	TD	TH	TK	TN	TT	TU	TV	TW	TX	TY	零件号	D	d	L	I	M	t
10	CJ-T10	4.5	3.3	29	18	3.1	2	9	40	22	32	12	CJ-J10	3.3	3	15.2	12.2	1.2	0.3
16	CJ-T16	5.5	5	35	20	6.4	2.3	14	48	28	38	16	CJ-J16	5	4.8	22.7	18.3	1.5	0.7

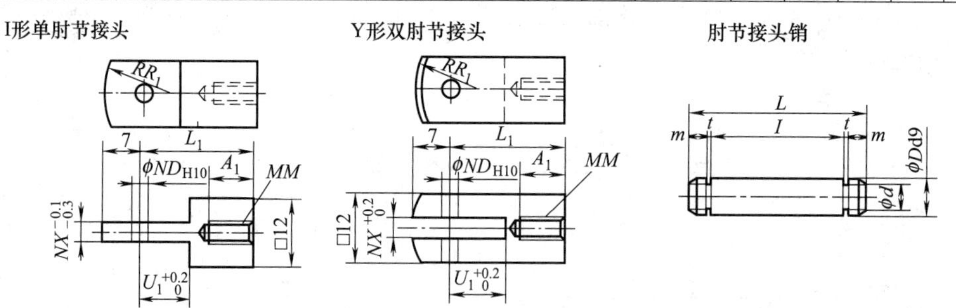

适用缸径	I形单肘节接头								Y形双肘节接头								肘节接头销						
	零件号	A_1	ND	L_1	MM	U_1	NX	R_1	零件号	A_1	ND	L_1	MM	U_1	NX	R_1	零件号	D	L	d	I	m	t
10	CJ-I10	8	3.3	21	M4×0.7	9	3.1	8	CJ-Y10	8	3.3	21	M4×0.7	10	3.2	8	IY-J10	3.3	16.2	3	12.2	1.7	0.3
16	CJ-I16	8	5	25	M5×0.8	14	6.4	12	CJ-Y16	11	5	21	M5×0.8	10	6.5	12	IY-J16	5	16.6	4.8	12.2	1.5	0.7

注：1. 括号内为内置磁环型的尺寸。

2. 生产厂为上海新益气动元件有限公司。

第21篇

7.1.1.3　10Y-1 系列小型单活塞杆气缸（ϕ8～50）

型号意义：

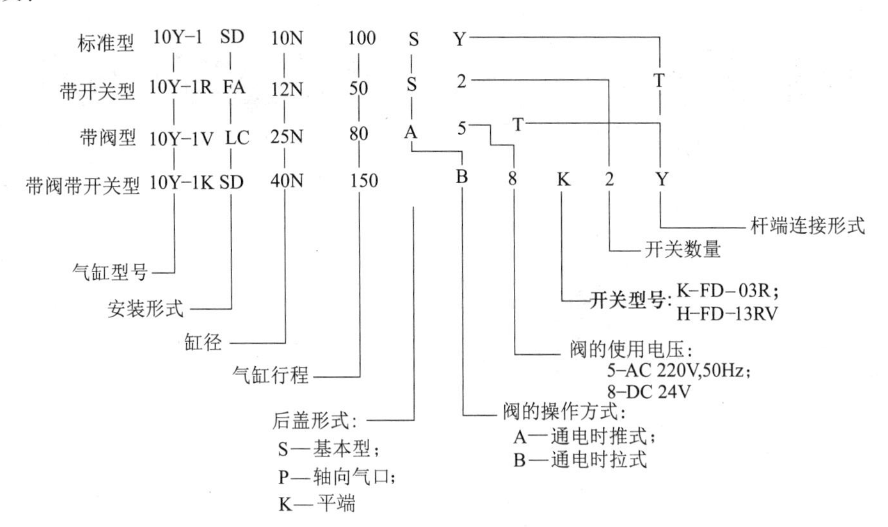

表 21-7-7　主要技术参数

品　种	标　准　型	带开关型	带　阀　型	带阀带开关
型号	10Y-1	10Y-1R	10Y-1V	10Y-1K
缸径/mm	ϕ8，ϕ10，ϕ12，ϕ16，ϕ20，ϕ25，ϕ32，ϕ40，ϕ50		ϕ20，ϕ25，ϕ32，ϕ40，ϕ50	
最大行程/mm	ϕ8，ϕ10：200；ϕ12，ϕ16：300；ϕ20，ϕ25：400；ϕ32：500；ϕ40：600；ϕ50：800			
最小行程/mm	无限制	37	无限制	37
使用压力范围/bar	ϕ8～16：1～10；ϕ20～50：0.5～10		1.5～10	
耐压力/bar	15			
使用速度范围/mm·s^{-1}	ϕ8～16：50～500；ϕ20～ϕ50：50～700		50～500	
使用温度范围/℃	－25～＋80（但在不冻结条件下）			
使用介质	干燥洁净压缩空气			
缓冲形式	缓冲垫			
给油	不需要（也可给油）			

表 21-7-8　外形尺寸及安装形式　mm

安装形式　(1)SD(基本型)

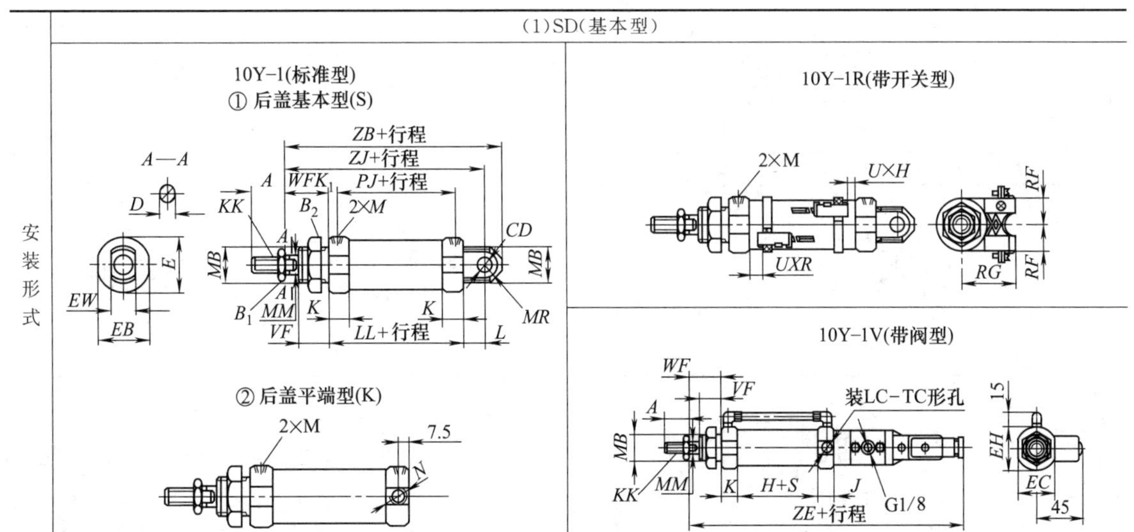

第 21 篇

续表

安装形式	③ 后盖轴向气口型(P) 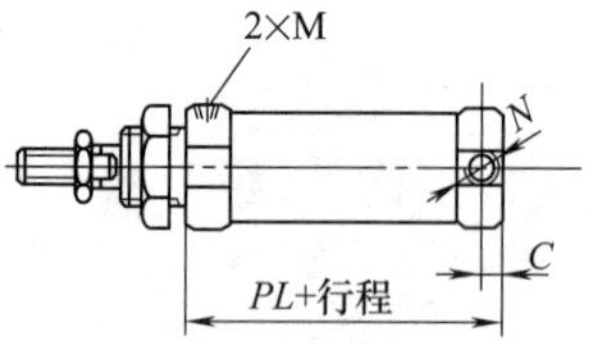 2×M N C PL+行程	10Y-1K(带阀带开关型) 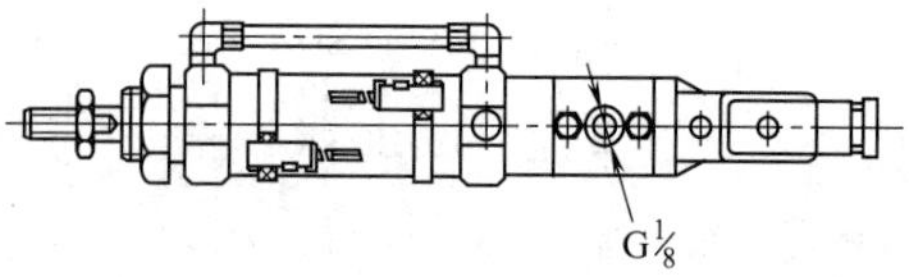 $G\frac{1}{8}$
	(2)FA(前法兰式)	(8)TC(后铰轴式)
	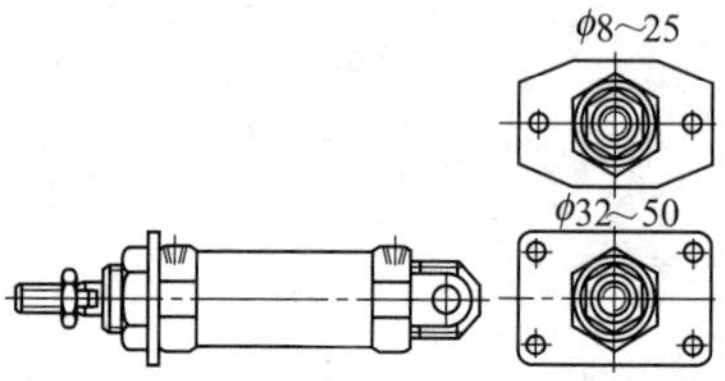 $\phi8\sim25$ $\phi32\sim50$	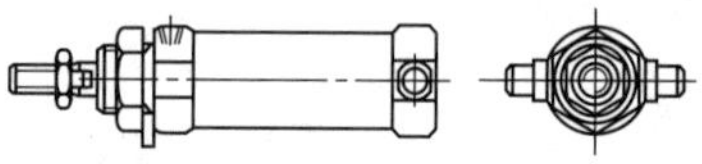
	(3)FB(后法兰式)	(9)TB(后铰轴式)
	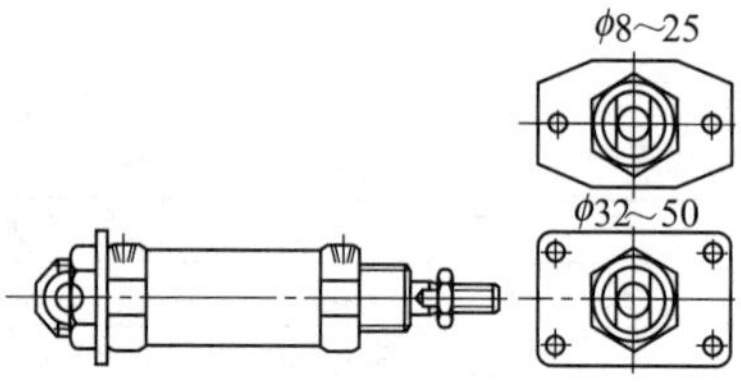 $\phi8\sim25$ $\phi32\sim50$	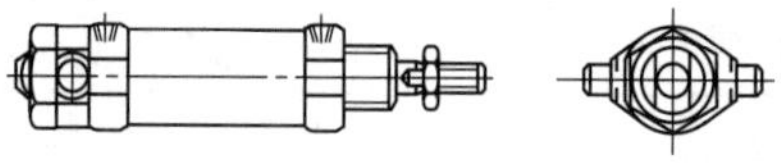
	(4)LC(三脚架式)	(10)TA(前铰轴式)
	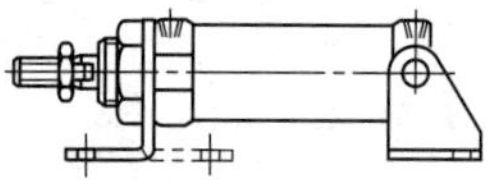	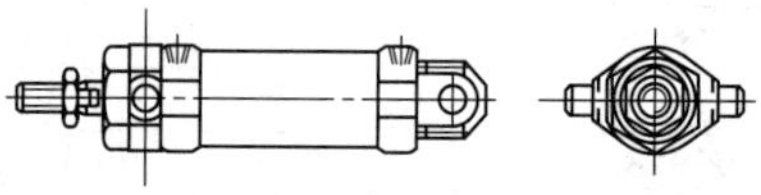
	(5)LB(双脚架式)	(11)TAB(前铰轴支座式)
	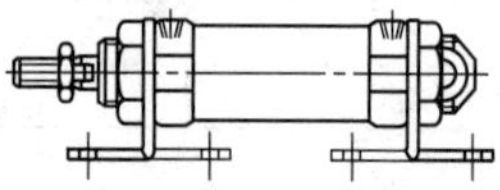	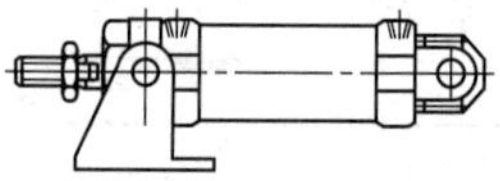
	(6)LS(单脚架式)	(12)TBB(后铰轴支座式)
	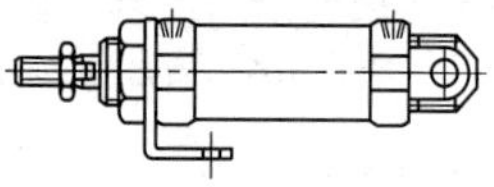	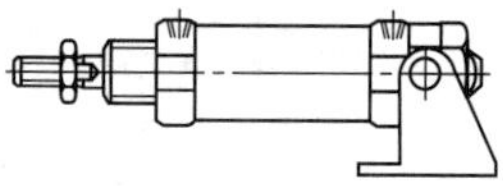
	(7)SDB(基本支座式)	(13)TCB(后铰轴支座式)
	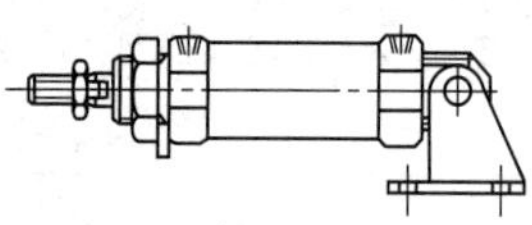	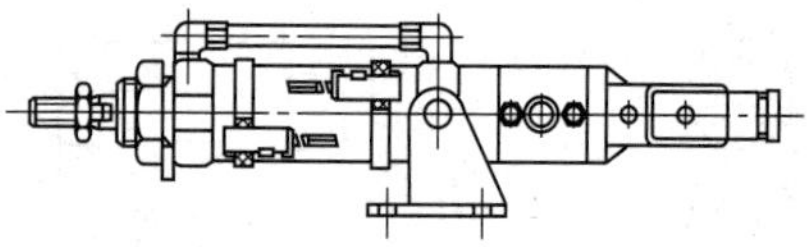
杆端连接形式	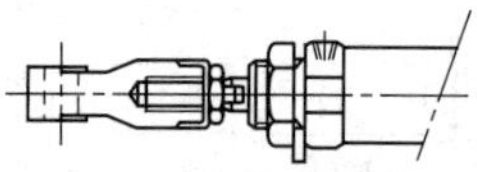 T(单耳杆式)	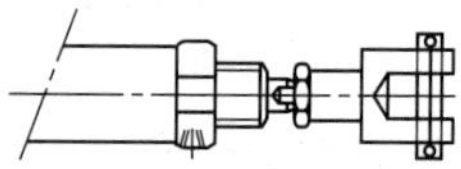 Y(双耳杆式)

续表

	缸径	8	10	12	16	20	25	32	40	50
气缸尺寸	A	12	12	16	16	20	22	22	24	32
	B_1	7	7	10	10	13	17	17	19	24
	B_2	18	18	24	24	30	30	32	41	55
	D	3	3	5	5	6	8	10	12	17
	CD	φ4H9	φ4H9	φ6H9	φ6H9	φ8H9	φ8H9	φ10H9	φ12H9	φ14H9
	E	φ16	φ16	φ19	φ21	φ28	φ31	φ38	φ46	φ56
	EB	14	14	17	19	26	29	36	44	54
	EW	8	8	12	12	16	16	16	20	20
	KK	M4	M4	M6	M6	M8×1.25	M10×1.25	M10×1.25	M12×1.25	M16×1.5
	K_1	6	6	6	6	8	8	8	8	10.5
	K	11	11	11	11	13	14.5	14.5	15	21
	2×M	M5	M5	M5	M5	G⅛	G⅛	G⅛	G⅛	G¼
	L	6	6	9	9	12	12	14	16	18
	VF	12	12	16	16	16	18	20	22	22.5
	WF	18	18	22	22	24	28	30	32	32.5
	MB	M12×1.25	M12×1.25	M16×1.5	M16×1.5	M22×1.5	M22×1.5	M24×2	M30×2	M36×2
	MM	φ4	φ4	φ6	φ6	φ8	φ10	φ12	φ14	φ20
	LL	50	50	50	58	59	64	70	72	93
	ZB	80	80	88	96	105	114	126	132	157.5
	PJ	38	38	38	46	46	49	55	57	72
	ZJ	74	74	81	89	95	104	114	120	145.5
	UXR	1	1	1	3	6	8	9	10	11
	UXH	5	5	5	10	5	8	10	11	12
	RF	—	—	—	—	25	26	27	29	29
	RG	20	21	23	26	31	33	36	41	43
	EC	—	—	—	—	38	38	38	46	54
	EH	—	—	—	—	φ40	φ40	φ40	φ48	φ56
	J	—	—	—	—	25	25	25.5	30	28
	ZE 10Y-1V	—	—	—	—	215	224	232	240	283
	ZE 10Y-1K	—	—	—	—	215	224	232	240	283
	PL	53	53	56	64	66	66	70	72	93
	C	11	11	12	12	13.5	13.5	7.5	7.5	10.5
	N	M4	M4	M6	M6	M8	M8	M8	M10×1.25	M12×1.25
	KC	6	6	6	6	6.5	7.5	7.5	7.5	10.5

安装附件

L 轴向脚架

缸径	8	10	12	16	20	25	32	40	50
LA	6	6	7	7	8	8	8	8	10
LB	11	11	14	14	16	16	25	25	28
LC	25	25	32	32	40	40	45	50	55
LD	35	35	47	47	55	55	60	65	75
LE	16	16	20	20	25	25	32	36	40
LF	2	2	2	2	3	3	4	4	4
LG	φ4.5	φ4.5	φ5.5	φ5.5	φ6.8	φ6.8	φ6.8	φ6.8	φ9

FA 前法兰
FB 后法兰

缸径	8	10	12	16	20	25	32	40	50
FA	4	4	4	4	4	4	4	4	4
FB	—	—	—	—	—	—	33	36	46
FC	25	25	30	30	38	38	47	51	66
FD	30	30	40	40	50	50	58	70	80
FE	45	45	55	55	65	65	72	84	100
FF	—	—	—	—	—	—	φ6.6	φ6.6	φ9
FG	φ4.5	φ4.5	φ5.5	φ5.5	φ6.6	φ6.6	—	—	—

续表

安装附件	B支座 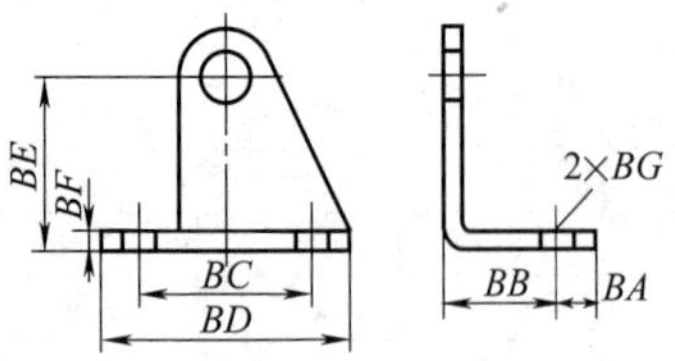	BA	6	6	7	7	8	8	8	8	10
		BB	13	13	15	15	17	17	17	17	18
		BC	20	20	25	25	32	32	36	40	46
		BD	32	32	40	40	48	48	52	56	66
		BE	16	16	20	20	32	32	36	40	46
		BF	3	3	3	3	4	4	4	4	4
		BG	φ4.5	φ4.5	φ5.5	φ5.5	φ6.8	φ6.8	φ6.8	φ6.8	φ9
	C支座 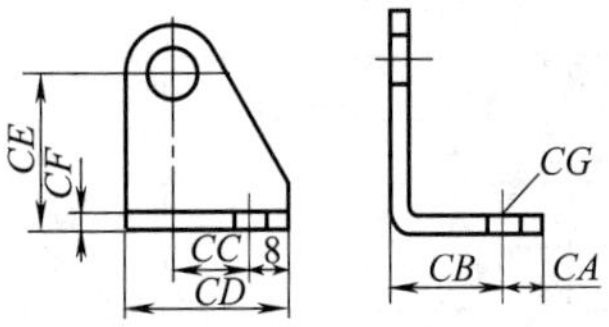	CA	6	6	7	7	8	8	8	8	10
		CB	10	10	11	11	12	12	12	12	14
		CC	15	15	17	17	19	19	17	15	20
		CD	27	27	31	31	35	35	35	35	40
		CE	16	16	20	20	25	25	32	36	40
		CF	3	3	3	3	4	4	4	4	4
		CG	φ4.5	φ4.5	φ5.5	φ5.5	φ6.8	φ6.8	φ6.8	φ6.8	φ9
	TA前铰轴 TB后铰轴 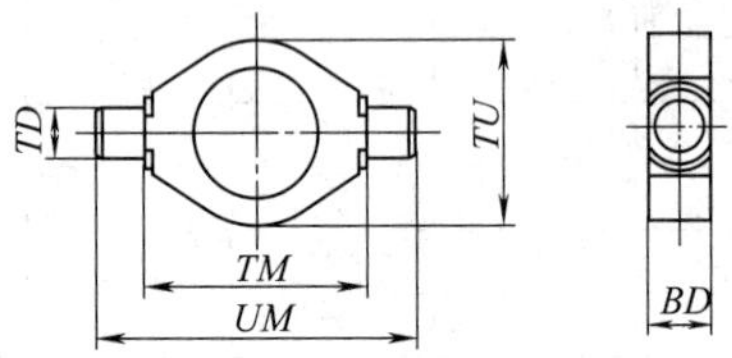	缸径	φ8	φ10	φ12	φ16	φ20	φ25	φ32	φ40	φ50
		TD	φ4	φ4	φ6	φ6	φ8	φ8	φ10	φ12	φ14
		TM	26	26	30	30	36	36	44	55	58
		TU	22	22	26	26	32	32	36	44	52
		UM	34	34	42	42	52	52	64	74	86
		BD	6	6	8	8	10	10	12	14	16
	TC铰轴 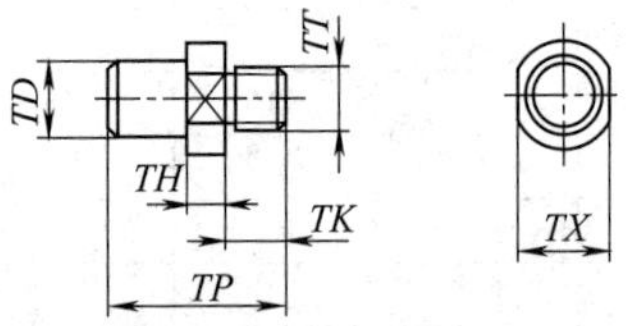	TD	φ4	φ4	φ6	φ6	φ8	φ8	φ10	φ12	φ14
		TK	3.5	3.5	4.5	4.5	8	8	8	10	12
		TH	2	2	3	3	4	4	5	5	6
		TP	11	11	13	13	20	20	23	27	32
		TX	8	8	10	10	12	12	12	14	16
		TT	M4	M4	M6	M6	M8	M8	M8	M10×1.25	M12×1.5
	T单耳接杆 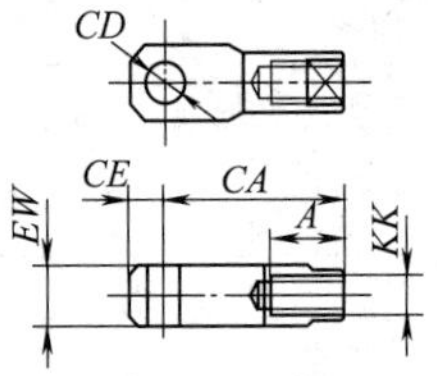	A	10	10	14	14	17	21	21	25	33
		CA	25	25	32	32	32	40	55	60	60
		CD	φ4	φ4	φ6	φ6	φ8	φ8	φ12	φ14	φ14
		CE	5	5	7	7	10	12	12	13	R14
		EW	4	4	6	6	16	16	16	20	20
		KK	M4	M4	M6	M6	M8	M10	M10	M12×1.25	M16×1.5
	Y双耳接杆 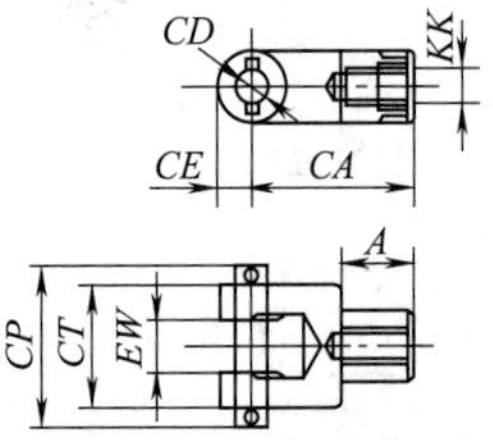	A	15	15	20	20	17	21	21	25	33
		CA	23	23	30	30	32	40	55	60	60
		CD	φ4	φ4	φ6	φ6	φ8	φ8	φ12	φ14	φ14
		CE	5	5	7	7	10	12	12	12	R14
		CP	13.5	13.5	18	18	40	40	46	58	58
		CT	8	8	11.5	11.5	26	26	32	44	44
		EW	4	4	6	6	16	16	16	20	20
		KK	M4	M4	M6	M6	M8	M10	M10	M12×1.25	M16×1.5

注：生产厂为肇庆方大气动有限公司。

7.1.1.4　QGP系列单活塞杆气缸（ϕ10，ϕ16）

型号意义：

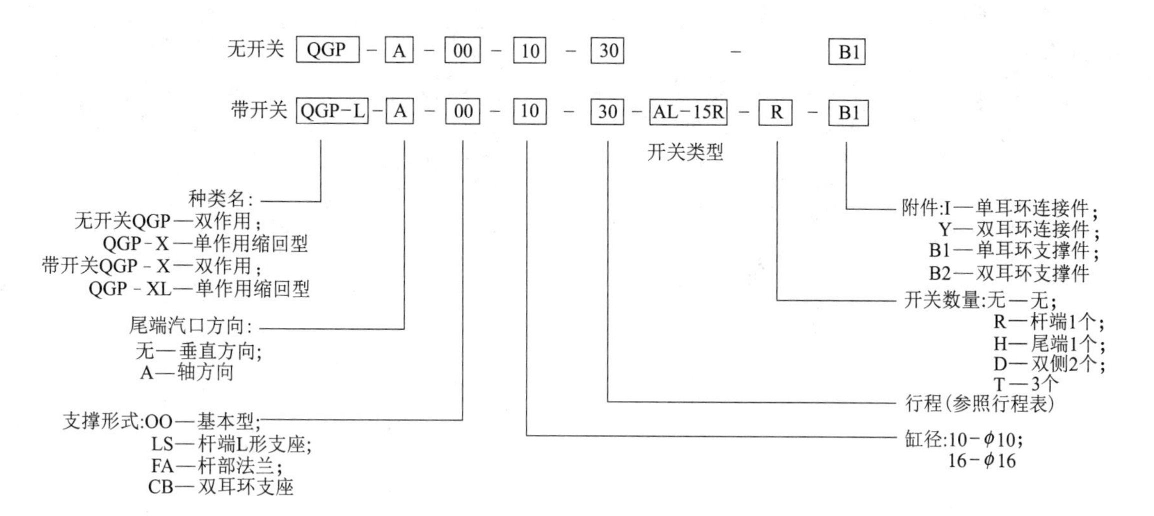

表 21-7-9　主要技术参数

型　　号	QGP，QGP-X	型　　号	QGP，QGP-X
使用流体	洁净压缩空气	接管口径	M5×0.8
最高工作压力/MPa	1.0(10.2kgf/cm^2)	行程公差/mm	0～+1.0
最低工作压力/MPa	0.15(1.5kgf/cm^2)	活塞工作速度/mm·s^{-1}	50～500
耐压/MPa	1.6(16.3kgf/cm^2)	缓冲形式	橡胶缓冲
环境温度/℃	−10～60	润滑	不需要

表 21-7-10　行程　mm

缸径	标准行程	最大行程	最小行程
10	15,30,45,60	200	10①
16		260	

① 10是带1个磁性开关时的行程。

表 21-7-11　外形尺寸及安装形式　mm

基本型(OO)

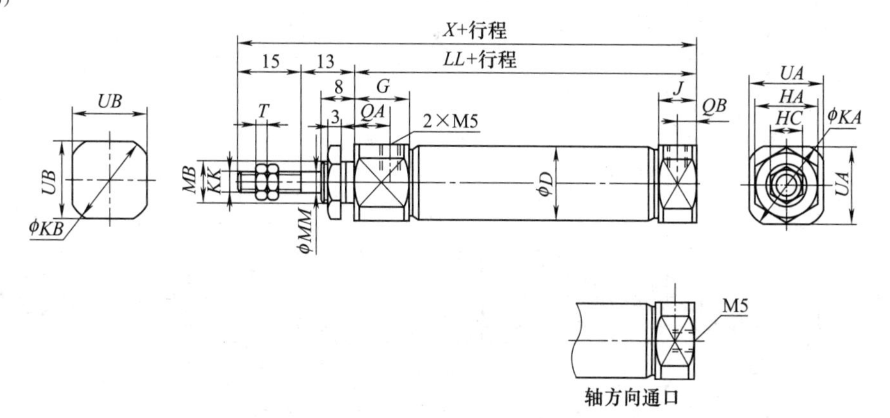

续表

缸径	D	G	HA	HC	J	KA	KB	KK	LL	MB	MM	QA	QB	T	UA	UB	X
10	11	12.5	12	7	9	14.5	14.5	M4×0.7	46	M8×1.0	4	8	4.5	3	12	12	74
16	17.4	13	14	8	9	21.5	21.5	M5×0.8	46	M10×1.0	5	8.5	4.5	3	18	18	74

杆端 L 形支座(LS)

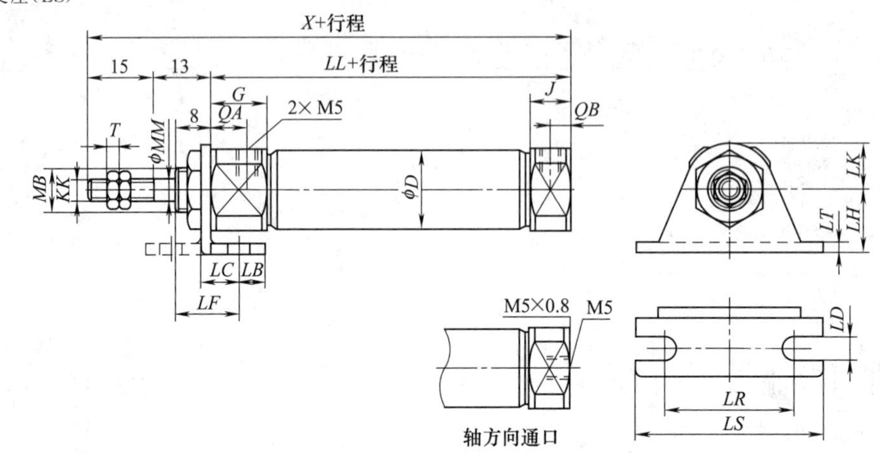

缸径	G	J	KK	MB	MM	QA	QB	T	X	LB	LC	LD	LF	LL	LH	LK	LR	LS	LT
10	12.5	9	M4×0.7	M8×1.0	4	8	4.5	3	74	5	7	4.2	13.4	46	9	7	22	32	1.6
16	13	9	M5×0.8	M10×1.0	5	8.5	4.5	3	74	6	9	5.2	15.7	46	14	10	29	42	2.3

杆端法兰型(FA)

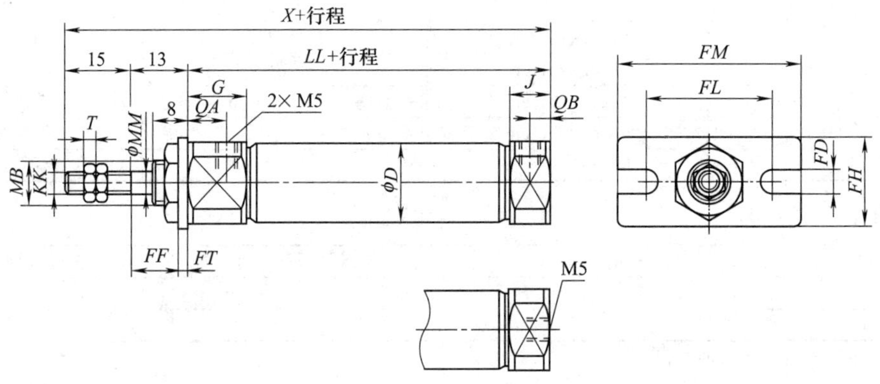

缸径	G	J	KK	MB	MM	QA	QB	T	X	FD	FF	FH	FL	FM	FT
10	12.5	9	M4×0.7	M8×1.0	4	8	4.5	3	74	4.2	11.4	14	22	32	1.6
16	13	9	M5×0.8	M10×1.0	5	8.5	4.5	3	74	5.2	10.7	20	29	42	2.3

双耳环支座(CB)

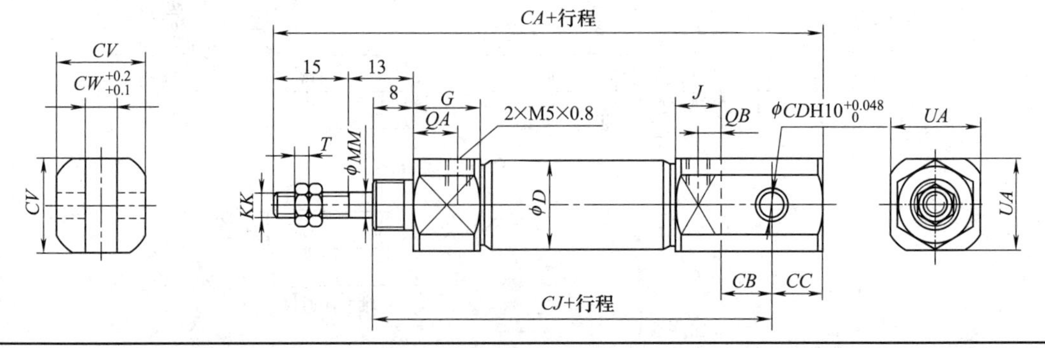

续表

缸径	*G*	*J*	*KK*	*MM*	*QA*	*QB*	*T*	*UA*	*CA*	*CB*	*CC*	*CD*	*CJ*	*CV*	*CW*
10	12.5	9	M4×0.7	4	8	4.5	3	12	87	8	5	3.2	62	12	3.2
16	13	9	M5×0.8	5	8.5	4.5	3	18	94	10	10	5	64	18	6.5

基本型(OO)

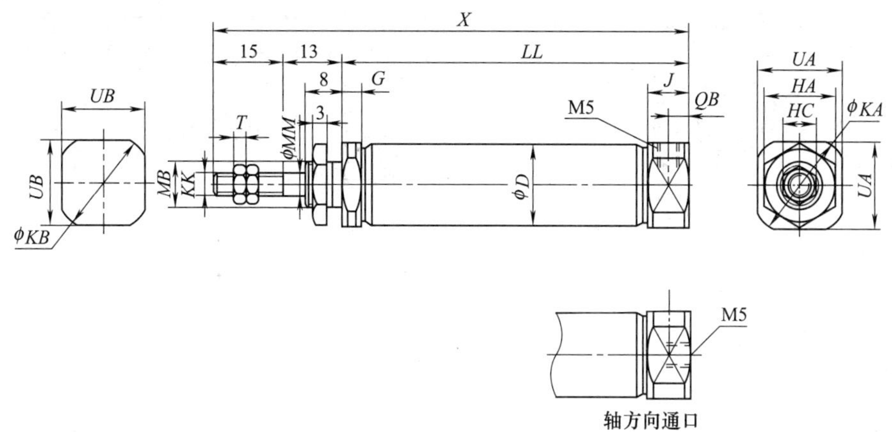

缸径	*D*	*G*	*HA*	*HC*	*J*	*KA*	*KB*	*KK*	*LL*								*MB*
									15st	30st	45st	60st	75st	90st	105st	120st	
10	11	4	11	7	9	14.5	14.5	M4	64	91	118	145	172	199	226	253	M8×1.0
16	17.4	4	14	8	9	21.5	21.5	M5	64	91	118	145	172	199	226	253	M10×1.0

缸径	*MM*	*QB*	*T*	*UA*	*UB*	*X*							
						15st	30st	45st	60st	75st	90st	105st	120st
10	4	4.5	3	12	12	92	119	146	173	200	227	254	281
16	5	4.5	3	18	18	92	119	146	173	200	227	254	281

杆端L形支座(LS)

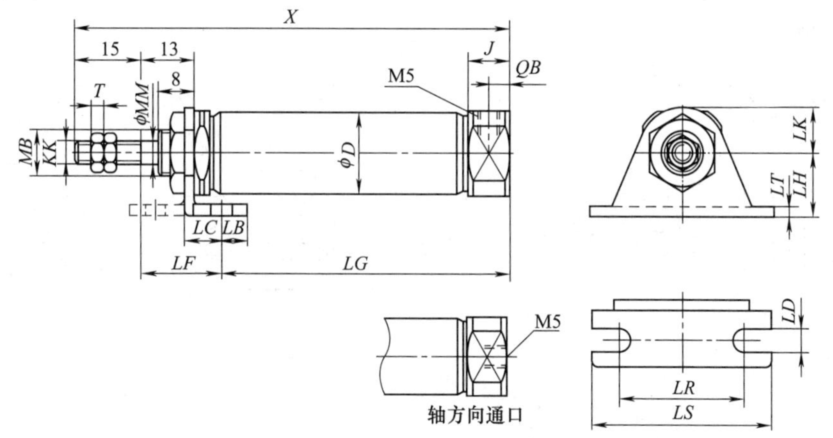

缸径	*D*	*J*	*KK*	*MB*	*MM*	*QB*	*T*	*X*								*LB*
								15st	30st	45st	60st	75st	90st	105st	120st	
10	4	9	M4	M8×1.0	4	4.5	3	92	119	146	173	200	227	254	281	5
16	4	9	M5	M10×1.0	5	4.5	3	92	119	146	173	200	227	254	281	6

缸径	*LC*	*LD*	*LF*	*LG*								*LH*	*LK*	*LR*	*LS*	*LT*
				15st	30st	45st	60st	75st	90st	105st	120st					
10	7	4.2	18.4	58.6	85.6	112.6	139.6	166.6	193.6	220.6	247.6	9	7	22	32	1.6
16	9	5.2	19.7	57.3	84.3	111.3	138.3	165.3	192.3	219.3	246.3	14	10	29	42	2.3

续表

杆端法兰型(FA)

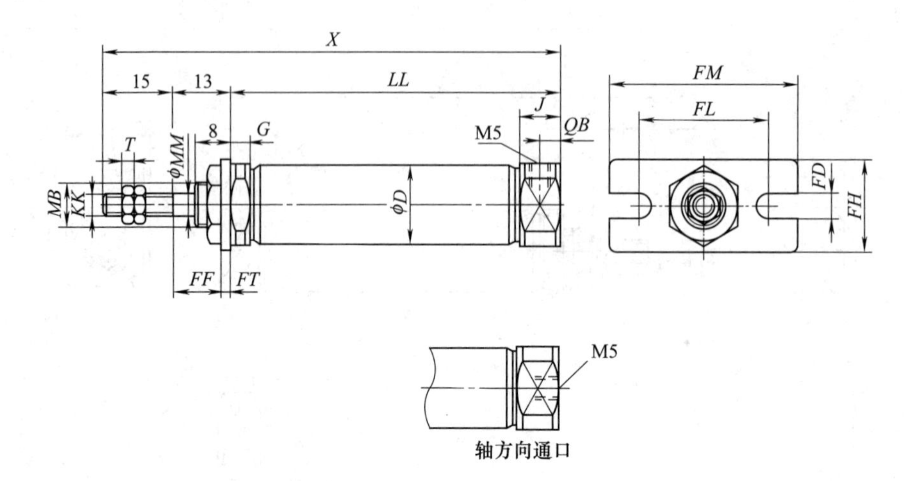

轴方向通口

缸径	G	J	KK	MB	MM	QB	T	LL							
								15st	30st	45st	60st	75st	90st	105st	120st
10	4	9	M4	M8×1.0	4	4.5	3	64	91	118	145	172	199	226	253
16	4	9	M5	M10×1.0	5	4.5	3	64	91	118	145	172	199	226	253

缸径	X								FD	FF	FH	FL	FM	FT
	15st	30st	45st	60st	75st	90st	105st	120st						
10	92	119	146	173	200	227	254	281	4.2	11.4	14	22	32	1.6
16	92	119	146	173	200	227	254	281	5.2	10.7	20	29	42	2.3

双耳环支座型(CB)

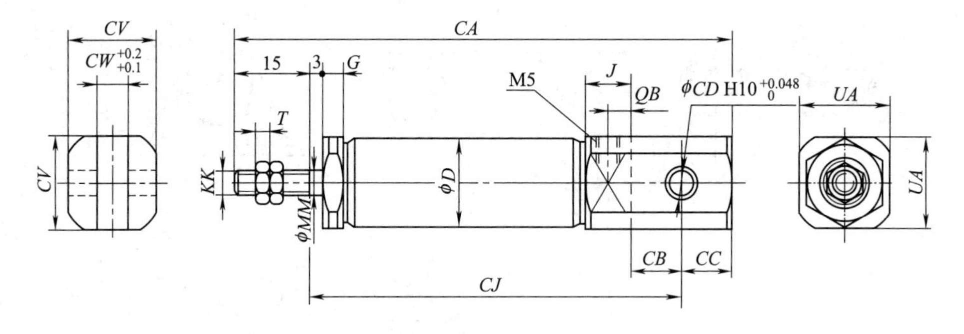

缸径	G	J	KK	MM	QB	T	UA	CA						
								15st	30st	45st	60st	75st	90st	105st
10	4	9	M4	4	4.5	3	12	95	122	149	176	203	230	257
16	4	9	M5	5	4.5	3	18	102	129	156	183	210	237	264

缸径	CA	CB	CC	CD	CJ								CV	CW
	120st	—	—	—	15st	30st	45st	60st	75st	90st	105st	120st		
10	284	8	5	3.2	75	102	129	156	183	210	237	264	12	3.2
16	291	10	10	5	77	104	131	158	185	212	239	266	18	6.5

续表

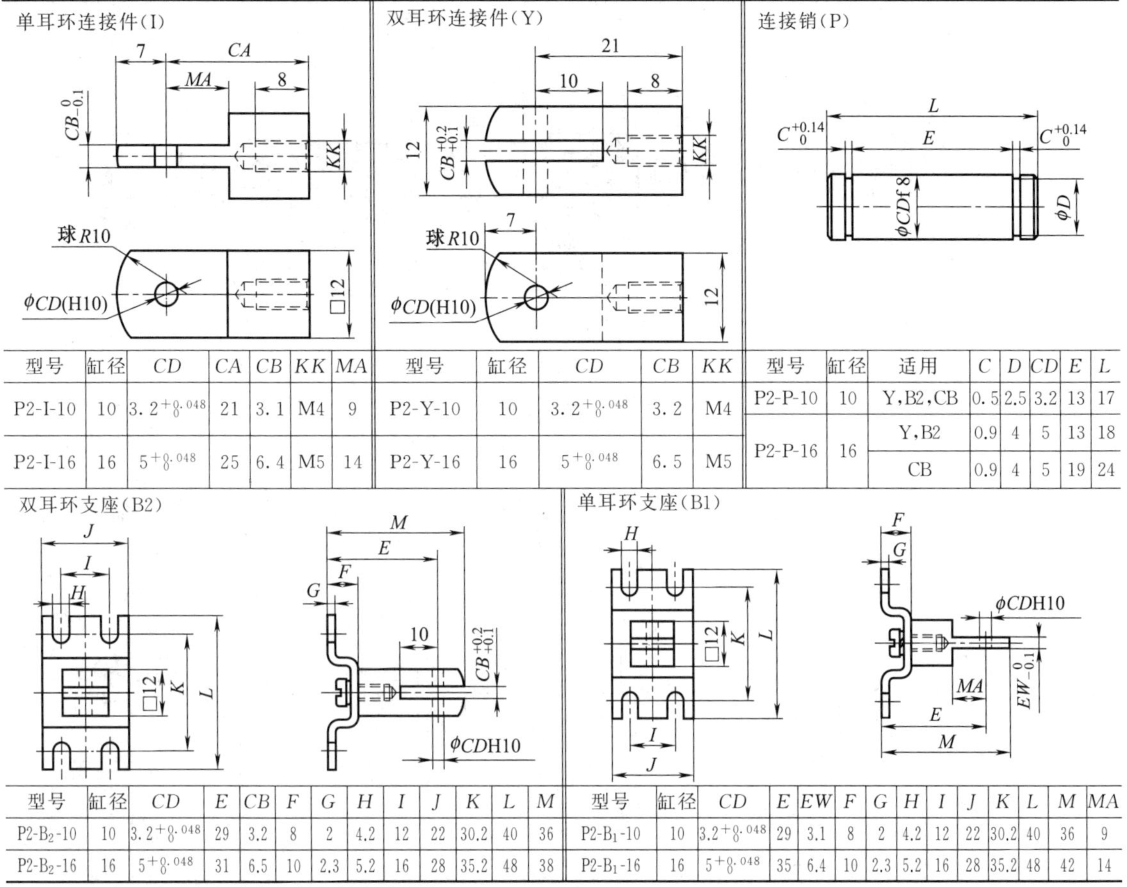

型号	缸径	CD	CA	CB	KK	MA
P2-I-10	10	$3.2^{+0.048}_{0}$	21	3.1	M4	9
P2-I-16	16	$5^{+0.048}_{0}$	25	6.4	M5	14

型号	缸径	CD	CB	KK
P2-Y-10	10	$3.2^{+0.048}_{0}$	3.2	M4
P2-Y-16	16	$5^{+0.048}_{0}$	6.5	M5

型号	缸径	适用	C	D	CD	E	L
P2-P-10	10	Y,B2,CB	0.5	2.5	3.2	13	17
P2-P-16	16	Y,B2	0.9	4	5	13	18
		CB	0.9	4	5	19	24

型号	缸径	CD	E	CB	F	G	H	I	J	K	L	M
P2-B_2-10	10	$3.2^{+0.048}_{0}$	29	3.2	8	2	4.2	12	22	30.2	40	36
P2-B_2-16	16	$5^{+0.048}_{0}$	31	6.5	10	2.3	5.2	16	28	35.2	48	38

型号	缸径	CD	E	EW	F	G	H	I	J	K	L	M	MA
P2-B_1-10	10	$3.2^{+0.048}_{0}$	29	3.1	8	2	4.2	12	22	30.2	40	36	9
P2-B_1-16	16	$5^{+0.048}_{0}$	35	6.4	10	2.3	5.2	16	28	35.2	48	42	14

注：生产厂为无锡气动技术研究所有限公司。

7.1.1.5　QC85 系列标准小型单活塞杆气缸（ISO 6432）（ϕ10～25）

型号意义：

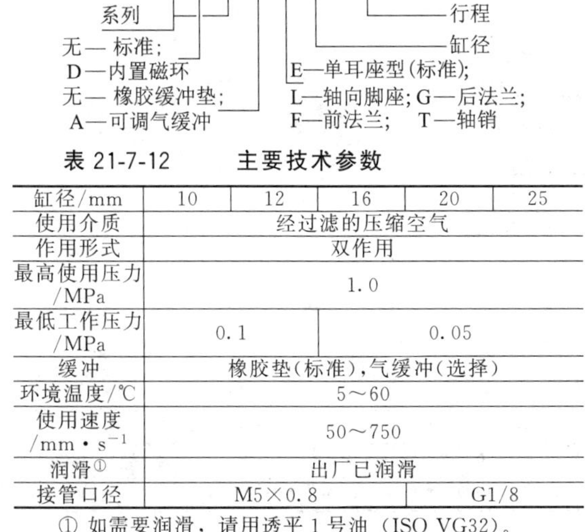

表 21-7-12　主要技术参数

缸径/mm	10	12	16	20	25
使用介质	经过滤的压缩空气				
作用形式	双作用				
最高使用压力/MPa	1.0				
最低工作压力/MPa	0.1		0.05		
缓冲	橡胶垫(标准),气缓冲(选择)				
环境温度/℃	5～60				
使用速度/mm·s^{-1}	50～750				
润滑①	出厂已润滑				
接管口径	M5×0.8				G1/8

① 如需要润滑，请用透平 1 号油（ISO VG32）。

表 21-7-13　标准行程/磁性开关　mm

缸径	标准行程	最长行程	磁性开关型号	固定码
10	10,25,40,50,80,100	400	AL-03R	PBK-10
12	10,25,40,50,80,100,125,160,200			PBK-12
16				PBK-16
20	10,25,40,50,80,100,125,160,200,250,300	1000	QCK2400 QCK2422	A-20
25				A-25

注：1. 有非标准行程可供选择。

2. 使用的电压及电流避免超负荷。

3. 严禁 QCK 磁性开关直接与电源连通，必须同负载串联使用。

4. 严禁有其他强磁体靠近 QCK 磁性开关，如有，应屏蔽。

第 21 篇

表 21-7-14 **外形尺寸** mm

基本型
QC85E

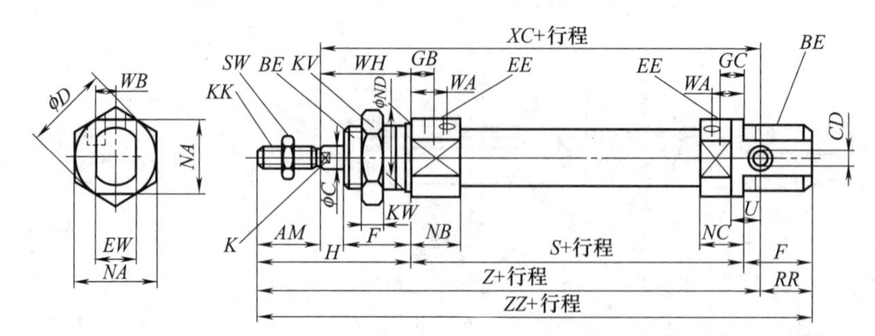

缸径	AM	BE	C	CD	D	EE	EW	F	GB	GC	WA	WB	H	K	KK	KV	KW	NB	NC	NA	ND	RR	S	SW	WH	XC	Z	ZZ	U
10	12	M12×1.25	4	4	17	M5×0.8	8	12	7	5	10.5	4.5	28	—	M4×0.7	19	6	11.5	9.5	15	12	10	46	7	16	64	76	86	6
12	16	M16×1.5	6	6	20	M5×0.8	12	17	8	6	9.5	5.5	38	5	M6×1	24	8	12.5	10.5	18	16	14	50	10	22	75	91	105	9
16	16	M16×1.5	6	6	20	M5×0.8	12	17	8	6	9.5	5.5	38	5	M6×1	24	8	12.5	10.5	18	16	13	56	10	22	82	98	111	9
20	20	M22×1.5	8	8	28	G1/8	16	20	8	8	11.5	8.5	44	6	M8×1.25	32	11	15	15	24	22	11	62	12	24	95	115	126	12
25	22	M22×1.5	10	8	33.5	G1/8	16	22	8	8	11.5	10	50	8	M10×1.25	32	11	15	15	30	22	11	65	15	28	104	126	137	12

安装附件

轴向脚座

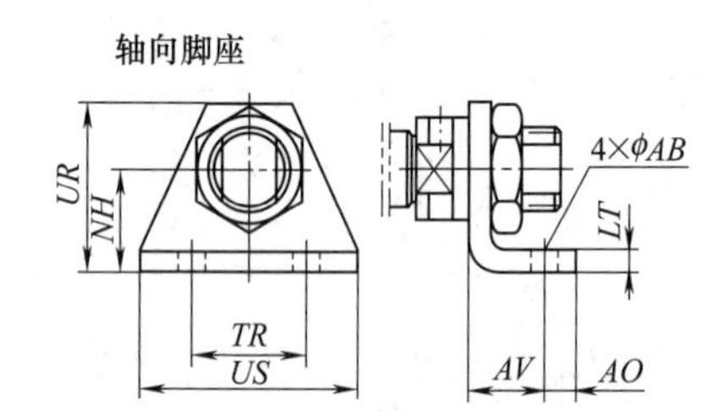

前法兰

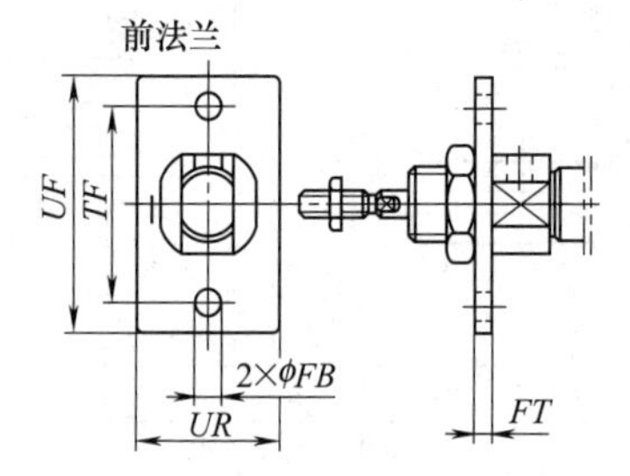

单耳座接座/连接销

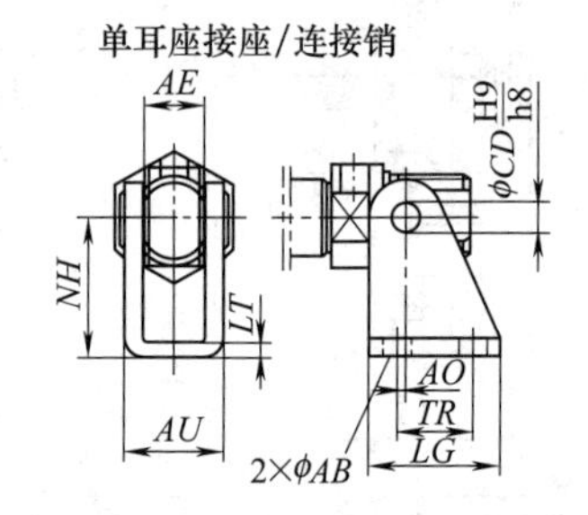

适用缸径	轴向脚座									前法兰						单耳座接座/连接销									
	零件号	AB	AO	AV	LT	TR	US	NH	UR	零件号	FT	FB	UR	TF	UF	零件号	AB	AO	TR	LG	CD	AE	AU	NH	LT
10	C85-L10	4.5	5	11	3.2	25	35	16	26	C85-F10	3.2	4.5	22	30	40	C85-E10	4.5	1.5	12.5	20	4	8.1	13.1	24	2.5
12～16	C85-L12	5.5	6	14	4	32	42	20	33	C85-F12	4	5.5	30	40	52	C85-E12	5.5	2	15	25	6	12.1	18.5	27	3.2
20～25	C85-L20	6.6	8	17	5	40	54	25	42	C85-F20	5	6.6	40	50	66	C85-E20	6.6	4	20	32	8	16.1	24.1	30	4

轴销

I形单肘节球轴承接头/(DIN 648)

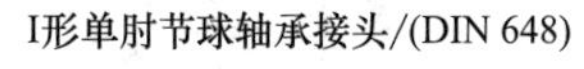

Y形双肘节接头/(DIN 71751)

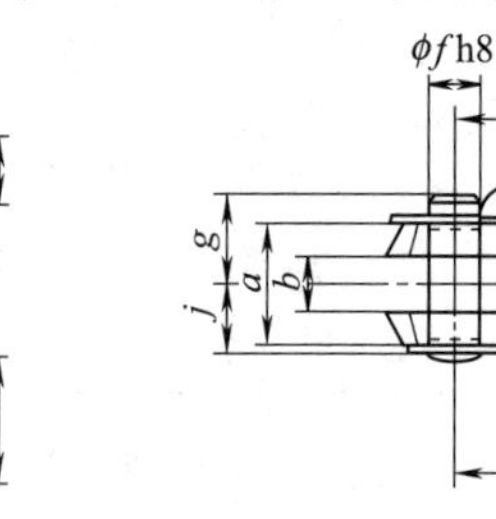

适用缸径	轴销						I形单肘节球轴承接头(DIN 648)											Y形双肘节接头(DIN 71751)								
	零件号	TT	TD	UW	TM	TZ	零件号	dc	d	h	df	da	dc	L	dg	R	ic	零件号	e	b	d	f	g	c	j	a
10	C85-T10	6	4	20	26	38	KJ4D	M4	5	27	18	8	6	10	11	7.5	10	GKM4-8	M4	4	16	4	8	8	6	8
12～16	C85-T12	8	6	25	38	58	KJ6D	M6	6	30	20	9	6.75	12	13	6.5	10	GKM6-10	M6	6	24	6	10	12	8	12
20	C85-T20	8	6	32	46	66	KJ8D	M8	8	36	24	12	9	16	16	13	12	GKM8-16	M8	8	32	8	12	16	10	16
25		8	6	32	46	66	KJ10D	M10×1.25	10	43	28	14	10.5	20	19	13	14	GKM10-20	M10×1.25	10	40	10	18	20	12	20

注：生产厂为上海新益气动元件有限公司。

7.1.1.6 MA 系列单活塞杆气缸（ϕ16～63）

型号意义：

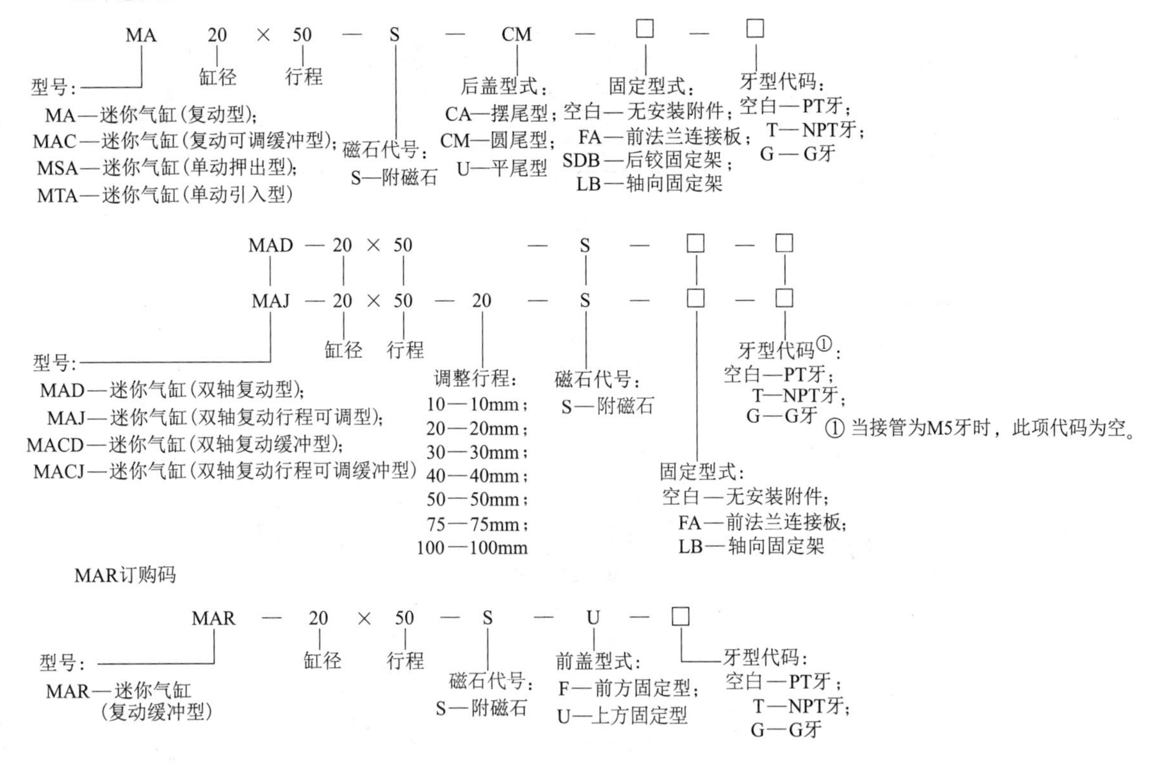

表 21-7-15 主要技术参数

缸径/mm		16	20	25	32	40	50	63
动作形式	MSA,MTA	单动型					—	
	MAR	—	复动型					
	MA,MAD,MAJ	复动型					—	
	MAC,MACD,MACJ	—	复动缓冲型					
工作介质		空气						
使用压力范围/MPa	复动型	0.1～1.0(15～145psi)						
	单动型	0.2～1.0(28～145psi)						
保证耐压力/MPa		1.5(215psi)						
使用温度范围/℃		−20～70						
使用速度范围/mm·s^{-1}		单动型:50～800 复动型:30～800						
行程公差范围/mm		0～150:$^{+1.0}_{0}$ >150:$^{+1.4}_{0}$						
缓冲形式		MAC、MACD、MACJ 系列:可调式缓冲;其他系列:防撞垫						
接管口径①		M5×0.8	PT1/8				PT1/4	

① 接管牙型有 NPT、G 牙可供选择。

表 21-7-16 行程 mm

缸径		标准行程				最大行程	容许行程
MA MAC	16	25,50,75,80,100,125,150,160,175,200				200	500
	20	25,50,75,80,100,125,150,160,175,200,250,300	MAR	20	25,50,75,80,100,125,150,160,175,200,250,300	300	600
	25	25,50,75,80,100,125,150,160,175,200,250,300,350,400,450,500		25	25,50,75,80,100,125,150,160,175,200,250,300,350,400,450,500	500	700
	32			32		500	700
	40			40		500	700
	50			50		500	700
	63			63		500	700

续表

缸径		标准行程				最大行程	容许行程
MSA	16	25,50,75,100	MTA	16	25,50,75,100	—	—
	20	25,50,75,100,125,150		20		—	—
	25			25		—	—
	32			32		—	—
	40			40		—	—
MAD MACD MAJ MACJ	16	25,50,75,80,100,125,150,160				—	—
	20	25,50,75,80,100,125,150,160,175,200				—	—
	25	25,50,75,80,100,125,150,160,175,200,250				—	—
	32					—	—
	40					—	—
	50					—	—
	63					—	—

表 21-7-17　　外形尺寸　　mm

MA(ϕ16～40)

MAC(ϕ20～40)

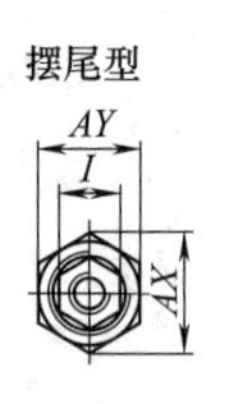

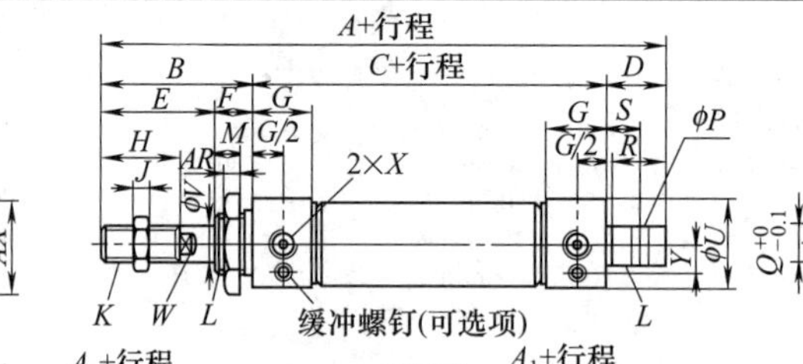

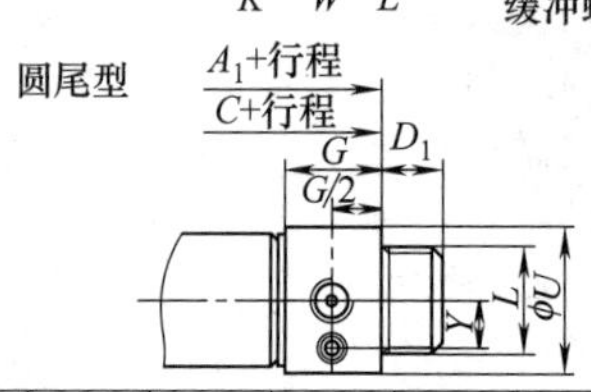

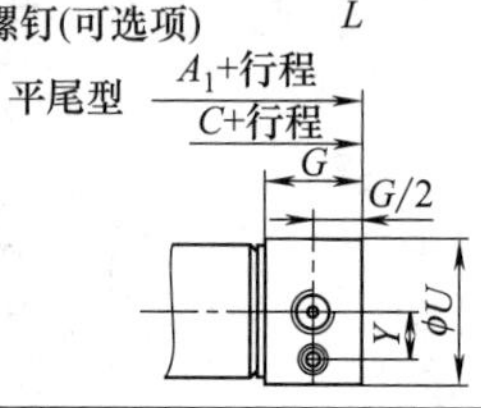

缸径	A	A_1	B	C	D	D_1	E	F	G	H	I	J	K
16	114	98	38	60	16	16	22	16	10	16	10	5	M6×1
20	137	116	40	76	21	12	28	12	16	20	12	6	M8×1.25
25	141	120	44	76	21	14	30	14	16	22	17	6	M10×1.25
32	147	120	44	76	27	14	30	14	16	22	17	6	M10×1.25
40	149	122	46	76	27	14	32	14	16.7	24	17	7	M12×1.25

缸径	L	M	P	Q	R	S	U	V	W	X	AR	AX	AY	Y
16	M16×1.5	14	6	12	14	9	21	6	5	M5×0.8	6	25	22	—
20	M22×1.5	10	8	16	19	12	27	8	6	PT1/8	7	33	29	8.7
25	M22×1.5	12	8	16	19	12	30	10	8	PT1/8	7	33	29	10.2
32	M24×2.0	12	10	16	25	15	35	12	10	PT1/8	8	37	32	12
40	M30×2.0	12	12	20	25	15	41.6	16	14	PT1/8	9	47	41	15

MAC(ϕ50、ϕ63)

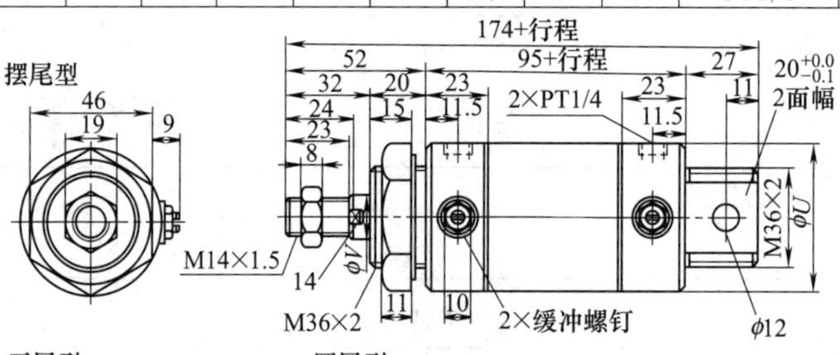

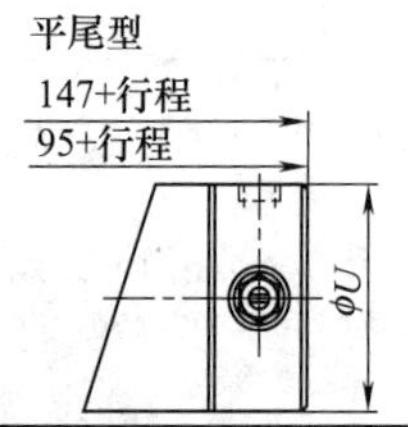

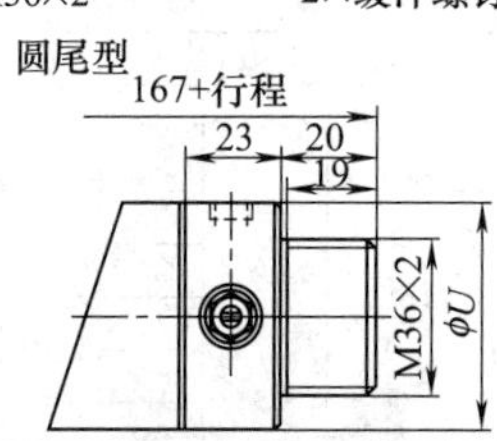

内径	U	V
50	53	16
63	67	16

续表

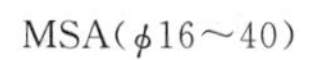
MSA（ϕ16～40）

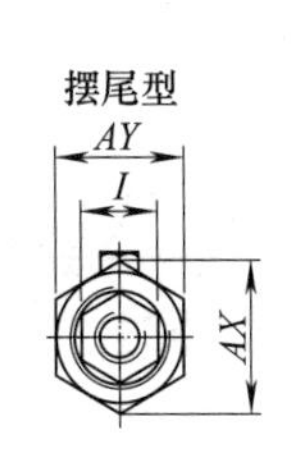

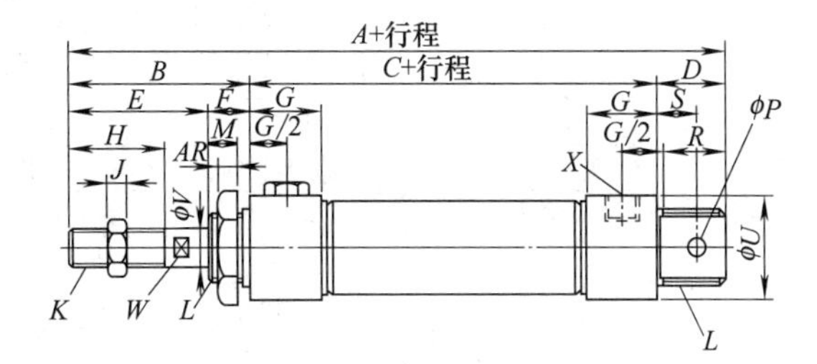

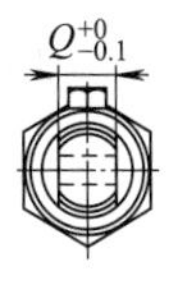

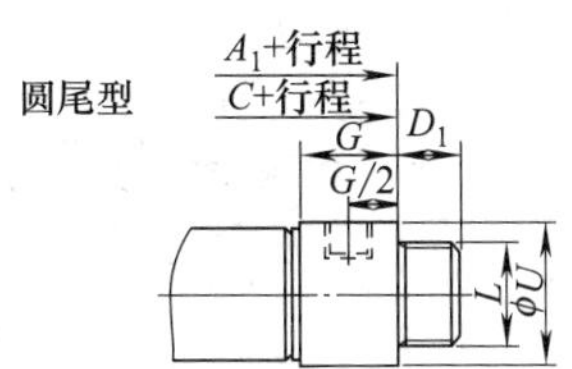

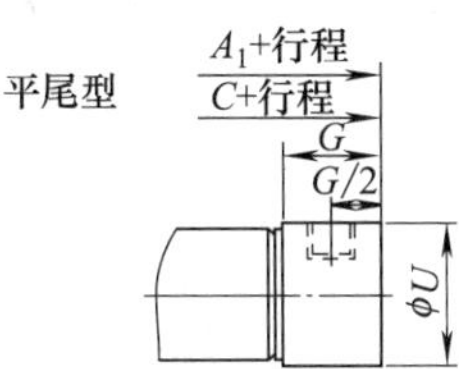

缸径	A			A_1			B	C			D	D_1	E	F	G	H	I
	≤50	51～100	≥101	≤50	51～100	≥101		≤50	51～100	≥101							
16	139	164	—	123	148	—	38	85	110	—	16	16	22	16	10	16	10
20	162	187	212	141	166	191	40	101	126	151	21	12	28	12	16	20	12
25	166	191	216	145	170	195	44	101	126	151	21	14	30	14	16	22	17
32	172	197	222	145	170	195	44	101	126	151	27	14	30	14	16	22	17
40	174	199	224	147	172	197	46	101	126	151	27	14	32	14	16.7	24	17

缸径	J	K	L	M	P	Q	R	S	U	V	W	X	AR	AX	AY
16	5	M6×1	M16×1.5	14	6	12	14	9	21	6	5	M5×0.8	6	25	22
20	6	M8×1.25	M22×1.5	10	8	16	19	12	27	8	6	PT1/8	7	33	29
25	6	M10×1.25	M22×1.5	12	8	16	19	12	30	10	8	PT1/8	7	33	29
32	6	M10×1.25	M24×2.0	12	10	16	25	15	35	12	10	PT1/8	8	37	32
40	7	M12×1.25	M30×2.0	12	12	20	25	15	41.6	16	14	PT1/8	9	47	41

MTA（ϕ16～40）

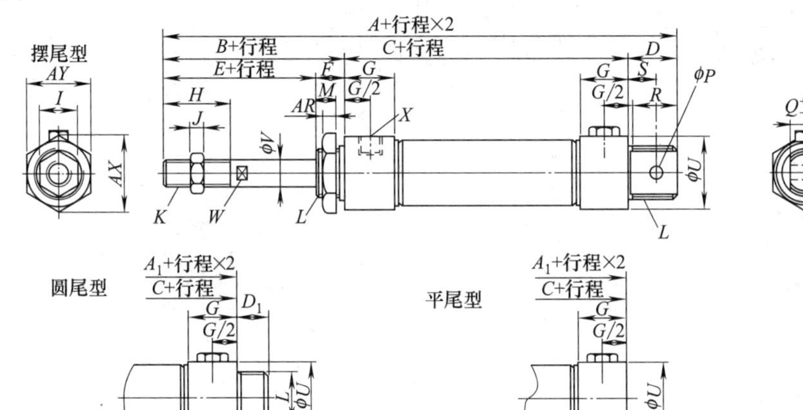

缸径	A				A_1				B	C				D	D_1	E	F
	≤25	26～50	75～99	≤100	≤25	26～50	75～99	≤100		≤25	26～50	75～99	≤100				
16	129	139	154	164	113	123	138	148	38	75	85	100	110	16	16	22	16
20	152	162	177	187	131	141	156	166	40	91	101	116	126	21	12	28	12
25	156	166	181	191	135	145	160	170	44	91	101	116	126	21	14	30	14
32	162	172	192	192	135	145	165	165	44	91	101	121	121	27	14	30	14
40	164	174	194	204	137	147	167	177	46	91	101	121	131	27	14	32	14

续表

缸径	G	H	I	J	K	L	M	P	Q	R	S	U	V	W	X	AR	AX	AY
16	10	16	10	5	M6×1	M16×1.5	14	6	12	14	9	21	6	5	M5×0.8	6	25	22
20	16	20	12	6	M8×1.25	M22×1.5	10	8	16	19	12	27	8	6	PT1/8	7	33	29
25	16	22	17	6	M10×1.25	M22×1.5	12	8	16	19	12	30	10	8	PT1/8	7	33	29
32	16	22	17	6	M10×1.25	M24×2.0	12	10	16	25	15	35	12	10	PT1/8	8	37	32
40	16.7	24	17	7	M12×1.25	M30×2.0	12	12	20	25	15	41.6	16	14	PT1/8	9	47	41

MAD

MACD

ϕ16～40

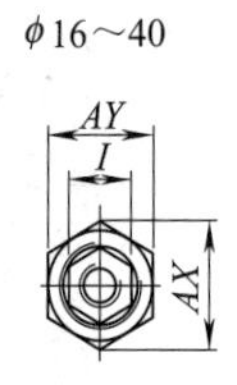

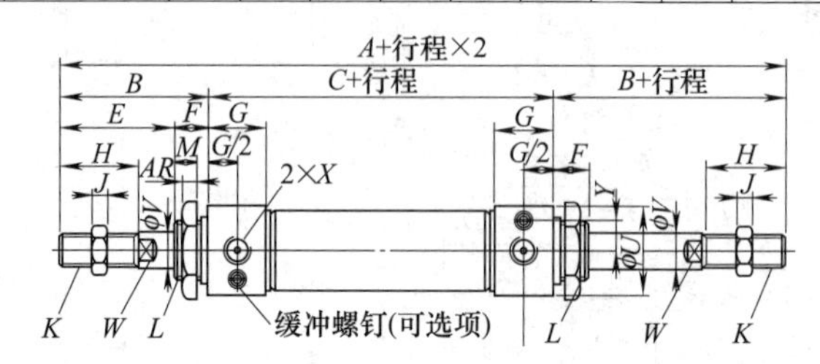

ϕ50～63

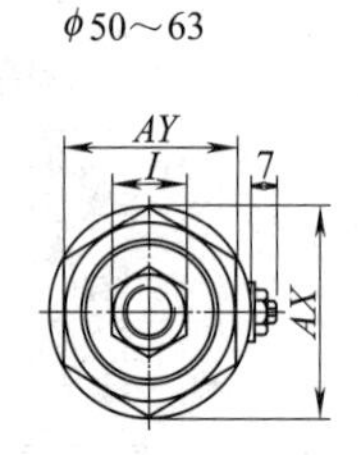

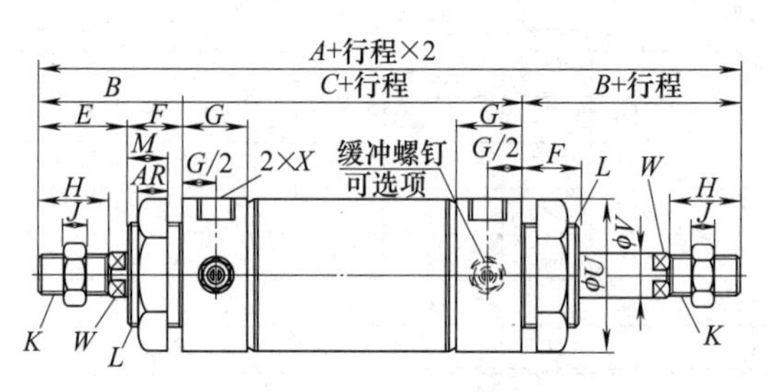

缸径	A	B	C	E	F	G	H	I	J	K	L	M	U	V	W	X	AR	AX	AY	Y
16	136	38	60	22	16	10	16	10	5	M6×1	M16×1.5	14	21	6	5	M5×0.8	6	25	22	—
20	156	40	76	28	12	16	20	12	6	M8×1.25	M22×1.5	10	27	8	6	PT1/8	7	33	29	8.7
25	164	44	76	30	14	16	22	17	6	M10×1.25	M22×1.5	12	30	10	8	PT1/8	7	33	29	10.2
32	164	44	76	30	14	16	22	17	6	M10×1.25	M24×2.0	12	35	12	10	PT1/8	8	37	32	12
40	168	46	76	32	14	16.7	24	17	7	M12×1.25	M30×2.0	12	41.6	16	14	PT1/8	9	47	41	15
50	199	52	95	32	20	23	24	19	8	M14×1.5	M36×2.0	15	53	16	14	PT1/4	11	53	46	—
63	199	52	95	32	20	23	24	19	8	M14×1.5	M36×2.0	15	67	16	14	PT1/4	11	53	46	—

MAJ

MACJ

ϕ16～40

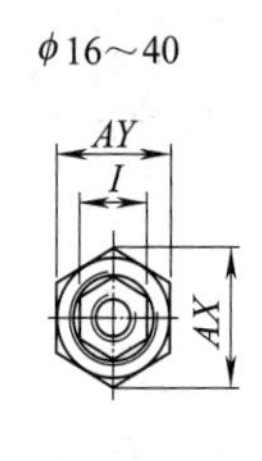

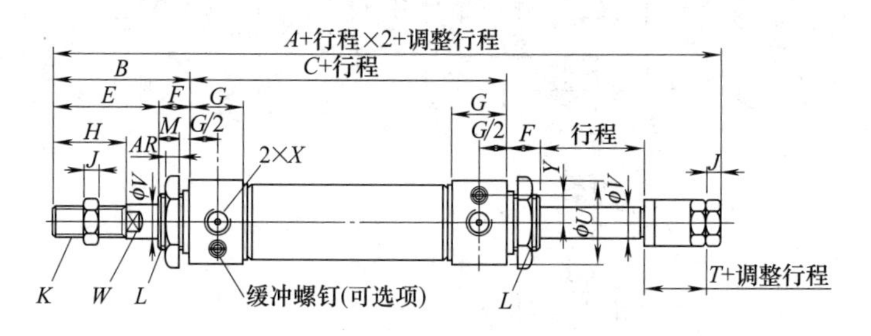

ϕ50～63

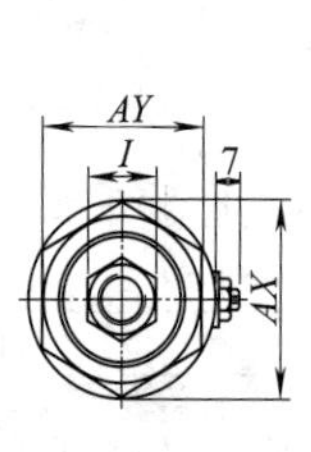

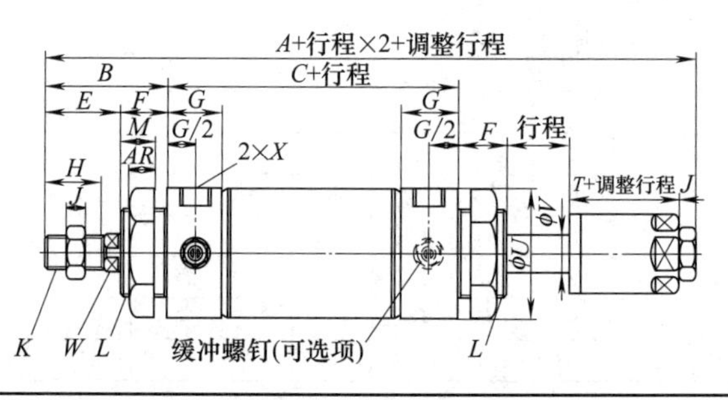

第21篇

续表

缸径	A	B	C	E	F	G	H	I	J	K	L	M	U	V	W	X	AR	AX	AY	Y	T
16	135	38	60	22	16	10	16	10	5	M6×1	M16×1.5	14	21	6	5	M5×0.8	6	25	22	—	16
20	153	40	76	28	12	16	20	12	6	M8×1.25	M22×1.5	10	27	8	6	PT1/8	7	33	29	8.7	19
25	161	44	76	30	14	16	22	17	6	M10×1.25	M22×1.5	12	30	10	8	PT1/8	7	33	29	10.2	21
32	161	44	76	30	14	16	22	17	6	M10×1.25	M24×2.0	12	35	12	10	PT1/8	8	37	32	12	21
40	164	46	76	32	14	16.7	24	17	7	M12×1.25	M30×2.0	12	41.6	16	14	PT1/8	9	47	41	15	21
50	196	52	95	32	20	23	24	19	8	M14×1.5	M36×2.0	15	53	16	14	PT1/4	11	53	46	—	21
63	196	52	95	32	20	23	24	19	8	M14×1.5	M36×2.0	15	67	16	14	PT1/4	11	53	46	—	21

MARU(上方固定型)

φ20～40

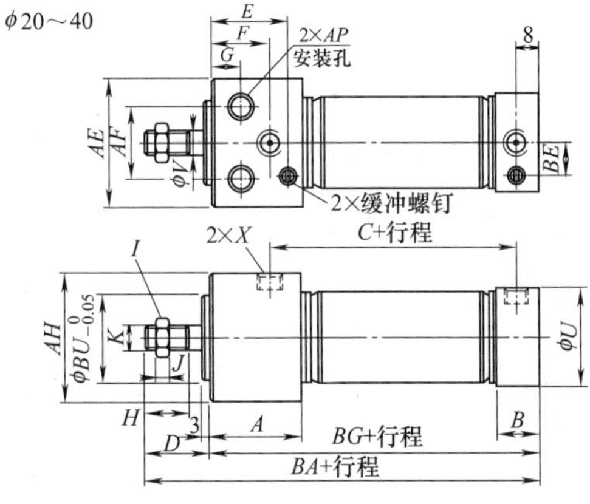

缸径	A	B	C	D	E	F	G	H	I	J	K	U
20	29	16	59	31	24	22	12	20	13	5	M8×1.25	27
25	29	16	59	33	24	22	12	22	17	6	M10×1.25	30
32	29	16	59	33	25	22	12	22	17	6	M10×1.25	35
40	37.5	16.6	62	35	31	27	15	24	19	8	M14×1.5	41.6

缸径	V	X	AE	AF	AP	AH	BA	BE	BG	BU
20	8	PT1/8	33.5	21	φ9.5 深 6.5,通孔:φ5.5	30.3	120	8.7	89	20
25	10	PT1/8	39	25	φ11.0 深 7.5,通孔:φ6.6	36.3	122	10.2	89	26
32	12	PT1/8	47	30	φ14.0 深 10,通孔:φ9.0	42.3	122	122	89	26
40	16	PT1/8	58.5	38	φ17.5 深 12.5,通孔:φ11	52.3	132.6	15	97.6	32

φ50～63

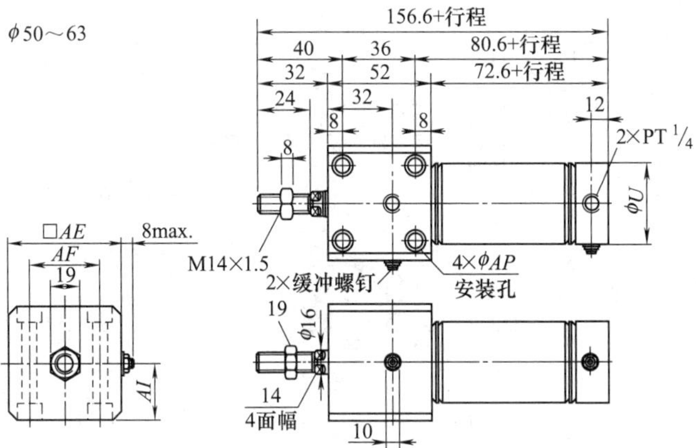

缸径	U	AE	AF	AI	AP
50	53	62	44	31	双边:φ11.0 深 6.5,通孔:φ6.6
63	67	74	48	37	双边:φ14.0 深 8.5,通孔:φ9.0

MARF （前方固定型）

φ20～40

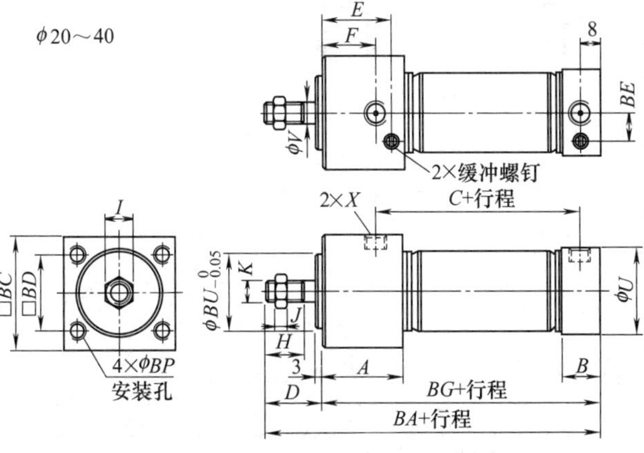

缸径	A	B	C	D	E	F	H	I	J	K	U
20	29	16	59	31	24	22	20	13	5	M8×1.25	27
25	29	16	59	33	24	22	22	17	6	M10×1.25	30
32	29	16	59	33	25	22	22	17	6	M10×1.25	35
40	37.5	16.6	62	35	31	27	24	19	8	M14×1.5	41.6

缸径	V	X	BA	BC	BD	BE	BG	BP	BU
20	8	PT1/8	120	30.5	22	8.7	89	M5×0.8 深 9	20
25	10	PT1/8	122	36.5	26	10.2	89	M6×1.0 深 11	26
32	12	PT1/8	122	42.5	30	12	89	M6×1.0 深 11	26
40	16	PT1/8	132.6	52.5	36	15	97.6	M8×1.25 深 14	32

续表

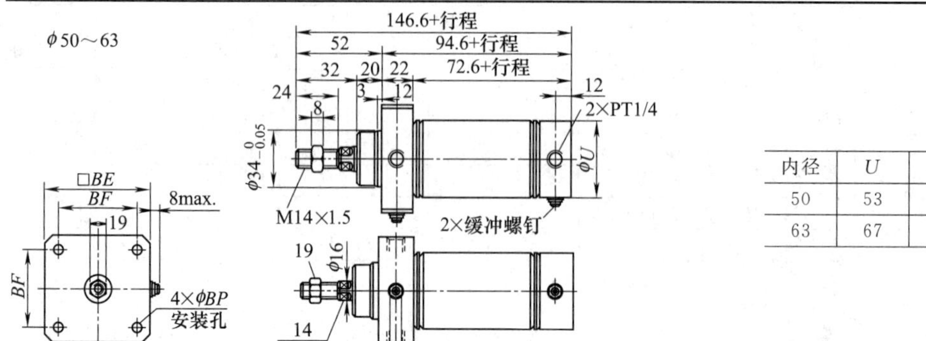

内径	U	BE	BF	BP
50	53	62	48	6.6
63	67	74	58	9.0

安装附件

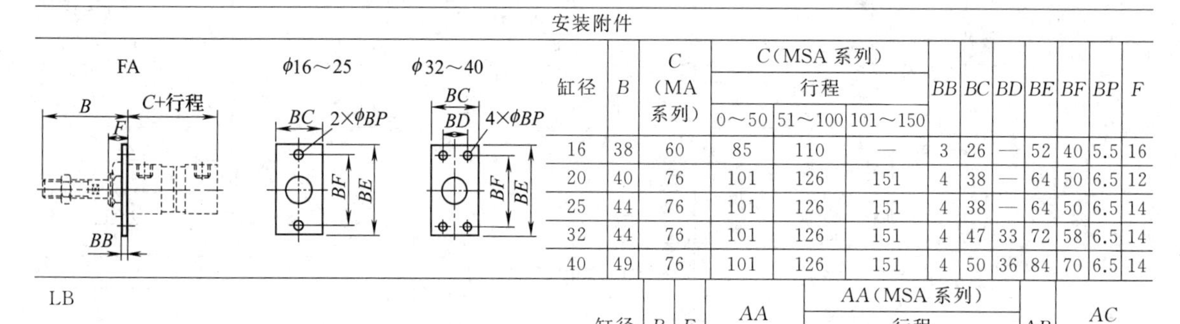

缸径	B	C（MA系列）	C（MSA系列）行程 0～50	51～100	101～150	BB	BC	BD	BE	BF	BP	F
16	38	60	85	110	—	3	26	—	52	40	5.5	16
20	40	76	101	126	151	4	38	—	64	50	6.5	12
25	44	76	101	126	151	4	38	—	64	50	6.5	14
32	44	76	101	126	151	4	47	33	72	58	6.5	14
40	49	76	101	126	151	4	50	36	84	70	6.5	14

LB

缸径	B	F	AA（MA系列）	AA（MSA系列）行程 0～50	51～100	101～150	AB	AC（MA系列）
16	38	16	98	123	148	—	25	86
20	40	12	122	147	172	197	25	106
25	44	14	122	147	172	197	29	106
32	44	14	142	167	192	217	19	126
40	46	14	142	167	192	217	21	126

缸径	AC（MSA系列）行程 0～50	51～100	101～150	AE	AF	AL	AQ	AP	AT	AH
16	111	136	—	44	32	13	6	5.5	3	20
20	131	156	181	54	40	15	8	6.5	3	25
25	131	156	181	54	40	15	8	6.5	3	25
32	151	176	201	59	45	25	8	6.5	4	32
40	151	176	201	64	50	25	8	6.5	4	36

SDB

缸径	D	S	Q	CA	CB（MA系列）	CB（MSA系列）行程 0～50	51～100	101～150	CD	CE	CF	CH	CT	CP	CQ
16	16	9	12	—	107	132	157	—	23	—	12	20	2	5.5	16
20	21	12	16	51	128	153	178	203	48	67	32	32	3	6.5	22
25	21	12	16	51	132	157	182	207	48	67	32	32	3	6.5	22
32	27	15	16	51	135	160	185	210	52	67	36	36	4	6.5	24
40	27	15	20	55	137	162	187	212	56	71	40	40	4	6.5	28

注：生产厂为亚德客公司。

7.1.1.7　QGBX 小型单活塞杆气缸（ISO 6432）（ϕ20～32）

型号意义：

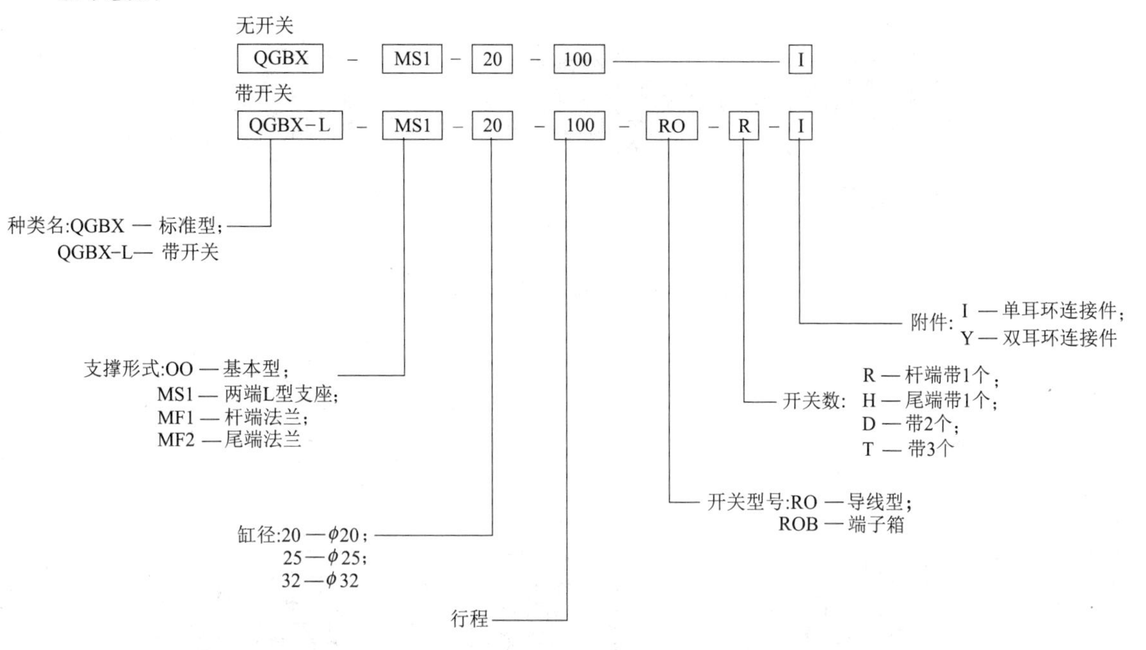

表 21-7-18　　主要技术参数

项目 \ 型号	QGBX	项目 \ 型号	QGBX
作用形式	双作用	接管口径	G1/8
使用流体	洁净压缩空气	活塞工作速度 $mm \cdot s^{-1}$	50～500mm/s(在可吸收能量范围内使用)
最高工作压力/MPa	0.7(7.1kgf/cm²)	缓冲形式	橡胶缓冲
最低工作压力/MPa	0.1(1.0kgf/cm²)	润滑	不要(给油时使用透平油 1 级 ISO VG32)
耐压/MPa	1.0(10.2kgf/cm²)		
环境温度/℃	5～60		
缸径/mm	20,25,32		

缸径/mm	最大行程/mm	最小行程/mm
20,25,32	750	15(10)①

① 15 是带两个磁性开关时的最小行程；(10) 是带 1 个磁性开关时的最小行程。

表 21-7-19　　外形尺寸及安装形式（安装尺寸符合 ISO 6432 标准）　　mm

基本型(OO)

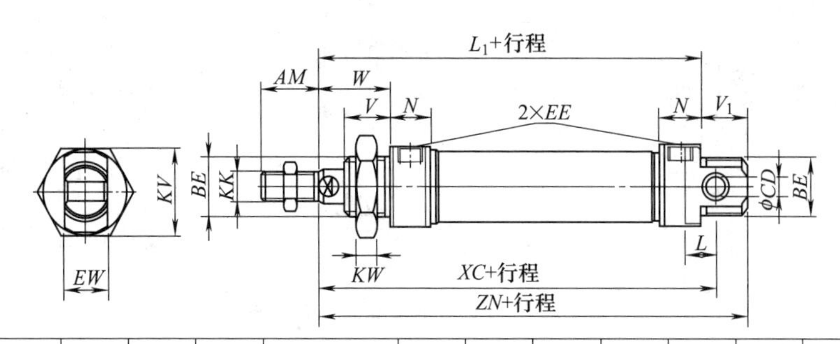

缸径	AM	BE	CD (H9)	EE	EW	KK	KV	KW	L	L_1	N	V/V_1	W	XC	ZN
20	20	M22×1.5	8	G1/8	16	M8	32	8	12	92	16	16	24	95	108
25	22	M22×1.5	8	G1/8	16	M10×1.25	32	8	12	98	16	18	28	104	116
32	22	M24×1.5	10	G1/8	16	M10×1.25	36	8	14	100	15	20/26	30	114	126

续表

两端L形支座型(MS1)

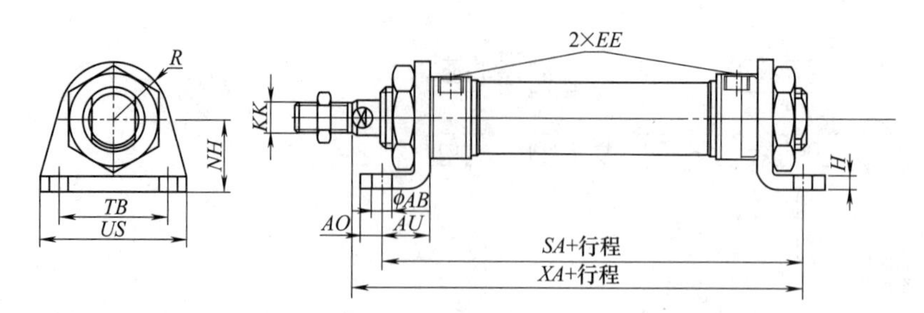

其余外形尺寸与"基本型"相同

缸径	AB	AO	AU	EE	H	KK	NH	R	SA	TB	US	XA
20	6.6	8	17	G1/8	3	M8	25	20	102	40	54	109
25	6.6	8	17	G1/8	3	M10×1.25	25	20	104	40	54	115
32	8.6	10	22	G1/8	3	M10×1.25	32	24	114	42	60	122

杆端法兰型(MF1)

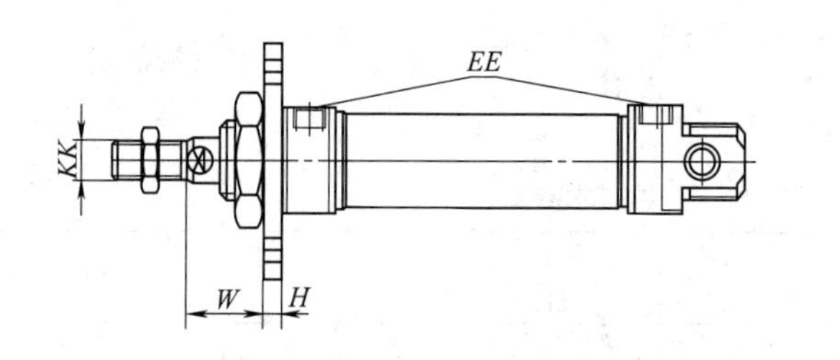

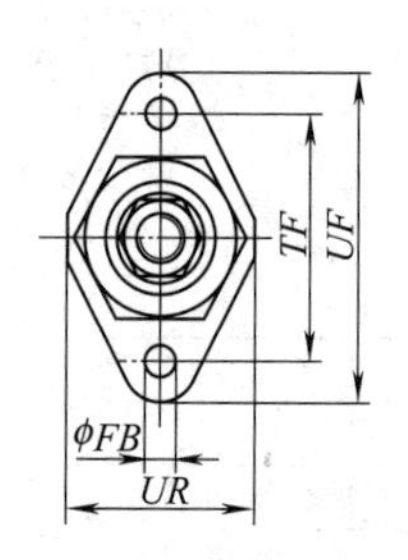

其余外形尺寸与"基本型"相同

缸径	EE	FB	H	KK	TF	UF	UR	W
20	G1/8	6.6	3	M8	50	66	40	21
25	G1/8	6.6	4	M10×1.25	50	66	40	24
32	G1/8	6.6	4	M10×1.25	60	80	45	26

尾端法兰型(MF2)

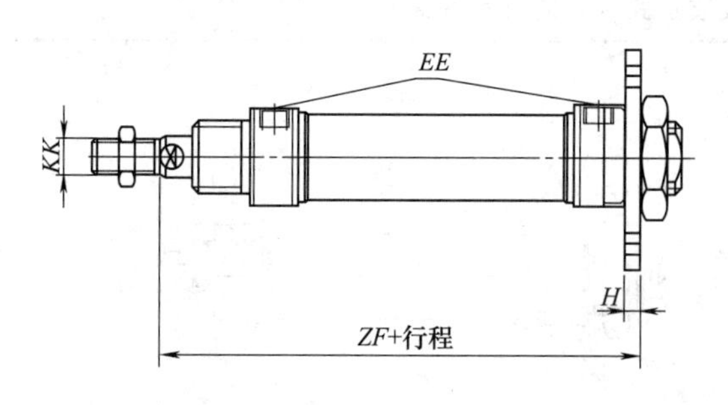

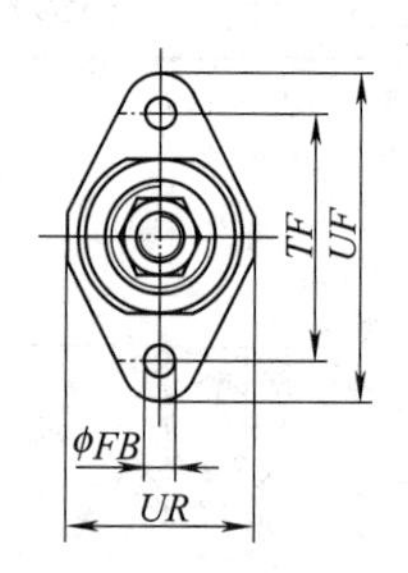

其余外形尺寸与"基本型"相同

缸径	EE	FB	H	KK	TF	UF	UR	ZF
20	G1/8	6.6	3	M8	50	66	40	95
25	G1/8	6.6	4	M10×1.25	50	66	40	102
32	G1/8	6.6	4	M10×1.25	60	80	45	104

续表

安装附件

单肘接连接件(I)	双肘接连接件(Y)

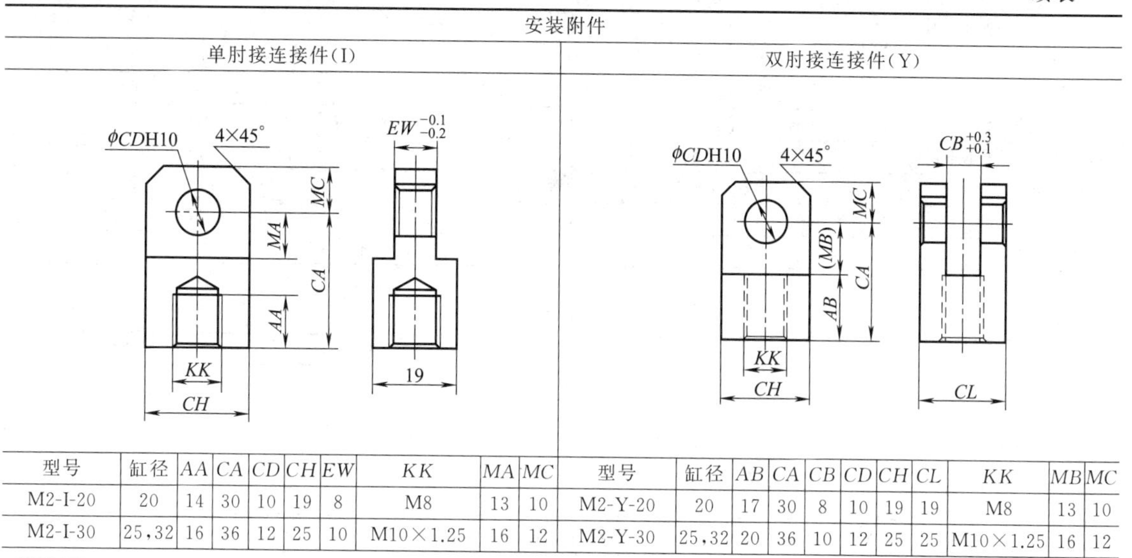

型号	缸径	AA	CA	CD	CH	EW	KK	MA	MC
M2-I-20	20	14	30	10	19	8	M8	13	10
M2-I-30	25,32	16	36	12	25	10	M10×1.25	16	12

型号	缸径	AB	CA	CB	CD	CH	CL	KK	MB	MC
M2-Y-20	20	17	30	8	10	19	19	M8	13	10
M2-Y-30	25,32	20	36	10	12	25	25	M10×1.25	16	12

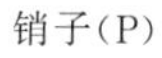
销子(P)

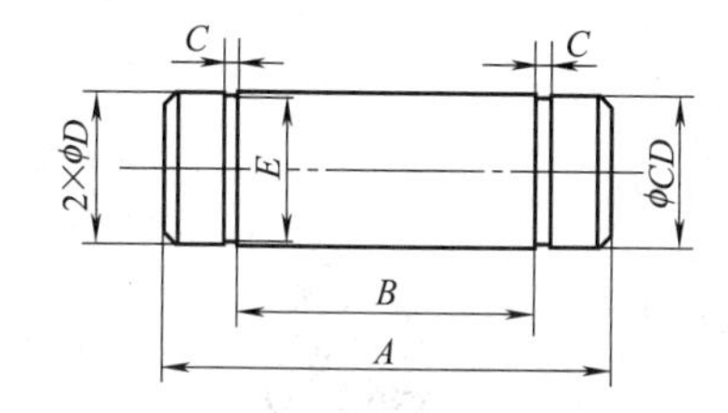

缸径	A	B	C	D	E
20	30	19.2	1.15	10	$\phi 9.6^{\ 0}_{-0.058}$
25,32	36	25.2		12	$\phi 11.5^{\ 0}_{-0.11}$

注：生产厂为无锡气动技术研究所有限公司。

7.1.1.8　QGX 小型单活塞杆气缸（φ20～40）

型号意义：

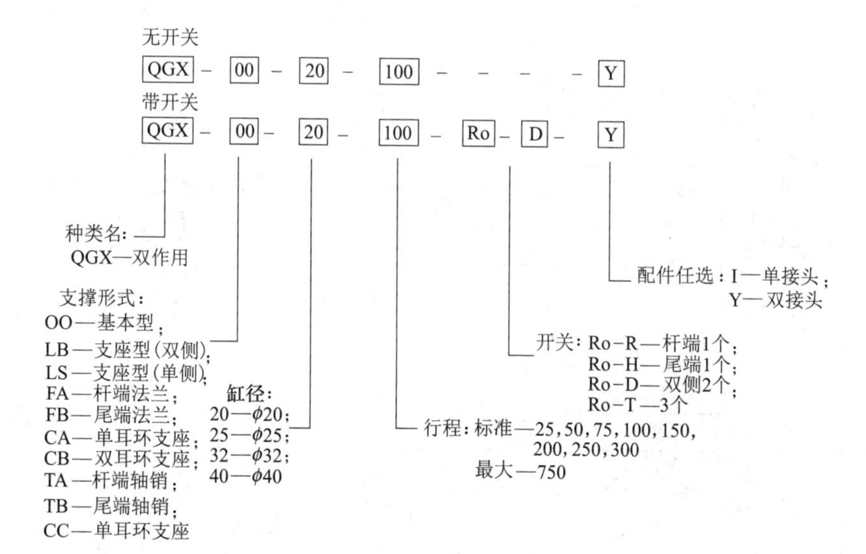

表 21-7-20 **主要技术参数**

项目＼型号	QGX	项目＼型号	QGX
作用形式	双作用	缸径/mm	20,25,32,40
使用流体	洁净压缩空气	接管口径	R_c1/8
最高工作压力/MPa	1.0(10.2kgf/cm^2)	行程公差/mm	0～+2.0(200以内),0～+2.4(200以上)
最低工作压力/MPa	0.1(1.0kgf/cm^2)	活塞工作速度/mm·s^{-1}	50～500
耐压/MPa	1.6(16.3kgf/cm^2)	缓冲形式	橡胶缓冲
环境温度/℃	−10～60	润滑	不需要

表 21-7-21 **行程** mm

缸径	标准	最大	最小
20	25,50,75,100,150,200,250,300	750	15(10)①
25			
32			
40			

① 15是带两个磁性开关时的行程；(10)是带1个磁性开关时的最小行程。

表 21-7-22 **外形尺寸及安装形式**

基本型(OO)

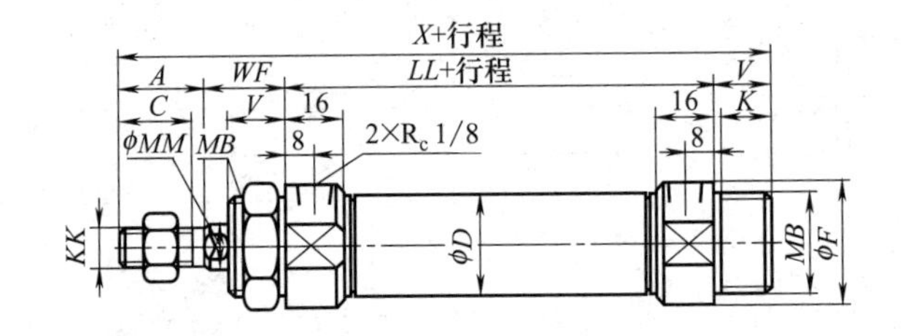

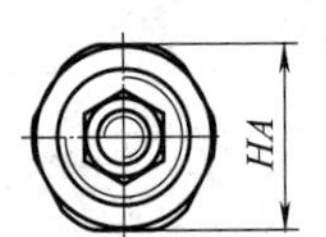

缸径	A	C	D	F	K	KK	LL	MB	MM	V	WF	X	HA
20	20	18	21.4	28	12	M8×1.0	66	M18×1.5	10	14	24	124	27
25	23	20	26.4	32	14	M10×1.25	69	M26×1.5	12	16	23	131	36
32	23	20	33.6	36	14	M10×1.25	69	M26×1.5	12	16	23	131	36
40	25	22	41.6	45	14	M12×1.5	73	M26×1.5	14	16	23	137	36

轴向两端支座型(LB)

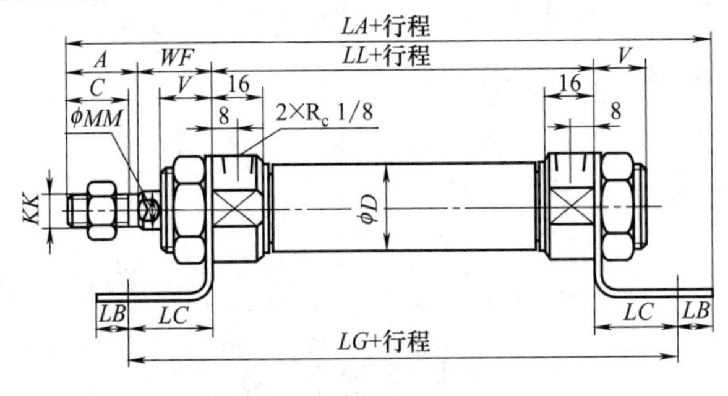

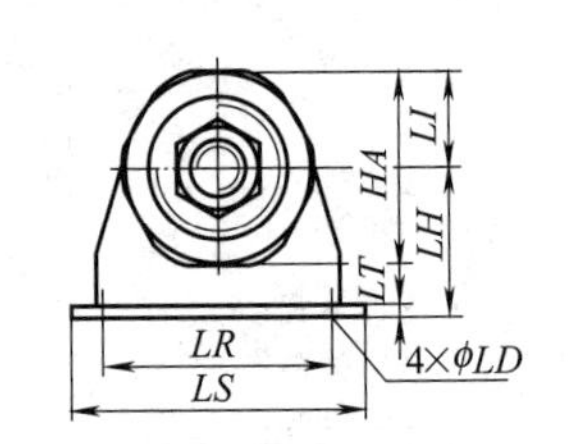

缸径	A	C	D	HA	KK	LL	MM	V	WF	LA	LB	LC	LD	LG	LH	LI	LR	LS	LT
20	20	18	21.4	27	M8×1.0	66	10	14	24	138	10	18	6	102	25	15	30	44	3.2
25	23	20	26.4	36	M10×1.25	69	12	16	23	150	12	23	7	115	30	20	46	62	3.2
32	23	20	33.6	36	M10×1.25	69	12	16	23	150	12	23	7	115	30	20	46	62	3.2
40	25	22	41.6	36	M12×1.5	73	14	16	23	156	12	23	7	119	30	20	46	62	3.2

续表

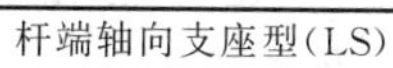

杆端轴向支座型(LS)

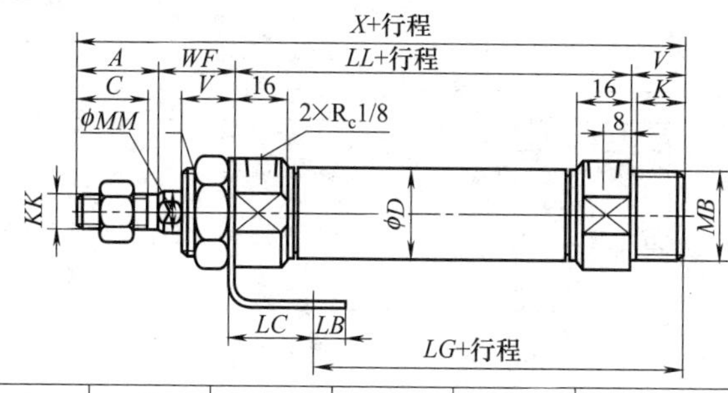

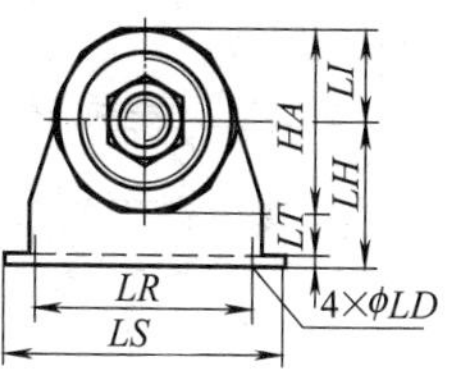

缸径	A	C	D	HA	K	KK	LL	MB	MM	V
20	20	18	21.4	27	12	M8×1.0	66	M18×1.5	10	14
25	23	20	26.4	36	14	M10×1.25	69	M26×1.5	12	16
32	23	20	33.6	36	14	M10×1.25	69	M26×1.5	12	16
40	25	22	41.6	36	14	M12×1.5	73	M26×1.5	14	16

缸径	WF	X	LB	LC	LD	LG	LH	LI	LR	LS	LT
20	24	124	10	18	6	65.2	25	15	30	44	3.2
25	23	131	12	23	7	65.2	30	20	46	62	3.2
32	23	131	12	23	7	65.2	30	20	46	62	3.2
40	23	137	12	23	7	69.2	30	20	46	62	3.2

杆端法兰型(FA)

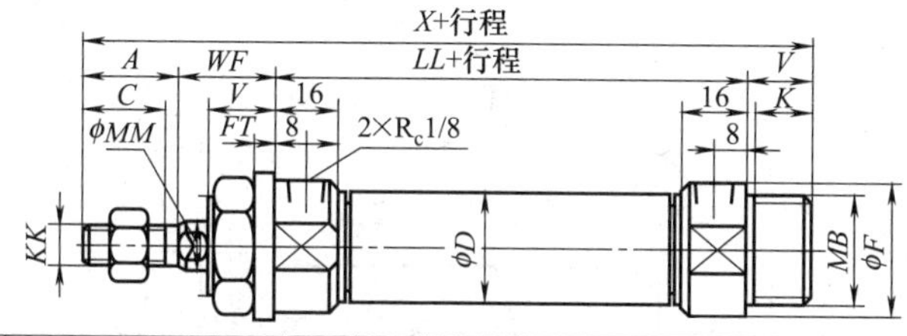

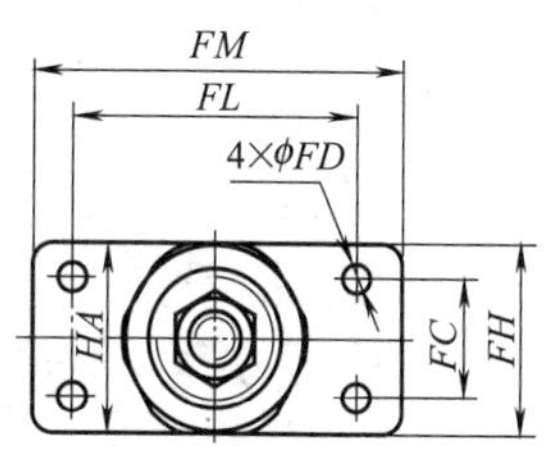

缸径	A	C	D	F	HA	K	KK	LL	MB	MM	V	WF	X	FC	FD	FH	FL	FM	FT
20	20	18	21.4	28	27	12	M8×1.0	66	M18×1.5	10	14	24	124	20	6	34	40	54	3.2
25	23	20	26.4	32	36	14	M10×1.25	69	M26×1.5	12	16	23	131	28	7	44	64	80	4.5
32	23	20	33.6	36	36	14	M10×1.25	69	M26×1.5	12	16	23	131	28	7	44	64	80	4.5
40	25	22	41.6	45	36	14	M12×1.5	73	M26×1.5	14	16	23	137	28	7	44	64	80	4.5

杆端轴销型(TA)

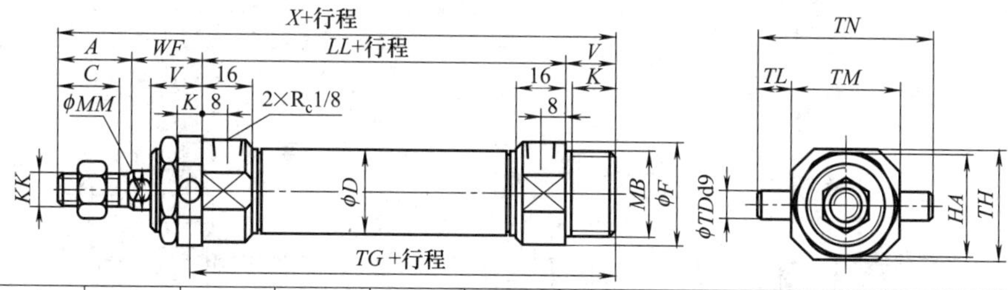

缸径	A	C	D	F	HA	K	KK	LL	MB	MM	V
20	20	18	21.4	28	26	12	M8×1.0	66	M18×1.5	10	14
25	23	20	26.4	32	35	14	M10×1.25	69	M26×1.5	12	16
32	23	20	33.6	36	35	14	M10×1.25	69	M26×1.5	12	16
40	25	22	41.6	45	35	14	M12×1.5	73	M26×1.5	14	16

缸径	WF	X	TD	TE	TG	TH	TL	TM	TN
20	24	124	8	9	84.5	29.5	8	30	46
25	23	131	10	11	90.5	39	12	40	64
32	23	131	10	11	90.5	39	12	40	64
40	23	137	10	11	94.5	44	9.5	53	72

续表

尾端轴销型(TB)

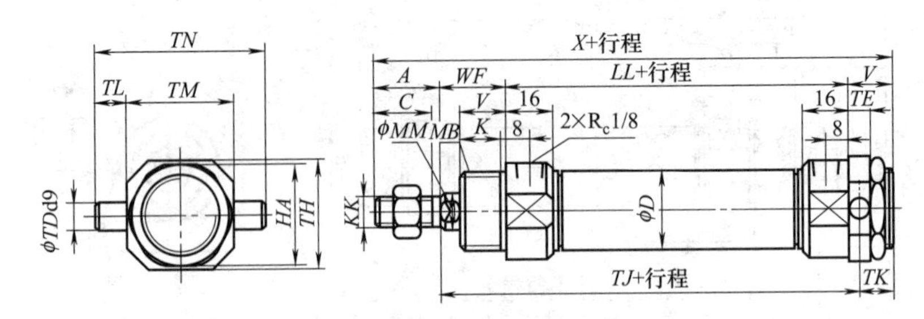

缸径	A	C	D	HA	K	KK	LL	MB	MM	V
20	20	18	21.4	26	12	M8×1.0	66	M18×1.5	10	14
25	23	20	26.4	35	14	M10×1.25	69	M26×1.5	12	16
32	23	20	33.6	35	14	M10×1.25	69	M26×1.5	12	16
40	25	22	41.6	35	14	M12×1.5	73	M26×1.5	14	16

缸径	WF	X	TD	TE	TH	TJ	TK	TL	TM	TN
20	24	124	8	9	29.5	94.5	9.5	8	30	46
25	23	131	10	11	39	97.5	10.5	12	40	64
32	23	131	10	11	39	97.5	10.5	12	40	64
40	23	137	10	11	44	101.5	10.5	9.5	53	72

尾端法兰型(FB)

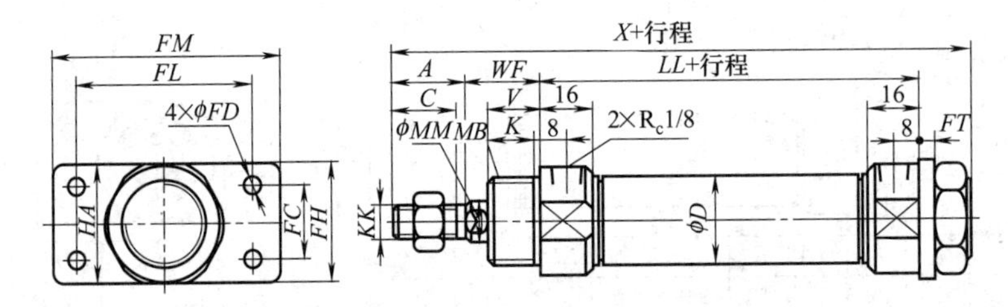

缸径	A	C	D	HA	K	KK	LL	MB	MM	V	WF	X	FC	FD	FH	FL	FM	FT
20	20	18	21.4	27	12	M8×1.0	66	M18×1.5	10	14	24	124	20	6	34	40	54	3.2
25	23	20	26.4	36	14	M10×1.25	69	M26×1.5	12	16	23	131	20	7	44	64	80	4.5
32	23	20	33.6	36	14	M10×1.25	69	M26×1.5	12	16	23	131	20	7	44	64	80	4.5
40	25	22	41.6	36	14	M12×1.5	73	M26×1.5	14	16	23	137	20	7	44	64	80	4.5

单耳环支座型(CC)

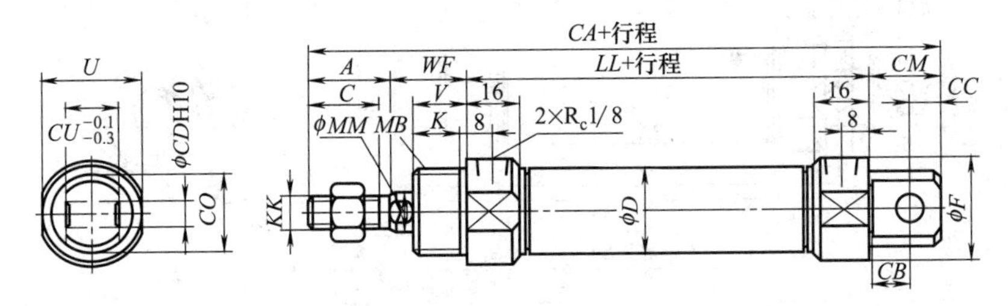

缸径	A	C	D	F	K	KK	LL	MB	MM	U	V	WF	CA	CB	CC	CD	CM	CO	CU
20	20	18	21.4	28	12	M8×1.0	66	M18×1.5	10	24	14	24	131	12	9	8	21	22	16
25	23	20	26.4	32	14	M10×1.25	69	M26×1.5	12	30	16	23	136	12	9	8	21	24	16
32	23	20	33.6	36	14	M10×1.25	69	M26×1.5	12	34	16	23	141	14	12	10	26	24	16
40	25	22	41.6	45	14	M12×1.5	73	M26×1.5	14	43	16	23	151	16	14	12	30	30	20

续表

单耳环支座型(CA)

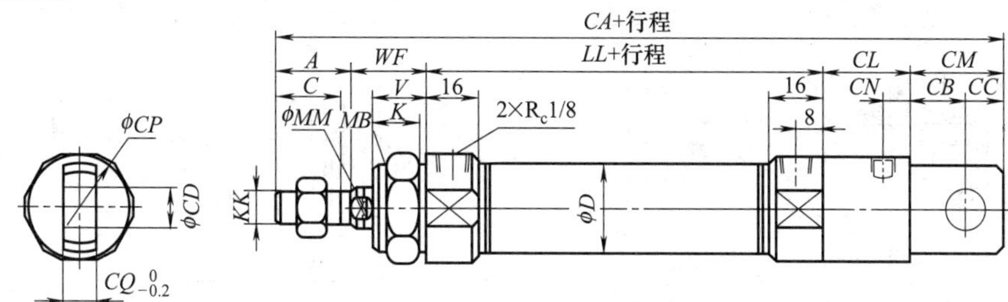

缸径	A	C	D	K	KK	LL	MB	MM	V	WF	CA	CB	CC	CD	CM	CL	CN	CP	CQ
20	20	18	21.4	12	M8×1.0	66	M18×1.5	10	14	24	165	14	10	10	24	31	8	28	8
25	23	20	26.4	14	M10×1.25	69	M26×1.5	12	16	23	177	18	12	12	30	32	7	37	10
32	23	20	33.6	14	M10×1.25	69	M26×1.5	12	16	23	177	18	12	12	30	32	7	37	10
40	25	22	41.6	14	M12×1.5	73	M26×1.5	14	16	23	183	18	12	12	30	32	7	37	10

双耳环支座型(CB)

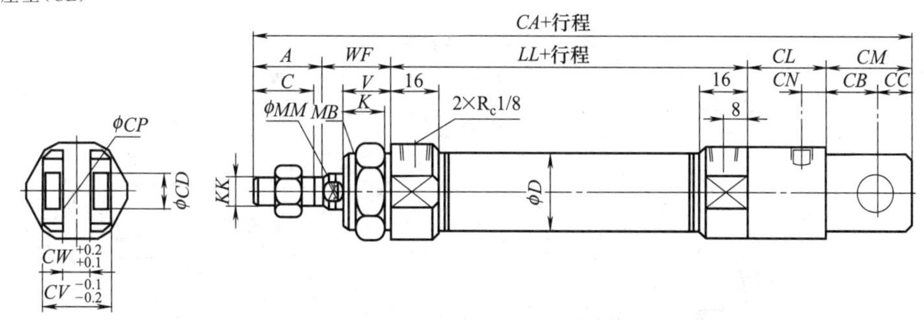

缸径	A	C	D	K	KK	LL	MB	MM	V	WF	CA	CB	CC	CD	CM	CL	CN	CP	CV	CW
20	20	18	21.4	12	M8×1.0	66	M18×1.5	10	14	24	165	14	10	10	24	31	8	28	19	8
25	23	20	26.4	14	M10×1.25	69	M26×1.5	12	16	23	177	18	12	12	30	32	7	37	25	10
32	23	20	33.6	14	M10×1.25	69	M26×1.5	12	16	23	177	18	12	12	30	32	7	37	25	10
40	25	22	41.6	14	M12×1.5	73	M26×1.5	14	16	23	183	18	12	12	30	32	7	37	25	10

安装附件

单肘接连接件(I)

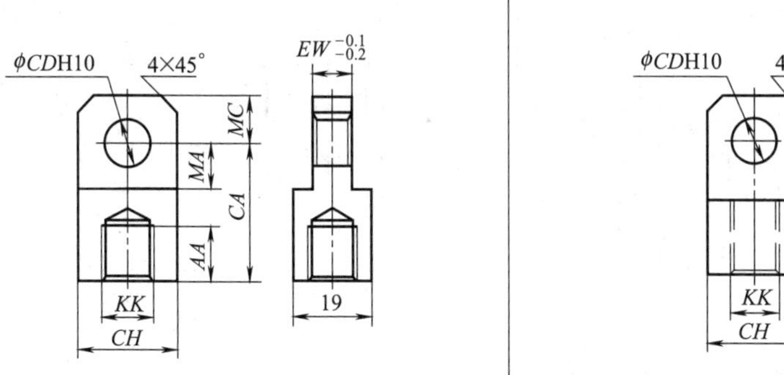

型号	缸径	AA	CA	CD	CH	EW	KK	MA	MC
M1-I-20	20	14	30	10	19	8	M8×1.0	13	10
M1-I-30	25,32	16	36	12	25	10	M10×1.25	16	12
M1-I-40	40	16	36	12	25	10	M12×1.5	16	12

双肘接连接件(Y)

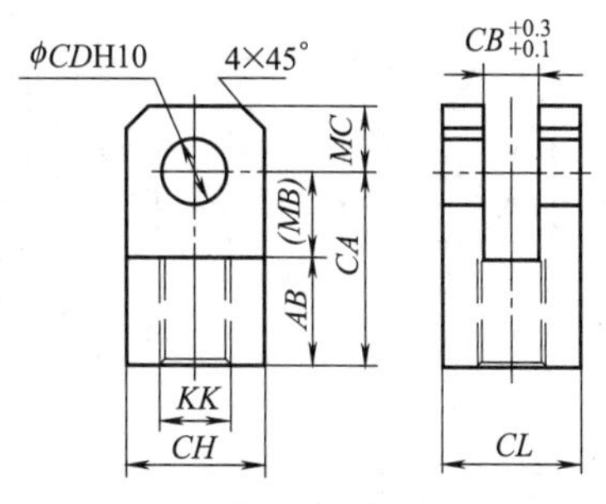

型号	缸径	AB	CA	CB	CD	CH	CL	KK	MB	MC
M1-Y-20	20	17	30	8	10	19	19	M8×1.0	13	10
M1-Y-30	25,32	20	36	10	12	25	25	M10×1.25	16	12
M1-Y-40	40	20	36	10	12	25	25	M12×1.5	16	12

续表

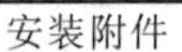
安装附件

双肘节支撑件(B2)

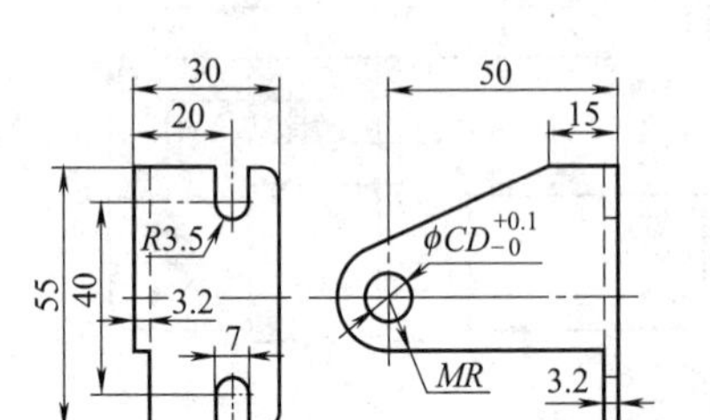

型号	缸径	CD	MR
M1-B2-20-CC	20,25	8	R8
M1-B2-30-CC	30	10	R11
M1-B2-40-CC	40	12	R11
M1-B2-30-CA	20	10	R11
M1-B2-40-CA	25,32,40	12	R11
M1-B2-20-TA	20	8	R8
M1-B2-30-TA	25,32,40	10	R11

双支撑件销子(P1)

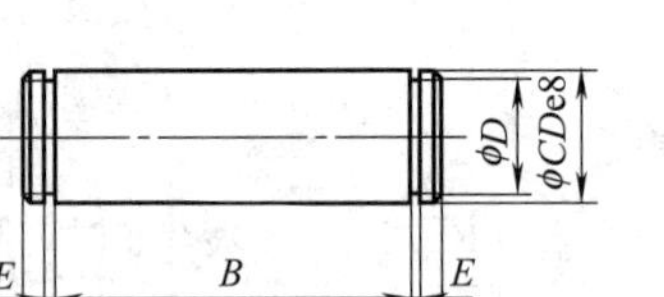

型号	缸径	A	B	CD	D	E
M1-P1-20-CC	20,25	33	28	8	7.6	0.9
M1-P1-30-CC	32	33	28	10	9.6	1.1
M1-P1-40-CC	40	37	32	12	11.5	1.1
M1-P2-20-CA	20	25	20	10	9.6	1.1
M1-P2-30-CA	25,32,40	27	22	12	11.5	1.1

L形支座(LB)

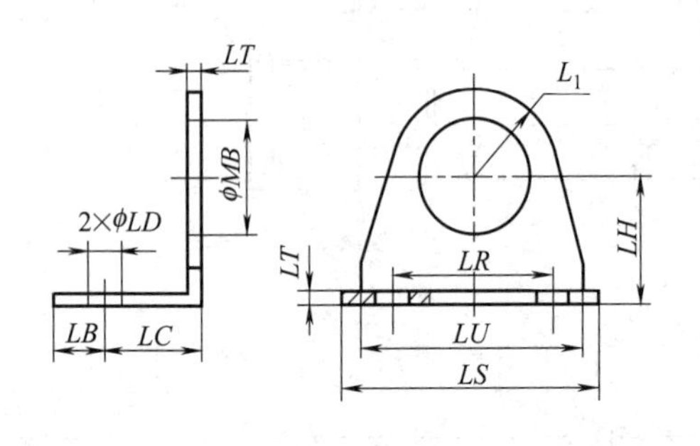

型号	缸径	LB	LC	LD	LH	L_1	LR	LS	LT	LU	MB
M1-LB-20	20	10	18	6	25	R15	30	44	3.2	40	18.5
M1-LB-30	25,32,40	12	23	7	30	R20	46	62	3.2	57	26.5

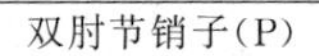
双肘节销子(P)

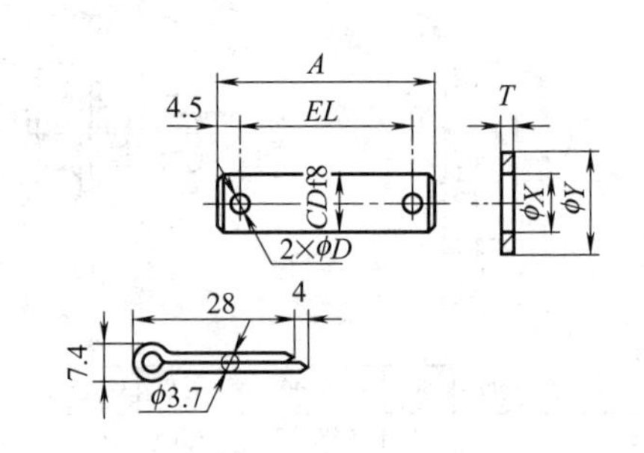

型号	缸径	A	D	CD	EL	T	X	Y
M1-P-20	20	37	4	10	28	2	10.5	18
M1-P-30	25,32,40	46	4	12	37	2.5	13	21

轴销件(TA,TB)

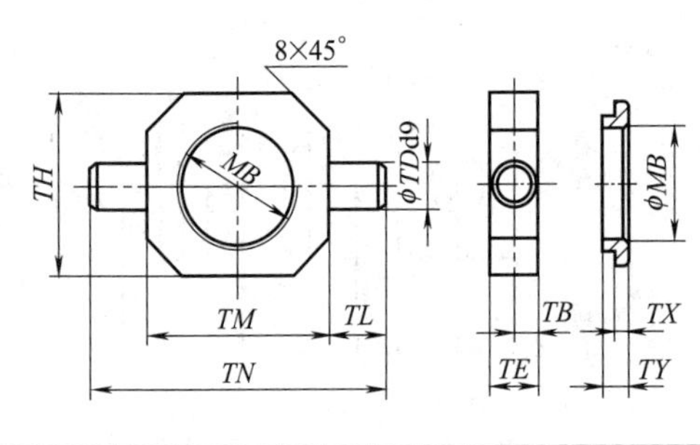

型号	缸径	TB	TD	TE	TH	TL	TM	TN	MB	TX	TY
M1-TA,TB-20	20	4.5	8	9	29	8	30	46	M18×1.5	5	7
M1-TA,TB-30	25,32	5.5	10	11	39	12	40	64	M26×1.5	5	7
M1-TA,TB-40	40	5.5	10	11	44	9.5	53	72	M26×1.5	5	7

法兰件(FA,FB)

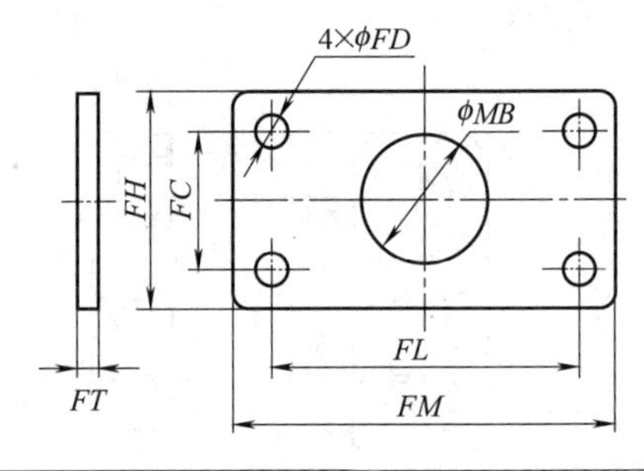

型号	缸径	FC	FD	FH	FL	FM	FT	MB
M1-FA,FB-20	20	20	6	34	40	54	3.2	18.5
M1-FA,FB-30	25,32,40	28	7	44	64	80	4.5	26.5

注：生产厂为无锡气动技术研究所有限公司。

7.1.1.9 QCM2系列小型单活塞杆气缸（日本规格）（ϕ20～40）

型号意义：

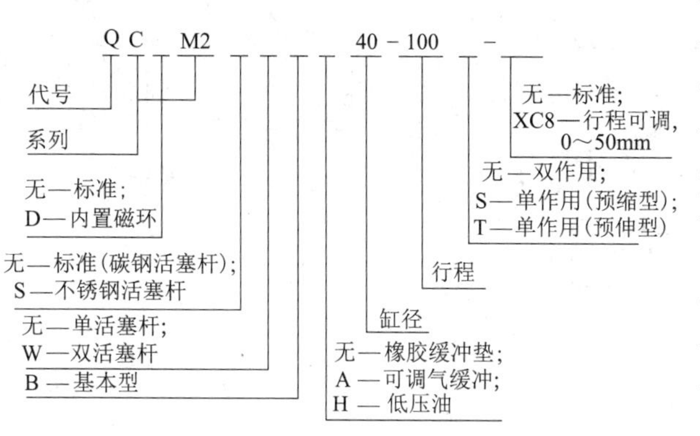

表 21-7-23 主要技术参数

缸径/mm	20	25	32	40
使用介质	经过滤的压缩空气			
作用形式	双作用/单作用			
最高使用压力/MPa	1.0			
最低工作压力/MPa	双作用 0.1/单作用 0.2			
缓冲形式	橡胶垫(标准) 气缓冲(选择)			
环境温度/℃	5～60			
使用速度/mm·s^{-1}	50～500			
行程误差/mm	0～250：$^{+0.1}_{0}$，251～1000：$^{+1.5}_{0}$，1001～1500：$^{+2.0}_{0}$			
润滑①	出厂已润滑			
接管口径	G1/8			G1/4

① 如需要润滑，请用透平1号油（ISOVG32)。

表 21-7-24 标准行程/磁性开关

缸径/mm	标准行程/mm	磁性开关			
		开关型号	固定码	开关型号	固定码
20	25,50,75,100,125,150,175,200,250,300,500	QCK2400 QCK2422	A-20	AL-03R	PBK-20
25			A-25		PBK-25
32			A-32		PBK-32
40			A-40		PBK-40

注：1. 使用的电压及电流避免超负荷。

2. 严禁磁性开关直接与电源接通，必须同负载串联使用。

3. 严禁有其他强磁体靠近磁性开关，如有，应屏蔽。

表 21-7-25 外形尺寸及安装形式 mm

基本型

QCM2B

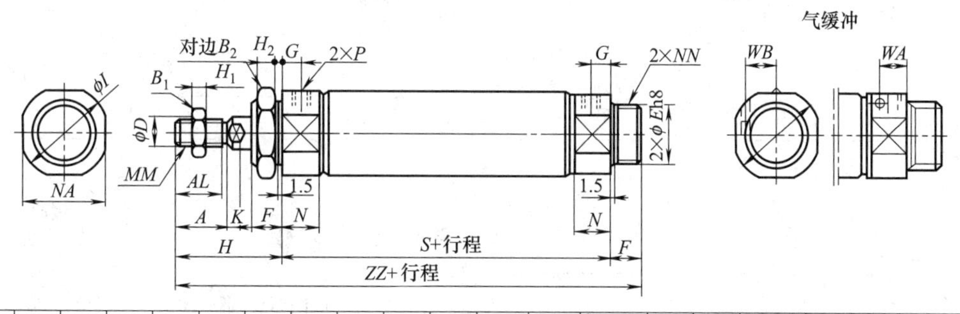

缸径	A	AL	B_1	B_2	D	E	F	G	H	H_1	H_2	I	K	MM	N	NA	NN	P	S	WA	WB	ZZ
20	18	15.5	12	26	8	20	13	8	41	5	8	28	5	M8×1.25	15	24	M20×1.5	G1/8	62	11.5	8.5	116
25	22	19.5	15	32	10	26	13	8	45	6	8	33.5	5.5	M10×1.25	15	30	M26×1.5	G1/8	62	11.5	10	120
32	22	19.5	15	32	12	26	13	8	45	6	8	37.5	5.5	M10×1.25	15	34.5	M26×1.5	G1/8	64	11.5	11.5	122
40	24	21	21	41	14	32	16	11	50	7	10	46.5	7	M14×1.5	21.5	42.5	M32×2	G1/4	88	14	15	154

续表

单耳座型

QCM2E

单耳座接座

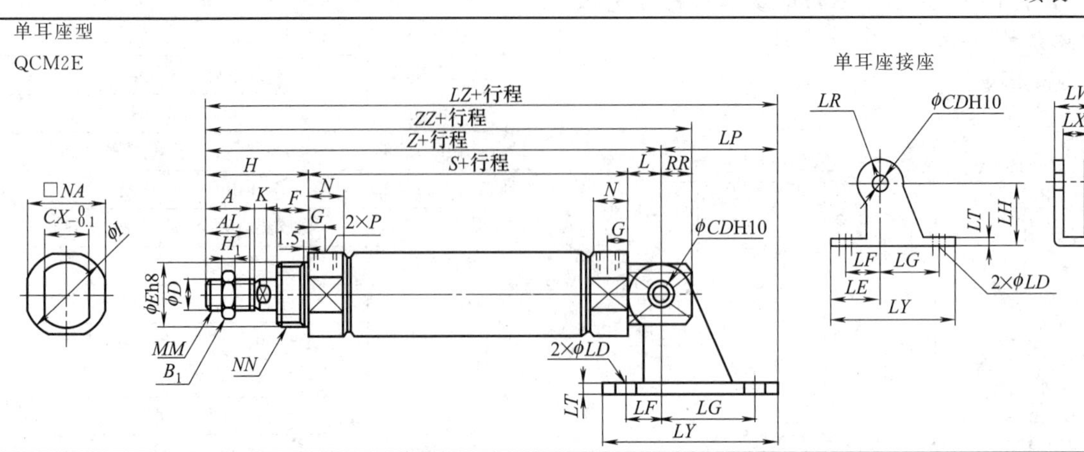

缸径	A	AL	B_1	CD	CX	D	E	F	G	H	H_1	I	K	L	MM	N	NA	NN	P	RR	S	Z	ZZ
20	18	15.5	12	8	12	8	20	13	8	41	5	28	5	12	M8×1.25	15	24	M20×1.5	G1/8	9	62	115	124
25	22	19.5	15	8	12	10	26	13	8	45	6	33.5	5.5	12	M10×1.25	15	30	M26×1.5	G1/8	9	62	119	128
32	22	19.5	15	10	20	12	26	13	8	45	6	37.5	5.5	15	M10×1.25	15	34.5	M26×1.5	G1/8	12	64	124	136
40	24	21	21	10	20	14	32	16	11	50	7	46.5	7	15	M14×1.5	21.5	42.5	M32×2	G1/4	12	88	153	165

	适用缸径	零件号	LD	LE	LF	LG	LH	LP	LR	LT	LV	LY	LZ
单耳座接座	20	CM-E02	6.8	22	15	30	30	37	R10	3.2	18.4	59	152
	25		6.8	22	15	30	30	37	R10	3.2	18.4	59	156
	32	CM-E03	9	25	15	40	40	50	R13	4	28	75	174
	40		9	25	15	40	40	50	R13	4	28	75	203

单作用 QCM2B(-S、-T)

与基本型气缸不同的尺寸：

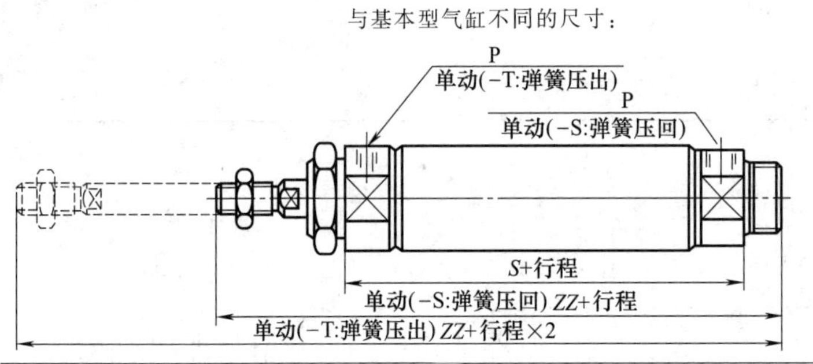

图形符号

缸径	行程范围(-S、-T)			
	1～50		51～75	
	S	ZZ	S	ZZ
20	87	141	112	166
25	87	145	112	170
32	89	147	114	172
40	113	179	138	204

双活塞杆型

QCM2W

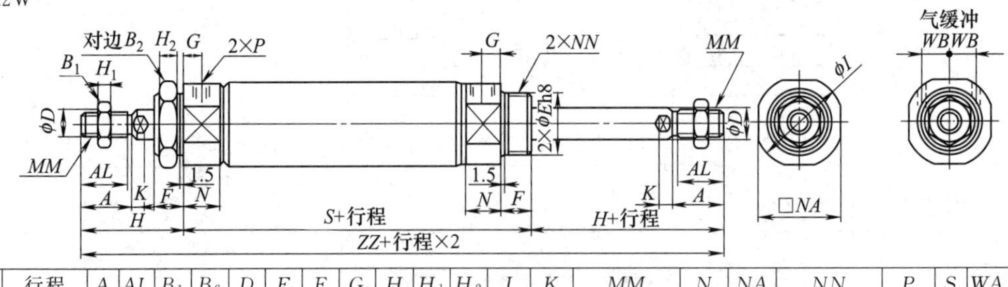

缸径	行程	A	AL	B_1	B_2	D	E	F	G	H	H_1	H_2	I	K	MM	N	NA	NN	P	S	WA	WB	ZZ
20	至 300	18	15.5	12	26	8	20	13	8	41	5	8	28	5	M8×1.25	15	24	M20×1.5	G1/8	62	11.5	8.5	144
25	至 300	22	19.5	15	32	10	26	13	8	45	6	8	33.5	5.5	M10×1.25	15	30	M26×1.5	G1/8	62	11.5	10	152
32	至 300	22	19.5	15	32	12	26	13	8	45	6	8	37.5	5.5	M10×1.25	15	34.5	M26×1.5	G1/8	64	11.5	11.5	154
40	至 300	24	21	21	41	14	32	16	11	50	7	10	46.5	7	M14×1.5	21.5	42.5	M32×2	G1/4	88	14.5	15	188

续表

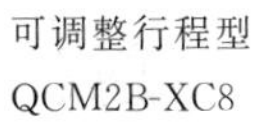

可调整行程型

QCM2B-XC8

图形符号

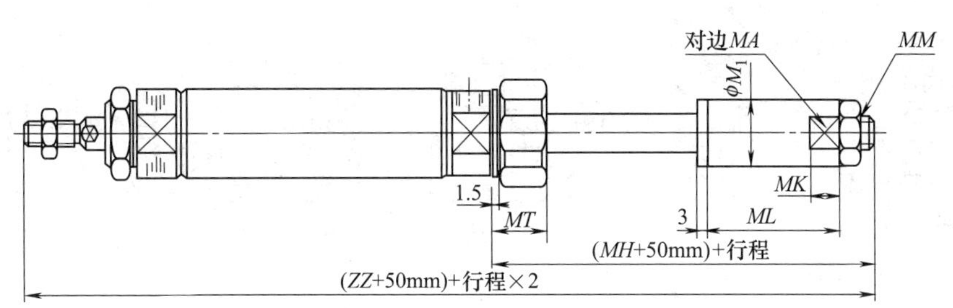

伸出可调整型　调整范围:0～50mm

缸径	MA	MH	M_1	MK	ML	MM	MT	ZZ
20	12	47	15	8	68	M8×1.25	16.5	150
25	17	49	20	10	68	M8×1.25	17.5	156
32	17	49	20	10	68	M10×1.25	17.5	158
40	22	60	25	12	72	M14×1.5	21.5	198

安装附件

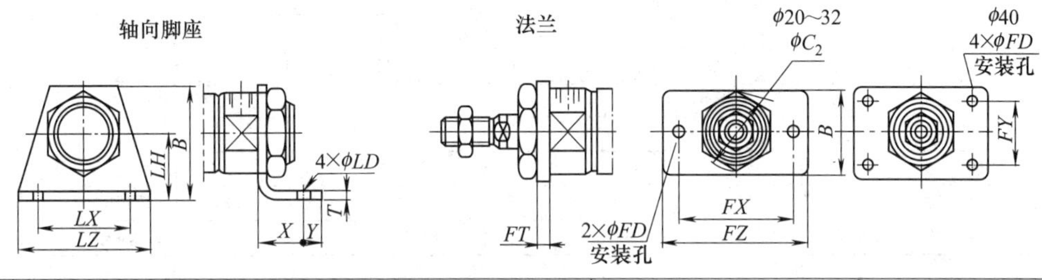

适用缸径	轴向脚底								法兰							
	零件号	X	Y	LD	LX	LZ	LH	B	零件号	FD	FY	FX	FZ	C_2	B	FT
20	CM-L02	20	8	6.8	40	55	25	40	CM-F02	7	—	60	75	30	34	4
25	CM-L03	20	8	6.8	40	55	28	47	CM-F03	7	—	60	75	37	40	4
32	CM-L03	20	8	6.8	40	55	28	47	CM-F03	7	—	60	75	37	40	4
40	CM-L04	23	10	7	55	75	30	54	CM-F04	7	36	66	82	47.5	52	5

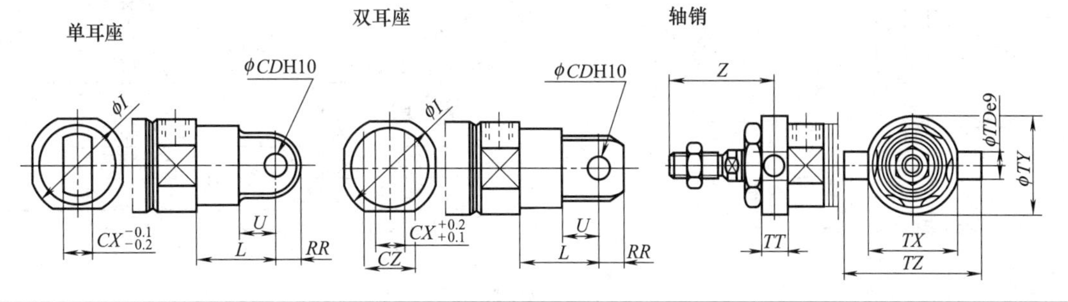

适用缸径	单耳座							双耳座								轴销						
	零件号	CD	CX	I	L	RR	U	零件号	CD	CX	CZ	I	L	RR	U	零件号	TD	TT	TX	TY	TZ	Z
20	CM-C02	9	10	28	30	9	14	CM-D02	9	10	19	28	30	9	14	CM-T02	8	10	32	32	52	36
25	CM-C03	9	10	33.5	30	9	14	CM-D03	9	10	19	33.5	30	9	14	CM-T03	9	10	40	40	60	40
32	CM-C03	9	10	37.5	30	9	14	CM-D03	9	10	19	37.5	30	9	14	CM-T03	9	10	40	40	60	40
40	CM-C04	10	15	46.5	39	11	18	CM-D04	10	15	30	46.5	39	11	18	CM-T04	10	11	53	53	77	44.5

续表

安装附件

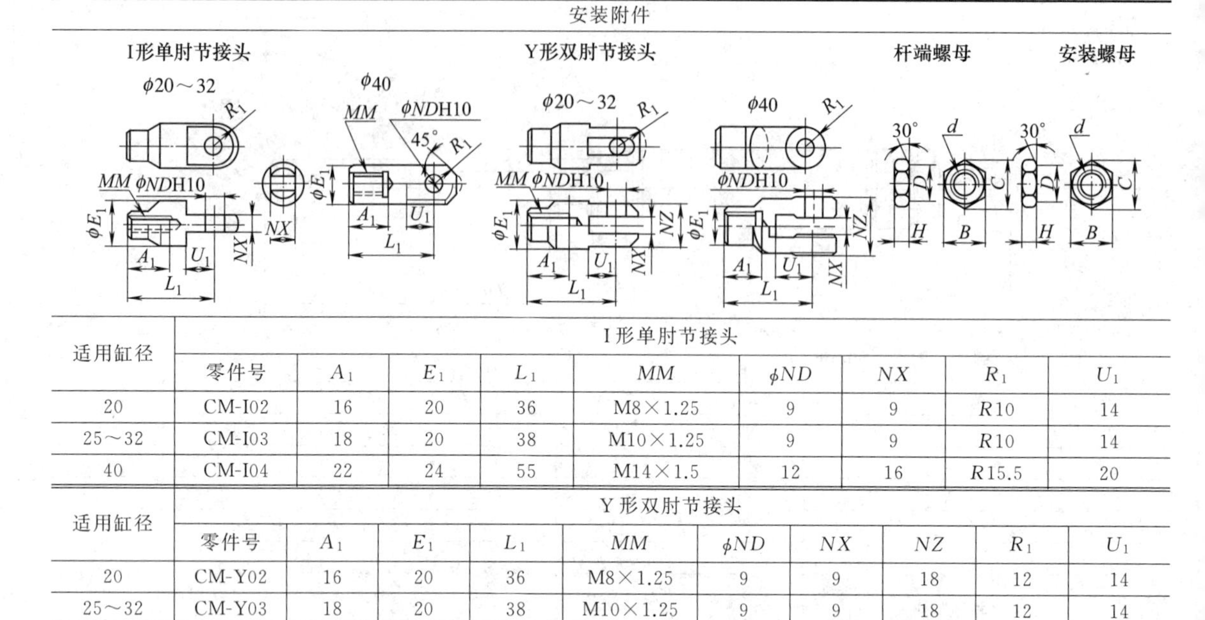

适用缸径	I形单肘节接头								
	零件号	A_1	E_1	L_1	MM	ϕND	NX	R_1	U_1
20	CM-I02	16	20	36	M8×1.25	9	9	R10	14
25～32	CM-I03	18	20	38	M10×1.25	9	9	R10	14
40	CM-I04	22	24	55	M14×1.5	12	16	R15.5	20

适用缸径	Y形双肘节接头									
	零件号	A_1	E_1	L_1	MM	ϕND	NX	NZ	R_1	U_1
20	CM-Y02	16	20	36	M8×1.25	9	9	18	12	14
25～32	CM-Y03	18	20	38	M10×1.25	9	9	18	12	14
40	CM-Y04	22	24	55	M14×1.5	12	16	38	13	25

适用缸径	杆端螺母					安装螺母				
	零件号	B	C	d	H	零件号	B	C	d	H
20	NT-02	13	15	M8×1.25	5	SN-02	26	30	M20×1.5	8
25～32	NT-03	17	19.6	M10×1.25	6	SN-03	32	37	M26×1.5	8
40	NT-04	22	25.4	M14×1.5	8	SN-04	41	47.3	M32×2	10

注：生产厂为上海新益气动元件有限公司。

7.1.1.10 QC75系列小型单活塞杆气缸（欧洲规格）（ϕ32～40）

型号意义：

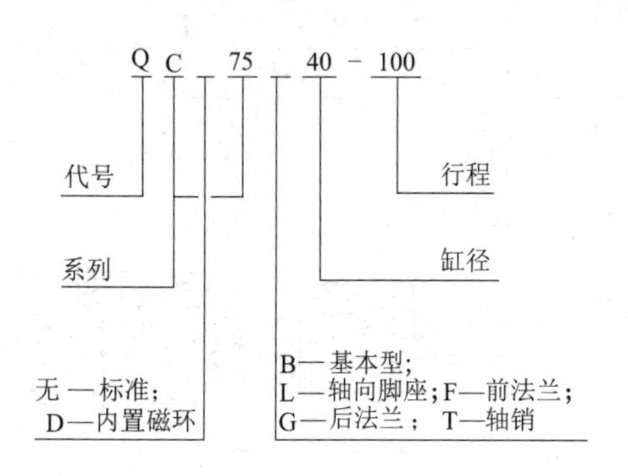

表 21-7-26 主要技术参数

缸径/mm	32	40
使用介质	经过滤的压缩空气	
作用形式	双作用	
最高使用压力/MPa	1.0	
最低工作压力/MPa	0.05	
缓冲形式	橡胶垫(标准)	
环境温度/℃	5～60	
使用速度/mm·s^{-1}	50～750	
行程误差/mm	0～250：$^{+0.1}_{0}$；251～1000：$^{+1.5}_{0}$；1001～1500：$^{+2.0}_{0}$	
润滑①	出厂已润滑	
接管口径	G1/8	G1/4

① 如需要润滑，请用透平1号油（ISO VG32）。

表 21-7-27 标准行程/磁性开关

缸径/mm	标准行程/mm	最大行程/mm	磁性开关型号	箍圈固定码
32	10,25,40,50,80,100,125,160,200,250,300	1000	QCK2400 QCK2422	A-32
40				A-40

注：1. 使用的电压及电流避免超负荷。
2. 严禁磁性开关直接与电源接通，必须同负载串联使用。
3. 严禁有其他强磁体靠近磁性开关，如有，应屏蔽。

表 21-7-28　　外形尺寸　　mm

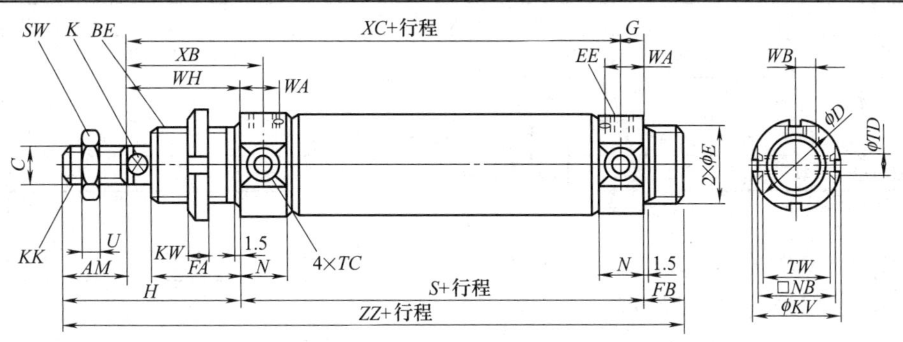

缸径	AM	BE	C	D	E	EE	FA	FB	G	WA	H	WB	K	KK
32	20	M30×1.5	12	37.5	30	G1/8	30	14	9	15.5	58	10.5	10	M10×1.5
40	24	M38×1.5	14	46.5	38	G1/4	35	16	12	19.5	69	13	12	M12×1.75

缸径	KV	KW	N	NB	S	SW	TC	TD	TW	WH	XB	XC	ZZ	U
32	38	7	17(19)	34.5	68	15	M8×1	10	32.5	38	47	97	140	6
40	50	8	22(25)	42.5	89	17	M10×1	12	39.5	45	57	122	174	7

安装附件

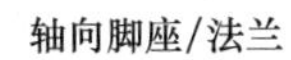
轴向脚座/法兰

轴销

U形接座

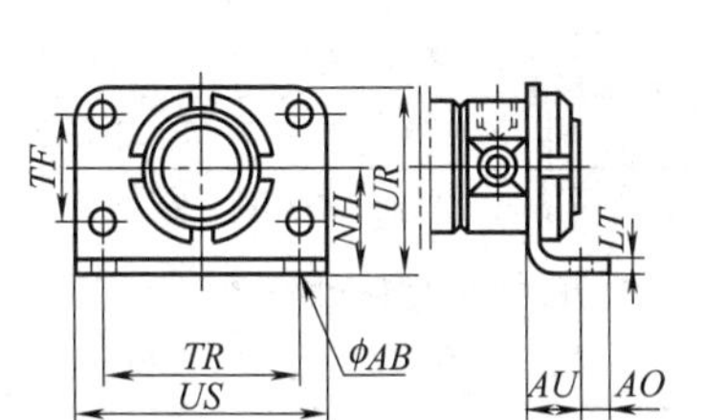

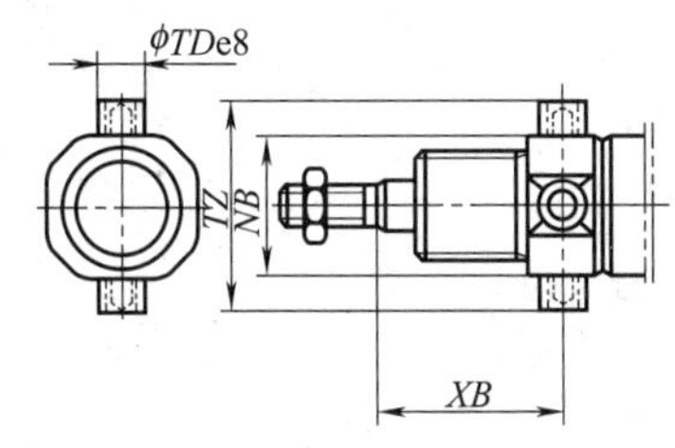

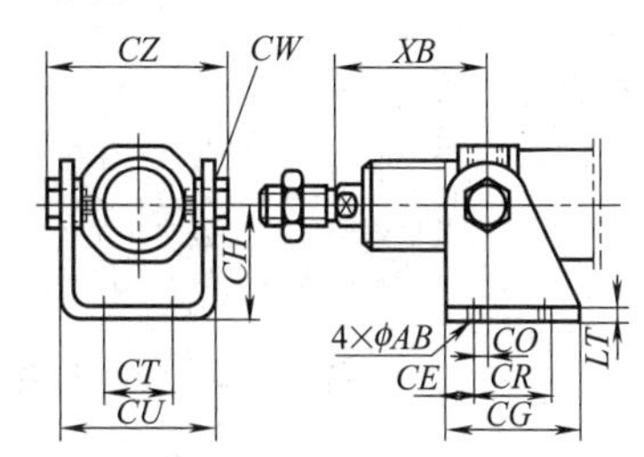

适用缸径	轴向脚座/法兰										轴销				
	零件号	AB	AO	AU	LT	NH	TF	TR	UR	US	零件号	NB	TD	TZ	XB
32	C75-L03	7	7	14	4	28	28	52	49	66	C75-T03	34.5	10	47.9	47
40	C75-L04	9	10	20	5	33	30	60	58	80	C75-T04	42.5	12	59.3	57

适用缸径	U 形接座											
	零件号	AB	CE	CG	CH	CO	CR	CT	CU	CW	CZ	LT	XB
32	C75-E03	7	9	41	35	4	24	20	46.8	13	55.9	4	47
40	C75-E04	9	12	52	40	3	30	28	58.2	17	69.3	5	57

I形单肘节球轴承接头(DIN 648)

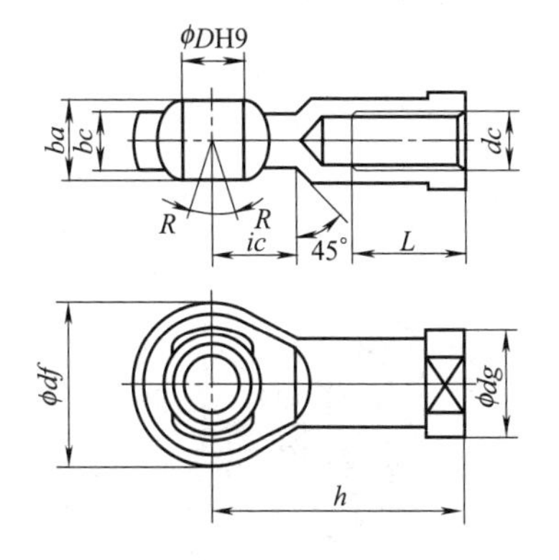

Y形双肘节接头(DIN 71751)

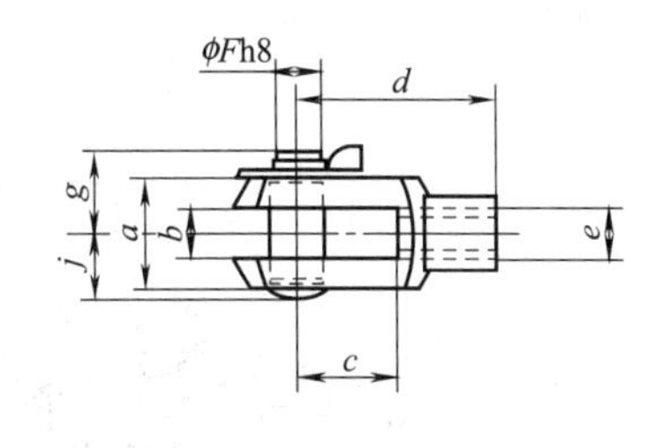

续表

适用缸径	安装附件																				
	I形单肘节球轴承接头(DIN648)											Y形双肘节接头(DIN71751)									
	零件号	dc	D	h	df	bc	ba	L	dg	R	ic	零件号	e	b	d	F	g	c	j	a
32	KJ10DA	M10×1.5	10	43	20	10.5	14	20	19	13	14	GKM10-20A	M10×1.5	10	40	10	18	20	12	20
40	KJ12DA	M12×1.75	12	50	30	12	16	22	22	13	16	GKM12-24A	M12×1.75	12	48	12	23	24	15	24

注：生产厂为上海新益气动元件有限公司。

7.1.1.11 QDNC系列标准方型单活塞杆气缸(ISO 6431)(ϕ32～100)

型号意义：

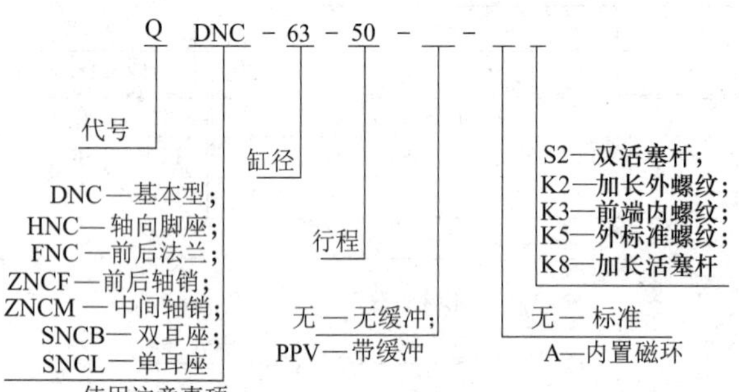

使用注意事项：

1.磁性开关使用的电压及电流避免超负荷。
2.严禁磁性开关直接与电源接通，必须同负载串联使用。
3.严禁有其他强磁体靠近磁性开关，如有，应屏蔽。
4.为使开关能正确无接触感测气缸位置，应保证表中的最小行程长度。

表 21-7-30 标准行程/缓冲行程/行程范围 mm

缸径	标准行程	缓冲行程	行程范围
32	25,40,50,80,100,125,160,200,250,320,400,500	20	10～2000
40		20	
50		22	
63		22	
80		32	
100		32	

表 21-7-29 主要技术参数

缸径/mm	32	40	50	63	80	100
使用介质	经过滤的压缩空气					
作用形式	双作用					
最高使用压力/MPa	1.0					
最低工作压力/MPa	0.1					
缓冲形式	气缓冲(标准)					
环境温度/℃	5～60					
使用速度/mm·s^{-1}	50～500					
行程误差/mm	0～250：$^{+1.0}_{0}$，251～1000：$^{+1.5}_{0}$，1001～1500：$^{+2.0}_{0}$					
润滑①	出厂已润滑					
接管口径	G1/8	G1/4		G3/8		G1/2

① 如需润滑，请用透平1号油(ISOVG32)。

表 21-7-31 磁性开关/使用磁性开关时最小行程 mm

缸径	最小行程	磁性开关型号
32	17	AL-30R(埋入式)
40	21	
50	25	
63	25	
80	25	
100	25	

表 21-7-32 外形尺寸 mm

基本型

QDNC…PPV-A

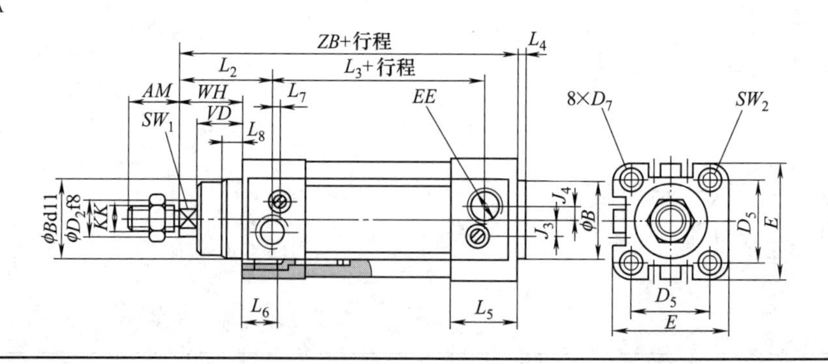

续表

缸径	AM	B	D_2	D_5	D_7	E	EE	J_3	J_4	KK	L_2	L_3	L_4	L_5	L_6	L_7	L_8	SW_1	SW_2	VD	WH	ZB
32	22	30	12	32.5	M6	45	G1/8	6	5.2	M10×1.25	41.6	62.8	4	25.1	16	3.3	10	10	6	18	26	120
40	24	35	16	38	M6	54	G1/4	8	6	M12×1.25	44	77	4	29.6	16	3.6	10.5	13	6	21.5	30	135
50	32	40	20	46.5	M8	64	G1/4	10	8.5	M16×1.5	51	78	4	29.6	17	5.1	11.5	17	8	28	37	143
63	32	45	20	56.5	M8	75	G3/8	12.4	10	M16×1.5	54	87	4	35.6	17	6.6	15	17	8	28.5	37	158
80	40	45	25	72	M10	93	G3/8	12.5	8	M20×1.5	62.4	95.2	4	35.9	17	10.5	15.7	22	10	34.7	46	174
100	40	55	25	89	M10	110	G1/2	11.8	10	M20×1.5	69.8	100.4	4	38.8	17	8	19.2	22	10	38.2	51	189

双活塞杆型

QDNC…PPV-A-S2

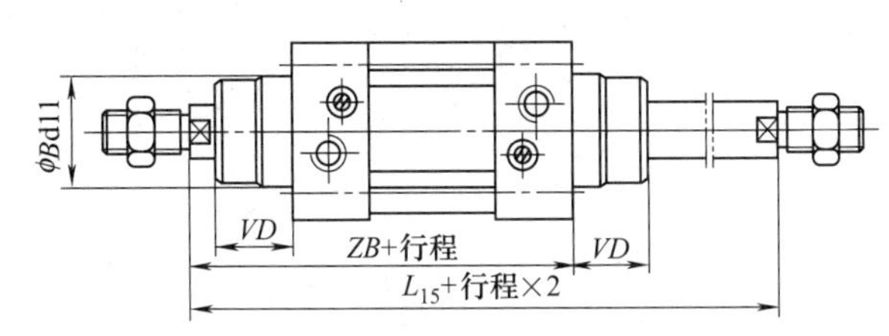

缸径	B	L_{15}	VD	ZB
32	30	146	18	120
40	35	165	21.5	135
50	40	180	28	143
63	45	195	28.5	158
80	45	220	34.7	174
100	55	240	38.2	189

安装附件

QHNC…PPV-A 轴向脚座

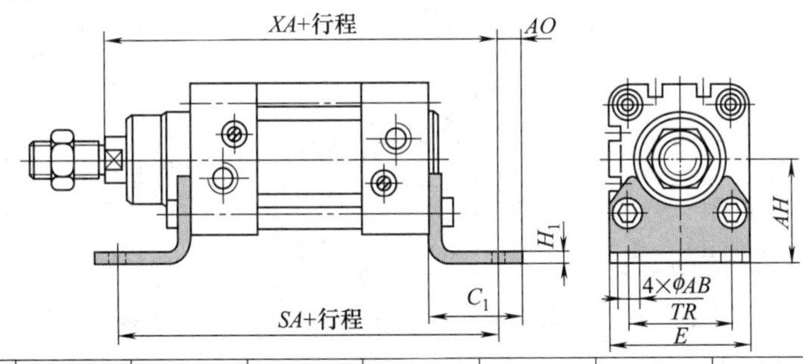

缸径	零件号	AB	AH	AO	C_1	E	H_1	SA	TR	XA
32	DNC-L03	7	32	6.5	30.5	45	5	142	32	144
40	DNC-L04	10	36	9	37	54	5	161	36	163
50	DNC-L05	10	45	10.5	41.5	64	6	170	45	175
63	DNC-L06	10	50	12.5	44.5	75	6	185	50	190
80	DNC-L08	12	63	15	56	93	6	210	63	215
100	DNC-L10	14.5	71	17.5	58.5	110	6	220	75	230

QFNC…PPV-A 前、后法兰

前端安装 **后端安装**

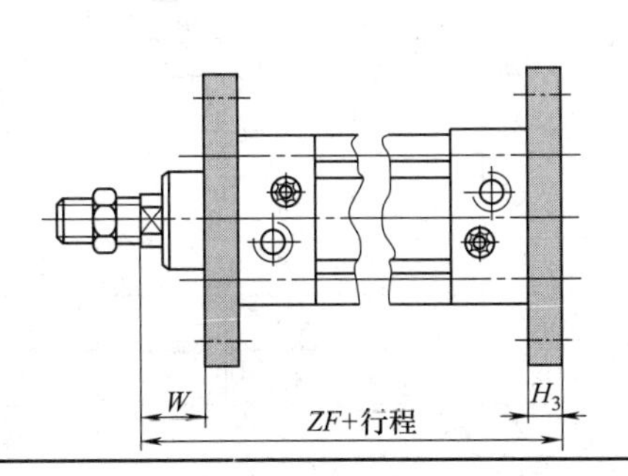

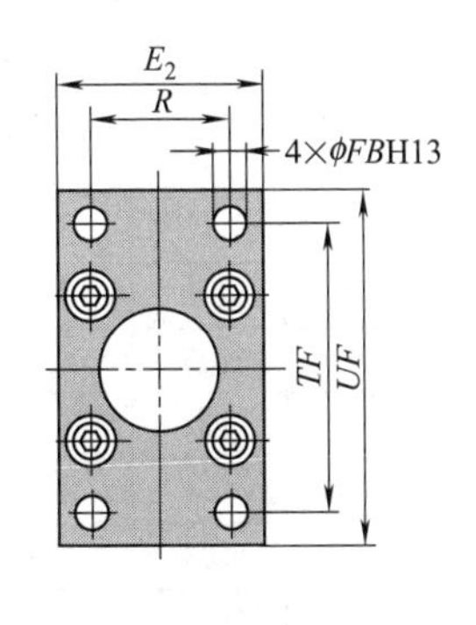

第21篇

续表

缸径	零件号	E_2	FB	H_3	R	TF	UF	W	ZF
32	DNC-F03	50	7	10	32	64	80	16	130
40	DNC-F04	55	9	10	36	72	90	20	145
50	DNC-F05	65	9	12	45	90	110	25	155
63	DNC-F06	75	9	12	50	100	125	25	170
80	DNC-F08	100	12	16	63	126	154	30	190
100	DNC-F10	120	14	16	75	150	186	35	205

QZNCF-…PPV-A 前、后轴销

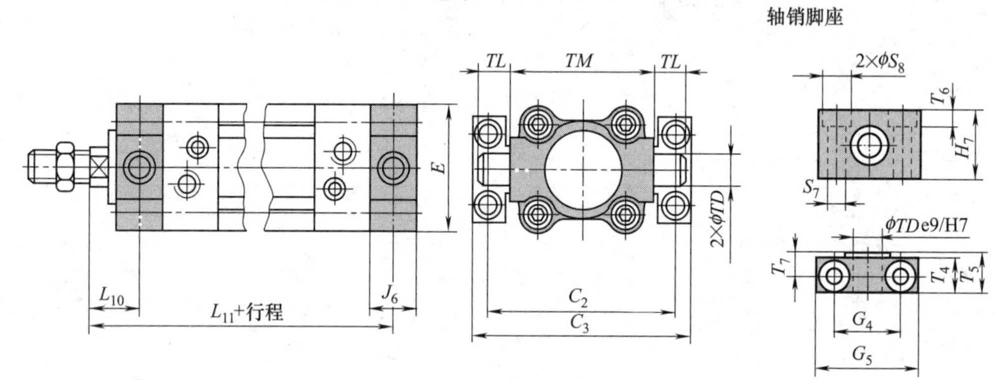

缸径	零件号	C_2	C_3	E	G_4	G_5	J_6	L_{10}	L_{11}	S_7	S_8	T_4	T_5	T_6	T_7	TD	TL	TM
32	DNC-T03	71	86	45	32	46	16	18	128	6.6	11	15	18	6.8	10.5	12	12	50
40	DNC-T04	87	105	54	36	55	20	20	145	9	15	18	21	9	12	16	16	63
50	DNC-T05	99	117	64	36	55	24	25	155	9	15	18	21	9	12	16	16	75
63	DNC-T06	116	136	75	42	65	24	25	170	11	18	20	23	11	13	20	20	90
80	DNC-T08	136	156	93	42	65	28	32	188	11	18	20	23	11	13	20	20	110
100	DNC-T10	164	189	110	50	75	38	32	208	14	20	25	28.5	13	16	25	25	132

QZNCM-…PPV-A 中间轴销

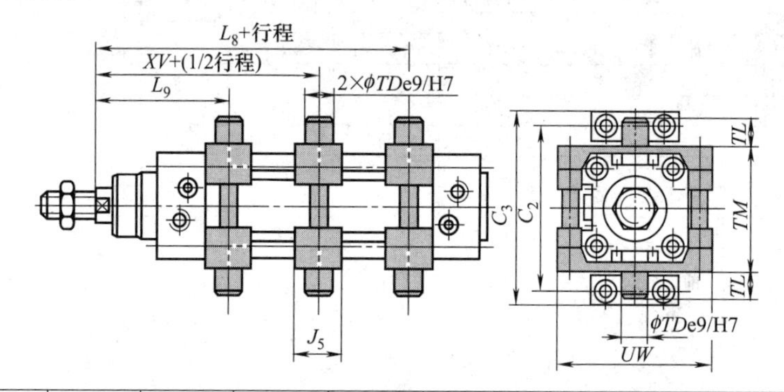

缸径	零件号	C_2	C_3	J_5	L_8	L_9	TD	TL	TM	UW	XV
32	DNC-M03	71	86	30	79.9	66.1	12	12	50	65	73
40	DNC-M04	87	105	32	89.4	75.6	16	16	63	75	82.5
50	DNC-M05	99	117	34	94.4	83.6	16	16	75	95	90
63	DNC-M06	116	136	41	101.9	93.1	20	20	90	105	97.5
80	DNC-M08	136	156	44	118.1	103.9	20	20	110	130	110
100	DNC-M10	164	189	48	126.2	113.8	25	25	132	145	120

续表

QSNCB…PPV-A 双耳座

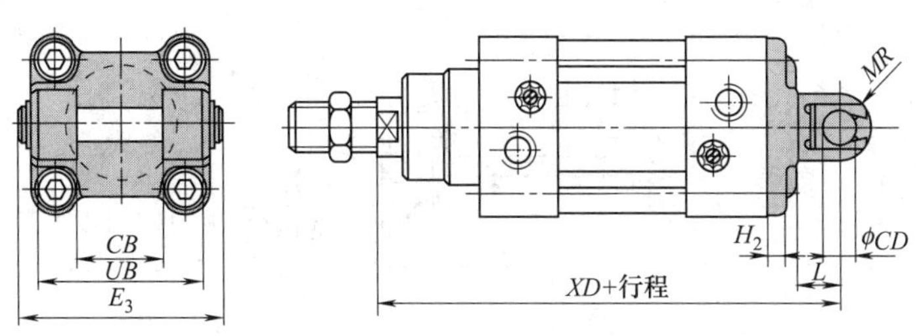

QSNCL…PPV-A 单耳座

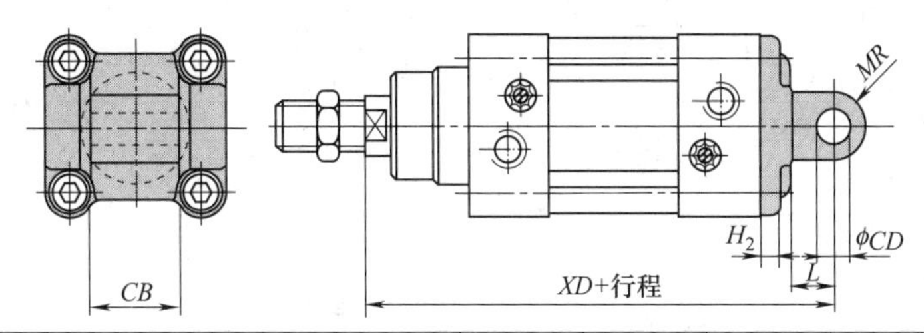

缸径	零件号(双)	零件号(单)	CB	CD	E_3	H_2	L	MR	UB	XD
32	DNC-D03	DNC-C03	26	10	55	6	13	10	45	142
40	DNC-D04	DNC-C04	28	12	63	6	16	12	52	160
50	DNC-D05	DNC-C05	32	12	71	7	16	12	60	170
63	DNC-D06	DNC-C06	40	16	83	7	21	16	70	190
80	DNC-D08	DNC-C08	50	16	103	10.5	22	16	90	210
100	DNC-D10	DNC-C10	60	20	127	10.5	27	20	110	230

注：1. 双耳座接座通用于 QC95 系列双耳座接座（C95-E03～E10）。

2. 生产厂为上海新益气动元件有限公司。

7.1.1.12　QSC 系列标准单活塞杆气缸(ISO 6430)(ϕ32～100)

型号意义：

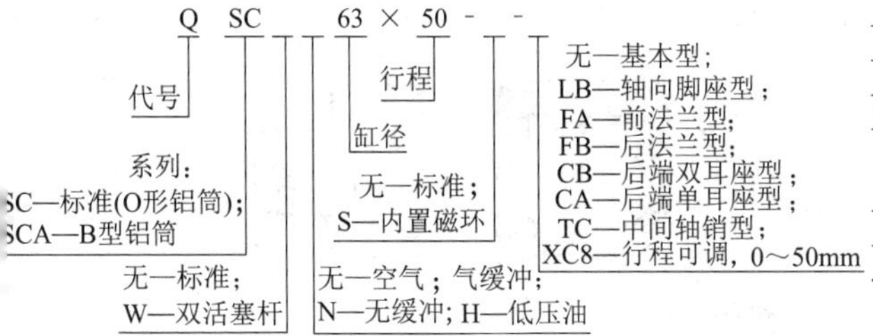

表 21-7-33　主要技术参数

缸径/mm	32	40	50	63	80	100
使用介质	经过滤的压缩空气					
作用形式	双作用					
最高使用压力/MPa	1.0					
最低工作压力/℃	0.1					
缓冲形式	气缓冲(标准)					
环境温度/℃	5～60					
介质温度/℃	−10～+60					
使用速度/mm·s^{-1}	50～500					
行程误差/mm	0～250：$^{+1.0}_{0}$，251～1000：$^{+1.5}_{0}$，1001～1500：$^{+2.0}_{0}$					
润滑①	出厂已润滑					
接管口径	G1/8	G1/4		G3/8		G1/2

① 如需要润滑，请用透平 1 号油（ISO VG32）。

表 21-7-34　缓冲行程/磁性开关　mm

缸径	标准行程	缓冲行程	磁性开关型号与固定码			
			适用于 O 型铝筒		适用于 B 型铝筒	
32	25,40,50,75,80,100,125,150,160,175,200,250,300,400,500,600,700,800,900,1000	20	QCK2400 QCK2422	B32	QCK2400 QCK2422	BT-03
40		20		B40		BT-03
50		25		B40		BT-05
63		25		B40		BT-05
80		30		B100		BT-08
100		30		B100		BT-08

表 21-7-35 外形尺寸及安装形式 mm

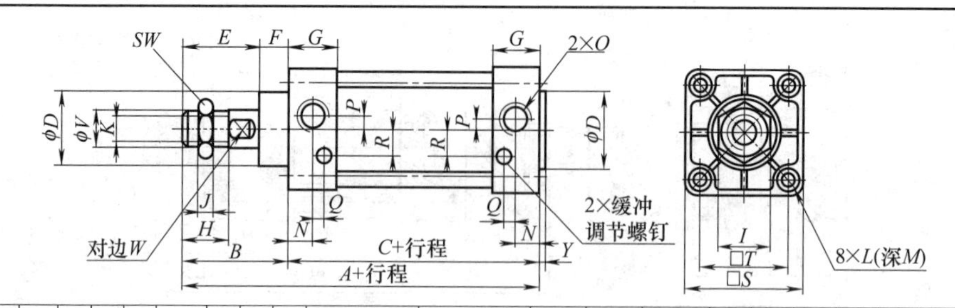

缸径	A	B	C	D	E	F	G	H	I	J	K	L	N	M	O	P	Q	R	S	T	V	W	Y	SW
32	140	47	93	28	32	15	27.5	22	17	6	M10×1.25	M6×1	14	13	G1/8	6	8.5	6	46	33	12	10	3.5	15
40	142	49	93	32	34	15	27.5	24	17	6	M12×1.25	M6×1	14	13	G1/4	6	8.5	8.5	50	37	16	14	3.5	17
50	150	57	93	38	42	15	27.5	32	23	7	M16×1.5	M6×1	14	13	G1/4	7	8.5	8.5	62	47	20	17	3.5	22
63	153	57	96	38	42	15	27.5	32	23	7	M16×1.5	M8×1.25	14	13	G3/8	7	8.5	8.5	75	56	20	17	3.5	22
80	183	75	108	47	54	21	33	40	26	8	M20×1.5	M10×1.5	16.5	15	G3/8	7	10	10	94	70	25	22	4	26
100	189	75	114	47	54	21	33	40	26	8	M20×1.5	M10×1.5	16.5	15	G1/2	7	10	10	112	84	25	22	4	26

LB型轴向脚座

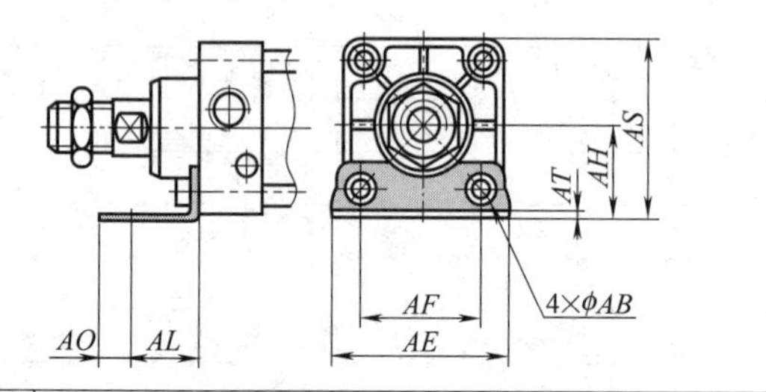

FA、FB型前、后法兰

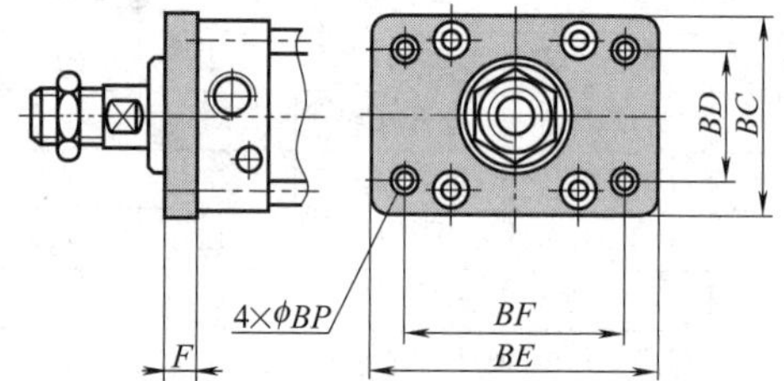

适用缸径	LB 型轴向脚座								FA、FB 型前、后法兰						
	零件号	AB	AE	AF	AH	AL	AO	AS	AT	零件号	BD	BC	BE	BF	BP	F
32	SC-L03	9	50	33	28	20.5	9.5	50	3.2	SC-F03	33	47	72	58	7	10
40	SC-L04	12	57	36	30	23.5	12.5	55	3.2	SC-F04	36	52	84	70	7	10
50	SC-L05	12	68	47	36.5	28	12	67.5	3.2	SC-F05	47	65	104	86	9	10
63	SC-L06	12	80	56	41	31	13	79	3.2	SC-F06	56	75	116	98	9	12
80	SC-L08	14	97	70	49	30	16	96	4	SC-F08	70	95	143	119	11	16
100	SC-L10	14	112	84	57	30	16	114	4	SC-F10	84	115	162	138	11	16

CB型双耳座

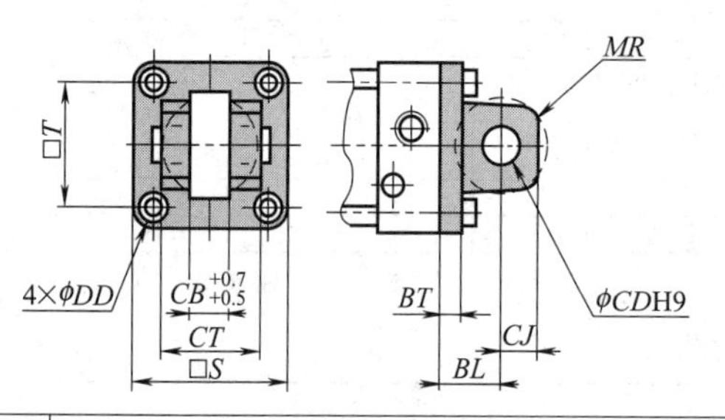

CA型单耳座

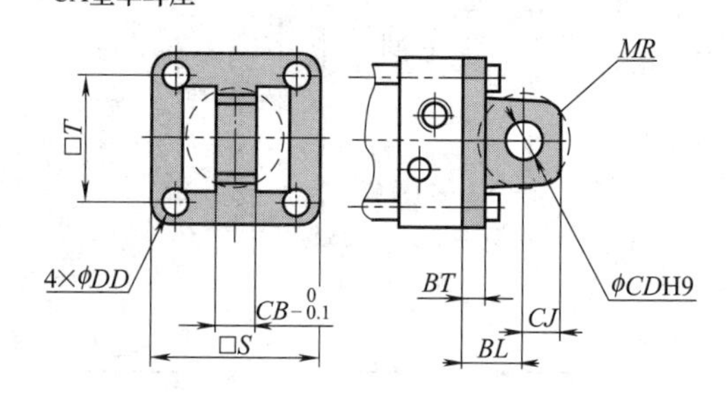

适用缸径	CB 型双耳座										CA 型单耳座									
	零件号	BL	BT	CB	CD	CJ	CT	DD	MR	S	T	零件号	BL	BT	CB	CD	CJ	DD	MR	S	T
32	SC-D03	19	8	16	12	13	32	6.5	15	46	33	SC-C03	19	8	16	12	12	6.5	14	46	33
40	SC-D04	19	8	20	14	13	44	6.5	15	50	37	SC-C04	19	8	20	14	14	6.5	16	50	37
50	SC-D05	19	8	20	14	15	52	6.5	17	62	47	SC-C05	19	10	20	14	14	6.5	16	62	47
63	SC-D06	19	8	20	14	15	52	8.5	17	75	56	SC-C06	19	13	20	14	14	8.5	16	75	56
80	SC-D08	32	11	32	20	21	64	11	23	94	70	SC-C08	32	18	32	20	20	11	22	94	70
100	SC-D10	32	11	32	20	21	64	11	23	112	84	SC-C10	32	18	32	20	20	11	22	112	84

续表

TC 型中间轴销

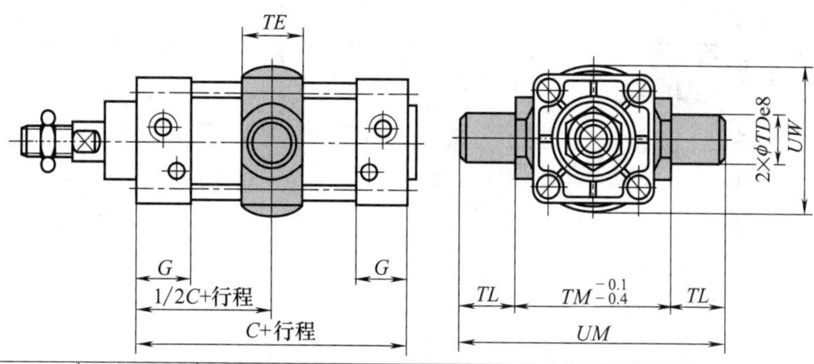

适用缸径	零件号	C	G	TD	TE	TL	TM	UM	UW
32	SC-T03	93	27.5	16	30	16	55	87	52
40	SC-T04	93	27.5	25	30	25	63	113	59
50	SC-T05	93	27.5	25	30	25	76	126	71
63	SC-T06	96	27.5	25	30	25	88	138	86
80	SC-T08	108	33	25	35	25	114	164	104
100	SC-T10	114	33	25	40	25	132	182	128

TC-M 型轴销接座

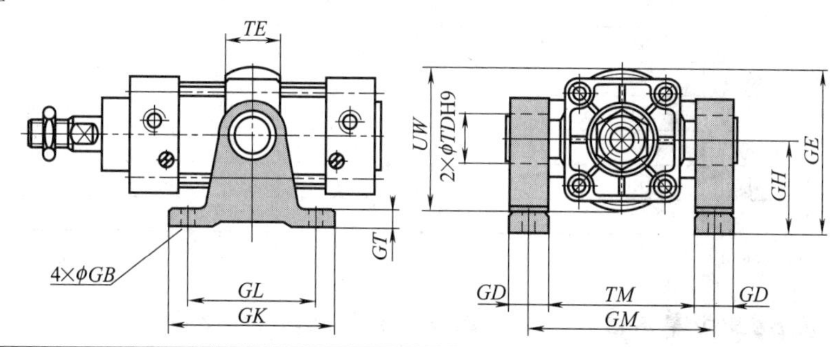

适用缸径	零件号	GD	GB	GE	GH	GK	GL	GM	GT	TD	TE	TM	UW
32	SC-S03	15	9	66	40	80	60	70	12	16	30	55	52
40	SC-S04	23	12	79.5	50	110	80	86	12	25	30	63	59
50	SC-S05	23	12	85.5	50	110	80	99	12	25	30	76	71
63	SC-S06	23	12	93	50	110	80	111	12	25	30	88	86
80	SC-S08	23	14	122	70	120	85	137	14	25	35	114	104
100	SC-S10	23	14	134	70	120	85	155	14	25	40	132	128

Y 形双肘节接头/连接销

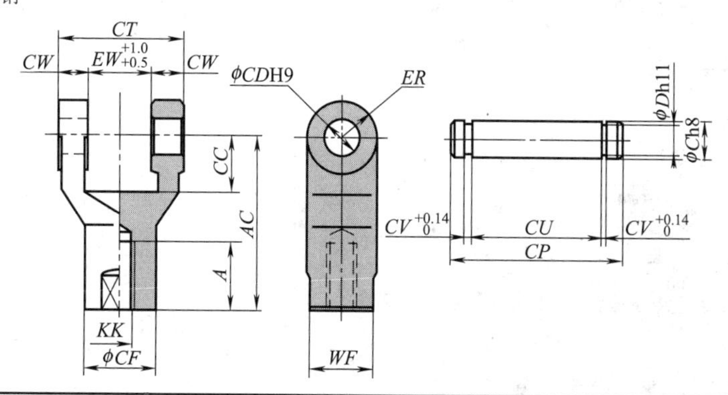

续表

适用缸径	零件号	A	AC	CC	CD	CF	CP	CT	CU	CV	CW	D	ER	EW	KK	WF
32	SC-Y03	23	55	20	12	24	37	32	32.5	1.1	8	11.5	12	16	M10×1.25	22
40	SC-Y04	33	60	20	14	24	49	44	44.5	1.1	12	13.4	12	20	M12×1.25	22
50	SC-Y05	33	60	18	14	28	49	44	44.5	1.1	12	13.4	14	20	M16×1.5	24
63	SC-Y06	33	60	18	14	28	49	44	44.5	1.1	12	13.4	14	20	M16×1.5	24
80	SC-Y08	41	80	28	20	36	70	64	64.5	1.1	16	19	19	32	M20×1.5	34
100	SC-Y10	41	80	28	20	36	70	64	64.5	1.1	16	19	19	32	M20×1.5	34

I 形单肘节接头

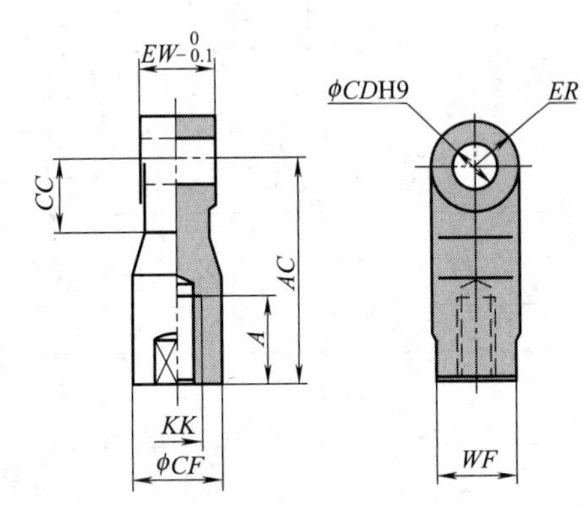

适用缸径	零件号	A	AC	CC	CD	CF	ER	EW	KK	WF
32	SC-I03	23	55	20	12	24	12	16	M10×1.25	22
40	SC-I04	33	60	20	14	24	12	20	M12×1.25	22
50	SC-I05	33	60	20	14	28	14	20	M16×1.5	24
63	SC-I06	33	60	20	14	28	14	20	M16×1.5	24
80	SC-I08	41	85	30	20	36	19	32	M20×1.5	34
100	SC-I10	41	85	30	20	36	19	32	M20×1.5	34

注：生产厂为上海新益气动元件有限公司。

7.1.1.13 QGBZ 中型单活塞杆气缸（ISO 15552）（ϕ32～125）

型号意义：

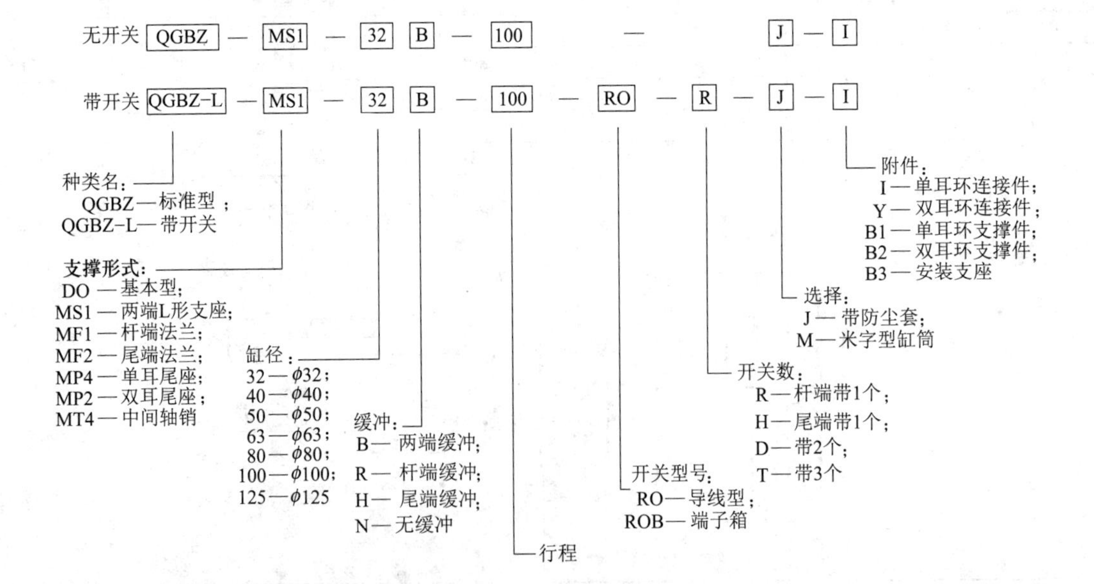

表 21-7-36　　**主要技术参数**

型号	QGBZ			
作用形式	双作用			
使用流体	压缩空气			
最高工作压力	1.0MPa(10.2kgf/cm²)			
最低工作压力	0.1MPa(1.0kgf/cm²)			
耐压	1.5MPa(15.3kgf/cm²)			
环境温度/℃	5～60			
缸径/mm	32	40,50	63,80	100,125
接管口径	G1/8	G1/4	G3/8	G1/2
活塞工作速度/mm·s⁻¹	50～500(请在可吸收能量范围内使用)			
缓冲形式	可选择有缓冲、无缓冲			
润滑	不要(给油时使用透平油 1 级 ISO VG32)			

表 21-7-37　　**外形尺寸及安装形式**(安装尺寸符合 ISO 15552 标准)　　mm

基本型(OO)

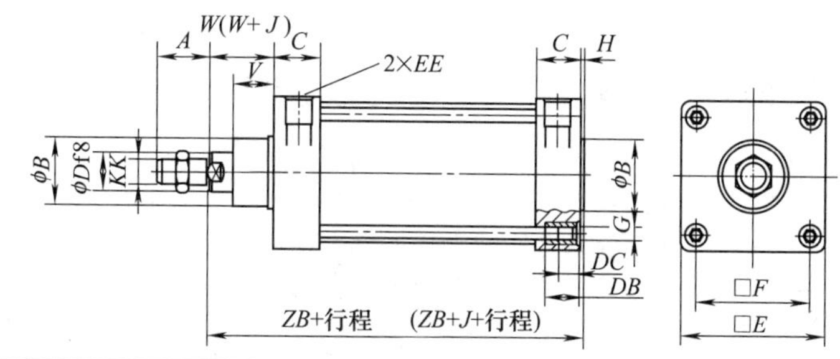

缸径	A	B	C	D	DB	DC	E	EE	F	G	H	KK	V	W	ZB	J(带防尘套) ≤50	J(带防尘套) 51～100
32	22	30	26	12	22	15	46	G1/8	32.5	M6	4	M10×1.25	15	26	120	29	45
40	24	35	26	16	22	15	52	G1/4	38	M6	4	M12×1.25	17	30	135	27.5	43.5
50	32	40	29.5	20	25	16	65	G1/4	46.5	M8	4	M16×1.5	24	37	143	25.5	39.5
63	32	45	29.5	20	25	16	75	G3/8	56.5	M8	4	M16×1.5	24	37	158	25.5	39.5
80	40	45	35	25	27	16	95	G3/8	72	M10	4	M20×1.5	30	46	174	22.5	34.5
100	40	55	35.5	30	27	16	114	G1/2	89	M10	4	M20×1.5	32	51	189	22	34
125	54	60	42	32	27	16	140	G1/2	110	M12	5	M27×2	45	65	225	—	—

缸径	J(带防尘套)					
	101～150	151～200	201～300	301～400	401～500	≥50
32	62	79	112	145	178	行程/3.0+11.5
40	60.5	77.5	110.5	143.5	176.5	行程/3.0+10
50	52.5	66.5	93.5	122.5	149.5	行程/3.6+11
63	52.5	66.5	93.5	122.5	149.5	行程/3.6+11
80	46.5	57.5	80.5	104.5	127.5	行程/4.3+11
100	44	55	78	100	122	行程/4.5+11
125	行程/4.55+13.5					

两端 L 形支座型(MS1)

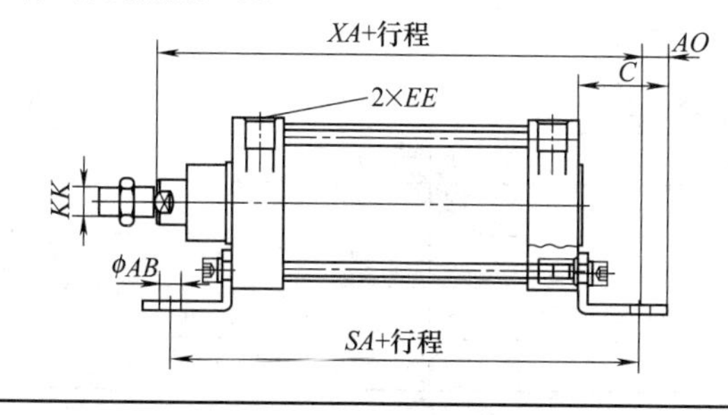

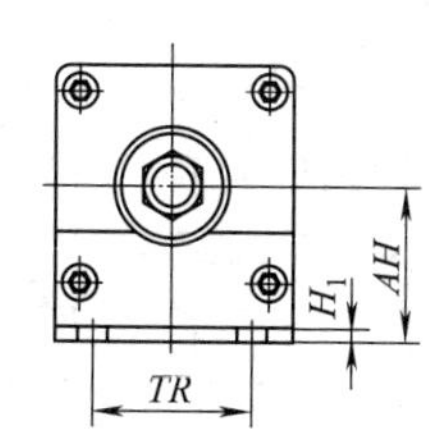

其余外形尺寸与"基本型"相同

续表

缸径	AB	AH	AO	C	EE	H_1	KK	SA	TR	XA
32	7	32	11	35	G1/8	4	M10×1.25	142	32	144
40	9	36	12	40	G1/4	4	M12×1.25	161	36	163
50	9	45	13	45	G1/4	5	M16×1.5	170	45	175
63	9	50	13	45	G3/8	5	M16×1.5	185	50	190
80	12	63	19	60	G3/8	6	M20×1.5	210	63	215
100	14	71	19	60	G1/2	6	M20×1.5	220	75	230
125	16	90	15	60	G1/2	8	M27/2	250	90	270

杆端法兰型(MF1)

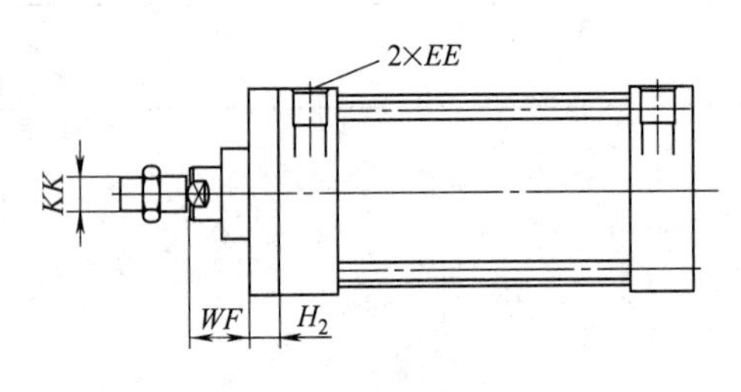

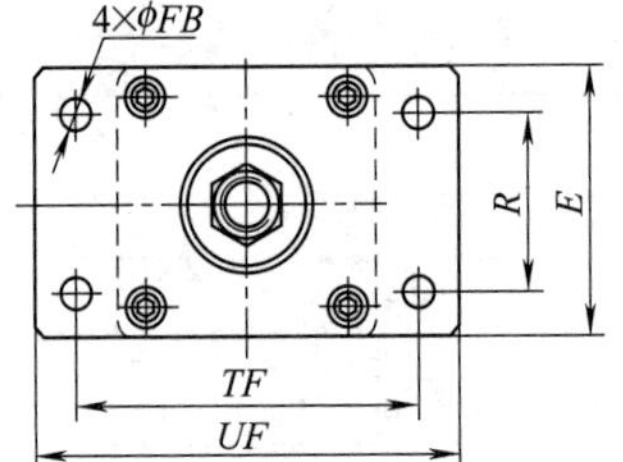

其余外形尺寸与“基本型”相同

缸径	E	EE	FB	H_2	KK	R	TF	UF	WF
32	46	G1/8	7	10	M10×1.25	32	64	80	16
40	52	G1/4	9	10	M12×1.25	36	72	90	20
50	65	G1/4	9	12	M16×1.5	45	90	110	25
63	75	G3/8	9	12	M16×1.5	50	100	125	25
80	95	G3/8	12	16	M20×1.5	63	126	154	30
100	114	G1/2	14	16	M20×1.5	75	150	186	35
125	140	G1/2	16	20	M27×2	90	180	220	45

尾端法兰型(MF2)

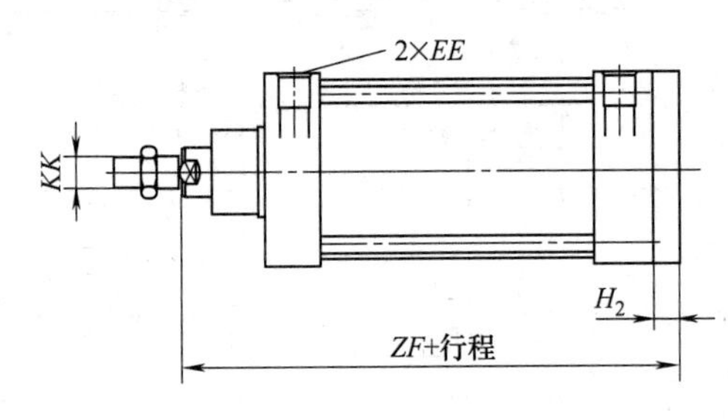

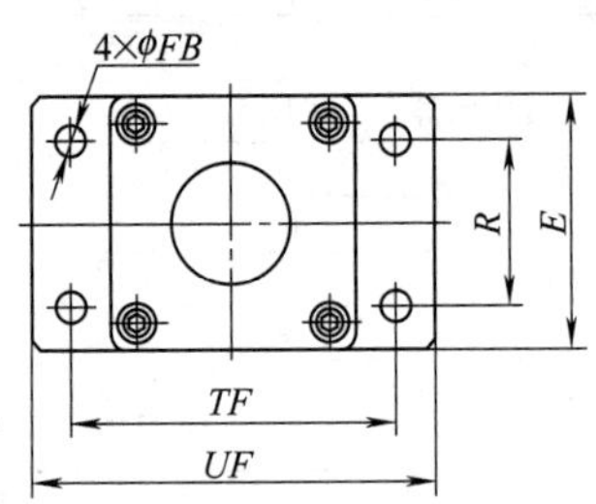

其余外形尺寸与“基本型”相同

缸径	E	EE	FB	H_2	KK	R	TF	UF	ZF
32	46	G1/8	7	10	M10×1.25	32	64	80	130
40	52	G1/4	9	10	M12×1.25	36	72	90	145
50	65	G1/4	9	12	M16×1.5	45	90	110	155
63	75	G3/8	9	12	M16×1.5	50	100	125	170
80	95	G3/8	12	16	M20×1.5	63	126	154	190
100	114	G1/2	14	16	M20×1.5	75	150	186	205
125	140	G1/2	16	20	M27×2	90	180	220	245

续表

单耳环支座型(MP4)

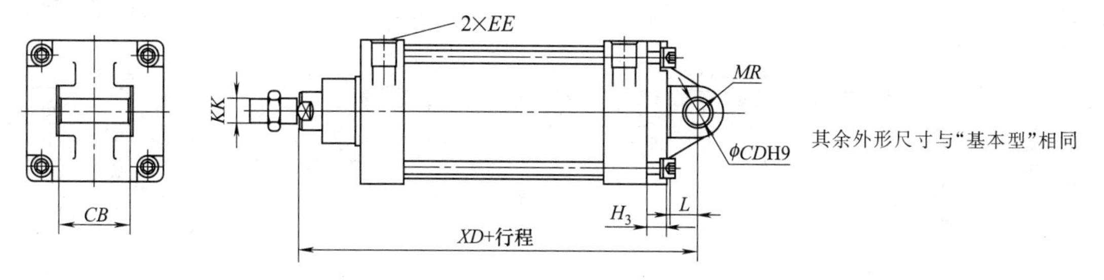

其余外形尺寸与“基本型”相同

缸径	CB	CD	EE	H_3	KK	L	MR	XD
32	26	10	G1/8	10	M10×1.25	11	10	142
40	28	12	G1/4	10	M12×1.25	14	12	160
50	32	12	G1/4	11	M16×1.5	14	12	170
63	40	16	G3/8	12	M16×1.5	18	16	190
80	50	16	G3/8	16	M20×1.5	18	16	210
100	60	20	G1/2	16	M20×1.5	22	20	230
125	70	25	G1/2	20	M27×2	27	25	275

双耳环支座型(MP2)

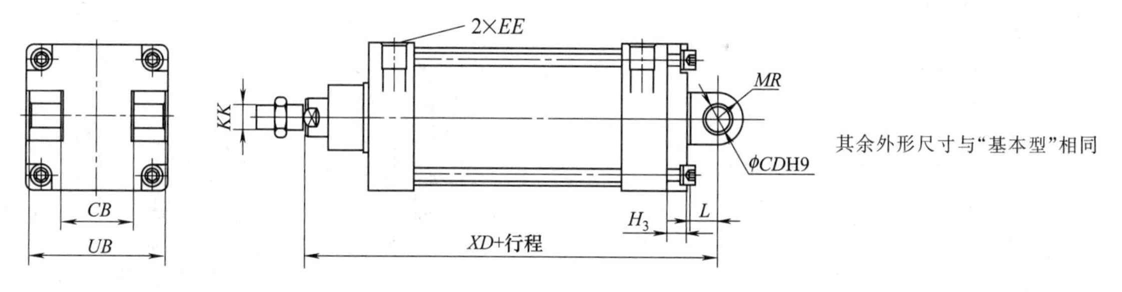

其余外形尺寸与“基本型”相同

缸径	CB	CD	EE	H_3	KK	L	MR	UB	XD
32	26	10	G1/8	10	M10×1.25	11	10	45	142
40	28	12	G1/4	10	M12×1.25	14	12	52	160
50	32	12	G1/4	11	M16×1.5	14	12	60	170
63	40	16	G3/8	11	M16×1.5	18	15	70	190
80	50	16	G3/8	16	M20×1.5	18	16	90	210
100	60	20	G1/2	15	M20×1.5	23	20	110	230
125	70	25	G1/2	20	M27×2	27	25	130	275

中间轴销型(MT4)

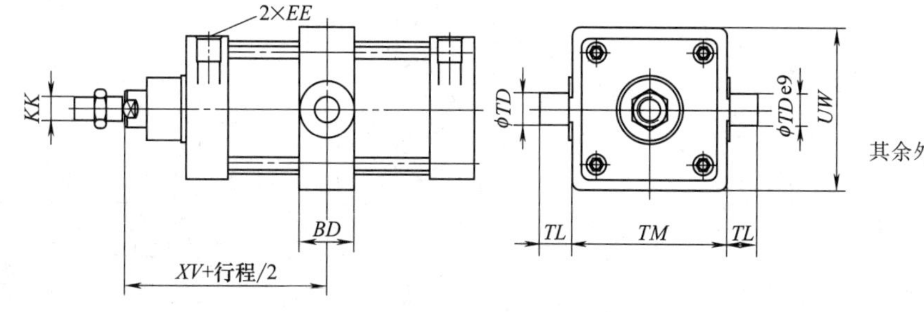

其余外形尺寸与“基本型”相同

续表

缸径	*BD*	*EE*	*KK*	*TD*	*TM*	*TL*	*UW*	*XV*
32	22	G1/8	M10×1.25	12	50	12	58	73
40	28	G1/4	M12×1.25	16	63	16	64	82.5
50	28	G1/4	M16×1.5	16	75	16	80	90
63	35	G3/8	M16×1.5	20	90	20	90	97.5
80	35	G3/8	M20×1.5	20	110	20	112	110
100	46	G1/2	M20×1.5	25	132	25	130	120
125	46	G1/2	M27×2	25	160	25	160	145

安装附件

单耳环支座型(B1)

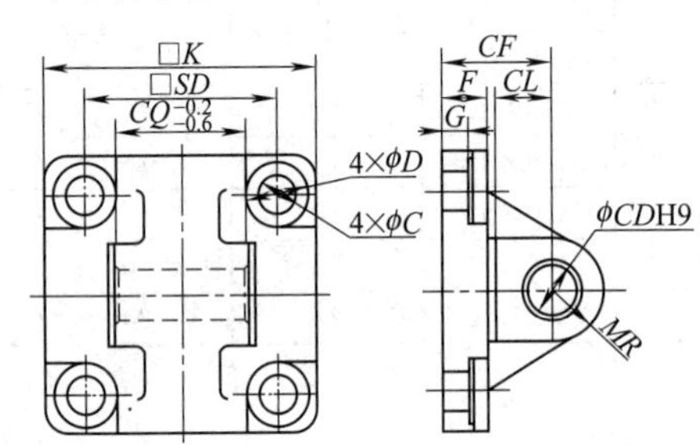

双耳环支座型(B2)

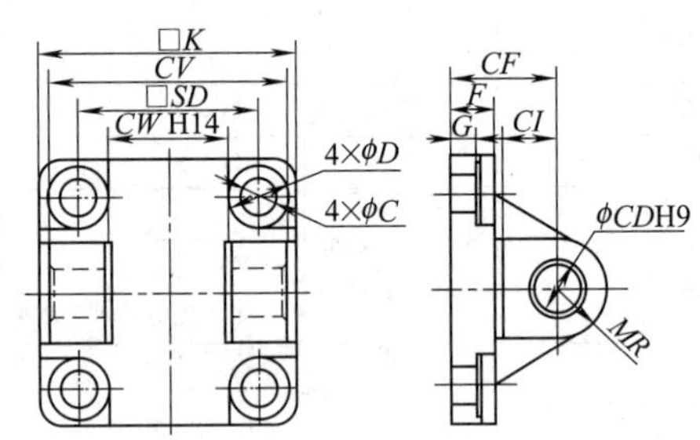

型号	型号	缸径	*C*	*CD*	*CF*	*CL*	*CQ/CW*	*CV*	*D*	*F*	*G*	*K*	*MR*	*SD*
S2-B1-32	S2-B2-32	32	6.6	10	22	11	26	45	11	10	5.5	46	10	32.5
S2-B1-40	S2-B2-40	40	6.6	12	25	14	28	52	11	10	5.5	52	12	38
S2-B1-50	S2-B2-50	50	9	12	27	14	32	60	15	11	6.5	65	12	46.5
S2-B1-63	S2-B2-63	63	9	16	32	18	40	70	15	11	6.5	75	15	56.5
S2-B1-80	S2-B2-80	80	11	16	36	18	50	90	18	16/15	10	95	16/15	72
S2-B1-100	S2-B2-100	100	11	20	41	22/23	60	110	18	16/15	10	114	20	89
S2-B1-125	S2-B2-125	125	14	25	50	27	70	130	20	20	10	140	25	110

连接销

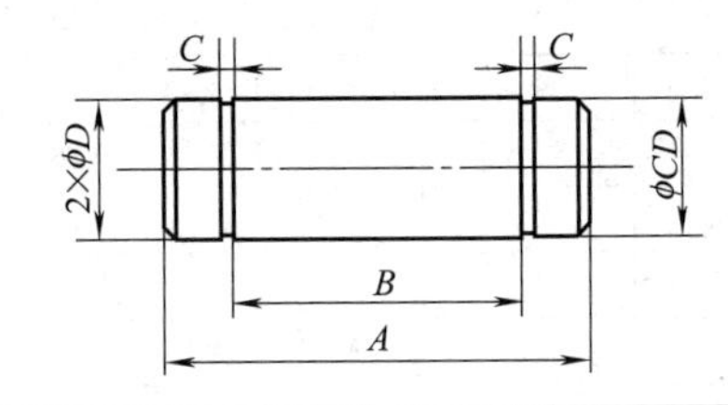

型号	缸径	Y用(带孔销)					对应弹性挡圈
		A	*B*	*C*	*D*	*CD*	
S2-P-32	32	33	21	1.1	9.6	10	GB/T 894—2017　10
S2-P-40	40	37	25	1.1	11.5	12	GB/T 894—2017　12
S2-P-50	50	45	33	1.1	15.2	16	GB/T 894—2017　16
S2-P-63	63						
S2-P-80	80	54	41	1.1	19	20	GB/T 894—2017　20
S2-P-100	100						

型号	缸径	CB用(带孔销)					对应弹性挡圈
		A	*B*	*C*	*D*	*CD*	
S2-P1-32	32	60	46	1.1	9.6	10	GB/T 894—2017　10
S2-P1-40	40	67	53	1.1	11.5	12	GB/T 894—2017　12
S2-P1-50	50	75	61	1.1	11.5	12	GB/T 894—2017　12
S2-P1-63	63	90	71	1.1	15.2	16	GB/T 894—2017　16
S2-P1-80	80	110	91	1.1	15.2	16	GB/T 894—2017　16
S2-P1-100	100	130	111	1.1	19	20	GB/T 894—2017　20
S2-P1-125	125	150	132	1.3	23.9	25	GB/T 894—2017　25

续表

双耳环连接件 Y

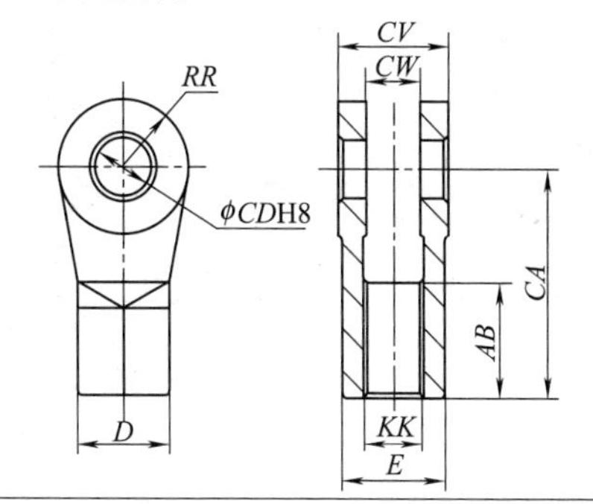

型号	缸径	AB	CA	CD	CW	CV	D	E	KK	RR
S2-Y-32	32	20	40	10	10	20	17	19.6	M10×1.25	R12
S2-Y-40	40	24	48	12	12	24	19	22	M12×1.25	R13
S2-Y-50	50	32	64	16	16	32	27	31.2	M16×1.5	R19
S2-Y-63	63									
S2-Y-80	80	40	80	20	20	40	36	34.6	M20×1.5	R25
S2-Y-100	100									
S2-Y-125	125	50	85	30	32	64	46	53.1	M27×2	R27.5

单耳环连接件 I

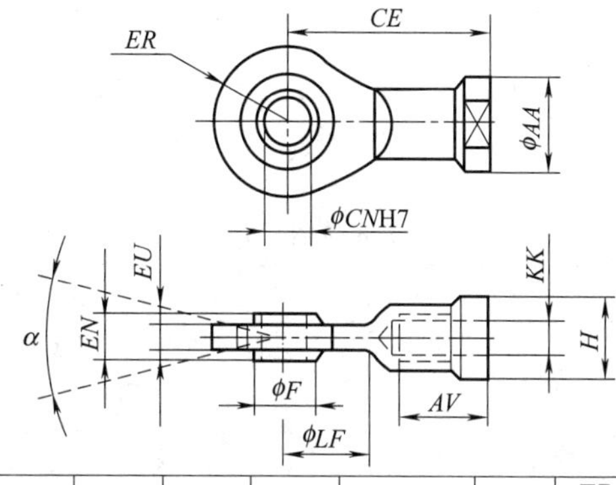

型号	缸径	KK	AA	AV	CE	CN	$EN_{-0.1}^{0}$	EU	ER (max)	F	H	LF	α/(°)	质量/kg
S2-I-32	32	M10×1.25	19	20	43	10	14	10.5	14	12.9	17	15	26	0.1
S2-I-40	40	M12×1.25	22	22	50	12	16	12	16	15.4	19	17	26	0.2
S2-I-50	50	M16×1.5	29	28	64	16	21	15	21	19.3	22	22	30	0.4
S2-I-63	63													
S2-I-80	80	M20×1.5	34	33	77	20	25	18	25	24.3	32	26	30	0.5
S2-I-100	100													
S2-I-125	125	M27×2	52	51	110	30	37	25	35	34.8	41	36	30	1.1

安装支座 B3

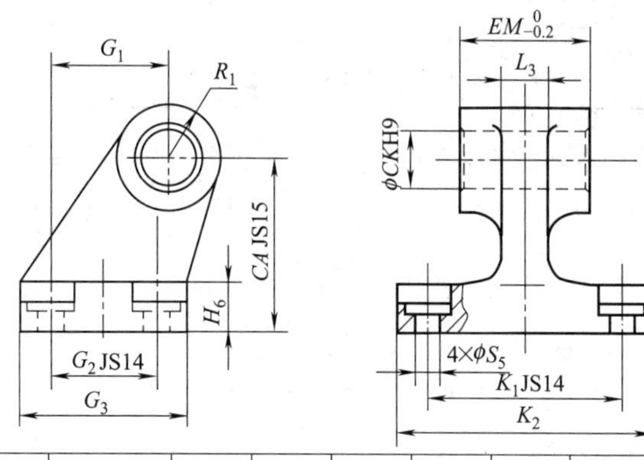

型号	缸径	CA	CK	EM	G_1	G_2	G_3	H_6	K_1	K_2 (max)	L_3 (max)	R_1 (max)	S_5	质量/kg
S2-B3-32	32	32	10	26	21	18	31	8	38	51	10	10.0	5.5	0.17
S2-B3-40	40	36	12	28	24	22	35	10	41	54	10	11.0	5.5	0.21
S2-B3-50	50	45	12	32	33	30	45	12	50	65	14	13.0	6.6	0.44
S2-B3-63	63	50	16	40	37	35	50	12	52	67	14	15.0	6.6	0.54
S2-B3-80	80	63	16	50	47	40	60	14	66	86	18	15.0	9.0	0.96
S2-B3-100	100	71	20	60	55	50	70	15	76	96	20	19.0	9.0	1.37

注：生产厂为无锡气动技术研究所有限公司。

7.1.1.14 QC95系列单活塞杆标准气缸（ISO 6431）（ϕ32～200）

型号意义：

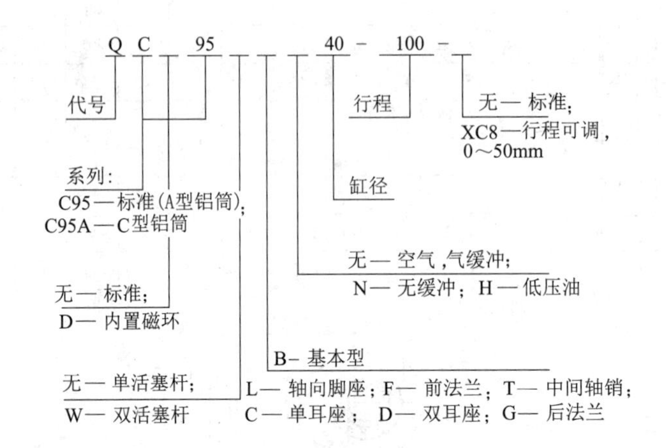

表 21-7-38　　主要技术参数

缸径/mm	32	40	50	63	80	100	125	160	200
使用介质	经过滤的压缩空气								
作用形式	双作用								
最高使用压力/MPa	1.0								
最低工作压力/MPa	0.1								
缓冲形式	气缓冲(标准)								
环境温度/℃	5～60								
使用速度/mm·s^{-1}	50～500								
行程误差/mm	0～250：$^{+1.0}_{0}$，251～1000：$^{+1.5}_{0}$，1001～1500：$^{+2.0}_{0}$								
润滑①	出厂已润滑								
接管口径	G1/8	G1/4		G3/8		G1/2		G3/4	

① 如需要润滑，请用透平1号油（ISO VG32）。

表 21-7-39　　标准行程/缓冲行程/磁性开关

缸　径	标准行程	缓冲行程	磁性开关型号与固定码		
			适用于A型铝筒		适用于C型铝筒
32	25,40,50,75,80,125,150,160,175,200,250,300,400,500	18.8	QCK2400 QCK2422	BT-03	AL-30R QCK2400A QCK2422A
40		18.8			
50		21.3		BT-05	
63		21.3			
80		30.3		BT-08	
100		29.3			
125		40.0		BT-12	
160		40.0		BT-16	
200		50.0		BT-20	

注：1. 使用的电压及电流避免超负荷。
2. 严禁QCK磁性开关直接与电源接通，必须同负载串联使用。
3. 严禁有其他强磁体靠近QCK磁性开关，如有，应屏蔽。

表 21-7-40　外形尺寸及安装形式　mm

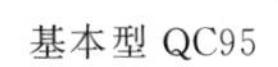

基本型 QC95

图形符号

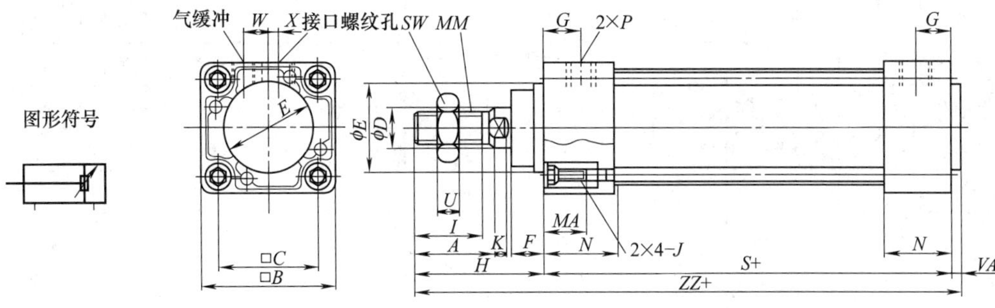

缸径	行程范围	A	B	C	D	E	F	G	H	I	J	MA	MM	N	P	S	SW	VA	X	ZZ	K	W	U
32	至 500	22	46	32.5	12	30	15	13	48	19.5	M6×1.0	16	M10×1.25	26	G1/8	94	15	4	4	146	6	6.5	6
40	至 500	24	52	38	16	35	17	14	54	21	M6×1.0	16	M12×1.25	26	G1/4	105	17	4	4	163	6.5	9	6
50	至 600	32	65	46.5	20	40	24	15.5	69	29	M8×1.25	16	M16×1.5	29.5	G1/4	106	22	4	5	179	8	10.5	7
63	至 600	32	75	56.5	20	45	24	16.5	69	29	M8×1.25	16	M16×1.5	29.5	G3/8	121	22	4	9	194	8	12	7
80	至 1000	40	95	72	25	45	30	19	86	37	M10×1.5	16	M20×1.5	35	G3/8	128	26	4	11.5	218	10	14	8
100	至 1000	40	114	89	30	55	32	19	91	37	M10×1.5	16	M20×1.5	35	G1/2	138	26	4	17	233	10	15	8
125	至 1200	54	140	110	32	60	45	23	119	51	M12	20	M27×2	46	G1/2	160	38	6	10	279	16	17	12
160	至 1200	72	180	140	40	65	58	25	152	69	M16	24	M36×2	50	G3/4	180	48	4	18	332	12	25	15
200	至 1500	72	220	175	40	75	60	25	167	69	M16	24	M36×2	50	G3/4	180	48	5	18	347	16	25	15

双活塞杆型QC95WB

图形符号

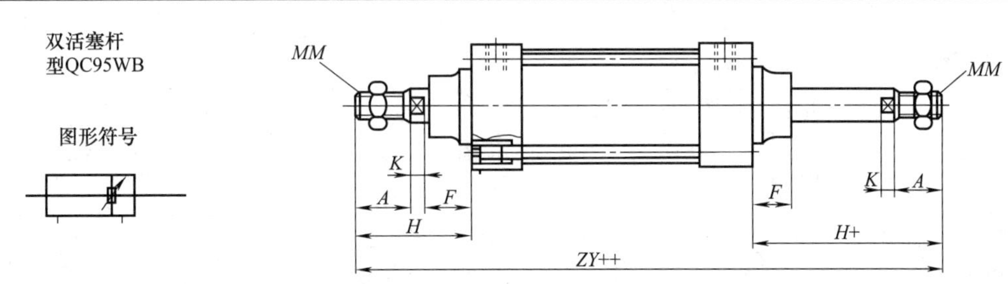

缸　　径	ZY	H	F	MM
32	190	48	15	M10×1.25
40	213	54	17	M12×1.25
50	244	69	24	M16×1.5
63	259	69	24	M16×1.5
80	300	86	30	M20×1.5
100	320	91	32	M20×1.5
125	398	119	45	M27×2
160	484	152	58	M36×2
200	514	167	60	M36×2

安装附件

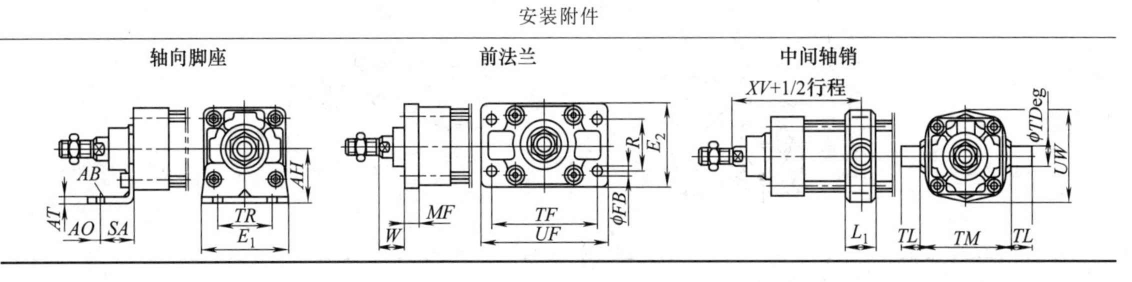

续表

适用缸径	轴向脚座								前法兰								中间轴销						
	零件号	AH	E_1	TR	AB	SA	AO	AT	零件号	FB	R	E_2	TF	UF	W	MF	零件号	TL	TM	TD	UW	XV	L_1
32	C95-L03	32	48	32	7	24	10	4	C95-F03	7	32	50	64	79	16	10	C95-T03	12	50	12	49	73	18
40	C95-L04	36	55	36	9	28	11	4	C95-F04	9	36	55	72	90	20	10	C95-T04	16	63	16	58	82.5	22
50	C95-L05	45	68	45	9	32	12	5	C95-F05	9	45	70	90	110	25	12	C95-T05	16	75	16	71	90	24
63	C95-L06	50	80	50	9	32	12	5	C95-F06	9	50	80	100	120	25	12	C95-T06	20	90	20	87	97.5	28
80	C95-L08	63	100	63	12	41	14	6	C95-F08	12	63	100	126	153	30	16	C95-T08	20	110	20	110	110	34
100	C95-L10	71	120	75	14	41	16	6	C95-F10	14	75	120	150	178	35	16	C95-T10	25	132	25	136	120	40
125	C95-L12	90	140	90	16	45	20	8	C95-F12	16	90	140	180	220	45	20	C95-T12	25	160	25	160	145	44
160	C95-L16	115	184	115	18	60	25	9	C95-F16	18	115	180	230	280	60	20	C95-T16	32	200	32	200	170	48
200	C95-L20	135	228	135	24	70	30	12	C95-F20	22	135	220	270	315	70	25	C95-T20	32	250	32	240	185	48

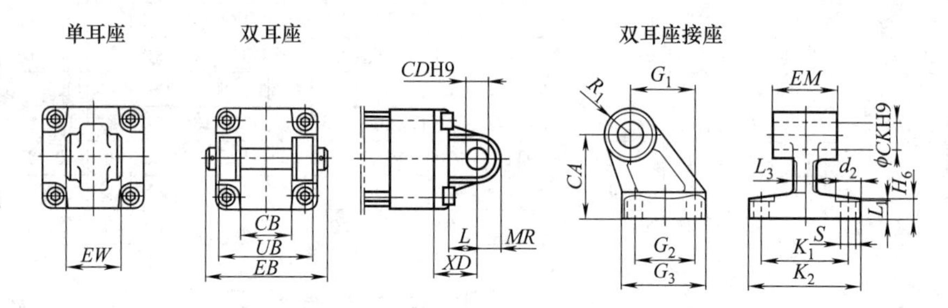

适用缸径	单耳座、双耳座										双耳座接座														
	零件号(单)	EW	CD	L	MR	XD	CB	UB	EB	零件号(双)	零件号	d_2	CK	S	K_1	K_2	L_3	G_1	L_1	G_2	EM	G_3	CA	H_6	R_1
32	C95-C03	26	10	12	9.5	22	26	45	65	C95-D03	C95-E03	11	10	6.6	38	51	10	21	7	18	26	31	32	8	10
40	C95-C04	28	12	15	12	25	28	52	75	C95-D04	C95-E04	11	12	6.6	41	54	10	24	9	22	28	35	36	10	11
50	C95-C05	32	12	15	12	27	32	60	80	C95-D05	C95-E05	15	12	9	50	65	12	33	11	30	32	45	45	12	12
63	C95-C06	40	16	20	16	32	40	70	90	C95-D06	C95-E06	15	16	9	52	67	14	37	11	35	40	50	50	12	15
80	C95-C08	50	16	20	16	36	50	90	110	C95-D08	C95-E08	18	16	11	66	86	18	47	12.5	40	50	60	63	14	15
100	C95-C10	60	20	25	20	41	60	110	140	C95-D10	C95-E10	18	20	11	76	96	20	55	13.5	50	60	70	71	15	19
125	C95-C12	70	25	30	25	50	70	120	148	C95-D12															
160	C95-C16	90	30	35	25	55	90	160	188	C95-D16															
200	C95-C20	90	30	35	25	60	90	160	188	C95-D20															

I形单肘节球轴承接头

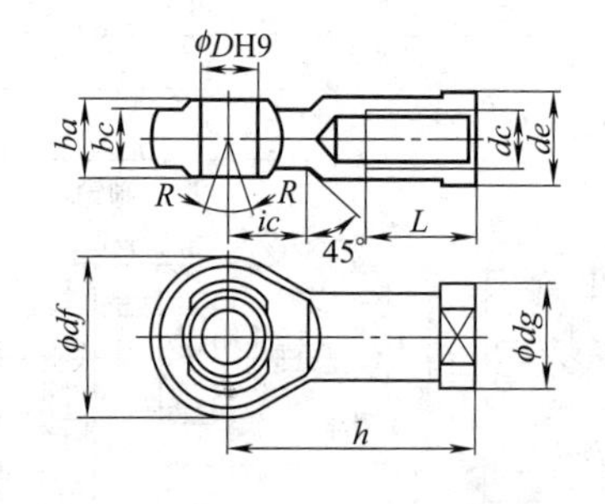

Y形双肘节接头

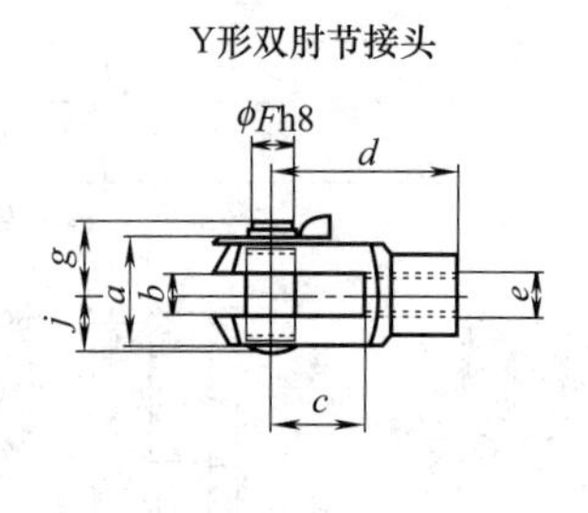

续表

适用缸径	I形单肘节球轴承接头												适用缸径	Y形双肘节接头								
	零件号	*dc*	*ba*	*bc*	*D*	*de*	*df*	*dg*	*h*	*L*	*ic*	*R*		零件号	*a*	*e*	*b*	*c*	*d*	*F*	*g*	*j*
32	KJ10D	M10×1.25	14	10.5	10	17	26	19	43	20	14	13	32	GKM10-20	20	M10×1.25	10	20	40	10	26	12
40	KJ12D	M12×1.25	16	12	12	19	30	22	50	22	16	13	40	GKM12-24	24	M12×1.25	12	24	48	12	31	15
50	KJ16D	M16×1.5	21	15	16	22	42	27	64	28	22	15	50	GKM16-32	32	M16×1.5	16	32	64	16	39	19
63		M16×1.5	21	15	16	22	42	27	64	28	22	15	63		32	M16×1.5	16	32	64	16	39	19
80	KJ20D	M20×1.5	25	18	20	30	50	34	77	36	26	15	80	GKM20-40	40	M20×1.5	20	40	80	20	53	24
100		M20×1.5	25	18	20	30	50	34	77	33	26	15	100		40	M20×1.5	20	40	80	20	53	24
125	KJ27D	M27×2	37	25	30	41	70	50	110	51	36	15	125	GKM27-54	55	M27×2	30	54	110	30	74	30
160	KJ36D	M36×2	43	28	35	50	80	58	125	56	41	15	160	GKM36-72	70	M36×2	35	72	144	35	91	40
200		M36×2	43	28	35	50	80	58	125	56	41	15	200		70	M36×2	35	72	144	35	91	40

注：生产厂为上海新益气动元件有限公司。

7.1.1.15　10B-5系列无拉杆气缸（ϕ32～200）

型号意义：

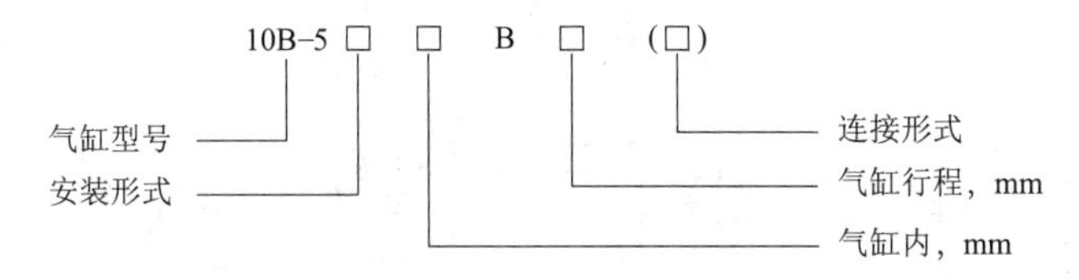

表 21-7-41　　**主要技术参数**

气缸型号	10B-5(标准型)								
气缸内径 *D*/mm	ϕ32	ϕ40	ϕ50	ϕ63	ϕ80	ϕ100	ϕ125	ϕ160	ϕ200
最大行程 *S*/mm	500	800			1000				1500
使用压力范围/bar	0.5～10								
耐压力/bar	15								
使用速度范围/mm·s^{-1}	50～70								
使用温度范围/℃	−25～+80(但在不冻结条件)								
使用介质	干燥洁净空气								
给油	不需要(也可给油)								
缓冲形式	两侧可调缓冲								
缓冲行程/mm	20				25			28	

表 21-7-42　　**外形尺寸及安装形式**　　mm

1. SD(基本型)

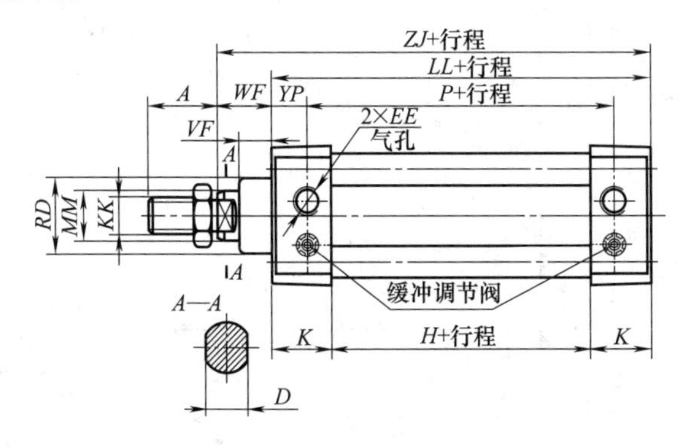

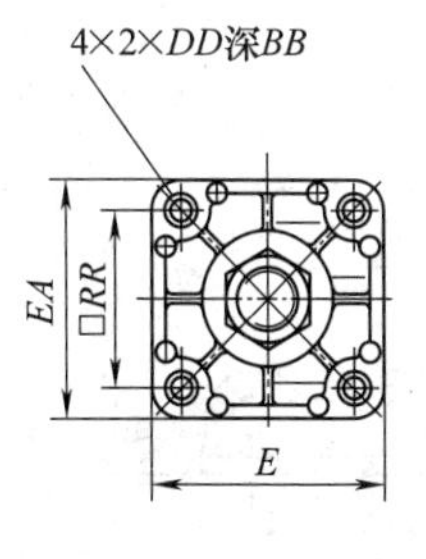

续表

缸径	A	BB	D	DD	E	EE	H	K	KK	LL	MM	P	RD	RR	VF	WF	YP	ZJ
32	22	12	10	M6×1	44	G1/8	33	30	M10×1.25	93	ϕ12	52	ϕ28	33	15	25	20.5	118
40	24	12	13	M6×1	50	G1/4	35	29	M12×1.25	93	ϕ16	63	ϕ32	37	15	25	15	118
50	32	12	19	M6×1	62	G1/4	38	27.5	M16×1.5	93	ϕ22	59	ϕ38	47	15	25	17	118
63	32	14	19	M8×1.25	76	G3/8	23	36.5	M16×1.5	96	ϕ22	65	ϕ38	56	15	25	15.5	121
80	40	18	22	M10×1.25	94	G3/8	26	41	M20×1.5	108	ϕ25	70	ϕ47	70	21	35	19	143
100	40	18	22	M10×1.25	114	G1/2	29	39.5	M20×1.5	108	ϕ25	70	ϕ47	84	21	35	19	143
125	54	14	27	M12×1.75	138	G1/2	38	38	M27×2	114	ϕ32	71	ϕ54	104	21	35	21.5	149
160	72	18	36	M16	174	G3/4	39	43	M36×2	125	ϕ40	79	ϕ62	134	25	42	23	167
200	72	18	36	M16	220	G3/4	92	50	M36×2	192	ϕ40	142	ϕ82	175	55	95	25	287

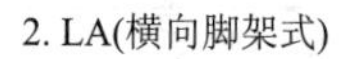
2. LA(横向脚架式)

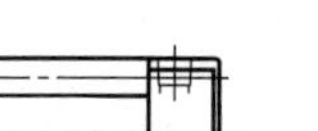

3. LB(轴向脚架式)

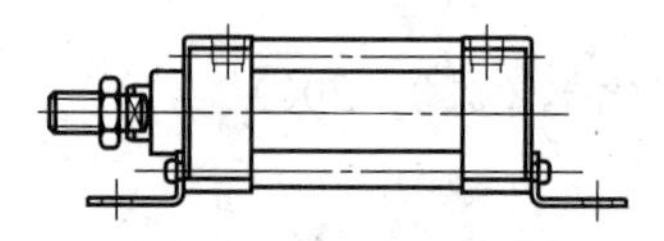

4. FA(前法兰式)

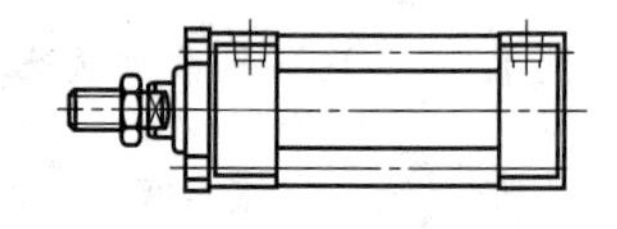

5. FB(后法兰式)

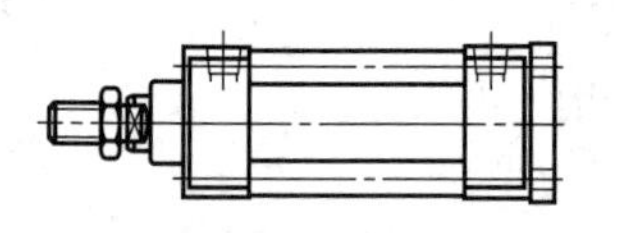

6. CA(单悬耳式)

7. CC(单悬耳式)

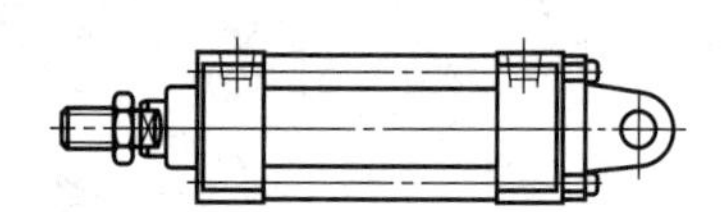

8. CB(双悬耳式)

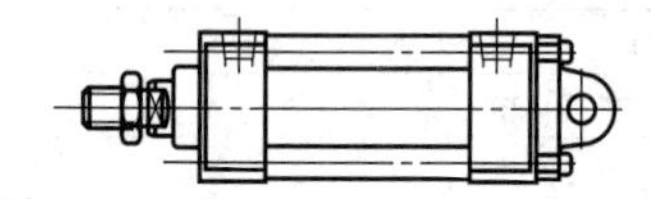

9. CBB(双悬耳座式)

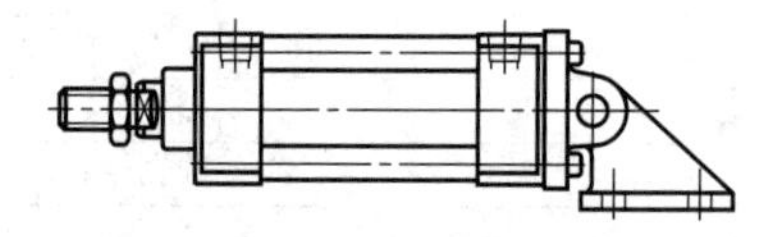

安装附件

LA 横向脚架

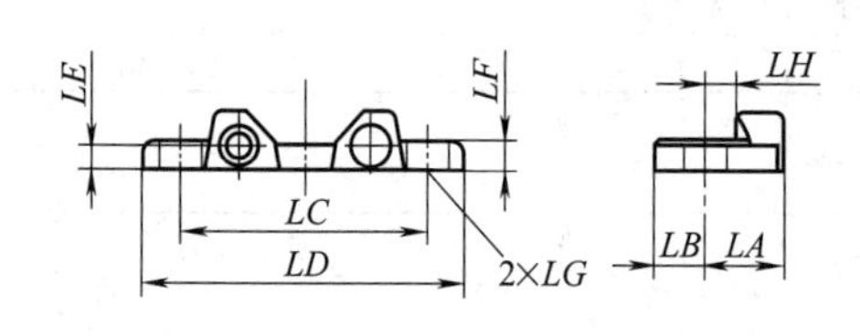

LB 轴向脚架

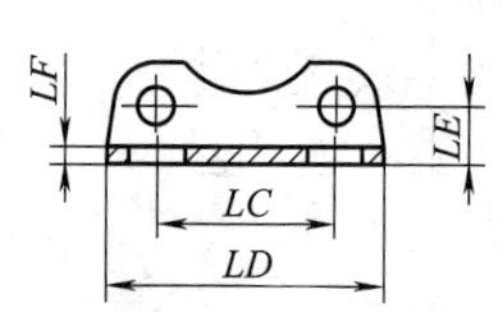

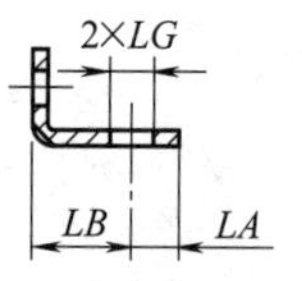

附件	缸径	32	40	50	63	80	100	125	160	200
LA 横向脚架	LA	22	22	24	26	33	37	45	44	—
	LB	13	14	14	14	18	18	21	22	—
	LC	63	70	83	95	121	140	175	214	—
	LD	80	91	104	116	146	165	211	254	—
	LE	5.5	6.6	7.6	10	12	15	17	21	—
	LF	8	8	9	9	12	14	17	17	—
	LG	ϕ9	ϕ12	ϕ12	ϕ12	ϕ14	ϕ14	ϕ18	ϕ18	—
	LH	10	10	10	10	13	13	17	18	—
LB 轴向脚架	LA	9.5	12.5	12	13	16	16	18	20	30
	LB	20.5	23.5	28	31	30	30	35	40	70
	LC	33	36	47	56	70	84	104	134	135
	LD	50	57	68	80	97	112	136	170	220
	LE	11.5	11.5	13.1	13	14	15	18	24	47.5
	LF	3	3	3	3	4	4	6	8	10
	LG	ϕ9	ϕ12	ϕ12	ϕ12	ϕ14	ϕ14	ϕ18	ϕ17	ϕ22

续表

型式	缸径	32	40	50	63	80	100	125	160	200
FA 前法兰 FB 后法兰	*FA*	10	10	10	12	16	16	20	25	25
	FB	33	36	47	56	70	84	104	134	135
	FC	47	52	65	76	95	115	138	172	220
	FD	58	70	86	98	119	138	168	208	270
	FE	72	84	104	116	143	162	196	240	320
	FF	ϕ7	ϕ7	ϕ9	ϕ9	ϕ12	ϕ12	ϕ14	ϕ17	ϕ22
CA 单悬耳 CC 单悬耳	*CA*	8	8	10	13	18	18	18	20	—
	Ca	10	10	10	10	14	14	14	15	23
	CB	19	19	19	19	32	32	32	40	—
	Cb	34	34	34	34	48	48	48	55	60
	CC	31	33	33	33	52	52	52	70	—
	Cc	46	48	49	49	68	68	68	83	90
	CD	ϕ12	ϕ14	ϕ14	ϕ14	ϕ20	ϕ20	ϕ20	ϕ28	ϕ30
	CE	16	20	20	20	32	32	32	40	89.7
	ϕ	6.6	6.6	6.6	9	11	11	13	17	17
CB 双悬耳	*CA*	8	8	8	8	11	11	14	15	23
	CB	19	19	19	19	32	32	32	40	60
	CC	32	32	34	34	53	53	53	68	90
	CD	ϕ12	ϕ14	ϕ14	ϕ14	ϕ20	ϕ20	ϕ20	ϕ28	ϕ30
	CE	16	20	20	20	32	32	32	40	90.3
	CF	32	44	52	52	64	64	64	80	170
	ϕ	6.6	6.6	6.6	9	11	11	13	17	17
CBB 双悬耳座	*BA*	40	40	40	40	65	65	77	120	—
	BB	60	70	70	70	95	95	112	165	—
	BC	8	8	8	8	12	12	15	23	—
	BD	55	65	65	65	85	85	112	142.5	—
	BE	65	80	80	80	105	105	110	130	—
	BF	85	105	105	105	135	135	145	175	—
	BG	35	45	45	45	60	60	75	115	—
	BH	ϕ9	ϕ11	ϕ11	ϕ11	ϕ14	ϕ14	ϕ18	ϕ22	—
	BI	ϕ12	ϕ14	ϕ14	ϕ14	ϕ20	ϕ20	ϕ20	ϕ28	—
	ϕB	28	30	30	30	40	40	40	56	—

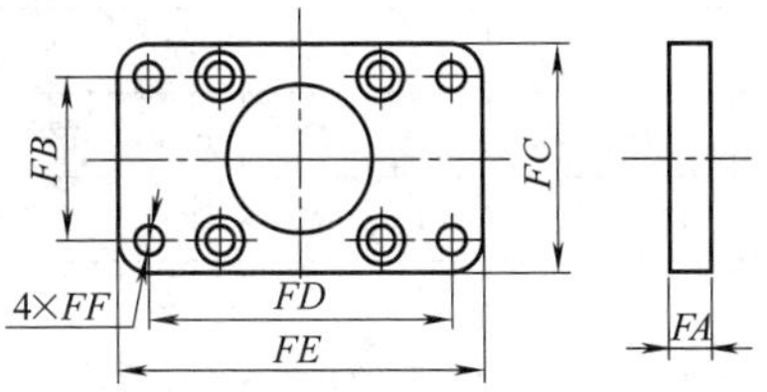

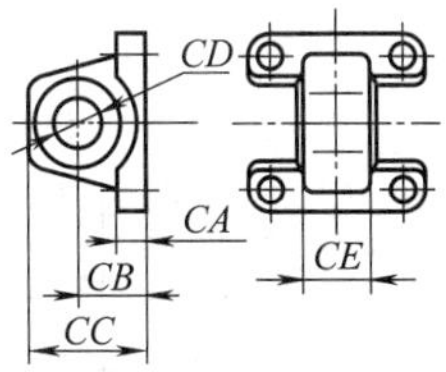

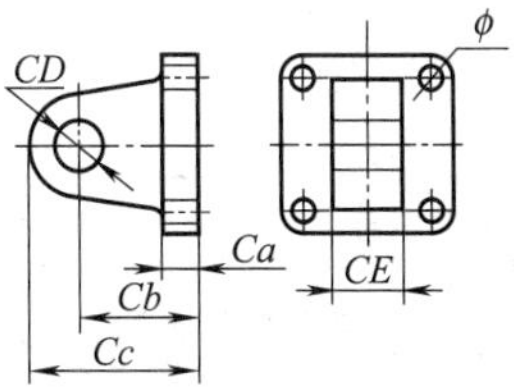

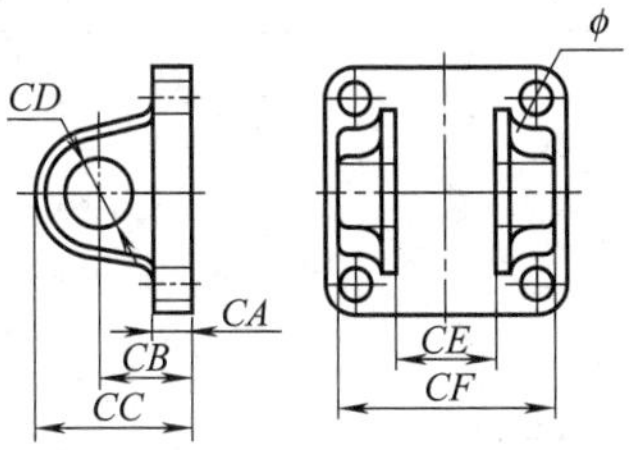

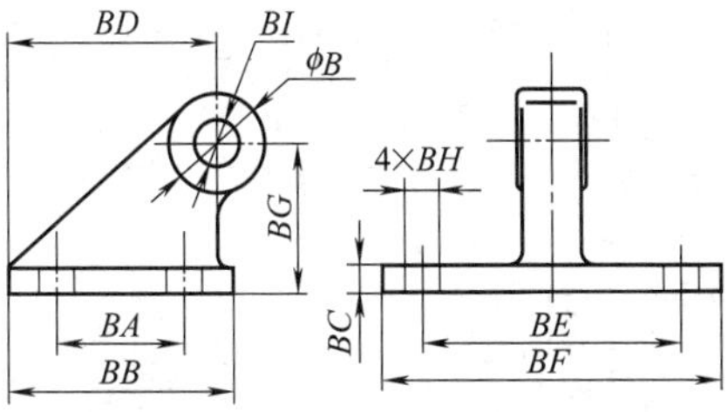

续表

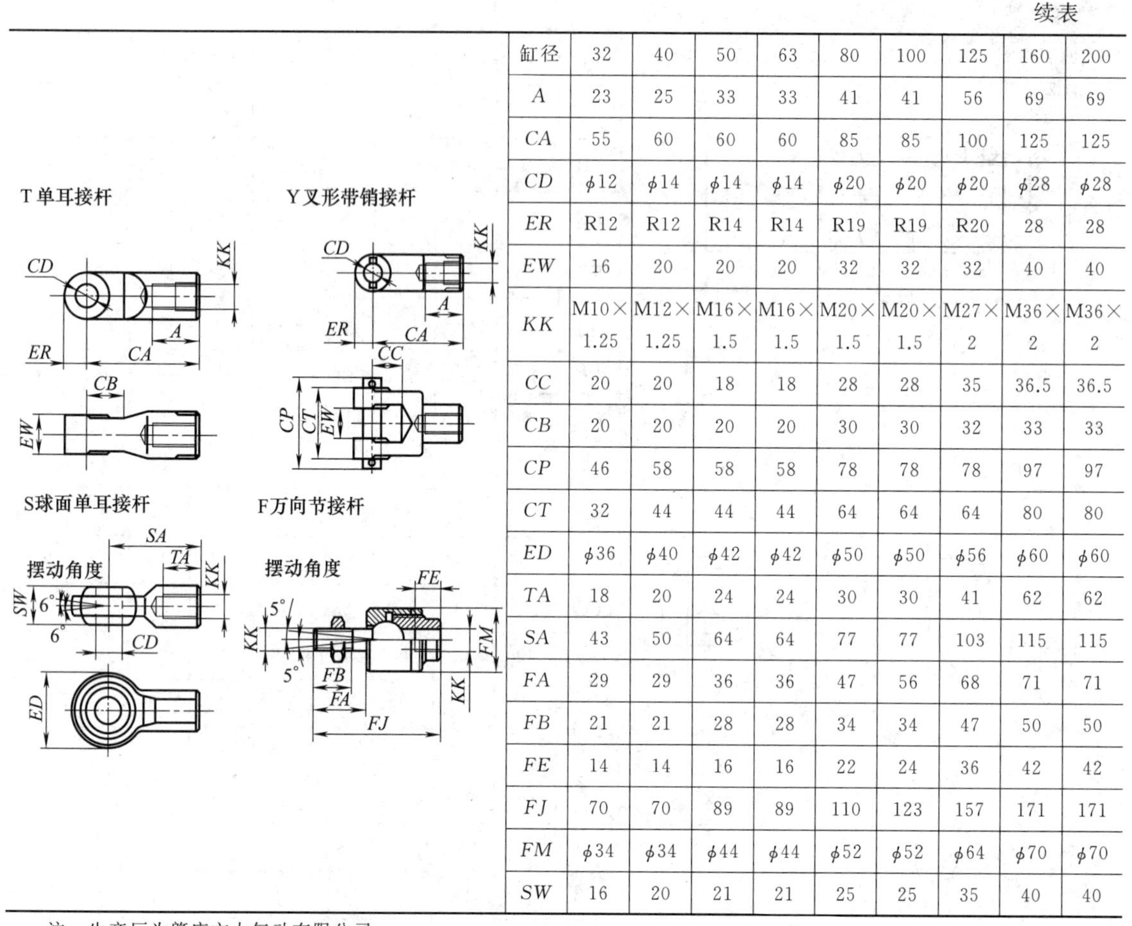

缸径	32	40	50	63	80	100	125	160	200
A	23	25	33	33	41	41	56	69	69
CA	55	60	60	60	85	85	100	125	125
CD	ϕ12	ϕ14	ϕ14	ϕ14	ϕ20	ϕ20	ϕ20	ϕ28	ϕ28
ER	R12	R12	R14	R14	R19	R19	R20	28	28
EW	16	20	20	20	32	32	32	40	40
KK	M10×1.25	M12×1.25	M16×1.5	M16×1.5	M20×1.5	M20×1.5	M27×2	M36×2	M36×2
CC	20	20	18	18	28	28	35	36.5	36.5
CB	20	20	20	20	30	30	32	33	33
CP	46	58	58	58	78	78	78	97	97
CT	32	44	44	44	64	64	64	80	80
ED	ϕ36	ϕ40	ϕ42	ϕ42	ϕ50	ϕ50	ϕ56	ϕ60	ϕ60
TA	18	20	24	24	30	30	41	62	62
SA	43	50	64	64	77	77	103	115	115
FA	29	29	36	36	47	56	68	71	71
FB	21	21	28	28	34	34	47	50	50
FE	14	14	16	16	22	24	36	42	42
FJ	70	70	89	89	110	123	157	171	171
FM	ϕ34	ϕ34	ϕ44	ϕ44	ϕ52	ϕ52	ϕ64	ϕ70	ϕ70
SW	16	20	21	21	25	25	35	40	40

注：生产厂为肇庆方大气动有限公司。

7.1.1.16　QGZ中型单活塞杆气缸（ϕ40～100）

型号意义：

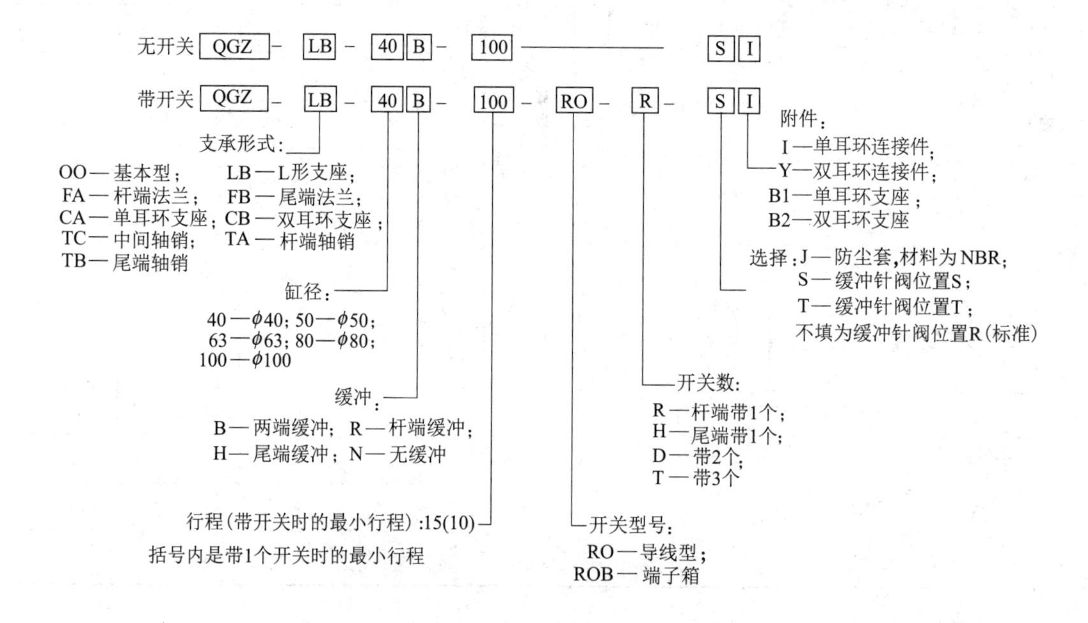

表 21-7-43　　**主要技术参数**

型　　号	QGZ	型　　号	QGZ				
作用形式	双作用	缸径/mm	ϕ40	ϕ50	ϕ63	ϕ80	ϕ100
使用流体	洁净压缩空气	接管口径	$\mathrm{R_c}$1/4	$\mathrm{R_c}$3/8		$\mathrm{R_c}$1/2	
最高工作压力	1.0MPa(10.2kgf/cm^2)	活塞工作速度/mm·s^{-1}	50～1000(请在可吸收能量范围内使用)				
最低工作压力	0.05MPa(0.5kgf/cm^2)						
耐压	1.6MPa(16.3kgf/cm^2)	缓冲形式	可选择有缓冲、无缓冲				
环境温度/℃	－10～60(不冻结)	润滑	不要(给油时使用透平油 1 级 ISO VG32)				

表 21-7-44　　**外形尺寸及安装形式**　　mm

基本型(OO)

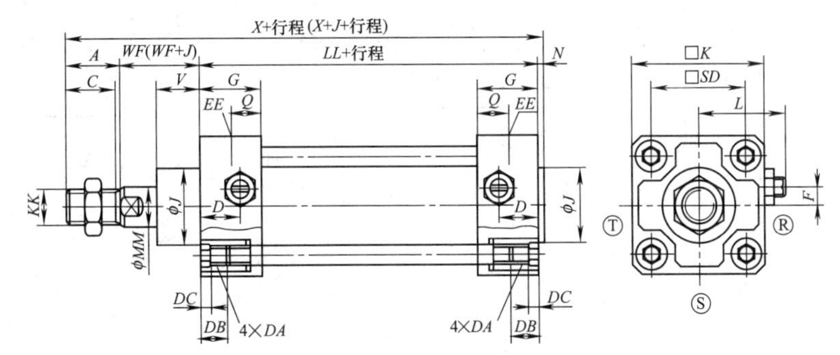

1. Ⓡ Ⓢ Ⓣ表示缓冲针阀位置
2. J 尺寸在小数点以后的请进位
3. 括号内尺寸为带防尘套时的外形尺寸

缸径	基本尺寸																	
	A	*C*	*D*	*DA*	*DB*	*DC*	*EE*	*F*	*G*	*J*	*K*	*KK*	*L*	*LL*	*MM*	*N*	*Q*	*SD*
40	22	20	16.5	M8	12	4	$\mathrm{R_c}$1/4	7.5	26	31	57	M14×1.5	38～39.5	93	16	2	13	40.5
50	28	26	20				$\mathrm{R_c}$3/8	0	28	38	66	M18×1.5	41～43.5	101	20	2.5	14	48
63			22						30		80		47.5～50	105		3	15	59
80	36	34	26	M12	16	5	$\mathrm{R_c}$1/2		34	43	98	M22×1.5	56～59	116	25	3.5	17	74
100	45	43	28						36	51	118	M26×1.5	66～69	128	30	4	18	90

缸径	基本尺寸			*J*(带防尘套)							
				行程							
	V	*WF*	*X*	≤50	51～100	101～150	151～200	201～300	301～400	401～500	≥501
40	18.5	33.5	150.5	25.5	41.5	58.5	75.5	108.5	141.5	174.5	行程/3.0+8.0
50	20.5	37	168.5	22	36	49	63	90	119	146	行程/3.6+7.5
63	21	35	171								
80	23.5	48	203.5	14	26	38	49	72	96	119	行程/4.3+2.5
100	32	53	230	20	32	42	53	76	98	120	行程/4.5+9.0

轴向 L 形支座型(LB)

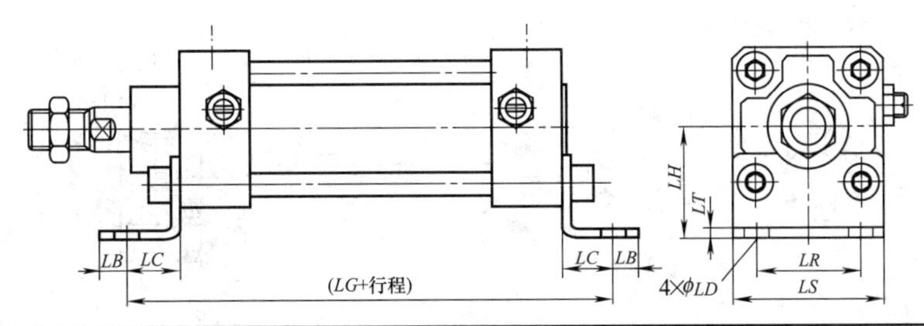

续表

缸径	LB	LC	LD	(LG)	LH	LR	LS	LT	
40	10	19.5	9	132	40	40	57	3.2	其余外形尺寸与“基本型”相同
50	12	22		145		46	66	4.5	
63		30	11	165	50	60	80		
80	14	37	14	190	60	74	98	6	
100	21	31			67	80	118		

杆端法兰型(FA)

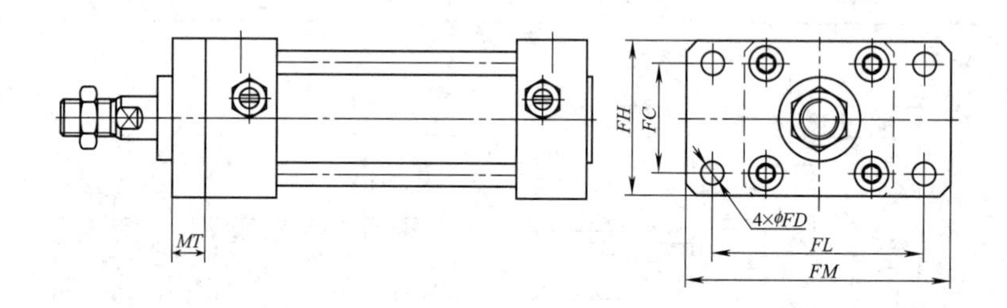

尾端法兰型(FB)

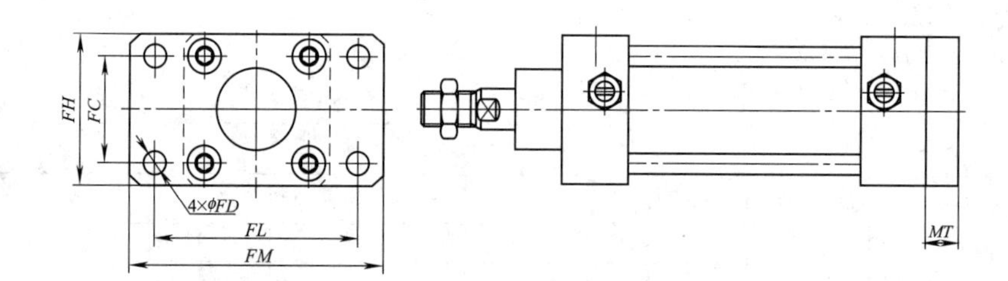

缸径	FA和FB型						
	FC	FD	FH	FL	FM	MT	
40	40	9	57	80	100	12	其余外形尺寸与“基本型”相同
50	47		65	85	108		
63	60	11	80	106	130	16	
80	74	14	98	125	153	19	
100	88		118	144	180		

单耳环支座型(CA)

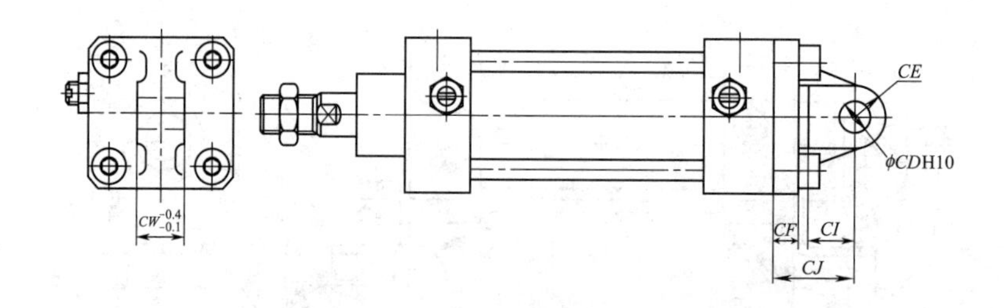

续表

双耳环支座型(CB)

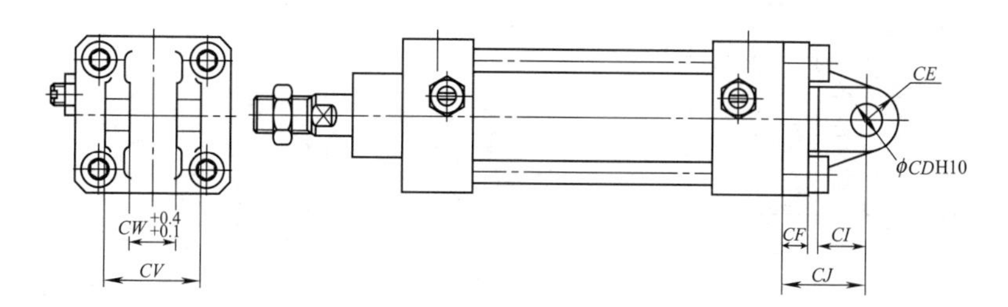

缸径	CA 和 CB 型							
	CD	CE	CF	CI	CJ	CW	CV	
40	12	R12	10	18	32	18	36	其余外形尺寸与“基本型”相同
50								
63	14	R16		24	37	20	40	
80	20	R20	14	30	52	28	56	
100			16					

中间轴销型(TC)

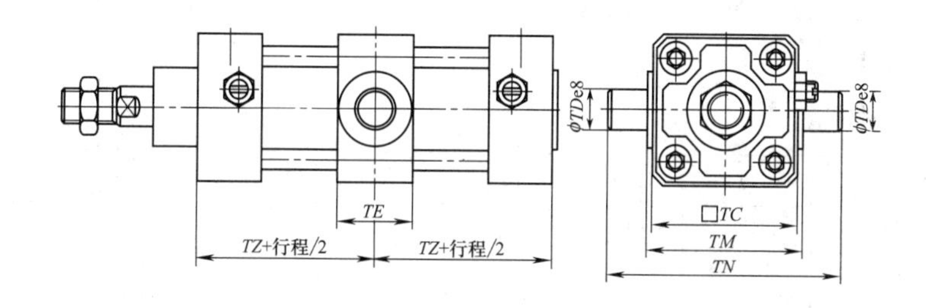

杆端轴销型(TA)

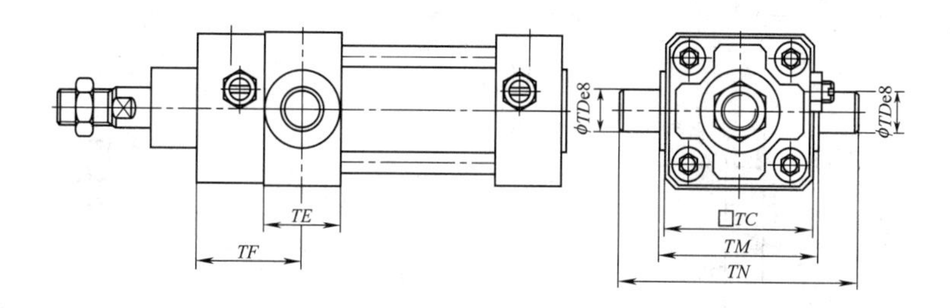

尾端轴销型(TB)

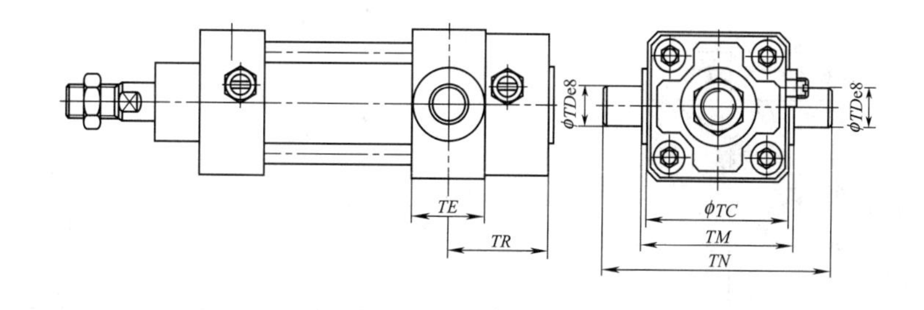

续表

缸径	TC、TA 和 TB 型							
	TC	*TD*	*TE*	*TM*	*TN*	*TF*/*TR*	*TZ*	
40	57	16	30	63	95	41	46.5	其余外形尺寸与"基本型"相同
50	67	18		80	116	43	50.5	
63	82	20	35	90	130	47.5	52.5	
80	100	25	40	115	165	54	58	
100	121	35	50	135	205	61	64	

安装附件

单耳环连接件(I)

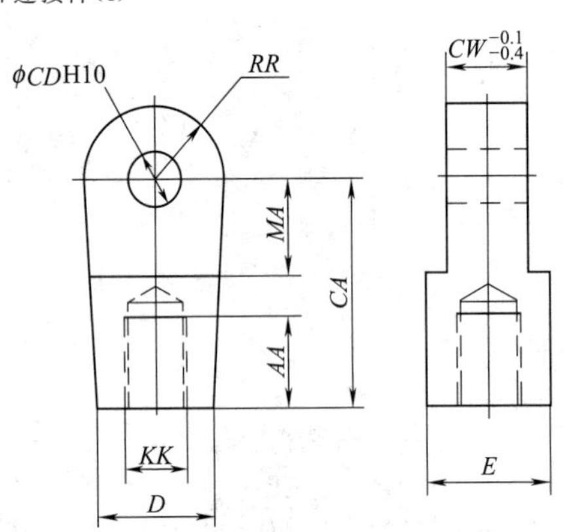

双耳环连接件(Y)

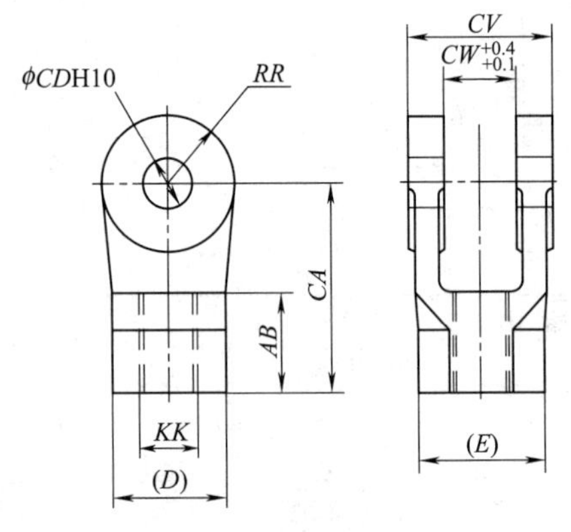

型号	缸径	*AA*	*CA*	*CD*	*CW*	*D*	*E*	*KK*	*MA*	*RR*
S1-I-40	40	20	50	12	18	27	27	M14×1.5	21	*R*16
S1-I-50	50	21						M18×1.5		
S1-I-63	63			14	20					
S1-I-80	80	30	70	20	28	46	41	M22×1.5	30	*R*25
S1-I-100	100							M26×1.5		

型号	缸径	*AB*	*CA*	*CD*	*CV*	*CW*	*D*	*E*	*KK*	*RR*
S1-Y-40	40	24	50	12	36	18	27	31.2	M14×1.5	*R*16
S1-Y-50	50								M18×1.5	
S1-Y-63	63			14	40	20				
S1-Y-80	80	35	70	20	56	28	41	47.3	M22×1.5	*R*25
S1-Y-100	100								M26×1.5	

单耳环支座(B1)

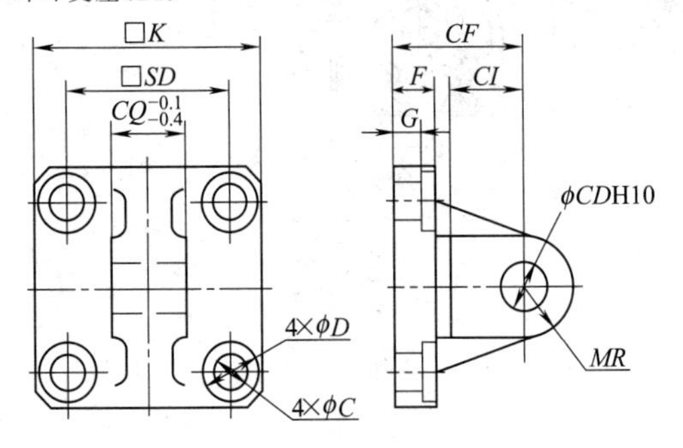

双耳环支座(B2)

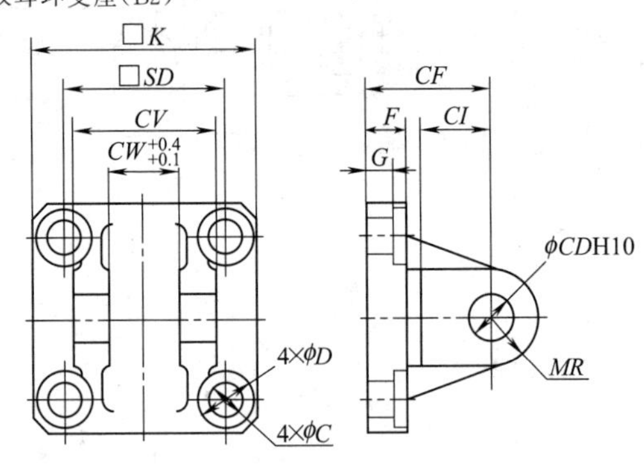

B1 型号	B2 型号	缸径	*C*	*CD*	*CF*	*CI*	*CQ*/*CW*	*CV*	*D*	*F*	*G*	*K*	*MR*	*SD*
S1-B1-40	S1-B2-40	40	9	12	32	18	18	36	14	10	6.5	57	*R*12	40.5
S1-B1-50	S1-B2-50	50										66		48
S1-B1-63	S1-B2-63	63		14	37	24	20	40			7.5	80	*R*16	59
S1-B1-80	S1-B2-80	80	14	20	52	30	28	56	20	14	10.5	98	*R*20	74
S1-B1-100	S1-B2-100	100								16		118		90

续表

连接销(P)

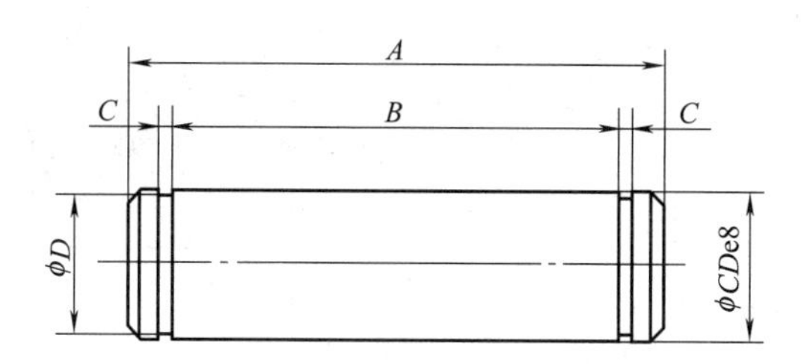

型号	缸径	连　接　销					轴用挡圈
		A	B	C	D	CD	
S1-P-40	40,50	43.5	36.2	1.15	11.5	12	12
S1-P-63	63	47.5	40.2		13.4	14	14
S1-P-80	80,100	64	56.2		19	20	20

注：生产厂为无锡气动技术研究所有限公司。

7.1.1.17　QGC 系列重载单活塞杆气缸（ϕ80～160）

型号意义：

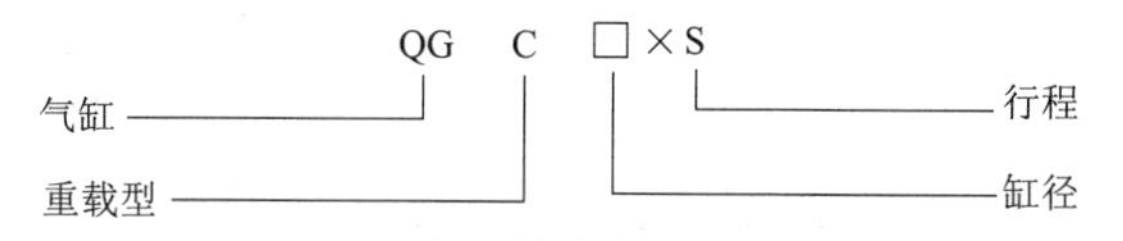

表 21-7-45　　　主要技术参数

缸径/mm	80,100,125,160	耐压力/bar	12
工作介质	经过净化并含有油雾的压缩空气	使用温度范围/℃	－25～＋80(在不冻结条件下)
工作压力/bar	1.5～8		

表 21-7-46　　　外形尺寸　　　mm

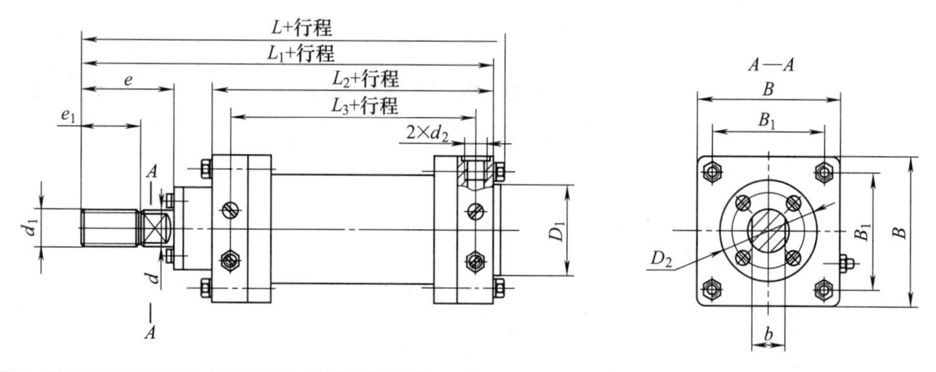

型　　号	D_1	D_2	d	d_1	d_2	L	L_1	L_2	L_3	e	e_1	B	B_1	b
QGC80×S	80	68	32	M27×2	M16×1.5	287	275	195	165	55	40	115	90	28
QGC100×S	80	78	40	M33×2	M16×1.5	265	235	145	115	70	50	150	120	36
QGC125×S	100	100	50	M42×2	M20×1.5	355	312	190	150	80	60	190	150	46
QGC160×S	130	130	63	M48×2	M27×2	385	338	200	160	85	65	230	180	55

注：生产厂为肇庆方大气动有限公司。

7.1.1.18 JB系列缓冲单活塞杆气缸（ϕ80～400）

型号意义：

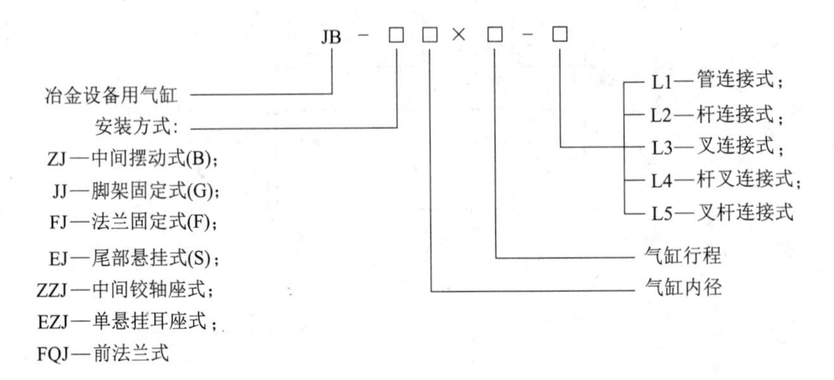

表 21-7-47 主要技术参数

缸径/mm	80	100	125	160	180	200	250	320	400
最大行程/mm	600		800		1000		1250	1600	
工作介质	经过净化并有油雾的压缩空气								
使用温度范围/℃	－25～＋80(但在不冻结条件下)								
工作压力范围/bar	1.5～8								
使用速度范围/mm·s^{-1}	100～500								

表 21-7-48 外形尺寸及安装形式 mm

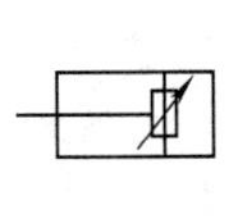

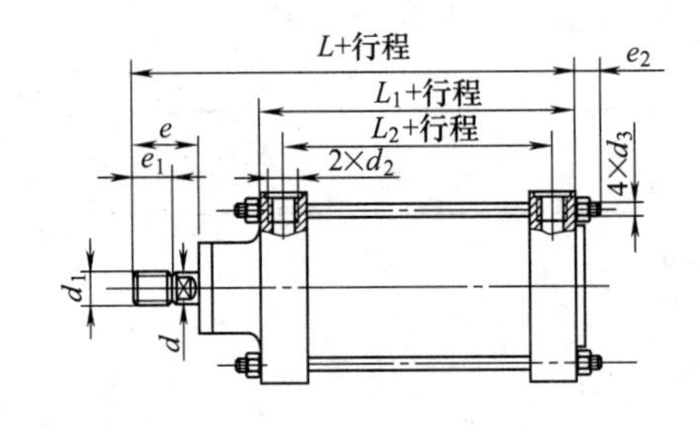

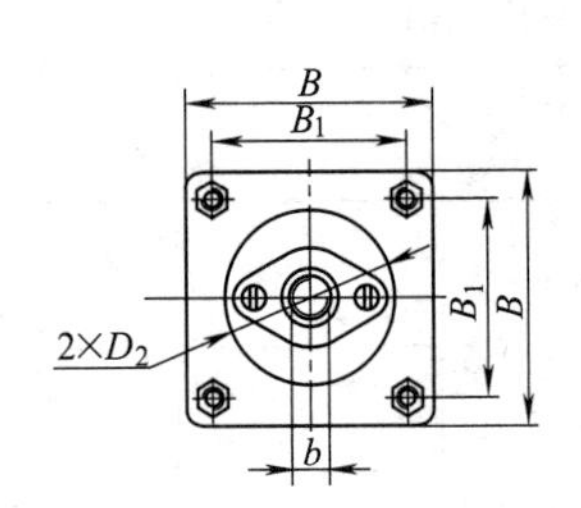

型号	D_2	L	L_1	L_2	d	d_1	d_2	d_3	e	e_1	e_2	B	B_1	b
JB80×S	95	240	135	105	30	M20×1.5	M14×1.5	M12	50.5	35	30	115	85	24
JB100×S	95	240	135	105	30	M20×1.5	M14×1.5	M12	50.5	35	30	130	100	24
JB125×S	130	310	180	140	40	M24×2	M18×1.5	M16	59	40	40	160	120	36
JB160×S	130	310	180	140	40	M24×2	M18×1.5	M16	59	40	40	190	150	36
JB180×S	170	350	190	150	50	M30×2	M18×1.5	M20	84	50	40	220	170	41
JB200×S	170	350	190	150	50	M30×2	M18×1.5	M20	84	50	40	240	190	41
JB250×S	200	450	240	180	70	M42×3	M27×2	M24	109	60	50	290	230	65
JB320×S	240	520	260	200	90	M56×4	M33×2	M30	118	70	60	350	280	75
JB400×S	240	520	260	200	90	M56×4	M33×2	M36	118	70	60	430	350	75

续表

安装附件										
配用 JB 气缸安装与连接附件	缸径	80	100	125	160	180	200	250	320	400
B-摆动型式与尺寸(或 ZJ-铰轴)	B_1	85	100	120	150	170	190	230	280	350
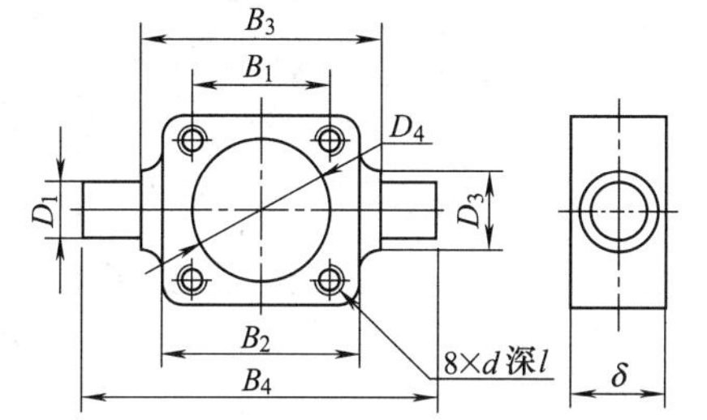	B_2	115	140	170	210	230	250	310	400	490
	B_3	150	175	210	240	270	300	360	420	530
	B_4	210	235	290	320	370	400	500	600	710
	D_1	30	30	40	40	50	50	70	90	90
	D_3	45	45	55	55	65	65	85	105	105
	D_4	89	108	140	180	194	219	273	351	426
	d	M12	M12	M16	M16	M20	M20	M24	M30	M36
	l	16	16	20	20	25	25	30	37	37
	δ	50	50	60	60	70	70	100	130	130
G-脚架型式与尺寸(或 JJ-脚架)	B	115	130	160	190	220	240	290	350	430
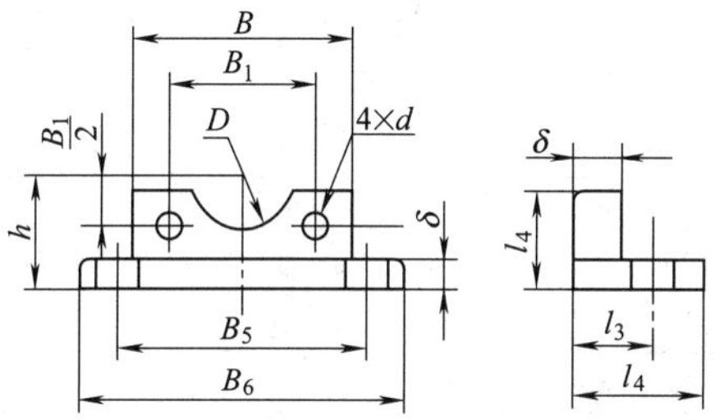	B_1	85	100	120	150	170	190	230	280	350
	B_5	145	150	190	210	230	260	320	350	390
	B_6	180	185	230	250	280	310	390	420	470
	d	13	13	17	17	22	22	26	33	39
	δ	8	8	10	10	14	14	16	20	20
	D	95	95	130	130	170	170	200	240	240
	l_3	45.5	45.5	60	60	69	69	103.5	115	115
	l_4	75	75	100	100	125	125	160	200	200
	h	85	95	115	130	150	160	195	250	285
F-法兰型式与尺寸(或 FJ-法兰)	B	115	130	160	190	220	240	290	350	430
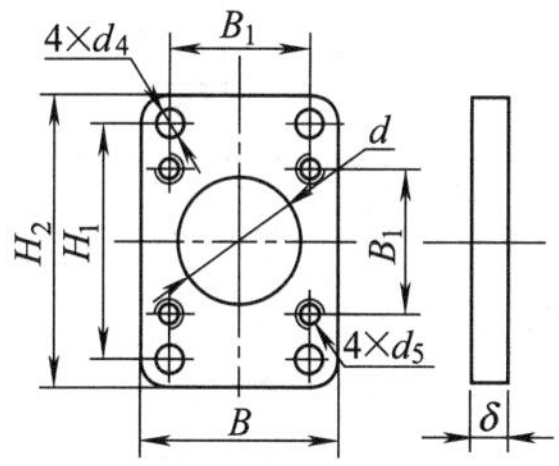	B_1	85	100	120	150	170	190	230	280	350
	d	95	95	130	130	170	170	200	240	240
	d_4	13	13	17	17	22	22	26	33	39
	d_5	M12	M12	M16	M16	M20	M20	M24	M30	M36
	H_1	145	160	200	230	260	280	340	420	490
	H_2	180	200	240	270	320	340	410	500	570
	δ	16	16	20	20	25	25	30	40	40
S-尾部悬挂型式与尺寸(或 EJ-单悬耳)	B	115	130	160	190	220	240	290	350	430
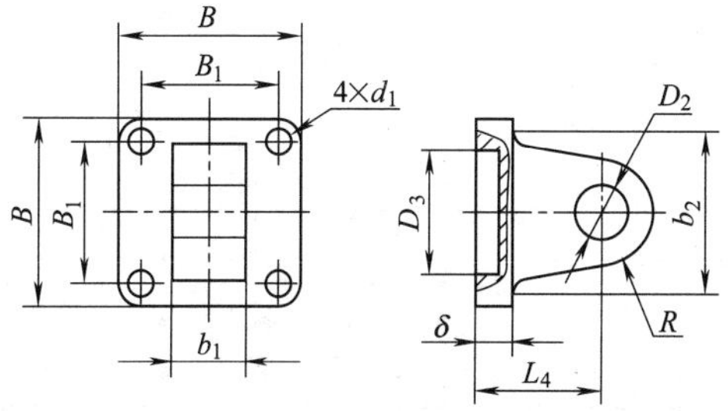	B_1	85	100	120	150	170	190	230	280	350
	b_1	30	30	40	40	50	50	60	80	80
	b_2	70	70	90	90	120	120	160	190	190
	D_2	25	25	30	30	35	35	40	50	50
	D_3	95	95	130	130	170	170	200	240	240
	L_4	50	50	60	60	75	75	85	110	110
	δ	16	16	20	20	25	25	30	40	40
	R	25	25	30	30	35	35	40	50	50
	d_1	13	13	17	17	22	22	26	33	39

续表

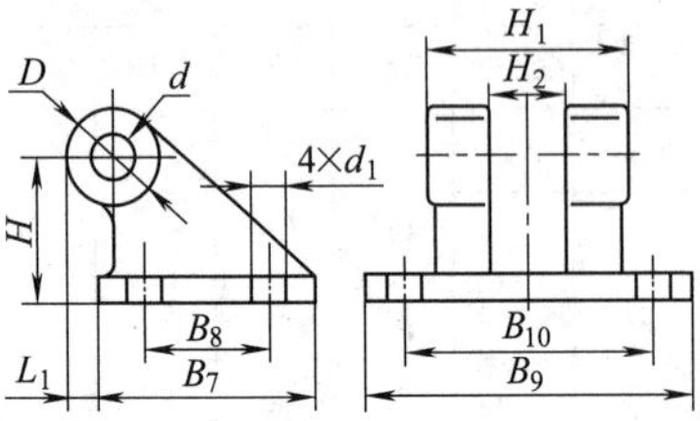

配用JB气缸安装与连接附件	缸径	80	100	125	160	180	200	250	320	400
SZJ-尾部悬挂座型式与尺寸(或EZJ-单悬耳座式)	B_9	115	115	160	160	220	220	290	350	430
	B_{10}	85	85	120	120	170	170	230	280	350
	B_7	90	90	110	110	150	150	190	240	300
	B_8	60	60	70	70	100	100	140	170	220
	d	25	25	30	30	35	35	40	50	50
	d_1	13	13	17	17	22	22	36	33	39
	D	50	50	60	60	70	70	80	100	100
	H	85	85	120	120	150	150	195	250	270
	H_1	60	60	80	80	100	100	120	160	160
	H_2	30	30	40	40	50	50	60	80	80
	L_1	5	5	10	10	15	15	20	20	20
BZJ-摆动座型式与尺寸(或ZZJ-铰轴支座)	B_{11}	50	50	70	65	90	90	105	130	130
	B_{12}	80	80	110	100	140	140	175	220	220
	d	M30	30	40	40	50	50	70	90	90
	d_1	13	13	17	17	22	22	26	33	39
	H	85	85	120	120	150	150	195	250	250
	δ	16	16	20	20	25	25	30	40	40
	L	30	30	40	40	50	50	70	90	90
	L_1	3	3	4	0	4	4	5	5	5
	L_2	30	30	40	35	55	55	65	90	90
	L_3	45	45	60	50	80	80	100	135	135
L_1-管连接件	L	80	80	90	90	100	100	130	160	160
	L_1	35	35	40	40	45	45	62	75	75
	L_2	30	30	35	35	40	40	55	65	65
	d	M20×1.5	M20×1.5	M24×2	M24×2	M30×2	M30×2	M42×3	M56×4	M56×4
	D	30	30	35	35	45	45	63	80	80
L_2-杆连接件	d	M20×1.5	M20×1.5	M24×2	M24×2	M30×2	M30×2	M42×3	M56×4	M56×4
	d_1	20	20	25	25	30	30	40	50	50
	b	20	20	25	25	30	30	45	60	60
	L	90	90	100	100	110	110	130	150	150
	D	40	40	45	45	55	55	75	90	90
	L_1	30	30	35	35	45	45	50	60	60
	R	25	25	30	30	35	35	45	55	55
L_3-叉连接件	d	M20×1.5	M20×1.5	M24×2	M24×2	M30×2	M30×2	M42×3	M56×4	M56×4
	d_1	20	20	25	25	30	30	40	50	50
	L	65	65	75	75	90	90	110	135	135
	H	54	54	65	65	75	75	101	137	137
	H_1	40	40	50	50	58	58	80	110	110
	H_2	20	20	25	25	30	30	45	60	60
	B	50	50	60	60	70	70	90	110	110
	D_1	32	32	40	40	50	50	75	90	90
	R	25	25	30	30	35	35	45	55	55

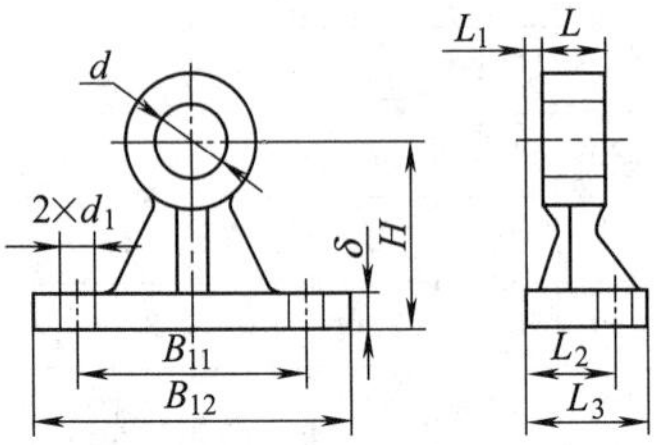

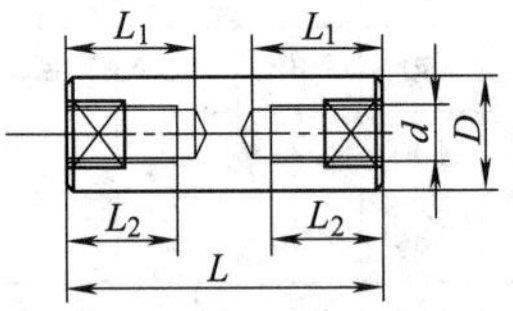

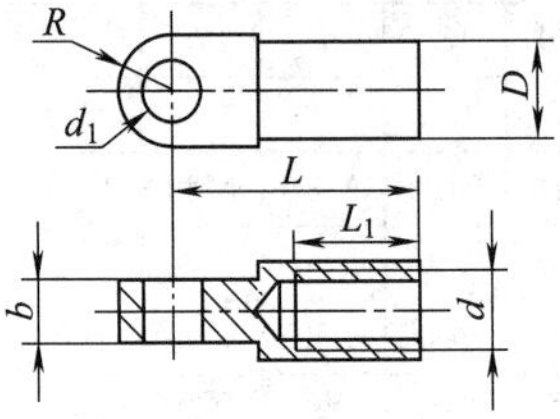

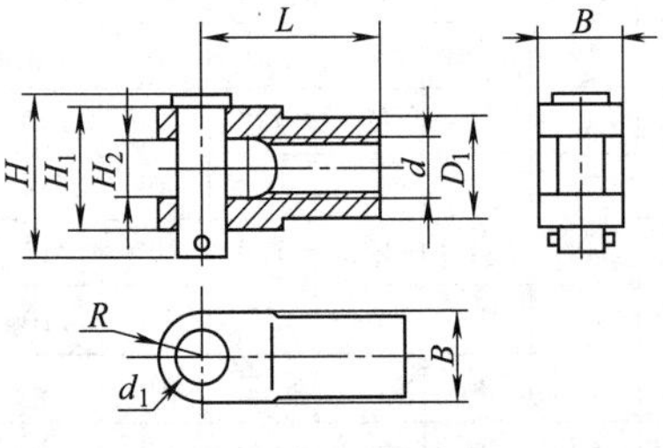

注：生产厂为肇庆方大气动有限公司。

7.1.1.19　QGD 大型单活塞杆气缸（ϕ125～350）

型号意义：

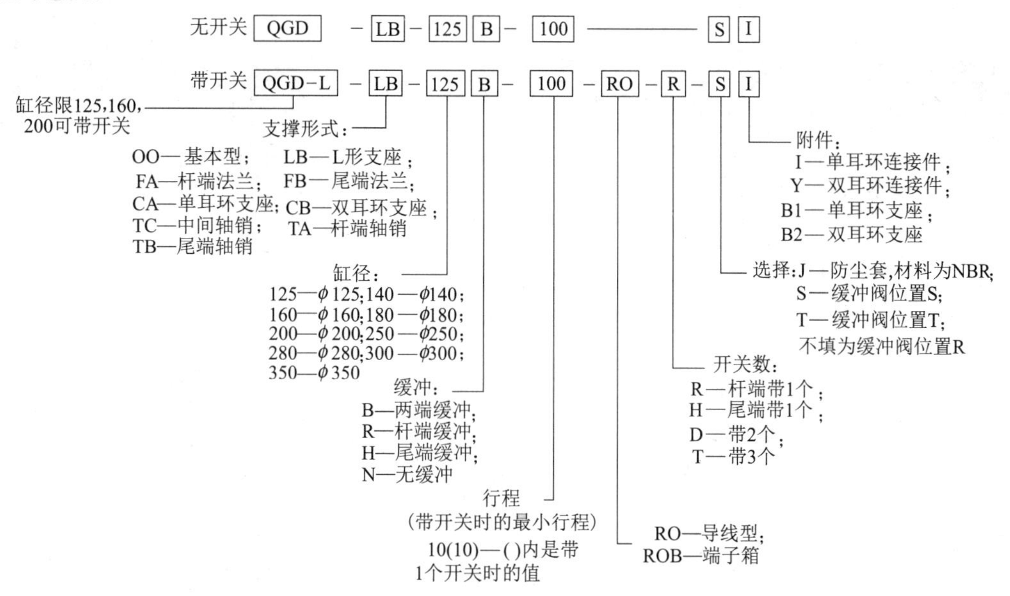

表 21-7-49　　　　主要技术参数

型　号	QGD				型　号	QGD			
作用形式	双作用				接管口径	$R_c1/2$	$R_c3/4$	R_c1	$R_c1\frac{1}{4}$
使用流体	洁净压缩空气								
最高工作压力	1.0MPa(10.2kgf/cm^2)				活塞工作速度 /mm·s^{-1}	20～1000(请在可吸收能量范围内使用)			
最低工作压力	0.05MPa(0.5kgf/cm^2)								
耐压	1.6MPa(16.3kgf/cm^2)				缓冲形式	可选择有缓冲、无缓冲			
环境温度/℃	－5～60(不冻结)				润滑	不要(给油时使用透平油 1 级 ISO VG32)			
缸径/mm	125	140 160 180 200	250 280 300	350					

表 21-7-50　　　　外形尺寸及安装尺寸　　　　mm

基本型(OO)　缸径为 125、140、160、180、200、250

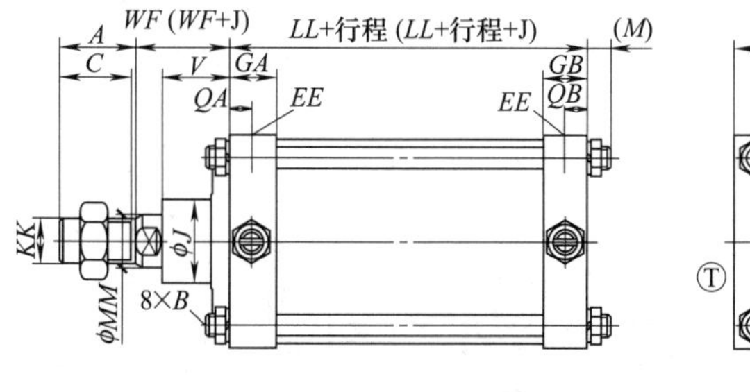

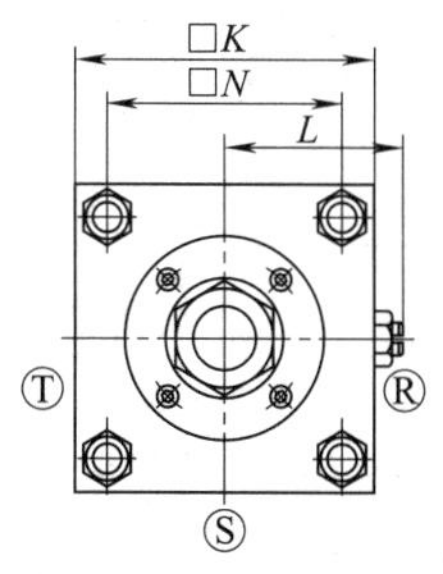

1. ⓇⓈⓉ表示缓冲针阀位置。
2. J 尺寸在小数点以后的请进位。
3. ( )内尺寸为带防尘套时的外形尺寸。

续表

缸径	A	B	C	EE	GA	GB	J	K	KK	L	LL	M	MM	N	QA	QB	V	WF	J(带防尘套)
125	50	M14×1.5	47	R$_c$1/2	32	29	54	140	M30×1.5	83～91	92	17.5	35	110	14.5	15	46	64	行程/4.55+11
140	50		47	R$_c$3/4	36	36		157		91.5～99.5	103			124	16.5	17		66	行程/4.55+9
160	56	M16×1.5	53		38.5		59	177	M36×1.5	101.5～109.5	106	20	40	142			18.5	70	行程/5.15+9
180	63	M18×1.5	60		39.5	39	68	200	M40×1.5	113～121	110	23	45	160			53	77	
200	72	M20×1.5	69		44.5	45	70	220	M45×1.5	123～131	123	24	50	175	17.5	18	60	87	行程/5.30+9
250	88	M24×1.5	84	R$_c$1	49.5	50	88	274	M56×2	150～158	141	28	60	216	20	20.5	64	93	行程/6.40+9

基本型(OO)　　缸径为 280、300、350

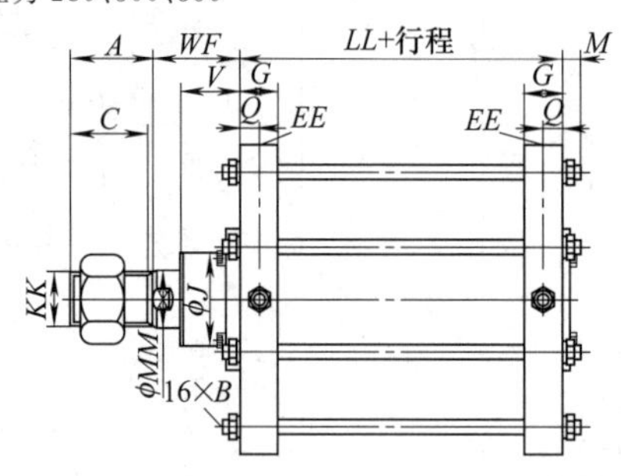

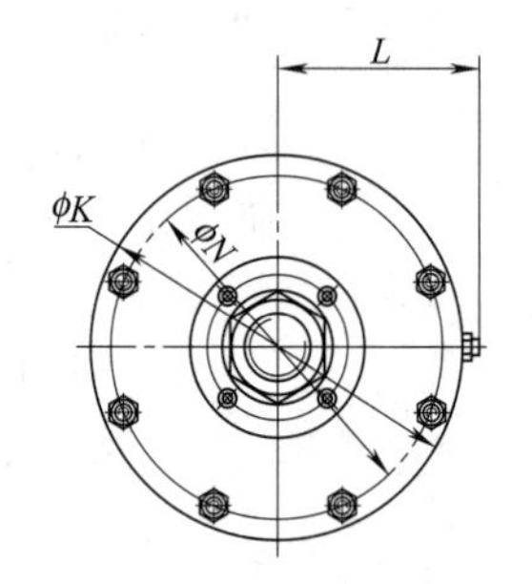

缸径	A	B	C	EE	G	J	K	KK	L	LL	M	MM	N	Q	V	WF
280	100	M18×1.5	94	R$_c$1	46.5	112	370	M64×3	198～207	170	23	70	330	24	75	110
300	110	M20×1.5	104			125	404	M68×3	215～224		24.5	70	360	24	80	117
350	125	M22×1.5	119	R$_c$1¼	56	140	468	M76×3	247～256	190	27	85	420	30		123

两端 L 支座型(LB)　　缸径为 125、140、160、180、200、250

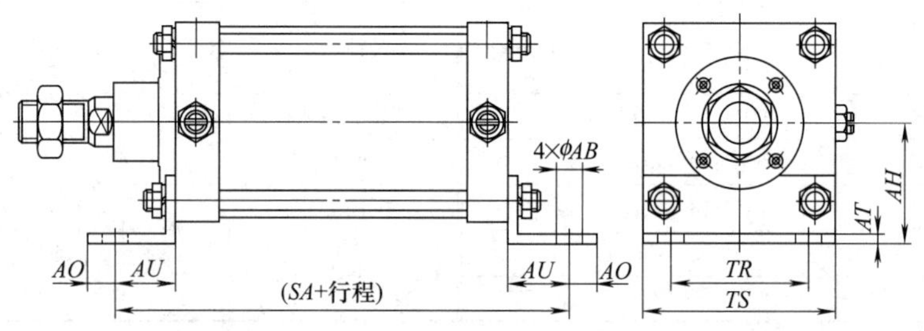

缸径	AB	AH	AO	AT	AU	SA	TR	TS	
125	19	85	18	7	45	182	100	140	其余外形尺寸与"基本型(OO)"相同
140		100	20	8	50	203	112	157	
160		106		10	53	212	118	177	
180	24	125	27		60	230	132	200	
200		132		12	62	247	150	220	
250	29	160	29		70	281	180	274	

两端 L 支座型(LB)　　缸径为 280、300、350

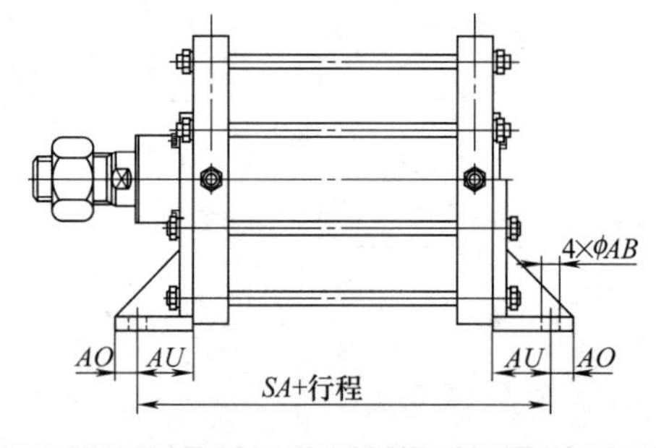

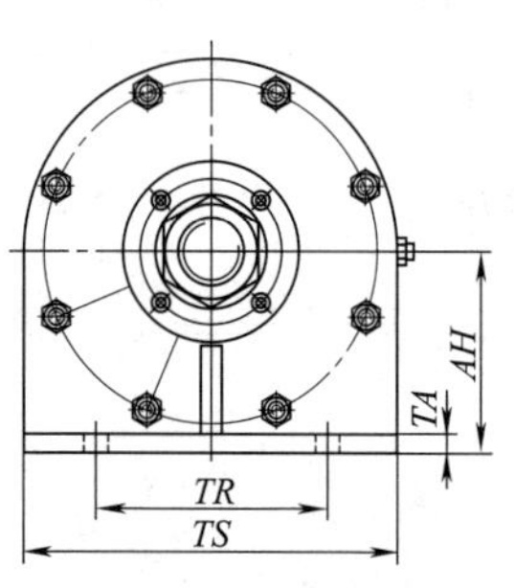

续表

缸径	*AB*	*AH*	*AO*	*AT*	*AU*	*SA*	*TR*	*TS*	
280	24	195	30	18	75	320	230	370	其余外形尺寸与"基本型(OO)"相同
300	26	215	35	20	85	340	260	404	
350	30	250	40	25	95	380	300	468	

单耳环支座型(CA)　缸径为 125、140、160、180、200、250

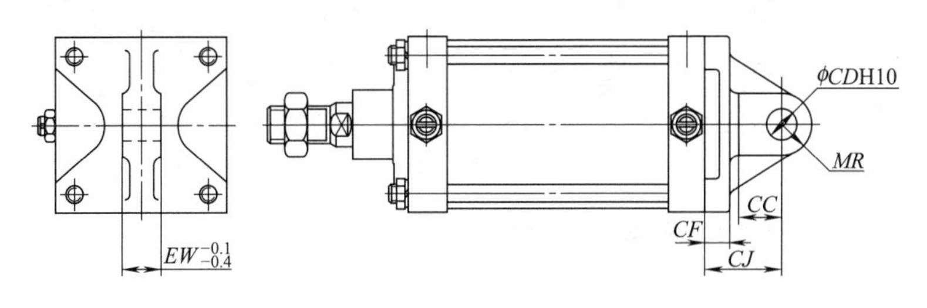

双耳环支座型(CB)　缸径为 125、140、160、180、200、250

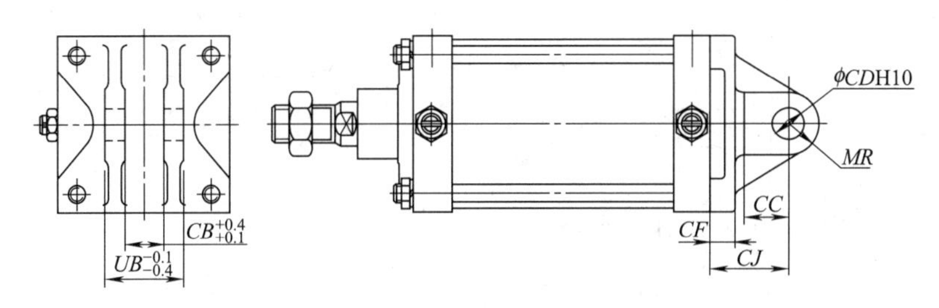

<table>
<tr><th rowspan="2">缸径</th><th colspan="7">CA 和 CB 基本尺寸</th><th rowspan="8">其余外形尺寸与"基本型(OO)"相同</th></tr>
<tr><th>CB/EW</th><th>CC</th><th>CD</th><th>CF</th><th>CJ</th><th>MR</th><th>UB</th></tr>
<tr><td>125</td><td>32</td><td>35</td><td>25</td><td>20</td><td>63</td><td>R25</td><td>64</td></tr>
<tr><td>140</td><td>36</td><td rowspan="2">40</td><td>28</td><td>22</td><td rowspan="2">75</td><td>R28</td><td>72</td></tr>
<tr><td>160</td><td>40</td><td>32</td><td>24</td><td>R32</td><td>80</td></tr>
<tr><td>180</td><td rowspan="2">50</td><td rowspan="2">55</td><td rowspan="2">40</td><td>25</td><td rowspan="2">90</td><td rowspan="2">R40</td><td rowspan="2">100</td></tr>
<tr><td>200</td><td>30</td></tr>
<tr><td>250</td><td>63</td><td>65</td><td>50</td><td>35</td><td>110</td><td>R50</td><td>126</td></tr>
</table>

单耳环支座型(CA)　缸径为 280、300、350

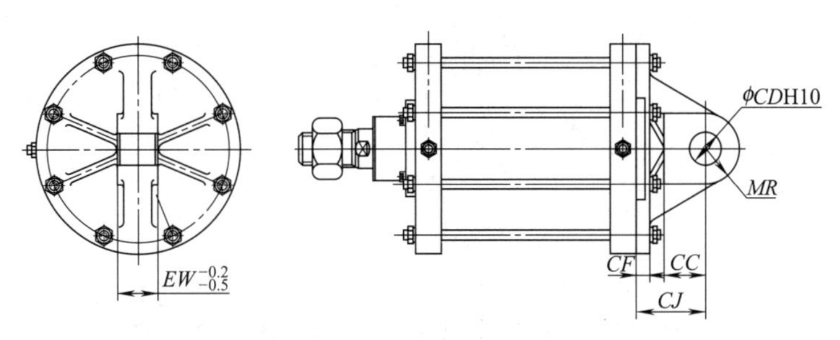

缸径	*EW*	*CC*	*CD*	*CF*	*CJ*	*MR*	
280	71	75	56	26	125	*R*62.5	其余外形尺寸与"基本型(OO)"相同
300	80	80	63	28	132	*R*66	
350	95	90	75	30	160	*R*80	

续表

中间轴销型(TC) 缸径为125、140、160、180、200、250

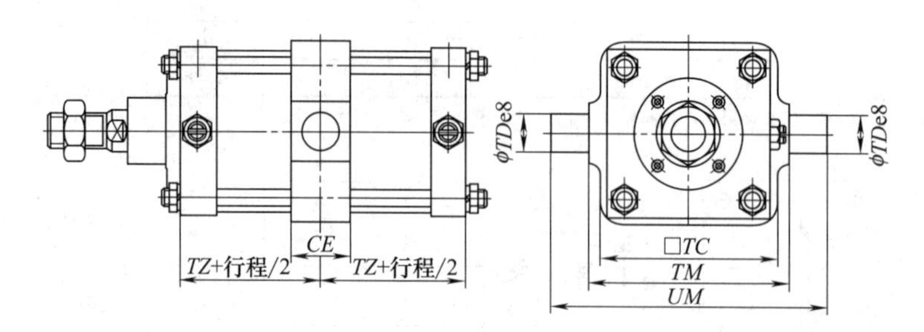

杆端轴销型(TA) 缸径为125、140、160、180、200、250

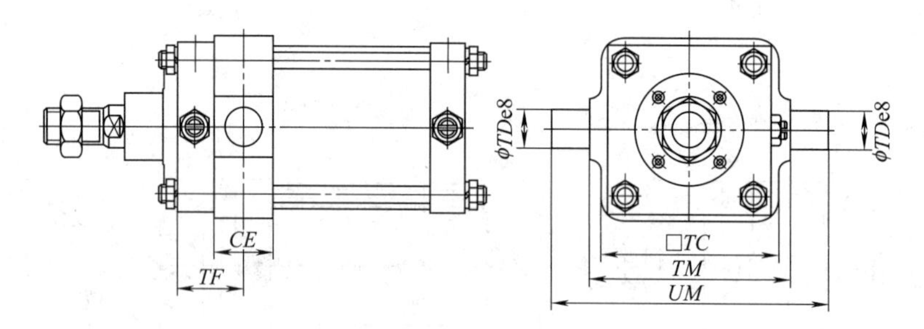

尾部轴销型(TB) 缸径为125、140、160、180、200、250

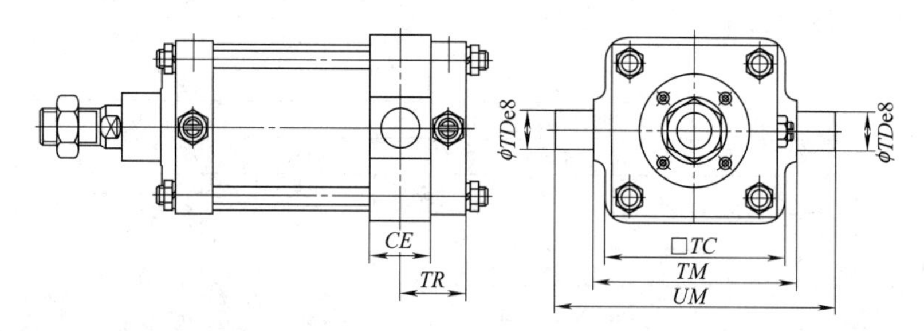

缸径	TC、TA和TB基本尺寸								
	CE	*TC*	*TD*	*TF*	*TM*	*TR*	*TZ*	*UM*	
125	50	150	32	57	170	54	46	234	其余外形尺寸与"基本型(OO)"相同
140	55	154	36	63.5	190	63.5	51.5	262	
160	60	190	40	68.5	212	66	53	292	
180	65	210	45	72	236	71.5	55	326	
200	70	242		79.5	265	80	61.5	355	
250	80	300	56	89.5	335	90	70.5	447	

中间轴销型(TC)

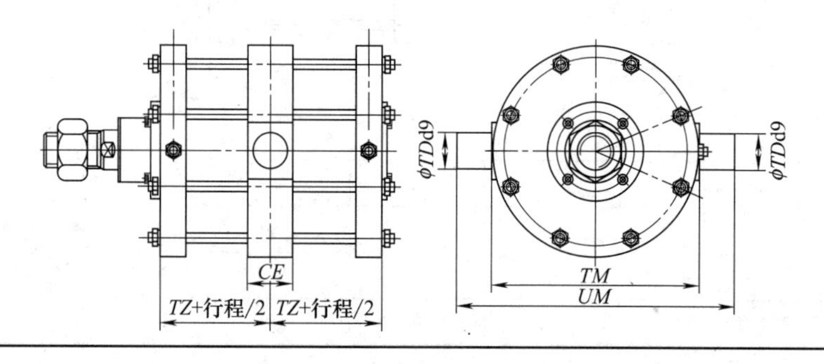

续表

杆端轴销型(TA)

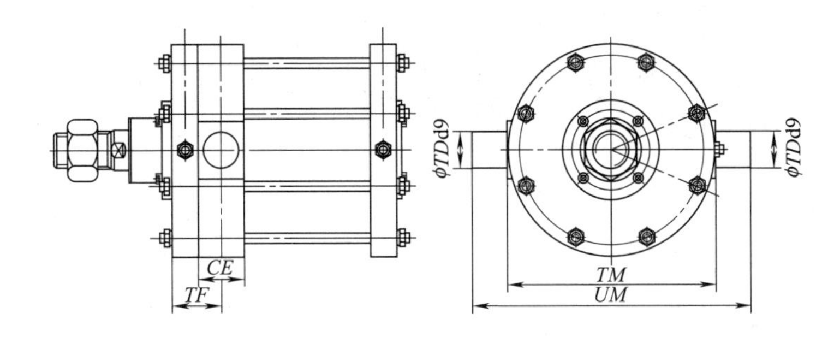

尾端轴销型(TB)

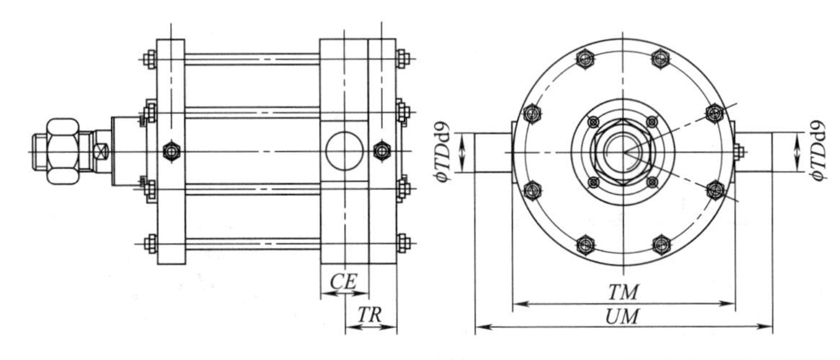

缸径	TC、TA 和 TB 基本尺寸							
	CE	*TD*	*TF*	*TM*	*TR*	*TZ*	*UM*	
280	80	63	86.5	374	86.5	85	500	其余外形尺寸与“基本型(OO)”相同
300	90	67	91.5	410	91.5		544	
350	100	80	106	470	106	95	630	

杆端法兰型(FA)　　缸径为 125、140、160、180、200、250

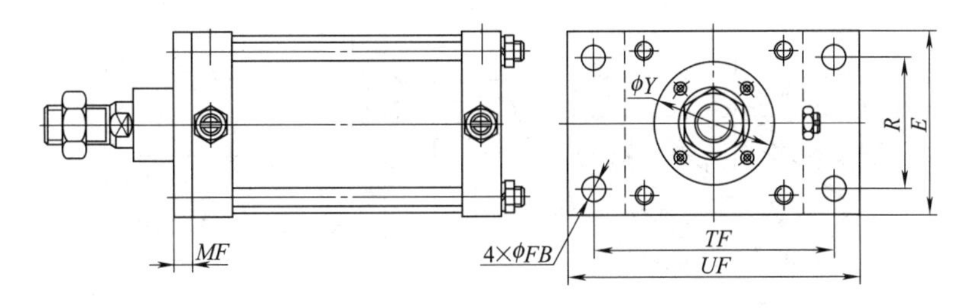

尾端法兰型(FB)　　缸径为 125、140、160、180、200、250

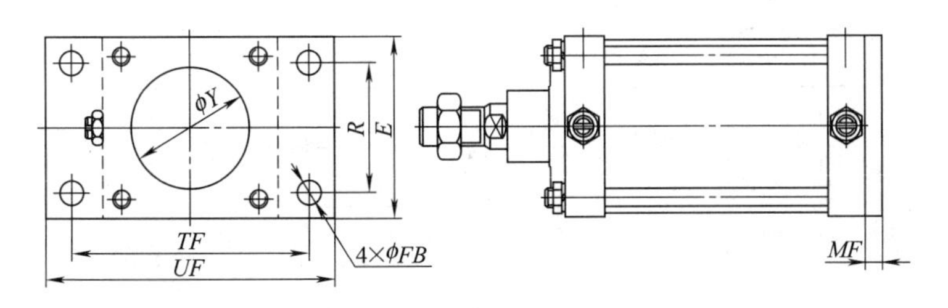

续表

<table>
<tr><th rowspan="2">缸径</th><th colspan="7">FA 和 FB 基本尺寸</th><th rowspan="8">其余外形尺寸与“基本型（OO）”相同</th></tr>
<tr><th>E</th><th>FB</th><th>MF</th><th>R</th><th>TF</th><th>UF</th><th>Y</th></tr>
<tr><td>125</td><td>140</td><td rowspan="3">19</td><td>14</td><td>100</td><td>190</td><td>230</td><td rowspan="2">94</td></tr>
<tr><td>140</td><td>157</td><td rowspan="2">19</td><td>112</td><td>212</td><td>250</td></tr>
<tr><td>160</td><td>177</td><td>118</td><td>236</td><td>280</td><td>107</td></tr>
<tr><td>180</td><td>200</td><td rowspan="2">24</td><td rowspan="2">25</td><td>132</td><td>265</td><td>310</td><td>114</td></tr>
<tr><td>200</td><td>220</td><td>150</td><td>280</td><td>330</td><td>131</td></tr>
<tr><td>250</td><td>274</td><td>29</td><td>30</td><td>180</td><td>355</td><td>415</td><td>153</td></tr>
</table>

杆端法兰型（FA）　缸径为 280、300、350

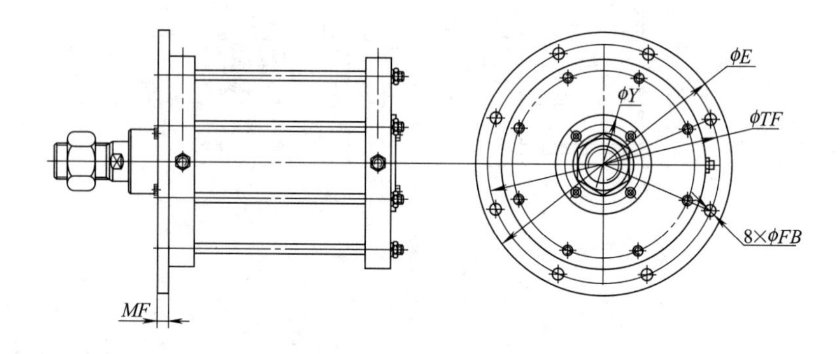

尾端法兰型（FB）　缸径为 280、300、350

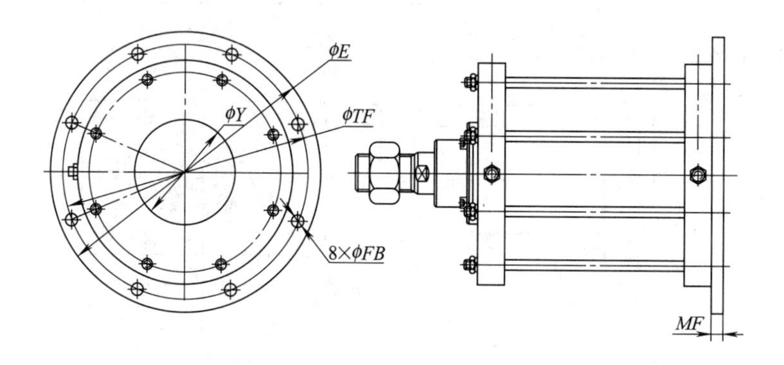

<table>
<tr><th rowspan="2">缸径</th><th colspan="5">FA 和 FB 基本尺寸</th><th rowspan="5">其余外形尺寸与“基本型（OO）”相同</th></tr>
<tr><th>E</th><th>FB</th><th>MF</th><th>TF</th><th>Y</th></tr>
<tr><td>280</td><td>464</td><td>22</td><td>23</td><td>420</td><td>172</td></tr>
<tr><td>300</td><td>504</td><td>24</td><td>26</td><td>456</td><td>205</td></tr>
<tr><td>350</td><td>576</td><td>26</td><td>28</td><td>524</td><td>225</td></tr>
</table>

续表

单耳环连接件(I)
缸径 125～250

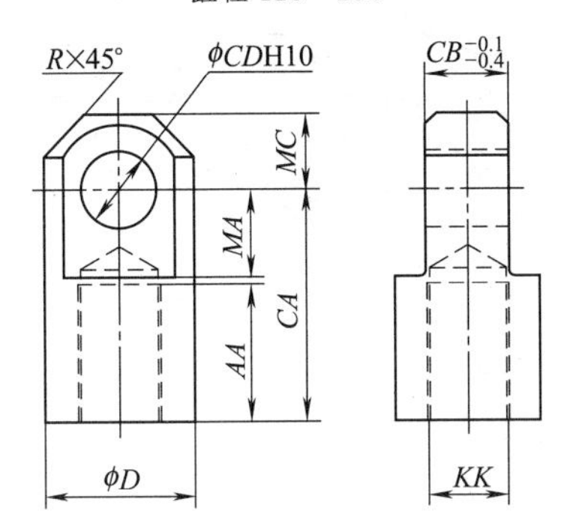

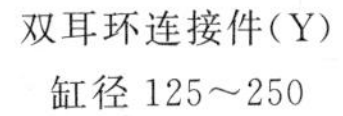
双耳环连接件(Y)
缸径 125～250

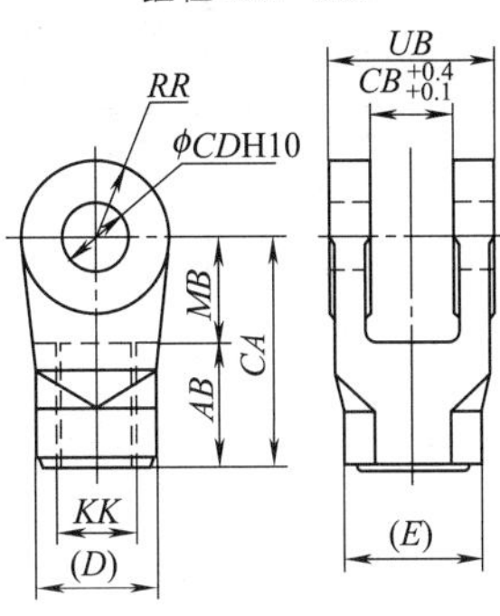

型号	缸径	AA	CA	CB	CD	D	KK	MA	MC	R
S1-I-125	125	50	85	32	25	55	M30×1.5	32	27.5	15.5
S1-I-140	140		90	36	28	60		35	30	18
S1-I-160	160	60	105	40	32	70	M36×1.5	40	35	21
S1-I-180	180	65	115	50	40	85	M40×1.5	47.5	42.5	29
S1-I-200	200	75	125				M45×1.5			
S1-I-250	250	88	150	63	50	105	M56×2.0	57.5	52.5	36.5

型号	缸径	AB	CA	CB	CD	D	E	KK	MB	RR	UB
S1-Y-125	125	50	85	32	25	46	53	M30×1.5	35	R27.5	64
S1-Y-140	140	50	90	36	28	46	53	M30×1.5	40	R30	72
S1-Y-160	160	60	105	40	32	55	64	M36×1.5	45	R35	80
S1-Y-180	180	65	115	50	40	60	69	M40×1.5	50	R42.5	100
S1-Y-200	200	75	125	50	40	70	81	M45×1.5	50	R42.5	100
S1-Y-250	250	88	150	63	50	85	98	M56×2.0	62	R52.5	126

单耳环连接件(I)
缸径 280～350

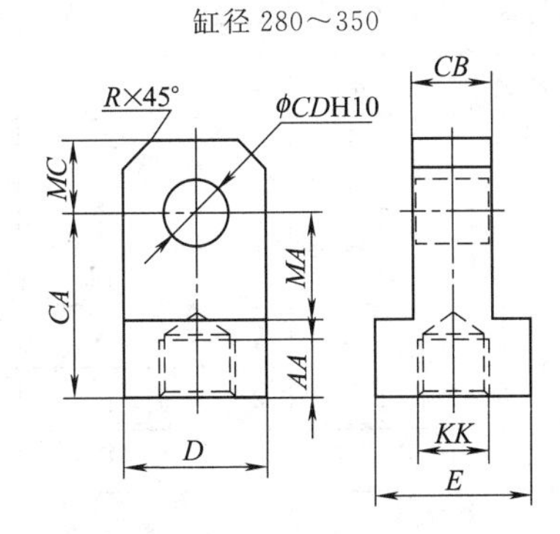

双耳环连接件(Y)
缸径 280～350

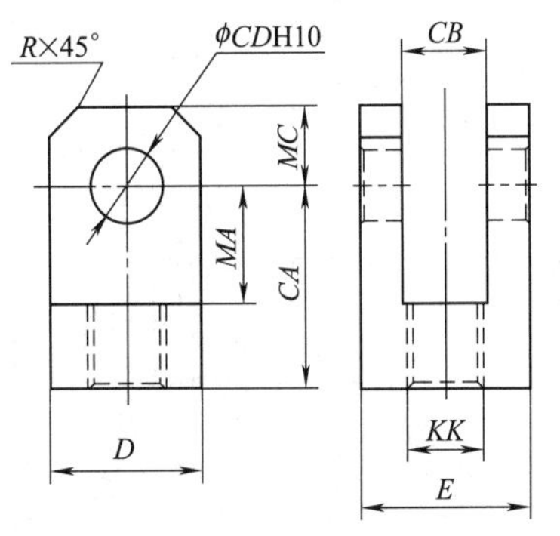

续表

型号	缸径	*AA*	*CA*	*CB*	*CD*	*D*	*KK*	*MA*	*MC*	*R*
S1-I-280	280	50	160	71	56	126	M64×3	93	63	25
S1-I-300	300	60	180	80	63	132	M68×3	96	66	30
S1-I-350	350	65	210	95	75	160	M76×3	110	80	35

型号	缸径	*CA*	*CB*	*CD*	*D*	*E*	*KK*	*MA*	*MC*	*R*
S1-Y-280	280	160	71	56	126	140	M64×3	93	63	25
S1-Y-300	300	180	80	63	132	160	M68×3	96	66	30
S1-Y-350	350	210	95	75	160	190	M76×3	110	80	35

安装附件

单耳环支座(B1)
缸径125～250

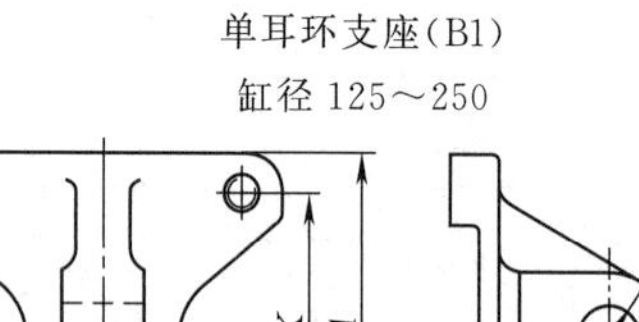

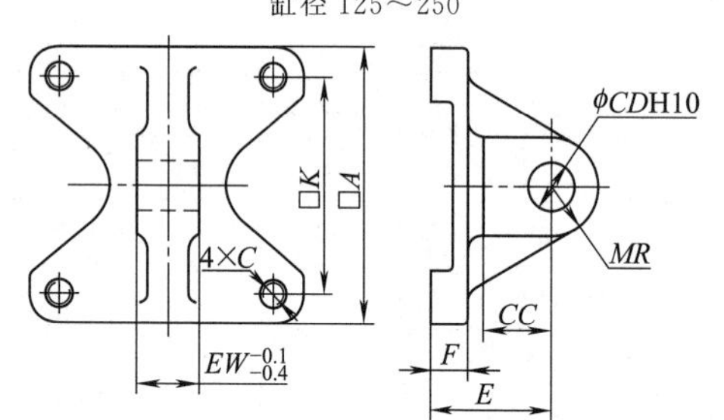

双耳环支座(B2)
缸径125～250

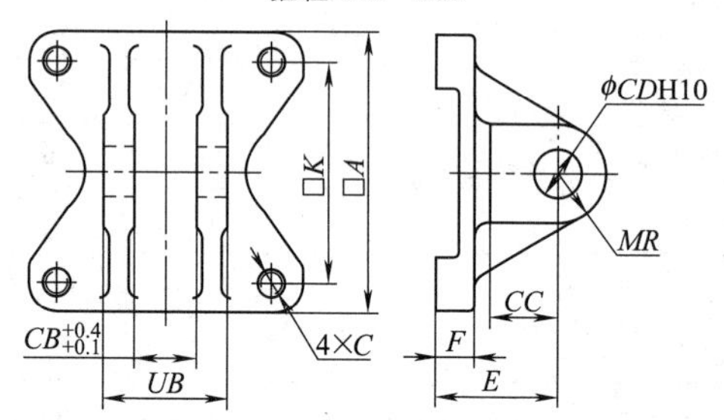

型号	型号	缸径	B1和B2基本尺寸									
			A	*C*	*CB*/*EW*	*CC*	*CD*	*E*	*F*	*K*	*MR*	*UB*
S1-B1-125	S1-B2-125	125	140	M14×1.5	32	35	25	63	20	110	*R*25	64
S1-B1-140	S1-B2-140	140	157		36	40	28	75	22	124	*R*28	72
S1-B1-160	S1-B2-160	160	174	M16×1.5	40		32		24	142	*R*32	80
S1-B1-180	S1-B2-180	180	200	M18×1.5	50	55	40	90	25	160	*R*40	100
S1-B1-200	S1-B2-200	200	220	M24×1.5					30	175		
S1-B1-250	S1-B2-250	250	274	M24×1.5	63	65	50	110	35	216	*R*50	126

销子(P)缸径125～350

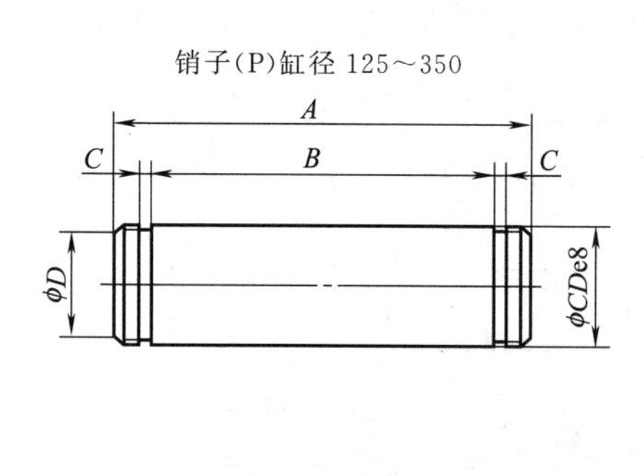

型号	缸径	*A*	*B*	*C*	*D*	*CD*	轴用挡圈
S1-P-125	125	75	66.3	1.35	25	23.9	25
S1-P-140	140	84	74.7	1.3	28	26.6	28
S1-P-160	160	92	82.7	1.35	32	30.3	32
S1-P-180/200	180	115	103.2	1.9	40	38	40
	200						
S1-P-250	250	144	129.6	2.4	50	47	50
S1-P-280	280	155	140	2.2	56	53	56
S1-P-300	300	175	160	2.7	63	60	63
S1-P-350	350	205	190		75	72	75

注：生产厂为无锡气动技术研究所有限公司。

7.1.2　普通双活塞杆气缸

7.1.2.1　$XQGA_{X2}$系列小型双活塞杆气缸（ϕ12～32）

表 21-7-51　　外形尺寸　　mm

SD基本型（$XQGA_{X2}$气缸）

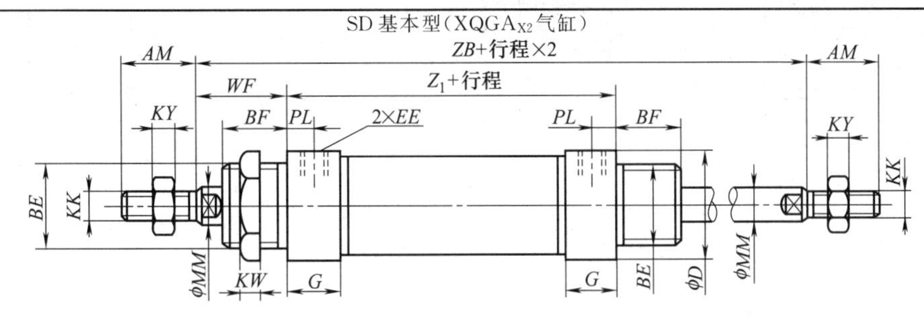

缸径	AM	BE	BF	D	EE	G	KK	KW	KY	MM	PL	WF	Z_1	ZB
12	16	M16×1.5	17	20	M5×0.8	9	M6×1	8	5	6	4.5	22	48	92
16	16	M16×1.5	17	20	M5×0.8	10	M6×1	8	5	6	5	22	52	96
20	20	M22×1.5	18	28	G1/8	15	M8×1.25	8	6	8	7.5	24	67	115
25	22	M22×1.5	21	33.5	G1/8	16	M10×1.25	8	8	10	8	28	70	126
32	23	M27×2	21	37.5	G1/8	16	M10×1.25	9.5	8	12	8	28	72	128

注：生产厂为上海新益气动元件有限公司。

7.1.2.2　QGY（EW）系列双活塞杆薄型气缸（ϕ20～125）

型号意义：

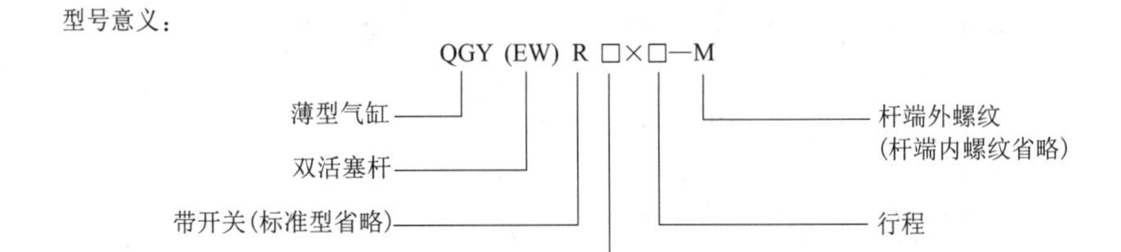

表 21-7-52　　主要技术参数

型　　号	QGY(EW)	型　　号	QGY(EW)
缸径/mm	20、25、32、40、50、63、80、100、125	最大行程/mm	ϕ20～25:30;ϕ32～125:50
耐压力/bar	15	工作介质	经过净化的干燥压缩空气
工作压力/bar	1～10	给油	不需要(也可给油)
使用温度范围/℃	－25～＋80(但在不冻结条件下)		

表 21-7-53　　外形尺寸　　mm

QGY(EW)□×□型

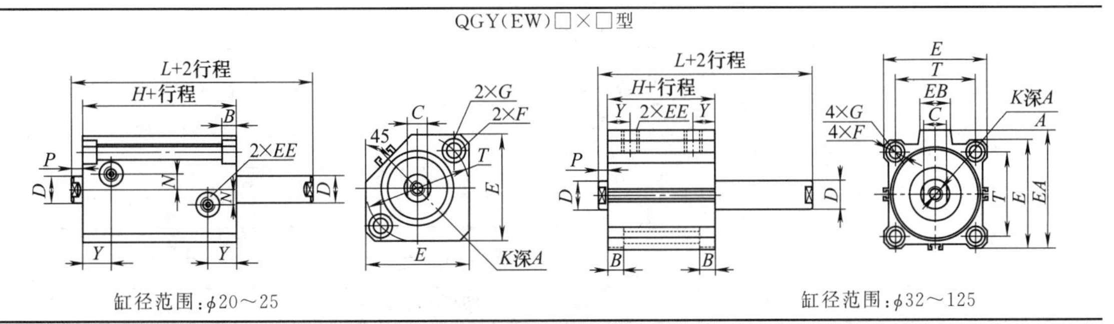

缸径范围：ϕ20～25　　　缸径范围：ϕ32～125

续表

QGY(EW)□×□—M 型

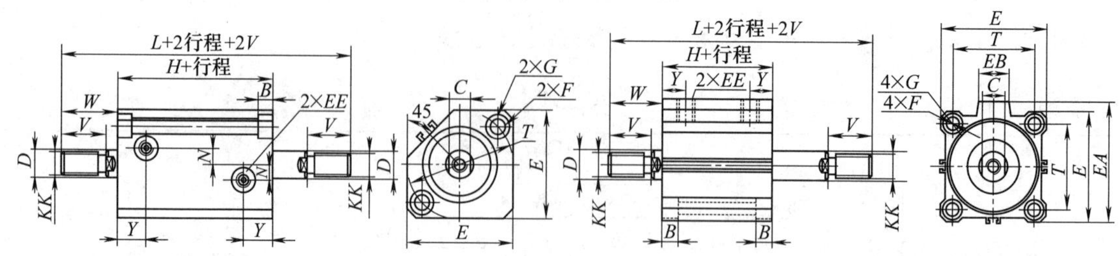

缸径	E	EA	EB	EE	F	G	B	K/KK	A	D	C	T	N	Y	H	L	P	V	W
20	37	—	—	M5	ϕ5.5	ϕ9.5	5.5	M5/M6	7	ϕ8	7	ϕ36	5.5	11	36	45	4.5	16	20.5
25	40	—	—	M5	ϕ5.5	ϕ9.5	5.5	M5/M8	7	ϕ10	8	ϕ40	6	11	36	46	5	22	27
32	45	49.5	19	M5	ϕ5.5	ϕ9.5	5.5	M8/M12	12	ϕ14	12	34	—	11	36	50	7	22	29
40	52	58	19	M10×1	ϕ5.5	ϕ9.5	5.5	M8/M12	12	ϕ14	12	40	—	12	38	54	7	24	31
50	64	68	22	M10×1	ϕ6.6	ϕ11	6.5	M10/M16	15	ϕ20	17	50	—	14	44	60	8	32	40
63	77	84	22	M12×1.25	ϕ9	ϕ14	8.5	M10/M16	15	ϕ20	17	60	—	16	49	65	8	32	40
80	98	104	26	M12×1.25	ϕ11	ϕ17	16.5	M16/M20	20	ϕ25	22	77	—	18	55	75	10	40	50
100	117	123.5	26	M16×1.5	ϕ11	ϕ17	16.5	M16/M20	20	ϕ25	22	94	—	20.5	60	84	12	40	52
125	142	153.5	32	M20×1.5	ϕ14	ϕ20	20	M20/M27	25	ϕ32	29	114	—	24	80	97	8.5	45	48.5

注：生产厂为肇庆方大气动有限公司。

7.1.2.3　QGEW-2 系列无给油润滑双活塞杆气缸（ϕ32～160）

型号意义：

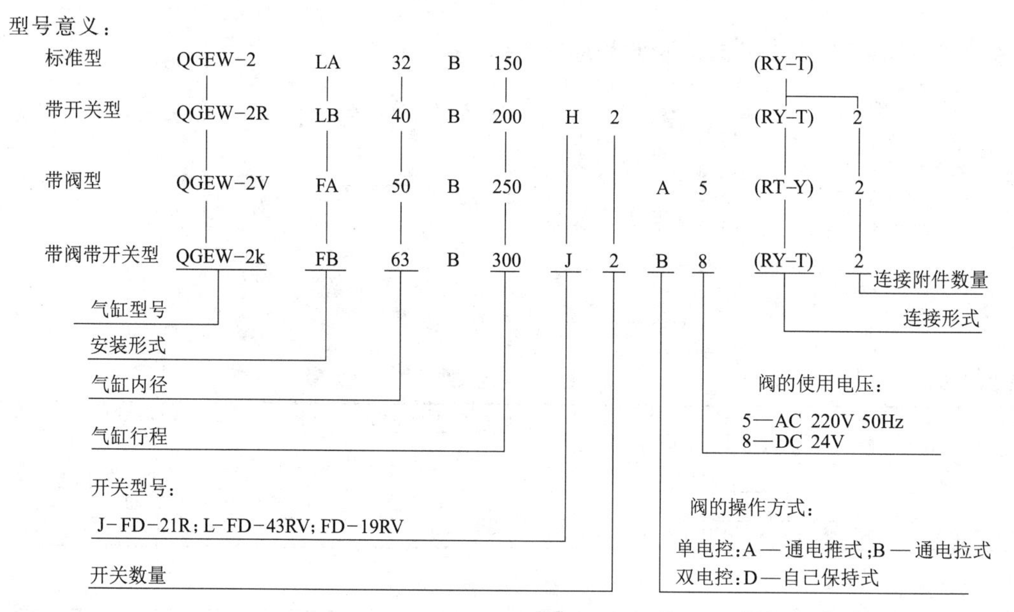

表 21-7-54　　主要技术参数

气缸型号	QGEW-2(标准型) QGEW-2R(带开关型)									QGEW-2V(带阀型) QGEW-2K(带阀带开关型)								
缸径 D/mm	32	40	50	63	80	100	125	160	200	32	40	50	63	80	100	125	160	200
最大行程/mm	500	800		1000						500	800			1000				
工作压力范围/bar	1～10									1.5～8								
耐压力/bar	15									12								
使用速度范围/mm·s^{-1}	50～700									50～500								
使用温度范围/℃	−25～+80(但在不冻结条件下)																	
工作介质	经净化的压缩空气																	

续表

<table>
<tr><td colspan="3" rowspan="2">气缸型号</td><td colspan="3">QGEW-2(标准型)</td><td colspan="3">QGEW-2V(带阀型)</td></tr>
<tr><td colspan="3">QGEW-2R(带开关型)</td><td colspan="3">QGEW-2K(带阀带开关型)</td></tr>
<tr><td colspan="3">给油</td><td colspan="6">不需要(也可给油)</td></tr>
<tr><td colspan="3">缓冲</td><td colspan="6">两侧可调缓冲</td></tr>
<tr><td colspan="3">缓冲行程/mm</td><td>20</td><td>25</td><td>28</td><td>20</td><td>25</td><td>28</td></tr>
<tr><td rowspan="5">最短行程</td><td colspan="2">气缸型号</td><td colspan="2">QGEW-2R</td><td colspan="2">QGEW-2V</td><td colspan="2">QGEW-2K</td></tr>
<tr><td rowspan="2">TC 安装</td><td>ϕ32～125</td><td colspan="2">125</td><td colspan="2">75</td><td colspan="2">125</td></tr>
<tr><td>ϕ160</td><td colspan="2">120</td><td colspan="2">165</td><td colspan="2">165</td></tr>
<tr><td rowspan="2">其他安装</td><td>ϕ32～125</td><td colspan="2">30</td><td colspan="2">50</td><td colspan="2">50</td></tr>
<tr><td>ϕ160</td><td colspan="2">110</td><td colspan="2">165</td><td colspan="2">165</td></tr>
</table>

表 21-7-55　　外形尺寸　　mm

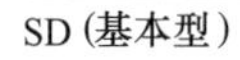
SD (基本型)

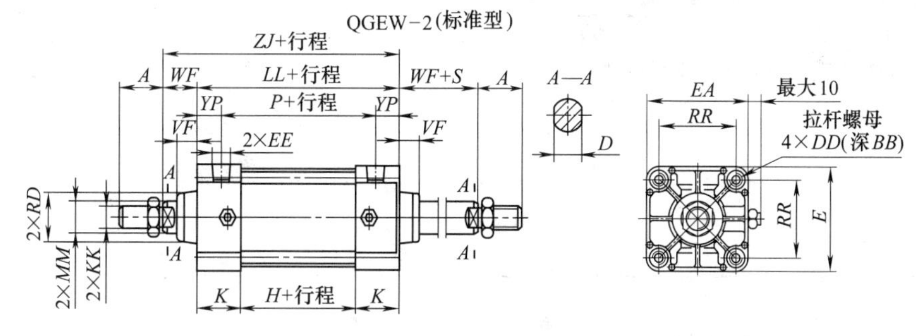

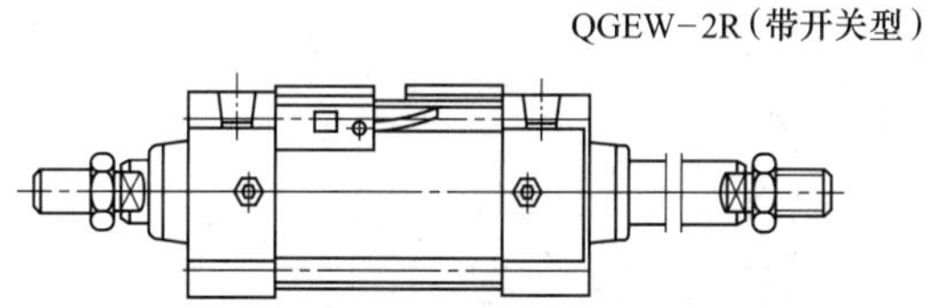

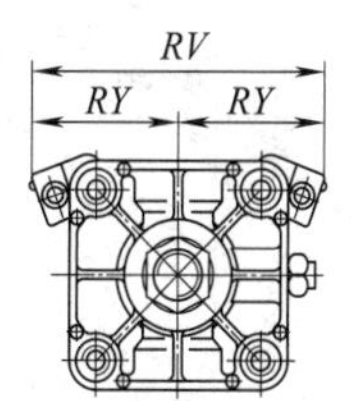

缸径	A	BB	D	DD	E	EA	EE	H	K	KK	EV	VZ
32	22	8	10	M6×1	44	44	G1/8	29	32	M10×1.25	G1/8	155
40	24	8	13	M6×1	50	50	G1/4	29	32	M12×1.25	G1/4	155
50	32	8	19	M6×1	62	62	G1/4	29	32	M16×1.5	G1/4	155
63	32	9	19	M8×1.25	76	75	G3/8	32	32	M16×1.5	G3/8	165
80	40	11	22	M10×1.5	94	94	G3/8	32	38	M20×1.5	G3/8	165
100	40	11	22	M10×1.5	114	112	G1/2	32	38	M20×1.5	G3/8	165
125	54	14	27	M12×1.75	138	136	G1/2	38	38	M27×2	G1/2	180
160	72	18	36	M16	174	172	G3/4	39	43	M36×2	G3/4	170
200	72	16	36	M16	220	220	G3/4	92	50	M36×2	G3/4	170

缸径	VR	LL	MM	P	RD	RR	VF	WF	YP	ZJ	VE	VT	RV	RY	VY	VP
32	99	93	ϕ12	58	ϕ28	□33	15	25	17.5	118	121	96	74	37	260	120
40	99	93	ϕ16	58	ϕ32	□37	15	25	17.5	118	121	96	80	40	260	120
50	99	93	ϕ22	58	ϕ38	□47	15	25	17.5	118	121	96	90	45	260	120
63	102	96	ϕ22	58	ϕ38	□56	15	25	17.5	121	128	101	102	51	284	129
80	102	108	ϕ25	65	ϕ47	□70	21	35	21.5	143	128	101	118	59	284	129
100	102	108	ϕ25	65	ϕ47	□84	21	35	21.5	143	128	101	132	66	284	129
125	107	114	ϕ32	71	ϕ54	□104	21	35	21.5	149	137	125	154	77	306	138
160	60	125	ϕ40	79	ϕ62	□134	25	42	23	167	110	166	186	93	188	69
200	60	192	ϕ40	142	ϕ82	□175	55	95	25	287	110	166	230	116	188	69

注：1. LA、LB、FA、FB、TC、TCC 的安装形式和连接附件的尺寸详见 10A-5 系列气缸有关部分。

2. 生产厂为肇庆方大气动有限公司。

7.1.2.4 10A-3ST 系列双活塞杆缓冲气缸（ϕ32～400）

型号意义：

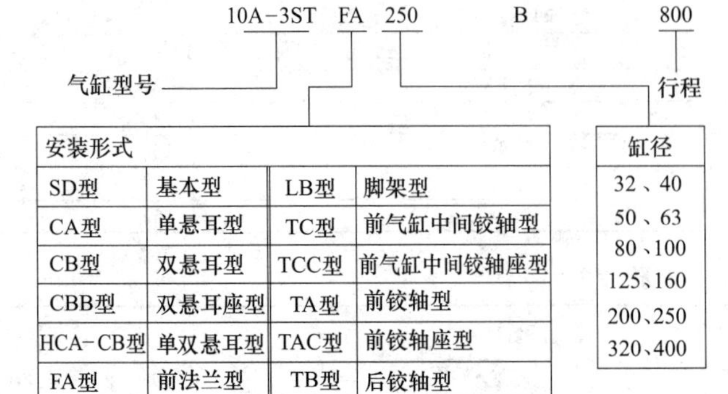

安装形式			
SD型	基本型	LB型	脚架型
CA型	单悬耳型	TC型	前气缸中间铰轴型
CB型	双悬耳型	TCC型	前气缸中间铰轴座型
CBB型	双悬耳座型	TA型	前铰轴型
HCA-CB型	单双悬耳型	TAC型	前铰轴座型
FA型	前法兰型	TB型	后铰轴型
FB型	后法兰型	TBC型	后铰轴座型

缸径
32、40
50、63
80、100
125、160
200、250
320、400

杆部连接形式		备注
	基本型	
T	T单耳接杆式	缸径 ϕ32～400配有
Y	Y叉形带销接杆式	缸径 ϕ32～400配有
RY-T	杆部叉杆式	缸径 ϕ32～400配有
RT-Y	杆部叉杆式	缸径 ϕ32～400配有
S	S球面单耳接杆式	缸径 ϕ32～200配有
F	F万向接杆	缸径 ϕ32～200配有
RT-CB	杆部杆座式	缸径 ϕ32～100配有
RT-CA	杆部杆座式	缸径 ϕ32～100配有
RT-CBB	杆部杆座式	缸径 ϕ32～100配有

表 21-7-56 主要技术参数

型 号	10A-3ST											
缸径/mm	32	40	50	63	80	100	125	160	200	250	320	400
最大行程/mm	600	800			1000		1500					
使用工作压力范围/bar	0.5～10											
耐压力/bar	15											
使用速度范围/mm·s^{-1}	150～500											
使用温度范围/℃	－25～＋80（但在不冻结条件下）											
工作介质	洁净、干燥、带油雾的压缩空气											
给油	需要											
缓冲形式	两侧可调缓冲											
缓冲行程/mm	20				25		28			32	42	

注：当气缸行程超过上表的最大长度，也可生产，但要可靠使用，则要视负载的性质另行设计内部结构，此时，气缸长度常数会有所增长。

表 21-7-57 外形尺寸 mm

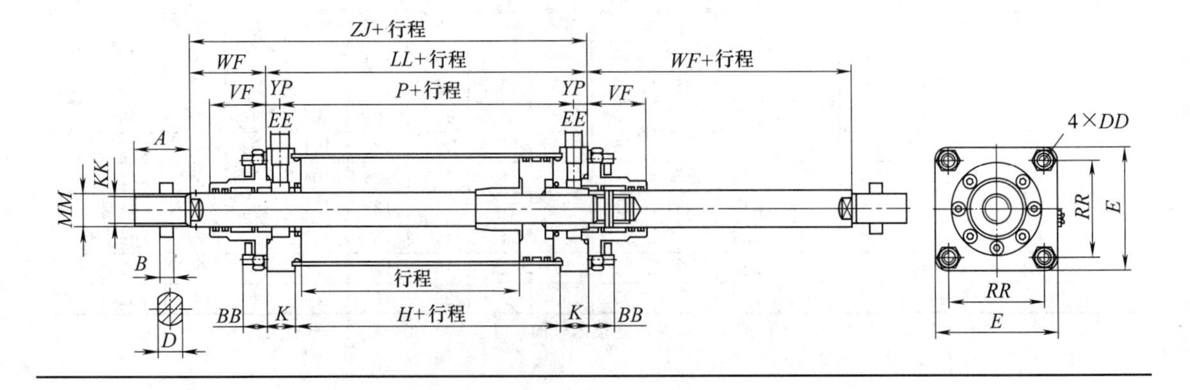

续表

缸径	A	B	BB	D	DD	E	EE	H	K	KK	LL	MM	P	RR	VF	WF	YP	ZJ
32	22	6	12	10	M6	44	G1/8	42	20	M10×1.25	82	ϕ12	62	33	23	33	10	115
40	24	7	13	13	M6	50	G1/4	42	24	M12×1.25	90	ϕ16	63	37	22.5	33	13.5	123
50	32	8	15	19	M6	64	G1/4	45	25	M16×15	95	ϕ22	70	50	26.5	38	12.5	133
63	32	8	20	19	M8	80	G3/8	45	25	M16×15	95	ϕ22	70	60	26.5	38	12.5	133
80	40	10	20	22	M8	95	G3/8	48	29	M20×15	106	ϕ25	77	75	32	47	14.5	153
100	40	10	23	22	M10	115	G1/2	56	29	M20×15	114	ϕ25	85	90	32	47	14.5	161
125	68	18	30	36	M16	150	G1/2	59	35	M36×2	129	ϕ40	94	120	72	97	17.5	226
160	68	18	30	36	M16	190	G3/4	64	35	M36×2	134	ϕ40	99	150	72	97	17.5	231
200	68	18	40	36	M20	230	G3/4	64	35	M36×2	134	ϕ40	99	180	72	97	17.5	231
250	84	21	50	45	M24	280	G1	60	47	M42×2	154	ϕ50	113	230	70	108	20.5	262
320	96	28	60	75	M30	350	G1	102	45	M56×4	192	ϕ80	151	290	91	126	20.5	318
400	96	28	75	80	M36	430	G1	116	45	M56×4	206	ϕ90	165	350	142	190	20.5	396

注：1. 本系列气缸的安装和连接形式尺寸参看系列气缸有关部分。
2. 生产厂为肇庆方大气动有限公司。

7.1.2.5 XQGA$_{y2}$ (B$_{y2}$) 系列轻型双活塞杆气缸（ϕ40～63）

表 21-7-58 外形尺寸 mm

SD基本型（XQGA$_{y2}$、XQGB$_{y2}$气缸）

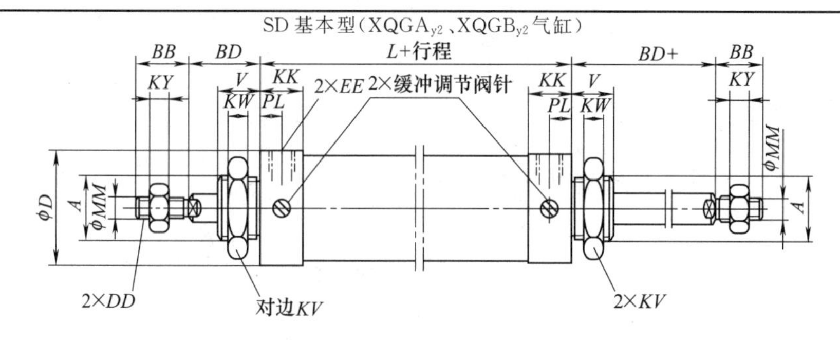

缸径	A	BB	BD	D	DD	EE	KK	KV	KY	KW	L	MM	PL	V
40	M30×2	24	32	50	M12×1.25	R$_c$1/8	20	46	12.8	10	94	14	10	22
50	M36×2	32	36	60	M16×1.5	R$_c$3/8	24	55	15.8	12	108	20	12	25
63	M36×2	32	36	71	M16×1.5	R$_c$3/8	24	55	15.8	12	109	20	12	25

注：生产厂为上海新益气动元件有限公司。

7.1.2.6 QGEW-3 系列无给油润滑双活塞杆气缸（ϕ125～250）

型号意义：

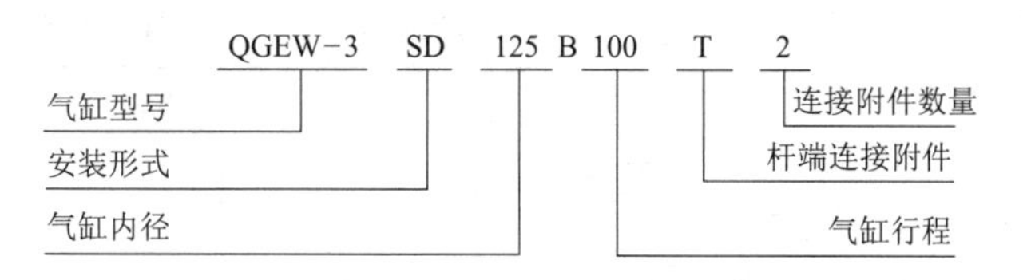

表 21-7-59 主要技术参数

气缸型号	QGEW□3				使用温度范围/℃	−25～+80(但在不冻结条件下)		
缸径/mm	125	160	200	250	工作介质	经净化的压缩空气		
最大行程/mm	2000				给油	不需要(也可给油)		
工作压力范围/bar	1～10				缓冲形式	两侧可调缓冲		
耐压力/bar	15				缓冲行程/mm	20	23	25
使用速度范围/mm·s^{-1}	50～700							

表 21-7-60 外形尺寸及安装形式 mm

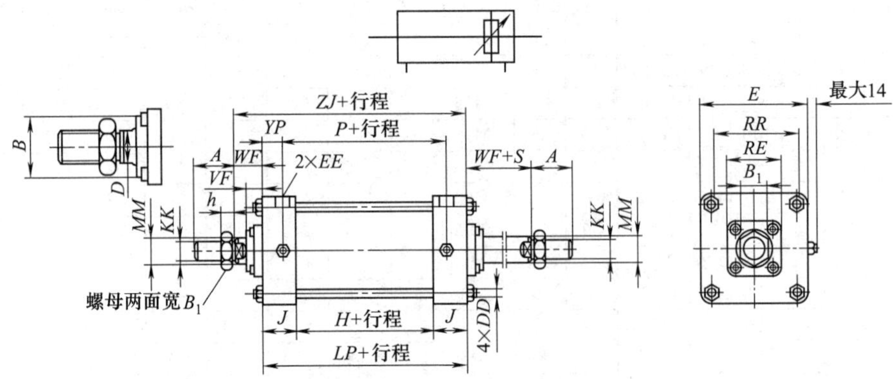

缸径	A	B	B_1	DD	PF	E	EE	h	J	KK	P	MM	LP	RE	RR	VF	WF	YP	ZJ
125	54	ϕ46	36	27	M12	□138	G1/2	22	45	M27×2	73	ϕ32	127	□65	□104	21	35	27	162
160	72	ϕ55	50	36	M16	□178	G3/4	28	50	M36×2	85	ϕ40	143	□76	□134	25	41	29	184
200	72	ϕ55	50	36	M16	□216	G3/4	28	50	M36×2	85	ϕ40	143	□76	□163	25	41	29	184
250	84	ϕ60	55	41	M20	□270	G1	32	57	M42×2	109	ϕ45	169	□90	□202	30	48	30	217

注：1. FA、FB、LB、TC、TCC 的安装形式及杆端附件的连接尺寸详见 10A-2 系列气缸有关部分。
2. 生产厂为肇庆方大气动有限公司。

7.1.3 薄型气缸

7.1.3.1 QCQS 系列薄型气缸（日本规格）（ϕ12～25）

型号意义：

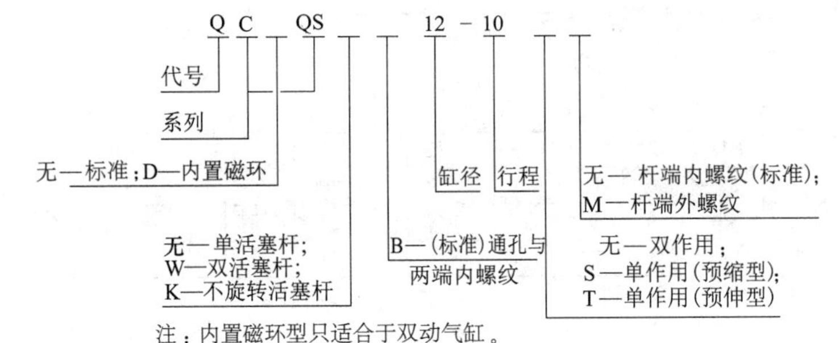

表 21-7-61 主要技术参数

缸径/mm	12	16	20	25
使用介质	经过滤的压缩空气			
作用形式	双作用/单作用：预缩型、预伸型			
最高使用压力/MPa	1.0			
环境和介质温度/℃	5～60			
杆端螺纹	内螺纹(标准)；外螺纹(选择)			
缓冲形式	无			
行程误差/mm	0～1.0			
润滑①	出厂已润滑			
安装	通孔＋两端内螺纹			
接管口径	M5×0.8			

①如需要润滑，请用透平 1 号油（ISO VG32）。

表 21-7-62 标准行程/磁性开关

缸径/mm	标准行程		磁性开关
	单作用	双作用	
12	5、10	5、10、15 20、25、30	AL-07R (埋入式)
16			
20	5、10	5、10、15、20、25、 30、35、40、45、50	
25			

表 21-7-63　**外形尺寸及安装形式**　mm

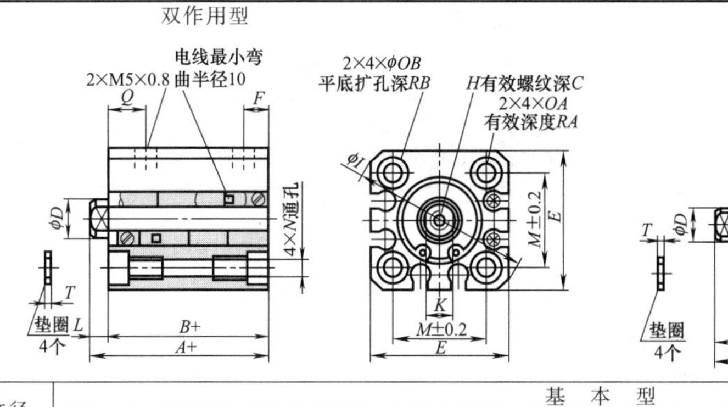

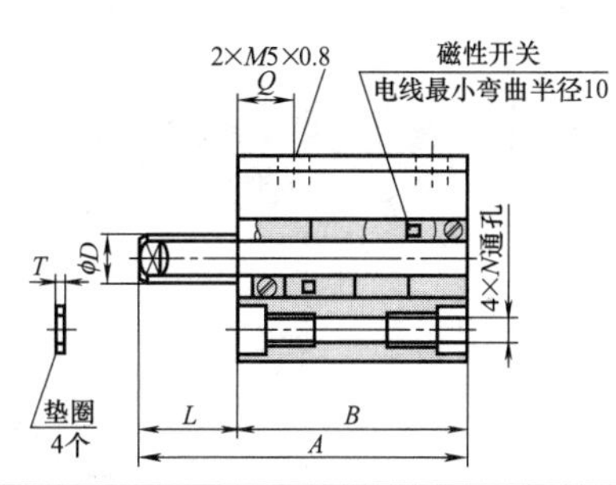

适用缸径	基　本　型												
	C	*D*	*E*	*H*	*I*	*K*	*M*	*N*	*OA*	*OB*	*RA*	*RB*	*T*
12	6	6	25	M3×0.5	32	5	15.5	3.5	M4×0.7	6.5	7	4	0.5
16	8	8	29	M4×0.7	38	6	20	3.5	M4×0.7	6.5	7	4	0.5
20	7	10	36	M5×0.8	47	8	25.5	5.4	M6×1.0	9	10	7	1
25	12	12	40	M6×1.0	52	10	28	5.4	M6×1.0	9	10	7	1

	适用缸径	行程范围	基本型					内置磁环型	
			A	*B*	*F*	*L*	*Q*	*A*	*B*
双作用	12	5～30	20.5	17	5	3.5	7.5	25.5	22
	16	5～30	20.5	17	5	3.5	7.5	25.5	22
	20	5～50	24	19.5	5.5	4.5	9	34	29.5
	25	5～50	27.5	22.5	5.5	5	11	37.5	32.5

	适用缸径	行程范围	基本型						内置磁环型			
			A		*B*		*F*	*L*	*A*		*B*	
			5	10	5	10			5	10	5	10
单作用（预缩型）	12	5、10	25.5	30.5	22	27	5	3.5	30.5	35.5	27	32
	16		25.5	30.5	22	27	5	3.5	30.5	35.5	27	32
	20		29	34	24.5	29.5	5.5	4.5	39	44	34.5	39.5
	25		32.5	37.5	27.5	32.5	5.5	5	42.5	47.5	37.5	42.5

	适用缸径	行程范围	基本型							内置磁环型			
			A		*B*		*L*		*Q*	*A*		*B*	
			5	10	5	10	5	10		5	10	5	10
单作用（预伸型）	12	5、10	30.5	40.5	22	27	8.5	13.5	7.5	35.5	45.5	27	32
	16		30.5	40.5	22	27	8.5	13.5	7.5	35.5	45.5	27	32
	20		34	39	24.5	29.5	9.5	14.5	9	44	49	34.5	39.5
	25		37.5	42.5	27.5	32.5	10	15	11	47.5	47.5	37.5	42.5

杆端外螺纹（双作用/单作用：预缩型）

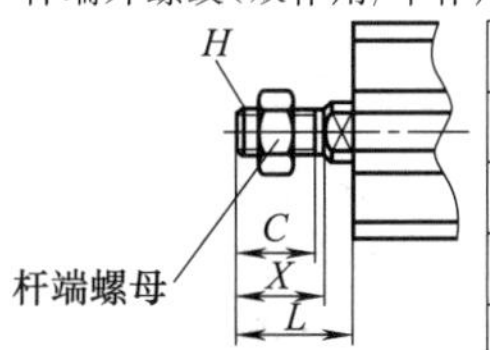

适用缸径	*C*	*H*	*L*	*X*
12	9	M5×0.8	14	10.5
16	10	M6×1.0	15.5	12
20	12	M8×1.25	18.5	14
25	15	M10×1.25	22.5	17.5

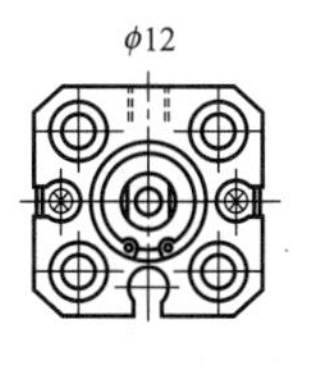

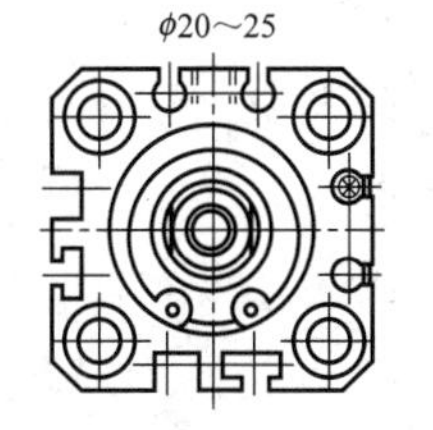

特点：
① 安装方便：通孔及两端内螺纹同存共用
② 节省空间：微型磁性开关安装在气缸内，不露于气缸外
③ 多面安装：磁性开关位置可选，多面安装

杆端外螺纹(单作用：预伸型)

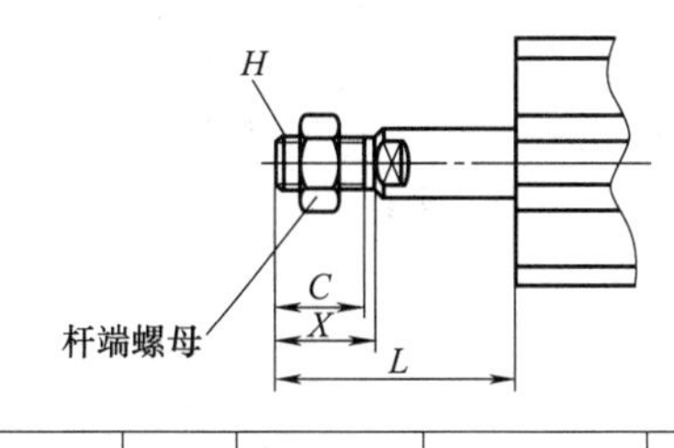

适用缸径	*C*	*H*	*L*		*X*
			5st	10st	
12	9	M5×0.8	19	24	10.5
16	10	M6×1.0	20.5	25.5	12
20	12	M8×1.25	23.5	28.5	14
25	15	M10×1.25	27.5	32.5	17.5

注：生产厂为上海新益气动元件有限公司。

7.1.3.2 ACP系列薄型气缸（ϕ12～100）

型号意义：

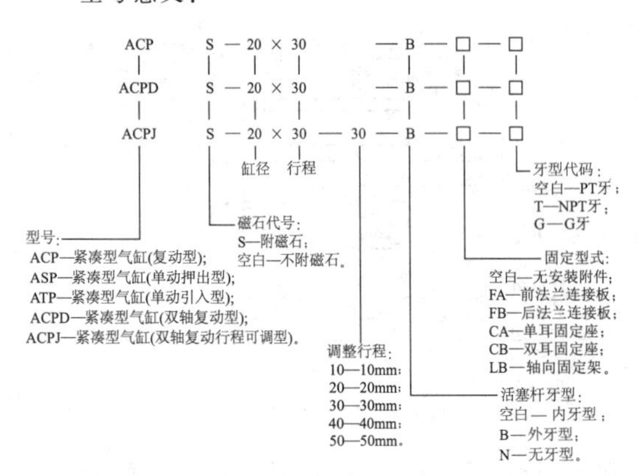

表 21-7-64 主要技术参数

缸径/mm		12	16	20	25	32	40	50	63	80	100
动作形式		复动型、单动押出型、单动引入型									
工作介质		空气									
使用压力范围/MPa	复动型	0.1～1.0(14～145psi)									
	单动型	0.2～1.0(28～145psi)									
保证耐压力/MPa		1.5(215psi)									
工作温度/℃		−20～80									
使用速度/mm·s^{-1}		复动型：30～500					单动型：50～500				
行程公差/mm		0～150：$^{+1.0}_{0}$					>150：$^{+1.4}_{0}$				

续表

缸径/mm	12	16	20	25	32	40	50	63	80	100
缓冲型式	防撞垫									
接管口径①	M5×0.8				G1/8					G1/4

① 接管牙型有PT、NPT牙可供选择。

表 21-7-65 行程 mm

缸径		标准行程	最大行程	容许行程
12 16	复动	5、10、15、20、25、30、35、40、45、50、55、60、65、70、75、80、85、90、95、100、110、120、125、150、160、175、200	200	200
	单动	5、10	10	—
20 25	复动	5、10、15、20、25、30、35、40、45、50、55、60、65、70、75、80、85、90、95、100、110、120、125、150、160、175、200	200	200
	单动	5、10、15、20、25	25	—
32 40 50 63	复动	5、10、15、20、25、30、35、40、45、50、55、60、65、70、75、80、85、90、95、100、110、120、125、150、160、175、200、225、250、275、300	300	300
	单动	5、10、15、20、25	25	—
80 100	复动	5、10、15、20、25、30、35、40、45、50、55、60、65、70、75、80、85、90、95、100、110、120、125、150、160、175、200、225、250、275、300、325、350、375、400	400	400
	单动	5、10、15、20、25	25	—

注：100mm行程范围内的非标行程以上一级标准行程改制而成，其外形尺寸为上一级标准行程气缸的外形尺寸。如行程为23的非标行程气缸是由标准行程为25的标准气缸改制而成，其外形尺寸与其相同。

表 21-7-66 外形尺寸及安装形式 mm

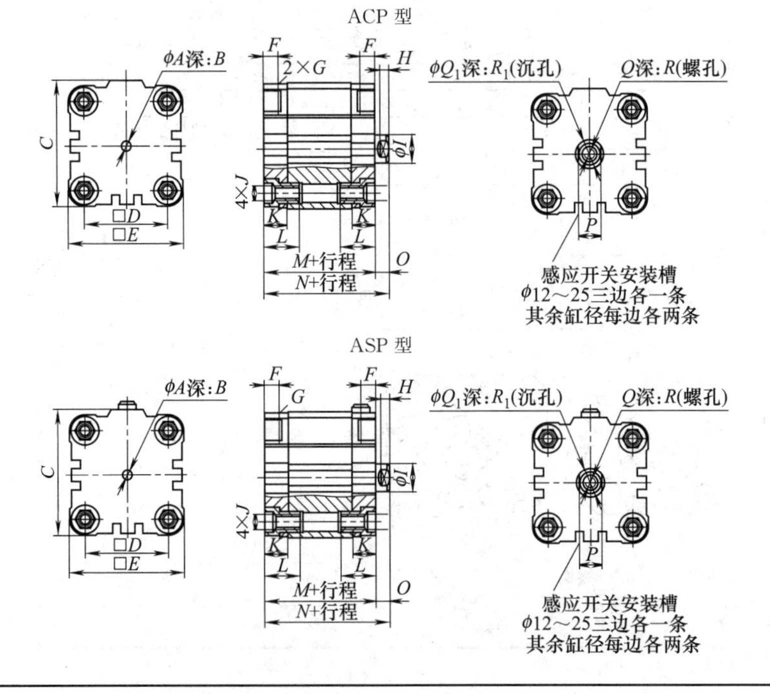

续表

ATP 型

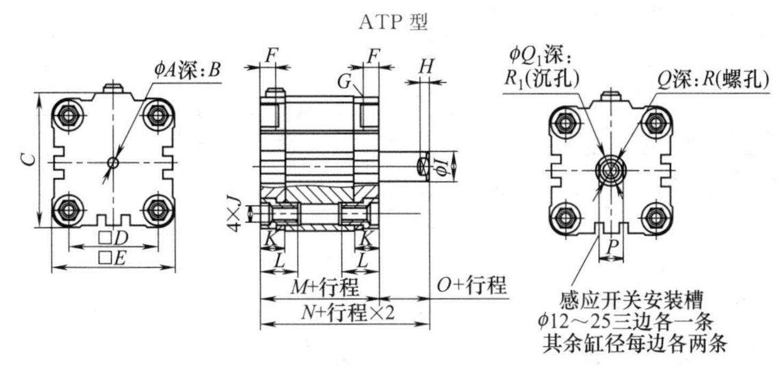

缸径	A	B	C	D	E	F	G	H	I	J	K	L	M	N	O	P	Q	Q_1	R	R_1
12	6	4	30	18	29	7	M5×0.8	3	6	M4×0.7	11.5	18	38	42.5	4.5	5	M3×0.5	3.3	8	1.5
16	6	4	30	18	29	7	M5×0.8	3	8	M4×0.7	11.5	18	38	42.5	4.5	6	M4×0.7	4.7	10	1.5
20	6	4	37.5	22	36	7	M5×0.8	3	10	M5×0.8	11.5	18	38	42.5	4.5	8	M5×0.8	5.5	12	2
25	6.1	4	41.5	26	40	7	M5×0.8	4	10	M5×0.8	11.5	18	39.5	45	5.5	8	M5×0.8	5.5	12	2
32	6.1	4	52	32	50	8	G1/8	4.5	12	M6×1.0	14	21	44.5	50.5	6	10	M6×1.0	6.5	14	2.6
40	6.1	4	62.5	42	60	8	G1/8	4.5	12	M6×1.0	14	21	45.5	52	6.5	10	M6×1.0	6.5	14	2.6
50	6.1	4	71	50	68	8	G1/8	5	16	M8×1.25	14	21.5	45.5	53	7.5	13	M8×1.25	8.5	16	3.3
63	8.1	4	91	62	87	8	G1/8	5	16	M10×1.5	15	24	50	57.5	7.5	13	M8×1.25	8.5	16	3.3
80	8.1	4	111	82	107	8.5	G1/8	5.5	20	M10×1.5	16	27	56	64	8	17	M10×1.5	10.5	20	4.7
100	8.1	4	133	103	128	10.5	G1/4	7.5	25	M10×1.5	19	32	66.5	76.5	10	22	M12×1.75	12.5	24	6.1

ACP-B 型　ASP-B 型　ATP-B 型

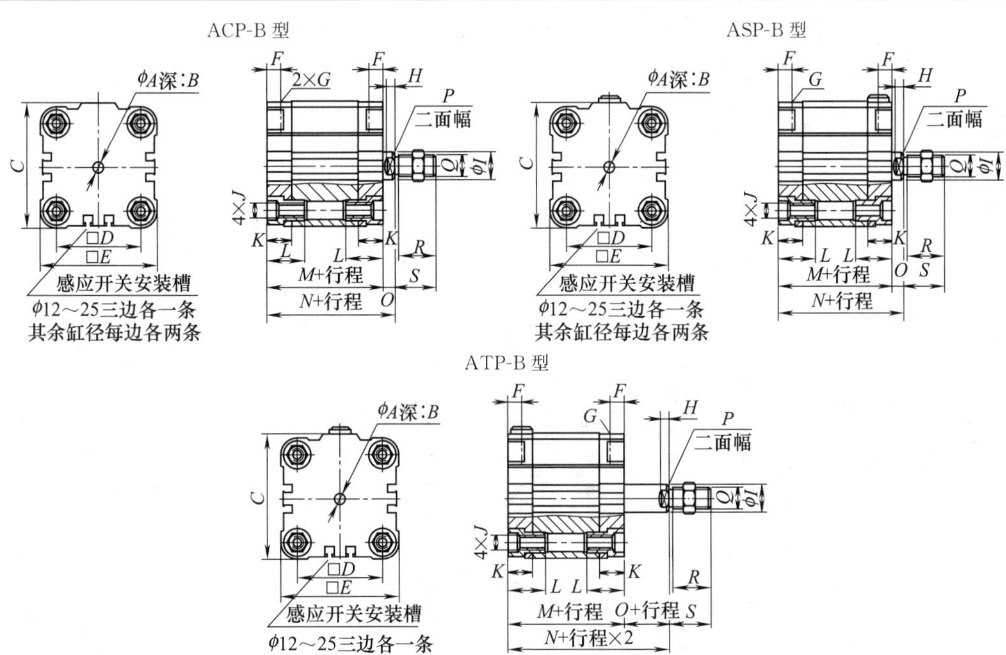

缸径	A	B	C	D	E	F	G	H	I	J	K	L	M	N	O	P	Q	R	S
12	6	4	30	18	29	7	M5×0.8	3	6	M4×0.7	11.5	18	38	42.5	4.5	5	M6×1.0	15	16
16	6	4	30	18	29	7	M5×0.8	3	8	M4×0.7	11.5	18	38	42.5	4.5	5	M8×1.25	19	20
20	6	4	37.5	22	36	7	M5×0.8	3	10	M5×0.8	11.5	18	38	42.5	4.5	8	M10×1.25	20	22
25	6.1	4	41.5	26	40	7	M5×0.8	4	10	M5×0.8	11.5	18	39.5	45	5.5	8	M10×1.25	20	22
32	6.1	4	52	32	50	8	G1/8	4.5	12	M6×1.0	14	21	44.5	50.5	6	10	M10×1.25	20	22

续表

缸径	A	B	C	D	E	F	G	H	I	J	K	L	M	N	O	P	Q	R	S
40	6.1	4	62.5	42	60	8	G1/8	4.5	12	M6×1.0	14	21	45.5	52	6.5	10	M10×1.25	20	22
50	6.1	4	71	50	68	8	G1/8	5	16	M8×1.25	14	21.5	45.5	53	7.5	13	M12×1.25	22	24
63	8.1	4	91	62	87	8	G1/8	5	16	M10×1.5	15	24	50	57.5	7.5	13	M12×1.25	22	24
80	8.1	4	111	82	107	8.5	G1/8	5.5	20	M10×1.5	16	27	46	64	8	17	M16×1.5	30	32
100	8.1	4	133	103	128	10.5	G1/4	7.5	25	M10×1.5	19	32	66.5	76.5	10	22	M20×1.5	38	40

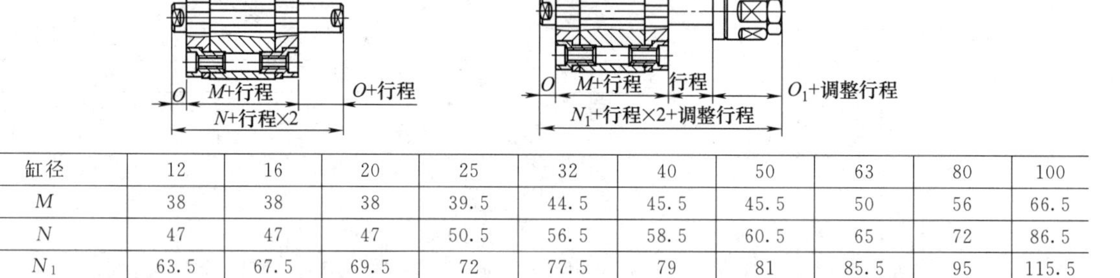

缸径	12	16	20	25	32	40	50	63	80	100
M	38	38	38	39.5	44.5	45.5	45.5	50	56	66.5
N	47	47	47	50.5	56.5	58.5	60.5	65	72	86.5
N_1	63.5	67.5	69.5	72	77.5	79	81	85.5	95	115.5
O	4.5	4.5	4.5	5.5	6	6.5	7.5	7.5	8	10
O_1	21	25	27	27	27	27	28	28	31	39

注:1. 附磁型与不附磁型的尺寸相同

2. 未注明的尺寸与标准型相同

安装附件

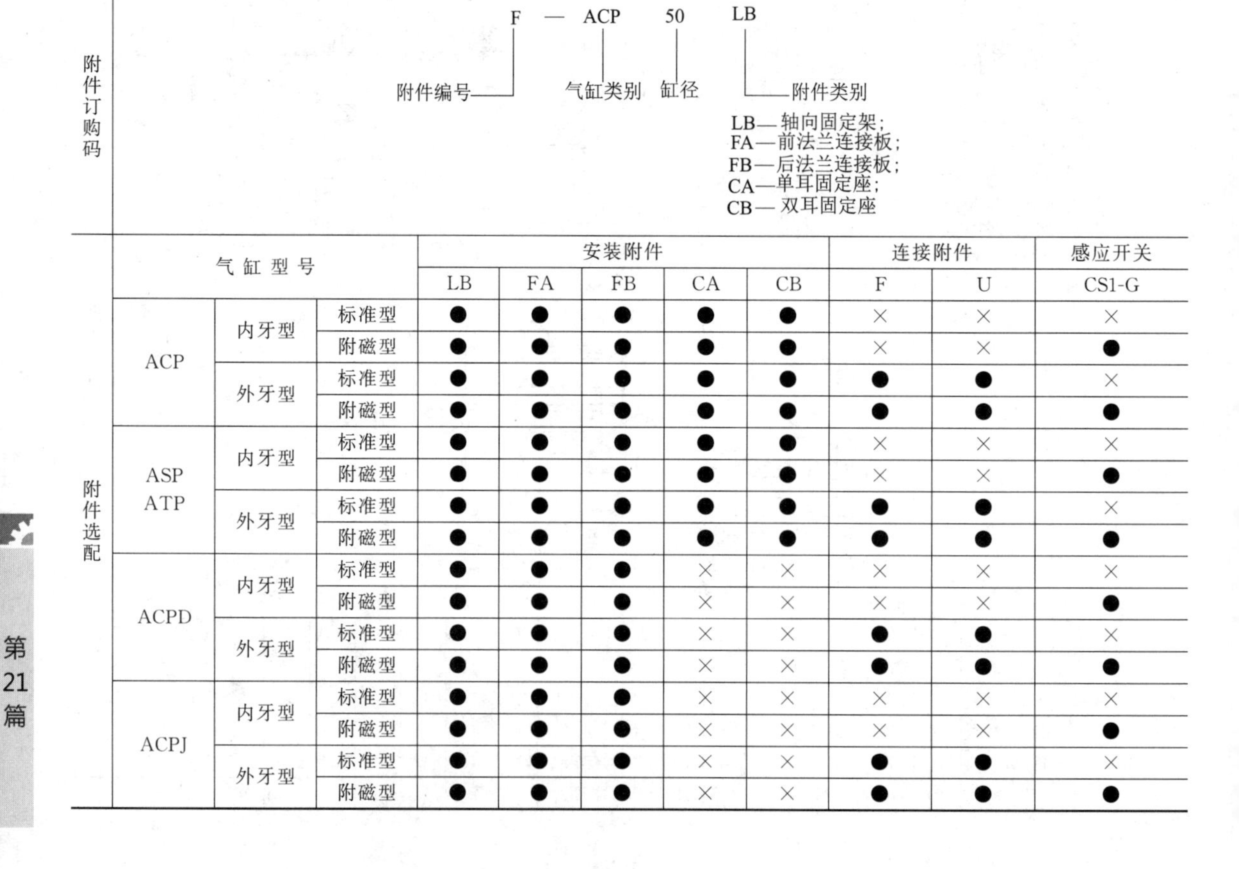

附件订购码

F — ACP 50 LB

附件编号(F)；气缸类别(ACP)；缸径(50)；附件类别(LB)

LB—轴向固定架;
FA—前法兰连接板;
FB—后法兰连接板;
CA—单耳固定座;
CB—双耳固定座

附件选配

气缸型号			安装附件					连接附件		感应开关
			LB	FA	FB	CA	CB	F	U	CS1-G
ACP	内牙型	标准型	●	●	●	●	●	×	×	×
		附磁型	●	●	●	●	●	×	×	●
	外牙型	标准型	●	●	●	●	●	●	●	×
		附磁型	●	●	●	●	●	●	●	●
ASP ATP	内牙型	标准型	●	●	●	●	●	×	×	×
		附磁型	●	●	●	●	●	×	×	●
	外牙型	标准型	●	●	●	●	●	●	●	×
		附磁型	●	●	●	●	●	●	●	●
ACPD	内牙型	标准型	●	●	●	×	×	×	×	×
		附磁型	●	●	●	×	×	×	×	●
	外牙型	标准型	●	●	●	×	×	●	●	×
		附磁型	●	●	●	×	×	●	●	●
ACPJ	内牙型	标准型	●	●	●	×	×	×	×	×
		附磁型	●	●	●	×	×	×	×	●
	外牙型	标准型	●	●	●	×	×	●	●	×
		附磁型	●	●	●	×	×	●	●	●

续表

<table>
<tr><td rowspan="3">附件材质</td><td>缸　径</td><td colspan="4">安装附件</td><td colspan="2">接头类</td></tr>
<tr><td></td><td>FA、FB</td><td>CA</td><td>CB</td><td>LB</td><td>F</td><td>U</td></tr>
<tr><td>12～25</td><td rowspan="2">铝合金</td><td>铝合金</td><td>×</td><td rowspan="2">低碳钢</td><td colspan="2" rowspan="2">碳钢</td></tr>
<tr><td></td><td>32～100</td><td>×</td><td>铝合金</td></tr>
</table>

FA/FB 型

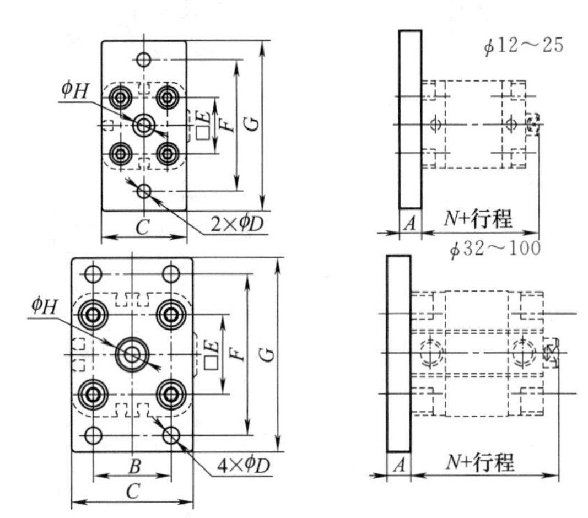

缸径	A	B	C	D	E	F	G	H	N
12	10	—	30	5.5	18	43	55	14	42.5
16	10	—	30	5.5	18	43	55	14	42.5
20	10	—	36	6.5	22	55	68	16	42.5
25	10	—	40	6.5	26	60	78	16	45
32	10	32	50	7	32	65	78	18	50.5
40	10	36	60	9	42	82	102	18	52
50	12	45	68	9	50	90	110	22	53
63	15	50	87	9	62	110	128	22	57.5
80	15	63	107	12	82	135	160	28	64
100	15	75	128	14	103	163	190	34	76.5

LB 型

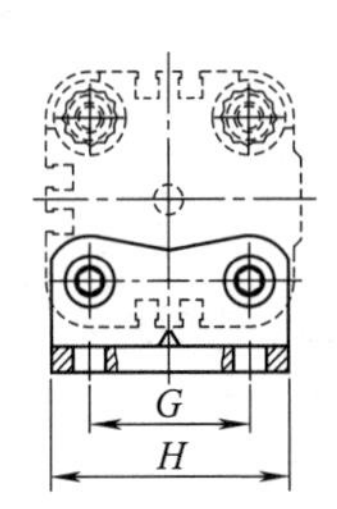

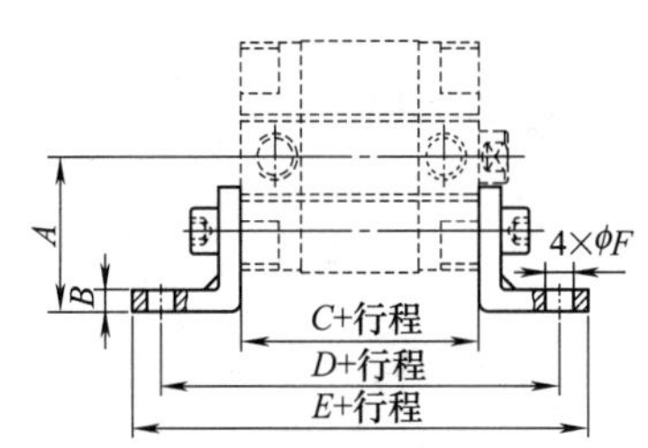

缸径	A	B	C	D	E	F	G	H
12	22	3	38	64	73.6	5.5	18	27
16	22	3	38	64	73.6	5.5	18	27
20	27	3.8	38	70	82.6	6.5	22	34
25	29	3.8	39.5	71.5	84	6.5	26	38
32	34	4.8	44.5	80.5	97.1	6.5	32	48
40	40.5	4.8	45.5	85.5	102.1	9	42	58
50	47	5.8	45.5	93.5	110.1	9	50	66
63	56.5	5.8	50	104	127.6	11	62	85
80	68.5	7.5	56	116	139.6	11	82	105
100	81	7.5	66.5	132.5	156.1	13.5	103	126

续表

CA 型

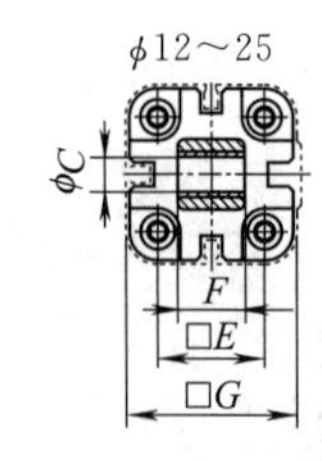

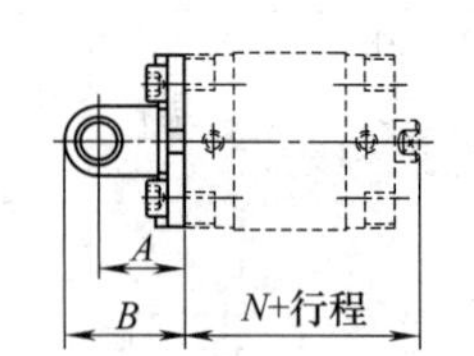

CB 型

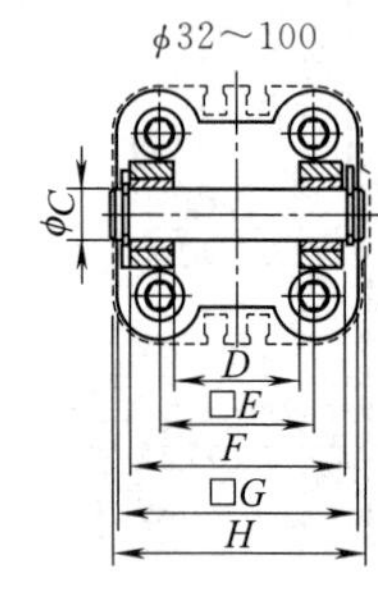

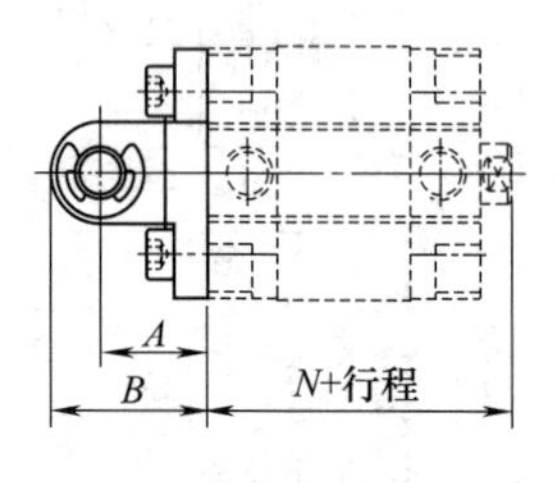

缸径	A	B	C	D	E	F	G	H	N
12	16	22	6	—	18	12	27.5	—	42.5
16	16	22	6	—	18	12	27.5	—	42.5
20	20	28	8	—	22	16	34.5	—	42.5
25	20	28	8	—	26	16	38.5	—	45
32	22	32	10	26	32	45	48	51.5	50.5
40	25	37	12	28	42	52	58	59	52
50	27	39	12	32	50	60	66	67	53
63	32	48	16	40	62	70	85	77	57.5
80	36	52	16	50	82	90	105	97	64
100	41	61	20	60	103	110	126	119	76.5

注：生产厂为亚德客公司。

7.1.3.3　ACQ 系列超薄型气缸（ϕ12～100）

型号意义：

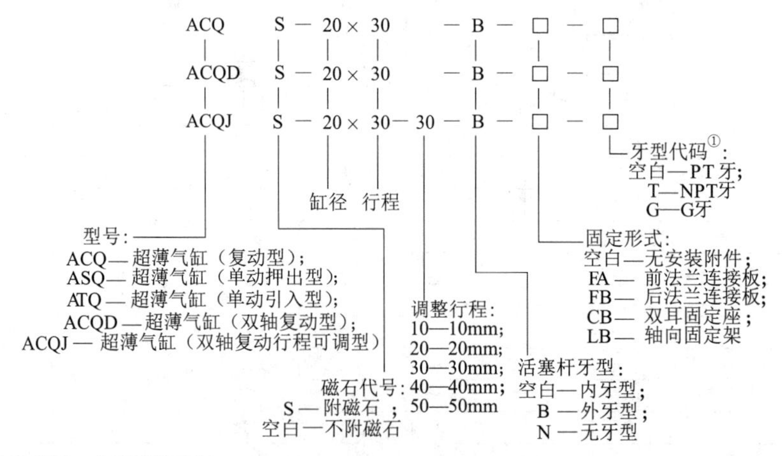

① 当接管为 M5 牙时，此项代码为空。

第 21 篇

表 21-7-67 主要技术参数

缸径/mm		12	16	20	25	32	40	50	63	80	100
动作形式		复动型									
		单动押出型、单动引入型								—	
工作介质		空气									
使用压力范围/MPa	复动型	0.1～1.0(14～145psi)									
	单动型	0.2～1.0(28～145psi)									
保证耐压力/MPa		1.5(215psi)									
工作温度/℃		−20～80									
使用速度/mm·s^{-1}		复动型:30～500　单动型:50～500									
行程公差		≤150：$^{+1.0}_{0}$　>150：$^{+1.4}_{0}$									
缓冲形式		防撞垫									
接管口径[①]		M5×0.8				PT1/8		PT1/4		PT3/8	

① 接管牙型有 NPT、G 牙可供选择。

表 21-7-68 行程 mm

缸径		标准行程	最大行程	容许行程 不附磁	容许行程 附磁
12	复动	5、10、15、20、25、30、35、40、45、50	50	80	70
	单动	5、10、15、20	20	—	—

续表

缸径		标准行程	最大行程	容许行程 不附磁	容许行程 附磁
16	复动	5、10、15、20、25、30、35、40、45、50、55、60	60	80	70
	单动	5、10、15、20	20	—	—
20 25	复动	5、10、15、20、25、30、35、40、45、50、55、60、70、75、80、90、100	100	130	130
	单动	5、10、15、20、25、30	30	—	—
32 40 50 63 80 100	复动	5、10、15、20、25、30、35、40、45、50、55、60、70、75、80、90、100	100	150	150
	单动	5、10、15、20、25、30	30	—	—

注：1. 在容许行程范围内，当行程>最大行程时，作非标处理。

2. 最大行程范围内的非标行程以上一级标准行程改制而成，其外形尺寸为上一级标准行程气缸的外形尺寸。如行程为 23 的非标行程气缸是由标准行程为 25 的标准气缸改制而成，其外形尺寸与其相同。

表 21-7-69 外形尺寸 mm

ACQ 型

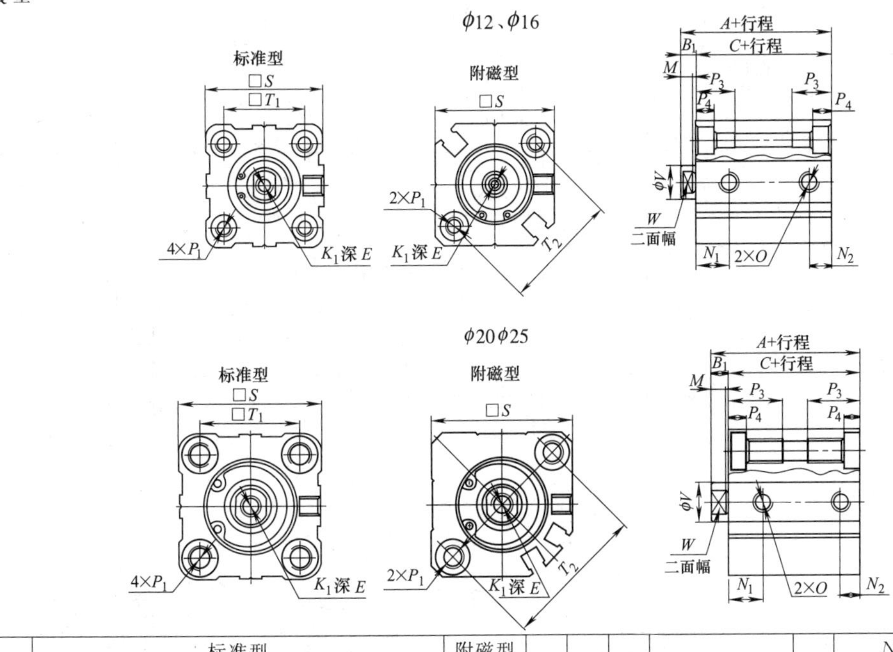

缸径	标准型 A 行程≤50	标准型 A 行程>50	标准型 C 行程≤50	标准型 C 行程>50	附磁型 A	附磁型 C	B_1	D	E	K_1	M	N_1 标准型	N_1 附磁型	N_2 标准型	N_2 附磁型
12	20.5	—	17	—	31.5	28	3.5	—	6	M3×0.5	3.5	7.5	9	5	7
16	22	—	18.5	—	34	30.5	3.5	—	8	M4×0.7	3	8	9.5	5.5	
20	24	34	19.5	29.5	36	31.5	4.5	—	7	M5×0.8	4	9	9.5	5.5	
25	27.5	37.5	22.5	32.5	37.5	32.5	5	—	12	M6×1.0	4.5	11		5.5	

续表

缸径	O	P_1	P_3	P_4	S	T_1	T_2	V	W
12	M5×0.8	双边 ϕ6.5,M4×0.7,通孔 ϕ3.4	11	3.5	25	15.5	22	6	5
16	M5×0.8	双边 ϕ6.5,M4×0.7,通孔 ϕ3.4	11	3.5	29	20	28	8	6
20	M5×0.8	双边 ϕ9,M6×1.0,通孔 ϕ5.2	17	7	36	25.5	36	10	8
25	M5×0.8	双边 ϕ9,M6×1.0,通孔 ϕ5.2	17	7	40	28	40	12	10
32	PT1/8	双边 ϕ9,M6×1.0,通孔 ϕ5.2	17	7	45	34	—	16	14
40	PT1/8	双边 ϕ9,M6×1.0,通孔 ϕ5.2	17	7	53	40	—	16	14
50	PT1/4	双边 ϕ11,M8×1.25,通孔 ϕ6.5	22	8	64	50	—	20	17
63	PT1/4	双边 ϕ14,M10×1.5,通孔 ϕ8.7	28.5	10.5	77	60	—	20	17
80	PT3/8	双边 ϕ17.5,M12×1.75,通孔 ϕ10.7	35.5	13.5	98	77	—	25	22
100	PT3/8	双边 ϕ17.5,M12×1.75,通孔 ϕ10.7	35.5	13.5	117	94	—	32	27

ϕ32～100(行程≤100)

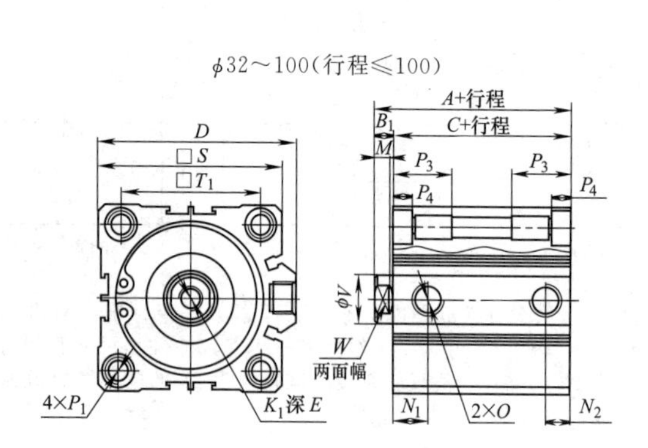

缸径		标准型 A 行程≤50	标准型 A 行程>50	标准型 C 行程≤50	标准型 C 行程>50	附磁型 A	附磁型 C	B_1	D	E	K_1	M	N_1 标准	N_1 附磁	N_2 标准	N_2 附磁
32	行程=50	30	40	23	33	40	33	7	49.5	13	M8×1.25	6	7.5	10.5	6.5	7.5
	行程>50												10.5		7.5	
40		36.5	46.5	29.5	39.5	46.5	39.5	7	57	13	M8×1.25	6	11		8	
50	行程=50	38.5	48.5	30.5	40.5	48.5	40.5	8	71	15	M10×1.5	6.5	9	10.5	9	10.5
	行程>50												10.5		10.5	
63	行程=50	44	54	36	46	54	46	8	84	15	M10×1.5	6.5	14	15	9.5	10.5
	行程>50												15		10.5	
80		53.5	63.5	43.5	53.5	63.5	53.5	10	104	20	M16×2.0	8.5	16		14	
100		65	75	53	63	75	63	12	123.5	26	M20×2.5	9.5	20		17.5	

ASQ、ATQ型

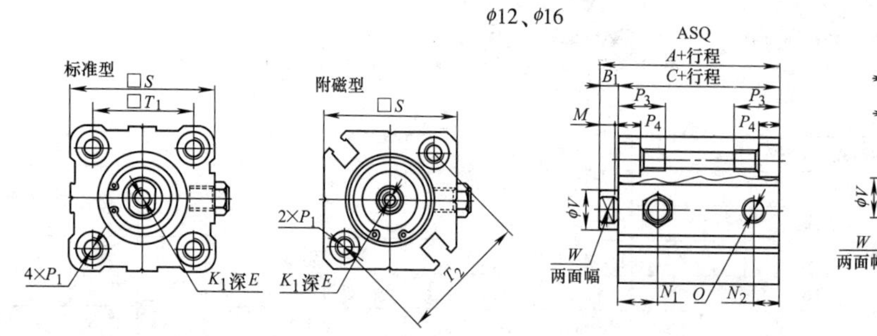

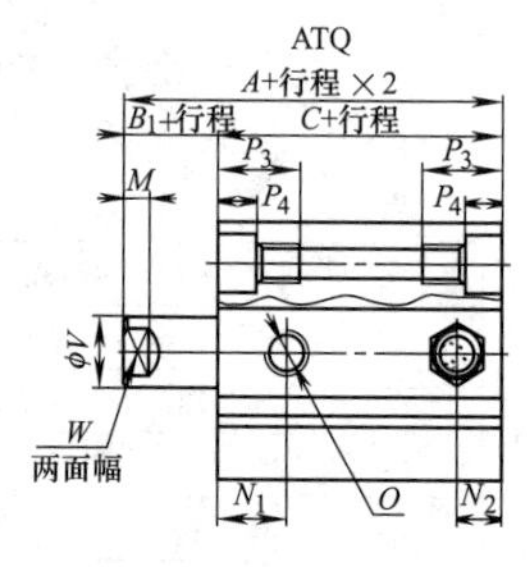

续表

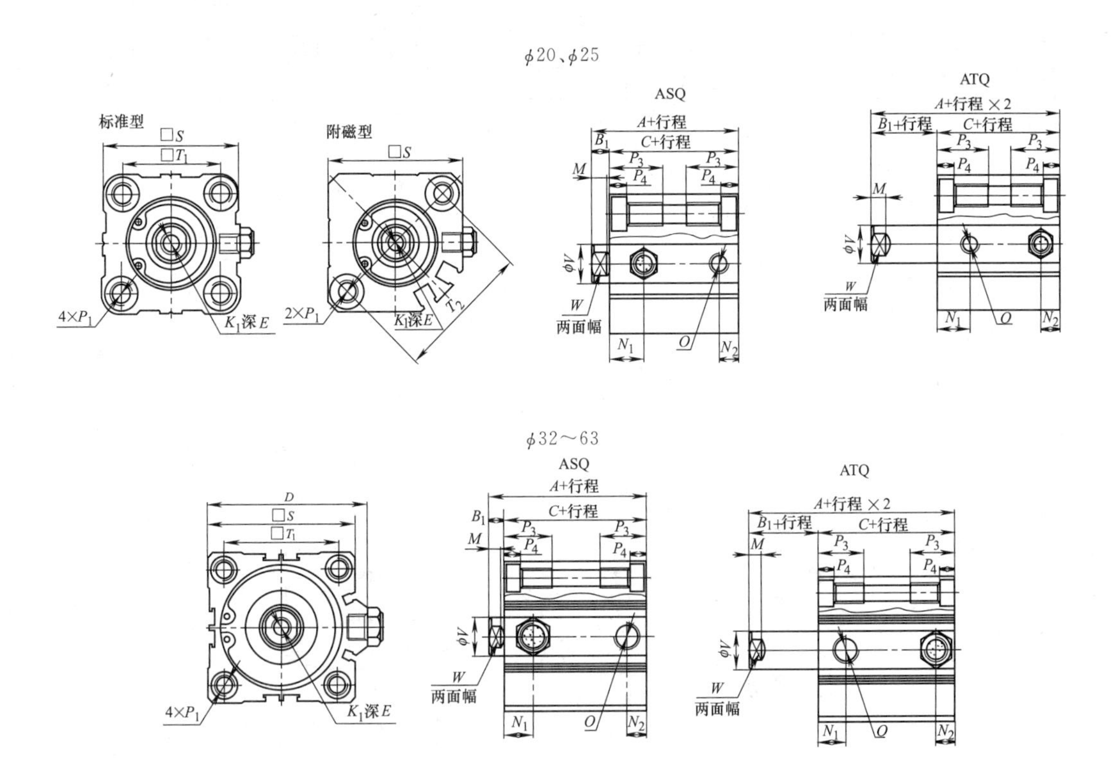

缸径	不附磁						附磁						B_1	D	E	K_1	M	N_1		N_2	
	A			C			A			C								标准	附磁	标准	附磁
行程	5/10	15/20	25/30	5/10	15/20	25/30	5/10	15/20	25/30	5/10	15/20	25/30									
12	25.5	30.5	—	22	27	—	36.5	41.5	—	33	38	—	3.5	—	6	M3×0.5	3.5	7.5	9	5	7
16	27	32	—	23.5	28.5	—	39	44	—	35.5	40.5	—	3.5	—	8	M4×0.7	3	8	9.5	5.5	
20	29	34	39	24.5	29.5	34.5	41	46	51	36.5	41.5	46.5	4.5	—	7	M5×0.8	4	9	9.5	5.5	
25	32.5	37.5	42.5	27.5	32.5	37.5	42.5	47.5	52.5	37.5	42.5	47.5	5	—	12	M6×1.0	4.5	11		5.5	
32	35	40	45	28	33	38	45	50	55	38	43	48	7	49.5	13	M8×1.25	6	10.5		7.5	
40	41.5	46.5	51.5	34.5	39.5	44.5	51.5	56.5	61.5	44.5	49.5	54.5	7	57	13	M8×1.25	6	11		8	
50	48.5	53.5	58.5	40.5	45.5	50.5	58.5	63.5	68.5	50.5	55.5	60.5	8	71	15	M10×1.5	6.5	10.5		10.5	
63	54	59	64	46	51	56	64	69	74	56	61	66	8	84	15	M10×1.5	6.5	15		10.5	

缸径	O	P_1	P_3	P_4	S	T_1	T_2	V	W
12	M5×0.8	双边 ϕ6.5,M4×0.7,通孔 ϕ3.4	11	3.5	25	15.5	22	6	5
16	M5×0.8	双边 ϕ6.5,M4×0.7,通孔 ϕ3.4	11	3.5	29	20	28	8	6
20	M5×0.8	双边 ϕ9,M6×1.0,通孔 ϕ5.2	17	7	36	25.5	36	10	8
25	M5×0.8	双边 ϕ9,M6×1.0,通孔 ϕ5.2	17	7	40	28	40	12	10

续表

缸径	O	P_1	P_3	P_4	S	T_1	T_2	V	W
32	PT1/8	双边 ϕ9,M6×1.0,通孔 ϕ5.2	17	7	45	34	—	16	14
40	PT1/8	双边 ϕ9,M6×1.0,通孔 ϕ5.2	17	7	53	40	—	16	14
50	PT1/4	双边 ϕ11,M8×1.25,通孔 ϕ6.5	22	8	64	50	—	20	17
63	PT1/4	双边 ϕ14,M10×1.5,通孔 ϕ8.7	28.5	10.5	77	60	—	20	17

外牙型尺寸

(缸径：ϕ12~100，行程≤100)

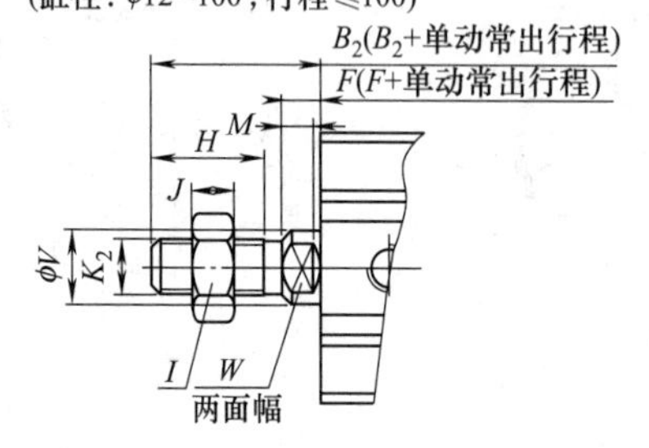

缸径	B_2	F	H	I	J	K_2	M	V	W
12	14	3.5	9	8	4	M5×0.8	3.5	6	5
16	15.5	3.5	10	10	5	M6×1.0	3	8	6
20	18.5	4.5	12	12	6	M8×1.25	4	10	8
25	22.5	5	15	17	6	M10×1.25	4.5	12	10
32	28.5	5	20.5	19	8	M14×1.5	4	16	14
40	28.5	5	20.5	19	8	M14×1.5	4	16	14
50	33.5	5	26	27	11	M18×1.5	4	20	17
63	33.5	5	26	27	11	M18×1.5	4	20	17
80	43.5	8	32.5	32	13	M22×1.5	6	25	22
100	43.5	8	32.5	36	13	M26×1.5	5.5	32	27

ACQD 型

ϕ12、ϕ16

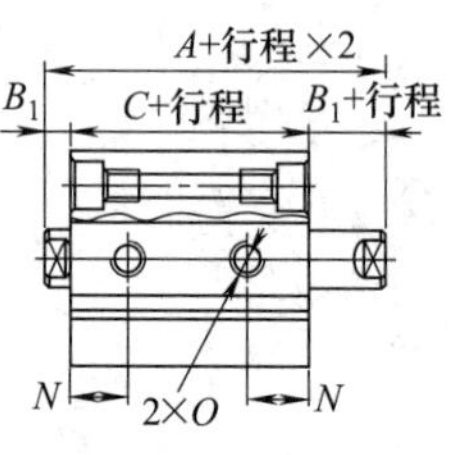

ϕ20、ϕ25

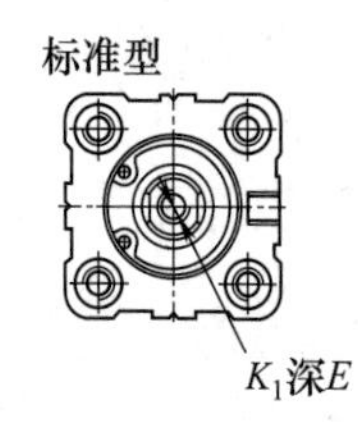

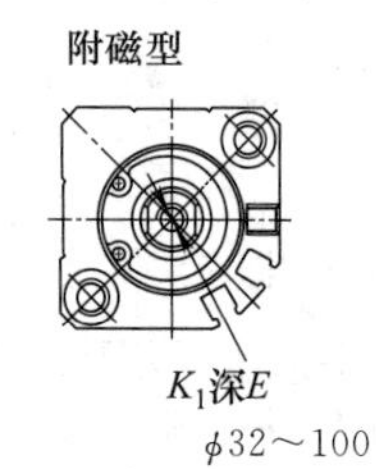

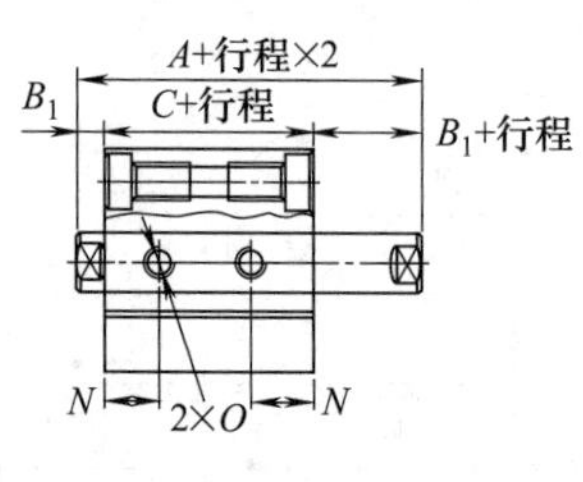

ϕ32~100

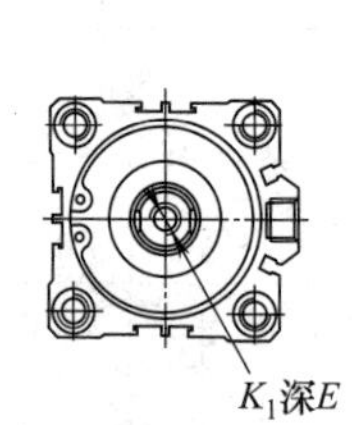

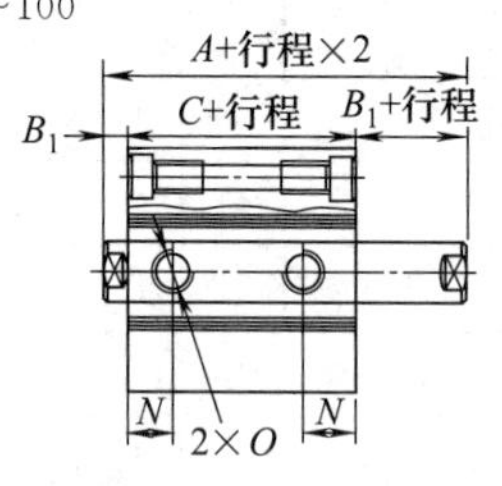

缸径	标准型		附磁型		B_1	E	N
	A	C	A	C			
12	32.2	25.2	39.4	32.4	3.5	6	9
16	33	26	43	36	3.5	8	9.5
20	35	26	47	38	4.5	7	9.5
25	39	29	49	39	5	9.5(S=5)12(S>15)	11
32	44.5	30.5	54.5	40.5	7	9(S≤10)13(S>10)	10
40	54	40	64	50	7	11(S≤10)13(S>10)	13
50	56.5	40.5	66.5	50.5	8	12(S≤10)15(S>10)	13.5

续表

缸　　径	标准型		附磁型		B_1	E	N
	A	C	A	C			
63	58	42	68	52	8	12(S≤10),15(S>10)	14.5(S=5)16(S>5)
80	71	51	81	61	10	14(S≤15),20(S>15)	16
100	84.5	60.5	94.5	70.5	12	20(S≤25),26(其他)	21

ACQJ 型

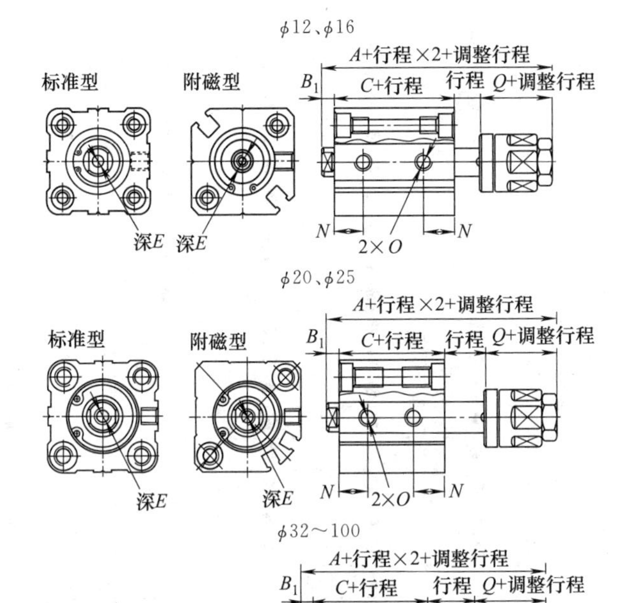

缸　　径	标准型		附磁型		B_1	E	N	Q
	A	C	A	C				
12	45.2	25.2	52.4	32.4	3.5	6	9	17
16	50	26	60	36	3.5	8	9.5	21
20	55	26	67	38	4.5	7	9.5	25
25	60.5	29	70.5	39	5	9.5(S=5),12(S>5)	11	27
32	65.9	30.5	75.9	40.5	7	9(S≤10),13(S>10)	10	29
40	75.5	40	85.5	50	7	11(S≤10),13(S>10)	13	29
50	80	40.5	90	50.5	8	12(S≤10),15(S>10)	13.5	32
63	81.4	42	91.4	52	8	12(S≤10),15(S>10)	14.5(S=5)16(S>5)	32
80	98.8	51	108.8	61	10	14(S≤15),20(S>15)	16	38.5
100	108.8	60.5	118.8	70.5	12	20(S≤25),26(其他)	21	37

续表

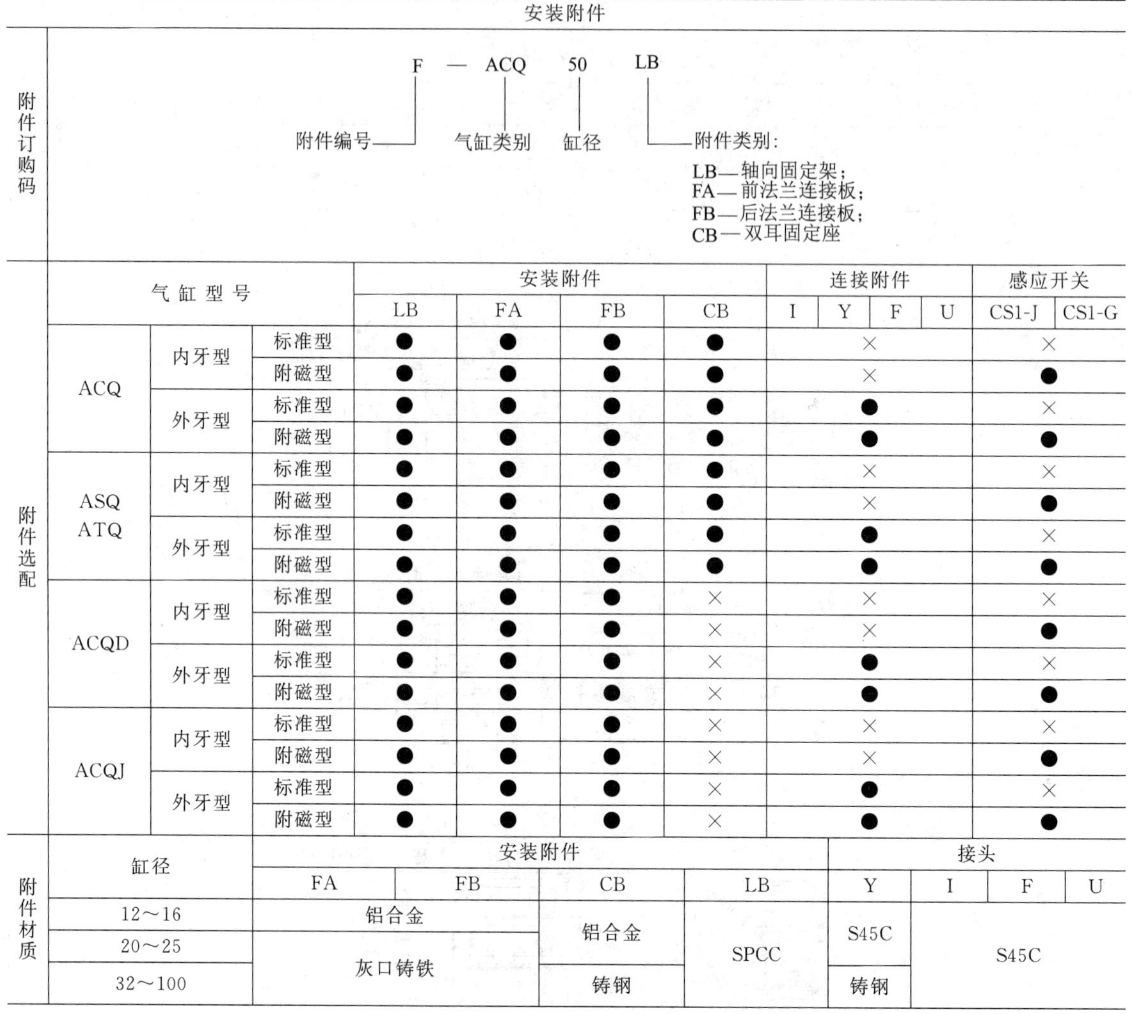

安装附件

附件订购码

F — ACQ 50 LB

- 附件编号：F
- 气缸类别：ACQ
- 缸径：50
- 附件类别：LB
  - LB—轴向固定架；
  - FA—前法兰连接板；
  - FB—后法兰连接板；
  - CB—双耳固定座

附件选配

气缸型号			安装附件 LB	安装附件 FA	安装附件 FB	安装附件 CB	连接附件 I	连接附件 Y	连接附件 F	连接附件 U	感应开关 CS1-J	感应开关 CS1-G
ACQ	内牙型	标准型	●	●	●	●	×				×	
		附磁型	●	●	●	●	×				●	
	外牙型	标准型	●	●	●	●	●				×	
		附磁型	●	●	●	●	●				●	
ASQ ATQ	内牙型	标准型	●	●	●	●	×				×	
		附磁型	●	●	●	●	×				●	
	外牙型	标准型	●	●	●	●	●				×	
		附磁型	●	●	●	●	●				●	
ACQD	内牙型	标准型	●	●	●	×	×				×	
		附磁型	●	●	●	×	×				●	
	外牙型	标准型	●	●	●	×	●				×	
		附磁型	●	●	●	×	●				●	
ACQJ	内牙型	标准型	●	●	●	×	×				×	
		附磁型	●	●	●	×	×				●	
	外牙型	标准型	●	●	●	×	●				×	
		附磁型	●	●	●	×	●				●	

附件材质

缸径	安装附件 FA	安装附件 FB	安装附件 CB	安装附件 LB	接头 Y	接头 I	接头 F	接头 U
12～16	铝合金		铝合金	SPCC	S45C	S45C		
20～25	灰口铸铁							
32～100			铸钢		铸钢			

FA/FB 型

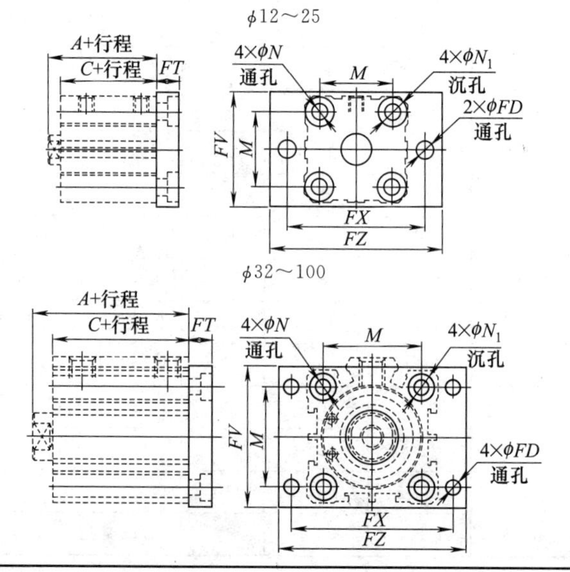

续表

缸径	标准型				附磁型		M	N	N_1	FD	FT	FV	FX	FZ
	A		C		A	C								
行程	≤50	>50	≤50	>50										
12	20.5	—	17	—	31.5	28	15.5	4.5	7.5	4.5	5.5	25	45	55
16	22	—	18.5	—	34	30.5	20	4.5	7.5	4.5	5.5	30	45	55
20	24	34	19.5	29.5	36	31.5	25.5	6.5	10.5	6.5	8	39	48	60
25	27.5	37.5	22.5	32.5	37.5	32.5	28	6.5	10.5	6.5	8	42	52	64
32	30	40	23	33	40	33	34	6.5	10.5	5.5	8	48	56	65
40	36.5	46.5	29.5	39.5	46.5	39.5	40	6.5	10.5	5.5	8	54	62	72
50	38.5	48.5	30.5	40.5	48.5	40.5	50	8.5	13.5	6.5	9	67	76	89
63	44	54	36	46	54	46	60	10.5	16.5	9	9	80	92	108
80	53.5	63.5	43.5	53.5	63.5	53.5	77	12.5	18.5	11	11	99	116	134
100	65	75	53	63	75	63	94	12.5	18.5	11	11	117	136	154

LB 型

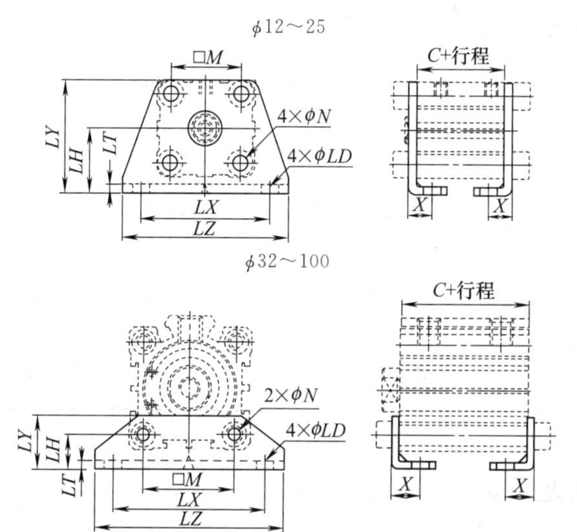

缸径	C(ACQ 系列)			M	N	X	LD	LH	LT	LX	LY	LZ
	标准型		附磁型									
行程	≤50	>50										
12	17	—	28	15.5	4.5	8	4.5	17	2	34	29.5	44
16	18.5	—	30.5	20	4.5	8	4.5	19	2	38	33.5	48
20	19.5	29.5	31.5	25.5	6.5	9.2	6.5	24	3	48	42	62
25	22.5	32.5	32.5	28	6.5	10.7	6.5	26	3	52	46	66
32	23	33	33	34	6.5	11.2	6.5	13	3	57	20	71
40	29.5	39.5	39.5	40	6.5	11.2	6.5	13	3	64	20	78
50	30.5	40.5	40.5	50	8.5	12.2	8.5	14	3	79	22	95
63	36	46	46	60	10.5	13.7	10.5	16	3	95	26	113
80	43.5	53.5	53.5	77	13	16.5	13	20.5	4.5	118	32	140
100	53	63	63	94	13	23	13	24	6	137	36	162

CB 型

ϕ12～25

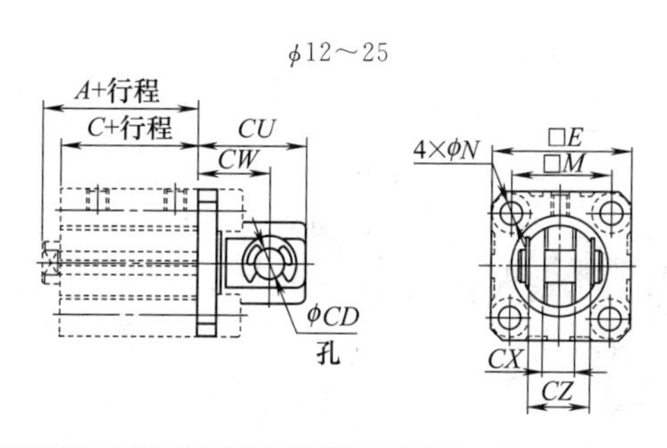

第 21 篇

续表

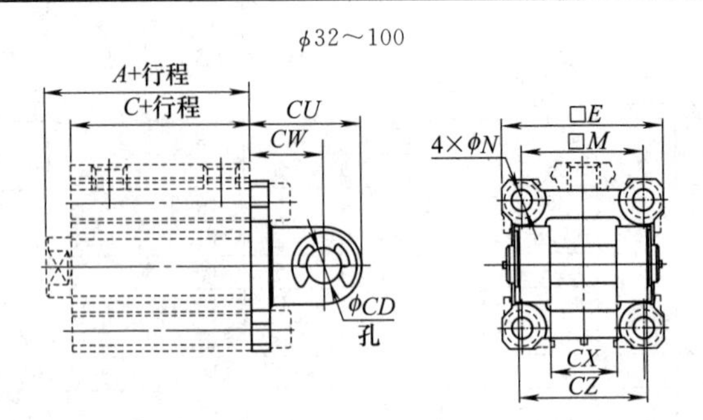

缸径 行程	标准型(ACQ 系列)				附磁型(ACQ 系列)		E	M	N	CD	CU	CW	CX	CZ
	A		C		A	C								
	≤50	>50	≤50	>50										
12	20.5	—	17	—	31.5	28	25	15.5	4.5	5	20	14	5.3	9.8
16	22	—	18.5	—	34	30.5	29	20	4.5	5	21	15	6.8	11.8
20	24	34	19.5	29.5	36	31.5	36	25.5	6.5	8	27	18	8.3	15.8
25	27.5	37.5	22.5	32.5	37.5	32.5	40	28	6.5	10	30	20	10.3	19.8
32	30	40	23	33	40	33	45.5	34	6.5	10	30	20	18.3	35.8
40	36.5	46.5	29.5	39.5	46.5	39.5	53.5	40	6.5	10	32	22	18.3	35.8
50	38.5	48.5	30.5	40.5	48.5	40.5	64.5	50	8.5	14	42	28	22.3	43.8
63	44	54	36	46	54	46	77.5	60	10.5	14	44	30	22.3	43.8
80	53.5	63.5	43.5	53.5	63.5	53.5	98.5	77	12.5	18	56	38	28.3	55.8
100	65	75	53	63	75	63	117.5	94	12.5	22	67	45	32.3	63.8

注：生产厂为亚德客公司。

7.1.3.4　SDA 系列超薄型气缸（ϕ12～100）

型号意义：

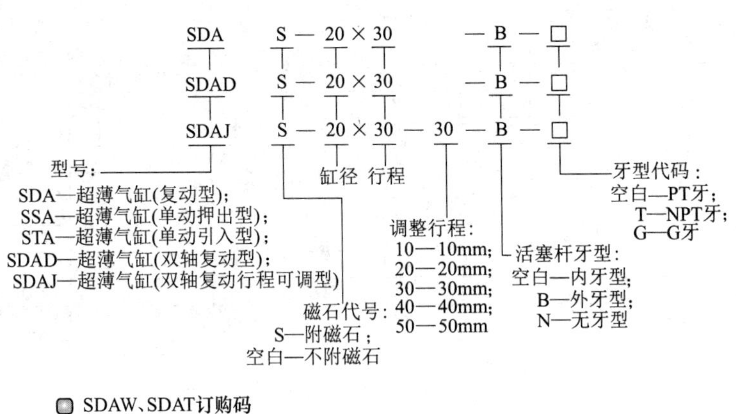

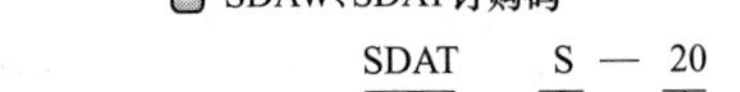

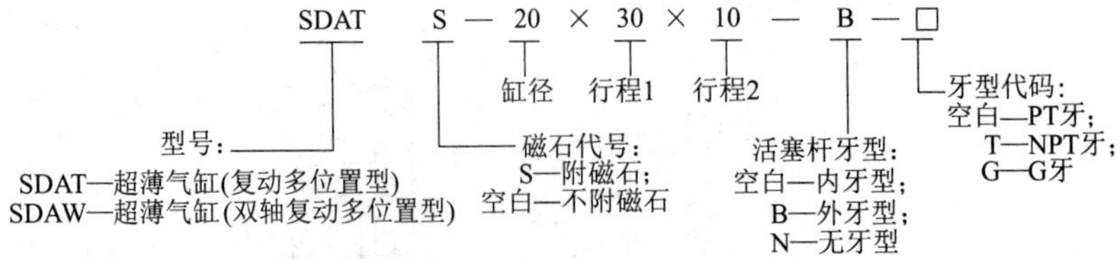

表 21-7-70　　**主要技术参数**

缸径/mm		12	16	20	25	32	40	50	63	80	100
动作形式		复动型									
		单动押出型、单动引入型								—	
工作介质		空气									
使用压力范围/MPa	复动型	0.1～1.0(14～145Psi)									
	单动型	0.2～1.0(28～145Psi)									
保证耐压力/MPa		1.5(215Psi)									
工作温度/℃		−20～80									
使用速度范围/mm·s^{-1}		复动型:30～500　单动型:50～500									
行程公差范围/mm		$^{+1.0}_{0}$									
缓冲形式		防撞垫									
接管口径①		M5×0.8					PT1/8		PT1/4		PT3/8

行　程

缸径/mm			标准行程/mm	最大行程	容许行程
12 16	复动	附磁	5、10、15、20、25、30、35、40、45、50、55	65	70
		不附磁	5、10、15、20、25、30、35、40、45、50、55、60、65	65	80
	单动		5、10、15、20、25、30	30	—
20	复动	附磁	5、10、15、20、25、30、35、40、45、50、55、60、65、70、75、80、85、90	100	130
		不附磁	5、10、15、20、25、30、35、40、45、50、55、60、65、70、75、80、85、90、95、100	100	130
	单动		5、10、15、20、25、30	30	—
25 32 40 50 63	复动	附磁	5、10、15、20、25、30、35、40、45、50、55、60、65、70、75、80、85、90、95、100、110、120	130	150
		不附磁	5、10、15、20、25、30、35、40、45、50、55、60、65、70、75、80、85、90、95、100、110、120、130	130	150
	单动		5、10、15、20、25、30	30	—
80 100	复动	附磁	5、10、15、20、25、30、35、40、45、50、55、60、65、70、75、80、85、90、95、100、110、120	130	150
		不附磁	5、10、15、20、25、30、35、40、45、50、55、60、65、70、75、80、85、90、95、100、110、120、130	130	150

① 接管牙型有 NPT、G 牙可供选择。

注：1. 在容许行程范围内，当行程>最大行程时，作非标处理。

2. 最大行程范围内的非标行程以上一级标准行程改制而成，其外形尺寸为上一级标准行程气缸的外形尺寸。如行程为 23 的非标行程气缸是由标准行程为 25 的标准气缸改制而成，其外形尺寸与其相同。

表 21-7-71　　**外形尺寸**　　mm

SDA 型

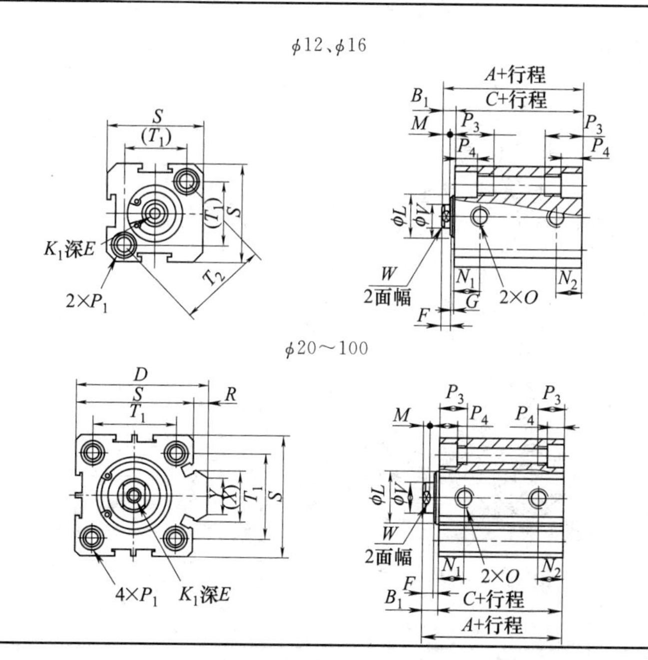

第21篇

续表

缸径	标准型		附磁型		B_1	D	E	F	G	K_1	L	M	N_1		N_2	
	A	C	A	C									$S=5$	$S>5$	$S=5$	$S>5$
12	22	17	32	27	5	—	6	4	1	M3×0.5	10.2	3	7.5		5	
16	24	18.5	34	28.5	5.5	—	6	4	1.5	M3×0.5	11	3	8		5.5	
20	25	19.5	35	29.5	5.5	36	8	4	1.5	M4×0.7	13	3	9		5.5	
25	27	21	37	31	6	42	10	4	2	M5×0.8	17	3	9.2		5.5	
32	31.5	24.5	41.5	34.5	7	50	12	4	3	M6×1	22	3	9		6.5	9
40	33	26	43	36	7	58.5	12	4	3	M8×1.25	28	3	9.5		7.5	
50	37	28	47	38	9	71.5	15	5	4	M10×1.5	38	3	8	10.5	8	10.5
63	41	32	51	42	9	84.5	15	5	4	M10×1.5	40	3	9.5	11.8	9.5	11.8
80	52	41	62	51	11	104	20	6	5	M14×1.5	45	4	11.5	14.5	11.5	14.5
100	63	51	73	61	12	124	20	7	5	M18×1.5	55	4	16	20.5	16	20.5

缸径	O	P_1	P_3	P_4	R	S	T_1	T_2	V	W	X	Y
12	M5×0.8	双边 ϕ6.5,M5×0.8,通孔 ϕ4.2	12	4.5	—	25	16.3	23	6	5	—	—
16	M5×0.8	双边 ϕ6.5,M5×0.8,通孔 ϕ4.2	12	4.5	—	29	19.8	28	6	5	—	—
20	M5×0.8	双边 ϕ6.5,M5×0.8,通孔 ϕ4.2	14	4.5	2	34	24	—	8	6	11.3	10
25	M5×0.8	双边 ϕ8.2,M6×1.0,通孔 ϕ4.6	15	5.5	2	40	28	—	10	8	12	10
32	PT1/8	双边 ϕ8.2,M6×1.0,通孔 ϕ4.6	16	5.5	6	44	34	—	12	10	18.3	15
40	PT1/8	双边 ϕ10,M8×1.25,通孔 ϕ6.5	20	7.5	6.5	52	40	—	16	14	21.3	16
50	PT1/4	双边 ϕ11,M8×1.25,通孔 ϕ6.5	25	8.5	9.5	62	48	—	20	17	30	20
63	PT1/4	双边 ϕ11,M8×1.25,通孔 ϕ6.5	25	8.5	9.5	75	60	—	20	17	28.7	20
80	PT3/8	双边 ϕ14,M12×1.75,通孔 ϕ9.2	25	10.5	10	94	74	—	25	22	36	26
100	PT3/8	双边 ϕ17.5,M14×2,通孔 ϕ11.3	30	13	10	114	90	—	32	27	35	26

SSA 型

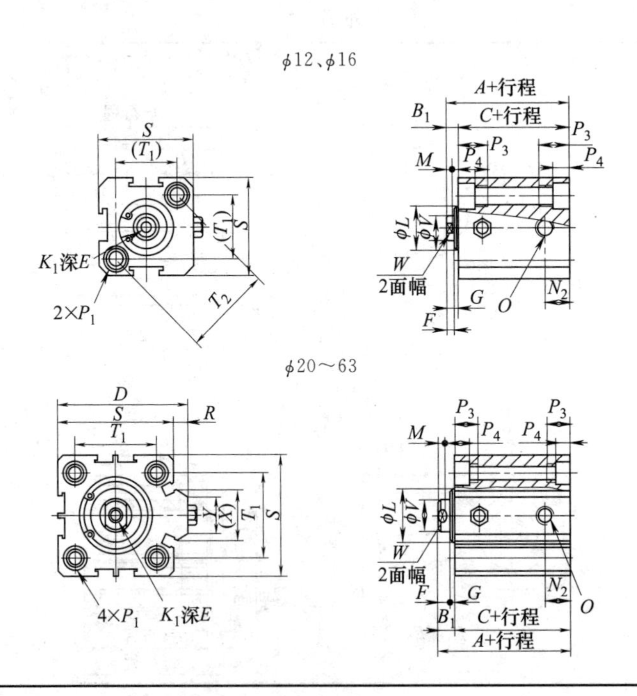

续表

STA 型

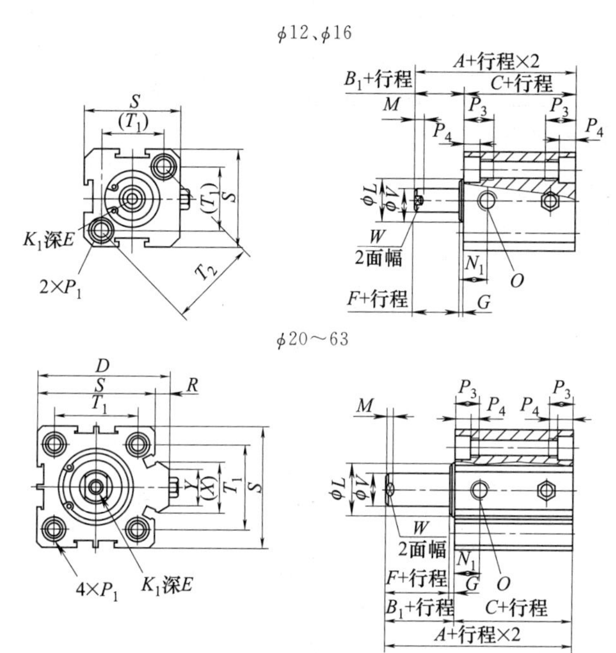

缸径	标准型				附磁型				B_1	D	E	F	G	K_1	L	M	N_1	N_2
	A		C		A		C											
行程	≤10	>10	≤10	>10	≤10	>10	≤10	>10										
12	32	42	27	37	42	52	37	47	5	—	6	4	1	M3×0.5	10.2	3	7.5	5
16	34	44	28.5	38.5	44	54	38.5	48.5	5.5	—	6	4	1.5	M3×0.5	11	3	8	5.5
20	35	45	29.5	39.5	45	55	39.5	49.5	5.5	36	8	4	1.5	M4×0.7	13	3	9	5.5
25	37	47	31	41	47	57	41	51	6	42	10	4	2	M5×0.8	17	3	9.2	5.5
32	41.5	51.5	34.5	44.5	51.5	61.5	44.5	54.5	7	50	12	4	3	M6×1	22	3	9	9
40	43	53	36	46	53	63	46	56	7	58.5	12	4	3	M8×1.25	28	3	9.5	7.5
50	47	57	38	48	57	67	48	58	9	71.5	15	5	4	M10×1.5	38	3	10.5	10.5
63	51	61	42	52	61	71	52	62	9	84.5	15	5	4	M10×1.5	40	3	12	11

缸径	O	P_1	P_3	P_4	R	S	T_1	T_2	V	W	X	Y
12	M5×0.8	双边 φ6.5,M5×0.8,通孔 φ4.2	12	4.5	—	25	16.2	23	6	5	—	—
16	M5×0.8	双边 φ6.5,M5×0.8,通孔 φ4.2	12	4.5	—	29	19.8	28	6	5	—	—
20	M5×0.8	双边 φ6.5,M5×0.8,通孔 φ4.2	14	4.5	2	34	24	—	8	6	11.3	10
25	M5×0.8	双边 φ8.2,M6×1.0,通孔 φ4.6	15	5.5	2	40	28	—	10	8	12	10
32	PT1/8	双边 φ8.2,M6×1.0,通孔 φ4.6	16	5.5	6	44	34	—	12	10	18.3	15
40	PT1/8	双边 φ10,M8×1.25,通孔 φ6.5	20	7.5	6.5	52	40	—	16	14	21.3	16
50	PT1/4	双边 φ11,M8×1.25,通孔 φ6.5	25	8.5	9.5	62	48	—	20	17	30	20
63	PT1/4	双边 φ11,M8×1.25,通孔 φ6.5	25	8.5	9.5	75	60	—	20	17	28.7	20

外牙型尺寸

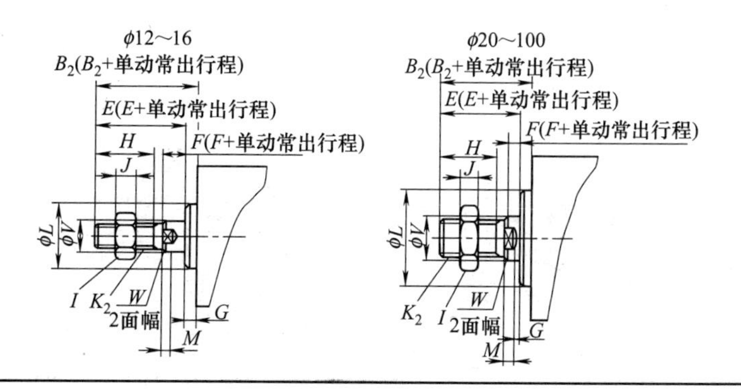

第21篇

续表

缸径	B_2	E	F	G	H	I	J	K_2	L	M	V	W
12	17	16	4	1	10	8	4	M5×0.8	10.2	3	6	5
16	17.5	16	4	1.5	10	8	4	M5×0.8	11	3	6	5
20	20.5	19	4	1.5	13	10	5	M6×1.0	13	3	8	6
25	23	21	4	2	15	12	6	M8×1.25	17	3	10	8
32	25	22	4	3	15	17	6	M10×1.25	22	3	12	10
40	35	32	4	3	25	19	8	M14×1.5	28	3	16	14
50	37	33	5	4	25	27	11	M18×1.5	38	3	20	17
63	37	33	5	4	25	27	11	M18×1.5	40	3	20	17
80	44	39	6	5	30	32	13	M22×1.5	45	4	25	22
100	50	45	7	5	35	36	13	M26×1.5	55	4	32	27

SDAJ 型

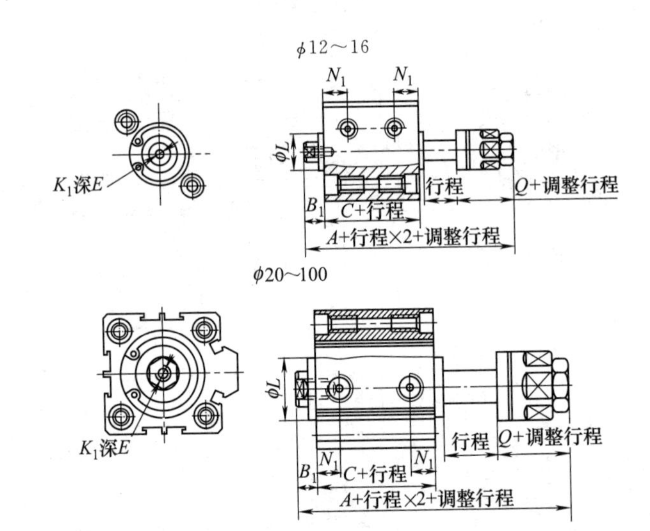

缸径	标准型		附磁型		B_1	E		Q	K_1	L	N_1	
	A	C	A	C		$S\leqslant10$	$S>10$				$S=5$	$S>5$
12	40	17	50	27	5	6		17	M3×0.5	10.2	5.5	6.3
16	42.5	18.5	52.5	28.5	5.5	6		17	M3×0.5	11	6.5	7.3
20	47.5	19.5	57.5	29.5	5.5	8(S=5 时,6.5)		21	M4×0.7	15	7.5	
25	54	21	64	31	6	10(S=5 时,7)		22	M5×0.8	17	8	
32	61.5	24.5	71.5	34.5	7	8	12	27	M6×1	22	8	9
40	65	26	75	36	7	8	12	29	M8×1.25	28	8	10
50	73	28	83	38	9	8	15	32	M10×1.5	38	8	10.5
63	77	32	87	42	9	10	15	32	M10×1.5	40	9.5	11.8
80	94	41	104	51	11	13	20	37	M14×1.5	45	11.5	14.5
100	105	51	115	61	12	18	20	37	M18×1.5	55	16	20.5

SDAD 型

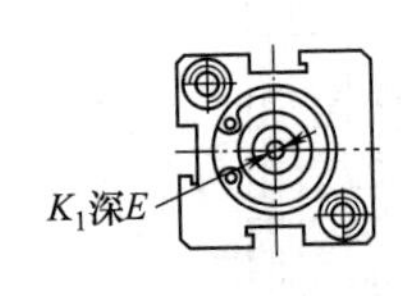

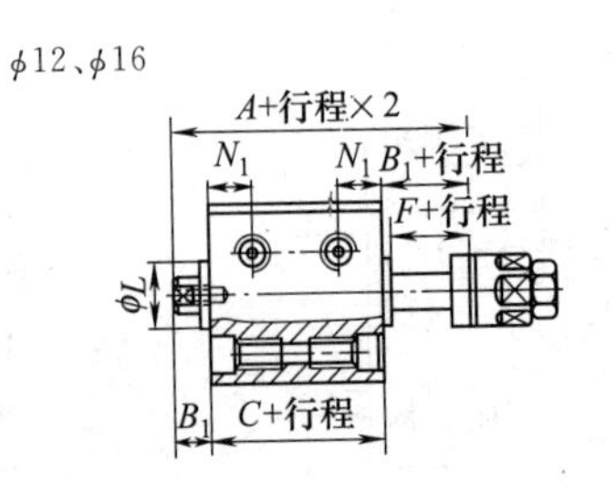

续表

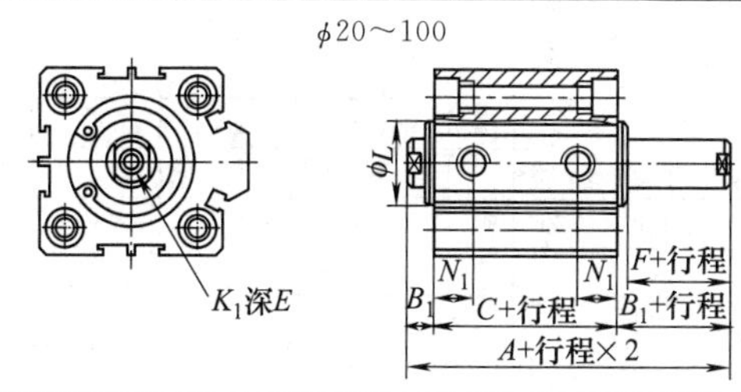

缸径	标准型		附磁型		E		B_1	F	K_1	L	N_1	
	A	C	A	C	S≤10	S>10					S=5	S>5
12	27	17	37	27	6		5	4	M3×0.5	10.2	5.5	6.3
16	29.5	18.5	39.5	28.5	6		5.5	4	M3×0.5	11	6.5	7.3
20	30.5	19.5	40.5	29.5	8(S=5 时,6.5)		5.5	4	M4×0.7	15	7.5	
25	33	21	43	31	10(S=5 时,7)		6	4	M5×0.8	17	8	
32	38.5	24.5	48.5	34.5	8	12	7	4	M6×1	22	8	9
40	40	26	50	36	8	12	7	4	M8×1.25	28	8	10
50	46	28	56	38	8	15	9	5	M10×1.5	38	8	10.5
63	50	32	60	42	10	15	9	5	M10×1.5	40	9.5	11.8
80	63	41	73	51	13	20	11	6	M14×1.5	45	11.5	14.5
100	75	51	85	61	18	20	12	7	M18×1.5	55	16	20.5

SDAT 型

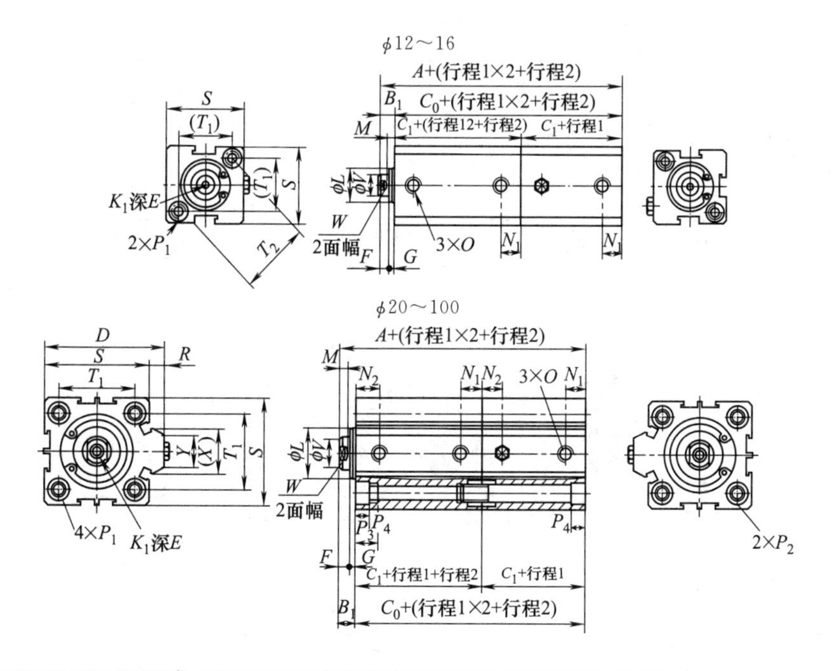

缸径	标准型			附磁型			B_1	D	E	F	G	K_1	L	M	N_1		N_2		O
	A	C_0	C_1	A	C_0	C_1									S=5	S>5	S=5	S>5	
12	39	34	17	59	54	27	5	—	6	4	1	M3×0.5	10.2	3	7.5		5		M5×0.8
16	42.5	37	18.5	62.5	57	28.5	5.5	—	6	4	1.5	M3×0.5	11	3	8		5.5		M5×0.8
20	44.5	39	19.5	64.5	59	29.5	5.5	36	8	4	1.5	M4×0.7	13	3	9		5.5		M5×0.8
25	48	42	21	68	62	31	6	42	10	4	2	M5×0.8	17	3	9.2		5.5		M5×0.8
32	56	49	24.5	76	69	34.5	7	50	12	4	3	M6×1	22	3	9	6.5	9	6.5	PT1/8
40	59	52	26	79	72	36	7	58.5	12	4	3	M8×1.25	28	3	9.5		7.5		PT1/8

续表

缸径	标准型			附磁型			B_1	D	E	F	G	K_1	L	M	N_1		N_2		O
	A	C_0	C_1	A	C_0	C_1									$S=5$	$S>5$	$S=5$	$S>5$	
50	65	56	28	85	76	38	9	71.5	15	5	4	M10×1.5	38	3	8	10.5	8	10.5	PT1/4
63	73	64	32	93	84	42	9	84.5	15	5	4	M10×1.5	40	3	9.5	11	9.5	12	PT1/4
80	93	82	41	113	102	51	11	104	20	6	5	M14×1.5	45	4	11.5	14.5	11.5	14.5	PT3/8
100	114	102	51	134	122	61	12	124	20	7	5	M18×1.5	55	4	16	20.5	16	20.5	PT3/8

缸径	X	Y	W	P_1	P_2	P_3	P_4	R	S	T_1	T_2	V
12			5	ϕ6.5,M5×0.8,通孔 ϕ4.2	—	12	4.5	—	25	16.2	23	6
16	—	—	5	ϕ6.5,M5×0.8,通孔 ϕ4.2	—	12	4.5	—	29	19.8	28	6
20	11.3	10	6	双边 ϕ6.5,M5×0.8,通孔 ϕ4.2	双边 ϕ6.5,通孔 ϕ5.2	14	4.5	2	34	24	—	8
25	12	10	8	双边 ϕ8.2,M6×1.0,通孔 ϕ4.6	双边 ϕ8.2,通孔 ϕ6.2	15	5.5	2	40	28	—	10
32	18.3	15	10	双边 ϕ8.2,M6×1.0,通孔 ϕ4.6	双边 ϕ8.2,通孔 ϕ6.2	16	5.5	6	44	34	—	12
40	21.8	16	14	双边 ϕ10,M8×1.25,通孔 ϕ6.5	双边 ϕ10,通孔 ϕ8.2	20	7.5	6.5	52	40	—	16
50	30	20	17	双边 ϕ11,M8×1.25,通孔 ϕ6.5	双边 ϕ11,通孔 ϕ8.5	25	8.5	9.5	62	48	—	20
63	28.7	20	17	双边 ϕ11,M8×1.25,通孔 ϕ6.5	双边 ϕ11,通孔 ϕ8.5	25	8.5	9.5	75	60	—	20
80	36	26	22	双边 ϕ14,M12×1.75,通孔 ϕ9.2	双边 ϕ14,通孔 ϕ12.3	25	10.5	10	94	74	—	25
100	35	26	27	双边 ϕ17.5,M14×2,通孔 ϕ11.3	双边 ϕ17.5,通孔 ϕ14.2	30	13	10	114	90	—	32

缸径	标准型			附磁型			B_1	D	E	F	G	K_1	L	M	N_2		N_1		O	X	Y
	A	C_0	C_1	A	C_0	C_1									$S=5$	$S>5$	$S=5$	$S>5$			
12	44	34	17	64	54	27	5	—	6	4	1	M3×0.5	10.2	3	7.5		5		M5×0.8	—	—
16	48	37	18.5	68	57	28.5	5.5	—	6	4	1.5	M3×0.5	11	3	8		5.5		M5×0.8	—	—
20	50	39	19.5	70	59	29.5	5.5	36	8	4	1.5	M4×0.7	13	3	9		5.5		M5×0.8	11.3	10
25	54	42	21	74	62	31	6	42	10	4	2	M5×0.8	17	3	9.2		5.5		M5×0.8	12	10
32	63	49	24.5	83	69	34.5	7	50	12	4	3	M6×1	22	3	9		6.5	9	PT1/8	18.3	15
40	66	52	26	86	72	36	7	58.5	12	4	3	M8×1.25	28	3	9.5		7.5		PT1/8	21.3	16
50	74	56	28	94	76	38	9	71.5	15	5	4	M10×1.5	38	3	8	10.5	8	10.5	PT1/4	30	20
63	82	64	32	102	84	42	9	84.5	15	5	4	M10×1.5	40	3	9.5	11	9.5	12	PT1/4	28.7	20
80	104	82	41	124	102	51	11	104	20	6	5	M14×1.5	45	4	11.5	14.5	11.5	14.5	PT3/8	36	26
100	126	102	51	146	122	61	12	124	20	7	5	M18×1.5	55	4	16	20.5	16	20.5	PT3/8	35	26

SDAW 型

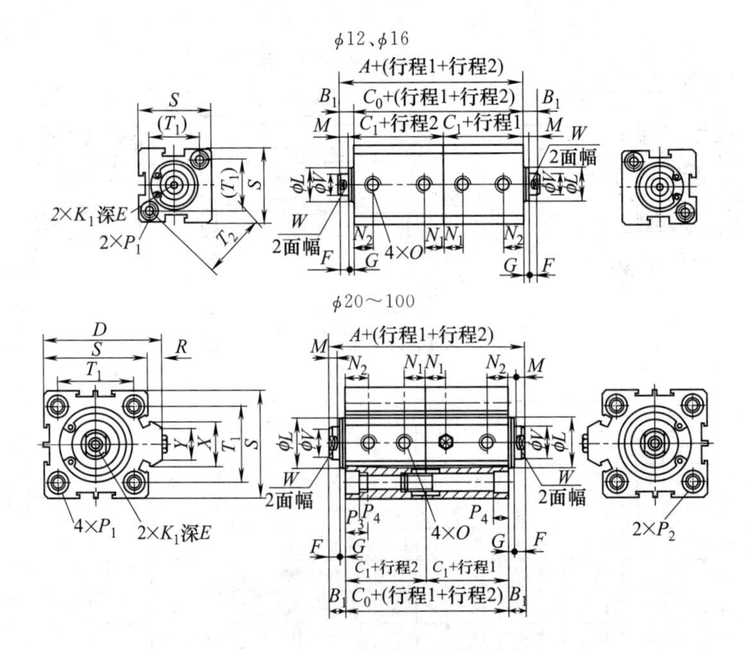

续表

缸径	W	P_1	P_2	P_3	P_4	R	S	T_1	T_2	V
12	5	ϕ6.5,M5×0.8,通孔 ϕ4.2	—	12	4.5	—	25	16.2	23	6
16	5	ϕ6.5,M5×0.8,通孔 ϕ4.2	—	12	4.5	—	29	19.8	28	6
20	6	双边 ϕ6.5,M5×0.8,通孔 ϕ4.2	双边 ϕ6.5,通孔 ϕ5.2	14	4.5	2	34	24	—	8
25	8	双边 ϕ8.2,M6×1.0,通孔 ϕ4.6	双边 ϕ8.2,通孔 ϕ6.2	15	5.5	2	40	28	—	10
32	10	双边 ϕ8.2,M6×1.0,通孔 ϕ4.6	双边 ϕ8.2,通孔 ϕ6.2	16	5.5	6	44	34	—	12
40	14	双边 ϕ10,M8×1.25,通孔 ϕ6.5	双边 ϕ10,通孔 ϕ8.2	20	7.5	6.5	52	40	—	16
50	17	双边 ϕ11,M8×1.25,通孔 ϕ6.5	双边 ϕ11,通孔 ϕ8.5	25	8.5	9.5	62	48	—	20
63	17	双边 ϕ11,M8×1.25,通孔 ϕ6.5	双边 ϕ11,通孔 ϕ8.5	25	8.5	9.5	75	60	—	20
80	22	双边 ϕ14,M12×1.75,通孔 ϕ9.2	双边 ϕ14,通孔 ϕ12.3	25	10.5	10	94	74	—	25
100	27	双边 ϕ17.5,M14×2,通孔 ϕ11.3	双边 ϕ17.5,通孔 ϕ14.2	30	13	10	114	90	—	32

注：生产厂为亚德客公司。

7.1.3.5　QCQ2 系列薄型气缸（日本规格）（ϕ12～100）

型号意义：

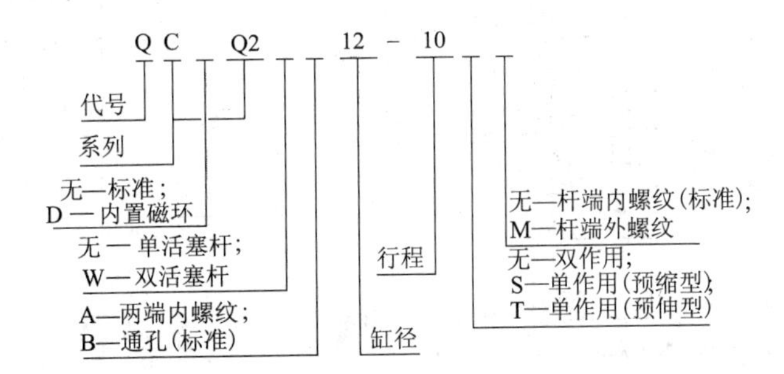

表 21-7-72　主要技术参数

缸径/mm	12	16	20	25	32	40	50	63	80	100
使用介质	经过滤的压缩空气									
作用形式	双作用/单作用:预缩型、预伸型									
最高使用压力/MPa	1.0									
环境和介质温度/℃	5～60									
杆端螺纹	内螺纹(标准);外螺纹(选择)									
缓冲	无									
行程误差/mm	0～+1.0									
润滑[①]	出厂已润滑									
安装	通孔(标准)、两端内螺纹(选择)									
接管口径	M5×0.8					G1/8		G1/4		G3/8

① 如需要润滑，请用透平 1 号油（ISO VG32）。

表 21-7-73　标准行程/磁性开关

缸径/mm	标准行程/mm		磁性开关
	单作用	双作用	
12	5、10	5、10、15、20、25、30	AL-72R(轨道式)
16			
20		5、10、15、20、25、30、35、40、45、50	
25			
32			
40	5、10、20		
50	10、20	10、15、20、25、30、35、40、45、50	
63	无		
80			
100			

注：1. 内置磁环型只适合于双作用气缸。
2. 单作用气缸没有内置磁环型不能配合磁性开关使用。

表 21-7-74　　**外形尺寸及安装形式**　　mm

双作用
QCQ2B/QCDQ2B□-□
ϕ12～25

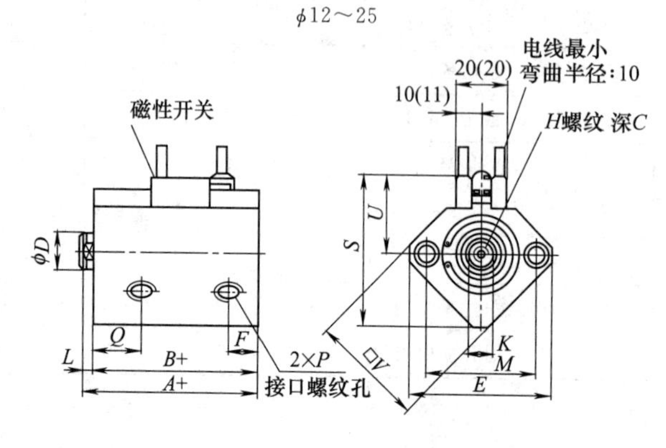

ϕ32～100

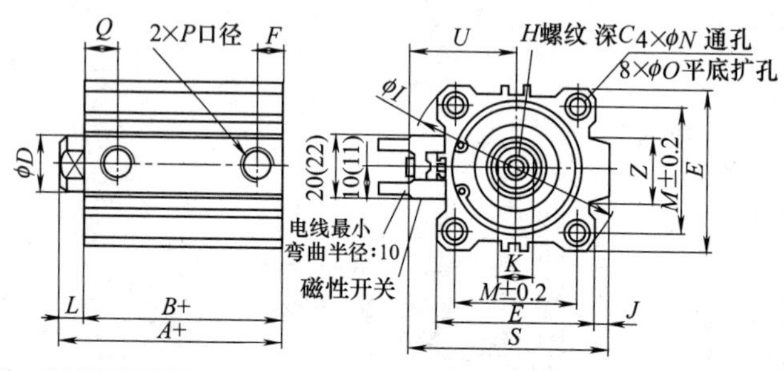

QCQ2A/QCDQ2A
两端内螺纹

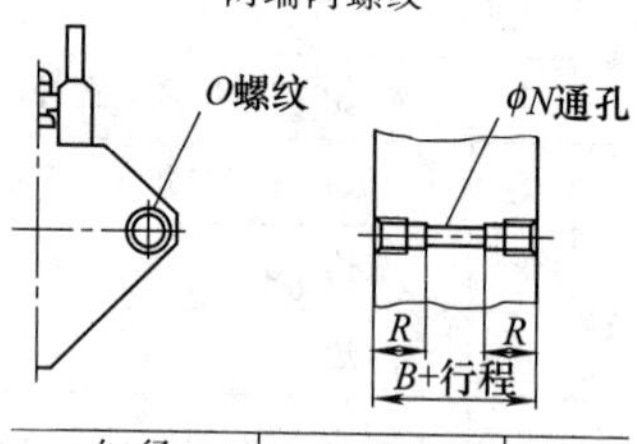

缸径	O	R
12	M4×0.7	7
16	M4×0.7	7
20	M6×1.0	10
25	M6×1.0	10
32	M6×1.0	10
40	M6×1.0	10
50	M8×1.25	14
63	M10×1.5	18
80	M12×1.75	22
100	M12×1.75	22

杆端外螺纹

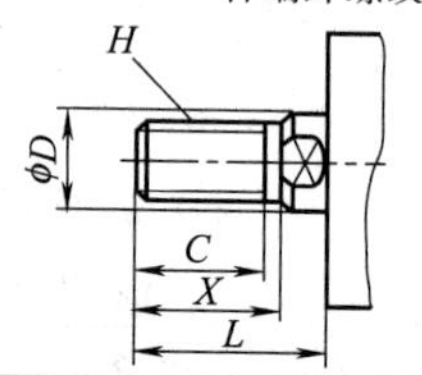

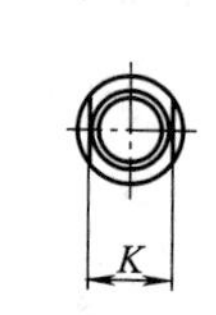

缸径	C	X	ϕD	H	L	K
12	9	10.5	6	M5×0.8	14	5
16	10	12	8	M6×1.0	15.5	6
20	12	14	10	M8×1.25	18.5	8
25	15	17.5	12	M10×1.25	22.5	10
32	20.5	23.5	16	M14×1.5	28.5	14
40	20.5	23.5	16	M14×1.5	28.5	14
50	26	28.5	20	M18×1.5	33.5	17
63	26	28.5	20	M18×1.5	33.5	17
80	32.5	35.5	25	M22×1.5	43.5	22
100	32.5	35.5	30	M26×1.5	43.5	27

注:1.标准行程是每5mm相隔。
2.除非有特别指明,通孔型气缸尺寸和两端内螺纹气缸尺寸是一样的
3.5mm行程气缸只能够安装一个磁性开关。

缸径	行程	A	A①	B	B①	D	E	F	F①	H	C	I	J	K	L	M	N	O	P	Q	S	U	V	Z
12	5～30	20.5	31.5	17	28	6	32	5	6.5	M3×0.5	6	—	—	5	3.5	22	3.5	6.5 深 3.5	M5×0.8	7.5	35.5	19.5	25	—
16	5～30	22	34	18.5	30.5	8	38	5.5	5.5	M4×0.7	8	—	—	6	3.5	28	3.5	6.5 深 3.5	M5×0.8	8	41.5	22.5	29	—
20	5～50	24	36	19.5	31.5	10	46.8	5.5	5.5	M5×0.8	7	—	—	8	4.5	36	5.5	9 深 7	M5×0.8	9	48	24.5	36	—
25	5～50	27.5	37.5	22.5	32.5	12	52	5.5	5.5	M6×1.0	12	—	—	10	5	40	5.5	9 深 7	M5×0.8	11	53.5	27.5	40	—
32	5	30	40	23	33	16	45	5.5	7.5	M8×1.25	13	60	4.5	14	7	34	5.5	9 深 7	M5×0.8	11.5	58.5	31.5	—	18
	10～50							7.5											G1/8	10.5				
40	5～50	36.5	46.5	29.5	39.5	16	52	8	8	M8×1.25	13	69	5	14	7	40	5.5	9 深 7	G1/8	11	66	35	—	18
50	10～50	38.5	48.5	30.5	40.5	20	64	10.5	10.5	M10×1.5	15	86	7	17	8	50	6.6	11 深 8	G1/4	10.5	80	41	—	22
63	10～50	44	54	36	46	20	77	10.5	10.5	M10×1.5	15	103	7	17	8	60	9	14 深 10.5	G1/4	15	93	47.5	—	22
80	10～50	53.5	63.5	43.5	53.5	25	98	12.5	12.5	M16×2.0	21	132	6	22	10	77	11	17.5 深 13.5	G3/8	16	112.5	57.5	—	26
100	10～50	65	75	53	63	30	117	13	13	M20×2.5	27	156	6.5	27	12	94	11	17.5 深 13.5	G3/8	23	132.5	67.5	—	26

续表

单作用-S(预缩型)
QCQ2B□-□S　　外形尺寸图按双作用气缸

缸径	A(包括行程长度)			B(包括行程长度)			D	E	F		H	C	I	J	K	L	M	N	O	P			Q	Z
	5st	10st	20st	5st	10st	20st			5st	10st										5st	10st	20st		
12	25.5	30.5	—	22	27	—	6	32	5	5	M3×0.5	6	—	—	5	3.5	22	3.5	6.5 深 3.5	M5×0.8		—	7.5	—
16	27	32	—	23.5	28.5	—	8	38	5.5	5.5	M4×0.7	8	—	—	6	3.5	28	3.5	6.5 深 3.5	M5×0.8		—	8	—
20	29	34	—	24.5	29.5	—	10	46.8	5.5	5.5	M5×0.8	7	—	—	8	4.5	36	5.5	9 深 7	M5×0.8		—	9	—
25	32.5	37.5	—	27.5	32.5	—	12	52	5.5	5.5	M6×1.0	12	—	—	10	5	40	5.5	9 深 7	M5×0.8		—	11	—
32	35	40	—	28	33	—	16	45	5.5	7.5	M8×1.25	13	60	4.5	14	7	3.4	5.5	9 深 7	M5×0.8	G 1/8	—	10.5	18
40	41.5	46.5	56.5	34.5	39.5	49.5	16	52	8	8	M8×1.25	13	69	5	14	7	40	5.5	9 深 7	G1/8		—	11	18
50	—	48.5	58.5	—	40.5	50.5	20	64	10.5	10.5	M10×1.5	15	86	7	17	8	50	6.6	11 深 8	—	G1/4		10.5	22

单作用-T(预伸型)　图形符号
QCQ2B□-□T

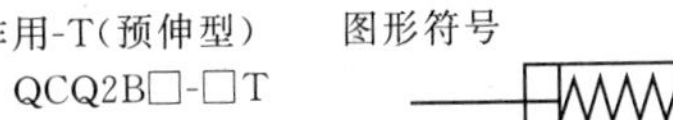

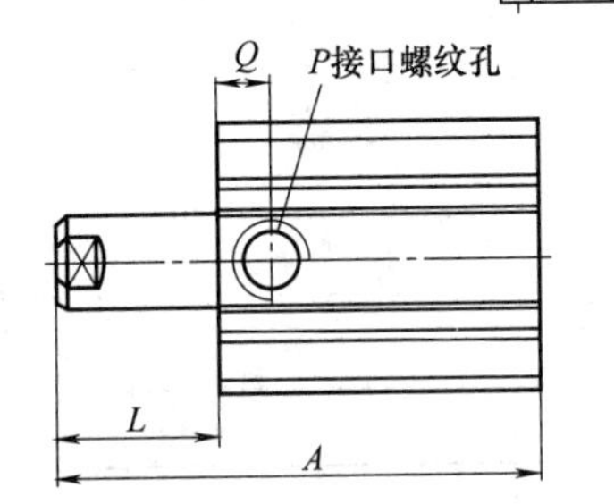

单作用:预伸型

缸径	A			L		
	5st	10st	20st	5st	10st	20st
12	30.5	40.5	—	8.5	13.5	—
16	32	42	—	8.5	13.5	—
20	34	44	—	9.5	14.5	—
25	37.5	47.5	—	10	15	—
32	40	50	—	12	17	—
40	46.5	56.5	66.5	12	17	27
50	—	58.5	78.5	—	18	28

双作用-W(双活塞杆)QCQ2WB/QCDQ2WB□-□

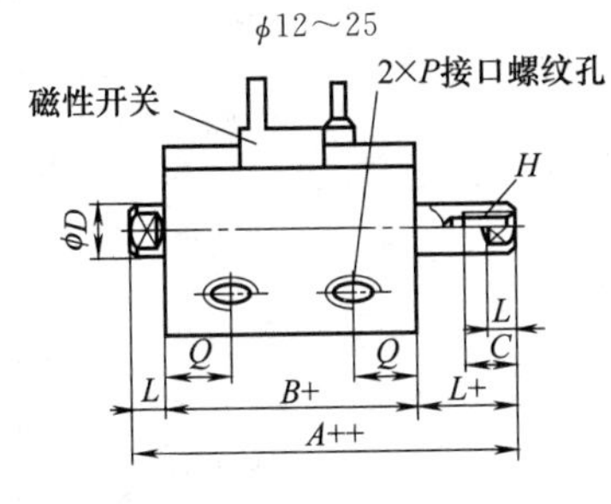

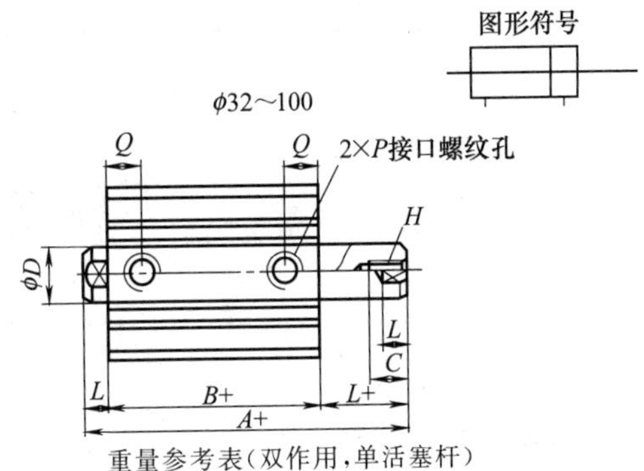

缸径	行程	A	A①	B	B①
12	5～30	32.2	39.4	25.5	32.4
16	5～30	33	43	26	36
20	5～50	35	47	26	38
25	5～50	39	49	29	39
32	5～50	44.5	54.5	30.5	40.5
40	5～50	54	64	40	50
50	10～50	56.5	66.5	40.5	50.5
63	10～50	58	68	42	52
80	10～50	71	81	51	61
100	10～50	84.5	94.5	60.5	70.5

重量参考表(双作用,单活塞杆)

缸径	基本重量/g	每 5mm 加算/g	杆端外螺纹加算/g
12	33	7	2
16	50	11	3
20	70	21	7
25	97	21	17
32	134	22.5	40
40	250	22.5	40
50	363	38	80
63	607	40	80
80	1352	91	160
100	2102	106	270

① 磁性气缸尺寸。
注：1. 其他外形尺寸，请参考 QCQ2B/QCDQ2B。
2. 生产厂为上海新益气动元件有限公司。

7.1.3.6 QGDG 系列薄型带导杆气缸（ϕ12～100）

型号意义：

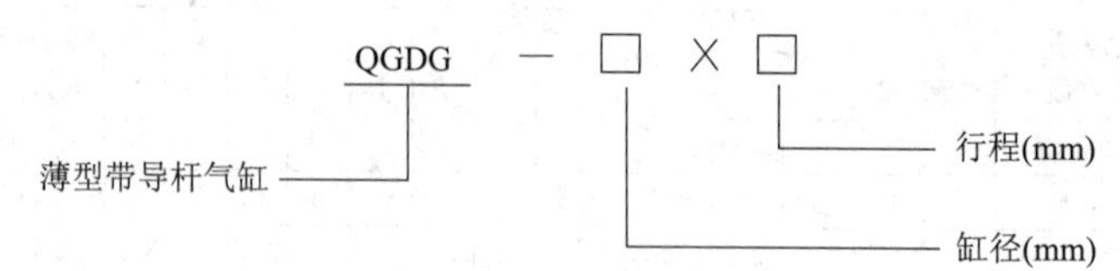

表 21-7-75 主要技术参数

缸径/mm	12	16	20	25	32	40	50	63	80	100
工作介质	经净化压缩空气									
动作形式	双作用双动									
耐压力/bar	15									
工作压力/bar	1.2～10									
最大行程/mm	100		200							
环境和流体温度/℃	－10～＋60									
活塞速度/mm·s^{-1}	50～500									
缓冲	橡胶缓冲									
行程公差	$^{+1.5}_{0}$									
润滑	不需要(也可给油)									

表 21-7-76 外形尺寸及安装形式 mm

ϕ12～63

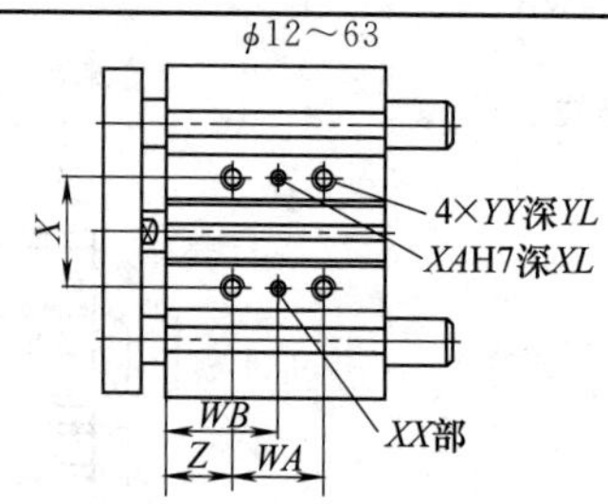

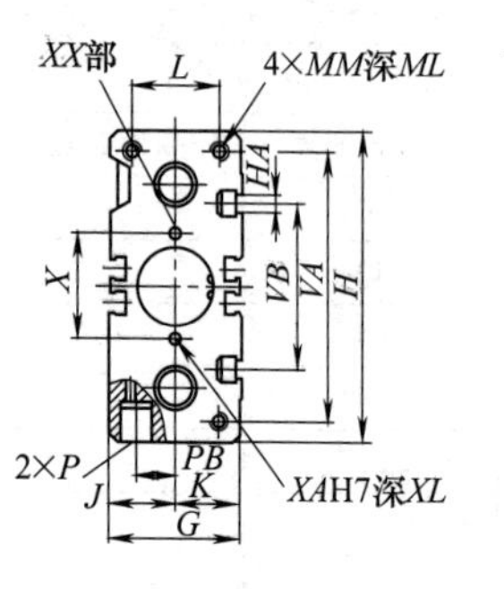

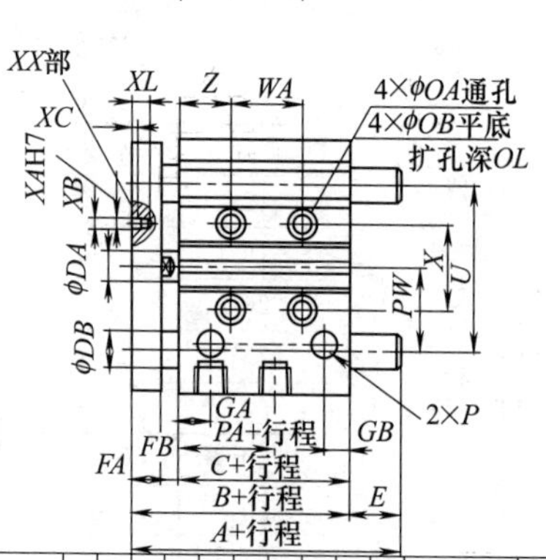

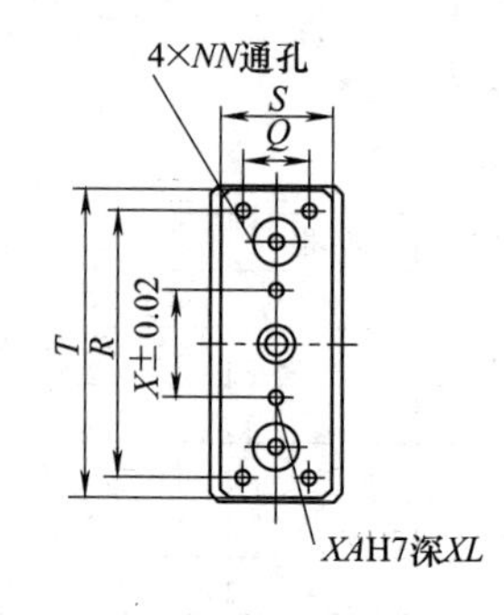

缸径	A		B	C	DA	DB	E		FA	FB	G	GA	GB	H	HA	J	K	L	MM	ML	NN	OA	OB	OL	P	PA	PB	PW	Q
	50st 以下	50st 以上					50st 以下	50st 以上																					
12	42	60.5	42	29	6	8	0	18.5	8	5	26	11	7.5	58	M4	13	13	18	M4×0.7	10	M4×0.7	4.3	8	4.5	M5×0.8	13	8	18	14
16	46	64.5	46	33	8	10	0	18.5	8	5	30	11	8	64	M4	15	15	22	M5×0.8	12	M5×0.8	4.3	8	4.5	M5×0.8	15	10	19	16
20	53	84.5	53	37	10	12	0	31.5	10	6	36	10.5	8.5	83	M5	18	18	24	M5×0.8	13	M5×0.8	5.6	9.5	5.5	G1/8	12.5	10.5	25	18

续表

缸径	A		B	C	DA	DB	E		FA	FB	G	GA	GB	H	HA	J	K	L	MM	ML	NN	OA	OB	OL	P	PA	PB	PW	Q
25	53.5	85	53.5	37.5	12	16	0	31.5	10	6	42	11.5	9	93	M5	21	21	30	M6×1.0	15	M6×1.0	5.6	9.5	5.5	G1/8	12.5	13.5	28.5	26
32	97	102	59.5	37.5	16	20	37.5	42.5	12	10	48	12.5	9	112	M6	24	24	34	M8×1.25	20	M8×1.25	6.6	11	7.5	G1/8	7	15	34	30
40	97	102	66	44	16	20	31	36	12	10	54	14	10	120	M6	27	27	40	M8×1.25	20	M8×1.25	6.6	11	7.5	G1/8	13	18	38	30
50	106.5	118	72	44	20	25	34.5	46	16	12	64	14	11	148	M8	32	32	46	M10×1.5	22	M10×1.5	8.6	14	9	G1/4	9	21.5	47	40
63	106.5	118	77	49	20	25	29.5	41	16	12	78	16.5	13.5	162	M10	39	39	58	M10×1.5	22	M10×1.5	8.6	14	9	G1/4	14	28	55	50

缸径	R	S	T	U	VA	VB	WA			WB			X	XA	XB	XC	XL	YY	YL	Z
							30st 以下	30～100st	100st 或以上	30st 以下	30～100st	100st 或以上								
12	48	22	56	41	50	37	20	40	—	15	25	—	23	3	3.5	3	6	M5×0.8	10	5
16	54	25	62	46	56	38	24	44	—	17	27	—	24	3	3.5	3	6	M5×0.8	10	5
20	70	30	81	54	72	44	24	44	120	29	39	77	28	3	3.5	3	6	M6×1.0	12	17
25	78	38	91	64	82	50	24	44	120	29	39	77	34	4	4.5	3	6	M6×1.0	12	17
32	96	44	110	78	98	63	24	48	124	33	45	83	42	4	4.5	3	6	M8×1.25	16	21
40	104	44	118	86	106	72	24	48	124	34	46	84	50	4	4.5	3	6	M8×1.25	16	22
50	130	60	146	110	130	92	24	48	124	36	48	86	66	5	6	4	8	M10×1.5	20	24
63	130	70	158	124	142	110	28	52	128	38	50	88	80	5	6	4	8	M10×1.5	20	24

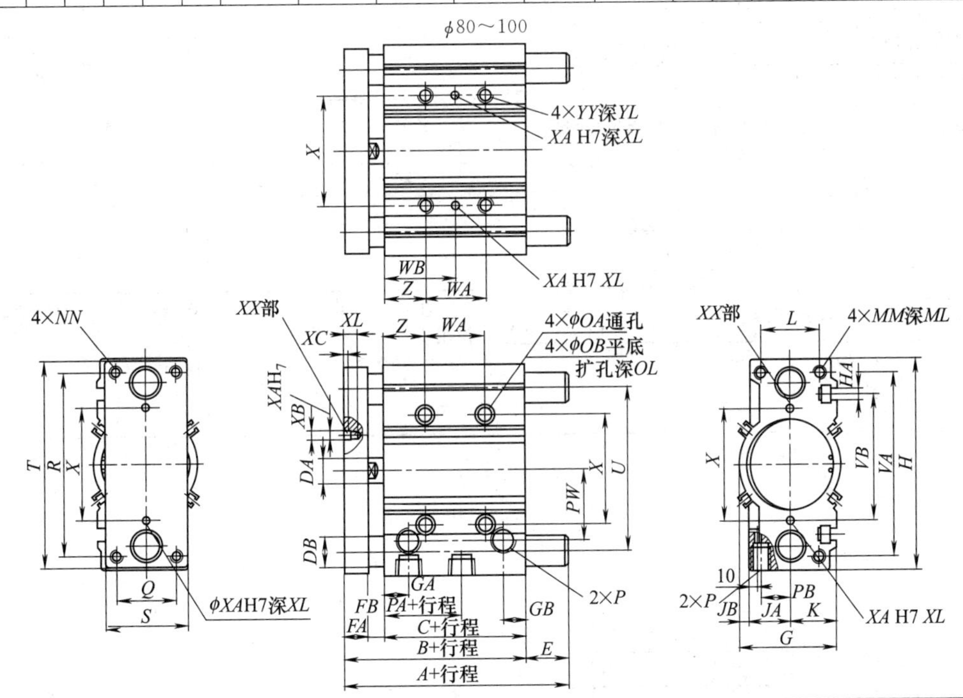

缸径	标准行程	B	C	DA	FA	FB	G	GA	GB	GC	H	HA	J	JA	JB	K	L	MM	ML	NN	OA	OB	OL	P	PA	PB	PW
80	25,50,75,100, 125,150,175,200	96.5	56.5	25	22	18	91.5	19	15.5	14.5	202	M12	45.5	38	7.5	46	54	M2×1.75	30	M2×1.75	10.6	17.5	8	Rc3/8	14.5	25.5	74
100		116	66	30	25	25	111.5	23	19	18	240	M14	55.5	45	10.5	56	62	M14×2.0	32	M14×2.0	12.5	20	8	Rc3/8	17.5	32.5	89

缸径	Q	R	S	T	U	VA	VB	WA			WB			X	XA	XB	XC	XL	YY	YL	Z
								25st 以下	50、75、100st	100st 或以上	25st 以下	50、75、100st	100st 或以上								
80	52	174	75	198	156	180	140	28	52	128	42	54	92	100	6	7	5	10	M12×1.75	24	28
100	64	210	90	236	188	210	166	48	72	148	35	47	85	124	6	7	5	10	M14×2.0	28	11

注：生产厂为肇庆方大气动有限公司。

7.1.3.7　QCN 系列薄型气缸（欧洲规格）（ϕ16～100）

型号意义：

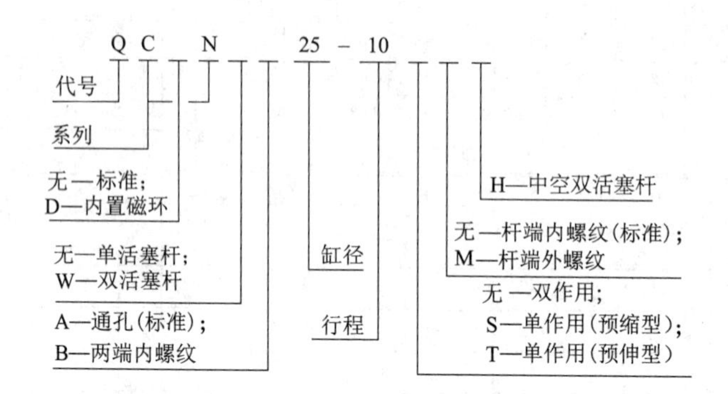

表 21-7-77　　主要技术参数

缸径/mm	16	20	25	32	40	50	63	80	100
使用介质	经过滤的压缩空气								
作用形式	双作用/单作用:预缩型、预伸型								
最高使用压力/MPa	1.0								
环境和介质温度/℃	5～60								
杆端螺纹	内螺纹(标准)、 外螺纹(选择)								
缓冲形式	无								
行程误差/mm	0～+1.0								
润滑①	出厂已润滑								
安装	通孔(标准)、 两端内螺纹(选择)								
接管口径	M5×0.8			G1/8			G1/4	G3/8	

①如需要润滑，请用透平 1 号油（ISOVG32）。

表 21-7-78　　标准行程/磁性开关

缸径/mm	标准行程/mm		磁性开关
	单作用	双作用	
16	5、10	5、10、15、20、25、30	QCK2400A（埋入式） QCK2422A（埋入式）
20	5、10	10、15、20、25、30、35、40、45、50	
25	5、10	10、15、20、25、30、35、40、45、50	
32	5、10	10、15、20、25、30、35、40、45、50	
40	5、10、20	10、15、20、25、30、35、40、45、50	
50	10、20	10、15、20、25、30、35、40、45、50	
63	无	10、15、20、25、30、35、40、45、50	
80	无	10、15、20、25、30、35、40、45、50	
100	无	10、15、20、25、30、35、40、45、50	

注：1. 单作用气缸没有内置磁环型，不能配合磁性开关使用。

2. 内置磁环型只适合于双作用气缸。

表 21-7-79　　外形尺寸　　mm

双作用

QCNB

ϕ16～100

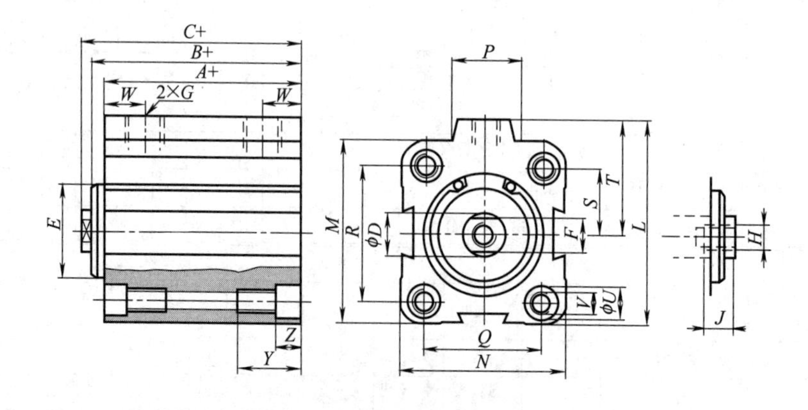

续表

缸径	A	B	C	A①	B①	C①	D	E	F	G	H	J	L	M	N	P	Q	R	S	T	U	V		W	Y	Z
																						孔 φ	螺纹			
16	32	—	35.5	42	—	45.5	6	—	5	M5	M3	6.5	31	28	28	11	20	20	10	17	5.8	3.7	M4	6.5	9	3.4
20	35	—	42	45	—	52	10	—	8	M5	M5	10	35	32	32	11	22	22	11	19	7.5	4.6	M5	7	10	4.6
25	35	—	42	45	—	52	10	—	8	G1/8	M5	10	44.5	39	37	18	26	28	14	25	7.5	4.6	M5	7.5	10	4.6
32	37	42	49	47	52	59	12	23	10	G1/8	M6	12	54	48	45	18	32	36	18	30	8.5	5.55	M6	9	16	5.7
40	40	47	55	45	52	60	16	29	13	G1/8	M8	14	60	54.5	54.5	18	40	40	20	33	8.5	5.55	M6	9.5	16	5.7
50	40	46.5	55	45	51.5	60	16	35.5	13	G1/4	M8	14	72	64	64	22	50	50	25	40	10.5	7.4	M8	10	16	6.8
63	42	50.5	59	47	55.5	64	20	43	17	G1/4	M10	15	88	80	80	22	62	62	31	48	13.5	9.3	M10	10	20	9
80	52	60	71.5	57	65	76.5	25	50	22	G3/8	M12	20	110	100	100	26	82	82	41	60	13.5	9.3	M10	15	20	9
100	52	60	71.5	57	65	76.5	25	56	22	G3/8	M12	20	134	124	124	26	103	103	51.5	72	16.5	11.2	M12	15	25	11

单作用-S（预缩型）

QCNB

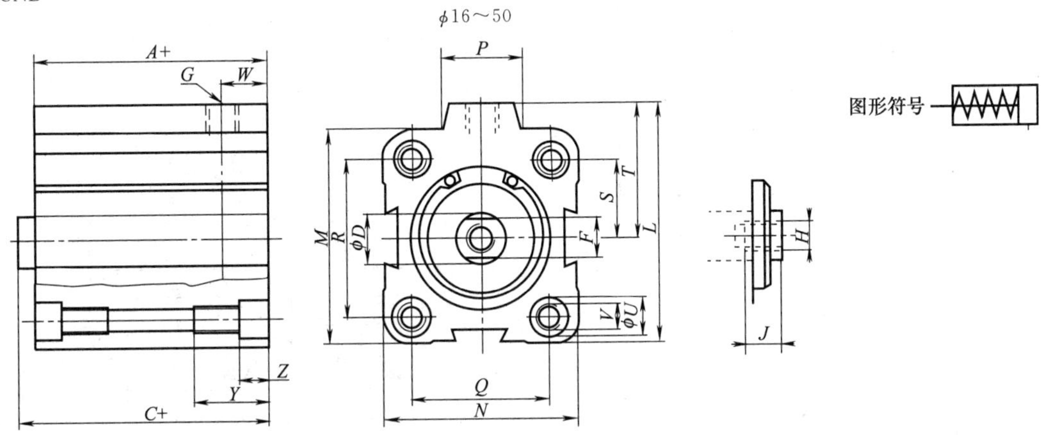

缸径	A	C	D	F	G	H	J	L	M	N	P	Q	R	S	T	U	V		W	Y	Z
																	孔 φ	螺纹			
16	22	23	6	5	M5	M3	6.5	31	28	28	11	20	20	10	17	5.8	3.7	M4	6.5	9	3.4
20	25	26	10	8	M5	M5	10	35	32	32	11	22	22	11	19	7.5	4.6	M5	7	10	4.6
25	25	26	10	8	G1/8	M5	10	44.5	39	37	18	26	28	14	25	7.5	4.6	M5	7.5	10	4.6
32	32	33	12	10	G1/8	M6	12	54	48	45	18	32	36	18	30	8.5	5.55	M6	9	16	5.7
40	35	36	16	13	G1/8	M8	14	60	54.5	54.5	18	40	40	20	33	8.5	5.55	M6	9.5	16	5.7
50	35	36	16	13	G1/4	M8	14	72	64	64	22	50	50	25	40	10.5	7.4	M8	10	16	6.8

单作用-T（预伸型）

QCNB

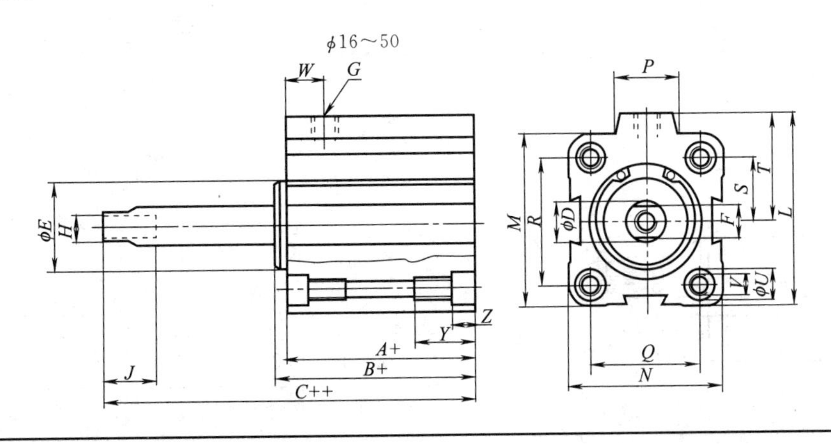

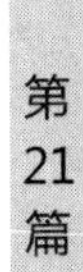

续表

缸径	A	B	C	D	E	F	G	H	J	L	M	N	P	Q	R	S	T	U	V 孔 ϕ	V 螺纹	W	Y	Z
16	27	—	30.5	6	—	5	M5	M3	6.5	31	28	28	11	20	20	10	17	5.8	3.7	M4	6.5	9	3.4
20	30	—	37	10	—	8	M5	M5	10	35	32	32	11	22	22	11	19	7.5	4.6	M5	7	10	4.6
25	30	—	37	10	—	8	G1/8	M5	10	44.5	39	37	18	26	28	14	25	7.5	4.6	M5	7.5	10	4.6
32	32	37	44	12	23	10	G1/8	M6	12	54	48	45	18	32	36	18	30	8.5	5.55	M6	9	16	5.7
40	35	42	50	16	29.5	13	G1/8	M8	14	60	54.5	54.5	18	40	40	20	33	8.5	5.55	M6	9.5	16	5.7
50	35	41.5	50	16	35.5	13	G1/4	M8	14	72	64	64	22	50	50	25	40	10.5	7.4	M8	10	16	6.8

双作用-M(外螺纹)

QCNB□-□□M　　ϕ16～100

单作用-M(外螺纹)

QCNB□-□□□M　　ϕ16～50

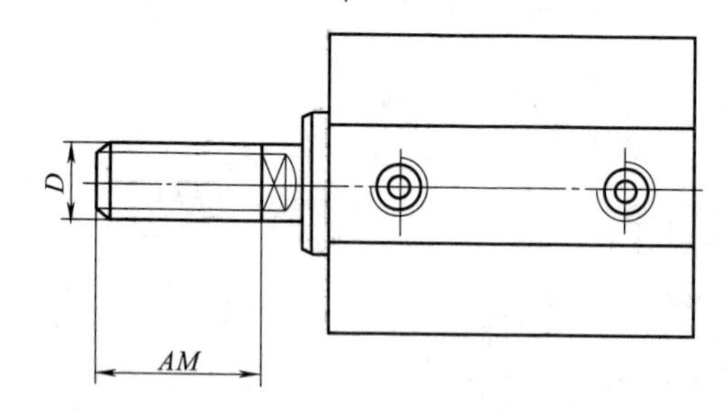

图形符号

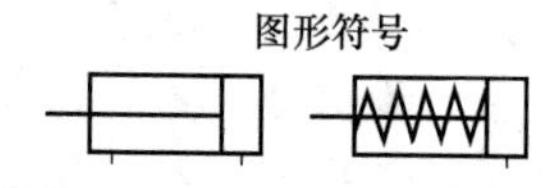

缸径		D	AM
16		M6×1.0	16
20		M8×1.5	20
25		M8×1.25	20
32		M10×1.25	22
40		M12×1.25	24
50		M16×1.5	32
63	单动：无	M16×1.5	32
80		M20×1.5	40
100		M20×1.5	40

双活塞杆气缸

QCNWB

ϕ16～100

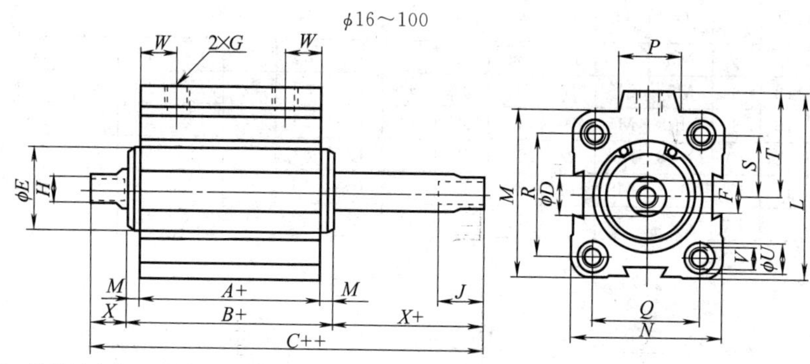

中空双活塞杆型（具体尺寸与上图同）

QCNWB□-□□□H

ϕ20～100

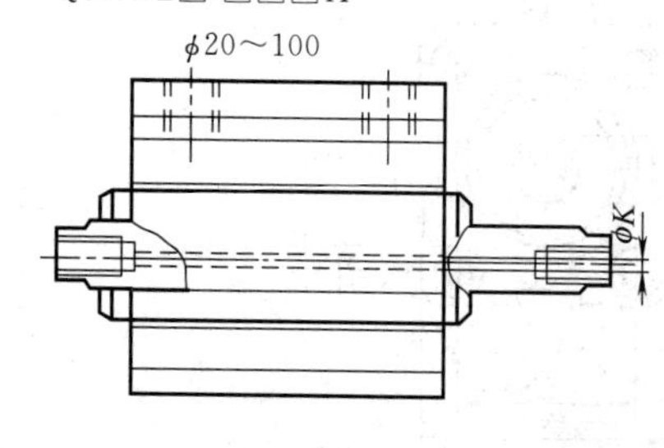

缸径	16	20	25	32	40	50	63	80	100
K	—	2.5	2.5	3	4	4	6	6	6

续表

缸径	A	B	C	A①	B①	C①	D	E	F	G	H	J	L	M	N	P	Q	R	S	T	U	V 孔 ϕ	V 螺纹	W	X	Y	Z
16	37	—	44	47	—	54	6	—	5	M5	M3	6.5	31	28	28	11	20	20	10	17	5.8	3.7	M4	6.5	3.5	9	3.4
20	40	—	54	50	—	64	10	—	8	M5	M5	10	35	32	32	11	22	22	11	19	7.5	4.6	M5	7	7	10	4.6
25	40	—	54	50	—	64	10	—	8	G1/8	M5	10	44.5	39	37	18	26	28	14	25	7.5	4.6	M5	7.5	7	10	4.6
32	42	52	66	52	62	76	12	23	10	G1/8	M6	12	54	48	45	18	32	36	18	30	8.5	5.55	M6	9	7	16	5.7
40	45	59	75	50	64	80	16	29.5	13	G1/8	M8	14	60	54.5	54.5	18	40	40	20	33	8.5	5.55	M6	9.5	8	16	5.7
50	45	58	75	50	63	80	16	35.5	13	G1/4	M8	14	72	64	64	22	50	50	25	40	10.5	7.4	M8	10	8.5	16	6.8
63	47	64	81	52	69	86	20	43	17	G1/4	M10	15	88	80	80	22	62	62	31	48	13.5	9.3	M10	10	8.5	20	9
80	52	68	91	57	73	96	25	50	22	G3/8	M12	20	110	100	100	26	82	82	41	60	13.5	9.3	M10	15	11.5	20	9
100	52	68	91	57	73	96	25	56	22	G3/8	M12	20	134	124	124	26	103	103	51.5	72	16.5	11.2	M12	15	11.5	25	11

①表示磁性气缸尺寸。

注：生产厂为上海新益气动元件有限公司。

7.1.3.8 QADVU 系列紧凑型薄型气缸（ϕ16～100）

型号意义：

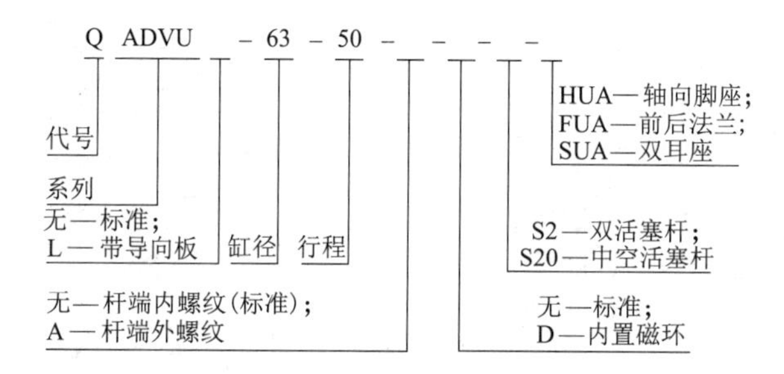

表 21-7-80　　主要技术参数

<table>
<tr><td>缸径/mm</td><td>16</td><td>20</td><td>25</td><td>32</td><td>40</td><td>50</td><td>63</td><td>80</td><td>100</td></tr>
<tr><td>使用介质</td><td colspan="9">经过滤的压缩空气</td></tr>
<tr><td>作用形式</td><td colspan="9">双作用</td></tr>
<tr><td>最高使用压力/MPa</td><td colspan="9">1.0</td></tr>
<tr><td>最低工作压力/MPa</td><td colspan="9">0.1</td></tr>
<tr><td>缓冲形式</td><td colspan="9">缓冲垫</td></tr>
<tr><td>环境温度/℃</td><td colspan="9">5～60</td></tr>
<tr><td>使用速度/mm·s^{-1}</td><td colspan="9">50～500</td></tr>
<tr><td>行程误差/mm</td><td colspan="9">0～250：$^{+1.0}_{0}$　251～400：$^{+1.5}_{0}$</td></tr>
<tr><td>润滑①</td><td colspan="9">出厂已润滑</td></tr>
<tr><td>接管口径</td><td colspan="3">M5</td><td colspan="5">G1/8</td><td>G1/4</td></tr>
<tr><td>标准行程/mm</td><td>50、10、15、20、25、30、40</td><td colspan="2">5、10、15、20、25、30、40、50</td><td colspan="6">10、15、20、25、30、40、50、60、80</td></tr>
<tr><td>磁性开关</td><td colspan="9">AL-30R(埋入式)</td></tr>
</table>

①如需要润滑，请用透平1号油 ISO VG32。

第21篇

表 21-7-81　　　　**外形尺寸**　　　　mm

基本型

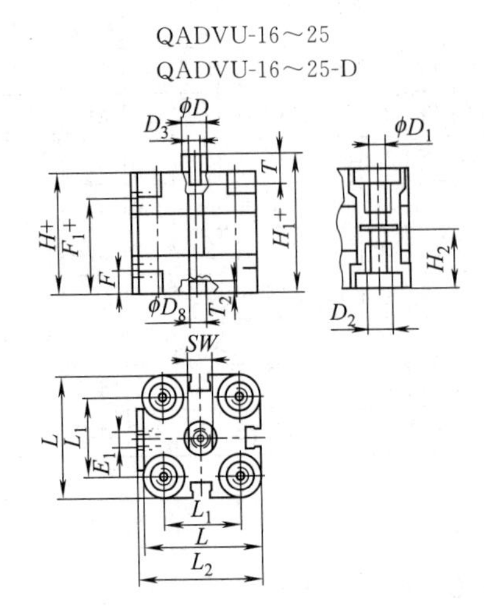

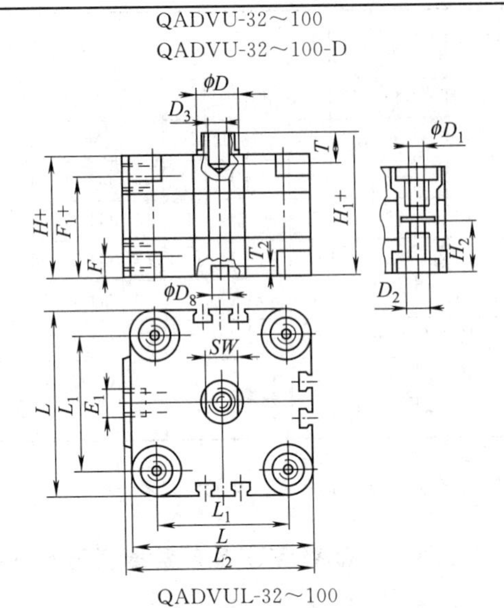

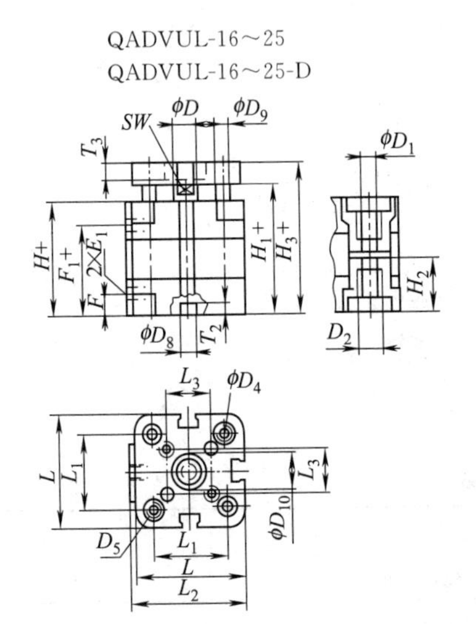

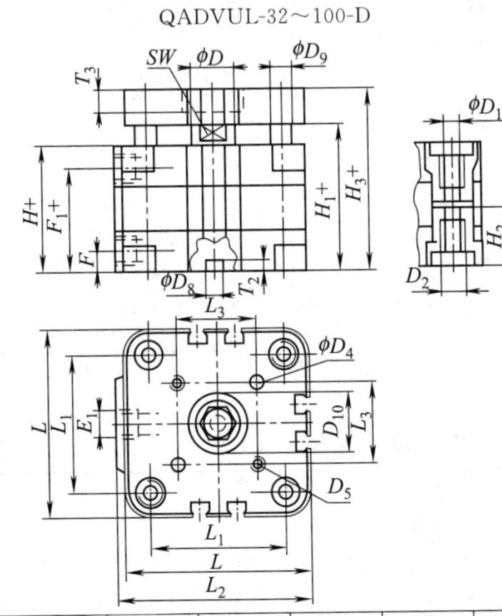

缸径	D	D_1	D_2	D_3	D_4	D_5	D_8 H9	D_9	D_{10} H9	E_1	F	F_1
16	8	3.2	M4	M4	3	M3	6	4	8	M5	8	30
20	10	4.2	M5	M5	4	M4	6	5	10	M5	8	30
25	10	4.2	M5	M5	5	M5	6	5	14	M5	8	31.5
32	12	5.2	M6	M6	5	M5	6	6	17	G1/8	8	36.5
40	12	5.2	M6	M6	5	M5	6	6	17	G1/8	8	37.5
50	16	6.2	M8	M8	6	M6	6	8	22	G1/8	8	37.5
63	16	8.5	M10	M8	6	M6	8	10	22	G1/8	8	42
80	20	8.5	M10	M10	8	M8	8	12	28	G1/8	8.5	47.5
100	25	8.5	M10	M12	10	M10	8	12	30	G1/4	10.5	56

缸径	H	H_1	H_2	H_3	L	L_1	L_2	L_3	SW	T	T_2	T_3
16	38	42.5	18.5	48.5	29	21	30	9.9	7	8	4	4.2
20	38	42.5	18.5	50.5	36	24	37.5	12	8	10	4	5.7
25	39.5	45	18.5	53	40	29	41.5	15.6	8	10	4	4.8
32	44.5	50.5	21.5	60.5	50	36	52	19.8	10	12	4	6.1
40	45.5	52	21.5	62	60	42	62.5	23.3	10	12	4	6.1
50	45.5	53	22	65	68	50	71	29.7	13	12	4	7.6
63	50	57.5	24.5	69.5	87	62	91	35.4	13	12	4	7.6
80	56	64	27.5	78	107	82	111	46	17	14	4	8.7
100	66.5	76.5	32.5	90.5	128	103	133	56.6	22	16	4	10.3

续表

安装附件

HUA 轴向脚座

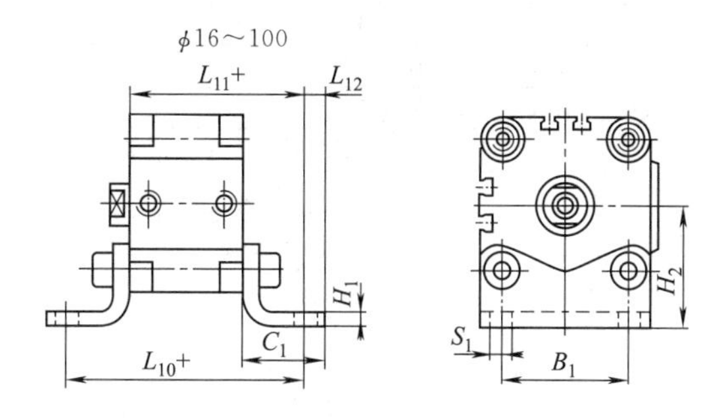

FUA 前、后法兰

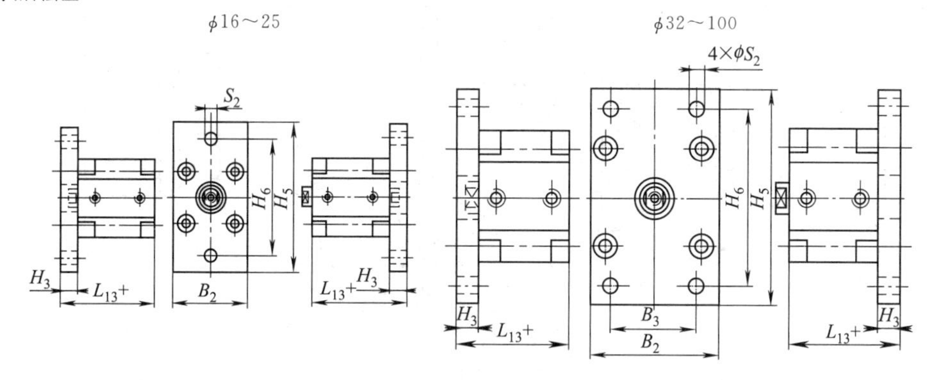

SUA 双耳座

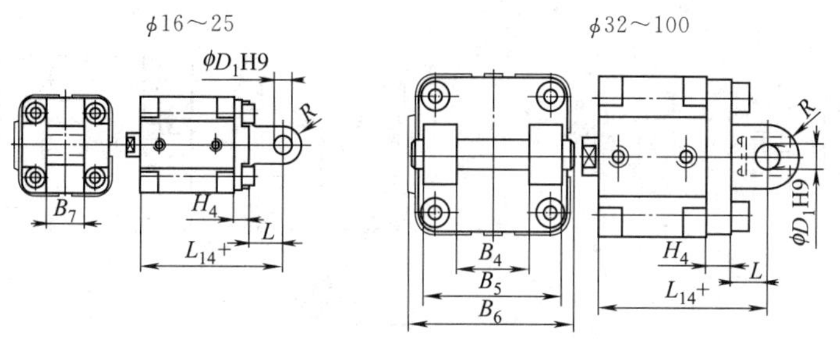

注：气缸采用 SUA 型双耳环安装时，不能超过其最大行程（见表）

缸径	B_1	B_2	B_3	B_4	B_5	B_6	B_7	C_1	D_1	H_1	H_2	H_3	H_4	H_5	H_6
16	21	29	—	—	—	—	12	17.75	6	3	22	10	6	55	43
20	24	36	—	—	—	—	16	22.25	8	4	27	10	6	70	55
25	29	40	—	—	—	—	16	22.25	8	4	29	10	6	76	60
32	36	50	32	26	45	54	—	26.25	10	5	34	10	9	80	65
40	42	60	36	28	52	62	—	28.25	12	5	40.5	10	9	102	82
50	50	68	45	32	60	70	—	32.25	12	6	47	12	11	110	90
63	62	87	50	40	70	82	—	38.75	16	6	56.5	15	11	130	110
80	82	107	63	50	90	102	—	41.75	16	8	68.5	15	13	160	135
100	103	128	75	60	110	126	—	44.75	20	8	81	15	15	190	163
缸径	L	L_{10}	L_{11}	L_{12}	L_{13}	L_{14}	R	S_1	S_2	最大行程（采用 SUA 型双耳环安装）					
16	10	64	51	4.75	48	54	R6	5.5	5.5	50					
20	14	70	54	6.25	48	58	R8	6.6	6.6	50					

续表

缸径	L	L_{10}	L_{11}	L_{12}	L_{13}	L_{14}	R	S_1	S_2	最大行程(采用SUA型双耳环安装)
25	14	71.5	55.5	6.25	49.5	59.5	$R8$	6.6	6.6	50
32	13	80.5	62.5	8.25	54.5	66.5	$R11$	6.6	7	100
40	16	85.5	65.5	8.25	55.5	70.5	$R13$	9	9	100
50	16	93.5	69.5	8.25	57.5	72.5	$R13$	9	9	100
63	21	104	77	11.75	65	82	$R17$	11	9	100
80	23	116	86	11.75	71	92	$R17$	11	12	150
100	26	132.5	99.5	11.75	81.5	107.5	$R21$	13.5	14	150

FUA 法兰

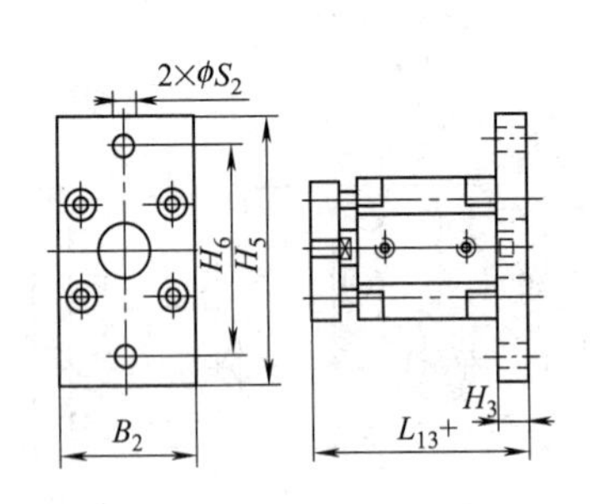

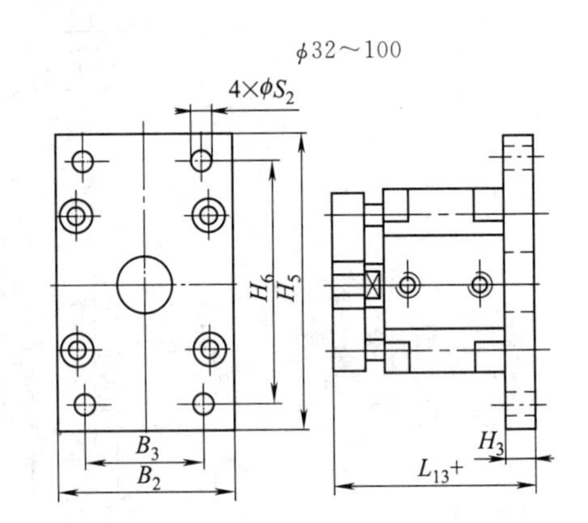

SUA 双耳座

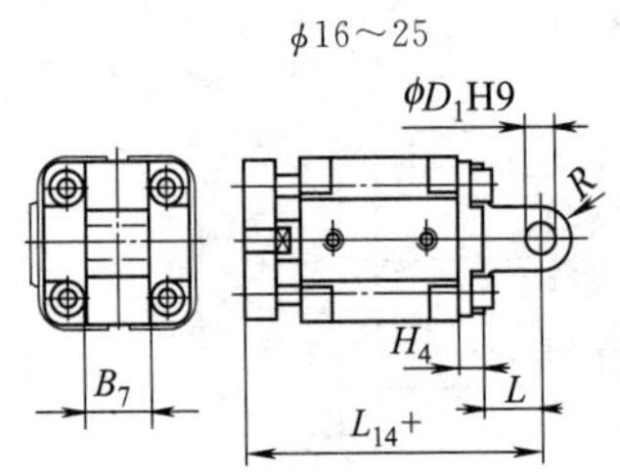

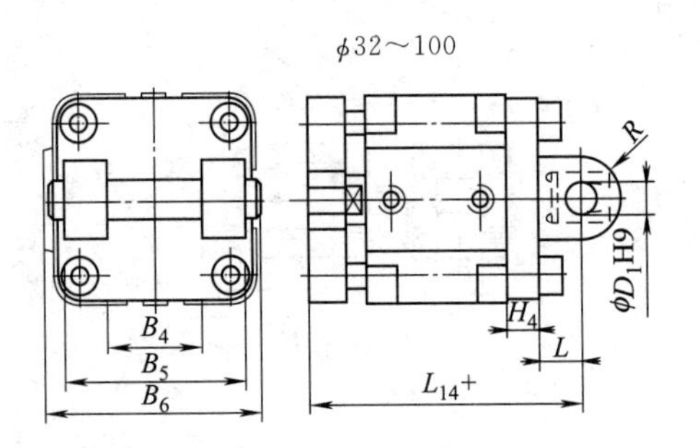

缸径	B_2	B_3	B_4	B_5	B_6	B_7	D_1	H_3	H_4	H_5	H_6	L	L_{13}	L_{14}	R	S_2
16	29	—	—	—	—	12	6	10	6	55	43	10	58.5	64.5	$R6$	5.5
20	36	—	—	—	—	16	8	10	6	70	55	14	60.5	69	$R8$	6.6
25	40	—	—	—	—	16	8	10	6	76	60	14	63	73	$R8$	6.6
32	50	32	26	45	64		10	10	9	80	65	13	70.5	82.5	$R11$	7
40	60	36	28	52	62	—	12	10	9	102	82	16	72	87	$R13$	9
50	68	45	32	60	70	—	12	12	11	110	90	16	77	92	$R13$	9
63	87	50	40	70	82	—	16	15	11	130	110	21	84.5	102.5	$R17$	9
80	107	63	50	90	102	—	16	15	13	160	135	23	93	114	$R17$	12
100	128	75	60	110	126	—	20	15	15	190	163	26	105.5	131.5	$R21$	14

注：生产厂为上海新益气动元件有限公司。

7.1.3.9　QGY系列无给油润滑薄型气缸（ϕ20～125）

型号意义：

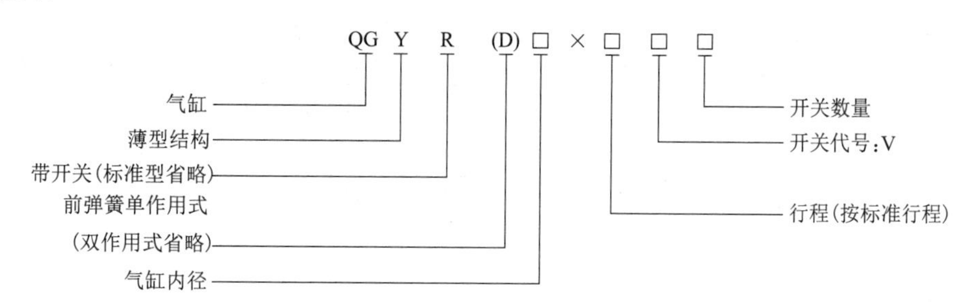

表 21-7-82　　主要技术参数

型号		QGY、QGYR	QGY(D)、QGYR(D)								
缸径/mm		20、25、32、40、50、63、80、100、125	20	25	32	40	50	63	80	100	ϕ125
耐压力/bar		15									
工作压力/bar		1～10	2～10								
使用温度范围/℃		－25～＋80(但在不冻结条件下)									
最大行程/mm		ϕ20～25:30 ϕ32～125:50	ϕ20～25:30;ϕ32～40:35;ϕ50～100:40;ϕ125:50								
工作介质		经过净化的干燥压缩空气									
给油		不需要(也可给油)									
最大行程的弹簧	初反力/N	—	14.5	22.8	32	51.8	72	83.2	115.5	128.7	488
	终反力/N	—	48.1	57	102	142.5	216	211.2	247.5	260.7	1442

表 21-7-83　　外形尺寸　　mm

QGY薄型气缸　　ϕ20～25　　ϕ32～125

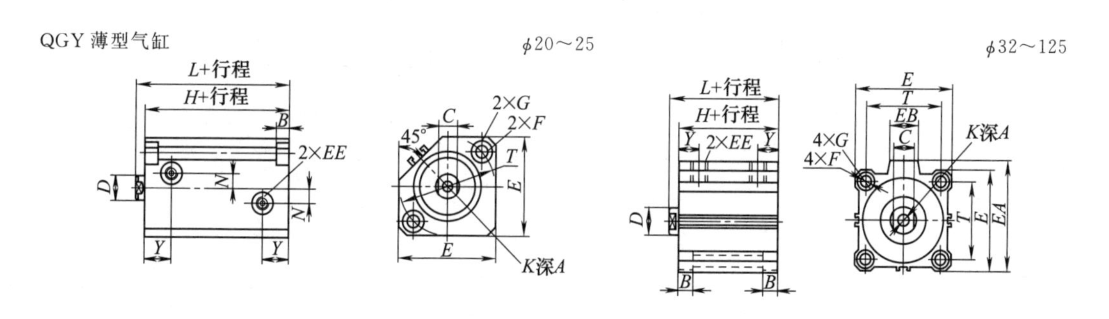

行程　　20～25　　ϕ32～125

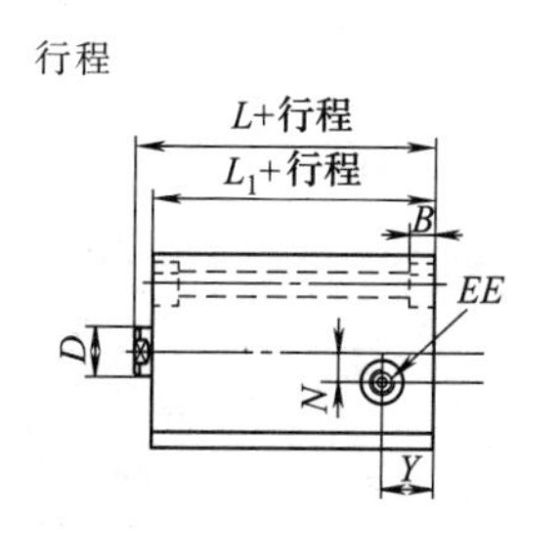

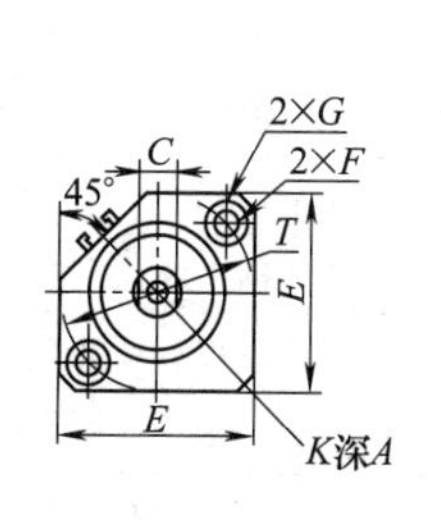

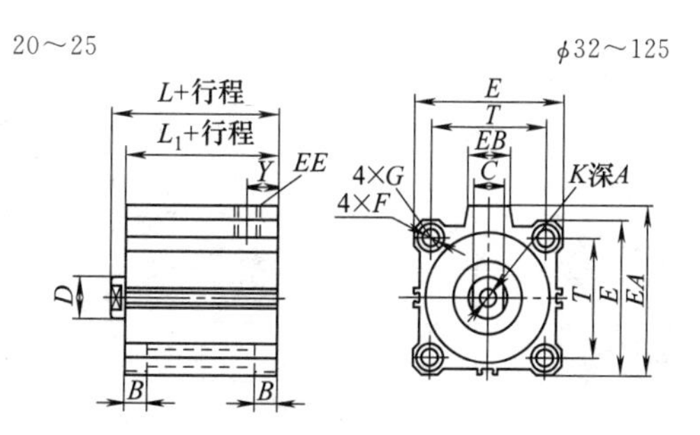

续表

缸径	*E*	*EA*	*EB*	*EE*	*F*	*G*	*B*	*K*	*A*	*D*	*C*	*T*	*N*	*Y*	QGY				QGY(D)			
															H		*L*		L_1		*L*	
															基型	R 型	基型	R 型	基型	R 型	基型	R 型
20	□37	—	—	M5	ϕ5.5	ϕ9.5	5.5	M5	7	ϕ8	7	ϕ36	4.5	9.5	26	36	29.5	39.5	37	47	40.5	50.5
25	□40	—	—	M5	ϕ5.5	ϕ9.5	5.5	M5	7	ϕ10	8	ϕ40	6	11	30	36	33.5	39.5	40	46	43.5	49.5
32	□45	49.5	19	M5	ϕ5.5	ϕ9.5	5.5	M8	12	ϕ14	12	34	—	11	30	36	33.5	39.5	40	46	43.5	49.5
40	□52	58	19	M10×1	ϕ5.5	ϕ9.5	5.5	M8	12	ϕ14	12	40	—	12	32	38	35.5	41.5	42	48	45.5	51.5
50	□64	68	22	M10×1	ϕ6.6	ϕ11	6.5	M10	15	ϕ20	17	50	—	14	37	44	40.5	47.5	48	55	51.5	58.5
63	□77	84	22	M12×1.25	ϕ9	ϕ14	8.5	M10	15	ϕ20	17	60	—	16	42	49	45.5	52.5	54	61	60.5	64.5
80	□98	104	26	M12×1.25	ϕ11	ϕ17	16.5	M16	20	ϕ25	22	77	—	18	47	55	53.5	61.5	63	71	69.5	77.5
100	□117	123.5	26	M16×1.5	ϕ11	ϕ17	16.5	M16	20	ϕ25	22	94	—	20.5	52	60	58.5	66.5	68	76	74.5	82.5
125	□142	—	—	M20×1.5	ϕ14	ϕ20	20	M20	25	ϕ32	29	114	—	24	70	80	78.5	88.5	141	151	149.5	159.5

注：生产厂为肇庆方大气动有限公司。

7.1.3.10　QGY-M 系列杆端外螺纹薄型气缸（ϕ20～125）

型号意义：

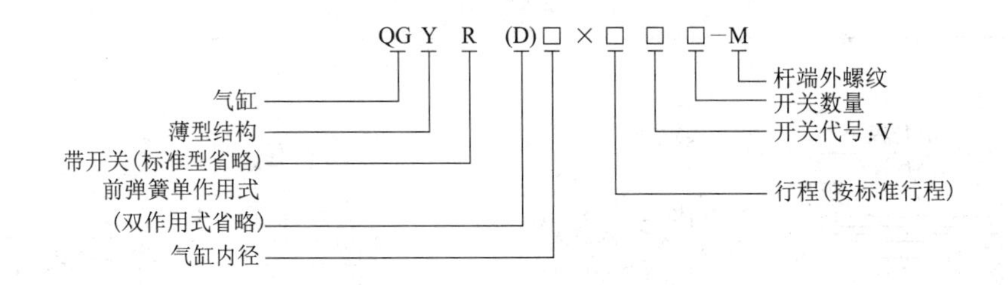

表 21-7-84　　主要技术参数

型号		QGY-M、QGYR-M	QGY(D)-M、QGYR(D)-M								
缸径/mm		20、25、32、40、50、63、80、100、125	20	25	32	40	50	63	80	100	ϕ125
耐压力/bar		15									
工作压力/bar		1～10	2～10								
使用温度范围/℃		−25～+80(但在不冻结条件下)									
最大行程/mm		ϕ20～25:30;ϕ32～125:50	ϕ20～25:30;ϕ32～40:35;ϕ50～100:40;ϕ125:50								
工作介质		经过净化的干燥压缩空气									
给油		不需要(也可给油)									
最大行程的弹簧	初反力/N	—	14.5	22.8	32	51.8	72	83.2	115.5	128.7	488
	终反力/N	—	48.1	57	102	142.5	216	211.2	247.5	260.7	1442

表 21-7-85　　外形尺寸　　mm

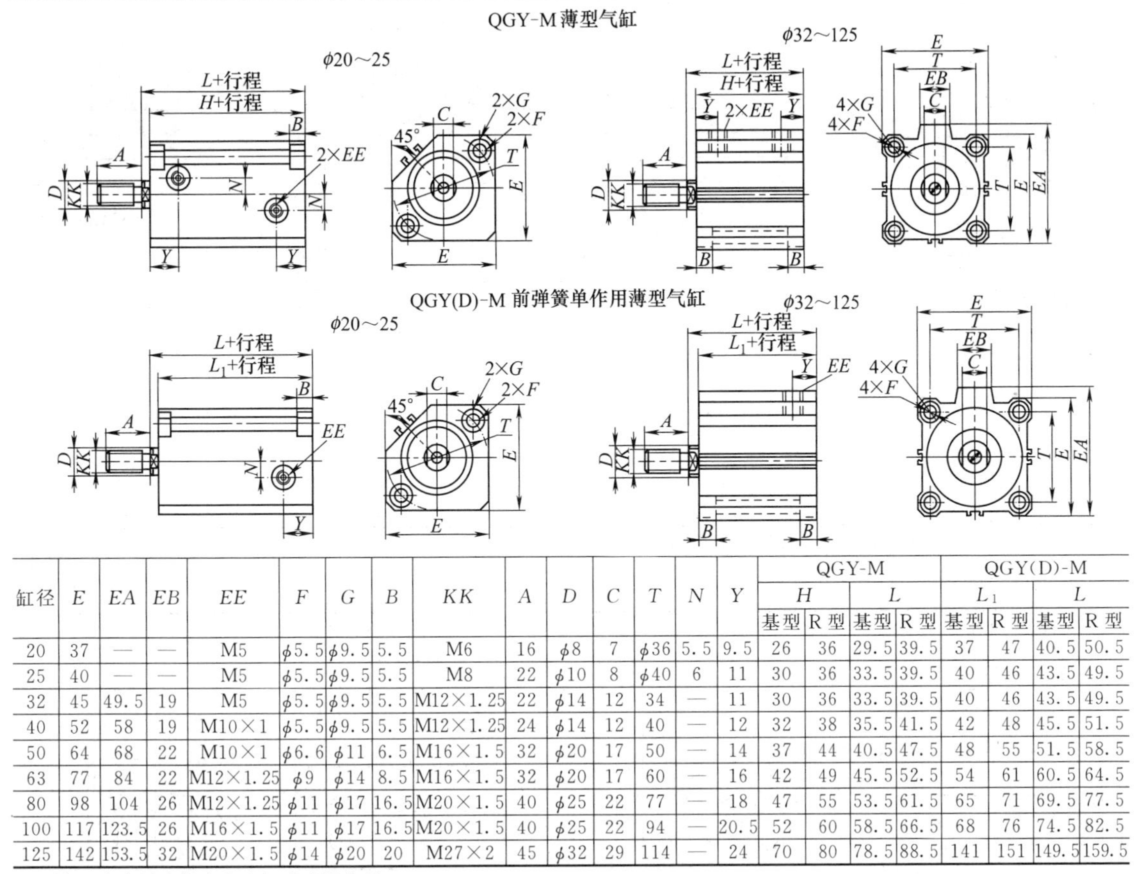

缸径	E	EA	EB	EE	F	G	B	KK	A	D	C	T	N	Y	QGY-M				QGY(D)-M			
															H		L		L_1		L	
															基型	R 型	基型	R 型	基型	R 型	基型	R 型
20	37	—	—	M5	φ5.5	φ9.5	5.5	M6	16	φ8	7	φ36	5.5	9.5	26	36	29.5	39.5	37	47	40.5	50.5
25	40	—	—	M5	φ5.5	φ9.5	5.5	M8	22	φ10	8	φ40	6	11	30	36	33.5	39.5	40	46	43.5	49.5
32	45	49.5	19	M5	φ5.5	φ9.5	5.5	M12×1.25	22	φ14	12	34	—	11	30	36	33.5	39.5	40	46	43.5	49.5
40	52	58	19	M10×1	φ5.5	φ9.5	5.5	M12×1.25	24	φ14	12	40	—	12	32	38	35.5	41.5	42	48	45.5	51.5
50	64	68	22	M10×1	φ6.6	φ11	6.5	M16×1.5	32	φ20	17	50	—	14	37	44	40.5	47.5	48	55	51.5	58.5
63	77	84	22	M12×1.25	φ9	φ14	8.5	M16×1.5	32	φ20	17	60	—	16	42	49	45.5	52.5	54	61	60.5	64.5
80	98	104	26	M12×1.25	φ11	φ17	16.5	M20×1.5	40	φ25	22	77	—	18	47	55	53.5	61.5	65	71	69.5	77.5
100	117	123.5	26	M16×1.5	φ11	φ17	16.5	M20×1.5	40	φ25	22	94	—	20.5	52	60	58.5	66.5	68	76	74.5	82.5
125	142	153.5	32	M20×1.5	φ14	φ20	20	M27×2	45	φ32	29	114	—	24	70	80	78.5	88.5	141	151	149.5	159.5

注：生产厂为肇庆方大气动有限公司。

7.1.3.11　QGS 短行程/紧凑型薄型气缸（φ32～100）

型号意义：

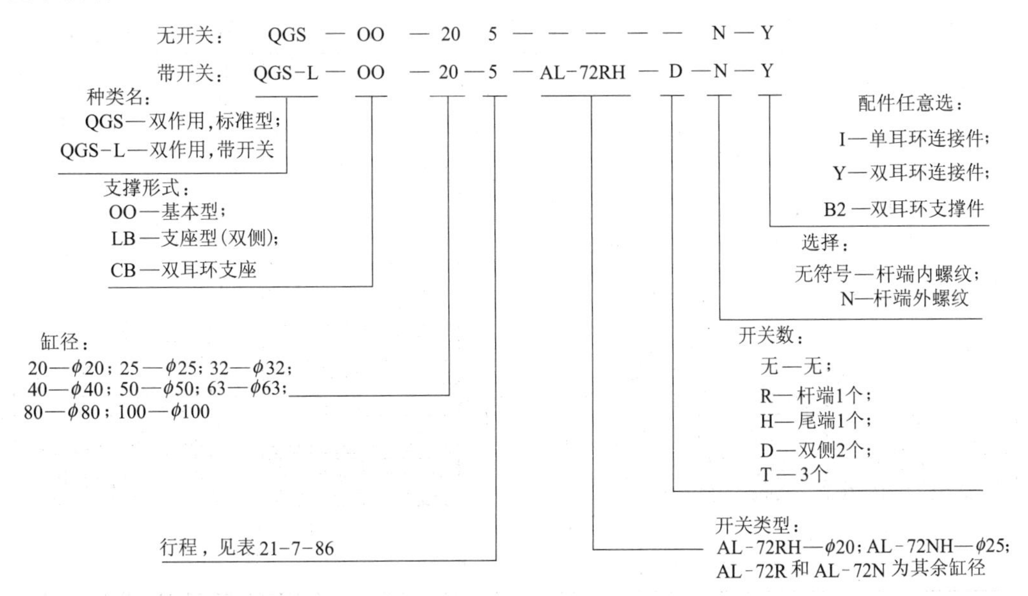

表 21-7-86 **主要技术参数**

型号	QGS和QGS-L			
作用形式	双作用			
使用流体	洁净压缩空气			
最高工作压力/MPa	1.0(10.2kgf/cm²)			
最低工作压力/MPa	0.1(1.0kgf/cm²)			
耐压/MPa	1.6(16.3kgf/cm²)			
环境温度/℃	−10～60			
缸径/mm	20,25	32,40	50,63	80,100
接管口径	M5×0.8	R_c1/8	R_c1/4	R_c3/8
行程公差/mm	+1.0～0			
活塞工作速度/mm·s⁻¹	50～500(φ20～50),50～300(φ63～100)			
润滑	不需要			
缓冲形式	无缓冲			

行　　程

缸径/mm	标准/mm	最大行程/mm	最小行程/mm
20	5、10、15、20、25、30	30	10(5)①
25,32,40,50	5、10、15、20、25、30、40、50	50	
63,80,100	5、10、20、30、40、50	50	

① (5) 为使用一个开关时的最小行程；10为使用两个开关时的最小行程。

表 21-7-87 **外形尺寸** mm

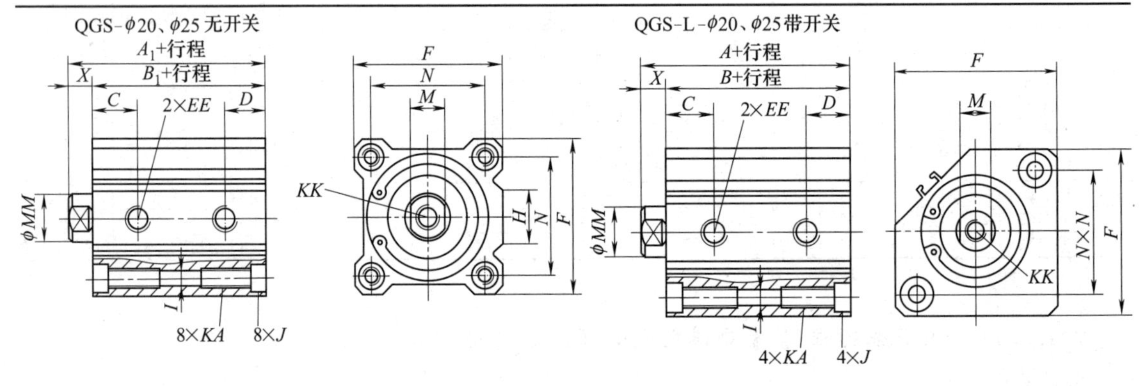

<table>
<tr><th rowspan="2">缸径</th><th colspan="2">无开关</th><th colspan="15">带开关</th></tr>
<tr><th>A_1</th><th>B_1</th><th>A</th><th>B</th><th>C</th><th>D</th><th>EE</th><th>F</th><th>H</th><th>I</th><th>J</th><th>KA</th><th>KK</th><th>M</th><th>MM</th><th>N</th><th>X</th></tr>
<tr><td>20</td><td>24</td><td>19.5</td><td>34</td><td>29.5</td><td>8</td><td>5.5</td><td>M5×0.8</td><td>36</td><td>10</td><td>5.5</td><td>沟 φ9 深 5.5</td><td>螺纹 M6×1.0 深 11</td><td>螺纹 M5×0.8 深 7</td><td>8</td><td>10</td><td>25.5</td><td>4.5</td></tr>
<tr><td>25</td><td>27.5</td><td>22.5</td><td>37.5</td><td>32.5</td><td>11</td><td>6</td><td>M5×0.8</td><td>40</td><td>10</td><td>5.5</td><td>沟 φ9 深 5.5</td><td>螺纹 M6×1.0 深 11</td><td>螺纹 M6×1.0 深 12</td><td>10</td><td>12</td><td>28</td><td>5</td></tr>
</table>

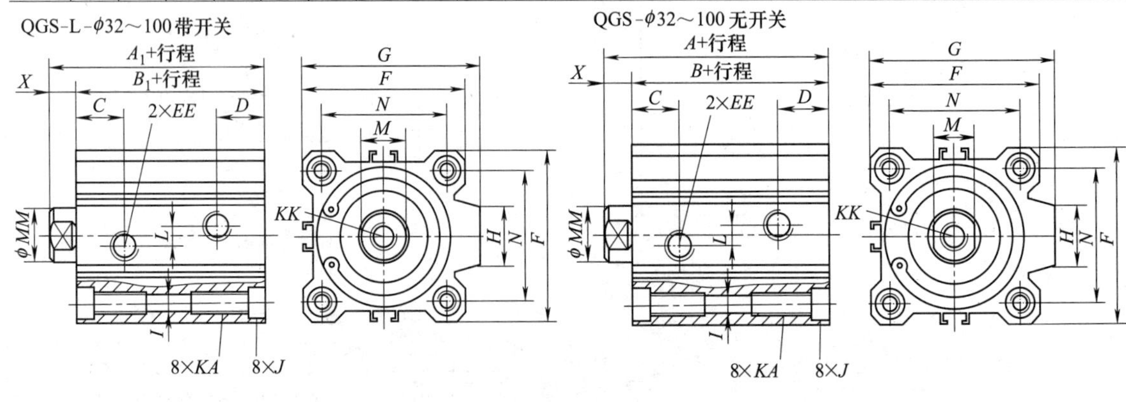

续表

缸径	无开关		带开关																
	A_1	B_1	A	B	C	D	EE	F	G	H	I	J	KA	KK	L	M	MM	N	X
32	30	23	40	33	8	8	R_c1/8	45	49.5	18	5.5	沟 ϕ9 深 5.5	螺纹 M6×1.0 深 11	螺纹 M8×1.25 深 13	6	14	16	34	7
40	36.5	29.5	46.5	39.5	12	8.5	R_c1/8	52	57	18	5.5	沟 ϕ9 深 5.5	螺纹 M6×1.0 深 11	螺纹 M8×1.25 深 13	6	14	16	40	7
50	38.5	30.5	48.5	40.5	10.5	10.5	R_c1/4	64	71.5	22	6.9	沟 ϕ11 深 6.5	螺纹 M8×1.25 深 13	螺纹 M10×1.5 深 15	6	17	20	50	8
63	44	36	54	46	13	11	R_c1/4	76	84.5	22	8.7	沟 ϕ14 深 9	螺纹 M10×1.5 深 25	螺纹 M10×1.5 深 15	6	17	20	60	8
80	53.5	43.5	63.5	53.5	16	13	R_c3/8	98	104	25	10.5	沟 ϕ17.5 深 11	螺纹 M12×1.75 深 28	螺纹 M16×2.0 深 21	6	22	25	77	10
100	63	53	75	63	22	15	R_c3/8	117	123.5	25	10.5	沟 ϕ17.5 深 11	螺纹 M12×1.75 深 28	螺纹 M20×2.5 深 27	6	27	30	94	12

注：生产厂为亚德客公司。

7.1.3.12　QGY（Z）系列带导杆防转薄型气缸（ϕ32～100）

型号意义：

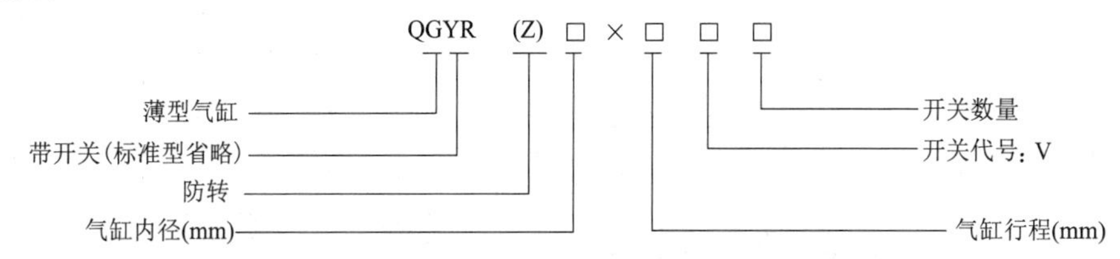

表 21-7-88　　主要技术参数

型　　号	QGY(Z)和 QGYR(Z)	型　　号	QGY(Z)和 QGYR(Z)
缸径/mm	32、40、50、63、80、100	最大行程/mm	50
耐压力/bar	15	工作介质	经过净化的干燥压缩空气
工作压力/bar	1～10	给油	不需要(也可给油)
使用温度范围/℃	－25～＋80(但在不冻结条件下)		

表 21-7-89　　外形尺寸　　mm

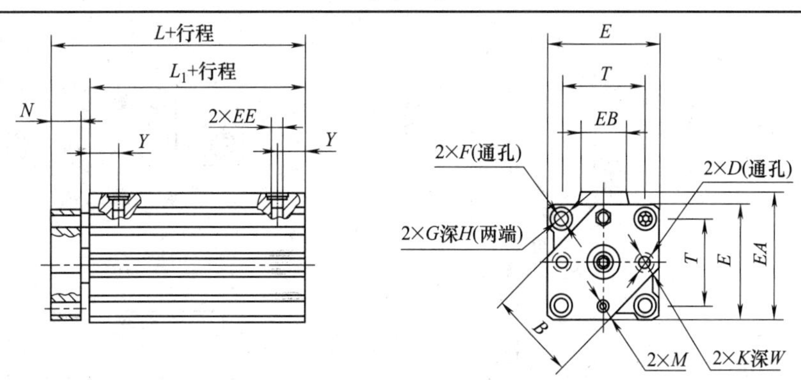

缸径	E	T	EA	EB	EE	F	G	H	D	K	W	M	B	N	Y	QGY(Z)		QGYR(Z)	
																L	L_1	L	L_1
32	45	34	49.5	19	M5	ϕ5.5	ϕ9.5	5.5	ϕ4.3	ϕ7.5	4.5	M5	35	12	11	45.5	30	51.5	36
40	52	40	58	19	M10×1	ϕ5.5	ϕ9.5	5.5	ϕ5.5	ϕ9.5	5.5	M5	42.5	12	12	47.5	32	53.5	38
50	64	50	68	22	M10×1	ϕ6.5	ϕ11	6.5	ϕ5.5	ϕ9.5	5.5	M6	48	14	14	54.5	37	61.5	44
63	77	60	84	22	M12×1.25	ϕ9	ϕ14	8.6	ϕ6.5	ϕ10.5	8	M8	67	15	16	60.5	42	67.5	49
80	98	77	104	26	M12×1.25	ϕ11	ϕ17	16.5	ϕ6.5	ϕ11	6.5	M6	79	20	18	73.5	47	81.5	55
100	117	94	123.5	26	M16×1.5	ϕ11	ϕ17	17	ϕ9	ϕ14	9	M8	93	20	20.5	78.5	52	86.5	60

注：生产厂为肇庆方大气动有限公司。

7.1.4　摆动气缸

7.1.4.1　ACK 系列摆动气缸（ϕ25～63）

型号意义：

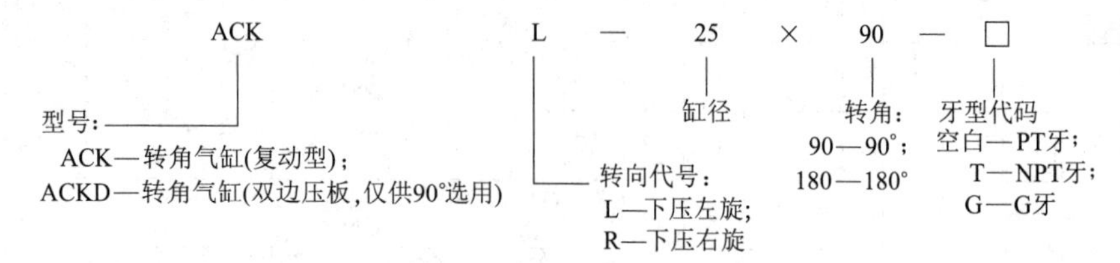

表 21-7-90　主要技术参数

缸径/mm	25	32	40	50	63
动作形式	复动型				
工作介质	空气				
使用压力范围	0.15～1.0MPa(23～148psi)				
保证耐压力	1.5MPa(213psi)				
工作温度/℃	-20～80				
使用速度范围/mm·s^{-1}	30～300				
行程公差范围/mm	$^{+1.0}_{0}$				
缓冲形式①	无				
接管口径②	M5×0.8	PT1/8			

① 无缓冲安装时请加排气节流装置，以达到缓冲效果。
② 接管牙型有G牙、NPT牙可供选择。

表 21-7-91　行程

缸径/mm	行程类别	90°	180°	总行程(90°/180°)
25、32	旋转行程	14	20	26
	夹紧行程	12	6	
40	旋转行程	15	21	27
	夹紧行程	12	6	
50、63	旋转行程	15	21	29
	夹紧行程	14	8	

表 21-7-92　外形尺寸及安装形式　mm

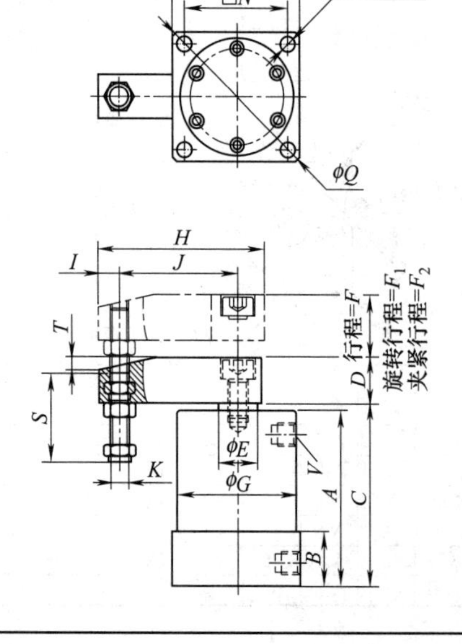

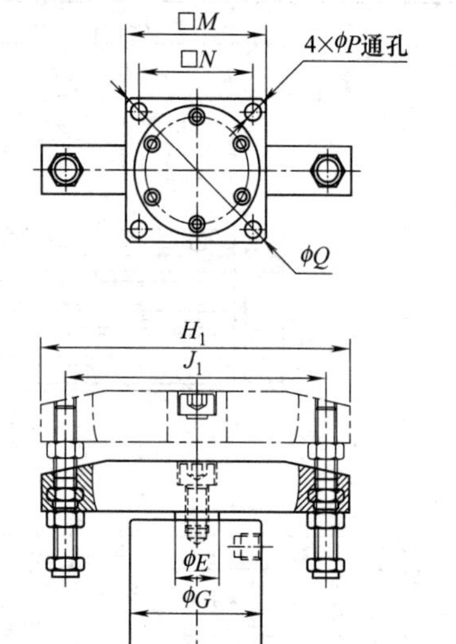

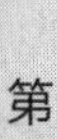

续表

缸径	A	B	C	D	E	G	H	H_1	I	J	J_1	K	M	N	P	Q	F (90°/180°)	F_1 (90°)	F_2 (90°)	F_1 (180°)	F_2 (180°)	S	V
25	65	23	69	16	14	35	48	76	8	30	60	M6×1.0	40	30	4.5	52	26	14	12	20	6	29.5	M5×0.8
32	73	23	76	19	16	50	70	118	9	50	100	M8×1.25	54	44	6.5	74	26	14	12	20	6	37.5	PT1/8
40	74	26	78	19	16	55	70	118	9	50	100	M8×1.25	58	48	6.5	79	27	15	12	21	6	37.5	PT1/8
50	80	26	84	25.4	20	60	93	160	10	70	140	M10×1.5	68	55	8.5	91	29	15	14	21	8	45	PT1/8
63	86	30	90	25.4	20	70	93	160	10	70	140	M10×1.5	82	64	8.5	108	29	15	14	21	8	45	PT1/8

注：生产厂为亚德客公司。

7.1.4.2 QGHJ 系列回转夹紧气缸（ϕ25～63）

型号意义：

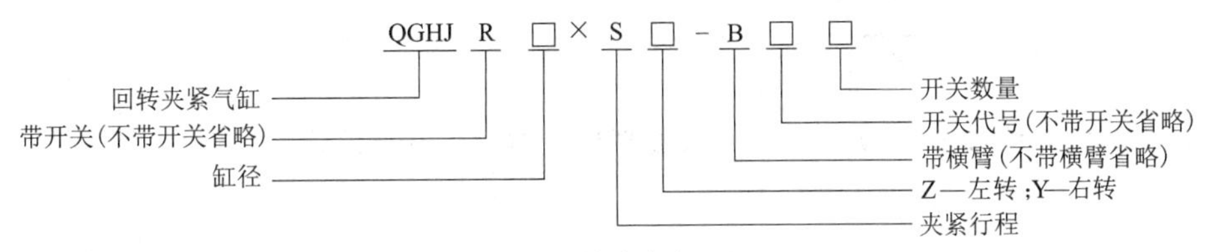

表 21-7-93　主要技术参数

缸径/mm	25	32	40	50	63
工作介质	经净化的压缩空气(可给油或不给油)				
使用温度范围/℃	－25～＋80(但在不冻结条件下)				
工作压力/bar	1～10				
回转角度	90°±10°				
回转方向	左、右				
回转行程/mm	10.5	15		20	
夹紧行程/mm	10～20			20～25	
夹紧力 N(工作压力为 5bar)/bar	185	315	540	805	1370

表 21-7-94　外形尺寸及安装形式　mm

QGHJ 系列基本型

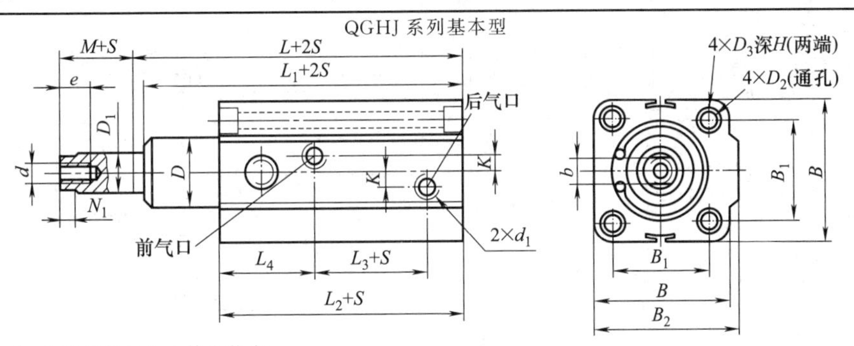

注：此图活塞杆为全伸出状态

带横臂型

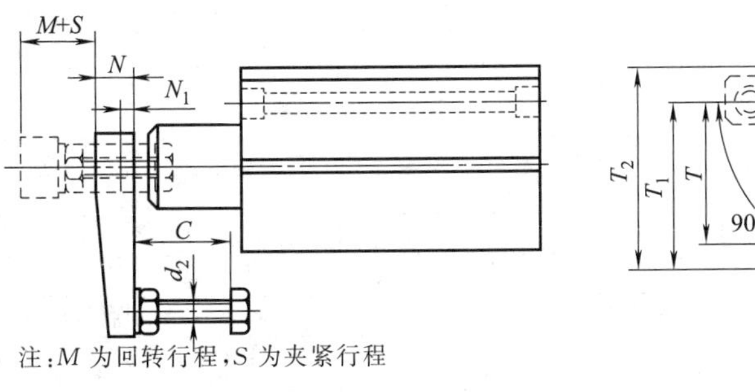

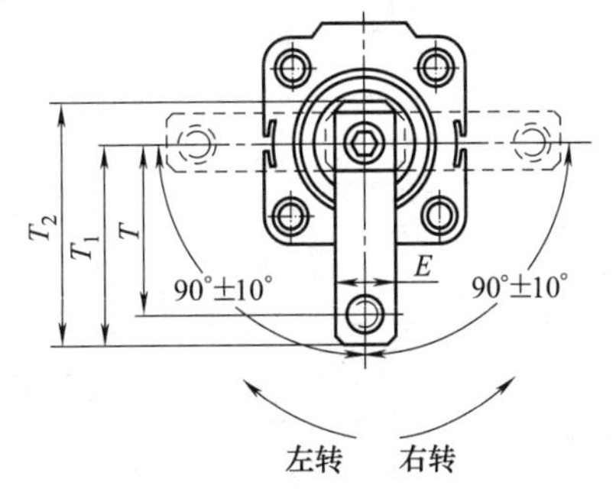

注：M 为回转行程，S 为夹紧行程

续表

缸径	L	L_1	L_2	L_3	L_4	B	B_1	B_2	D	D_1	D_2	D_3	T	T_1	T_2
25	75.5	70.5	57	17.3	25.1	40	28	—	$\phi20$	$\phi12$	$\phi5.5$	$\phi9.5$	35	41.5	50
32	89.5	85	65.5	22.8	28.1	45	34	—	$\phi22$	$\phi14$			43	52	62
40	90.5	85.5	66.5	29	25.5	53	40	57	$\phi26$				47	56	66
50	107.5	101.5	78.5	31.2	30.9	64	50	68	$\phi36$	$\phi20$	$\phi6.6$	$\phi11$	58	68	80
63	110.5	104.5	83	29.6	33.7	77	60	84			$\phi9$	$\phi14$	64	74	86

缸径	d	d_1	d_2	e	K	b	H	E	C	N	N_1	M	S
25	M6	G1/8	M6	10	4.5	10	5.5	15	15	14	3	9.5	10～20
32	M8		M8	13	7	12		18	28	17	3.5	15	
40					5								
50	M10		M10	20	—	17	6.5	20	36	20	4	20	20～50
63		G1/4			—		8.6		41				

注：生产厂为肇庆方大气动有限公司。

7.1.4.3　QGK系列无给油润滑齿轮齿条摆动气缸（$\phi20$～125）

型号意义：

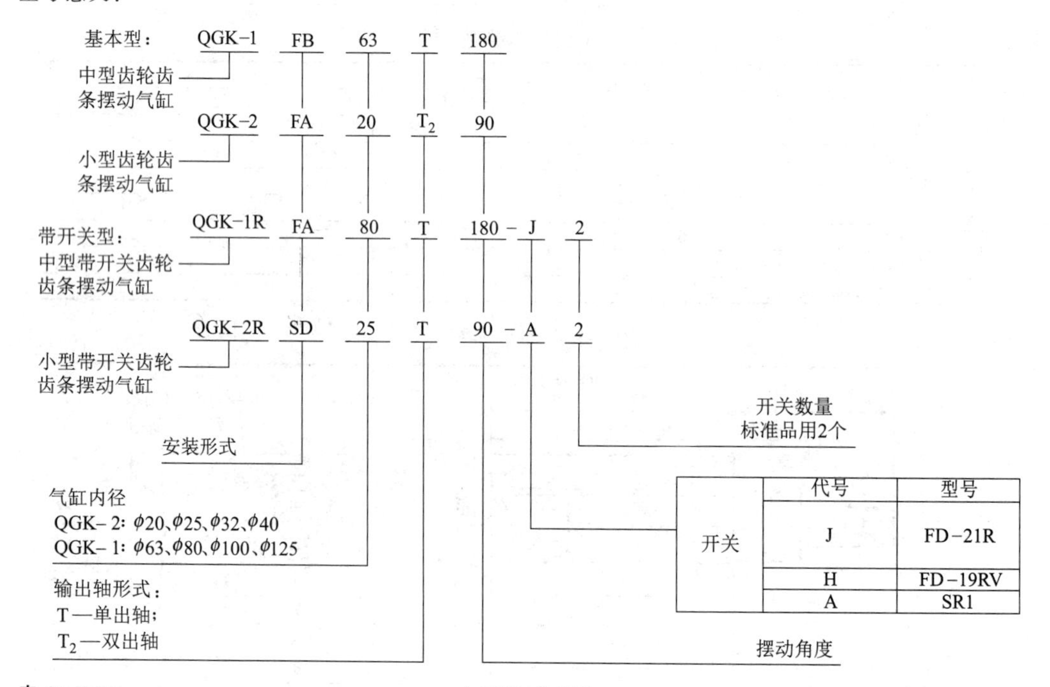

表 21-7-95　　主要技术参数

型号	基本型	带开关型	基本型	带开关型
	QGK-1	QGK-1R	QGK-2	QGK-2R
缸径/mm	$\phi63$、$\phi80$、$\phi100$、$\phi125$		$\phi20$、$\phi25$、$\phi32$、$\phi40$	
工作压力范围/bar	1～7		1～10	
耐压/bar	10		15	
摆动角度	90°,180°			
调整角度	±5°			
额定转矩(5bar时)/N·m	$\phi63$:34.3;$\phi80$:66.6;$\phi100$:120.5;$\phi125$:319		$\phi20$:2;$\phi25$:2.8;$\phi32$:3.5;$\phi40$:5.7	
使用温度范围/℃	-25～+70(但在不冻结条件下)			
缓冲形式	两侧可调缓冲		单侧可调缓冲	
缓冲角度	20°		$\phi20$、$\phi25$、$\phi32$:35°;$\phi40$:32°	
给油	不给油(也可给油)			

表 21-7-96　　**外形尺寸**　　mm

QGK-1 型中型齿轮齿条摆动气缸

SD(基本型)

QGK-1T(单出轴标准型)

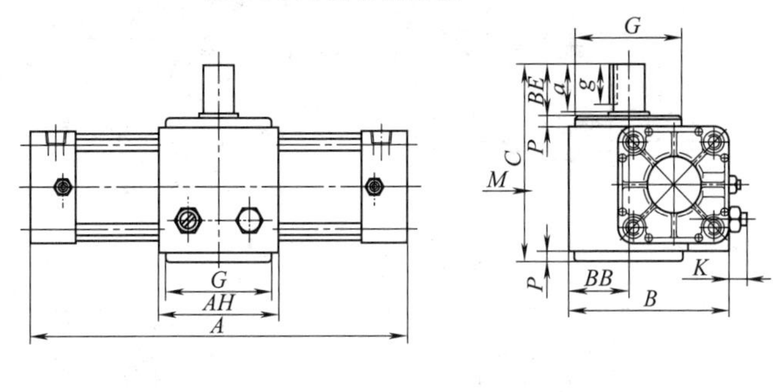

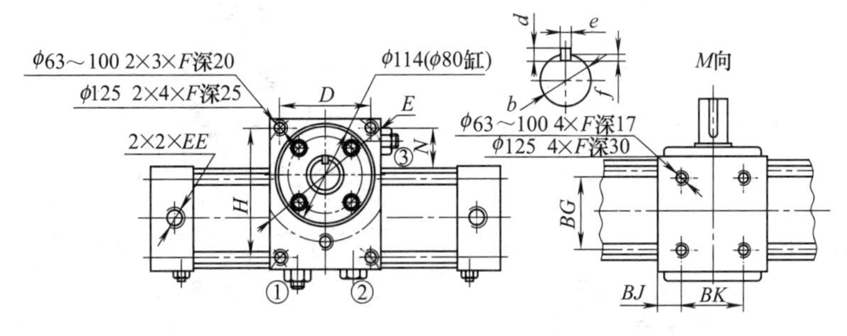

回转角度调节方法:90°摆动气缸调节①、③螺钉;180°摆动气缸调节①、②螺钉

缸径	A		AH	B	BB	BE	BG	BK	C	D	E	EE	F	G	K	H	N	P	轴尺寸					
	90°	180°																	a	b	d	e	f	g
63	300	370	100	117	47	47	65	54	152	80	ϕ109	G3/8	M10	ϕ90	9	—	37	10	42	ϕ25h7	7	8	4	36
80	350	436	130	143	58	63	72	72	190	100	ϕ136	G3/8	M12	ϕ114	12	—	46	12	58	ϕ35h7	8	10	5	50
100	364	462	124	159	58	75	85	72	202	100	ϕ136	G1/2	M12	ϕ110	12	—	46	0	58	ϕ35h7	8	10	5	50
125	488	651	170	216	85	63	90	90	213	120	—	G1/2	M14	ϕ145	20	150	65	0	58	ϕ40h8	8	12	5	54

QGK-1RT 单出轴(带开关型)

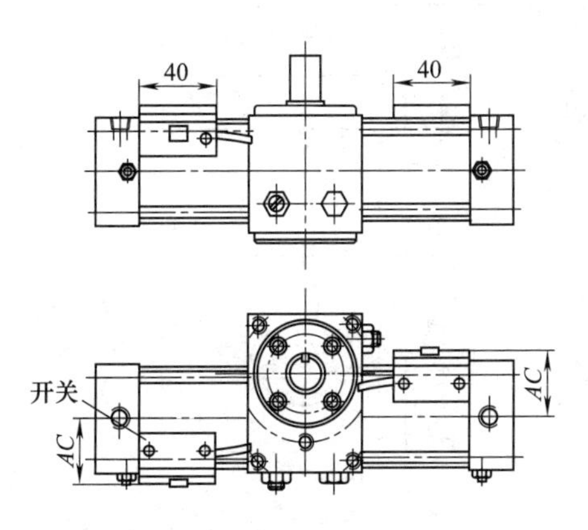

QGK-1T_2(双出轴)

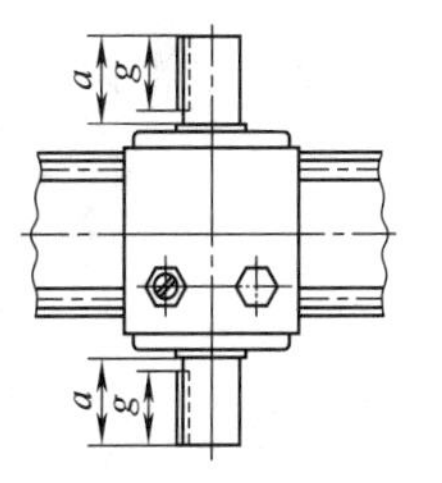

续表

FA 型(上法兰安装)

FB 型(下法兰安装)

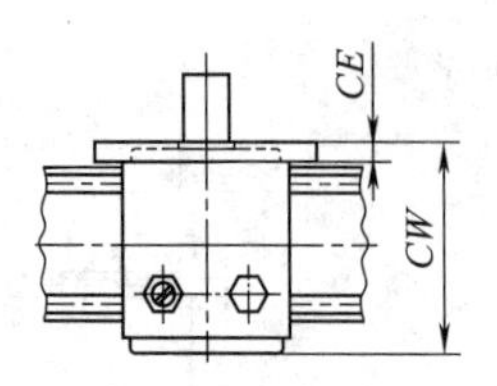

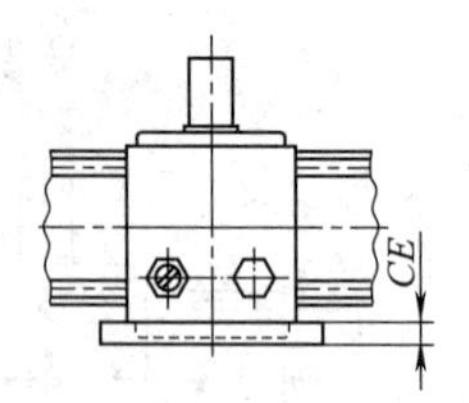

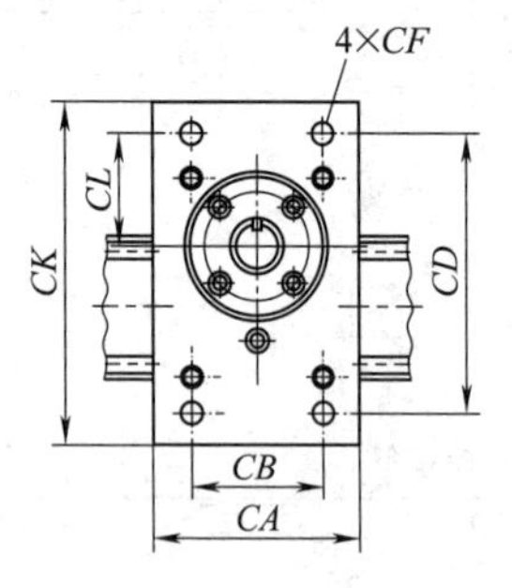

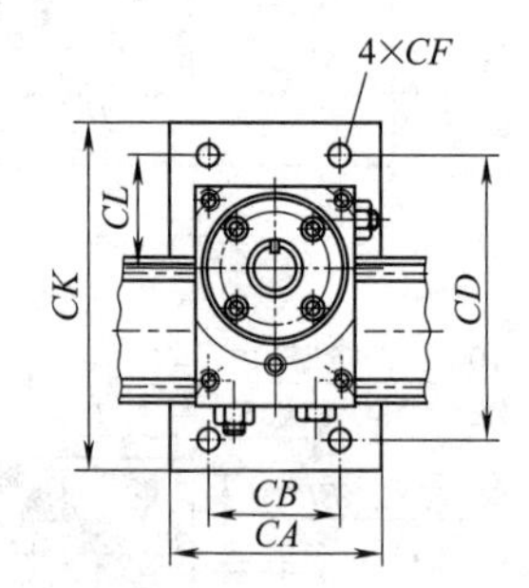

缸径	AC	CA	CB	CD	CE	CF	CK	CL	CW
63	51	120	90	144	14	ϕ13	174	62	109
80	59	150	110	183	16	ϕ13	233	78	131
100	66	150	110	199	16	ϕ13	239	78	143
125	77	170	120	246	22	16.5	275	101	172

QGK-2 型小型齿轮齿条摆动气缸

单出轴型小型齿轮齿条摆动气缸

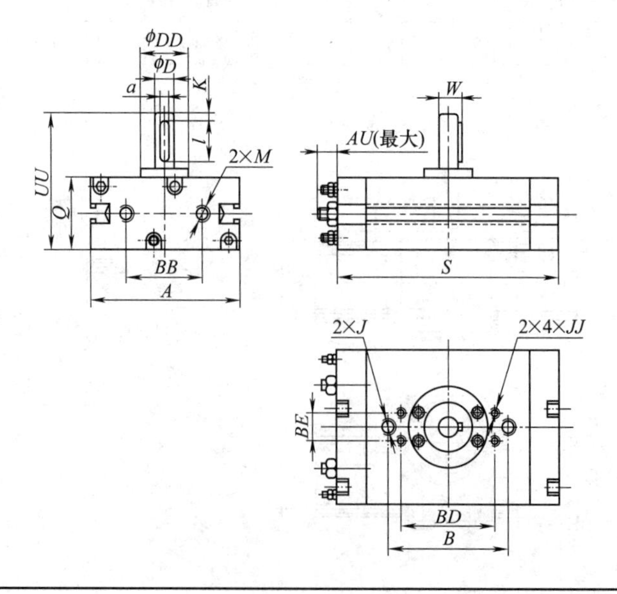

续表

双出轴型小型齿轮齿条摆动气缸

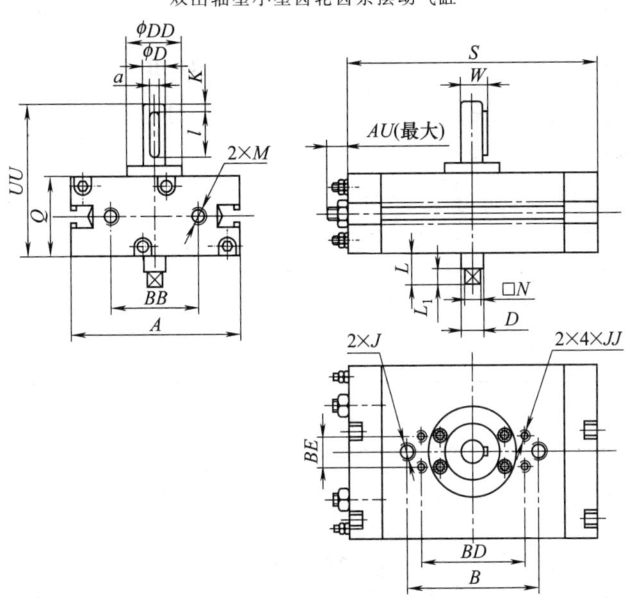

型号		A	B	BB	ϕD	ϕDD	J	K	M	Q	L	L_1	□N	S	UU	W	AU	BD	BE	JJ	a	l
QGK-2SD20T	90	65	50	35	10	25	M8	3	G1/8	31	15	11	□8	104	61	11.5	10	—	—	—	$4_{-0.03}^{0}$	20
	180													130								
QGK-2SD25T	90	77	62	40.5	12	25	M8	4	G1/8	36	18	13	□10	114	68	13.5	10	48	14	M5	$4_{-0.03}^{0}$	20
	180													142								
QGK-2SD32T	90	89	68	40.5	12	30	M10	4	G1/8	44	18	13	□10	122	76	13.5	13	51	16	M5	$4_{-0.03}^{0}$	20
	180													150								
QGK-2SD40T	90	108	74	47.6	15	35	M10	5	G1/8	52	20	15	□11	132	89	17	11	57	18	M5	$5_{-0.03}^{0}$	25
	180													157								

安装附件

FA 前法兰

FB　FC　4×FF　FD　FE　FA

缸径	20	25	32	40
FA	8	8	10	10
FB	52	45	48	54
FC	65	61	64	70
FD	95	94	106	124
FE	110	110	120	140
FF	ϕ7	ϕ7	ϕ7	ϕ7

注：1. 表内 L、L_1、□N 为双出轴安装尺寸。
2. 生产厂为肇庆方大气动有限公司。

7.1.4.4　QRC 系列摆动气缸（ϕ40～125）

型号意义：

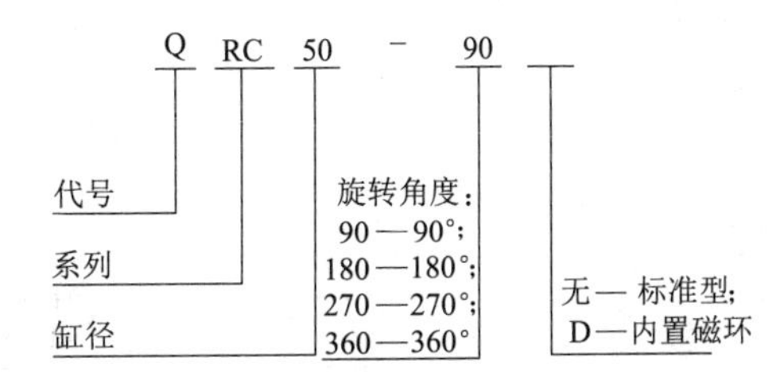

表 21-7-97　　　　主要技术参数

缸径/mm	40	50	63	80	100	125
使用介质	经过滤的压缩空气					
作用形式	双作用					
最高使用压力/MPa	1.0					
最低工作压力/MPa	0.1					
环境温度/℃	5～60					
旋转角度	90°,180°或可按客户要求供应360°范围内任意角度					
调节角度	±7°					
每旋转90°,*A*尺寸增加值/mm	63		75.5		100.5	
润滑	出厂已润滑/齿条需用润滑枪注入润滑脂润滑					
接管口径	G1/4		G3/8		G1/2	

表 21-7-98　　　　外形尺寸　　　　mm

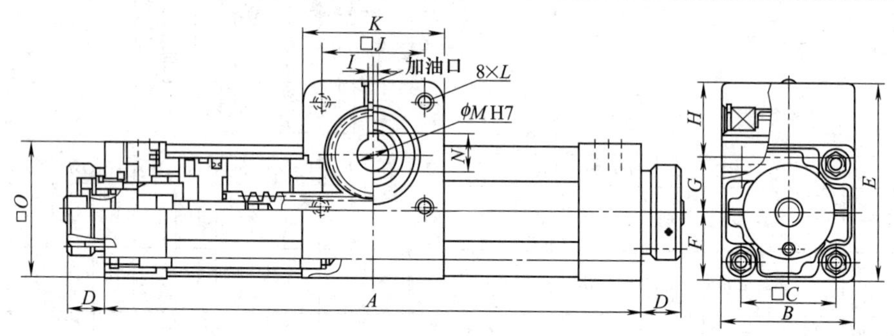

缸径	*A*(90°)	*A*(180°)	*B*	*C*	*D*	*E*	*F*	*G*	*H*	*I*	*J*	*K*	*L*	*M*	*N*	*O*
40	252	315	56	38	19.3	89	28.5	26.5	34	5	50	68	M8	15	17.3	52
50	274	337	66	46.5	19	94	33.5	26.5	34	5	50	68	M8	15	17.3	65
63	314	389.5	80	56.5	20.5	111	40	31	40	6	60	80	M8	20	22.8	75
80	314	389.5	98	72	30	120	49	31	40	6	60	80	M10	20	22.8	95
100	381.5	482	118	89	30	153	59	41	53	8	80	102	M10	25	28.3	114
125	392.5	493	142	110	30	165	71	41	53	8	80	102	M12	25	28.3	140

注：生产厂为上海新益气动元件有限公司。

7.1.4.5　QGH摆动（回转）气缸（ϕ50～100）

型号意义：

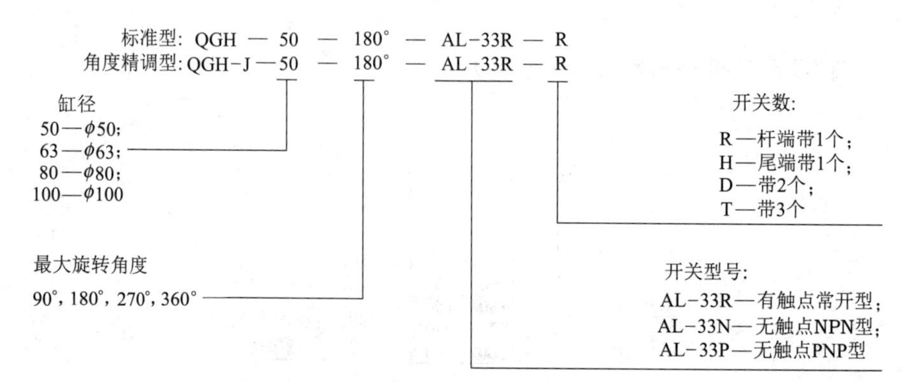

表 21-7-99 主要技术参数

型号	QGH			
作用形式	双作用			
使用流体	洁净压缩空气			
最高工作压力/MPa	1.0(10.2kgf/cm²)			
最低工作压力/MPa	0.1(1.0kgf/cm²)			
耐压/MPa	1.6(16.3kgf/cm²)			
环境温度/℃	−10～60(不冻结)			
理论输出转矩(工作压力为0.4MPa)/N·m	ϕ50	ϕ63	ϕ80	ϕ100
	8.6	17.1	30.2	78.5
润滑	不要(需要时使用透平油1级 ISO VG32)			

表 21-7-100 外形尺寸及安装方式 mm

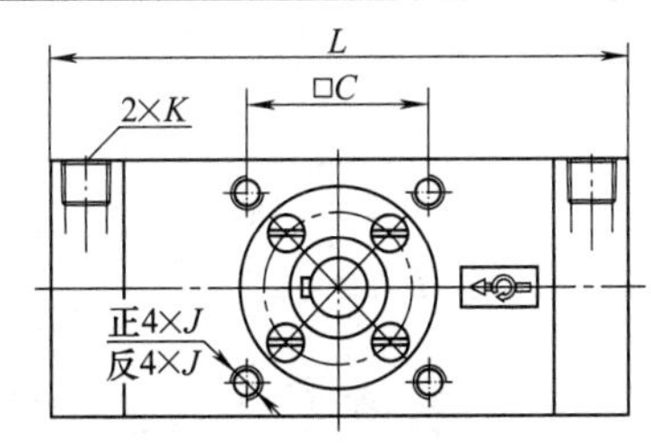

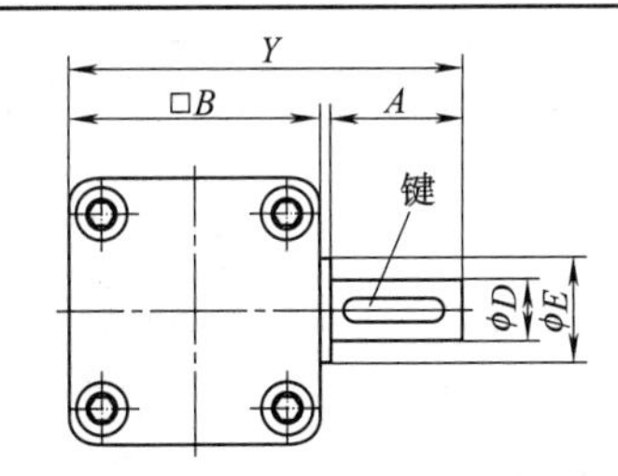

缸径	A	B	C	D	E	J	K	L				Y	键
50	33.5	65	48	15	25	M8×12	R_c1/8	160(90°)	194(180°)	229(270°)	263(360°)	101	5×25
63	38.5	80	60	17	30	M10×14		179(90°)	222(180°)	266(270°)	309(360°)	121	6×30
80	47	100	72	20	35	M12×16	R_c1/4	203(90°)	250(180°)	297(270°)	345(360°)	150	6×40
100	56	124	85	25	40	M12×18	R_c3/8	263(90°)	341(180°)	420(270°)	498(360°)	184	8×45

注：生产厂为上海新益气动元件有限公司。

7.1.5 其他特殊气缸

7.1.5.1 无活塞杆气缸

(1) QGCW 系列磁性无活塞杆气缸（ϕ10～63）

型号意义：

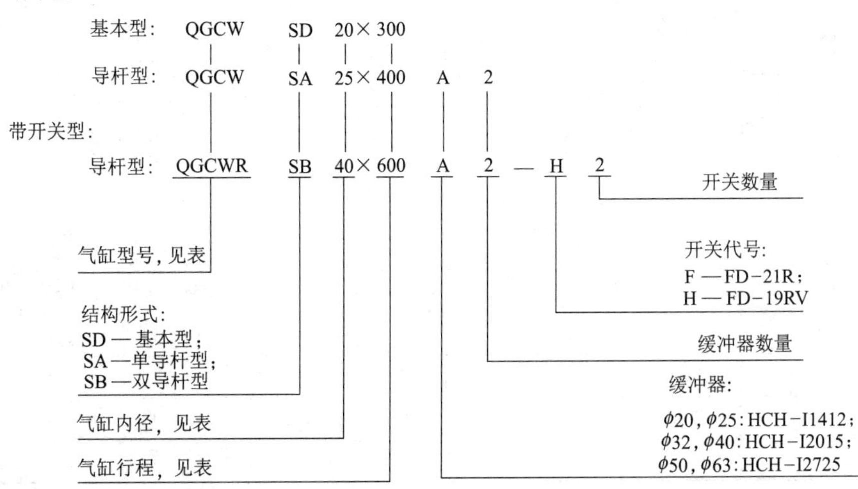

表 21-7-101　　主要技术参数

气缸型号	标准型							带开关型
	QGCW　SD、SA、SB				QGCWR　SA、SB			
缸径/mm①	10、16、20、25、32、40、50、63							
最大行程/mm	ϕ10	ϕ16	ϕ20	ϕ25	ϕ32	ϕ40	ϕ50、ϕ63	
	500		1500	2000	2000	2000	2000	
工作压力范围/bar	SD:1.5～6.3　　SA、SB:2～6.3							
耐压力/bar	9.45							
使用速度范围/mm·s⁻¹	200～700							
使用温度范围/℃	－10～＋80(但在不冻结条件下)							
工作介质	净化、干燥压缩空气							
给油	不需要(也可给油)							
缓冲形式	SD:两侧缓冲垫片,SA、SB:两侧缓冲垫片＋缓冲器						可调缓冲 50mm	
磁铁保持力/N≥	55	140	220	340	560	880	1760	2800
活塞脱开压力/bar≥	7		7	7	7	7	9	9

记　　号	F	H
型号(带软线 1.5m)	FD-21R	FD-19RV
使用电压范围	5～240V DC/AC	5～240V DC/AC
使用电流范围/mA	100	5～100
最大触点容量/W	10(max)	50(max)
漏电流	0	无
指示灯	红色 LED	黄色 LED
动作时间		
回复时间		
耐冲击	30G	

① ϕ10、ϕ16 缸只有基本型才有。

注：开关安装在行程中间位置时，气缸速度≤300mm/s。

表 21-7-102　　外形尺寸及安装形式　　mm

1. QGCW　SD(基本型)

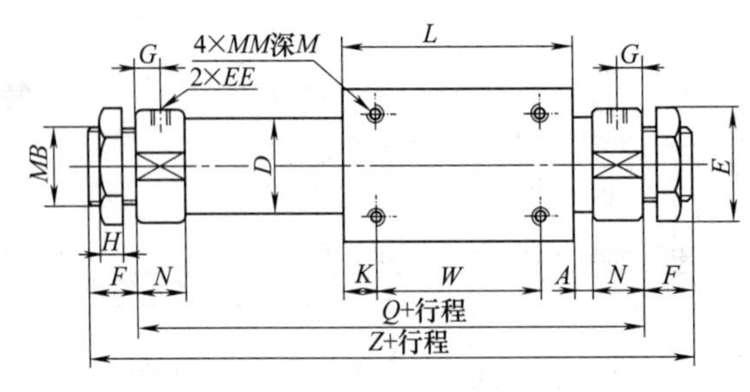

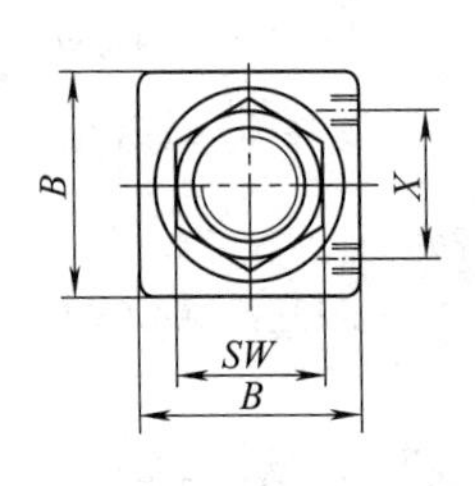

缸径	D	A	B	E	EE	F	G	H	K	L	M	MB	MM	N	Q	SW	W	X	Z
10	ϕ11	3.5	25	16	M5	13	6	6	8	46	4.5	M12×1.25	M4	11	53	18	30	16	101
16	ϕ19	4.5	35	21	M5	16	6	8	10	55	5.5	M16×1.5	M4	11	64	24	35	17	118
20	ϕ23	6	40	28	G1/8	15	8	7	11	62	8	M22×1.5	M6	15	104	30	40	30	134
25	ϕ28	6	45	33	G1/8	15	8	7	10	70	8	M22×1.5	M6	15	113	30	50	30	143

续表

缸径	D	A	B	E	EE	F	G	H	K	L	M	MB	MM	N	Q	SW	W	X	Z
ϕ32	ϕ32	7	60	40	G1/8	16	8	8	15	80	10	M24×2	M8	15	125	32	50	40	157
ϕ40	ϕ44	7	70	48	G1/4	20	10	9	12	84	10	M30×2	M8	20	139	41	60	40	179
ϕ50	ϕ54	10	85	58	G1/4	32	12.5	12	23	106	12	M42×2	M8	25	176	55	60	60	240
ϕ63	ϕ67	11	100	68	G1/4	32	12.5	12	18	106	12	M42×2	M8	25	178	55	70	70	242

2. QGCW　　SA（单导杆型）

3. QGCWR　　SA（带开关单导杆型）

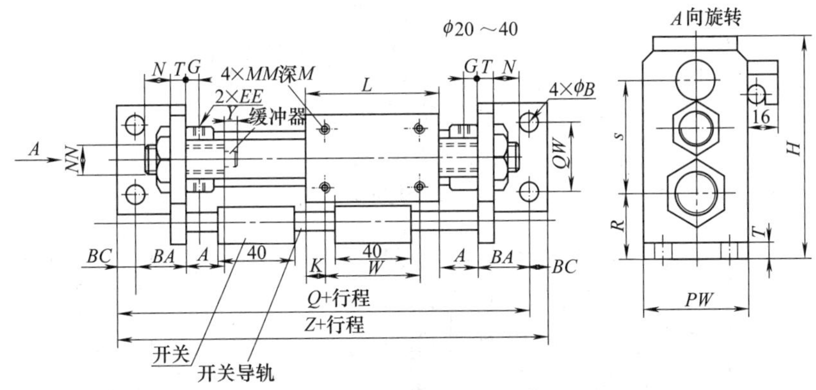

ϕ50～63　SA单导杆型

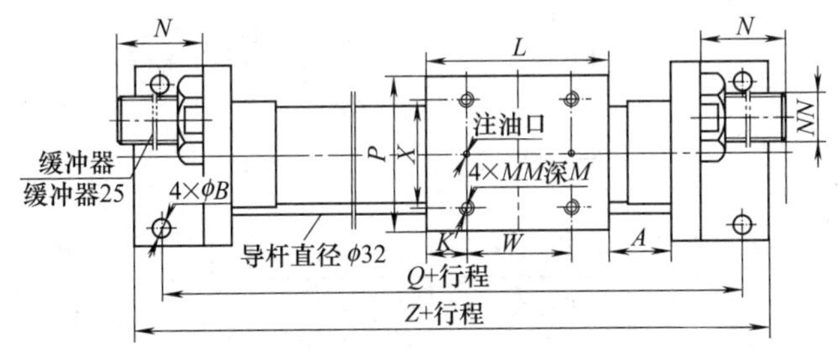

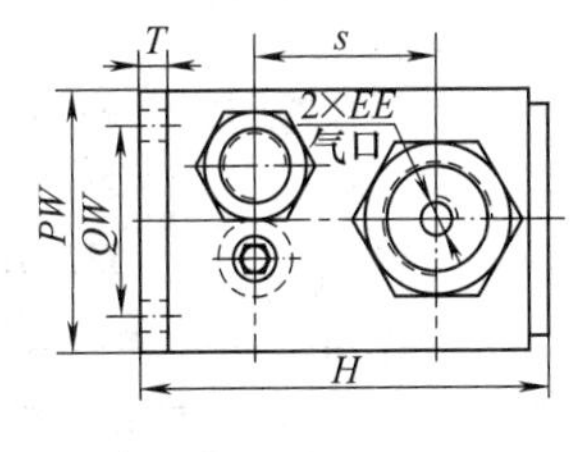

缸径	D	d	A	B	BA	BC	EE	G	H	K	s
20	ϕ23	16	19.5	9	26	10	G1/8	8	106	11	53
25	ϕ28	20	20	9	26	10	G1/8	8	114	10	58
32	ϕ36	20	22	9	26	10	G1/8	8	140	15	73
40	ϕ44	25	27	9	26	10	G1/4	10	160	12	83
50	ϕ54	50	35	11	40	15	G1/4	—	158	23	70
63	ϕ67	63	36	11	40	15	G1/4	—	170	18	75

缸径	L	M	MM	N	NN	P	PW	Q	QW	T	W	X	Y	Z	R
20	62	8	M6	66.5	M14×1.5	40	50	156	30	8	40	30	12	176	33
25	70	8	M6	66.5	M14×1.5	45	55	165	35	8	50	30	12	185	33.5
32	80	10	M8	81	M20×1.5	60	70	177	50	8	50	40	15	192	37
40	84	10	M8	76	M20×1.5	70	80	191	60	8	60	40	15	211	42
50	106	12	M8	83	M27×1.5	85	95	256	70	10	60	60	25	286	45
63	106	12	M8	83	M27×1.5	100	110	258	80	10	70	70	25	288	45

续表

4. QGCW　　SB(双导杆型)

5. QGCWR　　SB(带开关双导杆型)

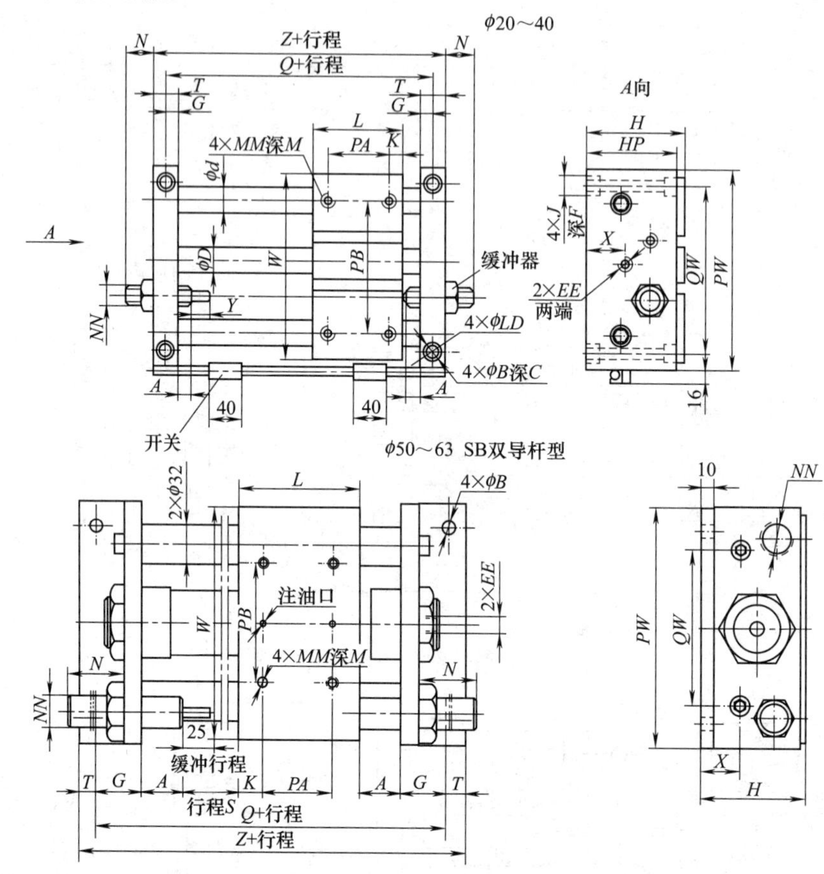

缸径	D	d	A	B	C	EE	F	G	H	HP	J	K	L	LD
20	ϕ23	16	5	14	9	G1/8	15	10	54	51	M10	11	62	8.7
25	ϕ28	20	5	14	9	G1/8	15	10	56	53	M10	15	70	8.7
32	ϕ36	20	6.5	14	9	G1/8	15	12	66	63	M10	15	80	8.7
40	ϕ44	25	6.5	14	9	G1/4	15	12	76	73	M10	17	84	8.7
50	ϕ54	32	35	11	—	G1/4	—	40	90	—	—	23	106	—
63	ϕ67	32	36	11	—	G1/4	—	40	105	—	—	18	106	—

缸径	M	MM	N	NN	PA	PB	PW	Q	QW	T	W	X	Y	Z
20	10	M6	70	M14×1.5	40	80	133	94	110	20	123	23.5	12	114
25	10	M6	70	M14×1.5	40	90	148	103	125	20	138	26	12	123
32	12	M8	80.5	M20×1.5	50	105	163	119	140	24	153	26	12	123
40	12	M8	80.5	M20×1.5	50	115	173	123	150	24	163	32	15	143
50	12	M8	83	M27×1.5	60	100	200	256	160	15	190	38	15	147
63	12	M8	82	M27×1.5	70	120	210	258	170	15	200	33	25	286

注：生产厂为肇庆方大气动有限公司。

(2) MQG磁性无活塞杆气缸（ϕ20～40）

型号意义：

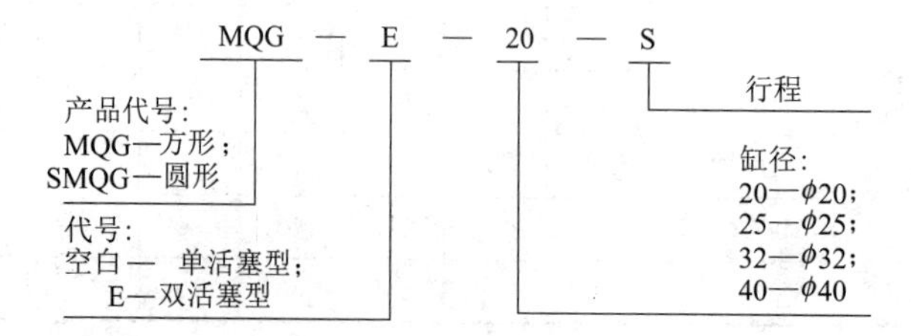

表 21-7-103　**主要技术参数**

项　目	磁性无杆气缸			
缸径/mm	20	25	32	40
作用形式	双作用			
使用流体	洁净空气			
最高工作压力/MPa	0.7(7.0kgf/cm²)			
最低工作压力/MPa	0.2(2.0kgf/cm²)			
耐压/MPa	1.05(10.5kgf/cm²)			
环境温度/℃	5～60			
接管口径	$R_c1/8$			$R_c1/4$
行程公差/mm	$1000:{}^{+1.5}_{0}$, $1500:{}^{+2.0}_{0}$			
活塞工作速度 /mm·s^{-1}	50～1500			
缓冲形式	橡胶缓冲			
给油	不需要			

表 21-7-104　**外形尺寸**　mm

MQG单活塞型

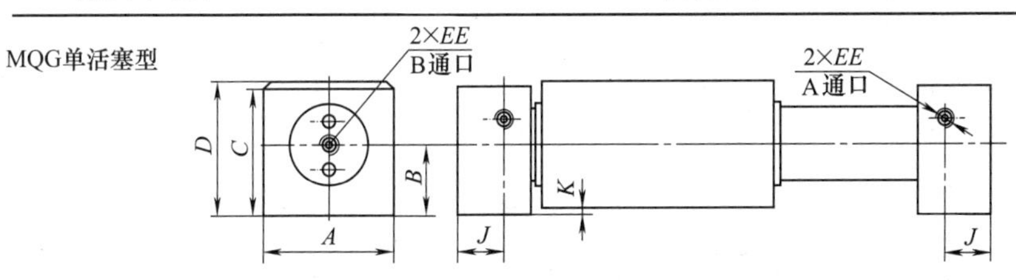

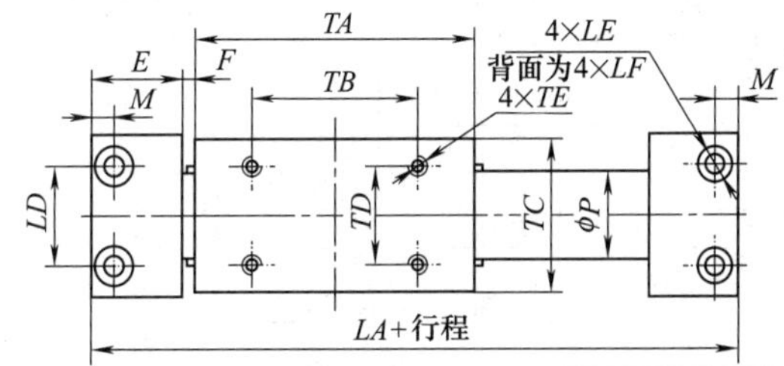

B通口在发货时安装有$R_c1/8$的堵头

缸径	外形尺寸					安装尺寸				
	LA	A	C	D	LD	LE	LF	TB	TD	TE
20	128	42	40	42	26	ϕ5.5孔、ϕ9.5台阶孔,深4	M6深8	44	26	M4深6
25	137	52	45	48	40	ϕ5.5孔、ϕ9.5台阶孔,深4	M6深8	40	32	M6深6
32	139	60	55	58	46	ϕ6.5孔、ϕ11台阶孔,深6.5	M8深12	40	42	M6深9

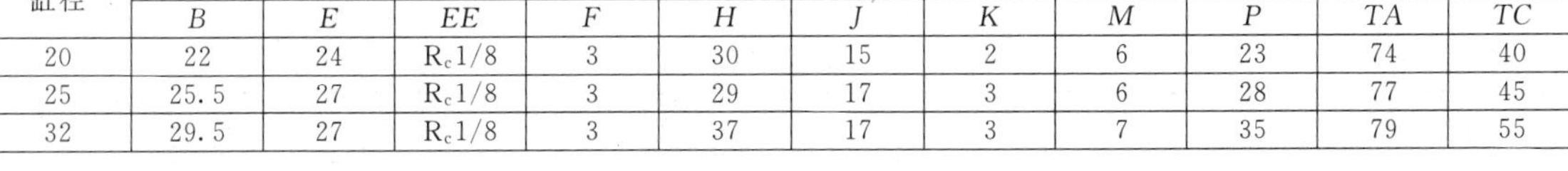

缸径	安装尺寸									
	B	E	EE	F	H	J	K	M	P	TA	TC
20	22	24	$R_c1/8$	3	30	15	2	6	23	74	40
25	25.5	27	$R_c1/8$	3	29	17	3	6	28	77	45
32	29.5	27	$R_c1/8$	3	37	17	3	7	35	79	55

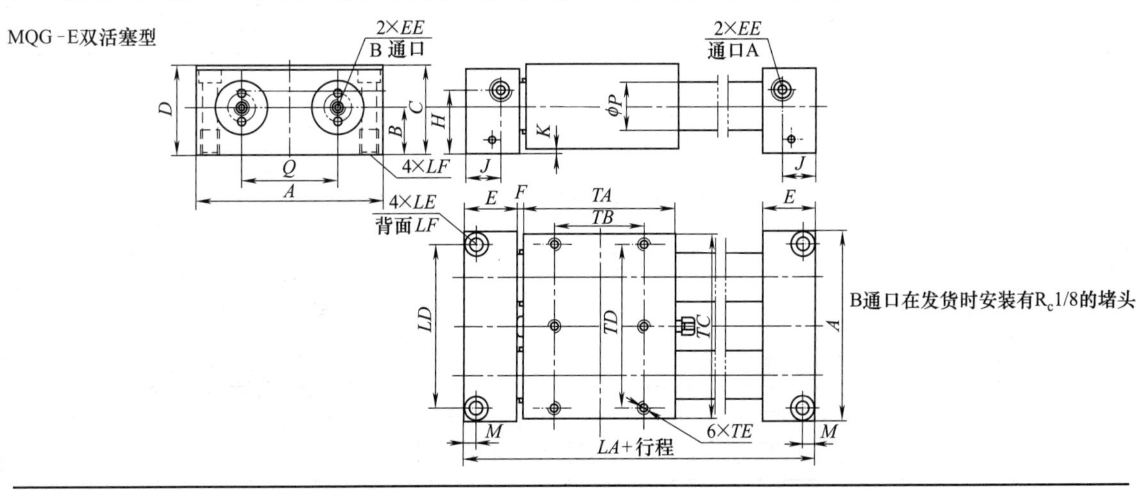

续表

缸径	外形尺寸					安装尺寸				
	LA	A	C	D	LD	LE	LF	TB	TD	TE
20	131	90	40	42	77	ϕ6.9孔、ϕ11台阶孔，深6	M8深12	44	78	M5深8
25	143	108	45	48	90	ϕ6.9孔、ϕ11台阶孔，深6	M8深12	40	90	M6深8
32	145	126	55	58	108	ϕ6.9孔、ϕ11台阶孔，深6	M8深12	40	104	M6深8

缸径	安装尺寸										
	B	E	EE	F	H	J	K	M	P	Q	TA	TC
20	22	25.5	R_c1/8	3	30	16.25	2	6	23	46	74	88
25	25.5	30	R_c1/8	3	29	20	3	6	28	50	77	101
32	29.5	30	R_c1/8	3	37	20	3	7	35	60	79	119

SMQG型单活塞型

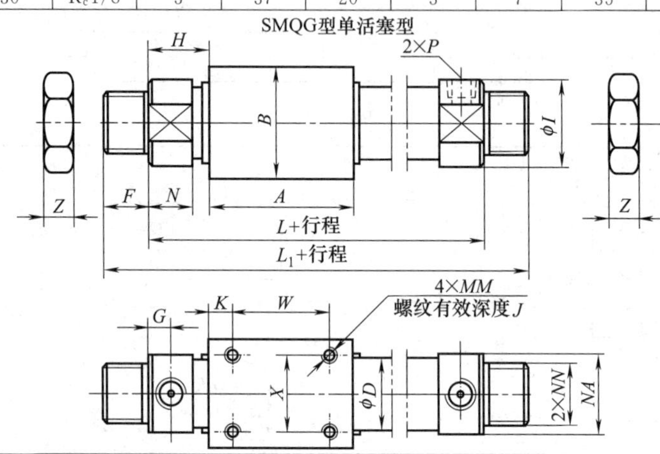

缸径	气口P	A	□B	ϕD	F	G	H	ϕI	K	MM深J	N	NA	NN	L	L_1	W	X	Z
20	R_c1/8	66	36	23	13	8	20	28	8	M4深6	15	26	M20×1.5	106	131	50	25	6
25	R_c1/8	70	46	28	13	8	20.5	34	10	M5深6	15	30	M26×1.5	111	137	50	30	8
32	R_c1/8	79	55	35	16	8.5	22	40	14.5	M6深7	17	36	M26×1.5	123	155	50	40	8
40	R_c1/8	92	70	43	16	11	29	49	16	M6深10	21	46	M32×2	150	182	60	40	8

注：生产厂为肇庆方大气动有限公司。

(3) QGL系列无给油润滑缆索气缸（ϕ50～80）

型号意义：

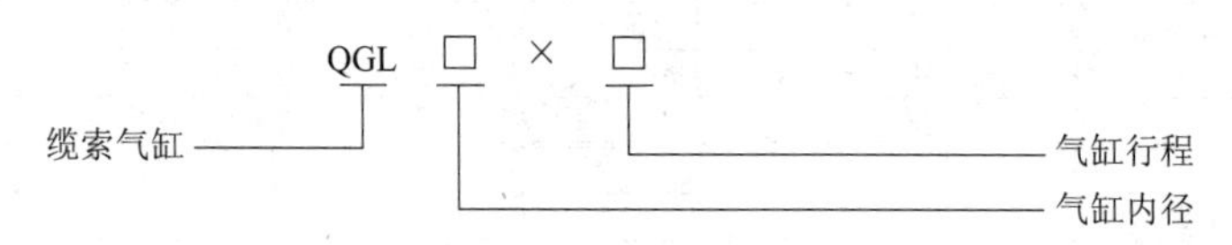

表 21-7-105　　主要技术参数

缸径/mm	50、63、80	输出拉力/N	580、960、1090(以工作压力为4bar算)
行程范围/mm	<3500	工作介质	经过净化的压缩空气
工作压力/MPa	2～0.8	给油	不需要(也可给油)
使用温度范围/℃	−10～+70(在不冻结条件下)	缓冲形式	两侧可调缓冲

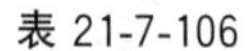
表 21-7-106　　外形尺寸　　mm

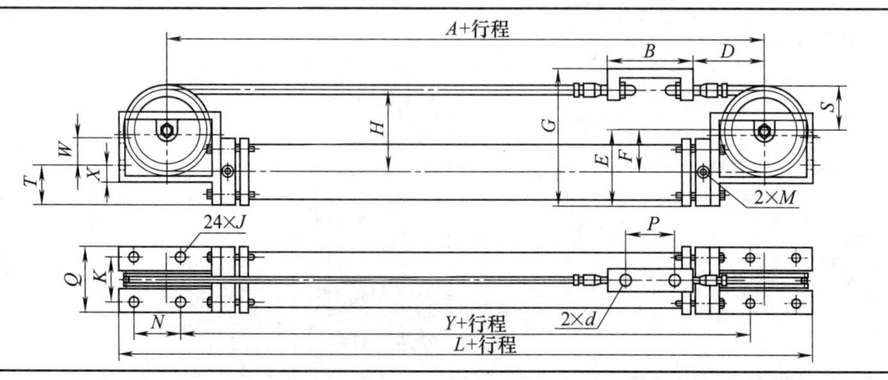

第21篇

续表

型号	A	B	D	E	G	H	J	K	N	Y	P	d	Q	L	M	X	W	F	S	T
QGL50×S	297	128	44	99.5	186	111	ϕ9	66	72	201	51	ϕ10	88	421	M16×1.5	23	45	55.5	55.5	58
QGL63×S	297	128	44	99.5	186	111	ϕ9	66	72	201	51	ϕ10	88	421	M16×1.5	23	45	55.5	55.5	58
QGL80×S	318	128	50	122	217	136	ϕ9	81	90	226	51	ϕ10	108	470	M16×1.5	26	48	68	68	65

注：生产厂为肇庆方大气动有限公司。

7.1.5.2 行程可调气缸

(1) 10A-5ST 系列伸出行程可调气缸（ϕ32～200）

型号意义：

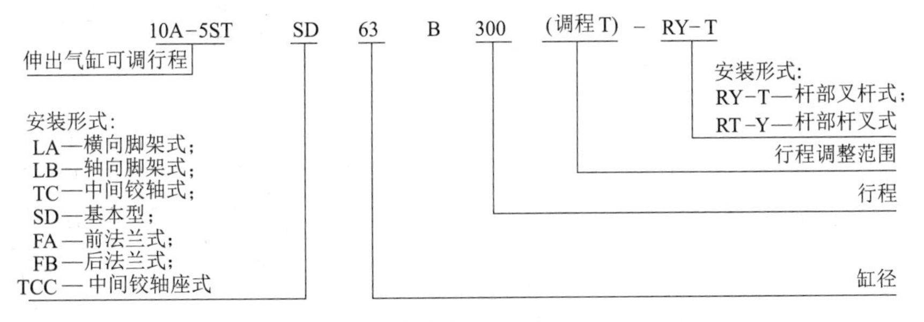

表 21-7-107　主要技术参数

缸径 D/mm	32	40	50	63	80	100	125	160	200
最大行程 S/mm	500	800			1600				
工作压力范围/bar	1～10								
耐压力/bar	15								
使用速度范围/mm·s^{-1}	50～700								
使用温度范围/℃	−25～+80(但在不冻结条件下)								
工作介质	经净化的压缩空气								
给油	不需要(也可给油)								
缓冲形式	两侧可调缓冲								
缓冲行程/mm	25				25			28	

表 21-7-108　外形尺寸　mm

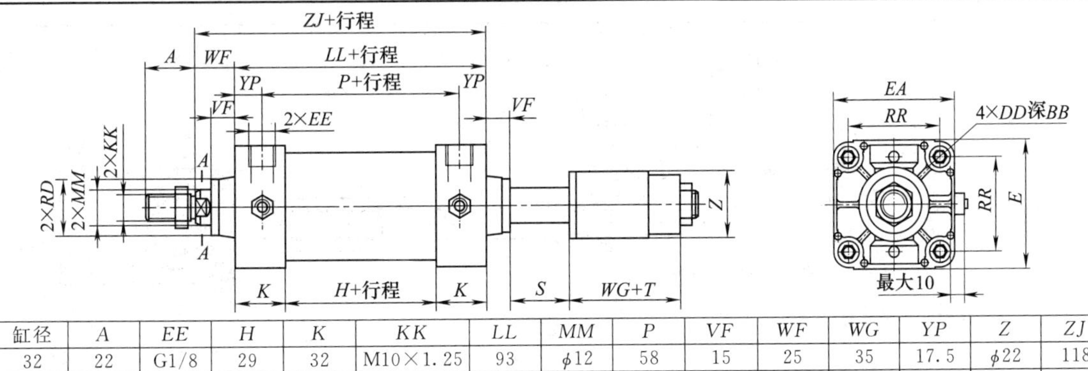

缸径	A	EE	H	K	KK	LL	MM	P	VF	WF	WG	YP	Z	ZJ
32	22	G1/8	29	32	M10×1.25	93	ϕ12	58	15	25	35	17.5	ϕ22	118
40	24	G1/4	29	32	M12×1.25	93	ϕ16	58	15	25	35	17.5	ϕ25	118
50	32	G1/4	29	32	M16×1.5	93	ϕ22	58	15	25	35	17.5	ϕ40	118
63	32	G3/8	32	32	M16×1.5	96	ϕ22	58	15	25	35	17.5	ϕ40	121
80	40	G3/8	32	38	M20×1.5	108	ϕ25	65	21	35	39	21.5	ϕ40	143
100	40	G1/2	32	38	M20×1.5	108	ϕ25	65	21	35	39	21.5	ϕ40	143
125	54	G1/2	38	38	M27×2	114	ϕ32	71	21	35	54	21.5	ϕ50	149
160	72	G3/4	39	43	M36×2	125	ϕ40	79	25	42	59	23	ϕ63	167
200	72	G3/4	92	50	M36×2	192	ϕ40	142	55	95	59	25	ϕ63	287

注：1. T——行程调整范围，由用户确定。

2. 生产厂为肇庆方大气动有限公司。

（2）10A-3ST 系列伸出行程可调缓冲气缸（ϕ32～400）

型号意义：

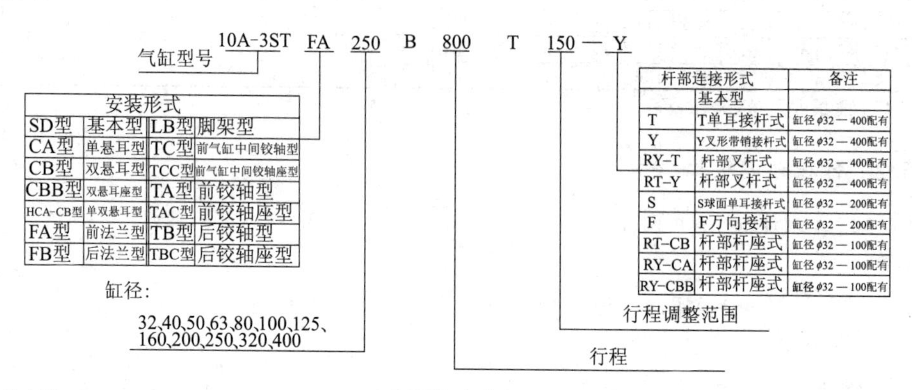

表 21-7-109　　　　**主要技术参数**

气缸品种	10A-3ST											
缸径/mm	32	40	50	63	80	100	125	160	200	250	320	400
最大行程/mm	600	800			1000		1500					
使用工作压力范围/bar	0.5～10											
耐压力/bar	15											
使用速度范围/mm·s^{-1}	150～500											
使用温度范围/℃	－25～＋80(但在不冻结条件下)											
工作介质	洁净、干燥、带油雾的压缩空气											
给油	需要											
缓冲形式	两侧可调缓冲											
缓冲行程/mm	20				25		28			32	42	

注：当气缸行程超过表中的最大长度，也可生产，但要可靠使用，要视负载的性质另行设计内部结构，此时，气缸长度常数会有所增长。

表 21-7-110　　　　**外形尺寸**　　　　mm

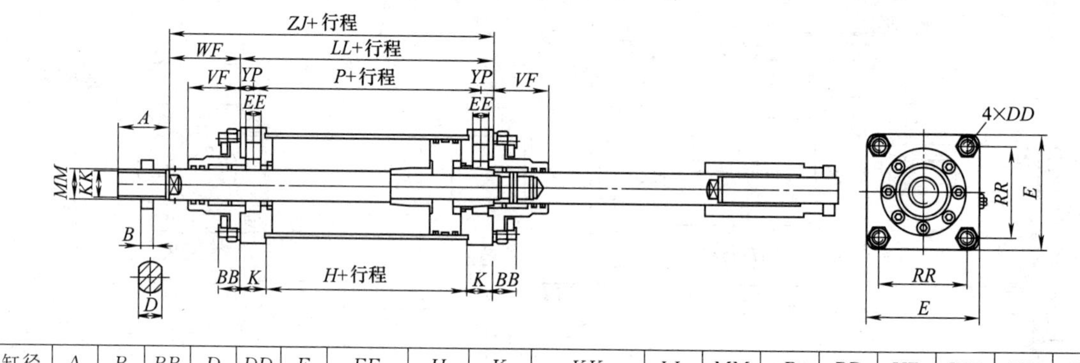

缸径	A	B	BB	D	DD	E	EE	H	K	KK	LL	MM	P	RR	VF	WF	YP	ZJ
32	22	6	12	10	M6	44	G1/8	42	20	M10×1.25	82	ϕ12	62	33	23	33	10	115
40	24	7	13	13	M6	50	G1/4	42	24	M12×1.25	90	ϕ16	63	37	22.5	33	13.5	123
50	32	8	15	19	M6	64	G1/4	45	25	M16×15	95	ϕ22	70	50	26.5	38	12.5	133
63	32	8	20	19	M8	80	G3/8	45	25	M16×15	95	ϕ22	70	60	26.5	38	12.5	133
80	40	10	20	22	M8	95	G3/8	48	29	M20×15	106	ϕ25	77	75	32	47	14.5	153
100	40	10	23	22	M10	115	G1/2	56	29	M20×15	114	ϕ25	85	90	32	47	14.5	161

续表

缸径	A	B	BB	D	DD	E	EE	H	K	KK	LL	MM	P	RR	VF	WF	YP	ZJ
125	68	18	30	36	M16	150	G1/2	59	35	M36×2	129	ϕ40	94	120	72	97	17.5	226
160	68	18	30	36	M16	190	G3/4	64	35	M36×2	134	ϕ40	99	150	72	97	17.5	231
200	68	18	40	36	M20	230	G3/4	64	35	M36×2	134	ϕ40	99	180	72	97	17.5	231
250	84	21	50	45	M24	280	G1	60	47	M42×2	154	ϕ50	113	230	70	108	20.5	262
320	96	28	60	75	M30	350	G1	102	45	M56×4	192	ϕ80	151	290	91	126	20.5	318
400	96	28	75	80	M36	430	G1	116	45	M56×4	206	ϕ90	165	350	142	190	20.5	396

注：生产厂为肇庆方大气动有限公司。

7.1.5.3 增力气缸

型号意义：

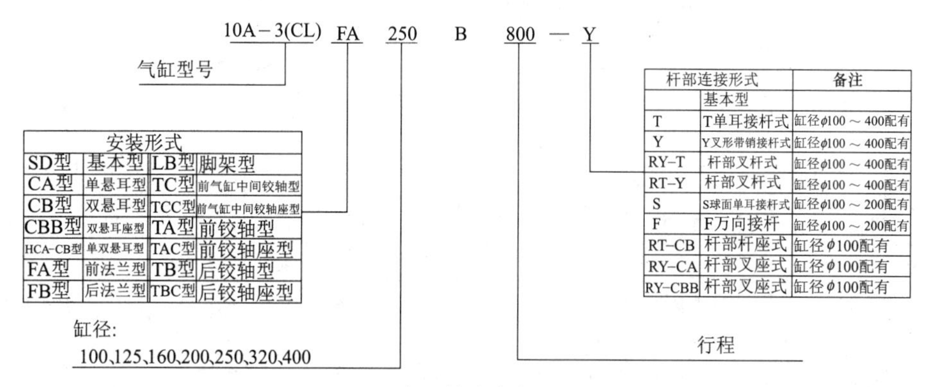

表 21-7-111　**主要技术参数**

气缸品种	10A-3(CL)						
缸径/mm	100	125	160	200	250	320	400
最大行程/mm	≤2000						
使用工作压力范围/bar	0.5～10						
耐压力/bar	15						
使用速度范围/mm·s^{-1}	50～700						
使用温度范围/℃	－25～＋80(但在不冻结条件下)						
工作介质	洁净、干燥、带油雾的压缩空气						
给油	需要						
缓冲形式	两侧可调缓冲						
缓冲行程/mm	20	28			32	42	

注：当气缸行程超过表中的最大长度，也可生产，但要可靠使用，要视负载的性质另行设计内部结构，此时，气缸长度常数会有所增长。

表 21-7-112　**外形尺寸**　mm

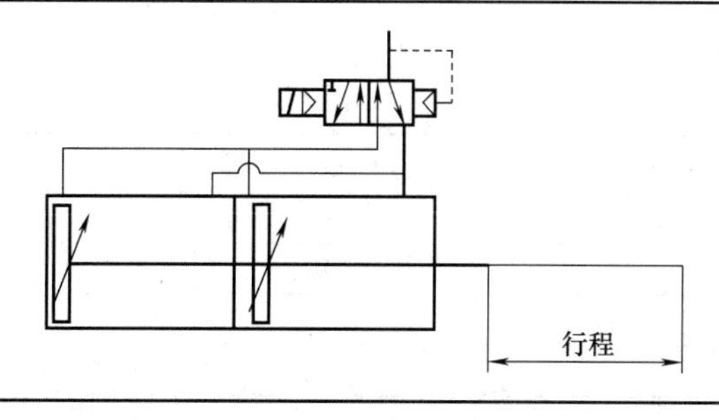

续表

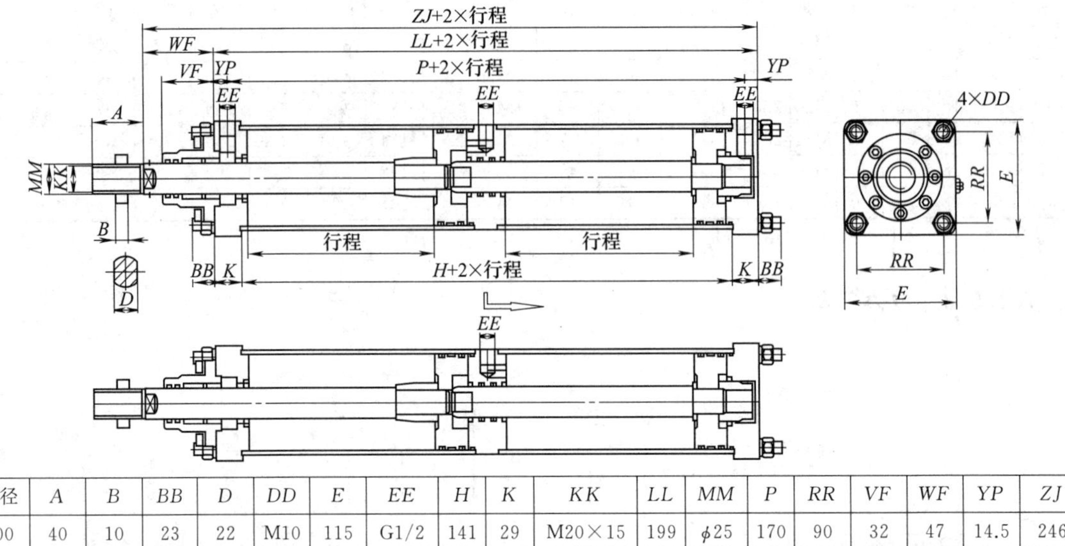

缸径	A	B	BB	D	DD	E	EE	H	K	KK	LL	MM	P	RR	VF	WF	YP	ZJ
100	40	10	23	22	M10	115	G1/2	141	29	M20×15	199	ϕ25	170	90	32	47	14.5	246
125	68	18	30	36	M16	150	G1/2	153	35	M36×2	223	ϕ40	188	120	72	97	17.5	320
160	68	18	30	36	M16	190	G3/4	167	35	M36×2	237	ϕ40	202	150	72	97	17.5	334
200	68	18	40	36	M20	230	G3/4	167	35	M36×2	237	ϕ40	202	180	72	97	17.5	334
250	84	21	50	45	M24	280	G1	183	47	M42×2	277	ϕ50	236	230	70	108	20.5	385
320	96	28	60	75	M30	350	G1	253	45	M56×4	343	ϕ80	302	290	91	126	20.5	469
400	96	28	75	80	M36	430	G1	286	45	M56×4	376	ϕ90	335	350	142	190	20.5	566

注：生产厂为肇庆方大气动有限公司。

7.1.5.4　步进气缸

(1) 10A-5（N）系列三位步进缓冲气缸（ϕ32～160）

型号意义：

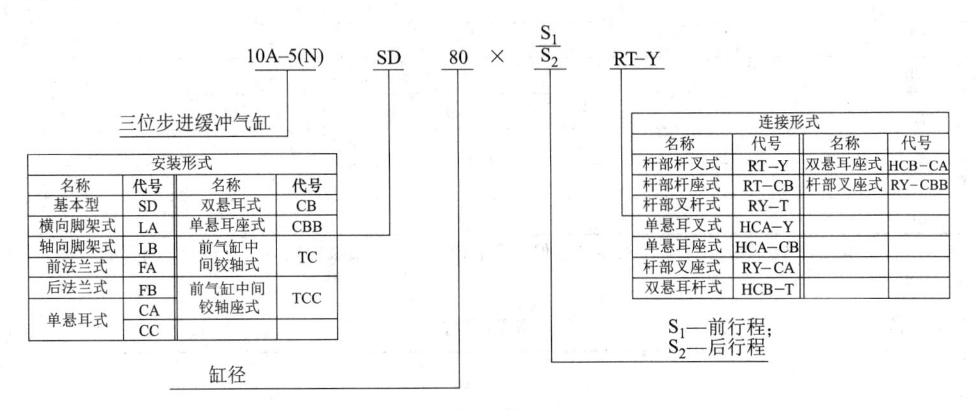

表 21-7-113　　主要技术参数

型　　号		10A-5(N)□$^{\times S_1}_{\times S_2}$							
缸径/mm		ϕ32	ϕ40	ϕ50	ϕ63	ϕ80	ϕ100	ϕ125	ϕ160
行程 (S_1<S_2)/mm	前行程 S_1	<500		<800		<1000			
	总行程 S_2	≤500		≤800		≤1000			
工作压力范围/bar		1.2～10							

续表

<table>
<tr><td colspan="2">型　　号</td><td colspan="4">10A-5(N)□$^{\times S_1}_{\times S_2}$</td></tr>
<tr><td colspan="2">耐压力/bar</td><td colspan="4">12</td></tr>
<tr><td colspan="2">使用速度范围/mm・s^{-1}</td><td colspan="4">100～700</td></tr>
<tr><td colspan="2">使用温度范围/℃</td><td colspan="4">−25～+80(但在不冻结条件下)</td></tr>
<tr><td colspan="2">工作介质</td><td colspan="4">经过净化干燥的压缩空气</td></tr>
<tr><td colspan="2">给油形式</td><td colspan="4">不需要(也可给油)</td></tr>
<tr><td colspan="2">缓冲</td><td colspan="4">前气缸两侧可调缓冲</td></tr>
<tr><td colspan="2">缓冲行程</td><td>20</td><td colspan="2">25</td><td>28</td></tr>
<tr><td rowspan="3">最短总行程
S_2/mm</td><td>TC 安装</td><td colspan="2" rowspan="2">50</td><td colspan="2" rowspan="2">60</td></tr>
<tr><td>TCC 安装</td></tr>
<tr><td>其他安装</td><td colspan="4">15</td></tr>
</table>

表 21-7-114　　外形尺寸　　mm

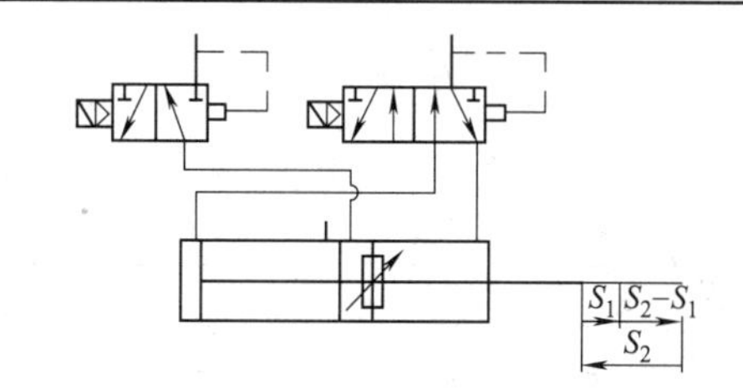

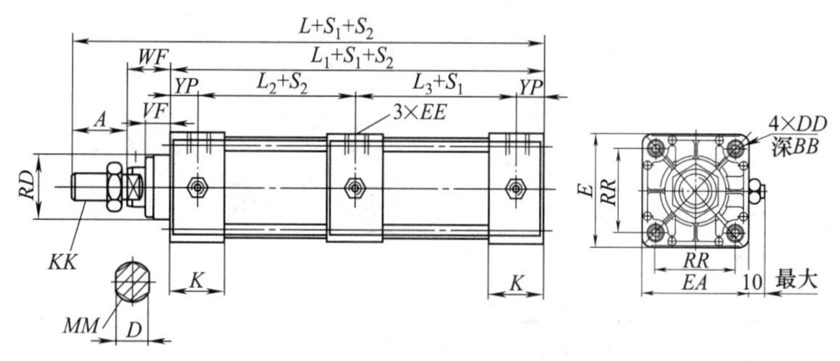

缸径	A	WF	VF	KK	RD	D	EE	MM	K	YP	L	L_1	L_2	L_3	DD	BB	RR	E	EA
32	22	25	15	M10×1.25	ϕ24	10	G1/8	ϕ12	32	17.5	196.5	149.5	58	56.5	M6×1	8	33	44	44
40	24	25	15	M12×1.25	ϕ32	13	G1/4	ϕ16	32	17.5	202	153	58	60	M6×1	8	37	50	50
50	32	25	15	M16×1.5	ϕ34	19	G1/4	ϕ22	32	17.5	220	163	58	70	M6×1	8	47	62	62
63	32	25	15	M16×1.5	ϕ38	19	G3/8	ϕ22	32	17.5	227	170	62	73	M8×1.25	9	56	76	75
80	40	35	21	M20×1.5	ϕ47	22	G3/8	ϕ25	38	21.5	258	183	65	75	M10×1.5	11	70	94	94
100	40	35	21	M20×1.5	ϕ47	22	G1/2	ϕ25	38	21.5	258	183	65	75	M10×1.5	11	84	114	112
125	54	35	21	M27×2	ϕ54	27	G1/2	ϕ32	38	21.5	305	216	86.5	86.5	M12×1.75	14	104	138	36
160	72	45	25	M36×2	ϕ62	36	G3/4	ϕ40	43	23	337	220	79	95	M16	18	134	174	172

注：1. 本系列气缸的安装和连接形式尺寸参看 10A-5 系列气缸有关部分。

2. 该系列气缸前行程 S_1 要小于后行程 S_2。气缸动作时第一步走 S_1，第二步走 S_2-S_1，回程时走 S_2。

3. 生产厂为肇庆方大气动有限公司。

（2）10A-3（N）系列三位步进缓冲气缸（ϕ32～400）

型号意义：

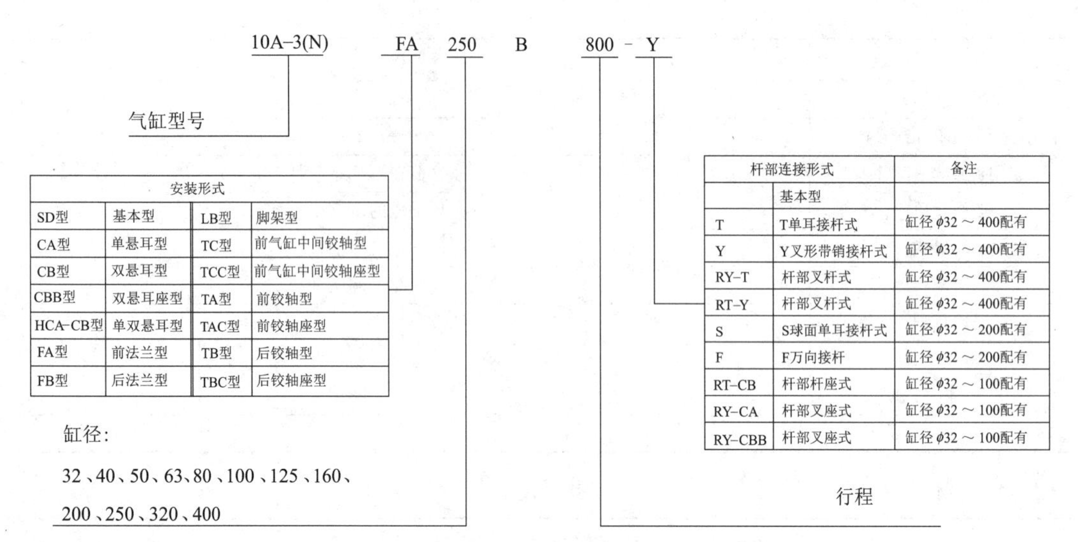

安装形式			
SD型	基本型	LB型	脚架型
CA型	单悬耳型	TC型	前气缸中间铰轴型
CB型	双悬耳型	TCC型	前气缸中间铰轴座型
CBB型	双悬耳座型	TA型	前铰轴型
HCA-CB型	单双悬耳型	TAC型	前铰轴座型
FA型	前法兰型	TB型	后铰轴型
FB型	后法兰型	TBC型	后铰轴座型

杆部连接形式		备注
	基本型	
T	T单耳接杆式	缸径 ϕ32～400配有
Y	Y叉形带销接杆式	缸径 ϕ32～400配有
RY-T	杆部叉杆式	缸径 ϕ32～400配有
RT-Y	杆部叉杆式	缸径 ϕ32～400配有
S	S球面单耳接杆式	缸径 ϕ32～200配有
F	F万向接杆	缸径 ϕ32～200配有
RT-CB	杆部杆座式	缸径 ϕ32～100配有
RY-CA	杆部叉座式	缸径 ϕ32～100配有
RY-CBB	杆部叉座式	缸径 ϕ32～100配有

表 21-7-115　　主要技术参数

气缸品种		10A-3(N)											
缸径/mm		32	40	50	63	80	100	125	160	200	250	320	400
最大行程/mm	前行程 S_1	<500		<800		<1000							
	前行程 S_2	≤500		≤800		≤1000							
使用工作压力范围/bar		0.5～10											
耐压力/bar		15											
使用速度范围/mm·s^{-1}		50～700											
使用温度范围/℃		－25～＋80(但在不冻结条件下)											
工作介质		洁净、干燥、带油雾的压缩空气											
给油		需要											
缓冲形式		两侧可调缓冲											
缓冲行程/mm		20				25		28			32	42	

注：当气缸行程超过上表的最大长度，也可生产，但要可靠使用，要视负载的性质另行设计内部结构，此时，气缸长度常数会有所增长。

表 21-7-116　　外形尺寸　　mm

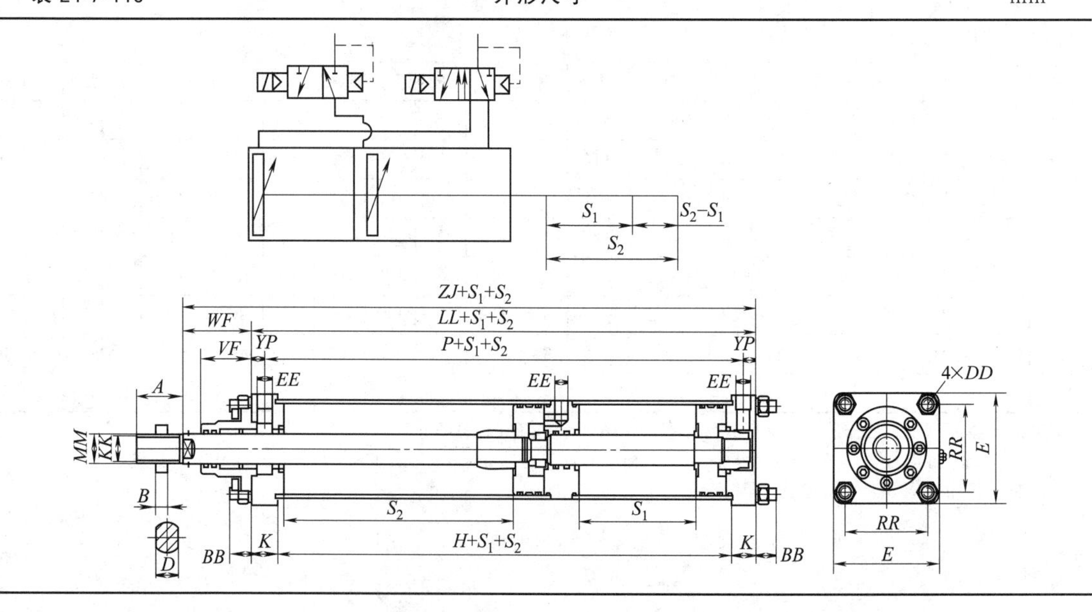

续表

缸径	A	B	BB	D	DD	E	EE	H	K	KK	LL	MM	P	RR	VF	WF	YP	ZJ
32	22	6	12	10	M6	44	G1/8	104	20	M10×1.25	144	ϕ12	124	33	23	33	10	177
40	24	7	13	13	M6	50	G1/4	105	24	M12×1.25	153	ϕ16	126	37	22.5	33	13.5	186
50	32	8	15	19	M6	64	G1/4	115	25	M16×15	165	ϕ22	140	50	26.5	38	12.5	203
63	32	8	20	19	M8	80	G3/8	115	25	M16×15	165	ϕ22	140	60	26.5	38	12.5	203
80	40	10	20	22	M8	95	G3/8	125	29	M20×15	183	ϕ25	154	75	32	47	14.5	230
100	40	10	23	22	M10	115	G1/2	141	29	M20×15	199	ϕ25	170	90	32	47	14.5	246
125	68	18	30	36	M16	150	G1/2	153	35	M36×2	223	ϕ40	188	120	72	97	17.5	320
160	68	18	30	36	M16	190	G3/4	167	35	M36×2	237	ϕ40	202	150	72	97	17.5	334
200	68	18	40	36	M20	230	G3/4	167	35	M36×2	237	ϕ40	202	180	72	97	17.5	334
250	84	21	50	45	M24	280	G1	183	47	M42×2	277	ϕ50	236	230	70	108	20.5	385
320	96	28	60	75	M30	350	G1	253	45	M56×4	343	ϕ80	302	290	91	126	20.5	469
400	96	28	75	80	M36	430	G1	286	45	M56×4	376	ϕ90	335	350	142	190	20.5	566

注：1. 本系列气缸的安装和连接形式尺寸参看10A-3系列气缸有关部分。
2. 该系列气缸前行程 S_1 要小于后行程 S_2，气缸动作时第一步走 S_1，第二步走 S_2-S_1，回程时走 S_2。
3. 生产厂为肇庆方大气动有限公司。

（3）XQGA（B）J系列普通型串联气缸（ϕ32～320）

表21-7-117　主要技术参数

使用介质	经过滤的压缩空气
最高使用压力/MPa	1.0
最低工作压力/MPa	0.1
介质温度/℃	−10～+60
环境温度/℃	5～60
使用速度/mm·s^{-1}	50～500
行程误差/mm	0～250：$^{+1.0}_{0}$；251～1000：$^{+1.5}_{0}$；1001～2000：$^{+2.0}_{0}$

表21-7-118　外形尺寸　mm

SD基本型（XQGAJ、XQGBJ气缸）

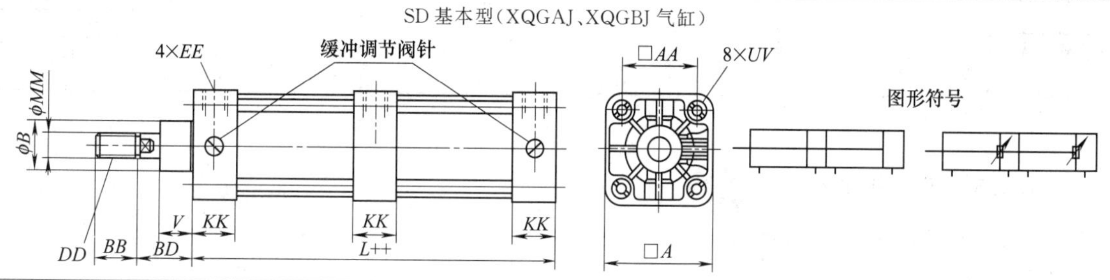

缸径	A	AA	B	BB	BD	DD	EE	KK	L	MM	UV	V
32	40	30	24.5	22	20	M10×1.25	R_c1/8	26	168	12	M5	9
40	53	38	35.5	30	33	M14×1.5	R_c1/4	27	171	16	M6	12
50	62	46	40.5	35	37	M18×1.5	R_c3/8	27	175	20	M6	15
63	78	57	40.5	35	37	M18×1.5	R_c3/8	27	175	20	M8	15
80	94	73	46.5	40	47	M22×1.5	R_c1/2	34	208	25	M8	18
100	114	89	51.5	45	64	M27×1.5	R_c1/2	36	228	30	M10	20
125	140	110	60	54	65	M27×2	G1/2	46	274	32	M12	45
160	180	140	65	72	80	M36×2	G3/4	50	310	40	M16	58
200	220	175	75	72	95	M36×2	G3/4	50	310	40	M16	60
250	270	220	90	84	105	M42×2	G1	52	348	50	M20	67
320	340	270	110	96	120	M48×2	G1	58	382	63	M24	82

注：生产厂为上海新益气动元件有限公司。

(4) XQGA (B) P 系列普通型多位气缸 (ϕ32～320)

表 21-7-119 主要技术参数

使用介质	经过滤的压缩空气
最高使用压力/MPa	1.0
最低工作压力/MPa	0.1
介质温度/℃	−1～+60
环境温度/℃	5～60
使用速度/mm·s^{-1}	50～500
行程误差/mm	0～250:$^{+1.0}_{0}$;251～1000:$^{+1.5}_{0}$;1001～2000:$^{+2.0}_{0}$

表 21-7-120 外形尺寸 mm

SD 基本型(XQGAP、XQGBP 气缸)

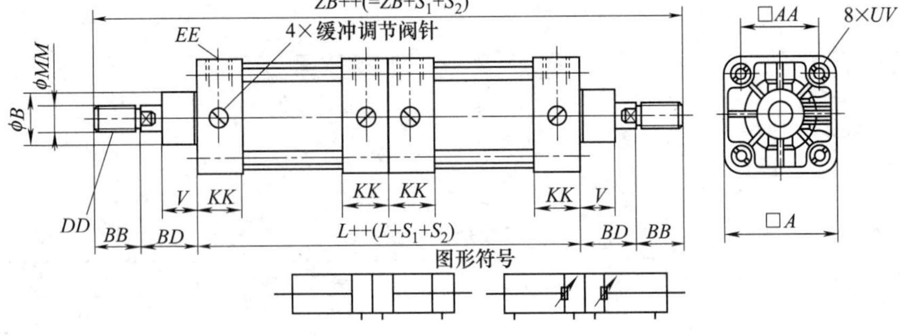

图形符号

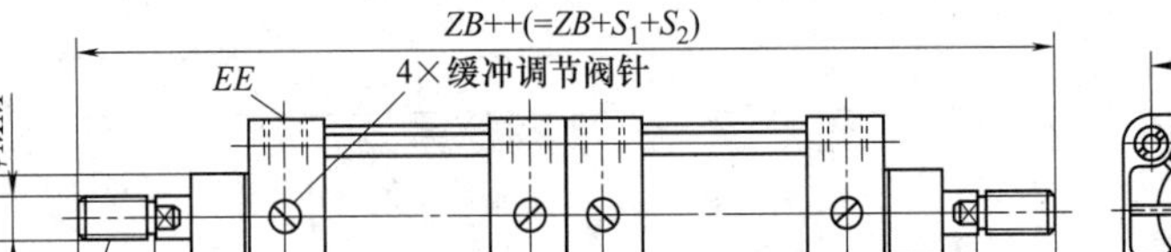

缸径	A	AA	B	BB	BD	DD	EE	KK	L	MM	UV	V	ZB
32	40	30	24.5	22	20	M10×1.25	R_c1/8	26	194	12	M5	9	278
40	53	38	35.5	30	3	M14×1.5	R_c1/4	27	198	16	M6	12	324
50	62	46	40.5	35	37	M18×1.5	R_c3/8	27	202	20	M6	15	346
63	78	57	40.5	35	37	M18×1.5	R_c3/8	27	202	20	M8	15	346
80	94	73	46.5	40	47	M22×1.5	R_c1/2	34	242	25	M8	18	416
100	114	89	51.5	45	64	M27×1.5	R_c1/2	36	264	30	M10	20	482
125	140	110	60	54	65	M27×2	G1/2	46	320	32	M12	45	558
160	180	140	65	72	80	M36×2	G3/4	50	360	40	M16	58	664
200	220	175	75	72	95	M36×2	G3/4	50	360	40	M16	60	684
250	270	220	90	84	105	M42×2	G1	52	400	50	M20	67	786
320	340	270	110	96	120	M48×2	G1	58	460	63	M24	82	872

注：生产厂为上海新益气动元件有限公司。

7.1.5.5 带导杆气缸

(1) MD 系列带导杆气缸 (ϕ6～32)

型号意义：

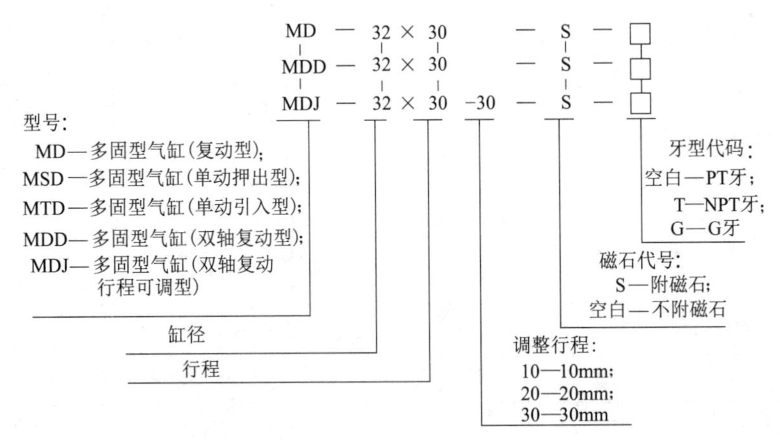

表 21-7-121　**主要技术参数**

内径/mm		6	10	16	20	25	32
动作形式	MD、MDD、MDJ	复动型					
	MSD、MTD	单动押出型、单动引入型					
工作介质		空气					
使用压力范围/MPa	MD、MDD、MDJ	0.1～1.0(14～145psi)					
	MSD、MTD	0.2～1.0(28～145psi)					
保证耐压力/MPa		1.5(215psi)					
工作温度/℃		−20～80					
使用速度范围/mm·s^{-1}		复动型:30～500　单动型:50～500					
行程公差范围/mm		$^{+1.0}_{\ \ 0}$					
缓冲形式		防撞垫					
接管口径①		M5×0.8					PT1/8

① 接管牙型有 NPT、G 牙可供选择。

表 21-7-122　**行程**　mm

内径		标准行程	最大行程	容许行程
6	复动	5、10、15、20、25、30、35	35	40
	单动	5、10、15、20	20	—
10	复动	5、10、15、20、25、30、35	35	40
	单动	5、10、15、20	20	—
16	复动	5、10、15、20、25、30、40、50	50	70
	单动	5、10、15、20	20	—
20	复动	5、10、15、20、25、30、40、50、60	60	80
	单动	5、10、15、20	20	—
25	复动	5、10、15、20、25、30、40、50、60	60	80
	单动	5、10、15、20	20	—
32	复动	5、10、15、20、25、30、40、50、60	60	80
	单动	5、10、15、20	20	—

注：1. 在容许行程范围内，当行程>最大行程时，作非标处理。

2. 最大行程范围内的非标行程以上一级标准行程改制而成，其外形尺寸为上一级标准行程气缸的外形尺寸。如行程为 23 的非标行程气缸是由标准行程为 25 的标准气缸改制而成，其外形尺寸与其相同。

表 21-7-123　**外形尺寸及安装形式**　mm

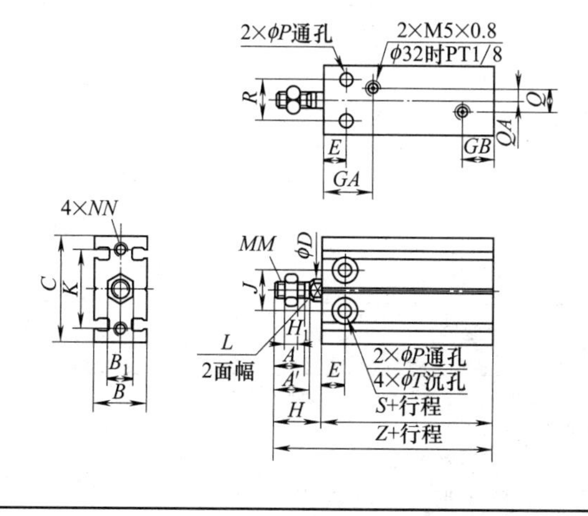

续表

缸径	A	A'	B	B_1	C	D	E	GA	GB	H	H_1	J	K	L
6	7	8	16.5	5.5	22	3	7	14	10	13	2.4	10	17	—
10	10	11	16.5	7	24	4	7	15.5	10	16	2.2	11	18	—
16	11	12.5	20	8	32	6	7	14.5	10	16	4	14	25	5
20	12	14	26	10	40	8	9	19	11	19	5	16	30	6
25	15.5	18	32	12	50	10	10	21.5	8.5	23	6	20	38	8
32	19.5	22	40	17	62	12	11	23	12.5	27	6	24	48	10

缸径	MM	NN	P	Q	QA	R	T	不附磁		附磁	
								S	Z	S	Z
6	M3×0.5	M3×0.5 深 5	3.2	—	—	7	6 深 5	33	46	33	46
10	M4×0.7	M3×0.5 深 5	3.2	—	—	9	6 深 5.6	36	52	36	52
16	M5×0.8	M4×0.7 深 5	4.5	3	1.5	12	7.6 深 6.5	30	46	40	56
20	M6×1.0	M5×0.8 深 7.5	5.5	9	4.5	16	9.3 深 8	36	55	46	65
25	M8×1.25	M5×0.8 深 8	5.5	12	6	20	9.3 深 9	40	63	50	73
32	M10×1.25	M6×1.0 深 9	6.6	13	4.5	24	11 深 11.5	42	69	52	79

注：生产厂为亚德客公司。

(2) STM 系列带导杆气缸（ϕ10～25）

型号意义：

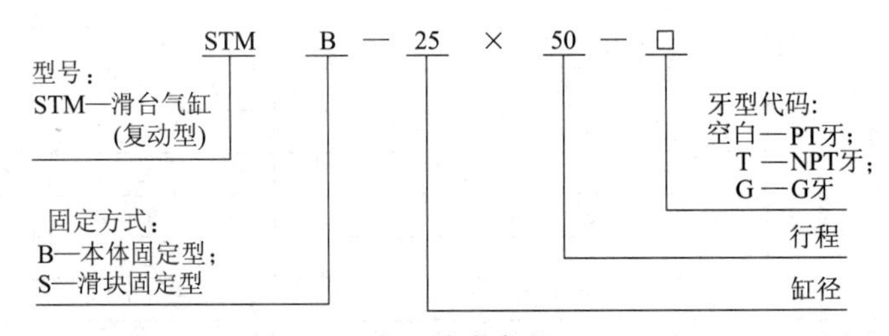

表 21-7-124 **主要技术参数**

内径/mm	10	16	20	25
动作形式	复动型			
工作介质	空气			
使用压力范围/MPa	0.1～1.0(14～145psi)			
保证耐压力/MPa	1.5(215psi)			
工作温度/℃	−20～70			
使用速度范围/mm·s^{-1}	30～500			
行程公差范围/mm	$^{+1.0}_{0}$			
缓冲形式	无	防撞垫或油压缓冲器(可选项)		
不回转精度①	±0.1°	±0.05°		
接管口径②	M5×0.8			PT1/8

行程/mm

内 径	标 准 行 程	最大行程	容许行程
10	25、50、75、100	100	150
16	25、50、75、100、125、150、175、200	200	250
20、25	25、50、75、100、125、150、175、200、250	250	300

① 不回转精度为气缸完全收回状态时，气缸固定板可回转的角度。

② 接管牙型有 NPT、G 牙可供选择。

注：1. STM 系列全附磁。

2. 在容许行程范围内，当行程>最大行程时，作非标处理。

表 21-7-125　外形尺寸及安装方式　mm

STMB 型

$\phi 20$

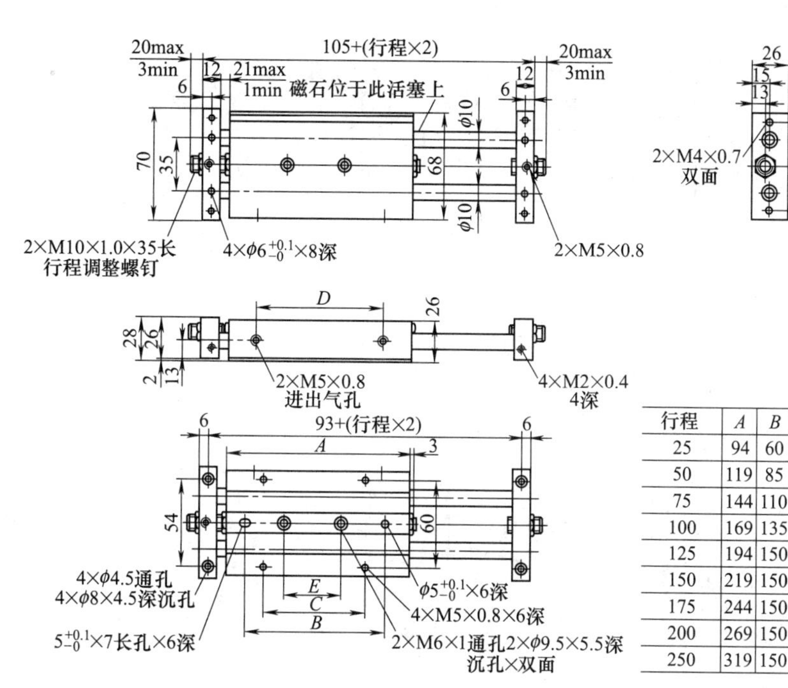

行程	A	B	C	D	E
25	94	60	50	53	35
50	119	85	50	78	45
75	144	110	75	103	45
100	169	135	100	128	70
125	194	150	120	153	90
150	219	150	120	178	90
175	244	150	120	203	90
200	269	150	120	228	90
250	319	150	120	278	90

$\phi 25$

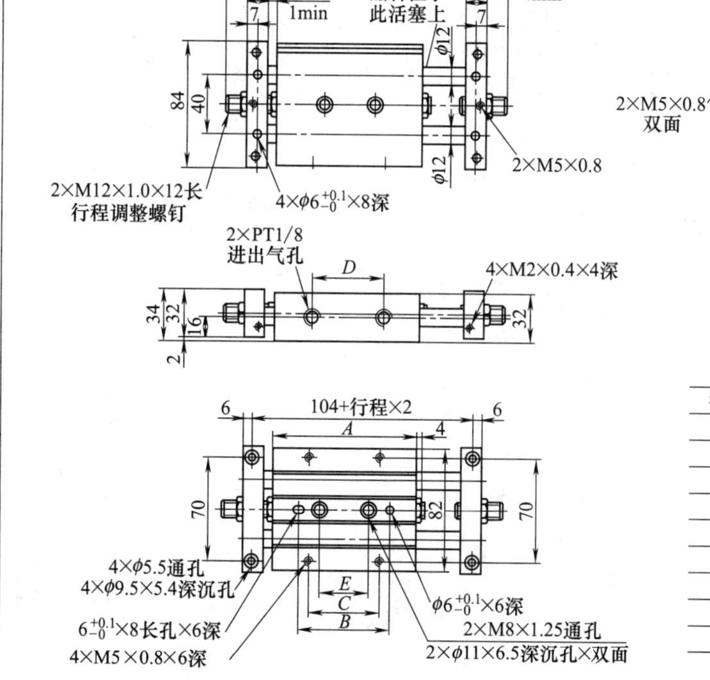

行程	A	B	C	D	E
25	101	65	50	50	35
50	126	90	50	75	45
75	151	115	75	100	45
100	176	140	100	125	70
125	201	140	100	150	95
150	226	140	100	175	100
175	251	140	100	200	100
200	276	140	100	225	100
250	326	140	100	275	100

续表

STMB 型

φ10

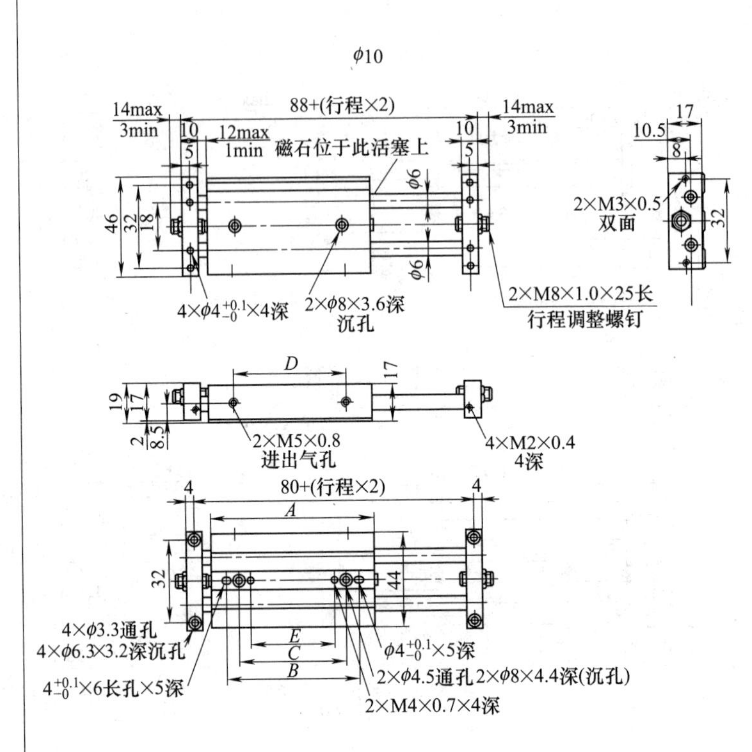

行程	A	B	C	D	E
25	81	65	35	46	15
50	106	85	60	71	40
75	131	85	60	96	40
100	156	85	60	121	40

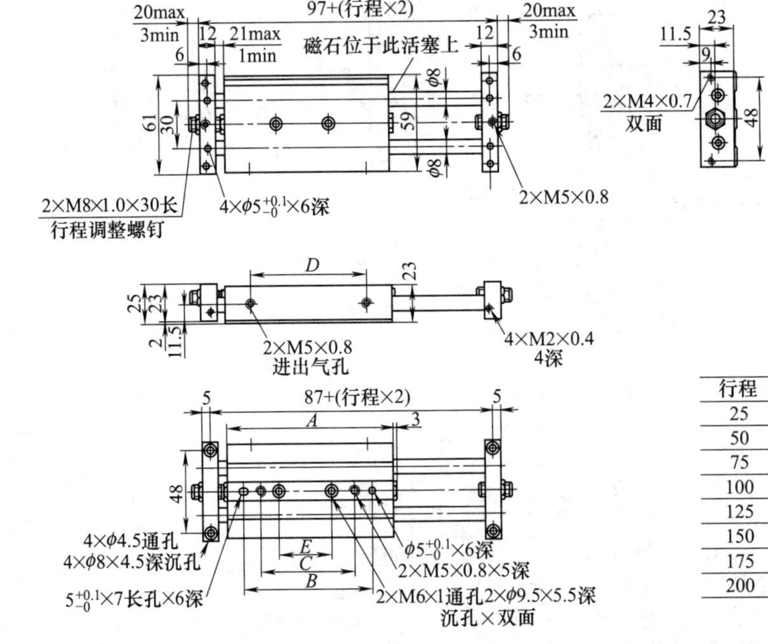

行程	A	B	C	D	E
25	86	55	—	48	25
50	111	80	—	73	50
75	136	105	75	98	45
100	161	130	100	123	70
125	186	150	120	148	90
150	211	150	120	173	90
175	236	150	120	198	90
200	261	150	120	223	90

续表

STMS 型

$\phi 10$

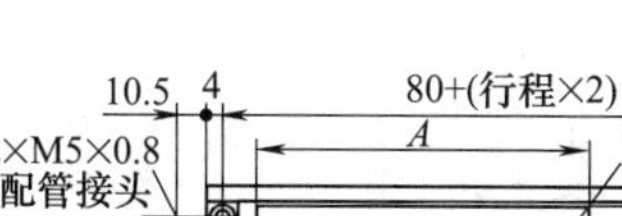

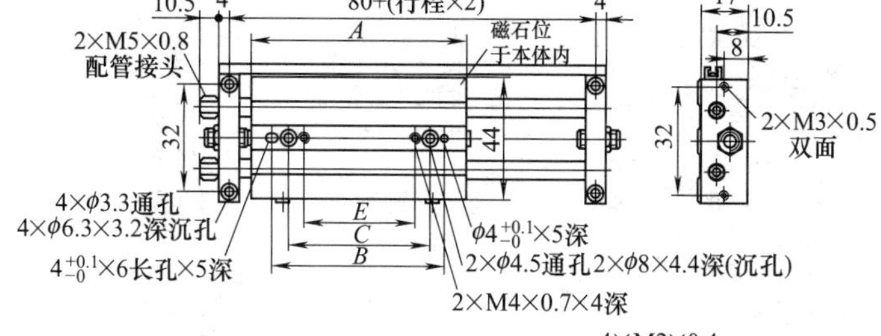

17
10.5
8
2×M3×0.5
双面
32

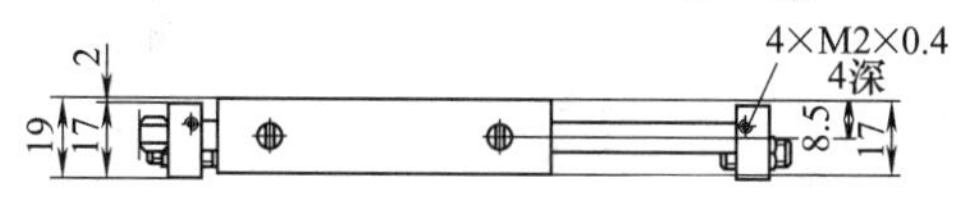

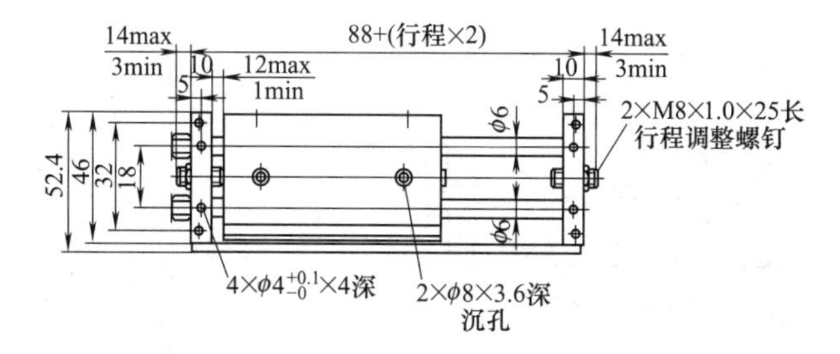

行程	A	B	C	E
25	81	65	35	15
50	106	85	60	40
75	131	85	60	40
100	156	85	60	40

$\phi 16$

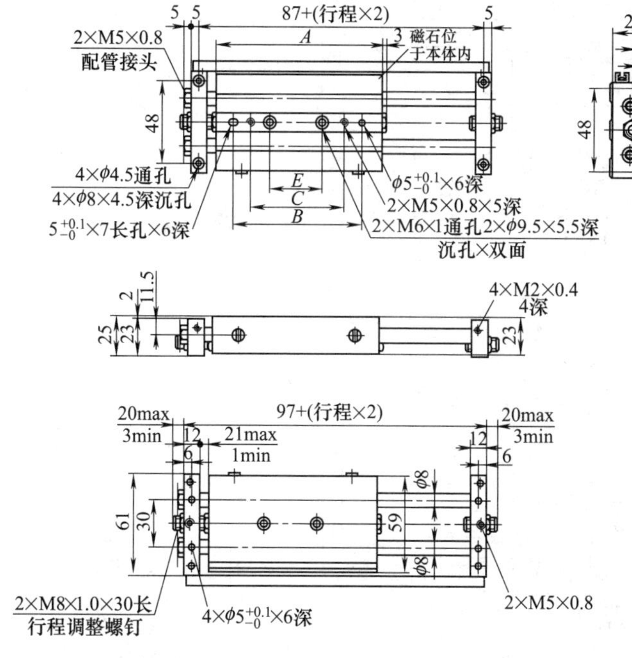

行程	A	B	C	E
25	86	55	—	25
50	111	80	—	50
75	136	105	75	45
100	161	130	100	70
125	186	150	120	90
150	211	150	120	90
175	236	150	120	90
200	261	150	120	90

续表

STMS 型

$\phi20$

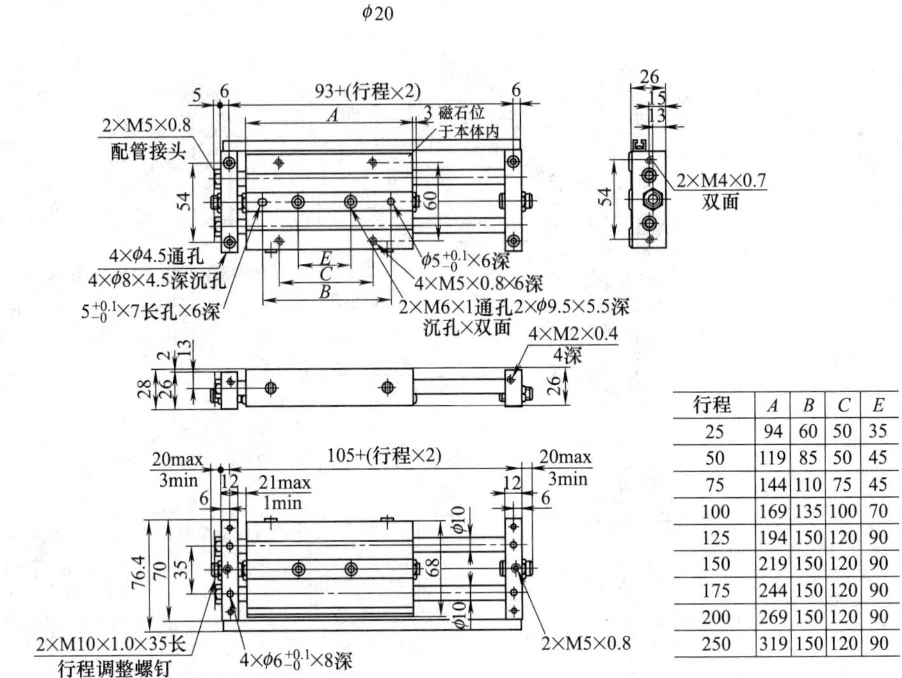

行程	A	B	C	E
25	94	60	50	35
50	119	85	50	45
75	144	110	75	45
100	169	135	100	70
125	194	150	120	90
150	219	150	120	90
175	244	150	120	90
200	269	150	120	90
250	319	150	120	90

$\phi25$

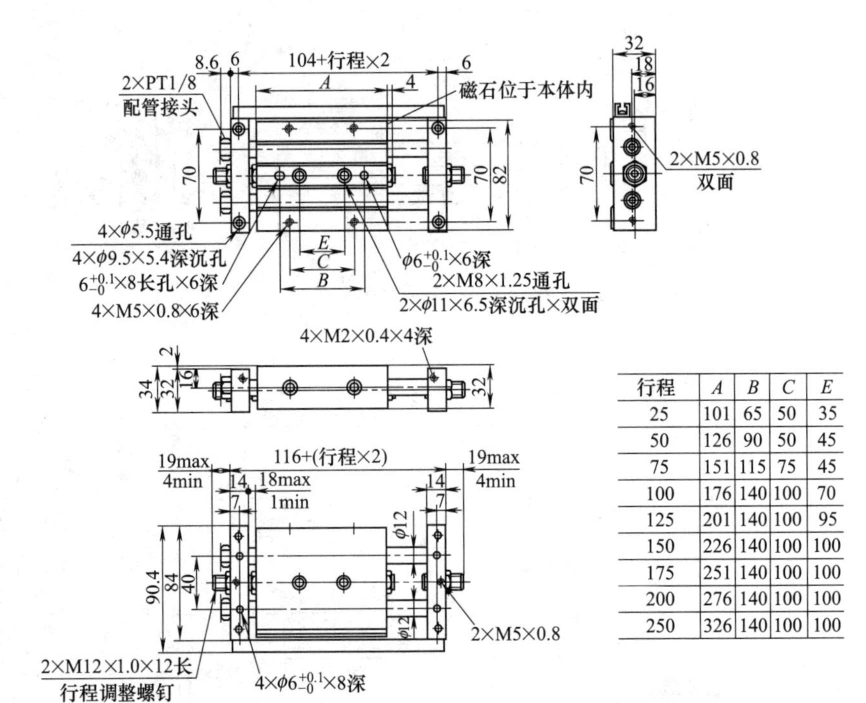

行程	A	B	C	E
25	101	65	50	35
50	126	90	50	45
75	151	115	75	45
100	176	140	100	70
125	201	140	100	95
150	226	140	100	100
175	251	140	100	100
200	276	140	100	100
250	326	140	100	100

注：生产厂为亚德客公司。

(3) TN系列带导杆气缸(ϕ10～32)

型号意义:

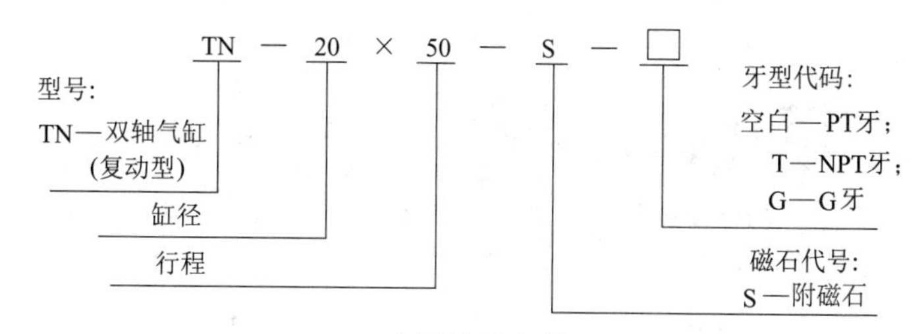

表 21-7-126 主要技术参数

内径/mm	10	16	20	25	32
动作形式	复动型				
工作介质	空气				
使用压力范围/MPa	0.1～1.0(14～145psi)				
保证耐压力/MPa	1.5(215psi)				
工作温度/℃	−20～70				
使用速度范围/mm·s^{-1}	30～500				
调整行程/mm	−10～0				
行程公差范围/mm	+1.0 0				
缓冲形式	防撞垫				
不回转精度①	±0.4°	±0.3°			
接管口径②	M5×0.8				PT1/8

① 不回转精度为气缸完全收回状态时，气缸固定板可回转的角度。

② 接管牙型有NPT、G牙可供选择。

表 21-7-127 行程 mm

内径	标准行程	最大行程
10	10、20、30、40、50、60、70、80、90、100	100
16 20 25 32	10、20、30、40、50、60、70、80、90、100、125、150、175、200	200

注：100mm范围内的非标行程以上一级标准行程改制而成，其外形尺寸为上一级标准行程气缸的外形尺寸。如行程为28mm的非标行程气缸是由标准行程为30的标准气缸改制而成，其外形尺寸与其相同。

表 21-7-128 外形尺寸 mm

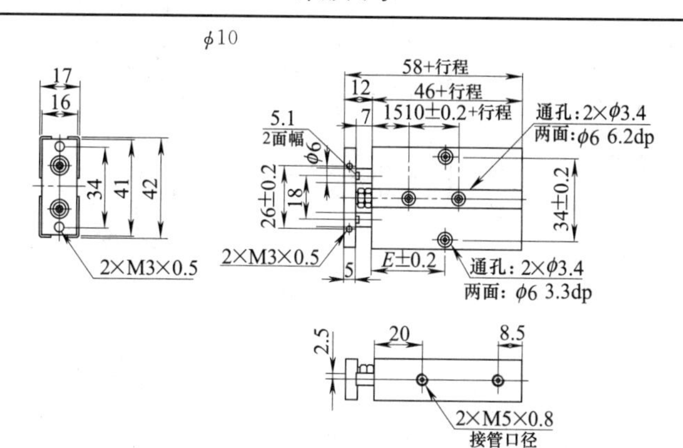

行程	10	20	30	40	50	60	70	80	90	100
E	30	30	35	40	45	50	55	60	65	70

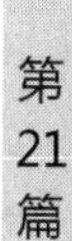

续表

$\phi16\sim25$

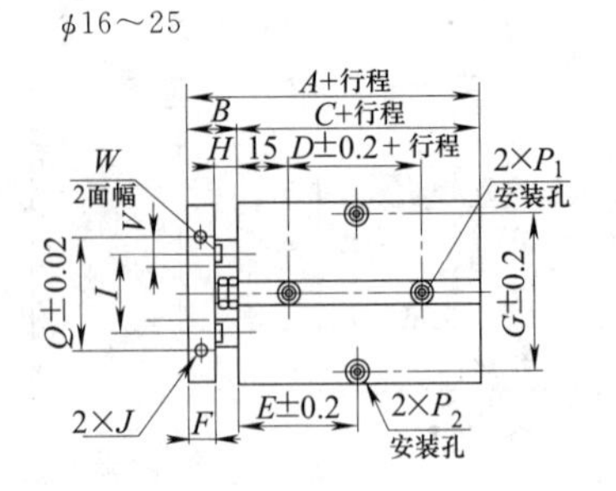

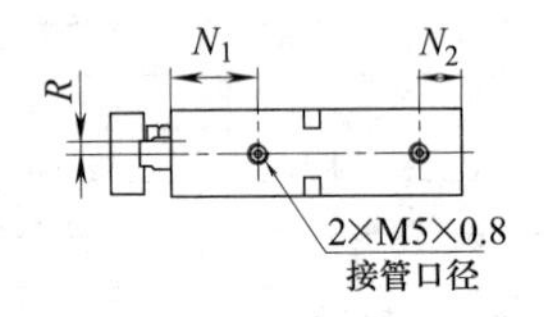

内径	A	B	C	D	行程≤	10	20	30	40	50	60	70	80	90	100	125	150	175	200	250	F
16	68	15	53	20	E	30	35	40	45	50	55	60	65	70	75	87.5	100	112.5	125	—	8
20	78	20	58	20		35	35	40	45	50	55	60	65	70	75	87.5	100	112.5	125	150	10
25	81	19	62	30		40	40	45	50	55	60	65	70	75	80	92.5	105	117.5	130	155	10

内径	G	H	I	J	K	L	M	N_1	N_2	P_1	P_2	Q	R	S	T	V	W
16	47	7	24	M4×0.7 深 5	47	53	20	22	11	两边：ϕ7.5 深 7.2mm 通孔：ϕ4.5	两边：ϕ8 深 4.5mm 通孔：ϕ4.5	34	3	54	21	8	6.1
20	55	10	28	M4×0.7 深 5	55	61	24	25	12	两边：ϕ7.5 深 7.2mm 通孔：ϕ4.5	两边：ϕ8 深 4.5mm 通孔：ϕ4.5	44	3.5	62	25	10	8.1
25	66	9	34	M4×0.7 深 6	66	72	29	27	12	两边：ϕ7.5 深 7.2mm 通孔：ϕ4.5	两边：ϕ8 深 4.5mm 通孔：ϕ4.5	56	6	73	30	12	10.1

$\phi32$

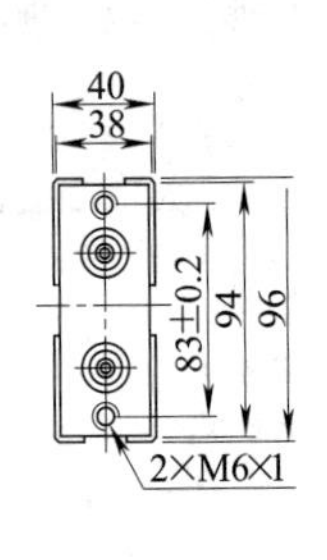

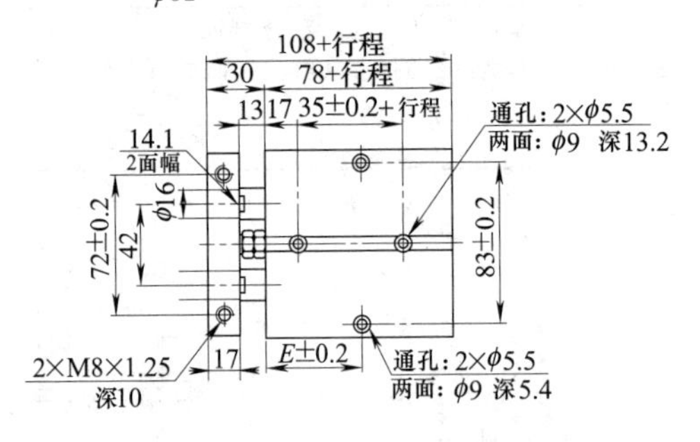

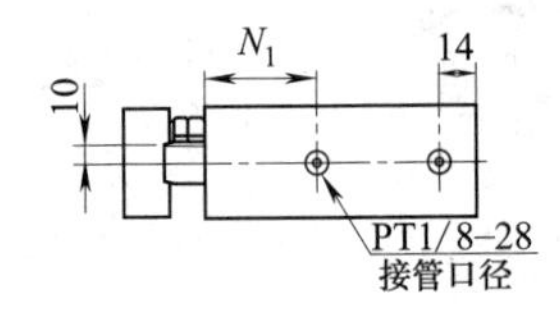

行程	10	20	30	40	50	60	70	80	90	100	125	150	175	200	250
E	45	50	55	60	65	70	75	80	85	90	102.5	115	127.5	140	165
N_1	35	40													

注：生产厂为亚德客公司。

(4) QTN系列双轴气缸（ϕ10～32）

型号意义：

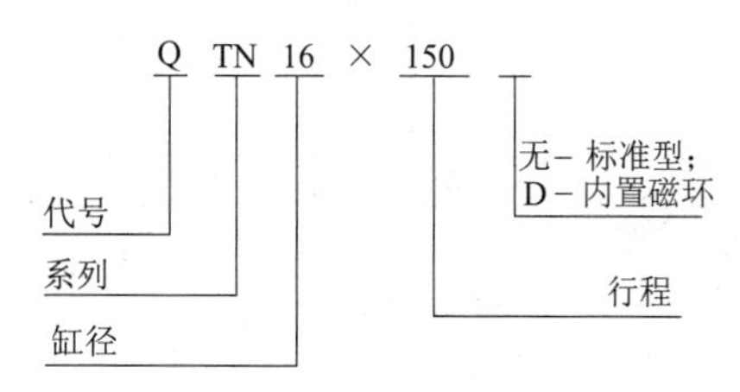

表 21-7-129　**主要技术参数**

缸径/mm	10	16	20	25	32
使用介质	经过滤的压缩空气				
作用形式	双作用				
最高使用压力/MPa	0.8				
最低工作压力/MPa	0.1				
缓冲形式	缓冲垫				
环境温度/℃	5～60				
介质温度/℃	－10～＋60				
使用速度/mm·s^{-1}	100～500				
(返回)行程调整范围/mm	－10～0				
不旋转精度	±0.15°				
润滑①	出厂已润滑				
接口螺纹	M5×0.8				

① 如需要润滑，请用透平1号油（ISOVG32）。

表 21-7-130　**标准行程/磁性开关**

缸径/mm	标准行程/mm	最大行程/mm	磁性开关型号
10	10、20、30、40、50、60、70	70	AL-30R（埋入式）
16	10、20、30、40、50、60、70、80、90、100、125、150	150	
20			
25			
32			

表 21-7-131　**外形尺寸**　mm

基本型　QTN

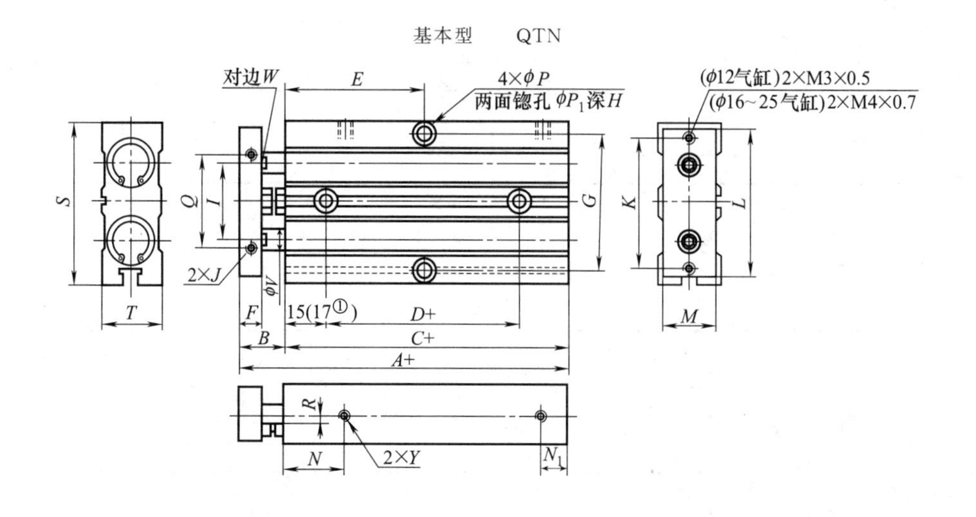

续表

缸径	A	B	C	D	E												F	G
					10	20	30	40	50	60	70	80	90	100	125	150		
10	58	12	46	10	30	30	35	40	45	50	55	—	—	—	—	—	6.5	34
16	68	15	53	20	30	35	40	45	50	55	60	65	70	75	87.5	100	8	47
20	78	20	58	20	35	35	40	45	50	55	60	65	70	75	87.5	100	10	55
25	81	19	62	30	40	40	45	50	55	60	65	70	75	80	92.5	105	10	66
32	108	30	78	35	45	50	55	60	65	70	75	80	85	90	102.5	115	17	83

缸径	H	I	J	K	L	M	N	N_1	P	P_1	Q	R	S	T	V	W	Y
10	3.5	18	M3×0.5 深 5	34	41	16	15	10	3.4	6	26	3.5	42	17	6	5	M5
16	6	24	M4×0.7 深 5	47	53	20	20	10	4.5	7.5	34	4	54	21	8	7	M5
20	6	28	M4×0.7 深 5	55	61	24	25	12	4.5	7.5	44	5.5	62	25	10	8.5	M5
25	7	34	M5×0.8 深 6	66	72	29	30	12	4.5	7.5	56	6	73	30	12	10	M5
32	10	42	M8×1.25 深 10	83	94	38	40,35②	14	5.5	9	72	8	96	40	16	14	G1/8

① 当缸径为 φ10、φ16、φ20、φ25 时，为 15；当缸径为 φ32 时，为 17。
② 当 $S=10$ 时，$N=35$。
注：生产厂为上海新益气动元件有限公司。

(5) TCL 系列带导杆气缸（φ12～63）

型号意义：

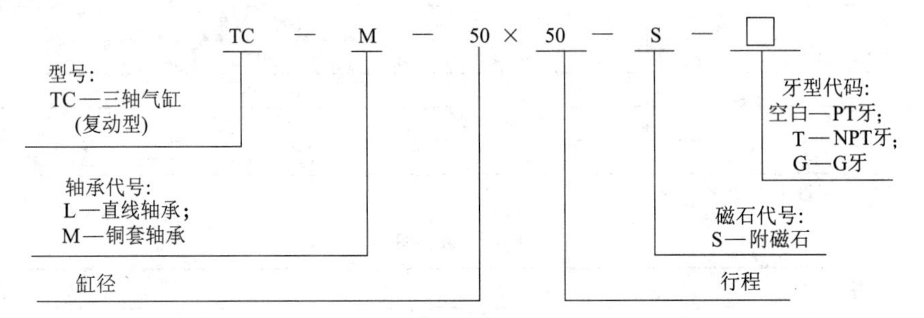

表 21-7-132 **主要技术参数**

内径/mm		12	16	20	25	32	40	50	63
动作形式		复动型							
工作介质		空气							
使用压力		0.1～1.0MPa(14～145psi)							
保证耐压力		1.5MPa(213psi)							
工作温度/℃		−20～70							
使用速度/mm·s⁻¹		30～500							
行程公差/mm		+1.0 0							
缓冲形式		防撞垫							
不回转精度①	直线轴承	±0.08°		±0.07°		±0.06°		±0.05°	
	铜套轴承	±0.10°		±0.09°		±0.08°		±0.06°	
接管口径②		M5×0.8		PT1/8				PT1/4	

① 不回转精度为气缸完全收回状态时，气缸固定板可回转的角度。
② 接管牙型有 NPT、G 牙可供选择。
注：TC 系列全附磁。

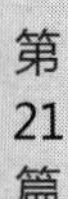

表 21-7-133 **行程** mm

内径	标准行程	最大行程
12	10、20、25、30、40、50、60、70、75、80、90、100、125、150	150
16	10、20、25、30、40、50、60、70、75、80、90、100、125、150、175、200	200
20、25	20、25、30、40、50、60、70、75、80、90、100、125、150、175、200、225、250	250
32～63	25、30、40、50、60、70、75、80、90、100、125、150、175、200、225、250	250

注：若需订购非标行程，则加垫板于标准行程气缸内，中间行程间隔为 1mm（φ12～32）或 5mm（φ40～63）；如行程为 28mm 的非标行程气缸是由标准行程为 30 的标准气缸加垫片改制而成，其外形尺寸与其相同。

表 21-7-134　　外形尺寸　　mm

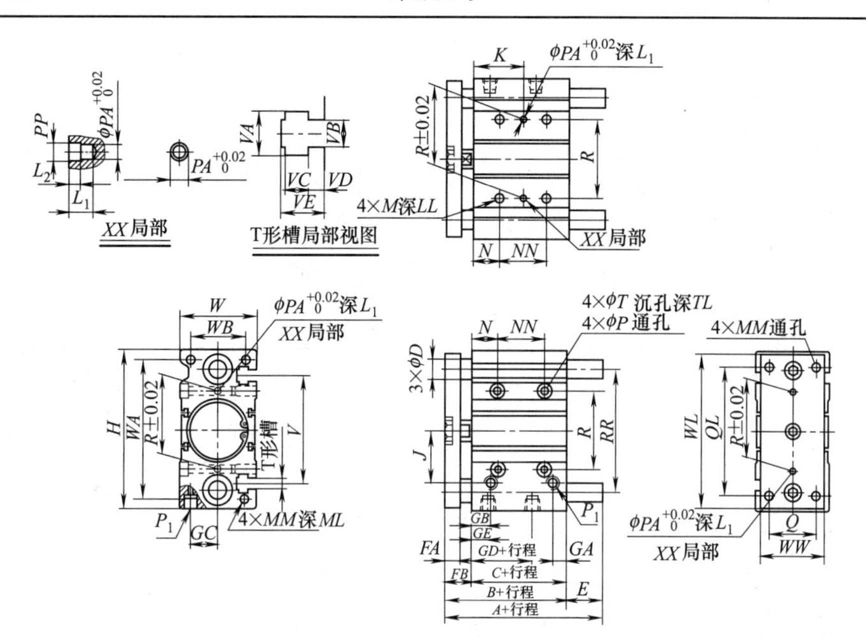

缸径	A				E				NN				K			
	行程															
	≤30	31～100	101～200	>200	≤30	31～100	101～200	>200	≤30	31～100	101～200	>200	≤30	31～100	101～200	>200
12	42	55	85	—	−4	13	43	—	20	40	110	—	15	25	60	—
16	46	65	95	—	−3	19	49	—	24	44	110	—	17	27	60	—
20	53	80	104	122	−2	27	51	69	24	44	120	200	29	39	77	117
25	53.5	82	104.5	122.5	−1.5	28.5	51	68.5	24	44	120	200	29	39	77	117
缸径	行程															
	≤50	51～100	101～200	>200	≤50	51～100	101～200	>200	≤40	41～100	101～200	>200	≤40	41～100	101～200	>200
32	65	102	118	140	5.5	42.5	58.5	80.5	24	48	124	200	33	45	83	121
40	66	101	118	140	−1	36	52	74	24	48	124	200	34	46	84	122
50	76	118	134	161	4	46	62	89	24	48	124	200	36	48	86	124
63	77	118	134	161	−1	41	57	84	28	52	128	200	38	50	88	124

缸径	B	C	FA	FB	P_1	GA	GB	GC	GD	GE	R	RR	N	P	PA	PP	T	TL	M
12	42	29	8	13	M5×0.8	7.5	11	8	13	11	23	41	5	4.3	3	3.5	8	4.5	M5×0.8
16	46	33	8	13	M5×0.8	8	11	10	15	11	24	46	5	4.3	3	3.5	8	4.5	M5×0.8
20	53	37	10	16	PT1/8	9	10.5	10.5	12.5	10.5	28	54	17	5.6	3	3.5	9.5	5.5	M6×1.0
25	53.5	37.5	10	16	PT1/8	9	11.5	13.5	12.5	11.5	34	64	17	5.6	4	4.5	9.5	5.5	M6×1.0
32	59.5	37.5	12	22	PT1/8	9	12.5	15	7	12.5	42	78	21	6.6	4	4.5	11	7.5	M8×1.25
40	66	44	12	22	PT1/8	10	14	18	13	14	50	86	22	6.6	4	4.5	11	7.5	M8×1.25
50	72	44	16	28	PT1/4	11	12	21.5	9	14	66	110	24	8.6	5	6	14	9	M10×1.5
63	77	49	16	28	PT1/4	13.5	16.5	28	14	16.5	80	124	24	8.6	5	6	14	9	M10×1.5

缸径	LL	D	J	W	WA	WB	WL	WW	H	Q	QL	MM	ML	L_1	L_2	V	VA	VB	VC	VD	VE
12	10	6	18	26	50	18	56	22	58	14	48	M4×0.7	10	6	3	37	7.4	4.4	3.7	2	6.2
16	10	8	19	30	56	22	62	25	64	16	54	M5×0.8	12	6	3	38	7.4	4.4	3.7	2.5	6.7
20	12	10	25	36	72	24	81	30	83	18	70	M5×0.8	13	6	3	44	8.4	5.4	4.5	2.8	7.8
25	12	12	28.5	42	82	30	91	38	93	26	78	M6×1.0	15	6	3	50	8.4	5.4	4.5	3	8.2
32	16	16	34	48	98	34	110	44	112	30	96	M8×1.25	20	6	3	63	10.5	6.5	5.5	3.5	9.5
40	16	16	38	54	106	40	118	44	120	30	104	M8×1.25	20	6	3	72	10.5	6.5	5.5	4	11
50	20	20	47	64	130	46	146	60	148	40	130	M10×1.5	22	8	4	92	13.5	8.5	7.5	4.5	13.5
63	20	20	55	78	142	58	158	70	162	50	130	M10×1.5	22	8	4	110	17.8	11	10	7	18.5

注：生产厂为亚德客公司。

7.1.5.6　冲击气缸

(1) QGJ系列冲击气缸（ϕ50～125）

型号意义：

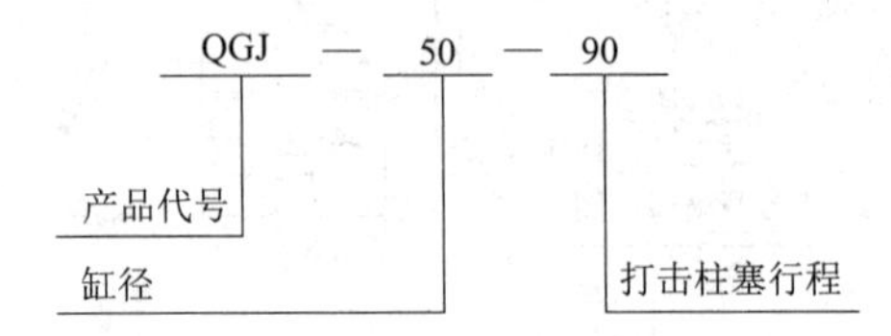

表 21-7-135　　主要技术参数

型　　号	QGJ				
作用形式	双作用				
使用流体	洁净压缩空气				
最高工作压力/MPa	1.0(10.2kgf/cm^2)				
最低工作压力/MPa	0.2(2.0kgf/cm^2)				
环境温度/℃	−10～60(不冻结)				
缸径/mm	50	63	80	100	125
打击柱塞直径/mm	25	35	50		80
打击柱塞行程/mm	90		140		
打击频率	≤20次/分钟				
打击能(工作压力为0.5MPa)/J	18	31	90	125	215
润滑	不要(需要时使用透平油1级 ISO VG32)				

表 21-7-136　　外形尺寸　　mm

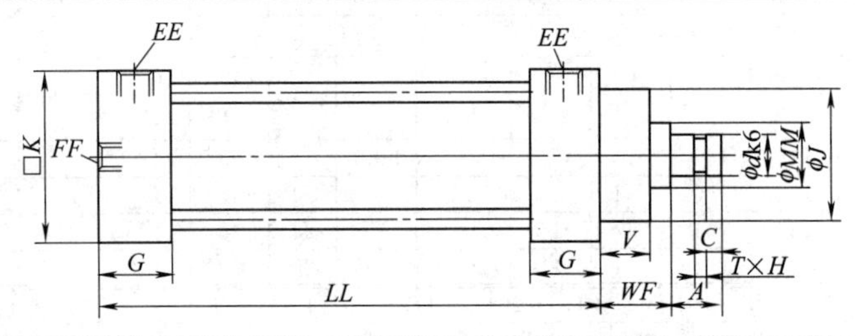

缸径	A	C	d	EE	FF	G	J	K	LL	MM	T×H	V	WF
ϕ50	20	6	16	R_c1/4	R_c1/8	28	50	66	199	25	4×1.5	20	28
ϕ63	25	8	20				58	80	201	35	4×2	22	32
ϕ80	30	10	26		R_c1/4	34	72	98	264	50	6×2	25	35
ϕ100				R_c3/8		36	84	118	270				
ϕ125	48	18	45			42	108	140	291	80	8×3.5	34	51

注：生产厂为无锡气动技术研究所有限公司。

(2) QGT系列冲击气缸（ϕ63～125）

型号意义：

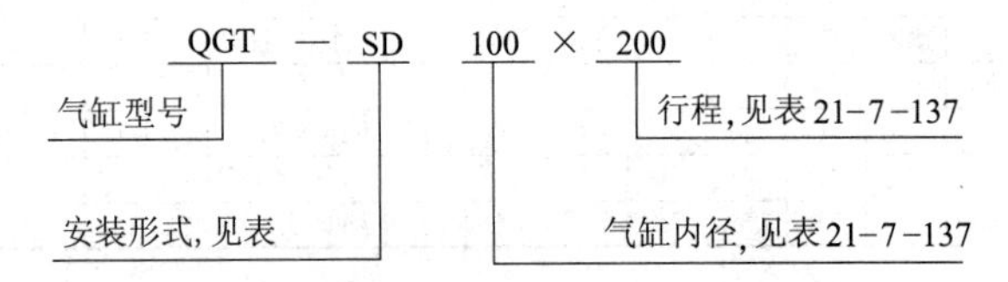

表 21-7-137　　主要技术参数

缸径/mm	63	80	100	125
工作压力/bar	2～8			
工作介质	经过除水过滤,并含有油雾的干燥压缩空气			
介质及环境温度/℃	−5～+60			
行程 S/mm	125	160	200	250
p=6bar 时最大冲击功(≥)/J	31.6	69	143	294
最大冲击功时对应的行程/mm	60	80	110	132
p=6bar 时冲击频率/次·分$^{-1}$	60	50	40	30

注：最大冲击功为表中行程的 0.55S 处。

表 21-7-138　　外形尺寸及安装形式　　mm

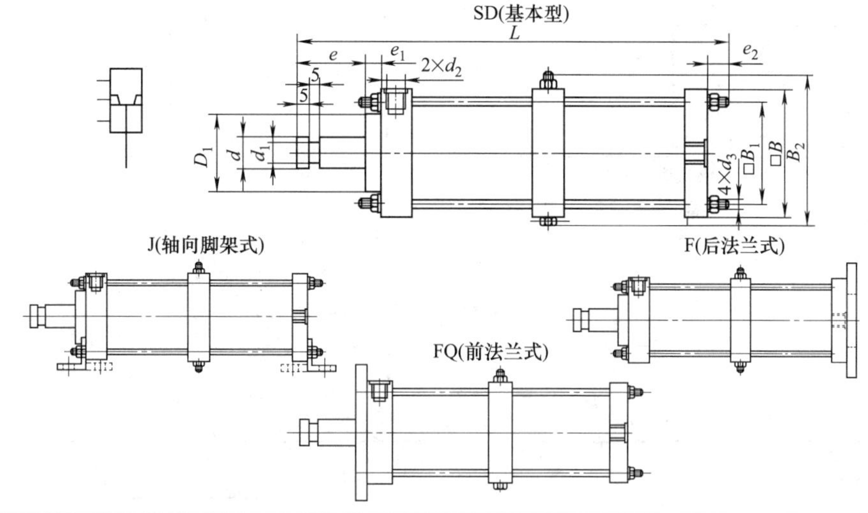

缸径	D_1	d	d_1	d_2	d_3	L	e	e_1	e_2	B	B_1	B_2
63	ϕ61	ϕ25	ϕ20	M12×1.25	M8	552	100	10	20	80	60	96.6
80	ϕ68	ϕ32	ϕ26	M16×1.5	M8	661	110	22	26	95	75	112
100	ϕ72	ϕ32	ϕ26	M22×1.5	M10	746	121	10	28	115	90	130
125	ϕ85	ϕ50	ϕ44	M22×1.5	M12	876	130	22	28	150	120	165.5

注：生产厂为肇庆方大气动有限公司。

7.1.5.7　气-液缸

(1) QYG 气-液转换器（ϕ63、ϕ100）

型号意义：

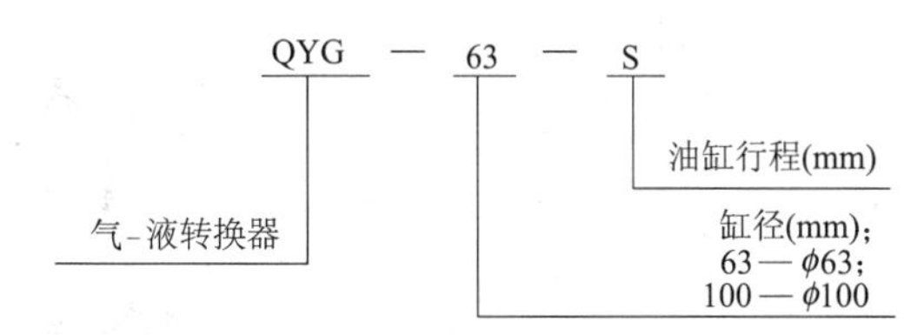

表 21-7-139　　主要技术参数

缸径/mm	63	100	缸径/mm	63	100
使用介质	透平油、液压油		环境及介质温度/℃	5～50	
使用压力/MPa	0～0.7(0～7.1kgf/cm^2)		油黏度/cSt	40～100	
保证耐压力/MPa	1.0(10.2kgf/cm^2)		液压缸速度/mm·s^{-1}	0～100	

表 21-7-140　**外形尺寸**　mm

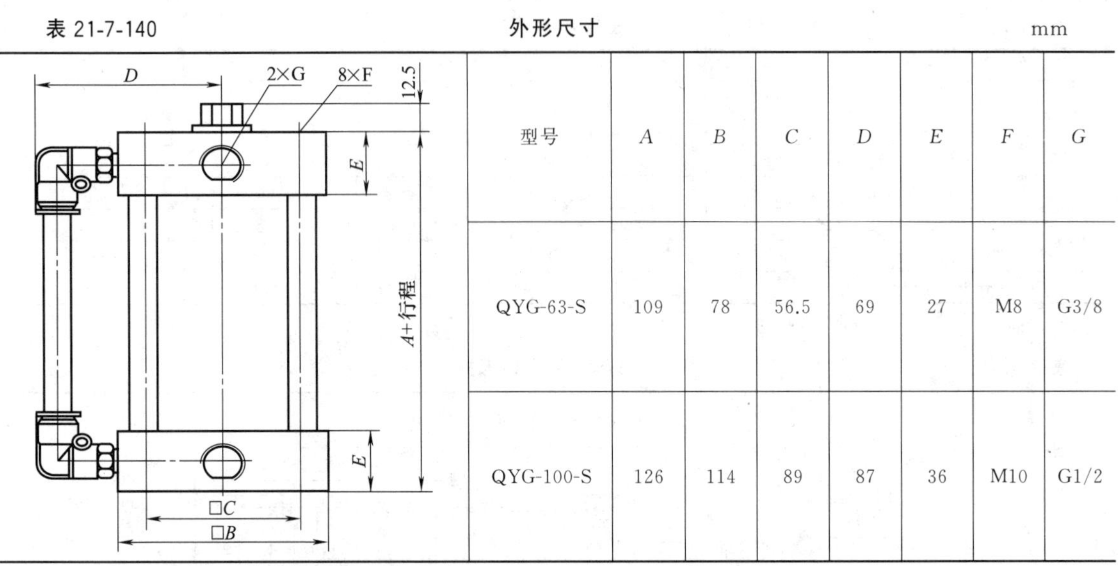

型号	A	B	C	D	E	F	G
QYG-63-S	109	78	56.5	69	27	M8	G3/8
QYG-100-S	126	114	89	87	36	M10	G1/2

注：生产厂为无锡气动技术研究所有限公司。

（2）QGZY 型直压式气-液增压缸（ϕ80～160）

型号意义：

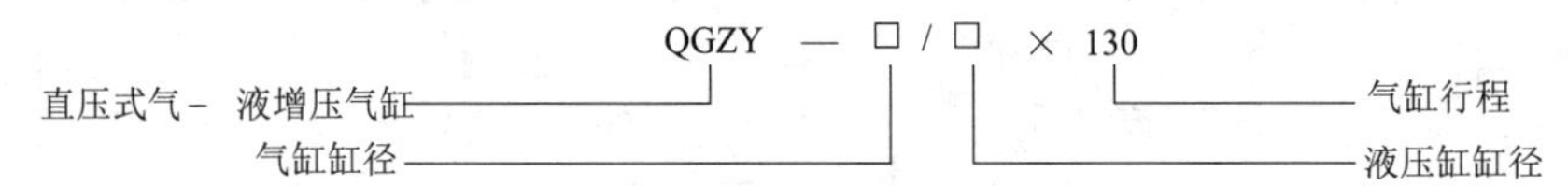

表 21-7-141　**主要技术参数**

型　　号	QGZY-80/32×130	QGZY-100/32×130	QGZY-125/32×130	QGZY-160/32×130
工作介质	含有油雾的净化压缩空气			
输出介质	过滤精度不大于 50μm 的 30～50 号机械油			
介质温度环境温度/℃	0～50			
使用空气压力范围/bar	2～8			
增压比性能	工作气压在 2～8bar 输出的油压误差范围±10%			
输出压力油量/cm^3	100	100	100	100
增压比	6.25∶1	9.75∶1	15.25∶1	25∶1

表 21-7-142　**外形尺寸**　mm

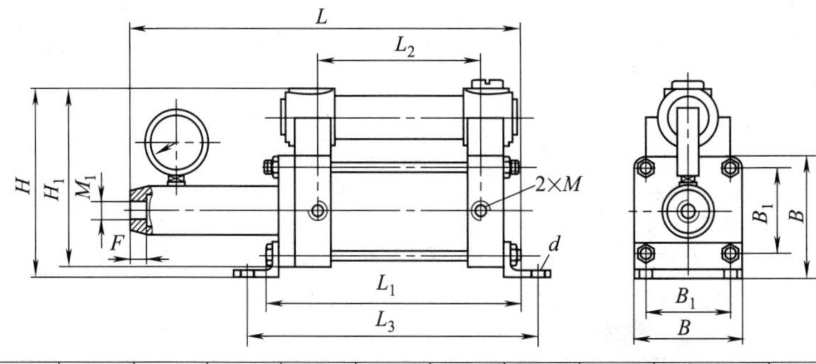

型　　号	L	L_1	L_2	L_3	H	H_1	B	B_1	M	M_1	F	d
QGZY-80/32×130	405	288	205	310	160	158	94	70	G3/8	G1/2	14	ϕ13
QGZY-100/32×130	405	288	205	314	178	178	114	84	G3/8	G1/2	14	ϕ13
QGZY-125/32×130	410	282	205	309	203	202	138	104	G3/8	G1/2	14	ϕ18
QGZY-160/32×130	452	288	200	332	252	242	178	134	G3/8	G1/2	14	ϕ22

注：生产厂为肇庆方大气动有限公司。

7.1.5.8 膜片气缸

(1) QGV (D) 型薄膜气缸 (ϕ140、ϕ160)

型号意义：

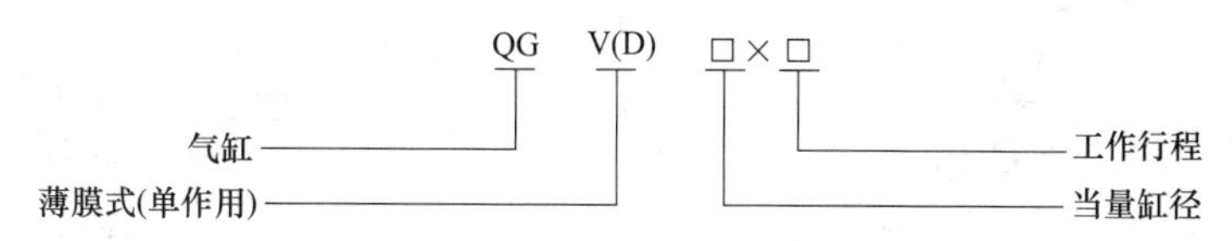

表 21-7-143　　主要技术参数

当量缸径/mm	140	160	工作介质		经过净化并含有油雾的压缩空气	
活塞杆直径/mm	32	32	气缸推力/N (p=5bar)	行程起点	7716	9810
工作行程/mm	45	50		行程终点	5648	7198
工作压力/bar	1～6.3		弹簧初反力/N		84.4	120
耐压力/bar	9.54		弹簧终反力/N		180	230
使用温度范围/℃	−25～+80(但在不冻结条件下)					

表 21-7-144　　外形尺寸及安装形式　　mm

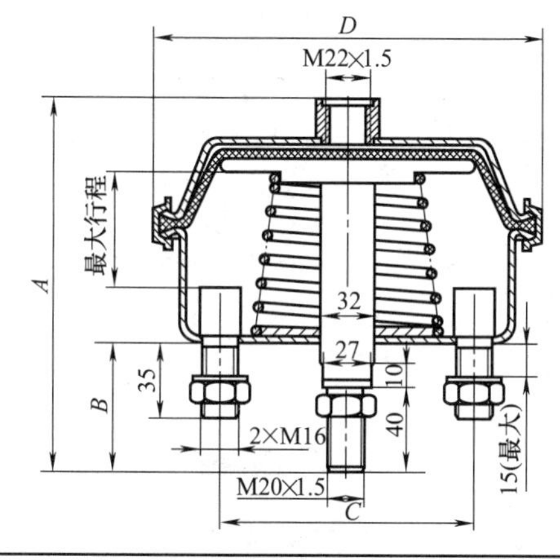

缸径	ϕ140	ϕ160
A	194.5	221
B	85	85
C	120	120
D	ϕ186	ϕ206

注：最大行程＝工作行程/0.8

注：生产厂为肇庆方大气动有限公司。

(2) QGBM 膜片气缸 (ϕ150、ϕ164)

型号意义：

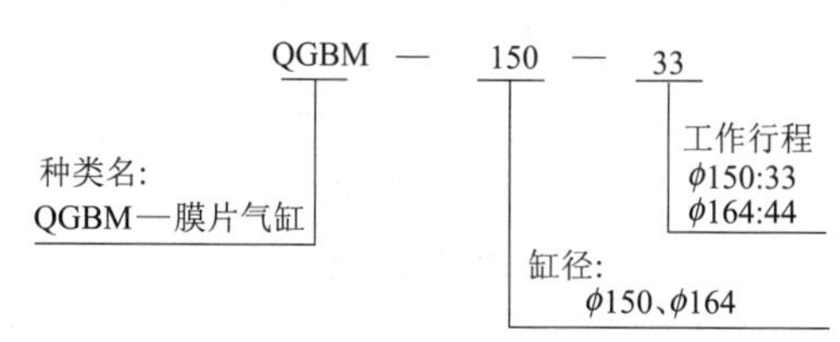

表 21-7-145　　主要技术参数

型号	QGBM	型号	QGBM
作用形式	单作用	耐压/MPa	0.954(9.54kgf/cm^2)
使用流体	洁净空气	环境温度/℃	−25～80(不冻结)
最高工作压力/MPa	0.63(6.3kgf/cm^2)	缸径/mm	150,164
最低工作压力/MPa	0.1(1.0kgf/cm^2)	接管口径	G1/4

缸径/mm	气缸推力/N		弹簧初反力/N	弹簧终反力/N
	行程起点	行程终点		
150	7716	9810	84.4	120
164	5618	7198	180	230

表 21-7-146　　外形尺寸　　mm

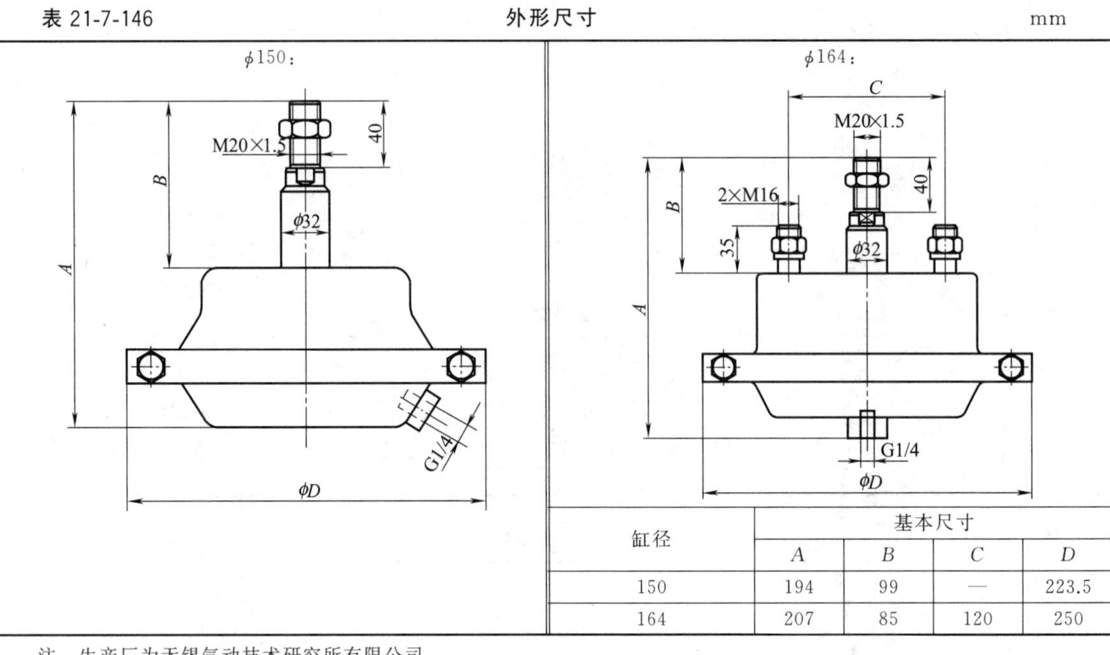

缸径	基本尺寸			
	A	B	C	D
150	194	99	—	223.5
164	207	85	120	250

注：生产厂为无锡气动技术研究所有限公司。

7.2　方向控制阀

7.2.1　四通、五通电磁换向阀

7.2.1.1　3KA2 系列电磁换向阀（R_c1/8）

型号意义：

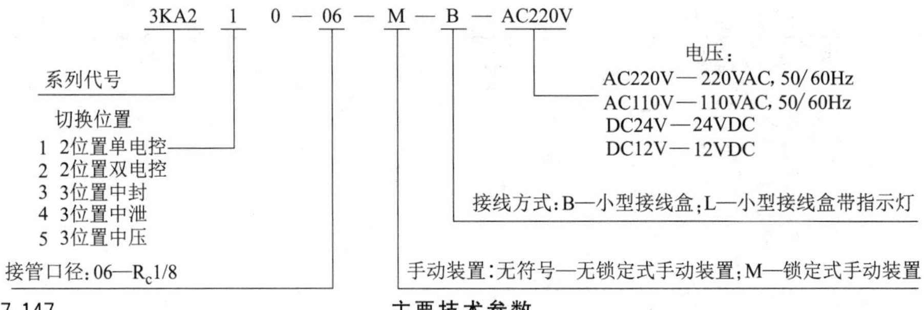

表 21-7-147　　主要技术参数

型号	3KA210	3KA220	3KA230	3KA240	3KA250
使用流体	洁净压缩空气				
工作形式	内部先导式				
最低使用压力/MPa	0.15(1.5kgf/cm²)	0.1(1.0kgf/cm²)	0.2(2.0kgf/cm²)		
最高使用压力/MPa	0.7(7.1kgf/cm²)				
耐压/MPa	1.05(10.7kgf/cm²)				
接管口径	R_c⅛				
有效截面积(C_V 值)/mm²	12.5(0.68)		11(0.60)		
环境温度/℃	−5～50				
流体温度/℃	5～50				
换向时间/ms	≤30		≤60		
润滑	不需要				

表 21-7-148　**电源规格**

额定电压/V	AC 220V(50/60Hz)	AC 110V(50/60Hz)	DC24V/DC12V
电压变动范围	±10%		
功率	2.5V·A		1.8W
绝缘等级	B级标准线圈		
接线方式	小型接线盒		

表 21-7-149　**外形尺寸**　mm

型号	外形尺寸
接线盒式:3KA210-06	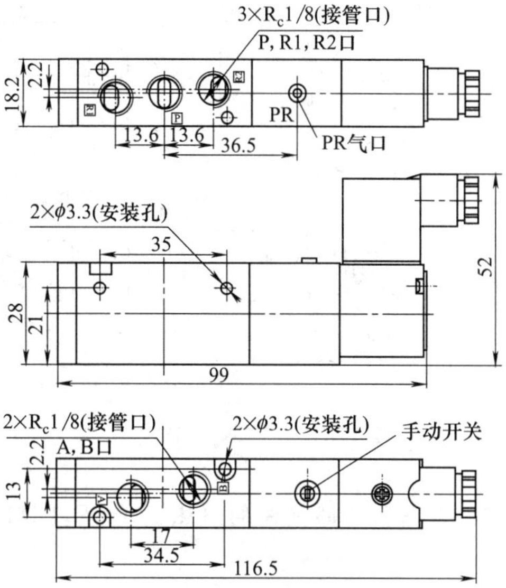 3×R_c1/8(接管口) P,R1,R2口；PR；PR气口；18.2；2.2；13.6；13.6；36.5；2×ϕ3.3(安装孔)；35；28；21；99；52；2×R_c1/8(接管口) A,B口；2×ϕ3.3(安装孔)；手动开关；2.2；13；17；34.5；116.5
接线盒式:3KA220-06	3×R_c1/8(接管口) P,R1,R2口；PR；PR气口；18.2；2.2；13.6；13.6；36.5；2×ϕ3.3(安装孔)；35；28；21；146；52；2×R_c1/8(接管口) A,B口；2×ϕ3.3(安装孔)；手动开关；13；2.2；17；34.5；167

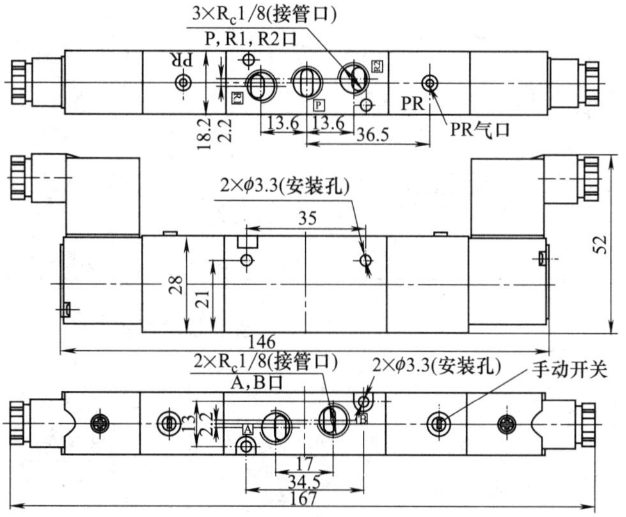

续表

接线盒式：3KA240-06 (3/5)	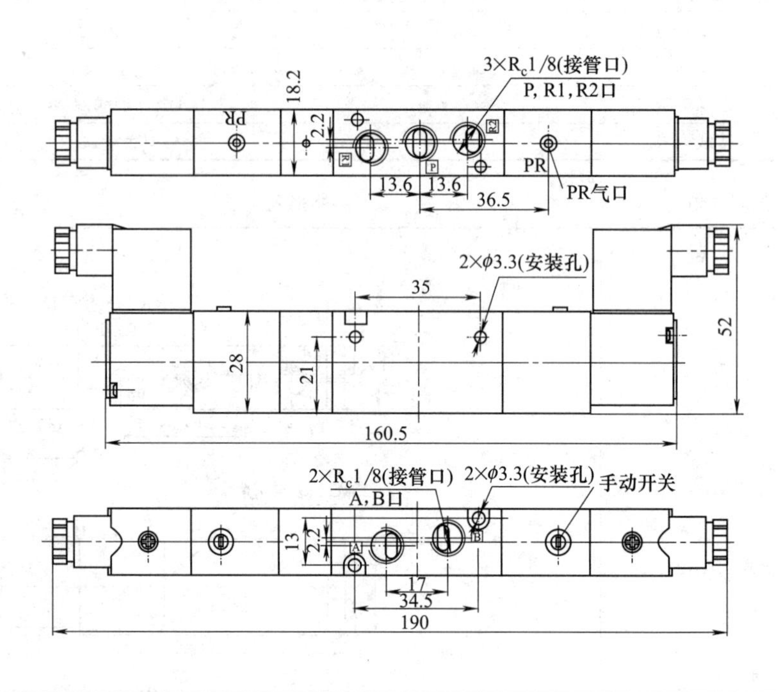

注：生产厂为肇庆方大气动有限公司。

7.2.1.2　M3KA2 系列电磁换向阀（$R_c1/8$～$R_c1/4$）

型号意义：

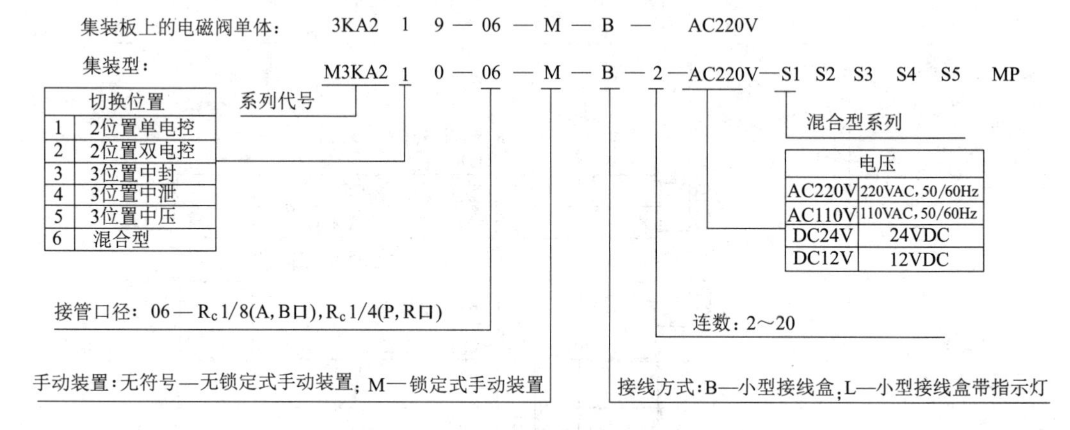

表 21-7-150　　主要技术参数

型号	M3KA2		型号		M3KA2
适用电磁阀	3KA2		汇流方式		集中进气/集中排气
有效截面积(C_V 值)/mm²	12.5(0.68) (3KA2 1/2 0)	11(0.60) (3KA240 3/5)	接线方式		小型接线盒
			接管口径	P 口	$R_c1/4$
				A，B 口	$R_c1/8$
连数	2～20			R 口	$R_c1/4$

表 21-7-151 外形尺寸 mm

接线盒式：M3KA2※0-06

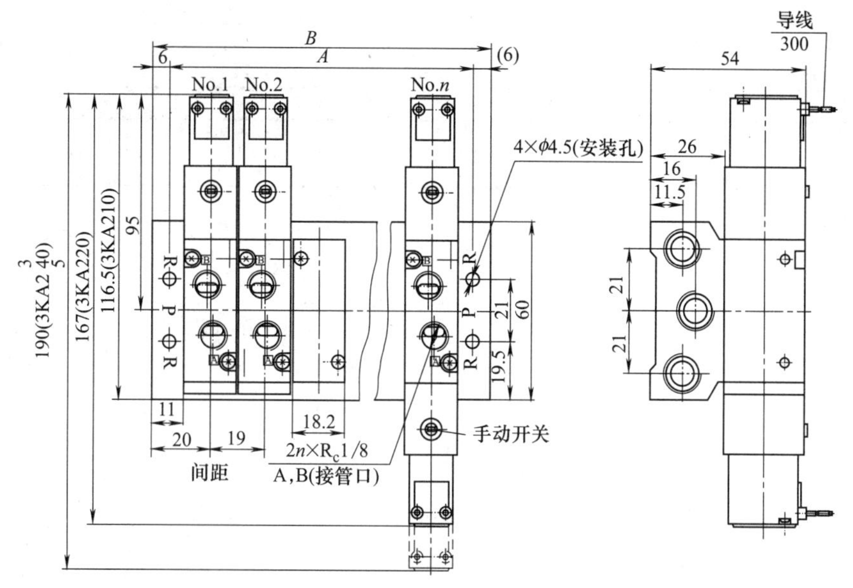

连数 n	2	3	4	5	6	7	8	9	10	11	12	13	14	15	16	17	18	19	20
A	47	66	85	104	123	142	161	180	199	218	237	256	275	294	313	332	351	370	389
B	59	78	97	116	135	154	173	192	211	230	249	268	287	306	325	344	363	382	401

注：生产厂为无锡气动技术研究所有限公司。

7.2.1.3 3KA3 系列换向阀（$R_c1/4$）

型号意义：

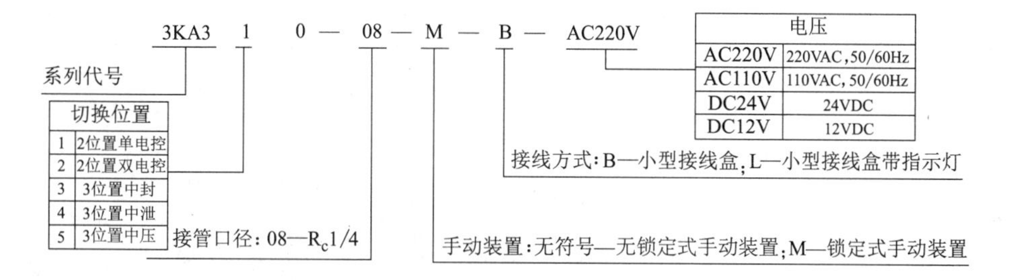

表 21-7-152 主要技术参数

型号	3KA310	3KA320	3KA330	3KA340	3KA350
使用流体	洁净压缩空气				
工作形式	内部先导式				
最低使用压力/MPa	0.15(1.5kgf/cm^2)	0.1(1.0kgf/cm^2)	0.2(2.0kgf/cm^2)		
最高使用压力/MPa	0.7(7.1kgf/cm^2)				
耐压/MPa	1.05(10.7kgf/cm^2)				
接管口径	R_c¼				
有效截面积(C_V 值)/mm^2	25(1.36)		22(1.20)		
环境温度/℃	−5～50				
流体温度/℃	5～50				
换向时间/ms	≤30		≤60		
润滑	不需要				

表 21-7-153　　　　电源规格

额定电压/V	AC220V(50/60Hz)	AC110V(50/60Hz)	DC24V/DC12V
电压变动范围	±10%		
功率	4.5V・A		2.8W
绝缘等级	B级标准线圈		
接线方式	小型接线盒		

表 21-7-154　　　　外形尺寸　　　　mm

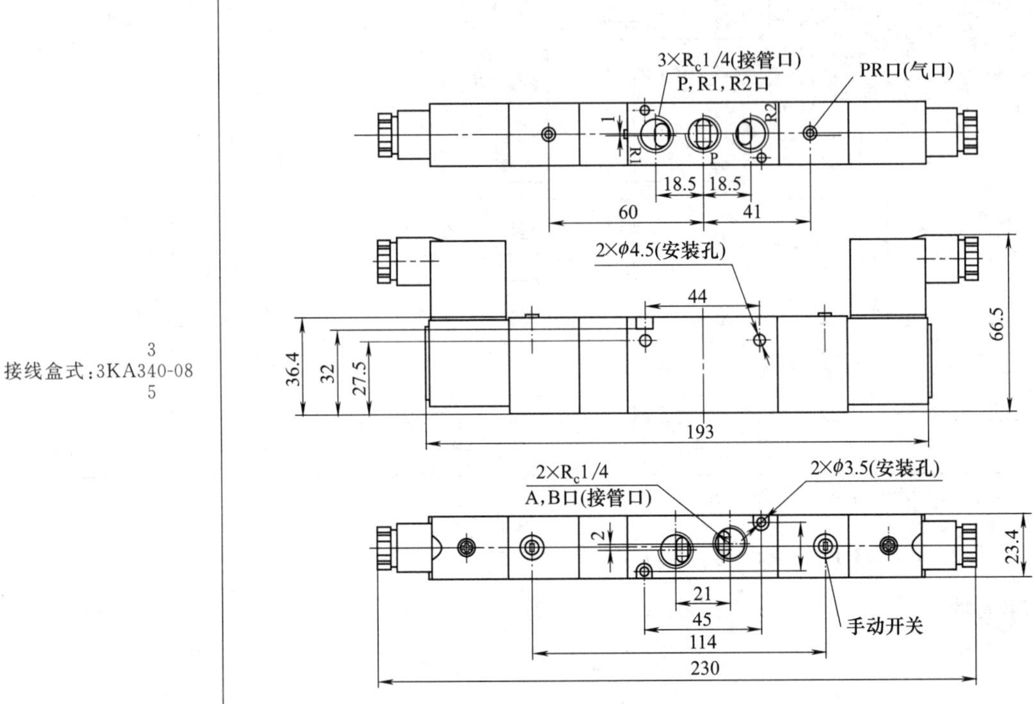

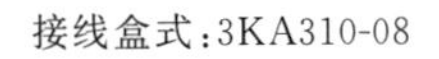

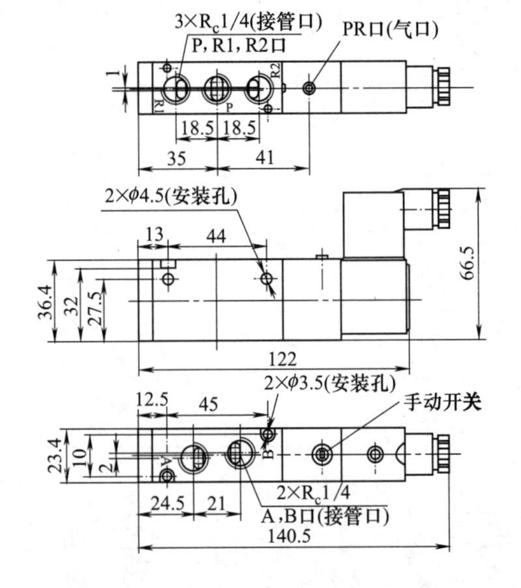

续表

接线盒式：3KA320-08	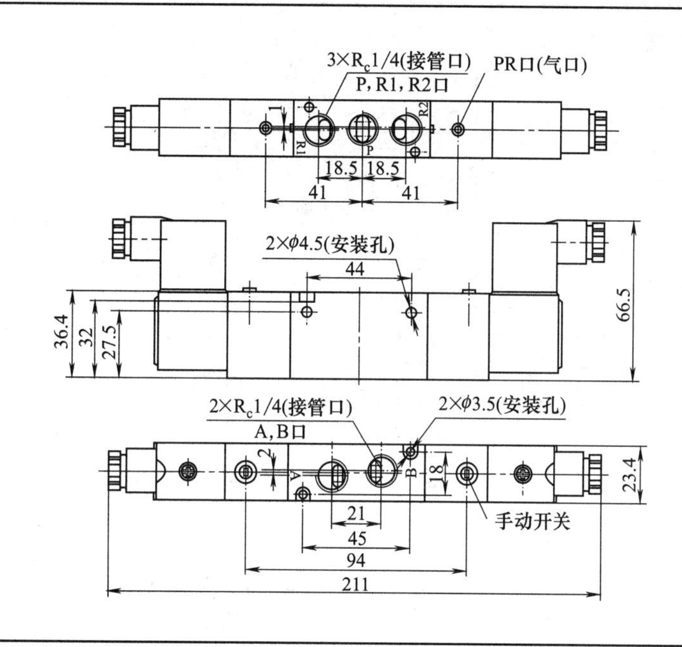

注：生产厂为无锡气动技术研究所有限公司。

7.2.1.4　M3KA3 集装型电磁换向阀（R_c1/4，R_c3/8）

型号意义：

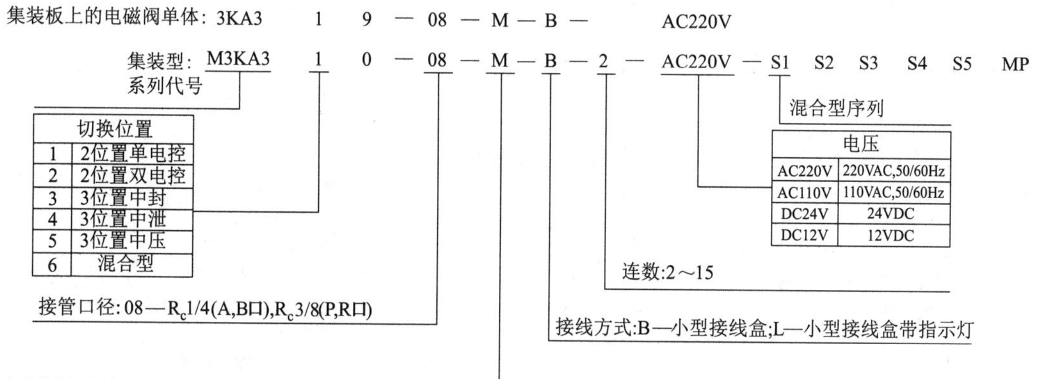

表 21-7-155　　主要技术参数

型　　号		M3KA3	
适用电磁阀		3KA3	
有效截面积（C_V 值）/mm^2		25(1.36)(3KA3$\frac{1}{2}$0)	22(1.2)(3KA3$\begin{matrix}3\\4\\5\end{matrix}$0)
连数		2～15	
汇流方式		集中进气/集中排气	
接线方式		小型接线盒	
接管口径	P 口	R_c3/8	
	A，B 口	R_c1/4	
	R 口	R_c3/8	

表 21-7-156 外形尺寸 mm

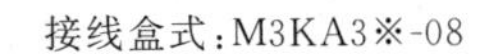

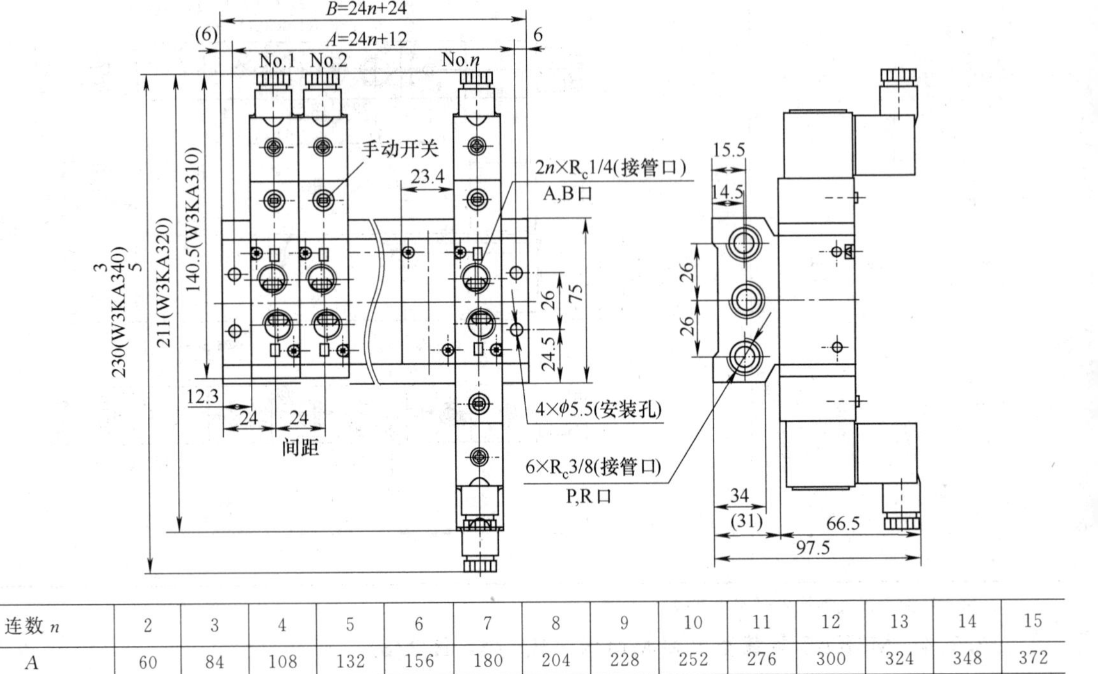

连数 *n*	2	3	4	5	6	7	8	9	10	11	12	13	14	15
A	60	84	108	132	156	180	204	228	252	276	300	324	348	372
B	72	96	120	144	168	192	216	240	264	288	312	336	360	384

注：生产厂为无锡气动技术研究所有限公司。

7.2.1.5 QDI系列电控换向阀（*DN*6～*DN*25）

型号意义：

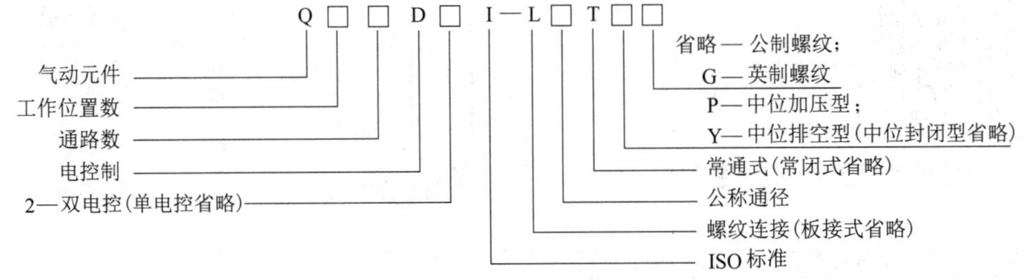

表 21-7-157 主要技术参数

公称通径/mm		6	8	10	15	20	25
工作压力范围/bar		2～8					
使用温度范围/℃		−10～+55(但在不冻结条件下)					
有效截面积/mm²		≥10	≥20	≥40	≥60	≥110	≥190
工作电压和电流	交流	220V,60mA;36V,280mA		220V,75mA;36V,280mA		220V,130mA;36V,500mA	
	直流	240V,270mA;12V,600mA		24V,300mA;12V,600mA		24V,400mA;12V,800mA	
允许电压波动/%		−15～+10					
绝缘电阻/MΩ		≥1.5					
换向时间/s		≤0.04		≤0.06		≤0.10	
最低工作频度/次·天$^{-1}$		1/30					
工作介质		经过除水滤尘并含有油雾的压缩空气					

表 21-7-158　图形符号

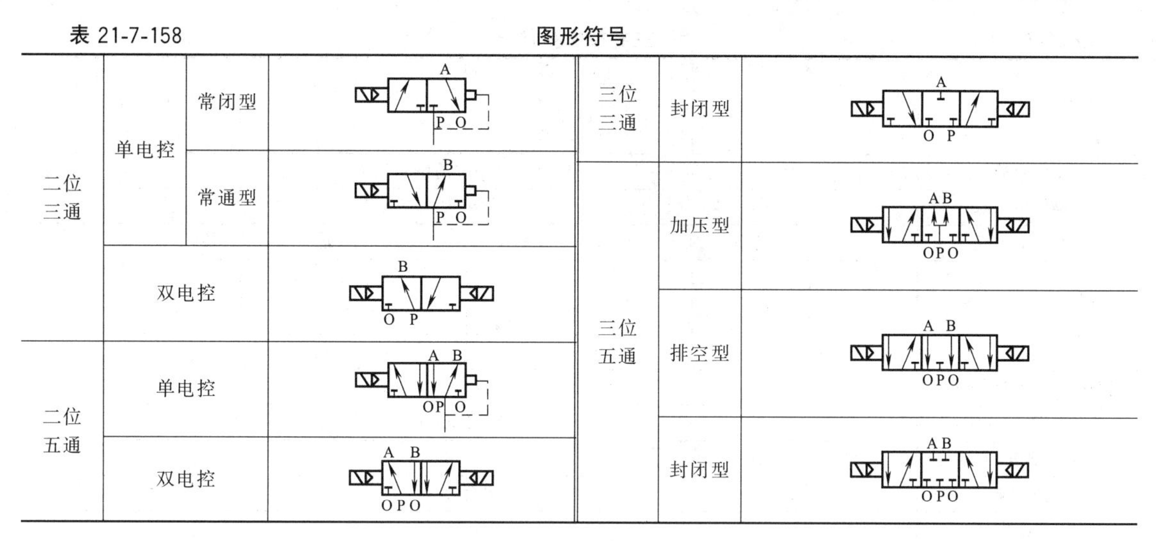

			图形符号			图形符号
二位三通	单电控	常闭型		三位三通	封闭型	
		常通型		三位五通	加压型	
	双电控				排空型	
二位五通	单电控				封闭型	
	双电控					

表 21-7-159　外形尺寸　mm

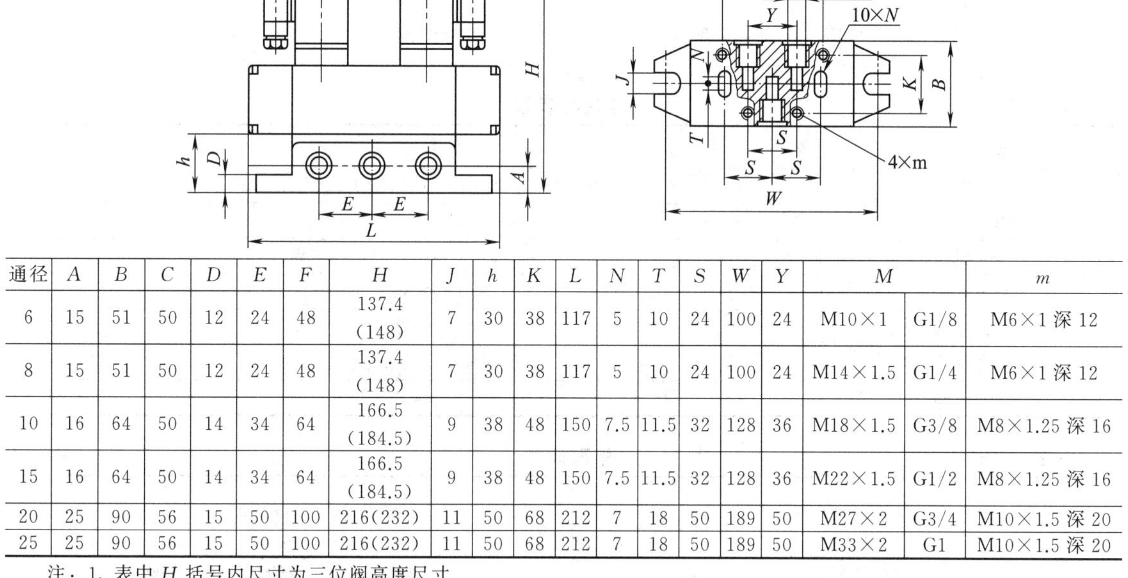

通径	A	B	C	D	E	F	H	J	h	K	L	N	T	S	W	Y	M		m
6	15	51	50	12	24	48	137.4 (148)	7	30	38	117	5	10	24	100	24	M10×1	G1/8	M6×1 深 12
8	15	51	50	12	24	48	137.4 (148)	7	30	38	117	5	10	24	100	24	M14×1.5	G1/4	M6×1 深 12
10	16	64	50	14	34	64	166.5 (184.5)	9	38	48	150	7.5	11.5	32	128	36	M18×1.5	G3/8	M8×1.25 深 16
15	16	64	50	14	34	64	166.5 (184.5)	9	38	48	150	7.5	11.5	32	128	36	M22×1.5	G1/2	M8×1.25 深 16
20	25	90	56	15	50	100	216(232)	11	50	68	212	7	18	50	189	50	M27×2	G3/4	M10×1.5 深 20
25	25	90	56	15	50	100	216(232)	11	50	68	212	7	18	50	189	50	M33×2	G1	M10×1.5 深 20

注：1. 表中 H 括号内尺寸为三位阀高度尺寸。

2. 生产厂为肇庆方大气动有限公司。

7.2.1.6　4V100 系列电磁换向阀（M5～R_c1/8）

型号意义：

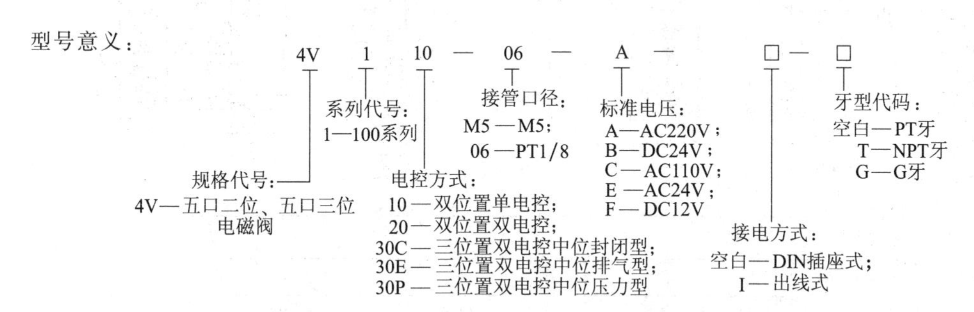

第21篇

表 21-7-160 **主要技术参数**

型号	4V110-M5 4V120-M5	4V130C-M5 4V130E-M5 4V130P-M5	4V110-06 4V120-06	4V130C-06 4V130E-06 4V130P-06
工作介质	空气(经 40μm 滤网过滤)			
动作形式	先导式			
接管口径①	进气＝出气＝M5		进气＝出气＝R_c1/8	
有效截面积/mm^2	5.5 (C_V＝0.31)	5.0 (C_V＝0.28)	12.0 (C_V＝0.67)	9.0 (C_V＝0.50)
位置数	五口二位	五口三位	五口二位	五口三位
使用压力范围/MPa	0.15～0.8(21～114psi)			
保证耐压力/MPa	1.5(215psi)			
工作温度/℃	−20～70			
本体材质	铝合金			
润滑②	不需要			
最高动作频率③/次·$秒^{-1}$	5	3	5	3
质量	4V110-M5:120g 4V120-M5:175g	200g	4V110-06:120g 4V120-06:175g	200g

① 接管牙型有 NPT、G 牙可供选择。
② 如有加油润滑，中途不可停止，建议润滑油为 ISO VG32 或同级用油。
③ 最高动作频率为空载状态。

表 21-7-161 **电性能参数**

项目	具体参数
标准电压	AC220V、AC110V、AC24V、DC24V、DC12V
使用电压范围	AC:±15%　DC:±10%
耗电量	AC:2.5V·A　DC:2.5W
保护等级	IP65(DIN40050)
耐热等级	B级
接电型式	DIN 插座式、出线式
励磁时间	0.05s 以下

表 21-7-162 **外形尺寸** mm

4V110DIN 插座式

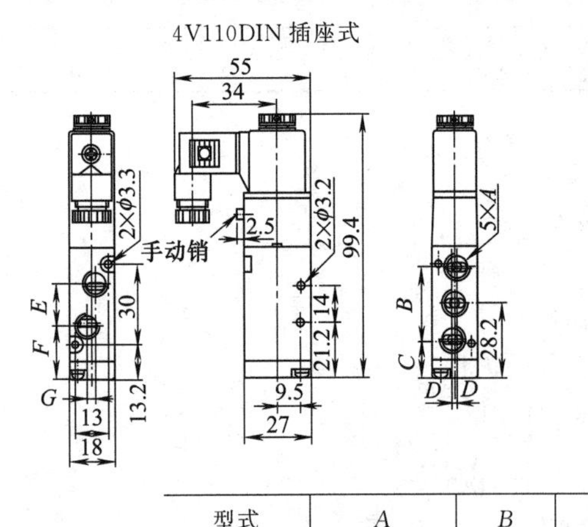

4V110 出线式

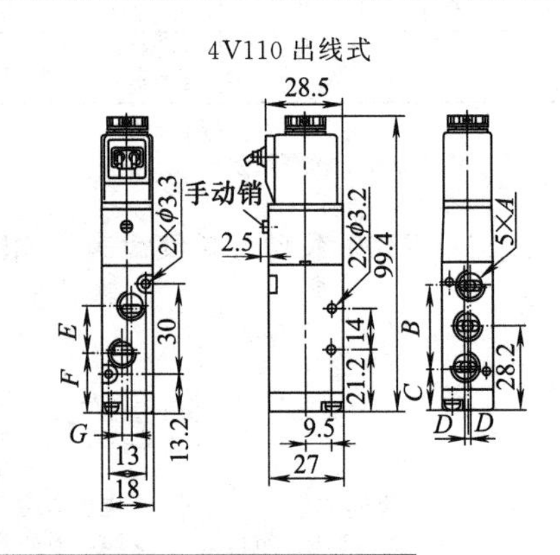

型式	A	B	C	D	E	F	G
4V110-M5	M5×0.8	27	14.7	0	14	21.2	0
4V110-06	PT1/8	28	14.2	1	16	20.2	3

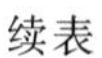
续表

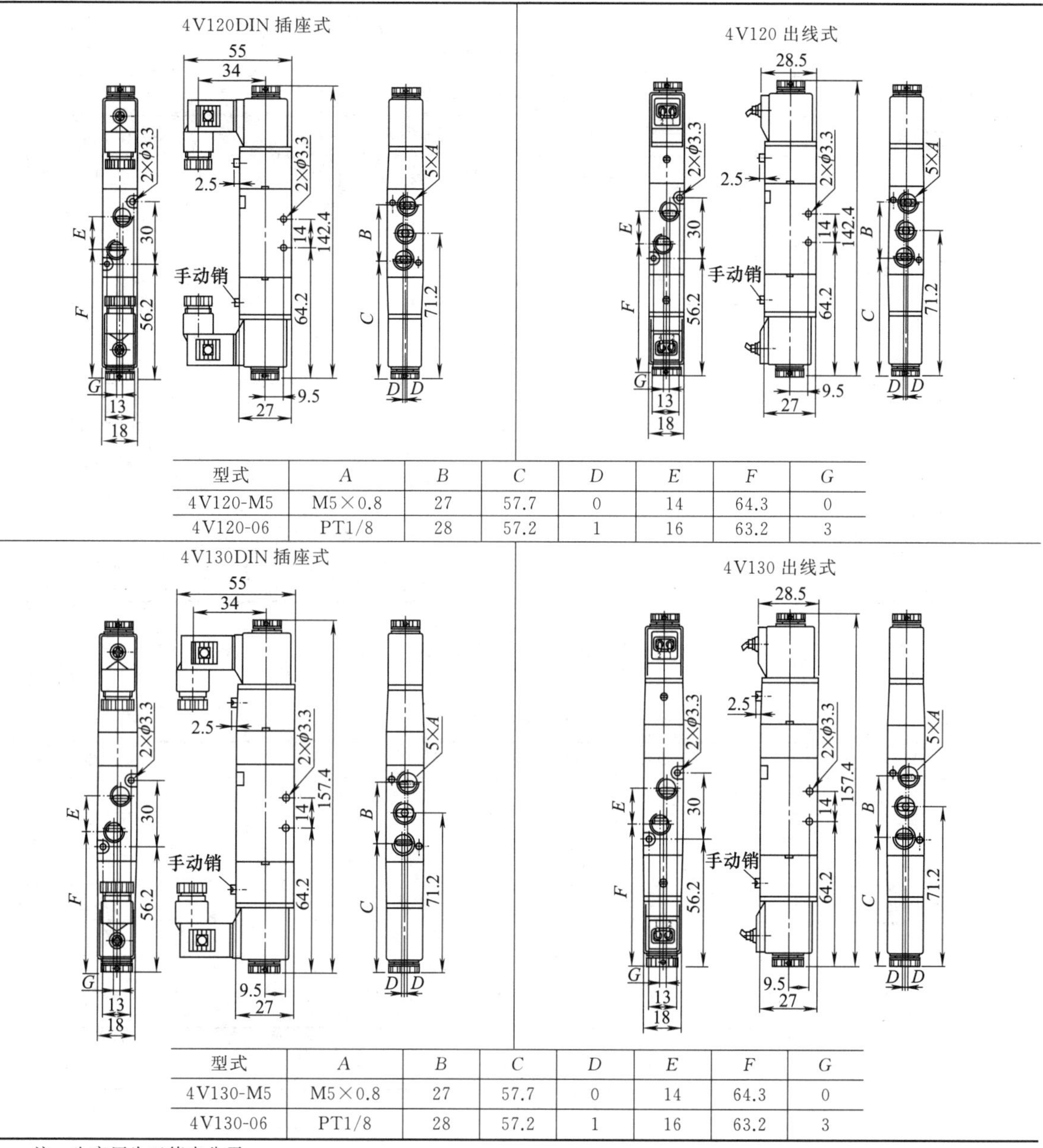

型式	A	B	C	D	E	F	G
4V120-M5	M5×0.8	27	57.7	0	14	64.3	0
4V120-06	PT1/8	28	57.2	1	16	63.2	3

型式	A	B	C	D	E	F	G
4V130-M5	M5×0.8	27	57.7	0	14	64.3	0
4V130-06	PT1/8	28	57.2	1	16	63.2	3

注：生产厂为亚德克公司。

7.2.1.7　4M100～300 系列电磁换向阀（$R_c1/8$～$R_c3/8$）

型号意义：

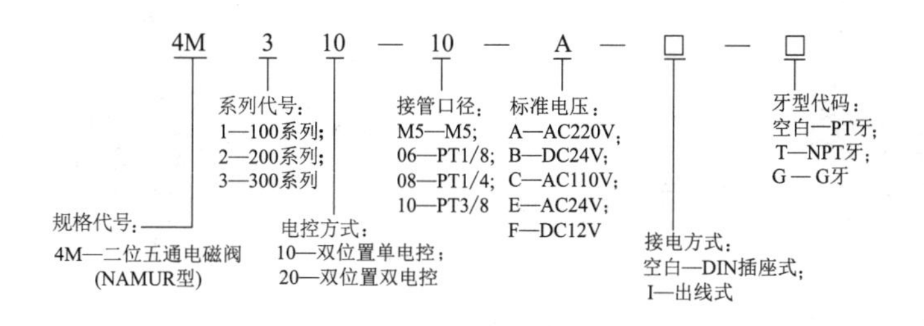

表 21-7-163　　主要技术参数

型号	4M110-M5 4M120-M5	4M110-06 4M120-06	4M210-06 4M220-06	4M210-08 4M220-08	4M310-08 4M320-08	4M310-10 4M320-10
工作介质	空气(经 40μm 滤网过滤)					
动作形式	内部先导式					
接管口径①	进气＝排气＝M5	进气＝排气＝PT1/8	进气＝排气＝PT1/8	进气＝PT1/4 排气＝PT1/8	进气＝排气＝PT1/4	进气＝PT3/8 排气＝PT1/4
有效截面积/mm^2	5.5 (C_V＝0.31)	12.0 (C_V＝0.67)	14.0 (C_V＝0.78)	16.0 (C_V＝0.89)	25.0 (C_V＝1.40)	30.0 (C_V＝1.68)
位置数	二位五通					
使用压力范围/MPa	0.15～0.8(21～114psi)					
保证耐压力/MPa	1.5(215psi)					
工作温度/℃	－20～70					
本体材质	铝合金					
润滑②	不需要					
最高动作频率③/次·秒$^{-1}$	5				4	
质量/g	4M110:120;4M120:175		4M210:220;4M220:320		4M310:310;4M320:400	

① 接管牙型有 NPT、G 牙可供选择。
② 如有加油润滑，中途不可停止，建议润滑油为 ISO VG32 或同级用油。
③ 最高动作频率为空载状态。

表 21-7-164　　电性能参数

型号	4M110、4M120	4M210、4M220、4M310、4M320
标准电压	AC220V、AC110V、AC24V、DC24V、DC12V	
使用电压范围	AC:±15%	DC:±10%
耗电量	AC:2.5V·A　DC:2.5W	AC:3.5V·A　DC:3.0W
保护等级	IP65(DIN 40050)	
耐热等级	B 级	
接电型式	DIN 插座式、出线式	
励磁时间/s	0.05 以下	

表 21-7-165　　外形尺寸　　mm

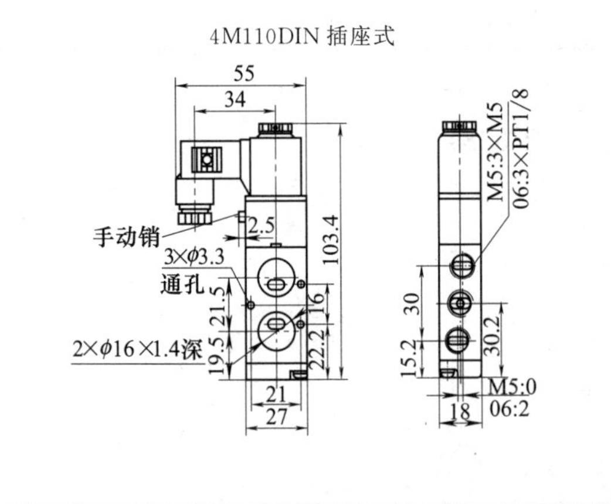

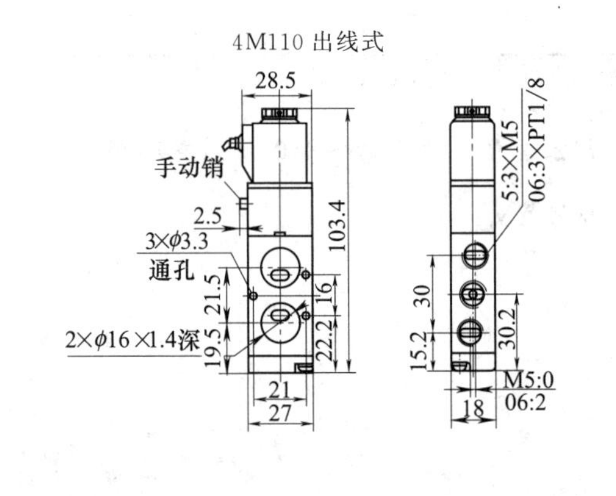

续表

4M120DIN 插座式

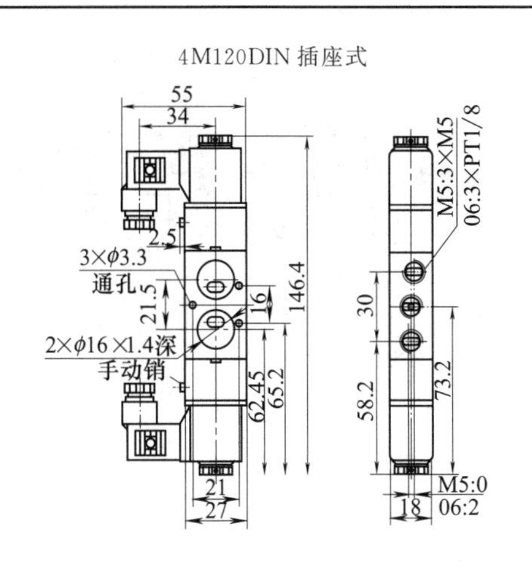

4M120 出线式

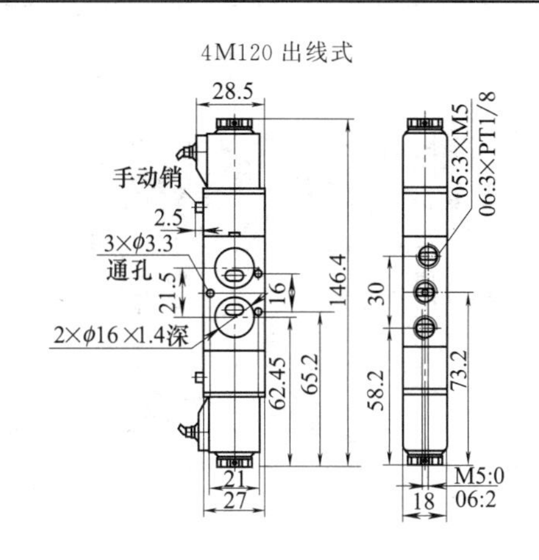

4M210DIN 插座式

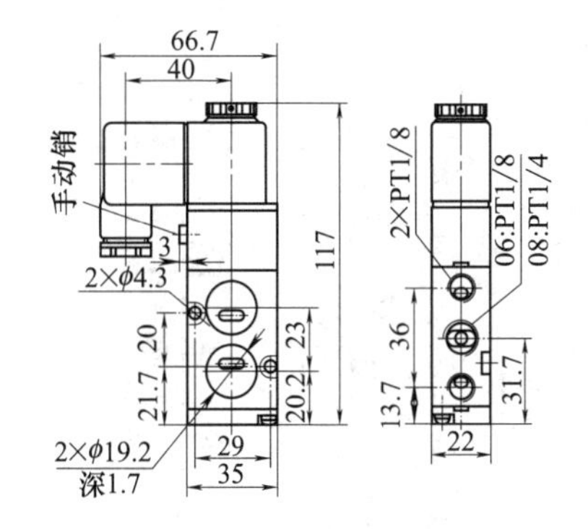

4M210 出线式

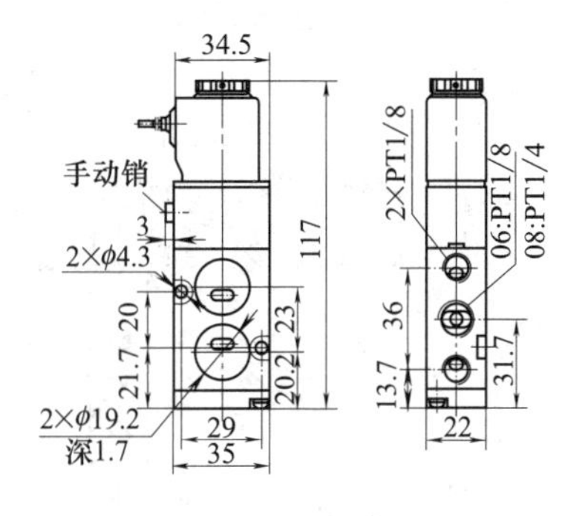

4M220DIN 插座式

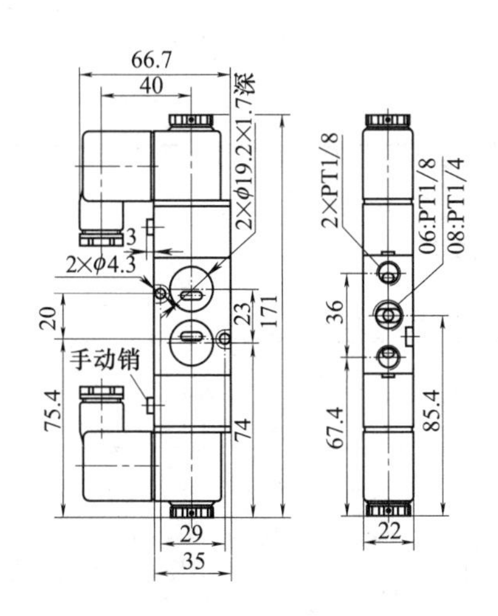

4M220 出线式

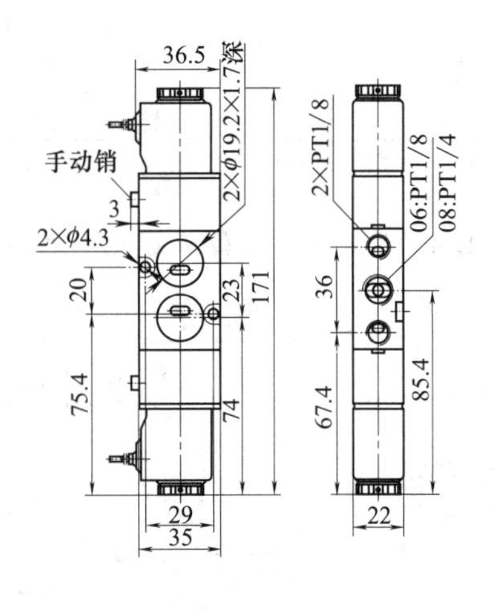

续表

4M310DIN 插座式

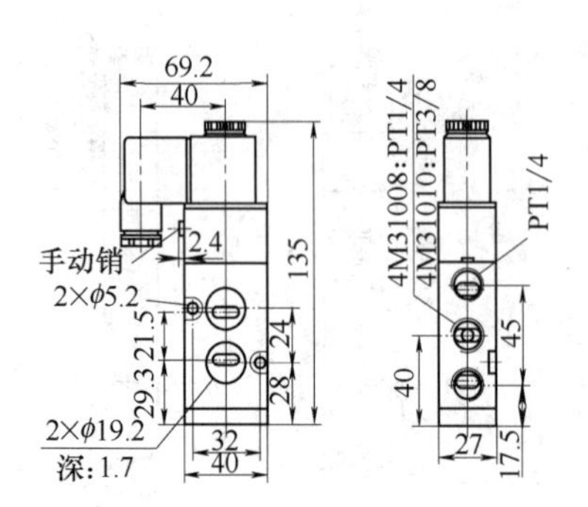

4M310 出线式

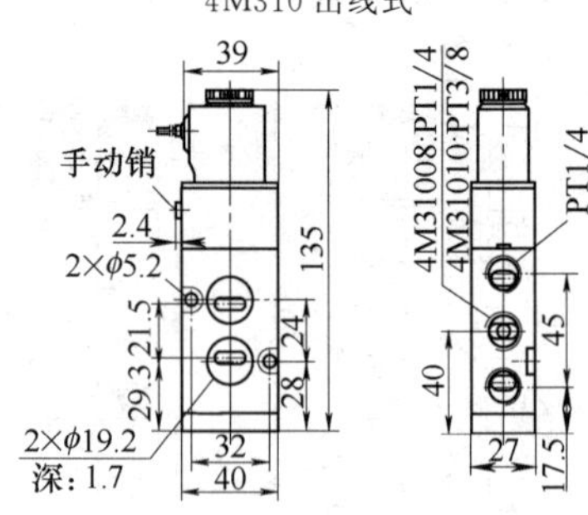

4M320DIN 插座式

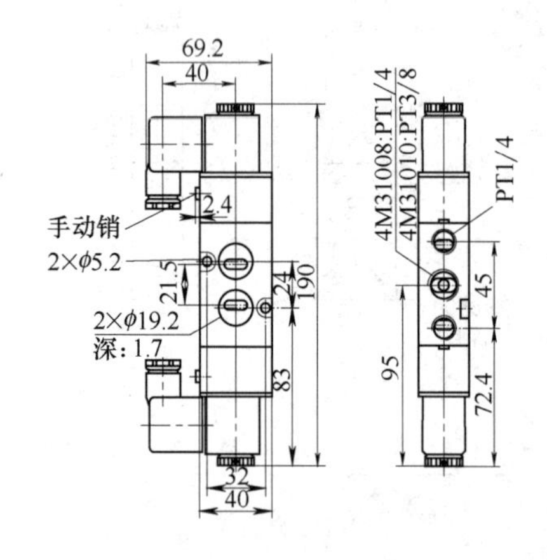

4M320 出线式

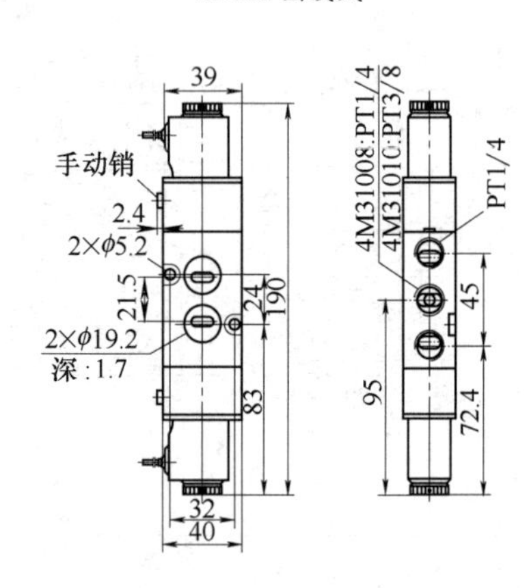

注：生产厂为亚德客公司。

7.2.1.8　XQ 系列二位五通电控换向阀（G1/8～G1/2）

图形符号：

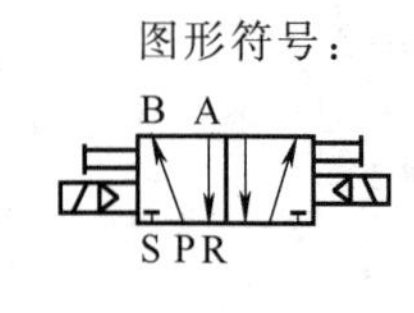

表 21-7-166　　主要技术参数

型号	功能型式	控制型式	接口螺纹	通径/mm	使用压力范围/MPa	切换时间/ms	工作电压/V	消耗功率	环境温度/℃	耐久性
XQ250441	二位五通	双电控	G1/8	4	0.2～1.0	10	允许电压波动±10% DC:12 24 AC: 24/50Hz 110/50Hz 220/50Hz	G1/8～G3/8 阀 DC:3W AC:启动 7V·A 持续 4.2V·A G½阀 DC:12W AC:启动 23V·A 持续 15V·A	5～50	5000万次
XQ250641			G1/4	6						
XQ250841			G1/4	8	0.15～1.0	15				
XQ251041			G3/8	10						
XQ251541			G1/2	12						

表 21-7-167　　外形尺寸　　mm

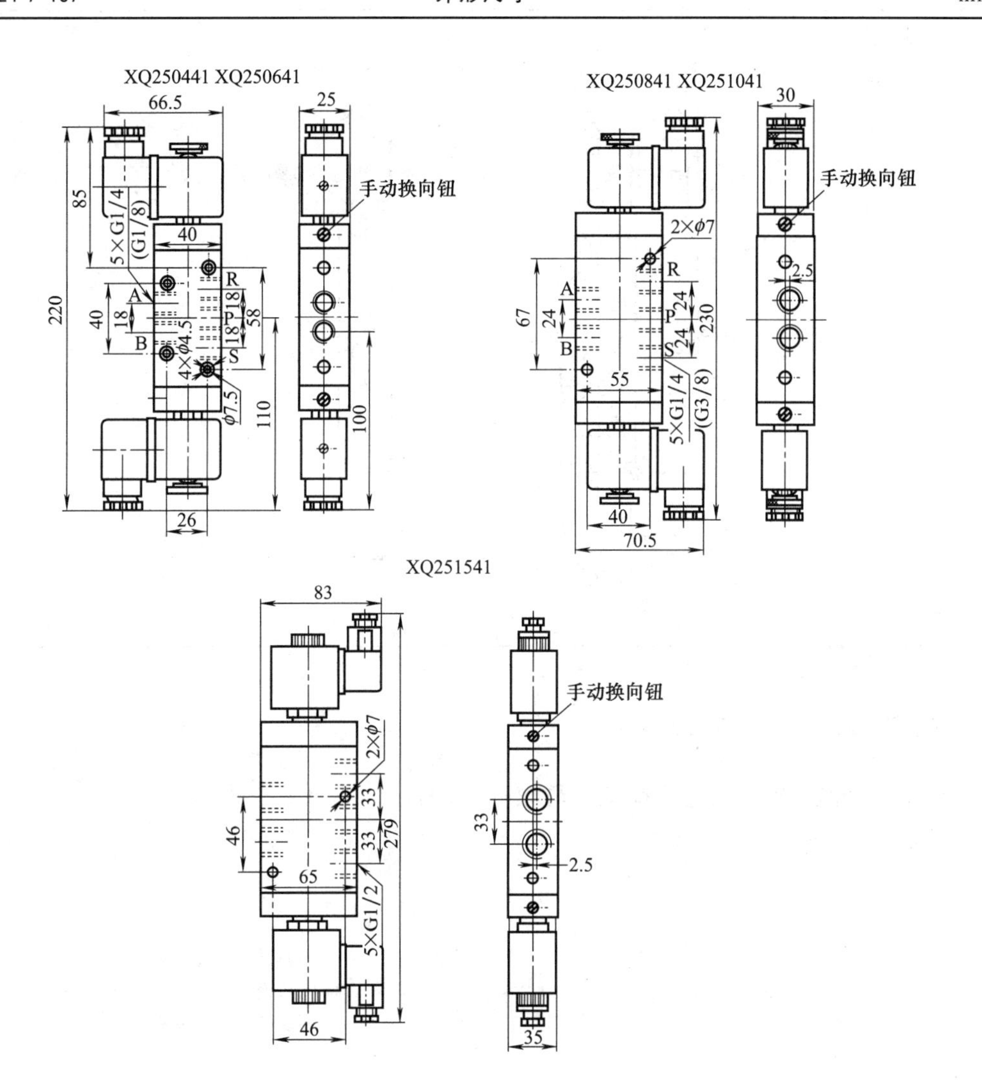

注：生产厂为上海新益气动元件有限公司。

7.2.1.9　XQ 系列三位五通电控换向阀（G1/8～G1/4）

图形符号：

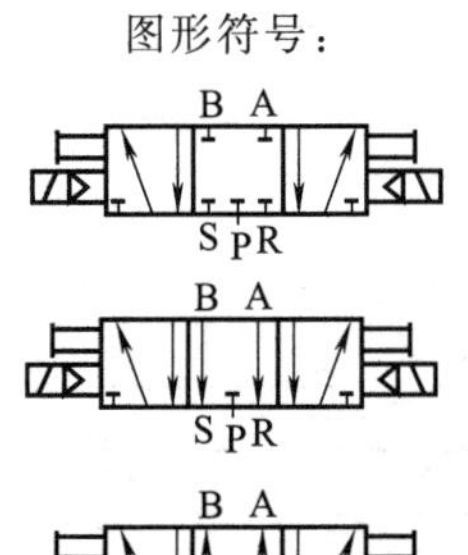

表 21-7-168　　主要技术参数

型号	功能型式		控制型式	接口螺纹	通径/mm	使用压力范围/MPa	切换时间/ms	工作电压/V	消耗功率	环境温度/℃	耐久性
XQ350441.0	三位五通	中封式	双电控	G1/8	4	0.25～1.0	10	DC:12 24 AC: 24/15Hz 110/50Hz 220/50Hz 允许电压波动±10%	G1/8～G3/8 阀 DC:3W AC:启动 7V·A 持续 4.2V·A	5～50	5000万次
XQ350641.0				G1/4	6						
XQ350441.1		中卸式		G1/8	4						
XQ350641.1				G1/4	6						
XQ350441.2		中压式		G1/8	4						
XQ350641.2				G1/4	6						

表 21-7-169 外形尺寸 mm

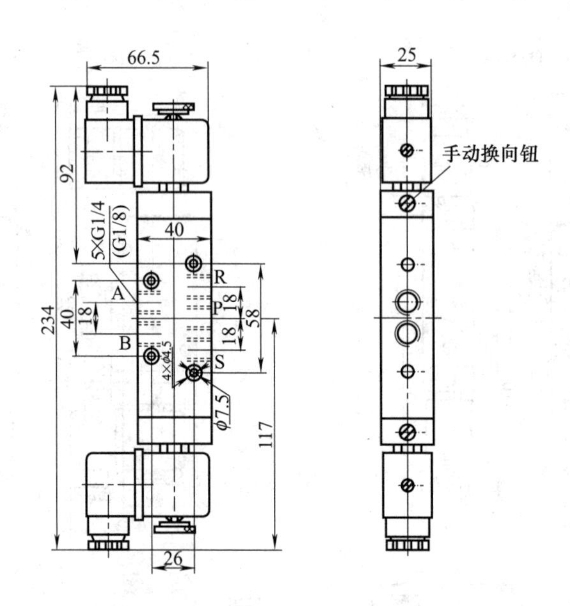

注：生产厂为上海新益气动元件有限公司。

7.2.2 二通、三通电磁换向阀

7.2.2.1 Q23DI 型电磁先导阀（DN1.2～DN3）

型号意义：

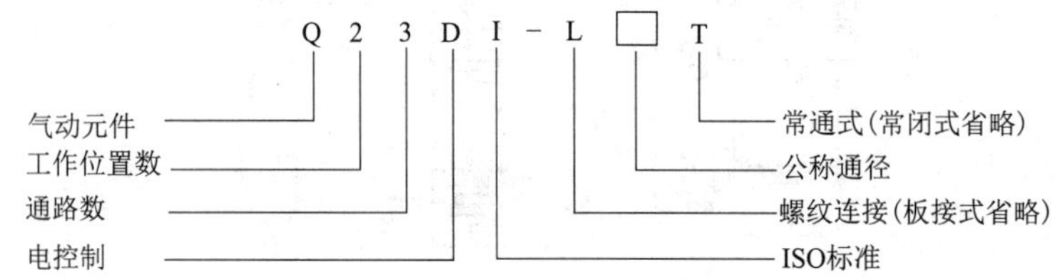

图形符号：

常闭型

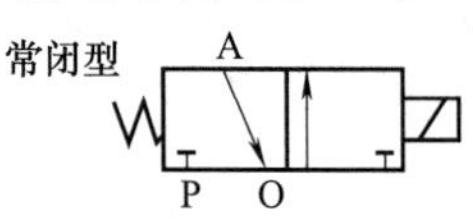

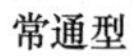

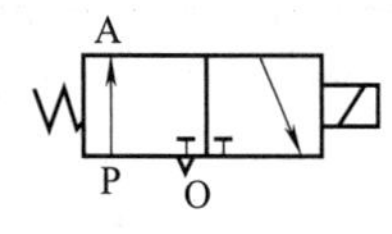

表 21-7-170 主要技术参数

公称通径/mm		1.2		2		3	
工作介质		经过净化并含有油雾的压缩空气					
工作压力范围/bar		0～8					
使用温度范围/℃		−10～+50(但在不冻结条件下)					
有效截面积/mm^2		≥0.5		≥1.6		≥3	
额定电压和电流①	交流	220V ≤60mA	36V ≤280mA	220V ≤75mA	36V ≤280mA	220V ≤130mA	36V ≤500mA
	直流	24V ≤280mA	12V ≤600mA	24V ≤300mA	12V ≤600mA	24V ≤400mA	12V ≤800mA
允许电压波动/%		−15～+10					
换向时间/s		≤0.03					
绝缘电阻/MΩ		≥1.5					
最高换向频率/Hz		≥16					

① 除上述电压可选用外，还可选用交流 127V、110V、24V，直流 48V、36V、5V。

表 21-7-171 外形尺寸 mm

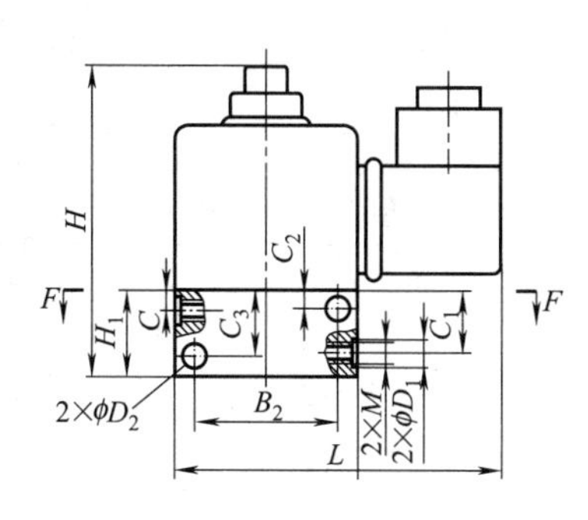

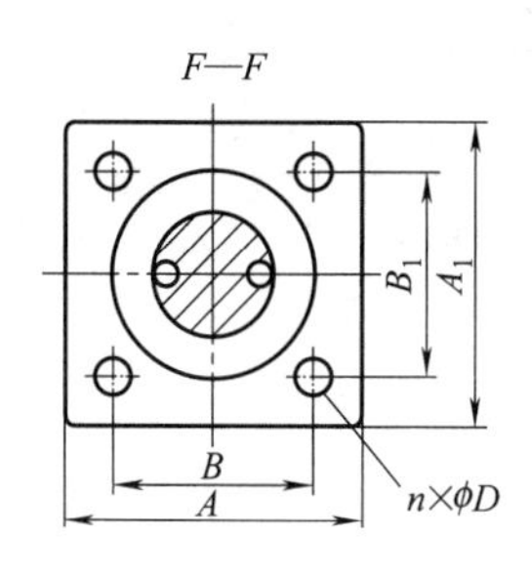

通径	A	A_1	B	B_1	B_2	H	H_1	L	C	C_1	C_2	C_3	$n\times\phi D$	$2\times\phi D_1$	$2\times\phi D_2$	$2\times M$
Q23DI-1.2	27 (32)	32	16 (24)	22 (24)		62.5	16	65					2×ϕ4.5			
Q23DI-L1.2	32	32	22 (24)	22 (24)	22 (24)	62.5	19	65	8	13	6.5	14	2×ϕ4.5	2×ϕ8.5	2×ϕ4.5	2×M5
Q23DI-1.2T	27 (32)	32	16 (24)	22 (24)		74	13	65					2×ϕ4.5			
Q23DI-L1.2T	32	32	22 (24)	22 (24)	22 (24)	78	17	65	10	10	11	11	2×ϕ4.5	2×ϕ8.5	2×ϕ4.5	2×M5
Q23DI-2	35 (40)	38 (40)	21 (30)	28 (30)		74	18	70					4×ϕ4.5			
Q23DI-L2	38 (40)	38 (40)	28 (30)	28 (30)	28 (30)	77	21	70	9.5	15	9	16	4×ϕ4.5	2×ϕ8.5	2×ϕ4.5	2×M5
Q23DI-2T	35 (40)	38 (40)	21 (30)	28 (30)		93	16	70					4×ϕ4.5			
Q23DI-L2T	38 (40)	38 (40)	28 (30)	28 (30)	28 (30)	96	19	70	13	13	14	14	4×ϕ4.5	2×ϕ8.5	2×ϕ4.5	2×M5
Q23DI-3	48	48	38	38		90	24	80					4×ϕ4.5			
Q23DI-L3	48	48	38	38	38	96	30	80	15	21	11	25	4×ϕ4.5	2×ϕ14	2×ϕ4.5	2× M10×1
Q23DI-3T	48	48	38	38		104	20	80					4×ϕ4.5			
Q23DI-L3T	48	48	38	38	38	112	28	80	19	19	19	19	4×ϕ4.5	2×ϕ14	2×ϕ4.5	2× M10×1

注：1. 表中带括号尺寸是符合联合设计的电磁先导阀的外形安装尺寸，用户可根据需要进行使用，并在订货时说明。
2. 生产厂为肇庆方大气动有限公司。

7.2.2.2 3V100 系列电磁换向阀（M5～R_c1/8）

型号意义：

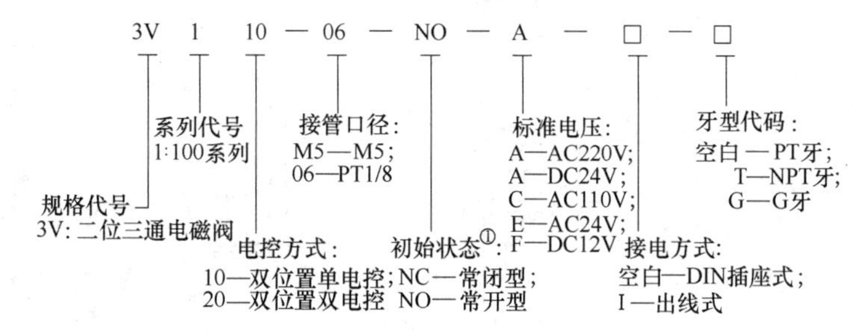

① 双位置双电控型无常开、常闭之分，故此项代码为空白。

表 21-7-172 主要技术参数

型号	3V110-M5	3V120-M5	3V110-06	3V120-06
工作介质	空气(经 40μm 滤网过滤)			
动作形式	先导式			
接管口径[①]	M5		Rc1/8	
有效截面积/mm²	5.5(C_V=0.31)		12.0(C_V=0.67)	
位置数	二位三通			
润滑[②]	不需要			
使用压力范围/MPa	0.15～0.8(21～114psi)			
保证耐压力/MPa	1.5(215psi)			
工作温度/℃	−20～70			
本体材质	铝合金			

① 接管牙型有 NPT、G 牙可供选择。

② 如有加油润滑，中途不可停止，建议润滑油为 ISO VG32 或同级用油。

表 21-7-173 电性能参数

项　　目	具体参数
标准电压	AC220、AC110V、AC24V、DC24V、DC12V
使用电压范围	AC:±15%　DC:±10%
耗电量	AC:2.5V·A　DC:2.5W
保护等级	IP65(DIN 40050)
耐热等级	B 级
接电型式	DIN 插座式、出线式
励磁时间/s	0.05 以下
最高动作频率[①]/次·秒⁻¹	5

① 最高动作频率为空载状态。

表 21-7-174 外形尺寸 mm

3V110DIN 插座式

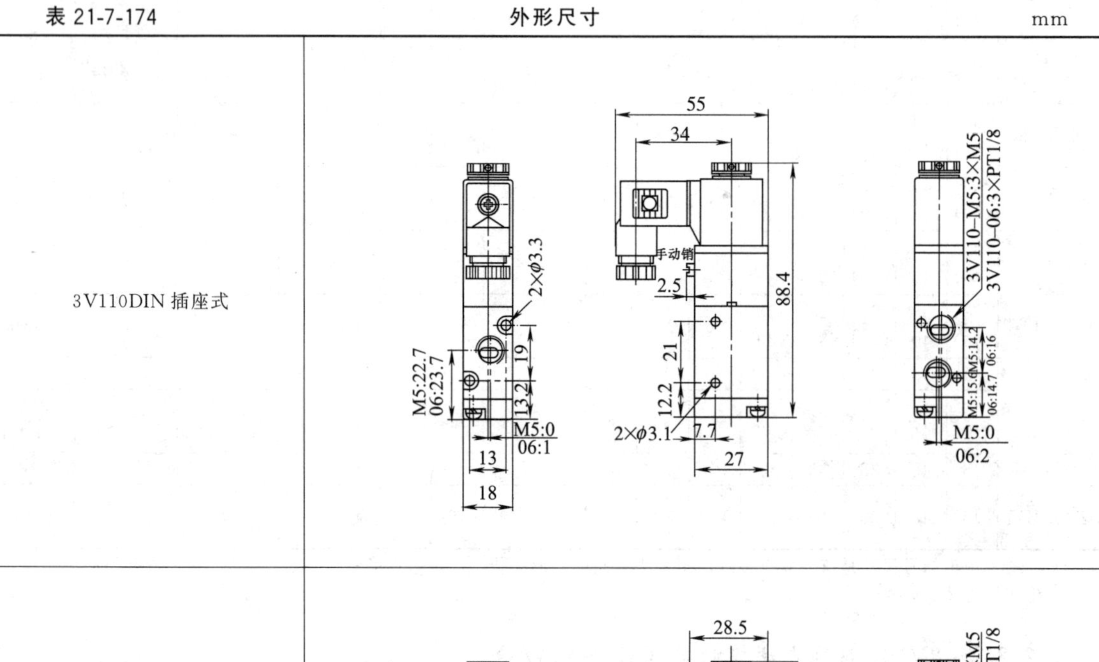

3V110 出线式

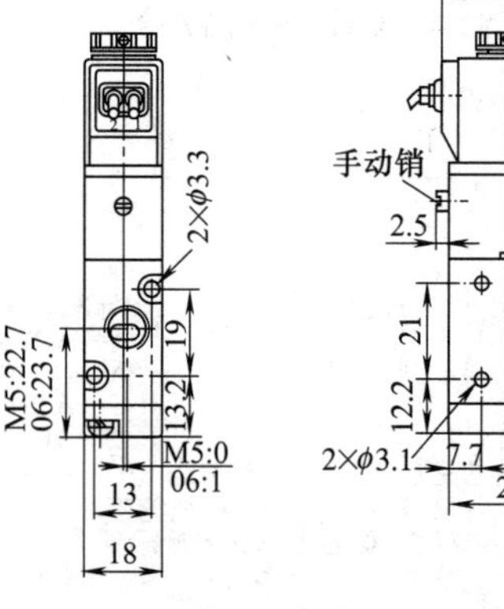

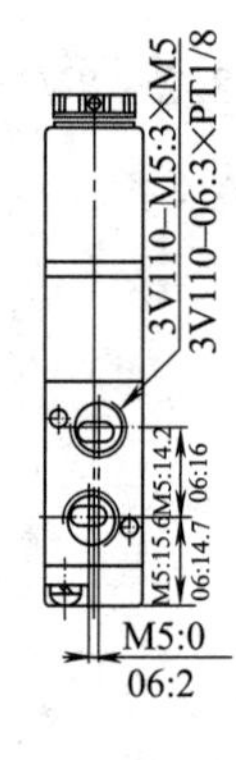

续表

 3V120DIN 插座式	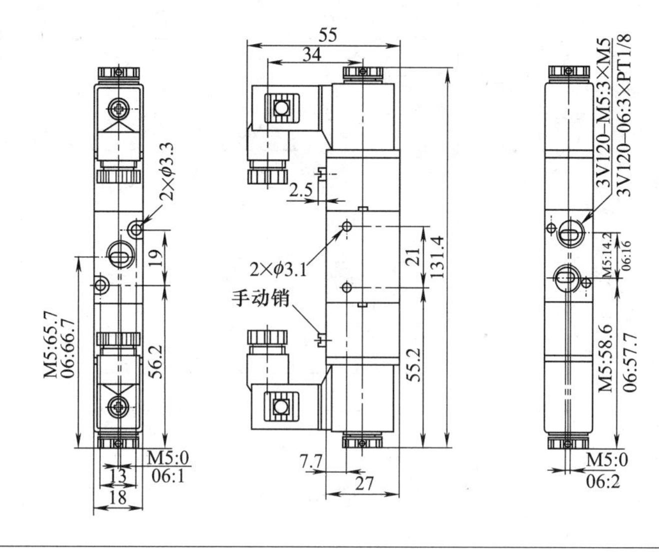
3V120 出线式	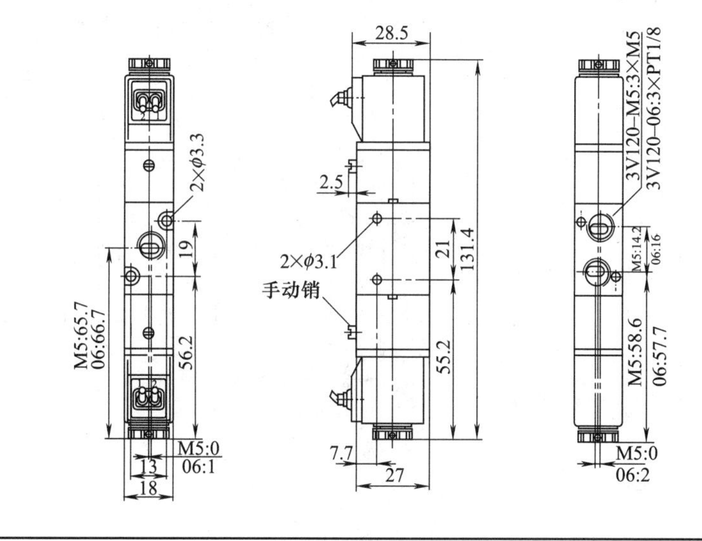

注：生产厂为亚德客公司。

7.2.3 气控换向阀

7.2.3.1 3A100 系列气控换向阀（M5～R_c1/8）

型号意义：

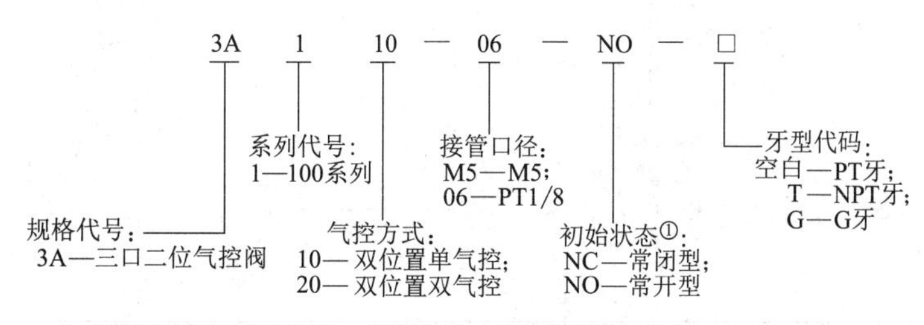

①双位置双气控型无常开、常闭之分，故此项代码为空白。

第21篇

表 21-7-175　　　　主要技术参数

型　　号	3A110-M5	3A120-M5	3A110-06	3A120-06
工作介质	空气(经40μm滤网过滤)			
动作形式	外部气控式			
接管口径①	M5		R_c1/8	
有效截面积/mm²	5.5(C_V=0.31)		12.0(C_V=0.67)	
位置数	三口二位			
润滑②	不需要			
使用压力范围/MPa	0.15～0.8(21～114psi)			
保证耐压力/MPa	1.5(215psi)			
工作温度/℃	－20～70			
本体材质	铝合金			
最高动作频率③/次·秒⁻¹	5			

① 接管牙型有 NPT、G 牙可供选择。
② 如有加油润滑，中途不可停止，建议润滑油为 ISO VG32 或同级同油。
③ 最高动作频率为空载时状态。

表 21-7-176　　　　外形尺寸　　　　mm

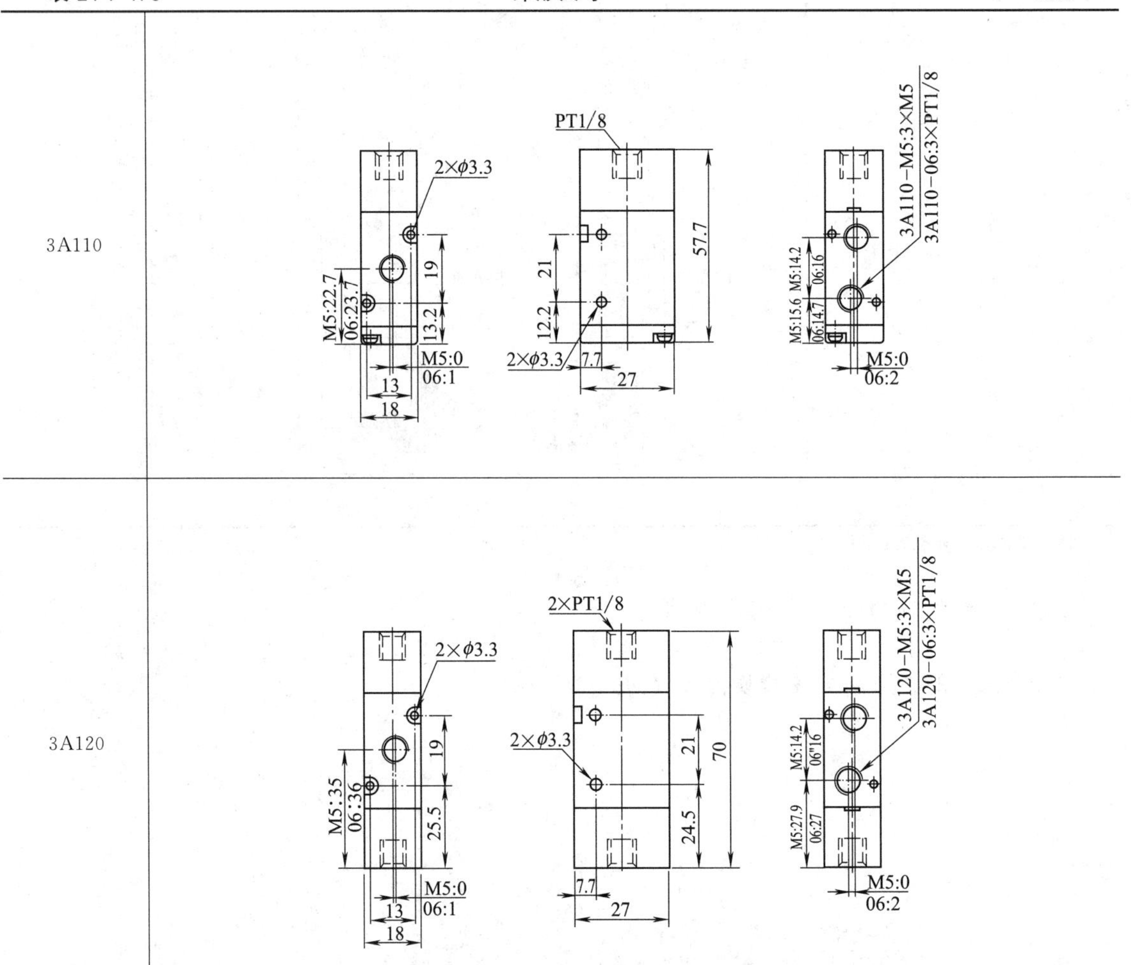

注：生产厂为亚德客公司。

7.2.3.2　4A100 系列气控换向阀（M5～R_c1/8）

型号意义：

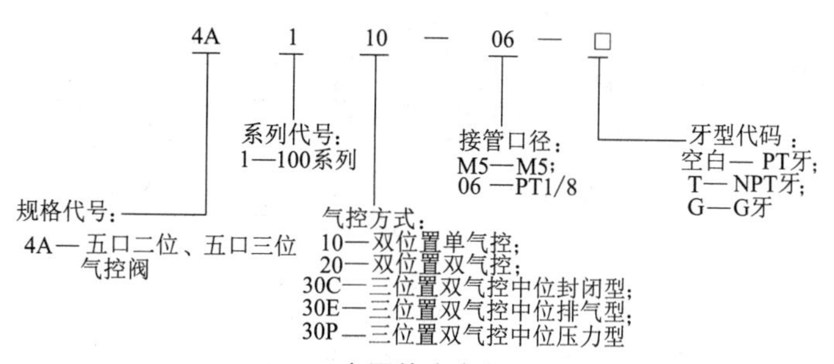

表 21-7-177　　主要技术参数

型　　号	4A110-M5 4A120-M5	4A130C-M5 4A130E-M5 4A130P-M5	4A110-06 4A120-06	4A130C-06 4A130E-06 4A130P-06
工作介质	空气（经 40μm 滤网过滤）			
动作形式	外部气控式			
接管口径①	进气＝出气＝M5		进气＝出气＝PT1/8	
有效截面积/mm^2	5.5 （C_V＝0.31）	5.0 （C_V＝0.28）	12.0 （C_V＝0.67）	9.0 （C_V＝0.50）
位置数	二位五通	三位五通	二位五通	三位五通
使用压力范围/MPa	0.15～0.8(21～114psi)			
保证耐压力/MPa	1.5(215psi)			
工作温度/℃	－20～70			
本体材质	铝合金			
润滑②	不需要			
最高动作频率③/次·$秒^{-1}$	5	3	5	3
质量/g	4A110-M5:85 4A120-M5:140	165	4A110-06:85 4A120-06:140	165

① 接管牙型有 NPT、G 牙可供选择。
② 如有加油润滑，中途不可停止，建议润滑油为 ISO VG32 或同级用油。
③ 最高动作频率为空载时状态。

表 21-7-178　　外形尺寸　　mm

4A110

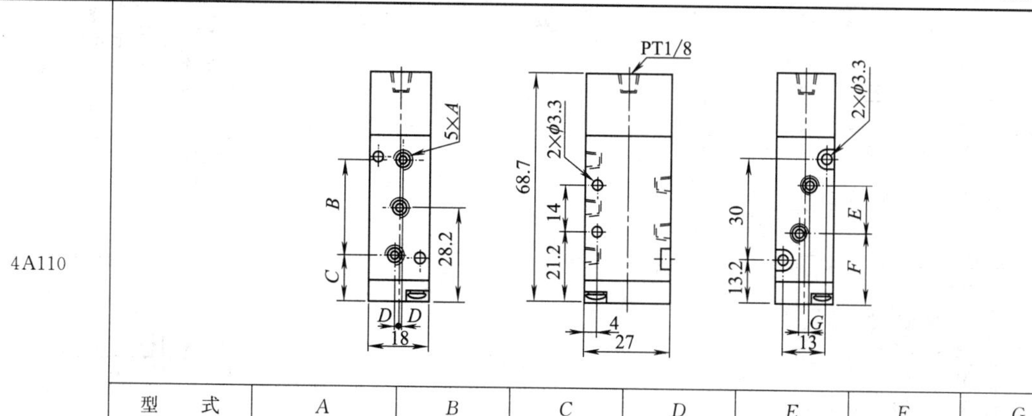

型　　式	A	B	C	D	E	F	G
4A110-M5	M5×0.8	27	14.7	0	14	21.2	0
4A110-06	PT1/8	28	14.2	1	16	20.2	3

续表

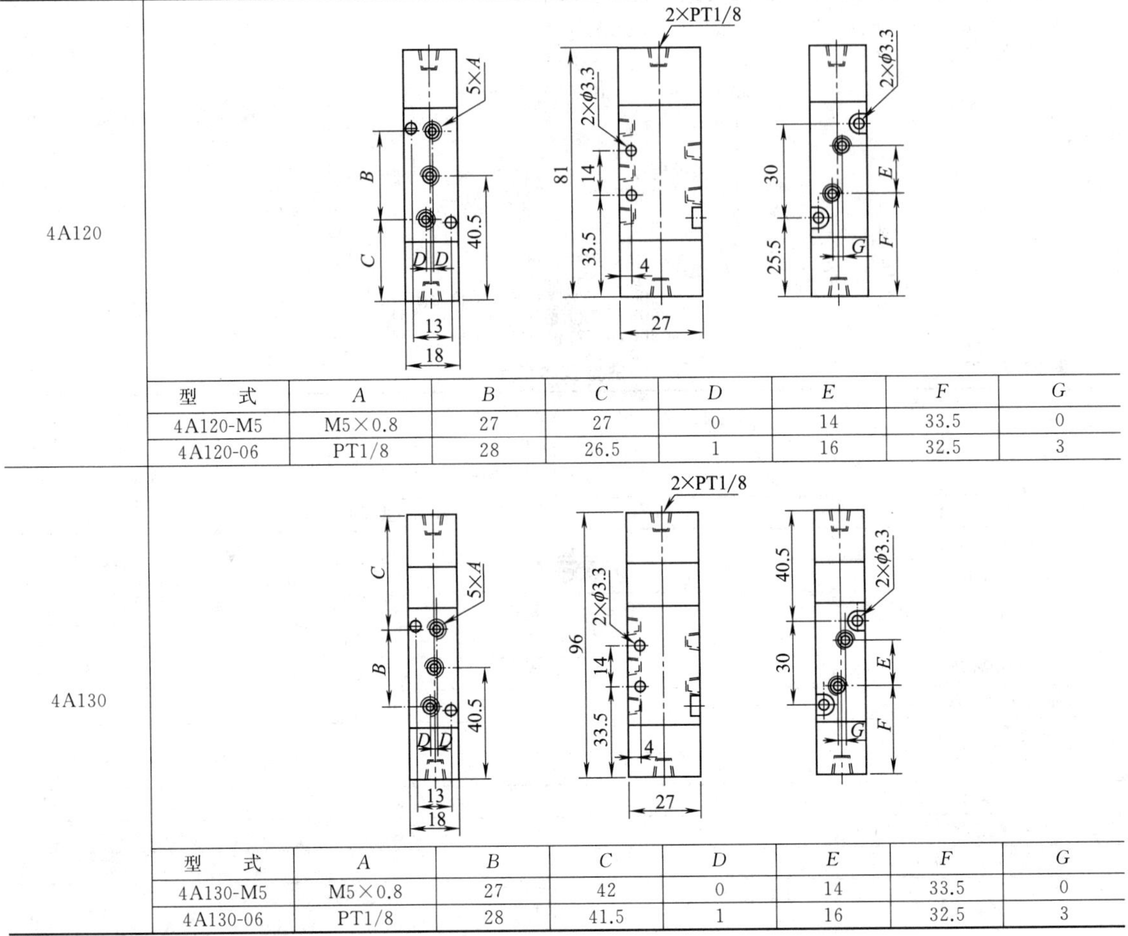

4A120

型　式	A	B	C	D	E	F	G
4A120-M5	M5×0.8	27	27	0	14	33.5	0
4A120-06	PT1/8	28	26.5	1	16	32.5	3

4A130

型　式	A	B	C	D	E	F	G
4A130-M5	M5×0.8	27	42	0	14	33.5	0
4A130-06	PT1/8	28	41.5	1	16	32.5	3

注：生产厂为亚德客公司。

7.2.3.3　3KA2 系列 5 通气控阀（M5～R_c1/8）

型号意义：　　　　图形符号：

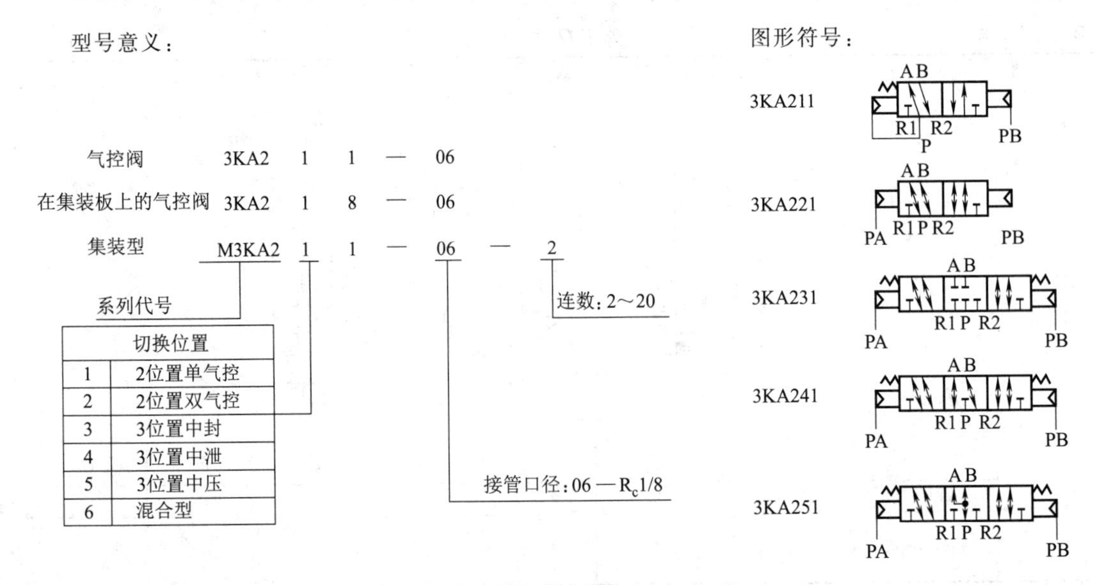

表 21-7-179　**主要技术参数**

型　号		3KA211	3KA221	3KA231	3KA241	3KA251
使用流体		洁净压缩空气				
使用压力范围/MPa		0.15～0.7 (1.5～7.1kgf/cm²)	0～0.7 (0～7.1kgf/cm²)			
最低气控压力/MPa		0.6×主路压力+0.06 (0.6×主路压力+0.6kgf/cm²)		0.2(2.0kgf/cm²)		
最高气控压力/MPa		0.7(7.1kgf/cm²)				
有效截面积(C_V 值)/mm²		12.5(0.68)		11(0.60)		
接管口径	P口	R_c1/8				
	A,B口					
	R1,R2口					
	Pilot口	M5				

表 21-7-180　**外形尺寸**　mm

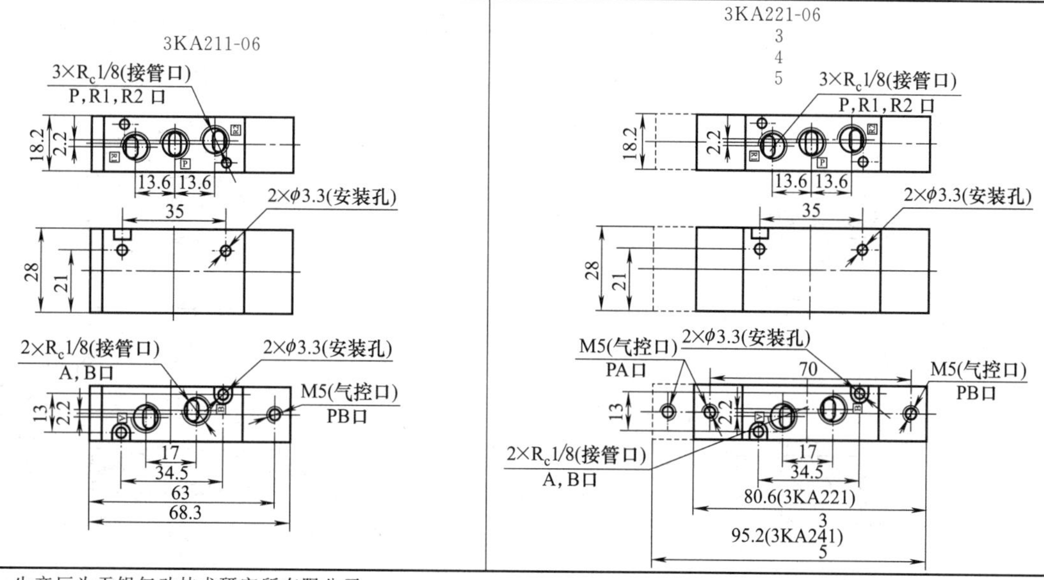

注：生产厂为无锡气动技术研究所有限公司。

7.2.3.4　3KA3系列5通气控阀(R_c1/8～R_c1/4)

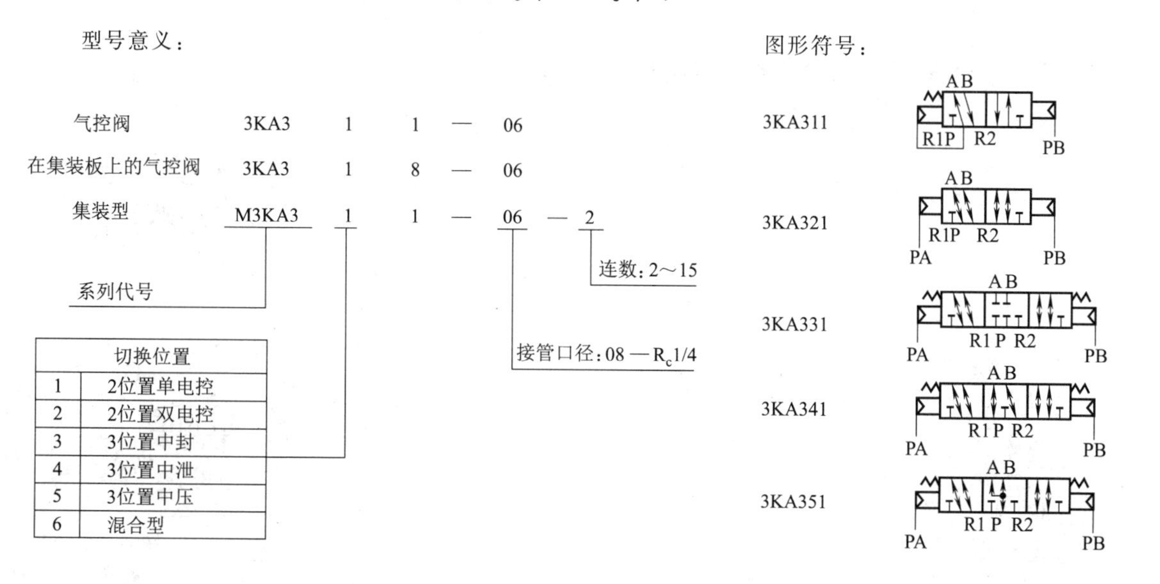

表 21-7-181 **主要技术参数**

型号		3KA311	3KA321	3KA331	3KA341	3KA351
使用流体		洁净压缩空气				
使用压力范围/MPa		0.15～0.7 (1.5～7.1kgf/cm²)	0～0.7 (0～7.1kgf/cm²)			
最低气控压力/MPa		0.6×主路压力+0.06 (0.6×主路压力+0.6kgf/cm²)		0.2(2.0kgf/cm²)		
最高气控压力/MPa		0.7(7.1kgf/cm²)				
有效截面积(C_V 值)/mm²		25(1.36)		22(1.20)		
接管口径	P 口	R_c1/4				
	A,B 口					
	R1,R2 口					
	Pilot 口	R_c1/8				

表 21-7-182 **外形尺寸**

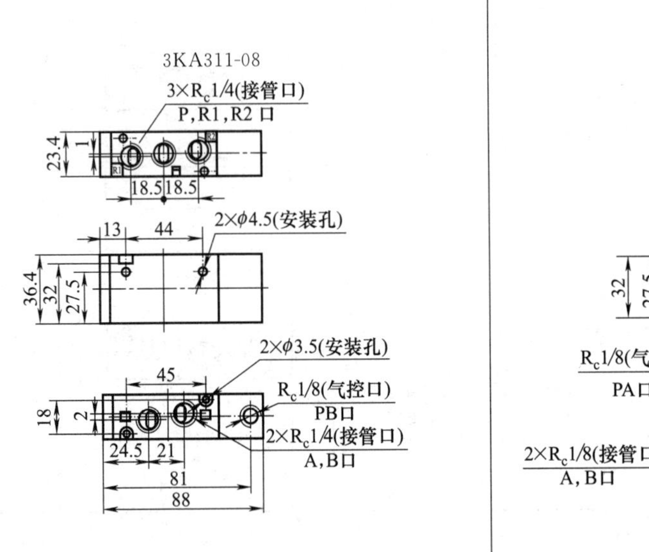

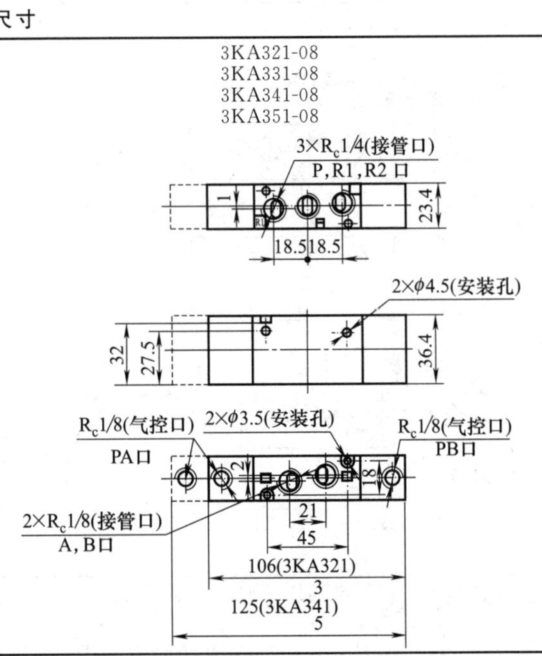

注：生产厂为无锡气动技术研究所有限公司。

7.2.3.5 3KA4 系列 5 通气控阀（R_c1/8～R_c3/8）

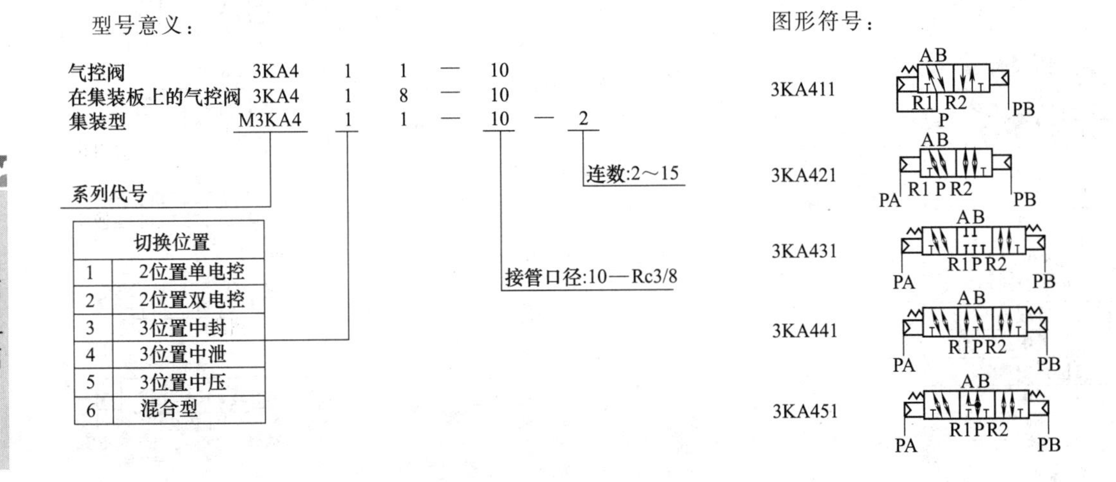

表 21-7-183　**主要技术参数**

型　　号		3KA411	3KA421	3KA431	3KA441	3KA451
使用流体		洁净压缩空气				
使用压力范围/MPa		0.15～0.7 (1.5～7.1kgf/cm²)	0～0.7 (0～7.1kgf/cm²)			
最低气控压力/MPa		0.6×主路压力+0.06 (0.6×主路压力+0.6kgf/cm²)		0.2(2.0kgf/cm²)		
最高气控压力/MPa		0.7(7.1kgf/cm²)				
有效截面积(C_V 值)/mm²		50(2.71)		43(2.33)		
接管口径	P 口	$R_c3/8$				
	A,B 口					
	R1,R2 口					
	Pilot 口	$R_c1/8$				

表 21-7-184　**外形尺寸**　mm

3KA411-10

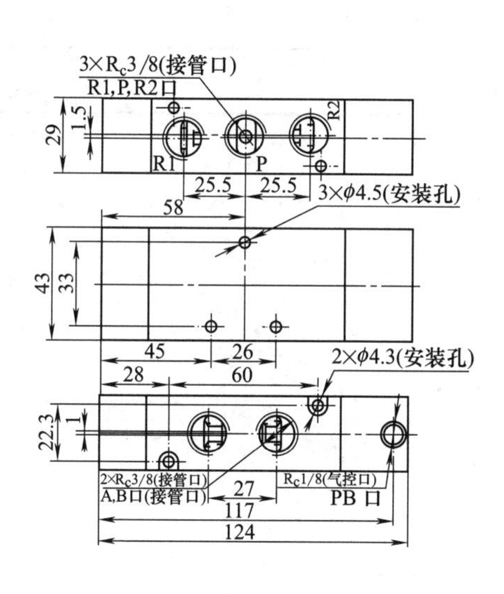

3KA421-10
3KA431-10
3KA441-10
3KA451-10

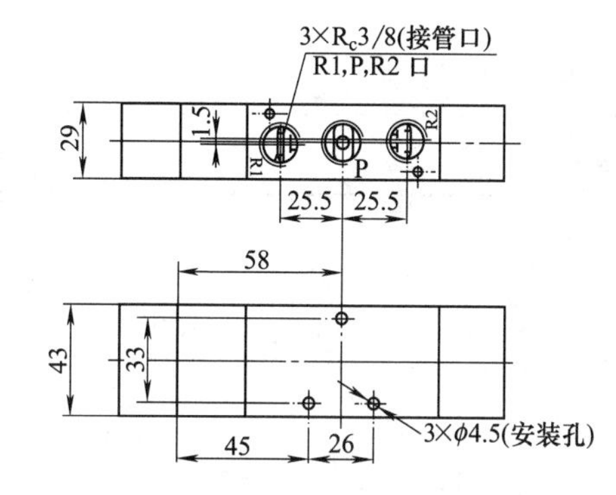

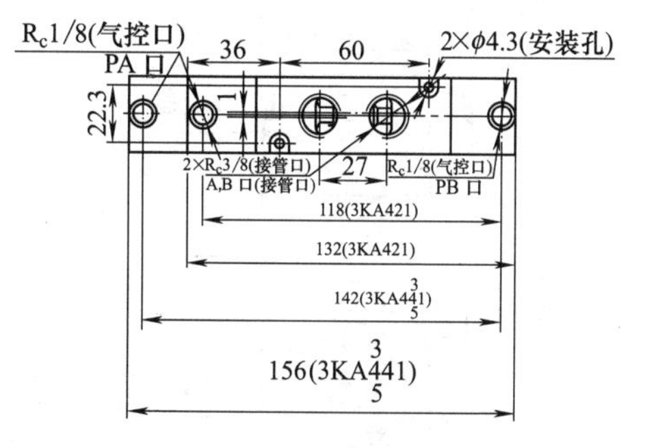

注：生产厂为无锡气动技术研究所有限公司。

7.2.4 手控、机控换向阀

7.2.4.1 $^{2}_{3}$4R8 系列四通手动转阀（G1/8～G3/4）

型号意义：　　　　　　　　　　　　　　　　　　图形符号：

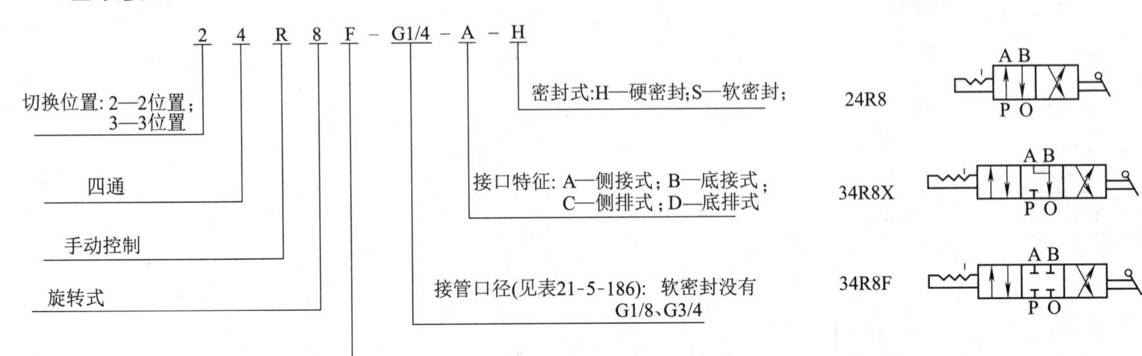

中间状态：
无符号 — 2位置,无中间位置；
F — 三位中封式；
X — 三位中泄式

注:对于硬密封只有A、B,软密封只有C、D。
软密封G1/4为C,其余为D。

表 21-7-185　　　　　　　　　主要技术参数

接管口径	G1/8 硬密封	G1/4	G3/8	G1/2	G3/4 硬密封
使用流体	洁净压缩空气				
使用压力范围/MPa	0～0.97(0～9.9kgf/cm^2)				
耐压/MPa	1.5(15kgf/cm^2)				
流体温度/℃	5～60				
最大转动角度/(°)	90				
有效截面积/mm^2	15	17	50	55	55

表 21-7-186　　　　　　　　　外形尺寸　　　　　　　　　mm

24R8-G1/8-A-H　　24R8-G1/4-A-H
34R8X-G1/8-A-H　　34R8X-G1/4-A-H
34R8F-G1/8-A-H　　34R8F-G1/4-A-H

24R8-G1/8-B-H　　24R8-G1/4-B-H
34R8X-G1/8-B-H　　34R8X-G1/4-B-H
34R8F-G1/8-B-H　　34R8F-G1/4-B-H

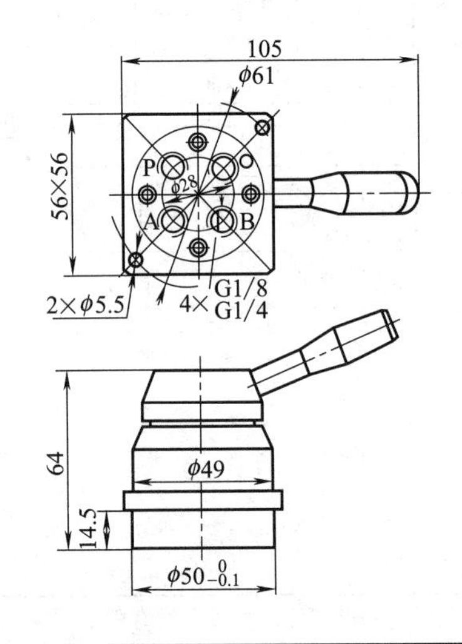

第21篇

续表

24R8-G3/8-A-H
24R8-G1/2-A-H
24R8-G3/4-A-H
34R8X-G3/8-A-H
34R8X-G1/2-A-H
34R8X-G3/4-A-H
34R8F-G3/8-A-H
34R8F-G1/2-A-H
34R8F-G3/4-A-H

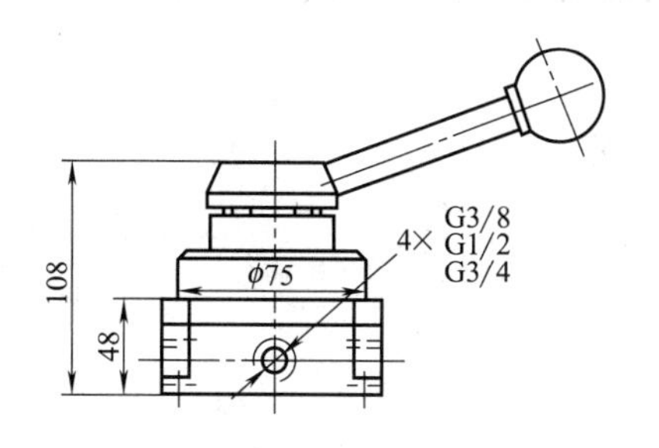

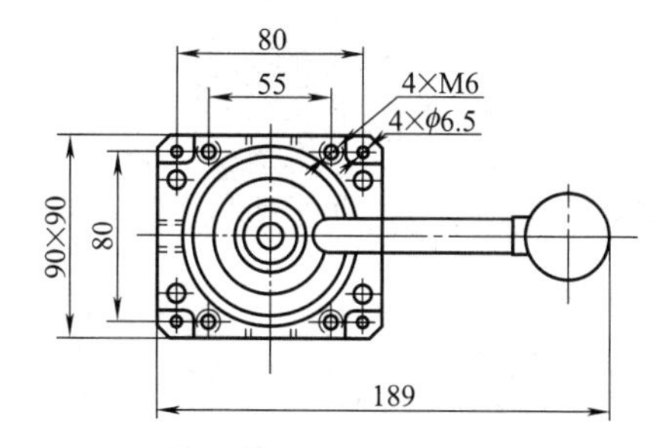

24R8-G1/4-D-S
34R8F-G1/4-D-S
34R8X-G1/4-D-S

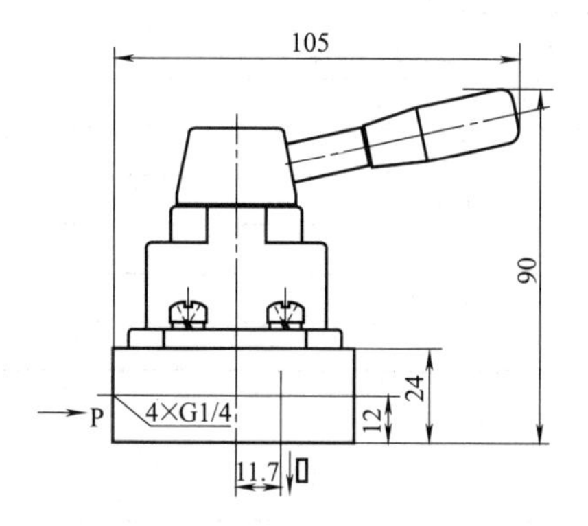

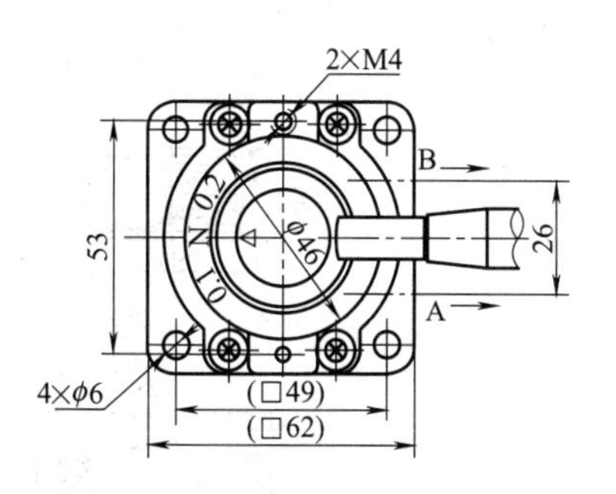

24R8-G3/8-C-S　24R8-G1/2-C-S
34R8F-G3/8-C-S　34R8F-G1/2-C-S
34R8X-G3/8-C-S　34R8X-G1/2-C-S

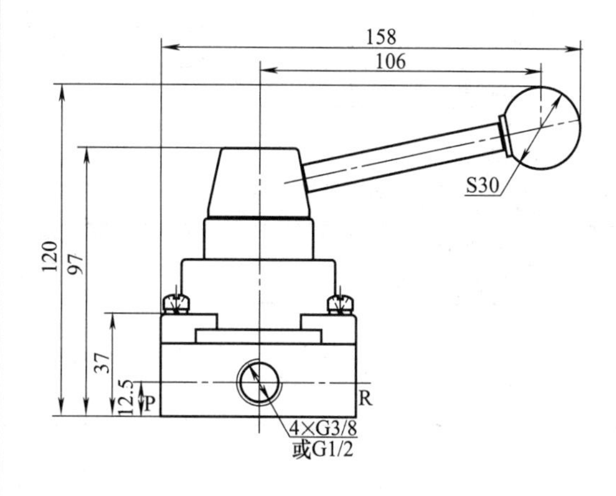

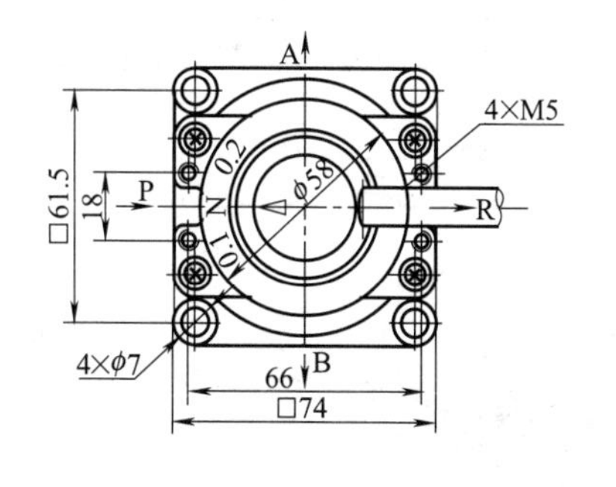

注：生产厂为无锡气动技术研究所有限公司。

7.2.4.2　S3 系列机械阀（M5～R_c1/4）

型号意义：

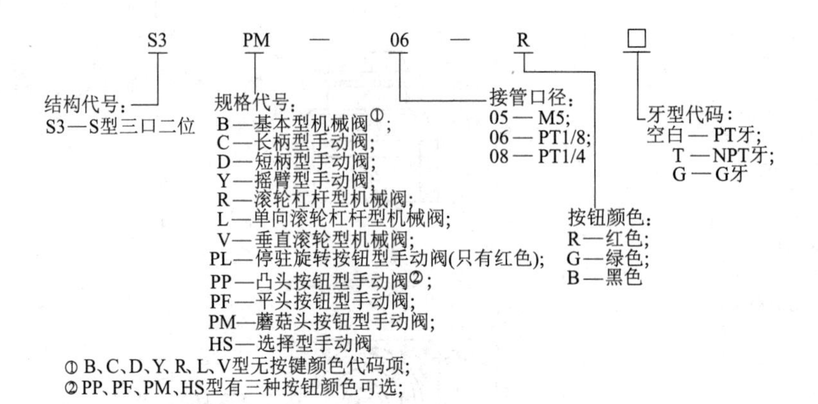

图形符号：

表 21-7-187　　　　主要技术参数

型　　号	S3B	S3C	S3D	S3V	S3R	S3L	S3Y	S3PM	S3PP	S3PF	S3PL	S3HS
工作介质	空气(经 40μm 滤网过滤)											
动作形式	外部控制直动式											
接管口径①	05：M5；06：PT1/8；08：PT1/4											
有效截面积/mm^2	05：2.5(C_V=0.14)；06：8.0(C_V=0.45)；08：12.0(C_V=0.67)											
位置数	二位三通											
润滑②	不需要											
使用压力范围/MPa	0～0.8(0～114psi)											
保证耐压力/MPa	1.5(215psi)											
工作温度/℃	−20～70											
本体材质	铝合金											

① 接管牙型有 NPT、G 牙可供选择。
② 如有加油润滑，中途不可停止，建议润滑油为 ISO VG32 或同级用油。

表 21-7-188　　　　外形尺寸　　　　mm

型　号	C 长柄型		D 短柄型		Y 摇柄型	
订购方式	订购码	规　　格	订购码	规　　格	订购码	规　　格
	S3C210-P13A	S3C210 长柄组合	S3D210-P13A	S3D210 短柄组合	S3Y210-P13A	S3Y210 摇柄组合
适用产品	S3C05、S3C06、S3C08		S3D05、S3D06、S3D08		S3Y05、S3Y06、S3Y08	
外部尺寸	16　16　14.8　30.5　80.7		16　44.3　30.5　43.4		16.5　36.7　42.2　17　10.5　33.5	

第21篇

续表

型号	R滚轮杠杆型		L单向滚轮杠杆型		V垂直滚轮型	
订购方式	订购码	规格	订购码	规格	订购码	规格
	S3R210-P14A	S3R210滚轮杠杆组合	S3L210-P14A	S3L210单向滚轮杠杆组合	S3V05(06、08)-P14	S3V05(06、08)垂直滚轮组合
适用产品	S3R05、S3R06、S3R08		S3L05、S3L06、S3L08		S3V05、S3V06、S3V08	
外部尺寸	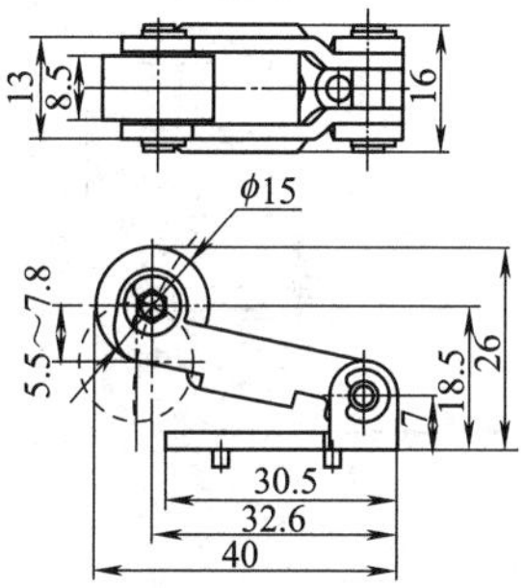		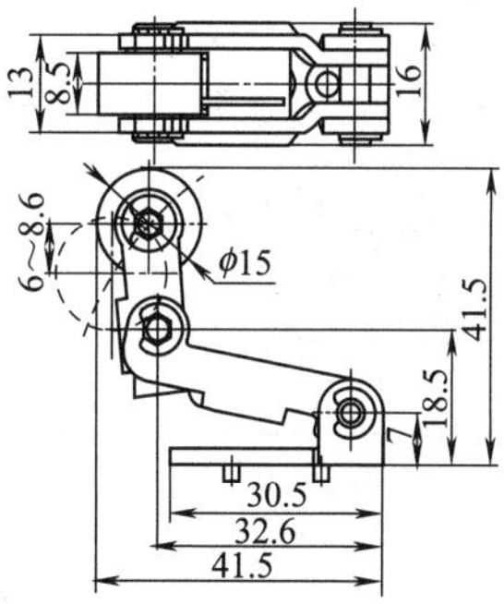		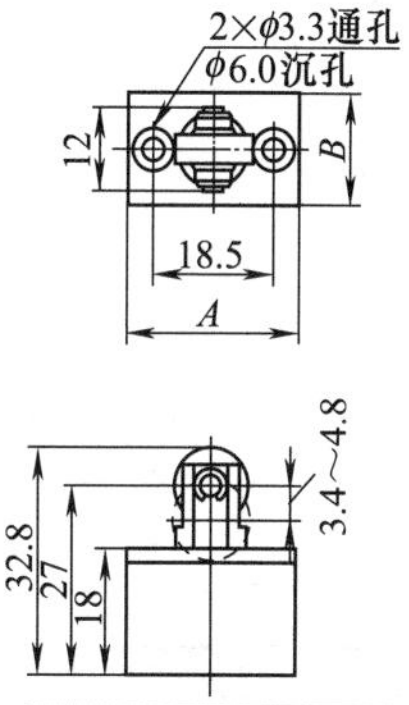	

型号	A	B
05型	26	16.5
06型	30	16.5
08型	34	17.5

型号	PP凸头按钮型		PM蘑菇头按钮型		PL停驻旋转按钮型	
订购方式	订购码	规格	订购码	规格	订购码	规格
	S3PP05-P11A	S3PP凸头按钮组合(绿色)	S3PM05-P11A	S3PM按钮组合(绿色)	S3PL05-P12A	S3PL停驻旋转按钮组合(红色)
	S3PP05-P12A	S3PP凸头按钮组合(红色)	S3PM05-P12A	S3PM按钮组合(红色)		
	S3PP05-P13A	S3PP凸头按钮组合(黑色)	S3PM05-P13A	S3PM按钮组合(黑色)		
适用产品	S3PP05、S3PP06、S3PP08		S3PM05、S3PM06、S3PM08		S3PL05、S3PL06、S3PL08	
外部尺寸	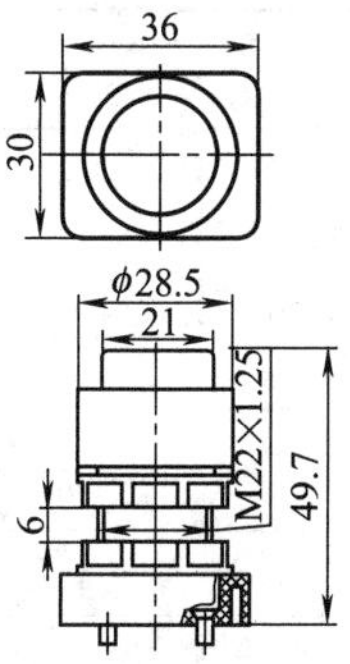		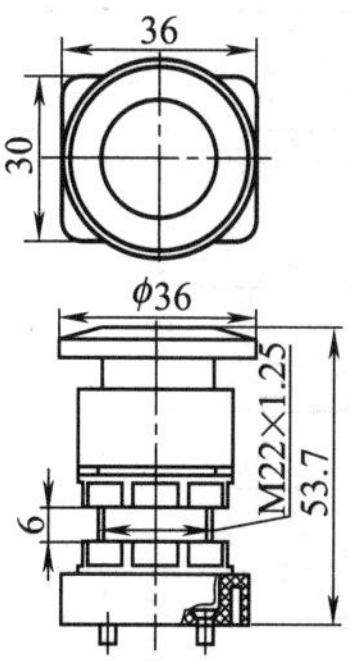		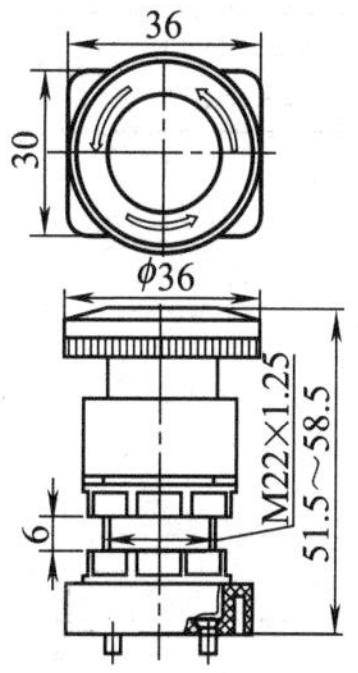	

续表

型号	PF平头按钮型		HS旋钮型	
订购方式	订购码	规格	订购码	规格
	S3PF05-P11A	S3PF平头按钮组合(绿色)	S3HS05-P11A	S3HS旋钮组合(绿色)
	S3PF05-P12A	S3PF平头按钮组合(红色)	S3HS05-P12A	S3HS旋钮组合(红色)
	S3PF05-P13A	S3PF平头按钮组合(黑色)	S3HS05-P13A	S3HS旋钮组合(黑色)
适用产品	S3PF05、S3PF06、S3PF08		S3HS05、S3HS06、S3HS08	
外部尺寸	36 30 φ28.5 M22×1.25 42.3 6		36 30 φ28.5 M22×1.25 57.3 6	

注：生产厂为亚德客公司。

7.2.5 单向阀

7.2.5.1 KA系列单向阀（DN3～DN25）

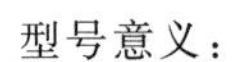
型号意义：

图形符号：

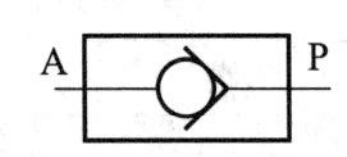

表 21-7-189　　主要技术参数

公称通径/mm	3	6	8	10	15	20	25
工作介质	经净化的压缩空气						
工作压力范围/bar	0.5～8						
使用温度范围/℃	−25～+80(但在不冻结条件下)						
有效截面积/mm²	5	10	20	40	60	110	190
开启压力/bar	<0.3		<0.2		<0.1		<0.1
关闭压力/bar	<0.25		<0.1		<0.08		<0.08

表 21-7-190　　外形尺寸　　mm

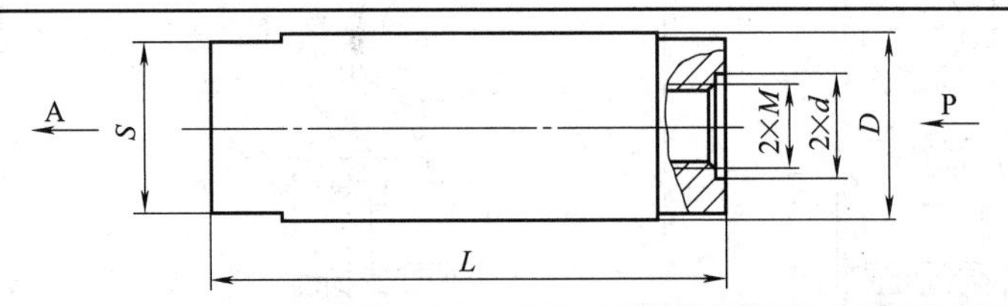

型号	L	D	S	M		d
KA-L3	36	φ15	12	M6		φ9深1.4
KA-L6	73.5	φ30	26	M10×1	G1/8	φ13深1.4
KA-L8	73.5	φ30	26	M12×1.25	G1/4	φ16深1.8

续表

型　号	L	D	S	M		d
KA-L10	85	ϕ38	34	M16×1.5	G3/8	ϕ20 深 1.8
KA-L15	85	ϕ38	34	M20×1.5	G1/2	ϕ24 深 1.8
KA-L20	112	ϕ55	46	M27×2	G3/4	ϕ32 深 2.4
KA-L25	112	ϕ55	46	M33×2	G1	ϕ40 深 2.7

注：生产厂为肇庆方大气动有限公司。

7.2.5.2　KAB 系列可控型单向阀（*DN*8～*DN*25）

型号意义：

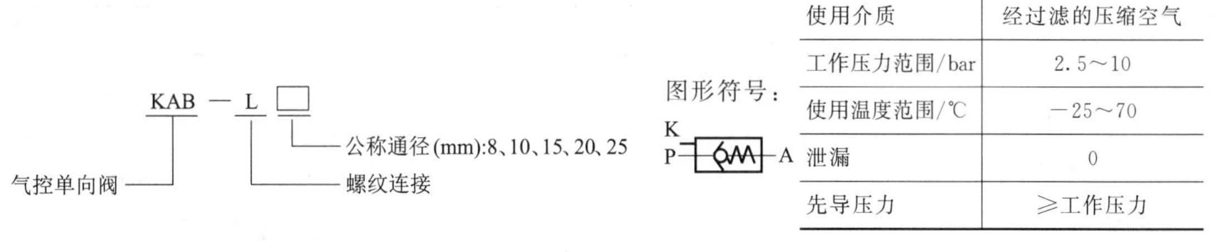

表 21-7-191　主要技术参数

使用介质	经过滤的压缩空气
工作压力范围/bar	2.5～10
使用温度范围/℃	－25～70
泄漏	0
先导压力	≥工作压力

表 21-7-192　外形尺寸　mm

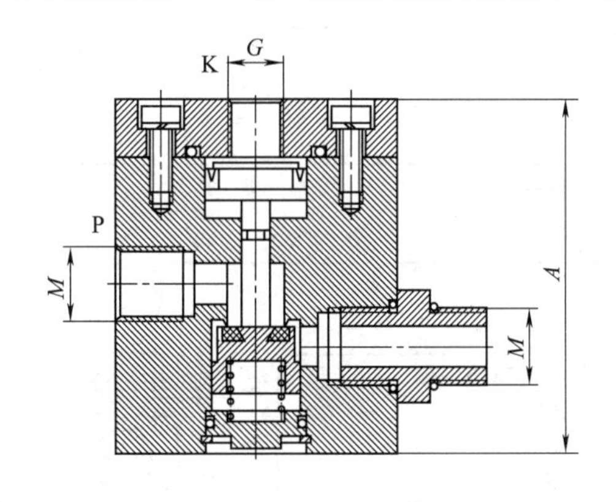

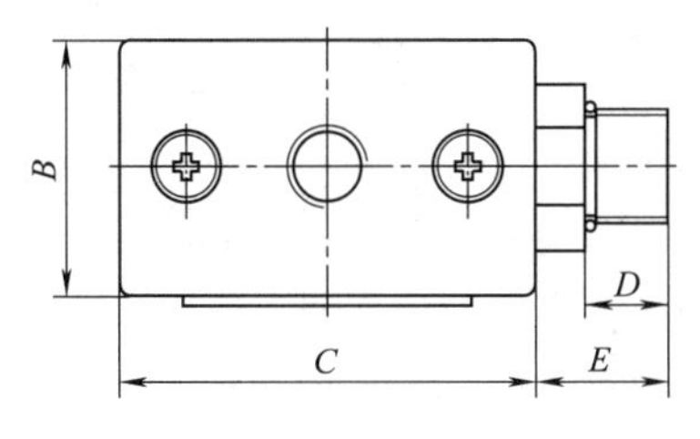

型　号	M	G	A	B	C	D	E
KAB-L8	G1/4	G1/8	61.5	30	50	10	16
KAB-L10	G3/8	G1/8	61.5	30	50	10	16
KAB-L15	G1/2	G1/8	61.5	30	50	10	20
KAB-L20	G3/4	G1/4	113.2	46	76	10	20
KAB-L25	G1	G1/4	113.2	46	76	10	20

注：生产厂为肇庆方大气动有限公司。

7.2.6 其他方向控制阀

7.2.6.1 QS系列梭阀（$DN3\sim DN25$）

型号意义： 图形符号：

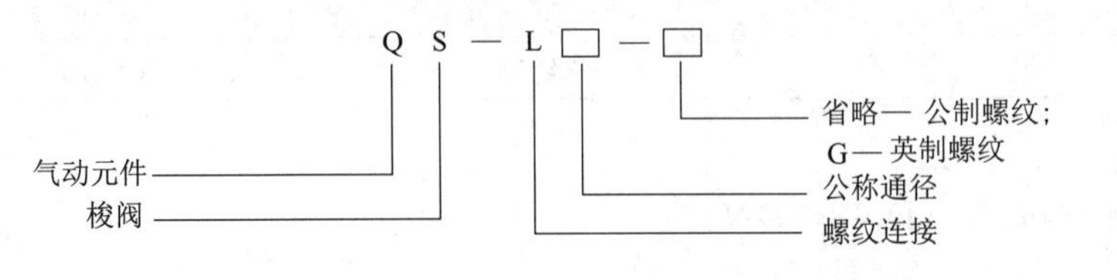

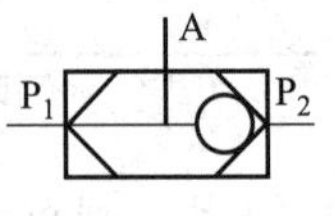

表 21-7-193 主要技术参数

型　号	QS-L3	QS-L6	QS-L8	QS-L10	QS-L15	QS-L20	QS-L25
通径/mm	3	6	8	10	15	20	25
工作介质	经过除水、滤尘、并含有油雾的压缩空气						
工作温度/℃	－5～＋50						
环境温度/℃	－5～＋50						
工作压力范围/bar	0.5～8						
额定流量/$m^3\cdot h^{-1}$	0.7	2.5	5	7	10	20	30
额定流量下压降/bar	≤0.25	≤0.22	≤0.2	≤0.15	≤0.12	≤0.1	
泄漏量/$cm^3\cdot min^{-1}$	≤30	≤50		≤120		≤250	
换向频率/Hz	≥10					≥5	
换向时间/s	≤0.03					≤0.03	

注：额定流量、额定流量下压降、泄漏量在压力为5bar条件下测定。

表 21-7-194 外形尺寸 mm

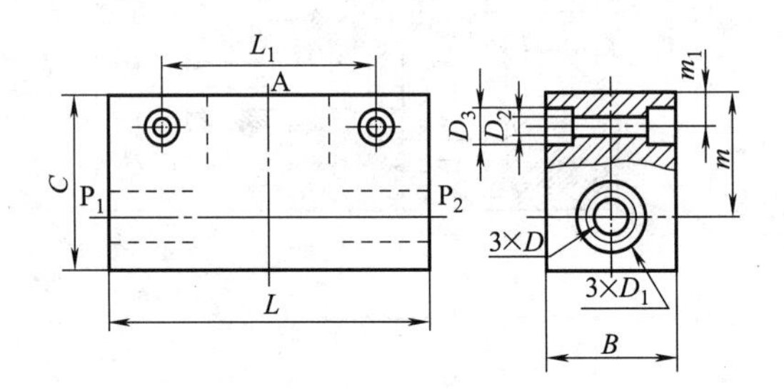

型号	通径	D		D_1	L	B	C	L_1	D_2	D_3	m_1	m
QS-L3	3		M6 深 8	ϕ9 深 1.4$^{0}_{-0.1}$	34	16	22	16	ϕ3.4		4	14
QS-L6	6	G1/8	M10×1 深 15	ϕ13 深 1.4$^{0}_{-0.1}$	60	25	42	36	ϕ4.5	ϕ8.5 深 4	9	28
QS-L8	8	G1/4	M12×1.25 深 15	ϕ16 深 1.8$^{0}_{-0.1}$	60	25	42	36	ϕ4.5	ϕ8.5 深 4	9	28
QS-L10	10	G3/8	M16×1.5 深 18	ϕ20 深 1.8$^{0}_{-0.1}$	75	36	52	48	ϕ6.6	ϕ12 深 7	10	34
QS-L15	15	G1/2	M20×1.5 深 18	ϕ24 深 1.8$^{0}_{-0.1}$	75	36	52	48	ϕ6.6	ϕ12 深 7	10	34
QS-L20	20	G3/4	M27×2 深 22	ϕ32 深 2.5$^{0}_{-0.1}$	110	60	76	72	ϕ6.6	ϕ12 深 7	10	46
QS-L25	25	G1	M33×2 深 22	ϕ40 深 2.5$^{0}_{-0.1}$	110	60	76	72	ϕ6.6	ϕ12 深 7	10	46

注：生产厂为肇庆方大气动有限公司。

7.2.6.2 KP 系列快速排气阀（$DN3 \sim DN25$）

型号意义： 图形符号：

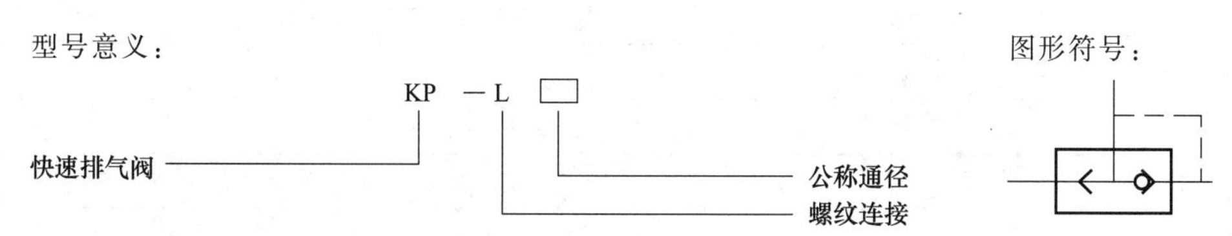

表 21-7-195 主要技术参数

公称通径/mm		3	8	10	15	20	25
工作介质		干燥,洁净含有油雾的压缩空气					
工作压力范围/bar		1.2～8					
使用温度范围/℃		－20～＋50(但在不冻结条件下)					
有效截面积/mm²	P→A	4	20	40	60	110	190
	A→O	8	40	60	110	190	300
换向时间/s	P→A	≤0.04		≤0.05		≤0.06	
	A→O	≤0.03		≤0.04		≤0.05	

表 21-7-196 外形尺寸 mm

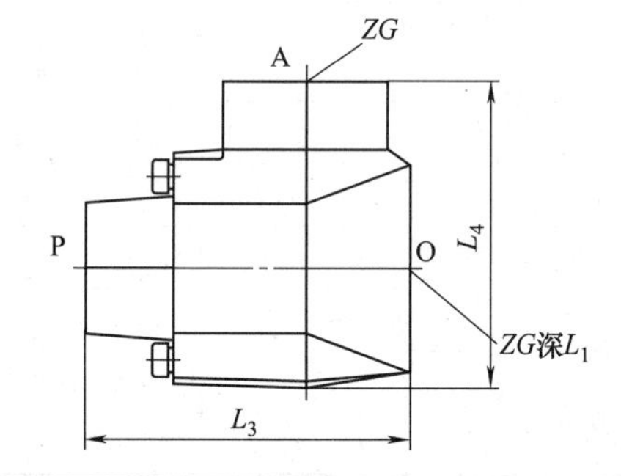

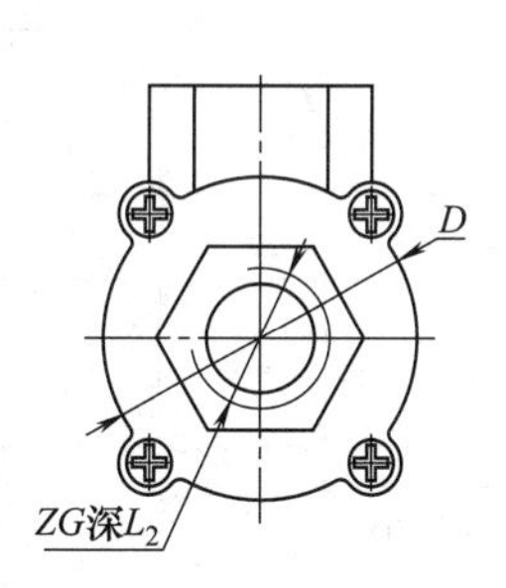

型　号	ZG	L_1	L_2	L_3	L_4	D
KP-L3	G1/8	11	10	39	36	ϕ25
KP-L8	G1/4	18	15	49	48	ϕ32
KP-L10	G3/8	20	18	69	67	ϕ49
KP-L15	G1/2	20	18	69	67	ϕ49
KP-L20	G3/4	23	23	112	100	ϕ74
KP-L25	G1	25	25	112	100	ϕ74

注：生产厂为肇庆方大气动有限公司。

7.2.6.3 KSY 系列双压阀（$DN3 \sim DN15$）

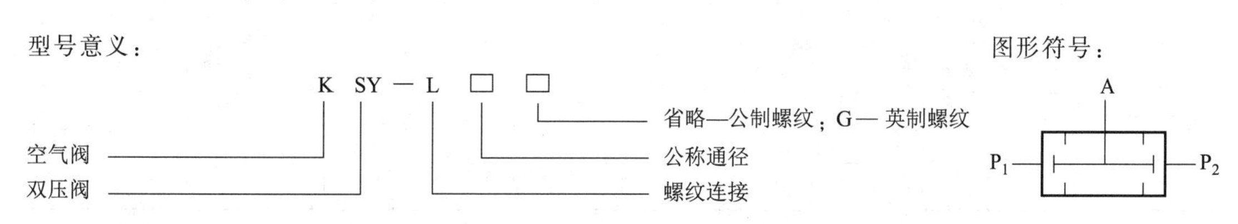

表 21-7-197　　主要技术参数

型　　号	KSY-L3	KSY-L6	KSY-L8	KSY-L10	KSY-L15
公称通径/mm	3	6	8	10	15
工作介质	干燥压缩空气				
工作压力范围/bar	0.5～8				
介质温度/℃	0～50				
环境温度/℃	−10～+50				
有效截面积/mm^2	4	10	20	40	60
泄漏量/$mL \cdot min^{-1}$	≤30	≤50		≤120	

表 21-7-198　　外形尺寸　　mm

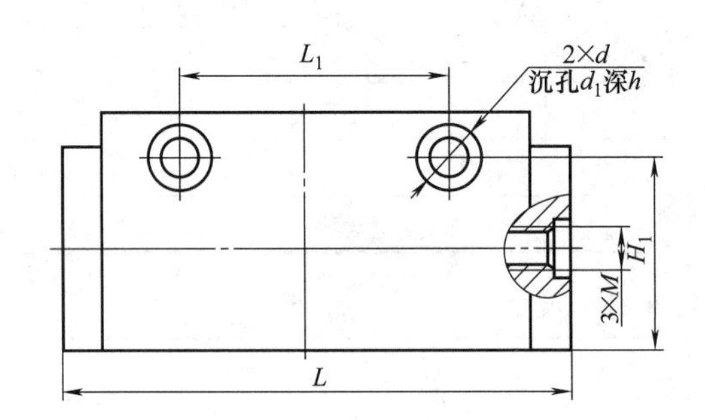

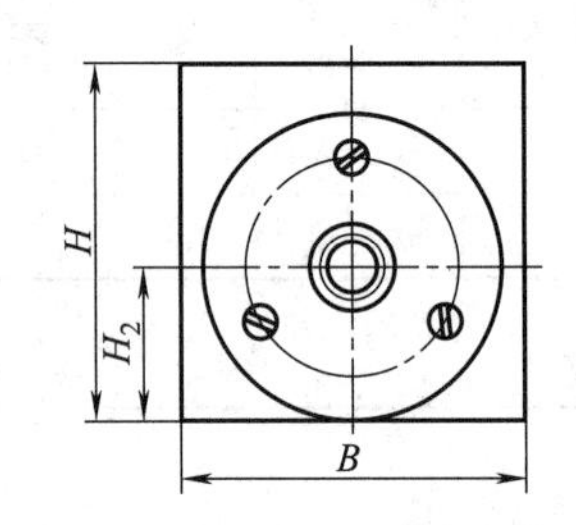

型号	L	L_1	B	H	H_1	H_2	M		d	d_1	h
KSY-L3	47	25	16	25	20.5	8	M6		ϕ4.5		
KSY-L6	92	50	48	50	42	22	G1/8	M10×1	ϕ6.5	10.5	6
KSY-L8							G1/4	M12×1.25			
KSY-L10	104	50	56	75	60	25	G3/8	M16×1.5	ϕ6.5	10.5	6
KSY-L15							G1/2	M20×1.5			

注：生产厂为肇庆方大气动有限公司。

7.2.6.4　XQ 系列二位三通、二位五通气控延时换向阀（G1/8～G1/4）

表 21-7-199　　主要技术参数

型号	功能型式	接口螺纹	通径/mm	延时范围	延时误差	使用压力范围	切换时间	介质温度	环境温度	耐久性
XQ230450	二位三通	G1/8	6	1～30s	8%	0.2～1.0MPa	30ms	−10～+60℃	5～60℃	5000 万次
XQ230650		G1/4								
XQ250450	二位五通	G1/8								
XQ250650		G1/4								
XQ230451	二位三通	G1/8								
XQ230651		G1/4								
XQ250451	二位五通	G1/8								
XQ250651		G1/4								

表 21-7-200　　　　外形尺寸　　　　mm

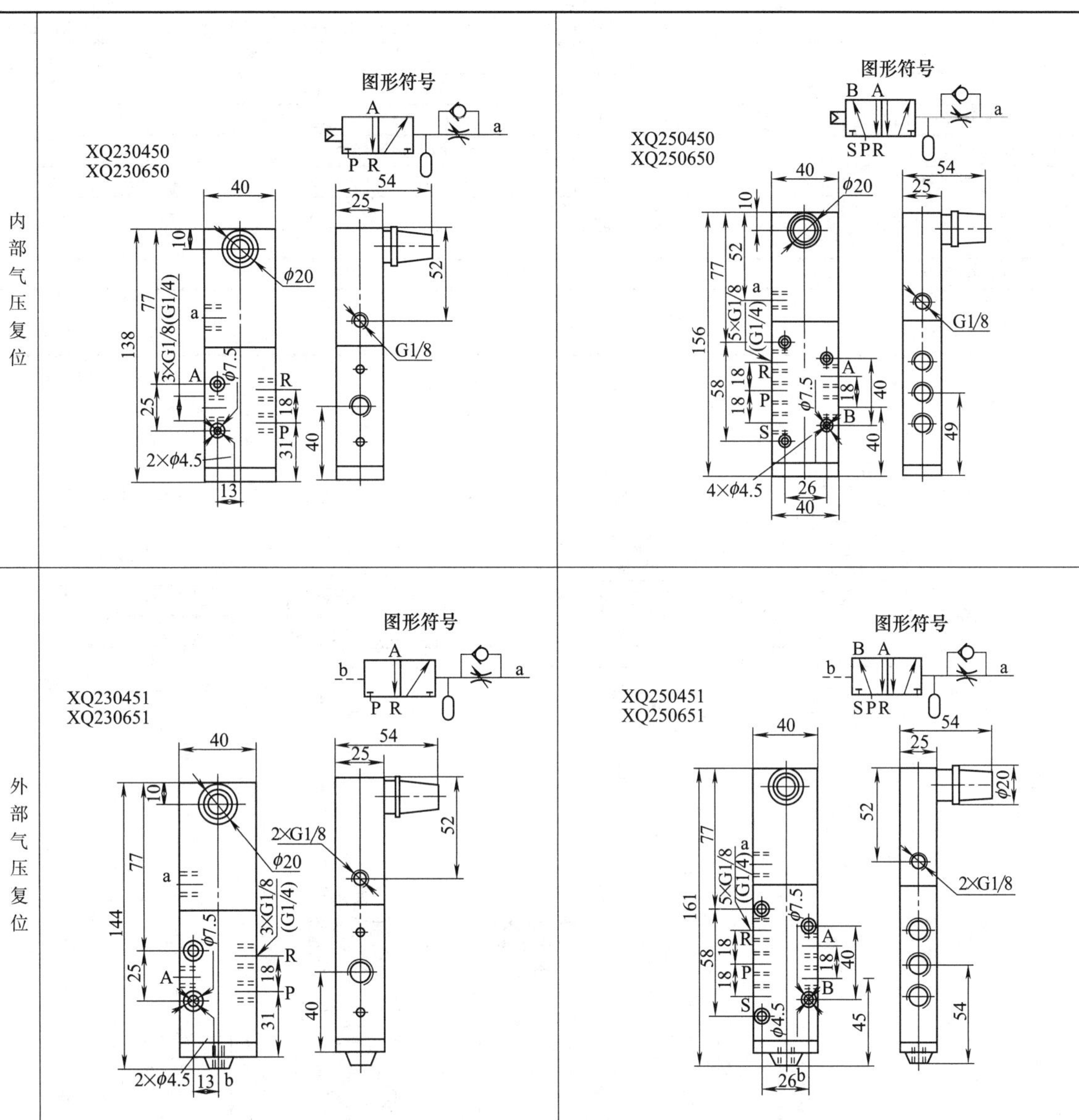

注：生产厂为肇庆方大气动有限公司。

7.3　流量控制阀

7.3.1　QLA 系列单向节流阀（$DN3 \sim DN25$）

型号意义：

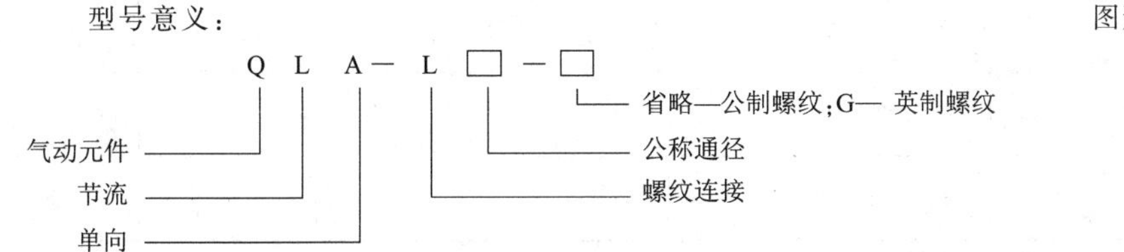

图形符号：

表 21-7-201　　**主要技术参数**

型　号		QLA-L3	QLA-L4	QLA-L6	QLA-L8	QLA-L10	QLA-L15	QLA-L20	QLA-L25
公称通径/mm		3	4	6	8	10	15	20	25
工作介质		经过净化，并含有油雾的压缩空气							
工作压力范围/bar		0.5～8							
使用温度范围/℃		－20～＋80(但在不冻结条件下)							
有效截面积/mm^2	控制流道(P→A)	4	8	16	32	48	88	120	
	自由流道(A→P)	5	10	20	40	60	110	190	
开启压力/bar		≤0.5							
节流特性		曲线平滑，线性好，无突变							

表 21-7-202　　**外形尺寸**　　mm

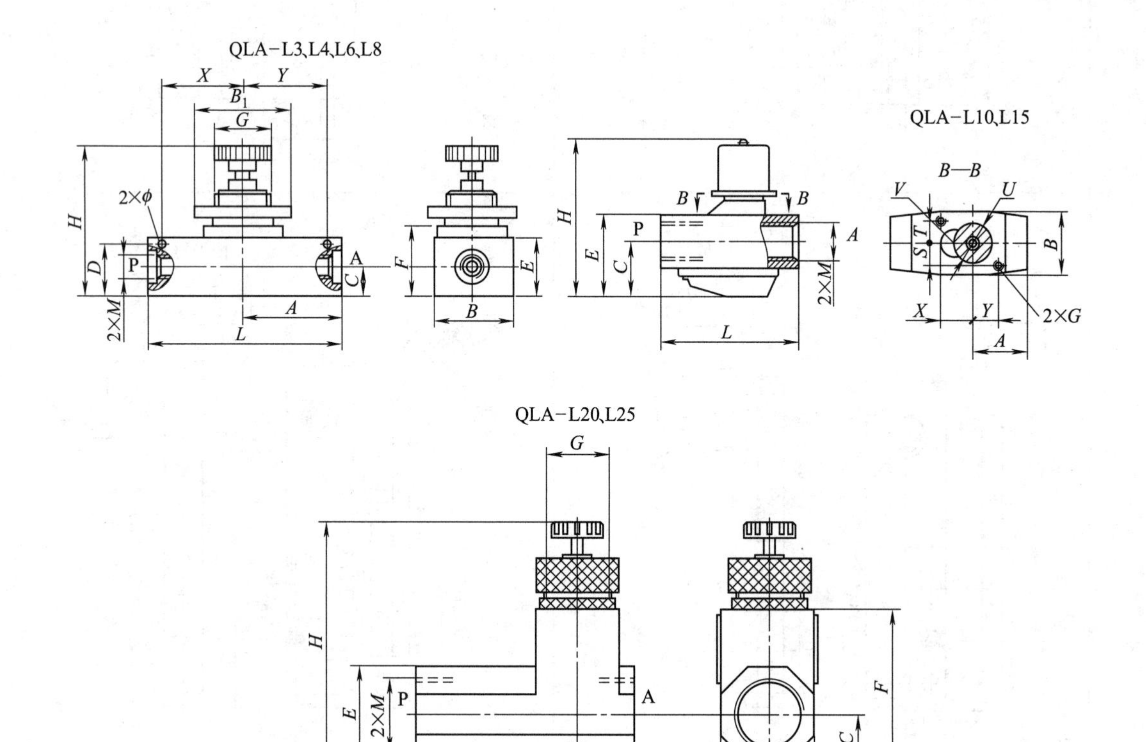

型号	M		L	B(B_1)	H	A	C	D	E	F	G	S	T	U	V	X	Y	ϕ
QLA-L3	M6		34	16	41.5～45.5	12	8.5	21	25	27	M6	—	—	—	—	17.5	7.5	ϕ4
QLA-L4	M10×1	G1/8	39	19	52.5～62	14.5	11.5	25	29	31	M6	—	—	—	—	17.5	7.5	ϕ4
QLA-L6	M10×1	G1/8	58	22 (26)	53～60	26	11	23	26	31	M16×1.5	—	—	—	—	28	22	ϕ4.2
QLA-L8	M14×1.5	G1/4																
QLA-L10	M18×1.5	G3/8	85	38	91～103	34	32	—	48	—	M24×1.5	12	13	ϕ26	R8	19	17	—
QLA-L15	M22×1.5	G1/2																
QLA-L20	M27×2	G3/4	103	ϕ50	109～123	33	24	—	48	78	M36×2	—	—	—	—	—	—	—
QLA-L25	M33×2	G1	98															

注：生产厂为肇庆方大气动有限公司。

7.3.2　ASC系列单向节流阀（R_c1/8～R_c1/2）

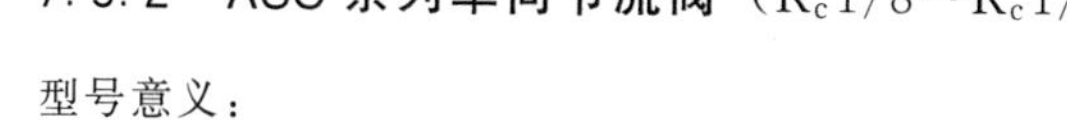

型号意义：

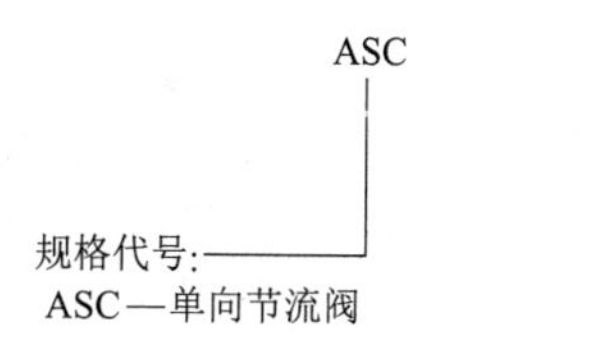

ASC　　300　—　10　—　□

规格代号：ASC—单向节流阀

系列代号：100—100系列；200—200系列；300—300系列

接管口径：06—PT1/8；08—PT1/4；10—PT3/8；15—PT1/2

牙型代码：空白—PT牙；T—NPT牙；G—G牙

图形符号：

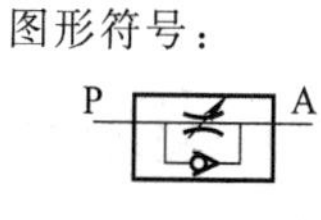

表 21-7-203　　主要技术参数

型　号		ASC100-06	ASC200-08	ASC300-10	ASC300-15
工作介质		空气（经40μm滤网过滤）			
接管口径①		R_c1/8	R_c1/4	R_c3/8	R_c1/2
使用压力范围/MPa		0.05～0.95(7～135psi)			
保证耐压力/MPa		1.5(215psi)			
工作温度/℃		－20～70			
本体材质		铝合金			
标准额定流量/L·min^{-1}	节流阀	200	450	1250	1650
	单向阀	400	800	1500	2500

① 接管牙型有NPT、G牙可供选择。

表 21-7-204　　外形尺寸　　mm

ASC100、ASC200

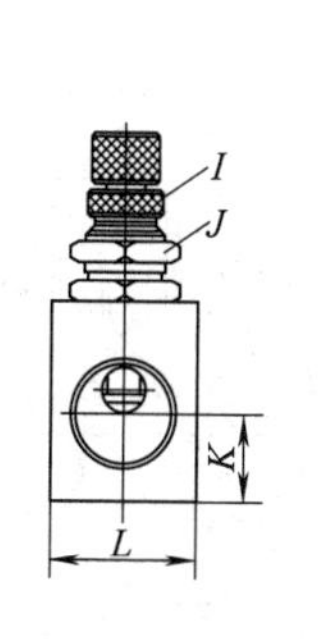

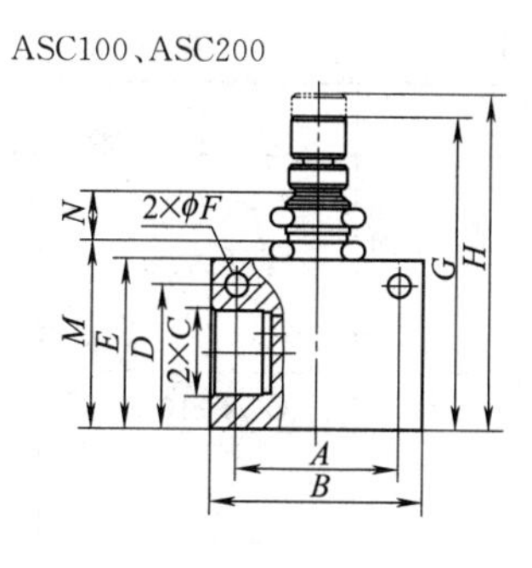

ASC300

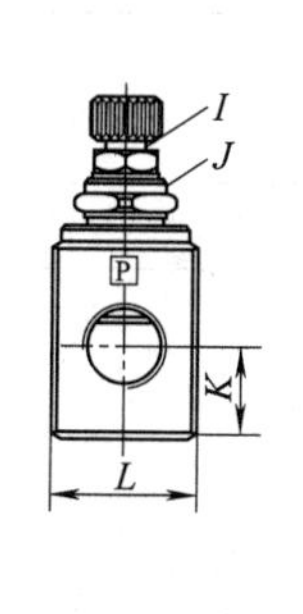

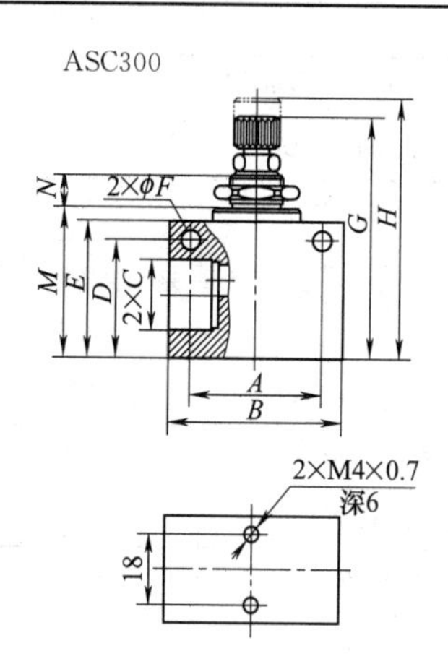

型号	ASC100-06	ASC200-08	ASC300-10	ASC300-15	型号	ASC100-06	ASC200-08	ASC300-10	ASC300-15
A	22	26	35	35	*H*	52.3	56.3	74	74
B	32	36	50	50	*I*	M6×0.5	M6×0.5	M8×0.75	M8×0.75
C	PT1/8	PT1/4	PT3/8	PT1/2	*J*	M12×0.75	M12×0.75	M16×1.0	M16×1.0
D	18	23	32	32	*K*	10	13.5	17.5	17.5
E	23	27	37	37	*L*	18	18	28	28
F	4.3	4.3	5.3	5.3	*M*	26	30	40.5	40.5
G	46.8	50.8	65	65	*N*	8.6	8.6	10.2	10.2

注：生产厂为亚德客公司。

7.4 压力控制阀

7.4.1 减压阀

7.4.1.1 QAR1000～5000系列空气减压阀（M5～G1）

型号意义：

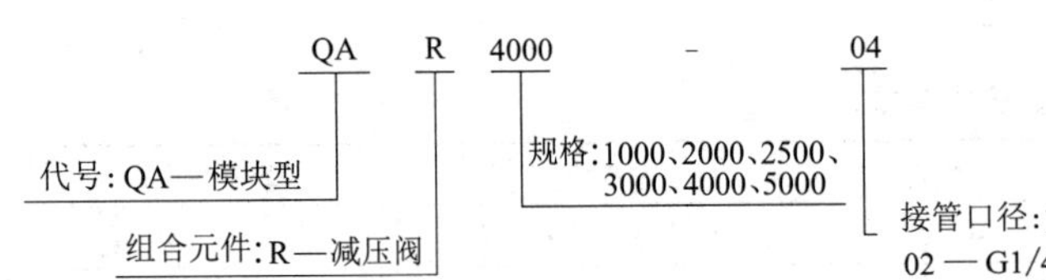

图形符号：

表 21-7-205 主要技术参数

最高使用压力	1.0MPa	环境及介质温度/℃	5～60
压力调节范围①/MPa	QAR1000：0.05～0.7 QAR2000～5000：0.05～0.85	阀型	带溢流型

① 还有调压范围0.05～0.25MPa。

表 21-7-206 型号及规格

型号	规格				配件		
	额定流量①/L·min⁻¹ (ANR)	接管口径	压力表口径	质量/kg	压力表	支架(1个)	膜片组件
QAR1000-M5	100	M5×0.8	G1/16	0.08	QG27-10-R1	B120	1349161A
QAR2000-01	550	G1/8	G1/8	0.27	QG36-10-01	B220	
QAR2000-02	550	G1/4		0.27		B220	
QAR2500-02	2000	G1/4		0.27		B220	
QAR2500-03	2000	G3/8		0.27		B220	
QAR3000-02	2500	G1/4		0.41		B320	131515A
QAR3000-03	2500	G3/8		0.41		B320	
QAR4000-03	6000	G3/8	G1/4	0.84	QG46-10-02	B420	131614A
QAR4000-04	6000	G1/2		0.84		B420	
QAR4000-06	6000	G3/4		0.94		B420	
QAR5000-06	8000	G3/4		1.19		B640	
QAR5000-10	8000	G1		1.19		B640	

① 进口压力为0.7MPa，出口压力为0.5MPa的情况下。

表 21-7-207　　**外形尺寸和特性曲线**　　mm

外形尺寸

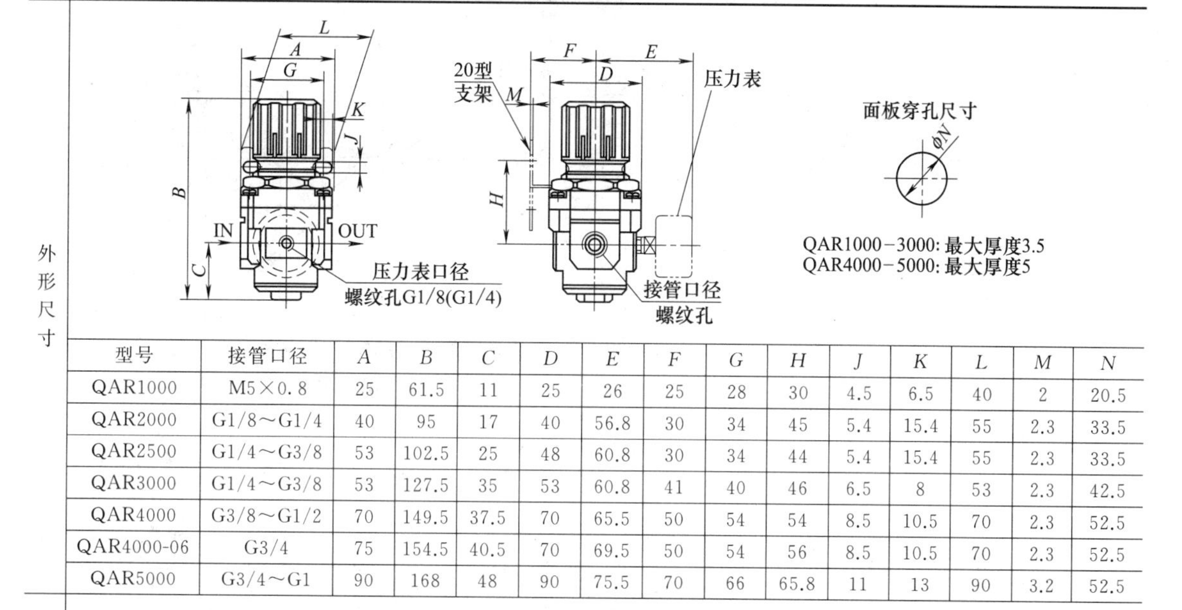

型号	接管口径	A	B	C	D	E	F	G	H	J	K	L	M	N
QAR1000	M5×0.8	25	61.5	11	25	26	25	28	30	4.5	6.5	40	2	20.5
QAR2000	G1/8～G1/4	40	95	17	40	56.8	30	34	45	5.4	15.4	55	2.3	33.5
QAR2500	G1/4～G3/8	53	102.5	25	48	60.8	30	34	44	5.4	15.4	55	2.3	33.5
QAR3000	G1/4～G3/8	53	127.5	35	53	60.8	41	40	46	6.5	8	53	2.3	42.5
QAR4000	G3/8～G1/2	70	149.5	37.5	70	65.5	50	54	54	8.5	10.5	70	2.3	52.5
QAR4000-06	G3/4	75	154.5	40.5	70	69.5	50	54	56	8.5	10.5	70	2.3	52.5
QAR5000	G3/4～G1	90	168	48	90	75.5	70	66	65.8	11	13	90	3.2	52.5

特性曲线

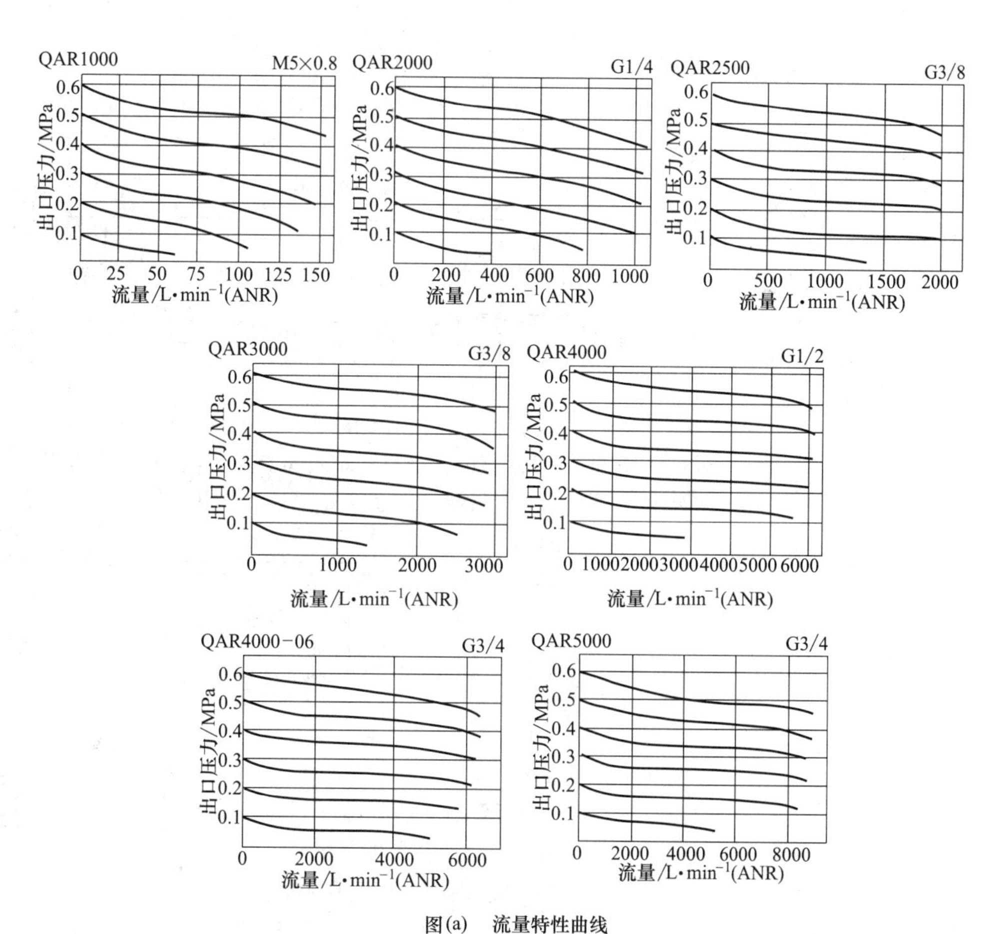

图(a)　流量特性曲线

续表

特性曲线

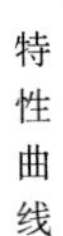

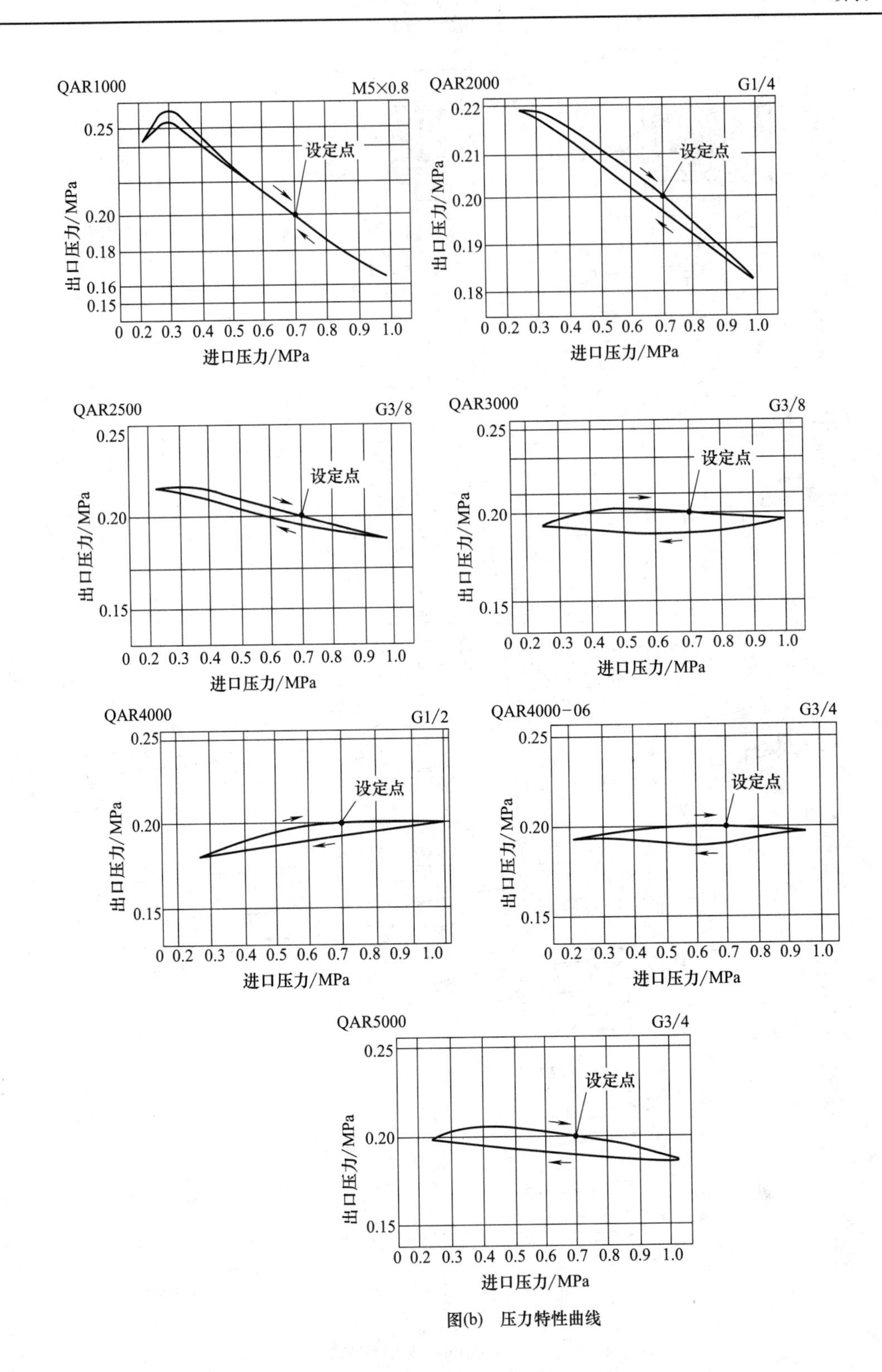

图(b) 压力特性曲线

注：生产厂为上海新益气动元件有限公司。

7.4.1.2　QTYA 系列空气减压阀（$DN3 \sim DN15$）

型号意义：

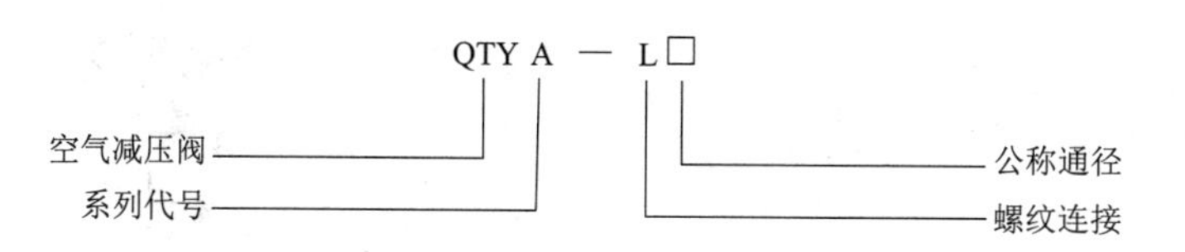

图形符号：

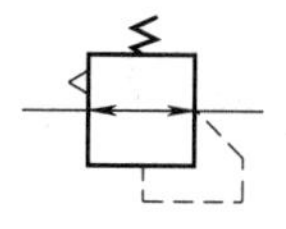

表 21-7-208　主要技术参数

型　号		QTYA			
通径/mm		3	8	10	15
工作介质		经净化的压缩空气			
使用温度范围/℃		−25～+80（但在不冻结条件下）			
最高进口压力/bar		10			
调压范围/bar		0.5～6.3			
压力特性		空气过滤减压阀输出流量稳定在给定值，其调定的输出压力随输入压力的变化而变化的值不大于 0.5bar			
流量特性	空气流量（在标准状态下）/$dm^3 \cdot min^{-1}$	进口压力 10bar；出口压力 4bar			
		165	580	1450	1660
		指出口压力降 1bar 时，其最大流量不少于上值			

表 21-7-209　外形尺寸　mm

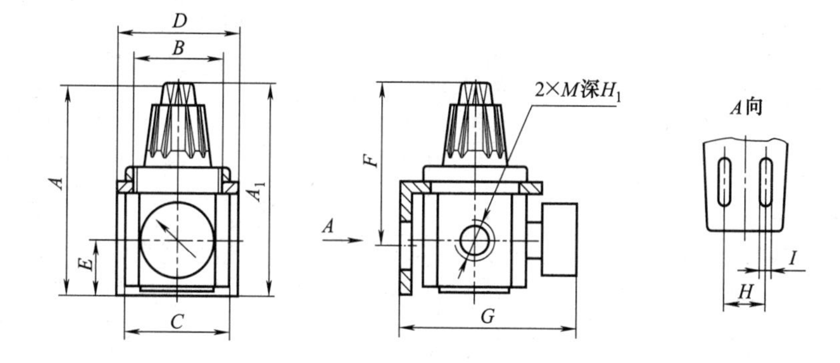

型　号	A	A_1	B	C	D	E	F	G	H	H_1	I	M（连接螺纹）
QTYA-L3	82	83	M30×1.5	40×40	45	20	62	79	30	9	6.4	G1/8
QTYA-L8	82	83	M30×1.5	40×40	45	20	62	79	30	9	6.4	G1/4
QTYA-L10	120	128	M50×1.5	60×60	70	30	105	115	19	12	10.5	G3/8
QTYA-L15	120	128	M50×1.5	60×60	70	30	105	115	19	12	10.5	G1/2

注：生产厂为肇庆方大气动有限公司。

7.4.1.3　QPJM2000 系列精密减压阀（G1/4）

表 21-7-210　　主要技术参数

型　　号	QPJM2010-02	QPJM2020-02
最高使用压力/MPa	1.0	
最低工作压力①/MPa	设定压力+0.05	
调节范围/MPa	0.005～0.4	0.005～0.8
灵敏度	≤0.2%(满值)	
重复精度	≤±0.5%(满值)	
耗气量②/L·min⁻¹(ANR)	使用压力1.0MPa时:4(max) 使用压力0.7MPa时:3(max)	
环境及介质温度/℃	-5～60	

① 最低工作压力应始终保持高于设定压力0.05MPa。
② 常溢流型。

图形符号：

表 21-7-211　　型号及规格

型　　号	规格			配件	
	接管口径	压力表口径	重量/kg	压力表	支架(1个)
QPJM2010-02	G1/4	G1/8	0.30	QG36-04-01	P220
QPJM2020-02				QG36-10-01	

表 21-7-212　　外形尺寸和特性曲线　　mm

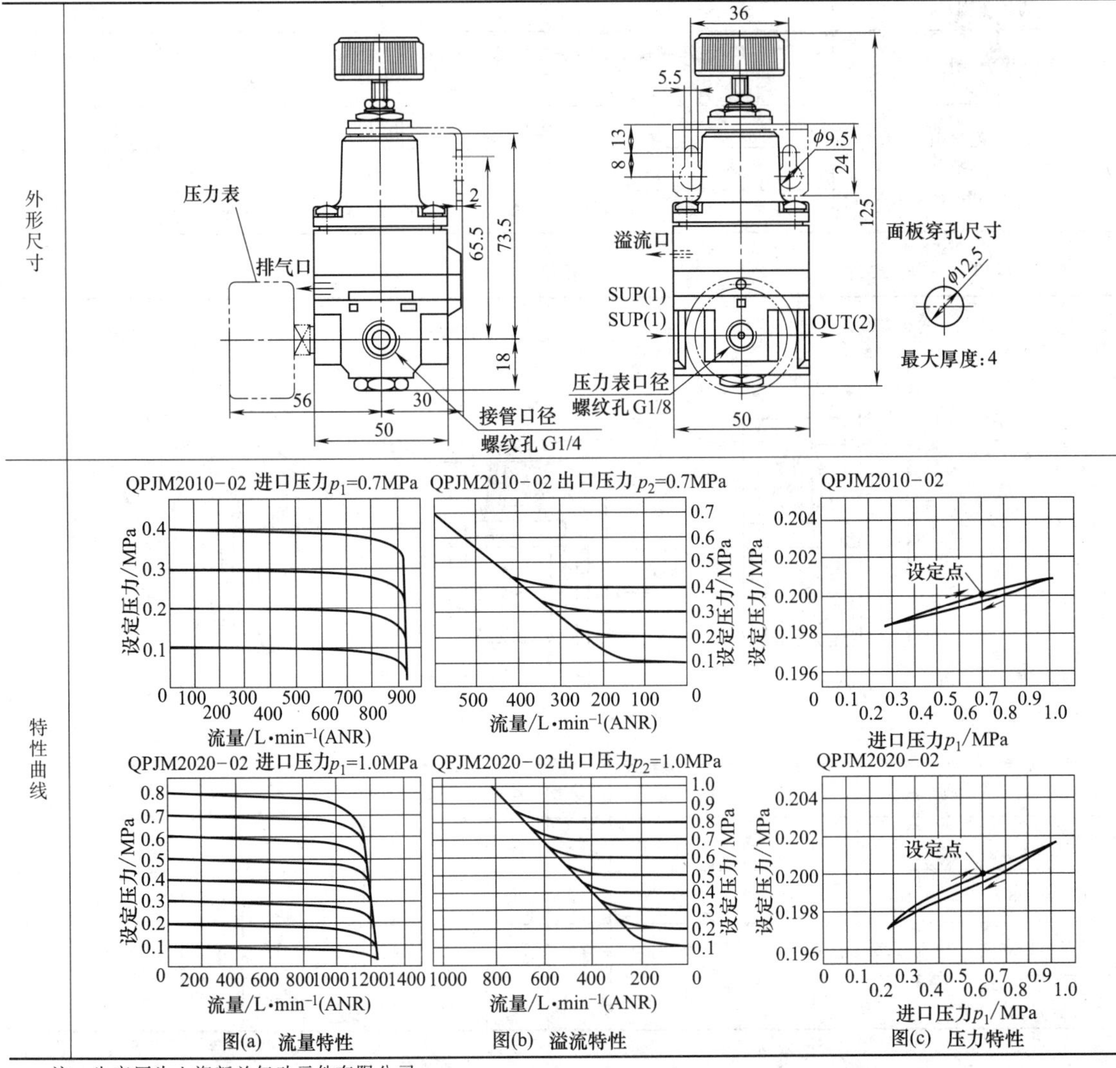

图(a)　流量特性　　图(b)　溢流特性　　图(c)　压力特性

注：生产厂为上海新益气动元件有限公司。

7.4.2　顺序阀

型号意义：

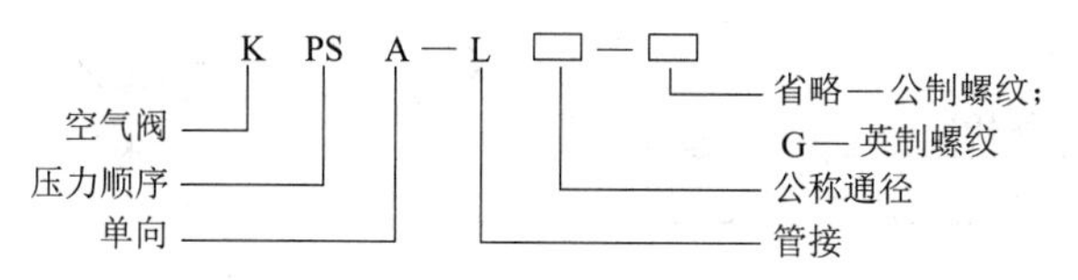

图形符号：

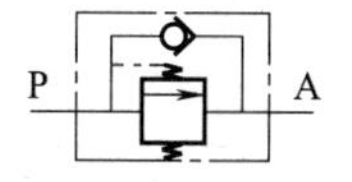

表 21-7-213　主要技术参数

公称通径/mm		6	8	10	15
工作介质		温度为 0～+50℃、经过除水、并含有油雾的压缩空气			
环境温度/℃		−10～+50			
工作压力范围/bar		1～8			
有效截面积/mm^2	控制流道(P→A)	10	20	40	60
	自由流道(P→A)	10	20	40	60
单向阀开启压力/bar		0.3			
泄漏量/$mL \cdot min^{-1}$		50		120	
顺序阀开启压力/%		85			
顺序阀闭合压力/%		60			
响应时间/s		0.03			

表 21-7-214　外形尺寸　mm

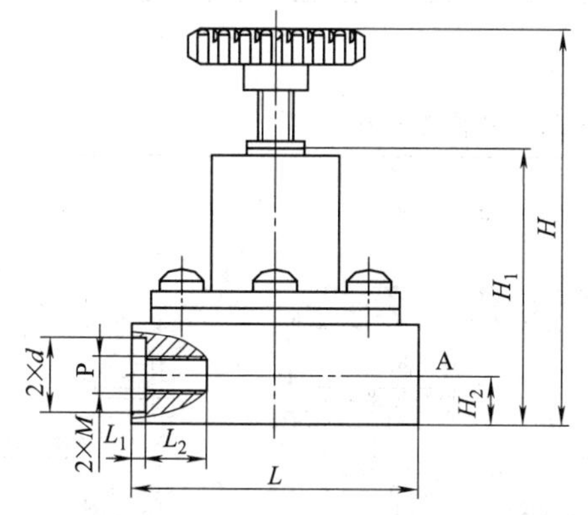

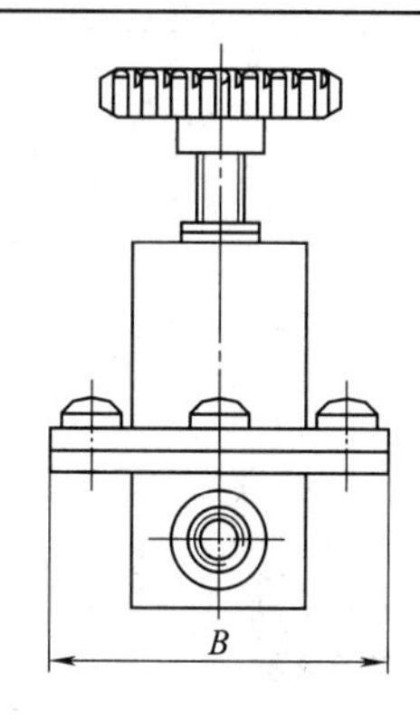

型　　号	M		d	L	L_1	L_2	B	H	H_1	H_2
KPSA-L6	G1/8	M10×1	ϕ13	69	15	1.4	ϕ65	108	76.5	17.5
KPSA-L8	G1/4	M12×1.25	ϕ16			1.8				
KPSA-L10	G3/8	M16×1.5	ϕ20	100	18	1.8	ϕ80	156.5	123	24.5
KPSA-L15	G1/2	M20×1.5	ϕ24							

注：生产厂为肇庆方大气动有限公司。

7.5　气动管路设备

7.5.1　空气过滤器

7.5.1.1　QAF1000～5000 系列空气过滤器（M5～G1）

表 21-7-215　　**主要技术参数**

最高使用压力	1.0MPa
环境及介质温度/℃	5～60
过滤孔径/μm	25(5、50 可选)
杯材料	PC/铸铝(金属杯)
杯防护罩	QAF1000～2000(无)、QAF3000～5000(有)

图形符号：

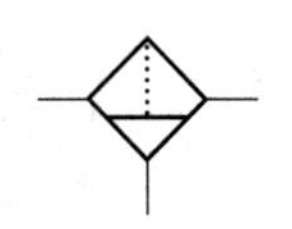

表 21-7-216　　**型号及规格**

型号		规格				配件			
手动排水型	自动排水型	额定流量①/L·min⁻¹(ANR)	接管口径	杯容量/cm³	质量/kg	支架(1个)	滤芯	杯组件 手动排水	杯组件 自动排水
QAF1000-M5	—	110	M5×0.8	4	0.07	—	11134-25B	C100F	—
QAF2000-01	QAF2000-01D	750	G1/8	15	0.19	B240	11294-25B	C200F	AD62.0
QAF2000-02	QAF2000-02D	750	G1/4	15	0.19	B240	11294-25B	C200F	AD62.0
QAF3000-02	QAF3000-02D	1500	G1/4	20	0.29	B340	111511-25B	C300F	AD43.0
QAF3000-03	QAF3000-03D	1500	G3/8	20	0.29	B340	111511-25B	C300F	AD43.0
QAF4000-03	QAF4000-03D	4000	G3/8	45	0.55	B440	11104-25B	C400F	AD43.1
QAF4000-04	QAF4000-04D	4000	G1/2	45	0.55	B440	11104-25B	C400F	AD43.1
QAF4000-06	QAF4000-06D	6000	G3/4	45	0.58	B540	11104-25B	C400F	AD43.1
QAF5000-06	QAF5000-06D	7000	G3/4	130	1.08	B640	11173-25B	C400F	AD43.1
QAF5000-10	QAF5000-10D	7000	G1	130	1.08	B640	11173-25B	C400F	AD43.1

① 进口压力为 0.7MPa 的情况下。

注：QAF2000～5000 空气过滤器带有金属杯可供选择。

表 21-7-217　　**外形尺寸和特性曲线**　　mm

外形尺寸

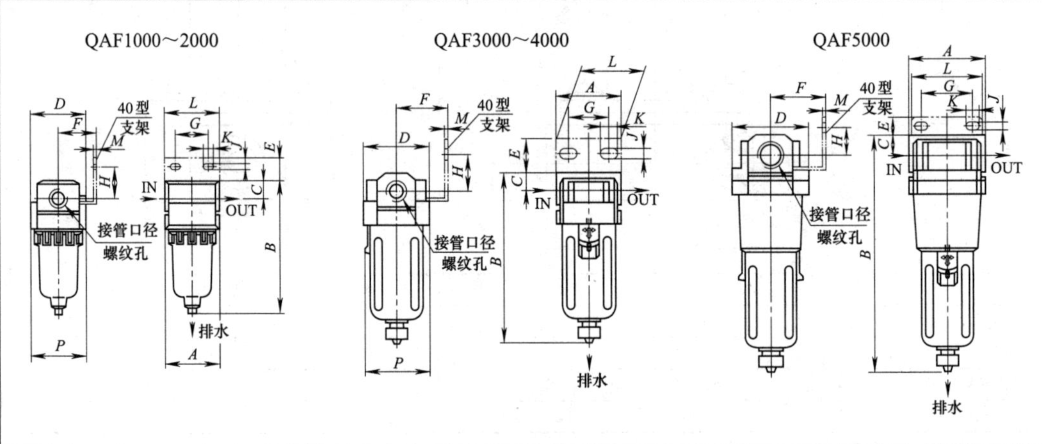

型号	接管口径	A	B	C	D	E	F	G	H	J	K	L	M	P	连自动排水器 常开 B
QAF1000	M5×0.8	25	66	7	25	—	—	—	—	—	—	—	—	26.5	86.5
QAF2000	G1/8～G1/4	40	97.5	11	40	17	30	27	22	5.4	8.4	40	2.3	40	131.5
QAF3000	G1/4～G3/8	53	132.5	14	53	16	41	40	23	6.5	8	53	2.3	56	170.5
QAF4000	G3/8～G1/2	70	168.5	18	70	17	50	54	26	8.5	10.5	70	2.3	73	207.5
QAF4000-06	G3/4	75	172.5	20	70	14	50	54	25	8.5	10.5	70	2.3	73	210
QAF5000	G3/4～G1	90	247.5	24	90	23	70	66	35	11	13	90	3.2	—	286.5

续表

流量特性曲线	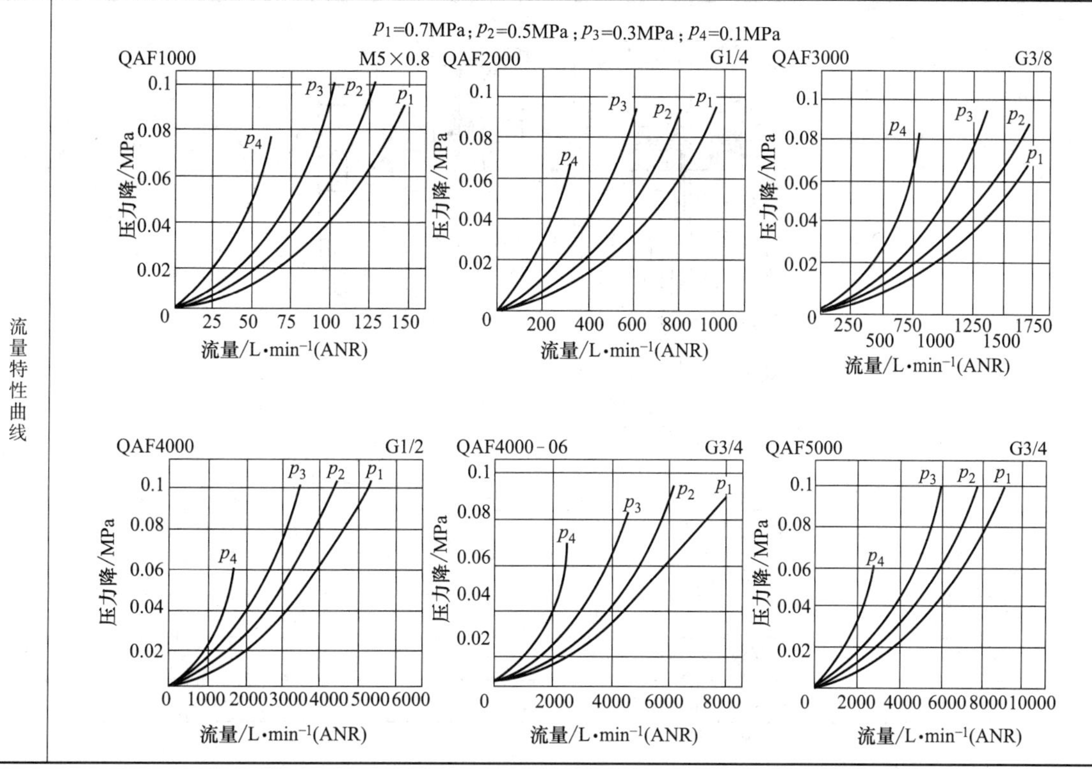

注：生产厂为上海新益气动元件有限公司。

7.5.1.2　QAFM3000～4000 油雾分离器（G1/4～G1/2）

表 21-7-218　主要技术参数

项目	参数
最高使用压力/MPa	1.0
最低使用压力①/MPa	0.05
环境及介质温度/℃	5～60
油雾清除率	95%
过滤孔径/μm	0.3
排水型式	手动/自动
杯材料	PC(带防护罩)/铸铝(金属杯)
滤芯寿命	2 年或当压力降达 0.1MPa 时

① 使用自动排水器时，最低工作压力为 0.15MPa。

图形符号：

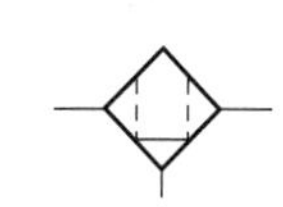

附自动排水型

表 21-7-219　型号及规格

型号		规格				备件				
手动排水型	自动排水型	额定流量①/L·min⁻¹(ANR)	接管口径	杯容量/cm³	重量/kg	托架（1 个）	滤芯（红色）手动	滤芯（红色）自动	杯组件手动	杯组件自动
QAFM3000-02	QAFM3000-02D	450	G1/4	20	0.30	B340	FM3	FM3D	C300F	AD43
QAFM3000-03	QAFM3000-03D		G3/8							
QAFM4000-03	QAFM4000-03D	1100	G3/8	45	0.55	B440	FM4	FM4D	C400F	
QAFM4000-04	QAFM4000-04D		G1/2							

① 供应压力为 0.7MPa。

注：QAFM3000～4000 油雾分离器带有金属杯可供选择。

表 21-7-220 外形尺寸 mm

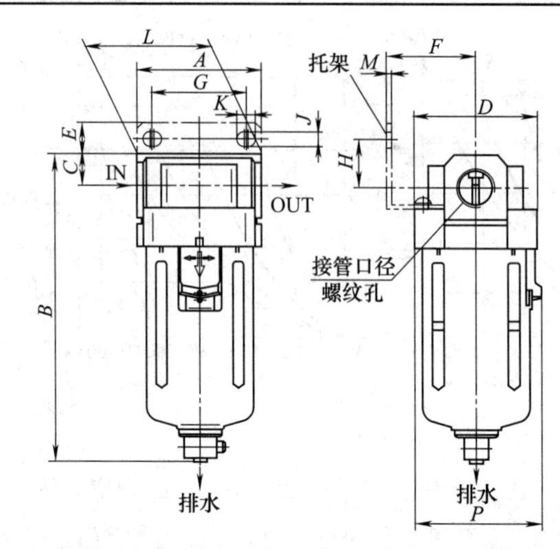

型号	接管口径	*A*	*B*	*C*	*D*	*E*	*F*	*G*	*H*	*J*	*K*	*L*	*M*	*P*
QAFM3000-02	G1/4	53	132.5	14	53	16	41	40	23	6.5	8	53	2.5	56
QAFM3000-03	G3/8	53	132.5	14	53	16	41	40	23	6.5	8	53	2.5	56
QAFM4000-03	G3/8	70	168.5	18	70	17	50	54	26	8.5	10.5	70	2.5	73
QAFM4000-04	G1/2	70	168.5	18	70	17	50	54	26	8.5	10.5	70	2.5	73

注：生产厂为上海新益气动元件有限公司。

7.5.1.3 QAFD3000～4000 系列微雾分离器（G1/4～G1/2）

表 21-7-221 主要技术参数

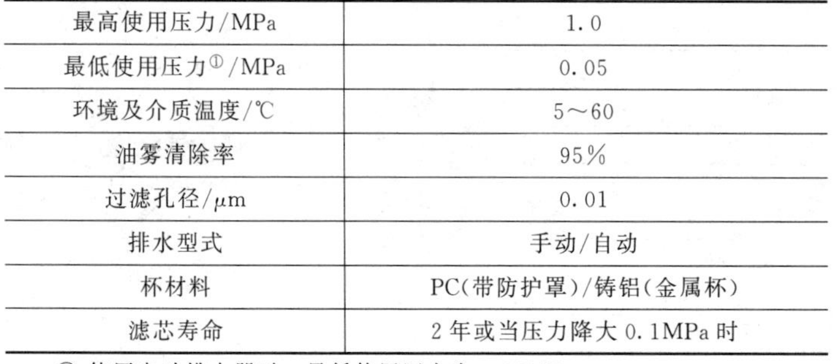

最高使用压力/MPa	1.0
最低使用压力①/MPa	0.05
环境及介质温度/℃	5～60
油雾清除率	95%
过滤孔径/μm	0.01
排水型式	手动/自动
杯材料	PC(带防护罩)/铸铝(金属杯)
滤芯寿命	2 年或当压力降大 0.1MPa 时

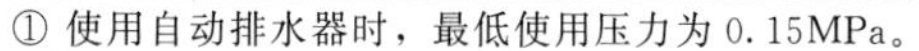
① 使用自动排水器时，最低使用压力为 0.15MPa。

图形符号：

附自动排水型

表 21-7-222 型号及规格

型号		规格				备件				
		额定流量① /L·min⁻¹(ANR)	接管口径	杯容量 /cm³	质量 /kg	托架 (1个)	滤芯(蓝色)		杯组件	
手动排水型	自动排水型						手动	自动	手动	自动
QAFD3000-02	QAFD3000-02D	240	G1/4	20	0.30	B340	FD3	FD3D	C300F	AD43
QAFD3000-03	QAFD3000-03D		G3/8							
QAFD4000-03	QAFD4000-03D	600	G3/8	45	0.55	B440	FD4	FD4D	C400F	
QAFD4000-04	QAFD4000-04D		G1/2							

① 供应压力为 0.7MPa。

注：QAFD3000～4000 微雾分离器带有金属杯可供选择。

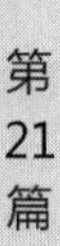

表 21-7-223　　外形尺寸　　mm

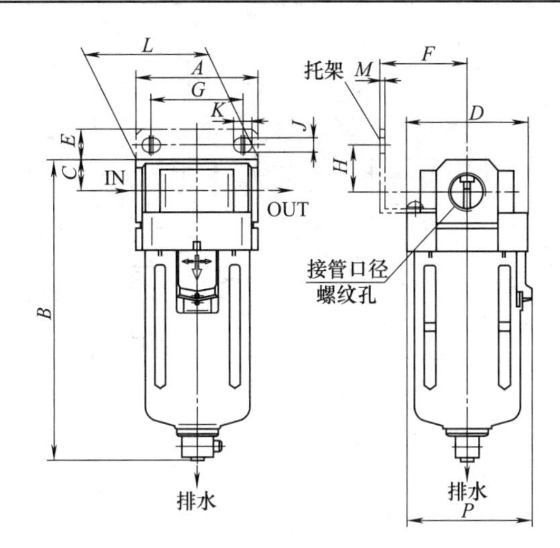

型　号	接管口径	A	B	C	D	E	F	G	H	J	K	L	M	P
QAFD3000-02	G1/4	53	132.5	14	53	16	41	40	23	6.5	8	53	2.5	56
QAFD3000-03	G3/8	53	132.5	14	53	16	41	40	23	6.5	8	53	2.5	56
QAFD4000-03	G3/8	70	168.5	18	70	17	50	54	26	8.5	10.5	70	2.5	73
QAFD4000-04	G1/2	70	168.5	18	70	17	50	54	26	8.5	10.5	70	2.5	73

注：生产厂为上海新益气动元件有限公司。

7.5.1.4　QAMG3000～4000 系列水滴分离器（G1/4～G1/2）

表 21-7-224　　主要技术参数

最高使用压力/MPa	1.0
最低使用压力①/MPa	0.05
环境及介质温度/℃	5～60
分水效率	99%
排水方式	手动/自动
杯材料	PC(带防护罩)/铸铝(金属杯)
滤芯寿命	2 年或当压力降达 0.1MPa 时

① 使用自动排水器时，最低工作压力为 0.15MPa。

图形符号：

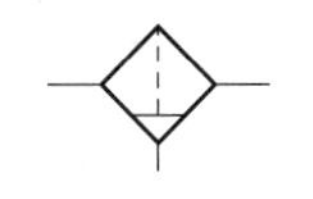

附自动排水型

表 21-7-225　　型号及规格

型号		规格				备件				
		额定流量①/L·min⁻¹(ANR)	接管口径	杯容量/cm³	质量/kg	托架(1个)	滤芯		杯组件	
手动排水型	自动排水型						手动	自动	手动	自动
QAMG3000-02	QAMG3000-02D	300	G1/4	20	0.40	B340	MG3	MG3D	C300F	AD43
QAMG3000-03	QAMG3000-03D		G3/8							
QAMG4000-03	QAMG4000-03D	750	G3/8	45	0.58	B440	MG4	MG4D	C400F	
QAMG4000-04	QAMG4000-04D		G1/2							

① 供应压力为 0.7MPa。

注：QAMG3000～4000 水滴分离器带有金属杯可供选择。

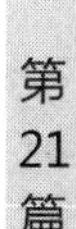

表 21-7-226　　**外形尺寸**　　mm

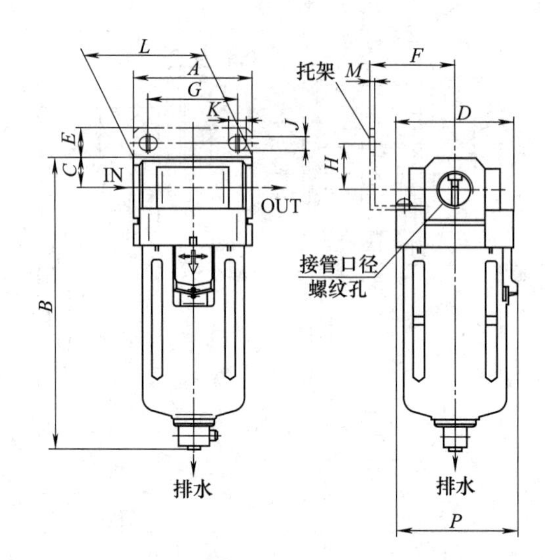

型　　号	接管口径	*A*	*B*	*C*	*D*	*E*	*F*	*G*	*H*	*J*	*K*	*L*	*M*	*P*
QAMG3000-02	G1/4	53	132.5	14	53	16	41	40	23	6.5	8	53	2.5	56
QAMG3000-03	G3/8	53	132.5	14	53	16	41	40	23	6.5	8	53	2.5	56
QAMG4000-03	G3/8	70	168.5	18	70	17	50	54	26	8.5	10.5	70	2.5	73
QAMG4000-04	G1/2	70	168.5	18	70	17	50	54	26	8.5	10.5	70	2.5	73

注：生产厂为上海新益气动元件有限公司。

7.5.1.5　QSLA 系列空气过滤器（*DN*3～*DN*15）

型号意义：

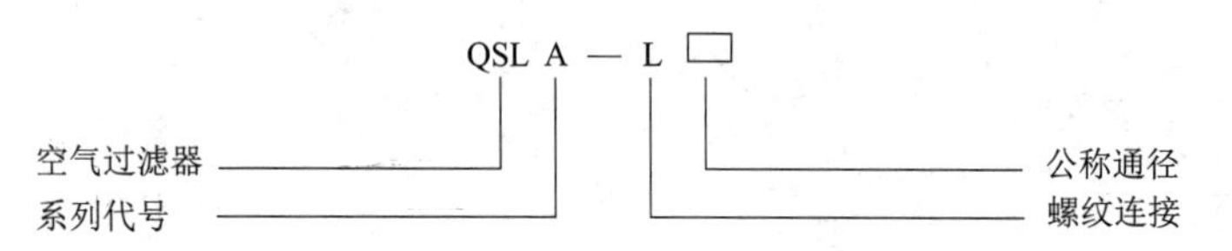

图形符号：

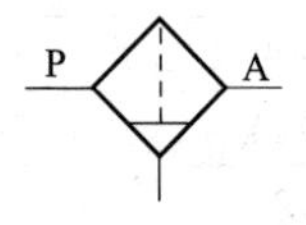

表 21-7-227　　**主要技术参数**

型号			QSLA			
通径/mm			3	8	10	15
工作介质			压缩空气			
使用温度范围/℃			−25～+80(但在不冻结条件下)			
最高进口压力/bar			10			
水分离效率/%			≥80			
过滤精度/μm			50～75			
流量特性	进口压力/bar	出口压力/bar	空气流量(在标准状态下)/$dm^3 \cdot min^{-1}$			
	2.5	2.37		450	760	1170
	4	3.8	90	720	1170	1460

表 21-7-228　　外形尺寸　　mm

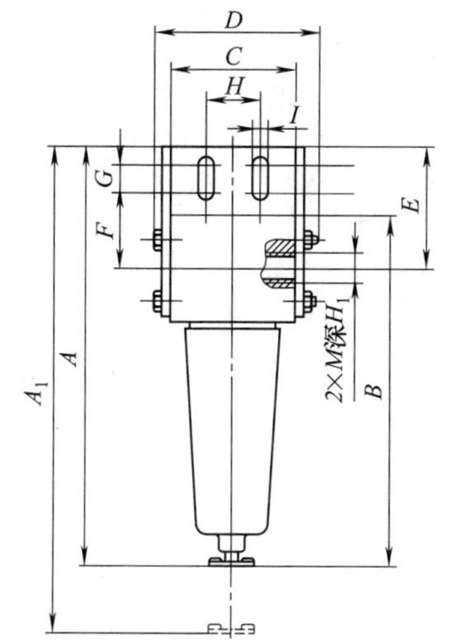

型号	A	A_1	B	C	D	E	F	G	H	I	H_1	M(连接螺纹)
QSLA-L3	150	180	136	40×40	54	20	24	5	30	6.4	9	G1/8
QSLA-L8	150	180	136	40×40	54	20	24	5	30	6.4	9	G1/4
QSLA-L10	205	250	191	60×60	75	30	37	4	19	10.5	12	G3/8
QSLA-L15	205	250	191	60×60	75	30	37	4	19	10.5	12	G1/2

注：生产厂为肇庆方大气动有限公司。

7.5.2 油雾器

7.5.2.1 QAL1000～5000 系列空气油雾器（M5～G1）

表 21-7-229　主要技术参数

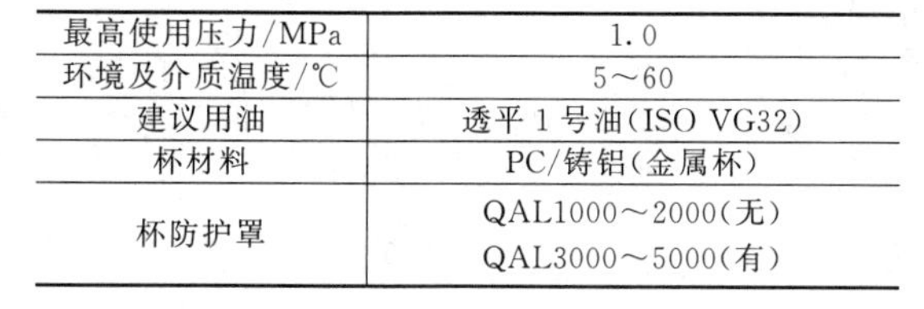

最高使用压力/MPa	1.0
环境及介质温度/℃	5～60
建议用油	透平 1 号油(ISO VG32)
杯材料	PC/铸铝(金属杯)
杯防护罩	QAL1000～2000(无) QAL3000～5000(有)

图形符号：

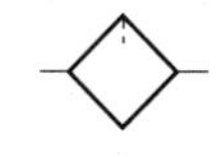

表 21-7-230　　型号及规格

型号	规格					配件	备件	
	最小起雾流量①/L·min⁻¹ (ANR)	额定流量②/L·min⁻¹ (ANR)	接管口径	杯容量/cm³	质量/kg	支架(1 个)	杯组件	油窗
QAL1000-M5	4	95	M5×0.8	7	0.07	—	C100L	12132
QAL2000-01	15	800	G1/8	25	0.22	B240	C200L	12316
QAL2000-02	15	800	G1/4	25	0.22	B240	C200L	
QAL3000-02	30	1700	G1/4	50	0.30	B340	C300L	12155A
QAL3000-03	40	1700	G3/8	50	0.30	B340	C300L	
QAL4000-03	40	5000	G3/8	130	0.56	B440	C400L	
QAL4000-04	50	5000	G1/2	130	0.56	B440	C400L	
QAL4000-06	50	6300	G3/4	130	0.58	B540	C400L	
QAL5000-06	190	7000	G3/4	130	1.08	B640	C400L	
QAL5000-10	190	7000	G1	130	1.08	B640	C400L	

① 进口压力为 0.5MPa，油滴流量为 5 滴/分钟，透平 1 号油（ISO VG32），温度 20℃情况下。
② 进口压力为 0.5MPa，压力降为 0.03MPa 的情况下。
注：QAL2000～5000 空气油雾器带有金属杯可供选择。

表 21-7-231　　外形尺寸和特性曲线　　mm

外形尺寸

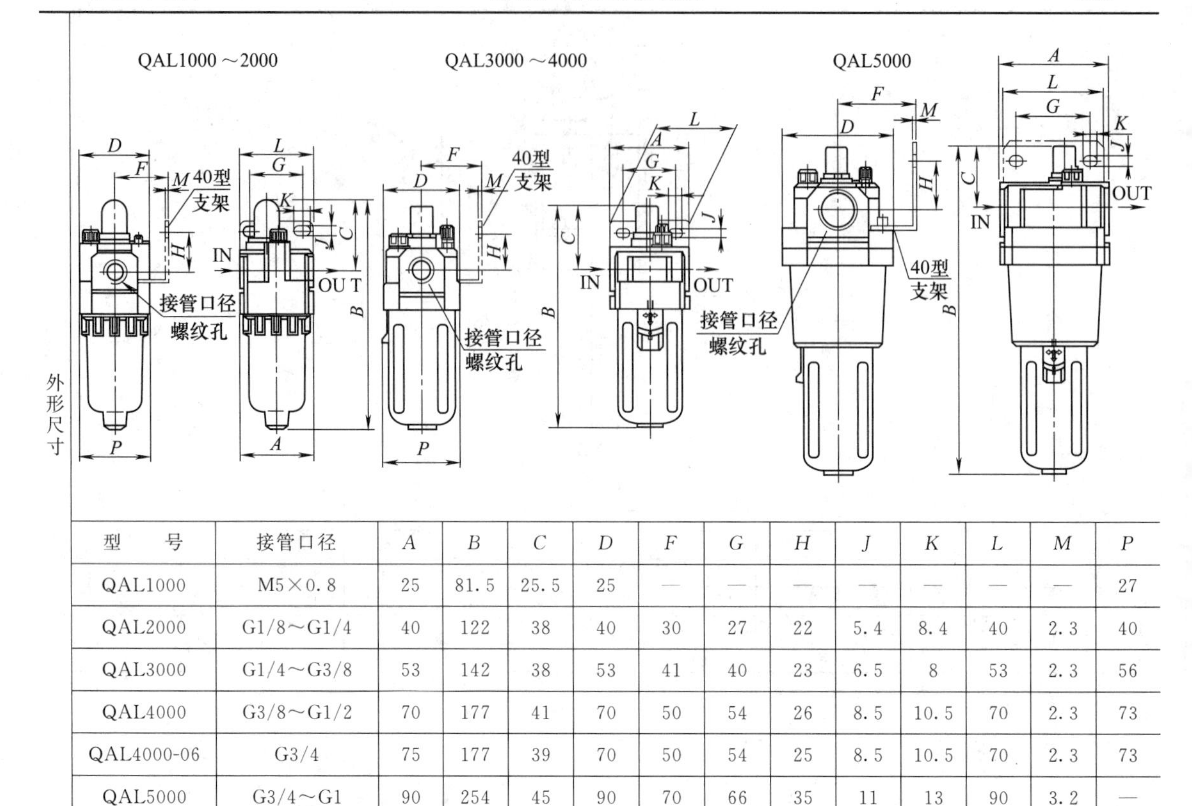

型　　号	接管口径	A	B	C	D	F	G	H	J	K	L	M	P
QAL1000	M5×0.8	25	81.5	25.5	25	—	—	—	—	—	—	—	27
QAL2000	G1/8～G1/4	40	122	38	40	30	27	22	5.4	8.4	40	2.3	40
QAL3000	G1/4～G3/8	53	142	38	53	41	40	23	6.5	8	53	2.3	56
QAL4000	G3/8～G1/2	70	177	41	70	50	54	26	8.5	10.5	70	2.3	73
QAL4000-06	G3/4	75	177	39	70	50	54	25	8.5	10.5	70	2.3	73
QAL5000	G3/4～G1	90	254	45	90	70	66	35	11	13	90	3.2	—

特性曲线

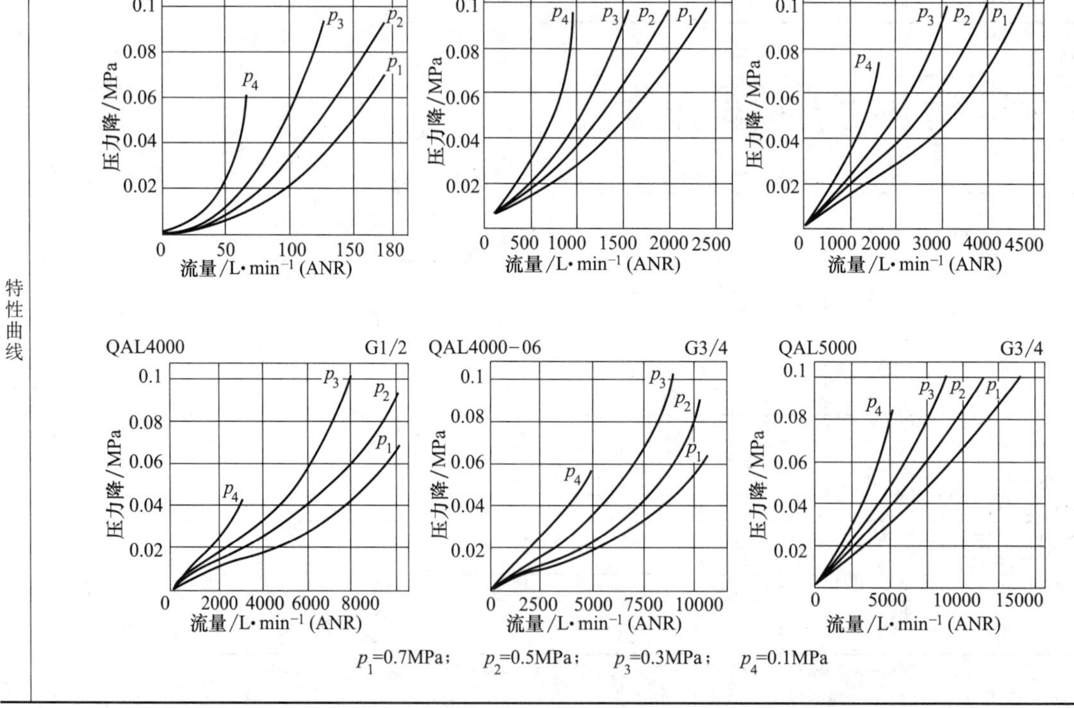

p_1=0.7MPa；　p_2=0.5MPa；　p_3=0.3MPa；　p_4=0.1MPa

注：生产厂为上海新益气动元件有限公司。

第21篇

7.5.2.2 QYWA 系列油雾器（$DN3\sim DN15$）

型号意义：

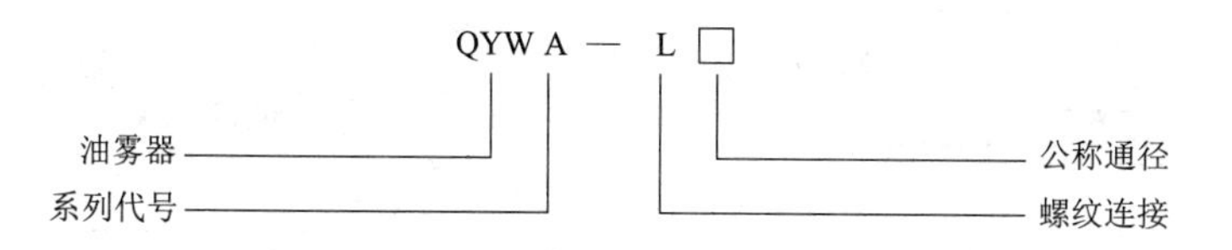

图形符号：

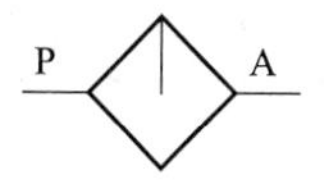

表 21-7-232　　主要技术参数

<table>
<tr><td colspan="3">型号</td><td colspan="4">QYWA</td></tr>
<tr><td colspan="3">通径/mm</td><td>3</td><td>8</td><td>10</td><td>15</td></tr>
<tr><td colspan="3">工作介质</td><td colspan="4">经净化的压缩空气</td></tr>
<tr><td colspan="3">使用温度范围/℃</td><td colspan="4">−25～+80(但在不冻结条件下)</td></tr>
<tr><td colspan="3">最高进口压力/bar</td><td colspan="4">10</td></tr>
<tr><td colspan="3">润滑油流量调节</td><td colspan="4">输入工作压力 4bar，出口流量为给定值时，其滴油量应在 0～120 滴/分均匀可调(注：建议使用 20＃机油)</td></tr>
<tr><td colspan="2" rowspan="3">起雾流量</td><td rowspan="2">出口压力
/bar</td><td colspan="4">指油位处于油杯中间位置，滴油量约每分钟 5 滴的空气流量不大于下值</td></tr>
<tr><td colspan="4">起雾流量(在标准状态下)/dm³·min⁻¹</td></tr>
<tr><td>4</td><td>30</td><td>140</td><td>190</td><td>350</td></tr>
<tr><td rowspan="2">流量特性</td><td>进口压力/bar</td><td>出口压力/bar</td><td colspan="4">空气流量(在标准状态下)/dm³·min⁻¹</td></tr>
<tr><td>4</td><td>3.8</td><td>75</td><td>390</td><td>590</td><td>900</td></tr>
</table>

表 21-7-233　　外形尺寸　　mm

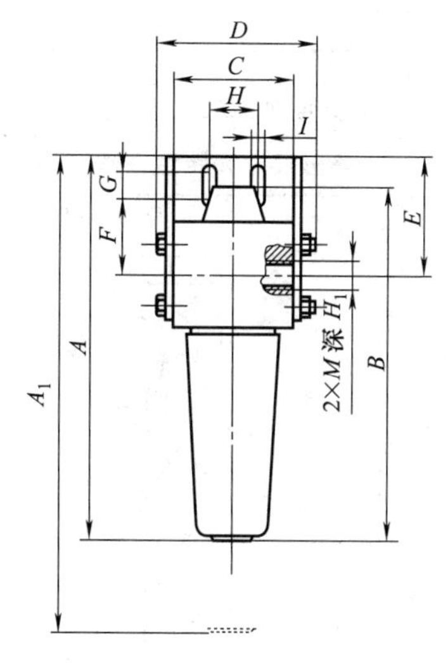

型号	A	A_1	B	C	D	E	F	G	H	I	H_1	M(连接螺纹)
QYWA-L3	135	210	131	40×40	54	30	24	5	30	6.4	9	G1/8
QYWA-L8	135	210	131	40×40	54	30	24	5	30	6.4	9	G1/4
QYWA-L10	190	300	177	60×60	75	40	37	4	19	10.5	12	G3/8
QYWA-L15	190	300	177	60×60	75	40	37	4	19	10.5	12	G1/2

注：生产厂为肇庆方大气动有限公司。

7.5.3 过滤减压阀

7.5.3.1 QAW1000～4000系列空气过滤减压阀（M5～G3/4）

表 21-7-234 主要技术参数

项目	参数
最高使用压力/MPa	1.0
环境及介质温度/℃	5～60
过滤孔径①/μm	25
杯材料	PC/铸铝(金属杯)
杯防护罩	QAW1000～2000(无) QAL2500～5000(有)
调压范围/MPa	QAW1000:0.05～0.7 QAW2000～4000:0.05～0.85
阀型	带溢流型

① 还有5μm、50μm可供选择。

图形符号：

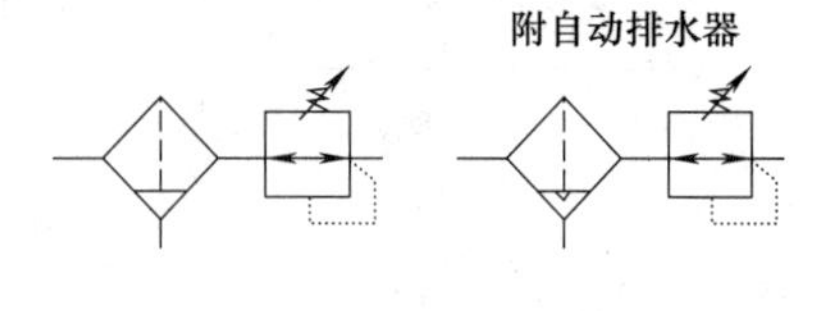

表 21-7-235 型号及规格

型号		规格				配件		备件		
		额定流量①/L·min⁻¹(ANR)	接管口径	压力表口径	质量/kg	支架(1个)	压力表	滤芯	杯组件	
手动排水型	自动排水型								手动排水	自动排水
QAW1000-M5	—	100	M5×0.8	G1/16	0.09	B120	QG27-10-R1	11134-5B	C100F	—
QAW2000-01	QAW2000-01D	550	G1/8	G1/8	0.36	B220	QG36-10-01	11294-25B	C200F	AD62.0
QAW2000-02	QAW2000-02D	550	G1/4	G1/8	0.36	B220		11294-25B	C200F	AD62.0
QAW3000-02	QAW3000-02D	2000	G1/4	G1/8	0.56	B320		111511-25B	C300F	AD43.0
QAW3000-03	QAW3000-03D	2000	G3/8	G1/8	0.56	B320		111511-25B	C300F	AD43.0
QAW4000-03	QAW4000-03D	4000	G3/8	G1/4	1.15	B420	QG46-10-02	11104-25B	C400F	AD43.1
QAW4000-04	QAW4000-04D	4000	G1/2	G1/4	1.15	B420		11104-25B	C400F	AD43.1
QAW4000-06	QAW4000-06D	4500	G3/4	G1/4	1.21	B420		11104-25B	C400F	AD43.1

① 进口压力为0.7MPa，出口压力为0.5MPa的情况下。

注：QAW2000～4000空气过滤减压阀带有金属杯可供选择。

表 21-7-236 外形尺寸和特性曲线 mm

外形尺寸

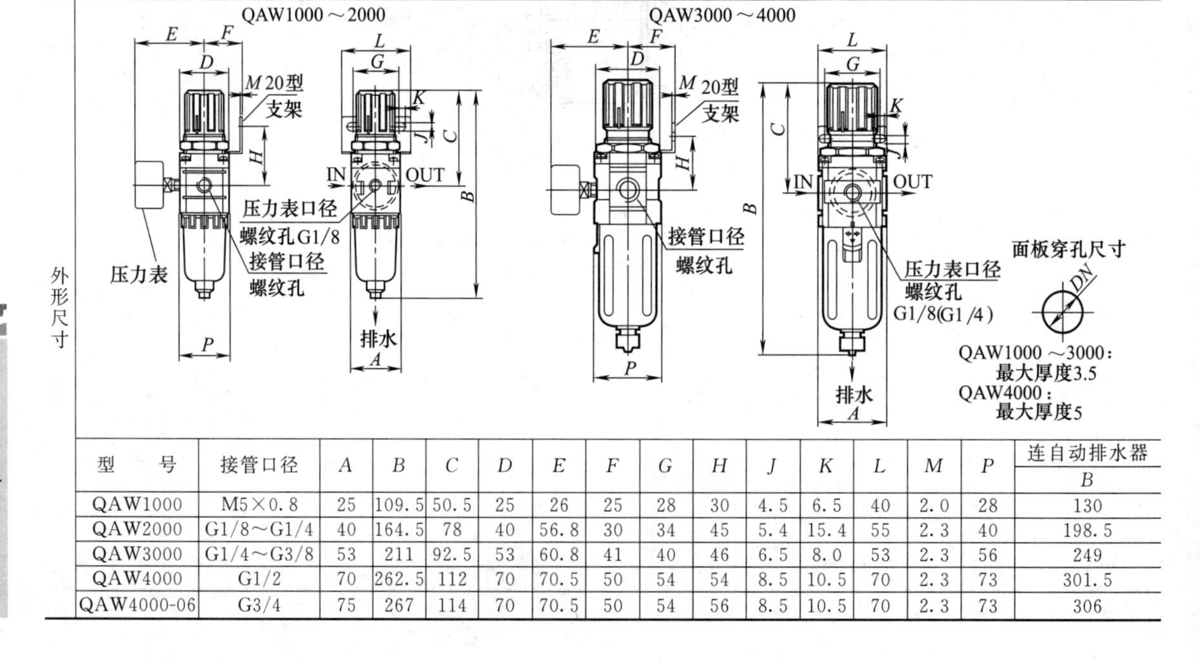

型号	接管口径	A	B	C	D	E	F	G	H	J	K	L	M	P	连自动排水器 B
QAW1000	M5×0.8	25	109.5	50.5	25	26	25	28	30	4.5	6.5	40	2.0	28	130
QAW2000	G1/8～G1/4	40	164.5	78	40	56.8	30	34	45	5.4	15.4	55	2.3	40	198.5
QAW3000	G1/4～G3/8	53	211	92.5	53	60.8	41	40	46	6.5	8.0	53	2.3	56	249
QAW4000	G1/2	70	262.5	112	70	70.5	50	54	54	8.5	10.5	70	2.3	73	301.5
QAW4000-06	G3/4	75	267	114	70	70.5	50	54	56	8.5	10.5	70	2.3	73	306

续表

特性曲线

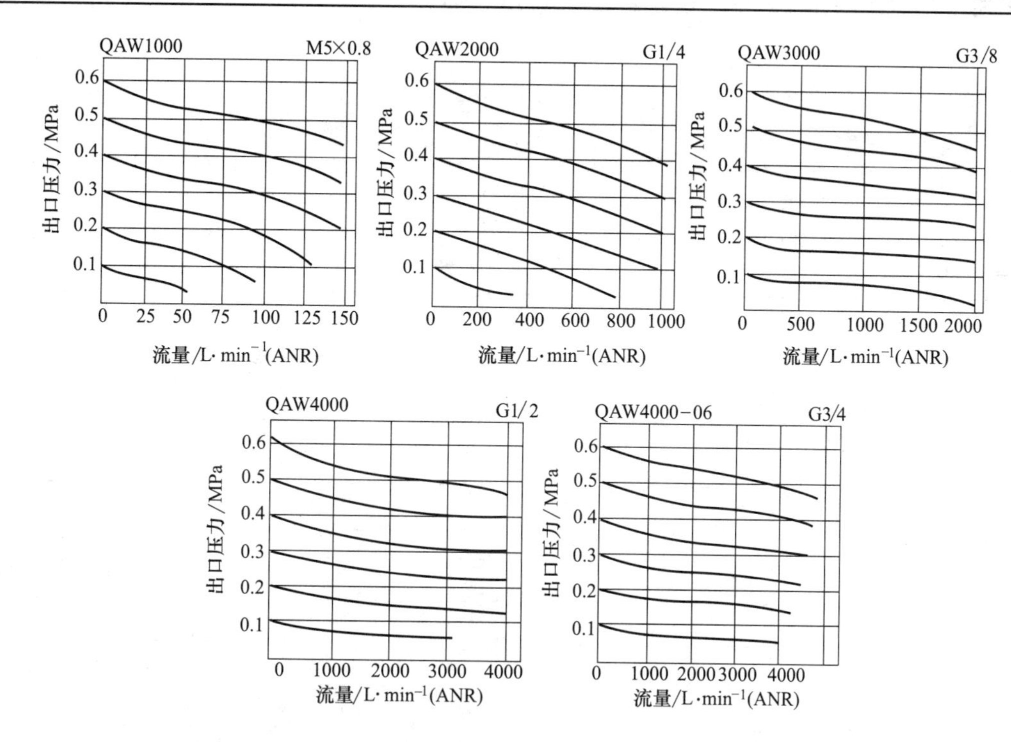

图(a) 流量特性曲线

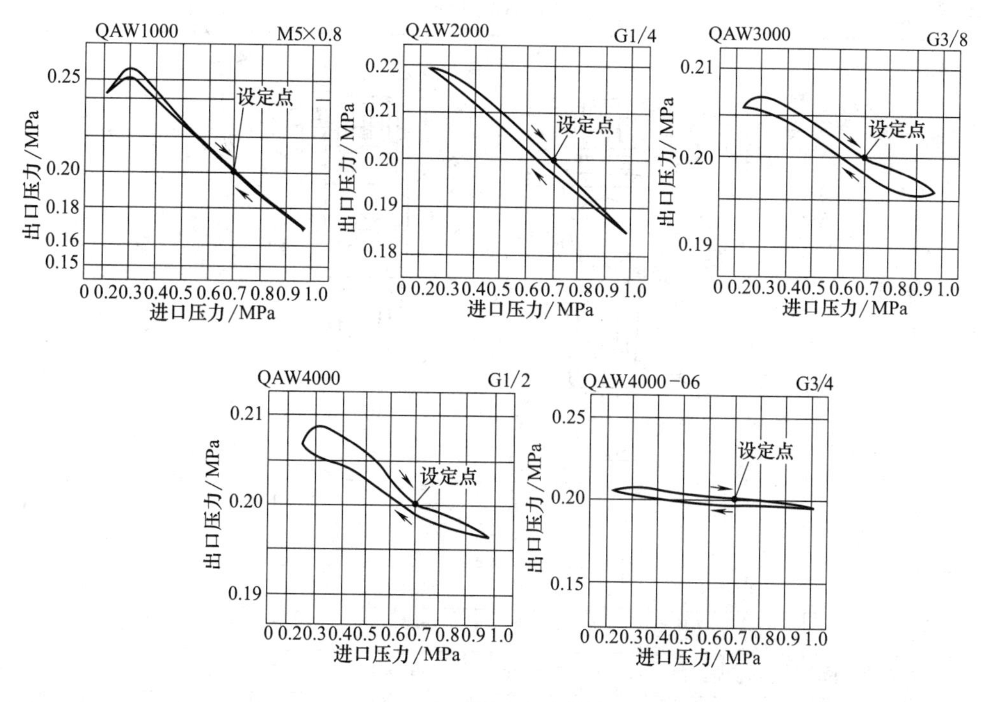

图(b) 压力特性曲线

注：生产厂为上海新益气动元件有限公司。

7.5.3.2　QFLJB系列空气过滤减压阀（$DN8 \sim DN25$）

型号意义：

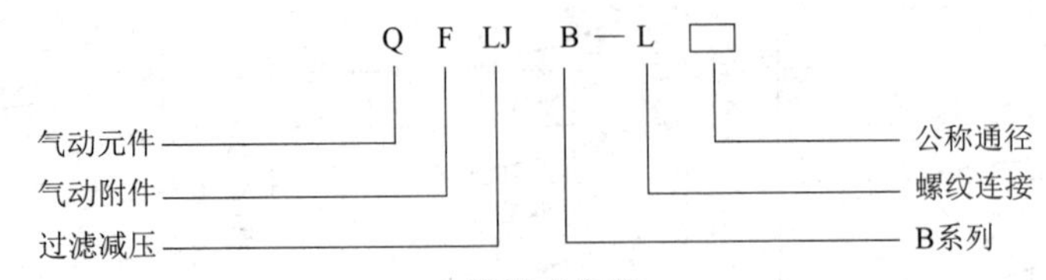

表 21-7-237　　主要技术参数

通径/mm			8	10	15	20	25
工作介质			压缩空气				
使用温度范围/℃			－25～＋80(但在不冻结条件下)				
最高进口压力/bar			10				
调压范围/bar			0.5～8				
水分离效率			≥80％				
过滤精度/μm			25～50				
流量特性	进口压力/bar	出口压力/bar	空气流量(在标准状态下)/$dm^3 \cdot min^{-1}$				
	10	2.5	350	850	1270	1780	2100
		4	430	1060	1500	2200	2410
		6.3	565	1300	1680	2410	2730
		指出口压力降1bar时，其最大流量不少于上值					
压力特性			三联件输出流量稳定在给定值，其调定的输出压力随输入压力的变化而变化的值不大于0.5bar				

表 21-7-238　　外形尺寸　　mm

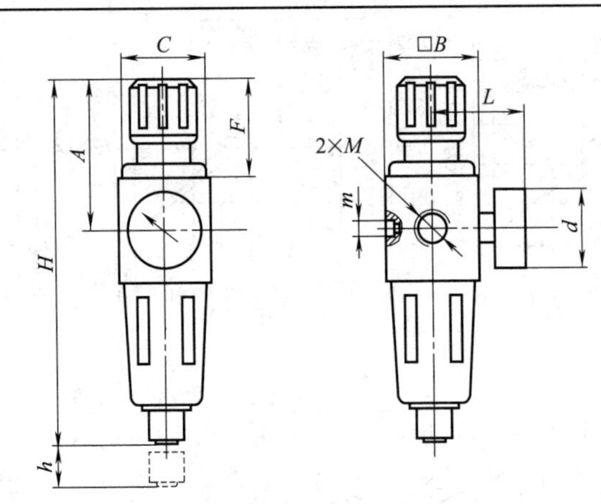

通径	M	H	h	A	B	C	F	L	d	m
8	G1/4	210	45	90	53	M42×1.5	58	55	ϕ40	M10×1
10	G3/8	263	20	111	70	M52×1.5	75	58	ϕ40	M10×1
15	G1/2	263	20	111	70	M52×1.5	75	58	ϕ40	M10×1
20	G3/4	345	40	120	90	M52×1.5	75	75	ϕ40	M10×1
25	G1	345	40	120	90	M52×1.5	75	75	ϕ40	M10×1

注：生产厂为肇庆方大气动有限公司。

7.5.4 过滤器、减压阀、油雾器三联件（二联件）

7.5.4.1 QAC1000～5000 系列空气过滤组合（M5～G1）

型号意义：

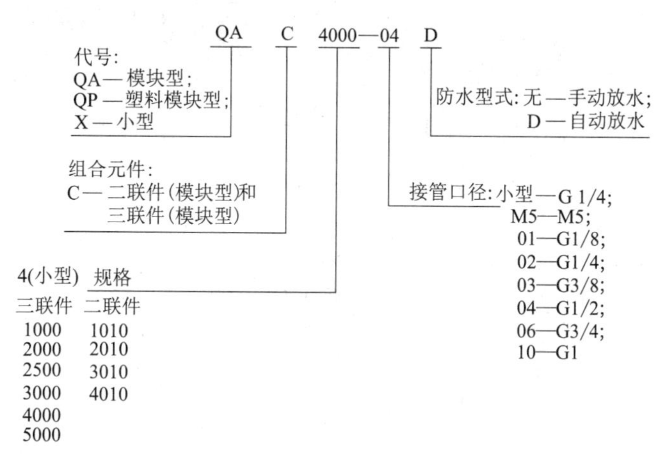

表 21-7-239　**主要技术参数**

项目	参数
最高使用压力/MPa	1.0
环境及介质温度/℃	5～60
过滤孔径/μm	25(可选 5、50)
建议用油	透平 1 号油(ISO VG32)
杯材料	PC/铸铝(金属杯)
杯防护罩	QAC1000～2000(无)　QAC2500～5000(有) QAC1010～2010(无)　QAC3010～4010(有)
调压范围/MPa	QAC100:0.05～0.70 QAC2000～5000:0.05～0.85 QAC1010:0.05～0.70 QAC2010～4010:0.05～0.85
阀型	带溢流型

图形符号：

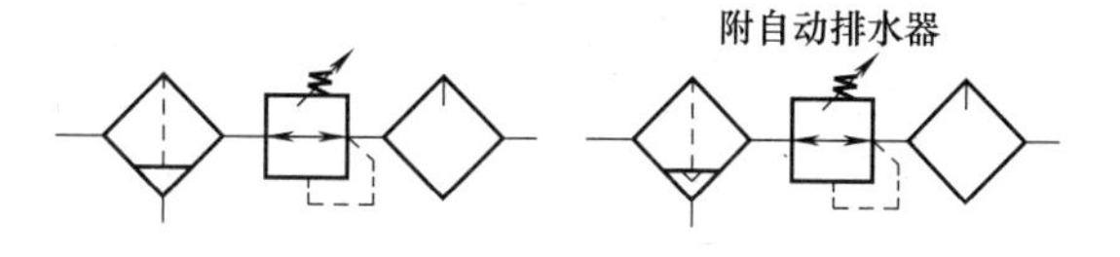

（1）三联件组合

表 21-7-240　**型号及规格**

型号		规格								配件
		组件			额定流量①/L·min^{-1}(ANR)	接管口径	压力表口径	质量/kg	支架(2 个)	压力表
手动排水型	自动排水型	过滤器	减压阀	油雾器						
QAC1000-M5	—	QAF1000	QAR1000	QAL1000	90	M5×0.8	G1/16	0.26	Y10L	QG27-10-R1
QAC2000-01	QAC2000-01D	QAF2000	QAR2000	QAL2000	500	G1/8	G1/8	0.74	Y20L	QG36-10-01
QAC2000-02	QAC2000-02D	QAF2000	QAR2000	QAL2000	500	G1/4	G1/8	0.74	Y20L	
QAC2500-02	QAC2500-02D	QAF3000	QAR2500	QAL3000	1500	G1/4	G1/8	1.04	Y30L	
QAC2500-03	QAC2500-03D	QAF3000	QAR2500	QAL3000	1500	G3/8	G1/8	1.04	Y30L	
QAC3000-02	QAC3000-02D	QAF3000	QAR3000	QAL3000	2000	G1/4	G1/8	1.18	Y30L	
QAC3000-03	QAC3000-03D	QAF3000	QAR3000	QAL3000	2000	G3/8	G1/8	1.18	Y30L	
QAC4000-03	QAC4000-03D	QAF4000	QAR4000	QAL4000	4000	G3/8	G1/4	2.14	Y40L	QG46-10-02
QAC4000-04	QAC4000-04D	QAF4000	QAR4000	QAL4000	4000	G1/2	G1/4	2.14	Y40L	
QAC4000-06	QAC4000-06D	QAF4000	QAR4000	QAL4000	4500	G3/4	G1/4	2.47	Y50L	
QAC5000-06	QAC5000-06D	QAF5000	QAR5000	QAL5000	5000	G3/4	G1/4	3.82	Y60L	
QAC5000-10	QAC5000-10D	QAF5000	QAR5000	QAL5000	5000	G1	G1/4	3.82	Y60L	

① 进口压力为 0.7MPa，出口压力为 0.5MPa 的情况下。

注：QAC2000～5000 空气过滤组合带有金属杯可供选择。

表 21-7-241 **外形尺寸和特性曲线** mm

外形尺寸

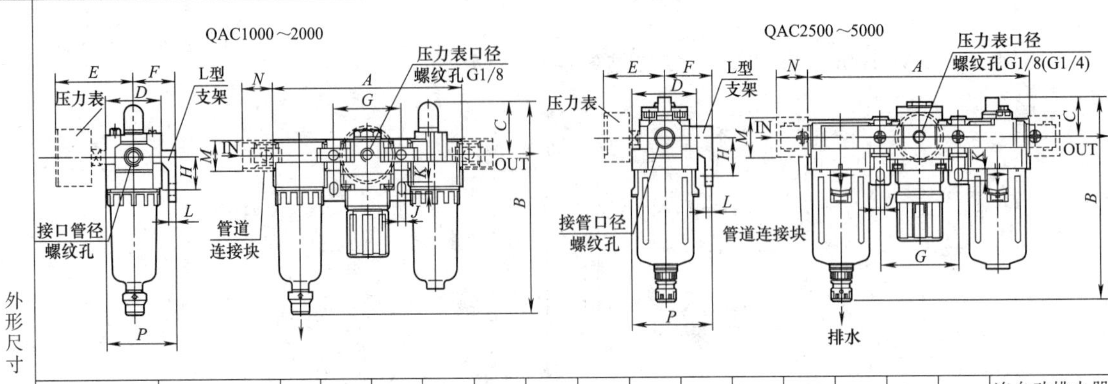

型号	接管口径	*A*	*B*	*C*	*D*	*E*	*F*	*G*	*H*	*J*	*K*	*L*	*M*	*N*	*P*	连自动排水器 *B*
QAC1000	M5×0.8	91	84.5	25.5	25	26	25	33	20	4.5	7.5	5	17.5	16	38.5	105
QAC2000	G1/8～G1/4	140	125	38	40	56.8	30	50	24	5.5	8.5	5	22	23	50	159
QAC2500	G1/4～G3/8	181	156.5	38	53	60.8	41	64	35	7	11	7	34.2	26	70.5	194.5
QAC3000	G1/4～G3/8	181	156.5	38	53	60.8	41	64	35	7	11	7	34.2	26	70.5	194.5
QAC4000	G3/8～G1/2	238	191.5	41	70	65.5	50	84	40	9	13	7	42.2	33	88	230.5
QAC4000-06	G3/4	253	193	40.5	70	69.5	50	89	40	9	13	7	46.2	36	88	232
QAC5000	G3/4～G1	300	271.5	48	90	75.5	70	105	50	12	16	10	55.2	40	115	310.5

特性曲线

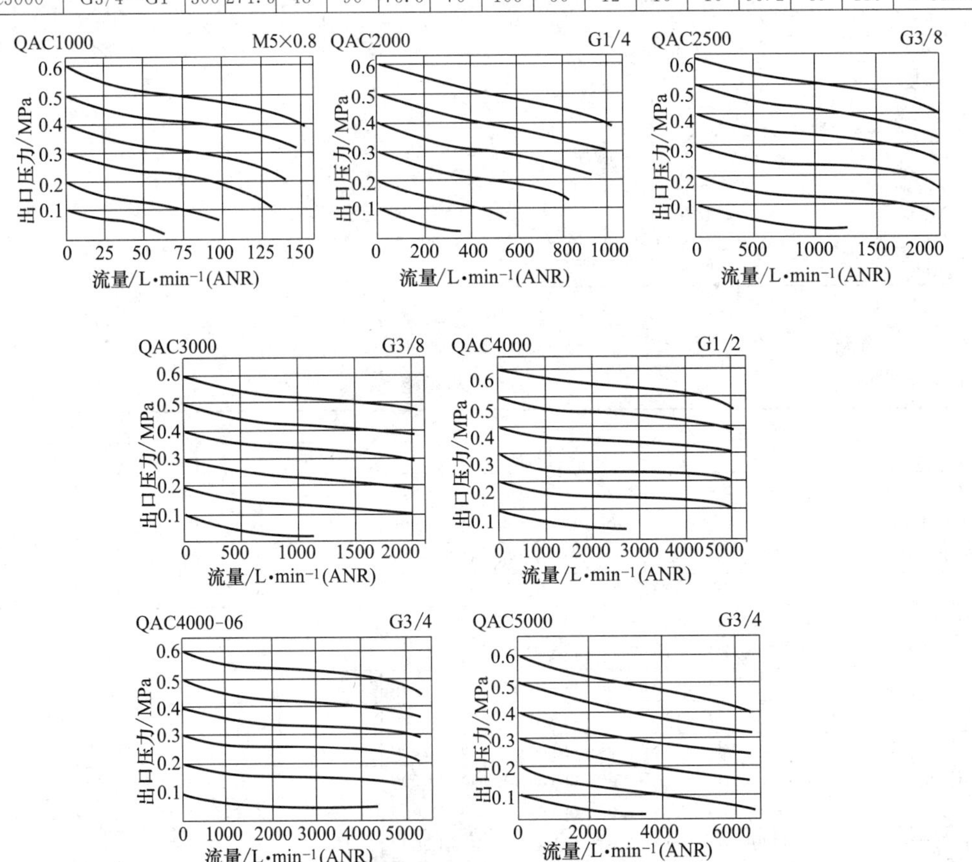

图(a) 流量特性曲线

续表

特性曲线

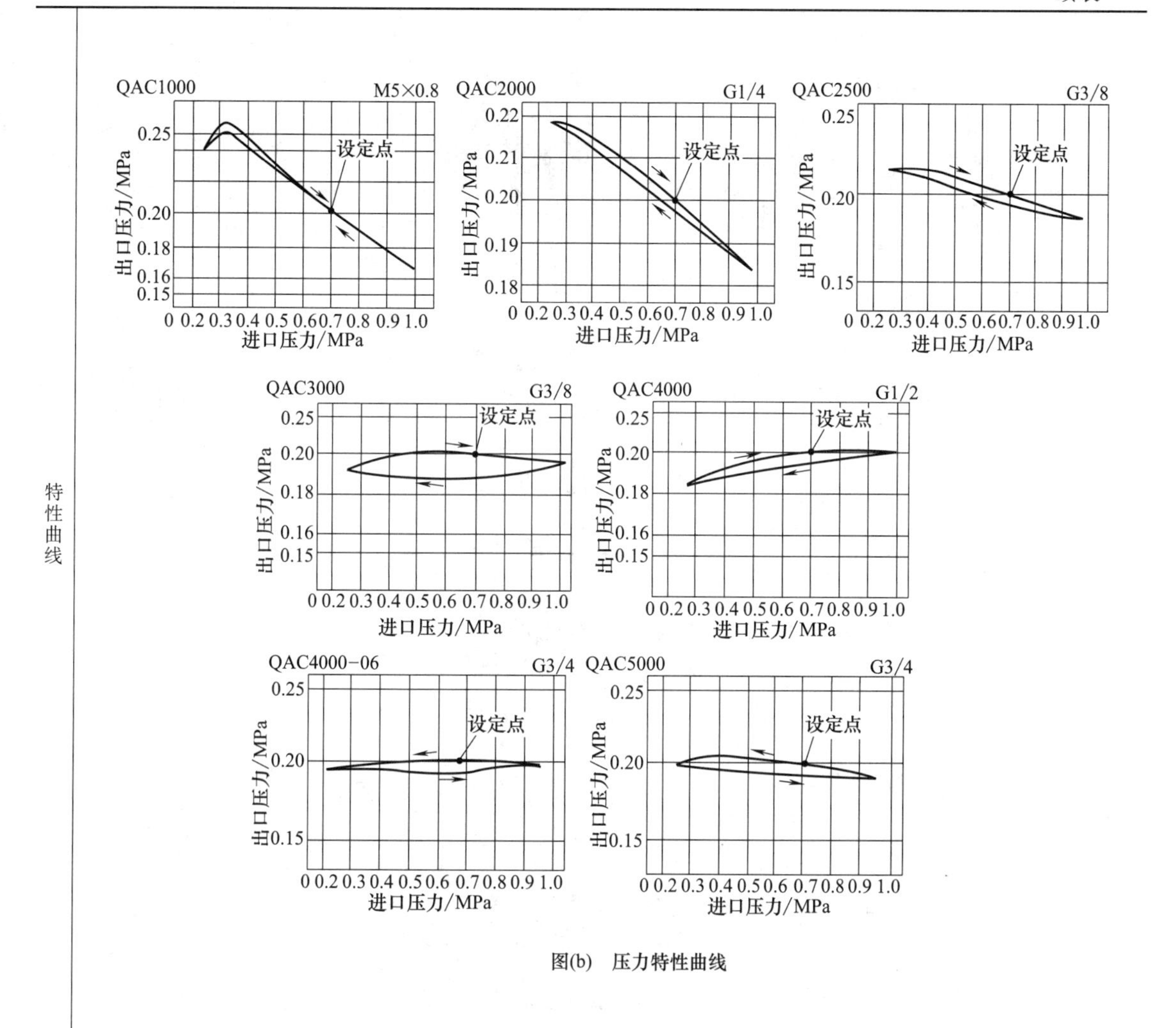

图(b)　压力特性曲线

（2）二联件组合

表 21-7-242　　　　型号及规格

型号		规格							配件
		组件		额定流量①/L·min^{-1}（ANR）	接管口径	压力表口径	质量/kg	支架（1个）	压力表
手动排水型	自动排水型	过滤减压阀	油雾器						
QAC1010-M5	—	QAW1000	QAL1000	90	M5×0.8	G1/16	0.22	Y10T	QG27-10-R1
QAC2010-01	QAC2010-01D	QAW2000	QAL2000	500	G1/8	G1/8	0.66	Y20T	QG36-10-01
QAC2010-02	QAC2010-02D	QAW2000	QAL2000	500	G1/4	G1/8	0.66	Y20T	
QAC3010-02	QAC3010-02D	QAW3000	QAL3000	1700	G1/4	G1/8	0.98	Y30T	
QAC3010-03	QAC3010-03D	QAW3000	QAL3000	1700	G3/8	G1/8	0.98	Y30T	
QAC4010-03	QAC4010-03D	QAW4000	QAL4000	3000	G3/8	G1/4	1.93	Y40T	QG46-10-02
QAC4010-04	QAC4010-04D	QAW4000	QAL4000	3000	G1/2	G1/4	1.93	Y40T	
QAC4010-06	QAC4010-06D	QAW4000	QAL4000	3000	G3/4	G1/4	1.99	Y50T	

① 进口压力为 0.7MPa、出口压力为 0.5MPa 情况下。

注：QAC2010～4010 空气过滤组合带有金属杯可供选择。

表 21-7-243　　**外形尺寸**　　mm

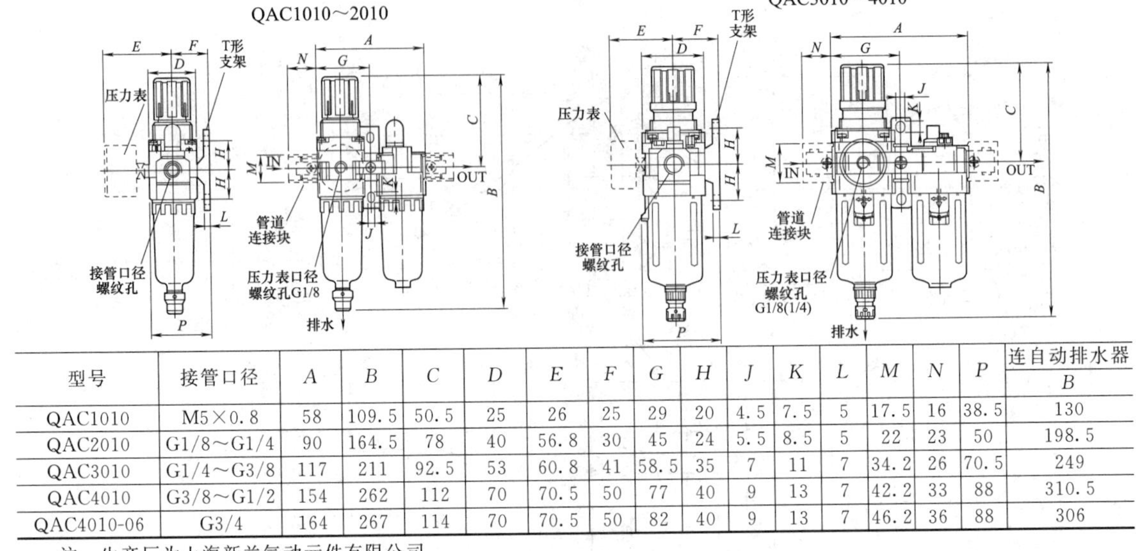

型号	接管口径	A	B	C	D	E	F	G	H	J	K	L	M	N	P	连自动排水器
																B
QAC1010	M5×0.8	58	109.5	50.5	25	26	25	29	20	4.5	7.5	5	17.5	16	38.5	130
QAC2010	G1/8～G1/4	90	164.5	78	40	56.8	30	45	24	5.5	8.5	5	22	23	50	198.5
QAC3010	G1/4～G3/8	117	211	92.5	53	60.8	41	58.5	35	7	11	7	34.2	26	70.5	249
QAC4010	G3/8～G1/2	154	262	112	70	70.5	50	77	40	9	13	7	42.2	33	88	310.5
QAC4010-06	G3/4	164	267	114	70	70.5	50	82	40	9	13	7	46.2	36	88	306

注：生产厂为上海新益气动元件有限公司。

7.5.4.2　QFLJWA 系列三联件（$DN3$～$DN25$）

型号意义：

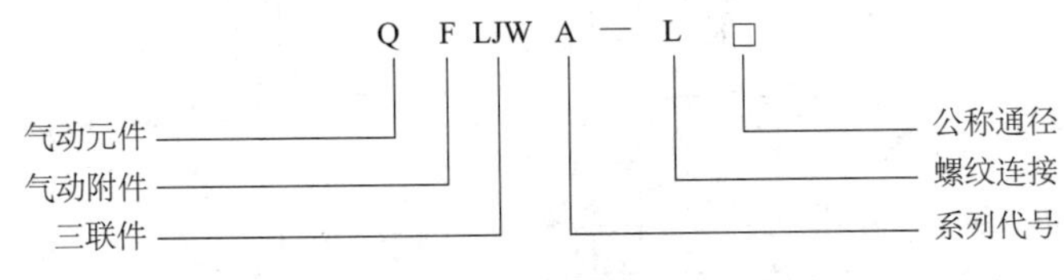

图形符号：

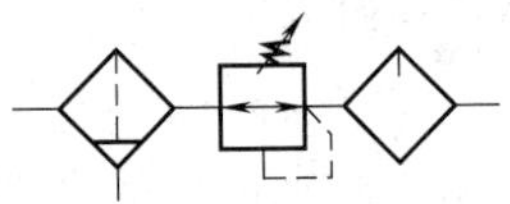

表 21-7-244　　**主要技术参数**

通径/mm	3,8,10,15,20,25	调压范围/bar	0.5～6.3
工作介质	压缩空气	水分离效率	≥80%
使用温度范围/℃	－25～＋80(但在不冻结条件下)	过滤精度/μm	50～75
最高进口压力/bar	10		

表 21-7-245　　**外形尺寸**　　mm

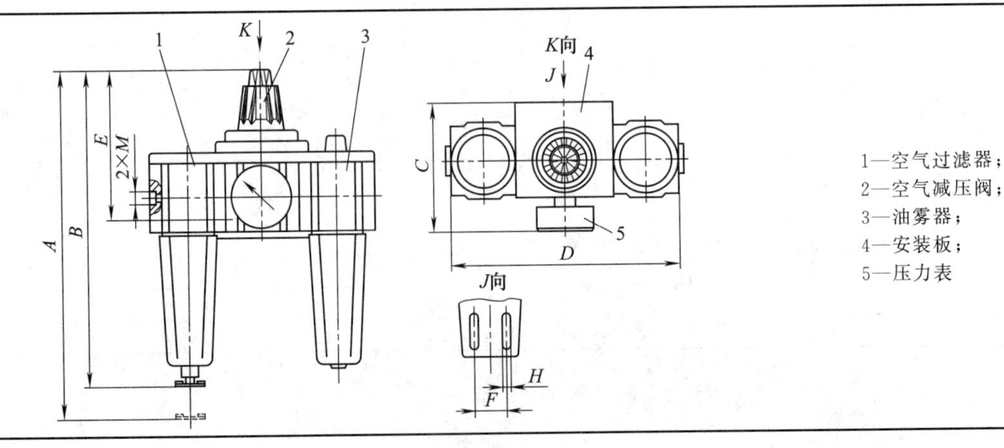

续表

通径	A	B	C	D	E	F	H	M(连接螺纹)
L3	230	190	79	120	62	30	6.4	G1/8
L8	230	190	79	120	62	30	6.4	G1/4
L10	300	250	115	180	105	19	10.5	G3/8
L15	300	250	115	180	105	19	10.5	G1/2

注：1. E 为安装孔中心位置。

2. 生产厂为肇庆方大气动有限公司。

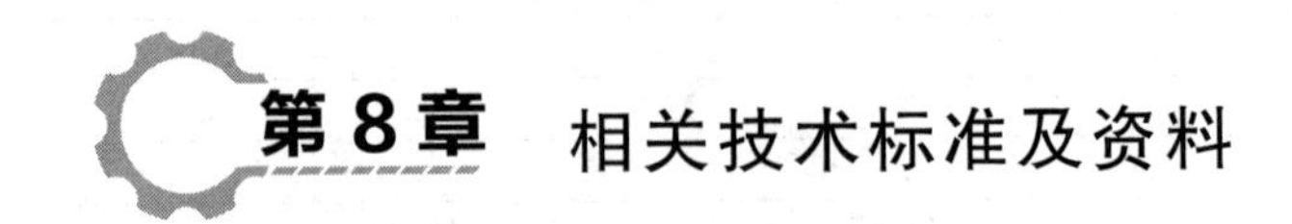

第8章 相关技术标准及资料

8.1 气动相关技术标准

表 21-8-1 气动相关技术标准

类别	标准号	标准名称
气动国家标准	GB/T 786.1—2009 等同 ISO 1219-1:2006	流体传动系统及元件图形符号和回路图 第1部分:用于常规用途和数据处理的图形符号
	GB/T 7932—2017 等同 ISO 4414:2010	气动对系统及其元件的一般规则和安全要求
	GB/T 7940.1—2008 等同 ISO 5599-1:2001	气动 五气口气动方向控制阀 第1部分:不带电气接头的安装面
	GB/T 7940.2—2008 等同 ISO 5599-2:2001	气动 五气口气动方向控制阀 第2部分:带可选电气接头的安装面
	GB/T 8102—2008 等同 ISO 6432:1985	缸内径 8～25mm 的单杆气缸安装尺寸
	GB/T 14038—2008 等同 ISO 16030:2001	气动连接 气口和螺柱端
	GB/T 14513.1—2017 等同 ISO/DIS 6358-1:2013	气动 使用可压缩流体元件的流量特性测定 第1部分:稳态流动的一般规则和试验方法
	GB/T 14514—2013	气动管接头试验方法
	GB/T 17446—2012 等同 ISO 5598:2008	流体传动系统及元件 词汇
	GB/T 20081.1—2006 等同 ISO 6953-1:2000	气动减压阀和过滤减压阀 第1部分:商务文件中应包含的主要特性和产品标识要求
	GB/T 20081.2—2006 等同 ISO 6953-2:2000	气动减压阀和过滤减压阀 第2部分:评定商务文件中应包含的主要特性的测试方法
	GB/T 2348—1993 等同 ISO 3320:1987	液压气动系统及元件 缸内径及活塞杆外径
	GB/T 2346—2003 等同 ISO 2944:2000	流体传动系统及元件 公称压力系列
	GB/T 2349—1980	液压气动系统及元件 缸活塞行程系列
	GB/T 2350—1980	液压气动系统及元件 活塞杆螺纹型式和尺寸系列
	GB/T 2351—2005 等同 ISO 4397:1993	液压气动系统用硬管外径和软管内径
	GB/T 3452.1—2005	液压气动用O形橡胶密封圈 第1部分:尺寸系列及公差
	GB/T 3452.2—2007 等同 ISO 3601-3:2005	液压气动用O形橡胶密封圈 第2部分:外观质量检验规范
	GB/T 3452.3—2005	液压气动用O形橡胶密封圈 沟槽尺寸
	GB/T 5719—2006	橡胶密封制品 词汇
	GB/T 7937—2008 参照 ISO 4399:1995	液压气动管接头及其相关元件 公称压力系列
	GB/T 9094—2006 等同 ISO 6099:2001	液压缸气缸安装尺寸和安装型式代号
	GB/T 22076—2008 等同 ISO 6150:1988	气动圆柱形快换接头 插头连接尺寸、技术要求、应用指南和试验
	GB/T 22107—2008 等同 ISO 12238:2001	气动方向控制阀 切换时间的测量
	GB/T 22108.1—2008 等同 ISO 5782-1:1997	气动压缩空气过滤器 第1部分:商务文件中包含的主要特性和产品标识要求
	GB/T 22108.2—2008 等同 ISO 5782-1:1997	气动压缩空气过滤器 第2部分:评定商务文件中包含的主要特性的测试方法

续表

类别	标准号	标准名称
气动行业标准	JB/T 6659—2007	气动用 O 形橡胶密封圈　尺寸系列和公差
	JB/T 7056—2008	气动管接头　通用技术条件
	JB/T 7057—2008	调速式气动管接头　技术条件
	JB/T 7058—1993(2001)	快换式气动管接头　技术条件
	JB/T 7373—2008	齿轮齿条摆动气缸
	JB/T 7374—2015	气动空气过滤器技术条件
	JB/T 7375—2013	气动油雾器技术条件
	JB/T 7377—2007	缸内径 32～250mm 整体式安装单杆气缸　安装尺寸
	JB/T 8884—2013	气动元件产品型号编制方法
	JB/T 10606—2006	气动流量控制阀
	JB/T 5923—2013	气动　气缸技术条件
	JB/T 5967—2007	气动元件及系统用空气介质质量等级
	JB/T 6377—1992(2001)	气动　气口连接螺纹型式和尺寸
	JB/T 6378—2008	气动换向阀技术条件
	JB/T 6379—2007	缸内径 32～320mm 可拆式安装单杆气缸　安装尺寸
	JB/T 6656—1993	气缸用密封圈安装沟槽型式、尺寸和公差
	JB/T 6657—1993	气缸用密封圈尺寸系列和公差
	JB/T 6658—2007	气动用 O 形橡胶密封圈沟槽尺寸和公差
	JB/T 6375—1992	气动阀用橡胶密封圈尺寸系列和公差
	JB/T 6376—1992	气动阀用橡胶密封圈沟槽尺寸和公差
	JB/T 9157—2011	液压气动用球涨式堵头　尺寸及公差
ISO 气动标准	ISO 1219-1:2012	Fluid power systems and components—Graphical symbols and circuit diagrams—Part 1:Graphical symbols for conventional use and data-processing applications 流体传动系统和元件—图形符号和电路图—第 1 部分:常规使用和数据处理应用的图形符号
	ISO 1219-2:1995	Fluid power systems and components—Graphical symbols and circuit diagrams—Part 2:Circuit diagrams 流体传动系统和元件—图形符号和电路图—第 2 部分:电路图
	ISO 2944:2000	Fluid power systems and components—Nominal pressures 流体传动系统和元件—公称压力
	ISO 3320:2013	Fluid power systems and components—Cylinder bores and piston rod diameters and area ratios—Metric series 流体传动系统和元件—缸内径、活塞杆直径和面积比—米制系列
	ISO 3321:1975	Fluid power systems and components—Cylinder bores and piston rod diameters—Inch series 流体传动系统和元件—缸内径和活塞杆直径—英制系列
	ISO 3322:1985	Fluid power systems and components—Cylinders—Nominal pressures 流体传动系统和元件—缸—公称压力

续表

类别	标 准 号	标 准 名 称
ISO气动标准	ISO 3601-1:2012	Fluid power systems—O-rings—Part 1: Inside diameters, cross-sections, tolerances and designation code 流体传动系统—O形圈—第1部分:内径、断面、公差和指定代号
	ISO 3601-3:2005	Fluid power systems—Sealing devices—O-rings—Part 3: Quality acceptance criteria 流体传动系统—密封装置—O形圈—第3部分:质量验收准则
	ISO 3601-5:2015	Fluid power systems—O-rings—Part 5: Specification of elastomeric materials for industrial applications 流体传动系统—O形圈—第5部分:工业用合成橡胶材料的规范
	ISO 3939:1977(2002)	Fluid power systems and components—Multiple lip packing sets—Methods for measuring stack heights 流体传动系统和元件—多层唇形密封组件—测量叠合高度的方法
	ISO 4393:2015	Fluid power systems and components—Cylinders—Basic series of piston strokes 流体传动系统和元件—缸—活塞行程基本系列
	ISO 4394-1:1980(1999)	Fluid power systems and components—Cylinder barrels—Part 1: Requirements for steel tubes with specially finished bores 流体传动系统和元件—缸筒—第1部分:对有特殊精加工内孔钢管的要求
	ISO 4395:2009	Fluid power systems and components—Cylinders—Piston rod end types and dimensions 流体传动系统和元件—缸—活塞杆端部型式和尺寸
	ISO 4397:2011	Fluid power connectors and components—Connectors and associated components—Nominal outside diameters of tubes and nominal inside diameters of hoses 流体传动连接件和元件—管接头及其相关元件—标称的硬管外径和软管内径
	ISO 4399:1995	Fluid power systems and components—Connectors and associated components—Nominal pressures 流体传动系统和元件—管接头及其相关元件—公称压力
	ISO 4400:1994(1999)	Fluid power systems and components—Three-pin electrical plug connectors with earth contact—Characteristics and requirements 流体传动系统和元件—带接地触点的三脚电插头—特性和要求
	ISO 5596:1999	Hydraulic fluid power—Gas-loaded accumulators with separator—Ranges of pressures and volumes and characteristic quantities 液压传动—隔离式充气蓄能器—压力和容积范围及特征量
	ISO 5598:2008	Fluid power systems and components—Vocabulary 流体传动系统和元件—术语
	ISO 5599-1:2001	Pneumatic fluid power—Five-port directional control valves—Part 1: Mounting interface surfaces without electrical connector 气压传动—五气口方向控制阀—第1部分:不带电插头的安装面
	ISO 5599-2:2001	Pneumatic fluid power—Five-port directional control valves—Part 2: Mounting interface surfaces with optional electrical connector 气压传动—五气口方向控制阀—第2部分:带可选电插头的安装面

续表

类别	标准号	标准名称
ISO 气动标准	ISO 5599-3:1990(2000)	Pneumatic fluid power—Five-port directional control valves—Part 3: Code system for communication of valve functions 气压传动—五气口方向控制阀—第 3 部分:表示阀功能的标注方法
	ISO 5782-1:2017	Pneumatic fluid power—Compressed-air filters—Part 1:Main characteristics to be included in supplier's literature and product marking requirements 气压传动—压缩空气过滤器—第 1 部分:商务文件和具体要求中应包含的主要特性
	ISO 5782-2:1997(2002)	Pneumatic fluid power—Compressed-air filters—Part 2:Test methods to determine the main characteristics to be included in supplier's literature 气压传动—压缩空气过滤器—第 2 部分:商务文件中应包含主要特性检验的试验方法
	ISO 5784-1:1988(1999)	Fluid power systems and components—Fluid logic circuits—Part 1: Symbols for binary logic and related functions 流体传动系统和元件—流体逻辑回路—第 1 部分:二进制逻辑及相关功能的符号
	ISO 5784-2:1989(1999)	Fluid power systems and components—Fluid logic circuits—Part 2: Symbols for supply and exhausts as related to logic symbols 流体传动系统和元件—流体逻辑回路—第 2 部分:与逻辑符号相关的供气和排气符号
	ISO 5784-3:1989(1999)	Fluid power systems and components—Fluid logic circuits—Part 3: Symbols for logic sequencers and related functions 流体传动系统和元件—流体逻辑回路—第 3 部分:逻辑顺序器及相关功能的符号
	ISO 6099:2018	Fluid power systems and components—Cylinders—Identification code for mounting dimensions and mounting types 流体传动系统和元件—缸—安装尺寸和安装型式的标注代号
	ISO 6149-1:2006	Connections for fluid power and general use—Ports and stud ends with ISO 261 metric threads and O-ring sealing—Part 1:Ports with truncated housing for O-ring seal 用于流体传动和一般用途的管接头—管 ISO 261 米制螺纹和 O 形圈密封的油口和螺柱端—第 1 部分:带 O 形密封圈用锪孔沟槽的油口
	ISO 6149-2:2006	Connections for fluid power and general use—Ports and stud ends with ISO 261 threads and O-ring sealing—Part 2: Dimensions, design, test methods and requirements for heavy-duty(S series)stud ends 用于流体传动和一般用途的管接头—管 ISO 261 螺纹和 O 形圈密封的油口和螺柱端—第 2 部分:重型(S 系列)螺柱端的尺寸、型式、试验方法和技术要求
	ISO 6149-3:1993	Connections for fluid power and general use—Ports and stud ends with ISO 261 threads and O-ring sealing—Part 3: Dimensions, design, test methods and requirements for light-duty(L series) stud ends 用于流体传动和一般用途的管接头—带 ISO 261 螺纹和 O 形圈密封的油口和螺柱端—第 3 部分:轻型(L 系列)螺柱端的尺寸、型式、试验方法和技术要求

续表

类别	标准号	标准名称
ISO气动标准	ISO 6149-4:2017	Connections for fluid power and general use—Ports and stud ends with ISO 261 threads and O-ring sealing—Part 4: Dimensions, design, test methods and requirements for external hex and internal hex port plugs 用于流体传动和一般用途的管接头—带 ISO 261 螺纹和 O 形圈密封的油口和螺柱端—第 4 部分:外六角和内六角油口螺塞的尺寸、型式、试验方法和技术要求
	ISO 6150:1988	Pneumatic fluid power—Cylindrical quick-action couplings for maximum working pressures of 10 bar, 16 bar and 25 bar (1MPa, 1.6MPa, and 2.5MPa)—Plug connecting dimensions, specifications application guidelines and testing 气压传动—最高工作压力 10bar、16bar 和 25bar(1MPa、1.6MPa 和 2.5MPa)圆柱形快换接头—插头连接尺寸、技术要求、应用指南和试验
	ISO 6195:2013	Fluid power systems and components—Cylinder-rod wiper-ring housings in reciprocating applications—Dimensions and tolerances 流体传动系统和元件—往复运动用缸活塞杆防尘圈沟槽—尺寸和公差
	ISO 6301-1:2017	Pneumatic fluid power—Compressed-air lubricators—Part 1: Main characteristics to be included in supplier's literature and product-marking requirements 气压传动—压缩空气油雾器—第 1 部分:供应商文件和产品标志要求中应包含的主要特性
	ISO 6301-2:2006	Pneumatic fluid power—Compressed-air lubricators—Part 2: Test methods to determine the main characteristics to be included in supplier's literature 气压传动—压缩空气油雾器—第 2 部分:测定供应商文件中包含的主要特性的试验方法
	ISO 6430:1992	Pneumatic fluid power—Single rod cylinders, 1000kPa(10bar) series, with integral mountings, bores from 32mm to 250mm—Mounting dimensions 气压传动—单杆缸,1000kPa(10bar)系列,整体式安装,缸内径 32～250mm—安装尺寸
	ISO 6432:2015	Pneumatic fluid power—Single rod cylinders, 1000kPa(10bar) series, bores from 8mm to 25mm—Basic and mounting dimensions 气压传动—单杆缸,10bar(1000kPa)系列,缸内径 8～25mm—基础和安装尺寸
	ISO 6537:1982	Pneumatic fluid power systems—Cylinder barrels—Requirements for nonferrous metallic tubes 气压传动系统—缸筒—对有色金属管的要求
	ISO 6952:1994	Fluid power systems and components—Two-pin electrical plug connectors with earth contact—Characteristics and requirements 流体传动系统和元件—带接地触点的两脚电插头—特性和要求
	ISO 6953-1:2015	Pneumatic fluid power—Compressed air pressure regulators and filter-regulators—Part 1: Main characteristics to be included in literature from suppliers and product-marking requirements 气压传动—压缩空气调压阀和带过滤器的调压阀—第 1 部分:商务文件中包含的主要特性及产品标识要求
	ISO 6953-2:2015	Pneumatic fluid power—Compressed air pressure regulators and filter-regulators—Part 2: Test methods to determine the main characteristics to be included in literature from suppliers 气压传动—压缩空气调压阀和带过滤器的调压阀—第 2 部分:评定商务文件中包含的主要特性的试验方法

续表

类别	标准号	标准名称
ISO气动标准	ISO 8139:2018	Pneumatic fluid power—Cylinders, 1000kPa(10bar) series—Mounting dimensions of rod-end spherical eyes 气压传动—缸,1000kPa(10bar)系列—杆端球面耳环的安装尺寸
	ISO 8140:2018	Pneumatic fluid power—Cylinders, 1000kPa(10bar) series—Mounting dimensions of rod end clevis 气压传动—缸,1000kPa(10bar)系列—杆端环叉的安装尺寸
	ISO 8778:2003	Pneumatic fluid power—Standard reference atmosphere 气压传动—标准参考大气
	ISO 10099:2001(2006)	Pneumatic fluid power—Cylinders—Final examination an acceptance criteria 气压传动—缸—出厂检验和验收规范
	ISO 11727:1999	Pneumatic fluid power—Identification of ports and control mechanisms of control valves and other components 气压传动—控制阀和其他元件的气口、控制机构的标注
	ISO 12238:2001	Pneumatic fluid power—Directional control valves Measurement of shifting time 气压传动—方向控制阀—切换时间的测量
	ISO 14743:2004	Pneumatic fluid power—Push-in connectors for thermoplastic tubes 气压传动—适用于热塑性塑料管的插入式管接头
	ISO 15217:2000	Fluid power systems and component—16mm square electrical connector with earth contact—Characteristics and requirements 流体传动系统和元件—带接地点的16mm方形电插头—特性和要求
	ISO 15218:2003	Pneumatic fluid power—3/2 solenoid valves—Mounting interface surfaces 气压传动—二位三通电磁阀—安装面
	ISO 15407-1:2000	Pneumatic fluid power—Five-port directional control valves, sizes 18mm and 26mm—Part 1: Mounting interface surfaces without electrical connector 气压传动—五气口方向控制阀,18mm和26mm规格—第1部分:不带电插头的安装面
	ISO 15407-2:2003	Pneumatic fluid power—Five-port directional control valves, sizes 18mm and 26mm—Part 2: Mounting interface surfaces with optional electrical connector 气压传动—五气口方向控制阀,18mm和26mm规格—第2部分:带可选择电插头的安装面
	ISO 15552:2018	Pneumatic fluid power—Cylinders with detachable mountings, 1000kPa(10bar) series, bores from 32mm to 320mm—Basic, mounting and accessories dimensions 气压传动—可分离安装的,1000kPa(10bar)系列,缸内径32～320mm的气缸—基本尺寸、安装尺寸和附件尺寸
	ISO 16030:2001(2006)	Pneumatic fluid power—Connections—Ports and stud ends 气压传动—连接件—气口和螺柱端
	ISO/TR 16806:2003	Pneumatic fluid power—Cylinders—Load capacity of pneumatic slides and their presentation method 气压传动—缸—气动滑块的承载能力及其表示方法
	ISO 17082:2004	Pneumatic fluid power—Valves—Data to be included in supplier literature 气压传动—阀—商务文件中应包含的资料
	ISO 20401:2017	Pneumatic fluid power systems—Directional control valves—Specification of pin assignment for 8mm and 12mm diameter electrical round connectors 气动系统—方向控制阀—直径8mm和12mm圆形电插头的管脚分配规范
	ISO 21287:2004	Pneumatic fluid power—Cylinders—Compact cylinders, 1000kPa (10bar) series, bores from 20mm to 100mm 气压传动—缸—紧凑型,1000kPa(10bar)系列,缸径20～100mm的紧凑型气缸

8.2 IP防护等级

表 21-8-2 IP防护等级

概述

符合 DIN EN 60529 标准

带壳体的防护等级通过标准化的测试方法来表示。IP 代码用于对这类防护等级的分类。IP 代码由字母 IP 和一个两位数组成

第 1 个数字的含义：表示人员的保护。它规定了外壳的范围，以免人与危险部件接触。此外，外壳防止了人或人携带的物体进入。另外，该数字还表示对固体异物进入设备的防护程度

第 2 个数字的含义：表示设备的保护。针对由于水进入外壳而对设备造成的有害影响，它对外壳的防护等级做了评定

注意：食品加工行业通常使用防护等级为 IP 65(防尘和防水管喷水)或 IP67(防尘和能短时间浸水)的元件。采用 IP65 还是 IP67 取决于特定的应用场合，因为每种防护等级有其完全不同的测试标准。IP67 不一定比 IP65 好。因此，符合 IP67 的元件并不能自动满足 IP65 的标准

IP代码的意义

IP 6 5

代码字母	
IP	国际防护

代码编号 1	说明	定义
0	无防护	—
1	防止异物进入，50mm 或更大	直径为 50mm 的被测物体不得穿透外壳
2	防止异物进入，12.5mm 或更大	直径为 12.5mm 的被测物体不得穿透外壳
3	防止异物进入，2.5mm 或更大	直径为 2.5mm 的被测物体完全不能进入
4	防止异物进入，1.0mm 或更大	直径为 1mm 的被测物体完全不能进入
5	防止灰尘堆积	虽然不能完全阻止灰尘的进入，但灰尘进入量应不足以影响设备的良好运行或安全性
6	防止灰尘进入	灰尘不得进入

代码编号 2	说明	定义
0	无防护	—
1	防护水滴	不允许垂直落水滴对设备有危害作用
2	防护水滴	不允许斜向(偏离垂直方向不大于 15°)滴下的水滴对设备有任何危害作用
3	防护喷溅水	不允许斜向(偏离垂直方向不大于 60°)滴下的水滴对设备有任何危害作用
4	防护飞溅水	不允许从任何角度向外壳飞溅的水流对设备有任何危害作用
5	防护水流喷射	不允许从任何角度向外壳喷射的水流对设备有任何危害作用
6	防护强水流喷射	不允许从任何角度对准外壳喷射的水流对设备有任何危害作用
7	防护短时间浸入水中	在标准压力和时间条件下，外壳即使只是短时期内浸入水中，也不允许水流对设备造成任何危害作用
8	防护长期浸入水中	如果外壳长时间浸入水中，不允许水流对设备造成任何危害作用 制造商和用户之间的作用条件必须一致，该使用条件必须比代码 7 更严格
9	防护高压清洗和蒸汽喷射清洗的水流	不允许高压下从任何角度直接喷射到外壳上的水流对设备有任何危害作用

8.3　关于净化车间及相关受控环境空气等级标准及说明

表 21-8-3　关于净化车间及相关受控环境空气等级标准及说明

概述

净化车间技术(cleanroom)是为适应实验研究与产品加工的精密化、微型化、高纯度、高质量和高可靠性等方面要求而诞生的一门新兴技术。20 世纪 60 年代中期,净化车间技术在美国如雨后春笋般在各种工业部门涌现。它不仅用于军事工业,也在电子、光学、微型轴承、微型电机、感光胶片、超纯化学试剂等工业部门得到推广,对当时科学技术和工业的发展起了很大的促进作用。70 年代初,净化车间技术的建设重点开始转向医疗、制药、食品及生化等行业。除美国外,其他工业先进国家,如日本、德国、英国、法国、瑞士、苏联、荷兰等也都十分重视并先后大力发展了净化车间技术。从 80 年代中期以来,对微电子行业而言,1976 年所颁发的美国联邦标准 209B 所规定的最高洁净级别——100 级(≥0.5μm)已不能满足需要,1M 位的 DRAM(动态存储芯片)的线宽仅为 1μm,要求环境级别为 10 级(0.5μm)。事实上,从 70 年代末,为配合微电子技术的发展,更高级别的净化车间技术已在美国、日本陆续建成,相应的检测仪器——激光粒子计数器、凝聚核粒子计数器(CNC)也应运而生。总结这个时期的经验,为适应技术进步的需要,于 1987 年颁发了美国联邦标准 209C,将洁净等级从原有的 100～100000 四个等级扩展为 1～100000 六个级别,并将鉴定级别界限的粒径从 0.5～5μm 扩展至 0.1～5μm。90 年代初以来,净化车间技术在我国制药工厂贯彻实施 GMP 法的过程中得到了普及,全国几千家制药厂以及生产药用原材料、包装材料等非药企业,陆续进行了技术改造

微粒及微粒的散发在许多工业及应用领域起着很重要的作用,而目前尚无有关净化车间的通用标准。一些常用的有关空气洁净度的标准有

①ISO 14644-1(净化车间及相关受控环境空气等级标准)
②US FED STD 209 E(美国联邦标准“空气微粒含量的等级”)
③VDI 2083-…(德国标准)
④Gost-R 50766(俄罗斯标准)
⑤JIS B 9920(日本标准)
⑥BS 5295(英国标准)
⑦AS 1386(澳大利亚标准)
⑧AFNOR X44101(法国标准)

迄今,对于气动元件及运行设备是否适合于洁净室还没有世界统一的标准。因此,德国出台了的一个德国工程师协会的标准,使产品有一个参照,从而确定该产品在这方面是否合格

ISO 14644-1

密度限制/微粒·米$^{-3}$(pc./m^3)

ISO 等级	0.1μm	0.2μm	0.3μm	0.5μm	1μm	5μm
ISO Class 1 >	10	2	—	—	—	—
ISO Class 2 >	100	24	10	4	—	—
ISO Class 3 >	1000	237	102	35	8	—
ISO Class 4 >	10000	2370	1020	352	83	3
ISO Class 5 >	100000	23700	10200	3520	832	29
ISO Class 6 >	1000000	237000	102000	35200	8320	293
ISO Class 7 >	—	—	—	352000	83200	2930
ISO Class 8 >	—	—	—	3520000	832000	29300
ISO Class 9 >	—	—	—	35200000	8320000	293000

FED STD 209E(美国联邦标准)

1992 年颁布的美国联邦标准 FED STD 209E 将洁净等级从英制改为米制,洁净度等级分为 M1～M7 七个级别(见下表)。与 FED STD 209D 相比,最高级别又向上延伸了半个级别(FED STD 209D 的 1 级空气中≥0.5μm,尘粒≥35.3pc./m^3,而 FED STD 209E 在颗粒的数量上,要求更严,M1 级≥0.5μm 尘粒,≥10pc./m^3)

需要注意的是,美国总服务局(GSA-U.S.General Services Administration),也就是批准美国联邦标准供联邦政府各机构使用的权威单位,于 2001 年发布公告,废止 FED STD 209E,等同采用 ISO 14644 相关标准

续表

FED STD 209E（美国联邦标准）

等级名称		空气为例含量极限/微粒・ft^{-3}				
公制	英制	0.1μm	0.2μm	0.3μm	0.5μm	5μm
M1		9.91	2.14	0.875	0.283	—
M1.5	1	35	7.5	3	1	—
M2		99.1	21.4	8.75	2.83	—
M2.5	10	350	75	30	10	—
M3		991	214	87.5	28.3	—
M3.5	100	—	750	300	100	—
M4		—	2140	875	283	—
M4.5	1000	—	—	—	1000	7
M5		—	—	—	2830	17.5
M5.5	10000	—	—	—	10000	70
M6		—	—	—	28300	175
M6.5	100000	—	—	—	100000	700
M7		—	—	—	283000	1750

JIS B 9920（日本标准）及美日洁净度级别换算

粒径/μm	Class1	Class2	Class3	Class4	Class5	Class6	Class7	Class8
0.1	101	102	103	104	105	106	107	108
0.2	2	24	236	2360	23600	—	—	—
0.3	1	10	101	1010	10100	101000	1010000	10100000
0.5	—	—	35	350	3500	35000	350000	3500000
5	—	—	—	—	29	290	2900	29000

日本 JIS B 9920 以 0.1μm 微粒为计数标准。日本标准的表示法是以 Class 1、Class 2、Class 3，…，Class 8 表示，即最好的等级为 Class 1，最差则为 Class 8，上表为日本 JIS 9920 标准规定的粒子上限数（个/m^3）。其 Class 1、Class 2、…的数目以 0.1μm 粒子为基准

美日洁净度级别换算见下表

日本	级别 3	级别 4	级别 5	级别 6	级别 7	级别 8
美国	Class1	Class10	Class100	Class1000	Class10000	Class100000

制定此标准的原因

如今，一些电子半导体、生物医药等工业领域的产品，结构越来越小，对生产环境的洁净度要求越来越高。因此，对质量标准要求也越来越趋于严格。如 1970 年生产的 1kB 容量的 DRAM，其结构尺寸为 10μm，而 2000 年生产的 256MB 容量的 DRAM，其结构尺寸为 0.25μm。在这种情况下，落下一颗微粒，就会导致动态存储芯片故障

香烟燃烧所产生的烟雾中含有尼古丁和焦油，看似烟雾，其实它是由 0.5μm 的微粒所组成的。一支烟就能使空气中的微粒含量骤增到每立方英尺 40000 个。因此必须使用净化车间以及相关干净的环境，其中包括操作人员必须穿戴无菌服或洁净车间的专用工作服。用于净化车间的气动元件及被加工的材料、车间环境等的空气等级采用 0.01μm

微电子、光子、医药等行业对空气中微粒的要求

行业领域及相关产品	轻工机械	PCB 生产	清漆工艺	注射器	医药生产技术	小型继电器	微型系统技术	光学元件	微电子
临界微粒尺寸/μm	1～100	5～50	5～10	5～20	5～10	0.5～25	0.5～5	0.3～20	0.03～0.5

续表

执行此标准的有关方法和措施	空气中微粒形成的主要原因是空气的流动方向、工件的堆放、车间的换气模式、压缩空气的质量等级、气动元件的泄漏以及振动、碰撞等因素		
	空气的流动方向	①在非常关键的区域，如在特殊无尘室区域，气流应先吹关键的气动元件，再流向次关键位置	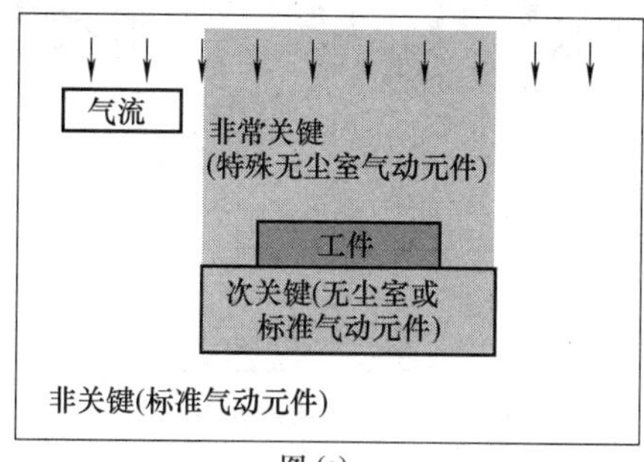 图(a)
		②为了避免周围空气不断相互交换，应尽量采用纵向(垂直方向)的层流流动	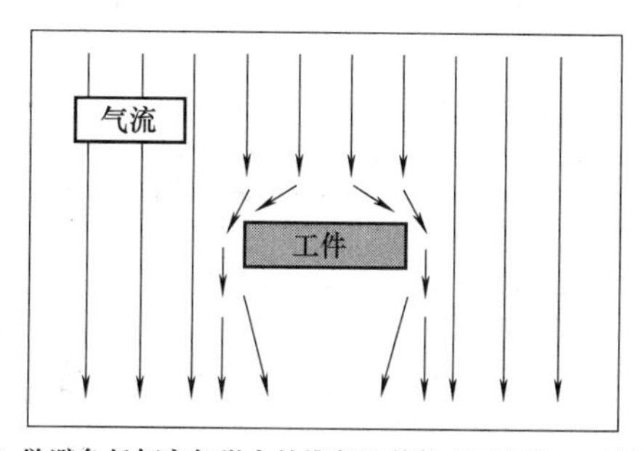 注：欲避免任何空气微尘的堆积及其他交叉污染，工件周围的空气应不断地交换，如果可能，应尽量使用纵向层流气流 图(b)
		③在电子行业净化车间，层流气流不应先经过气动元件，否则，气动元件空气中的未过滤净的灰尘油脂会吹到工件上(半导体晶体产品或电路板)	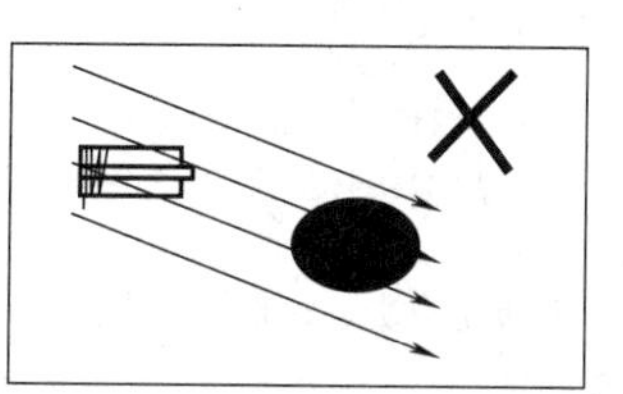 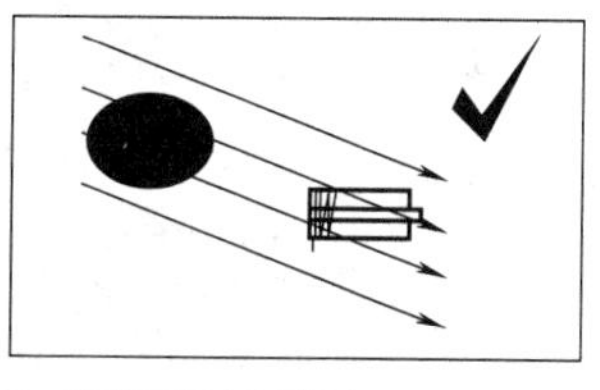 注：紊流度小于5的气流称为层流。紊流度是气流速度分布的标准偏差除以气流平均速度 图(c)
		④如气动元件和产品在同一水平位置时，层流气流应按图(d)所示方式	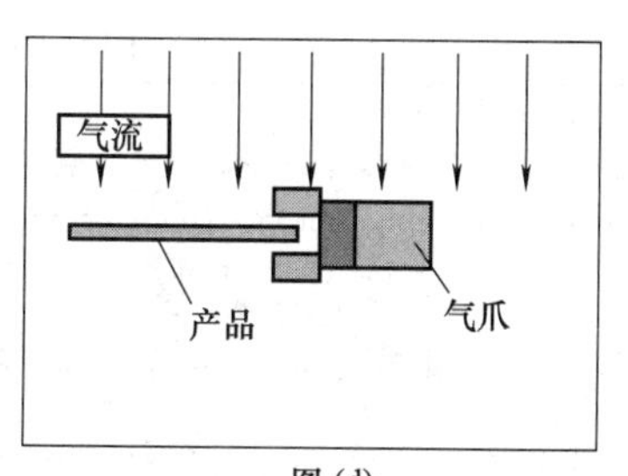 图(d)

续表

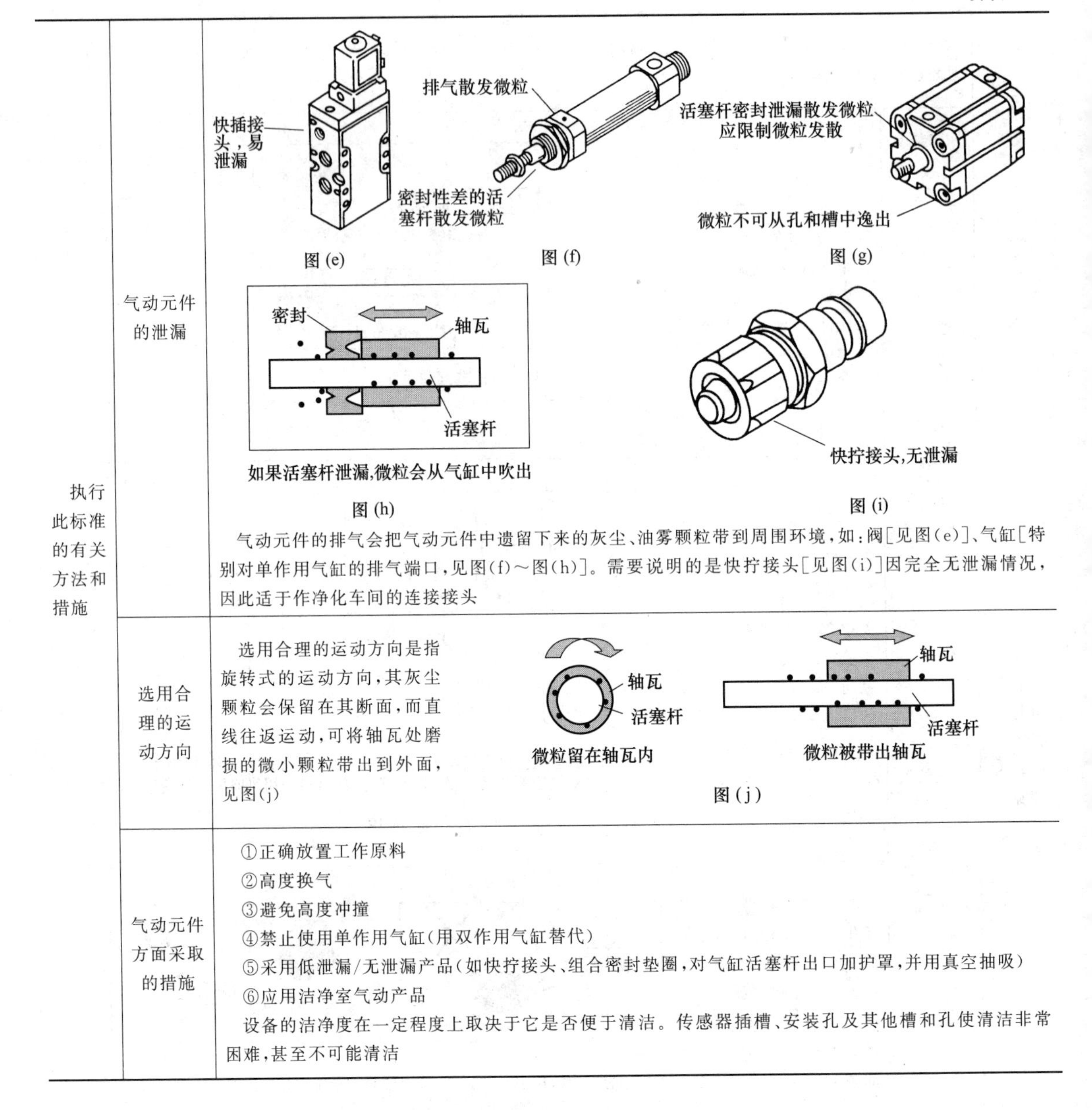

执行此标准的有关方法和措施	气动元件的泄漏	图(e) 图(f) 图(g) 如果活塞杆泄漏,微粒会从气缸中吹出 图(h) 图(i) 气动元件的排气会把气动元件中遗留下来的灰尘、油雾颗粒带到周围环境，如：阀[见图(e)]、气缸[特别对单作用气缸的排气端口，见图(f)～图(h)]。需要说明的是快拧接头[见图(i)]因完全无泄漏情况，因此适于作净化车间的连接接头
	选用合理的运动方向	选用合理的运动方向是指旋转式的运动方向，其灰尘颗粒会保留在其断面，而直线往返运动，可将轴瓦处磨损的微小颗粒带出到外面，见图(j) 图(j)
	气动元件方面采取的措施	①正确放置工作原料 ②高度换气 ③避免高度冲撞 ④禁止使用单作用气缸(用双作用气缸替代) ⑤采用低泄漏/无泄漏产品(如快拧接头、组合密封垫圈，对气缸活塞杆出口加护罩，并用真空抽吸) ⑥应用洁净室气动产品 设备的洁净度在一定程度上取决于它是否便于清洁。传感器插槽、安装孔及其他槽和孔使清洁非常困难，甚至不可能清洁

8.4 关于静电的标准及说明

表 21-8-4 关于静电的标准及说明

静电的标准	EN 100015-1：Basic specification：Protection of electrostatic sensitive devices Part1：General requirement 基本规范：静电敏感器件的防护 第1部分：一般要求 NESS 099/56：ESD sensitive package requirements for components 静电放电敏感元件的包装要求 IEC 61340-5-1：Protection of electronic devices from electrostatic phenomena 电子设备防静电现象的保护 IEC 61340-4-1：Standard test methods for specific applications. Electrostatic behavior of floor coverings and installed floors. 对于专门用途的标准试验方法，地板覆盖物和已装修地板的抗电性 对于气动元件和系统抗静电方面，还没有标准的测试方法。静电的标志见图(a) 气动系统在正常工作环境内的静电抗电保护标准需参照 EN 100015-1	 图(a)

续表

什么是静电

产生静电的原因

所有的材料都是由原子组成的，原子是由核子（质子和中子）及围绕在其周围轨迹运动的电子所组成［见图(b)］。原子带正电荷，电子带负电荷。当原子和电子数量相等时，原子表现为中性［见图(c)］。通常质子和中子在核的内部位置是固定的，电子处在周围的轨道上。当一些电子吸得不够牢时，会从一个原子移到另一个原子上去，电子的移动破坏了原子和电子的平衡，使得有的原子带正电，有的原子带负电，这就产生了电流［见图(d)］

电子从一个物体移到另一个物体就是电荷分离。电荷分离意味着正电荷与负电荷之间的不平衡。这种不平衡就产生了静电。塑料、布料、干燥空气、玻璃是非导体，金属、潮湿空气为导体

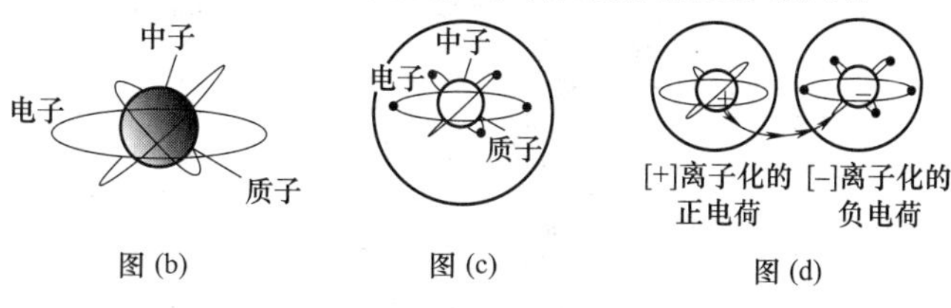

图(b)　　图(c)　　图(d)

静电产生的条件

摩擦两个物体（两个物体必须是由不同材质且必须是由绝缘材料组成），摩擦越厉害，移动到另一个物体上的电子就越多，累积的电荷也就越高

气动回路中的静电

空气中有多种不同的分子，而气管、阀、接头中始终有空气的流动。空气流动时，空气中的分子摩擦气管、阀内腔等。摩擦产生的电子从空气中转移到气管或阀上，结果产生了电荷分离。气流分子带负电荷最多可累积几千伏，这就是静电放电（ESD）［见图(e)］

每个静电电荷产生一个静电磁场。如果电磁场超过一定程度，周围空气就会变得离子化。含离子化的空气会导电，静电会迅速被放电至地面并发出闪光。这一闪光或火花可能会损坏芯片、电子设备或在某些危险环境中引起爆炸［见图(f)］

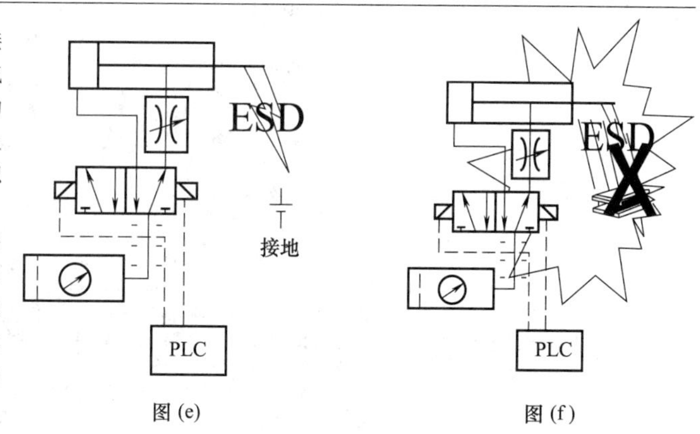

图(e)　　图(f)

不同材料产生的静电及其测量方法

静电等级根据材料及相关质地、环境中空气相对湿度和接触程度不同，可产生不同的静电压，最多可产生 30000V 静电（见下表）。对于未接地的 ESD 1 级敏感设备，即使仅放 10V 的电，也能损坏设备。根据相关资料，早期在未认识静电产生的危害之前，接近 50％的气动元件的损坏是由静电引起的

产生静电的方式	10％～25％空气相对湿度能产生的最高静电/V	65％～90％空气相对湿度能产生的最高静电/V
从地毯上走过	35000	1500
从工作台上拿起尼龙袋	20000	1200
聚氨酯泡沫做成的椅子	18000	1500
从乙烯基瓷砖上走过	12000	250
工作台边的工人	6000	100

用户对抗静电产品的需求：改善产品质量；有一个安全的工作环境；在 EX 保护区域内保证安全措施；生产的机器能用在抗静电特性的生产车间；保证产品的质量，符合 ISO 9000

测量静电电荷量的仪器有电荷量表，测量静电电位可用静电电压表。测量材料特性有许多测量静电的仪表，如高阻计、电荷量表等

测量塑料、橡胶、防静电地板（面）、地毯等材料的防静电性能时，通常用电阻、电阻率、体积电阻率、表面电阻率、电荷（或电压）半衰期、静电电容、介电常数等，其中最常用、最可靠的是电阻及电阻率

续表

防止静电的措施	①排除不必要的会产生静电电荷的因素	移走已知会产生电荷的不必要的材料 采用抗静电的材料，表面的电阻应小于 $10^6\Omega$
	②接地	只适用于导体 将所有的导体结合在一起，统一接地 静电接地意味着导体材料与地面相接触，电阻应小于 $10^6\Omega$ 或者放电常量应小于 10^{-2}s
	③屏蔽	防止敏感的设备放电或者与放电的物体相接触 通过法拉第笼实现屏蔽
	④中和	如果接地方式对非导体无效，可通过离子化中和方式 • 非导体中和是放在相反极性电荷的环境下，这种中和方式是有一个带离子的介质，该介质能交替产生正负电荷 • 最理想的情况是能提高空气中的相对湿度
	⑤抗静电材料	能够有效地阻止静电荷在自身及与其接触材料上积累的材料 有三种不同类型：通过抗静电剂表面处理；合成时混入抗静电剂在表面形成抗静电膜的材料；本身就有抗静电性的材料 绝缘材料与其他材料相接触会产生静电，这是因为物体接触时，会发生电荷（电子或分子离子）的迁移，抗静电材料能够让这种电荷的迁移最小化。由于摩擦起电取决于相互作用的两种物质或物体，所以单独说某种材料是抗静电的并不准确。准确的说法应该是，该种材料对另一种材料来讲是抗静电的。这里所指其他材料既有绝缘材料（如印制电路板 PWB、环氧树脂基材），也有导电材料（如 PWB 上的铜带）。它们在某些过程及取放过程中都可能带电 大多数制造厂商指的抗静电材料是对生产过程中的多数材料特性具有抗静电性能的材料 常用的抗静电剂能够减少许多材料的静电，因此应用广泛。它们一般是溶剂或载体溶液混入抗静电表面活性剂，如由季铵化合物、胺类、乙二醇、月桂酸氨基化合物等制成。使用抗静电剂能够在材料之间形成一层主导材料表面特性的薄膜。这些抗静电剂都是表面活性剂，其减少摩擦电压的机理还不得而知。然而，研究发现，这些表面活性剂都具有吸收水分子的特性，它们能够促使材料表面吸收水分。抗静电剂的效果受环境湿度的影响很大。此外，抗静电剂也可减小摩擦力，有利于减小摩擦电压 因为抗静电剂具有一定的导电性能，所以在适当湿度的条件下，它们能够通过耗散来泄放静电。在实际应用中，后一种特性可能更容易得到重视，因而它也就成为评估抗静电材料的最主要指标。但还需要强调的是，抗静电材料更重要的功能应当是其在没有接地的状态下减少静电产生的功能，而不是导电性
	⑥静电耗散材料	用于减缓带电器件模型（CDM）下快速放电的材料。不同的行业对其表面电阻有不同规定，如按照静电协会（ESDA）和电子工业联合会（EIA）的定义，其表面电阻率在 $10^5\sim10^{12}\Omega$/sq 之间。静电耗散材料具有相似的体积电阻或用导电材料覆盖，如用于工作台的台垫等。耗散材料在接触带电器件时，能够使放电电流得到限制。除表面电阻率之外，静电耗散材料的另一个重要特性是其将静电荷从物体上泄放的能力，而描述这一特性的技术指标是静电衰减率。按照孤立导体静电衰减模型，静电衰减周期与其泄放电路的电阻与电容乘积（RC）成指数关系 研究静电泄放能力，典型的假设是，在特定的时间内，如 2s 内，将静电电压衰减到一个特定的百分比，如 1%。对一个盛放 PWB 的周转箱来说，其电容大约为 50pF 此外，对静电耗散材料来说，相对湿度也是重要的因素，在静电衰减测试当中要予以控制和记录
	⑦导静电材料	按照定义，是指表面电阻率小于 $10^2\Omega$/sq 的材料，它们通常被用于同电位器件间分流连接，在某些时候，它们还被用于区域的静电场屏蔽 抗静电材料可以将导静电材料或静电耗散材料上的静电转移到自身的表面。它通常用于分流目的，将器件的接线端子连接到一起以保证接线端子之间的电位相同。要想达到分流的目的，必须保证两点：第一，在快速放电中保持等电位，这一限制与材料的电感有关；第二，分流必须让器件接线端子闭合。许多静电放电，特别是带电器件模型（CDM）下的放电，放电的时间只有 1ns，如果分流用物体距离器件几英寸远，此时器件接线端子上的 ESD 会在电流流过分流导电材料形成的等电位连接之前就损伤了器件 在对这三种材料的理解上容易有一些误区，如许多材料既是抗静电材料又是静电耗散材料，很多时候导电材料与一些绝缘材料也会产生静电，但这些材料不能视为抗静电材料 清楚材料的区别，懂得它们在什么情况下应用，对于实施和保持有效的 ESD 控制体系非常关键，同时也是正确评价防静电材料供应商产品有效性的关键因素。这些材料特性不能对正常的生产过程造成影响。此外，耐磨损性、热稳定性、受污染的影响以及其他很多特性也应当成为评价材料特性时需要考虑的因素
总结	为了确保产品质量，必须要防止静电。迄今还没有一种可靠的技术能够消除静电放电所造成的损坏。有的日本公司开发了静电消除器，在接收到外置传感器信号后，向放电物体持续发射出带相反极性的离子，以此消除静电。标准的管子和接头是产生静电的最主要的根源。在 ESD 保护区域内，必须要使用防静电材料做的气动元件，主要是针对气管和接头 所以在空气流动过程中的阀、气管、接头和气缸必须是抗静电材料做成的，这个是强制规定的。金属制成的气缸和阀可通过电缆接地。在气源处理单元内，凡气流流过的部件都由金属制成	

8.5　关于防爆的标准

表 21-8-5　　关于防爆的标准

目前的标准	中国标准:GB 3836.1～GB 3836.15(关于爆炸性气体环境用电气设备) 国际电工委员会 IEC:一个国际性的标准化组织,由所有的国家电工技术委员会 IEC 组成。制定了 IEC 60079 欧洲电工标准化委员会(CENELEC):1973 年是由两个早期的机构[欧洲电工标准协调委员会共同市场小组(CENELCOM)和欧洲电工标准协调委员会(CENEL)]合并而成。制定了 ATEX 94/9/EC 和 ATEX 1999/92/EC 指令
中国的防爆标准	GB 3836.1—2010　爆炸性环境　第 1 部分:设备　通用要求 GB 3836.2—2010　爆炸性环境　第 2 部分:由隔爆外壳“d”保护的设备 GB 3836.3—2010　爆炸性环境　第 3 部分:由增安型“e”保护的设备 GB 3836.4—2010　爆炸性环境　第 4 部分:由本质安全型“i”保护的设备 GB 3836.5—2017　爆炸性环境　第 5 部分:由正压外壳“p”保护的设备 GB 3836.6—2017　爆炸性环境　第 6 部分:由液浸型“o”保护的设备 GB 3836.7—2017　爆炸性环境　第 7 部分:由充砂型“q”保护的设备 GB 3836.9—2014　爆炸性环境　第 9 部分:由浇封型“m”保护的设备 GB 3836.11—2017　爆炸性环境　第 11 部分:气体和蒸气物质特性分类　试验方法和数据 GB 3836.13—2013　爆炸性环境　第 13 部分:设备的修理、检修、修复和改造 GB 3836.14—2014　爆炸性环境　第 14 部分:场所分类　爆炸性气体环境 GB 3836.15—2017　爆炸性环境　第 15 部分:电气装置的设计、选型和安装

8.6　食品包装行业相关标准及说明

表 21-8-6　　食品包装行业相关标准及说明

HACCP 食品行业标准简介	对于食品行业卫生标准,将分为两个大类:一个是关于食品加工过程的卫生标准,从原材料(有些需冷藏)到产品加工过程、灌装、包装、堆垛、运输等整个加工链;另一大类是关于食品加工设备标准,从机器的设计指导思想、设计原理着手 从加工过程看有:HACCP(危害分析关键控制点)、LMHV[食品卫生规定及对食品包装规定的修改(德国标准)]、FDA(美国联邦食品与药品监管)、GMP(药品生产质量管理规范)、USDA(美国农业部) 从加工机器设计(设备)看有:3-A 标准、EHEDG(欧洲卫生设备设计集团)、89/392/EG、DIN 11483.1(乳品设备清洁和消毒,考虑对不锈钢的影响)、DIN 11483.2(乳品设备清洁和消毒,考虑对密封材料的影响) HACCP 是一个识别特定危害以及预防性措施的质量控制体系,目的是将有缺陷的生产、产品和服务的危害降到最低。由于它是一个以食品、安全为基础的预防性体系,首先要预防潜在危害食品安全问题的出现,通过评估产品或加工过程中的风险来确定可能控制这些风险所需要的必要步骤(生物:细菌、沙门氏菌;化学:清洁剂、润滑油;物理:金属、玻璃、其他材料特性危害),并分析、确定对关键控制点采取的措施 ,确保食品整个加工过程的安全、卫生、可靠 HACCP 的理念来自 93/43/EWG,最初开发是在美国,由 Pillsbury 公司与美国航空航天局合作参与 在 1985 年由美国国家科学院推荐这个系统,使得成为全世界以及 FAO(食品农业组织)、WHO(世界卫生组织)在食品法典中的引用法律 在 1993 年,欧洲规则 93/43EG(欧盟指导方针)规定从 1993 年 7 月 14 日起在食品生产中使用该系统 如今,HACCP 广泛应用在食品行业中,不仅仅针对大量操作人员,并且不应该是复杂、难解的程序,它对该工业领域所有元件都是适合的,包括小型以及大型的、不受约束的或已规定安全食品的公司 HACCP 标准有五个基本思想: ①进行危害分析 ②确定可能产生危害性的控制点 ③确定控制点中哪些是必须控制的关键点 ④确定关键点的控制体系,监视追踪,考虑对最糟糕情况下的纠正及措施 ⑤存档、论证,确认 HACCP 运转良好

续表

<table>
<tr><td rowspan="2">食品加工设备设计的卫生要求</td><td>食品及包装工业的不同卫生区域的划分</td><td>食品/包装行业一般可分食品区(与食品相触)、飞溅区及非食品区[见图(a)]
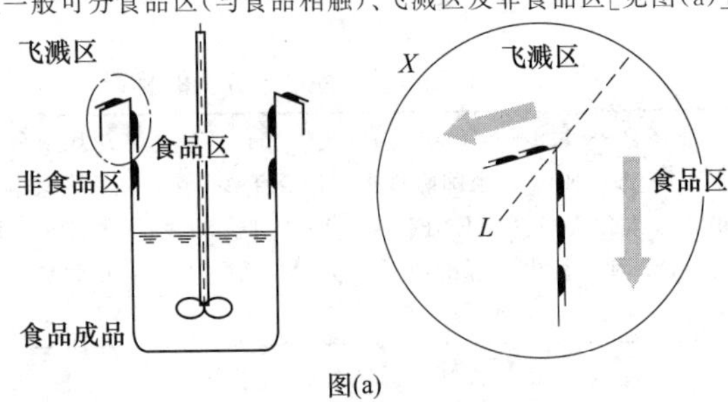

图(a)</td></tr>
<tr><td>设备设计的卫生要求</td><td>①表面要求。对于食品区(与食品相触)、飞溅区表面粗糙度 $Ra \leqslant 0.8\mu m$,可清洗的,抗破裂、表面不能有缺陷,绝不允许出现粗糙的表面
在食品有可能接触到连接螺栓时,禁止螺纹裸露在外,宜用沉头内六角螺钉、沉头螺钉及在连接件外部的沉头内六角螺钉。因为这些凹进去的或螺栓开槽的地方都可能堆积流动的食品、灰尘及污垢。通常采用的如加密封件的外六角螺钉、盖型螺母或螺钉便于清洗。更为理想的是在食品流动方向上,找不到螺纹连接的痕迹(从机器部件内部往外连接)
可接受的螺栓连接方式与不可接受的螺栓连接方式见图(b)

图(b)
可接受的翻边(死区)与不可接受的翻边(敞开区)见图(c)。为了防止灰尘、污垢的堆积,便于冲洗,翻边应按可接受的适合的解决方案。对某些特殊的翻边,可两边加盖
可接受的弯边(半径)与不可接受的弯边(半径)见图(d)。为了便于冲洗、防止灰尘、污垢的堆积,弯曲半径至少≥3mm。对焊接部分不能有焊渣粘在表面
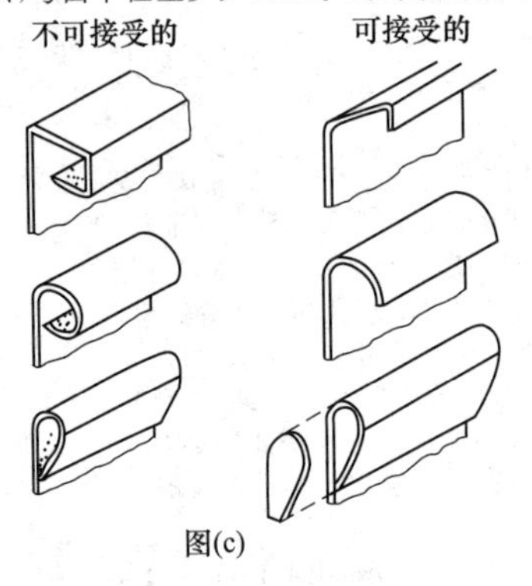

图(c)
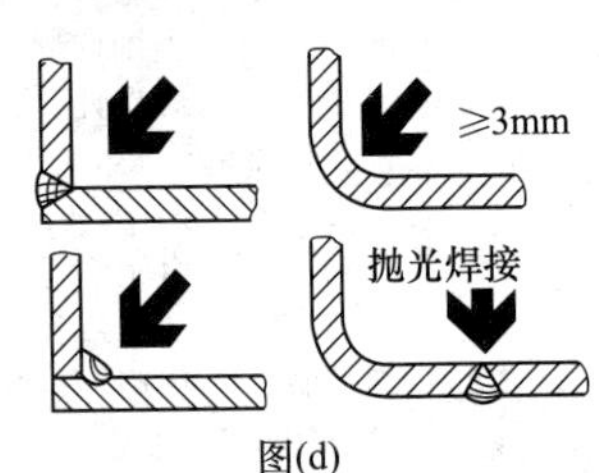

图(d)
②材料要求
a. 耐腐蚀
b. 机械稳定性
c. 表面不起变化
d. 符合食用品卫生安全条件
与食品接触的材料
· 禁止使用的材料:锌、石墨、镉、锑、铜、黄铜、青铜、含苯、甲醛成分的塑料和柔软剂
· 完全适合的材料:AISI304(美国标准)、AISI316、AISI304L、由 FDA/BGVV 认可的塑料
· 有限的使用:阳极氧化铝、铜和钢的涂镍、涂铬
对于食品/包装机器设计有两个主要的设计规则,一个是完整的开放(敞开)式设计;另一个是全防护的封闭设计。同时应极力避免:弯曲半径小于 3mm,螺纹暴露在外或螺纹未拧紧,污垢残留,死角,表面粗糙,裂口/裂缝及部件以及气动元件的不易清洗</td></tr>
</table>

续表

清洗与消毒

清洗、消毒四个主要因素为：温度因素、时间因素、清洗剂和消毒剂类型（碱性、酸性、氧化剂、表面活性剂）和它的浓度因素、被清洗设备的特性因素

清洗剂与消毒剂对各类食物的类型见表 1

表 1　清洗剂与消毒剂对食物的类型

食物	碱性	酸性	氧化剂	表面活化剂
蛋白质	+++	+	*	+
脂肪	+	—	*	+++
分子量较小的碳水化合物	+++	+++	○	○
分子量较大的碳水化合物	+	+	++	*
肽	—	+++	○	○

注：+++非常好；++好；+合适；* 特殊情况下可用；—不合适；○不可用

①清洗剂：选择 pH＝1～14 的清洗剂以适应不同的应用场合，见表 2

表 2　清洗剂的不同应用场合

应用场合	汉高	利华	凯驰
肉制品加工	P3-topax12 P3-topax19 P3-topax36 ……	Oxyschaum Proklin GHW4 ……	RM31 RM56 RM57 ……
奶制品及奶酪	P3-topax12 P3-topax19 P3-topax36 ……	Spektak EL Divomil ES Divosan ……	RM31 RM56 RM57 ……
饮料行业	P3-topax12 P3-topax19 P3-topax36 ……	Dicolube RS 148 SU 156 Divosan forte ……	RM25 RM31 RM56 ……

②清洗方法：湿洗、干洗、高压清洗、蒸汽清洗、在专门场地进行清洗、用特殊气体进行清洗

通常的清洗过程是：清洗准备工作→初步清洗→用水进行预清洗→正式清洗→经过一段时间→冲洗→控制→消毒→经过一段时间→冲洗

③整个设备进行清洗

④清洁剂及消毒物质的应用范围

用于食品行业的易清洗的气动元件（气缸、阀岛等）

气源的清洁要求

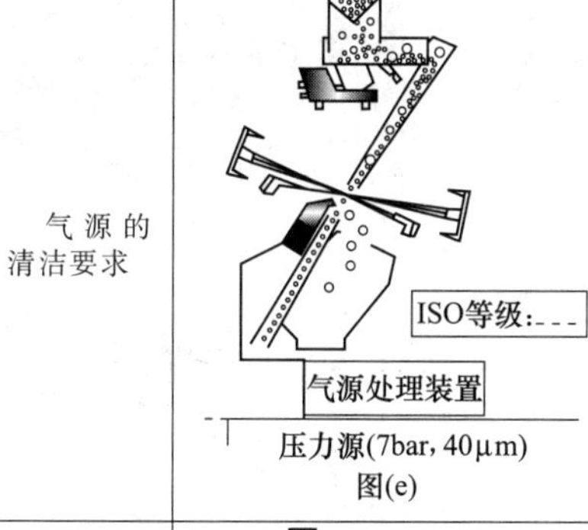

图(e)

气流吹合格的产品要求如下：

①食品要绝对干燥

②空气要干净、清洁，能直接接触食品

③必须避免压缩空气对食品产生的任何影响

④不会受到细菌的影响，因为在绝大多数情况下，细菌对干燥的食品不会产生影响

包装过程中的要求

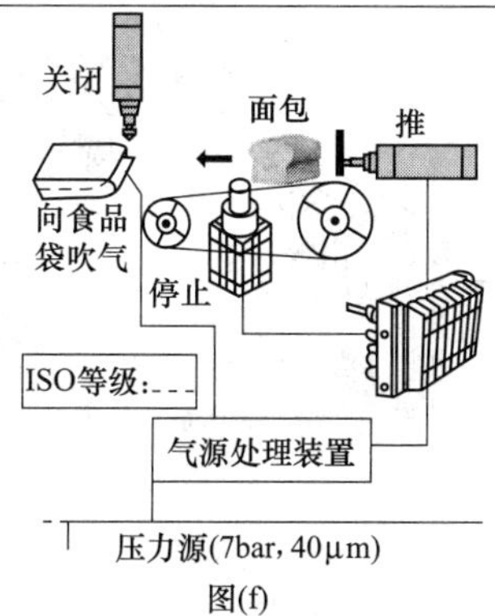

图(f)

如对面包的包装要求如下：

①空气接触食品袋（食品袋必须在面包装入前吹开）

②必须确保面包不会被气缸推开时损坏

③空气要干净、清洁，能直接接触食品

续表

<table>
<tr>
<td>用于食品行业的易清洗的气动元件（气缸、阀岛等）</td>
<td>对气动元件的要求</td>
<td>
①HACCP食品卫生标准体系对气动元件在食品加工设备的应用上产生了重大影响，将更多的重心引向清洁型设计，避免微生物如细菌、酶的危害［见图(h)］；避免化学酸碱射气管产生龟裂［见图(i)］
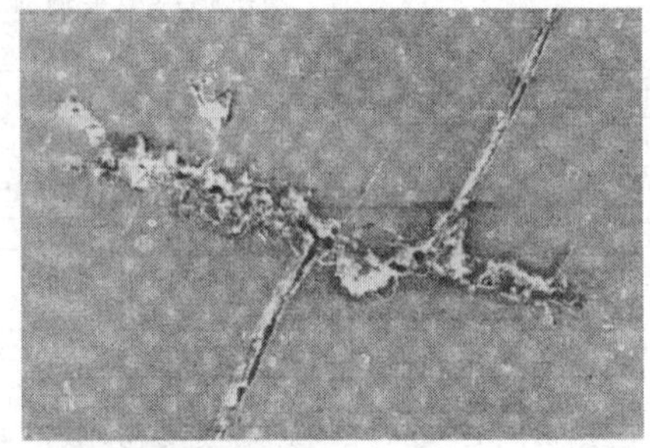
图(g)　PU材质气管受到微生物(细菌)、酶的损坏
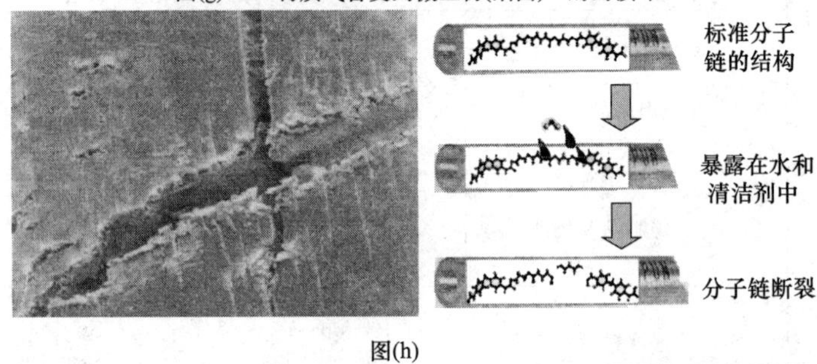

图(h)
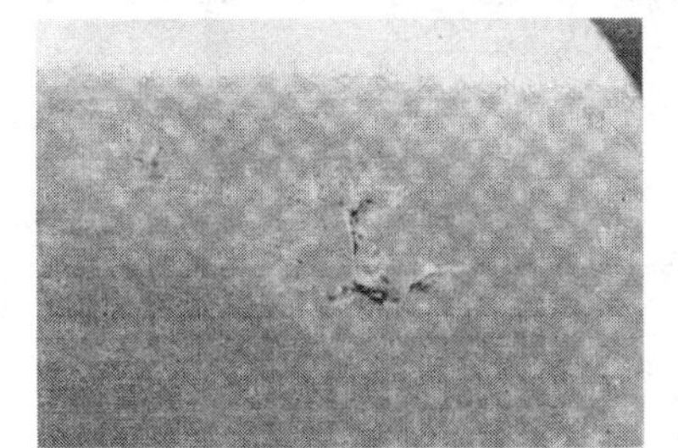
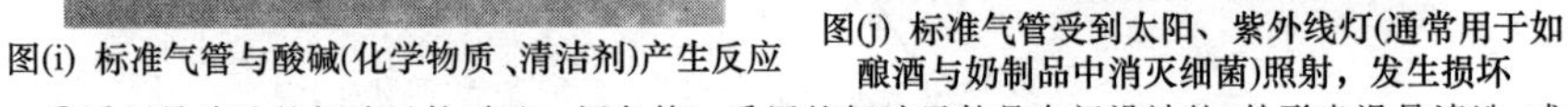
图(i) 标准气管与酸碱(化学物质、清洁剂)产生反应
图(j) 标准气管受到太阳、紫外线灯(通常用于如酿酒与奶制品中消灭细菌)照射，发生损坏
②采用易清洗的气动元件(气缸、阀岛等)：采用的气动元件是专门设计的(外形光滑易清洗，或采用不锈钢、耐腐蚀的材质)。在一些食品行业，如肉类、酸奶、奶酪、牛奶等饮料行业每天需清洗，不能让物质遗留下，否则将会发酵产生细菌
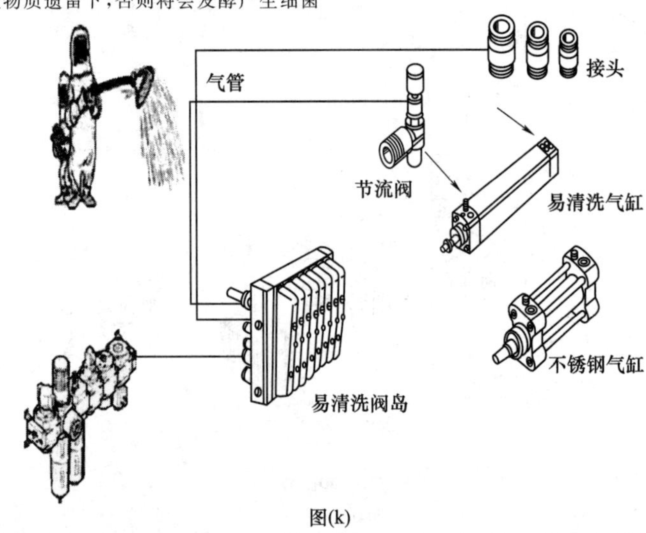

图(k)
</td>
</tr>
</table>

第21篇

8.7 用于电子显像管及喷漆行业的不含铜及聚四氟乙烯的产品

表 21-8-7　　用于电子显像管及喷漆行业的不含铜及聚四氟乙烯的产品

<table>
<tr>
<td>概述</td>
<td colspan="2">在电子显像管行业和汽车喷漆车间中，严禁使用含铜、特氟龙（聚四氟乙烯）及硅的气动产品。因为含铜的材质会影响显像管颜色的反射，使显像管屏幕出现黑点。含特氟龙及卤素的材料会缩短阴极管的寿命。含硅的物质减小玻璃的静摩擦力，使得显像管的涂层不牢，寿命不长
Festo 公司与 Philips 公司联合制定了“不含铜及聚四氟乙烯”元件的标准，如 Festo 940076-2 标准（针对铜含量的产品的标准）；Festo 940076-3 标准（针对特氟龙含量的产品的标准）；以及不含油漆湿润缺陷的物质 Festo 942010 标准。这里所说的不含铜，并不是指完全不含铜，而是说该材料的离子不应该处于自由状态，避免生产中受到影响（对于铝质气缸而言，当它运行了上万公里之后，它的表面离子处于自由活动的状态，表面的涂层已经磨损）</td>
</tr>
<tr>
<td rowspan="7">对于不含铜及聚四氟乙烯元件的措施</td>
<td>种　　类</td>
<td>措　　施</td>
</tr>
<tr>
<td>运动的、动态受压的零部件，如轴承和密封件</td>
<td rowspan="4">零部件表面必须不含铜
例：如果是由 CuZn 制成的，则表面要镀镍或镀锌。铝可以进行阳极氧化处理或钢进行镀锌</td>
</tr>
<tr>
<td>很少被驱动的零部件，如带螺纹的插口和调节螺钉</td>
</tr>
<tr>
<td>气流通过的零部件</td>
</tr>
<tr>
<td>可能和外部有接触的零部件或看得到的零部件</td>
</tr>
<tr>
<td>静态元件，如轴承盖、密封件</td>
<td>如果不进行表面处理，则含铜量最多不能超过 5.5%</td>
</tr>
<tr>
<td colspan="2">注：含氟、氯、溴、碘的复合物，如 PTFE，既不能以复合物的形式，也不能作为填料来使用，在正常使用中会释放出这些物质，含氟的橡胶不能用</td>
</tr>
<tr>
<td>不含 PWIS 的气动产品</td>
<td colspan="2">PWIS，PW 表示油漆湿润，I 表示缺陷，S 表示物质。含油漆湿润缺陷的物质如硅、脂肪、油、蜡等，在喷漆的加工过程中会影响喷涂的质量，使被喷材料表面出现凹痕，已加工完的表面需返工，或整个喷漆系统受到污染。对汽车行业喷漆操作设备而言，不准含有油漆湿润的缺陷物质，因为这将影响油漆的质量。人的眼睛不可能看出该物质或元件中含有油漆湿润缺陷物质的含量。所以德国大众汽车公司开发了测试标准 PV 3.10.7。不含油漆湿润缺陷物质的润滑剂牌号及供应商见下表。关于不含 PWIS 的气动产品，应在气动元件产品中予以注明，如“气管不含 PWIS”
不含油漆湿润缺陷的物质的润滑剂
<table>
<tr><td>商　标</td><td>供应商/生产商</td><td>商　标</td><td>供应商/生产商</td></tr>
<tr><td>Beacon2</td><td>Esso</td><td>G-Rapid Plus</td><td>Dow Corning</td></tr>
<tr><td>Mobiltemo SHC100</td><td>Mobil Oil</td><td>Energrease HTG 2 2)</td><td>BP</td></tr>
<tr><td>Molykote BR 2+</td><td>Dow Corning</td><td>Molykote DX</td><td>Dow Corning</td></tr>
<tr><td>F2</td><td>Fuchs</td><td>Molub-Alloy 823FM-2</td><td>Tribol</td></tr>
<tr><td>Centoplex 2EP</td><td>K10ber</td><td>Staburags NBU 12</td><td>Klüber</td></tr>
<tr><td>GLG 11 Uni Getr Fett</td><td>Chemie Technik</td><td>Urelbyn 2</td><td>Rainer</td></tr>
<tr><td>Syncogel SSC-3-001</td><td>Synco(USA)</td><td>Retinax A</td><td>Shell</td></tr>
<tr><td>Molykote A</td><td>Dow Corning</td><td>Isoflex NB 5051</td><td>Klüber</td></tr>
<tr><td>Longterm W 2</td><td>Bei Dow Corning</td><td>Costrac AK 301</td><td>Klüber</td></tr>
<tr><td>Castrol Impervia T</td><td>Castrol</td><td>Isoflex NBU 15</td><td>Klüber</td></tr>
<tr><td>Tri-Flon</td><td>Festo-Holland</td><td>PAS 2144</td><td>Faigle</td></tr>
<tr><td>Limolard</td><td>Festo-Ungam</td><td>Syntheso GLEP 1</td><td>Klüber</td></tr>
</table>
</td>
</tr>
</table>

8.8 美国危险品表

表 21-8-8 美国危险品表

产品	交通运输部运输名称	危险等级/分区	区[②]	ID号	交通运输部标签	可报告数量[①]	每个单一物质成分的代码	化学品安全技术说明书
乙炔	不可溶解乙炔	2.1		UN1001	可燃气体		74-86-2	G-2
空气	压缩空气	2.2		UN1002	非可燃气体		(O_2)7782-44-7 (N_2)7727-37-9	G-113
氨	无水液化氨	2.2		UN1005	非可燃气体	100lb	7664-41-7	G-11
氩气	压缩氩气	2.2		UN1006	非可燃气体		7440-37-1	G-7
正丁烷	丁烷	2.1		UN1011	可燃气体		106-97-8	G-17
异丁烷	丁烯	2.1		UN1012	可燃气体		106-98-9	G-18
二氧化碳	二氧化碳	2.2		UN1013	非可燃气体		124-38-9	G-8
一氧化碳	一氧化碳	2.3	D	UN1016	有毒和可燃气体		630-08-0	G-112
氯气	氯气	2.3	B	UN1017	有毒气体	10lb	7782-50-5	G-23
重氢	重氢	2.1		UN1057	可燃气体		7782-39-0	G-25
乙烷	压缩乙烷	2.1		UN1035	可燃气体		78-84-0	G-31
氯乙烷	氯乙烷	2.1		UN1037	可燃气体	100lb	75-00-3	G-32
乙烯	压缩乙烯	2.1		UN1062	可燃气体		74-85-1	G-33
氦气	压缩氦气	2.2		UN1046	非可燃气体		7440-59-7	G-5
氢气	压缩氢气	2.1		UN1049	可燃气体		1333-74-0	G-4
氯化氢	无水氯化氢	2.3	C	UN1050	有毒和腐蚀性气体		7647-0-10	G-40
硫化氢	液化硫化氢	2.3	B	UN1053	有毒和可燃气体		7783-06-4	G-94
异丁烷	异丁烷	2.1		UN1969	可燃气体		75-28-5	G-95
氪气	氪气	2.2		UN1056	非可燃气体		7439-90-9	G-54
甲烷	压缩甲烷	2.1		UN197	可燃气体		74-82-8	G-56
氯甲烷	氯甲烷	2.1		UN1063	可燃气体	1lb	74-87-3	G-96
氖气	压缩氖气	2.2		UN1065	非可燃气体		7440-01-9	G-59
氮气	压缩氮气	2.2		UN1066	非可燃气体		7727-39-7	G-7
一氧化二氮(笑气)[③]	压缩一氧化二氮	2.2		UN1070	非可燃气体		10024-972	G-3
氧气	压缩氧气	2.2		UN1072	非可燃气体和氧化剂		7782-44-7	G-1
丙烷	丙烷	2.1		UN1978	可燃气体		77-98-6	G-74
丙烯	丙烯	2.1		UN1077	可燃气体		7446-09-5	G-75
二氧化硫	二氧化硫	2.3	C	UN1079	有毒气体		2551-62-4	G-79
六氟化硫	六氟化硫	2.2	D	UN1080	非可燃气体		7440-63-3	G-80
氙气	氙气	2.2	B	UN2036	非可燃气体	10lb	7782-50-5	G-85

① 可报告数量。

② 所有2.3类有毒气体要求气瓶标有“吸入危险”，并且装运文件描述必须包括“毒性吸入危险区 -（A，B，C或D）”

③ 所列出的运输信息仅适用于美国国内运输。

8.9　危险等级划分表

表 21-8-9　　危险等级划分表

等级/分区	材　　料	等级/分区	材　　料	等级/分区	材　　料
1	易爆品	4.1	可燃固体	6.1	有毒物质
2.1	可燃气体	4.2	自热物质	6.2	感染性物质
2.2	非可燃气体	4.3	当潮湿时危险的物体	7	放射性材料
2.3①	有毒气体	5.1	氧化剂	8	腐蚀性材料
3	可燃液体	5.2	有机过氧化物	9	杂项物品

① 所有 2.3 有毒气体要求气瓶标有“吸入危险”，并且装运文件描述必须包括“毒性吸入危险区 -（A，B，C 或 D)”

图 21-8-1　危险等级标识

8.10　加拿大危险品表

表 21-8-10　　加拿大危险品表

产　　品	运输名称	危险品分类	ID 号	工作场所有害物质信息分类	化学品安全技术说明书
乙炔	乙炔	2.1	UN1001	A,B1,F	G-2
空气	压缩空气	2.2	UN1002	A	G-113
氨	氨,无水的,液化的	2.4(9.2)	UN1005	A,B1,D2B	G-11
氩气	压缩氩气	2.2	UN1006	A	G-6
正丁烷	丁烷	2.1	UN1011	A,B1,D2B	G-17
二氧化碳	二氧化碳	2.2	UN1013	A，D2B	G-8
一氧化碳	一氧化碳	2.1(2.3)	UN1016	A,B,D1A,D2B	G-112
氯气	氯气	2.3(5.1)	UN1017	A,D1A,D2B,E	G-23
(氘)重氢	(氘)重氢	2.1	UN1957	A,B,D1A,D2B	G-25
乙烷	乙烷	2.1	UN1035	A,B1	G-31
乙烯	乙烯	2.1	UN1962	A,B1	G-33

续表

产　　品	运输名称	危险品分类	ID号	工作场所有害物质信息分类	化学品安全技术说明书
氦气	氦气	2.2	UN1046	A,B1	G-5
氢气	氢气	2.1	UN1049	A	G-4
氯化氢	氯化氢(无水的)	2.3(8)	UN1050	A,B1	G-40
硫化氢	硫化氢	2.1(2.3)	UN1053	A,D1A,D2B,E	G-94
异丁烷	异丁烷	2.1	UN1075	A,B,D1A,D2B	G-95
氪气		2.2	UN1056	A,B1	G-54
甲烷		2.1	UN1971	A	G-56
氖气	氖气	2.2	UN1065	A,B1	G-59
氮气	氮气	2.2	UN1066	A	G-7
一氧化二氮(笑气)	一氧化二氮	2.2(5.1)	UN1070	A	G-3
氧气	氧气	2.2(5.1)	UN1072	A,C	G-1
丙烷	石油气,液化的	2.1	UN1978	A,C	G-74
丙烯	丙烯	2.1	UN1077	A,B1,D2B	G-75
二氧化硫	二氧化硫	2.3	UN1079	A,D1A,D2B,E	G-79
六氟化硫	六氟化硫	2.2	UN1080	A	G-80
氙气	氙气	2.2	UN2036	A	G-85

8.11 材料相容性表

表 21-8-11　　材料相容性表

气体	铝	黄铜	纯铜	蒙乃尔铜镍合金	不锈钢	碳钢	丁基合成橡胶	氯丁橡胶	Kel-f(聚三氟乙烯)	氟橡胶	聚乙烯	PVC(聚氟乙烯)	特氟龙(聚四氟乙烯)	对材料结构的影响
乙炔	×		O	×	×	×		×	×	×			×	气体可能形成爆炸性的乙炔化物
空气	×	×	×	×	×	×	×	×	×	×	×	×	×	无腐蚀性
氨气	×	O	O		×			×	×	O	O	×	×	潮湿促进腐蚀
氩气	×	×	×	×	×	×	×	×	×	×	×	×	×	无腐蚀性
砷化氢		×	O	×	×	×		×	×			×	×	无腐蚀性
丁烷	×	×	×	×	×	×	O	×	×	×	O	×	×	无腐蚀性
二氧化碳	×	×	×	×	×	×		×	×	×	×	×	×	潮湿促进腐蚀
一氧化碳	×	×	×	×	×	×	O	O	×		×	×	×	
氯气	O	O	O	×	* *	×	O	O	×	×	×		×	潮湿促进腐蚀
(氘)重氢	×	×	×	×	×	×	×	×	×		×	×	×	无腐蚀性
乙硼烷	×	×	×	×	×	×			×	×			×	无腐蚀性
乙烷	×	×	×	×	×	×	O	×	×		×	×	×	无腐蚀性
氯乙烷	O	O	×	×	×	×	×	×	×	×	×	O	×	
乙烯	×	×	×	×	×	×	O	×	×		×	×	×	无腐蚀性
氦气	×	×	×	×	×	×	×	×	×	×	×	×	×	无腐蚀性
氢气	×	×	×	×	×	×	×	×	×	×	×	×	×	无腐蚀性
氯化氢	O	O	O	×	* *	×			×	×		×	×	潮湿促进腐蚀
硫化氢	* *	O	O	* *	×				×	×			×	潮湿促进腐蚀
异丁烷	×	×	×	×	×	×	O	×	×			×	×	无腐蚀性
氪气	×	×	×	×	×	×	×	×	×	×	×	×	×	无腐蚀性
甲烷	×	×	×	×	×	×	O	×	×	×	×	×	×	无腐蚀性

续表

气体	铝	黄铜	纯铜	蒙乃尔铜镍合金	不锈钢	碳钢	丁基合成橡胶	氯丁橡胶	Kel-f（聚三氟乙烯）	氟橡胶	聚乙烯	PVC（聚氟乙烯）	特氟龙（聚四氟乙烯）	对材料结构的影响
氯甲烷	O	O	* *	×	×	×	O	O	×	×	O	O	×	气体腐蚀铝
氖气	×	×	×	×	×	×	×	×	×	×	×	×	×	无腐蚀性
氮气	×	×	×	×	×	×	×	×	×	×	×	×	×	无腐蚀性
一氧化二氮(笑气)	×	×	×	×	×	×		×	×	×		×	×	无腐蚀性
氧气	×	×	×	×	O	×			×	×	O	O	×	无腐蚀性
磷化氢	O		O	O	×	×			×	×			×	无腐蚀性
丙烷		×	×	×	×	×	O	×	×	×	O	×	×	无腐蚀性
硅烷	×	×	×	×	×	×		×	×	×			×	无腐蚀性
二氧化硫	×	×	* *	×	×	×	×	O	×				×	潮湿促进腐蚀
六氟化硫	×	×	×	×	×	×	×	×	×	×	×	×	×	无腐蚀性
氙气	×	×	×	×	×	×	×	×	×	×	×	×	×	无腐蚀性

注：×— 推荐的；O—不建议；* *—不建议在潮湿的情况下使用；空白—未知。

参考文献

[1] 成大先主编. 机械设计手册. 第六版. 第5卷. 北京：化学工业出版社，2016.

[2] [美] Jamal Mohammed Saleh 编. 邓敦夏译. 流体流动手册. 北京：中国石化出版社，2004.

[3] SMC中国有限公司编. 现代实用气动技术. 北京：机械工业出版社，1997.

[4] 吴振顺主编. 气压传动与控制. 哈尔滨：哈尔滨工业大学出版社，1995.

[5] 李建藩编著. 气压传动系统动力学. 广州：华南理工大学出版社，1991.

[6] 国家标准化管理委员会编. 国家标准目录及信息汇总. 北京：中国标准出版社，2009.